나는 처음에 우튼이 과학자처럼 글을 쓴다고 칭찬할 생각이었다. 실제로 그는 여러 방법으로 그렇게 하고 있다. 증거에 대한 조립과 해석은 성실하고 설득력이 있다. 자기 주장이 어떻게 A에서 B로, B에서 C로 이어지는지 분명하게 알게 해준다. 하지만 그는 또한 과학적 글쓰기의 족쇄에 얽매이지 않기 때문에 즐길 수 있는 여유가 있고, 실제로 즐긴다. 《과학이라는 발명》은 음미하고 즐기고 기억할 만한 다채로운 책이다. _타임스 에듀케이셔널 서플먼트

우튼은 과학을 그저 사회적으로 구축된 관점이 아니라 실재에 대한 진정으로 신뢰할 수 있는 접근을 열어젖힌 독보적인 진보의 힘이라 말한다. 과학이라는 경이를 재발견하는 통쾌한 책이다. _북리스트

우튼에게 주목하라. 과학혁명의 역사를 다시 썼다. 새로운 역사가 있어야 새로운 미래를 요구할 수 있다. 현대 과학자들은 연구뿐 아니라 어원학에도 관심을 두는 것이 좋을 것이다. _스켑틱

과학혁명에 대한 이 역사서는 지금까지 읽어본 역사서(그 무엇에 관한 것이든) 중에 최고이다. 진정으로 놀라운 '발견'이라는 개념을 인간이 어떻게 발견했는지에 대한 책. _이브닝 스탠다드

과학혁명에 대한 완벽한 설명. _파이낸셜타임스

인간 사고의 극적인 혁명을 훌륭하고 명쾌하게 조사했다. 토머스 쿤의 책에 견줄 만하다. _커커스 리뷰

통찰과 영감으로 가득한 책. 과학혁명 담론에 싫증난 학자들도 눈이 번쩍 뜨일 것이다. _이코노미스트

어려운 아이디어를 놀랍도록 분명하고 눈부시게 설명한다. 그것도 거의 매 페이지에서. _보스턴글로브

과학이라는 발명

1572년에서 1704년 사이에 태어나
오늘의 세계를 만든 과학에 관하여

과학이라는 발명

데이비드 우튼

정태훈 옮김 | 홍성욱 감수

THE INVENTION
OF SCIENCE

DAVID WOOTTON

김영사

과학이라는 발명

1판 1쇄 발행 2020. 5. 21.
1판 2쇄 발행 2023. 4. 10.

지은이 데이비드 우튼
옮긴이 정태훈
감수 홍성욱

발행인 고세규
편집 이승환 디자인 조명이 마케팅 윤준원 홍보 박은경
발행처 김영사
등록 1979년 5월 17일(제406-2003-036호)
주소 경기도 파주시 문발로 197(문발동) 우편번호 10881
전화 마케팅부 031)955-3100, 편집부 031)955-3200 | 팩스 031)955-3111

값은 뒤표지에 있습니다.
ISBN 978-89-349-9314-8 93400

홈페이지 www.gimmyoung.com   블로그 blog.naver.com/gybook
인스타그램 instagram.com/gimmyoung   이메일 bestbook@gimmyoung.com

좋은 독자가 좋은 책을 만듭니다.
김영사는 독자 여러분의 의견에 항상 귀 기울이고 있습니다.

프랜시스 베이컨의 《신기관Novum Organum》(1620)의 속표지. 미지의 세계를 탐험한 후 헤라클레스의 기둥(지중해와 대서양을 잇는 관문인 지브롤터와 북아프리카 사이의 해협)을 통과하여 입항하는 배를 보여준다.

"유레카!"

_아르키메데스(기원전 287~기원전 212)

목욕통 안의 아르키메데스. 비트루비우스 책의 최초 독일어 번역본(Vitruvius Teutsch)에 실린 페터 플뢰트너Peter Flötner(1490~1546)의 목판화. 요하네스 페트라이우스가 1548년에 뉘른베르크에서 출판했다. 히에론의 왕관이 오른편 앞쪽에 놓여 있다.

앨리슨에게

Hanc ego de caelo ducentem sidera vidi.
(나는 그녀가 하늘에서 별들을 이끌고 내려가는 것을 보았다.)

_티불루스Tibullus, 《비가Elegies》, I,ii

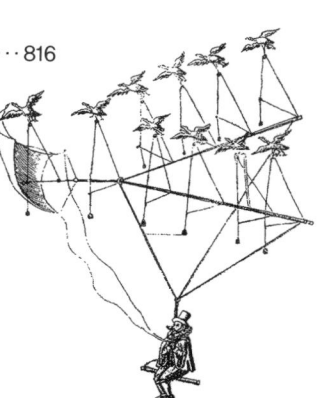

T H E   I N V E N T I O N   O F   S C I E N C E

일러두기

1. 이 책은 David Wootton, *The Invention of Science: A New History of the Scientific Revolution*(Penguin Books, 2015)을 완역한 것이다.

2. 인명, 지명, 작품명 등은 사용 당시의 원어를 찾아 최초 1회 병기했으며, 한글 표기는 외래어표기법에 따르되 일부 관례로 굳어진 경우는 예외로 두었다.

3. 장편소설을 포함한 단행본은 《 》로, 잡지, 신문, 그림, 논문 등은 〈 〉로 묶었다. 재차 언급할 때 제목이 긴 경우는 원서를 따라 축약한 제목을 썼다.

서 론

요즘은 (내가 생각하는) 철학이 한사리처럼 밀려드는 시대다. 소요학파는 내가 생각하는 자유로운 철학의 범람을 방해하기 위해 조수의 흐름을 중지시키거나 (크세르크세스처럼) 대양에 족쇄를 채우고 싶을지도 모른다. 나는 모든 낡은 쓰레기들이 어떻게 폐기되어야 하는지, 부식된 건물들이 어떻게 철거되어 범람하는 물처럼 아주 세차게 쓸려나가야 하는지를 알고 있다. 이제는 결코 전복되지 않는 더 찬란한 철학의 새로운 초석을 놓아야만 한다. 그 철학은 경험적으로 그리고 분별 있게 자연의 현상들을 조사할 것이며, 자연에 있는 원래적인 것들로부터 사물의 원인을 유도해낼 것이다. 그것은 우리가 관찰한 대로 기예Art로, 그리고 역학의 오류 없는 증명으로 만들어낼 수 있다. 이것이야말로 진정하고 영구한 철학을 건설하는 길이며, 다른 길은 없다.

_ 헨리 파워 Henry Power, 《실험 철학Experimental Philosophy》(1664)

근대 과학은 튀코 브라헤Tycho Brahe가 신성, 새로운 별을 관찰했던 1572년과 뉴턴이 그의 《광학Opticks》을 출간했던 1704년 사이에 발명되었다. 《광학》은 백색광이 무지개의 모든 색깔의 빛으로 이루어져 있고, 프리즘을 사용하여 백색광을 구성하는 색깔들을 분리할 수 있으며, 색깔은 물체가 아닌 빛의 속성이라는 것을 입증했다.[1] 1572년 이전에도 우리가 '과학'이라고 부르는 지식 체계가 있었지만, 일련의 상당한 증거에 기초하는 정교한 이론을 지니고 있었고 신뢰할 만한 예측을 할 수 있었다는 점에서 근대 과학으로 외따로 기능했던 것은 천문학이 유일했다. 그리고 1572년 이후 최초의 진정한 과학으로 크게 변화한 것도 바로 천문학이었다. 1572년 이후의 천문학을 과학으로 만든 것은 무엇이었을까? 천문학에는 연구 과업과 전문가들의 공동체가 있었고, 오랫동안 확립된 확실성(천체에는 변화가 있을 수 없으며, 천체의 모든 운동은 원운동이며, 천체는 수정 천구들로 구성되어 있다는)에 관해서도 새로운 증거에 비추어 질문할 준비가 되어 있었다. 천문학이 인도하는 곳으로 다른 여러 새로운 과학들이 따라갔다.

이 주장을 규명하기 위해서는 1572년과 1704년 사이에 어떤 일이 일어났는지를 살펴볼 필요뿐 아니라, 1572년 이전의 세계를 되돌아보고 1704년 이후의 세계를 내다볼 필요도 있다. 또한 몇몇 방법론적 논쟁들을 다룰 필요도 있다. 1572년부터 1704년까지의 핵심적 시기를 다루는 6장에서 12장까지는 이 책의 주된 몸체를 이룬다. 3, 4, 5장에서는 주로 1572년 이전의 세계를, 13, 14장은 1704년 전후의 세계를 살펴본다. 2, 15, 16, 17장은 역사서술방법론, 철학을 다룬다.

서론의 두 장은 뒤이어 나오는 모든 것들의 기초를 형성한다. 1장은 이 책이 무엇에 관한 것인지를 간략하게 알려준다. 2장은 '과학혁명'이라는 관념이 어디에서 유래했고, 왜 어떤 이들은 그러한 것이 존재하지 않는다고 생각하는지, 그리고 왜 과학혁명이 역사적 분석을 위한 견실한 범주인지를 설명한다.

1장

근대적 지성

베이컨은 물론 셰익스피어보다 더 근대적인 정신을 지녔다. 베이컨은 역사적 감각을 지녔다. 그는 17세기 그의 시대가 과학 시대의 시작임을 느끼고 있었고, 아리스토텔레스의 저술에 대한 숭배가 자연에 대한 직접적 탐구로 대체되기를 원했다.

_호르헤 루이스 보르헤스, 〈셰익스피어의 수수께끼El enigma de Shakespeare〉(1964)[1]

1

우리가 살고 있는 세계는 생각보다 훨씬 젊다. 약 200만 년 동안 지구*상에는 도구를 만드는 인간이 존재해왔다. 우리의 종인 호모 사피엔스는 20만 년 전에 출현했다. 토기의 역사는 약 2만 5000년 전까지 거슬러 올라간다. 과학이 발명되기 전 인류 역사에서 가장 중요한 변환인 신석기 혁명은 비교적 최근인 1만 2000년 전에서 7000년 전 사이에 일어났다.[2] 동물이 가축화되고 농업이 시작된 것이 그때였다. 그리고 석기가 금속으로 대체되기 시작했다. 인간이 처음 수렵채집 생활에서 벗어나고 약 600세대가 흘렀다. 최초의 배는 약 7000년 전에 만들어졌으며 문자를 처음 사용한 것도 그즈음이었다. 다윈의 진화론을 받아들이는 사람들

• 나는 행성들 중 하나로서, 회전하고 있는 육지와 물로 된 천체라는, 근대적이고 코페르니쿠스적인 지구 개념으로서 '지구'라는 말을 사용한다. 코페르니쿠스 이전에는 우리가 사는 '지구'가 흙 원소로 이루어져 있고, 우주의 중심에 정지해 있다고 여겨졌다.

은 세계의 창조를 6000년 전으로 한정하는 성경의 연대기를 참을 수 없지만, 역사적 인류(후세대에 문자 기록을 남긴 인간)는 고고학적 인류(인공물만을 남긴 인간)와는 달리 오직 그 정도의 기간, 약 300세대 동안만 존재해왔다. 'grandfather' 앞에 'great'라는 말을 300번 붙여보라. 반 페이지면 충분할 것이다. 이것이 인간 역사의 실제 길이다. 물론 그 이전에 선사시대 200만 년이 있었지만 말이다.

거트루드 스타인Gertrude Stein(1874~1946)은 캘리포니아의 오클랜드에 대해 이렇게 말했다. '거기에는 거기가 없었다no there there.' 역사가 없는 완전히 새로운 곳이다.[3] 그녀는 파리를 좋아했다. 그녀는 오클랜드에 대해 잘못 알고 있었다. 인간은 그곳에서 2만여 년을 살아왔다. 그녀가 제대로 본 것도 있었다. 그곳에서 사는 일은 너무 쉬워서 문자를 기록할 필요도, 농사를 지을 필요도 없었다. 농작물, 가축, 총을 포함한 금속 연장은 1535년에 스페인 사람들과 함께 유입되었다. (캘리포니아는 예외적이었다. 아메리카의 여타 지역에서는 옥수수의 작물화가 세계의 여타 지역처럼 1만 년 전으로 거슬러 올라간다. 문자 기록은 3000년 전으로 거슬러 올라간다.)

그러니 우리가 사는 세계는 거의 새것이다. 어떤 곳은 다른 곳보다 오래되었지만 도구를 만들던 200만 년 동안의 선사시대와 비교하면 완전히 새 제품이다. 신석기 혁명 이후 변화의 속도는 몹시 느려졌다. 그다음 6500년 동안 주목할 만한 기술적 진보, 예를 들면 수차와 풍차의 발명이 있었으나, 400년 전까지의 기술 변화는 느렸고 자주 퇴보하기도 했다. 로마인들은 아르키메데스(기원전 287~기원전 212)가 했던 일을 전해 듣고 놀라워했다. 고대 로마의 파괴된 유적을 살펴본 15세기 이탈리아 건축가들은 그들이 자신들의 것보다 훨씬 앞선 문명을 연구하고 있음을 확신했다. 인류의 역사가 언제 진보의 역사로 간주될 수 있을지 아무도 상상하지 못했다. 그러나 약 3세기 후인 18세기 중반에 이르면, 진보는 너무나 불가피한 개념이 되었기에 이전 역사 전체를 진보의 개념으로 되돌아보게 되었다.[4] 그 사이 어떤 특별한 사건이 일어났다. 17, 18세기 과학이 이전의 지식 체계로는 할 수 없는 방식으로 발전할 수 있었던 것은 정확히 무엇 때문일까? 로마인과 그들을 숭배한 르네상스기 사람들에게는 없지만 우리에게는 있는 것은 무엇일까?•

윌리엄 셰익스피어(1564~1616)가 《줄리어스 시저Julius Caesar》(1599)를 썼을 때, 그는 자명종을 등장시키는 사소한 오류를 범했다. 고대 로마에는 기계시계가 없었다.[5] 《코리올레이너스Coriolanus》(1608)에서는 나침반 바늘에 대한 언급이 나오는데 로마인들은 항해용 나침반이 없었다.[6] 이러한 오류는 셰익스피어와 그의 동시대인들이 로마시대의 작품을 읽을 때, 로마인들은 기독교도가 아닌 이교도라는 생각은 꾸준히 견지했지만 로마와 르네상스 사이의 기술적 격차는 상기하지 않았음을 반영한다. 로마인들은 인쇄술은 없었지만 많은 책을 갖고 있었고 노예들로 하여금 그것들을 베껴 쓰게 했다. 화약은 없었지만 투석기 형태의 대포가 있었다. 기계시계는 없었지만 해시계와 물시계는 있었다. 그들에게는 바람을 맞으며 항해할 수 있는 범선이 없었으나, 셰익스피어의 시대에 지중해에서의 전투도 여전히 갤리선(노 젓는 배)에 의해 치러졌다. 물론, 여러 실용적인 면에서 로마인들은 엘리자베스 시대의 영국인보다 앞서 있었다. 더 좋은 도로, 중앙난방, 쾌적한 목욕탕. 셰익스피어는 완전히 의식적으로 고대 로마는 (햇빛

• 데어린 리후Daryn Lehoux는 생각을 가다듬게 하는 어느 책에서 묻는다. '고대 과학과 근대 과학 사이에 차별성이 있는가? 물론 있다. 그러한 차이들은 근본적인 것인가? 사물이 갑자기 바뀌었는가? 우리가 근대 과학이라고 부르는 무언가에 도달했던, 역사의 어떤 분리된 시점에 등장한 급진적으로 새로운 수행 방식을 정확히 집어낼 수 있을까? 나는 그렇지 않다고 생각한다.'(Lehoux, *What Did the Romans Know?*(2012), 15) 리후는 여기서 필자가 다룬 것과 반대되는 예를 들고 있다.

과 토가toga를 빼면) 당시의 런던과 같다고 상상했다.[7] 그와 그의 동시대인들은 진보를 신봉할 이유가 없었다. 호르헤 루이스 보르헤스(1899~1986)는 '셰익스피어에게는 그들이 햄릿 같은 덴마크인이든, 맥베스 같은 스코틀랜드인이든, 그리스인, 로마인, 이탈리아인이든, 그의 많은 작품에 등장하는 모든 인물들이 자신의 동시대인인 것처럼 간주되었다'라고 말한다. 셰익스피어는 다양한 사람과 공감했지만 다양한 역사적 시기를 느끼지는 못했다. 그에게 역사는 존재하지 않았다.[8] 역사에 관한 보르헤스의 개념은 근대적인 것이다. 셰익스피어는 역사에 대해 많이 알았지만, 과학혁명이 성취할 것을 파악하고 있었던, 그와 동시대를 산 프랜시스 베이컨과는 달리 돌이킬 수 없는 역사적 변화에 대한 개념은 없었다.

우리는 화약, 인쇄술, 1492년의 아메리카 발견이 르네상스로 하여금 잃어버리고 되돌릴 수 없는 것으로서 과거의 의미를 깨닫게 했다고 생각하기 쉽지만, 오직 교육받은 사람들만이 이들 결정적인 혁신으로부터 초래된 돌이킬 수 없는 결과들을 서서히 인지하게 되었다. 나중에 깨닫고 나서야 그러한 것들이 새로운 시대를 상징하게 되었는데, 진보는 멈추지 않는다는 계몽주의의 신념을 불러일으킨 장본인은 과학혁명 그 자체였다. 18세기 중반에 이르러 셰익스피어적인 시간 감각은 오늘날 우리의 감각으로 대체되었다. 이 책은 거기서 멈춘다. 혁명이 끝난 시기이기 때문이 아니라, 멈출 수 없는 변혁의 과정이 시작되었음이 분명해진 것이 그때이기 때문이다. 뉴턴주의의 승리는 그 시작의 종착점을 나타낸다.

2

이 혁명의 스케일을 파악하기 위해 1600년대의 전형적인 잘 교육받은 유럽인을 떠올려보자. 같은 지적 문화를 공유했기 때문에 1600년대의 유럽 국가 출신이라면 별 차이가 없지만 여기서는 한 영국인이라고 가정하자. 그는 마법을 믿고, 아마 스코틀랜드의 제임스 6세(훗날 영국의 제임스 1세)가 쓴 《악마론Daemonologie》(1597)을 읽어봤을 것이다. 이 책에는 악마의 위협에 놀라고 잘 속는 인물들의 모습이 그려져 있다.• 그는 마귀가 바다에서 배를 침몰시키는 폭풍을 불러올 수 있다고 믿는다. 제임스는 그러한 폭풍 속에서 거의 목숨을 잃을 뻔한 적이 있다. 그는 늑대인간을 믿는다. 비록 영국에서는 그런 일이 일어나지 않았지만 벨기에에서는 늑대인간이 발견되었다고 알고 있다(16세기 프랑스의 위대한 철학자 장 보댕Jean Bodin은 이 문제에 관한 한 자타가 공인하는 권위자였다). 그는 키르케(마녀)가 실제로 오디세우스의 부하들을 돼지로 둔갑시켰다고 믿는다. 그는 쥐들이 볏단에서 자연발생적으로 생긴다고 믿는다. 그는 동시대의 마술사들을 믿는다. 그는 존 디John Dee와, 네츠하임의 아그리파Heinrich Cornelius Agrippa von Nettesheim(1486~1535)와 변장한 악마로 여겨져온 그의 검정개 무슈Monsieur에 관해 들은 적이 있다. 그가 만일 런던에 산다면 아마 의사이자 점성술

• 전형적인 잘 교육받은 유럽인은 남성이었으므로 나는 근대 초기를 기술할 때 남성대명사를 사용한다. 우리 시대의 지적 생활을 다룰 때에는 그러지 않는다. 마찬가지로 나는 근대 초기의 관점을 서술할 때는 'mankind'를, 우리 시대의 관점을 서술할 때는 'humankind'라는 말을 사용한다. 여성들은 근대 초기의 모든 학회에서 회원 자격이 거부되었다. 그러나 수많은 위대한 여성 과학자들, 특히 천문학자들(Schiebinger, *The Mind Has No Sex?*(1989), 79~101)과 연금술사들(Ray, *Daughters of Alchemy*(2015))이 있었다. 천문학 표에 관한 책인 마리아 쿠니츠Maria Cunitz의 《우라니아 프로피티아Urania propitia》(1650)는 "여성이 집필한 당시의 최고 기술 수준을 지닌, 현존하는 가장 초기의 과학 저술이다"(Swerdlow, 'Urania propitia'(2012), 81). 그녀의 남편이 쓴 서문은, 믿기 어렵겠지만 이 책이 정말로 여성의 저술이라고 말하고 있다. 2장 2절, 6장 3절과 4절, 13장 6절, 17장 4절을 참조하라.

사인 사이먼 포먼Simon Forman과 상담했던 사람들을 알 것이다(포먼은 마술을 써서 그들이 잃어버린 물건을 되찾아주었다).⁹ 그는 유니콘의 뿔은 본 적이 있지만, 유니콘을 본 적은 없다.

그는 살해된 시체 앞에 그 사람을 죽인 자가 서면 시체에서 피가 흘러나올 거라고 믿는다. 그는 상처를 낸 단검에 연고를 문지르면 그 상처가 나을 거라고 믿는다. 그는 어떤 식물의 모양과 색깔, 질감이 그것이 의료용으로 쓰일 수 있는지를 판별하는 기준이 된다고 믿는다. 왜냐하면 신은 인간이 해석할 수 있도록 자연을 설계했기 때문이다. 그는 누구나 그 방법을 아는 것은 아니지만, 비금속卑金屬을 금으로 바꾸는 일이 가능하다고 믿는다. 그는 자연은 진공을 혐오하며, 무지개는 신의 신호이고, 혜성은 악의 전조라고 믿는다. 그는 해석하는 방법만 알면 꿈은 미래를 예지한다고 믿는다. 물론, 지구는 정지해 있으며 태양과 별들이 24시간마다 지구 주위를 돈다고 믿는다. 그는 코페르니쿠스의 주장을 전해 들었으나 코페르니쿠스가 자신의 태양 중심 우주 모델이 문자 그대로 받아들여지는 것을 의도하지는 않았을 거라고 믿는다. 그는 점성술을 믿지만, 그 자신의 정확한 출생 시간을 모르기 때문에 가장 탁월한 점성술사라도 그가 책에서 찾지 못한 것을 알려줄 수 없으리라 생각한다. 그는 아리스토텔레스(기원전 4세기경)는 여태까지 존재했던 철학자들 중 가장 위대한 철학자이며, 플리니우스(1세기경), 갈레노스(2세기경), 프톨레마이오스(2세기경)는 각각 자연사, 의학, 천문학의 최고 권위자라고 믿는다. 그는 시골에서 기적을 베풀고 있는 예수회 선교사들이 있다는 것은 알고 있지만 그들이 엉터리일지도 모른다고 의심한다. 그는 책 몇 권을 소장하고 있다.

몇 년 사이에 변화의 기운이 감돌았다. 1611년 존 던John Donne은 그 전해에 갈릴레이가 망원경으로 이룬 발견을 언급하면서 "새로운 철학은 모

든 이들의 주의를 환기했다"라고 선언했다. '새로운 철학'은 윌리엄 길버
트William Gilbert의 선전 구호였다. 1600년에 그는 지난 600년 동안을 통틀
어 최초로 주요한 실험과학 저술을 출간했다.* 던에게 '새로운 철학'은 길
버트와 갈릴레이의 새로운 과학이었다.[10] 그의 짧은 시는 당시의 새로운
과학의 여러 핵심 요소들을 결집했는데, 그것은 창공에 있는 새로운 세계
에 대한 탐구, 지상과 천상을 구분한 아리스토텔레스 우주관의 혁파, 그리
고 루크레티우스의 원자론이었다.

> 새로운 철학은 만물에 의문을 던지네.
>
> 불의 원소는 추방되고
>
> 태양도, 흙도 상실되었네.
>
> 사람의 지혜로는 그것을 어디서 찾을지 알지 못하네.
>
> 사람들은 거리낌없이 고백하네, 이 세계는 소진되었다고.
>
> 세계 속에서, 그리고 창공에서
>
> 그들은 너무나 많은 새로운 것을 추구하네. 그러곤 알게 되지,
>
> 이것이 다시 바스러져 자신의 원자가 된다는 것을.
>
> 이것 모두는 산산조각 나서 모든 정합은 사라지네.
>
> 모든 것이 그저 주어졌고, 모든 관계들,
>
> 왕자, 학문, 아버지, 아들은 잊힐 대상들이라네.
>
> 모든 이는 스스로를 사라질 대상이 아닌
>
> 불사조로 여기지만

• Ibn al-Haytham, *Kitab al-Manazir*(1011~1021) 이후 최초이다. 길버트에 대해서는 3장 1절, 4장 5절, 7장 9절, 8장 1절과 4절을 참조하라.

그도 단지 그러한 대상일 뿐.

던은 나아가 새로운 대륙을 발견한 항해와 그에 이어진 새로운 교역, 항해를 가능케 한 나침반, 나침반과 떼놓을 수 없는 길버트의 실험 주제인 자성磁性에 관해 언급했다.

어떻게 던은 새로운 철학에 대해 알게 되었을까? 새로운 철학이 루크레티우스의 원자론**을 포함한다는 것을 어떻게 알았을까? 갈릴레이는 자신의 저술에서는 원자론에 관해 언급하지 않았지만, 그를 아는 사람들은 그가 사석에서 원자의 존재를 분명히 확신하는 말을 했다고 주장했다. 길버트는 원자론을 논의했지만 단연코 거부했다. 어떻게 던은 새로운 철학자들이 행성들로 이루어진 세계뿐만 아니라 창공이 품고 있는 모든 것을 탐구함으로써 새로운 세계를 추구하고 있다는 것을 알았을까?

아마도 던은 1605년 혹은 1606년에 베네치아나 파도바에서 갈릴레이를 만났을 것이다.*** 베네치아에서 그는 영국 대사 헨리 워튼Sir Henry Wotton과 함께 지낸 적이 있다. 워튼은 갈릴레이의 친구이기도 한 스코틀랜드인을 석방시키려고 동분서주하고 있었다. 그 스코틀랜드인은 수녀를 범하여 투옥되어 있었다(사형 선고를 받을 만한 범죄였다). 아마 던은 갈릴레이나 혹은 영어를 할 줄 아는 갈릴레이의 제자를 만나 대화했을 것이다. 던은 확

** 루크레티우스(기원전 99년경~기원전 55년경)는 우주는 설계도가 없고, 더 쪼개지지 않고 변경할 수 없는 입자들의 상호작용의 결과이며, 현재의 우주는 결국 파괴되어 대체될 것이라고 주장했다. 그것은 제멋대로 생성된 우주들의 끝없는 연쇄다. 루크레티우스의 시 《사물의 본성에 관하여De rerum natura》는 중세에 분실되었다가 1417년 발견되어 1473년 처음 출간되었고, 1682년까지는 완전한 영역본이 없었다. 루크레티우스는 에피쿠로스(기원전 341~기원전 270)의 추종자였다. 우리는 '에피쿠로스주의자'라는 말을 육체적 쾌락을 추구하는 사람이라는 의미로 사용한다. 그러나 르네상스기에 에피쿠로스주의자는 유물론자, 무신론자였고 따라서 육체적 쾌락 이외에는 어떠한 선善도 인정할 수 없었다.

*** 갈릴레이는 파도바에 살고 있었지만 자주 베네치아를 방문했다. 마찬가지로 던도 베네치아에 있을 때, 분명히 영국인들과 스코틀랜드인들의 거주지가 있었던 파도바를 방문했을 것이다.

실히 갈릴레이의 가까운 친구였던 파올로 사르피Paolo Sarpi를 만났던 것으로 보인다.[11] 영국에서 그는 원자론에 매료되어 있던 대大수학자 토머스 해리엇Thomas Harriot*과 길버트도 당연히 만났을 것이다.[12] 갈릴레이의 《별세계의 보고Sidereus Nuncius》(1610)뿐만 아니라 케플러의 《별세계의 보고와의 대화Dissertatio cum Nuncio Sidereo》(1610)도 읽었을 것이다. 이 책에는 갈릴레이가 조심스럽게 논의를 피해나간 다른 세계에 관한 급진적인 생각들이 많이 담겨 있었다.

또 다른 답변이 있다. 던은 니컬러스 힐Nicholas Hill의 《에피쿠로스(말하자면 루크레티우스학파의) 철학Epicurean Philosophy》(1601)을 소장하고 있었다.[13] 현재 런던의 법학원 중 한 곳인 미들 템플Middle Temple 법학원 도서관에 소장된 이 책은 그 전에는 그의 친구이자 셰익스피어의 친구이기도 했던 벤 존슨이 소유하고 있었다. 그 책은 원래 케임브리지 크라이스트 칼리지의 연구원이 구입한 것이었다. 책 표지에 대학 배지가 붙어 있다.[14] 그 책의 첫 번째 소장자는 책을 주의깊게 연구했다. 이 책이 주석을 써넣을 수 있는 빈 페이지가 번갈아 나오도록 제본되어 있는 것으로 볼 때, 아마 논박이나 주해를 쓸 목적이었을 것이다. 그 페이지들은 여전히 비어 있다. 그가 존슨에게 이 책을 주었을까? 아니면 존슨이 그 책을 빌리고는 갖고 있었을까? 그다음에 던에게 건네졌을까? 아니면 던이 그 책을 빌린 다음 돌려주지 못한 것일까? 우리는 알 수 없다. 우리가 아는 것은 아무도 힐을 대단스럽게 여기지 않았다는 점뿐이다. 흔히 그의 책은 '웅장한 단어로 가득차 있지만 대단한 것은 없다'고들 말한다. 그것은 우스꽝스럽고(즉 엉뚱하

• 해리엇은 독자적으로 오늘날 우리가 갈릴레이의 낙하 법칙이라 부르는 것과 스넬의 법칙Snell's law이라고 부르는 것을 발견했으나 출판하지 않았다. 2장 2절, 3장 7절, 6장 1절과 2절, 7장 9절을 참조하라.

고) 모호했다.[15] 그 책에 대한 초기의 평가는(예를 들어 존슨의 빈정대는 문구) 그 책은 철학보다는 방귀와 더 관계가 있다는 것이었다.[16] 1610년 이전 어느 시점에 던은 궁정 도서목록을 만들었는데, 지롤라모 카르다노Girolamo Cardano의 《방귀의 공허함에 관하여De nullibietate crepitus》와 같은 가상의 우스꽝스러운 책들이었다.•• 그 목록의 첫 번째 항목이 원자들의 암수 감별에 관한 힐의 책이다. 어떻게 원자들의 암수를 구별할 수 있는가? 암수한몸의 원자는 존재하는가?•••

힐을 통해 던은 다른 행성에도 생명체가 있을 수 있고, 다른 별 주위를 도는 행성이 존재할 가능성이 있음을 알게 되었을 것이다. 그는 또한 이런 이상한 생각들이 조르다노 브루노Giordano Bruno에게서 나왔다는 것을 알게 되었을 것이다.[17] 만약 던이 갈릴레이의 《별세계의 보고》(달에도 산과 계곡이 있다고 설명한)를 읽었다면, 그는 분명 위대한 독일 천문학자 요하네스 케플러가 독일에 첫 번째로 도착한 그 책들 중 한 권을 읽었던 봄에 보였던 것과 똑같은 반응을 보였을 것이다. 그 책에서 그는 우주 어딘가에 생명체가 있을지도 모른다는 브루노의 비딱한 이론에 대한 눈에 띄는 옹호를 목격했다. 만약 던이 케플러의 《별세계의 보고와의 대화》를 읽었다면 브루노와의 연결이 바로 설명된다는 것을 발견했을 것이다.[18] 방귀에 대한 농담은 이제 논점 밖에 있었다. 1600년 로마 종교재판소가 화형에 처한 브루노에게 쏟아지는 주목과 인정은 너무 늦은 것이었다. 나중의 연구

•• Brown, 'Hac ex consilio meo via progredieris'(2008). 엘리자베스 시대 사람들은 방귀를 매우 심각하게 여겼다. 옥스퍼드 백작은 엘리자베스 여왕에게 인사할 때 방귀를 뀌고 말았다. 굴욕감으로 그는 7년간 외국에 나가 있다가 돌아와 여왕을 알현할 때 '주인이시여, 나는 방귀를 잊었습니다'라고 말했다.(Trevor-Roper, 'Nicholas Hill, the English Atomist'(1987), 9)

••• 시골에 사는 내 이웃으로부터 오리 새끼들의 암수를 감별하는 일의 어려움에 대해 들은 이후, 나는 이제, 던이 확실히 그랬던바, 암수 감별이 결코 간단하지 않음을 알고 있다.

에 따르면, 1610년 쥐약을 먹고 자살을 기도하여 신성을 모독하고 저주를 퍼부으며 죽어간 힐의 경우도 마찬가지였다. 그는 로테르담의 유형지에 있었다. 1603년 스코틀랜드의 제임스 6세가 엘리자베스 1세의 영국 왕위를 계승하는 것을 방해하려 한 음모로 체포되어 외국으로 추방되었던 것이다.[19] 그때 헌신적으로 키운 아들 로런스가 죽자 그에게 더이상의 삶은 무의미해 보였다. 1601년 그는 자신의 유일한 책을 위대한 사람들이 아닌 어린 아들에게 헌정했다. '내 나이에 나는 많은 것을 아들에게 빚졌다. 왜냐하면 그는 어린 나이에 여러 재주로 나를 기쁘게 해주었기 때문이다.' 힐은 그때까지 살지 못해 몰랐지만, 1610년 그의 '에피쿠로스 철학'은 갑자기 '대단한 무엇'이 되었다. 혁명이 시작되고 있었다. 수년 전부터 새로운 사고를 흉내내면서 길버트, 갈릴레이, 힐의 저술을 읽었고, 아마도 해리엇을 알았을 던은 이제 세계는 더이상 이전과 동일하지 않다는 것을 이해한 최초의 인물이었다. 1611년이 되면서 혁명은 순조롭게 진행되어갔고, 던은 셰익스피어와 대부분의 교육받은 동시대인들과는 달리 그 사실을 충분히 인지하고 있었다.

이제 멀찌감치 앞으로 나아가보자. 볼테르의 《영국 서간Letters Concerning the English Nation》이 출간된 1733년(이 책은 이듬해 프랑스에서 《철학 서간Lettres philosophiques》이라는 제목으로 출간되었다)의 교육받은 영국인을 상정해보자. 이 책은 유럽의 독자들에게 새로운, 특히 영국의 과학이 이룩한 성과를 공표했다. 이 책의 골자는 영국은 특유의 과학 문화를 지녔다는 것이다. 1733년의 교육받은 영국인은 프랑스인, 이탈리아인, 독일인, 네덜란드인과 다르다. 그들은 망원경과 현미경을 사용하며, 추시계와 막대 기압계를 소유하고, 관의 끝 부분에 진공이 있다는 것을 안다. 마녀, 늑대인간, 마술, 연금술, 점성술 따위는 믿지 않는다. 《오디세이아》는 사실이 아닌 허구라고 생각하며, 유니콘은 상상의 짐승이라고 확신한다. 식물의 모양과 색깔이 그것이 의료용으로 쓰일 수 있는지 판별하는 기준이 된다는 것을 믿지 않으며, 맨눈에 보이는 생물들, 즉 파리조차도 결코 자연적으로 발생하지 않는다는 것을 안다. 그는 무기에 바르는 연고와 살해된 시체 앞에 그 사람을 죽인 자가 서면 시체에서 피가 흘러나온다는 것을 믿지 않는다.

개신교 국가의 식자층과 같이, 그는 지구가 태양 주위를 돈다는 것을 믿는다. 무지개는 굴절된 빛에 의해 생기며 혜성은 지상의 생명들에 아무런 영향력도 없음을 안다. 미래는 예측될 수 없다고 믿는다. 심장은 하나의 펌프라는 것을 안다. 그는 증기기관이 작동하는 것을 본 적이 있다. 그는 과학이 세계를 변혁하고 근대인은 모든 면에서 고대인을 능가한다고 믿는다. 어떤 기적도, 심지어 성서에 나와 있는 기적조차도 믿으려 하지 않는다. 로크와 뉴턴이 역사상 존재한 가장 위대한 철학자와 과학자라고 생각한다. (《영국 서간》이 그런 생각을 뒷받침한다.) 그는 수백 혹은 수천 권의 책을 소장하고 있다.

예를 들어 《걸리버 여행기》(1726)를 쓴 조너선 스위프트는 방대한 양의 도서(도서목록만 무려 네 권)를 소장했다. 모든 위대한 문학서와 역사서뿐만 아니라 뉴턴의 저술, 자연 지식의 진흥을 위한 왕립학회 〈철학회보Philososphical Transactions〉(두 번째 과학 학술지인 〈지식인의 잡지Journal des sçavans〉는 그것보다 두 달 먼저 발행되기 시작했다), 퐁트넬Fontenelle의 《세계의 다양성에 관한 대화Entretiens sur la pluralité des mondes》(1686)도 포함됐다. 실제로 스위프트는 당시의 과학(14장 참조)에 대한 적대감에도 불구하고 케플러의 행성 운동에 관한 세 가지 법칙에 익숙해서 화성 주위를 도는 가상의 달 궤도를 계산할 수 있을 정도였다. 그의 적대감은 그의 광범위한 과학

서적 탐독에 뿌리박고 있었다.•**20** 그의 세계는 과거보다 엘리트 문화가 대중문화와 확연히 구분되었을 뿐만 아니라 과학이 너무 전문화되어서 모든 교양인의 문화가 될 수 없었던 세계는 아직 아니었다. 1801년 콜리지 Coleridge는 "30세 이전에 나는 뉴턴의 모든 저술을 완전히 이해하겠다"고 결심할 정도였다.**21**

1600년과 1733년경 사이에(그 과정은 다른 나라보다 영국에서 훨씬 앞서 있었다), 교육받은 엘리트의 지적 세계는 이전 역사의 어느 시점보다, 아마 20세기 이전의 어떤 시대보다도 훨씬 급격히 변화했다. 마술은 과학으로, 신화는 사실로, 고대 그리스의 철학과 과학은 우리의 철학과 과학으로 인식될 만한 무언가로 대체되었다. 그 결과, 마음속으로 그려지는 1600년의 인간에 대한 설명은 자동적으로 '신앙'으로 표현되지만, 1733년의 인간에 대한 설명은 '지식'으로 표현된다. 그 전환은 물론 불완전했다. 화학은 이제 막 시작되었다. 병을 치료하는 데 아직 혈액 배출, 하제, 구토제가 사용되었다. 제비는 연못 밑바닥에서 겨울잠을 잔다고 생각되었다.•• 그러나 다음 100년간의 변화는 이전 100년간의 변화보다 훨씬 덜 놀라웠다. 이 위대한 변혁을 설명할 수 있는 유일한 이름은 '과학혁명'이다.

• 스위프트는 과학 탐구가 시간 낭비라고 여겼는데, 그것이 어떤 실제적인 적용으로 이어지지 못했기 때문이었다. 이것이 《걸리버 여행기》 3부에서 하늘에 떠 있는 섬 라퓨타에 관한 설명에서 강하게 표현된 관점이다.

•• 그 세기 말에 이르렀을 때 위대한 박물학자 길버트 화이트Gilbert White는 이동과 동면이라는 성가신 문제에 대해 여전히 두 마음을 품고 있었다. White, *Natural History*(1789), 28, 36, 64–5, 102, 138–9, 167, 188. 화이트가 인용한 책 Carl D. Ekmarck, *Migrationes avium*(1757)의 요약을 보려면 Griffiths, 'Select Dissertations from the *Amoenitates academicae*'(1781)를 참조하라. 에크마르크는 어떤 새들은 이동하지만 제비는 연못에서 동면한다고 주장했다. 그의 관점은 보통 그의 논문을 검토한 린네의 관점으로 간주된다.

3

1572년 11월 11일 저녁, 일몰이 조금 지났을 때 젊은 덴마크 귀족 튀코 브라헤는 밤하늘을 응시하고 있었다. 그는 머리 바로 위에 떠 있는, 다른 별들보다 밝게 빛나는 별을 주시했다. 자신의 눈이 자기를 속이는 것 아닌가 하여, 그는 다른 이들에게 그 별을 가리켜 그들도 관찰할 수 있게 했다. 아직 그러한 물체는 존재할 수 없었다. 브라헤는 자신만의 천체 관측 방식이 있었다. 천체the heavens에는 변화가 있을 수 없다는 것이 아리스토텔레스 철학의 기본 원리였다. 그래서 이것이 새로운 물체라면 천체보다 더 높은 대기층에 위치해야 했다. 그것은 항성일 수 없었다. 만일 그것이 항성**이라면** 기적, 즉 그 뜻을 긴박하게 해독할 필요가 있는 신비한 신의 계시임에 분명했다. (브라헤는 신교도였고, 신교도들은 기적은 오래전에 멈추었다고 주장했으므로 이 설명은 그를 설득하지 못한 것 같다.)

브라헤가 아는 한, 전 역사를 통틀어 오직 한 사람, 니케아의 히파르코스Hipparchos(기원전 190~기원전 120)만이 새로운 항성을 보았다고 주장했다. 적어도 플리니우스(23~79)는 히파르코스가 그러한 주장을 했다고 했지만, 플리니우스의 저술은 믿을 수 없기로 정평이 나 있었기 때문에 히파르코스나 플리니우스 둘 중 한 사람이 무언가 기본적인 실수를 했다고 생각하기 쉬웠다.••• 이제 브라헤는 기본적인 삼각법을 이용하여 새로운 별이 더 높은 대기층이 아니라 천체에 있어야 함을 보임으로써 불가능하다

••• 브라헤는 베들레헴의 별을 실제 항성으로 여기지 않았다. 마태복음은 그것을 하늘에서 움직이는 것으로 묘사하기 때문이었다. 1006년 훨씬 더 밝은 초신성이 있었지만 그가 읽은 문헌에는 그것에 관한 언급이 없었다.

고 여겨지는 일이 실제로 일어났음을 증명하려고 나섰다.* 곧 그것은 금성보다 밝아졌고 낮 시간에도 잠깐 보였다가 16개월 동안 서서히 희미해졌다. 이후 질풍처럼 써내려간 책 속에서 브라헤와 그의 동료들은 그 항성의 위치와 중요성을 토의했다.[22] 연구 과제도 물론 남겨졌다. 브라헤의 주장은 덴마크 왕의 주의를 끌었다. 그는 브라헤에게 벤Hven섬과 브라헤가 후일 '천문학 연구를 위한 관측소를 지을 수 있는 1톤의 금'이라고 묘사한 것을 제공했다. 새로운 항성을 관측하고 나서, 그는 우주의 구조를 이해하기 위해서는 훨씬 더 정확한 측정이 이루어져야 한다고 확신했다.[23] 그는 더 정교한 정확성을 가진 새로운 장비를 설계했다. 자신의 관측소는 바람에 약간 흔들려 정확한 측정을 할 수 없다는 것을 알고는 관측 장비를 지하 벙커로 옮겼다. 다음 15년 동안(1576~1591) 벤섬에서 이루어진 브라헤의 연구는 천문학을 최초의 근대 과학으로 변모시켰다.[24] 1572년 신성의 발견이, 1914년 6월 28일 프란츠 페르디난트 대공을 죽인 총탄이 1차 세계대전의 원인이 된 그만큼, 과학혁명의 원인이 된 것은 아니었다. 그럼에도 불구하고 대공의 죽음이 전쟁의 시발을 알려주듯 신성의 발견은 과학혁명의 시작을 꽤 정확하게 알려준다. 아리스토텔레스의 자연철학은 이 특이한 변칙에 적용될 수 없었다. 왜냐하면 새로운 항성 같은 것이 존재한다면, 전체 시스템이 잘못된 전제 위에 기초하는 것이었기 때문이다.

브라헤는 그의 이름을 따서 지금 '튀코의 신성'이라 불리는 새로운 항성, 현재도 전파망원경으로 카시오페이아자리에서 확인되는 항성을 초조

• 토머스 쿤은 코페르니쿠스가 아니었다면 브라헤가 새로운 별이 천체에 속한다는 것을 파악할 수 없었으리라고 생각했다(Kuhn, *Structure*(1970), 116). 비록 코페르니쿠스가 달 너머supralunary 세계의 변화에 관해 언급하지 않았고 브라헤는 코페르니쿠스주의자가 아니었지만 말이다. 쿤의 주장은, 과학자들은 변칙anomalies을 확인할 수 있다는 그의 폭넓은 논증과 들어맞지 않는다. 그러나 브라헤가 오랫동안 확립된 확실성(예를 들면 종교)이 의문시되고 전복되고 있던 문화 속에 살았다는 것은 의미심장하다.

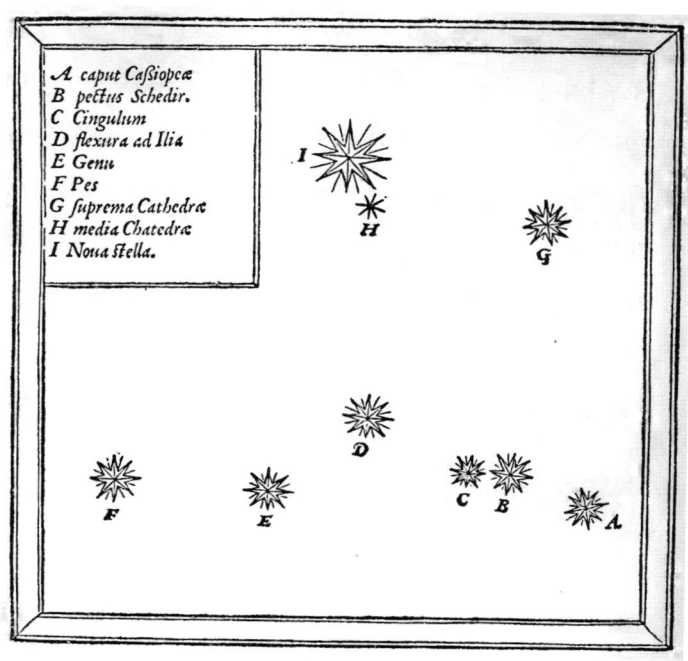

튀코 브라헤의 《새로운 별》(1573)에 실린 1572년의 초신성의 위치(맨 위쪽 I로 표시된 별)를 보여주는 카시오페이아자리 지도.

하게 찾고 있었으면서도 자신이 무슨 과업에 착수했는지 알지 못했다. 그러나 1572년 이래 세계는 지식의 본질과 인류의 역량을 변혁한 거대한 과학혁명에 휘말리고 있었다. 그것 없이는 산업혁명도, 우리가 의존하고 있는 현대의 기술도 없었을 것이다. 인간의 삶은 더 빈곤해지고 수명은 단축되었을 것이며 우리는 끊임없는 노역에 시달렸을 것이다. 과학혁명은 얼마나 지속될 것인가, 그리고 그 결과는 어떠할까? 말하기에는 너무 이르지만, 그것은 어쩌면 핵전쟁, 생태적 대재앙으로 파국을 맞거나 혹은 (가능성은 적어 보이지만) 행복, 평화, 번영으로 이어질 수도 있다. 그러나 우리는 과학혁명이 신석기 혁명 이래 역사상 가장 중요한 사건이라고 알고 있지만 그것이 왜 일어났는지, 그리고 과연 그러한 일이 있었는지에 관해서는 일반적으로 일치된 견해가 없다. 이러한 측면에서 과학혁명은 그것이 어떠했으며 왜 일어났는지에 대한 일치된 견해가 있는 1차 세계대전과는 사뭇 다르다. 진행되고 있는 혁명은 역사가들에게는 골칫거리다. 그들은 과거에 일어났던 혁명에 대해 논하기를 선호한다. 사실상 과거에 일어난 혁명도 여전히 우리 주변에서 계속되고 있다. 앞으로 보게 될 것처럼, 이 주제에 관한 견해의 불일치는 기본적으로 잘못된 개념과 오해의 결과다. 이 것들이 제거되면 과연 과학혁명이라는 사건이 존재했다는 것이 명백해질 것이다.

과학혁명이라는 관념

그 모든 불완전함에도 불구하고, 근대 과학은 자연에 충분히 잘 조율된 기교 technique이기 때문에 작동한다 — 그것은 우리로 하여금 세계에 관해 신뢰할 만한 것을 배우도록 만든다. 이러한 의미에서 그것은 사람들이 자신을 발견해 주기를 기다리는 기교다.

_스티븐 와인버그, 《세상을 설명하는 과학To Explain the World》(2015)[1]

1

1948년 허버트 버터필드Herbert Butterfield가 케임브리지 대학에서 과학혁 명에 관해 강의했을 때는, 그 대학의 역사가가 과학사 시리즈를 강의했던 두 번째 해였다. 첫해에는 17세기 전문가인 역사학 교수 클라크G. N. Clark 가, 이어서 중세사가 전문인 포스턴M. M. Postan이 버터필드 직전에 강의했 다. 아이작 뉴턴(1642~1727)이 《자연철학의 수학적 원리Philosophiæ naturalis principia mathematica》(1687)를 저술한 곳이 바로 케임브리지였고, 이곳에서 어니스트 러더퍼드Ernest Rutherford(1871~1937)가 1932년 최초로 원자핵을 쪼개는 실험을 했다. 이곳의 역사가들은 과학사를 연구해야 할 특별한 의 무감을 느끼고 있었다. 그들은 과학사는 과학자가 아닌 역사가에 의해 연 구되어야 한다고 강력히 주장했다.•[2]

• 영국의 케임브리지는 매사추세츠의 케임브리지보다 뒤처졌다. 하버드에서 조지 사턴George Sarton은 1917년에 첫

케임브리지의 역사가들과 과학자들은 공통된 교육을 받았다. 라틴어는 필수 입시 과목이었다. 그들은 대학에서 식사 시간마다 만났지만 동떨어진 지적 세계 속에 있었다. 버터필드는 그의 강의를 기반으로 책을 집필하기 시작했다. 1949년, 그는 과학의 역사는 인문학과 과학 사이에 오랫동안 요구된 다리를 놓을 수 있으리라는 희망을 가지고 《근대 과학의 기원 The Origins of Modern Science》을 집필했다. 그것은 헛된 꿈이었다. 1959년(입시 과목에서 라틴어가 제외된 해) 케임브리지의 화학자이자 유명한 소설가인 스노C. P. Snow는 한 강의에서 케임브리지의 과학 교수들과 인문학 교수들 간의 소통이 거의 중단되었다고 불평했다.• 이 문제 제기는 《두 문화와 과학혁명The Two Cultures and the Scientific Revolution》이라는 책으로 출간되었다. 여기서의 과학혁명은 원자탄을 잉태한 러더퍼드의 혁명을 의미한다.[3]

스노보다 10년 앞서 과학혁명이라는 용어를 채택함에 있어 버터필드는 알렉상드르 쿠아레Alexandre Koyré(1892~1964)의 전례를 따랐다.[4] 1935년 프랑스에서 출간된 저서에서 쿠아레는 갈릴레이부터 뉴턴에 이르는 17세기의 과학혁명과 지난 10년간의 혁명을 구분했다. 당시, 양자역학에 관한 하이젠베르크의 고전적 논문은 정확히 10년 전 발표되었다.•• 쿠아레와 버

과학사 강의를 했고, 1940년에 과학사 담당 교수가 되었다.

• 스노의 강의 이후, '두 문화' 문제는 심화되었다. 과학사는 인문학과 과학 사이의 가교가 되기는커녕, 오늘날 과학자들에게 그들 대부분이 파악할 수 없는 과학자들의 모습을 보여준다. 그것은 해결책이 아니라 문제점의 일부가 되었다.

•• Koyré, *Études Galiléennes*(1966), 12(여기서 혁명은 가스통 바슐라르의 전이mutation라는 용어와 동등하게 사용된다). 하이젠베르크의 'Über quantentheoretische Umdeutung kinematischer und mechanischer Beziehungen'(1925)은 현대 양자역학을 발견한 논문이다. 이것은 1926년 1월 슈뢰딩거 방정식(한 물리계의 양자 상태가 시간에 따라 어떻게 변하는가를 기술)의 출판과 1927년 하이젠베르크의 불확정성 원리(한 입자의 위치가 더 정확하게 측정되면 그것의 운동량은 덜 정확하게 알려지며, 그 역도 마찬가지)로 이어졌다. 쿠아레의 《갈릴레이 연구Études Galiléennes》의 초판 연도는 1939년이다(비록 실제로 출판된 것은 1940년 4월이지만 말이다 — Costabel, 'Sur l'origine de la science classique'(1947), 208 — 그리고 1940년은 쿠아레 자신이 가끔 사용했던 연도다). 따라서 모든 주석자들은 쿠아레의 '과학혁명'이라는 용어 사용을 1939년으로 소급한다. 그러나 최초의 에세이는 1935년에 이미 출판되었다. Murdoch, 'Pierre Duhem and the History of Late-Medieval Science'(1991), 274. 따라서 지난 10년은 1925년 이후를 의

터필드에게 현대 과학을 상징하는 것은 물리학, 먼저 뉴턴의 물리학, 그리고 당시 아인슈타인의 물리학이었다. 지금은 생물학이 우위를 점하고 있지만 그들은 왓슨과 크릭이 1953년 DNA의 구조를 발견하기 이전에 활동했다. 버터필드가 강의를 하고 있을 즈음에는 최초의 현대적인 기적의 약, 페니실린으로 대표되는 의학혁명이 진행되고 있었다. 1959년, 스노도 중요한 새로운 과학은 생물학이 아닌 물리학 쪽에서 일어나고 있다고 생각했다.

그래서 처음에는 하나의 과학혁명이 아니라 두 개의 과학혁명, 뉴턴의 고전물리학으로 대표되는 것과 러더퍼드의 핵물리학으로 대표되는 것이 있었다. 아주 천천히 전자가 후자를 밀어내고 명확한 승자가 되었다.[5] 과학혁명이라는 것이 존재했고 그것이 17세기에 일어난 사건이라는 생각은 아주 최근의 것이다. 과학사가들이 주목하는 대로 그 용어를 유행시킨 이는 버터필드였고, 이것은 그의 저서 《근대 과학의 기원》에 반복되어 나타난다. 맨 처음 그 용어를 도입할 때, 그는 '유행처럼 불리는 16세기와 17세기에 일어난 이른바 과학혁명'이라고 어색하게 언급했다. '이른바'는 겸손한 표현이지만, 이상한 것은 그 용어가 이미 유행하고 있다는 그의 주장이었다.[6] 버터필드는 쿠아레로부터가 아니면(그의 저술은 당시 독자들에게 알려져 있지 않았다) 어디서 16, 17세기에 대해 사용하는 그 용어를 발견했을까? '17세기의 과학혁명'이라는 문구는 미국의 철학자이자 교육개혁가인 존 듀이(1915년 실용주의의 창시자)에게서 기원한다고 알려져 있다.[***] 그

미한다.

[***] 듀이는 마르크스주의를 공격하고 있었다. '우리의 철저히 과학적인 경제 해석자들은 경제 요인들이 불가피한 진화를 야기하고 국가, 교회, 예술, 문학, 과학, 철학은 바로 그것의 부산물이라고 주장할 것이다. 근대 산업이 과학적 탐구에 엄청난 자극을 주었더라도 18세기 산업혁명이 17세기 과학혁명으로부터 도래했다고 생각하는 것은 이들에게는 무용하다. 이 독단은 다른 어떤 연관성도 배제한다.' Dewey, *German Philosophy and Politics*(1915), 6. 이 문구는

러나 버터필드가 듀이의 저술을 읽은 것 같지는 않다. 버터필드는 그 용어를 해럴드 래스키Harold J. Laski의 《유럽 자유주의의 대두The Rise of European Liberalism》(1936)에서 따온 것 같다. 이 책은 1947년 재발간된 성공작이었다.[7] 래스키는 탁월한 정치가요, 당시의 선도적인 사회주의자 지식인이었다. 그는 '혁명'이라는 단어의 뜻을 제대로 아는 충실한 마르크스주의자였다. 버터필드가 그의 독자들 상당수가 그것에 이미 익숙해졌으리라 믿으며 약간의 거북함을 느끼면서 차용한 것은 쿠아레가 아니라 래스키의 어법이었다.

따라서 이러한 점에서 과학혁명은 미국독립혁명이나 프랑스혁명과는 다르다. 과학혁명은 20세기의 시점에서 바라본 지식인들의 구성물이다. 이 용어는 산업혁명이라는 용어 위에서 생겨났다. 산업혁명이라는 용어는 19세기 말 이미 상식적인 용어가 되었다(이것은 1848년, 지금은 '젊은이들이여, 서부로 가라!'라는 말로 유명한 호러스 그릴리Horace Greeley에게서 유래한 것으로 보인다).[8] 그러나 이 또한 사후after-the-fact의 구성이다.* 물론 이는 어떤 이들이 항시 우리가 그러한 구성 없이 더 나아졌으리라 주장하고 싶어 한다는 것을 의미한다. 비록 역사가들이 끊임없이 (그리고 종종 생각 없이) 그것들, 예를 들면 '중세' 혹은 '30년 전쟁'(반드시 사후에 도입될 수 있는 용어) 혹은 르네상스 이전의 어떤 기간 동안 '국가the state' 혹은 18세기 중반 이전의, 사회적 계급이라는 의미에서의 '계급class'을 사용한다는 것을 기억할 가치가 있지만 말이다.

듀이의 후기 저술에 계속 나타난다.

* 이전의 주를 참조하라. 예를 들어, Butterfield, *The Origins of Modern Science*(1950), 197–8: '실제로 과학, 산업, 농업의 혁명들은 그러한 복합적이고 상호 연관된 변화의 체계를 형성한다. 미시적 조사가 부족하기에 우리는 그것들 모두를 한 일반적인 움직임의 측면들로서 쌓아 올려야 한다.'

산업혁명과 마찬가지로 과학혁명도 역사상 여러 차례 일어났다는 것
과 시기 확정의 문제가 있었다. (버터필드는 그 시기를 1300~1800년으로 잡
았는데, 과학혁명의 기원 및 결과를 폭넓게 논의할 수 있기 때문이었다.) 시간이
흐르면서 과학혁명이라는 사건이 존재했다는 생각은 많은 공격을 받았
다. 어떤 이들은 근대 과학은 중세 과학에서 발전했다는(그 시발점은 아리
스토텔레스) 연속성의 문제를 제기했다.** 《코페르니쿠스 혁명The Copernican
Revolution》(1957)과 《과학혁명의 구조The Structure of Scientific Revolutions》(1962)
를 쓴 토머스 쿤을 위시한 다른 이들은 복수 혁명(다윈혁명, 양자혁명, DNA
혁명 등)을 주장했다.[9] 또 다른 이들은 진정한 과학혁명은 과학과 기술이
결합된 19세기에 일어났다고 주장했다.[10] 이 모든 다양한 혁명들은 과거
를 이해하는 데 쓸모가 있지만 주된 사건으로부터 우리의 주의를 흩뜨려
서는 안 된다. 그 주된 사건이란 바로 과학의 발명이다.

위의 예에서 혁명이라는 용어는 여러 다른 의미로 사용되고 있음이 분
명하다. 세 가지 예(프랑스혁명, 산업혁명, 코페르니쿠스 혁명)를 들어보자. 프
랑스혁명은 시작과 끝이 있었다. 그것은 당시 프랑스에 살고 있었던 모든
이들에게 이런저런 방식으로 영향을 준 큰 격변이었다. 그것이 시작되었
을 때 아무도 그 결말을 예상할 수 없었다. 산업혁명은 이와는 달랐다. 산
업혁명은 언제 시작되어 언제 끝났는지 말하기 어렵지만(대체로 1760년부
터 1820~1840년까지라고 말한다), 그리고 그것은 특정한 장소들과 사람들에
게 더 급격한 영향을 미쳤지만, 대체로 영국에서 시작되었고 증기기관과
공장 시스템에 의존했다는 것에 모든 이들이 동의할 것이다. 마지막으로
코페르니쿠스 혁명은 개념적 전이 혹은 전환으로 지구가 아닌 태양을 우

•• '더 자세한 주석' 중 '그리스와 중세 '과학'에 관한 주석'을 참조하라.

주의 중심에 두고, 지구가 태양 주위를 회전하고 있음을 보였다. 코페르니쿠스의 저술《천체의 회전에 관하여De revolutionibus orbium coelestium》(1543)가 출간된 이후 처음 100년간은 오직 소수의 전문가들만이 그의 주장의 세부들에 익숙했으며, 그것들은 17세기 후반이 되어서야 일반적으로 받아들여졌다.

　이러한 의미들을 구분하지 못하고 과학혁명이라는 용어를 처음 사용했던 사람들이 무엇을 염두에 두었는지 알지 못하면 큰 혼란에 빠지게 된다. 이 혼란의 원천은 단순하다. 처음 등장한 이래 과학혁명이라는 용어는 두 가지 다른 방식으로 사용되었다. 듀이, 래스키, 버터필드에게 과학혁명은 종교개혁이나 산업혁명에 비해 길고, 복잡하고, 변환적인 과정이었다. 쿠아레에게 그것은 가스통 바슐라르에 의해 제시된 개념인 '인식론적 파괴'의 과정이었고, 이는 하나의 지적 전이와 동일시될 수 있었다. 항시 위와 아래, 왼편과 오른편이 존재하는 아리스토텔레스의 공간 개념은 기하학적인 개념으로 대체되었고, 이는 관성의 개념을 창안하여 근대 물리학의 토대가 되었다.[11] 쿠아레는 미국에서 영향력이 컸고 그의 바슐라르적인 지적 전이의 개념은 토머스 쿤의《과학혁명의 구조》에 수용되었다.[12] 래스키와 버터필드는 영국에서 엇비슷한 영향력을 발휘했는데, 이들의 영향을 받은 루퍼트 홀Rupert Hall의《과학혁명The Scientific Revolution》(1954)은 과학혁명과 산업혁명의 연관을 부정했고, 버널J. D. Bernal의 과학사 제2권인《과학혁명과 산업혁명The Scientific and Industrial Revolutions》(1965)은 양자의 긴밀한 연관을 주장했다.

　과학혁명에 대한 이러한 두 관념 사이에는 근본적인 차이가 존재했다. 코페르니쿠스, 갈릴레이, 뉴턴, 다윈, 하이젠베르크 등 과학에서 특정한 지적 재구성, 전이, 전환을 이룩한 사람들은 과제를 수행하면서 자신들이 무엇을 하고 있는지 그 의미를 잘 파악하고 있었다. 그들은 자신들의 사고가 채택되면 그 결과가 중대해질 것을 알고 있었다. 이러한 면에서 과학혁명은 수행하려고 했던 것을 달성한 사람들에 의해 이루어진, 의도된 행위로 생각하기 쉽다. 버터필드가 생각한 과학혁명은 이러한 혁명이 아니라 의도되지 않은 결과와 예견되지 못한 결과를 초래한 혁명이었다. 과학혁명과 정치적 혁명의 비교는 전혀 잘못된 것이 아니다. 왜냐하면 이 둘 모두 혁명에 노출된 사람들의 삶을 변환시키기 때문이다. 그것들은 모두 확인 가능한 시작과 끝이 있었고 영향력과 지위를 향한 투쟁을 수반했다(과학혁명의 경우 아리스토텔레스주의자들과 새로운 과학을 갈망한 수학자들 간의 투쟁). 무엇보다도, 이 두 혁명은 의도되지 않은 결과를 초래했다. 마라Marat는 자유를 갈망했지만 결과는 나폴레옹의 출현이었다. 레닌은 1917년 10월 혁명이 일어나기 2개월 전 《국가와 혁명Государство и революция》을 출간할 당시, 공산혁명은 국가의 급격한 소멸을 초래할 것이라고 순수하게 믿었다. 그것에 처음 영감을 주었던 이상의 실현에 근접했던 미국독립혁명에서조차, 다수가 그들이 선택하는 것을 자유롭게 행할 수 있는 민주적 제도를 꿈꾸던 토머스 페인Thomas Paine의 《상식Common Sense》(1776)과 연방주의자들이 주도한 미국 헌법에 나타난 견제와 균형(페인과 같은 급진주의자들을 묶어놓기 위해 고안된) 사이에는 큰 간극이 있었다. 과학혁명에서 베이컨과 데카르트는 아주 철저한 지적 변화의 계획을 가진 이들에 속했지만, 그들의 계획은 공중누각이었고 둘 다 뉴턴이 이룩할 업적을 상상하지 못했다. 과학혁명 **전체**의 결과를 혁명에 참여한 어느 누구도 예견하거나 추구하지 못했다는 사실이 혁명의 가치를 떨어뜨리지는 않는다. 그러나 이 사실은, 혁명이 쿠아레가 묘사한 것과 같은 깔끔한 인식론적 단절은 아니었다는 것을 의미한다.° 토머스 뉴커먼Thomas Newcomen(1711)과 제임스 와트(1769)가 강력한 새 증기기관을 발명했을 때, 그들은 증기의 시대가 지구를 휘감을 거대한 철도의 건설로 이어지리라 예상하지 못했다(최초의 공공 철도는 영국에서 1825년에 생겼다). 버터필드가 과학혁명이라는 용어를 불러내며 의도한 것은 바로 이러한 의도되지 않고 예견되지 않은 결과를 초래하는 혁명이었다.

만일 우리가 혁명이란 용어를 우리 모두에게 동시에 영향을 주는 급격한 변혁이라는 좁은 의미로 한정한다면 과학혁명, 신석기 혁명, 화약의 발명으로 인한 군사기술혁명, 산업혁명(증기기관의 발명에 잇따른) 같은 것은 존재하지 않는다. 그러나 우리가 정치적 급변 사태를 벗어나 큰 규모의 경제적, 사회적, 지적, 기술적 변화를 이해하길 원한다면 확장되고 부가적인 혁명의 존재를 인정할 필요가 있다. 예를 들어, '디지털 혁명'이 일회적이 아니고 시공간에 한정된 불연속적 사건이 아니라고 해서 누가 디지털 혁명이라는 용어에 반대하겠는가?

버터필드의 '과학혁명'이라는 용어의 채택과 그의 저술《근대 과학의 기원》의 제목 선정에는 어떤 아이러니가 존재한다. 1931년 그는《역사의 휘그주의 해석The Whig Interpretation of History》을 출간했다. 거기서 그는 영국사가 필연적으로 자유주의 가치의 승리로 귀결된다고 기술하는 역사가들을 비판했다.[13] 그는 과거는 과거인에 속한 것이기에, 역사가들도 마치 미래가 알려져 있지 않은 것처럼 가정한 채 과거를 보는 법을 배워야 한다고 주장했다. 우리가 현재 견지하고 있는 가치나 우리가 숭상하는 제도가 상상조차 되지 않았던 세계 속으로 그들의 생각을 투영해야 한다는 것이었

• 혁명적 격변의 의도되지 않은 결과에 관한 고전적인 연구는 Tocqueville, *L'Ancien Régime et la Révolution*(1856)이다.

다. 자기가 동의하는 가치나 견해를 가진 이들을 찬양하거나 자기가 동의
하지 않는 이들을 비판하는 것은 역사가들이 할 일이 아니다. 오직 신만
이 판단할 권리가 있다.** 영국에서의 역사적 기술의 자유주의 전통에 대
한 버터필드의 공격은 유익했다. 그러나 그는 곧 그가 주창하는 그러한 역
사로는 과거를 이해할 수 없으리라는 사실을 간파했다. 왜냐하면 지금의
시각에서 뒤돌아보지 않으면 역사적 사건들의 중요성을 규명하기가 불가
능하기 때문이었다. 그렇게 되면 역사는 톨스토이의 《전쟁과 평화》에 나
오는, 전쟁에 참가한 사람들이 경험한 보로디노 전투처럼 되고 만다. 독자
와 역사가 모두 사건의 의미를 모른 채 비틀거리게 된다. 물론 전지전능한
화자로서 톨스토이는 전투원들이 좋든 싫든 성취하려고 하는 것이 무엇인
지에 대한 설명을 계속 공급한다. 그러나 이후 역사가들은 버터필드에 대
항하여 '휘그 사관'이라는 문구를 다시 끄집어내고 근대 과학이 이전의 과
학보다 우월하다고 당연시한 그의 시각을 비판했다. 그들에게는 '기원'에
관한 책이라는 관념 자체가 버터필드가 《역사의 휘그주의 해석》에서 세운
원리에 반하는 것으로 보였다.***14 실제로 그러했다. 그러나 잘못은 그의
초기 원리에 있는 것이 아니라 나중의 실행에 있었다. 왜냐하면 우리가 우
리 자신의 세계를 이해하기 위해서는 근대 과학의 기원을 꼭 이해할 필요
가 있기 때문이다.

** 그는 이 점에서 옳지 않았다는 것을 분명히 해야 한다. 나는 판단을 내릴 수 없는 사람이 기록한 노예제도에 대한
설명을 아무도 읽고 싶어하지 않을 거라고 믿는다.

*** 버터필드는 일관성 있는 목소리를 내지 못했다. '휘그 역사가의 근본적인 그릇된 개념의 결과는 결코 기원에 대
한 역사가의 탐구에서보다 더 명백하지 않다.' '역사는 기원에 대한 연구가 아니라, 그것에 의해 과거가 우리의 현재로
바뀌게 된 모든 중재(조정)에 대한 분석이다.' Butterfield, *The Whig Interpretation of History*(1931), 42-3, 47. 그
의 관점의 진화에 대해서는 Sewell, 'The "Herbert Butterfield Problem" and Its Resolution'(2003)을 참고.

2

대체로 최근의 학자들은 마지못해 '과학혁명'이라는 용어를 수용한다. 그러나 많은 이들은 그 용어를 분명하게 거부한다. 스티븐 셰이핀Steven Shapin의 《과학혁명The Scientific Revolution》(1996)의 첫 문장은 자주 인용된다. "과학혁명이라는 사건은 존재하지 않는다. 이 책은 이에 관한 것이다."[15] 이 용어에 대한 그들의 주된 거부감은 버터필드가 당연시했고 논의의 필요를 느끼지 못했던 역사 연구의 한 특징, 즉 언어는 역사가들의 주된 작업 도구라는 사실을 향하고 있다.[16] 버터필드의 《역사의 휘그주의 해석》의 대강은 역사에서 시대착오적 사고에 대한 비판이다. 그러나 버터필드는 시대착오의 근본적인 원천을 논의하지 않는다. 우리가 과거에 관해 서술할 때 사용하는 언어는 그 당시 사람들이 말하던 언어가 아니다.* 버터필드의 주장이 1988년 에이드리언 윌슨Adrian Wilson과 애슈플랜트T. G. Ashplant에 의해 재진술되었을 때 역사가의 과업이 직면한 중심적 특징은 과거로부터 살아남은 텍스트가 외국어라고 해도 될 정도의 것으로 기술되어 있다는 사실이었다.** 갑자기 '혁명'이라는 단어에 우리가 미처 몰랐던 뜻이 있는 것처럼 보였다. '과학'이라는 단어도 마찬가지였다. 이것은 그들의 것이

---

* 《근대 과학의 기원》에는 언어에 대한 어렴풋이 빛나는 관심이 있다. 예를 들어, 계몽주의의 기원에 대한 논의에서 그는 이렇게 언급한다. "'이성'은 한때 길고도 집중적인 훈련을 통해 양성되어야 할 대상이었으나 그 단어의 의미는 이제 변하기 시작해서 아무나 그것을 지니고 있다고 말할 수 있다. 특히 그의 마음이 교육과 전통에 의해 훼손되지 않았다면 말이다. '이성'은 사실상 오늘날 우리가 상식이라고 부르는 것에 더 부합하게 되었다."(170)

** Wilson & Ashplant, 'Whig History'(1988). 이 인식의 중요한 출처는 Skinner, 'Meaning and Understanding in the History of Ideas'(1969)이다. (원래 진술된 스키너의 논증은 비트겐슈타인으로부터 나왔다. 비록 이것이 그의 개정본(2002)에서는 덜 분명하지만 말이다. Wootton, 'The Hard Look Back'(2003)) 이것은 Shapin & Schaffer, *Leviathan and the Air-pump*(1985), 그리고 Cunningham, 'Getting the Game Right'(1988)와 함께 뒤늦게 과학사에 영향을 미치기 시작했다.

아니라 우리의 단어이기 때문이다.•••

'과학science'이라는 말은 '지식knowledge'을 의미하는 라틴어 scientia에서 유래했다. 휘그 사관에 대한 버터필드의 거부감이나 비트겐슈타인으로부터 유래하는 견해에 의하면 진리 혹은 지식은 사람들이 옳다고 생각하는 바로 그것이다.•••• 이 견해를 따르면 점성술도, 신학도 한때는 과학이었다. 중세 대학에서 필수 과목은 일곱 가지 교양 '기예arts'와 '과학science'이었다. 문법, 수사학, 논리학, 수학, 기하학, 음악, 천문학(점성술 포함).¹⁷ 이것들은 현재 일곱 가지 교양 과목Liberal arts이라고 불리지만 원래는 기예 (실용적 기술)와 과학(이론 체계)이라고 불렸다. 예를 들면 점성술은 응용 기술skill이었고 천문학은 이론 체계였다.••••• 이들 기예와 과학 과목은 학생들에게 나중에 전공할 철학과 신학, 의학, 법학의 토대를 제공했다. 이들 전공과목들도 역시 '과학'이라고 불렸다. 그러나 철학과 신학은 순수한 개념적 탐구였고 수반하는 응용 기술이 부족했다. 그것들은 물론 실용적 함의와 응용이 있었지만 — 신학은 설교의 기예에 적용되었고 철학자들이 배운 윤리학과 정치학은 실용적 함의가 있었다 — 응용신학이나 응용철학에 관한 대학 강좌는 없었다. 그것들은 기예가 아니었다. 지금 우리가 아는 대로 철학이 과학이 아니라 기예art(여기서는 인문학을 의미한다-옮긴이)

••• 온라인 옥스퍼드 영어사전 최신판(2014년 3월)에 따르면 (자연)과학에 관한 혹은 관련된 것을 의미하는 '과학적'이라는 말은 1675년에 맨 처음 사용되었다. 1757년까지 추가로 사용된 기록은 없다. 근대적 의미(물리적 우주의 현상과 법칙에 관련되는 연구 분야를 아우르는 지적, 실용적 활동)로서의 '과학'이라는 말은 1779년에 처음 사용되었다(이는 근대적 의미로서의 '과학적'이라는 말의 초기 용법을 곤혹스럽게 만든다. 그러나 앞으로 보겠지만 이렇게 규정된 의미로서의 '과학'이라는 말에는 훨씬 이른 용례가 있다).

•••• 따라서 셰이핀은 말한다. '역사가, 문화인류학자, 지식사회학자에게 진리를 받아들여지는 믿음으로 간주하는 일은 방법론의 핵심이며 올바른 것이다'(Shapin, *A Social History of Truth*(1994), 4). '더 자세한 주석' 중 '상대주의와 상대주의자에 관한 주석' 1항을 참조하라.

••••• 교육받은 사람의 인문 교양, 기예와 별도로 육체노동과 관련된 많은 기예(금세공, 석조 같은 기계적 기예)가 존재했다.

42

에 속한다고 주장하는 것은 당시로서는 이해하기 어려운 일이었을 것이다.*

게다가 이들 학문은 계급 구조를 지니고 있었다. 신학자들은 철학자들에게 불멸의 영혼에 대한 믿음의 합리성을 입증하도록 명령할 자격이 있었다(비록 아리스토텔레스는 이 관점을 취하지는 않았지만 말이다. 영혼의 불멸성에 반대한 철학적 논증은 1270년 파리의 신학자들에 의해 규탄되었다). 철학자들은 수학자들에게 오직 원운동만이 균일하고 영원하며 불변하기 때문에 천체의 운동이 원운동임을, 그리고 지구가 천체의 중심에 있다는 것을 증명하도록 명령할 권리가 있었다.** 과학혁명은 기본적으로 철학자들의 권위에 대한 수학자들의 성공적인 반역, 신학자의 권위에 대한 철학자들과 수학자들의 성공적인 반란으로 표현할 수 있다.[18] 이 반란의 나중 예로 뉴턴의《자연철학의 수학적 원리》(이 도전적인 제목은 의도적이다)가 있다.*** 이른 예로 들 수 있는 레오나르도 다빈치(1519년 사망)는 유고《회화론Trattato della pittura》****에서 "인간의 어떤 탐구도 만일 그것을 수학적으로 증명할 수 없다면 진정한 과학이라 볼 수 없다. 만일 당신이 마음에서 시작하여 마음으로 끝나는 과학이 진리라고 말한다면, 그것은 용인되어서는 안 되고, 여러

• 신학은 언제 과학이 되기를 멈추었는가? 아마 Temple, *Miscellanea: The Third Part*(1701), 261을 참고하면 될 듯하다.

•• 그래서 조세포 차를리노Gioseffo Zarlino는 음악의 과학을 철학에 종속된 것으로 묘사했다(Zarlino, *Dimostrationi harmonische*(1571), 9). 1611년에 로마의 예수회 천문학자들이 금성이 태양 주위 궤도를 돈다는 것을 인정했을 때, 그들은 이런 반항에 익숙하지 않았던 철학자들에게 창피를 준 셈이었다(Lattis, *Between Copernicus and Galileo*(1994), 193).

••• 뉴턴 이전에는 케플러가 있었다. 케플러의《새로운 천문학Astronomia nova》(1609)은 의도적으로 수학자(천문을 다루는)의 세계와 자연철학자(자연의 운동과 원인을 다루는)의 세계를 융합했다.

•••• 1651년 처음 출판되었다. 텍스트는 1540년경 제자 프란체스코 멜치가 레오나르도의 노트를 토대로 구성했고, 원고 형태로 오랫동안 유포되었다.

이유에서 부정되어야 한다. 주로 마음의 활동에는 경험•••••에 의한 시험이 빠져 있고, 이것이 없으면 그 어느 것도 확실할 수 없다"고 말했다. 이 말 속에서, 기술자이면서 예술가이기도 한 레오나르도는, 마음에서 시작하여 마음에서 끝나는 아리스토텔레스적인 과학을 거부하고, 과학을 수학적이며 동시에 경험에 기반을 둔 지식으로 한정했다. 산술, 기하학, 원근법, 천문학(지도 제작법 포함), 음악 등을 그 예로 들었다. 그는 수리과학이 간혹 기계적이라고 폄하되는(손으로 하는 노동과 밀접하게 관련되었다는 오명을 씀으로써) 것을 깨달았다. 하지만 그는 수리과학만이 진정한 지식을 창출할 수 있다고 주장했다. 이후 레오나르도의 독자들은 그가 진정성을 가지고 그러한 주장을 했는지 믿을 수 없었지만, 그는 확실히 그것을 믿었다.[19] 수학자들의 이러한 반란의 결과로 근대에 철학은 순수과학에서 그저 기예로 강등되었다.

  철학의 핵심적 부분은 자연에 대한 탐구였다. 자연nature이라는 용어는 라틴어 natura에서 왔는데 이는 그리스어 physis에 해당된다. 아리스토텔레스주의자들에게 자연의 탐구는 세계를 변화시키는 것이 아니라 세계를 이해하는 데 있었다. 따라서 자연의 탐구에는 기예art 혹은 기술이 포함되지 않았다. 아리스토텔레스에게 이상적인 과학은 논란 없는 명백한 명제로부터의 일련의 논리적 연역으로 구성되어 있다.••••••

  아리스토텔레스 자연철학에 대한 대안, 그 자체를 처음 '새로운 철학'(1611년 존 던이 도입한 용어)이라고 부른 대안이 17세기에 전개되었을

••••• 레오나르도는 다음과 같은 인상적인 방식으로 자신을 나타냈다. 'Leonardo Vinci disscepolo della sperientia'(레오나르도, 경험의 제자)(Nicholl, Leonardo da Vinci(2004), 7).

•••••• 아리스토텔레스에 대한 자세한 논의는 3장의 3절과 4절을 참조하라.

때, 새로운 지식을 표현할 어휘를 찾을 필요가 있었다.* 현대 영어에서 우리가 사용하는 단어 'science'는 너무 막연했다. 우리가 살펴보았듯이 이미 많은 과학들이 존재했다. 가장 흔히 채택된 하나의 선택은 라틴어에 기원을 둔 자연철학natural philosophy과 자연철학자natural philosopher라는 용어를 계속 사용하는 것이었다.** 이것들은 높은 지위, 높은 급여와 연관된 용어였으므로 새 철학자들은 이 용어들에 대한 소유권을 주장하는 것이 불가피했다.[20] 예를 들면, 수학 교수였던 갈릴레이는 1610년 토스카나 대공의 철학자가 되었다.*** (홉스는 갈릴레이가 전 세기에 걸쳐 가장 위대한 철학자라고 말했다.)[21] 어떤 사람에게는 유일한 진짜 철학은 자연철학이었다. 따라서 과학 실험에 헌신한 최초의 사람들 중 한 명인 로버트 훅Robert Hooke은 "철학의 과업은 물체의 본성과 성질에 관한 완전한 지식을 발견하고 이 지식을 이용하는 방법을 알아내는 것이다"라고 과감하게 말했다. 이것이 그가 말한 '진정한 과학'이었다.[22] 이러한 '철학'과 '철학자'라는 용어의 사용은 생각보다 오래 지속되었다. 1889년 로버트 헨리 서스턴Robert Henry Thurston은 《증기기관의 철학의 발전The Development of the Philosophy of the Steam Engine》을 출간했다. 여기에서 '철학'은 '과학'을 뜻했다.

그러나 '자연철학'이라는 용어는 마치 새 철학이 오래된 것 같고, 실용성이 없음을 암시하기 때문에 만족스럽지 못했다. 다른 선택이 있었는데, 그것은 '철학'이라는 용어를 피하면서 이미 존재하는 문구 '자연과학'

• '새로운 철학'을 제시했다고 주장한 최초의 책은 프란체스코 파트리치Francesco Patrizi의 반아리스토텔레스적 저술 《새로운 보편철학Nova de universis philosophia》(1591)인 것으로 보인다.

•• philosophia와 philosophus가 고전 라틴어에 도입되었다는 점에서 라틴어에 기원을 두었다고 해도 무방하다. 비록 그것들의 기원은 그리스어이지만 말이다.

••• 갈릴레이는 Filosofo e matematico primario del ser^{mo} Gran Duca di Toscana라는 직함을 사용한다. 갈릴레이는 대공의 유일한 철학자였고, 그 시대의 수학자 중 최초였다.

을 사용하는 것이었고, 이런 어법은 17세기에 통상적으로 사용되었다.••••
(19세기가 되어서야 '과학'이 '자연과학'의 약어로 사용되게 되었다.) 훨씬 더 일
반적인 용어 '자연지식'도 사용 가능했다. 자연을 공부하는 사람을 가리
키는 명칭도 필요했다. 따라서 16세기 후반에 '박물학자naturalist'라는 새
로운 단어가 출현했다. 이 명칭은 이후 특별히 생물을 연구하는 사람들을
부를 때 사용되었다(1755년 존슨 박사는 자신의 사전에서 박물학자를 '자연철학
에 정통한 사람'이라고 정의했다). 박물학자에 대한 대안으로 '자연사가natural
historian'라는 용어가 있는데, 이는 플리니우스의 《박물지Naturalis historia》(78)
에서 유래했다. 그러나 플리니우스의 명성은 새 과학의 출현으로 추락했
고, 정교하지 않은 자연사는 더 정교한 관찰 프로그램에 의해 대체되고 있
었다.

만일 라틴어가 완벽한 해법을 제시하지 못한다면 그리스어는 어떤
가? 분명한 해결책은 'physic(s)'(혹은 'physiology')와 'physician'(혹은
'physiologist')이었다.••••• 이 한 세트의 용어들은 그것들의 그리스어 원어
와 같이 생물이든 무생물이든 자연에 대한 탐구 전체를 포함했다. 따라서

•••• 변형과 철자 변화를 포함해서 조사해보면 Early English Books Online(EEBO)에는 245회의 용례가 나타
난다. 'science natural'은 29회, 'science of nature'는 8회 더 나타난다. 갈릴레이가 사용한 이 용어에 대해서는
15장 시작 부분을 참조하라. 대안이 되는 용어는 'physical science'이었다(25회). 프랑스어에 관해서는, 예를 들어,
Dupleix, La Physique, ou science naturelle(1603)을 보라. 내가 찾을 수 있는 단수형의 science naturelle의 예
는 1586년, 복수형은 1537년이다. 이탈리아어에서는 차를리노가 물질적 실체의 탐구를 scienza naturale, 혹은
fisica라고 불렀다(Zarlino, Dimostrationi harmoniche(1571), 9). 음악은 절반은 물리학적이고 절반은 수학적인 혼합 과
학이었다. 에이드리언 존스는 '근대 초기 사회에는 과학이 없었다'고 말했다(Johns, 'Identity, Practice and Trust'(1999),
1125 — 나는 초록을 인용한다. 또한 Johns, The Nature of the Book(1998), 6n. 4, 그리고 42-4을 참조하라. '어떤 의미에서 초
기 근대 과학의 역사는 더이상 존재하지 않는다.'). 어디서도 그는 '자연과학'과 같은 것이 존재했음을 인정하지 않는다. 원문
에서 그는 'physiology', 'physics' 등이 아니라 오직 자연철학과 수학을 고려한다. scientia가 오직 '확실한, 입증할
수 있는 지식'을 가리킨다고 주장하면서, 그는 17세기에 그 용어가 가졌던 의미에 대한 근본적인 오해를 보여준다. 두
가지 예만 들면, 음악 이외에, 지리학과 해부학은 과학이었다. 동일한 혼란('케임브리지 학파의 오류'라고 불릴 수 있는)이
Cunningham, 'Getting the Game Right'(1988)와 Henry, The Scientific Revolution(2008) 4-5에서도 발견된다.

••••• 세 번째 용어도 있었다. 이제는 완전히 사라진 'physiologer'이다.

1661년에 출간된 보일Boyle의 《물리학 에세이Physiological Essays》는 자연과학 전체에 대한 것이었다. 그러나 이 용어들은 이미 의사들이 점유하고 있었고(의학은 오랫동안 자연의 과학에 기반을 둔 유일한 '기예'였다) 이것은 상당한 불편을 야기했다. 그럼에도 불구하고 17세기 후반의 영국 지식인들은 (의학을 의미하는 'physick'에 대치되도록) 'physicks'를 자연에 관한 지식 혹은 '자연철학'이라는 뜻으로 사용했다. 장로교 목사인 리처드 백스터Richard Baxter에게 '진정한 물리학은 하느님의 작업에 관한 (우리가 알 수 있는) 지식'이었고, 1698년, 새 과학에 대한 강연을 했던 존 해리스John Harris에게는, 비록 어떤 이들은 '몸의 구성체를 가르치는 물리학의 부분'(생리학)으로 'physiology'라는 용어를 사용하기도 하지만, '물리학physiology은 자연체에 대한 과학'이었다.[23] 여기서 해리스는 18세기 후반까지 보편적으로 여겨지던 의미, 인체 생물학의 연구(생리학)의 의미로 사용되기 이전의 의미로 'physiology'를 사용하고 있다. 자연철학을 연구하는 사람은 '물리학자physiologist'였다. 19세기가 되어서야 'physiology'는 의사들에게 명확히 이양되었다. 반면에 자연과학자들은 '물리학physics'을 재정의하여 '생물학biology'(1799년 창안된 단어)을 배제했다. 'physics'와 병행하여 '물리학자physicist'라는 새 용어도 도입되었다.[24]

더 나아간 해결책은 새로운 지식이 (지금 우리가 물리학이라고 부르는 것을 포함하는) 전통적인 자연철학의 학문 분야와 (역학과 천문학을 포함하는) 수학 사이에서 넘나드는 방식을 반영하는 용어를 창안하는 것이었다. 따라서 '물리-수학physico-mathematical'이나 '물리-역학 실험physicomechanical experiments'과 같이 '물리-역학'이라는 용어뿐 아니라 '기계론 철학mechanical philosophy'이나 '수리철학mathematical philosophy' 같은 합성어도 생겨났다.*

이렇듯 우리는 '자연철학'과 '과학'(19세기에 '자연철학'은 '과학'이 되었다)

이라는 두 용어에 나타난 변환만을 다루고 있지는 않다.[25] 그 대신 용어들 사이에는 복잡한 관계망이 존재한다. 한 용어의 의미 변화는 모든 다른 용어의 의미 변화를 수반한다.[26] 과학의 언어에 있어서 19세기의 가장 현저한 혁신은 '과학자scientist'라는 단어의 도입이었다. 그러나 윌리엄 휴얼William Whewell이 그 용어를 만든 1833년 이전에는 과학자라 불리는 사람이 존재하지 않았다는 사실이 자연과학의 전문가를 뜻하는 단어 자체 — 그들은 박물학자 혹은 'physiologist' 혹은 'physician'으로 불렸다 — 가 없었다는 의미는 아니다. 이탈리아어로는 'scienziati', 프랑스어로는 'savant', 독일어로는 'Naturforscher', 영어의 'virtuosi'가 이에 해당된다.[27] 로버트 보일의 《기독교도 거장Christian virtuosi》(1690)은 '실험 철학에 몰두하는' 사람들에 관한 책이다.[28] virtuosi 같은 단어가 진부하게 여겨지면서 이것은 'men of science(과학가)'로 대체되었고 이 용어는 16, 17세기 교양 및 철학 교육을 받은 모든 사람을 지칭할 때 사용되었다. 그러나 18세기 동안에는 우리가 현재 '과학자scientist'라고 부르는 사람을 지칭하는 한정된 의미로 사용되기 시작했다.••

• 이것들 중 대체로 가장 흔한 것은 '기계론 철학'(EEBO 62회)과 '물리-역학'(122회)이었다. '실험 철학'(352회 — '실험 자연철학'은 24회)은 더 흔했다. '수리철학자'는 '자연철학자'와 대비되어 Benedetti, *Consideratione*(1579), 15에서 발견된다. 이후 그는 naturale의 다른 의미로 말장난을 한다: 수리철학자는 높이 평가해야 할 유일한 사람들이다. 왜냐하면 자연철학자들은 그저 '자연적natural'(단순하다는 의미)이기 때문이다. '자연철학'이라는 용어는 1650년 이전 시기에는 문제가 없지 않다. 길버트는 philosophia naturalis라는 용어를 《자석에 관하여De magnete》에서 옛 사고방식을 지칭하여 오로지 한 차례 사용했다(Gilbert, *De magnete*(1600), 116). 그리고 갈릴레이의 《대화》에서 그 용어는 세 차례 나타나는데 모두 아리스토텔레스 철학을 지칭할 때이다. 그 자신이 신학자, 철학자, 수학자인 마랭 메르센Marin Mersenne이 파악하는바, 갈릴레이는 철학자가 아니라 '수학자 겸 기술자'였다(Garber, 'On the Frontlines of the Scientific Revolution'(2004), 151-2, 156-9). 자연철학이 중요한 범주가 된 것은 1640년대부터인데, 데카르트의 영향 때문이었다.

•• 옛 용례를 보려면, Woodward, *Dr Friend's Epistle to Dr Mead*(1719); 새로운 용례는 Jurin, *A Letter to the Right Reverend the Bishop of Cloyne*(1744), 18에서 볼 수 있다: '나리, 무례하지만 나는 장담합니다. 입심이 좋아서 부인들에게 아무리 잘 통하더라도 나리의 독단적인 주장은 과학가와 함께한다면 경험과 잘 확립된 지식에 반厦하지 않을 것입니다. 나리, 불이 유리에서 소금을 뽑아낼 수 없듯이, 물이 타르에서 석유를 뽑을 수 없다는 것을 화학자가 당신에게 알려주듯이, 나에게 그만 한 것들을 제안하도록 충분히 휴가를 주십시오.'

'과학자'라는 단어는 명백하게 라틴어와 그리스어의 비정통적 합성으로 만들어졌기에 매우 서서히 자리를 잡아나갔다. 지질학자 애덤 세지윅 Adam Sedgwick(1873년 사망)은 휴얼이 쓴 책 가장자리에 '그러한 야만에 의해 우리 혀를 짐승 같게 하느니 차라리 죽는 것이 낫다'라고 낙서했다.[29] 1894년, 토머스 헉슬리(다윈의 불독)는 영어에 대한 존경심을 가진 사람은 아무도 그 단어를 쓰지 않을 것이라고 주장했다. 당시 이러한 입장을 취한 사람은 그만이 아니었다.* 이러한 측면에서 '과학자'와 논란이 없는 단어인 '현미경 사용자microscopist'(1831)를 대조해볼 수 있는데, 후자는 그리스어 원전에서 나온 말이므로 적절하게 형성된 것이었다.[30] 다른 유럽 언어를 살펴보면 오직 포르투갈어만이 합성어인 'cientista'를 만들어 영어를 따라갔다. 1833년 이전에는 그 단어가 필요하다고 깨닫지 못해서 'scientist'

---

* Ross, '"Scientist": The Story of a Word'(1962), 78. 휴얼은 한 단어의 반대말은 어원에 기초하고 있음을 이해했다. '영국 과학진흥협회의 한 모임에서 어떤 영리한 신사(휴얼 자신)는 예술가artist와 유비적으로 과학자scientist라는 단어가 형성될 수 있으며, 사이비 학자sciolist, 경제학자economist, 무신론자atheist라는 단어를 사용할 때 이 어미를 마음대로 사용하는 데 거리낌이 없을 것이라고 말했다 — 그러나 이것은 일반적으로 구미에 맞지는 않다.'(Whewell, 'On the Connexion of the Physical Sciences'(1834), 59) 1834년, 휴얼이 출판을 통해 이 문제를 제기한 동기는 과학자가 man of science와 달리 성별-중립적이기 때문이기도 했다 — 그는 과학 저술가인 메리 서머빌이 쓴 책을 검토하고 있었다. 수년 후 그는 과학 언어에 대한 일반적 논의의 맥락에서 이 문제로 되돌아왔다. 거기서 그는 이렇게 주장했다. '단어의 파생에서 여러 언어를 결합하는 것은 일반적으로 피해야 하지만 어떤 경우에는 허용될 수 있다.' 그리고 나아가 (일반적 관점에 반하여) '-ist라는 어미는 모든 기원의 단어들에 적용된다. (…) 따라서 우리는 필요 시 그러한 단어들을 만들 수 있다. 우리가 물리학의 개척자로 physician을 사용할 수 없기에 나는 그 사람을 physicist라고 부른다. 우리는 과학의 개척자를 일반적으로 표현할 이름이 절실히 필요하다. 나는 그를 과학자라고 부르고 싶다. 따라서 우리는 예술가는 음악가, 화가 혹은 시인이듯이 과학자는 수학자, 물리학자 혹은 박물학자라고 말할 수 있다'고 주장했다. (Whewell, The Philosophy of the Inductive Sciences(1840), cvi, cxiii; 'artist'는 라틴어-그리스어 혼합으로 보이지만 실제로, 'dentist'와 같이 프랑스어에서 수입되었다.) 그러나 휴얼의 주장에도 불구하고 '과학자'라는 단어는 왕립학회 회원 190명을 연구한 Galton의 English Men of Science(1874)에는 나타나지 않는다. 구글 엔그램ngram에 의하면, 1882년 'scientist'+'scientists'는 'man of science'+'men of science'보다 더 빈번히 사용되었다. 그해는 영국 과학진흥협회의 연례 회장 연설에서 '과학자'라는 단어가 처음 사용된 해였다. 그러나 위대한 생물학자(이자 고전학자)인 다시 웬트워스 톰슨D'Arcy Wentworth Thompson은 1920년대에도 그 단어의 사용을 피하고 있었다. 예상할 수 있듯이, 그 단어는 과학자들이 계속 고전 교육을 받은 영국에서보다 북미에서 더 급속도로 인기를 끌었다. Ross, '"Scientist": The Story of a Word'(1962); Secord, Visions of Science(2014), 105(그는 그 단어는 '깔아뭉개는 말putdown'을 의미한다는 게 휴얼의 의도였다고 잘못 주장하고 있다. 휴얼이 하나의 예로 '사이비 학자'를 사용한 이유는 과학이 영예로운 소명이 아니라고 말하고 싶어서가 아니라, 그것이 예외적으로 그의 반대자들이 받아들일 수 없다고 거부한 종류의 라틴어-그리스어 혼합임을 말하고 싶어서였다); Barton, 'Men of Science'(2003), 80–90 그리고 n. 33.

라는 단어가 만들어지지 않은 것이라는 주장은 잘못된 것이다. 그러한 역
할을 수행할 단어의 필요성은 오랜 기간 동안 인식되었다.[31] 문제는 적합
한 단어, 다른 용법으로 사용되지 않고 있으며 적절하게 구성된 단어를 찾
는 일이 난관이라는 것이었다. 그래서 그 단어에 대한 요구가 거세졌을 때
단어 형성의 기본 규칙 중 하나로 생각되는 것을 깨뜨림으로써 난관이 극
복되었다. 기본적으로 'scientist'는 오랫동안 존재해왔던 어떤 유형의 사
람을 지칭하는 새롭고 유용한 단어였다.[32]

　'과학적scientific'이라는 단어는 고전적인 'science'와 19세기 'scientist'
사이에서 생겼다. Scientificus(과학 혹은 지식을 뜻하는 scientia와 만든다는 뜻
의 facere에서 유래)는 고전 라틴어 단어가 아니다. 이것은 6세기 초반에 보
에티우스가 만든 말이었다. 영어에서는 1589년의 한 텍스트에 몇 차례 등
장하는 것 이외에 'scientific'이라는 단어는 1637년까지는 나타나지 않았
다가 이후 점차 보편화되었다. 여기에는 세 가지 주요 의미가 있다. 한 특
정 유형의 전문성(기능적mechanical이지 않은), 학자 혹은 신사(상인이 아닌)의
학문, 논증 방법(아리스토텔레스의 삼단논법처럼)이 그것이다. 그러나 셋째
의미는 과학혁명의 새로운 과학을 의미한다. 프랑스어의 scientifique는
먼저 14세기에 '지식을 만드는'이라는 의미로 도입되었다. 17세기에 그것
은 추상적, 사변적 과학을 뜻하는 데 사용되었고, 1895년 영어가 널리 사
용되기 시작했을 때 영어의 'scientist'와 같은 의미로 사용되었다.[33]

　물론 각각의 유럽 언어에서 그 용법은 약간 달랐다. 17세기 프랑스
어에서는 영어 'physician'과 'naturalist'에 해당되는 'physicien'과
'naturaliste'를 찾을 수 있다. 프랑스에서는 'physicien'이 한 번도 의사
를 뜻하는 용어로 사용된 적이 없었으므로 자연과학자를 뜻하는 말로 편
리하게 사용 가능했고 영어의 '물리학자physicist'에 대응하는 용어로 진화

50

했다.* 반면에 이탈리아에서는 16세기에 'fisco'와 의학 간에 결합이 견고
했고 새 철학자들은 스스로를 'fisici'라 불렀다.**34** 그러나 당시 이탈리아에
는 영어와 프랑스어에는 없는 'scienziato(지식인)'라는 단어가 이미 존재
했다(scientiste라는 말은 맹목적으로 과학적인 것을 숭배하는 사람을 경멸적으로
지칭할 때 주로 사용되었다).

　흔히 그러하듯이 '과학자'가 존재하기 전에는 과학이 없었다고 주장하
는 것은 17세기에서 19세기에 이르는 자연에 대한 지식과 그 탐구자들
의 언어의 진화에 대한 무지를 드러내는 것이다.**35** 17세기에 '과학'과 '과
학자'라는 단어를 사용하기 주저했던 사람들은 그것들이 시대착오적이라
는 것을 확신하여, 모든 역사는 한 언어에서 다른 언어로의 번역을 포함
하며 '과학'이라는 것은 완전히 상식적인 일이 된 17세기 용어 '자연과학'
의 준말(마찬가지로 '과학자'라는 용어도 'naturalist', 'physiologist', 'physician',
'virtuoso'의 대체 용어다)이라는 사실을 몰랐다. 왕립학회가 될 단체의 첫
정규 모임은 '물리-수리-실험 지식Physico-Mathematicall-Experimentall Learning'을
증진하는 연합체를 결성하는 문제를 논의했다. 그들은 자신들의 활동이
전통적으로 이해되던 자연철학이 아니라 철학자들의 영역을 침범한 수학
자들이 생산하는 새로운 유형의 지식임을 분명히 했다.**36**

　어떤 이들은 17세기에는 과학자가 점유할 직업적 역할이 없었기 때문에
과학자가 존재하지 않았다고 주장했다. 그들은 '스튜어트 왕조 시기의 영
국에는 과학자가 없었다. 우리가 과학자라는 이름으로 함께 묶어 부른 모
든 이들은 정도의 차가 있으나 호사가였다'고 말했다.**37** 같은 논리로 홉스,

---

* 프랑스어에서도 복수가 아닌 단수로 physic을 볼 수 있는데 이는 자연과학을 뜻한다. 예를 들어, Daneau, *Physique françoise, comprenant … le discours des choses naturelles, tant célestes que terrestres, selon que les philosophes les ont descrites*(1581).

데카르트, 로크는 철학자가 아니었다. 아무도 그들에게 철학서를 저술한 대가로 급여를 제공하지 않았다. 이런 논리를 따르면 17세기의 유일한 적법한 철학자들은 대학이나 예수회 학교에 고용된 스콜라 철학자들이었다. 새 철학자와 같이 몇몇 새 과학자들은 이러한 의미에서 전문 직업이 아닌 순수한 아마추어였다. 보일의 법칙으로 유명한 로버트 보일은 원래 부유했으며, 그에게 직업을 갖는 일은 백작 아들로서의 체면을 손상시켰을 것이다. 과학적 질문을 방대하게 저술한 존 윌킨스John Wilkins는 성직자였고, 결국 주교가 되었지만, 1662년 왕립학회가 설립되었을 때 (올리버 크롬웰에 의해) 옥스퍼드 머튼 칼리지와 케임브리지 트리니티 칼리지의 학장으로 임명되었다. 그의 대학 직위는 왕정복고로 끝이 났고 그는 다시 교회로 돌아가지 않을 수 없었다.** 물론, 찰스 다윈 역시 직업적 과학자가 아닌 아마추어였다.***

그러나 새로운 과학이 기본적으로 아마추어, 즉 보수가 없는 활동이라고 생각하는 것은 큰 잘못이다. 이러한 점에서 그것은 홉스, 데카르트, 로크의 철학과 달랐다. 그들은 직업에 종사하지 않았지만, 새로운 과학자들은 대부분 보수를 받고 고용되어 과학 활동을 했다. 조반니 바티스타 베네데티Giovanni Battista Benedetti(1530~1590, 사보이 공작에게 고용된 수학자, 철학자),**** 케플러(신성로마제국 황제에게 고용된 수학자), 갈릴레이(18년간 수학 교수)는 호사가나 아마추어가 아니었다. 그들은 비록 어떤 문제

** 성직자로 임명되는 것이 거의 모든 옥스퍼드 및 케임브리지 대학의 교수 및 연구원fellowship이 되는 조건이었다. 따라서 영국에서 거의 모든 학자들은 성직자였다.

*** 내가 아는 한, 다윈은 스스로를 '과학자'라고 한 적이 없다. 그러나 1892년까지는, '박물학자'가 자연과학 연구자를 지칭하는 올바른 일반적 용어라고 주장하는 일이 여전히 가능했다(OED s.v. naturalist).

**** 공작의 철학자라는 주장에 대해서는 Consideratione(1579)를 참조하라. 공작의 수학자라는 주장에 대해서는 De temporum emendatione opinio(1578)의 속표지를 보라.

들에 대해 그 자신들이 구한 해답이 대학에서 가르치는 것과는 달랐지만, 대학 교과목의 한 부분이었던 문제들을 다룬 직업적 수학자였다. 우리가 보았듯이 튀코 브라헤는 국가적 지원을 받았다. 수학 기구 제작과 지도 제작은 모두 영리사업이었다(예를 들어, 헤라르뒤스 메르카토르Gerardus Mercator(1512~1594)는 두 가지 모두를 수행했다).

스튜어트 왕조기의 영국에서도 그런 사람이 부족했던 것은 아니었다. 로버트 훅(1703년 사망), 드니 파팽Denis Papin(1712년 사망), 그리고 프랜시스 혹스비Francis Hauksbee(1713년 사망)는 모두 왕립학회에서 보수를 받고 실험을 수행했다. 이들 중 훅만 정기적인 월급을 받았다.* 왕립학회의 설립 멤버이자 건축가로 명성이 높은 크리스토퍼 렌Christopher Wren은 런던의 그레셤 칼리지(1597년 설립) 천문학 교수를 거쳐 옥스퍼드 대학의 새빌리언 석좌교수Savilian Professor of Astronomy(1619년 제정)로 있었다. 천문학은 보편적으로 수학의 한 분과로 간주되었고, 건축도 수학적 기술이 필요했다. 아이작 뉴턴도 케임브리지 대학의 루커스 수학 석좌교수Lucasian Professor of Mathematics(1663년 제정)였다. 새로운 과학자들이 차지한 직업적 역할이 있었다는 것에 관한 한, 그것은 거의 수학자의 역할이었으며, 많은 사람들이 그 두 대학 바깥에서 수학을 활용한 직종에 종사했다. 예를 들어, 토머스 딕스Thomas Digges(1546~1595)는 엘리자베스 시대의 거대 토목공사와 도버항의 재건에 중요한 역할을 했으며, 영국을 선거군주제로 바꾸려고 노력했다. 천문학자, 항해가, 지도 제작자, 군사 엔지니어의 기술을 가진 토머스 해리엇은 롤리Raleigh의 로어노크Roanoke(미국 버지니아 주 서남부) 원정대에

---

* 존 테오필루스 데사귈리에John Theophilus Desaguliers가 그들 뒤를 이었다. 그는 1716년부터 1743년까지 실험 책임자의 역할을 수행했다.

고용되기도 했다(1585).[38] 그러므로 많은 수학자들은 새로운 철학이 자신의 전문 직업에 잘 부합한다는 것을 알았다.[39] 그래서 자연스럽게 새로운 과학의 핵심적 주제들은 17세기 수학자들이 몰두한 천문학, 점성술, 항해술, 지도 제작, 측량, 건축, 탄도학, 수력학 등과 잘 부합되었다.[40]

17세기에 관해 논할 때 '과학'이나 '과학자' 같은 용어가 변화가 일어난 진정한 시기를 표시하는 것이라면 이 용어들을 피하는 것이 합리적일 테지만, '과학'은 단지 '자연과학'의 줄임말일 뿐이며 '과학자'는 과학의 본질과 과학자의 사회적 역할의 변화를 특징짓는 것이 아니라 19세기에 생겨난 고전 학문의 문화적 중요성의 변화, 기초적인 고전 교육조차도 받은 적이 없는 과학사가에게는 도저히 이해할 수 없는 변화를 특징지을 뿐이다.

3

비록 코페르니쿠스, 갈릴레이, 뉴턴은 자신들의 생각의 중대성을 잘 알고 있었고 우리는 그들의 업적이 혁명적이라고 표현할 수 있지만, 그들은 결코 스스로에게 '나는 혁명을 일으키고 있다'고 대놓고 말한 적이 없다. '혁명'이라는 단어는 뉴턴 생존 시에도 큰 규모의 변혁이라는 의미로 사용되는 일이 드물었고, 그가 《프린키피아》를 발표한 다음 해인 1688년의 명예혁명Glorious Revolution 이전에는 거의 사용되지 않았다. 그때조차도 그것은 처음에는 정치적 혁명에 국한되어 있었다.[*41] 버터필드는, 역사가는 그 시대를 살고 있었던 사람들의 시각으로 세계를 이해하려고 노력해야 한다는 점을 강조했다.[**] 맞는 말이지만, 우리가 보았듯이, 그들의 시각으로 세계를 바라보는 것만으로는 충분하지 않다. 역사가는 꽤 다르게 생각했던 이들의 믿음과 신념을 현재의 독자들에게 전달하는 언어를 찾아내, 과거와 현재를 중재해야 한다. 그러므로 모든 역사는 17세기 수학자, 철학자, 시인 들의 원천 언어를 21세기 초반의 대상 언어로 번역하는 작업을 포함한다.[42] 이렇게 역사가는 '자연과학'을 '과학'으로, '물리학자physiologer'를 '과학자scientist'로 적절히 번역한다.

그러나 아마 여기에는 번역의 문제 그 이상의 것이 있을 것이다. 사람들은 뉴턴의 언어에 우리의 언어 '혁명'에 해당되는 단 하나의 낱말이나 문구도 없을 뿐만 아니라 그 개념 자체가 부족하다고 주장한다. 뉴턴의 문화는 본래적으로 보수적이며 전통주의자의 것이라고 논할 수도 있다. 뉴턴은 그가 원했더라도 혁명이라는 생각을 정립할 수 없었을 것이다. 3장에서 우리는, 비록 르네상스와 17세기 문화를 여러 측면에서 복고적이라고 묘사하는 것이 유익한 일반화이지만, 중요한 예외들이 있으며, 근대과학을 가능하게 했던 것은 바로 그 예외들이었음을 보게 될 것이다. 여기서 잠시, '혁명'이 함축하고 있는 여러 의미를 지닌(적어도 개신교도들에게는) 단어가 **있음**을 주목하자. 그 단어는 '개혁reformation'이다. 1517년과 1555년 사이의 수십 년 동안 루터와 칼뱅은 기독교의 교리, 제의, 그리고 사회적 역할을 크게 변화시켰다. 그들은 150년간의 종교전쟁을 촉발한 혁명을 만들었다. 그래서 과학혁명은 혁명이기 이전에 개혁이었다. 1665년 훅은 '자신의 노력과 왕립학회의 주된 의도Design는 철학의 **개혁**이다'라고

• 그 단어가 확장된 용법으로 사용된 초기의 예는 대니얼 디포의 《로빈슨 크루소》(1719)다: '교역상의 혁명은 사물의 본질에 대한 혁명을 초래했다.' 그러나 이는 17세기가 아닌 18세기에서 온 것이다.

•• '진정한 역사 이해는 현재에 대한 과거의 복종에 의해서가 아니라 과거를 우리의 현재로 만듦으로써 그리고 삶을 우리 자신의 시각이 아닌 다른 세기의 그것으로 바라보려고 함으로써 달성된다. 말하자면 눈 하나를 현재에 둔 채로 과거를 연구하는 것은 그것의 가장 단순한 형태인 시대착오를 필두로 하는 역사학의 모든 오류와 궤변의 원천이다.' Butterfield, *The Whig Interpretation of History*(1931), 16, 31-2.

말했다.[43] 1667년, 토머스 스프랫Thomas Sprat은 왕립학회의 역사를 쓰면서 자연철학의 개혁과 그 이전의 종교개혁을 비교했다.[•••][44]

스프랫은 더 나아가 고대의 지식에 너무나 적대적이어서 옥스퍼드와 케임브리지를 없애고 싶어하는 강경론자들이 있음을 인정했다. 그는 이러한 열심당원들을 영국에서 주교들의 교회 감독 제도를 철폐하려고 나섰으나 결국 왕을 처형하고 공화정을 세우게 된 이들과 비교했다.

> 나는 **새로운 철학의 앞선 주창자**들이 부족하지 않다고 인정한다. 그들은 대학을 향해서는 어떠한 류의 **온건함**도 유지하지 않아왔다. 그러나 지금 **새로운 발견**에서 모든 **고대의 기예**가 먼저 거부되지 않는 한, 그리고 그것들의 양성養成이 폐기되지 않는 한, 그 무엇도 잘한 것이 될 수 없다고 결론지었다. 그러나 이 사람들이 조급하게 진행하는 것을 보면, 선진적이라기보다는 편견에 사로잡혀 있다. 그들은 우리의 근대적인 **열심당원**들이 **종교**의 **개혁**에서 행했듯이, 격노하여 **철학**의 숙청에 다가선다. 그리고 한 파당은 다른 것과 마찬가지로 이제 규탄될 운명이다. **고대**의 얼굴을 가진 그 어떤 것의 완전한 **파괴, 뿌리와 가지**[••••]를 제외하고는 그 무엇도 그들 중 한편에 충분하지 않을 것이다.[45]

따라서 새로운 과학의 주창자들은 스프랫에게 군주 살해(참주들은 주교들의 교회 감독 제도와 마찬가지로 '**고대**의 얼굴'을 가지고 있었다)를 연상시켰다.

••• 후일 피터 쇼Peter Shaw는 '자연과학과 의학을 크게 변화시켰던 철학의 개혁을 통해'라고 썼다(Shaw, *A Treatise of Incurable Diseases*(1723), 3). 그리고 리처드 데이비스는 1740년의 저술에서 '배운 사람들이 그 저자(뉴턴)가 철학의 개혁에 얼마나 많이 기여했는지를 분별하기 시작한 것은 《프린키피아》가 출판된 후 오랜 시간이 지난 1707년 무렵이었다'고 말했다(Davies, *Memoirs of Saunderson*(1741), v).

•••• 이는 1641년의 뿌리와 가지 법안(Root and Branch Bill)에 대한 언급이다. 이 법안은 주교들의 교회 감독 제도의 폐지를 추구했고, 내란Civil War을 촉발했다.

그것은 그로 하여금 새로운 과학의 주창자들을 혁명가라고 부르게 할 정도였다. 스프랫은 왕정복고 이후에도 7년간 왕가의 후원으로 설립된 학회를 지지하는 글을 썼다. 그는 과학에서의 급진주의와 정치적 급진주의의 어떤 연결점으로부터 거리를 둘 필요가 있었다. 그가 새로운 철학의 지지자들과 수년 전 세계를 뒤집어놓은 사람들을 비교하는 작업을 최대한 활용하려고 한 것은 눈에 띄는 점이다.

자연스럽게도, 1790년 프랑스 혁명의 와중에 체포된 앙투안 라부아지에는 자신이 화학의 혁명을 일으키고 있다고 선언했다. 스프랫과 달리 라부아지에는 우리가 쓰는 언어를 사용한다. 왜냐하면 그는 정치의 언어를 바꾸어 우리가 지금도 여전히 사용하는 언어를 형성한 혁명기를 살고 있었기 때문이다. 프랑스의 많은 지식인들은 1789년 이전에 이미 정치적 혁명이 일어날 가능성을 논의하고 있었다. 1776년의 미국독립혁명은 그들에게 그 모델을 보여주었다.[46] 프랑스에서는 말이 행동을 앞섰다. 비록 크게 앞서지는 않았지만 말이다.* 17세기의 갈릴레이와 뉴턴은 이 언어를 전혀 알지 못했다.** 그러나 그들과 그 동시대인들이 급진적이고 체계적인 변화를 수행하려 애쓰고 있었다는 것은 분명하다. 그들에게 혁명이라는 단어가 없었다는 사실이, 그들이 지식을 안정적이고 불변하는 그 무엇으

---

* 놀랍게도 라부아지에는 1789년 이전에, 실제로 1776년 이전에 화학의 혁명에 대해 썼다. 1772년 혹은 1773년에 그는 실험 노트에 이렇게 썼다. '이 주제의 중요성은 내게 이 일을 다시 하도록 했는데, 이것은 나에게 물리학과 화학에서의 혁명으로 보인다.'

** '개혁' 이외에 '혁명'을 대체할 수 있는 다른 용어가 존재하는가? (래슬릿Laslett은 한때 과학혁명을 대체할 새로운 표식을 촉구했다. Laslett, 'Commentary'(1963).) 1620년, 프랜시스 베이컨은 대부흥Great Instauration을 촉구했다 ― 여기서 '부흥'은 '설립'을 의미하며 이 용어는 다소 모호하다. 베이컨은 실용적이고 유용한 새로운 기술과학이 실현되기를 희망했고, 결국 (비록 그가 바랐던 만큼 신속하게는 아니었지만) 그렇게 되었다. 1660년대에 왕립학회는 베이컨을 새로운 과학의 원리들을 진술했던 최초의 인물로 회고했다. 그래서 대부흥(Webster, *The Great Instauration*(1975))에 관해 논의함으로써 시대착오는 명백히 피해야 한다. 그러나 이것이 실제로 대부흥이 무엇을 의미하는지에 관해 진정으로 차별성을 만드는지 명확하지 않다. 어쨌든 베이컨의 문구는 왕립학회의 회원들에 의해 채택되지 않았다(기예와 과학의 부흥에 대한 '베이컨 경'의 설계는 1677년 3월 25일 오직 한 차례 왕립학회 〈철학회보Philosophical Transactions〉에 언급되었다).

로 생각할 수밖에 없었다는 것을 의미하는 것은 아니다. 1647년 왕립학회의 한 인사는 '우리의 과업은 헌 집의 벽을 회게 칠하는 것이 아니라 새 집을 짓는 것이라는 점에 모두 동의하는 바이다'라고 말했다.[47] 헌것을 해체하고 처음부터 다시 시작하는 것이 바로 혁명이다.

4

지나치리만큼 주도면밀한 역사가들이 17세기에 관해 서술할 때 '혁명', '과학', '과학자'라는 낱말을 사용하지 않으려고 하듯이, 그들은 버터필드가 사용한 '근대적modern'이라는 낱말을 사용하는 것도 꺼린다. 왜냐하면 그 낱말은 그들에게 본디부터 시대착오적으로 보이기 때문이다. 그러나 전쟁에 관한 르네상스기의 책들은 화약의 혁명적인 결과를 인정한다는 것을 보여주기 위해 저자들이 책 제목에 '근대적'이라는 낱말을 포함시켰다.[48] 르네상스기에 근대 음악은 다성polyphonic음악으로서 단성monodic음악인 고대 음악과는 아주 다른 것으로 이해되었다. 갈릴레이의 아버지 빈첸초Vincenzo는《고대 음악과 근대 음악의 대화Dialogo della musica antica, et della moderna》라는 책을 썼다.[49] 근대적인 지도에는 아메리카가 나와 있다.•••

 진보라는 개념으로 처음 기술된 역사책은 바사리Vasari의《르네상스 미술가 평전Le Vite de' più eccellenti pittori, sculctori, e architettori》(1550)이다.[50] 이어서 프란체스코 바로지Francesco Barozzi가 프로클로스의 유클리드《기하학 원

••• '이 근대 지도를 잘 공부해보면 네 눈으로 전체 세계뿐만 아니라, 그 속에 담긴 모든 특정한 지역들도 한눈에 파악할 수 있을 것이다.' Blundeville, *A Briefe Description of Universal Mappes*(1589), C4r.

론》주해를 번역했는데, 이 책은 수학사를 계속되는 발명과 발견으로 기술했다. 사실상 수학자들(이들은 화가들에게 원근법을 가르치며 함께 일하는 경우가 흔했다)*은 자신들 역시 진보를 만들고 있다고 열렬히 주장했고, 수학에서 실험과학으로 번져간 유행을 따라 제목에 '새로운'이라는 단어를 붙인 책들을 펴내기 시작했다. 《새로운 행성 이론Theoricae Novae Planetarum》(포이어바흐Peuerbach, 1454년 집필, 1472년 출간), 《신과학Nova Scientia》(타르탈리아Tartaglia, 1537), 《새로운 철학The New Philosophy》(길버트Gilbert, 1603년 사망. 길버트의 이 책은 그의 사후에 출판된 《달 아래의 세계에 관하여Of Our Sublunar World》의 부제이거나 혹은 적절한 제목일 것이다. 속표지의 레이아웃이 모호하다), 《새로운 천문학》(케플러, 1609), 《새로운 두 과학Discorsi e Dimostrazioni Matematiche Intorno a Due Nuove Scienze》(갈릴레이, 1638), 《진공을 다루는 새로운 실험Experiences nouvelles touchant le vide》(파스칼, 1647), 《새로운 해부학 실험New Anatomical Experiments》(페케Pecquet, 1651), 《새로운 물리-역학 실험New Experiments Physico-mechanical》(보일, 1660). 목록은 계속 이어진다.[51] 진보의 개념에 대한 위대한 개척자로서 베이컨은 《신기관Novum Organum》과 《새로운 아틀란티스The New Atlantis》를 썼으며, 그가 쓴 《고대인의 지혜The Wisdom of the Ancients》는 고대인과 근대인 사이의 극명한 대조를 보여준다. 새로움에 관한 이런 모든 강조에도 불구하고 왜 과학자들은 '근대적'이라는 낱말을 자신들의 책 제목에는 사용하지 않았는가? 답은 간명하다. 이슬람 및 기독교 국가에서 모두 '근대적 철학'은 탈이교도post-pagan 철학을 의미했다.[52] 예를 들어, 자기학磁氣學이라는 새로운 과학을 확립한 윌리엄 길버트에게 토마스 아퀴나스(1225~1274)는 근대 철학자였다.[53] 따라서 그는 자

• 6장을 참조하라.

2장 과학혁명이라는 관념 59

신의 자연철학을 '근대적'이라고 표현하는 데 흥미가 없었고 '새로운'이라
는 표현을 선호했다. 전쟁이나 음악과는 달리 철학에서는 이미 다른 뜻이
붙어서 '근대적'이라는 낱말은 이용할 수가 없었다. 건축에서도 마찬가지
였다. '근대적 건축'은 고딕 건축을 의미했다.[54] 과학에서는 17세기 말에
고대인과 근대인에 관한 토론이 진행되면서 이러한 상황이 변화하기 시작
했다. 조너선 스위프트는 《책의 전쟁The Battle of the Books》(1720)에서 여전
히 아퀴나스를 근대인으로 간주했다. 그러나 이렇게 함으로써 아퀴나스는
교묘히 구식 인물이 되고 있었다.[55] 처음으로 고대인을 근대인과 대립하는
존재로 파악한 르네 라팽René Rapin은 1676년 갈릴레이를 '근대 철학의 설
립자'라고 부름으로써 근대 철학의 개념을 재정의했다. 예수회 출신으로
부터 도입된 이 판단은 갈릴레이가 1633년 로마의 종교재판소에서 파문
당한 사실을 염두에 두면 특별히 의외다. 그러나 이 용법은 영국에서는 유
행하지 않았다.[56] 그럼에도 불구하고, 명확히 관사 the를 붙인 '근대 철학
the modern Philosophy' 혹은 '**철학**의 **근대적 방식**the modern way of Philosophy'이라
는 말이 약간은 어색하게나마 당대의 과학을 지칭하는 데 사용될 수 있었
다. 보일이 1666년에 최초로 이렇게 사용했다.[57] '근대 과학'이라는 문구
는 1699년 기디언 하비Gideon Harvey에 의해 신구新舊 철학에 대한 무차별적
공격의 과정에서 처음 사용되었다.[58] 17세기 말에는 오래된 철학은 스콜라
철학을, 근대적인 철학은 데카르트와 뉴턴의 철학을 의미하게 된다.

　'근대적'이라는 낱말이 과학적 맥락에서 천천히 자리잡아갔듯이, '진보'
라는 낱말과 그 비슷한 의미를 가진 낱말들이 흔해진 것은 17세기 말이었
다. 1660년 설립된 왕립학회의 정식 명칭은 '자연과학 진흥을 위한 런던
왕립학회'다. '진흥'이라는 낱말은 진보를 의미하므로 스프랫의 《왕립학
회의 역사History of the Royal Society》의 완전한 제목이 '실험 철학의 진흥을 위

한 런던 왕립학회의 제도, 설계, 진보의 역사The History of the Institution, Design and Progress of the Royal Society of London for the Advancement of Experimental Philosophy'라는 사실은 놀랍지 않다. '실험 철학'은 물론 우리가 현재 '과학'이라고 부르는 것의 또 다른 이름이며, '진보'는 그것의 옛 의미(여행, 변화의 과정)와 새 의미(개선의 과정) 사이의 그 무엇으로 모호하게 사용되고 있다. '발전'도 진보와 관련이 있는 말이다. 1년 후 조지프 글랜빌Joseph Glanvill은 《훨씬 너머: 아리스토텔레스 시대 이래의 지식의 진보와 진흥Plus Ultra: or the Progress and Advancement of Knowledge since the Days of Aristotle》이라는 책을 출간했다. 17세기 말이 되면 다니엘 르클레르Daniel Le Clerc가 쓴 책의 제목《물리학의 역사, 또는 기예의 발흥과 진보에 관한 설명, 그리고 시대에 이어지는 몇몇 발견들(원제: Histoire de la médecine)》(1699)처럼 진보는 당연시되었다.[59] '진보'라는 단어가 유행하기 전, 로버트 보일은 제사epigraph에 갈레노스의 문구를 두 번이나 사용했다. '우리는 용감하게 진리를 찾는 사냥에 나서야 한다. 진리에 바로 도달하지는 못하더라도, 적어도 지금보다는 가까이 다가서야 한다.'[60] 보일은 진보에 대한 은유로 사냥이라는 단어를 사용했다. 지금도 우리가 거쳐가고 있는 기나긴 과학혁명의 첫 번째 국면의 끝을 표시하는 것은 '근대적'이라는 말의 재정의와 함께 진보라는 개념의 이러한 승리다.[61]

어쨌든 진보의 언어와 똑같은 목적을 달성한 대안들인 발명(창안)과 발견의 언어가 존재했다. 1598년, 브라헤는 새로운 지구-태양 중심 우주 체계를 그 자신이 **창안**했다고 주장했다. 그는 천문 육분의六分儀를 발명했다고 주장한 것과 같은 방식으로, 하나의 이론을 창안했다고 주장했다. 다른 이들이 지구-태양 중심 우주 체계의 공적을 그로부터 훔치려고 시도했으나 그 공적은 적법하게 그에게만 있었다.[62] 1610년, 자신이 만든 망원경으로 관찰한 것을 발표했을 때, 갈릴레이도 피렌체인 동료 아메리고 베스푸치 Amerigo Vespucci, 크리스토퍼 콜럼버스, 페르디난드 마젤란과 나란히 비교되었다.[63] 갈릴레이는 목성의 위성들을 발견함으로써, 항해자들이 그랬던 것처럼 새로운 세계를 발견했다. 그 이후로 모든 과학자들은 이와 비교될 만한 것을 발견하려는 소망을 품었다. 아래에 최초의 직업 과학자인 로버트 훅이 서둘러 써내려간 글을 보라. 그가 말하기를, 모든 시대에 많은 이들이 '자연과 사물의 원인'을 조사하고 있다.

> 그러나 그들의 노력은 오직 일회적이고, 통합되거나 개선되거나 기예art로 통제되지 못한 채 오로지 명명할 가치가 거의 없는 보잘것없는 결과물로 끝나는 경우가 많았다. 그러나 비록 인류가 이것들을 6000년간 생각해오고 있고 앞으로도 60만 년 더 생각해야 한다 해도, 그들은 전체적으로 알맞지 않고 자연지식의 어려움을 극복할 수 없었던 처음보다는 훨씬 나아간 어디쯤에 있을 것이다. 그러나 이 새롭게 발견된 세계는 비록 그 수가 적더라도 잘 훈련되고 통제된 코르테스 군대에 의해 정복되어야 한다.[64]

비록 그 수가 적더라도 잘 훈련되고 통제된 코르테스 군대가 왕립학회였다. 훅의 (비유의) 상상력은 오해의 소지가 있다. 그의 상상력은 호도되었다. 그는 아즈텍족이 아닌 아리스토텔레스 철학에 의해 공격을 받았다. 그는 자연을 이해하기 위해 자연을 정복할 필요가 없었다. 그의 군대는 훈련되거나 통제받을 필요가 없었다. 경쟁(우리가 3장에서 보게 될)은 그의 군대가 필요로 하는 유일한 훈련을 제공했다. 그러나 그는 근본적인 것에 관해서 옳았다. 역사상 가장 급격하고 비가역적인 변혁을 떠올리게 하고 싶어서 코르테스 군대를 자신의 이미지로 선택한 것이다. 그는 새로운 세계

를 발견하고 싶었다. 신세계의 발견이 코르테스의 스페인을 부유하게 한
것처럼, 그 발견이 사회에 도움이 되기를 원했다. 훅의 핵심 용어는 '과
학', '혁명', '진보'가 아니었다. 그 자신의 용어('자연지식', '새롭게 발견된 세
계', '코르테스 군대')를 우리의 언어로 합리적으로 번역한다면, 그는 오늘날
우리가 말하는 과학혁명을 꿈꾸었다고 말할 수 있다.

　그는 혼자가 아니었다. 1661년, 조지프 글랜빌은 '아리스토텔레스 철학
은 새로운 발견에는 부적합하다. 비밀을 지닌 아메리카와 알려지지 않은
자연의 페루가 있다'고 썼다.

　　그리고 나는 오직 후세가, 지금은 소문일 뿐이지만 실질적인 현실로 이어지는,
　　많은 것들을 발견하리라는 것을 의심치 않는다. 그것은 몇 시대 이후일지 모
　　른다. 그때 남쪽 미지의 지역으로의 여행, 어쩌면 달 여행은 아메리카로의 여행
　　보다 이상하지 않을 것이다. 우리보다 나중에 올 그들에게, 가장 먼 지역으
　　로 날아가는 한 쌍의 날개를 사는 일은 지금 여행용 장화를 사는 것과 같이 그
　　저 평범할지도 모른다. 미래에는 인도만큼 떨어져 있는 곳의 대상과 교감 수
　　송Sympathetick Conveyances에 의해 상담하는 것이 오늘날 문서 교신만큼 보통의
　　일이 될 것이다. (…) 이제 이전 원리들의 협소함에 의해 판단하는 사람들은
　　이 역설적 기대에 미소 지을 것이다. 그러나 의심의 여지 없이 이 위대한 발명
　　들은 이후 시대에 사물의 면면을 변화시켜왔다. 그것들의 적나라한 제안과
　　추정은 이전 시대에서는 조롱거리였다. 이제 발견되고 있는 새로운 지구(아메
　　리카의 신세계)에 대해 계속 이야기해왔던 것은 오래된 모험담이었다. 별들을 관
　　측하지 않는, 혹은 광물(나침반)의 인도를 따르지 않는 항해는 터무니없는 이
　　야기이며 다이달로스의 비행이다.[65]

물론 글랜빌은 옳았다. 우리는 비행하고 있고 원거리 통신을 하고 있다. 우리는 오스트레일리아뿐만 아니라 달에도 다녀왔다.

1655년, 토머스 홉스는 코페르니쿠스 이전에는 이름에 걸맞은 천문학이 없었고, 갈릴레이 이전에는 물리학이 없었고, 윌리엄 하비William Harvey 이전에는 생리학이 없다고 생각했다. '그러나 그때부터 아주 짧은 시간 동안에 천문학과 자연철학은 보기 드물게 발전했다. 그러므로 자연철학은 아직 젊다.'[66] 그러나 1664년 지식이 변화하고 있으며 새로운 지식은 옛것과 다르다는 사실을 가장 웅변적으로 표현한 사람은 헨리 파워Henry Power 였다(그는 영국인 최초로 현미경과 기압계 실험을 수행했다).

이 시대는 모든 사람의 영혼이 동요하는 상태에 있고, 지혜와 지식의 영혼이 증가하여 하찮은 것과 오랫동안 막혀 있던 현세의 장애로부터, 무미한 가래로부터, 오랫동안 광폭한 집착을 견뎌왔던 쓸모없는 개념의 찌꺼기로부터 자신을 해방시키기 시작했다.

요즘은 (내가 생각하는) 철학이 한사리처럼 밀려드는 시대다. 소요학파는 내가 생각하는 자유로운 철학의 범람을 방해하기 위해 조수의 흐름을 중지시키거나 (크세르크세스처럼) 대양에 족쇄를 채우고 싶을지도 모른다. 나는 모든 낡은 쓰레기들이 어떻게 폐기되어야 하는지, 부식된 건물들이 어떻게 철거되어 범람하는 물처럼 아주 세차게 쓸려나가야 하는지를 알고 있다. 이제는 결코 전복되지 않는 더 찬란한 철학의 새로운 초석을 놓아야만 한다. 그 철학은 경험적으로 그리고 분별 있게 자연의 **현상**들을 조사할 것이며, 자연에 있는 원래적인 것들로부터 사물의 원인을 유도해낼 것이다. 그것은 우리가 관찰한 대로 기예Art로, 그리고 역학의 오류 없는 증명으로 만들어낼 수 있다. 이것이야말로 진정하고 영구한 철학을 건설하는 길이며, 다른 길은 없다. [67]

1666년, 수학자이자 암호 전문가인 존 월리스John Wallis(그는 무한대 기호 ∞를 도입했다)는 더 신중하게 '갈릴레이, 뒤이어 토리첼리 등이 철학적 난제를 해결하는 데 역학의 원리를 적용했고, 자연철학은 좀더 이해될 수 있게 되었고, 100년이 안 되는 동안 지난 많은 시대보다 더 큰 진전을 이루었다'라고 썼다.[68]

훅, 글랜빌, 홉스, 파워, 월리스는 이 변혁에 참여한 이들이었다. 그러나 어떤 일이 일어나고 있는지를 그들처럼 이해하고 있는 박식한 구경꾼이 있었다. 1666년, 새뮤얼 파커Samuel Parker 주교는 아리스토텔레스와 플라톤 철학에 대항한 '기계 및 실험 철학'의 최근의 승리에 환호하며 다음과 같이 주장했다.

> 우리는 **왕립학회**가 (만일 그들이 자신의 계획을 추구한다면) 자연철학을 크게 개선하리라는 것을 합리적으로 기대할 수 있다. 그들은 특정한 **가설**을 던져버리고 정확한 실험과 관찰에 전적으로 몰두했기에, 이 세상에 완전한 **자연의 역사(자연과학의 가장 유용한 부분)**뿐만 아니라 그 위에 **가설**을 구축할 수 있는 견고하고 단단한 토대를 제공했다.[69]

파커는 지식의 위대한 개선이 막 일어나고 있으며 탐구의 올바른 방법이 정립되고 있다고 생각했다. 겨우 2년 뒤 시인 존 드라이든John Dryden은 이미 진행되고 있는 시각을 타당한 이유로 수용했다.

> (철학 연구가 **기독교왕국**의 모든 **거장들**의 과업이었던) 지난 100년간, **아리스토텔레스**부터 지금에 이르기까지 속기 쉽고 망령든 시기보다 새로운 자연이 우리에게 드러났으며, 아리스토텔레스학파의 많은 오류들이 감지되었으며, 철학에서

더 유용한 실험, 광학, 의학, 해부학, 천문학의 고귀한 비밀이 더 많이 발견되었다는 것이 분명하지 않은가? 올바르게 그리고 포괄적으로 연구된다면 과학보다 더 급속히 퍼져나가는 것도 없을 것이다.[70]

드라이든의 연대학은 옳았다. '지난 100년간'은 정확히 우리를 1572년의 신성의 발견으로 되돌린다. 그의 어휘는 모범적이다. '거장'이란 말은 과학자를 뜻하고 '과학'은 오늘날의 과학과 같은 의미로 사용됐다.* 그는 새로운 과학이 증거의 새 표준에 의존하고 있음을 이해한다. 그는 새로운 과학이 한 지역에 국한된 일종의 유행이 아니라, 자연에 관한 우리 지식의 비가역적인 변혁이라고 주장하면서도, 상대주의(얼마나 많은 새로운 자연이 존재할 수 있는가?)의 가능성을 인정했다.[71]

5

우리는 과학혁명 개념의 타당성을 위해 이러한 종류의 증거들을 계속 모을 수 있지만, 많은 학자들은 여전히 설득되지 않고 또 그들을 설득할 수 없다. 역사가들이 17세기 자연과학 연구에서 '과학적', '혁명', '근대적', '진보' 같은 단어를 읽을 때 생기는 근심은 단지 시대착오적인 언어에 대한 두려움이 아니다. 그것은 모든 종류의 거대서사grand narratives로부터

---

* 이것은 아마 '자연과학'을 의미한다는 단서 없이 '과학'이라는 말을 최초로 사용한 예일 것이다. 옥스퍼드 영어사전이 여기에 사용된 단어를 파악하는 데 실수한 것은 그것을 문맥에 따라 읽지 않은 데서 비롯되었다.

66

후퇴하는 방식으로 그 자체를 표현하는 더 큰 지적 위기의 징후다.* 거대
서사의 문제는 한 관점에 다른 관점보다 더 큰 특권을 준다는 데 있다. 그
대안은 모든 관점들이 다 같이 타당하다고 주장하는 상대주의다.

상대주의를 옹호하는 가장 영향력 있는 주장은 루트비히 비트겐슈타인
Ludwig Wittgenstein(1889~1951)으로부터 나왔다.** 비트겐슈타인은 1929년
부터 1947년 사이에 간헐적으로 케임브리지에서 가르쳤다. 그는 버터필
드가 과학혁명에 관한 강의를 시작한 전해에 케임브리지를 떠났다. 과학
에 관해 어떻게 사고할지를 배우기 위해 비트겐슈타인이나 다른 철학자
와 상의해볼 필요가 있다는 생각이 버터필드에게는 떠오르지 않았다. 비
트겐슈타인이 내놓은 논증이 과학사와 과학철학을 변혁하기 시작한 것
은, 1953년의 《철학적 탐구Philosophische Untersuchungen》 출간을 필두로 한
1950년대였다. 예를 들어 그의 영향은 토머스 쿤의 《과학혁명의 구조》에
서도 이미 볼 수 있다.[72] 그 이후로 합리성은 전적으로 각 문화마다 상대적
임을 비트겐슈타인이 보여주었다고 말하는 것은 흔한 일이 되었다. 우리
의 과학은 고대 로마의 과학과 전혀 다를 수 있다. 그들의 세계는 우리의
세계와 완전히 다를 수 있으므로 어느 것이 더 낫다고 주장하는 것은 근거
가 없다. 양자를 비교하는 공통의 기준이 존재하지 않는다. 의미는 곧 용
법이라는 비트겐슈타인주의[73]에 따르면 진리란 우리가 그것을 진리로 만
들기 위해 선택하는 그 무엇이다. 그것은 세계가 실제 어떻게 이루어져 있
는가와 그것에 관한 우리의 해석 사이의 일치가 아니라 사회적 합의를 필

---

* '거대서사'라는 용어는 Lyotard, *La Condition postmoderne*(1979)에서 나왔다.

** 과학 문헌의 역사에서 비트겐슈타인이 상대주의자임이 일반적으로 당연시된다. 이 관점은 나에게 오류로 보이지
만 본문에서 이 문제는 제쳐두기로 한다. '더 자세한 주석' 중 '비트겐슈타인: 비상대주의자'를 참조하라. 이곳과 5장
본문에서 나는 비트겐슈타인의 입장을 요약했는데, 이는 비트겐슈타인에 기초를 두었다고 말할 수 있지만 그의 저술
에 나와 있는 것은 아니다.

요로 한다.[74]

이 첫 번째 상대주의의 물결은 여러 심오한 지적 전통, J. L. 오스틴의 언어철학, 미셸 푸코의 후기구조주의, 자크 데리다의 포스트모더니즘, 리처드 로티의 실용주의에 의해 보완되었다. '언어학적 전환'이라는 문구는 이러한 여러 지적 전통을 지칭할 때 자주 사용된다. 왜냐하면, 그것들은 비트겐슈타인이 언급한 대로 '내 언어의 한계는 내 세계의 한계를 의미한다'는 공통된 시각을 지녔기 때문이다.••• 이제 곧 보게 되겠지만, 과학혁명에 관한 논증의 많은 부분이 이러한 관점의 영향에서 유래했다. 과학사 내에서, 후기 비트겐슈타인 전통은 특히 중요하다. 그것은 흔히 '과학기술학'으로 불린다.[75] 이 운동은 에든버러 대학의 과학 연구소(1964년 설립)의 배리 반스Barry Barns와 데이비드 블루어David Bloor에 의해 시작되었는데, 두 사람 모두 비트겐슈타인의 영향을 깊이 받았다(블루어는 《비트겐슈타인: 지식의 사회 이론Wittgenstein: A Social Theory of Knowledge》(1983)을 썼다). 반스와 블루어는 그들이 '스트롱 프로그램'(자연과학을 포함한 모든 지식이 사회적으로 규정된다는 생각 — 옮긴이)이라고 부르는 것을 제안했다. 그 '스트롱 프로그램'을 강력하게 만드는 것은 과학의 내용, 과학이 조직되는 방식뿐 아니라, 과학자의 가치들과 열망들도 사회학적으로 설명될 수 있다는 신념이었다. 그것의 핵심은 대칭의 원리에 있다. 이 원리에 따르면 같은 종류의 설명이 모든 유형의 지식 주장에 (그것이 성공적이든 아니든) 주어진다.•••• 따라서 만일 내가 지구가 평평하다고 주장하는 이를 만나면 나는 이 특이

••• Rorty (ed.), *The Linguistic Turn*(1967); Wittgenstein, *Tractatus Logico-philosophicus*(1933), 5.6. Williams, 'Wittgenstein and Idealism'(1973)은 비트겐슈타인이 어느 특정 언어, 특정 화자의 한계가 아니라(그리고 각각의 화자는 물론 한 언어 이상 알고 있을 수 있다) 일반적인 언어의 한계를 논하고 있으며 의도적으로 양쪽 관점을 전달하기 위해 1인칭 단수와 1인칭 복수 사이를 오간다고 주장한다.
•••• 동등성 가설로도 알려져 있다. '더 자세한 주석' 중 '상대주의와 상대주의자들에 관한 주석' 2항을 참조하라.

한 믿음에 대한 심리적 혹은 사회학적 설명을 추구할 것이다. 내가 지구가 태양 주위를 돌며 공간에 떠 있는 구라고 주장하는 어떤 이를 만날 때, 나는 역시 이 믿음에 대한 꼭 같은 종류의 설명을 찾게 될 것이다. '스트롱 프로그램'은 두 번째 믿음에 대한 설명이 올바르며, 그것이 더 나은 증거를 지니고 있어서 사람들이 그것을 믿는다고 말하는 것은 불합리하다고 주장한다. 그것은 과학적 논증을 독특하게 만드는 바로 이 특성, 우월한 증거에 대한 이끌림을 체계적으로 고려 대상에서 배제한다. 비트겐슈타인의 추종자들은 아무도 '증거'의 개념을 무비판적으로 받아들일 수 없다. 실제로 어떤 이들은 그것을 전혀 받아들일 수 없다고 주장할 것이다. 버트런드 러셀은 1911년 비트겐슈타인을 처음 만났다. 40년 후 간략한 애도사에서 러셀은 그들의 초기의 조우가 자신에게 미친 영향에 대해 다음과 같이 말했다.

> 처음에 나는 그가 천재인지 괴짜인지 반신반의했지만 곧 천재라는 쪽으로 마음이 기울었다. 그런데 그의 초기 몇몇 관점들은 이러한 판단을 어렵게 만들었다. 예를 들어, 그는 언젠가 모든 존재론적인 명제들은 무의미하다고 주장했다. 어느 강의실에서 나는 그에게 '현재 이 방에는 하마가 없다'는 명제를 검토해보도록 요청했다. 그가 이것을 믿기를 거절했을 때 나는 모든 책상 밑을 뒤져 하마가 없음을 확인했지만 그는 여전히 확신하지 않았다.[76]

만일 비트겐슈타인에서 출발한 과학사와 과학철학이 과학에 관한 가장 중요한 부분을 놓치고 있다고 말한다면 아무도 놀라지 않을 것이다.*

---

* 정확히 왜 1911년 비트겐슈타인이 이러한 입장을 지녔는지는 비트겐슈타인 연구자를 당혹시킨다. McDonald,

반스와 블루어는 사회학자였다. 그들과 동료 사회학자들이 사회학적 설명에 천착해야 한다고 주장하는 것은 완전히 이해할 수 있다. 그러나 그들은 한계를 넘어갔다. 과학이 실재를 파악하는 방식이 아니라는 상대론적 관점은 이들 학자들이 자신들의 연구에서 도출한 결론이 아니었다. 그것은 그들이 (비트겐슈타인의 해석을 추종하여) 세운 가정이었다. 이를 정당화하기 위해서 이러한 입장의 지지자들은 증거란 결코 발견되는 것이 아니라 항시 특정한 사회적 집단 내에서 구성된다고constructed 주장한다. 한 증거 체계가 다른 증거 체계보다 우수하다고 여기는 것은 한 집단의 견해를 수용하고 다른 집단의 견해를 거부하는 것이다. 과학 연구 프로그램의 성공은 그것이 새로운 지식을 생산할 수 있는 능력보다는 공동체 내의 지지를 만들어내는 능력에 달려 있다. 비트겐슈타인의 표현대로 논증의 끝은 설득이다. (선교사들이 원주민들을 개종시킬 때 어떤 일이 일어나는지를 생각해보라.)**77**

이 학자들은 과학을 수사학, 설득, 권위에 관련한 것으로 바라보았다. 왜냐하면 대칭 원리가 그들로 하여금 이것들이 과학에 관한 모든 것이라고 가정하게 했기 때문이다. 이렇게 함으로써 그들은 초기 과학자들의 관점에 맞서게 되었다. 비록 왕립학회의 모토는 '누구의 말에도 의지하지 말라nullius in verba'—자신들은 수사학이나 권위에 기초한 형태의 지식으로부터 벗어나고 있다는 학회 설립자들의 주장—였으나, 한 영향력 있는 논문의 제목은 '말 속에 전부가 있다Totius in verba: 초기 왕립학회의 수사학과

'Russell, Wittgenstein and the Problem of the Rhinoceros'(1993)(러셀의 기억은 그에게 장난을 걸었다. 그와 동시대인인 지인에 따르면 방 안에 없었던 것은 하마가 아니라 코뿔소였다).

권위'였다.* 과거의 사람들이 사용하던 언어에 극도의 민감성을 보이는 형태의 역사는 반복적으로 그들 자신에 대해 그들이 말한 것을 고려하지 않고 제쳐두면서 진행된다. 불명예로 뒷문을 빠져나온 시대착오는 승리 속에서 앞문으로 다시 들어온다.

믿기 어렵겠지만 '스트롱 프로그램'의 지지자들은 과학사학계의 지배적인 지위를 점유했다. 이 활동 중인 접근법의 가장 뚜렷한 예는 스티븐 셰이핀Steven Shapin과 사이먼 셰퍼Simon Schaffer의 《리바이어던과 공기펌프 Leviathan and the Air-pump》(1985)다. 이 책은 토머스 쿤의 《과학혁명의 구조》 이후 이 분야에서 가장 영향력 있는 저술로 인정받고 있다.** 셰이핀은 새로운 과학사는 진리의 사회사를 제공한다고 말했다.*** 과학적 방법은 계속 변한다. 그래서 **특정한** 과학적 방법 같은 것은 존재하지 않는다. 파울 파이어아벤트Paul Feyerabend의 한 유명한 책의 제목은 《방법에 반대한다 Against Method》****이며, 그 선전 문구는 '어떤 방법도 가능하다Anything goes' 였다. 뒤이어 《이성이여 안녕Farewell to Reason》이 나왔다.[78] 몇몇 철학자들과 모든 인류학자들은 동의했다. 합리성의 표준은 국소적이며 매우 가변적이

• Dear, *Totius in verba*(1985). 디어의 totius in verba는 무엇을 의미하는가? 그는 언급한 적이 없다. nullius in verba의 올바른 번역은 '누구의 말에도 의지하지 말라'이다. 이는 호라티우스를 인용한 것이고 원전에서의 의미다 (Sutton, *Nullius in verba*(1994)). 호라티우스를 인용한 구절은 Carpenter, *Philosophia libera*(1622), 1st sig. 8v(본문은 1621년 판과 상이함)에서 이미 사용된 적이 있다. 그러나 nullius는 nihil(無)을 의미할 수 있다. 따라서 '단어들은 중요하지 않다(words don't count)'로 번역할 수도 있다. 그러나 totius in verba는 '언어는 모든 것이다'(이것이 분명히 디어가 의도한 의미다)라는 뜻일 수는 없고, '전체라는 단어에 관해서'를 의미해야 한다. totius와 nullius는 그것들의 용법에서 반의어는 아니다. 나는 7장 3절과 6절에서 nullius in verba로 되돌아올 것이다. 과학에서의 성공이 수사학적 능력에 기초하고 있다는 관점에 대한 갈릴레이의 반대에 관해서는 15장 시작 부분을 참조하라.

•• '상대주의와 상대주의자들에 관한 주석' 3항을 참조하라.

••• '상대주의와 상대주의자들에 관한 주석' 4항을 참조하라.

•••• 《방법에 반대한다》는 1975년까지는 책으로 나오지 않았다. 그것은 1966년에 학술회의 논문으로 출간됐다(Feyerabend, 'Against Method'(1970)). 이 책의 최초의 양장본은 책 커버에 통상적인 저자 약력이 아닌 그의 별점horoscope을 싣고 있었다. 파이어아벤트는 확실히 일관된 상대주의자였다. 점성술에 대한 그의 옹호에 대해서는 Feyerabend, *Science in a Free Society*(1978), 91–6을 보라.

라고 그들은 주장했다.[79]

그러나 우리는 진리란 단지 합의에 불과하다는 비트겐슈타인의 주장을 거부해야 한다. 과학이 수행하고 있는 근본적인 일, 즉 관측 증거와 모순이 생기면 그 합의는 포기된다는 사실을 이해한다면 결코 이 주장은 수용될 수 없다.***** 여기에 대한 고전적인 저술은 코페르니쿠스주의를 옹호한 갈릴레이의 《로레인의 크리스티나에게 보내는 편지Lettera a Cristina di Lorena, Granduchessa di Toscana》다. 그 책의 서두에서 그는 '철학자들이 모두 동의하는 어떤 문제가 있다. 그러나 나는 망원경을 사용하여 그들의 믿음과 어긋나는 사실을 발견했다. 따라서 그들은 관점을 변경할 필요가 있다'라고 썼다.[80] 진리로 보이던 것이 더이상 진리로 간주될 수 없다. 여기서 갈릴레이가 종사한 일(아마 발명했다고 말할 수도 있을)이 셰이핀과 셰퍼가 '경험주의자 언어게임'이라고 부른 것이다. 이에 따르면 사실은 발명되기보다는 발견된다.[81] 이것은 맞는 말이다. 비트겐슈타인 추종자는 이 게임이 다른 게임보다 더 타당하다고 생각하는 것은 근거가 없다고 주장한다. 이렇게 되면 그가 반대하던 철학자들이 합리적이 아니듯이 갈릴레이도 합리적이지 않게 된다.****** 이 지점에서 비트겐슈타인적인 과학사는 갈릴레이가 규정한 자신의 과업과 바로 어긋나게 되고 **과학사**는 **과학**과 바로 충돌하

***** 비트겐슈타인 추종자들은 믿음 체계는 새로운 증거에 의해 결코 논박될 수 없다고 주장한다. 포퍼 추종자들은 논박은 간단하다고 주장한다. 쿤 추종자들은 새로운 증거가 믿음 체계를 위기로 몰아넣고 결국 새로운 합의에 이르는 혁명적 전환을 초래한다고 주장한다. 쿤학파와 포퍼학파의 입장은 과학이 수행하는 것에 대한 이해와 원칙적으로 양립 가능하다. 비트겐슈타인학파의 입장은, 그의 추종자들이 표현하듯이 본래적으로 반과학적이다. 나는 15장에서 이 문제를 다룬다.

****** '그 질문은 이렇지 않은가: "만일 당신이 이 가장 근본적인 사물에 관해서 의견을 바꾸어야 한다면 어떠할까요?" 이에 대해 답변은 나에게 이렇게 보인다. "당신은 바꿀 필요가 없다. 그것이 바로 '근본적임'이 뜻하는 것이다."'(Wittgenstein, *Über Gewißheit*(1969), §512).

게 된다.*

셰이핀과 셰퍼가 '경험주의자 언어게임'을 똑같이 타당한 여러 언어게임 중 하나라고 언급했을 때, 실재로 간주될 수 있는 것을 정의하는 것은 언어게임 그 자체이므로, 갈릴레이와 그의 반대자의 언어게임 외부에는 실재가 존재하지 않는다고 가정했다. 그들은 '내 언어의 한계는 내 세계의 한계다'라고 가정한다.** 이것은 어떤 절대적인 의미로도 진실일 수 없다. 갈릴레이의 망원경은 천문학자들이 관찰한 것을 기술하기 이전에, 그들이 망원경이라는 단어를 갖기도 전에 그들의 세계를 변혁했다. 갈릴레이가 자신의 발견을 기술하면서, 어쩔 수 없이 다른 이들이 당황하거나 이해할 수 없는 방식으로 기술한 것은 아니었다. 경악을 일으킨 것은 그의 기술 방식이 아니라 그가 말한 내용이었다. 그러나 비록 철학자들이 그를 완벽하게 이해했다 하더라도, 그들 중 일부는 계속해서 그와 여러 천문학자들이 관찰했다고 주장하는 것은 가능하지 않다고 주장했다. 비록 그들이 서로를 완벽히 이해했다 하더라도, 갈릴레이의 우주와 그들의 우주는 다른 한계를 갖고 있었다. 그 한계를 설정하는 것은 그들의 언어가 아니라, 그들의 우선순위, 그리고 무엇이 협상 가능하고 무엇이 그렇지 않은지에 대

---

* 비트겐슈타인은 이렇게 썼다. '우리가 물리학의 명제를 효과적인 논증으로 여기지 않는 사람을 만났다고 가정하라. 어떻게 이러한 것을 상상할 수 있을까? 그들은 물리학자 대신에 신탁을 찾는다. (그리고 이러한 면에서 우리는 그들이 원시적이라고 여긴다.) 그들이 신탁에 의지하고 그 가르침을 받는 것은 잘못된 것인가? ― 만일 우리가 이것을 잘못이라고 말한다면 우리는 그들의 것과 다투기 위한 기초로서 우리의 언어게임을 사용하고 있지는 않은가?'(Wittgenstein, *Über Gewißheit*(1969), §609) 이 경우 갈릴레이(또는 그의 언어가 정교하게 갈릴레이와 공명했던 보일)를 참조하는 대신, 셰이핀과 셰퍼는 비트겐슈타인을 참조했고 그의 언어게임을 과학과 다투는 기초로 활용했다.

** 실제로, 스트롱 프로그램의 옹호자들은 경험주의자 언어게임을 수많은 동등하게 잘못된 언어게임 중 하나로 취급했다. 그들의 눈에 유일하게 타당한 언어게임은 비트겐슈타인의 메타―게임이다. 모든 사람은 언어에 의해 한계를 지닌다. 어떻게 모든 이들이 그러한지에 관해 저술하는 사람을 제외하고는 말이다. 그러나 이 치명적인 법칙에 더 오래 머물 필요는 없다.

한 그들의 감각이었다.***

　망원경은 특별한 사례로 여겨진다. 물론 우리가 새로운 기술을 도입할 때 우리 세계는 변하고 우리가 이전에 가보지 않았던 어딘가로 간다. 그러나 매일 우리는 표현할 단어가 없는 일들을 경험한다. 그러한 상황에서 우리는 말을 잃거나, 그것은 표현할 수 없는 그 무엇이라고 말한다. 오직 그 이후에야 우리가 항시 느껴왔던 것에 대한 단어들(사랑, 슬픔, 질투, 절망)을 발견한다. 톨스토이는 안드레이의 입을 통해 '내가 로스토프 양과 사랑에 빠졌다는 생각이 떠오르지 않았다'라고 썼다. 어떤 경험, 예를 들어 음악, 섹스, 웃음에 대해 전체적으로 경이로운 점은 그것들을 묘사할 적합한 단어가 없으며 앞으로도 그러하리라는 것이다. 그렇다고 그것들이 존재하지 않는다고 할 수는 없다.

　그러나 '내 언어의 한계는 내 세계의 한계다'라는 말이 항상 맞지는 않더라도 우리는 우리의 언어가 자주 우리가 논증하거나 정밀하게 이해할 수 있는 한계를 결정한다는 것을 인정해야만 한다. 구름은 19세기 초반에 명명되었다. cirrus(곱슬털, 권운)와 nimbus(폭풍우, 난운)는 라틴어라서 아마 구식으로 들릴 것이다. 그러나 로마인들에게는 여러 종류의 구름을 위한 이름이 없었다.[82] 물론 구름을 부르는 이름이 있기 오래전에도 사람들은 우리만큼 구름을 경험했다. 모든 종류의 구름을 보려면, 비록 화가는 그 이름들을 모르지만 17세기 네덜란드의 바다 그림을 보면 된다. 로버트

••• 쿤은 상이한 지적 세계에 살고 있는 사람들 간의 소통에는 제한이 있다고 주장했다. 그러나 그가 이 논증을 과장하고 있다는 것이 일반적 견해다. 갈릴레이와 그의 비판자들은 서로 동의하는 데 어려움을 겪었지만 소통하는 데는 그렇지 않았다. 그들은 상이한 규칙으로 과업을 수행했지만 반대편의 수(조치)를 알아차릴 수 있었다. 쿤의 관점은 Sankey, 'Kuhn's Changing Concept of Incommensurability'(1993)에 요약되어 있고, Sankey, 'Taxonomic Incommensurability'(1998)에 비평되어 있다. 또한 Hacking, 'Was There Ever a Radical Mistranslation?'(1981)을 참조하라.

훅이 '구불구불한, 머리털 같은, 빳빳한, 희미한 구름 등 여러 가지 모양의 구름이 나타나는 이유는 무엇인가?'라고 물었을 때 그는 구름을 완전하게 분명히 관찰했다.[83] 그러나 그는 구름을 묘사하는 것이 자신의 언어 능력 밖의 일임을 잘 알고 있었다. 구름에 이름을 붙이는 것은 기상학 역사의 큰 사건이었다. 그 이후에야 구름에 관한 훨씬 더 깊이 있는 논의와 이해가 가능했다.

우리가 관념들에 대해 연구할 때, 언어학적 변화는 사람들이 이해한 것(그들의 선조가 이해하지 못한)이 무엇인지를 알아내는 핵심이 된다. 망원경을 통한 갈릴레이의 발견이 나오기 10년 전, 새로운 시대의 최초의 위대한 실험가인 윌리엄 길버트는 '가끔 우리는 새롭고 흔치 않은 단어들을 사용한다. 이는 그 사실(rebus, 사물)을 (연금술사들이 버릇처럼 하듯이) 뿌연 안개와 가리개로 덮는 어리석은 어휘의 장막을 치려는 것이 아니다. 그것은 여태 인지된 적이 없고, 이름도 없이 숨겨진 사물들을 숨김없이 그리고 올바르게 밝히기 위해서다'라고 인정했다.[*][84] 그의 책은 독자들이 이 새로운 단어들을 이해하도록 도움을 주는 용어 해설로 시작된다. 갈릴레이가 목성의 위성들(갈릴레이는 그것들을 위성이라고 부르지 않고, 처음에는 항성이라고 했다가 나중에는 행성이라고 불렀다)을 발견하고 수개월 후, 요하네스 케플러는 이들 새로운 물체를 위한 단어를 창안했다. 그것은 '위성'이었다.[**] 따라서 언어를 심각하게 간주하는 역사가는 새로운 언어의 출현을 더 조사해볼 필요가 있다. 새로운 언어는 사람들이 무엇을 생각할 수 있는가 그리고 어

• 이것이 문제의 핵심이다. 비트겐슈타인의 전체적인 과업은 언명과 독립적인 인지가 존재한다는 관념을 논박하는 것이다. 따라서 그는 '실재와의 합치라는 관념은 어떤 명확한 적용도 갖지 못한다'라고 말한다(*Über Gewißheit*, §215). 물론 과학은, 러셀이 방 안에 하마가 없다는 것을 보여주려고 한 것과 마찬가지로, 그 관념을 보여주려고 노력한다.

•• *Narratio de observatis Jovis satellitibus*. 1610년 9월 11일로 기록되어 있지만 1611년 출간되었다(Kepler, *Dissertatio cum nuncio sidereo*(1993)의 현대 판본). 고전 라틴어에서 satellitium은 호위대 혹은 경비대를 의미한다.

떻게 그들이 세계를 개념화할 수 있는가에 관한 변혁을 나타낸다.•••

　여기서 이러한 주장과 이 장에서 시작된 논의를 구별하는 것이 중요하다. 역사가들은 항상 과거의 사람들이 사용했던 언어를 배워야 하며 그 언어의 변화에 주목해야 한다. 이것은 그들이 과거 사람들이 쓴 그 언어로 역사를 기술할 필요가 있음을 의미하지 않는다. '위성'이라는 케플러의 단어는 갈릴레이가 새로운 종류의 실체를 발견했음을 인정한다. 그러나 우리가 '갈릴레이가 발견한 것은 목성의 위성들(갈릴레이나 케플러는 이 용어를 사용하지 않았다. 목성의 위성이라는 용어가 최초로 사용된 것은 1665년이므로 엄밀히 말하면 시대착오적이다)이다'라고 말하는 것은 완전히 상식에 맞다. 왜냐하면 우리에게 항성(갈릴레이의 용어)의 의미는 고착되었고, 위성(케플러의 용어)은 보통 우주 공간으로 발사된 인공물을 의미하기 때문이다.

　최근의 과학사는 그 언어와 담론에 관한 논의에도 불구하고 17세기 자연과학을 수행하는 새로운 언어(이 책의 3부에서 논의될)의 출현에 거의 주목하지 않아왔다. 실제로 이 새로운 언어는 눈에 잘 띄지 않아서 19세기 후반부까지 '과학자'라는 용어를 사용하길 거부했던 바로 그 학자들이 이것들이 마치 문화를 초월하는 개념인 양 기꺼이 '사실', '가설', '이론'에 관해 논했다. 이 책은 이 특이한 실수를 치유하고자 한다.•••• 우리는 그것의 핵심 명제를 아주 단순하게 진술할 수 있다. 개념의 혁명은 언어의 혁명을 요구한다. 17세기에 과학혁명이 있었다는 주장은 이에 수반되어야 하는

••• '언어게임이 변할 때, 개념의 변화가 존재하며, 개념과 함께 단어들의 의미도 변한다.' Wittgenstein, *Über Gewißheit*(1969), §65.

•••• '언어적 전환' 이후 오랫동안 과학적 과업을 가능하게 만든 몇몇 주제어/개념의 기본적인 역사가 아직 기술되지 않고 남아 있다는 것은 놀라운 일이다. 이 책은 부분적으로 과학의 원시적 기원에 관한 브루노 스넬의 설명의 확장으로 볼 수 있다. Snell, 'The Origin of Scientific Thought'(1953)(1929년 처음 출간) 그리고 Snell, 'The Forging of a Language for Science in Ancient Greece'(1960).

언어의 혁명이 있었는지를 살펴봄으로써 쉽게 검증할 수 있다. 언어의 혁명은 실제로 과학의 혁명이 있었는지에 대한 최상의 증거다.

언어의 변화에는 우리가 논의를 진행하면서 명심할 필요가 있는 특징이 있다. 명백히 (우리가 이미 '기예art'나 '과학'의 경우에서 보았듯이) 시간이 경과하면서 낱말의 뜻이 변한다. 그러나 단어들은 단지 의미가 변하는 것이 아니라 원래의 의미와는 명백히 관련이 없는 새로운 의미를 획득하기도 한다. 우리는 '혁명'이라는 말이 지금 너무나 여러 의미로 사용되어, 과학혁명이 존재했는가에 관한 혼선의 한 원천이 이들 단어들을 구별하는 데 실패한 것임을 보아왔다. 내가 거래 은행의 한 지점branch을 방문할 때, 나는 이 거대한 사업장이 나무라고 생각하지 않는다. 여기서 'branch'는 사멸한 은유다. 측정에서 사용되는 '부피volume'라는 말도 마찬가지다. 처음에는 프랑스어에서, 훨씬 나중에는 영어에서 'volume'은 책이 아니라 3차원 물체가 점유한 공간을 지칭하는 데 사용되기 시작했다. 만일 내가 한 구의 부피를 측정한다면, 내가 사용하는 언어는 사멸된 은유다.

우리가 '자연법칙'을 논할 때, '법칙'이라는 낱말 역시 은유적 의미로 사용되고 있다. 자연법칙이란 무엇인가? 이 문구가 사용되는 맥락을 이해하기 위해서는 그 기원을 탐구해보면 도움이 된다. 결국 그러한 탐구는 왜 '자연법칙이란 무엇인가?'라는 질문에 그 문구(이 경우, 비트겐슈타인이 말한 대로, 의미는 곧 용법이다)를 어떻게 사용하는지 설명하는 것보다 더 좋은 답은 없는지를 이해할 수 있게 도와준다. 영국에는 불문헌법이 있다. 불문헌법이란 무엇인가? 어떤 멋진 답변은 수수께끼와 역설로 가득할 테지만, 거기에는 한 국가가 헌법을 가진다는 개념이 어떻게 1735년 볼링브로크Bolingbroke로부터 나왔는지, 그리고 **불문**헌법이라는 개념이 영국을 성문헌법을 가진 최초의 국가인 프랑스, 미국과 구별하게 한다는 설명이 포함되

2장 과학혁명이라는 관념 77

어야 할 것이다. 성문헌법이 표준이 된 뒤에는 불문헌법이라는 개념이 명백히 풀 수 없는 수수께끼를 포함하는 것처럼(불문헌법이 무엇인지 우리는 어떻게 아는가? 그 권위는 어디서 나오는가?), 우리가 과학을 논의할 때 사용하는 중요한 개념들('발견' 혹은 '자연법칙')은 본질적으로 문제를 지니고 있다. 그것들을 이해하는 유일한 길은 그것들의 역사를 복원하는 것이다.[85] 나의 논증은 17세기 동안 자연과학이라는 관념이 근본적인 수정을 거쳤고, 그 세기 말이 되어 형성된 관념은 기본적으로 오늘날 우리가 쓰는 관념이 되었다는 것이다. 나는 관념이 한결같고 일관성 있다고 주장하지 않는다. 나는 그것이 성공적이며, 새로운 지식과 새로운 기술의 발견을 위한 본보기를 제공했다고 주장하는 것이다.*

6

이 장의 대부분은 과학의 언어에 관한 것이다. 이 책의 대부분이 그러할 테지만, 이 책의 논증은 또한 그와 같은 비중으로 레오나르도의 '경험의 검증'에 관한 것이기도 하다. 과학혁명을 연구한 역사가들과 철학자들의 첫 세대는, 정말 중요한 것은 버터필드가 '과학자 자신의 마음속에 일어난 전위transposition'라고 부른 것이라고 주장하면서, 새로운 증거와 새로운 실험의 중요성을 경시했다. 철학자 에드윈 버트Edwin Burtt가 1924년에 주장했듯이, 근대 과학의 기초는 형이상학적이었다.[86] 쿠아레에 따르면, "갈릴

---

* 장하석은 '과학적 실행을 이해하고 촉진하기 위해 나는 우리의 지식 개념의 근본적인 재조정을 제안하며, 그것을 신념이 아닌 능력이라는 개념으로 생각하고 싶다'고 썼다(Chang, *Is Water H₂O?*(2012), 215; 그리고 'success'에 관해, 227–33). 나는 마지막 장에서 이 문제로 되돌아올 것이다.

78

레오 갈릴레이의 '새로운 과학'의 기초를 제공한 것은 경험이나 감각적 지각이 아닌 생각, 순전히 생각이었다."[87] 따라서 쿠아레가 새로운 과학을 가능하게 한 핵심 개념(관성의 개념)으로 여긴 것은 일상적 경험에 관해 사유하고 있었던 갈릴레이에 의한 단순한 사고실험으로 구성된 것이었다. 나에게 이것은 결과와 원인을 혼동하여 새로운 과학의 이야기를 거꾸로 뒤집고 앞뒤를 바꾼 것으로 보인다.* 과학혁명은 정확하게 새로운 경험과 새로운 감각-지각에 관한 것이다. 만일 과학혁명에 필요했던 모든 것이 새로운 **사고**였다면 왜 그것이 17세기 이전에는 일어나지 않았느냐를 설명하는 것은 명백히 불가능하다.**

그러나 이제는 지난 30년간, 제2세대 과학사가들과 과학철학자들은 과학혁명이 자연을 이해하는 인류의 능력을 크게 개선했다는 주장을 공격해 오고 있다. 상대주의자의 시각을 채택하여, 오직 그의 이론이 더 나은 예측과 새로운 유형의 조정을 가능하게 한다는 의미로조차, 뉴턴이 아리스토텔레스나 오렘보다 우월하다는 것을 인정하지 않으려 한다. 그들의 논증은 거의 모든 인류학자들과 전문 역사가들, 그리고 많은 철학자들을 납득시켰다. 그러나 그들은 틀렸다. 과학혁명 덕분에, 우리는 고대나 중세의 철학자들이 지녔던 것보다 훨씬 더 믿을 만한 유형의 지식을 지니게 되었고, 그것을 과학이라고 부른다. 첫 세대에게, 새로운 과학은 모두 정신 속

---

* 물론 갈릴레이를 오해한 것이다. 예를 들어, 조수潮水에 관한 갈릴레이의 에세이(Galilei, *Le opere*(1890), Vol. 5, 371-95)를 보라. 그 속에는 경험이 신뢰할 만한 길잡이로 묘사된다. '사려 깊은 실험sensate esperienze(참된 철학의 확실한 발굴scorte sicure nel vero filosofare)'(378); Stabile, 'Il concetto di esperienza in Galilei'(2002); Galilei, *Le opere*(1890), Vol. 10, 118(갈릴레이가 알토벨리에게), Vol. 18, 249(갈릴레이가 리체티에게), 69(발리아니가 갈릴레이에게). 갈릴레이의 부친 빈첸초는 이미 계속해서 경험의 우위를 강조했다. Palisca, 'Vincenzo Galileo'(2000).

** 만일 **사고**가 새로운 과학을 불러일으키기 충분하다면 그것은 갈릴레이가 아니라 14세기 철학자 니콜 오렘Nicole Oresme과 더불어 시작되었을 것이다. 기껏해야, 특정한 고전 저술(아르키메데스, 루크레티우스, 플라톤)의 복원은 새로운 사고를 위한 필수적인 전제 조건이라고 주장할 수 있을 것이다. 그러나 이 과정은 15세기 중반에 마무리되었다.

에 있었다. 제2세대에게 그것은 단지 언어게임이었다. 사유와 앎에 관한 이들 두 논쟁은 맞물려 있다. 왜냐하면 두 세대는 새로운 과학이 감각적 실재와의 새로운 유형의 결합에 기초해 있다는 생각을 경시했기 때문이다. 따라서 두 세대는 그것의 필수적 특징을 놓쳤다. 새로운 과학은 체계적으로 경험의 검증을 사용하고 있었다.

17세기 후반기의 새로운 과학자들은 고전시대의, 아랍 지역의, 그리고 중세의 선조들과는 아주 다른 위치에 있었다. 그들에게는 인쇄술(15세기에 발명되어 그 영향력은 17세기 내내 증대되었다)이 있었고, 이것은 새로운 유형의 지적 공동체를 만들었고, 정보에 이르는 통로를 변혁했다. 그들 모두가 지닌 유리로 만든 일련의 기구(망원경, 현미경, 기압계)는 변화의 동인으로 작용했다. 그들은 경험의 검증에 새롭게 몰두해서 현재의 실험적 방법을 확립했다. 그들은 기존의 권위에 비판적인 태도를 취했다. 그들은 새로운 언어, 지금 우리가 말하는 언어를 지녔고, 이것은 새로운 사유를 훨씬 용이하게 했다. 서로 지지해주며 맞물려 이들 다양한 요소는 과학혁명을 가능하게 했다.

7

1748년 위대한 계몽주의 철학자 드니 디드로는 익명으로 《입 싼 보석들 Les Bijoux Indiscrets》이라는 제목의 에로틱 소설을 출간했다(여기서 보석은 질의 완곡한 표현이다). 그와 그의 출판업자가 예상한 대로, 이 책은 즉시 금서가 되었고 동시에 성공을 거두었다. 이 책의 32장에는 '아마도 이 이야기 중에서 최고일, 그리고 가장 덜 읽힐le meilleur peut-être, et le moins lu de cette histoire'이라는 부제가 붙어 있다. 가장 덜 읽히리라고 한 것은 예외적으로 거기에는 섹스가 없기 때문이다. 그 장은 어떻게 주인공(술탄 망고굴, 루이 15세를 일컬어 아부하는 표현)이 괴물의 등을 타고 구름 속에 떠 있는 건물로 날아가는 꿈을 꾸는지 묘사한다. 거기에는 거미줄로 만들어진 설교단 위의 노인 주위에 큰 무리의 기형 인간들이 모여 있다. 그는 아무 말도 하지 않고 거품을 날려 보낸다. 그들 모두 몸에 몇 조각의 헝겊, 소크라테스의 예복 조각들만 붙였을 뿐 벌거벗고 있고, 우리는 철학의 사원에 와 있음을 알아차린다.

> 나는 멀리서 한 아이가 천천히 그러나 또박또박 우리를 향해 걸어오고 있는 것을 보았다. 그는 머리가 작았고, 야윈 몸에 약한 팔, 짧은 다리를 하고 있었다. 그러나 그가 다가오면서 팔다리는 점점 커졌다. 계속적으로 급격히 자라면서 그는 여러 모습으로 변장한 것으로 보였다. 나는 그가 긴 망원경을 하늘로 향하는 것, 진자를 이용해서 낙하하는 물체의 낙하율을 계산하는 것, 수은이 가득한 관을 이용해서 공기의 무게를 재는 것, 손에 프리즘을 들고 빛을 쪼개는 것을 보았다. 그는 거대한 거인이 되었다. 그의 머리는 하늘에 닿았고 그의 발은 심연 속에 보이지 않았고 그의 팔은 극에서 극으로 뻗쳐 있었다. 오른손으로 횃불을 흔드니 그 빛이 사방으로 퍼져 바다 깊숙이 비추고 땅의 가장 깊숙한 곳에 이르렀다.

거인은 사원을 치고, 사원은 붕괴하고 망고굴은 흥분한다.[88]

그는 깨기 전 '이 거대한 인물은 무엇인가?'라고 묻는다. 그 답은 명백해 보인다. 디드로는 여기서 오늘날 우리가 과학혁명이라고 부르는 지식의 변혁에 관해 서술하고 있다. 우리가 보게 될 것처럼 갈릴레이는 그의 망원경을 하늘로 향하게 했고, 메르센은 낙하하는 물체의 낙하율을 정확하게 측정했으며, 파스칼은 공기의 무게를 쟀고, 뉴턴은 빛을 프리즘으로 분해했다. 새로운 과학은 철학자들이 가르치던 옛것을 파괴했다. 그러나 새롭게 태어난 거인에 대한 디드로의 명명은 우리가 예상한 '과학'이 아니었다. 프랑스어의 '과학'이라는 말은 갈릴레이와 뉴턴의 새로운 과학을 지칭하기에는 구체적이지 않았고 지금도 그렇다. 왜냐하면, 우리가 보았듯이 오늘날 사회과학을 포함한 모든 종류의 과학이 있었고 지금도 있기 때문이다. '자연과학'조차도 그런 역할을 할 수 없었을 것이다. 철학자들은 항상 자연과학의 전문가라고 주장해왔기에 '자연과학'도 '자연철학'과 마찬가지로 새로운 과학과 구식 과학을 구별하는 데 기여하지 못했을 것이다. 그 대신, 플라톤은 현재 일어나고 있는 것을 설명하기 위해 적당히 소리 높여 '경험을 인지하라. 왜냐하면 그것이 본질이므로'라고 말한다.* 하지만 확실히 경험에는 새로운 것이 없는가? 경험은 모든 인간이 공통으로 갖고 있는 어떤 것 아닌가? 그러면 '경험'은 어떻게 새로운 과학의 올바른 이름이 될 수 있는가?

이 질문에 대답하면서 나는 디드로가 그의 거인에 '경험'이라는 이름을 부여할 때 우리를 깨우쳐준 것에 대한 문제로 계속해서 돌아갈 것이다. 그 문제는 새로운 과학을 묘사하기 위해 사용할 적합한 언어를 찾는 어려움, 우리가 그것을 이해하려고 할 때의 어려움만이 아닌, 그것을 창안한 사람들이 가졌던, 그리고 디드로처럼 그것을 찬양하며 서술했던 사람들이 가졌던 중대한 어려움에 관한 것이다. 실제로, 나는 새로운 과학이 새

---

* 'Reconnoissez l'Expérience, me répondit-il; c'est elle-même'(Diderot, Les Bijoux indiscrets(1748), Vol. 1, 352[of 370]).

로운 언어, 즉 가용한 단어와 어구로 필연적으로 꿰맞추어져 그것으로 사유할 수 있는 언어의 구축 없이는 불가능했으리라는 점을 논의할 것이다. 그 언어는 영어에서 개척되었다. 예를 들면 '경험'과 '실험'은 17세기 동안 그 의미가 변하기 시작했다. (영어를 프랑스어로 번역하는 일로 자신의 경력을 시작한 디드로는 이 새로운 언어에 익숙했다.) 디드로의 'expérience'는 정확히 같은 의미는 아니지만, 영어의 'experiment'(프랑스어에는 없는 단어)로 번역될 수 있다. 그리고 'experiment'는 새로운 과학을 기술하는 데 'experience'보다 더 도움이 된다는 것이 즉시 분명해졌다. 비록 우리는 이미 레오나르도가 '경험'을 신뢰할 수 있는 지식으로 이끄는 핵심으로 파악한 것을 보았지만 말이다. 우리는 언어 구성의 이러한 과정을 정확하게 표시할 수 있다. 그것은 새로운 단어로 시작한다. 그것은 경험이 수행했던 역할의 광범위한 변혁을 열었으며 모든 유럽 언어에서 같은 뜻을 가진 '발견'이라는 단어다.

이어질 페이지들에서 우리는 발견을 향한 관찰과 실험의 형태로 어떻게 경험이 17세기에 새로운 것이 되었는지, 어떻게 이 발견의 새로움이 과학의 발명을 가능하게 했고, 어떻게 이 새로운 과학이 세계를 변화시키기 시작해 오늘날 우리의 삶이 의존하고 있는 근대 기술을 초래했는지 그 과정을 보게 될 것이다. 그것은 과학의 탄생, 과학의 초창기에 대한 이야기이자, 과학이 위대한 거인이 되어 우리를 그 그림자 속에서 살게 한 특별한 변화에 대한 이야기이다. 그러나 디드로의 특이한 장㈜은 하나의 경고를 보내고 있다. 그것의 꿈이라는 틀, 괴물과 비유, 언어적 미묘함은 어떤 종류의 어려움을 우리에게 전달한다. 경험, 이러한 새로운 종류의 경험의 역사는 어떠하겠는가?

디드로보다 우리가 이 질문에 대답하기 훨씬 수월해 보인다. 왜냐하면 우리는 과거를 되돌아볼 수 있다는 이점이 있고, 아직도 뉴턴주의의 승리에 사로잡혀 있기 때문이다. 그러나 디드로는 우리를 압도한다는 큰 이점이 있다. 1732년 소르본을 졸업하면서 그는 아리스토텔레스 철학 세계 속에서 교육받았다. 그는 직접 그것을 경험했기에 그 세계의 파괴가 얼마나 충격적인지 알았다. 위에서 내려다보면(역사가의 시각) 과학혁명은 튀코 브라헤에서 시작되어 뉴턴에 의해 종결되는, 길고 서서히 진행되는 과정이다. 그러나 그것에 개입된 갈릴레이, 훅, 보일 등 개인들에게 그것은 일련의 갑작스럽고 긴박한 변혁들이었다. 1735년, 옛 방식으로 교육받은 디드로는 가톨릭 신부가 될 요량이었다. 10여 년 남짓 지난 1748년, 그는 위대한 《백과전서Encyclopédie》(1751년 첫 권 발행) 작업에 종사하고 있는 무신론자이며 유물론자였다. 그에게 철학 사원의 붕괴는 역사적 사건이 아니고 개인적 경험, 즉 악몽에서 깨어난 순간이었다.

1부

하늘과 땅

———————

하늘보다 아름다운 것, 물론 아름다운 모든 사물을 포함하는 것은 진
정으로 무엇인가?

_ 니콜라우스 코페르니쿠스, 《천체의 회전에 관하여》(1543)[1]

1부의 두 장은 우주를 바라보는 방식을 크게 바꾼 지적 혁명을 다룬다. 3장은 1492년 콜럼버스가 아메리카를 발견하기 이전에는, 명확하게 드러나고 잘 정립된 발견의 개념이 존재하지 않았다고 주장한다. 곧 드러나겠지만, 발견이라는 개념은 과학의 발명을 위한 하나의 전제 조건이다. 4장은 아메리카의 발견이, 1492년 이전에 일반적으로 받아들여졌던 세계에 관한 중심적 주장, 즉 대척점을 가진 땅덩어리가 있을 수 없다는 주장이 틀렸음을 입증한다는 것을 보여준다. 남아메리카가 구세계의 여러 부분들로부터 지구 반바퀴 거리만큼 멀리 떨어져 있기 때문이었다. 그러므로 4장의 주제가 되는 그 즉각적인 결과는 지구가 어떻게 구성되어 있는지에 대한 이해의 급진적인 변화, 수륙 지구 개념의 대두였다. 이는 뒤이은 천문학 혁명의 필수적인 전제 조건이었다. 4장은 나아가 토머스 쿤이 코페르니쿠스 혁명이라고 부른 것을 새롭게 평가한다. 우리가 보게 될 것처럼, 코페르니쿠스 혁명은 17세기까지 지연되었다. 아주 극소수의 16세기 천문학자들만이 지구가 우주의 중심에 정지해 있는 것이 아니라 태양 주위를 돈다는 코페르니쿠스의 주장을 인정했다. 천문학의 진정한 혁명은 튀코 브라헤의 신성新星, 수정 천구에 대한 믿음의 포기, 그리고 망원경의 발명과 함께 도래했다. 핵심적인 연도는 1543년이 아니라 1611년이다.

요하네스 스타라다누스Johannes Stradanus의 《새 발견Nova reperta》(1591년경) 속표지는 근대 세계를 고대로부터 구분 짓는 지식을 요약하고 있다. 아메리카의 발견과 나침반의 발명, 그 사이의 인쇄술에 자랑스러운 지위가 부여된다. 또한 화약, 시계, 비단 짜기, 증류기와 등자鐙子가 달린 말안장이 있다.

3장

발견의 발명

발견이란 과학에 관한 모든 것이다.

_핸슨N. R. Hanson, 〈발견의 해부An Anatomy of Discovery〉(1967)[1]

1

1492년 10월 11/12일 밤, 크리스토퍼 콜럼버스는 아메리카를 발견했다. 몇 시간 전에 어둠 속에서 반짝이는 빛을 보았다고 주장한 산타 마리아호의 콜럼버스와 달빛으로 실제 땅을 보았던 핀타Pinta호의 망꾼, 그 두 사람 중 한 명이 바이킹 이후 신세계를 본 최초의 유럽인이었다.[2] 그들은 자신들이 접근하고 있는 땅이 아시아의 일부라고 여겼다. 실제로 그의 생애 동안(그는 1506년 죽었다) 콜럼버스는 아메리카가 대륙이라는 것을 인정하길 거부했다. 아메리카를 광활한 땅덩어리로 보여준 최초의 지도 제작자는 1507년의 마르틴 발트제뮐러Martin Waldseemüller였다.[3]

콜럼버스는 이미 알려진 세계였던 중국으로 가는 새로운 항로를 찾다가 미지의 세계인 아메리카를 발견했다. 새로운 땅을 발견하고는 그는 자신이 한 일을 묘사할 말을 찾지 못했다. 정규 교육을 받지 못했던 콜럼버스는 어린 시절의 제노바 사투리를 보완하기 위해서 몇몇 언어, 이탈리아어, 포르투갈어, 카스티야어, 라틴어를 습득했다. 그러나 오직 포르투갈어에만 '발견'이라는 말(discobrir)이 있었고, 그마저도 그가 1485년 포르투갈 국왕으로부터 자신의 원정에 대한 후원을 얻으려던 첫 번째 시도에 실패한 당시 도입된 말이었다.

발견의 개념은 콜럼버스의 성공적인 원정 계획과 동시대적이다. 그러나 그는 발견이라는 생각에 끌릴 수 없었다. 왜냐하면 그는 자신의 항해를 설명하는 데 포르투갈어가 아닌 스페인어와 라틴어를 썼기 때문이다. 가장 근접한 라틴어는 동사 'invenio(찾아내다)', 'reperio(얻다)', 'exploro(탐험하다)'와 거기서 파생된 명사 inventum, repertum, exploratum이었다. 콜럼버스는 그의 신세계 발견을 공표하는 데 invenio를 사용했다. 요하네스 스트라다누스Johannes Stradanus는 새로운 발견을 보여주는 그의 책 제목에 reperio를 사용했다(1591년경). 갈릴레이는 목성의 위성을 발견하고 공표할 때 exploro를 사용했다(1610).[4] 근대적인 번역에서 이 단어들 모두는 흔히 '발견'으로 나타나지만, 이것은 1492년에 '발견'이라는 단어가 정립된 개념이 아니었다는 사실을 모호하게 한다. 100년 이상 지난 후, 갈릴레이는 라틴어로 자신의 발견을 전하기 위해, 여전히 '나 이전의 어떤 천문학자에게도 알려지지 않았던' 같은 복잡한 문구를 사용할 필요가 있었다.[5]

• 안경의 발명에 관한 조르다노 다 피사Giordano da Pisa의 설명(1306년 이탈리아어로 쓰인) — 그가 들은 설교에 묘사된 — 을 비교하라. '사람들이 잘 보도록 하는 안경 만드는 기술을 찾은(si trovó) 지는 아직 20년이 안 되었다. 그것은 최고 기술 가운데 하나이며 세계가 알고 있는 가장 유용한 것 중의 하나이다. 그것을 찾은 지는 얼마 되지 않았다. 이전에 결코 존재하지 않았던 새로운 기술(arte novella che mai non fu)이다. 설교자는 말했다. "나는 그것을 최초로 찾아 사용한 사람을 보았고, 그와 대화를 나누었다."' 명백히, 조르다노에게는 '발명' 혹은 '발견'을 표현할 단어가 없었기에 '이전에 결코 존재하지 않았던 새로운 기술'이라는 문구에 의존한다. 브루넬레스코Brunellesco의 원근법 회화의 발명에 관한 필라레테Filarete(1469년경 사망, 이탈리아어로 저술)의 반응도 마찬가지다. '피포 디 세르 브루넬레스코가 원근법 이미지를 만드는 방법을 찾아냈다(inventó). 그 이전에는 아무도 그 방법을 몰랐다. (⋯) 비록 고대인들이 영리하고 정교했으나 그들은 원근법을 몰랐다.' Inventare 그 자체로는 이전에 결코 알려지지 않았던 어떤 것을 찾아냈다는 관념을 적절히 전달하지 못했다. 필라레테는 그의 독자들이 모든 발견은 재발견이라고 상정할 것임을 잘 알고 있었다. 그래서 그는 그러한 관점에 대한 자신의 반대를 첨언한 것이다.

모든 주요 유럽 언어에서, 발견의 항해를 묘사하는 데 '알아내다uncover'
를 의미하는 한 단어를 똑같이 은유적으로 사용하는 방법이 곧 채택되었
다. 포르투갈 사람들이 그 선두에 섰다. 그들은 최초로 탐험 여행에 뛰어
들어, 1421년에 시작된 일련의 원정에서 아프리카 연안을 따라(그 과정에
서 당시 대학에서 가르친 것과는 달리, 적도 지역은 사람이 살 수 없을 정도로 덥지
않다는 것을 증명했다) 인도의 향료가 나는 섬으로 가는 항로를 찾으려고 했
다. 포르투갈어에서는 'explore'를 의미하는 descobrir라는 말이 (아마 '드
러내다lay open'라는 뜻의 라틴어 patefacere의 번역으로서) 1484년에 이미 사용
되고 있었다. 그러나 1486년, 헤르낭 둘모Fernão Dulmo는 아주 새로운 유형
의 과업을 제안했다. 그것은 대양을 따라 서쪽으로 항해하여 미지의 곳으
로 들어가 새로운 땅을 발견하거나 혹은 찾는 일이었다(이는 콜럼버스가 서
쪽으로 항해하여 중국에 도달하겠다고 제안한 2년 후였다).[6] 그 항해는 아마 실
행된 적은 없었을 테지만 탐험이라기보다는 발견이었을 것이다. 둘모는
아무것도 발견하지 못했다. 그러나 그의 발견에 관한 개념은 곧 저만의 생
명을 갖게 되었다.*

　그 새로운 단어(발견)는 1504년에 아메리고 베스푸치가 쓴 두 번째 편
지의 출간과 함께 유럽 전역으로 퍼져나갔다. 그 서한에서 그는 포르투
갈 국왕에게 봉사하기 위한 그의 신세계 항해를 기술했다. 이탈리아어

---

* 발견의 개념이 1486년에 새로운 것이었다는 주장에 대한 시험 사례로는 포르투갈인들 최초의 카나리아 제도 항
해를 논의한 14세기 문서(Verlinden, 'Lanzarotto Marcello'(1958))를 들 수 있다. 'Predictarum insularum fuerunt
prius nostri regnicole inventores(이 제도를 최초로 찾은 자들은 우리 왕국에서 왔다)', 1188; 'avendo délle nos as
yllas que trobou e nos gaanou que som no mar do Cabo Nom(그가 찾아내 우리에게 복속시켰던 제도를 그에
게서 받고)', 1197 — 여기서 inventores와 trobou는 발견을 암시하는 단어로 보인다. 그러나 'querentes ad eas
insulas, quas vulgo repertas dicimus(통상적인 말로 우리가 '찾았다'고 하는 이 제도를 항해 나서며)', 1191. '찾아냄
finding'이라는 언어는 인기 있는 비유임이 판명된다(왜냐하면, 물론 사람이 사는 섬을 '찾아낼' 수 없는데, 그 섬이 '실종'되었다
고 말할 수 없기 때문이다). 게다가, 교육받은 사람들은 발견과 같은 것이 존재하지 않음을 알고 있었다. 그리고 실제로
카나리아 제도는 로마인들에게 알려져 있었다.

로 쓰여 처음 출간된 이 '피에로 소데리니Piero Soderini에게 보내는 서한'은 1516년까지 여러 판본으로 등장했다. 이탈리아어본에서는 포르투갈어에서 들여온 단어인 discoperio를 아홉 차례 썼다. 1507년 라틴어 번역본은 discooperio를 두 번 사용했다.[7] 이것이 이 단어가 '발견하다discover'라는 근대적인 의미로 사용된 첫 번째 예이다. discooperio는 후기 라틴어에 존재하지만(불가타 성서에서 나타난다) '알아내다uncover'라는 뜻으로만 쓰인다. 그 단어는 고전 라틴어에는 존재하지 않았기 때문에, discooperio는 결코 존경할 만한 의미로 설정된 적이 없다. 어쨌든 발견은 새로운 개념이어서 처음에는 해설이 필요했다. 베스푸치는 '우리 선조들이 전혀 언급하지 않은' 새로운 세계를 찾았음을 말하고 있다고 효과적으로 설명했다.[**]

그 새로운 단어는 신세계에 대한 소식만큼 급속히 퍼져나갔다. 페르낭 로페스 데 카스타녜다Fernão Lopes de Castanheda는 1551년에 《(포르투갈인에 의해) 발견되고 정복된 인도(즉 신세계)의 역사História do descobrimento e conquista da Índia》를 출간했다. 이 책은 즉시 프랑스어, 이탈리아어, 스페인어, 그리고 나중에 독일어와 영어로 번역되었고 이 새로운 용법을 공고히 하는 데 핵심적 역할을 했다.

**   Waldseemüller, *The Cosmographiæ introductio*(1907), 88(수정 번역판: xliv 참조). Brotton, *A History of the World in Twelve Maps*(2012), 155–6에는 유익한 논의가 있다. 그러나 브로턴은 166–7에서 발트제뮐러의 오역까지 인용하여(Hessler, *The Naming of America*(2008)). 발트제뮐러는 프톨레마이오스가 아메리카에 대해 어느 정도 알고 있었다고 생각했다는 인상을 주면서, 발트제뮐러조차도 충분히 진전된 발견 개념을 지니지 못했음을 시사했다. 라틴어 원전 및 신뢰할 만한 번역본을 위해서는, Waldseemüller, *The Cosmographiæ introductio*(1907), xxviii, 68을 참조하라. 또한 예를 들어, Grynaeus, *Novus orbis regionum ac insularum veteribus incognitarum*(1532)을 참조하라. 그의 첫 두 항해에서 그가 발견한 것이 '시기심 많고 무지한 사람들이 그렇게 여겼듯이 고대인들에게 잘 알려져 있었다'(Washburn, 'The Meaning of "Discovery"'(1962), 12에서 인용)는 콜럼버스의 주장과 대조하라. 1535년, 오비에도Oviedo는 신세계의 존재는 단지 잊혀 있었다는 주장을 계속 옹호했다. Bataillon, 'L'Idée de la découverte de l'Amérique'(1953), 44: O'Gorman, *The Invention of America*(1961), 16. 그들의 마음에 새로웠던 것은 신세계가 아니라 대양 횡단 항해였다.

책 발행표

아래는 인쇄된 책들의 발행 부수를 1000권 단위로 나타낸 것이다. 불가피하게
도 그것들은 그저 복잡한 추정치다. 인쇄혁명은 매우 큰 규모였지만 동시에 과
학혁명과 거의 그 기간이 일치하는, 오래 진행된 과정이었다(본 장의 8절을 보라).
1500년, 그것은 막 속도가 붙기 시작했다.

1450~1500	1500~1550	1550~1600	1600~1650	1650~1700	1700~1750
12,589	79,017	138,427	200,906	331,035	355,073

출처: Buringh & van Zanden, 'Charting the "Rise of the West"'(2009), 418.

책들의 제목에 처음 나타나면서 우리는 그 단어(발견)가 얼마나 급속히
정립되었는가를 알 수 있다. 네덜란드어－1524년(1652년까지는 다시 나타나
지 않음), 포르투갈어－1551년, 이탈리아어－1552년, 프랑스어－1553년,
스페인어－1554년, 영어－1563년, 독일어－1613년.

만일 발견이 베스푸치와 더불어 시작된 새로운 개념이었다면, 발명
도 분명 그러하지 않겠는가? 16, 17세기에 화약, 인쇄술, 나침반은 근대
인들이 고대인들보다 우월하다는 것을 입증하기 위해 가장 자주 인용되
던 3대 발명품이었다. 이것들 모두 콜럼버스보다 앞선 시기의 것이었지
만, 1492년 이전에 그것들이 이런 방식으로 인용된 예를 찾을 수 없다.[8]
나침반의 중요성을 입증한 것은 아메리카의 발견이었다. 인쇄술과 화약
은 적절한 때에 그 혁명적인 중요성을 부여받을 것으로 보였으나, 실제로
는 콜럼버스 이후 시대에야 혁명적으로 인식되었다. 여기에는 타당한 이
유가 있다. 화약에 의해 승패가 결정난 최초의 전투는 1503년의 체리뇰
라Cerignola 전투라고 흔히 말한다. 그리고 인쇄술은 1500년 이전에는 별로
영향력이 없었다.

우리는 '발견discovery'이라는 낱말의 다양한 의미에 매우 익숙해져 있기

때문에 그 말이 항상 현재 의미하는 것을 대략 뜻했다고 가정하기 쉽다. '나는 소득공제를 받을 수 있다는 것을 이제 막 발견했다'고 우리는 말한다. 그러나 이러한 의미의 '발견'은 신세계를 발견한 콜럼버스에 관한 이야기 이후에 쓰이게 되었다. '찾아내다find out'를 의미하는 '발견'의 느슨한 용법을 만들어낸 것은 발견의 항해이며, 이 느슨한 용법은 invenio를 '발견하다discover'로 번역하는 관습에 의해 권장되었다. 1492년 이후 '발견'의 핵심적 의미는 단지 알아내거나 찾아내는 것이 아니다. 하나의 발견을 공표하는 사람은, 콜럼버스처럼, 거기에 처음 도착했고 잇따르는 사람들을 위한 길을 열었다고 주장하고 있다. '우리는 생명의 비밀을 찾아냈다.' 1953년 2월 13일, 프랜시스 크릭은 케임브리지의 이글 펍Eagle pub의 모든 사람들에게 이렇게 공표했다. 이날 그와 제임스 왓슨은 DNA의 구조를 알아냈다.[9] 발견은 비가역적으로 의도된 역사적 과정의 순간이다. 발견이라는 개념은 시간의 의미를 순환적이 아니라 직선적으로 새롭게 바라보게 한다. 만일 아메리카의 발견이 운 좋은 우연이었다면, 그것은 또 하나의 훨씬 더 주목할 만한 우연, 발견의 발견을 탄생시켰다.•[10]

나는 '훨씬 더 주목할 만한'이라고 말한다. 왜냐하면 우리의 세계를, 단지 새로운 땅덩어리를 찾아내는 것이 결코 할 수 없는 방식으로 크게 변화시킨 것은 발견 그 자체이기 때문이다.•• 발견 이전에 역사는 그 자체를 반

• '발견'을 강조함에 있어서, 나는 르네상스 후기 유럽의 새로운 문화적 가치에 대한 설명을 하려고 한다. 아니면, 우리는 차별되는 유럽적인 가치로 '호기심'을 강조할 수 있다. 그러나 그러할 때 우리는 호기심(전통적으로 악덕으로 간주되어온)에 대한 새로운 승인이 어디서 오는지에 대한 설명을 찾아야 한다. 호기심은 17세기 후반(초기의 예는 Hobbes, *Humane Nature*(1650), 112, 여기서 호기심은 '지식에 대한 요구'로 정의된다)에야 승인되기 시작한다. 그래서 호기심에 대한 승인은 과학혁명의 원인이 아니라 결과로 보인다. 또한 나는 '발견'이 후기 르네상스 서구 문명과 다른 문명을 구별하는 데 중요한 범주라고 믿는다. 중국에도 발견의 항해가 있었다는 주장에 대한 비판에 관해서는 Finlay, 'China, the West and World History'(2000)를 참조하라.

•• 물론 발명은 발견만큼이나 중요하다. 그러나 중요한 근대적 발명들은 이전의 과학적 발견들에 의존한다. 증기기관의 경우, 보일의 법칙에 의존하는 것처럼 말이다. 최초의 증기기관 설계자들은 잠열에 대해 알지 못했지만 공기압은

94

복하는 것으로 여겨졌고 전통은 미래에 대한 믿을 만한 길잡이가 되어주었다. 문명의 가장 위대한 성취는 현재나 미래에 있는 것이 아니라 고대 그리스와 고전시대 로마에 있었다. 우리 세계는 과학과 기술에 의해 만들어졌다고 말하기 쉽다. 그러나 과학적, 기술적 진보는 이미 존재하는 가정, 즉 이루어져야 할 발견들이 존재한다는 가정에 의존한다.* 1575년, 루이 르 루아Louis Le Roy(또는 레기우스Regius, 1510-1577)는 이 새로운 태도를 요약했다.[11] 그리스어 교수이며 아리스토텔레스의 《정치학Politika》을 번역한 르 루아는 새로운 시대의 특징을 완전히 파악한 최초의 인물이었다(나는 1594년의 영어 번역을 인용한다).

이미 발명되거나 발견된 것 이외에도 추구되어야 할 더 많은 것들이 있다. 많은 것들을 고대인들의 공로로 여기면서, 그들이 후대 사람들이 말해야만 할 것을 남기지 않은 채, 모든 것을 알고 있었고, 이미 설명했다고 믿을 정도로 그렇게 단순해지지 말자. 자연이 미래가 황폐해지도록 그들에게 모든 좋은 선물을 주었다고 생각하지 말자. 얼마나 많은 [자연의 비밀들이] 이 시대에 최초로 알려지고 밝혀져왔는가? 예를 들어보자. 새 땅, 새 바다, 새 유형의 인간, 예절, 법률, 관습, 그리고 전에 알려지지 않았던 새로운 질병, 새로운 치료법, 새로운 천체와 대양, 새롭게 보이는 별들. 그렇다. 얼마나 많은 것

이해했다. 이것이 그들로 하여금 알렉산드리아의 헤론이 그러했던 것처럼 증기기관이 단순한 장난감 이상의 것이며 엄청난 능력을 발휘한다는 것을 파악하게 만들었다.

• '15세기 포르투갈인들의 탐험의 항해는 소수의 새로운 섬들이 존재함을 밝혀냈고 이미 익숙한 대륙들에 대한 유럽인의 지식을 확장시켰다. 그러나 고대인들이 꿈꾸지 못했던 새로운 대륙들이 존재한다는 깨달음은 시간적으로 그리고 공간적으로 길게 갈라진 틈을 만들어냈다. 1492년 이후 수십 년간의 저술들은, 여행에 관한 그 이전의 저술과 비교해보면, 어떻게 새롭고 색다른 사물들이 존재할 수 있는지에 대한 진기함과 가능성의 고양된 감정을 표출했다.'(Daston & Park, Wonders and the Order of Nature(1998), 147) 또한 Humboldt, Examen critique(1836), 1권, viii-x를 참조하라.

들이 우리 후손에 의해 알려지게 될 것인가? 지금은 감추어져 있지만 시간이 흐르면 드러날 것이다. 그리고 우리 후손들은 우리가 그것들을 몰랐다는 데 대해 의아하게 생각할 것이다.[12]

세계를 변혁하도록 만들어진 새로운 발견이 존재한다는 것은 이러한 가정이다. 그것이 근대 과학과 기술을 가능하게 했기 때문이다.[13] (인간, 법, 관습의 형식이 존재한다는 생각은 사회, 문화 혹은 문명의 비교 연구 개념의 탄생을 나타낸다.)[14]

르 루아의 저술은 우리가 사건, 단어, 개념을 구분하는 데 도움을 준다. 1486년 이전에도, 1351년 무렵 있었던 아조레스Azores 제도諸島의 발견 같은 지리상의 발견이 있었다(이때 둘모가 descobrir라는 단어의 의미를 바꾸었다). 그러나 아무도 그것들을 그렇게 생각하지 않았다. 아무도 흥미가 없다는 단순한 이유로 사건을 기록하는 데 아무도 신경 쓰지 않았다. 후일 아조레스 제도는 1427년 무렵 재발견되었다. 그러나 그 사건은 여전히 중요해 보이지 않았고 신뢰할 만한 설명이 전하지 않는다. 당시의 지배적인 생각은 새로운 지식 같은 것은 존재하지 않는다는 것이었다. 앞서 간 누군가가 거리에서 떨어뜨린 동전을 집어드는 것과 꼭 마찬가지로, 아조레스 제도에 도달한 르네상스기 최초의 항해가들은 자신들 이전에 다른 이들이 거기에 다녀갔을 거라고 가정했다. 이런 가정은 아조레스 제도의 경우에는 잘못이었으나, 비슷한 시기에 발견된 마데이라Madeira 제도의 경우에는 옳았다. 그것이 플리니우스와 플루타르코스에게도 알려져 있었기 때문이다. 그러나 아무도 콜럼버스가 발견한 아시아 항로가 하찮은 것이라고 생각하지 않았다. 아메리카가 이전에 알려진 땅이었는지 그렇지 않은지에 대해 논란이 있지만, 콜럼버스 이전에 그리스나 로마의 어느 항해가가 서쪽으로 항해한 적이 있다고 아무도 주장하지 않았다. (이에 대한 분명한 설명은 그리스인들과 로마인들은 나침반이 없었기에 육지가 보이지 않는 먼바다로 나가기를 주저했다는 것이다.) 따라서 콜럼버스는 혹여 그것이 새로운 땅은 아닐지라도, 자신이 새로운 항로를 발견하고 있다는 것을 알았다. 아조레스 제도의 발견자들은 그렇지 않았다.

비록 이전에 알려진 적이 없는 어떤 것이 처음으로 알려지게 되었다고 말하는 방식이 이미 존재했음에도 불구하고(실제로 라틴어로 표현할 때 사람들은 계속 '발견'의 의미를 전달하기 위해 그러한 문구에 의존했다), 1492년 이전에는 그러한 방식으로 말하고 싶어하는 경우는 흔치 않았다. 왜냐하면 '해 아래 새로운 것이 없다'(전도서 1:9)는 것이 지배적인 생각이었기 때문이다. descobrir에 새로운 의미가 도입된 사실은 관점의 급격한 변천과 사람들이 그들 자신의 행동을 이해하는 방법에서 변혁이 일어났다는 것을 말해준다. 1486년 이전에는 오직 탐험의 항해만 있었고 발견의 항해는 존재하지 않았다고 말해야 적절할 것이다. 발견은 그 단어와 함께 존재하게 된 새로운 유형의 과업이었다.

과학사가 그 한 부분을 차지하는 사상사에서의 중심적인 관심사는 언어적 변화여야만 한다. 보통 언어적 변화는 사람들의 사고방식이 수정되었다는 결정적인 표지다. 그것은 변화를 촉진하고 우리가 그것을 인식하기 쉽게 만든다. 때때로 언어적 변화에 관한 집중은 우리로 하여금 그러한 일이 없었을 때도 어떤 중요한 일이 생겼다고, 그리고 그것이 실제로는 이전에 일어났을 때에도 어느 특정 시기에 생겼다고 생각하도록 오도한다. 단순한 규칙은 없다. 사람들은 각 사례를 그것의 장점 위에서 조사해야 한다.• '지루함boredom'이라는 단어를 생각해보자. 사람들이 그 단어가 도입된 1829년 이전에 지루함으로 고통받았을까?[15] 확실히 그랬을 것이다. 그들에게는 명사 '따분함ennui'(1732), 명사 '지겨운 사람bore'(1766), 동사 '지루하게 만들다to bore'(1768)가 있었다. 셰익스피어는 '지루함tediosity'이라는 단어를 사용했다. '지루함boredom'은 새로운 개념이 아니라 새로운 단어다. 그리고 확실히 새로운 경험이 아니다(비록 디킨스의 시대에는 셰익스피어의 시대보다는 훨씬 더 빈번한 경험이었을 수는 있지만, 그리고 'ennui'은 독특하게 프랑스어로 생각된 반면, 'boredom'은 확실히 영어였다). 다른 사례는 조금 더 복잡하다. '향수nostalgia'라는 (라틴어) 단어는 1688년 독일어 Heimweh(향수병)의 번역어로 생겨났다. 그것은 'homesick'이나 'homesickness'보다 훨씬 이전인 1729년에 최초로 영어에 등장했다. 프랑스어에는 적어도 1695년 이래 '향수병la maladie du pays'이 있어왔다. 향수병homesickness이라는 단어는 새로웠는가? 그 뜻을 지닌 단어가 없었다 하더라도 나는 좀 의심스럽다. 새로웠던 것은 그것이 치료를 요하는, 잠재적으로 치명적인 질병이라는 생각이었다.[16] 왜 몇몇 가장 중요한 지적 사건들이 보이지 않게 되는지를 설명하는 것은, 많은 언어적 변화가 옛 단어에 새로운 의미를 부여하는 데 있다는 사실과 더불어 (그 사건들을 파악하는) 단순한 규칙이 없기 때문이다. 우리는 어느 시기에 다른 때보다 더 많은 발견이 있었음에도 불구하고, 발견이 '지루함'처럼 항상 있어왔다고 가정하는 경향이 있다. 우리는 이 단어들이 새롭고, 그것들 뒤에 있는 개념들은 그렇지 않다고 여긴다. 이것은 '지루함'에 대해서는 사실이지만 '발견'의 경우에는 잘못이다.

　몇몇 활동들은 언어 의존적이다. 당신은 규칙을 모르고는 체스 놀이를 할 수 없다. 그래서 당신은 예를 들어 체크메이트의 개념을 표현할 수 있

• 퀜틴 스키너는 '독창성'을 의심할 여지 없이 단어에 선행하는 개념의 예시로서 제시한다. Skinner, *Visions of Politics*(2002), Vol. 1, 159.

는 종류의 언어를 갖지 못하면 체스 놀이를 할 수 없다. 정확하게 그 언어가 무엇인지는 중요하지 않다. 프리스비Frisbee가 플루토 플래터Pluto Platter라고 불릴 때 서로 동일한 것과 마찬가지로, 루크rook는 당신이 그것을 성castle이라고 부르면 정확하게 동일한 것이다. 프리스비를 날아다니는 원반이라고 부르는 것과 꼭 마찬가지로, '루크'라는 단어가 없는 경우에 당신은 '네 코너 중 하나에서 시작하는 말馬' 같은 어떤 종류의 문구를 사용할 수 있을 것이다. 그러나 당신은 이와 같은 문구를 사용하는 것이 꽤 어색하다는 것을 알게 될 테고, 곧 특별한 단어의 필요성을 느낄 것이다. 개별적인 단어들과 긴 문구들이 같은 역할을 수행할 수는 있지만 개별적인 단어들이 보통 더 낫다. 그리고 새로운 단어의 도입 혹은 오래된 단어에 대한 새로운 의미 부여는 가끔 한 개념이 일반적으로 사용되고 실제로 작동하기 시작하는 시점을 표시한다.

당신이 체스를 두고 있다는 사실을 모른 채 체스를 둘 수는 없기 때문에, 당신이 그 게임을 무슨 이름으로 부르든, 체스를 두는 일은 '행위자의 개념' 혹은 '행위자의 판단'으로 불리는 것이라고 할 수 있다. 활동을 수행하기 위해서 당신은 개념을 가져야 한다.[17] 행위자의 개념을 취급할 때에는 어디에 한도를 그어야 할지를 알아내는 것이 종종 힘들다. 당신은 확실히 Schadenfreude(다른 이들의 불운을 악의적으로 즐기는 것)라는 단어가 없어도 남의 불행을 기뻐하는 마음을 경험할 수 있다. 그래서 그 단어가 19세기 후반 영어에 들어왔을 때 Schadenfreude는 새롭지 않았다. 그러나 그 단어는 그러한 마음을 인식하고, 묘사하고, 논의하는 일을 훨씬 쉽게 해주었다. 그것은 사람들을 인간의 동기에 대한 새로운 이해로 이끌었다. 그 단어와 개념은 함께 간다. 사람들은 '당황하게 하다embarrass'라는 단어 이전에도 확실히 어색한 사회적 조우遭遇로 당황스러워했다. 이 단어

는 원래 방해하다hinder 혹은 지장을 주다encumber라는 의미였지만 19세기
에 새로운 의미를 획득했다. 그래서 사람들은 그 당황embarrassment에 대해
훨씬 더 잘 알게 되었다. 그제야 아이들은 부모들이 (자신들을) 당황스럽게
하는 것을 알기 시작했다. Schadenfreude와 embarrassment는 당신이
그 단어들(당신이 지금 경험하고 있는 것을 설명하는) 없이도 그것들을 경험할
수 있다는 점에서 행위자의 개념은 아니다. 그러나 그 단어들은 우리로 하
여금 감정적인 상태, 그 단어 없이는 말하기 어려운 상태를 토의할 수 있
게 해주는 지적 도구들이다. 그리고 그 단어들을 지님으로써 우리는 순수
하고 분명한 감정 상태를 훨씬 쉽게 경험하고 확인하게 된다.

　그래서 비록 1486년 이전, 발견과 발명이 있었음에도 불구하고 '발견'
이라는 단어의 발명과 전파는 결정적 계기를 나타낸다. 왜냐하면 그것은
발견을 행위자의 개념으로 만들었기 때문이다. 당신이 하려는 일이 발견
임을 인지한 채 발견을 시작할 수 있다. 르 루아는 그의 독자들에게 새로
운 발견을 하라고 촉구하면서, 말할 만한 가치가 있는 모든 것은 이미 말
해졌고 우리에게 남겨진 모든 일은 선조들의 결과물을 자세히 설명하고
요약하는 것이라는 생각을 논박한다. '박학한 자들을 꾸짖고, 과학에서 부
족한 부분에 그들 자신의 발명을 더하라. 선조들이 우리를 위해 한 것을
후세를 위해 하라. 학문은 사라지는 것이 아니며 날마다 보탬이 일어난
다.'[18]

　르 루아의 어휘에 대해 잠깐 살펴볼 필요가 있다. 그는 '발명자inventer'
와 '발명l'invention'을 자주 사용한다. 그는 얼마나 '고대에 알려지지 않
았던 많은 놀라운 것들(인쇄술, 나침반, 화약 같은)이 새로 발견되었는지'
에 관해 쓰고 있다. 그러나 그는 또한 '발견'으로 즉시 번역 가능한 단어
decouvremens를 사용하고 있다('옛날에는 알려지지 않은 새로운 땅을 발견

하다decouvremens de terres neuves incogneuës à l'antiquité'; '평원을 탐험하고 발견하다 Des navigations & decouvremens de païs'). 그는 '진리는 모두 발견되지entierement decouverte 않았다'라고 말한다.[19] 그의 용법에서 그 단어의 의미는 아직 그 것의 원래 의미로부터 발견의 항해로 크게 바뀌지는 않았다. 그는 자신의 주장을 정립하기 위해 그 단어가 필요했을까? 아마 아니었을 것이다. 그 가 필요했던 것은 콜럼버스의 예였다. 콜럼버스는 그에게, 그때는 모든 사 람들에게, 인간 역사가 단지 반복과 우여곡절의 역사가 아니라는 증거였 다. 인간의 역사는 진보의 역사가 되는 과정 속에 있었고 또한 그렇게 될 수 있었다.

2

콜럼버스가 아메리카를 발견한 1492년에(혹은 둘모가 '발견하기'에 대해 논 의한 1486년, 혹은 베스푸치가 그 새로운 단어를 유럽 전역에 전파한 1504년에) 발견이 새로운 것이었다고 주장하는 것은 분명 잘못된 일로 보일지 모른 다. 결국, 박식한 인문주의자 폴리도루스 베르길리우스Polydorus Vergilius는 1499년에 《발견에 대하여》(혹은 《발명자에 대하여De inventoribus rerum》)라는 제목으로 번역된 책을 출간했다.[20] 언뜻 보기에 전 시대에 걸친 발견의 역 사를 다룬 것처럼 보이는 이 책은 큰 성공을 거두었고 100가지 이상의 판 본이 간행되었다.[21] 베르길리우스가 계속해서 제기한 질문은 '누가 …을 발명했는가'였다. 그는 언어, 음악, 금속, 기하학 같은 주제들에 대해 그 발명자들을 연쇄적으로 추적했다. 누가 무엇을 발명했는지를 계속 추적한 결과, 로마인들과 그리스인들의 발견은 대부분 이집트인들의 발견에 기원을 두고 있었다. 반면 유대인들과 기독교도들은 이집트인들의 학문이 유대인들에게서, 무엇보다도 모세로부터 왔다고 주장했다. (만일 베르길리우스가 이슬람 권위자들과 상의했다면, 그는 모든 학문이 유대인들에게서 왔다는 동의를 얻었을 것이다. 그러나 모세가 아닌 에녹이 핵심 인물로 확인되었을 것이다.)[22]

베르길리우스의 박식의 과시에는 눈에 띄는 특징이 있다. 그는 한 분야에 관한 장기적인 개발보다는 최초의 설립자에게 관심이 있다. 그래서 그는 사실상 진보에 관해서는 할 이야기가 없었다.* 철학과 과학의 경우, 무슬림들(아비센나Avicenna(980~1037)는 유일하게 언급된 무슬림이다. 아라비아 숫자도 아랍인의 발명이 아니었다) 혹은 기독교도들이 크게 기여한 부분은 없었다. 중요한 발명들은 대부분 훨씬 오래전에 이루어졌다. 그는 비교적 당시의 발명품, 예를 들어 등자, 나침반, 시계, 화약, 인쇄술 등을 언급했으나 새로운 관찰, 새로운 설명, 새로운 증명 등에 대해 별로 할 말이 없었다. 그의 주장에 의하면 아리스토텔레스는 많은 책을 소장했기 때문에, 플라톤은 조물주가 세계를 창조했다고 말함으로써, 아스클레피오스Asclépiós는 발치拔齒를 발명함으로써, 아르키메데스는 최초로 기계적 우주론을 주장함으로써 혁신가가 될 수 있는 자격을 얻었다. 키오스Chios의 히포크라테스는 그가 최초의 기하학 교과서를 썼기 때문이 아니라 교역에 종사했기 때문에 포함된다. 유클리드는 언급되지 않는다. 프톨레마이오스는 천문학자로서가 아니라 오로지 지리학자로, 헤로필로스Herophilos(고대 해부학자)는 오로지 맥박의 리듬을 음량에 비교한 것으로 포함된다. 만일 우리가 '발견'이라는 단어를 '발명'과 다른 의미로 사용한다면(물론 베르길

---

* 르 루아의 책은 이런저런 측면에서 베르길리우스에 대한 적절한 응답이다. 그의 핵심 조치는 자료의 출처로서 성경을 피하는 것이다.

리우스에게는 두 의미를 포괄하는 하나의 낱말 inventiones이 있었다), 베르길리우스에게는 오직 두 가지 발견만 있었다. 아낙사고라스의 일식의 발견과 저녁별과 아침별이 동일한 항성이라는 파르메니데스의 깨달음이었다. (우리는 실제로 비둘기, 산비둘기 혹은 제비의 피가 멍든 눈에 특효약이라는 주장을 포함하도록 발견의 범주를 확장할 수는 없다. 비록 문화적 상대주의자들은 그렇게 해야 한다고 주장하지만 말이다.)

이 발견들은 순전히 우연히 포함되었다. 베르길리우스의 모델은 플리니우스의 《박물지》에 나오는 '다양한 사물의 최초의 발명자에 관하여'라는 제목의 긴 장章이다. 이 장은 몇몇 '과학'(점성술과 의학)과 기술(석궁)을 포함한 수많은 발명들(쟁기, 알파벳)을 열거하고 있지만 특정한 발견, 피타고라스의 정리나 아르키메데스의 원리, 에라시스트라투스Erasistratus의 해부학적 발견은 하나도 포함되어 있지 않다. 사람들은 플리니우스와 베르길리우스의 저술에서 빠졌던, 그리고 그 둘 중 한 명이라도 최초의 수립이 아니라 발견, 또는 발명, 또는 혁신에 관심이 있었더라면 포함되었을 긴 목록을 편찬할 수 있을 것이다. 베르길리우스에게는 발견이 없었다는 주장에 대해서는 간단한 검증이 있다. 세 가지의 근대 초기 영어 번역에서 '발견'이라는 단어는 오직 한 차례 적절한 의미로 등장한다. '덴칼리온Dencalion의 아들인 오레스투스Orestus는 시칠리아의 에트나Etna산에서 포도나무를 발견했다.'(1686)[23] 더 말할 필요 없이, 비록 베르길리우스는 자신의 원고를 1553년까지 계속 수정해가고 있었으나, 동시대에 이루어진 발견의 항해에 대해 언급하지 않는다.

베르길리우스가 그 원전들을 특별히 잘 알고 있었던 고대 로마와, 1492년 이전의 르네상스기에는 발견이라는 개념이 없었다.* 그러나 고대 그리스의 경우 그 개념이 있었고(그들은 창안 또는 발명이라는 뜻으로 유레카eureka: heuriskein, eurisis라는 단어를 사용했다), 발명에 관한 문학 장르를 개발했다.** 에우데무스Eudemus(기원전 370~기원전 300)는 산술, 기하학, 천문학의 역사를 저술했다. 이것들은 전하지 않고 후대 저술에 인용될 뿐인데, 기하학의 역사는 유클리드 원론 제1권의 주해를 쓴 프로클로스Proclos(412~485)에게 중요한 자료를 제공했다. 프로클로스의 주해는 1533년에 그리스 원어로, 1560년에 라틴어로 각각 출간되었다. 예를 들면 프로클로스는 소위 피타고라스 정리는 피타고라스가 발견했다고 그 공로를 인정했다. 그리고 프톨레마이오스 천문학을 위한 수학적 기초가 되는 정리를 메넬라오스Menelaos의 공로로 인정했다. 만일 베르길리우스에게 프로클로스를 읽을 기회가 있었다면, 이는 그의 저술에 포함되었을 것이다. 그러나 베르길리우스가 발견의 개념을 흡수했을 것 같지는 않다. 그리스 문화의 많은 부분이 로마인들에게 동화되었다. 그러나 그들은 발견의 개념을 소화할 수 없었다. 로마인처럼 사고하도록 훈련된 베르길리우스가 다르게 반응했을 것 같지는 않다.***

• 고대 로마에서 가장 근접한 예외는 비트루비우스Vitruvius의 《건축론De architectura》 제9권의 서론이다. 이 책에서, 위대한 저자들을 칭송하며 비트루비우스는 피타고라스 정리와 아르키메데스의 원리를 (우리가 그러하듯이) 발견으로 묘사한다. 후일의 독자들에게 이는 발견에 대한 실용주의적 설명이었다. 분명히 비트루비우스를 읽었던 베르길리우스는 이를 참조하지 않았다.

•• 결과적으로, 그들은 진보의 개념을 지니고 있었다. Dodds, *The Ancient Concept of Progress*(1973)

••• 로마인들은 특성적으로 '혁신'에 대한 용어가 부족했다. 고전 라틴어 instauratio에 루이스와 쇼트Short가 부여한 의미는 '새롭게 하기', '갱신', '반복'이다. 고전어 innovo에 주어진 첫 번째 의미는 '갱신하다'이며, 고전시대 이후의 innovatio는 '갱신'이다. 그러한 의미들은 역사의 순환적 관점을 상정한다. 따라서 마르쿠스 아우렐리우스는 썼다. '항시 기억하라. (…) 영원히 계속되는 모든 사물은 같은 종류이며, 회전하고 있다. 한 사람이 동일한 광경을 보리라는 점에서 그것이 100년 동안이든 200년 동안이든 무한한 시간이든 그 기간은 중요하지 않다.'(Aurelius, *The Meditations*(1968), Vol. 1, 31)

3

베르길리우스는 16세기의 대표적인 인문주의 지식인 중 한 명이었다. 당시 인문주의 교육(고전시대 로마처럼 라틴어를 사용하는 교육)은 젊은이들을 학문의 세계로 인도하여 정치나 교역에 활용될 수 있도록 하는 최선의 방법으로 간주되었다. 그러나 교실과는 대조적으로, 대학에서는 인문주의 교육이 중심적인 관심사가 아니었다. 11세기 말부터 18세기 중반까지 유럽의 대학 교육에는 근본적인 연속성이 있었다. 철학은 커리큘럼의 핵심 교과였고, 아리스토텔레스의 철학만 가르쳐졌다.* 아리스토텔레스의 자연철학은 그의 네 저술《자연학》,《천체에 관하여》,《발생과 부패에 관하여》,《기상학》에서 엿볼 수 있다. 우리가 과학적 주제라고 생각하는 것은 주로 이 책들에 관한 주석에서 다루어졌다.[24]

　아리스토텔레스는 자연철학을 포함한 모든 지식은 연역적이어야 한다고 생각했다. 기하학이 논란의 여지가 없는 명백한 명제(예를 들면 두 점을 잇는 최단 거리는 직선)에서 출발하여 놀라운 결론(직각삼각형에서 빗변의 제곱은 나머지 두 변의 제곱의 합과 같다)에 도달하는 것처럼, 자연철학도 논란의 여지 없는 명제(천체는 변하지 않는다)에서 출발하여, 결론(변화 없이 무한정 수행되는 유일한 운동은 원운동이며, 따라서 천체에서 일어나는 모든 운동은 원운동이다)을 도출해야 한다고 믿었다. 이상적으로 모든 과학적 논증은 삼단논법으로 수행될 수 있어야 한다. 예를 들면 다음과 같다.

　　　모든 사람은 죽는다.

---

* 네덜란드는 유의미하며 유일한 예외다. 연합 주州의 대학들은 17세기 후반에 데카르트 철학을 가르치고 있었다.

소크라테스는 사람이다.

그러므로 소크라테스는 죽는다.

아리스토텔레스는 자연 과정을 네 가지 원인(형상인, 목적인, 질료인, 작용인)으로 설명했다. 만일 탁자를 만든다고 가정해보자. 형상인은 내가 염두에 둔 디자인이다. 목적인은 내가 밥을 먹을 수 있는 곳을 가지려는 욕망이며, 질료인은 여러 조각의 나무이고, 작용인은 톱과 망치가 된다. 아리스토텔레스는 자연 세계에 대해서도 똑같이 생각했다. 그는 자연을 합리적이며 의도적인 활동으로 보았다. 개개의 자연물은 그것의 이상적인 형태를 실현하기를 추구한다. 그것들은 목적 지향적이다(아리스토텔레스의 자연철학은 목적론적이다. 그리스어 telos는 목표goal 혹은 목적end을 뜻한다). 따라서 올챙이는 개구리의 청소년기 형태를 띠며, 그것의 목적, 즉 목적인은 어른 개구리가 되는 것이다. 놀랍게도 같은 원리가 무생물에도 적용된다.

아리스토텔레스는 우주가 다섯 가지 원소로 구성되어 있다고 주장했다. 하늘은 에테르 혹은 제5원소quintessence로 이루어져 있는데, 이것은 반투명하고, 불변하며, 뜨겁지도 차지도 않으며, 건조하거나 습하지 않다. 하늘은 우주의 중심인 지구에서 바깥쪽으로 뻗어 있고, 달, 태양, 행성을 실어 나르는 일련의 천구, 그리고 이들 너머에 항성이 붙어 있는 창공으로 되어 있다. 우주는 구형이고 유한하다. 게다가 방향이 있어 위와 아래, 왼편과 오른편이 있다. 아리스토텔레스는 추상적인 공간을 상정하지 않고 장소의 개념으로 사유했다. 그는 비어 있는 공간이란 있을 수 없다고 보았다.

달 아래의 세계는 생성과 부패의 세계다. 우주의 나머지 부분은 영원불변한다. 우리 세계에는 네 가지 주된 성질(뜨거움, 차가움, 축축함, 메마름)이 있다. 한 쌍의 성질이 네 원소(흙, 물, 공기, 불) 각각에 부여된다. 예를 들면 흙은 차갑고 건조하다. 이들 원소들은 우주의 중심 바깥으로 둘러싸인 동심구체들 속에 자연스럽게 자리잡는다. 따라서 모든 흙은 우주의 중심을 향해 내려가려고 한다. 모든 불은 달 천구의 경계 면으로 상승하려고 한다. 그러나 물과 공기는 가끔씩 위로 올라가기도 하고 내려가기도 한다. 아리스토텔레스에게는 중력 개념이 없었다.

올챙이는 잠재적인 개구리이다. 그리고 그것이 성장하면서 잠재성이 현실이 된다. 원소인 흙은 우주의 중심에 위치하려고 한다. 중심에 내려갔을 때 그 목적이 완수된다. 모든 물은 지구를 둘러싸고 있는 바다의 한 부분이 되고자 한다. 지상의 물은 강물이 되어 바다로 흘러들어 그 목적을 이룬다. 물은 원래 위치에서 끌어올리려 할 때 무게를 지니지만 적절한 장소에 도달하면 무게가 없다. 바다에서 수영을 할 때 우리는 물의 무게를 느끼지 못한다. 아리스토텔레스는 원소의 자연적 운동을 공간을 통과하는 운동으로 생각하지 않았다. 그는 물체의 운동을 그 궁극적 위치에 도달하고자 하는 목적론적 용어로 바라보았다. 그것은 정량적인 것이 아닌 본질적으로 정성적인 것이었다.*

아리스토텔레스는 이따금 양$_{\!\!\!\!\text{量}}$을 언급한다. 따라서 그는 만일 당신이 두 개의 무거운 물체를 지니고 있다면 무거운 것이 가벼운 것보다 빨리 낙하할 것이며, 만일 무거운 것이 두 배 무거워지면, 두 배 빨리 낙하할 거라고 말한다. 그러나 그는 이것을 깊이 있게 생각하는 데 필요한 양에는 관심이 없다. 그는 만일 당신이 1킬로그램의 설탕 부대와 2킬로그램의 설탕

---

* 14세기에는 많은 성질(뜨겁고, 차고, 혹은 푸른)에 대해 그것들에 양$_{\text{量}}$이 있다고 생각하고, 논의를 위해, (낙하하는 물체의 가속도 같은) 측정할 수 없는 것으로 여겨졌던 양들을 측정할 수 있다고 상상하는 움직임이 있었다. 흔히 이것이 과학혁명의 촉매제였다고 주장된다. 그러나 주의깊은 주석으로 Murdoch, 'Philosophy and the Enterprise of Science in the Later Middle Ages'(1974)를 참조하라.

부대를 가지고 있다면 2킬로그램짜리 부대가 1킬로그램짜리 부대보다 두 배 빨리 낙하한다고 주장하는 것일까? 혹은 만일 당신이 무거운 물체(마호가니)로 만든 육면체와 가벼운 물체로 만든 육면체(소나무)를 가지고 있다면, 그리고 그것이 두 배의 무게 차이가 있다면, 무거운 것이 가벼운 것보다 두 배 빨리 낙하한다는 것일까? 이 두 주장은 매우 다르지만 아리스토텔레스는 이 둘을 결코 구분하지 않는다. 더군다나 무거운 물체가 더 빨리 낙하한다는 자신의 주장을 시험해보지도 않는다. 그는 그것을 자체적으로 명백한 진리라고 여기기 때문이다.

아리스토텔레스는 (인과적 설명을 제공하는) 철학과 (형태를 확인하는) 수학을 분명하게 구별했다. 철학은 우주가 동심구로 이루어져 있다고 말한다. 행성들이 하늘에서 움직이는 실제적 패턴은 수학의 한 분과인 천문학의 과제다. 천문학과 여타의 수리 학문(지리학, 음악, 광학, 역학)은 그 기본 원리를 철학에서 가져오지만, 그 원리들은 수학적 논증을 경험에 적용함으로써 정교해진다. 이렇게 아리스토텔레스는 물리학(철학의 일부로서 연역적, 목적론적이며 원인과 관련됨)과 천문학(수학의 일부로서 단지 서술적이고 분석적임)을 뚜렷하게 구별했다.

아리스토텔레스는 자연 현상의 탐구에서 괄목할 만했다. 예를 들어 계란 속의 닭 배아의 발달을 연구했다. 중세와 르네상스기의 대학에서 아리스토텔레스의 저술은 더이상의 어떠한 탐구도 필요 없는 습득된 지식의 교과서가 되었다. 새로운 지식의 가능성은 의심받아왔으며, 사람들이 알고자 하는 모든 것은 아리스토텔레스의 저술과 그것에 관한 전통적이고 풍부한 주석 안에 있었다. 대학에서 가르친 아리스토텔레스는 실제의 그가 아니라, 신학이 가장 중요한 과목이 되어버린 세계에서, 교과 프로그램을 제공하기 위해 잘 맞추어진 존재였다. 신학이 성서와 교부들의 해석에 관한 주석을 중심으로 수행된 것과 같이 철학(그리고 철학 내의 자연철학, 우주에 관한 지식)은 아리스토텔레스와 그 주석가들의 주해를 중심으로 수행되었다. 철학 연구는 신학 연구의 준비로 여겨졌다. 왜냐하면 두 분야 모두 권위적인 저술의 설명에 관련된 것이었기 때문이다.*

실제로 이것은 무엇을 의미했는가? 아리스토텔레스는 단단한 물체는 부드러운 물체보다 더 조밀하고 더 무겁다는 관점을 견지했다. 이에 따라 얼음은 물보다 무거워야 했다. 얼음은 왜 물에 뜨는가? 그것의 모양 때문이다. 평평한 물체는 물로 침투될 수 없고 표면에 머무른다. 따라서 얇은 얼음은 연못 수면에 뜬다. 17세기에 아리스토텔레스주의 철학자들은 두 가지 분명한 난점에도 불구하고 여전히 이 학설을 기꺼이 가르치고 있었다. 이것은 12세기부터 사람들이 라틴어로 접할 수 있었던 아르키메데스의 가르침과 양립할 수 없었다. 아르키메데스는 물체는 그것이 밀어내는 물보다 가벼운 경우에만 뜬다고 주장했다. 수학자들은 아르키메데스를 따랐고, 철학자들은 아리스토텔레스를 따랐다. 게다가 얼음은 유럽의 대부분 지역에서 쉽게 구할 수 있었다. 예를 들어, 피렌체에서 얼음은 생선을 신선하게 유지하기 위해 여름내 아펜니노산맥으로부터 공급되었다. 가장 기본적인 실험은 모양에 상관없이 얼음이 뜨는지를 보여주는 것이었다. 아리스토텔레스가 항시 옳다고 확신하는 철학자들은 그의 주장을 검증할 필요성을 느끼지 못했다.[25]

우리가 사실이라고 부르는 것에 관한 이런 무관심의 전형적인 사

---

* 아리스토텔레스의 관점이 합리적으로 여겨졌고 권위를 유지했기 때문에 받아들여졌다는 것을 파악하는 일이 중요하다. 아리스토텔레스의 권위가 무너졌을 때, 자연철학에서의 권위라는 바로 그 관념도 사라졌다. 예를 들어, 피콜로미니가 용기를 내어 아리스토텔레스를 논박하면서 보였던 어색한 꼼지락거림을 참조하라. Piccolomini, *Della grandezza della terra et dell'acqua*(1558), 1r–2v.

례는 거물 철학자이며 볼로냐 대학의 자랑인 알레산드로 아킬리니 Alessandro Achillini(1463~1512)다.[26] 그는 무슬림 주석가 아베로에스 Averroës(1126~1198)의 추종자였다. 아베로에스는 아리스토텔레스의 해석에서 종교적 범주를 도입하는 것을 피했고 우주의 창조와 영혼의 불멸을 교묘히 부인했다. 아킬리니의 총명함과 관습을 거스르는 사상적 특성은 당시 유행했던 문구에 잘 나타나 있다. '그것은 마귀이거나 아킬리니다.'[27] 1505년에 그는 아리스토텔레스의 원소 이론에 관한 책 《원소론De elementis》을 출간했다. 거기서 그는 오랫동안 철학자들이 토론했던 문제를 논의했다. 적도 지역은 사람이 거주하기에 너무 뜨거운가. 그는 아리스토텔레스, 아비센나, 피에트로 다바노Pietro d'Abano(1257~1316)를 인용하면서 결론지었다. "그렇지만, 적도 지방에서 무화과가 1년 내내 자란다는 것, 그곳 공기가 가장 온화하다는 것, 거기서 사는 동물들이 온화한 체질이라는 것, 지구상의 낙원이 그곳이라는 것 등은 자연적인 경험이 우리에게 보여주는 것이 아니다."[28] 아킬리니에게 무화과가 적도 지방에서 자라는가 하는 문제는 에덴동산이 어디에 있었는가 하는 문제와 같이 답할 수 없는 것이었다. 어느 것도 철학자에게 적합한 질문이 아니었다.

실제로 포르투갈인들은 향료 섬으로 가는 바닷길을 찾아서 아프리카 연안을 따라 항해하다가 1474/75년에는 적도에, 그리고 1488년에는 희망봉에 도달했다. 1505년, 이 새로운 발견을 보여주는 지도가 이미 나왔다. 그다음 해 크라쿠프의 교수인 얀 스 그워고바Jan z Głogowa는 (철학 저술이 아닌 수학 저술에서) 타프로바네Taprobane섬(스리랑카)은 적도 바로 근처에 있고 인구가 많고 번창한 곳이라고 지적했다.[29] 경험은 아리스토텔레스에게 알려졌던 것과 같은 변하지 않는 어떤 것들을 중단시킨다. 그러나 아킬리니는 비록 모든 대학 과목 중 가장 경험적인 해부학을 강의했지만, 이 발전에 전문적으로 준비되지 못했다.

1505년이 되자 경험과 철학의 관계가 재고될 필요성이 대두되었으나, 아킬리니는 그 문제를 파악할 수 없었다.[30] 대조적으로, 1548년에 유고집으로 출간된 가스파로 콘타리니Gasparo Contarini 추기경의 원소에 관한 책은 아리스토텔레스, 아비센나, 아베로에스 모두 적도가 거주 가능한 곳이라는 것을 부인했다고 설명했다. 오랫동안 위대한 철학자들이 논쟁했던 이 질문은 우리 시대에 경험으로 해결되었다. 스페인인들과 포르투갈인들의 새로운 항해를 통해 주야평분선equinoctial circle 아래 및 회귀선 사이에 거주민이 있으며 수많은 사람들이 이 지역에 거주하고 있음이 밝혀졌다.[31]

콘타리니에게 경험은 새로운 종류의 권위였다. 그는 코페르니쿠스의 《천체의 회전에 관하여》와 베살리우스의 《인체의 구조에 관하여De humani corporis fabrica》가 출간되기 바로 전해인 1542년에 사망했다. 일단 경험이 궁극적인 권위로 받아들여지면, 확립된 지식의 사원을 분쇄하는 새로운 철학의 대두는 오직 시간문제라는 사실이 아직은 분명하지 않았다. 1572년까지는 그럴 터였다.

4

콜럼버스 이전에 르네상스기 지식인들의 주된 목표는 그들 자신만의 새로운 지식을 확립하는 것이 아니라 과거의 잃어버린 문화를 회복하는 것이었다. 콜럼버스가 고전 지리학이 형편없이 오해되고 있음을 입증하기 전까지, 고대인들의 주장은 도전받지 않고 해석되어야 할 필요가 있다고 생각되었다.[32] 그러나 콜럼버스 이후에도 낡은 태도는 오래 머물렀다.

1514년, 조반니 마나르디Giovanni Manardi는 인간이 적도의 열기를 견딜 수 있는지 계속 의심하는 사람들에 대한 짜증을 표현했다. "만일 누군가가 실제 현장에 있었던 사람의 말보다 아리스토텔레스와 아베로에스의 증언을 선호한다면, 불이 실제로 뜨겁지 않다고 주장하는 사람들을 향해 아리스토텔레스 자신이 퍼부은 비난 외에는 그와 논쟁할 방법이 없다. 즉 아스트롤라베와 주판을 가지고 직접 그 문제를 해결하기 위해 항해를 해서 가보는 것이다."[33] 1534년과 1549년 사이, 음악가이자 수학자인 장 타이스니에 Jean Taisnier는 아리스토텔레스도 종종 오류를 범했다고 말했다. 그는 교황의 대리인으로부터 아리스토텔레스가 틀렸다는 증거를 제출하도록 요구받았다. 그의 반대자들은 그가 증거를 제출하지 못하리라고 확신했다. 그의 응수는 아리스토텔레스의 가장 취약한 부분인 낙하하는 물체에 대한 그의 설명을 논박하는 강의였다.[34]

이것이 17세기로 가는 긴 도정에서 어느 정도의 위치를 차지하는지 우리가 정확하게 파악하기는 어렵다.* 갈릴레이는 신경이 심장이 아닌 뇌에 연결되어 있다는 주장을 아리스토텔레스의 가르침과 어긋난다며 거부한 어느 교수의 이야기를 들려준다. 그 교수는 해부된 시체에서 신경망을 보고도 자신의 입장을 고수했다.[35] 철학자 크레모니니Cremonini의 유명한 사례가 있다. 그는 갈릴레이의 가까운 친구였음에도 불구하고 망원경 사용을 거부했다. 더 나아가 그는 천체에 관한 두꺼운 책을 쓰면서 아리스토

---

* 에드먼드 오마라Edmund O'Meara는 그의 *Pathologia hæreditaria generalis*(Dublin, 1619, 62-4)에서 이렇게 썼다. '나는 어떤 이가 경험이나 모든 과학과 지식의 발견자와 (시시비비를) 다툴 때 그것이 부끄럽고 짜증나지만, 그들의 견고한 의견에 모순되는 새로운 무언가를 인정할 수밖에 없는 상황이 아니라면, 그의 오만함에 정말 놀란다. 그들은 이전의 자신들이 옳았다고 여겨지지 않을까봐 머리카락 굵기만큼 물러서는 것조차 용납할 수 없다. 당신은 많은 이들이 히포크라테스, 갈레노스, 아리스토텔레스를 비록 우상처럼 맹신하지는 않더라도 멍청히 숭배하면서, 그들이 말하지 않은 것은 언급되어도 안 되고 그들이 몰랐던 것은 알아서도 안 된다고 생각하는 것을 보게 된다.'(Lower, *Richard Lower's 'Vindicatio'*(1983), 201-2에서 번역함)

112

텔레스의 사상을 재구성하는 과업과 무관하다는 이유로 갈릴레이의 발견을 언급하지 않았다.**36** 1668년, 새로운 과학의 선도적 지지자인 조지프 글랜빌은 망원경이나 현미경을 사용하여 이루어진 모든 발견을, 이러한 도구들이 '*기만적이고 거짓된*' 것이라는 근거로 묵살하는 사람을 논박했다. '그런 대답은, 견해차가 생겨 남편이 "*내가 보았어, 내 두 눈을 믿지 말라는 거요?*"라고 강변할 때 "**당신의 사랑스러운 아내보다 당신의 눈을 믿으실 겁니까?**"라고 답하는 *착한 아내*를 떠오르게 한다. 그리고 *이 신사는 자신이 존경하는 아리스토텔레스보다 우리 자신을 믿어야 하는 것이 불합리하다고 생각하는 듯하다.*'**•37** 17세기의 위대한 해부학자 윌리엄 하비조차도 아리스토텔레스를 '철학의 위대한 독재자'로 인정했고, 왕립학회의 창립 회원이며 스콜라 철학의 반대자인 월터 찰턴Walter Charleton에게 아리스토텔레스는 단지 '학교의 폭군'이었다.**38**

5

따라서 종교, 라틴어 문학, 아리스토텔레스 철학 모두는 새로운 지식 같은 것은 존재하지 않는다는 데 의견이 일치했다. 결과적으로 새로운 지식으로 보이는 것은 단지 제자리에 두지 않은 옛 지식이며, 역사는 원과 같이 도는 것으로 생각되었다. 큰 스케일로 보면 전체 우주는 그 자체가 반복되고 있다. 프란체스코 귀차르디니Francesco Guicciardini는 그의 책《공리Maxims》 (1540년 유고가 가족들에게 남겨졌고, 1857년 처음 출간됨)에서 '과거에 있던

• 이탤릭과 볼드는 원서 그대로이다.

모든 것이 미래에도 있을 것이다'라고 말했다.[39] 1580년에 몽테뉴가 표현한 대로, 사람들의 신앙, 판단, 견해는 양배추만큼이나 자체의 순환, 계절, 탄생, 사멸을 지닌다.[40] 그는 최고의 권위를 인용했다. '아리스토텔레스는 인간의 모든 견해가 과거에 존재했고 미래에도 수없이 나타날 것이라고 말하며, 플라톤은 그것들이 갱신되어 3만 6000년 후 되돌아올 것'(성경 연대기에 의한 세계의 역사는 겨우 6000년밖에 되지 않은 것과 비교하면 놀라운 생각이다. 키케로의 숫자 1만 2954년도 크게 낫지 않다)이라고 말했다. 줄리오 체사레 바니니Giulio Cesare Vanini는 '아킬레우스는 다시 트로이로 갈 것이고, 의례와 종교는 부활하고, 인간 역사는 반복될 것이다. 오래전에 존재하지 않았던 어떤 것도 오늘날 존재하지 않는다. 존재했던 것이 앞으로도 존재할 것이다'라고 말했다. 작은 스케일로 봐도 각 사회의 역사는 제도적 형태에 있어서 민주주의에서 참주정치로, 다시 민주주의로, 끝없는 순환을 포함한다고 여겨진다. 문화도 제도와 병행하여 되풀이된다고 가정해도 무방하다.[41]

플라톤주의자들에게 순전히 새로운 지식이라는 것은 있을 수 없다. 왜냐하면 플라톤은 영혼이 이미 진리를 알고 있고, 새롭게 보이는 것은 사실상 상기想起, anamnesis라고 말했기 때문이다. 《메논》에서 소크라테스는 교육받지 못한 노예 소년에게 그 소년이 이미 빗변의 제곱은 나머지 두 변의 제곱의 합과 같다는 것을 알고 있다고 설득했다. 그리고 물론 하나의 발견은 이미 알려진 무언가의 중요성을 인식하는 일을 포함한다는 것도 사실이다. 아르키메데스가 "유레카!"라고 외치며 알몸으로 시라쿠사 거리를 내달렸을 때, 우리는 그가 아르키메데스의 원리를 발견했다고 말한다. 이와 동일하게 우리는 아르키메데스가 그가 이미 알고 있던 것, 목욕통 안에 들어가면 물이 넘친다는 것의 의미를 깨달았다고 말할 수 있을 것이다. 인식과 상기는 우리의 현재와 미래의 경험이 우리의 과거의 경험과 꼭 같다는 것을 넌지시 알려준다. 반면에 발견은 이전에 아무도 한 적이 없는 경험을 우리가 경험할 수 있다고 시사한다. 발견이라는 개념은 필수 불가결하게 탐험, 진보, 독창성, 진위, 진기함 같은 개념들과 결합되어 있다. 이것은 후기 르네상스기의 특징적인 소산이다.

그러나 플라톤주의자들의 되풀이와 상기설은 심각한 문제가 아니었다. 두 가지 모두 프로클로스에 의해 지지되었다. 그는 그리스인들이 했던 대로, 발견의 용어로 책을 썼다. 아리스토텔레스에 대한 아무 의심 없는 신뢰 이외에 실제적인 장애물은 성서에 대한 훨씬 더 의심 없는 신뢰였다. 그리스인들과 로마인들은 인간이 동물보다 별로 나을 것이 없는 상태로 출발하여 문명을 위해 필요한 기술을 천천히 습득해나갔다고 믿은 반면에, 성서는 아담이 만물의 이름을 알고 있었다고 주장했다. 카인과 아벨은 곡식 농사와 목축에 종사했고, 카인의 아들들은 금속 기술과 음악을 발명했으며, 노아는 방주를 짓고 포도주를 담갔으며, 그의 직계 후손들이 바벨탑을 짓기 시작했다고 말한다. 문명에 요구되는 여러 기술이 오랜 기간에 걸쳐 발명되었어야 했고, 아브라함, 모세, 솔로몬이 몰랐던 중요한 유형의 지식들이 존재했다는 생각은 단순히 받아들여지지 않았다. 그리스인은 이집트에 진 빚을 인정했고, 이집트인들은 유대인들로부터 배움을 획득했었음을 쉽게 알 수 있다고 초기 기독교 교부들은 지적했다. '당신의 모방을 발명이라 부르지 말라!' 타티아누스Tatianus(120년경~180년경)은 이집트인들과 그리스인들이 유대인들이 모르던 발견을 했다는 도매금의 주장을 거부하며 격분하여 외쳤다.[42]

기독교는 축약된 연대기를 부여했을 뿐만 아니라 예배 의식은 끝없는 순환으로 구성되었고, 그리스도의 생애는 해마다 재현되었다. '해마다 교회는 그리스도가 베들레헴에서 다시 탄생했기 때문에 크게 기뻐했다. 겨울이 끝날 무렵 그는 예루살렘에 입성하고, 배신당하고, 십자가에 못 박히신다. 긴 사순절의 슬픔은 마침내 끝나고 부활절 아침, 죽음에서 부활하신다.' 동시에 미사의 성례는 '열정의 영속되는 동시대성'을 확인하고 '현재와 과거의 혼약'을 기념한다.⁴³

발견의 개념은 한편으로는 성경 연대기와 예배식의 반복에, 다른 한편으로는 재탄생, 재연(되풀이), 재해석이라는 세속적인 생각에 사로잡힌 문화 속에서는 결코 유지될 수 없었다. 1620년 베이컨은 세상이 무언가에 홀려 있어서 고대를 계속 존중하는 것은 알 수 없는 일이라고 불평했다. 1646년 토머스 브라운은 과거로 더 멀리 갈수록 진리는 점점 가까워진다는 일반적인 가정에 불만을 토로했다. (그는 분명히 그 반대가 사실이라는 베이컨의 주장을 염두에 두었다. '진리는 시간의 딸이다veritas filia temporis.')⁴⁴ 정통 문화의 퇴행적 경향의 징후는 콜럼버스와 베스푸치의 새로운 발견을 기술한 가장 중요한 책 중 하나의 제목 《최근 재발견된 육지Paesi novamenti retrovati》(Vincenza, 1507)에서 나타난다. 1년 후에 나온 독일어 번역본에서는 《알려지지 않은 새 육지Newe unbekanthe Landte》로 제목이 바뀌었다.⁴⁵ 이는 새로운 것이 이룩한 최초의 지엽적인 승리다.

물론 우리가 1492년 이전에도 새로운 것이 많았다고 생각하는 것은 자연스럽다. 그러나 우리에게 새롭게 보이는 것이 동시대인에게는 대체로 그리 새롭게 보이지 않았다(적어도 논쟁의 여지 없이 새롭게 보이지는 않았다). 흥미로운 시험 사례는 15세기 초반 피렌체에서 일어난 예술의 혁명적인 발전이다. 유형지에서 오랜 시간을 보낸 후, 1434년 그곳에 돌아온 레온 바티스타 알베르티Leon Battista Alberti는 자신이 목격한 것에 경악했다. 알베르티는 1404년 유형지에서 태어나 볼로냐와 로마에서 청년기를 주로 보냈다. 브루넬레스코에 의해 설계된 피렌체 성당의 새 돔은 그 그림자 속에 전체 토스카나 인구를 포함할 만큼 거대했고, 브루넬레스코, 도나텔로, 마사초, 기베르티, 루카 델라 로비아 같은 일군의 뛰어난 예술가들이 이전에 존재했던 그 어느 것과도 다르게 보이는 걸작들을 만들어내고 있었다. 1436년, 그는 '나는 고대의 재능 있는 인재들이 풍부하게 가지고 있었던 (…) 수많은 탁월하고 신성한 예술과 과학이 이제 사라지고 거의 상실되었음을 경탄하기도 하고 한탄하기도 했다'고 적었다. 그러나 이제 피렌체 예술가들의 업적을 보면서 그는 '교사나 모방해야 할 모델 없이 여태껏 들어보거나 본 적이 없는 예술과 과학을 발명한다면(troviamo), 우리의 명성은 더 위대하다고 해야 한다'고 말했다.**46** 브루넬레스코의 돔은 '내가 틀리지 않았다면, 확실히 당시 사람들이 가능하다고 믿지 않았던, 그리고 마찬가지로 아마 고대인들 사이에도 알려지지 않았고 상상될 수 없었을 공학 기술의 위업'이었다. 고전시대에도 그 필적물이 없어 보이는 업적에 직면하여 알베르티는 '확실히', '내가 틀리지 않았다면', '아마'와 같이 매우 조심스럽게 그 자신을 표현하지 않을 수 없었다.* 특히 알베르티는 여기서 그의 진짜 주제였던 원근법이 사용된 회화가 아니라 브루넬레스코의 돔을 지목했다. 그와 그의 계승자들은 원근법이 정말 새로운 것인지, 아니면 비트루비우스가 기술한 대로 무대 장치를 그리기 위해 고대 그리스인들과 로마인들이 사용한 기법을 재발견한 것에 불과한지에 대해 분명히 알지

---

* 1647년 파스칼의 진공 실험을 옹호했던 피에르 기파르Pierre Guiffart와 비교하라. '비록 파스칼의 경험들이 우리에게 새롭게 보이긴 하지만, 그것들은 이전에도 수행된 적이 있었던 것들이 나타난 것이며, 고대인들이 자연에는 진공이 있을 수 있다고 주장한 근거가 되었다. (…)' 그는 묻는다. 에피쿠로스와 루크레티우스가 진공의 존재에 대해 어떻게 그렇게 자신을 가졌을까? 기파르는 구식이다. 파스칼은 이같이 논의하지 않는다. 그리고 기파르조차도 그 실험이 사실상 유례가 없었다는 것을 마침내 인정해야 했다. (Dear, *Discipline and Experience*(1995), 191에서 인용); 프랑스어 원전 Pascal, *Oeuvres*(1923), 9)

못했다. 1435년, 알베르티 자신은 원근 기법은 '아마' 고대인들에게는 알려지지 않았을 거라고 주장했다. 1461년, 필라레테는 원근법이 그들에게 전혀 알려지지 않았다고 주장했다. 그러나 1537년에 세바스티아노 세를리오Sebastiano Serlio는 '원근법은 비트루비우스가 원근도법scenographia이라고 부른 것'이라고 투박하게 말하면서 정반대의 입장을 취했다.[47]

   그러한 상황에서 획득되어야 할 새로운 지식이 없다는 확신은 머리를 숙였고 금이 갔다. 그러나 아주 산산이 부서지지는 않았다. 그 복원력의 감을 잡으려면 우리는 마키아벨리를 생각해보기만 하면 된다. 그는 약 100년 후, (비교적 최근에 이루어진) 신세계의 발견을 언급하면서 자신도 새로운 것을 제공하겠다는 약속으로《로마사 논고Discorsi sopra la prima deca di Tito Livio》(1517년경)의 책장을 열었다. 그는 급선회하여 정치학, 법률, 의학에서 요구되는 모든 것은 고대인이 남긴 것에 대한 충직한 고수라고 주장했다. 그가 제공해야 할 것은 미지의 곳을 향한 항해가 아니라 리비우스에 대한 주석이었음이 드러났다. 아니나 다를까, 마키아벨리는 화약의 발명에도 불구하고 로마 군대의 전술은 모든 군대가 따라야만 하는 모델로 남아 있다고 전적으로 확신했다. 그의 책《전술론Dell'arte della guerra》(1519)의 집필 목적은 그 자신같이 과거 방식을 사랑하는 사람들delle antiche azioni amatori을 위한 것이었다.[48]

   자연스럽게, 아메리카의 발견 이후 반세기가 지난 즈음에, 코페르니쿠스는 조심스럽게 피타고라스학파 필롤라우스Philolaus(기원전 470년경~기원전 385년경)를 움직이는 지구를 주창한 선구자라고 언급했다.[49] 코페르니쿠스의 제자 레티쿠스Rheticus는 코페르니쿠스 이론을 최초로 설명한 출판물에서, 그의 독자들을 소외시킬까 봐, 태양 중심설의 연원을 가능한 한 먼 과거에서 찾았다.[50] 토머스 딕스의 책《예측Prognostication》(1576)은 코페르니쿠스 우주 체계의 절대적인 참신함과 독창성을 강조했다. 그러나 그 본문에 실린 삽화는 코페르니쿠스에 대한 언급 없이 '고대 피타고라스학 파의 학설에 가장 충실히 따른 천체'라고 주장했다. 이후의 판본에서 이 표현은 목차와 장의 제목으로 사용되었다.[51] 갈릴레이도 그의 《두 주요한 우주 체계에 관한 대화Dialogo sopra i due massimi sistemi del mondo》(1632)에서 반 복하여 코페르니쿠스와 사모스섬의 아리스타르코스Aristarchus(기원전 310년 경~기원전 230년경)의 이름을 묶어 인용했다. 아리스타르코스는 태양 중심 설의 창시자로 (잘못) 알려져 있다.[52] 새로운 것은 아직 경탄할 만한 것은 아니었다. 그러니 잘해야 고대의 껍질을 쓰고 자신을 표현할 뿐이었다. 르 루아처럼 전심으로 참신함을 포용할 수 있는 사람은 별로 없었다.

   퇴행적 문화 속에서, 오래된 지식과 새로운 지식 간의 결정적인 구별은 이루어지지 않았지만, 일반적으로 알려진 것과 비밀스러운 지혜에 접근 할 수 있었던 소수 특권층에게만 알려진 것 사이의 구별은 있었다.[53] 지식 은 결코 실제로 사라지는 것이 아니라고 생각되었다. 지하로 숨어들어 신 비한 것이 되든가, 혹은 제자리를 찾지 못하고 어느 수도원 서고에 무시된 채 묻혀 있다가 수 세기 뒤에 다시 등장하곤 했다. 14세기에 초서Chaucer는 이렇게 썼다.

> 사람들의 말대로 해마다 모든 새로운 곡식이 옛 들판에서 생산되듯이,
>
> 우리 인간이 배우는 과학도 훌륭한 옛 책에서 나온다네.[54]

   아메리카의 발견은 혁신을 정당화하는 데 결정적이었다. 왜냐하면 이후 40년 이내에 아무도 그것이 전례가 없는 사건이며 무시할 수 없다는 것을 부정하지 않았기 때문이다.[55] 그것은 또한 비밀스러운 옛 문화에 반발하

여 새로운 지식이 공적인 영역에서 정통성을 확립하는 과정의 시작을 알
리는 공적인 사건이었다. 그러나 혁신의 축포는 1492년 이전에 시작되었
다. 1483년, 디오구 캉Diogo Cão은 지금 우리가 콩고강이라고 부르는 곳의
하구에 최남단 탐험을 기념하는 십자가를 얹은 대리석 기둥을 세웠다. 이
것은 알려진 세계의 경계를 표시하기 위해 건립된 일련의 기둥들 중 최초
가 되었고, 고대 세계의 끝을 표시하던 지브롤터 해협의 헤라클레스의 기
둥을 대체했다. 콜럼버스 이후에는 스페인이 가세했다. 1516년, 카를(나중
에 스페인과 신성로마제국의 왕이 된 카를 5세)은 '훨씬 너머plus ultra'라는 모토
를 담은 헤라클레스의 기둥을 그의 문장紋章으로 채택했다. 이 모토는 후
일 베이컨에 의해 채택되었다. (plus ultra는 비문법적 라틴어라 만족스러운 번
역이 없다.)[56] 1555년, 주앙 드 바후스João de Barros는 '우리 문간에 세워진
헤라클레스의 기둥은 인간의 기억에서 지워져 침묵과 망각 속으로 빠져들
어갔다'고 주장할 수 있었다.[57] 1610/11년, 갈릴레이의 반대자 중 한 사람
인 로도비코 델레 콜롬베Lodovico delle Colombe는 갈릴레이가 헤라클레스의
기둥 너머 항해를 설정하고 "plus ultra!"라고 외친 사람같이 행동했다고
불평했다. 물론 그는 그때 아리스토텔레스의 견해를 확고하게 하는 것이
탐구가 멈추어져야 할 지점이라는 것을 깨달았어야 했다.[58] 불쌍한 로도비
코, 그는 아메리카의 발견이 우리가 미지의 것을 탐험하지 말아야 한다는
주장을 어리석은 것으로 만들었음을 깨닫지 못한 것 같다. 갈릴레이의 재
판이 진행되던 1633년 6월까지도 갈릴레이의 친구인 베네데토 카스텔리
Benedetto Castelli는 그에게 편지를 써서 가톨릭교회가 '훨씬 너머는 없다non
plus ultra'라는 슬로건으로 새 헤라클레스의 기둥을 세우고 싶어하는 듯하다
고 알려주었다.[59]

　　그러나 지리학과 지도 제작법 이외의 분야에서 꽤 괜찮은 혁신이 일어

나는 데는 한 세기 이상 걸렸다. 그리고 그것은 철학자들과 신학자들 사이가 아니라 오직 수학자들과 해부학자들 사이에서만 일어난 혁신이었다. 1553년, 조반니 바티스타 베네데티는 《컴퍼스를 사용하는 유클리드 등의 모든 기하학적 문제의 해법Resolutio omnium Euclidis problematum》을 출간했다. 그 책의 속표지는 대담하게 이것은 '발견'이라고 공표한다. 그는 '새로운 과학(1537)'을 발명했다고 주장한 타르탈리아Tartaglia를 추종하고 있었다. 타르탈리아와 베네데티는 자신들의 업적을 자랑하는 데 극도로 적극적이었다. 발견의 새로운 문화에 관한 더 나은 표지는 1581년 로버트 노먼Robert Norman의 《새로운 인력The Newe Attractive》의 출간이다. 노먼은 속표지에서 자신을 '비밀스럽고 감지하기 힘든 성질'인 자침의 복각dip(자침이 자극을 가리키면서 동시에 수평 아래로 기울어지는 현상. 자기경사라고도 함 — 옮긴이)의 발견자로 공표했다. 비록 그는 라틴어와 그리스어를 몰랐지만(네덜란드어는 알았다), 발견이라는 의미를 잘 알고 있어서 비트루비우스가 묘사한 아르키메데스와 피타고라스를 자신과 비교했다. 그는 '자신들의 창안과 발명에 대해 마음속으로 품은 놀라운 기쁨으로 어려움을 극복한' 그들의 반열에 합류했다.[60] 프란체스코 바로지의 《우주론Cosmographia》이 1607년 이탈리아어로 번역되었을 때, 그 속표지에 이 책은 새로운 발견을 담고 있다고 선언했다. 1585년 원본의 속표지에는 이러한 언급이 없었다. 1608년이 되자 '오늘날 새로운 사물의 발견자들은 사실상 신격화되고 있다'고 불평하는 일이 가능했다. 물론 이에 대한 하나의 전제 조건은 타르탈리아, 베네데티, 바로지를 대신한 이들의 번역자처럼 그들도 자신들의 발견을 비밀로 하지 않았다는 것이었다.[61]

20년 후, 피사 대학의 수학 교수로 새로 임명된 갈릴레이의 한 제자는 '발견할 수백만 가지 사물〔발견 가능한 사물cose trovabili〕중에 나는 단 하나도 발견하지 못한다'라고 불평했다. 그 결과 그는 '끝없는 고뇌' 속에 살았다.[62] 시간이 시작된 이래, 자신들의 기대에 부응하는 삶을 살지 못해 고민하는 인내심 없는 청년들이 존재해왔다. 그중에서도 이 니콜로 아준티 Niccolò Aggiunti는 아마도 자신이 결코 중요한 발견을 하지 못하리라고 걱정했던 최초의 인물일 것이다.

발견의 항해로 창출된 지식에 관해 눈에 띄는 것은 그것이 논쟁의 여지 없이 새로웠다는 것뿐만 아니라 공공적이었다는 점이다. 지리학이 크게 변화한 것은 대학에서 가르치는 철학자들, 연구하며 책을 읽는 박식한 학자들, 석판에 새 정리를 쓰고 있는 수학자들에 의해서가 아니었다. 그것은 (아리스토텔레스가 추천한) 일반적으로 인정된 진리나 고대 문헌으로부터 연역된 것도 아니었다. 그 대신, 그것은 어떤 기상 조건에서도 갑판 위에 서 있던, 교육을 제대로 받지 못한 선원들에 의해 발견되었다. 자크 카르티에 Jacques Cartier는 1545년 '오늘날의 단순한 선원들은 철학자들의 견해에 어긋나는 것을 진정한 경험에 의해 배우고 있다'고 말했다.[63] 로버트 노먼은 자신을 '배우지 못한 기계공 unlearned Mechanician'으로 묘사했다. 따라서 새로운 지식은 이론 및 학문에 대한 경험의 승리를 나타냈고 또한 그렇게 칭송되었다. 1625년, 마랭 메르센은 '무식한 콜럼버스가 신세계를 발견했다. 그러나 박식한 신학자 락탄티우스와 현명한 철학자 크세노파네스는 그것을 부인했다'고 말했다.[64] 1661년에 조지프 글랜빌은 이렇게 표현했다.

우리는 **자침**의 정렬(나침반이 북쪽으로 향하는 현상)을 **과거 시대**로부터 온 인증서 없이 믿는다. 그리고 우리 선조보다 현명해질까 봐 두려워서, 우리 스스로를 **별들**의 독특한 거동에만 국한시키지 않는다. 만일 여기서 **권위**가 지배했다

122

면, 지구의 **네 번째 부분**(아메리카)은 우리에게 **없었고**, 헤라클레스의 기둥은 여전히 **너머는 없다**Non ultra의 세계였을 것이다. **세네카**의 예언(아무도 서쪽으로 항해하여 인도에 도달할 수 없다)은 아직 성취되지 않은 예측이었을 것이며, 우리 **지구**의 반은 아직도 비어 있는 **반쪽**이었을 것이다.**65**

디드로의 말에도 불구하고, 여기서 중요한 것은 경험이 지식을 얻는 최상의 길이라는 생각이 아니다. '경험은 위대한 교사다experientia magistra rerum'라는 격언은 중세에 익숙했다. 당신은 말 타는 법과 활 쏘는 법을 책으로 배우지 않는다.**66** 그보다 중요한 것은, 경험이 단지 당신에게 다른 사람이 이미 알고 있는 것을 가르쳐주기 때문에만 유용한 것이 아니라는 생각이다. 경험은 당신에게 다른 사람이 알고 있는 것이 틀리다는 것을 가르쳐줄 수 있다. 아메리카의 발견 이전에 거의 인식되지 못했던 것은 이러한 의미의 경험-발견에 이르는 통로로서의 경험이다.

물론, 지리상의 발견 자체는 단지 시작에 불과했다. 신세계로부터 새로운 작물들(토마토, 감자, 담배)과 새로운 동물들(개미핥기, 주머니쥐, 당나귀)이 홍수처럼 밀려왔다. 이것은 이전에 알려져 있지 않았던 신세계의 동식물상을 기록하고 묘사하려는 기나긴 과정을 불러일으켰다. 그러나 또한 반작용으로, 적절히 관찰되고 기록되지 못했던 유럽의 동식물이 많이 존재한다는 충격적인 인식도 생겼다. 발견의 과정이 시작되자, 바라보는 방법을 알기만 하면 어디에서든 발견하는 일이 가능하다는 것이 입증되었다. 구세계 자체가 새로운 눈으로 관찰되었다.**67**

새로운 것을 기술하는 움직임의 두 번째 결과가 생겨났다. 고전시대와 르네상스기 저술가들에게 잘 알려진 동식물들은 연관과 의미의 복잡한 사슬로 다가왔다. 사자는 제왕이며 용감했다. 공작은 긍지가 있었고, 개미는 부지런했으며, 여우는 교활했다. 묘사는 물리적인 것에서 상징적인 것으로 쉽게 옮아갔고, 다양한 시인들과 철학자들이 만든 상징을 참조하지 않고는 불완전했다. 새로운 식물들과 동물들은, 그것들이 신세계에 있건 구세계에 있건, 그러한 연관의 사슬과 문화적 의미의 반그림자半影가 없었다. 개미핥기는 무엇을 상징하는가? 혹은 주머니쥐는? 따라서 자연사는 서서히 학문의 넓은 세계에서 분리되어 그 자체의 독립된 분야를 형성하기 시작했다.[68]

6

영어에서 '발견'이라는 명사는 1554년에, '발견하다'라는 동사는 1553년에 그 새로운 의미로 처음 등장했다. 반면 '발견의 항해voyage of discovery'라는 문구는 1574년에 사용되기 시작했다.[69] 1559년에는 이탈리아의 엔지니어 자코모 아콘치오Giacomo Aconcio가 영국에 첫 번째 특허를 신청하면서, 새로운 대륙이 아닌 새로운 유형의 기계에도 발견이라는 용어가 사용 가능해졌다.

> 탐구를 통해 공공에 유익한 것을 발견한 사람들이 자신들의 권리와 노동의 과실을 가져가야 한다는 것보다 더 정직한 것은 없다. 이들은, 내가 겪었듯이, 모든 다른 형태의 이익을 포기하고, 실험에 많은 비용을 지출하고, 가끔 큰 손실도 감수한 사람들이다. 나는 가장 유용한 것들, 예를 들어 새로운 종류의 바퀴 기계와 염색업자들과 양조업자들을 위한 화덕을 발견했다. 벌금이 있는 경우를 제외하고는, 이것들이 알려지면 나의 동의 없이도 사용될 것이다. 그리

124

고 소모된 비용과 노동으로 가난해진 나는 보상을 받지 못할 것이다. 그러므로 나는 나의 것과 같은, 빻거나 으깨거나 용광로에 사용되는 그 어떤 바퀴 기계도 나의 동의 없이는 사용하지 못하도록 금지를 요청하는 바이다.[70]

그의 소청은 결국 '발명가는 보상받아야 하며 그들의 발견으로 이익을 얻고자 하는 다른 사람들로부터 보호되어야 한다'는 성명과 함께 받아들여졌다.[*] 이것은 특별한 의미의 변화로 보일 수 있다. 이미 존재하는 것을 어떻게 알아내는가를 알기는 쉽지만, 이전에 존재하지 않던 것을 어떻게 알아내는지를 알기는 훨씬 어렵기 때문이다. 그러나 그것은 라틴어 invenio에 존재하는 의미의 범위, 즉 찾아내고 발견하는 것을 포괄하는 의미에 의해 가능해졌음이 틀림없다. 1605년, 이 새로운 발견의 개념은 프랜시스 베이컨에 의해 《학문의 진보Advancement of Learning》에서 일반화되었다. 실제로 베이컨은 자신이 발견을 하는 방법을 발견했다고 주장했다.

만일 항해가의 자침(나침반)이 먼저 발견되지 않았다면 서인도[즉, 아메리카 전부][**]가 발견되지 않았을 것과 꼭 마찬가지로, 비록 후자가 광대한 지역이고 전자는 작은 운동일지라도, 만일 과학이 더이상 발견되지 않는다면, 그리고 만일 발견과 발명의 기예Art 자체가 무시되어버렸다면, 낯선 것은 발견될 수 없다.[71]

---

[*] 아콘치오가 '발명'과 '발견'을 서로 바꿀 수 있게 사용하고 있음을 주목하라. 우리는 보통 발명과 발견을 구별하지만, 그 구별은 천천히 정착되었고, 지금 우리가 '발견'보다 '발명'을 사용하는 경우 그 구별이 더 명확해진다. 우리는, 1691년 존 레이가 그랬듯이, 침샘관이 '최근의 발명'이라고 말할 수 없다. 그러나 우리는 아마 여전히, 1929년 해거드H. W. Haggard가 그랬듯이, '분만 겸자obstetrical forceps의 발견'이라고 기술할 수 있다. (두 예시는 옥스퍼드 영어사전의 '발명'과 '발견'에서 인용.)

[**] Blundeville(1954): 'America, which we now call the West Indies'(OED s.v. 'West Indies')

발견의 기술(테크닉)을 발명했다는 베이컨의 주장은 일련의 지적인 움직임에 의존했다. 먼저 그는 모든 기존의 지식은 새로운 것을 발견하기에는 부적합하고 세상을 변혁하기에는 무용하다며 거부했다. 대학에서 가르치는 아리스토텔레스에 기초한 스콜라 철학은 일련의 쓸데없는 논증, 즉 그가 찾는 종류의 새로운 지식을 결코 생산할 수 없는 논증에 사로잡혀 있다고 베이컨은 주장했다. 실제로 그는 지식이 확실성과 증명에 근거하고 있다는 생각을 거부했다. 아리스토텔레스 철학은 우리가 일반적으로 받아들이는 제1원리로부터 과학을 연역할 수 있으며, 모든 과학은 기하학과 비교할 수 있다는 생각에 근거했다. 증명 대신 베이컨은 해석의 개념을 도입했다. 이전의 학자들이 책을 해석하는 일에 관해 저술한 반면, 이제 베이컨은 '자연의 해석'이라는 관념을 도입했다.[72]

해석을 올바르게 만드는 것은 그것의 형식적 구조가 아니라 그것의 유용성, 그것이 예측과 조절을 가능하게 한다는 사실이다. 베이컨은 자신의 세계를 변혁하는 나침반, 인쇄술, 화약, 신세계 같은 발견들은 무계획적으로 이루어졌다고 지적했다. 만일 새로운 지식에 대한 체계적인 탐구가 행해진다면 아무도 무슨 일이 일어날지 몰랐다. 따라서 베이컨은 그가 살던 사회에 깊게 뿌리박힌 이론과 실제 사이의 구별을 거부했다. 부드러운 손의 신사와 거친 손의 장인 및 노동자 사이를 갈라놓는 뚜렷한 선이 그어진 사회에서는, 효과적인 지식이 창출되려면 신사와 장인 사이, 그리고 독서를 통해 습득한 지식과 작업장에서의 경험 사이에 협력이 필요하다고 베이컨은 주장했다.

베이컨의 중심적인 주장은 지식(적어도 그가 주창하는 종류의 지식)이 힘이라는 것이었다. 만일 당신이 무언가를 이해했다면, 당신은 자연의 효과를 조절하고 재생하는 능력을 획득한 것이다.* 인간의 전문성의 소산이 자연의 소산보다 반드시 열등한 것은 전혀 아니기 때문에, 인간은 원리상 자연이 하는 것보다 훨씬 더 많은 것을 할 수 있다. 인간은, 그것들이 발명되기 이전에 그것들에 관한 가장 미미한 의구심조차 어떤 이의 마음에도 거의 떠오르지 않은, 그리고 사람들이 단지 그것을 불가능하다고 묵살했던, 그러한 종류의 일을 할 수 있다.[73] 그리스 철학의 목표가 사변적 이해였던 반면에, 베이컨 철학의 목표는 새로운 기술이었다. 이 새로운 기술에 대한 베이컨의 야심은 괄목할 만했다. 그것은 '마술'의 한 형태가 되는 것, 즉 그것에 익숙하지 않은 사람들에게 불가능해 보이는 일을 하는 것이었다 (아메리카 원주민들에게 대포는 마술의 형태로 보였다).[74]•

발견의 발견과 함께 베이컨이 '진흥advancement', '진보progression' 혹은 '달성proficiency'이라고 부른 것('앞으로 움직이다'라는 원래의 의미로 그 단어를 사용하여)에 대한 새로운 약속이 생겨났다. 1670년부터 그의 번역자들은 이것을 '개선' 혹은 아주 단순히 '진보'라고 불렀다. 만일 아메리카의 발견이 1492년에 시작되었다면, 진보의 발견도 그러했다. 베이컨은 일정한 진보를 만드는 지식이라는 개념을 체계화하려고 노력한 최초의 인물이었다.[75] 생애 동안 그는 새로운 철학의 윤곽을 그리는 세 권의 책《학문의 진보》(1605년, 증보된 라틴어판은 1623년), 《고대인의 지혜The Wisdom of the Ancients》(1609), 《신기관》(1620, 계획되었으나 완성되지 못한 대작《대혁신The Great Instauration》의 1부)을 출간했다. 그가 죽은 후《새로운 아틀란티스The New Atlantis》, 《숲의 숲Sylva Sylvarum》이 1626년에 출간되었다. 라틴어 제목에도 불구하고《숲의 숲》은 영어로 쓰였다. 라틴어 silva는 나무이지만 또

• 베이컨은 흔히 '지식은 힘이다'라고 말한 것으로 인용된다. 사실상 그의 말 가운데 이에 가장 근접한 것은 '인간의 지식과 능력은 동일한 것이다'이다. Weeks, 'Francis Bacon and the Art–Nature Distinction'(2007), 123.

한 집을 짓는 데 필요한 재료의 집합이기도 하다. 그래서 Sylva sylvarum 은 문자적으로 '숲의 나무'이지만 실제적으로는 적재장The Lumber Yard이다. 《신기관》의 오르가논Organon은 그리스어로 도구라는 의미다(갈릴레이는 자신의 망원경을 오르가논이라고 불렀다).[76] 그래서 '신기관'은 도구, 마음의 장치를, '숲의 숲'은 베이컨의 과업을 위한 재료를 제공한다.[77]

그 책들은 읽히긴 했지만 별로 영향력이 없었다. 그 책들에 대한 수요는 많지 않았다. 예를 들어 《신기관》은 2판이 나오기까지 25년이 걸렸다. 베이컨은 1640년대까지 영국에 제자가 없었다. (그의 많은 책이 번역되어 나온 프랑스에서 더 큰 영향력이 있었다.)[78] 그 이유는 아주 단순하다. 베이컨은 자신이 직접 과학적 발견을 하지 못했다. 새로운 과학을 위한 그의 주장은 전적으로 사변적이었다. 그는 17세기 후반에야 비로소 비교적 무명에서 벗어나 새로운 시대의 예언자로 숭배되었다.

7

베이컨이 발견에 관해 저술하고 있는 동안, 다른 이들은 발견을 하고 있었다. 16세기 동안 서서히 그리고 어색하게, 과학적 발견의 문법이 나타났다. 발견은(그 중요성은 오직 시간이 경과해서야 명백해짐에도 불구하고) 특정한 순간에 일어난다. 발견은 그것을 세상에 공표한 한 개인에 의해 주장된다. 그리고 새로운 이름으로 기록된다. 그리고 그것들은 비가역적 변화를 나타낸다. 아무도 이 문법을 고안하지 않았다. 아무도 그것의 규칙을 써놓지 않았다. 그러나 이 규칙들은 지리상의 발견이라는 패러다임 사례에 기초해 있다는 단순한 이유에서 일반적으로 받아들여지게 되었다.* 어떻게 이 규칙이 작동하는가를 초기에 명백히 자신 있게 이해한 인물이 해부학자 가브리엘레 팔로피오Gabriele Falloppio다. 그는 피사 대학에 가르치러 갔을 때(1548), 위대한 해부학자 안드레아스 베살리우스도 찾지 못했던 귀의 세 번째 뼈(망치뼈와 모루뼈에 이은), 인체에서 가장 작은 뼈를 확인한 사실을 학생들에게 말했다고 이야기했다. 그의 학생들 중 한 명이 그에게 나폴리 대학 교수인 조반니 필리포 인그라시아Giovanni Filippo Ingrassia가 이미 그 뼈를 발견했고, 그것을 등자뼈(stapes 혹은 stirrup)라 불렀다고 조언했다. (인 그라시아는 1546년에 그것을 발견했지만, 그의 연구는 그가 죽은 후 1603년에 출간 되었다.) 팔로피오는 1561년에 자신의 결과를 출간하며 인그라시아의 우 선권을 인정했고 새로운 뼈에 대해 그가 제안한 명칭을 채택했다. 그의 존 경스러운 행동은 주목받지 못한 채 잊히지 않았다. 그것은 1611년 카스파 르 바르톨린Caspar Bartholin에게는 교과서적 예시였다.[79] 팔로피오는 규칙을 알았고 그것을 따르기로 결정했다. 자신의 발견이 정당하게 인정받기를 원했기 때문이다. 인그라시아는 등자뼈를 지킬 수 있었다. 그리고 팔라피 오는 음핵clitoris을 발견했다.[80] 음핵의 발견이 그리 어렵지 않은 일이라고 생각하기 쉽다. 그러나 갈레노스로부터 내려오는 표준적인 관점은 남자와 여자는, 비록 그것이 다르게 포개져 있더라도, 정확히 같은 성性 기관을 지 닌다는 것이었다. 따라서 해부학자들은 동일한 명칭을 부여했다. 예를 들 어, 난소(우리가 지금 부르는 대로)는 단지 여성의 고환이었다. 음핵의 발견 은 이론에 대한 경험의 또 하나의 주목할 만한 승리였다. 남성에게는 이 에 해당하는 것이 없고 여성에게만 독특하게 있는 것이었기 때문이다.[81]

따라서 해부학자들은 누가 무엇을 발견했는지를 조심스럽게 기록한 선

• '패러다임'에 관해서는 '상대주의와 상대주의자들에 관한 주석' 5항을 참조하라.

구자들이었다. 1611년 바르톨린의 교과서는 그가 선호한 팔라피오의 주장과 팔라피오의 동료이며 라이벌인 파도바 대학의 레알도 콜롬보Realdo Colombo의 경쟁적인 주장을 소개하면서 음핵에 관한 설명을 시작한다(그는 음핵이 고대인들에게도 알려졌을지 모른다고 의심했다).[82] 갈릴레이는 의학도 출신으로서, 그리고 많은 새로운 해부학적 발전이 이루어진 파도바 대학의 교수로서, 1592년부터 이 우선권 주장에 관한 새로운 문화에 확실히 익숙했다. 팔라피오의 가장 뛰어난 학생이었던 히에로니무스 파브리키우스Hieronymus Fabricius는 정맥의 판막을 발견했으며, 갈릴레이의 주치의이자 개인적인 친구였다.

1610년 1월 7일 밤, 갈릴레이는 망원경으로 목성 쪽을 보다가 목성 근처의 고정된 것으로 여겨졌던 별을 주시했다. 다음날 밤과 그 다음날 밤에 걸쳐 그 별과 목성의 상대적 위치가 이상하게 변했다. 처음에 갈릴레이는 목성이 정도를 벗어나서 움직이고 있음이 틀림없다고 생각했다. 1월 15일 밤, 그는 갑자기 자신이 목성 주위를 도는 위성을 보고 있다는 것을 알게 되었다. 그는 자신이 한 일이 발견임을 알았다. 그리고 무엇을 해야 할지 알았다. 그는 이탈리아어로 관찰 노트를 쓰던 일을 멈추고 라틴어로 적기 시작했다 — 그는 출간할 준비를 하고 있었다.[83] 목성의 위성은 한 시점에 한 사람에 의해 발견되었다. 나중에 과거를 회상해서 그런 것이 아니라 처음부터 갈릴레이는 자신이 발견한 것이 무엇인지뿐만 아니라 자신이 발견을 했다는 것도 정확히 알고 있었다.

갈릴레이는 출간을 서둘렀기 때문에, 그의 우선권 주장은 논란의 여지가 없었다. 그는 후일 자신이 처음 태양의 흑점을 관찰한 것은 1610년이었다고 주장했다. 그러나 출간이 미루어져 1612년에, 그와 그의 적수인 예수회 교도 크리스토프 샤이너Christoph Scheiner가 경쟁적으로 우선권 주장을 들이밀었다.**84** 그들은 자신들이 관찰한 것을 설명하는 방식에서 일치하지 않았다. 그러나 적어도 그들이 출간한 그림들이 동일한 현상의 도해라는 점에는 동의했다. 일은 항시 그렇게 단순하지 않다. 이 문제의 고전적인 사례가 산소의 발견이다. 1772년에 칼 빌헬름 셸레Carl Wilhelm Scheele는 그가 '불공기'라고 부른 무언가를 발견했다. 반면, 1774년에 조지프 프리스틀리Joseph Priestley는 이와는 독립적으로 그가 '탈脫플로지스톤 공기dephlogisticated air'라고 부른 무언가를 발견했다(플로지스톤은 연소 시 방출되는 것으로 가정되었던 물질, 역逆산소이다). 1777년, 앙투안 라부아지에Antoine Lavoisier는 새로운 기체(그는 '산을 생성하는 것acid-producer'을 의미하는 그리스어로부터 그것을 '산소oxygen'라고 명명했다. 왜냐하면 그것이 모든 산의 필수적인 요소라고 잘못 생각했기 때문이다)의 역할을 명료하게 만드는 새로운 연소 이론을 출간했다. (산의 본질은 1812년 험프리 데이비Humphry Davy의 연구 이전까지는 규명되지 않았다.) 라부아지에조차도 산소를 올바로 이해하지 못했다. 발견은 종종 오랜 기간에 걸친 과정이다. 소급해야만 확인될 수 있는 과정이다.**85** 산소의 경우, 그것은 1772년 시작되어 1812년이 되어서야 끝났다.

　어떤 발견들은 그 시점을 딱 못박아 말하기 어려울 뿐만 아니라 모든 발견의 주장은 본질적으로 허구라고 주장하는 사람들이 있다. 그들은 발견의 주장은 항상 사건이 있고 한참 뒤에 이루어지며, 사실상(사실이란 것이 존재한다면) 발견자는 한 명이 아니라 여러 명이며, 한 발견이 언제 이루어졌는지 정확하게 말하기 어렵다고 주장한다.**86** 콜럼버스는 우리가 현재 아메리카라고 부르는 것을 언제 발견했는가? 그런 적 없다. 그는 자신이 인도에 도착한 게 아니라는 것을 결코 깨닫지 못했다.**87** 누가 아메리카를 발견했는가? 아마 책상 앞에 앉아 있던 발트제밀러일 수도 있다. 그는 콜럼버스와 베스푸치가 행한 일을 충분히 파악한 최초의 인물이기 때문이다.

망원경을 보고 있는 요하네스 헤벨리우스Johannes Hevelius(출전:《월면도Selenographia》, 1647년, 달의 정
교한 지도). 폴란드 그단스크에 살았던 헤벨리우스는 45.7미터 길이의 거대한 망원경을 제작하기
도 했다. 그는 또한 중요한 별자리 지도를 출간했다. (갈릴레이의 망원경을 기록한 그림이나 조각은 없
으며, 남아 있는 그의 제작품 두 점은 그가 1610/11년에 사용하고 있었던 것만큼 강력하지 않다. 따라서 우리는
그의 천문 망원경이 이러한 모습인지 알지 못한다.)

목성의 위성 발견이라는 단순한 예는 이러한 주장들이 겉으로 보기에
는 그럴듯하지만 잘못된 것임을 보여준다. '발견'이 체스에서 체크메이트
처럼 '성취 단어'이기 때문에 발견의 주장이 필연적으로 소급적이라는 주
장은 잘못된 것이다.[88] 운전면허 주행시험을 통과하는 것이 그들이 염두에
두고 있는 종류의 성취다. 당신은 시험이 끝났을 때 그것을 해냈다는 것을
확신할 수 있다. 그러나 능숙한 체스 선수는 몇 수 앞의 체크메이트를 계

획할 수 있다. 그리고 말을 움직인 **다음**이 아니라, 이기는 데 필요한 수手를 알자마자 그들은 게임에서 이겼다는 것을 안다. 갈릴레이의 목성 위성 발견은 체스의 체크메이트나 경주에서의 승리와 같지 않다. 그는 그것을 계획하지도 않았고 발견이 굴러오는 것을 보지도 못했다. 그것은 테니스의 에이스와도 다르다. 상대방이 당신의 서브를 받아치지 못한 이후에야 당신은 서브에 성공했음을 안다. 그것은 화음을 넣어 노래를 부르는 것과 같다. 그는 발견함과 동시에 그가 발견하고 있었다는 것을 알았다. 어떤 성취들은 필연적으로 소급적이다(노벨상을 수상하거나 아메리카를 발견하는 것처럼). 어떤 것들은 동시적이고(화음을 넣어 노래하는 것처럼) 또 다른 것은 미래적이다(체스의 체크메이트처럼). 과학적 발견은 이 모든 세 가지 형식으로 일어난다. 우리가 보았듯이 산소의 발견은 소급적이었다. 동시적 발견의 고전적 예는 "유레카!"라는 아르키메데스의 외침이었다. 그는 목욕통 물의 수위가 상승하는 것을 본 순간 자신이 해답을 발견했음을 알았다. 이것이 그가 알몸으로 물을 뚝뚝 떨어뜨리면서 좋은 소식을 외치며 거리를 내달렸던 이유다. 목성의 위성 발견도 마찬가지였다. 갈릴레이는 '유레카의 순간'을 맞았다.*

정말 주목할 만한 것은 미래적 발견의 경우다. 왜냐하면 이것은 모든 발견은 소급적이라는 주장을 단도직입적으로 반박하기 때문이다. 따라서 1705년, 핼리Halley는 특별히 밝게 빛나는 혜성이 거의 75년마다 다시 나타난다는 것을 관찰하고, 현재 핼리 혜성이라고 알려진 혜성이 1758년 되돌아올 것으로 예측했다. 혜성은 1758년 성탄절에 다시 나타났다.

• 1622년, 가스파로 아셀리Gasparo Aselli는 개를 해부하여 림프계의 유미관을 발견했을 때 실제로 '유레카!'를 부르짖었다. Bertoloni Meli, 'The Collaboration between Anatomists and Mathematicians in the Mid-seventeenth Century'(2008), 670.

1717년에 핼리는 자신의 예측을 1758년 말 혹은 다음 해 초로 수정했다.[89] 그렇다면 핼리는 언제 그의 발견을 했는가? 물론 그가 출현의 규칙적 패턴을 알아차린 1705년으로 볼 수 있다. 비록 1717년 그의 개선된 예측이 주목할 만한 가치가 있지만 말이다. 분명히 그는 죽은 지 한참 후인 1758년에 그의 발견을 한 것이 아니다. 그 발견은 1758년에 사실로 **확인되었다**(그리고 그 혜성은 1759년에 핼리 혜성으로 명명되었다). 그러나 그것은 1705년에 **이루어졌다**. 그가 혜성의 회귀를 예측했다고 말할 때, 우리는 무언가를 핼리의 진술로 소급적으로 읽고 있는 게 아니다. 이와 마찬가지로 빌헬름 프리드리히 베셀Wilhelm Friedrich Bessel은 천왕성 궤도의 변칙을 근거로 해왕성의 존재를 예측했다. 이 새로운 행성의 탐구는 1846년 마침내 해왕성이 관측되기 훨씬 이전에 시작되었다.[90]

비트겐슈타인은 우리가 적절히 정의하지는 못하지만 사용하는 용어들이 있다고 설명했다. '게임'이라는 용어를 살펴보자. 축구, 다트, 체스, 주사위 놀이, 스크래블에서 공통적인 것은 무엇인가? 어떤 게임에서 당신은 점수를 딴다. 그러나 체스에서는 (매치를 제외하면) 그렇지 않다. 어떤 게임은 딱 두 편이 한다. 그러나 모두 그런 것은 아니다. 혼자서 하는 카드놀이, 혼자 축구공 트래핑하기 같은 게임은 혼자서 한다. 비트겐슈타인은 게임들이 '집단 유사성'을 지닌다고 말했다. 그러나 이것이 그 용어, 혹은 게임과 스포츠의 차이점을 적절하게 정의할 수 있다는 것을 의미하지는 않는다.[91]

시간이 경과하면서 발견의 범주가 발전됨에 따라, 그것은 급격히 상이한 다양한 사건들을 포함하게 되었다. 예를 들어 흑점 같은 발견들은 관찰이다. 중력이나 자연선택의 발견과 같은 다른 것들은 보통 이론이라고 불린다. 어떤 것은, 예를 들어 증기기관은 기술이다. 발견이라는 관념은 게임이라는 관념이 그렇듯이 일관되지도 않고 옹호하기도 어렵다. 이것은 그 관념이 철학자들과 역사가들에게 온갖 종류의 어려움을 준다는 것을 의미하지만 우리가 그 관념을 사용하지 말아야 한다는 뜻은 아니다. 실제로 이러한 면에서 그것은 근대 과학을 구성하는 핵심적인 개념이다. 그러나 발견의 경우 우리에게는 단순 명료한 패러다임 사례, 전체 언어가 그것으로부터 유래하는 사례가 있다. 바로 콜럼버스의 아메리카의 발견이다. 누가 아메리카를 발견했는가? 콜럼버스와 핀타호의 망꾼 둘 다이다. 그들은 무엇을 발견했는가? 대륙이다. 언제 그들은 그것을 발견했는가? 1492년 10월 11/12일 밤이었다.

콜럼버스와 망꾼 로드리고 데 트리아나Rodrigo de Triana는 모두 그 발견을 했다고 주장했다. 사회학자 로버트 머튼Robert Merton(1910~2003)은 한 발견에는 항시 그 발견을 처음 했다고 주장하는 여러 명의 사람들이 있다는 사실에 주목했다. 이러한 경우에 해당되지 않는다면, 한 사람이 그 현상을 처음 발견한 사람이 자신임을 아주 성공적으로 홍보하여(갈릴레이가 목성의 위성을 발견했을 때 그런 것처럼) 다른 사람들의 발견 주장을 미연에 방지한 경우다.[92] 머튼은 위대한 전달자였다. '의도하지 않은 결과unintended consequence', '자체-성취적 예언self-fulfilling prophecy', '역할모델role model' 등이 그가 사용했던 유명한 문구다. 전달자들이 그러하듯 그는 언어를 사랑했다. 우연한 발견serendipity, 거인의 어깨에 올라타기standing on the shoulder of giants에 관한 책을 쓰기도 했다.[93] 그러나 아무리 애를 써도 다중 발견multiple discovery의 개념은 지지를 얻을 수 없었다(머튼이 지적했듯이 다중 발견이라는 개념도 여러 번 발견되었던 것이다).

어찌되었든 우리는 발견이 경주와 같이 한 사람은 승자가 되고 나머지 모두는 패자가 되는 게임과 같다는 생각을 포기할 수 없다. 사회학자의 시각은, 모든 경주는 승자와 함께 종결되며 (누군가의) 승리는 완전히 예측할 수 있다는 것이다. 만일 선두에 달리던 사람이 발을 헛디뎌 넘어지면, 결과는 아무도 승리하지 못한 것이 아니라 다른 누군가가 이긴 것이 된다. 모든 경주에는 여러 명의 잠재적인 승자가 존재한다. 그러나 참가자의 시각에서는 이긴다는 것은 예측할 수 없는 성취이며 개인적인 승리다. 우리는 사회학자(혹은 책 만드는 사람)의 시각이 아닌 참가자의 시각에서 과학을 바라보아야 한다고 주장한다. 우리가 참가자의 시각(전략적 시야를 지닌 최고 경영자)과 전체로서의 경제의 시각(강세와 약세, 호황과 불황) 양쪽을 통해서 사업상의 이익과 손해를 생각하는 데 익숙해져 있듯이, 나는 머튼이 이 문제에 당혹스러워한 것은 옳았다고 생각한다. 이와 마찬가지로 의학에서도 우리는 사례의 역사case histories와 역학적疫學的 논증 사이를 오고가는 데 익숙해져 있다. 나는 내가 언제 죽을지 알지 못한다. 그러나 나의 기대 수명이 얼마인지 말해주는 도표가 있으며 보험회사는 그 도표를 기초로 나의 보험 가입을 받는다. 웬일인지 우리는 마치 우리가 승리의 개념에 넋을 빼앗기듯 발견에서 개인의 역할에 넋을 빼앗긴다. 물론 이와 같은 집착은 경쟁으로 몰아가고 노력을 권장하는 기능을 한다.

머튼에게 발견이란 승부에서 이기는 것과 같은 일회적인 사건이 아니라 여러 명의 주자들이 동시에 결승선을 통과하는 것과 같았다. 요스트 뷔르기Jost Bürgi는 1588년에 수학에서 로그, 로가리듬logarithm을 발견했지만, 1614년 존 네이피어John Napier가 결과를 발표할 때까지 그대로 있었다. 해리엇(1602)과 스넬(1621), 데카르트(1637)는 독립적으로 굴절법칙을 발견했다. 갈릴레이(1604), 해리엇(1606년경), 베이크만(1619)은 독자적으로 자유낙하의 법칙을 발견했으나 오직 갈릴레이만 그 결과를 발표했다.[94] 보일(1662)과 마리오트(1676)는 각각 보일의 법칙을 발견했다. 다윈과 월리스

Wallace도 독립적으로 진화를 발견하여 1858년에 함께 발표했다. 가장 현저한 다중 발견의 예는 여러 명이 거의 동시에 서로 처음 발견했다고 주장한 경우다. 한스 리퍼세이Hans Lippershey, 자카리아스 얀센Zacharias Janssen, 야코브 메티우스Jacob Metius는 각각 1608년경 망원경을 발견했다고 주장했다. 여러분은 아마 발견의 개념이 허구라고 생각하는 사람들이 이런 사례를 환영하리라 생각할지도 모른다. 그러나 그렇지 않다. 그들에게는 다수의 발견도 역시 허구다. 그들이 그러한 사례를 약화하는 데 사용하는 터무니없는 전략 중 하나는 여러 사람이 하나의 발견을 했다고 주장하는 모든 경우에 그들은 사실상 각각 다른 것들을 발견했다고 주장하는 것이다. 즉, 프리스틀리와 라부아지에는 둘 다 산소를 발견하지 않았다. 그들은 아주 다른 발견을 했다.[95] 그러나 리퍼세이, 얀센, 메티우스는 모두 동일한 것을 발견했던(혹은 발견했다고 주장한) 것이 명백하다.

그러나 (진정한 발견자가 존재하는지 그리고 다른 이들이 한 사람의 아이디어를 훔치려 했는지 의심을 받고 있는 망원경의 경우에서 벗어나) 우리의 원래 예시인 흑점의 예로 다시 돌아가보자. 1610년에서 1612년 사이에 네 명의 과학자(갈릴레이, 샤이너, 결과를 출판하지 않았던 해리엇, 그리고 요하네스 파브리키우스Johannes Fabricius)가 태양의 흑점을 독립적으로 발견했다. 갈릴레이가 샤이너로부터, 혹은 샤이너가 갈릴레이로부터 아이디어를 훔쳤다는 주장은 모두 가능하다. 그러나 다른 두 사람은 확실히 서로, 그리고 앞의 두 사람으로부터 독립적이었다. 현실적으로 동일한 사물에 대해 다수에 의해, 동시에 일어난 발견이 있을 수 있다. 그 네 사람이 각자 자신이 본 것을 다소간 다르게 해석했기 때문에 각각은 다른 발견을 했다고 말하고 싶다면, 코페르니쿠스가 금성이 새벽하늘에 뜨는 것을 보았을 때 그는 프톨레마이오스 이래 모든 다른 천문학자들이 본 것과 다른 행성을 바라보고 있었다고

(왜냐하면 그는 지구 주위를 도는 금성을 보고 있었던 것이 아니라, 태양 주위를 도는 금성을 바라보고 있었기 때문이다) 말해야만 한다.**96** 그럼에도 불구하고, 그들은 모두 자신들이 바라보고 있는 행성의 좌표에 동의할 수 있었다. 아무도 코페르니쿠스가 금성을 발견했다고 주장한 적이 없었다. (반면에 사람들은 새벽별과 저녁별이 같은 물체임을 깨달은 최초의 인물, 고대 역사가에 의하면 탈레스 혹은 파르메니데스가 금성을 발견했다고 주장한다.)**97**

8

우리가 보았듯이, 발견의 개념 위에 과학의 철학을 세운 베이컨은 콜럼버스를 자신의 모델로 삼았다. 5년 후 갈릴레이는 천문학의 콜럼버스(거의 새로운 콜럼버스quasi novello Colombo)로 숭배를 받고 있었다(애칭이 살갑다).**98** 발견과 함께 최초가 되기 위한 경쟁이 생겨났다. 콜럼버스는 스페인의 페르디난트와 이사벨라가 최초로 대륙을 발견하는 사람에게 평생 연금을 주겠다고 약속했기 때문에, 자신이 대륙을 처음 보았다고 주장하기로 결심했다. 그는 로드리고 데 트리아나에게 비단 상의를 두 번째 상으로 선사했다. 갈릴레이는 누군가 자신을 추월할까봐 자신의 망원경 발견에 관한 책의 인쇄를 서둘렀다. 그의 걱정은 옳았는데, 해리엇이 이미 망원경으로 천문 관찰을 하고 있었기 때문이다. 특히 그는 자신의 책이 봄 도서 박람회spring book fair에 앞서 프랑크푸르트에 도착하도록 적시에 출간되기를 원했다.**99** 갈릴레이는 목성에 위성들이 있다는 것을 깨달은 순간부터, 알려지지 않은 가상적인 경쟁자들과 경주를 하고 있었다. (그는 해리엇에 관해 아무것도 몰랐으나, 망원경이 흔한 물건이 될 것이고 곧 모든 사람이 천체를 관측하기 위해 그것을 사용하리라는 것을 알고 있었다.)*

우리는 경쟁으로 둘러싸인 사회에서 살고 있기 때문에 경쟁적인 행태를 사회생활의 보편적 측면으로 당연시하는 경향이 있다. 하지만 그렇게 하는 데 조심스러워야 한다. 영어에서 '경쟁competition'이라는 명사가 처음 등장한 것은 1579년이었고, 동사 '경쟁하다compete'는 1620년에 처음 등장했다. 16세기 후반, 프랑스어 concurrence는 아직 '경쟁하다'가 아니라, 여전히 '같이 오다'를 뜻했다. 17세기 초에 이탈리아어 concorrente는 겨우 근대적 의미를 띠기 시작하고 있었다. 적어도 영어에는 분명한 동의어가 없었다. 'rival(경쟁자, 필적하다)'(명사 1577년: 동사 1607년)과 'rivalry(경쟁)'(1598년)는 거의 '경쟁competition'과 동시대적이며 경쟁적 행동에 관한 새로운 언어의 필요성을 반영한다. 경쟁적 행동은 발견이라는 새로운 문화의 원인이기도 하고 결과이기도 하다.[100]

이 빠르게 스며든 경쟁이라는 새로운 정신에 대한 반응은 사람마다 달랐다. 위대한 수학자 로베르발Roberval의 경우, 다른 이들이 자기의 아이디어를 훔쳐가고 있다는 병적인 확신이 심했다. 그의 친구 홉스의 말처럼, 뛰어난 증명이 발표될 때마다 그는 자신이 먼저 그것을 발견했다고 공표했다.[101] 뉴턴은 미적분 발견의 전체 내용을 발표하기까지 30여 년을 기다렸다. 아무도 발견의 우선권을 주장하는 데 그보다 더 무관심하기는 어려웠을 것이다. 뉴턴이 1693년에 자신의 연구 결과를 발표했을 때는, 1684년 다른 형식의 미적분 발견에 관한 논문을 발표한 라이프니츠Leibniz

---

* 엄밀히 말하면 갈릴레이는 윌리엄 길버트의 《자석에 관하여》를 읽었기 때문에 해리엇의 존재를 알았다. 그 책에 해리엇이 '가장 학구적인' 사람으로 잠시 언급되어 있기 때문이다. 해리엇은 갈릴레이의 《별세계의 보고》를 읽은 직후, 목성의 위성들을 구별할 수 있는 망원경을 만들 수 있었다. 그는 아마 그것을 7월에 읽었을 것이고 10월에 목성의 위성들을 확실히 관찰했었다. 그 이전에는 목성이 태양에 너무 근접해 있었기 때문에 관찰할 수 없었다(Roche, 'Harriot, Galileo and Jupiter's Satellites'(1982)).

보다 훨씬 늦었다. 그러나 1704년 이후, 둘 사이에는 라이프니츠가 뉴턴의 원고를 사전에 보고 그의 아이디어를 훔쳤는지에 관한 격렬한 논쟁이 벌어졌다. 뉴턴의 친구들은 중력을 설명한 저작《프린키피아》(1687)를 빨리 출간하라고 뉴턴에게 종용했다. 2년 후, 라이프니츠는 대안적인 이론을 출간했다. 이는 라이프니츠가 자신의 주장대로 자신의 이론에 독자적으로 도달했는지, 혹은《프린키피아》를 읽고 그 기초 위에서 이론들을 대충 꿰맞추었는지에 관한 더 깊은 논쟁을 불러일으켰다. 라이프니츠에 대한 첫 번째 비난은 잘못된 것이었고 공정하지 못했다. 그러나 뉴턴은 그것을 무자비하게 밀고 나갔다. 심지어 그는 스스로 논쟁의 옳고 그름을 공평무사하게 판단하는 왕립학회가 쓴 것처럼 쓰곤 했다. 최근의 연구는 두 번째 비난은 상당히 근거가 있다는 것을 보여준다. 이러한 면에서 라이프니츠는 실제로 표절자였다. 타당한 이유 없이 그리고 모든 타당한 이유로, 뉴턴은 '자신의 발견을 도난당했다'고 분노에 차서 불만을 터뜨리며, 모든 우선권 분쟁 중 가장 치열하고 오래 끈 것으로 입증된 분쟁 속에 갇혔다.[102]

그러한 문제에 무관심해 보였던 뉴턴이 스스로 이 전쟁에 휘말려들어 간 것은 그의 친구들과 제자들의 성화 때문이었다. 우선권 주장에 사로잡힌 문화에 빠져든 것이다(뉴턴 스스로도 자신의 역제곱 법칙inverse-square law을 훔쳐갔다고 주장한 혹으로부터 표절 시비의 대상이 되었다. 뉴턴은 이 주장을 인정하지 않았다).[103] 새로운 과학의 문화에는 경쟁 이상의 그 무엇이 존재하지만, 경쟁은 그 중심에 있다. 실제로 경쟁이 없었다면 과학은 존재하지 않았을지도 모른다. 과학자 간의 경쟁이 존재한다는 것은 그 자체로 발견이라는 개념이 존재한다는 증거가 된다. 경쟁이 없는 곳에는 발견의 개념도 없다. 발견이 모든 면에서 새로운 것이라는 주장은 강력한 주장이지만, 그것을 다시 검증하기는 쉽다(베르길리우스의 《발견에 대하여》에서 발견들을 찾아봄으로써 우리는 이미 그것을 검증했기 때문이다).[104] 최초의 우선권 논쟁은 언제 일어났는가? 여기서 논쟁이라 함은 후일 역사가들에 의해 구성된 우선권 논쟁(누가 최초로 아메리카를 발견했는가, 콜럼버스인가 바이킹인가?)을 의미하지 않고 그 당시 분쟁으로 이어졌던 것을 말한다. 누가 흑점을 발견했는가에 관한 논쟁(1612년 시작) 훨씬 이전에, 1588년 이후 몇 년간 튀코 브라헤와 니콜라우스 라이머스 베어Nicolaus Reimers Baer(우르수스Ursus(곰)로 알려진) 사이에 누가 지구-태양 중심적 우주론을 발견했는지에 대한 치열한 논쟁이 있었다(브라헤는 우르수스보다 조금 먼저 발표했으나, 우르수스는 독자적인 발견을 주장하며 그 가설은 실제로 새롭지 않다고 주장했다. 브라헤는 이 모두를 부인했다).•[105] 그 두 사람은 로가리듬의 발명 이전 복잡한 계산을 하는 데 중요했던 삼각함수곱셈법prosthaphaeresis의 수학적 기교를 서로 먼저 발명했다고 주장했다. 로가리듬은 또 다른 다중 발견으로서, 1614년 존 네이피어와 1620년 요스트 뷔르기에 의해 독립적으로 발견되었다.[106] 그러나 브라헤와 우르수스는 우선권 논쟁을 발명하지 않았다. 그보다는 수학자들이 1520년 이래 그것을 중요하게 여기고 있었기 때문에 우선권에 신경을 썼다.[107]

1520년, 스키피오네 델 페로Scipione del Ferro는 3차 방정식을 푸는 방법을 발견했다. 델 페로는 그 방법을 제자 중 한 명에게 가르쳐주었다. 그러나 그것은 타르탈리아Tartaglia('말더듬이'라는 별명)로 알려진 니콜로 폰타나Nicolò Fontana에 의해 독립적으로 발견되었다. 타르탈리아는 수학적 기량을 겨루는 공적 결투(이는 학생들을 유치하려는 목적도 있었다. 르네상스기 이탈

• 브라헤의 우주론에 관해서는 5장 6절을 참조하라.

리아의 도시 국가에서 수학 교육은 상업적인 성공에 무척 중요했다. 그러나 인재가 되는 학생들은 한정되어 있었기 때문에 수학자들 사이에 학생 유치 경쟁은 치열했다)에서 델 페로의 학생을 이겼다. 수학자이자 철학자인 지롤라모 카르다노Girolamo Cardano는 타르탈리아에게 큰 재정적 보상을 기대하도록 오도하여 자신에게 비밀을 넘기도록 설득하면서 비밀을 지키기로 서약했다. 타르탈리아는 후일 그것이 자신의 우선권임을 입증할 수 있도록 비밀을 시詩로 부호화했다. 카르다노는 나중에 델 페로가 타르탈리아보다 앞서 그 비밀을 알고 있었다는 것을 발견했다. 그래서 그의 서약을 어기고, 그 기술을 1545년에 출간했다. 이는 카르다노와 타르탈리아 사이의 치열한 논쟁으로 이어졌고, 카르다노의 제자와 타르탈리아의 제자 사이의 결투로까지 나아갔다(카르다노의 제자가 승리했다).**108**

이 작은 에피소드는 우선권 논쟁의 전제 조건이 무엇인지를 명백히 보여준다. 첫째, 무엇이 성공을 구성하는가('결투'에서 성공은 분명하다)를 확인할 수 있는 판단 기준을 공유하는 촘촘히 짜인 전문가들의 공동체가 존재해야 한다. 둘째, 이 전문가 공동체는 그들로 하여금 하나의 결과가 올바를 뿐만 아니라 새로운지 아닌지 확정할 수 있게 하는 공유된 지식의 토대를 지녀야만 한다. 셋째, 우선권을 확립하는 방식이 존재해야 한다. 예를 들어 타르탈리아의 부호화된 시는 비록 그것을 비밀로 유지하고 있지만 그가 이미 해법을 가지고 있다는 것을 입증하는 장치다. (1610년, 이와 비슷한 방법을 사용하여, 갈릴레이는 자신이 금성의 주기와 토성의 이상한 모습을 발견했다는 것을 증명하는 애너그램anagram(어구전철語句轉綴. 한 단어나 어구에 있는 단어 철자들의 순서를 바꾸어 원래의 의미와 논리적으로 연관이 있는 다른 단어 또는 어구를 만드는 일 — 옮긴이)을 발표했다. 비록 이 발견들을 공표하지는 않았지만, 1660년, 로버트 훅은 오늘날 우리가 훅의 법칙이라고 부르는 것을 애너그램으

142

로 발표함으로써 먼저 공표했다. 그리고 하위헌스Huygens는 토성의 위성(현재 타이탄으로 불리는)과 토성의 고리를 발견함에 있어서 자신의 우선권 주장을 보호하기 위해 이처럼 철자를 바꾼 말에 의존했다.)[109] 마지막으로 사람들의 지식을 알리는 방법이 존재해야 한다. 예를 들어, 카르다노는 책을 출간했다. 일반적인 상황에서 우선 전문가 공동체와 확립된 지식 체계(이 둘은 동전의 양면이다)를 만들어내고, 우선권에 대한 논란의 여지 없는 주장을 가능하게 만드는 것은 **출판**이다.

인쇄술 없는 우선권 논쟁을 상상하는 일은 불가능하지는 않지만, 사실상 인쇄술에 앞서는 우리가 아는 우선권 논쟁은 존재하지 않는다.* 예를 들어 만일 르네상스기 수학자들 간의 결투처럼, 갈레노스가 다른 의사들과 공적인 논쟁에 참여한 고대 로마로 되돌아가면, 우리는 자칭 전문가들 사이의 수많은 경쟁을 발견할 수 있다. 그러나 무엇이 전문성을 구성하는지 그리고 어떻게 승자를 확인하는지에 관한 동의는 없었다.[110] 갈레노스의 특별한 다변증多辯症(전하는 그의 저술은 300만 단어에 달하는데, 이는 아마 그가 쓴 것의 3분의 1 정도일 것이다)은 이 대처할 수 없는 장애를 극복하려는 그의 집착적이고 헛된 노력의 결과였을 것이다. 얄궂게도 중세 유럽의 대학에서 모든 의사들은 갈레노스를 의학 지식의 화신으로 인정하게 되었다. 로마에서는 명백한 승자 없이 몇몇의 의학 학파들(경험주의자, 방법주의자, 합리주의자) 사이에 경쟁이 있었다. 중세 대학에서는 한 명의 승자가 있었고 경쟁은 없었다.** 르네상스기에는 인쇄술이 처음으로 분쟁과 승리를

---

* 인쇄술 혁명은 이 책을 관통하는 주제다. 우리는 5~8장, 17장에서 이것을 다룬다. 앞의 1절에 나온 표를 참조하라.

** 중세 대학에서는 수많은 논쟁이 있었지만, 그것은 실제의 지적 경쟁과 꽤 달랐다. 참여자들은 한 사례의 양쪽을 반박할 수 있도록 되어 있었다. 그래서 논쟁은 수사학적 기량의 시험이었지 진리에 도달하는 경쟁이 아니었다.

위한 진정한 경쟁의 조건을 만들었다.

해부학에서 그 과정은 수학에서보다 비교적 늦게 시작되었다. 1543년 안드레아스 베살리우스는 《인체의 구조에 관하여》를 출간했다. 거기서 그는 갈레노스의 20여 가지 오류를 확인했다. 그는 갈레노스와 경쟁하고 있었다. 그러나 서로 경쟁하는 해부학자들의 공동체는 아직 없었다. 베살리우스는 자신의 발견들에 대한 우선권을 주장하는 일에 뛰어들지는 않았다. 그것보다 그는 다른 이들이 우선권을 주장 할 수 있도록 하는 기준점을 확립했다. (우리가 보았듯이, 인그라시아와 팔로피오는 베살리우스가 언급하지 못한 무언가를 관찰했다는 점에서 발견의 주장을 할 수 있었다.)

과학에 관한 머튼의 근본적인 주장 중 하나는 과학적 지식은 공적인 지식, 다른 이들이 묻고, 검증하고, 논쟁할 수 있는 지식이라는 것이다.[111] 사사로이 붙들고 있는 지식은 동료 평가의 검증을 겪어내지 못했기 때문에 실제로 전혀 과학적 지식이 아니다. 그래서 지식을 알리는 신뢰할 만한 방식이 존재할 때까지 과학은 존재할 수 없다. 그리고 공적公的으로 형성되지 못한 지식, 혹은 만들어지고 오랜 시간이 흐른 후에야 공적이 된 지식은 실제로 전혀 발견이 아니다.••• 우선권 논쟁은 지식이 공적이 되고 진보적이고 발견 지향적이 되는, 오류 없는 지표다. 따라서 한 분야에서 우선권 논쟁이 처음 출현한 것은, 되돌아볼 때 우리가 '근대성'이라고 부르는 것의 시작을 의미하는, 그 분야의 역사에서 결정적 순간을 나타낸다. 우리는

••• 공적 지식과 사적 지식을 극명하게 구별하는 것은 발견은 했으나 출판은 하지 않은 사람들의 업적을 감소시키는 것처럼 보인다. 그러나 우리가 보게 될 것처럼(5장 7절, 7장 9절, 8장 4~7절, 11장 7절), 과학은 오로지 과학자들의 공동체가 있는 곳에서만 존재한다. 결과를 진전시키는 것은 이 공동체 내의 경쟁이다. 이 주장을 하는 다른 방식은 포퍼의 세 가지 용어를 사용하는 것이다. 포퍼는 물리적 대상의 세계, 정신적 과정의 세계, 그리고 세 번째 세계인 '문제, 예측, 이론, 논증, 학술지와 책'의 세계를 구분했다. (Popper, *Objective Knowledge*(1972), 107. 또한 그의 초기 진술들, Popper, *The Logic of Scientific Discovery*(1959), 44-7을 참조하라.)

그것이 수학에서 처음 나타났으며 1561년에 팔로피오는 누가 음핵을 발견했는지에 대해 콜롬보와 우선권 논쟁에 들어갔음을 보았다.[112] 콜롬보는 얼마 지나지 않아 죽었고, 팔로피오도 1562년에 사망했기 때문에 그 논쟁은 팔로피오의 제자인 레온 카르카노Leone Carcano에 의해 지속되었다. 한 세기가 지나간 1653년 이후 수년간, 인간 림프계의 발견을 둘러싸고 토마스 바르톨린Thomas Bartholin과 올로프 루드벡Olof Rudbeck 사이의 치열한 논쟁이 있었다.[113] 독설을 퍼붓는 우선권 논쟁이 있는 곳에서, 그것들을 해결하는 방식들이 모색되어야만 했다. 브라헤는 우르수스(재판에 이르기 전에 사망한)에 대해 법정 소송을 제기했다. 그러나 법원은 판결에 요구되는 전문성이 분명히 부족했다.[114] 그래서 1672년에 시작된, 난소 내의 난자의 발견을 둘러싼 레이니어르 더흐라프Reinier de Graaf와 얀 스바메르담Jan Swammerdam의 논쟁은 판결을 위해 런던의 왕립학회로 넘겨졌다.[115] 학회는 우선권을 경쟁자인 그 두 사람이 아닌, 니콜라우스 스테노Nicolaus Steno에게 수여했다.

우선권 논쟁에 버금가는 중요한 문제가 발견의 명명이다. 과학적 발견자들은 흔히 새로운 육지의 발견자를 흉내내어 자신들의 발견을 명명할 권리를 주장했다. 인그라시아는 등자뼈를 명명했고, 갈릴레이는 목성의 위성을 '메디치가※의 행성'으로 불렀으며, 라부아지에는 산소를 명명했다. 흔히 발견은 그 발명자의 이름을 따라 명명된다. 1597년부터 우주의 세 가지 체계인 프톨레마이오스의 우주, 코페르니쿠스의 우주, 브라헤의 우주를 구별하는 것이 표준이 되었다.[116] 에티엔 파스칼(블레즈 파스칼의 부친)은 1637년에 눈에 띄는 수학 곡선을 발견했다. 1650년에 그것은 그의 친구인 질 드 로베르발Gilles de Roberval에 의해, 파스칼의 달팽이로, 혹은 에티엔 파스칼의 겸손에 대한 존경으로(그는 당시 아직 살아 있었다) P씨의 달

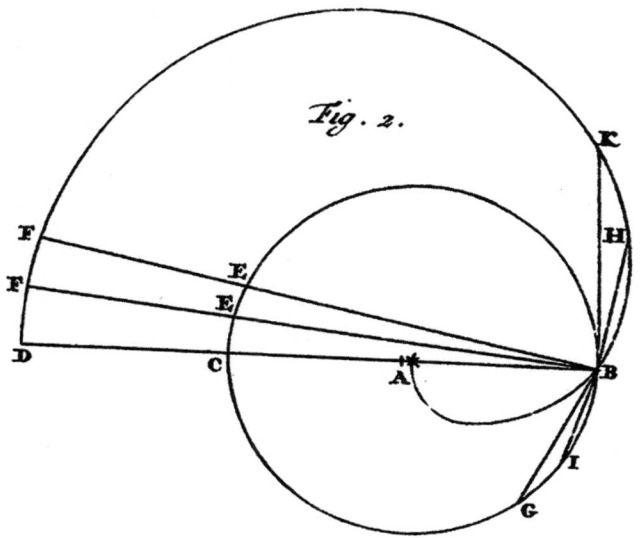

로베르발의 《다양한 수학적 연구Ouvrages de mathematique》(1731)에 실린 P씨의 달팽이Mr P[ascal]'s Snail
로 명명된 수학 곡선.

팽이Mr P's Snail로 명명되었다.[117]

　　그러한 명칭들은 그 자체가 원래의 발견자들을 대신하여 그들의 숭배자
들에 의해 제기된 우선권 주장들이다. 그리고 아메리카의 명명과 유사한
점을 내포하고 있다.* 이것은 왜 히포크라테스 혹은 갈레노스의 이름을 따
온 인체의 부분, 프톨레마이오스의 이름을 따온 별, 아리스토텔레스나 플
리니우스의 이름을 따온 생물이 없는지를 설명해준다. 명명의 게임은 발
견의 게임과 분리할 수 없다. 그것은 발견의 항해 이전에는 존재할 수 없

* 물론 그러한 주장들은 흔히 국민적 긍지의 이유로 제기된다. Wallis, 'An Essay of Dr John Wallis'(1666), 266을
참조하라. 또한 Anon, 'An Advertisement Concerning the Invention of the Transfusion of Bloud'(1666), 490을
참조하라.

146

었다. 실제로, 명명의 게임이 지속되기 위해 과학자들은 그들을 대신해서 한 걸음 나아갈 수 있는 우선권 주장을 해야만 한다. 르네상스기의 최초의 위대한 해부학자 베살리우스조차도 우선권 주장에 나서지 않았다. 그것이 그의 독창성에도 불구하고 그의 이름을 따온 인체의 부위가 없는 이유다.

9

1507년 베스푸치가 탐험한 대륙을 '아메리카'라고 부른 발트제밀러의 결정에는 지리상의 발견에 관한 새로운 무언가가 존재한다는 즉각적인 깨달음이 있었다. 순식간에 이것은 그 대륙 전체의 이름이 되었다.[118] 이름을 시조始祖에서 따오는 것은 이전에는 흔한 일이 아니었다. 물론 전례가 없는 일도 아니었다. 무엇보다 기독교는 그리스도의 이름을 따서 명명되었다. 그리고 같은 방식으로, 도나투스파, 아리우스파 같은 이단들도 그들의 창시자의 이름을 따서 명명되었다. 알렉산드리아는 알렉산드로스 대왕을, 카이사레아Caesarea는 아우구스투스 카이사르를, 콘스탄티노플은 콘스탄티누스 대제를 따라 명명되었다.* 천문학에서 중요한 도표인 '알퐁신Alfonsine 표'는 천문학자들을 후원했던 카스티야의 왕 알폰소 5세 (1221~1284)를 따라 명명되었다.[119]

---

* 갈릴레이는 《별세계의 보고》(1610) 시작 페이지에서 이것들을 언급한다. 1339년의 지도에서 지금 우리가 란사로테Lanzarote라고 부르는 섬은 Insula de Lanzarotus Marocelus로 표기된다. 란첼로토 말로첼로Lancelotto Malocello가 1336년경 그 섬의 소유권을 주장했다(Verlinden, 'Lanzarotto Malocello'(1958)). 그 섬을 '란사로테의 섬'이라고 표기하는 것은 그것을 란사로테라고 명명하는 것과 같지 않다. 그리고 전자에서 후자로 언제 전환이 이루어졌는지 명확하지 않다 — 확실히 1385년 이후다. 란사로테처럼 리히텐슈타인도 그 소유자 이름을 따랐다. 그러나 이는 1719년에야 일어난 일이다.

포르투갈 항해가들은 아프리카 연안을 탐험하면서, 본 것을 기록했고, 가끔 현지인들의 이름 또는 성인들의 이름을 차용하여 이름을 붙였다. 마침내 1488년, 바르톨로메우 디아스Bartolomeu Dias는 대륙의 남단에 도달했다. 그는 그곳을 희망봉Cape of Good Hope이라고 불렀다. 그곳 너머 디아스가 도달한 가장 깊숙한 곳은 왕자의 강Rio do Infante으로, 항해왕자 엔히크 Infante Dom Henrique, o Navegador의 이름을 따서 그렇게 명명했다.[120] 콜럼버스는 그가 도착한 섬들을 산 살바도르San Salvador, 산타마리아 데 라 콘셉시온Santa María de la Conceptción, 페르난디나Fernandina, 이사베야Isabella, 후아나 Juana, 이스파니올라Hispaniola라고 명명했다. 그리고 최초의 스페인식 도시를 라 나비다드La Navidad로 명명했다. 이 모든 이름들은 기독교 교리 혹은 스페인 왕족을 의미한다. 1507년 이전, 신세계에서 평민의 이름을 사용하여 지은 유일한 경우는 1499년 원정대를 후원한 사람의 이름을 따온 리오 데 폰소아Rio de Fonsoa였다.[121] 시조 이름 따오기는 발견자들의 후원자를 따라 새 땅을 명명하는 관례(필리핀은 스페인의 펠리페 2세, 버지니아는 처녀 여왕 엘리자베스 1세, 캐롤라이나는 찰스 1세에서 이름을 따옴)에서 엄청난 증가를 기록했다. 그러나 이것들은 거의 항상 왕이나 여왕이었다(예외는 1642년 네덜란드 동인도 총독의 이름을 따온 판디먼의 땅Van Diemen's Land이었으나 그것을 발견한 아벌 타스만Abel Tasman의 이름으로 오랜 뒤에 개명되었다).

발견의 개념 자체처럼, 시조 이름 따오기는 곧 지리학에서 과학으로 넘어왔다. 1610년에 새로 발견된 목성의 위성들을 '메디치가의 별'이라고 명명한 갈릴레이가 별의 이름을 사람 이름을 따서 지은 선례를 찾아보려던 시도에서, 이것이 얼마나 새로웠는가를 알 수 있다. 그가 찾을 수 있었던 유일한 전례는 한 혜성을 율리우스 카이사르의 이름을 따서 명명한 아우구스투스의 시도였다(물론 헛된 시도였다. 지금 핼리 혜성으로 알려진 이 혜

148

성은 곧 사라졌다).**122** 당연하게도 아우구스투스는 카이사르가 사람이 아니라 신이라고 주장하고 있었다. 행성들이 모두 신 이름을 따서 명명되었기 때문이다(그리고 그 원리는 존중되어 새로 발견된 행성의 명명에서도 계속되었다. 천왕성Uranus, 해왕성Neptune, 명왕성Pluto).**•123** 라틴어에서 요일은 행성(태양과 달을 포함했다. 프톨레마이오스의 체계에서는 이것들도 행성이었다) 이름을 따서 명명되었다. 독일어에서 그중 몇몇은 이교의 신들 이름을 따왔다. 반면에 아메리고 베스푸치는 신도, 황제도, 왕도 아니었다. 시조 이름 따오기는 덜컥 지상으로 내려왔다.

지리학에서는 발견 게임과 명명 게임이 나란히 갔다. 그러나 과학에서는 후자가 전자보다 천천히 진행되었다. 적절한 때에 고전적 발견들이 그 발견자들의 이름과 연계되었기 때문에 이것은 우리에게 분명하지 않다. '아르키메데스의 원리'(물체의 무게가 그것이 밀어낸 물의 무게와 같다면 그 물체는 뜬다)는 1697년까지는 그렇게 명명되지 않았다.**124** 1721년의 어원 및 기술 사전은 세 가지 우주 체계(프톨레마이오스, 브라헤, 코페르니쿠스) 이외에 시조 이름 따오기의 오직 두 가지 예, 해부학자 가브리엘레 팔로피오가 발견한 나팔관Fallopian tubes과 토머스 윌리스Thomas Willis(1625~1675)가 발견한 윌리스 보조기관accessorius Willisii이라는 신경만 포함하고 있었다.**125**

그러면 과학에서 시조 이름 따오기는 언제 시작되었는가? 우리가 보았듯이, 지리학에서 시조 이름 따오기는 아메리카의 명명 이전에는 매우 드물었다. 그리고 아메리카는 평민의 이름을 따온 예외로 남아 있

• 사람 이름에서 따온 12개 원소가 있고, 수많은 항성, 혜성, 소행성이 마찬가지다. 그러나 행성이나 행성의 위성은 그렇지 않다. 허셜Herschel은 천왕성을 조지 3세 이름을 따서 짓고 싶어했다. 르베리에Le verrier는 천왕성은 허셜의 이름을, 해왕성은 그 자신의 이름을 따서 짓고 싶어했다(Hoskin, 'The Discovery of Uranus'(1995), 175; Morando, 'The Golden Age of Celestial Mechanics'(1995), 218, 220). 그러나 신의 이름을 따서 행성들(그리고 지금은 행성의 위성들까지)을 명명하는 고전적인 관습은 살아남았고, 적어도 우리 태양계에서는 그러하다.

다. 키케로는 형용사 피타고라스적Pythagoreus, 소크라테스적Socraticus, 플라톤적Platonicus, 아리스토텔레스적Aristotelius, 에피쿠로스적Epicureus을 사용했다. 그래서 비록 많은 이러한 단어들이 매우 서서히 토착어로 정착되었음에도 불구하고 우리가 일찍이 다른 철학자를 표현하는 형용사들을 찾는 것은 자연스럽다. 히포크라테스적Ippocratisa(1305년경), 토마스 아퀴나스적Thomista(1359), 오컴적Okkamista(1436), 조반니 둔스 스코투스적Scotista(1489). 에피쿠로스주의자Epicureus(1382년 위클리프 성경에서 나타난) 외에는 1531년('Scotist'가 나타난) 전까지 영어에서는 다른 예, '플라토니스트'라는 말조차도 발견할 수 없다.[126]

아이디어와 발견에 그 창시자들의 이름을 붙임으로써 명명을 하는, 우리에게는 명백해 보이는 일은 발견의 발명 이전에는 평범한 일이 아니었다.[**][127] 페르시아 수학자 알콰리즈미al-Khwārizmī(780~850) 이름의 라틴어 형태에서 유래한 '알고리듬'은 적어도 13세기 초반으로 소급된다. 그러나 그것은 열외로 보인다.[128] 프톨레마이오스 천문학의 수학적 기초가 된 '메넬라오스의 정리'는 알렉산드리아의 메넬라오스Menelaos(70~140)에게서 유래했는데, 5세기 프로클루스에 의해 메넬라오스의 것으로 돌려졌다. 1560년, 프란체스코 바로지Francesco Barozzi는 비록 그것이 아랍인들과 중세 주석가들에게 횡단선 그림Transversal Figure으로 알려져 있었으나, 자신의 프로클루스 번역본의 가장자리에 그것을 메넬라오스의 정리라고 명명

[**] 아메리카의 발견 이전에는 그렇지 않았던 시조 이름 따오기가 어떻게 우리에게 정상적인 것으로 보이게 되었는지를 보여주는 간단한 예는 우리가 도미니크회 그리고 프란체스코회라고 부르는 수도회들에서 볼 수 있다. 이들은 각각 1216년과 1221년에 설립되었다. 그러나 설교자Preachers회 그리고 작은형제Friars Minor회는 이보다 훨씬 나중에, 지금 그렇게 불리듯이, 설립자인 도미니크와 프란체스코의 이름을 따서 비공식적으로 명명되었다. 도미니크회는 1509년(영국에서는 1534년), 프란체스코회는 1515년(영국에서는 1534년)으로 거슬러 올라간다. Latham (ed.), *Dictionary of Medieval Latin from British Sources*(1975); 'Dominican' and 'Franciscan': Erasmus, *Ye Dyaloge Called Funus*(1534). (*OED*는 1632년 '도미니크회Dominican'를 표제어로 실었다.)

했다.[129] 피타고라스의 정리는 본문이나 가장자리가 아닌 색인에서 그렇게 명명되었다(그것은 이전에 그 정리를 나타낸 그림에서 '두 뿔을 가진'이라는 뜻의 아랍어에서 유래한 Dulcarnon으로 알려져 있었다). 실제로 그 색인은 가능한 한, 아이디어들을 그것들의 원래의 저자들과 연결하는 체계적인 결정을 확립했다. 바로지는 본문과 색인에 조심스럽게 '바로지의 주해scholium Francesco Barozzi'라는 논평을 붙인다. 이제 모든 아이디어는 저자를 지녀야 하므로, 저자들이 발견될 수 없는 곳에서는 그들의 부재가 명시되어야 했다. 바로지의 주해는 오래된 원고에서 나타나는 '익명의 주해'에 대한 하나의 응답이다.[130] 이것은 새로웠다. 1486년에 처음 출간된 비트루비우스의 저술은 정사각형의 면적을 두 배로 만드는 플라톤의 방법, 피타고라스의 삼각자의 발명(둘 다 피타고라스 정리의 실용적 응용이다), 그리고 아르키메데스의 원리를 기술했다. 그러나 비트루비우스의 여러 판본의 색인은 그 이름들이 매우 서서히 아이디어들과 연계되었음을 보여준다. 1548년의 독일어 번역본은 광범위한 명칭이 등장하는 최초의 예다. 그러나 거기에는 아르키메데스나 피타고라스는 등장하지만, 아르키메데스의 원리나 피타고라스의 삼각자는 등장하지 않았다.[131]

1567년, 위대한 개신교도 논리학자이자 수학자인 페트루스 라무스Petrus Ramus는 '프톨레마이오스의 법칙' 그리고 '유클리드의 법칙'을 언급했다.[132] 그러나 라무스는 과거를 깊숙이 들여다보았다. 실제로 우리는 일반적 법칙(우튼의 법칙. 물론 우리의 주제가 시조 이름 따오기이므로)을 세울 수 있다. 1560년 이전에 과학적 발견이 이루어졌고 그것의 발견자를 따라서 명명된 경우에도 그 발견의 명명은 그 사건이 있고 오랜 뒤에 이루어졌다. 따라서 무작위로 한 예를 들어보면 피보나치Fibonacci로 알려진 레오나르도 피사노Leonardo Pisano는 피보나치 급수의 발견자로 추정된다. 그는 1202년

에 그것을 썼으나, 그의 이름을 따라 명명된 것은 1870년대였다.[133]

만일 1560년이 과학에서 시조 이름 따오기의 실질적인 시작을 표시한다면, 그 관행은 오직 표준적인 진공 실험(한쪽 끝이 막힌 긴 유리관과 수은이 담긴 용기를 포함하는)이 토리첼리의 실험으로 알려지게 된 1648년 이후 널리 퍼져 동시대의 발견들을 지칭하는 데 차용되었다.* (그 실험은 1643년에 처음 수행되었으나, 처음에는 에반젤리스타 토리첼리Evangelista Torricelli가 그 발명자라는 것이 일반적으로 알려지지 않았다. 우리가 보았듯이 1650년에 로베르발은 수학 곡선을 에티엔 파스칼을 따서 명명했다.) 1651년, 파스칼은 자신이 토리첼리의 실험이 그 자신의 것인 양 행세했다는 주장에 대해 경악으로 반응했다. 그는 모든 사람들이 이것은 학문적 절도에 해당되는 것으로 이해한다고 주장했다.[134]

파스칼에게 명백한 것으로 보이는 것, 사람들이 하나의 아이디어나 실험을 소유할 수 있다는 사실은 1492년 이전에는 누구라도 당혹하게 했을 것이다.** 실제로 'plagiary(표절, 표절자의 고어)'는 영어에서 1598년, 'plagiarism(표절)'은 1621년, 'plagiarize(표절하다)'는 1660년, 'plagiarist(표절자)'는 1674년에야 단어가 된다.[135] 1646년, 토머스 브라운은 그리스 및 로마 저자들의 문헌으로부터 통째로 표절하고 다른 저자의 이름으로 재발행한 수많은 예를 수집했다.*** 브라운은 '우리 시대에서 글

• 나는 Bartholin, *Institutiones anatomicae*(1641)에서 사람의 이름을 딴 장기 이름을 계속 찾아보았지만 성공하지 못했다. 발견자들은 꼼꼼히 기록되어 있지만 그들의 발견들이 아직 그들의 이름을 따서 정해지지는 않았다.

•• 이러한 생각은 저작권에 관한 법적인 소유권에 훨씬 앞선다. 저작권은 1710년 이전까지 영국에서는 존재하지 않았고, 이후 여타 지역에서 확립되었다. 인쇄업자들은 특정 사법권 내에서 책을 찍어낼 독점권을 주장할 수 있었다. 저자들은 전혀 그러한 법적 권리를 지니지 못했다. Kastan, *Shakespeare and the Book*(2001), 23–6.

••• 중세에 저자auctor라는 단어는 주로 '권위'를 뜻했다. 어느 '근대' 저술가도 사람들이 자신들을 거인의 어깨에 올라탄 난쟁이로 바라보는 기간에는 명실공히 auctor, 즉 '고대인' 저술가로 불릴 수 없었다(Minnis, *Medieval Theory of Authorship*(1988), 12). 17세기조차도, 셰익스피어는 오로지 그가 죽은 다음에야 '저자'로 불릴 수 있었다. Kastan,

을 베껴 쓰는 관행은 그들의 시대에서는 괴물이 아니다. 표절은 인쇄술과 함께 탄생한 것이 아니라 책들이 부족했기 때문에 절도가 어려웠던 시대에 시작되었다'고 결론지었다.[136] 새로웠던 것은 다른 사람의 것을 베껴 쓰는 관행이 아니라 이것이 부끄러운 일이라는 생각이었다. 브라운에게는 지적 소유권의 개념이 인쇄술만큼이나 콜럼버스에게도 빚지고 있다는 생각은 떠오르지 않았다.

17세기 중반 무렵부터 영어에는 과학적 실험, 이론, 혹은 발견을 표현하기 위해 나타난, 모두가 과학자들의 이름에 뿌리를 둔 형용사의 홍수가 존재한다. 1647년, 로버트 보일은 'the Ptolemeans(프톨레마이오스주의자)', 'the Tychonians(튀코주의자)', 'the Copernicans(코페르니쿠스주의자)' 를 언급했다.[137] 뒤이어 'Galenic(갈레노스파의; 1654)', 'Helmontian(헬몬트파의; 1657)',[138] 'Torricellian(토리첼리파의; 1660)', 'Fallopian(팔로피오파의; 1662)',[139] 'Pascalian(파스칼파의; 1664)', 'Baconist(베이컨주의자; 1671)',[140] 'Euclidean(유클리드파의; 1672)', 'Boylean(보일파의; 1674)', 'Newtonian(뉴턴파의; 1676)'이 나왔다.[141] 18세기 초반, 과학법칙은 처음으로 그것들의 발견자를 따라 명명되기 시작했다. (과학법칙의 개념 자체가 새로웠다. 이것이 고대나 중세의 수학자들이나 철학자들 이름을 따른 법칙이 존재하지 않는 이유다. 라무스와 달리 우리는 유클리드 혹은 프톨레마이오스의 법칙이라고 말하지 않는다. 라무스는 법칙을 자연의 규칙성이 아닌 수학적 정의로 사용했다.) 따라서 우리에게는 보일의 법칙(1708),[142] 뉴턴의 법칙(1713),[143] 케플러의 법칙(1733)이 있다.[144] 반 랑그렌van Langren과 함께 시작된 달의 지도

Shakespeare and the Book(2001), 69–71. 물론 여기에 적합한 것은 저자의 기능에 관한 푸코Foucault의 유명한 논의이다. 'Qu'est-ce qu'un auteur?'(1969), in Foucault, *Dits et écrits*(2001), Vol. 1, 817–49.

제작은 그것이 지리학에서 천문학으로 옮겨가는 데 기여하면서, 시조 이름을 따서 명명하는 중요한 전례를 제공한다. 초기의 월리학자月理學者들은 달에 명명할 특징이 너무나 많기 때문에 근대인뿐만 아니라 고대인, 우군뿐만 아니라 반대자들에게도 그들의 이름을 따서 달의 여러 장소들을 명명하는 영광을 베풀곤 했다. 브라헤를 지지하는 예수회 회원 조반니 바티스타 리촐리Giovanni Battista Riccioli는 분화구를 코페르니쿠스라고 명명했다. 어떤 이들의 상상처럼 이것이 그가 비밀스러운 코페르니쿠스주의자임을 입증하는 것은 아니다. 이 사람 저 사람에게 골고루 돌아갈 수 있는 수많은 분화구들이 있을 뿐이다.

10

발견은 그것 자체가 과학적 개념이 아니라 과학의 기초가 되는 개념이다. 우리는 그것을 메타과학적 개념이라고 부른다. 우리가 진보를 이룩했다고 주장하지 않는 과학, 특정한 새로운 지식의 습득 측면에서 진보를 표현하지 않는 과학(우리가 지금 그 용어를 사용하는 의미로)이 어떤 형태를 띨 수 있는지를 상상하기는 어렵다. 비밀을 알아내는 비유, 발견의 항해의 패러다임 사례, 한 순간에 발견이 이루어졌고 한 사람의 발견자가 있다는 주장, 시조 이름을 따오는 관습, 노벨상(1895) 혹은 필즈 메달(1936) 같은 더 최근의 다양한 발견 방식. 이러한 것들은 분명히 지역적 문화의 측면이다. 그러나 **어떤** 과학적 문화든 표현하고, 장려하고, 변화시키는 것과 동일한 기능을 수행하는 대안적 개념의 틀을 필요로 할 것이다. 우리가 보았듯이 헬레니즘 과학, 아르키메데스의 과학은 흥미로운 시험 사례를 제공한다.

그것은 우리가 '과학'이라고 부르는 것의 많은 특성을 지녔다(실제로 최초의 근대 과학자들은 그들의 그리스 선조들을 모방하려고 노력했다). 그리고 그것은 과학을 기본적으로 발견으로 이해했다.[145] 그럼에도 불구하고 고대 그리스인들은 유레카라고 새겨진 메달을 주조하여, 우리가 성공한 수학자들에게 필즈 메달을 수여하듯이, 성공한 과학자들에게 수여하지 않았다. 이와는 대조적으로 갈릴레이의 《별세계의 보고》(1610)는 불멸의 명예, 어떤 동상이나 메달로도 그 가치를 완전히 인정할 수 없는 명예에 대한 주장으로 (겸손하기 위해 약간 간접적으로) 시작한다.[146] 그때는 아직 과학적 업적을 위한 상이나 메달이 존재하지 않았다. 그러나 갈릴레이의 상상 속에서는 이미 그러한 보상이 존재했다. 프랜시스 베이컨은 그의 《새로운 아틀란티스》(1627)에서 위대한 발명가들(구텐베르크 같은)과 발견자들(콜럼버스 같은)의 동상으로 채워진 화랑을 상상했다.[147] 1654년, 월터 찰턴은 갈릴레이의 업적을 기려 금으로 된 거상을 세울 것을 제창했다.[148] 노벨상은 그저 찰턴의 거상의 새로운 버전이다.

발견은 아프리카 연안을 따라 나아갔던 포르투갈인 탐험가들이 세운 새로운 '헤라클레스의 기둥'으로 상징되는 지역적인 개념으로 출발했다. 이와 함께 처음에는 '탐험'을, 나중에는 '발견'을 뜻하는 descubrimiento라는 단어가 생겼다. 그리고 이 단어는 토착어에 상응하는 말로 전 유럽으로 퍼져나갔다. 이것은 지역적인 스토리인가 아니면 범문화적 스토리인가? 발견은 한 특정한 활동(아시아로 항해하는 것)과 특정한 문화(15세기 포르투갈)에 국한된 개념으로 출발했으나, 곧 서부 유럽 전역에서 사용되는 개념이 되었다. 또한 지적 혁명의 새 시대를 위한 필수적 전제 조건이었다. 발견 자체를 지식의 향상으로 보는 모든 사회가 발전시켜야 할 필요한 개념이었기 때문이다. 16, 17세기 유럽에서 '발견'을 의미하는 단어의 광범위한 전파는 다음 두 가지 사실을 반영한다. 첫 번째로, 처음에는 지역적이었으나 급속히 범문화적인 것이 된(대양으로 항해하는 포르투갈의 배 카라크 carrack가 즉시 전 유럽에서 모방된 것과 마찬가지로) 새로운 유형의 지도 제작법 지식의 확산이다. 새로운 지리상의 발견이 신속하게 전체 유럽에서 받아들여졌다는 것은 주목할 가치가 있다. 콜럼버스가 새로운 대륙을 발견했다고 믿는 데 당신이 꼭 스페인 사람일 필요는 없다. 두 번째로, 새로운 문화, 진보를 지향하는 문화의 전파를 반영한다. 발견의 개념이 확립되자마자 그것은 지리학에서 벗어나 다른 분야로 확장되었다. 이 역시 범문화적 전파의 한 형식이다.

상당한 기간, 수 세기 동안 새로운 과학적 지식은 유럽과 해외의 유럽 식민지의 테두리 내에 국한되었다. 유럽 전체는 과학적 지식의 옛 이론을 포기하고, 근본적으로 완전한 것으로서의 지식의 개념을 거부하고, 진보하는 과업으로서의 지식을 수용할 수 있음을 증명했다. 물론 몇몇 지역은 다른 지역보다 더욱 그러했다. 유럽 바깥에서는 새로운 지식이 동일하게 급속하고 자신감 있는 방식으로 퍼져나가지 않았다.[149] 이 현상에는 다양한 설명이 존재하지만 결정적으로 유럽 문화에는 경쟁과 다양성을 위한 충분한 여유가 있었다. 유럽 사회들은 어디서나 많은 지역적 사법권(자치도시 및 대학 같은)으로 나뉘어, 각 국가는 다른 국가들과 경쟁하며, 종교적 권력은 세속적 권력과 긴장 관계에 있었다. 물론, 유럽은 라틴 문화뿐만 아니라 그리스 문화도 물려받았다. 새로운 과학은 존경스러운 지적 과업을 계속하면서 피타고라스, 유클리드, 아르키메데스, 그리고 어떤 측면에서는 아리스토텔레스의 전통 속에 있다고 주장할 수 있었다.

따라서 '발견'이라는 범주는 르네상스 유럽의 여러 지역적인 문화를 가로질러 전파될 수 있었으나 다른 곳에서는 그러지 못했다. 다른 문화들(그리고 코페르니쿠스의 파문 이후의 몇몇 유럽 가톨릭 문화)은 급격한 지적 변화를 받아들일 준비가 되지 않았다. 특정한 방식의 발견 개념은 자연에 관한 지식의 체계적 혁신을 위한 결정적인 전제 조건이라는 것이 나의 주장이다. 혁신에는 논리가 있다. 만일 지식이 혁신에 적합하게 맞추어지려면 그 논리를 존중해야 한다. 그러나 발견이라는 개념은 문화적 균일성을 동반하지는 않는다. 그보다는 다양성을 권장한다. 발견은 새로운 지식의 모든 종류의 다른 형식, 리촐리의 지구 중심설, 코페르니쿠스의 태양 중심설, 진공에 관한 파스칼의 인정과 데카르트의 거부, 뉴턴의 균일한 시공간의 관점, 아인슈타인의 상대성 이론과 양립할 수 있었다. 그것은 필연적으로 어떤 특정한 유형의 과학으로 연결되지 않았다. 게다가 우리가 '발견'이라고 표지를 붙이는 사회적 관행은 역설적으로 모순적이고 혼란스러워질 수 있었다. 누가 언제 발견을 했는가는 항상 분명하지 않았다. 그래서 발견은 지역적인 관행 이상의 것이며 다른 한편으로는 우연적이며, 무엇을 발견으로 간주할지 혹은 간주하지 않을지에 관한 지역적인 결정에 의존한다. 발견이라는 개념의 존재는 과학의 전제 조건이지만 그것의 정확한 형식은 가변적이고 유연하다. 오스만 제국이나 중국에서 그랬던 것처럼 그것이 저항에 직면했을 때 과학적 과업은 그 자체로 뿌리를 내릴 수 없다.[*]

발견이라는 개념의 등장과 잇따른 우선권 논쟁, 그리고 모든 발견을 그 발견자들의 이름과 연결짓는 결정의 발전과 함께, 근대 과학으로 인식될 수 있는 것이 처음으로 나타나기 시작한다. 그리고 새로운 과학과 함께 새

---

[*] 나는 조지프 니덤Joseph Needham의 위대한 저술 《중국의 과학과 문명Science and Civilization in China》이 중국의 기술이 중세에 유럽의 그것보다 우월했음을 입증했다고 믿는다. 그러나 중국이 유럽적인 자연과학 개념에 해당하는 지적 과업을 지녔다는 데에는 동의하지 않는다.

로운 종류의 역사가 도래했다.** 예를 들어, 1708년 기술사전에 '자석'에
관해 수록된 두 번째 문단은 이렇다.

> 스터미어스Sturmius는 1682년에 〈알트도르프에게 보내는 초청 서한Epistola
> Invitatoria dat. Altdorf〉에서 자석의 잡아당기는 성질이 모든 역사를 초월하여 알
> 려져 있었다고 관찰했다. 그러나 자석이 자기장에 정렬하는 현상을 최초로
> 발견한 것은 우리 동포 로저 베이컨Roger Bacon이었다. 이탈리아인들은 자석
> 이 강철 혹은 철에게 이 특성을 옮길 수 있다는 것을 최초로 발견했다. 여러
> 경도선에서 자침의 다양한 기울어짐declination은 세바스티안 카보트Sebastian
> Cabot에 의해, 그리고 더 가까운 극으로의 경사inclination(즉 복각dip ― 옮긴이)는
> 우리 동포 로버트 노먼Robert Norman에 의해 처음 발견되었다.*** 기울어짐의
> 편차variation는 같은 장소에서도 늘 같지 않다는 것을 헤벨리우스Hevelius, 오
> 주Auzout, 페티Petit, 볼카머Volckamer 등이 수년 전 알아차렸다.**150**

그러한 역사는 그저 확립의 역사가 아니다. 그것은 또한 진보의 역사다.
우리는 여태까지의 주장을 단순하게 요약할 수 있다. 1492년의 아메리
카의 발견은 지식인들이 종사할 수 있는 새로운 과업, 즉 새로운 지식의
발견을 창조했다. 이 과업은 어떤 사회적, 기술적 전제 조건, 신뢰할 만한
소통 방법의 존재, 공통적인 전문 지식 체계, 논쟁을 판결할 수 있는 인정
된 전문가들의 집단이 충족되어야 했다. 먼저 지도 제작자들, 그다음 수학

** 비록 여기에서 로도스의 에우데무스(기원전 370년경~기원전 300년경)의 업적에서와 같은 고전시대의 선례가 인정
되어야 하지만 말이다. Zhmud, *The Origin of the History of Science*(2006).

*** 여기서 '기울어짐'은 동서 방향의 편차이고 '경사'는 수평에서 위아래의 편차다. 나는 '편차'라는 말을 양자
에 대한 일반적인 용어로 사용하지만, 양자를 구분해야만 할 때는 전자를 '편차', 후자를 '복각'으로 부른다. 나는
'declination'(기울어짐, 편위偏位, 적위赤位)이라는 말을 피한다. 나에게는 너무 쉽게 '복각'과 혼동이 되기 때문이다.

자들, 그다음 해부학자들, 천문학자들이 게임을 시작했다. 그것은 본래적으로 경쟁적이었고, 즉시 우선권 논쟁을, 그리고 서서히 시조 이름 따오기를 불러일으켰다. 발견이라는 개념과 불가분한 것은 진보의 개념과 지적 재산권이었다. 1605년, 베이컨은 발견을 하고 진보를 확인하는 기본적 방법을 알아냈다고 주장했다. 1610년, 갈릴레이의 《별세계의 보고》는 발견을 성취하는 전례 없는 능력을 지닌 새로운 자연철학이 존재한다는 생각을 확인했다.

물론, 발견 게임에는 선행 사례들과 전례들이 있었다. 가장 좋은 예는 특허다. 1416년, 베네치아 공화국 정부는 새로운 축충기縮充機의 발명자인 프란시스쿠스 페트리Franciscus Petri에게 50년간 유효한 특허를 허가했다. 1421년, 위대한 엔지니어이자 건축가인 브루넬레스코는 대리석을 운반하는 바지선의 새로운 설계에 관한 유효 기간 3년인 특허를 피렌체 시로부터 받았다. 1474년, 베네치아 공화국은 독점을 주장하고자 하는 사람은 자신의 발명품을 당국에 등록할 것을 요구함으로써 자체의 특허 체계를 공식화했다. (이는 1565년에 아콘티우스에게 허락된 영국 최초의 특허 모델이 되었다.)[151] 콜럼버스가 아메리카를 발견하기 이전에, 그가 만일 성공한다면 보상금이 주어지리라는 것이 이미 공표되어 있었다. 그러나 특허는 영원히 지속되지 않는다. 그리고 그들은 특정한 사법권 내에서만 우선권을 준다. 콜럼버스의 보상은 그의 생애 동안만 지속될 것이었다. 그리고 그는 알려진 땅으로 가는 항로 대신에 미지의 대륙을 발견할 거라고 전혀 예상하지 못했기 때문에, 이름을 붙이는 특권을 주장하는 일은 생각조차 못했다. 반면에 발견에는 시간과 공간의 한계가 없다. 그것은 새로운 형식의 불멸성을 나타낸다. 어쨌든 발견 게임의 사회적, 기술적 전제 요건은 1492년에 존재하게 되었다. 처음에는 콜럼버스의, 나중에는 카르다노, 튀코 브라헤, 갈릴레이 등의 발견의 소식을 전한 것은 인쇄술(1450년경 발명됨)이었다. 이들 발견들이 평가될 수 있는 공통적 지식 기반을 확립한 것은 인쇄술이었다.[152]

1610년, 아직 명확하지 않았던 것은 이 새로운 과업을 어떻게 최선으로 수행할 것인가의 문제였다. 베이컨은 자신이 답을 가지고 있다고 생각했다. 그러나 그는 틀렸다. 사실상 그는 좋은 과학에 관한 한, 코페르니쿠스와 길버트의 연구를 묵살하는 등 매우 안 좋은 판단을 했다. 그러나 이런 판단을 한 것은 베이컨 혼자가 아니었다(4장에서 우리는 초기 과학자들이 저지른 오류에 대해 다룰 것이다). 간혹 이 오류들은 명백했다. 위대한 갈릴레이는 생애의 많은 부분을 지구의 운동이 조수의 유일한 원인이라고 간주한 자신의 주장을 입증하는 데 바쳤다. 종교재판소의 파문으로 이끈 것도 이 주장을 결정적인 것으로 표현했던 그의 결심이었다. 그의 주장은 사실들을 설명하지 못했다. 만일 그가 옳았다면 밀물은 매일 같은 시간에, 그리고 매일 한 번 일어나야만 했다. 이에 설득된 유일한 동시대인은 조반니 바티스타 발리아니Giovanni Battista Baliani였다. 그는 갈릴레이의 이론이 작동하도록 지구를 달 주변의 궤도에 두어야만 했다! 그러나 갈릴레이는 자신의 주장이 옳다고 절대적으로 확신했다.[153]

베살리우스의 해부학과 코페르니쿠스의 우주론(모두 1543년 등장) 출간 이후 처음 한 세기 동안, 우리가 지금 과학이라고 부르는 지적 활동을 최상으로 수행하기 위해 가치 체계들, 독창성, 우선권, 출판, 우리가 폭탄을 견딘다고 부를 수 있는 것이 서서히 고안되었다. 환언하면 적대적 비판, 특히 사실의 문제를 겨냥한 비판을 견디는 능력이 성공의 전제 조건으로 간주되었다. 그 결과는 아주 새로운 유형의 지적 문화, 혁신적, 전투적, 경쟁적, 그러나 동시에 정확성에 사로잡힌 지적 문화였다. 이것이 지적인 삶을 영위하는 좋은 방식이라고 생각할 수 있는 **선험적인** 근거는 없다. 하지만 만일 당신의 목표가 새로운 지식의 습득이라면 이 문화는 정말로 실용적이며 효과적인 방식이다.

발견, 우선권, 독창성이 애매모호하며 극단적으로는 앞뒤가 맞지 않는다는 것은 처음부터 명백히 옳다. 그리고 이 가치들은 출판 전에 점검하고 또 점검하는 의무와 충돌을 일으킨다. 독창성의 최고 형식으로 간주되는 발견을 생각해보자. 아메리카를 발견한 것은 데 트리아나, 콜럼버스, 베스푸치 혹은 발트제뮐러인가? 영예는 콜럼버스에게 돌아갔다. 왜냐하면 비록 그가 어디에 도착했는지 몰랐다 하더라도, 그곳에 먼저 도달한 것은 그의 원정대였기 때문이다. 발견의 중요성이 그가 자신이 한 일이 정확히 무엇인지 이해하지 못한 것을 압도했다. 갈릴레이가 서둘러서《별세계의 보고》를 출간했을 때, 그는 이것을 이해했다. 그러나 갈릴레이는 그 이전에는 낙하 물체의 가속 법칙에 대한 자신의 발견을, 성공이 보장되든지 혹은 죽음이 임박했든지 간에, 출판하지 않기로 작정하고 30년 이상 보류했다. (해리엇과 베이크만도 낙하의 법칙을 발견했지만 출판하기 전에 사망했다.) 이와 마찬가지로 코페르니쿠스도《천체의 회전에 관하여》의 출간을 계속 미루었다. 첫 번째가 되고 싶은 열망과 신뢰를 받지 못할 거라는 두려움, 별나고 바보 같다는 평가 사이의 꾸준한 긴장이 존재했다.

결과적으로 우리에게 여전히 남아 있는 모든 갈등과 모순에도 불구하고, 새로운 과학과 그것의 토대를 이루는 새로운 지적 가치 체계를 가능하게 한 것은 발견이라는 개념이었다. 생각해보면 이것은 단순하고 명백한 진리다. 하지만 또한 모든 문화가 그 자체의 과학을 지니고 있고 그것들은 동일하게 유효하다고 주장하고 싶어하는 과학사학자들이 파악하지 못하는 점이기도 하다. 발견의 과업은 크리켓 혹은 야구 혹은 축구보다 더 보편적인 것이 아니다. 그것은 콜럼버스 이후 세계의 특징이다. 그것은 오로지 경쟁을 조성하는 사회에서만 살아남았다. 그것은 피에르 부르디외Pierre Bourdieu의 명구대로 '범역사적 진리trans-historical truths'를 생성하는 과업이다.

  그리고 물론 발견이라는 과업의 승리는 18세기에 진입하기 전까지는 완성되지 않았다. 낡은 개념들은, 특히 그것들이 성경 서술에 근거하기 때문에 너무 큰 권위를 지닌 경우에는 흔적 없이 사라지지 않았다. 가장 현저한 것은 뉴턴의 사례다. 그는 많은 발견을 하고《프린키피아》에서 그 결과를 발표했으나 그것들이 새로운 것이 아니라 단지 재발견이 아닌지 의심하기 시작했다. 모세는 이 모든 것을 이미 확실히 알았는가? 뉴턴은 개정판을 계획했다. 그 속에서 그는 자신의 책에서 새롭다고 생각되었던 모든 것이 실제로는 낡은 것임을 입증하려고 했다. 1692년, 그의 조수로 일했던 파시오 드 듀일리에Fatio de Duillier는 이렇게 썼다. '뉴턴 씨는 피타고라스, 플라톤 같은 고대인들이 우주의 진정한 체계에 관해 그가 제시한, 중력에 기초를 둔 모든 증명을 알고 있었다는 충분한 증거를 발견했다고 avoir decouvert assez clairement 믿는다.'[154] 뉴턴은 이 특별한 논지를 확립하는 데 필요한 물질의 질량 개념을 습득했다. 그러나 이 지점에서 세 가지 사항을 유념할 필요가 있다. 첫째, 뉴턴이《프린키피아》를 집필했을 때, 그는 아직 이 이론을 갖지 못했고 고대의 문헌을 읽음으로써 자신의 새로운 물리학을 진전시키려 애쓰지 않았다. 둘째, 뉴턴은 자신의 이론에 대한 저항을 알고 있었다. 그 결과 그는 1713년 최종적으로 개정판을 출간할 때까지 자신의 발견을 덮어두었다. 셋째, 뉴턴의 동시대인들에게, 그의 발견들은 전적으로 새로웠다. 고대인들이 중력을 이해하고 있었다는 뉴턴의 추론은 그 특유의 괴짜 같은 생각이자, 자신이 모든 시대를 통틀어 가장 위대한 과학자라는 깨달음이 낳은 자긍심을 숨기기 위한 효과적인 겸손이었다. 오직 그의 가까운 친구 한두 사람만이 이 추론을 진지하게 여길 태세였다. 새로운 지식은 결코 존재하지 않는다는 낡은 신념은 잠시 부상했다가, 그 신념이 거부한 바로 그 썰물 아래로 흔적 없이 가라앉았을 뿐이었다.

행성 지구

전혀 중요하지 않은 자그마한 청록색 행성.

_더글러스 애덤스, 《은하수를 여행하는 히치하이커를 위한 안내서》(1979)[1]

1

발견의 항해는 1460년부터 지리학적 지식에 놀라운 변화를 초래했다. 15세기 전반에 알려졌던 세계가 그리스도의 시기에 교육받은 로마인들에게 알려져 있었던 세계와 거의 동일했던 반면, 16세기 초가 되자 그리스인과 로마인에게 알려지지 않았으나 사람이 살고 있는 광활한 지역이 존재한다는 것이 명백해졌다. 적도에 가까운 지역에는 사람이 살지 않는다는 것이 인습적인 견해였는데 이는 난센스라는 것이 입증되었다. 알려진 세계의 이러한 팽창은 지도 제작자들에 의해 조심스럽게 기록되었다. 그리고 그것은 철학적 이론에 대항한 경험의 최초의 위대한 승리를 가져왔다.

그러나 이 장의 주제는 그러한 발견의 항해가 아니다. 콜럼버스의 아메리카 발견에 뒤이어 조용한 혁명이 일어났다. 그것은 우리가 '육지와 물로 된 지구(수륙 지구terraqueous globe)'라고 부르는 것의 발명이다. 이 혁명은 수년의 시간적 공간에서 일어났으며 (거의) 아무런 저항을 받지 않았다. 그것은 중차대했으나 표준적 역사 문헌에서는 전혀 나타나지 않는다. 토머스 쿤은 이렇게 썼다.

> 낡은 과학 저술을 읽는 역사가는 말이 안 되는 구절들을 전형적으로 만나게
> 된다. (…) 그러한 구절들을 무시하거나 오류, 무지, 혹은 미신이라고 묵살하
> 는 것이 표준이었다. 그러한 반응은 가끔 적절하다. 그러나 더 자주 골칫거리
> 구절을 공감하면서 곱씹어보면 다른 진단이 나온다. 겉으로 드러나는 원문의
> 변칙textual anomalies들은 인공물, 오해의 산물이다.²

　나의 주제는 처음에는 말이 안 되게 보이는 저술들의 전체 장서藏書다.
지난 50년간 과학사학자들은, 쿤에게 영감을 받아, 자신들의 전문성 그리
고 명백히 터무니없어 보이는 것을 이해하는 자신들의 능력을 입증하기 위
해 그러한 저술들을 찾아내려고 했다. 그러나 이 특별한 저술들은 거의 완
전히 무시되어왔다. 왜일까? 그것들은 존재할 것 같지 않은 무언가(조용한
혁명)를 가리키고 있기 때문이다. 쿤에 따르면, 혁명은 항시 논쟁과 갈등을
수반한다.³ 실제로 아무런 논쟁이 없었기 때문에, 혁명이 존재하지 않았다
고 가정하기 쉽다. 반면에 이 저술들을 새로운 쿤 이후post-Kuhnian 과학사에
착수하는 완벽한 시발점으로 만드는 것은 바로 이 변칙anomaly이다.
　'땅'은 어떤 모양인가? 이 질문에 대한 답변은 분명해 보인다. 사람들은
지구가 둥글다는 것을 확실히 알고 있었는가? 19세기에 사람들은 아주 진
지하게, 콜럼버스의 동시대인들이 지구가 평평하다고 생각했고 콜럼버스
가 지구의 끝으로 항해하리라 예상했다고 주장했다.⁴ 이 이야기는 허튼소
리다. 그러나 모든 이들(적어도 제대로 교육받은 모든 사람들)이 원리상 세계
일주 항해를 할 수 있다고(1519~1522년, 마젤란은 바로 이 일을 했다) 생각했
다는 사실 자체가 바로 그들이 지구를 둥글게 생각했다는 것을 의미하지는

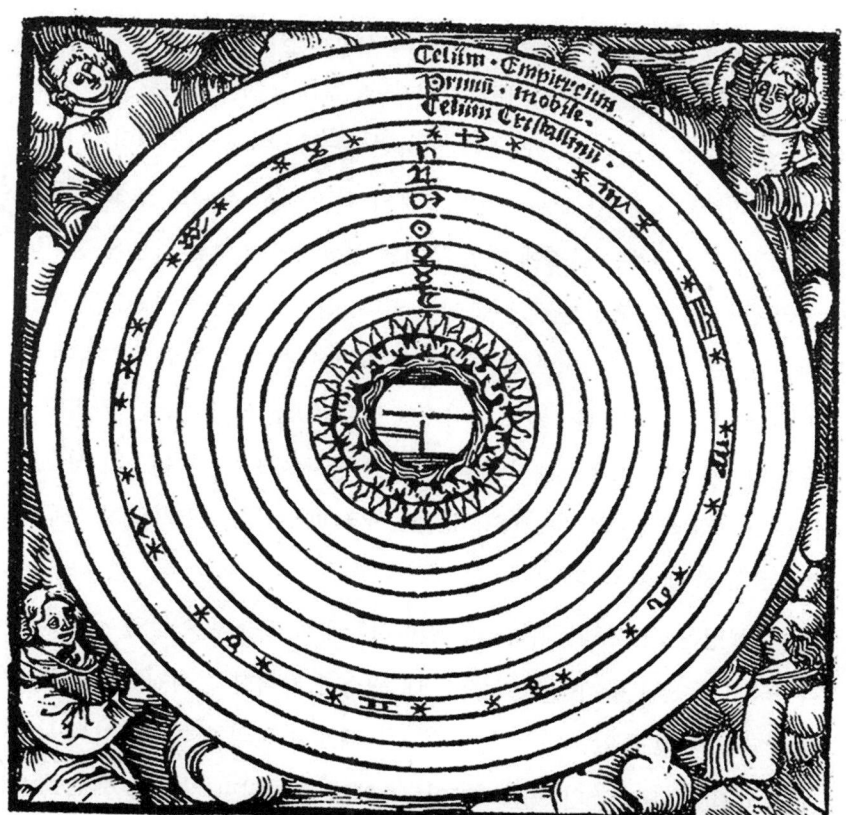

요도쿠스 트루트페터Jodocus Trutfetter의 《자연철학 교과서Summa in tota(m) physicen》(1514)에 실린 우주를 구성하고 있는 동심 구체들. 달 아래의 세계 안에는 네 개의 별개의 구체(흙, 물, 공기, 불)가 있다. 그것들 바깥에 태양과 달을 포함한 행성들이 있다. 고정된 별들의 황도대는 가장 바깥쪽의 눈에 보이는 구체이고, 그 너머에 세 개의 눈에 보이지 않는 구체들이 있다.

않는다. 이상하게도 콜럼버스는 프톨레마이오스에게 알려졌던 옛 세계가 완벽한 구의 절반이라고 생각했다. 그는 새로운 세계는 배pear의 위쪽 절반 혹은 젖가슴같이 생겼다고 믿었다. 그는 아조레스 제도를 떠날 때 언덕 위로 항해하고 있다는 인상을 받았다.[5] 이 다른 반구半球의 젖꼭지에 지구 파라다이스가 있었다.[6] '땅'(흙과 물의 덩어리)은 불룩했다.

166

흙과 물의 덩어리가 완벽한 구가 아니라는 관점이 중세 후기에 보편적으로 받아들여졌다. 그리고 새로운 천지학cosmography은 그것을 논박할 필요가 있었다.•[7] 아리스토텔레스에 의하면 우주는 아무것도 변하지 않고 그 운동이 원을 그리는, 달 너머의 세계와 달 아래의 세계로 구성되어 있다. 달 아래의 세계는 물질에 대한 우리의 일상적인 경험의 기본을 형성하는 네 원소(흙, 물, 공기, 불)로 이루어져 있다. 이들 원소들은 자연스럽게 공통의 중심을 가진 동심원으로 그 자체를 정렬한다. 땅은 물로 둘러싸여 있고, 물은 공기로, 공기는 불로 둘러싸여 있다. 그러나 이 정렬은 완벽하지는 않다. 건조한 땅이 물에서 솟아나 있고 땅 위에서는 네 원소가 상호작용한다. 생물이 존재하는 것은 이 상호작용 때문이다. 그것 없이 우주는 불모의 곳이 될 것이다.[8]

이 설명은 회교도와 기독교도 철학자들에게 그들의 이방인 선조들이 걱정하지 않았던 문제를 제기했다. 네 원소가 완벽한 동심원을 형성하지 않는 일이 어떻게 있을 수 있는가?[9] 그들에게는 완벽한 동심원이 부분적으로 아리스토텔레스와 프톨레마이오스에게 알려지지 않았던 창조주 하느님을 철학에 도입할 수 있게 해주었기 때문에 이 문제에 달려들었다. 창세기에 의하면 신은 창조의 셋째 날 마른 땅을 만들기 위해 물을 한데 모았다. 그래서 단순한 답변은 마른 땅의 존재는 기적이라는 것이다. 대양의 물은 육지보다 높기 때문에(가장 높은 산보다 높다고 흔히 이야기했다. 그렇지 않다면 당신은 산 정상 근처의 땅에서 샘솟는 물을 발견할 수 없을 것이다),•• 대

• 근대 초기의 지도 제작자들은 자신들을 천지학자로 묘사했다. 그들은 하늘과 땅 모두를 그려넣었고 규칙적으로 짝을 이룬 구들을 제작했다. '천지학'이라는 단어는 고대 그리스에서 기원하는 전통적 용어다. 반면 '우주론cosmology'이라는 단어는 비교적 근대적이다. 그것은 16세기의 후반기를 앞서지 않는다.

•• 물이 대양에서 증발되어 비가 되고, 비는 강을 채워 대양으로 흐른다고 이해되었다. 그러나 강우 하나로는 강들 혹은 지하에서 솟는 샘들의 존재를 설명할 수 없었다. 샘들은 대양으로부터 직접 물을 공급받는다는 주장이 제

양은 노아의 홍수에서처럼 육지에 범람하지 않도록 신의 섭리에 의해 제지되고 있다고 쉽게 결론지어졌다. 철학자들은 비록 그 비슷한 것이 플리니우스의 《박물지》에 나와 있지만,[10] 그러한 답변이 만족스럽지 않음을 발견했고, 자연적 설명을 추구했다. 만일 처음의 분리가 신의 개입을 필요로 했다면 노아의 홍수 이후로 땅과 바다의 관계를 어떻게 파악해야만 하는가?

그 문제는 단순했다. 가능한 답변의 범위는 한정되었다. 250년이라는 기간 동안 모든 가능성이 충분히 탐색되었다.[11]

1. 바다는 원래 있던 곳에서 이동되었다. 이제 바다의 구는 우주의 중심이 아닌 다른 곳에 중심이 있다. 이 견해는 배들이 대양 먼 곳으로 항해할 때 언덕 위로 항해함을 암시했다(우리가 '외해外海, high sea' 혹은 '공해公海, high seas'라는 용어를 사용할 때 이 전통적 관점을 받아들이고 있다). 이는 중세와 르네상스기의 대학에서 사용되었던 표준적인 천문학 교과서를 저술한 사크로보스코Sacrobosco(1195년경~1256년경)에 의해 주장되었다. 그의 뒤를 이어 브루네토 라티니Brunetto Latini(1220~1294), 리스트로 다레조Ristro d'Arezzo(1282), 산타마리아의 파블로Pablo de Santa María(Paul of Burgos, 1351~1435), 프로스도치모 디 벨도만디Prosdocimo di Beldomandi(1428년 사망) 등이 이러한 주장을 했다. 1320년, 단테는 그것을 표준적 관점으로 여겼다(그렇지만 그의 글 〈바다와 땅의 문제Quaestio de aqua et terra〉는 1508년에 처음 출간될 때까지 알려지지 않았다).

_____

기되었다. 이 관점은 18세기까지 살아남았고 예컨대 Vallisneri, 'Lezione accademica intorno all'origine delle fontane'(1715)에 의해 반박되었다. 그는 지하수의 운동이 여러 암석의 형성에 의해 어떻게 영향을 받는지를 설명했다.

2. 땅(물의 구와 구별되는)은 더 이상 구가 아니다. 그보다는 돌기나 혹의 성장의 결과로 불규칙하게 늘어난 모양을 하게 되었고 그것의 무게중심(그 주위로 흔들어도 움직이지 않고 매달려 있게 되는)은 우주의 중심과 일치하지만 그것의 기하학적 중심과는 일치하지 않는다. 돌기는 마른땅을 가능하게 만든 것이다. 이것이 에기디우스Aegidius(1243~1316)의 견해였다. 그는 지구의 직경이 원래 값(그리고 단테의 값)의 거의 두 배까지 늘어난다고 계산했다. 이 견해가 지닌 문제는 우주가 중첩된 구로부터 창조되었다는 생각을 포기해야만 한다는 점이었다. 비싼 대가를 지불해야 했던 이런 생각에 준비된 사람은 드물었다.

3. 만일 땅이 진정한 구가 아닐 수도 있다고 주장하는 것이 가능하다면 바다 역시 그러할 것이다. 어떤 이들은 바다는 진정한 구가 아니라 계란 모양이라고 제안했다. 그 결과 대양은 극지방에서 더 깊다. 이것은 마른땅의 외관을 부분적으로 설명하기 위해 프란체스코 디 만프레도니아Francesco di Manfredonia(1490년경 사망)에 의해 주장되었다. 프란체스코도 깨달았듯이, 이 주장의 약점은 만일 바다가 타원형이라면 다른 곳이 아닌 적도에 마른땅의 벨트가 존재해야만 한다는 것이었다. 따라서 이 주장은 그도 인정하지 않을 수 없이 그 자체로 불충분했다.

4. 땅은 여전히 구이다. 그러나 더 이상 우주의 중심은 아니다. 이는 로베르투스 앙글리쿠스Robertus Anglicus(1271)의 견해였다. 그러나 이것은 지구의 적법한 위치는 우주의 중심이라는 아리스토텔레스 철학의 원리에 위배되어 지지자를 확보하지 못할 운명이었다. 그러나 이 어려움은 철학자들에게 더 깊은 고찰을 유발했다. 지구가 구이지만 그 성분은 균일하지 않다고 가정하라. 태양의 작용으로 마른땅은 원래 상태보다 밀도가 낮아졌고 전체 질량의 무게중심이 이동했다. 따라서 지구의 무게중심은 여

전히 우주의 중심과 일치하지만 우주의 기하학적 중심과는 일치하지 않는다. 반면에 바다는 우주의 중심에 대칭적으로 정렬한다. 이것은 14세기 파리의 철학자들, 장 드 장덩Jean de Jandun(1286~1328), 장 뷔리당Jean Buridan(1300년경~1358년경), 니콜라 보네Nicholas Bonet(1300년 사망), 니콜 오렘(1320년경~1382년), 알베르투스 데 삭소니아Albertus de Saxonia(1320년경~1390년)의 견해였다.[12] 그것은 중첩된 구의 체계를 유지했고, 물이 항상 아래로 흐르게 만드는 커다란 장점을 가지고 있었다(첫 번째 대안은 그렇지 못하다). 이 견해에 대한 하나의 수정안으로서 사람들은 우주의 중심이 땅의 구와 바다의 구의 결합체의 무게중심과 일치한다고 주장할 수 있었다. 이것은 피에르 다이Pierre d'Ailly(1351~1420)의 견해였다. 비록 그가 1400년경 서구 라틴 제국에서 배포되기 시작한 프톨레마이오스의 《지리학》을 읽었음에도 불구하고 말이다. 1475년에는 한두 가지 변형된 형태로 이것이 표준적인 견해가 되었다.

이러한 네 견해는 표준적으로 바다의 구가 땅의 구보다 훨씬 더 크다는 것을 당연시했다. 1200년부터 1500년까지의 인습적인 생각(아리스토텔레스의 것으로 오해된)은 열 배나 더 크다는 것이었다. 각 원소는 같은 양으로 존재하지만 물의 양은 같은 양의 땅의 부피보다 열 배 더 큰 부피를 차지하며, 공기의 양은 같은 양의 물의 부피보다 열 배 더 큰 부피를 차지한다고 주장되었다.[13] 구들의 상대적인 크기와 그것들의 서로에 대한 위치 이동의 정도는 마른땅 지대의 크기를 결정한다. 이 지대의 크기를 땅/바다 구의 4분의 1로 간주하는 것이 상식이었다. 이는 2분의 1까지 확장될 수도 있었다. 첫 번째 견해는 알려진 세계가 앞으로 알려질 세계의 전부라고 가정했다. 두 번째 견해는 아직 발견되지 않은 육지가 더 있음을 시사했

170

사크로보스코의《구Sphaera mundi : Joannis de Sacro Busto sphæricum opusculum》(Venice, 1501)에 실린 흙, 물, 공기, 불의 구체들. 땅은 양동이 속의 사과처럼 떠 있다. 방향은 남-북이 아니다. 알려진 세계의 중심인 예루살렘은 맨 꼭대기에 있다.

사크로보스코의《구Sphera volgare novamente tradotta》(Venice, 1537)에 실린 바다의 구(A)와 땅의 구(B)의 별개의 중심들. 그 둘은 상대적인 부피 비 10대 1을 지닌 것으로 표시된다. 비록, 코페르니쿠스가 보여주었듯이, 이것이 정말이라면 육지의 구는 바다의 구의 중심과 겹치지 않을 테지만 말이다. 여기서 바다의 구의 중심은 우주의 중심이라고 여겨진다.

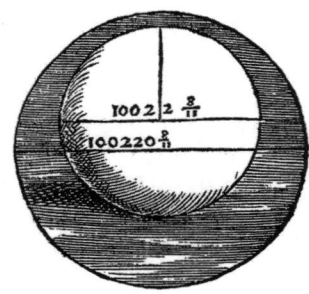

사크로보스코의《구》(1537)에 실린 땅과 바다의 상대 및 절대 부피. 코페르니쿠스는 두 구체가 사실상 같은 축도로 그려지지 않았다고 불평했을 것이다.

다. 이것은 보통 남반구에 있으며 가끔 사람이 살고 있다고 주장되었다.

땅과 바다의 관계의 변화에는 한정된 범위의 원인이 있다고 일반적으로 인정되었다. 신이 마른땅의 지면을 비우기 위해 물을 수북이 담고 모으는 활동을 직접 했거나, 혹은 태양이 땅에 작용하여 그것을 말려버렸거나, 아니면 별들이 작용하여 바다 혹은 땅의 위치를 이동시켰을 수도 있다.

그러나 마침내 다섯 번째 견해가 생겨났다. 땅과 물의 구분된 구가 존재하지 않는다. 땅보다 바다가 작다. 대양은 땅의 오목한 곳에 위치한다. 그래서 땅과 바다는 단 하나의 합쳐진 구를 형성한다. 근대적 개념(물론 우리가 더 이상 '땅(흙)'을 4원소의 하나라고 생각하지 않긴 하지만)인 이것은 로버트 그로스테스트Robert Grosseteste(1175년경~1253), 안달로 디 네그로 Andalò di Negro(1260~1334), 테모 유다에이Themo Judaei(14세기 중반), 잉헨의 마르실리우스Marsilius of Inghen(1340~1396)에 의해 주장되었다. 이 네 사람 중 그로스테스트와 마르실리우스의 주장은 르네상스기의 독자들에게 인쇄본으로 읽혔다. 그러나 이러한 생각이 존재한다는 사실은 다른 이들이 그 생각을 거부하기 위해 이를 묘사하면서 15세기에 걸쳐 널리 퍼졌다. 이 관점에서 땅은 지구의 전체 표면에 걸쳐서 흩어져 존재할 수 있다. 실제로 그러해야만 한다. 로저 베이컨(1214~1294)이 공개적으로 이 관점을 지지했으며, 그는 아마 그로스테스트와 《존 맨더빌 경의 여행기The Travels of Sir John Mandeville》(1360년경)의 저자의 영향을 받았을 것이다.[14] 모든 견해들 중에서 이것이 유일하게 대척점antipode(지구에서 정반대인 두 지점)의 존재와 곧바로 양립할 수 있다.

이 마지막 견해가 15세기에 지지를 얻지 못했다는 것을 강조할 필요가 있다. 1475년(프톨레마이오스의 《지리학》이 처음 출간된 해. 비록 최초의 라틴어 원고 번역은 1406년에 이루어졌지만), 천문학자들과 지리학자들이 기본적으로 선택한 견해는 **물**의 구가 우주의 중심에서 위치 이동을 했다는 설명과 원소 **흙**의 구가 우주의 중심에서 위치 이동을 했다(그러나 여전히 그것과 겹치는)는 설명 사이에 있었다. 콜럼버스의 항해를 지지하기 위해서 사람들은 이 이론들이 잘못된 것이라고 생각할 필요가 없었다. 그렇다 하더라도 사람들은 서쪽으로 가는 것이 아프리카를 우회하거나 육지로 가는 것보다 인도에 이르는 **빠른** 항로일 수도 있다는 데 단지 동의만 하면 되었다. 그러나 신대륙의 발견 이후 그로스테스트의 낡은 견해는 철학자들 사이에서 다시 한 번 존중받게 되었다.

따라서 1475년 땅의 구와 물의 구의 중심이 더이상 동일하지 않다는 일반적 합의가 존재했다. 실제로 이제 세 가지 다른 중심들에 관한 수수께끼가 생겼다. 우주의 기하학적 중심은 어디인가? 그것은 여러 구들의 중심들 중 하나와 일치하는가? 그렇다면 어느 구의 중심인가? 그리고 만일 지구가 균일하지 않다면 그것의 무게중심은 어디인가? 마지막으로 땅과 물이 합쳐진 구의 무게중심은 어디인가? 아리스토텔레스의 우주에는 하나의 중심이 있었지만 이제 우주의 중심을 정의하는 다섯 가지의 가능한 방식이 존재했다.

2

중세 말과 르네상스기 학생들은 사크로보스코의 《구Sphaera》(1220년경)를 공부함으로써 천문학을 배웠다. 사크로보스코는 파리에서 가르쳤지만 아마 영국인이었을 것이다(이 경우 그의 원래 이름은 홀리우드의 존John of

Holywood이었을 것이다.)[15] 그의 교과서는 1472년에 처음 출간되었고 200종 이상의 판본으로 퍼져나갔다.[16] 게다가 그 교과서를 해설하는 수많은 주석가들이 있었다. 이들은 마이클 스콧Michael Scot(1230년경)을 시작으로, 잠바티스타 카푸노 다 만프레도니아Giambattista Capuno da Manfredonia(1475년경)*를 포함하여, 16세기 말 예수회의 선도적인 천문학자 크리스토프 클라비우스 Christoph Clavius(1570)에 이르러 절정을 이루었다. 《구》는 갈릴레이가 파도바 대학의 교수였을 때(1592~1610) 강의했던 표준 교재였다. 1633년, 학생들을 위한 《구》의 최종판은 살아 있는 전통으로서의 프톨레마이오스 천문학의 종말을 그대로 표시한다. 지구가 하나는 땅 그리고 하나는 물로 된 두 개의 중심이 같지 않은 구로 이루어져 있다는 인식과 병행하여, 그리고 프톨레마이오스의 《알마게스트Almagest》(12세기부터 서구 라틴 제국에서 구할 수 있었던)를 따라서, 사크로보스코는 별도로 땅의 표면은 휘어 있고(그는 이것이 남북으로 혹은 동서로 여행하는 사람들에게 어떻게 명백히 나타날 수 있었는지 보여주었다) 물의 표면도 휘어 있다는 것을 증명했다. (이는 배의 돛대 꼭대기에서 망꾼이 갑판에 서 있는 사람보다 더 멀리 볼 수 있었기 때문에 명백했다.) 근대의 주석가들은 사크로보스코가 지구가 둥글다는 것을 증명했다고 생각한다.[17] 그는 그러한 종류의 어떤 일도 하지 않았다. 그리고 중세의 주석가들도 그가 그것을 증명했다고 주장하지 않았다. 왜냐하면 그뿐 아니라 그들도 두 구가 공통의 중심을 지닌다고 믿지 않았기 때문이다.

이제 중세 철학자들이 '땅the earth'이라고 말할 때 그들은 대양 위에 나타나 있는 통상 마른땅을 구성하고 있는 원소 흙의 구를 의미했다는 것을 분명히 해야 한다. 이 구는 그 자체로 더 큰 구인 대양의 대양 속에 떠 있다.

---

* 혼란스럽게도, 잠바티스타는 그가 경력을 시작할 때 프란체스코라고 불렸다.

그러나 '땅the earth'이라는 용어는 본래 모호했다. 예를 들어, 우리는 월링퍼드의 존John of Wallingford(1258년 사망)이 두 문장에서 구별한 것을 발견한다. a) 마른 육지dry land를 의미하는 땅. b) 원소 흙을 의미하는 땅. 그것의 중심은 우주의 중심이다. c) 전체 지구globe, 즉 땅과 바다의 복합체.[18] 세 번째 용법(키케로의 《스키피오의 꿈Somnium Scipionis》을 되돌아보는)은 지배적인 '2구 이론two-spheres theory'을 받아들이고 있는 사람들에게는 너무나 철리에 반하는 것이어서 분명히 비철학적이었다. 페트라르카Petrarca와 같은 라틴화한 인문주의자에 의한 경우를 제외하고는 중세 후기 혹은 르네상스 초기에는 이러한 의미로 사용된 땅terra의 예를 발견하기 어렵다.[19] 사실상 땅/바다 복합체가 단일 구로 생각되어야 한다는 인식은 1400년경 사라졌다. 1400년 이전에조차도 그것은 지배적인 견해가 아니었다. 땅/바다 복합체는 더이상 둥글지 않았다.

이 모든 중세 후반의 논의들은 고대인들의 지리학적 지식의 맥락에서 행해졌다. 아무도 지구가 평평하다고(그것은 구의 한 부분으로 이루어져 있었다) 믿지 않았다. 그러나 거주 가능한 땅은 평평한 표면이라고 꽤 정확하게 표현될 수 있었다. 이 거주 가능한 땅은 그 중심이 있었는데, 일반적으로 예루살렘이라고 여겨졌다. 그러나 또 다른 중심이 있었다. 서에서 동으로, 축복섬(카나리 제도)에서 헤라클레스의 기둥(그 너머로 여행하는 것이 불가능하다고 표시된)까지 측정했을 때 적도상에는 아림Arim 혹은 아린Arin이라고 불리는 개념적인 위치가 존재했다. 이것은 바그다드 동쪽 10도 지점이라고 여겨졌다. 아랍인들에게 그리고 아랍 원전에 의존하는 천문학자들에게, 아림은 위도 및 경도 0도를 나타냈다.[20] 마른땅은 하나의 반구에 국한되며 나머지는 대양으로 둘러싸여 있다고 보편적으로 받아들여졌다. 마른땅에서도 가장 깊숙한 북부와 남부는 너무 춥거나 더워서 거주가 불가

4장 행성 지구 175

능했다. 그래서 지구의 거주 가능한 부분은 전체 마른땅의 대략 절반, 전체 땅/바다 복합체 표면의 6분의 1을 나타냈다.

　1320년에 단테가 지적한 대로 여기에는 명백한 문제점이 있었다. 철학자들의 논증과 지리학자들의 지도가 맞지 않았기 때문이었다. 만일 철학자들이 옳고, 거주 가능한 땅이 더 큰 물의 구 표면에 떠 있는 구라면, 지도는 거주 가능한 땅을 원으로 보여주어야 한다. 사실상 지도는 그것을 땅에 펼쳐진 망토 모양으로 보여주었다. 그러나 알려진 세계는 마치 그것이 꼭 그러해야만 하는 형태인 양, orbis terrarum(육지원陸地圓)으로 지칭되었다. 철학자들과는 달리, 단테는 자신의 지리학을 매우 중요하게 여겼다. 그러나 어떤 철학자도 단테가 우주가 구들로 완전히 만족스럽게 이루어져 있다는 원리를 포기했음을 알아챌 수 없었다.

　아리스토텔레스학파의 이상적인 동심구들의 구도는 모든 축상에서 대칭적이었던 반면, 중세에 고심하여 만들어진 노작勞作(5세기를 제외하고)은 오직 하나의 축에 대해서만 각기 대칭적이었다. 게다가 이 축은 극점의 남북 축이 아니었고 예루살렘과 우주의 기하학적 중심을 통과하는 축이었다. 만일 중세 후기 철학자들이 지구가 남북 축상에서 자전하고 있음을 상상했다면(물론 그들 중 극소수는 그러했다), 그들 중 많은 이들이 지구(땅의 구든 바다의 구든)의 무게중심이 남북 축상에 있지 않다는 것을 확신했을 것이다. 그러한 자전하는 지구는 흔들리는 경향을 지니고 있을 것이다. 파리의 철학자들은 예외였다. 그들에게 땅과 바다의 구 모두의 무게중심은 우주의 중심과 여전히 동일했다. 완전히 논리적으로 지구의 하루 동안의 회전을 심각하게 받아들인 유일한 주요 중세 철학자는 파리의 니콜 오렘이었다. 오렘은, 별도의 기학하적 중심을 지닌 땅의 구와 바다의 구가 있다는 것을 받아들인 다른 철학자들과 달리, 결정적으로 바다의 구가 그 자체로 땅의 구보다 크다는 것을 수용하지 않았다. 만일 두 구가 동일한 중심을 가진다면 물은 필연적으로 땅의 전체 표면을 덮을 것(아마 몇 개의 산봉우리를 제외하고는)이다. 그리고 그는 바다의 구가 망토나 두건처럼 땅을 덮고 있는 것으로 묘사한다. 그 결과는 그의 《천지론 주해Le Livre du ciel et du monde》(1377)에 실린 삽화가 보여주는 대로, 결과적으로 그것의 축상에서 회전하고 있는 하나의 지구라는 개념을 지니게 된다는 것이다.* 공교롭게도 오렘의 글은 출판되지 않았다. 그리고 그것은 프랑스어로 씌었기 때문에 널리 유포될 수 없었다.[21]

따라서 세계의 2구 이론은 15세기 말까지 거의 모든 철학자들, 천문학자들, 지도제작자들에 의해 (그것을 표현하는 어려움에도 불구하고) 공유되었다. 그리고 프톨레마이오스의 《지리학》의 재발견은 2구 이론에 큰 어려움 없이 통합되었다.[22] 포르투갈 탐험가들은 1474/5년에 새로운 하늘과 새로운 별들을 발견하면서 적도에 도달했다(적도에 도달했는지 여부를 알기는 어렵지 않다. 적도에 도달하면 북극성이 시야에서 사라진다). 그러나 그들은 사람이 살 수 없는 지대를 발견하지 못했다. 이는 몇 가지 사소한, 그러나 그 이상의 재고를 요구했다.[23] 《지리학》에서 (《알마게스트》에서와는 달리) 프톨레마이오스가 땅과 물을 단일한 구로 다룬 것은 사실이었다. 그리고 이것은 분명히 흥미를 자아낼 운명이었다. 프톨레마이오스의 《지리학》 번역 이후에, 지구본이 '프톨레마이오스의 묘사에 의거하여' 만들어진 기록이

---

* 컬러 도판 3 참조. 이 문맥에서 대척점에 대해 생각할 때 오스트레일리아와 뉴질랜드는 잊는 것이 중요하다(18세기 후반까지는 거의 탐험되지 않았다). 만일 두 장소가 지구 위에서 서로 직접 반대편에 위치한다면 두 지점은 대척점 antipode이다. 일반적으로 제안된 2구 이론은 대척점을 불가능하게 만든다. 하나의 반구 내에 모든 마른땅을 국한시키기 때문이다. 예외적으로, 오렘은 아프리카에서 서쪽으로 인도로 가는 거리는 동쪽으로 가는 거리보다 가까울 거라고 주장했다. 따라서 그는 땅과 물의 합쳐진 구에서 180도 이상에 걸쳐 적도 근처에 마른땅 지역이 존재한다는 것과 극한적 경우로 진정한 대척점이 존재한다는 것을 분명히 주장했다. 그러나 그는 높은 위도에서는 적어도 지구의 절반이 바다로 덮여 있음이 틀림없기 때문에 대척점이 있을 수 없다고 주장했다.

있다.[24] 콜럼버스는 프톨레마이오스를 읽고 땅과 물은 하나의 구체를 형성한다는 것을 확신했다. 그는 자신의 계획된 항해를 보여주기 위해 조그만 지구본을 만들었다. 동시에 그는 거주 가능한 세계의 범위에 관한 프톨레마이오스의 설명을 거부하기로 했다. 그는 티로스의 마리노스Marînos ho Týrios(100년경~150)의 설명을 선호했다. 마리노스는 거주 가능 지역이 지구 둘레의 절반에 이른다고(2구 이론과 절충하기 어려운 견해) 주장했다. 그러나 아직 2구 이론에 대한 일반적인 위기는 도래하지 않았다. 콜럼버스의 항해에 조언하기 위해 페르디난트와 이사벨라에 의해 소환된 지리학자들은 주저 없이 그것들을 제쳐두었다.[25]

위기는 1492년 콜럼버스가 발견한 육지와 함께 시작되었다. 1493년, 피터 마터Peter Martyr는 콜럼버스를 '서쪽 대척점'에서 귀환하는 것으로 묘사했다. 1503년, 발렌팀 페르난데스Valentim Fernandes에 의해 작성된 공증서에서 1500년의 페드로 알바레즈 카브랄Pedro Álvares Cabral의 브라질 발견은 '대척점의 육지'를 발견한 것으로 묘사된다.[26] (그는 옳았다. 브라질은 고대인들에게 알려진 극동 지역의 대척점이다.) 그러나 결정적 사건은 1503년 베스푸치의 (혹은 베스푸치가 썼다고 생각되는) 최초의 서한, 《새로운 세계Mundus novus》라는 제목을 지닌 서한의 출간이었다. 이 책은 4년 동안 29종류의 판본이 유통되었다.[27] ('발견'이라는 단어를 유럽 대중들에게 소개한 것은 베스푸치의 두 번째 서한이었다. 그의 첫 번째 서한은 이미 중세 지리학을 파괴했다.) 베스푸치의 주장은 그가 이전에 알려진 세계의 한 부분이 아닌 광대한 땅덩어리와 조우했다는 것, 그가 신세계를 발견했다는 것이었다. 게다가 이 땅덩어리는, 비록 그것이 그의 출발점으로부터는 지구를 돌아서 4분의 1 지점에 있을 뿐이었으나, 알려진 세계의 다른 쪽에서부터는 지구를 돌아서 절반 지점에 있었다. 그리고 베스푸치는 적도 남쪽 50도 지점으로 항해했

178

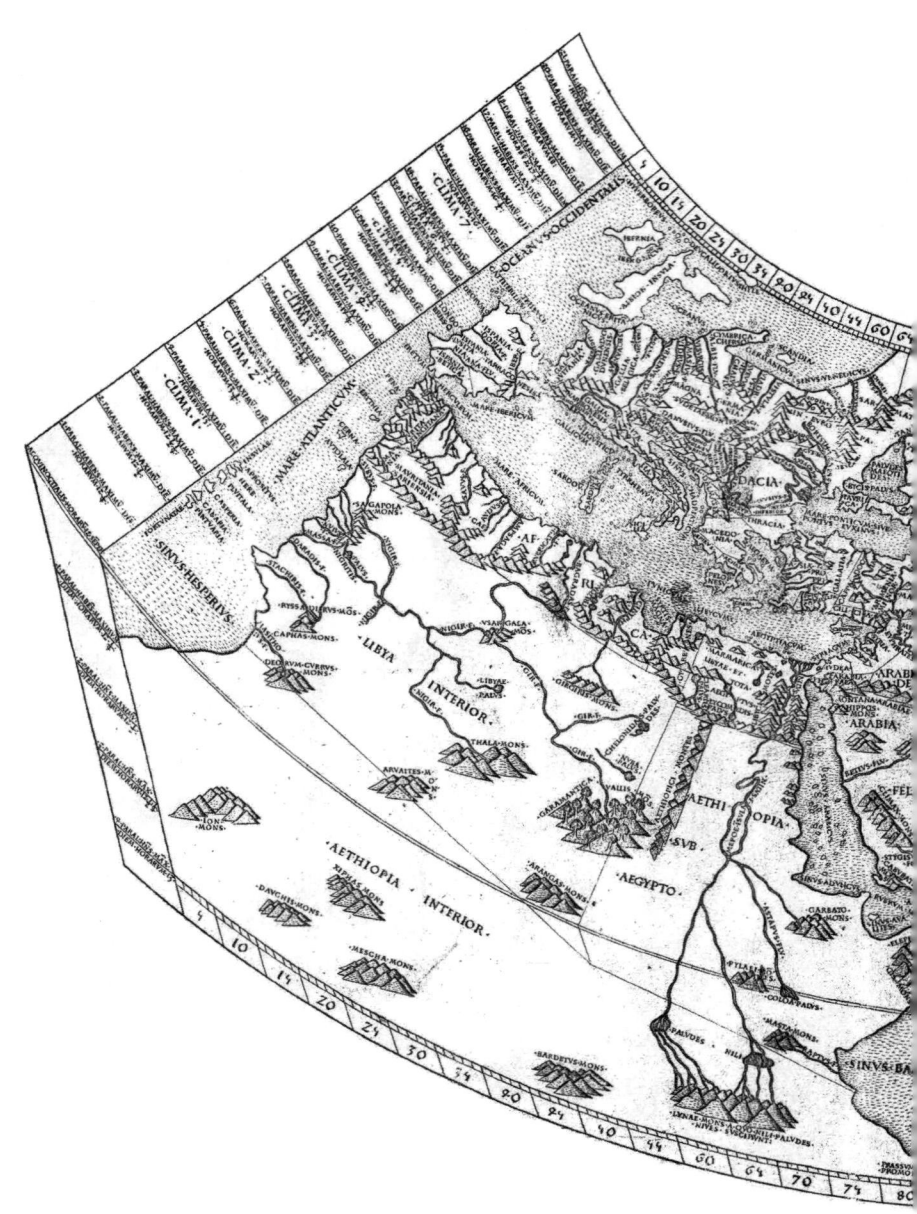

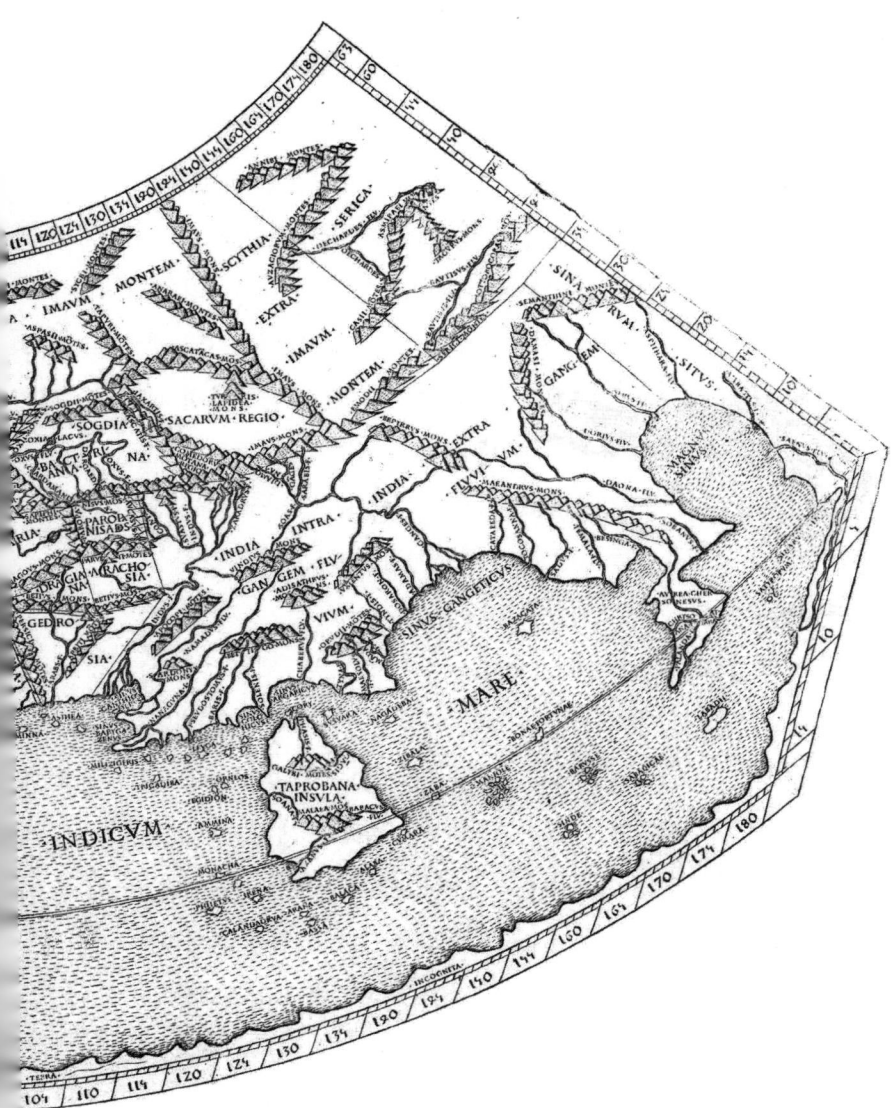

프톨레마이오스의 《지리학》에 실린 세계지도. 1490년 로마에서 인쇄되었다. 동일한 판이 이전의
두 초기 판본(볼로냐 1477년, 로마 1478년)에서 사용되었다. 따라서 그것들은 《지리학》의 가장 이른
인쇄 삽화들이다.

180

다. 이것은 2구 이론의 주창자들이 상상했던 적도상 대척점이 아니었다. 대척점은 실재가 되었다. 그리고 더이상 지구의 땅덩어리를 하나의 반구에 맞출 방도가 없었다.

따라서 이 대척점에 관해 불안을 자아낸 것은 그것들이 어떤 이들은 '거꾸로' 서 있음을(이 생각에 곤란함을 느끼기 위해서는 꽤 단순해져야 한다) 암시하기 때문이 아니었다. 2구 이론은 대척점을 오직 극한적 사례로 수용할 수 있었다. 대척점은 북반구와 남반구 사이의 경계를 따라, 그리고 물의 구가 오그라져 그것의 직경이 땅의 구의 직경과 거의 같아져야만 생긴다.[28] 베스푸치의 주장은 원소 물과 흙의 (알려진) 관계에 대한 심각한 재고를 요구했다. 이 순간까지는 땅의 구와 바다의 구 모두 둥글고, 성서가 표현한 대로, 마른땅 지대(거주 가능한 세계)는 네 모퉁이가 있다고 믿는 것이 가능했다.[29] 이제 이 모퉁이들은 존 던의 문구처럼 '둥근 지구의 상상적인 모퉁이'가 되었다.[30]

이것을 진정으로 이해하게 된 최초의 인물은 마르틴 발트제뮐러와 마티아스 링만Matthias Ringmann이었는데, 그들이 1507년 《세계지도》와 뒤이은 저술 《세계지리 입문Cosmographiae Introductio》을 작업하면서였다.* 베스푸치의 주장의 의미를 숙고하면서, 그들은 우리가 지구 혹은 세계, 육지와 바다로 형성된 단일 구라고 부르는 것을 지칭하는 방식이 필요했다. 그들은 그것을 '땅의 모든 둘레omnem terrae ambitum'라고 불렀다. 그들은 지구의 전체 둘레에 대해 프톨레마이오스는 4분의 1만을 알고 있었다고 설명했다.

다른 초기의 세계 지도들은 육지원orbis terrarum의 삽화로 그 자체를 나타냈다. 그 문구가 유래한 고전 라틴어에서 orbis는 보통 평평한 판이지만,

* 컬러 도판 6 참조.

사크로보스코에 관한 주해(1570)에서 클라비우스가 바다와 땅의 관계에 대한 표준적인 설명을 그린 그림(이 그림은 1581년 판). 클라비우스는 이 설명을 거부했다. 점들은 두 개의 기하학적 중심(아래쪽 바다의 구와 위쪽 땅의 구)이다. 땅/바다의 하나의 구가 존재하느냐 혹은 두 개의 구가 존재하느냐의 논의는 대척점이 존재하는가(2구 모형에서는 존재할 수 없다. 만일 그것들이 비슷한 크기라면 두 구가 만나는 얇은 띠를 제외하고는 말이다)의 논의와 떼어놓을 수 없는 것이었다. 클라비우스의 삽화는 또한 (존재하지 않는) 대척점을 포함하고 있다. 이것은 물속에 있다. 대척점이 존재하는 것으로 알려졌기 때문에 전통적 모형은 잘못된 것이어야 했다.

가끔 구체를 의미한다. orbis에 대해 기술할 때 키케로는 간혹 거주 가능한 마른땅, 바다 위에 융기한 판, 그리고 육지와 대양의 전체 지구를 의미한다. 이 모호성은 르네상스기까지 계속되었다. 따라서 오르텔리우스Ortelius의 1570년 지도책은《땅의 구의 무대Theatrum orbis terrarum》라는 제목을 달았다. 권두 삽화는 orbis가 구체임을 분명히 했다. 그러나 복수형 terrae는 여러 나라의 지도를 모아놓은 것임을 암시했다. 예외적으로 메르카토르는 orbis terrae라는 문구를 사용했다. 1569년 terra라는 단어는 지구 혹은 세계를 의미하기 시작했다. 발트제뮐러와 링만의 서투른 문구에서 한 단어가 대체되었다. 1606년 오르텔리우스의《무대》는 영어로《전체 세계의 무대The Theatre of the Whole World》로 번역될 수 있었다. 그 이후인 1629년에야 이 새로운 실체를 모호하지 않게 확인하는 만족스럽고 기술적인 명칭이 창안되었다. 그것은 '수륙 지구terraqueous globe'였다.[31]

우리는 1507년 발트제뮐러와 링만의 《세계지리 입문》의 출간 이후 이 새로운 개념의 진보를 자세히 추적할 수 있다. 변화의 첫 징후는 1514년 에르푸르트에서 출간된 물리학 교과서에서 찾을 수 있다. 저자인 요도쿠스 트루트페터는 1구 이론을 먼저 제시한다. 비록 그다음에는 바다가 육지보다 높다는 관점을 설명하지만 말이다. 그는 대부분의 최근 세계지리 학자들이 세계의 동쪽 및 서쪽 끝자락에 사람이 살지 않는 대척점이 있다고 주장하는 것에 주목한다. 하지만 그는 아우구스티누스가 대척점의 가능성을 부인했다는 것을 설명함으로써 균형을 취한다. 본문은 조심스러운 반면 함께 제시되는 삽화는 그렇지 않다. 그것은 오로지 달 아래의 세 개의 구체들 땅, 공기, 불을 보여준다. 명백히 땅과 물은 이제 하나의 구체였다.•[32]

1515년, 바디아누스로 알려진 재능이 많은 요아힘 폰 바트Joachim von Watt(그는 합스부르크 제국의 계관시인이었다)은 빈에서 《친애하는 독자들에게 Habes lector》라는 소책자를 출간했다. 거기서 그는 아메리카의 발견에 비추어보면 아리스토텔레스의 표준 해석과는 반대로, 거주 가능한 세계가 지구 표면에 거의 제멋대로 흩어져 있으며 땅과 물은 서로 섞여 하나의 구를 형성하고 있다고 제안했다.[33] 또한 지구의 기하학적 중심과 무게중심은 하나이며 동일하다고 주장했다. 대척점의 존재를 인정하면 아담의 후손이 아닌 인간들이 존재한다는 것을 인정해야 할 게 아닌가 하는 아우구스

• 만일 우리가 활자본에서 필사본으로 주의를 돌리면, 1505년과 1508년 사이에 두아르테 파체코 페레이라 Duarte Pacheco Pereira가 쓴 글에 새로운 이론의 분명한 진술이 들어 있음을 보게 된다(Morison, *Portuguese Voyages to America*(1940), 132-5): '그러므로 땅이 바다를 포함하고 있고, 호메로스나 고대의 저자들이 확신한 대로 바다가 땅을 둘러싸고 있지 않다는 것이다. 그보다는, 위대한 땅은 모든 물을 둘러싸고 오목한 부분과 중심에 모든 물을 담고 있다. 게다가 지식의 어머니인 경험은 모든 의심과 오해를 제거한다.' 이 이론은 새로운 표준 이론과 이제 우리가 곧 살펴볼 보댕의 이론 사이 어디쯤 놓여 있다.

흙과 물이 단일한 구체를 만들고 있음을 보여주는 최초의 정교한 삽화. 두 원소는 서로 얽혀 있다. 탄스테터Tanstetter가 편집한 사크로보스코, *Opusculum de sphaera*(1518)에 수록. 여기에는 달 아래의 세계가 네 개가 아니라 세 개이다.

184

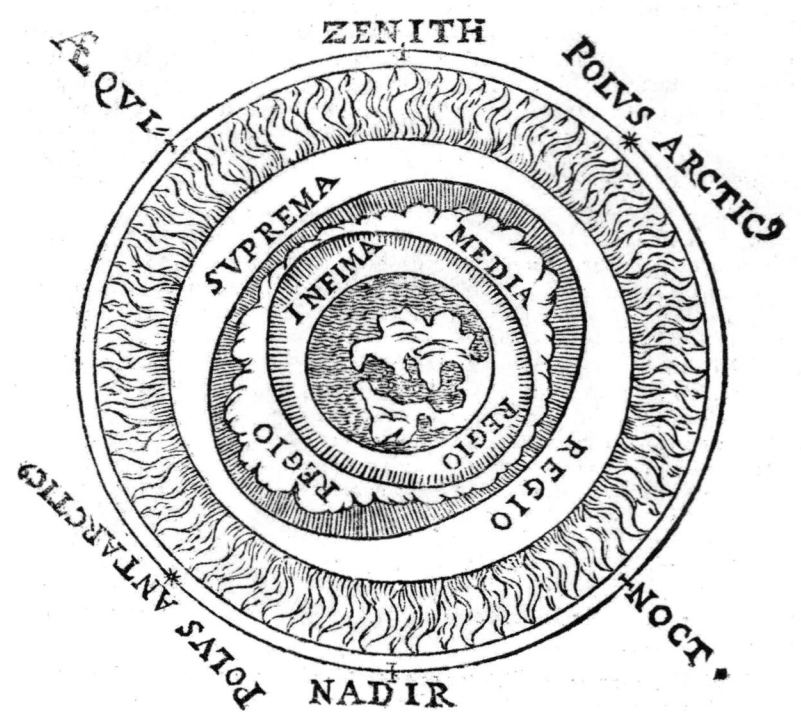

사크로보스코에 관한 주해(1570)에서 클라비우스가 흙, 물, 공기, 불의 관계를 그린 그림(이 그림은 1581년 판). 흙과 물은 하나의 구를 만들고 세 층의 대기(중간층이 기후를 만들어낸다)로 둘러싸여 있다. 세 층 중 가장 바깥층만이 완벽한 구체다. 그 바깥은 불의 구체다.

티누스의 두려움에 대해, 그는 간단한 답을 가지고 있었다. 사람들은 거의 지구 반바퀴를 돌아서 스페인에서 인도로 육로로 여행할 수 있다. 그리고 사람이 살지 않는 어떤 육지가 나머지로부터 광대한 거리에 설정되어 있다고 생각할 이유가 없다(아메리카가 아시아에 가까이 있음을 암시). 3년 후 다시 빈에서는 바디아누스와 가깝게 공동 연구를 하고 있던 게오르크 탄스테터Georg Tannstetter(게오르기우스 콜리미티우스Georgius Collimitius로도 알려진)가 서로 맞물린 육지와 바다로 이루어진 '근대적' 개념의 지구를 처음으로 나타낸 삽화가 들어간 사크로보스코의 《구》의 판본을 출간했다.[34]

1531년, 야코프 지글러Jacob Ziegler는 바젤에서 플리니우스의 《박물지》 제2권에 대한 자세한 주석을 출간했다. 거기서 그는 어떻게 바다가 땅보다 높은지에 대한 플리니우스의 설명을 중세의 2구 이론으로 해석했다. 그러고는 근대적 발견들은 이 견해가 잘못된 것임을 보여준다고 퉁명스럽게 결론지었다. 육지가 지구의 어느 한 반구에 국한되지 않았기 때문이었다.[35] 지글러의 책이 나온 그해, 비텐베르크에서는 루터교의 선도적인 신학자이며 교육가인 멜란히톤Melanchthon이 서문을 쓴 사크로보스코의 판본이 등장했다.[36] 멜란히톤의 서문은 천문학을 신의 작품으로서 찬양했을 뿐 아니라 더 나아가 점성술을 자세하게 옹호했다. 이 판본은 반복적으로 간행되었고 널리 불법 복제되었다(가톨릭 국가에서는 서문은 자주 저자의 이름 없이 출간되었다. 개신교도가 쓴 글들은 금지되었기 때문이다. 초기 판본에서 멜란히톤의 이름은 속표지에 잉크로 얼룩져 보이지 않았다). 땅/물의 지구를 보여주는 결정적으로 새로운 삽화는 1526년 페트루스 아피아누스Petrus Apianus에 의해 제작된 《구》의 판본에서 나왔다. 그리고 비텐베르크 판본의 영향을 받아 그것은 새로운 표준이 되었다. 그것은 1570년에 나온 초판, 크리스토프 클라비우스에 의해 만들어진, 그리고 훨씬 많이 재발간된 사크로보

땅이 둥글다는 것을 보여주는 페트루스 아피아누스의 새로운 삽화. 후일 사크로보스코의 《구》 (1526)로부터 멜란히톤과 클라비우스에 의해 모방되었다.

스코에 관한 주해에서 복사되기도 했다.[37]

1538년 비텐베르크 인쇄기는 '볼벨volvelle'(움직이는 원판을 지닌 종이 기구 혹은 삽화)을 포함하는 새롭고 자세한 멜란히톤 판본을 제작했다.[38] 이 판 본(자주 재발간되거나 복사된)에서는, 사크로보스코의 글 속에 나누어진 장章 의 관례적인 제목들이 수정되었다. 이전의 판본에서는 한 장에서 땅이 구 임을 증명하고 또 다른 장에서는 물이 구임을 증명했으나, 새 판본에서는 한 장 전체를 지구를 구성하는 땅과 물에 관해 서술했다. 본문 자체는 변 하지 않았지만(예를 들어, 1639년 레이던에서 등장한 학교용 판본에서처럼), 새 로운 제목 'Terram cum aqua globum constituere'는 그 의미를 크게 변화시켰다.[39] 1538년부터 단일 구를 구성하고 있는 땅과 물에 대한 새로 운 이해는 개신교도 및 가톨릭교 천문학자들 사이에서 정통적인 견해가 되었다.

1475년 세계의 2구 이론은 철학자들과 천문학자들에 의해 보편적으 로 받아들여졌다. 1550년이 되자 모든 전문가들이 그것을 포기했다.[40] 그

*Anatomia physico-hydrostatica fontium ac fluminum*에 실린 쇼트의 삽화. 대양의 표면이 어떻게 위로 휘어 있는지, 그리고 어떻게 대양의 물이 땅의 갈라진 틈을 통해 지하로 이동하여 샘이나 강으로 등장하는지 보여준다. 대양이 육지보다 높다는 사실은 왜 물이 해안가보다 고도가 높은 땅에서 샘솟을 수 있는지를 설명한다. 비록 쇼트가 산들의 정상과 대양의 상대적인 고도에 관해서는 아직 규명하지 못했음을 인정했지만 말이다.

러나 이것은 옛 이론의 어떤 측면들이 새로운 것 안에서 보전될 수 없음을 의미하지는 않았다. 사람들은 수륙 지구 이론의 수용이 자동적으로 바다가 땅보다 낮다는 것을 인정하는 일이라고 생각할지 모른다. 그러나 이와 반대되는 견해가 성서와 수많은 존경받는 권위자들에 의해 명확하게 정립되어 있는 것으로 보였다. 그래서 예수회 회원 마리오 베티니Mario Bettini(1582~1657)는 신이 물 덩어리를 흡수하기 위해 땅의 공동空洞을 열어서 땅과 물의 분리된 구들을 하나의 구로 바꿀 때, 새로운 수륙 지구의 무게중심이 우주의 중심과 일치하지 않을 위험성이 있다는 사실(물은 정의상 땅보다 가볍기 때문에)을 보상할 필요가 있다고 주장했다. 따라서 바다는 그 무게가 땅의 무게와 같아지도록 바깥쪽으로 불룩했다. 가스파르 쇼트Gaspar Schott(1608~1666, 예수회 회원)는 이 논증을 대부분의 강들의 기원에 관한 설명으로 인정했다. 그는 그것들의 상류는 (삽화가 보여주려 하는 대로) 바다의 최고점(높은 해수위: F)보다 아래에 있지만 해안선(낮은 해수위: BC)보다는 높은 곳에 있다고 생각했다. 그는 높은 해수위보다 높은 지점(E)에서 기원하는 강들이 있는지는 공개적인 질문이라고 주장했다. 따라서 바다가 육지보다 높다는 학설은 17세기 후반까지 무난히 유지되었다.[*41] 산의 높이가 해수위로부터 명백히 측정될 수 있다는 생각은 이 견해가 포기된 이후에야 확립되었다. 이것은 낡은 2구 이론이 아니었다. 이제 땅과 물이 단일한 중심을 가진다는 것은 자명해졌다. 이 중심은 지구의 기하학적, 중력 중심이었다. 나는 발트제밀러의 지도 출간 이후에 낡은 이론을 공격자들로부터 옹호하려 했던 사람을 단 둘 찾을 수 있었다. 새로운 실재는 낡은 이론들과는 양립할 수 없었다.

1578년 8월의 어느 아침, 사보이아 대공 에마누엘레 필리베르토Emanuele Filiberto의 식탁에서 왜 강들이 바다로 흘러드는가에 대한 논쟁이 벌어졌다. 거기에 있던 아베로에스파 철학자 안토니오 베르가Antonio Berga는 바다가 육지보다 높기 때문에, 그것은 단순히 물이 자연스럽게 아래로 흐르기 때문일 수는 없다고 주장했다. 베르가는 더 나아가 바다의 구는 땅의 구보다 열 배 더 크며, 두 구체는 동일한 기하학적 중심을 가지지 않고, 대양은

- 1618년, 케플러는 바다가 육지보다 높다는 믿음은 착시의 결과라고 주장했다. Kepler, *Epitome astronomiae Copernicanae*(1635), 26-7(이 관점은 Froidmont, *Meteorologicorum libri sex*(1627)에 의해 동조되었다).

육지보다 높다는 낡은 정통 이론을 호소했다. 조반니 바티스타 베네데티는 베르가의 견해를 반박했다. 베네데티는 대공의 공식 수학자이며 철학자였다. 두 사람의 명예가 걸려 있었기 때문에 논쟁은 식사가 끝난 이후에도 지속되었다. 베네데티는 베르가에게 피콜로미니Piccolomini를 읽어보라고 말했다. 그리고 그는 자신의 주장을 종이에 써서 공작이 읽도록 했다. 베르가는 피콜로미니를 논박하는 글을 출간했는데, 이는 암암리에 베네데티를 논박하는 셈이었다. 베네데티는 무자비하게 베르가(남극과 북극을 혼동하며 자신의 전문성 부족을 드러낸)를 조롱하면서, 그를 철학에서의 '반半 위그노'라고 부르며 응수했다(베르가가 새로운 이론을 철학적 이단이라고 묵살했기 때문에 이것은 즉각적 보복이었다).[42] 강조되어야 하는 점은, 베르가가 동시대 철학자들로부터 자신의 케케묵은 견해들에 대한 지지를 받았다고 주장하려 하지 않았다는 것이다. 만일 그와 같이 생각한 사람들이 있었다 하더라도 그들은 대단히 사려 깊어서 자신들의 주장을 출간하지 못했을 것이다. 낡은 정통 이론을 보전하기 위해 세계의 땅덩어리는 한 반구에 한정되었다고 주장할 필요가 있었을 것이다.[43] 베르가는 이 문제를 회피했다. 그리고 내가 아는 한, 너무나 어리석어서 이 주장을 공공연하게 발표한 사람은 오직 한 명이다.**

그럼에도 불구하고 사람들은 새로운 증거를 설명하기 위해 제기된 다양한 대안 이론이 존재하리라 예상했을 것이다. 예를 들어, 사람들은 대양에

** Agostino Michele, *Trattato della grandezza dell'acqva et della terra*(1583), 13은 이 관점을 취한다. 미켈레는 본질적으로 독학자다. 따라서 그는 진지하게 받아들여지지 않았다. 그는 우리의 대척점에서 우리가 보는 동일한 별들을 볼 수 있다는 사실(밤에 우리는 별들의 구 반 이상을 보기 때문에)에 의해 오도되었을 수 있다. 동일한 별들을 대척점에서 볼 수 없는 유일한 지점은 북극과 남극이다. 그는 확실히 베스푸치가 서유럽의 대척점에 가보지 못했음을 분명히 했다는 사실에 의해 오도되었다. 이것은 그가 구세계의 어느 지점의 대척점에 가보지 않았다는 말은 아니다. 지리학적 논증의 결론적 특징을 보려면 Benedetti, *Consideratione*(1579), 14를 참조하라.

떠 있는 땅의 구가 한 개가 아니라 이제 두 개임이 분명하다고 주장할 수 있었다. 이 견해는 신세계를 '또 다른 땅덩어리의 구altera orbis terrarum'로 묘사했던 사람들(코페르니쿠스가 공감한)에 의해 표현되었다. 그것은 1535년 오비에도Gonzalo Fernández de Oviedo y Valdés가 신대륙 발견의 공식적인 스페인 역사를 서술하면서 진지하게 제기했다.[44] 그러나 코페르니쿠스에게 이것은 단지 표현 방식이었다. 두 개의 땅의 구를 가지면서, 원소 흙을 우주의 중심에 놓을 수 없음이 명백했기 때문이었다. 하나의 물의 구체 내에 두 개의 땅이 있는 우주는 더이상 아리스토텔레스의 우주가 아니었다. '또 다른 땅덩어리의 구'는 실용적인 이론이 될 수 없는 선전 구호였다. 그래서 바다가 육지보다 높다는 전통적 주장을 보전하기 위해 몇몇 보수적인 사상가들이 노력했음에도 2구 이론은 포기되었다.

그러나 한 저술가는 쉽게 물러서지 않았다. 장 보댕은 그의 《우주 자연 무대Universae naturae theatrum》에서 새로운 대륙은 단지 바닥이 안 보이는 대양에 떠 있는 광대한 판에 지나지 않는다고 주장했다. 그는 원소 흙은 원소 물보다 무겁지만, (아리스토텔레스 정통주의에 따라) 무거운 물체는 올바른 모양만 갖추면 가벼운 물체 위에 뜰 수 있다고 주장했다. 떠 있는 대륙들은 (아르키메데스의 원리에 따라) 그 자체의 무게를 밀어낼 것이다. 그러나 현저히 불합리한 추론으로 오직 그 부피의 7분의 1만이 물 아래 있게 될 거라고 설명했다. 설상가상으로 보댕은 대양이 육지 위로 불룩 솟아 있고, 가장 높은 산봉우리보다도 높다는 전통적인 믿음을 고수했다. 이 믿음은 대륙이 바다 위에 높이 떠 있다는 자신의 설명과도 양립할 수 없었는데도 말이다. 보댕은 떠 있는 땅덩어리가 있다고 확신했다. 그는 밤 시간 동안 그 위치가 살금살금 변하는 섬들에 관한 믿을 만한 보고가 존재한다고 믿었다. 그러나 큰 대륙들은 한 장소에 머문다는 것이다. 따라서 보댕은 수

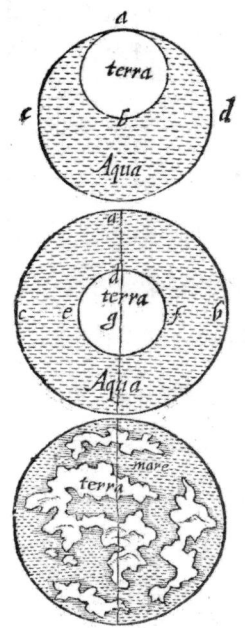

《우주 자연 무대》(1596)에 실린 땅과 바다 사이의 관계에 대한 새로운 이론을 보여주는 장 보댕의 삽화. 중간 그림은 땅의 구가 바다의 구보다 열 배 더 작다는 중세 후기의 표준적인 견해를 보여준다. 위 그림은 땅의 구 중심이 우주의 중심과 겹치지 않으리라는 것을, 아래 그림은 대양에 떠 있는 땅의 평평한 판들에 관한 보댕 자신의 상상을 보여준다.

륙 지구가 아닌, 땅이 물 위에 떠 있는terram aquis supernatare 지구를 제안했다.[45]

   이런 이상한 주장을 한 보댕의 동기는 복잡했다. 우선 그는 육지가 한 반구에 국한되지 않는다는 것, 따라서 낡은 2구 이론이 맞지 않는다는 것을 확실히 했다. 둘째, 그는 코페르니쿠스로부터 만일 땅이 바다 크기의 10분의 1이고 땅의 어느 부분이라도 그 중심이 바다의 구의 중심과 같다면 땅은 완전히 잠겼으리라는 증명을 읽어냈다. 그래서 그는 만일 사람들이 물과 육지의 비율을 유지하길 원한다면, 유일한 해결책은 육지를 쪼개서 바다의 표면에 흩어지게 하는 것이라고 생각했다. 이렇게 하면서 그는 아리스토텔레스에게 근본적이었던 두 원리, 원소 흙은 구이며, 우주의 중심에 있다는 원리를 완전히 포기했다. 그러나 그는 자신이 구약성서의 창조 설명에 더 근접했다고 믿었다.

보댕의 이론은 아주 특이했기 때문에, 두 세대 이후 저술가인 가스파르 쇼트는 도저히 그것을 이해할 수 없었다.[46] 그는 보댕이 물의 구에 떠 있는 땅의 아주 큰 구(아리스토텔레스주의의 전통적 주장의 핵심 원리를 간직한)를 지지한 것으로 아주 잘못 해석했다. 그는 자신이 이해한 보댕의 이론을 설명하는 자세한 그림을 그렸다. 비록 그의 그림은 보댕의 그림과는 아주 달랐지만 말이다. 쇼트가 보댕을 전혀 이해하지 못했다는 것은, 보댕이 자신의 관점에 일리가 있다고 다른 학자들을 설득하기 어려웠으리라는 점을 보여준다. 그 그림을 자세히 들여다본 사람은 누구나 어떻게 물보다 무거운 물체가 뜨는지에 대한 보댕의 설명이 모순투성이라고 결론지을 것이다. 왜냐하면 아르키메데스와 아리스토텔레스는 양립할 수 없기 때문이다. 그리고 떠 있는 대륙의 개념에 기반을 둔 보댕의 안정된 이론이 어떻게 태어날 수 있었는지도 이해하기 어렵다.

2구 이론의 조용한 종말이라는 특이한 이야기에 대해 우리는 무엇을 말할 것인가? 베스푸치가 신대륙에 도착하기 훨씬 이전부터 그것에 반反하는 충분한 증거들이 있어왔다. 에기디우스와 단테는 만일 그 이론이 옳다면 바다에 떠오른 육지는 원형이어야 한다고 지적했다. 그러나 그렇지 않았다. 단테는 사람들이 왜 그것이 합당한 사례인지propter quid 결정하기 전에, 어떤 것이 과연 그러한 사례인지an sit를 규명해야 한다고 분별력 있게 말했다. 그의 관점에 의하면 증거는 2구 이론을 논박했다. 비록 그 이론이 아리스토텔레스의 우아한 재해석이긴 했지만 말이다.* 게다가 초기에 공

육지와 바다의 관계에 대한 보댕의 새로운 이론을 쇼트가 해석한 그림. 그의 *Anatomia physico-hydrostatica*(1663)에 수록.

세에 시달리다가 나중에 수륙 지구 이론으로 알려진 것을 지지한 이들인 안달로Andalò di Negro와 테모Themo Judaei는 월식이 일어나는 동안 지구 그림

• 단테와 동시대인인 레비 벤 제르송Levi ben Gerson을 비교하라. 그는 프톨레마이오스의 주전원周轉圓 이론과 양립할 수 없는 관측적 증거가 존재한다고 주장했다. '어떤 논증도 감각에 의해 인지되는 실재를 무효화할 수 없다. 올바른 견해는 실재를 따라가야 한다. 그러나 실재가 견해와 일치할 필요는 없다.'(Goldstein, 'Theory and Observation'(1972), 47) 그러한 주장은 소수파 관점을 정당화할 수 있다. 1492년 이전, 그들은 지적인 토론에서 합의를 보는 데 있어 결코 결정적이지 않았다.

자의 둥근 모양(아리스토텔레스에게 이미 알려진 현상)을 두 개의 중복된 구가 아닌 오직 하나의 수륙구가 존재한다는 증거로 지목했다. 그들은 물이 투명하지만은 않다고 주장했다. 물의 구는 그림자를 드리울 텐데 그러한 그림자는 보이지 않았다.[47] 코페르니쿠스는 이 주장을 《천체의 회전에 관하여》에서 재활용했다.

14세기에 2구 이론을 반박하는 증거, 좋은 증거가 제시되었으나 무시되었다. 16세기 초, 베스푸치의 항해는 더 상세한 증거를 제공했고 그것은 결정적이었다. 그 증거의 우수성이 남달랐는가? 그렇다. 베스푸치의 항해에는 두 가지 중요한 특징이 있었다(근대 학자들이 그가 한 항해의 횟수와 그의 항해에 관한 설명들이 과연 그의 이름으로 작성되었는지에 대해 논의했음에도 불구하고). 첫째, 신대륙 발견의 중요성에는 그것이 국가의 문제이고 국왕의 관심사였기에 논란이 없었다. 정부가 중요하다고 여기는 것을 어떻게 학자들이 무시할 수 있었겠는가? 둘째, 더 중요한 것은 이 발견들이 새롭다는 것이었다. 안달로가 월식 때 보이는 지구의 그림자를 언급했을 때, 혹은 단테가 알려진 세계의 마른땅의 모양을 언급했을 때, 그들은 오랫동안 알려져 있었던 정보에 호소하고 있었다. 어쨌든 어디선가 이 주장들이 2구 이론의 지지자들에 의해 이미 고려되고 있었다고 가정하기 쉽다. 필사본 문화에서는 아무도 모든 관련된 저술들을 손안에 확보하기를 바랄 수 없기 때문이었다. 그러나 베스푸치의 정보는 그 전례가 없었음이 명백했다. 그것은 이제 고심하여 다루어질 필요가 있었다.

인쇄술과 결합하여 행해진 발견의 발명은 낡은 논증의 재해석에서부터 새로운 증거의 획득과 해석을 향해 기울면서 증거와 이론의 균형을 크게 변화시켰다. 2구 이론에 관한 한, 베스푸치의 항해는 결정적이었다. 새로운 사실들은 2구 이론을 사멸시키는 사실들이었다. 공교롭게도 이것은

13세기 대학의 설립 이래 철학 이론이 사실에 의해 파괴되는 최초의 사례였다.* 경악스럽게 보이겠지만, 새로운 경험적 증거가 철학자들 사이에 오래 지속된 논쟁의 결과를 결정한 전례가 없었다. 예를 들어, 아리스토텔레스는 신경들이 심장에 연결되어 있다고 주장했다. 갈레노스는 그것들이 뇌에 연결되어 있음을 보여주었다. 그러나 고대 및 중세의 아리스토텔레스주의 철학자들은 마치 갈레노스가 없었던 것처럼 계속해서 아리스토텔레스의 가르침을 따랐다.** 1507년, 이론과 증거의 관계는 변했다. 영원히.

3

1543년 코페르니쿠스는 《천체의 회전에 관하여》를 출간했다. 거기서 그는 지구가 우주의 중심에 조용히 서 있기는커녕, 1년에 한 번 태양 주위를 돌고, 24시간마다 축을 중심으로 자전한다고 주장했다.[48] 코페르니쿠스는 폴란드령 프로이센에 있는 바르미아 성당의 수사 신부였다. 그는 이탈리아에서 집중적으로 공부했다(볼로냐에서 천문학을, 파도바에서 의학을). 그는 사크로보스코가 제기한 일련의 인습적인 주장들(천체는 구형이다. 지구는 구체다. 바다도 구체다)을 살펴봄으로써 그의 위대한 작업을 시작한다. 제1권 2장의 마지막 문장에서 코페르니쿠스는 바다가 육지보다 높다는 주장(플리니우스와 성서에서 취한)을 거부한다. 그리고 3장에서 그는 아메리카 발견

---

* 우리가 보았듯이(3장 3절에서), 거의 같은 시기에, 열대에서는 사람이 살 수 없다는 주장이 경험에 의해 논박되었음이 일반적으로 받아들여졌다.

** 이와 마찬가지로, 프톨레마이오스는 어느 동심(同心) 행성 체계도 관측된 현상을 설명할 수 없음을 입증했다. 그러나 철학자들은 16세기에 이르러서도 여전히 그러한 체계를 만들어내려고 노력했다.

의 중요성을 강조한다. 땅과 물은 무게중심과 기하학적 중심이 일치하는 하나의 지구를 만든다. 바다는 많은 중세 철학자들이 주장했던 대로 땅보다 열 배 더 클 수 없다. 만일 그러하다면, 그리고 땅이 둥글고 바다의 표면에 떠 있다면, 간단한 기하학은 땅의 어느 부분도 우주의 중심과 일치하지 않음을 보여줄 것이다. 대척점과 대척점에 사는 사람들antichthones도 실제로 존재한다. 실제로 기하학적 추론은 아메리카의 위치가 인도 갠지스 지역과 180도 반대편이라고 우리가 믿도록 만들었다(바디아누스의 계산과는 약간 달랐다. 그는 인도와 아프리카를 서로 대척점에 놓았다). 따라서 코페르니쿠스는 월식 동안 달에 드리워진 지구의 그림자 모양의 증거에 호소하여, 이따금 산지와 계곡이 존재하지만 거의 완벽한 구체의 지구를 주장했다. 이것은 지구가 남북 축상에서 자전한다는 주장을 향한 결정적인 첫걸음이었다.

1543년이 되자 지구를 단일 구체로 여기는 코페르니쿠스의 주장의 전체적인 윤곽은 널리 받아들여졌다. 그러나 우리는 코페르니쿠스가 1514년에 처음으로 자신의 견해를 확립했음을 알고 있다. 그 시기에 적어도 그의 예비 스케치의 한 사본이 존재했기 때문이다.[49] 그는 자신의 사유의 전개에 대한 두 가지 설명을 제시한다. 하나는 《소小주해Commentariolus》의 서문에서, 다른 하나는 《천체의 회전에 관하여》의 시작 부분에서다. 우리는 그것들로부터 그가 오랫동안 인습적인 천문학 이론에 만족하지 못했고 대안을 찾기 위한 시도로 체계적인 독서에 몰두했다는 것을 알 수 있다. 지구가 움직인다는 생각은 처음에는 터무니없어 보였지만, 그는 그것을 고집했고, 천체 운동의 새로운 설명을 위한 기초를 제공할 수 있는지 살펴보기로 작정했다.

땅과 바다가 하나의 구체를 형성한다는 코페르니쿠스의 학설이 비교적 새롭다는 것을 파악했던 극소수의 주석가들은, 코페르니쿠스가 자전하는 지구를 상상하기 이전에 극복해야만 했던 근본적인 장애물이 존재했다고 꽤 정확하게 결론지었다. 그는 지구를 구체로 상상해야 했다(가능성의 한도에서 밀어붙이면 남북 축을 중심으로 대칭적인 구체 혹은 절대적 최소 조건으로 무게중심이 남북 축상에 있는 구체).[50] 에드워드 로젠Edward Rosen은 《천체의 회전에 관하여》 제1권 3장의 지리학적 정보(아메리카는 갠지스 지역의 대척점에 있다는 주장 같은)는 1507년의 발트제뮐러의 지도와 그것이 실린 책, 그리고 같은 해에 요하네스 라위스Johannes Ruysch가 출간한 지도에 기초하고 있다고 주장했다.[51] 그렇다면 코페르니쿠스는 1507년과 1543년 사이에 지구를 구체로 보게 된 것으로 보인다. 하지만 정확히 언제였을까?

이 문제에 대해 우리는 《소주해》 이외에는 유용한 원전을 갖고 있지 못하다. 그 책은 수많은 공리로부터 시작한다. 그 두 번째가 '땅의 중심은 우주의 중심이 아니라(왜냐하면 지구가 아니라 태양이 우주의 중심이기 때문이다) (지구의) 무게중심 그리고 달의 천구의 중심이다(centrum terrae non esse centrum mundi, sed tantum gravitatis et orbis Lunaris)'라는 것이다. 3장에서 우리가 보았듯이, 중세 말의 관점은 땅의 중심은 우주의 중심과 겹치지만 적어도 세 개의 관련 있는 무게중심, 무거운 물체들이 그것을 향해 낙하하는 땅의 중심, 물의 구체의 중심, 그리고 두 구의 무게중심(즉, 균형점 혹은 평형점)이 있다는 것이었다. 이 세 가지 중심 중의 하나가 우주의 중심으로 여겨졌다. '땅의 중심이 무게중심'이라는 말은 최소한의 단어로 이 토론을 관통한다. 이것은 파리학파의 논증을 거부한 것이며, 코페르니쿠스가 1514년에 바디아누스에 의해 최초로 발표될(1515) 논증에 이미 동의했음을 입증하는 것이다. 코페르니쿠스는 이것을 《천체의 회전에 관하여》에서 반복했다. 즉, 지구의 기하학적 중심과 무게중심은 하나이며 동일하다는 것이다.

두 번째로, 코페르니쿠스는 지구의 자전을 다음과 같이 묘사한다. '지구의 특이한 두 번째 운동은 극축상에서 서쪽에서 동쪽으로 매일 일어나는 자전이다. 이 자전으로 인해 전 우주가 엄청난 속도로 회전하는 것처럼 보인다. 따라서 지구는 주변의 바다와 둘러싸고 있는 공기와 함께 회전한다 (Alius telluris motus est quotidianae revolutionis et hic sibi maxime proprius in polis suis secundum ordinem signorum hoc est ad orientem labilis, per quem totus mundus praecipiti voragine circumagi videtur, sic quidem terra cum circumfluis aqua et vicino aere volvitur).'

우리는 좀더 정확할 필요가 있다. terra cum circumfluis aqua et vicino aere volvitur는 '지구는 주변의 바다와 둘러싸고 있는 공기와 함께 회전한다'는 뜻이다.[52] 전통적인 견해(코페르니쿠스가 《천체의 회전에 관하여》에서 분명히 거부한)에서는 땅이 더 큰 물의 구체 위에 사과처럼 떠 있다.[53] 그러나 여기서 물은 주위의 공기와 비교되고 있다. 둘 다 육지의 표면에 있고 육지의 둘레를 따라, 그리고 가로질러 흐른다. 여기에 예시된 것이 나중에 《천체의 회전에 관하여》에서 이루어진 주장이다. '최종적으로 나는 땅과 바다가 함께 단일한 무게중심을 누르고 있고, 지구는 그 밖의 다른 무게중심이 없으며, 땅이 무거우므로 그것의 틈들이 물로 채워져 있으며, 따라서 비록 표면에 더 많은 물이 나타나지만 육지에 비해서 물이 적다고 생각한다.'

그래서 만일 우리가 《소주해》의 원문을 자세히 본다면, 나중에 《천체의 회전에 관하여》의 논증이 될 것을 미리 간결한 형식으로 발견할 수 있다.[54] 이것으로부터 세 가지 결론이 도출된다. 첫째, 《소주해》는 1507년 이전에 집필되었을 수 없다. 이 관점을 지지하는 독립적인 증거가 있다. 1508년,

로렌스 코르비누스Lawrence Corvinus는 시를 썼다. 거기서 그는 코페르니쿠스가 그 당시 천체에서 태양이 움직인다고 믿었음을 암시했다. 환언하면, 그는 아직 태양 중심설을 채택하지 않았다. 비록 그가 '놀라운 (새) 원리'를 이미 정립했지만 말이다.[55] 둘째, 코페르니쿠스는 14세기 이래 2구 이론을, 그리고 지구의 여러 중심 이론을 거부한 최초의 인물들 중 한 사람이었다. 이것은 1543년까지 그가 열린 문을 두드리고 있었다는 사실에도 불구하고, 《천체의 회전에 관하여》의 논증에서 강조한 점을 설명하는 데 도움이 된다. 실제로 여러 코페르니쿠스주의자들은 이 점에 대한 코페르니쿠스의 강조를 이해하기 어려웠음이 틀림없다. 그래서 그것은 즉시 논란의 여지가 적은 것이 되었다. 토머스 딕스는 《천체의 회전에 관하여》 제1권의 핵심 부분을 영어로 번역할 때, 지구의 둥긂에 관한 논의를 전체적으로 제외했다. 그는 지구가 '땅과 물로 이루어진 공'이라는 것을 당연하게 여겼기 때문이다.[56]

이러한 연대기를 염두에 두고 우리는 이제 하나의 중요한 질문을 제기할 수 있다. 코페르니쿠스의 수륙 지구 이론의 채택이 그가 지구 중심설geocentrism에서 태양 중심설heliocentrism로 전환하는 데 핵심적인 사건이었는가? 코페르니쿠스는 원래 지구-태양 중심geoheliocentric 이론을 고려했다고 추정되어왔다. 이것은 태양이 지구 주위를 돌고, 행성들은 태양 주위를 돈다는 이론, 나중에 튀코 브라헤가 지지했던 이론이다.[57] 나는 이 추정을 의심한다. 왜냐하면 코페르니쿠스는 올바른 이론이 이미 수립되어 있음이 틀림없다고 생각했던 것으로 보이기 때문이다. 그는 그가 발견할 때까지 (더 많이) 읽을 필요가 있었다. 그는 새로운 이론을 찾고 있지 않았다. 그는 아직 진보적인 지식 개념을 갖지 못했다. 만일 코페르니쿠스가 지구-태양 중심 이론을 고려했다면 그는 재빨리 그것을 포기했음이 분명해 보인다. 아마 그는 그러한 이론이 행성들을 실어나르는 물리적인 구에 대한 믿음과 양립할 수 없다는 것을 깨달았을 때 그랬을 것이다. 태양 주위를 도는 화성의 궤도는 지구 주위를 도는 태양의 궤도와 교차할 것이기 때문이다. 그가 더 급진적인 이론인 태양 중심설(움직이는 지구를 포함한다는 점에서 더 급진적이다. 그러나 물리적 구에 대한 믿음과 양립할 수 있다는 점에서, 그리고 고대 철학자들에 의해 이미 확립되어 있었다는 점에서 더 보수적이다)로 돌아서자마자, 그는 땅/바다 결합체의 형태를 결정해야 한다는 것을 깨닫게 될 터였다. 왜냐하면 그의 지구는 축상에서 자전하면서 공간을 날아다닐 수 있어야 할 것이기 때문이었다.

바다가 땅의 중심으로부터 밀려나 있다는 사크로보스코의 이론은 폐기되어야 했다. 땅의 중심이 바다들의 중심이 아니라면 어떻게 이 바다들이 땅의 중심 주위를 균일하게 돌 수 있겠는가? 땅의 무게중심이 물의 구의 중심과 일치한다는 파리학파의 관점은 처음에는 실행 가능한 대안으로 여겨졌다. 그러나 코페르니쿠스는 유능한 수학자였다. 그는 재빨리 깨달았다. 그가 《천체의 회전에 관하여》에서 지적한 대로, 흔히 가정되듯이 만일 물의 구가 육지의 구보다 열 배 더 크다면, 육지의 구는 물의 구의 중심과 겹치지 않을 것이고, 땅의 무게중심은 물의 무게중심과 일치하지 않을 것이다. 그가 물의 구를 상당히 줄어들게 하더라도 사람들이 마른땅이 원소 흙과 현격히 다르다고 가정하지 않는 한, 땅의 구의 무게중심과 물의 구의 중심을 일치시키기 어려울 것이다. 그리고 땅의 구의 대부분이 비록 그것이 바다의 수위보다 아래에 있다고 하더라도 이론적으로 마른땅으로 구성되어야만 했다. 피에르 다이와 그를 이은 그레고어 라이슈Gregor Reisch(1496)는 우주의 중심과 일치할 수 있는 무게중심을 찾을 때 땅과 물을 하나의 결합체로 처리함으로써 이 난점을 극복하려고 노력했다. 그 결

당시의 주석이 달려 있는 코페르니쿠스 초판본 일부(리하이Lehigh 대학 소장). 독자는 땅과 바다의 관계에 관한 전통적인 설명에 모순이 있다는 코페르니쿠스의 주장의 논리를 파악하려 하고 있다. 만일 육지의 구가 바다의 구의 중심과 겹친다면 바다의 부피가 육지의 부피보다 열 배 더 클 수 없기 때문이다. 더이상 땅의 중심이 우주의 중심과 일치하지 않더라도 만일 땅이 우주의 중심에 정지해 있다면 그러해야만 한다. 정확하게 동일한 논점이 《우주 자연 무대》에서 보댕의 주의를 끌었다. (이 거의 판독 불가한 주석을 힘들게 번역해준 노엘 맬컴Noel Malcolm에게 감사를 표한다.)

과는 어떤 목적을 위해 '지구'는 두 구체로 이루어진 것으로 생각되어야 하며, 다른 목적들을 위해서는 그것은 하나의 구체로 이루어진 것으로 생각되어야 한다는 이론이었다.[58] 어찌되었든 대척점은 존재할 수 있었다. 그러나 오로지 두 구체의 가장자리를 따라서만 그러했다.

코페르니쿠스는 새로운 천문학을 정립하려고 애쓰면서 체계적인 독서에 몰두했다고 한다.[59] 마이클 섕크Michael Shank는 그가 독서 기간 중에 1508년 베네치아의 준타Giunta 출판사에서 발행된 천문학 개설서 한 권을 얻었다고 가정했다. 거기서 그는 그로스테스트의 1구 이론에 대한 간략한 설명을 발견했을 것이다. 그러나 그는 또한 잠바티스타 카푸아노 Giambattista Capuano가 쓴 사크로보스코에 대한 주해도 발견했을 것이다. 이것은 코페르니쿠스 이전에 움직이는 지구에 기초한 천문학 이론을 정립하는 방법을 논의한 유일한 연구다.[60] 결정적으로, 카푸아노는 천체가 아니라 지구가 매일 회전하는 것이라는 익숙한 생각(오렘이 제기한)뿐만 아니라, 지구가 보통 태양에 할당된 경로와 비교되는 연례의 경로를 따라 천체 속에서 움직이는 것일 수도 있다는 가능성 또한 논의했다. 만일 이 저술이 실제로 코페르니쿠스의 수중에 들어갔다면(코페르니쿠스는 1501년에서 1503년 사이에 파도바에서 공부했다. 그때 카푸아노는 천문학을 강의했고, 코페르니쿠스는 아마 그의 강의를 들었거나 혹은 이전의 인쇄본을 읽었을 것이다), 우리는 그가 그것을 주의깊게 읽었을 거라고 확신할 수 있다. 카푸아노는 나중에 고전이 될 운명인 움직이는 지구에 대한 일련의 반대 의견들을 세심히 수집했다. 예를 들어, 만일 당신이 움직이는 배 위에서 어떤 물체를 위로 똑바로 던지면 그것은 배 뒤로 떨어질 것이다.[61] 만일 지구가 회전한다면 매일 땅이 수면 아래로 들어가 모두 익사할 것이다. 2구 이론에 따르면 더욱 그러할 것이다. 땅, 바다, 공기가 모두 함께 회전한다면, 왜 항상 산 꼭대기에는 강한 바람이 불고 있는가? 카푸아노는 이 바람들이 구체들의 운동으로 생겨나 대기 상층으로 전파된다고 믿었다. 지구가 이웃하는 주변의 공기와 함께 회전한다는 《소주해》에서의 코페르니쿠스의 자세한 설명은 산 정상에서의 바람에 대한 대안적인 설명을 제공하기 위해, 대기 상층이 지구를 따라 회전하지 않을 수도 있다는 여지를 남기기 위한 것으로 보인다. 카푸아노를 읽고 나서 코페르니쿠스에게는 지구가 어떠한 종류의 물체인지, 그리고 움직이는 지구에서 물체가 낙하할 때 어떤 일이 일어나는지에 대한 설명이 필요하다는 것이 분명해졌다. (코페르니쿠스는 낙하하는 물체는 움직이는 지구와 함께 움직인다고 설명했다. 그러나 그는 이 설명을 확장해 움직이는 배 위에서 위로 던져져 낙하하는 물체는 배를 따라 움직인다고는 주장하지 않았다.)

만일 우리가 코페르니쿠스가 1508년 이후 즉시 그의 사고에서 이 지점까지 도달했다고 상상한다면, 아메리고 베스푸치의 지리상의 발견과 발트제밀러와 링만의 지도들과 주해들은 그가 태양 중심설을 개발하는 데 중요했을 것이다. 그것들이 지구 모양의 문제에 대해 명확한 해결책을 제공했기 때문이다. 수륙 지구의 개념이 그에게 근본적으로 중요했음은 《천체의 회전에 관하여》 본문에서 뚜렷이 드러난다. 이것은 확실히 새로운 이론의 구성에서 최후의 구성 요소였다.[62] 베스푸치가 없었다면 코페르니쿠스설도 없었을 것이다. 코페르니쿠스설은 지구에 관한 근대적 이론을 필요로 했기 때문이다.

우리는 코페르니쿠스설이 지구에 대한 근대적 이론을 필요로 했다는 주장을 검증할 수 있을까? 먼저, 그것은 불가능해 보인다. 우리가 들여다보아야 할 것은 코페르니쿠스의 두 저술뿐이다. 그러나 지구가 움직인다는 주장에 대해서는 일찍이 세 가지의 다른 저술이 존재한다. 코페르니쿠스의 이론을 최초로 설명한 인쇄본인 코페르니쿠스의 제자 레티쿠스Rheticus의 《코페르니쿠스설에 대한 최초의 설명Narratio Prima》(1540), 지구가 축상에서 자전한다고 주장한 (1541년 이전, 따라서 코페르니쿠스 이전) 셀리오 칼카니니Celio Calcagnini의 소논문, 그리고 지구의 운동을 반박하는 성서적 주장을 다룬 레티쿠스의 저술(1542/3년)이 그것들이다. 비록 지구가 하나의 구라는 것을 자세히 증명할 필요가 대두되기에는 이 저술들이 너무 늦게 출현했지만, 우리는 지구의 운동을 논의할 때, 그것들 각각에서 분명히 지구에 대한 근대적 이론이 언급되었으리라 예상할 수 있다. 그리고 실제로 그렇다. 그 저술들 각각은 지구가 완벽하게 둥근 공, 혹은 구임을 강조하는 것이 필수적이라고 여긴다.[63]

4

지구가 행성이라는 주장의 의미는 무엇일까? 코페르니쿠스는 이 질문을 논의하지 않았다. 그러나 그의 후계자들은 논의하지 않을 수 없었다. 1583년 여름, 괴이한 작은 이탈리아인이 옥스퍼드에서 일련의 강의를 했다.[64] 우리는 그를 조르다노 브루노로 알고 있다. 그러나 그는 자신에 대해서 긴 이름, 자기 몸보다 더 긴 이름과 긴 직함을 창안하고 싶어했다고 한다. 그가 쓴 편지의 서두는 웃음을 자아낸다.

> 필로테우스 조르다누스 브루누스 놀라누스, 더 정교한 신학 박사, 더 순수하고 순전한 지혜의 교수, 유럽의 학계에 가장 잘 알려진, 입증된, 그리고 영예로운 철학자, 오직 야만인들과 정직하지 못한 자들에게만 낯선 사람, 잠자는 영혼을 깨우는 사람, 건방지고 완고한 무지를 길들이는 사람, 그는 그의 모든 행동에서 인류를 보편적으로 사랑한다. 그는 영국인이든 이탈리아인이든, 남자든 여자든, 추기경이든 왕이든, 예복이든 갑옷이든, 수사든 일반인이든 그러한 것에 구애받지 않고, 평화로이 대화하고, 더 정중하고, 더 신실하고, 더 가치 있는 사람들과 어울리기를 선호한다. 그는 기름 부은 머리, 표시된 이마, 씻은 손, 혹은 할례 받은 성기를 존중하지 않는다. 그보다는 영혼과 정신의 문화(진정한 인간의 얼굴에서 읽힐 수 있는)를 존중한다. 어리석음의 전파자

와 삼류 위선자들은 그를 싫어한다. 진지하고 학구적인 사람은 그를 사랑한다. 가장 고귀한 정신은 그를 찬양한다. 옥스퍼드 대학의 가장 탁월하고 걸출한 부학장님께 인사를 드린다.[65]

연단으로 걸어갈 때, 그는 마치 마술을 하는 곡예사처럼 소매를 둘둘 말았다. 말하면서 논병아리처럼 위아래로 흔들거렸다. 모든 학자들이 그러했듯이 라틴어로 강연했다. 그러나 나폴리 발음으로 라틴어를 했다. 옥스퍼드의 교수들(자신들의 영국식 라틴어 발음이 교양 있고 세련된 것이라고 여겼던)은 그가 chentrum, chirculus, circumferenchia라고 발음하자 그를 비웃었다(공교롭게도 지금은 인정된 발음이다). 그러나 대체로 그의 코페르니쿠스설은 예외였다. 20년 후, 나중에 캔터베리의 주교가 된 조지 애벗 George Abbott은 그것을 마치 어제 일처럼 기억했다. '그는 다른 문제보다 땅이 돌고 하늘이 멈추어 있는 코페르니쿠스의 견해를 고찰하는 일에 착수했다. 반면 사실상 돌고 있는 것은 그 자신의 머리였고 그의 뇌는 정지해 있지 않았다.'[66]

그것은 코페르니쿠스가 《천체의 회전에 관하여》를 출간한 지 40년이 된 즈음이었다. 그의 새로운 천문학은 프톨레마이오스의 기존의 천문학보다 분명히 확실한 장점이 있었다. 플라톤과 아리스토텔레스에 의하면, 천체에서의 모든 운동은 원운동이며 변하지 않아야 했다. 우리가 보았듯이, 르네상스기에 동심 구체들로 이루어진 우주의 단순한 모형을 구축하려고 한 철학자들(전염병에 대해 심각하게 생각한 최초의 인물인 지롤라모 프라카스토로 Girolamo Fracastoro(1477~1553) 같은)이 있었다. 그러나 아무리 시도를 해봐도 철학자들은 실제로 천체에서 일어나는 현상에 부합하는 모형을 얻을 수 없었다. 프톨레마이오스가 달성할 수 있었던 것은 천체의 운동을 정확하게 예측하는 체계였다. 플라톤과 아리스토텔레스의 체계와 마찬가지로, 프톨레마이오스의 체계는 달, 태양 그리고 모든 행성들이 지구 주위를 돈다고 주장했다. 그러나 천체의 운동을 정확하게 예측하기 위해서 그것은 이심원(가상원)deferent, 주전원epicycle, 편심eccentrics, 이퀀트equant로 이루어진 복잡한 체계를 차용했다. 이퀀트는 원의 중심으로부터가 아니라 또 다른 점으로부터의 거리를 측정함으로써 천체에서 한 물체(행성)의 속도를 더하거나 늦추는 장치였다. 이러한 수단들에 의해 운동은 일정한 것으로 묘사될 수(혹은 잘못 묘사될 수) 있었다. 따라서 이것은 천체 운동은 원운동이며 변하지 않아야 한다는, 철학자들이 주장한 근본 원리 위에서 속임수를 쓰는 방법이었다. (엄격한 아리스토텔레스주의자들에게는 주전원조차 속임수였다. 그들은 모든 원운동이 같은 중심을 갖기를 원했기 때문이다.)

코페르니쿠스는 어떻게 지구의 운동이 주전원설이 보여주는 하늘에서의 겉보기 운동을 만드는지 보여줌으로써, 이퀀트를 폐기하고 태양으로부터 지구보다 먼 행성들의 주전원을 제거할 수 있음을 제안했다. 코페르니쿠스는 또한 전체적으로 자신의 체계가 그 체계의 특성을 더 엄밀하게 명시하기 때문에 더 낫다고 주장했다. 프톨레마이오스파 철학자들은, 예컨대 금성 혹은 태양 어느 쪽이 지구와 더 가까운지를 결코 확신하지 않았다 (오늘날 우리의 용어로, 정답은 어떤 때는 전자이고 어떤 때는 후자다. 그러나 이것은 프톨레마이오스 우주 체계 내에서는 받아들일 수 없었다). 반면 코페르니쿠스의 체계는 고정된 순서로 천체를 배치했다.[67]

코페르니쿠스는 지적 혁명의 시동을 걸었다고 간주되어왔다. 실제로 토머스 쿤은 자신의 첫 번째 책을《코페르니쿠스 혁명》(1957)으로 명명했다. 그러나 이것은 쿤의 오류였다. 유럽 전역의 천문학자들은 코페르니쿠스의 주장에 깊은 관심을 보였지만 극소수의 예외를 제외하면, 그들은 움직이는 지구에 관한 그의 설명이 전연 잘못이라는 것을 당연시했다. 만일 지구가 움직인다면, 우리는 그것을 알 수 있었을 것이다. 당신은 얼굴에 맞닿는 바람을 느낄 것이다. 만일 당신이 높은 탑에서 어떤 물체를 떨어뜨리면 그것은 서쪽으로 낙하할 것이다. 만일 당신이 서쪽으로 대포를 쏘면 탄환은 동쪽으로 쏠 때보다 멀리 날아갈 것이다. 이러한 일들이 일어나지 않기 때문에 에라스무스 라인홀트Erasmus Reinhold(1511~1553), 미하엘 매스틀린Michael Maestlin(1550~1631), 튀코 브라헤, 크리스토프 클라비우스, 그리고 조반니 마기니Giovanni Magini(1555~1617) 같은 모든 선도적인 천문학자들은 코페르니쿠스가 틀렸다고 확신했다. 그러나 그들은 그의 계산 기술에 매료되었고 이퀀트를 폐기할 수 있다는 생각에 전율을 느꼈다.《천체의 회전에 관하여》 초판(1543) 및 2판(1566) 중 특별히 애지중지되어 현재 남아 있는 모든 판본들은 그 최초의 독자들이 여백에 써놓은 논평을 확인하기 위해 연구되었다. 그것을 살펴보면 우리는 그들이 좋아했던 것 혹은 싫어했던 것, 그리고 믿을 만하다고 혹은 믿을 수 없다고 생각했던 것들을 확실하게 말할 수 있다.[68] 그들은 코페르니쿠스설을 수학적 방법으로서 좋아했다. 그것을 과학적 진리로 대하지 않았다. 그들은 서문 역할을 하는 편지(오시안더Osiander가 쓴 것으로 알려졌고 코페르니쿠스의 허가 없이 추가된)가 그것을 읽기를 권장했기 때문에 하나의 순전히 가설적인 구성으로서 그것을 읽었다.

우리가 아는 한, 1583년에는 전 유럽에서 오직 세 명의 유능한 천문학자들만이 지구가 태양 주위를 돈다는 코페르니쿠스의 주장을 인정했다. 그들은 독일의 크리스토프 로트만Christoph Rothmann(그는 책을 내지 않았고, 결국 코페르니쿠스설을 포기했다), 이탈리아의 조반니 베네데티(1585년, 그는 이 질문에 대해 몇 문장만 발표했다), 영국의 토머스 딕스(그는 1576년에 코페르니쿠스설을 지지하는 책을 출간했다)였다.* 그래서 이 특이한 이탈리아인이 몸을 아래위로 재빨리 움직이며 처크-처크 키르-키르 소리를 내면서 코페르니쿠스설을 문자 그대로의 진리로 옹호하는 것을 듣고는 옥스퍼드 대학 교수들은 그저 경악했다.

우리는 브루노가 코페르니쿠스설에 관해 얼마나 깊이 있게 설명했는지 알지 못한다. 그의 강의는 세 번 만에 중단되었다. 그가 사용한 단어들은 그 자신의 것이지만, 그는 르네상스기의 플라톤주의 철학자 피치노Ficino 의 문장들을 나열했다고 비난받았다(피치노는 태양을 찬양하는 글을 썼다). 이것은 틀림없이 있을 수 있는 일이다. 우리가 보았듯이, 브루노는 그의 저술에서 비슷한 일을 한다. 표절의 개념은 새로운 것이 아니다.** 그러나 우리는 브루노가 말하고 싶었던 것을 안다. 그는 옥스퍼드에서 쫓겨난 후, 런던에 있는 프랑스 대사관에 피신했고, 거기서 일련의 저술 집필에 착수한다. 그 저술 중 가장 유명한 것이 그의 입장을 변호한 《재의 수요 만찬 La Cena de le Ceneri》이다.[69] 런던에서의 18개월 동안 브루노는 여섯 권의 책을 출간했는데, 모두 이탈리아어로 썼다.*** 영국 체류 전후로 브루노는 라틴어로만 책을 썼다(1582년 파리에서 출간한 희곡《양초쟁이Il candelaio》가 유일한 예외였다). 그래서 그가 이탈리아어를 선택한 것은 그의 책들이 영국인들에게 주로 팔렸다는 점에서(비록 몇몇은 프랑크푸르트 도서 박람회에 출품되

---

* 25년 후 이들은 모두 죽었지만, 코페르니쿠스설을 인정하는 사람의 수는 비슷했다. 1608년에 우리는 케플러, 갈릴레이, 해리엇, 스테빈을 꼽을 수 있다. 놀랍게도, 1572년의 신성新星 이전에, 코페르니쿠스에게는 오로지 한 사람의 견고한 지지자가 있었다. 바로 레티쿠스였다.

** 1570년대 초반 옥스퍼드에서 행해진 헨리 새빌의 천문학 강의는 '라무스로부터 말 그대로 옮겨진 긴 구절들'을 담고 있었다.(Goulding, 'Henry Savile and the Tychonic World-system'(1995), 153)

*** La Cena de le Ceneri(1584); De la causa, principio, et uno(1584); De l'infinito universo et mondi(1584); Spaccio de la Bestia Trionfante(1584); Cabala del cavallo Pegaseo-Asino Cillenico(1585); De gli heroici furori(1585).

었지만) 이상해 보인다. 그러나 이탈리아어는 단테와 페트라르카의 언어였다. 교육받은 영국인은 이탈리아어를 읽을 수 있었다. 브루노는 그것을 이용하여 수학이나 철학 교수들이 아니라 시인들과 조신朝臣들에게 말을 걸고 있었다.

영국인은 외국인과 가톨릭교도에게 적대적이었다. 만일 브루노처럼 명백히 외국인으로 보이면, 거리에서 얻어맞을 위험이 있었다. 브루노는 바깥으로 나가려 하지 않았다. 대화록에서 그는 자신이 영국 사회의 엘리트와 어울리고 있다고 묘사했다. 하지만 나중에 이것은 사실이 아닌 허구라고 주장했다.[70] 그래도 그의 책들은 판매가 되었거나, 혹은 인쇄업자가 인쇄를 중지했을 것이다. 브루노는 무일푼이었고, 옥스퍼드의 교수들이 옷을 잘 차려입고 손가락에는 보석 반지를 낀 것을 보고는 경악했다(우리는 그의 손가락에는 그런 게 없었다고 확신할 수 있다). 그래서 인쇄업자에게 보조금을 지급할 수 없었다.

이 책들은 진정한 혁명을 표시한다. 코페르니쿠스는 그 중심에 태양이 있는 구체의 우주를 묘사했다. 그는 무한 우주를 상상하는 것이 가능할지 모른다고 인정했다. 그러나 그는 '우주가 유한한지 혹은 무한한지의 논의는 자연철학자들에게 맡기자'고 말하면서 그런 방향의 생각을 추구하기를 거부했다(코페르니쿠스 자신은 수학자이지, 철학자가 아니었다).[71] 브루노는 무한하고 영원한 우주를 주장하기 위해 코페르니쿠스설을 붙잡았다. 그는 별들은 태양들이고 태양은 하나의 별이라고 말했다. 이러한 측면에서 그는 코페르니쿠스가 아니라 사모스섬의 아리스타르코스를 따르고 있었다. 따라서 우주에는 사람이 사는 다른 행성이 있을 수 있었다. 태양이나 별들에도 사람이 살 수 있을지도 모른다. 그것들이 모든 곳에서 똑같이 뜨겁지 않을 수 있기 때문이다. 우리와는 달리, 열에 견딜 수 있는 생명체가 있을지도 모른다. 게다가 다른 행성들이 지구와 다름을 증명하는 어떤 것도 없다. 브루노는 달과 행성들에도 대륙과 바다가 있고, 그것들은 그것 자체의 빛(일반적으로 그렇게 가정되었다. 달도 적어도 반투명한 것으로 생각되었다)이 아니라 순전히 반사된 빛으로 빛난다고 생각할 수 있다고 주장했다.[72] 따라서 달에서 보면 지구는 거대한 달처럼 보일 터였다. 더 멀리서 보면, 그것은 하늘에 떠 있는 밝은 별처럼 보일 것이다. 브루노는 지구는 바다가 육지보다 빛을 더 많이 반사하기 때문에 밝게 보일 것이라고 생각했다. (후일 갈릴레이가 증명한 대로 그는 이 지점에서 틀렸다. 이것이 망원경 발명 이후 천문학자들이 달의 지도를 만들고 밝은 부분, 즉 바다가 아니라 어두운 부분에 이름을 짓기 시작한 이유다.) 따라서 브루노는 셀 수 없는 별들과 행성들을 가진, 그리고 외계 생명체들이 존재할 가능성이 있는 무한 우주를 상상했다.[73] 브루노는 그리스도가 인류의 구원자임을 믿지 않았기 때문에(그는 일종의 범신론자였다), 어떻게 죄와 구원의 그리스도적 드라마가 이 무한한 우주에서 펼쳐졌는지를 걱정할 필요가 없었다.

브루노가 외계 생명을 가진 무한 우주를 상상한 최초의 인물은 아니었다. 니콜라우스 쿠사누스Nicolaus Cusanus는 그의 《박식한 무지에 관하여De Docta ignorantia》(1440)에서 오직 무한 우주가 무한하신 신에게 적합하다고 주장했다. 니콜라우스는 지구가 멀리 떨어져서 별처럼 빛나는 하나의 천체라고 생각했다. 이 생각은 몽테뉴의 주목을 받았다.[74] 그러나 니콜라우스는 지구와 태양이 비슷한 물체라고 가정했다. 니콜라우스는 태양의 밝게 빛나는 표면 뒤에 거주 가능한 세계가 있다고 생각했다. 태양처럼 지구도 우리에게 보이지 않는 불타는 맨틀로 둘러싸여 있다. 이것은 외계에서 지구를 바라볼 때에만 볼 수 있다. 따라서 니콜라우스는 지구를 천체에 편입시켰다. 그러나 동시에 그는 태양을 지구적인 것으로 만들었다.* 대조적으로 브루노는 우리가 지금 알고 있듯이 별과 행성을 구분한 최초의 인물이었다. 그는 태양은 별로, 지구를 포함한 행성은 반사된 빛으로 빛나는 어두운 물체로 간주했다.

브루노는 위치와 운동의 상대성의 원리를 채택함으로써 코페르니쿠스설에 반대하는 표준적인 논증을 해결하려 했다. 브루노의 우주에서는 (아리스토텔레스와 프톨레마이오스의 우주와는 달리) 위와 아래, 중심과 주변, 좌와 우가 없었고, 다른 물체와의 비교 없이는 우리가 움직이고 있는지 혹은 정지해 있는지 분간할 수 없었다.** 오렘과 코페르니쿠스는 지구와 태양이라는 두 물체를 고려할 때 운동의 상대성의 원리를 채택했다. 우리가 인지하는 태양의 운동은 태양이 움직이든지 혹은 지구가 회전하든지 똑같이 일어날 수 있다. 그러나 그들은 그 논증을 브루노가 고려한 더 복잡한 상황으로 확장하지 않았다. 브루노는 당신이 조용한 바다를 항해하는 배의 객실에 있으면 자기가 움직이고 있는지 혹은 멈추어 있는지 알 수 없다고 주장했다. 만일 당신이 무언가를 공중으로 곧바로 던져 올리면 그것은 당신의 손에 다시 떨어진다. 배가 움직이고 있어도 선미 쪽 뒤로 떨어지지 않는다.[75] 그리고 코페르니쿠스의 우주에는 중심이 있었다. 그는 그 속의 위치가 순전히 상대적인 우주를 상상할 수 없었다(혹은 적어도 그 가능성을

---

* 이사크 베이크만도 1616년 이후 수년 동안 이 관점을 지니고 있었다. 그는 기계론 철학의 확립자라고 불러도 충분한 인물이다. Berkel, *Isaac Beeckman*(2013), 98-9.

** 우주에서 왼편과 오른편, 위와 아래에 관한 폭넓은 논의를 보려면, 1377년에 저술된 Oresme, *Le Livre du ciel et du monde*(1968), 315-55를 참조하라. 오렘은 다음과 같이 주장했다. 천체가 아니라 지구를 자전시키는 것의 주요한 장점 하나는(오른손이 왼손 위로 통과한다는 점에서 반시계 방향 자전이 올바른 방향이므로) '위'가 남쪽이 아니라 북쪽이 될 수 있다는 것이다. 만일 천체가 지구 주위를 돌면 '위'는 남쪽이 되어야 한다. 이렇게 되면 우리는 더 고상한 '위쪽의' 반구에 자리하게 된다. 이것은 코페르니쿠스설을 찬성하는 이후의 논증에서 드러나지 않았다(비록 그것이 칼카니니에게는 중요했지만 말이다. Calcagnini, *Opera aliquot*(1544), 391). 이는 아마 지도 제작자들이 16세기 중반에 이르자 이미 아리스토텔레스주의와 아랍식의 남쪽-위 방향성을 (근대적인 북쪽-위 방향성을 위해) 포기했기 때문이었을 것이다.

인정할 수 없었다). 브루노는 또한 코페르니쿠스의 체계에 몇몇 급진적이고 잘못 판단한 수정을 가했다. 이것은 한편으로 코페르니쿠스설에 대한 반대(화성과 금성이 가끔 지구에 근접하고, 가끔 멀리 떨어져 있다면 그것들의 크기를 현저히 변경해야 한다는)를 제거할 요량으로 했던 수정이었다.[76]

1585년 브루노의 집주인인 프랑스 대사는 영국에서 철수했고, 브루노는 그를 따라나설 수밖에 없었다. (현재 로마의 카사나텐세 도서관Biblioteca Casanatense에 있는 코페르니쿠스의 책을 지닌 채) 그는 유럽을 방랑했다. 1592년, 그는 베네치아에서 체포되어 로마의 종교재판소로 넘겨졌다. 어둠 속의 8년간의 외로운 유폐와 지속된 고문 이후, 1600년 2월 17일, 그는 로마의 주 광장 중 하나인 캄포 데 피오리Campo de' Fiori에서 산 채로 화형에 처해졌다. 그는 거주 가능한 다른 세계에 대한 믿음을 포함한 자신의 이단적인 사상을 철회하길 거부했다.* 그의 책들은 가톨릭 유럽에서 금지되었다.

브루노는 용감하고 영민했기 때문만이 아니라 올바른 견해를 지니고 있었기 때문에 우리의 이야기에서 중요하다. 코페르니쿠스설에 관한 브루노의 수정, 그리고 그가 저지른 실수는 잘못 받아들여졌다. 무한하고 영원한 우주 이론은 지난 50년 동안 대폭발 이론Big Bang theory(이것은 최근인 1949년에 명명되었다)으로 대체되었다.[77] 그러나 우리는 태양이 하나의 별인 것을, 별들은 행성을 지니고 있다는 것을, 우주의 어딘가에 생명체가 있다고 생

---

* 태양-중심 우주에 대한 믿음은 아직 교회에 의해 단죄되지 않았다. 그것은 1616년에야 금지되었고 1758년까지 지속되었다. 그해 금서 목록은 태양 중심설을 가르치는 책들에 대한 일반적 금지를 해제했다. 코페르니쿠스는 1822년까지 계속 금지되었다. 우리는 브루노의 혐의가 무엇이었는지 나폴레옹이 로마를 점령했을 때 그의 심문 기록이 (갈릴레이의 심문 기록과 종교재판소의 여러 문서와 함께) 파리로 이송되었기에 정확히 알지 못한다. 나폴레옹의 몰락 이후에 교황은 기록철의 보유권을 다시 주장했지만 이송 도중 많은 것들이 사라졌다. 아마 비용을 충당하기 위해 매각되었을 것이다.

각할 충분한 이유가 있음을 안다. 우리는 우주의 중심에 있지 않다. 지구는 그저 하나의 행성에 불과할 뿐이다. 브루노는 벨라르미노Bellarmino 추기경보다 우리 우주에서 편안함을 찾았다. 벨라르미노 추기경은 그의 재판에서 핵심적 역할을 했고, 1616년에 가톨릭교회가 코페르니쿠스설을 규탄할 때도 핵심적 역할을 했다. 중요한 부분에서 브루노는 그 누구보다도 옳았다. 그는 《천체의 회전에 관하여》의 서문은 코페르니쿠스가 쓴 것이 아니라는 점을 책에서 밝힌 최초의 인물이었다. 그는 행성이 반사된 빛으로 밝게 빛난다고 주장한 최초의 근대인이었다.**

5

브루노와 토머스 딕스는 비교해볼 가치가 있다. 브루노의 옥스퍼드 강연보다 수년 앞선 1576년, 딕스는 자신의 부친 레너드 딕스Leonard Digges의 만년력萬年歷, perpetual almanac 《예측A Prognostication Everlasting》 제6판을 출간했다. (이 책은 1555년 처음 출간되어, 1619년에 마지막으로 13판이 발행된 것으로 알려져 있다.)[78] 《예측》의 주된 목적은 독자들로 하여금 점성술(행성들의 위치)과 기상학(무지개나 구름 같은 대기의 현상)을 결합하여 기후를 예측할 수 있도록 하는 것이었다. 그러나 《예측》은 또한 당신이 언제 피를 뽑고, 장을 청소하고(설사를 일으켜), 언제 목욕을 할지를 결정하도록 했다(현대인들은 목욕이 마치 의료 요법처럼 열거된 것을 보고 의아하게 생각할 것이다. 딕스 부자

** 브루노 이전에 이 관점은 알바타니Al-Battānī(858~929)와 비텔로Witelo(1230년경~1290년경)에 의해 견지되었다. Horrocks, *Venus Seen on the Sun*(2012), 73.

는 달이 황소자리, 처녀자리, 염소자리에 있을 때는 목욕을 해서는 안 된다고 권고했다. 이것들은 지기地氣가 충만해서 물과 어울리지 않기 때문이었다). 이 책에는 별이 뜨고 달이 뜨는 시간을 알아내는 방법, 일출, 일몰, 밀물, 썰물, 특정 날짜에 낮의 길이를 계산하는 방법 등이 서술되어 있다. 그것은 대단히 실용적인 작업이었다. 예를 들어 그것은 나침도compass rose를 제공했다. 그것은 크게 확대해서 천체의 행성을 찾는 도구로 쓸 수 있었고, 설계 도면으로 사용할 수도 있었고, 혹은 (다림줄과 나침반을 첨가하여) 그 책을 종이 기구로 전환할 수도 있었다. 레너드 딕스는 또한 실용적 목적이 없는 정보도 제공했다. 그는 태양, 행성, 지구, 달의 상대적인 크기를 보여주었다. 그는 월식이 어떻게 일어나는지 설명했고, 천체의 크기를 제시했다. 지구(물론 그가 우주의 중심에 있다고 가정했던)로부터 별들이 붙어 있는 천구까지의 거리는 57만 6890킬로미터라고 말했다. 토머스 딕스는 이 성공적인 저작에 코페르니쿠스의《천체의 회전에 관하여》제1권의 핵심 부분이라고 여겨지는 부분의 번역을 (약간의 수정과 그 자신의 가필을 거쳐) 추가했다.

《예측》은 남아 있는 판본이 별로 없다. 그 책은 한량들과 농민을 겨냥한 별로 중요하지 않은 싸구려, 오래되었다 싶으면 불쏘시개로 사용되는 종류의 출판물이었다. 만일 대부분의 책력들이 오직 한 해만을 위해 만들어졌다면, 만년력조차도 곧 지저분해지고 책장의 모서리가 접혔을 것이다. 1640년대에는, 만일 그 책이 그렇게 오래 남아 있었다 해도, 대부분의 인쇄 상태와 레이아웃이 끔찍하게 오래되어 보였을 것이다. 처음의 여덟 개 판본은 흑체(고딕체)로 인쇄되었다. 책의 본문은 휴머니스트 서체humanist typeface로 인쇄되어 있고, 지적으로 심오한 내용을 부각하기 위해 코페르니쿠스를 번역한 부분만 흑체로 인쇄된 판본이 셋 있었다. 1605년에야 전체 텍스트가 근대적 외관을 갖추게 되었다. 항해용 나침반이 더 저렴해지

고 널리 사용되면서, 사람들 스스로 그것을 제작하도록 도와주는 지침서
는 관심을 덜 받게 되었다. 18세기가 되면서 점성술 자체는 일반적으로 시
대에 뒤떨어진 낡은 것으로 간주되었다. 점성술용 도표들과 그림들은 흔
히 찢겨서 책들은 훼손되기 일쑤였다. 《예측》의 인쇄본 대부분은 누군가
에게 단지 그것이 오래되고 드문 것이어서 보관할 가치가 있다는 생각이
들기 훨씬 이전에 방기되고 있었다. 1934년까지, 아무도 1576년 판본에
대한 적절한 연구서를 출간하지 않았다.[79]

그러고 나서, 하룻밤 사이에 이 판본은 매우 희귀할(희귀하지만 수명이 짧
은 수많은 책자가 있다) 뿐만 아니라 엄청난 가치를 지닌 물건이 되었다. 모
든 경매인과 모든 사서가 그것을 찾으러 나섰다. 토머스 딕스는 그 책 속
에 영국인에 의한, 즉 영어로 된 코페르니쿠스설에 대한 상당한 옹호를 포
함시켰을 뿐만 아니라,[80] 우주의 그림을 포함시켰다. 그 그림에서 별들은
천구에 붙어 있지 않고 페이지의 가장자리 끝에까지 뻗쳐 있다. 명백히 무
한한 우주를 그린 최초의 삽화였다. 이 삽화는 두 페이지에 걸쳐 있는데
이 책이 인쇄에 들어간 이후, 나중에 덧붙인 것으로 보인다. 제본업자들은
그것을 어찌할지, 한 페이지로 접을지 혹은 두 페이지로 펼칠지 확정하지
못했다. 파손되고 찢기고 너덜거리는 채로 남아 있거나 혹은 완전히 빠져
있기도 했다. 초판은 오직 일곱 부가 남아 있다고 알려져 있다. 그 책의 중
요성이 인식되어 한 권도 도서 시장에 나오지 않았다. 부유한 수집가들은
이후의 판본을 손에 넣어야만 했다.

《예측》의 1576년 판본은 우리가 초기 근대 과학사의 전체적인 문제점을
축약해서 볼 수 있는 작은 수수께끼다. 딕스는 무한 우주를 공개적으로 제
안한 최초의 유능한 천문학자였다. (니콜라우스 쿠사누스는 전지전능한 신이
무한한 우주를 만들었음이 틀림없다고 주장했지만, 이는 천문학적 논증이 아닌 철

학적 논증이었다.)[81] 게다가 딕스는 새로운 천문학에서 하찮은 인물이 아니었다. 1573년, 그는 그 전해에 나타났던 신성에 관한 연구를 발표했다.[82] 그리고 동시에 그는 기꺼이 새로운 천문학을 사용하여 기후를 예측하고 의사들이 언제 환자들의 피를 뽑을지 결정하는 일에 종사했다. 그는 부친(레너드 딕스)의 옛 프톨레마이오스적인 설명에 곁들여 우주에 대한 코페르니쿠스의 새로운 설명을 발표했다. 그는 만일 우주가 프톨레마이오스가 상상했던 것보다 훨씬 더 크다면 코페르니쿠스의 체계가 작동할 수 있음을 알았다. 그러나 그는 우주의 크기에 대한 부친의 수치를 수정하지 않았다. 그의 부친은 가장 바깥의 천구에 '박학한 사람은 여기에 신과 선택받은 자들의 처소를 정한다'라는 표지가 붙은 프톨레마이오스 우주의 삽화를 제공했다. 부친의 것에 기초하여 만들어진 토머스의 삽화는 천문학과 신학이 어우러진 것이었다. 그것의 가장 바깥 지역(이제 천구가 아닌 무한 우주)에도 역시 '선택받은 자들의 처소'라는 표지가 붙어 있다. 어떻게 옛것과 새로운 것, 과거와 미래, 합리적 과학과 미신이 불협화음의 표시 없이 나란히 공존할 수 있는가? 이 질문은 몇 가지 대답을 요구한다.

첫 번째 답은 코페르니쿠스가 보통 사람들이 생각하는 것보다 덜 혁명적이었다는 것이다. 그가 출간한 모든 저술에 점성술에 대한 언급은 없지만 그렇다고 천문학은 점성술을 가능케 하기 위해 존재한다는 표준적인 관점을 반박하고 있음을 암시하는 내용 또한 전혀 없다.[83] 코페르니쿠스의 우주는 지구가 아니라 태양이 그 중심에(더 정확하게는 중심 근처에) 있다는 점에서 프톨레마이오스의 우주와 다르다. 그러나 다른 측면에서는 그것은 프톨레마이오스의 우주와 똑같다. 하나씩 차곡차곡 쌓인 일련의 천구로 이루어져 있고 크기는 유한하다.* 그 안(지구의 근처 바깥)의 모든 운동은 천체의 운동이 원운동이며 변하지 않는다는 기본적인 원리에 의해 결정된다. 코페르니쿠스는 프톨레마이오스가 행성들이 가끔 역행하는 것을 설명하기 위해 이심원에 주전원을 더한 것 때문이 아니라, 그것들을 가속시키거나 감속시키기 위해 이퀀트를 도입했기 때문에 이 원리를 배신했다고 생각했다. 코페르니쿠스는 다른 수단에 의해 같은 효과를 얻었다.

천문학사가들은 코페르니쿠스 이론에 이퀀트가 있느냐 없느냐의 문제를 가지고 서로 비난을 주고받는다. 그 답은 이퀀트가 없다는 것이다. 그러나 이퀀트를 모사하도록 고안된 기제가 있다.[84] 아랍 천문학 역사가들은 코페르니쿠스에 의해 사용된 기제는 이미 아랍인들이 창안했다고 지적하며 코페르니쿠스가 무無에서 창안한 것이 아니라 허락 없이 차용했다고 주장한다. 비록 아무도 아직 주요 기제를 다룬 그가 참조했을 만한 책이나 원고를 확인하지 못했지만 말이다.••[85]

코페르니쿠스의 책을 읽은 첫 두 세대의 천문학자들에게 그의 책에서 가장 중요한 점은 그것이 태양 중심설을 주장했다는 점이 아니라, 프톨레마이오스가 그러했던 것보다 원운동의 원리를 더욱 진지하게 생각하고 그

• 코페르니쿠스는 자신의 독자들이 천구들과 유한한 우주의 존재를 믿을 거라고 기대했음이 틀림없다(천구로 이루어진 우주는 반드시 유한해야 하므로 그 두 문제는 연결되어 있다). 그리고 동시대인들은 코페르니쿠스 자신도 그것들을 믿고 있다고 여겼다. 그러나 과연 그랬을까? 그는 우주가 무한한가의 문제를 회피한다. 그리고 그의 제자 레티쿠스는 발표본의 속표지에서 천구orbium coelestium라는 단어를 줄을 그어 지웠다(Gingerich, *An Annotated Census*(2002), xvi, 32, 135, 153, 209; 이 문제에 대한 그의 주석에서 로젠에게는 가용하지 않았던 정보다. Copernicus, *On the Revolutions*(1978), 333-4). 로젠은 코페르니쿠스가 물질적인 천구의 존재를 믿었다고 생각한다. 그가 sphaera와 orbis라는 단어들을 사용하고 있기 때문이다. 그러나 케플러는 이 단어들을 《코페르니쿠스 천문학의 개요Epitome astronomiae Copernicanae》(첫 세 책에는 De doctrina sphaerica라는 제목이 붙여졌다)에서 사용한다. 그는 확실히 물질적인 천구들을 믿지 않았다. 그는 독자를 이해시켜야 할 때만 관습적인 어휘를 사용했다. Barker, 'Copernicus, the Orbs and the Equant'(1990)는 코페르니쿠스의 천구들은 그것들 사이에 간극이 있기에 적절히 쌓인 것이 아니라는 점을 지적한다. 그 외에는 관례적인 노선을 취한다. 천구가 있는 코페르니쿠스설을 정립하기 위해 어떻게 지구/달 체계가 천구에 붙어 있는지를 설명할 필요가 있는데, 이것은 현저히 부족하다. 나는 코페르니쿠스가 의도적으로 이 두 문제에 대한 자신의 관점에 의문의 여지를 남기지 않았을까 생각한다.

•• 그리고 오렘이 원운동들의 결합이 직선운동의 출현을 불러올 수 있다는 중요한 원리를 명백히 그 어떤 아랍 원전과도 무관하게 파악했음을 주목해야 한다. (Kren, 'The Rolling Device'(1971))

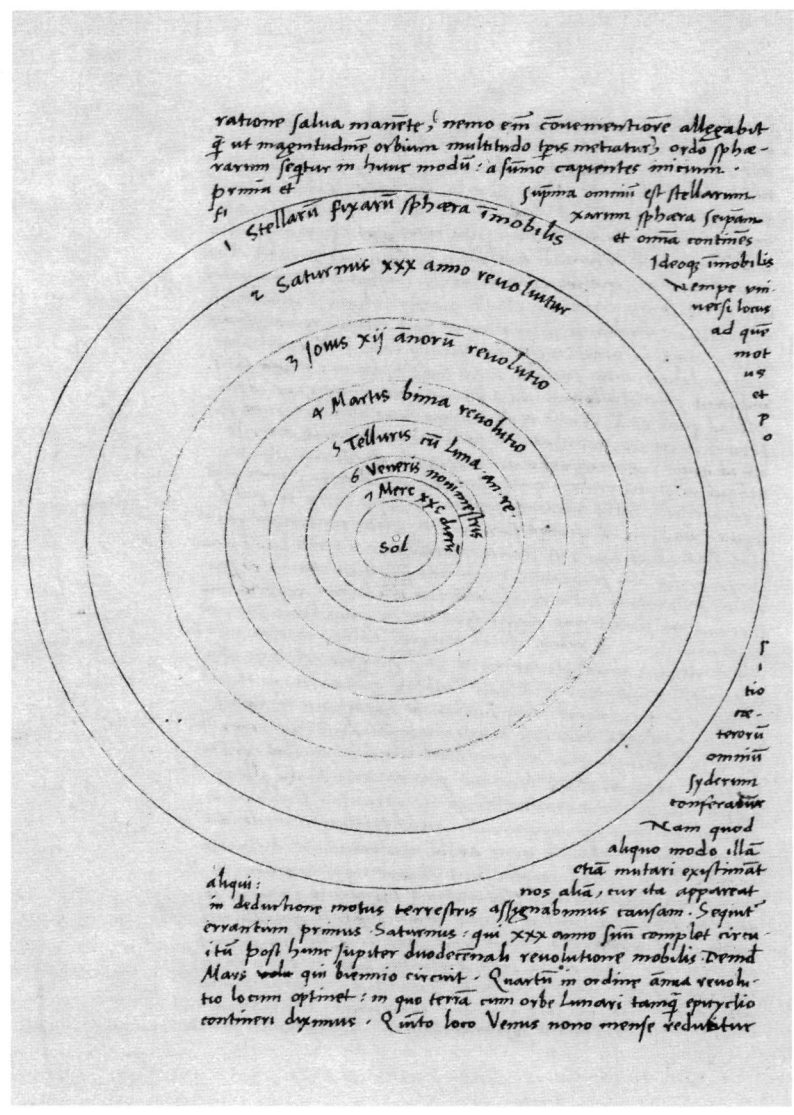

《천체의 회전에 관하여》(1543)의 원본 원고에 있는, 코페르니쿠스가 그린 태양 중심 우주. 달이 그려져 있지 않지만 그림 설명에는 언급되어 있다. 고정된 별들의 구는 바깥 원이다.

것을 더 체계적으로 적용했다는 점이었다. 그리고 많은 천문학자들은, 비록 코페르니쿠스설은 우주가 어떻게 조직되어 있는지에 대한 그럴듯한 묘사가 아니라고 생각했지만, 코페르니쿠스의 행성 위치 도표들을 계속 출간했다. (마치 역들 사이의 거리를 왜곡하고 있긴 하지만, 모든 이들이 기꺼이 런던 지하철 지도를 사용하듯이 말이다. 이 지도의 큰 장점은 어떤 경로를 택해야 할지, 그리고 어디서 갈아타야 할지를 알아내기 쉽다는 점이다. 공간적으로 정밀한 지도는 훨씬 더 읽기 어렵다.)

그러나 딕스는 코페르니쿠스를 관례적으로 읽은 독자가 아니었다. 그는 코페르니쿠스가 지구를 움직이는 것으로, 그리고 태양을 정지해 있는 것으로 묘사했을 때, 그것이 문자 그대로 받아들여지기를 실제로 의도하지는 않았다는 것을 이해했기 때문이다. 코페르니쿠스는 《천체의 회전에 관하여》 제1권에서 지구가 움직인다는 것에 대해 반박하는 증거로 제시될 수 있는 논증에 더 중요한 위치를 부여했다. 레너드 딕스에 의해 제시된 완벽히 표준적인 그림에 의하면, 지구의 둘레는 3만 4762킬로미터로 측정된다. 이는 만일 코페르니쿠스가 옳고, 지구가 축상에서 매일 한 번 회전한다면, 이 운동만으로 시간당 1448킬로미터를 움직여야 함을 의미한다. 지구가 1년에 한 번 태양 주위로 거대한 원을 그리며 도는 데 필요한 부가적인 운동과는 별도로 말이다. 만일 우리가 시간당 1448킬로미터로 날아간다면, 우리가 그 운동을 느낄 수 있어야만 한다고들 주장했다(그러한 주장을 하는 사람들도 시간당 48킬로미터 정도의 전속력으로 질주하는 말 위에서보다 더 빨리 달려본 적이 없었음을 기억하라). 바람은 우리 머리카락 사이로 쇄도할 것이다. 새들도 나무에서 날아오를 때 서쪽으로 휩쓸려야만 한다. 만일 당신이 탑의 꼭대기에서 물건을 떨어뜨리면 그것은 서쪽으로 낙하해야만 한다. 딕스는 이 논증이 잘못되었다고 주장한다(그리고 그는 운동의 상대성에 관한 브루노의 논의에 영향을 미쳤다). 딕스는 만일 당신이 움직이는 배의 돛대 꼭대기에 올라가 다림줄을 아래로 내리면, 다림줄은 돛의 바닥으로 수직으로 내려갈 거라고 주장했다. 그것은 배 아래 바다에 닿기 전까지는 뒤쪽으로 흐르지 않을 것이다. 이것은 후일 갈릴레이가 상상했던(그리고 수행했던) 것과는 약간 다른(그리고 덜 확실한) 실험이다. 갈릴레이 실험에서는 돛대 끝에서 물건을 떨어뜨리지만 그것은 수직 개념이 상대적이라는 것을 확립하는 동일한 목적을 달성한다. 움직이는 배 위에서, 다림줄이나 낙하 물체는 지구 표면의 고정점에 수직인 선이 아니라 배의 갑판에 수직인 선을 만든다. 또한 갈릴레이는 만일 당신이 움직이는 배 위에서 물체를 공중으로 곧바로 위로 던지면 그것은 당신 뒤로 먼 곳에 떨어지는 것이 아니라 곧바로 당신 손 위에 떨어진다는 것을 입증했다. 이는 카푸아노의 논증에 대한 직접적인 반박이었다. 카푸아노는 어떤 것은 실재적이고, 또 어떤 것은 사고실험인 이 모든 움직이는 배 실험의 원류였을 것이다. 따라서 딕스는 코페르니쿠스를 단순히 번역한 것이 아니라 그의 논증의 가장 취약한 점을 강화했다.[86]

우주를 그린 삽화가 발견된 이후, 딕스는 최초로 별들을 천구에 배치되어 있는 것이 아니라 그것들이 사라지기 직전까지 페이지 바깥 가장자리에 흩어져 있는 것으로 묘사했다는 인정을 받았다. 그리고 그는 확실히 별들이 영원히 계속 펼쳐져 있다고 생각했다. 그러나 딕스의 우주에는 중심이 있었다. 그래서 실제로 무한하지는 않다. 무한 우주는 그 중심이 없기 때문이다. 그는 각 별이 태양계 전체보다 크다고 생각한다. 별들은 진정 놀라운 거리로 떨어져 있어야 한다. 그렇지 않다면 지구가 태양 주위를 크게 돌면서 그것들의 상대적 위치에서 어떤 측정 가능한 변화가 있을 것이다. 그러니 만일 별들이 계속 보인다면 그것들이 엄청나게 거대해야만 한다.[87] 이리하여 딕스는 태양을 하나의 별로, 별들을 하나의 태양으로 생각하지 않게 된다. 게다가 그의 우주는 그의 신학에 의해 형상이 정해진다. 별들이 점유한 공간은 천국, 신과 천사와 선택받은 자들의 처소다. 태양계는 죄와 저주의 지대다. 딕스는 우리에게 이 죄악의 세계는 어두운 별, '우리가 살고 있는 이 작고 어두운 별'이라고 말한다.[88]

사실, 우주에 대한 딕스의 그림 — 무한한 규모, 별들을 천국과 동일시하고 지구를 지옥(아마 말로Marlowe의 《파우스투스 박사Doctor Faustus》(1592)에 나오는 메피스토펠레스의 유명한 대사 '왜, 여기가 지옥이야, 아니라면 내가 나오질 못할 거야'로부터 왔을 것이다)과 동일시하는 것, 지구를 어두운 별로 묘사하는 것 — 은 당시 영국의 학생들이 애송하던 시, 마르켈루스 팔링게니우스 스텔라투스가 쓴 《생명의 황도Zodiacus vitae》(라틴어, 1536)로부터 왔다.[89] 딕스는 그 시의 열한 번째 편 〈그것을 자주 반복함에 큰 기쁨을 느낀다〉를 외워서 알고 있었다.[90] 딕스가 한 일은 스텔라투스의 우주의 중심에 지구가 아닌 태양을 놓은 것이었다.

스텔라투스는 죽은 뒤 그리스도의 신성을 부인했다는 이유로 종교재판소로부터 탄핵되었다(그가 쓴 이단적 작품들이 사후 그의 저술에서 발견되었다). 그리고 그의 무덤은 파헤쳐져 시신이 불태워졌다. 그러나 개신교의 유럽은 그가 기독교를 거부했다고 생각하지 않았다(비록 《황도》에 충분한 증거가 있었지만 말이다). 그리고 그의 교권 반대주의와 예정론은, 비록 그가 실제로 개신교도는 아니었지만, 적어도 개신교도의 관점에 동조한 것으로 읽히도록 했다.[91] 《황도》가 도서목록에 올랐다는 사실은 이를 뒷받침한다. 영국 출판업자들과 딕스에게 아마 그는 '최고의 기독교 시인'(1561), '경건하고 열성적인 시인'(1565), '탁월한 기독교 시인'(1576)이었을 것이다. 비록 브루노는 동지의 심정으로 날카롭게 그의 작품을 읽었지만 말이다. 딕

222

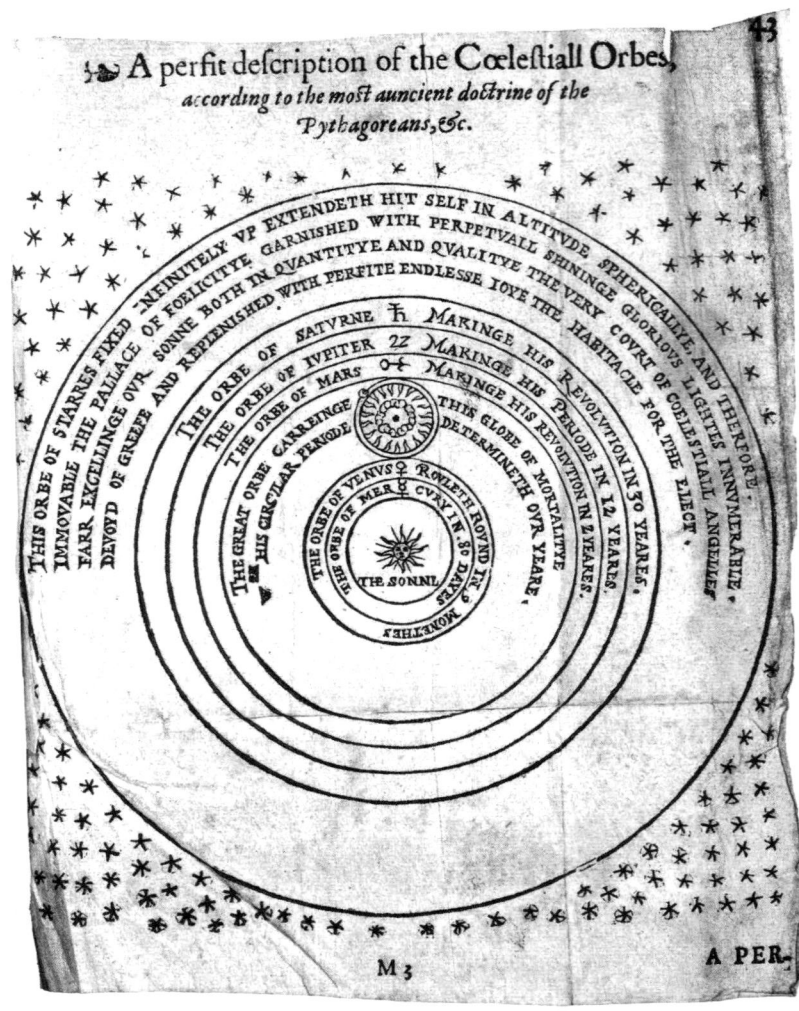

코페르니쿠스 우주에 관한 딕스의 그림. 별들은 경계가 없는 우주를 상징하여 페이지의 가장자리로 뻗쳐 있다(이는 린다 홀Linda Hall 도서관에 소장된 《예측》의 1596년 판본에 있는 것이지만 삽화는 1576년 처음 등장했다).

스에게는 지구가 별처럼 빛을 발한다거나 혹은 행성들이 또 다른 지구들이라는 생각이 결코 떠오르지 않았다. 태양과 지구는 유일하다. 그리고 우주에는 중심이 있다.

스텔라투스와 딕스가 지구를 어두운 별로 생각한 유일한 사람들은 아니었다.[92] 1585년, 조반니 바티스타 베네데티는 수필집을 출간했다. 거기서 그는 다른 무엇보다도 당시의 우주론 문제를 다루었다. 딕스와 같이 베네데티는 실재론적 코페르니쿠스주의자였다. 그러나 그는 딕스보다 더 급진적이었다. 달의 경로가 사실상 지구의 경로 주위의 주전원이며 행성들이 주전원들을 통해 이동한다는 것에 주목하고, 베네데티는 놀라운 가설을 내놓았다. 그는 우리가 행성들이라고 생각하는 것은 단지 어두운 행성 주위를 도는 빛나는 달에 불과하다고 제안했다. 이들 숨겨진 행성들(《스타 트렉》의 용어를 빌리면, 그것들은 '가려졌다cloaked')은 지구형이고 아마 생명체를 보유하고 있을 것이다. 베네데티의 제안은 달과 지구가 아주 다른 유형의 물질로 이루어져 있으며, 달이 비록 어두운 부분에서는 덜 그러하지만 지구보다 훨씬 더 반사를 잘한다는 가정에 기초하고 있었다. 달의 어두운 부분은 태양 빛의 많은 양이 반사되기보다는 흡수되고 있다고 생각했다. 베네데티는 우주는 구체이지만 경계가 없는 빈 공간으로 둘러싸여 있다고 주장했다.[93]

딕스와 베네데티는 브루노를 읽지 않았으므로, 멀리서 본 지구는 별과 구분되지 않을 거라는 브루노의 이론을 접한 적이 없었다. 그러나 최초의 위대한 과학자이며 근대적인 전자기론을 확립한 윌리엄 길버트(1544~1603)는 브루노를 읽었고, 그의 논증을 통째로 받아들였다. 길버트는 딕스로부터 그의 무한 우주 그림을 빌려왔다. 그러나 길버트는 달에서 보면 지구는 거대한 달처럼 빛날 거라고, 그리고 더 멀리서 보면 그것은 별처럼 빛날 거라고 이해했다(여기서 그는 베네데티를 직접 반박한다). 그는 달이 지구와 같이 대륙과 대양을 지니고 있다고 생각했다. 브루노처럼, 그는 대양이 육지보다 더 밝을 거라고 생각했다. 그는 다른 행성들도 지구 같지 않으리란 법이 없다고 보았다.[94]

망원경의 발명 이전에, 길버트는 달에 대한 최초의 지도를 그렸다. 그 결과 달의 칭동稱動, 달이 지구를 바라보면서 측면에서 측면으로, 위에서 아래로, 살짝 도는 것처럼 보이는 현상을 발견했다. 이는 행성이 공간에 자유롭게 떠 있다는 그의 확신을 뒷받침했다. 게다가 길버트는 천체의 운동이 원운동이어야 한다는 생각을 완전히 파기한 최초의 인물이었다. 그의 행성들은 허공을 통과하는 복잡한 경로를 그린다. 그러한 경로는 왜 달이 하늘에서 뒤뚱거리며 가는지를 설명해줄 수 있을 것이다. 길버트의《우주에 관하여On the Universe》는 결코 완성되지 못했다(그는 1603년 사망했다. 그러나 우주론에 관한 부분은 1590년대까지 소급된다). 그리고 그것은 1651년까지는 출판되지 못했다. 베이컨은 그것을 원고로 읽었으나 좋아하지 않았다. 길버트가 자기력에 몰두한 것은 베이컨에게는 비합리적 집착으로 보였으며, 그 결과 길버트는 '조가비로 배를 만들게 되었다had built a ship out of shell.'[95]

6

딕스, 브루노, 베네데티, 길버트는 소규모의 실재론적 코페르니쿠스주의자 그룹의 일원이었다. 그들은 새로운 철학의 대담한 개척자들이었다. 그러나 그들이 자연과학이 무엇이며 그것이 어떻게 수행되어야 하는지에 대해 어떤 공통의 이해를 공유하고 있었다고 생각한다면 그것은 잘못이다. 딕스는 능숙한 수학자였다. 그는 측량, 항해술, 지도 제작법, 군사 기술을 가르쳤다. 그는 거울과 렌즈 실험을 수행했다. 어떤 이들은 그가 비밀스러운 망원경을 가지고 있다고 했다. 그는 지구와 1572년의 초신성 사이의 거리를 측정하려 노력했고 그것이 천체에 있다는 사실을 확립했다. 천체에는 어떤 변화도 없다는 아리스토텔레스주의의 중심적 주장을 반박한 것이다. (딕스는 그것이 기적적인 사건이라고 생각했고, 이것이 무엇의 전조가 되는지에 관해 영국 정부에 조언을 했다.)**96**

베네데티는 딕스에 비견되는 인물이었다. 그는 투린의 에마누엘레 필리베르토 공작에게 수학 및 공학적 문제에 관해 조언했다. 그는 원근법, 해시계의 제작(이것 자체가 원근법의 문제를 포함한다. 왜냐하면 태양의 경로를 평판에 투사해야 하기 때문이다), 개력改曆, 낙하 물체의 물리학, 그리고 땅과 바다의 문제에 관해 발표했다. 그러나 그의 우주론적 논증은 순전히 사변적이고 철학적이었다.

길버트는 의사였다(그는 잠시 동안 엘리자베스 1세와 제임스 1세의 시의侍醫로 있었다). 그는 자석의 작동에 관한 실험 프로그램에 착수하기로 했다. 그리고 나침반을 만들고 항해술을 가르치는 전문가들과 깊은 유대를 맺은 것이 분명했다. 달의 칭동에 관한 그의 연구는 그가 우주론 문제를 해결할 새로운 관찰들을 찾고 있었다는 것을 보여준다.

초기 근대 과학의 역사를 기술하는 낡은 방법은 코페르니쿠스, 딕스, 베네데티, 길버트를 과학자로 표현한다. 그들 중 어느 누구도 과학이라는 단어를 사용하지 않았는데도 말이다. 그것은 그들이 근대 과학과 연속되는 활동에 종사했다는 가정에 기초하고 있다. 실제로 그들은 코페르니쿠스주의자들이었으며, 《천체의 회전에 관하여》의 출간은 흔히 (오해되어) 근대 과학의 시작을 표시한다고 여겨진다. 그러나 그 자신이 코페르니쿠스주의자였음에도, 브루노는 과학자로 간주되지 않아왔다. 브루노는 코페르니쿠스를 읽었고, 강의했고, 그에 관해 저술했다. 때때로 코페르니쿠스가 오류를 범한 곳에서 그는 옳았다. 그러나 그는 측정과 실험에 관심이 없었다. 그는 코페르니쿠스가 지나치게 수학적 문제에 사로잡혀 있다고 생각했다. 코페르니쿠스, 딕스, 베네데티는 자신들을 수학자라고 불렀지만 브루노와 길버트는 자신들을 철학자로 불렀다. 코페르니쿠스와 딕스는 천문학에 관한 책을 썼고, 베네데티는 자연과학physica에 관한, 길버트는 자연의 연구physiologia에 관한 책을 썼다. 하지만 그들 중 아무도 (엄밀한 의미에서) 과학자scientist는 아니었다. 왜냐하면 우리가 (오늘날) 이해하는 용어로서의 과학은 그때 존재하지 않았기 때문이다. 그러나 뉴턴은 과학자였다. 누가 그것을 의심할 수 있겠는가? 1600년대와 1680년대 사이에 과학은 발명되었다.

2 부

보는 것이
믿는 것이다

그들은 자신들이 들었던 것을 묵인하고 직접 본 것을 믿지 않음으로써 속고 있다.
_ 토마스 바르톨린, 《해부학의 역사 Historiarum anatomicarum rariorum》(1653)[1]

2부는 15세기 초엽에 시작하여 18세기까지 이어지는 보기sight에 관련되는 문제를 다룬다. 5장의 출발점은 원근법 회화의 발명이다. 원근법은 기하학적 원리들을 회화 표현에 적용하는 것을 포함했다. 그 동일한 원리들이 천문학자들로 하여금 어떤 물체들(새로운 별들)이 천체에서 정확하게 어디에 있는지를 규명하기 위해 거리를 측정하는 데 새로운 관심을 불러일으키게 했다. 그러한 활동은 자연을 파악하는 일에서 수학의 능력에 관한 새로운 확신을 확립했고, 이 장은 갈릴레이에 이르기까지의 이 과정을 따라간다. 6장은 망원경과 현미경이 사람들의 규모 감각에 미친 영향을 살펴본다. 인간은 갑자기 망원경이 열어놓은 광대한 공간에서 하찮은 존재처럼 여겨지게 되었다. 반면에 현미경은 그 복잡성이 상상할 수 있는 가장 작은 생물체에 이를 것처럼 보이는 세계를 드러냈고, 그래서 벼룩 안에 또 벼룩이 있다는 식으로 끝도 없이ad infinitum 상상하는 일이 다반사가 되었다.

5장

세계의 수학화

철학은 우리 눈앞에 항시 열려 있는 이 위대한 책(우주를 의미한다)에 씌어 있다. 그러나 사람들은 먼저 그 언어를 이해하는 법을 배우지 않으면, 그리고 그것이 표현된 문자들을 인식하지 못하면 그것을 이해할 수 없다. 그것은 수학적 언어로 표현되어 있고, 문자들은 삼각형, 원 그리고 다른 기하학적 모양들이다. 이 수단들 없이는 인간이 그 책 속의 단어 하나도 이해할 수 없다. 이것들 없이는 어두운 미로 속에서 단서를 못 찾고 주변을 방황하기만 할 뿐이다.

_갈릴레이, 《시금자Il Saggiatore》(1623)[1]

1

복식부기는 적어도 13세기까지 거슬러 올라간다. 복식부기의 원리는 단순하다. 모든 거래는 한 번은 입금으로 한 번은 부채로 두 번 기장記帳된다. 그래서 만일 내가 500파운드짜리 금괴를 구입한다고 하면 나의 현 잔고에서 500파운드를 차감한다. 그리고 내 자산 목록에 500파운드를 입금한다. 만일 내가 500파운드를 빌리면 500파운드는 나의 잔고에 입금되고, 나의 부채 목록에서는 빚이 된다. 르네상스기의 표준 제도에서 장부는 총 세 권이었다. 첫째, 당좌 기록장. 이 안에 당신은 모든 것을 일어난 그대로, 가능한 한 자세히 기록한다. 미래에 어떤 분쟁이나 혼란이 일어날 때 이것을 참조한다. 다음으로는 기록부다. 이 안에서 당신의 기록이 거래 목록으로 바뀐다. 마지막으로 차변과 대변이 마주보는 페이지에 있는 회계 장부다. 만일 당신이 회계 장부를 기록부와 대조하고, 차변과 대변을 점검한다면 당신은 장부가 정확하다고 자신할 수 있을 것이다. 당신이 장부를 정리할 때마다, 지금 돈을 벌고 있는지 혹은 잃고 있는지 알 수 있다. 따라서 회계는 합리적 투자 선택의 근간이 되었고, 동업자와 언제 이익을 분배해야 할지 결정할 수 있게 해주었다.[2]

부기를 가르치는 일은 이탈리아의 수학자들이 생계를 꾸려가는 주된 방식 중 하나였다. 수업이 이루어지던 주판 학교scuola d'abaco에서는 숫자들을 더할 때 주판을 사용했다. 여느 수학적 기술처럼 복식부기도 추상화에 의존한다. 부기는 모든 것을 관념적인 현금 가치로 바꾼다. 당신이 그것을 팔게 될지, 그리고 판다면 얼마나 받을지 실제로 모른다 하더라도 말이다. 두 동업자가 자신들의 영업 이익을 분배할 때 그들은 개념상의 장부 가치를 주식으로 할당한다.

부기와 과학 사이에는 연관성이 없는 것처럼 보일 것이다. 그러나 갈릴레이는 연관성이 있다고 생각했다. 대학을 다니다 그만둔 1585년부터 처음 대학에 직장을 구한 1589년 사이에 그는 아마 부기를 독학했을 것이다. 사람들이 갈릴레이에게 낙하 물체는 공기의 저항으로 계속해서 가속되지 않기 때문에 그의 낙하 법칙이 현실 세계와 일치하지 않는다고 불평했을 때, 그는 이론의 세계와 현실 세계 사이에는 모순이 없다고 응답했다. 다음과 같은 이유에서다.

구체적인 곳에서 일어나는 일은 추상적인 곳에서와 동일하다. 만일 추상적 수치로 된 계산과 비율이 구체적인 금은화 및 상품과 일치하지 않는다면 정말 신기할 것이다. 설탕, 비단, 모직을 다루는 계산을 하는 부기 담당자가 상자, 짐짝, 그리고 다른 포장재들을 감滅해주어야 하듯이, 수리과학자도 추상에서 그가 증명한 효과가 구체적인 곳에서 인식되기를 원할 때 물질적 저해

분을 감해야만 한다. 만일 그가 그렇게 할 수 있다면 나는 사물들이 산술 계산 못지않게 일치할 거라고 보증한다. 그 오류는 추상성이나 구체성에 있는 것이 아니라, 그리고 기하학이나 물리학에 있는 것이 아니라, 진정한 셈법을 모르는 계산하는 사람에게 있다.[3]

따라서 복식부기는 실재의 세계, 여러 필의 비단, 모직물 짐짝과 설탕 포대들을 수학적으로 읽을 수 있게 하려는 시도를 나타낸다. 그것이 가르치는 추상화 과정은 새로운 과학의 전제 조건이다.

2

갈릴레이가 살았던 시대에 수학자들의 또 다른 수입원은 원근법 표현에 관한 기하학적 원리를 가르치는 일이었다.[4] 갈릴레이에게 수학을 가르친 오스틸리오 리치Ostilio Ricci는 화가들에게 원근법을 가르쳤다. 당시에 원근법 회화는 복식부기보다 더 최신의 발명품이었다. 그것은 필리포 브루넬레스코가 가장 특이한 미술 작품을 창작한 1401년과 1413년 사이 어느 시기에 시작되었다.[5] 그 작품 자체는 더는 남아 있지 않다. 우리가 그에 관한 소식을 마지막으로 확인할 수 있는 것은 1494년이다. 그것은 브루넬레스코가 죽었을 때 피렌체의 메디치가 통치자인 '위대한 자 로렌초Lorenzo il Magnifico'가 그에게 끼친 영향(당시 이탈리아 도시국가 군주들은 예술가들을 후원함으로써 자신들의 영향력을 과시했다 — 옮긴이) 가운데 하나로 열거되어 있다.[6] 1480년대에 안토니오 마네티Antonio Manetti는 원근법 회화에 관한 그럭저럭 괜찮은 묘사를 남겼다. 그는 브루넬레스코가 사망했던 당시 23세였다.[7] 마네티의 설명은 곤혹스럽고 불만족스럽지만, 그것이 지금 우리에게 전해지는 전부다. 동시대인들에게 이 작은 작품이 원근법 회화의 탄생을 나타낸다는 것이 왜 분명한지, 그리고 브루넬레스코가 했던 일이 정확하게 무엇인지를 재구성하려는 끊임없는 시도가 있어왔다.[8] 이러한 모든 시도는 난관에 봉착하는데, 브루넬레스코로부터는 한마디의 도움도 받지 못한다. 하지만 우리는 최선을 다해야 한다.

그 작품은 77.4제곱센티미터의 목판에 그려진 그림이었다. 그것은 피렌체의 한 세례당(성 요한 세례당 — 옮긴이), 팔각형 건물, 그리고 건물들의 양측면 등을 보여준다. 하늘인 듯한 그림의 윗부분은 윤이 나는 은으로 덮여 있었다. (브루넬레스코는 금세공 훈련을 받았다. 그래서 평평한 표면에 은을 칠하는 일은 그에게는 쉬운 일이었을 것이다.) 브루넬레스코는 이 그림의 아랫부분 중앙에 구멍을 뚫어 관찰자가 그림 뒷면의 구멍을 통해 볼 수 있도록 했다. 만일 관찰자가 제대로 된 위치, 즉 브루넬레스코가 그림을 그릴 때 의도했던 위치에 서서 그림(구멍 뚫린 판)과 실제 건물의 사이에 거울을 위치시켜 구멍으로 보면, 그들은 실제의 세례당과 겹쳐 보이는 그림의 영상을 볼 수 있을 것이다(거울 방향은 건물 쪽이 아니라 그림 쪽으로 잡혀 있다. 따라서 구멍을 통해 보면, 먼저 거울의 반사면이 보이고 그 뒤로 멀리 건물이 보이게 된다. 이때, 거울에는 브루넬레스코의 그림 앞면이 비쳐 보인다. 결과적으로 관찰자는 거울 속에 담긴 그림을 먼저 보고 그 너머로 그림의 실제 모델을 함께 보게 된다 — 옮긴이). 그리고 거울을 올리거나 내리면 그림이 실제 사물과 똑같이 보인다는 것을 확신할 수 있을 것이다. 그들이 한 눈으로 그림과 실제 세계를 모두 보고 있었기 때문에 그림은 더욱 3차원적으로, 그리고 실제 세계는 더욱 2차원적으로 보여서 양자는 서로 더 비슷해질 것이다.[9] 윤이 나는 그림의 은칠 부분에서 하늘이 비쳐 구름이 보이고, 구름은 은칠 위에서 좌우가 뒤바뀌고 거울에서 다시 좌우가 뒤바뀌어 보일 것이다. 그래서 실제와 일치하게 될 것이다. 브루넬레스코의 이미지는 철학자들이 진리의 상응 원리라고 부른 것(하나의 진술 혹은 표현이 외부 세계에 일치한다면 그것은 참이다)의 예시가 되고자 했다고 말해도 무방해 보인다.[10]

분명히 이 이상한 요지경 구성은 관찰자가 그림과 세례당을 한 눈으로 보는 것을 보증했다. 기하학적 원근법은 단일한 관점에 의존한다. 그러나 거울은 왜 사용하는가?[11] 왜 판자에 작은 구멍을 뚫어 직접 그림을 보지 않는가? 명백히 브루넬레스코는 그 그림의 윗부분을 은으로 칠하고 그것을 하늘이 비칠 수 있는 장소에 배치할 필요가 있었다. 그리고 특정한 순간에 그리고 동시에 실제의 세례당과 겹치도록 세례당 위로 하늘이 비치게 하려면 거울이 필요했다. 분명치 않은 것은 이것이 그의 원래 목적이었는지, 아니면 그가 이용하려고 결정한 그 요지경의 한 특징일 뿐인지였다.

나는 이 과정의 기이함을 강조하고 싶다. 만일 당신이 거울이 아니라 그림을 아래로 내리면 당신이 보게 되는 것은 당신 자신일 것이다. 거울 속의 그림을 바라본다 해도, 당신이 그것을 똑바로 볼 때 마주보는 것은 당신 자신의 눈동자일 것이다. 그리고 그림 속에는 화가의 눈에 일치하는 혹은 그것을 비춰주는 한 점이 있다는 것을 알게 될 것이다. 이것은 후일 중심점으로 불리게 된다. 그것은 소실점 구성에서 소실점이 위치하는 지점이다. 요지경 공연에서 일정 역할을 행하는 관람자는 끊임없이 그들 자신의 역할을 생각하게 된다. 어느 순간에 그들은 실재가 나타나고 사라지게 만든다. 다른 순간에는 그 자신들이 관찰의 대상이 된다. 브루넬레스코의 기발한 구성은 두 기능이 있다. 예술은 성공적으로 자연을 모방할 수 있으며 양자는 거의 구별할 수 없다는 것, 그리고 예술이 가장 객관적일 때도 우리는 그것을 만들고 그 속에서 우리 자신을 발견할 수 있다는 것을 입증한다. 그것은 객관성과 주관성 속에서 동시에 일어나는 일이다.

　이 이미지를 만든 후에 브루넬레스코는 두 번째 작품 피렌체 시청과 주변의 광장(시뇨리아 광장 — 옮긴이)을 재현한 작품을 만들었다. 이 사실 역시 마네티의 기록을 통해 알 수 있다. 이번에는 관찰자들이 실제의 하늘을 볼 수 있도록 스카이라인 위쪽을 잘라냈다(윤이 나는 은칠보다는 여러 면에서 더 깔끔한 해결책이었다). 이번에는 거울도 없었다. 이 대상 또한 명백히 장소 특이적site specific이었다. 당신은 브루넬레스코가 그림을 그릴 때 서 있던 곳에 서 있다. 그림을 위로 올리면 실제의 건물을 완벽히 재현한다. 아래로 내리면 실제의 건물이 보인다. 앞뒤로 움직여보면 당신은 당신 자신의 세계를 만들기도 하고 해체하기도 하면서 실재와 이미지의 완전한 일치를 확인하게 된다.

　두 그림 모두 2차원 이미지에서 깊이를 보여주는 분명한 방법을 피했음이 자명하다. 그림 평면에 직교하는 수직선과 수평선이 소실점에 모이는 것을 보여주는 것이다. 가장 단순한 예시가 타일 바닥이다.* 그 대신, 두 그림은 2점 투시 원근법two-point perspective을 사용한 것이 틀림없다. 여기서 선들은 그림 평면과 평행하지도 않고 수직도 아니면서 그림 평면 자체의 왼쪽과 오른쪽 지점에 수렴한다. 만일 브루넬레스코가 장면의 깊이를 실험하고 싶어했다면, 왜 더 단순하고 그에게도 익숙했던 1점(소실점) 원근법을 사용하지 않았을까? 예를 들어, 암브로조 로렌체티Ambrogio Lorenzetti의 1344년 작 〈수태고지Annunciazione〉는 장면의 깊이감을 만들기 위해 타

---

* 브루넬레스코의 이미지의 몇몇 실례는 이것들이 3차원 표현이라는 점을 분명히 하기 위해 광장의 앞마당에 그러한 체커판 패턴을 부여한다. 그러나 이 패턴들은 실재 세계의 그 무엇과도 일치하지 않는다. 그의 이미지와도 마찬가지다.

일 바닥과 수렴하는 평행선을 사용한다.** 로렌체티는 원근법 구성의 모든 복잡성을 습득하지 못했다. 마리아의 의자 뒤쪽이 앞쪽보다 높고, 천사의 왼쪽 발이 오른쪽 무릎보다 뒤쪽에 있지 않은 것을 보라. 하지만 그는 타일 바닥이 거리에 따라 작아지는 것은 알고 있었다. 만일 브루넬레스코가 단지 깊이의 표현을 창안하려고 했다면 그는 타일 바닥을 보여줄 수도 있었을 것이다.

그러면 브루넬레스코가 시도하려고 한 것은 무엇일까? 표준적인 관점(비록 그 시점보다 오랜 뒤에 저술되었지만, 바사리의 《르네상스 미술가 평전》(1550)의 관점)은 브루넬레스코가 원근법 회화의 기하학적 원리를 보여주고 있다는 것이다. 이는 20년이 더 지난 후, 기하학적 원근법 저술의 오랜 전통을 확립한 저작 《회화론De pictura》에서 알베르티에 의해 성문화되었다.[12] 우리는 브루넬레스코가 꽤 정교하게 기하학을 파악했다고 합리적으로 상정할 수 있다. 그가 받은 교육은 제한적으로, 그의 부친은 그에게 약간의 라틴어를 배우게 했다. 아마 공증인으로서 자신의 뒤를 잇게 하기 위해서였을 것이다. 그러나 브루넬레스코는 금세공인 도제가 되기로 결심했다. 그 후 보석에서 건축으로 방향을 튼다(그는 1418년에 피렌체 성당의 돔을 설계한 것으로 가장 유명하다. 이것은 여느 중세 건축과는 아주 다르게 고전적인 형식에 기초한다). 그러나 만일 브루넬레스코가 일찍이 1413년에 원근법의 기하학을 습득했다고 가정한다면, 왜 1425년 이전에는 이 원리를 담고 있는 그림들이 남아 있지 않은지를 설명하기가 약간 어려워진다. 실제로 학자들은 이 이미지들이 새로운 예술과 새로운 이론을 촉발했다고 간주하고 싶어했기 때문에, 브루넬레스코가 1425년경 그의 시범적 이미지를 만

** 컬러 도판 11을 참조하라.

들어냈다고 여겨지곤 했다. 그러나 최근의 문헌 증거는 (마네티의 글이 그러하듯이) 브루넬레스코의 이미지는 더 일찍 만들어졌음을 시사한다. 이것은 우리로 하여금 그가 성취한 것이 과연 무엇이었는지를 재고하게 한다.[13]

브루넬레스코와 알베르티 모두 중세 광학을 회화에 적용했다고 알려져 있다. 중세 광학은 서구에서는 알하젠Alhazen으로 알려진 11세기 아랍 저술가 이븐 알하이삼Ibn al-Haytham으로부터 유래했다. 그의 저작들은 라틴 어와 이탈리아어 번역본으로 나와 있었다. 광학에 관한 이 저작들은 '원근법', 즉 '시야의 과학the science of sight'을 의미하는 용어에 대한 것이었다. 알하젠은 어떻게 빛이 직선으로 진행하는지를 보여주었다. 그래서 시각은 우리 눈에서 밖으로 나와 물체까지 잇는 직선의 원뿔에 의존한다. 따라서 물체 심도深度는 직접 경험되지 않는다. 그것은 두 눈으로 보는 시각 그리고 가까이 있는 물체가 크게 보이고 멀리 있는 물체가 작게 보이는 방식을 해석하는 능력의 결과다. 그래서 거리를 판단하기 위해서 기준점, 거리 혹은 크기가 알려진 기준점이 필요하다. 알하젠이 우리가 어떻게 그림 속에서 세계를 표현하는지에 대해서가 아니라, 우리는 어떻게 보는가에 몰두한 이유를 쉽게 이해할 수 있다. 그의 시대에 아랍에서 표현 예술은 금지되어 있었다. 그러나 왜 그의 중세기 계승자들이 화가들이 사용할 수 있는 형태로 그의 이론을 개발하지 않았는지는 이해하기 어렵다.[14]

이에 관한 한 설명은 대학의 전문가들이 비록 회화를 드러나게 논의하지는 않았지만, 화가들은 전문가들의 이론들에 대해 배웠다는 것이다. 조토Giotto(1266~1337)는 그의 가장 중요한 작품 활동을 프란체스코회 교회에서 수행했다. 마침 그 교회에 속해 있던 수사들의 도서관이 원근법에 관한 중요한 저술들을 소장하고 있었다. 그에게 작품을 의뢰한 수사들은 성 프란체스코의 추종자로서 자연계를 사랑했고, 예술에서 새로운 사실주의에 대한 열망을 지니고 있었다. 그들은 조토에게 깊이감을 표현해줄 것을 원했다. 그들은 시각 이론을 연구하면서 2차원 감각(우리 눈에 들어오는 광선)을 3차원 경험으로 전환함으로써 우리가 세계를 지각할 수 있다는 것을 알고 있었기 때문이다. 존재하지 않는 기둥의 환상을 만들기 위해 실물같이 보이게 하는 그림trompe l'oeil을 사용한 조토의 예술은 그의 고용주들과의 대화의 결과로 여겨진다.[15] 이는 매우 그럴듯하다. 그러나 중요한 경고가 있다. 중세의 시각 이론은 우리가 지금 원근법이라고 부르는 것(르네상스기에는 '미술 원근법'으로 불리게 되었다)의 이론 요소를 제공했지만 3차원의 환상을 만드는 방법에 대한 체계적 설명을 제공하지는 못했다는 사실이다. 만일 그런 설명을 제공했다면, 조토는 원근법 혁명을 완성했을 테고, 브루넬레스코의 이미지는 불필요했을 것이다. 그리고 알베르티는 새롭게 말할 거리가 없었을 것이다. 동시대인들에게 조토는 시각을 속이는 방식으로 모든 사물을 묘사할 수 있는 화가로 보였을 것이다.[16] 그러나 우리는 과연 조토가 시각적 실재와 완전히 일치하는 이미지를 만들려고 열망했는지에 대한 의구심이 있다. 〈성 안나의 수태고지Annunciation to St Anne〉의 벽을 넘나드는 천사는 마리아가 본 것을 정확히 표현하고 있는가?* 이 질문은 확실히 잘못된 것이다. 조토가 전달하려 한 실재는 그저 시각적인 것이 아니다. 반면 브루넬레스코의 작품에서 전체적이고도 유일한 강조점은 기하학적 정확성이다.

우리는 브루넬레스코가 자신의 새로운 건축 형식을 탐구하면서 당시 남아 있는 로마의 고전 건축을 연구(측정을 하고 계획도와 입면도를 그리는 것을 포함한)했는지 알지 못한다. 그는 물체가 멀리 있을수록 작게 보인다는, 유

---

* 컬러 도판 10을 참조하라.

클리드가 해석했고 중세에도 잘 알려져 있었던 기본 원리에 익숙했을 것이다.[17] 이 원리는 당신이 서 있는 곳과 그 물체의 거리, 그것의 꼭대기와 밑바닥이 만드는 각도를 알면 그 물체의 실제 크기를 계산할 수 있게 해준다. 브루넬레스코는 1402~1404년 로마에 남아 있는 고전 건축물의 높이를 측정했을 때, 이 지식을 적용하는 수많은 실습을 했을 것이다.[18] 그러나 이 원리에는 새로운 것이 없었다. 그리고 거기서 얻은 지식은 분명히 원근법 이미지보다는 표준적 입면도를 그리는 데 가장 유익했을 것이다. 그래서 왜 그것이 갑자기 새로운 유형의 예술적 표현을 만들어냈는지를 알기는 어렵다.

무엇이 원근법 회화의 발명을 가능하게 했는가에 대한 질문에 답을 줄 수 있는 여러 요소들, 기하학의 적용, 중세 광학, 옛 건축물의 측량 등이 있다. 그러나 그것들만으로는 충분하지 않아 보인다.[19] 내가 보기에 우리가 빠뜨렸던 중요한 요소는 필라레테Filarete(탁월함을 사랑하는 자)라고 알려진 피렌체 예술가에게 있다. 그는 1461년에 건축론을 탈고했다. 이것은 우리의 최초의 출처 자료다.[20] 필라레테는 마네티보다 스물세 살 연상이었고, 따라서 브루넬레스코의 세계를 더 잘 이해했다. 필라레테는 브루넬레스코가 거울을 연구함으로써 그의 원근법 표현(이에 대해 자세히 묘사하지는 않는다)의 새로운 방법에 도달하게 되었다고 확신했다. 거울은 실제로 미술과 진실의 상응 이론의 명백한 원천이다. 그것은 3차원 외양을 2차원 표면에 나타내주고 '세례당이 여기서 얼마나 크게 보이는가?'라는 질문에 대한 답변을 쉽게 만든다. 각도와 거리를 측정함으로써 그 질문에 답하려고 애쓰는 것은 그저 거울을 보며 답하는 것보다 훨씬 더 복잡할 것이다. 거울은 축척 장치로 작동한다. 물체에서 나오는 광선의 원추가 평면을 지나면서 반사되기 때문에 축척을 수행할 수 있다. 이것은 우리에게 내가 앞에서 언급하지 않았던 브루넬레스코의 요지경의 특징을 환기시킨다. 마네티에 따르면 그는 성당의 현관에 서 있었다. 그러므로 그의 시각은 현관에 의해 테가 둘러졌을 것이다. 실제로 그의 그림은 단지 그 틀 안에서의 시각을 재현했다. 마치 창문을 통해 바라보듯이 말이다.

어떤 이들은 필라레테의 언급으로부터 브루넬레스코의 화판 전체가 은으로 칠해졌다고, 즉 그가 거울 위에 그렸다고 결론짓는다. 그러나 자신의 손에 화판을 들었던 마네티는 분명히 알았을 것이다. 화판과 거울을 이젤 위에 나란히 두었다는 편이 훨씬 그럴듯하다. 이것은 브루넬레스코의 첫 번째 이미지가 특이하게 작은 까닭을 설명한다. 15세기 초에 고품질의 거울은 매우 드물었고 매우 비쌌다(베네치아의 거울과 관련된 혁명은 한 세기 후에 일어났다). 그리고 유리 거울은 항상 작았다.[21] 물론 거울을 사용하면 좌우가 뒤바뀐 상이 나온다. 따라서 브루넬레스코는 거울에 비친 자신의 그림을 보는 데 관심이 있었고 기꺼이 쉽게 손 닿는 곳에 거울을 두었다. 세례당은 대칭적인 건물이다. 뒤바뀐 이미지가 정상적인 모습과 똑같다. 그러나 마네티는 세례당의 양 측면에 있는 광장을 볼 수 있다고 썼다. 대칭적인 건물에도 대칭적이지 않은 표시(예를 들어, 그림자나 이끼)가 되어 있을 수도 있다. 거울로 작업하는 일은 브루넬레스코에게 끝없는 노력을 요구했다. 그는 세례당이 거울에 왜곡 없이 비치길 원했다. 그러나 만일 그가 거울 바로 앞에 있다면 그가 보는 것은 그 자신이다(이것이 자화상을 그릴 때 거울을 사용하기 쉬운 이유다). 관찰자가 그림뿐만 아니라 자신을 보는 그의 요지경 구성의 특이한 특징은 이 초기의 긴장을 간단히 요약해준다.

브루넬레스코가 하늘이 비치도록 화판에 은을 칠할 수 있음을 깨달은 것은 그가 거울 속의 그림을 보았을 때였다. 그가 불운한 발견을 하게 된 것도 그 시점이다. 거울 속에 비친 이미지의 크기는 절반으로 작아지는 효과가 있다. 성당의 현관에서 보았을 때 세례당과 똑같은 크기에 해당하는 그림은 4분의 1 크기로 귀결되고 말았다. 왜냐하면, 거울의 효과는 관찰자와 세례당의 겉보기 거리를 배가했기 때문이다.[22] 물론 브루넬레스코는 이 문제를 예견하고 그림을 더 크게 할 수도 있었다. 그러나 그는 그렇게 하지 않았다. 왜냐하면, 그는 관찰자가 그림이 그려진 장소인 현관에 서 있기를 원했기 때문이다. 그리고 그 위치에 서야 6.4제곱센티미터의 이미지는 세례당의 겉보기 크기에 해당한다는 것을 보여주기 쉽다. 두 번째 반사를 허용하도록 크기를 증대시키기 위해서 브루넬레스코의 화판은 6.4제곱센티미터가 아니라 25.8제곱센티미터가 될 필요가 있었다.

그렇다면 거울이 다루기 어렵다는 것 이외에 브루넬레스코가 그의 요지경으로 알게 된 것은 무엇일까? 그는 이 최초의 이미지를 통해 투시화透視畵는 이미지가 관람되는 그림 평면을 설정하는 작업을 포함한다는 것을 입증하고 있었다. 그는 이 새로운 이해를 그의 두 번째 이미지인 시청의 이미지에 적용했다. 아마도 그는 두 거울에 생긴 이미지(필라레테가 추천한 과정)로부터 작업했을 것이다. 반투명 양피지를 통해서 보고 그 위에 잉크로 윤곽을 그리면서 시작했을 것이다. 알베르티는 그리드를 통해 바라보고 그리드 선을 기준점으로 사용하는 방법을 고안한 최초의 인물이었다. 최소한 그는 라틴어 저술《회화론》(1435)에서 이 방법을 발명했다고 주장했다. 그 주장은 이탈리아어판에는 보이지 않는다.[23] 알베르티가 어떻게 누군가 자신의 방법을 사용하지 않고 원근법 표현에서 조금이라도 성공할 수 있었는지 이해할 수 없다고 말하자, 사람들은 브루넬레스코가 그를 능가했다고 생각하기 시작한다. 알베르티의 본문 수정은 그가 그만큼 뒤늦게 발견했다는 것을 확인시켜주는 것으로 간주될 수 있다.[24] 이 방법은 후일 잘 알려지게 되었고 레오나르도, 뒤러Dürer, 그리고 비뇰라Vignola에 의해 분명히 사용되었다(컬러 도판 16을 보라).

만일 이 재구성(브루넬레스코가 자신이 거울에서 본 것을 표현하기 시작했다는)이 옳다면, 그는 투시화가 장면이 보이는 그림 평면을 설정하는 것을 포함한다는 것을 배우고 있었다. 그리고 화가의 과제는 그 평면에 놓은 유리에 나타나는 이미지와 일치하는 이미지를 구축하는 것이다. 알베르티가 그림과 그 너머 경치를 바라보는 창문을 비교했을 때, 그가 환기한 것은 이 원리였다. 그리고 뒤러가 '원근법'이라는 단어가 '통하여 보기to see through'라는 의미의 라틴어 perspicere에서 왔다고 주장하게 한 것도 이 원리였다. 사실상 그것은 '명확하게 보기to see clearly'라는 의미로부터 왔는데도 말이다.[25] 브루넬레스코가 발견한 것은 소실점 혹은 거리−점distance-point 구성이 아니었다. 비록 그것들을 능숙하게 수행할 수 있었지만, 그는 꼼꼼한 측정이나 정교한 기하학적 구성을 하지는 않았다. 그는 그려진 표면을 투명한 유리 조각으로 생각하는 법을 배웠다. 그는 또한 엄청나게 중요한 것을 배웠는데 원근법 구성이 작동하려면 화가와 관람자의 눈이 같은 장소에 있어야 한다는 것이다. 이 지점이 화가의 눈과 정반대편의 그림 속의 지점과 일치한다. 원근법 회화는 실재의 객관적인 표현으로 보인다. 그러나 그것은 관람자가 그것을 제대로 바라보도록 준비되어 있을 때뿐이며, 그렇게 해야 관람자는 그림과 관련하여 자신의 자리를 제대로 잡을 수 있다. 브루넬레스코의 회화에 소실점은 없었지만 제 위치에 자리잡은 관람자가 있었다.

3

원근법 표현 기법을 완전히 습득한 최초의 대형 회화인 마사초Masaccio의 유명한 그림 〈성 삼위일체Santa Trinità〉(1425년경)와 브루넬레스코의 최초의 연구 사이에는 약 20년의 시간 차이가 있다.* 마사초의 회화는 반원통형 둥근 천장barrel vault의 예배당 앞에 있는 십자가상의 그리스도를 보여준다. 그러나 물론 실제 예배당은 존재하지 않는다. 그것은 전적으로 그림 속 예배당이다. 여기에 브루넬레스코의 연구와 마사초의 그림 간의 차이가 있다. 브루넬레스코는 실재를 표현하고 있다. 반면 마사초는 가상의 공간을 표현하고 있다. 당신은 실재를 그리기 위해서 여러 그림-평면 기법을 사용할 수 있다. 그러나 당신이 상상의 세계를 그리고 싶다면, 그것이 설득력 있으면서 미학적으로 만족스럽게 보이도록 세계를 구성하는 방법을 알아야 한다.[26] 당신은 소실점과 거리점을 어디에 둘지를 결정해야 한다. 수렴선의 그리드로부터 스케치를 해야 한다. 기하학의 원리를 적용해야 한다. 이것이 정확히 마사초가 했던 일이다. 우리는 그가 회반죽 위에 그은 선들을 볼 수 있다.[27] 우리는 브루넬레스코가 마사초와 원근법을 논의했고,[28] 알베르티는 곧 기하학적 원근법에 관한 교과서를 쓴다는 것을 알고 있다.

따라서 원근법 회화에서 다음 단계를 책임진 사람은 마사초로 보일 것이다. 그것은 물론 중요한 단계였다. 대부분의 르네상스 미술이 종교적인 것이었고, 종교적 미술 대부분은 현존하는 실재의 직접적 표현이 아니다. 물론 화가들에게는 모델들이 있었다. 마사초에게 그림값을 지불하는 후원자들은 그림 어느 한편에 무릎을 꿇고 나타난다. 마사초는 실제의 반원

---

* 컬러 도판 12를 참조하라.

통형 둥근 천장을 당연히 보았을 것이고, 실제의 기둥을 모방했다. 그러나 이 요소들을 이 벽에 맞추기 위해서 그는 스케치를 하고, 수렴선을 그리고, 얼마나 작게 그릴지를 계산해야 했다. 그는 그려지는 공간이 될 이론적 공간을 구성해야만 했다.

따라서 원근법 회화는 이론을 특정한 상황에 적용하는 작업을 수반한다. 그것은 공간에서 물체로부터 나와 그림 평면을 지나 눈으로 들어오는 선들의 추상적인 설명과, 이 선들이 어떻게 화면에 나타나는지에 관한 설명을 제공한다. 그것은 기하학적으로 생각하도록 눈을 훈련시킨다. 간단한 예시가 니세롱Niceron 신부의 《신기한 원근법La perspective curieuse》(1652)이다.[29] 니세롱은 일그러져 보이는 형태(화면을 예리한 각도로 쳐다봐야만 두개골의 형태가 보이는 홀바인Holbein의 〈대사들Ambassadors〉 속의 두개골 같은 모양)를 만드는 방법을 설명한다. 그러나 그는 먼저 형태를 이해하고 표현하는 부분에서 독자들을 훈련시켜야 한다.

의자를 그리는 방법에 관한 그의 시범을 살펴보자. 먼저 그는 간단한 육면체를 그린다. 그리고 등받이와 다리를 육면체에 추가한다. 그 결과 그것은 가장 간단한 기하학적 형태로 이루어진 의자라는 점에서 바우하우스 의자처럼 보인다. 그것은 17세기 의자처럼 보이지 않는데, 어떤 17세기 의자도 곡선이나 장식이 전혀 없지는 않을 것이기 때문이다. 이 점을 고려해 그린, 그 시대의 심미적 감각을 표시하는 동그랗게 말린 리본을 보라. 이것은 추상적인 혹은 이론적인 의자다. 실제의 의자가 아니라 기하학자의 의자다. 이렇게 보려면 더 복잡한 물체에서 수학적 모양들을 분리할 수 있어야 한다.

화가들은 원근법 표현의 기하학적 기교에 익숙해지자마자, 자연스럽게 수학적 형태들과 그것들을 그리는 난점에 매료되었다. 레오나르도는 루카 파촐리Luca Pacioli의 《신적 비율에 관하여Divina proportione》(1509)에 삽화를 그렸다. 두 사람은 분명히 좋은 친구였다. 그들은 모두 밀라노 공작 루도비코 스포르차Ludovico Sforza에게 고용되었다. 그리고 그들은 그 도시가 1499년 프랑스에 함락되었을 때 함께 그곳을 떠나 피렌체에 도착하여 한동안 같이 기숙했다. 파촐리의 초상화에서 우리는 두 가지 수학적 형태를 볼 수 있다. 그중 하나인 12면체는 파촐리가 쓴 책 위에 놓여 있다. 다른 하나는 26면체 유리판인데 반쯤 물로 채워져 있다.* 그것은 가는 실에 매달려 있는, 기하학적 형태만큼이나 빛을 포착하는 방식에서 흥미로운 장식물이다.[30]

　파촐리는 유클리드의 문제를 학생들에게 설명하는 데 빠져 있다. 유클리드의 책은 그의 책상에 펼쳐져 있다. 그는 석판 위의 문제를 이해하는 데 필요한 그림을 그리고 있다. 테이블 여기저기에 수학용 작도 기구들과 그것들을 담는 작은 통이 보인다. 그의 제자와는 달리 파촐리는 우리를 응시하지 않고 있다(그는 깊은 생각에 잠겨 있다). 그러나 우리가 그를 응시한다. 그의 눈이 화가와 우리 자신의 눈 바로 반대편 중심에 있기 때문이다(그가 쥐고 있는 철필에 의해 강조되듯이). 눈이 화가 혹은 우리를 똑바로 향하고 있는 사람은 준수하고 귀족적인 젊은이다. 파촐리는 수학자다. 그를 그린 사람 또한 복잡한 수학적 형태를 잘 이해하고 그린 데서 알 수 있듯이 분명히 수학자였다.** 한 수학자의 초상화를 그리면서, 그 화가는 자기 자

* 컬러 도판 18을 참조하라.

** 파촐리의 첫 전기 작가이며 16세기 후반에 저술 활동을 한 베르나르디노 발디Bernardino Baldi가 이 그림의 작가로 정다면체에 대한 전문 지식으로 유명했던 피에로 델라 프란체스카Piero della Francesca를 지목한 것은 아마 이러한 이유에서일 것이다. 발디에 따르면 피에로는 파촐리의 친구였다. 그들은 산세폴크로Sansepolcro 동향 출신이며, 아마 피에로는 파촐리를 가르쳤을 것이다. 그러나 이 그림은 피에로가 그린 것일 수 없다. 그림이 완성되었을 때 피에로는 이미 죽었기 때문이다.

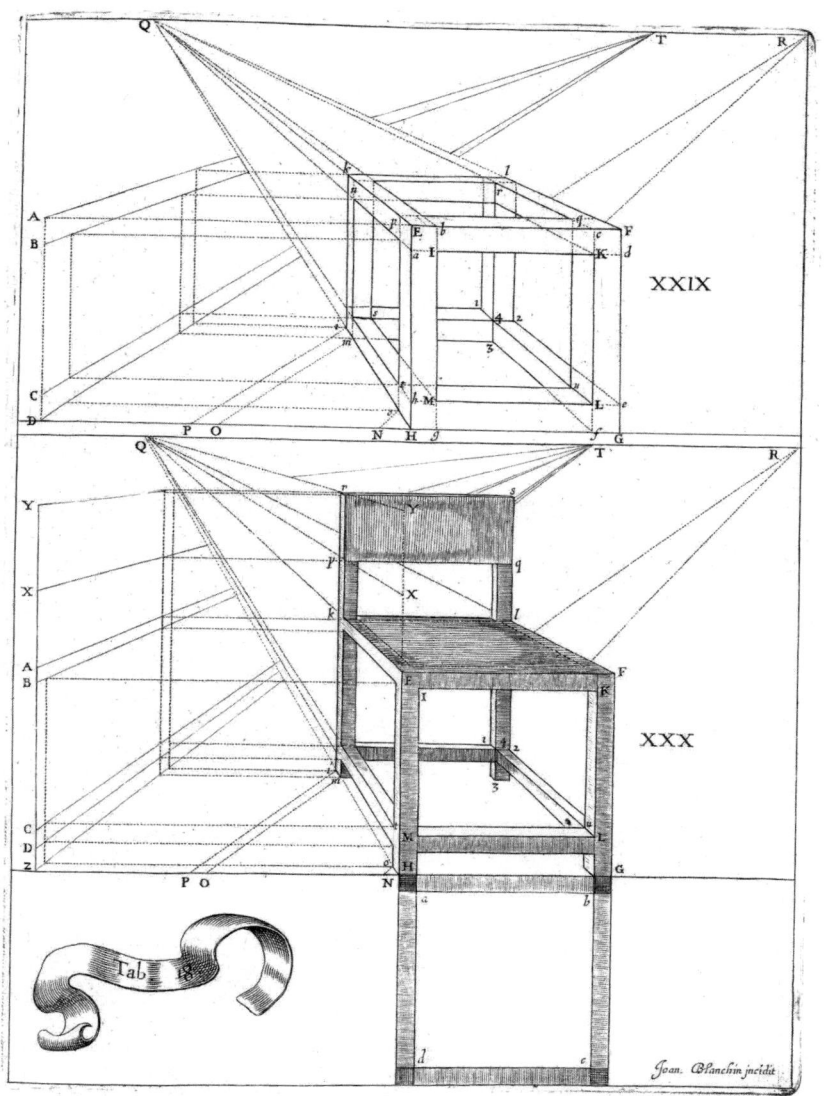

니세롱의《신기한 원근법》(1652)에 수록된 그림. 한 의자가 기하학적 구성의 문제로 환원된다.

신을 묘사하고 있다. 어떤 이들은 그림 속의 젊은이가 화가의 자화상이라고 생각하기도 하는데 그렇다면 관람자를 똑바로 바라보는 눈은 거울 이미지를 말해주는 표시다.[•]

나는 이 견해와, 그림이 야코포 데 바르바리Jacopo de' Barbari의 작품이라는 전통적인 견해 모두를 의심한다. 젊은이 앞 책상 위에는 파리가 앉아 있는 종잇조각이 있다. 그 종잇조각에 'Iaco. Bar. Vigennis. P. 1495'라고 쓰여 있다. 이것이 서명으로 간주되어 그림을 그린 화가를 야코포 데 바르바리로 추정해온 것이다. 비록 이것이 그의 작품같이 보이지 않았고, 1495년에는 그가 스무 살vigennis/ventenne이 아니라 훨씬 더 연장이었지만 말이다.[••] 아무도 종잇조각이 화가가 아니라 스무 살쯤 되어 보이는 젊은이(이 경우 'P.'는 '그리다'의 3인칭 단수 pincit/pinxit이 아닌 pictum)를 확인시켜주고 있다고 명쾌한 설명을 제시하지 못한 것으로 보인다. 성이 'Bar'로 시작되면서 자코모라 불리는 이탈리아인은 수없이 많다(바르디Bardi, 바로치Barozzi, 바르톨리니Bartolini, 바르톨로치Bartolozzi 등등). 이 그림은 원래 우르비노 공작(파촐리의 제자이기도 한) 구이도발도 다 몬테펠트로Guidobaldo da Montefeltro에게 헌정한다는 문구가 있고, 또 그의 옷방에 걸려 있었기 때문에, 우리는 Iaco. Bar.가 그의 친구이며, 그의 눈과 마주친 것은 왕자의 눈이라고 가정할 수 있다. 왜 젊은이의 이름이 축약된 형태로나마 기록되어

• 제이컵 솔Jacob Soll은 그 젊은이는 구이도발도 다 몬테펠트로Guidobaldo da Montefeltro 자신이라고 주장하며 '회계사는 귀족보다 우월한 관계로 그려질 수 없다'고 언급한다. 이는 표면적으로는 타당해 보이지 않는다. 어쨌든 우리에게는 라파엘로가 그린 것으로 여겨지는 구이도발도의 훌륭한 초상화가 있다. 그래서 이것은 그가 아니다. (Soll, *The Reckoning*(2014), 50; 그림 설명에서 인용함)

•• 데 바르바리의 생년에 대한 직접적 증거는 없다. 그러나 그는 1512년 늙고 병든 모습으로 묘사되어 있다. 확실히 알려진 그의 최초 작품은 1500년의 것이다. 그는 1440년과 1450년 사이에 태어난 것으로 생각되어왔다. 지금은 그가 1470년대에 태어난 것으로 주장되고 있지만, 논쟁은 주로 비록 그의 작품같이 보이지 않는다는 데 동의하면서도 파촐리 초상화를 그 자신이 그린 것으로 인정하는 데 의존한다는 점에서 순환하고 있다. (Gilbert, 'When Did a Man in the Renaissance Grow Old?'(1967); Levenson, 'Jacopo de' Barbari'(2008))

있을까? 이 그림이 일종의 추모 — 아마 그는 죽었거나 멀리 떠났을지도 모른다 — 라는 것이 분명한 설명이 될 듯하다.

따라서 이 그림은 우르비노의 궁정 생활에 속한다. 폴리도루스 베르길리우스가 《발견에 대하여》를 쓴 것은 구이도발도의 도서관에서였다. 수많은 책으로 둘러싸여 있을 뿐만 아니라 금은으로 장식된 이 최고의 방에서의 작업은 베르길리우스에게 그의 시대에 모든 학자들은 아무리 궁핍하더라도 그들이 원하는 책을 손에 넣을 수 있다는 왜곡된 세계관을 부여했다.[31] 구이도발도 궁정은 후일 카스틸리오네Castiglione에 의해 유명해졌다. 카스틸리오네의 《궁정인Il Cortegiano》(1528)은 1507년에 그가 기록했던 상상의 논의들을 관념적으로 배치하여 거기서 구상되었다. 구이도발도 자신은 카스틸리오네의 책에 나오지 않는다. 그의 아내 엘리사베타가 관리하는 동안 그는 병석에 누워 있었다.

파촐리의 초상화는 원근법이 발견되자 수학과 미술이 어떻게 손을 잡았는지 잘 보여준다. 피에로 델라 프란체스카는 원근법에 관한 책인 《회화의 원근법에 관하여De prospectiva pingendi》뿐만 아니라, 원뿔 모양으로 쌓인 곡식 더미에 얼마나 많은 낱알이 있는지 혹은 술통에 얼마만큼의 포도주가 있는지를 알아내는 방법과 같은 실용적인 문제를 다룬 수많은 수학 교과서를 저술했다(《주판론Trattato d'abaco》과 《다섯 개의 정다면체에 관하여Libellus de Quinque Corporibus Regularibus》가 전한다).[32] 그러한 문제들은 곡식 더미, 포도주 통 등 실재적 물체를 추상적 형태로 바꾸어 수학적 원리를 적용할 수 있게 한다. 파촐리의 저작들은 피에로의 책에서 통째로 자료를 베껴 쓴다. 파촐리는 레오나르도의 친구였을 뿐만 아니라 알베르티의 친구이기도 했으며, 젊은 시절 그와 수개월 동안 같이 지내기도 했다. 그 자신은 화가가 아니었으나 《신적 비율에 관하여》는 황금분할, 건축의 원리, 서체의 디자인을 논의한다. 파촐리는 오늘날 12면체에 관한 두꺼운 책인 《산술집성 Summa de Arithmetica Geometria Proportioni et Proportionalità》으로 주로 알려져 있다. 이것은 복식부기에 대한 설명이 최초로 이루어진 응용수학 교과서였다. 복식부기 개념은 새롭지 않았으나 인쇄술은 새로웠고, 파촐리는 분명히 이 기회를 활용했다.[33]

4

원근법 회화는 일반적으로 특이한 형태의 추상화, 즉 소실점의 구성이 포함된다. 이 용어 자체가 비교적 근대적이라는 점은 주목할 가치가 있는데, 영어에서는 1715년으로 소급된다. 알베르티는 그것을 중심점il punto del centro이라고 부르며, 많은 초기 문헌에서는 단지 지평선을 지칭한다.[34] 그러나 알베르티는 일점 원근법 회화에서의 이미지는 '거의 무한 거리'로 뻗어 있음을 분명히 한다.[35] 르네상스기 지식인들에게 이것은 매우 당혹스러운 개념이다. 아리스토텔레스의 우주는 유한하고 구형이다. 게다가 그것은 무한한 공간으로 둘러싸여 있지 않고 빈 공간 같은 것도 없다. 실제로 아리스토텔레스는 공간을 채우고 있는 물체와 구별되는 공간 개념이 없었다. 그래서 아리스토텔레스에게 모든 공간은 유한하고 제자리에 있으며, 공간이 무한히 확장되어 있다는 생각은 진공의 개념과 마찬가지로 개념적으로 모순이다.[36]

　물론 유클리드 기하학에서 이것은 사실이 아니다. 유클리드의 세계에서 평행선들은 서로 만나지 않고 무한히 뻗어 있다(알하젠의 광학에서는 그렇지 않다). 그러나 당신이 무한 거리를 일별할 때 볼 수 있는 것은 정확히

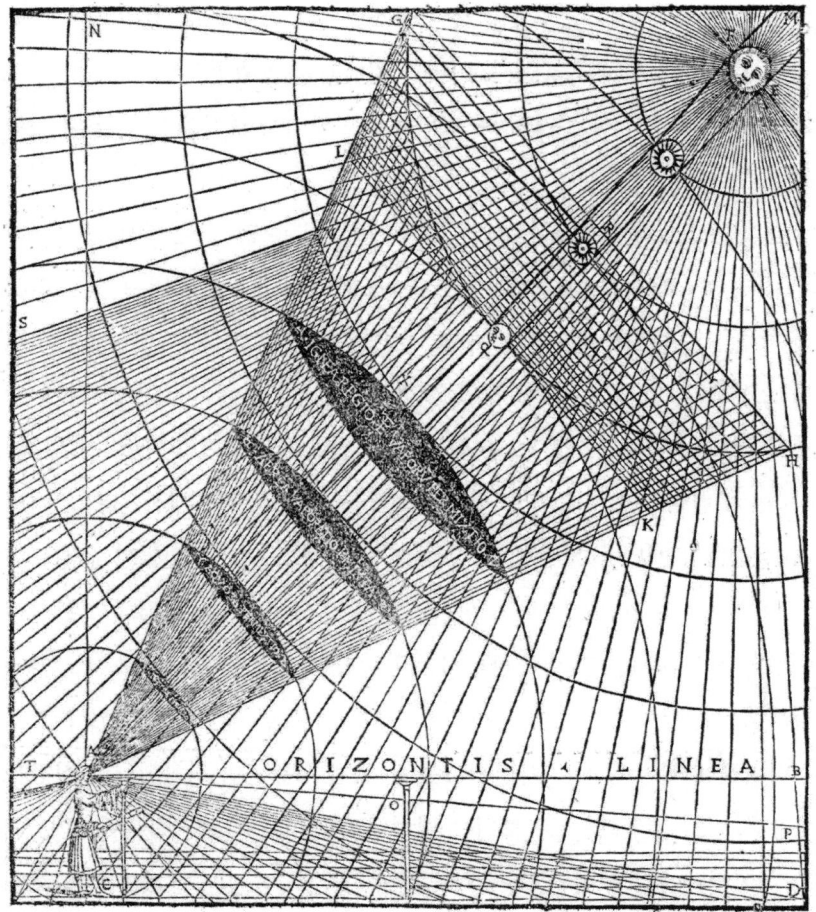

비트루비우스의 《건축론》(1521)에 실린 체사레 체사리아노의 주석이 곁들여진 우주의 측정.

아무것도 없다. 그렇다면, 만일 소실점으로 작업하고 싶으면 무의 개념을 갖는 것이 도움이 된다. 유클리드에게는 숫자 0이 없었다. 그것은 13세기 초, 소위 아라비아 숫자와 함께 서구에 도입되었다(사실 그것은 열 개의 숫자 가운데 아라비아가 기원인 유일한 숫자다. 다른 것들은 인도 기원이다). 아라비아 숫자는 복식부기라는 서류 기반 회계를 가능하게 했다. 0은 매우 신비하고 놀라울 정도로 유용하다. 아마 숫자 0을 가진 문화만이, 소실점이 볼 수 없는 점이면서 한 그림의 해석에 핵심이 된다는 생각을 이해할 수 있었을 것이다.[37]

소실점의 결과로, 화가들은 자신들이 비교할 수 없는 두 세계 속에 동시에 살고 있음을 발견했다. 한편으로 그들은 우주가 유한하다고 알고 있었다. 다른 한편으로 원근법 기하학은 그들에게 우주를 무한으로 생각하도록 요구했다. 그 좋은 예가 체사레 체사리아노Cesare Cesariano의 비트루비우스에 대한 주석이다(1521). 체사리아노는 일련의 유한한 천구로 이루어진 아리스토텔레스의 우주에 관한 완전히 인습적인 삽화를 제시한다. 그러나 거리 측정의 개념을 도입할 때 그는 태양까지 그리고 행성들까지의 거리를 계속해서 측정하는 것을 상상한다. 그는 선들이 다음 그림에서 관찰자로부터 점 T와 M을 거쳐 무한까지 확장된다는 것을 명시적으로 진술한다. 따라서 원근법은 무한이라는 변칙적인 개념을 유한 우주에 도입했다.[38]

화가들에게 이 문제는 골칫거리였다. 초기의 원근법 회화에서 소실점은 종종 무심코 놓인 것으로 보이는 발이나 천 조각에 의해 감추어졌다. 종교적 이미지에서 무한의 숨어 있는 존재는 잘 활용될 수 있었다. 예를 들면 마사초의 〈성 삼위일체〉에서 소실점은 특징 없는 공간으로 보이는 무덤 꼭대기 바로 위에 있다. 그러나 그 그림에는 원래 그 앞에 제단이 있었다. 그리고 소실점은 사제가 미사의 극적인 절정인 성변화聖變化가 일어날 때 성체를 들어 올릴 때 성체 바로 뒤에 놓여 있었을 것이다. 이것은 관찰자의 눈이 따라가는 점이다. (마사초의 그림은 성체의 차림을 제공하는 데 매우 성공적이었기 때문에 곧 성궤 — 축성된 성체를 담기 위해 만들어진 나무 상자 — 의 디자인에 복제되었다.) 이와 마찬가지로, 마사초의 〈세금을 내는 예수

Pagamento del tributo〉에서 소실점은 그리스도의 머리 뒤에 있다.[39]

화가들이 소실점을 탐구한 하나의 특별한 주제는 수태고지였다. 마리아의 자궁은 닫힌 동산에 비교되었다('나의 누이, 나의 신부는 울타리 두른 동산이요, 봉해둔 샘이로다.' 아가서 4장 12절). 그래서 정원으로 들어가는 닫힌 문은 흔히 소실점에 위치했다.[40] 그러나 그리스도의 성육신은 아담과 이브에게 닫혀 있었던 에덴의 문을 다시 열어, 믿는 자들에게 낙원의 문을 열어주면서 인간에게 구원의 가능성을 회복시켰다. 그래서 동산으로 가는 열린 문은 구원을 상징할 수 있었다. 그리고 물론 신은 무한하다. 그래서 수태고지는 유한한 인간과 무한한 신의 조우를 나타낸다. 피에로 델라 프란체스카의 〈수태고지〉에서 소실점은 단지 무한의 존재감을 불러일으키기 위해 사용된 것으로 보인다. 대리석의 소용돌이치는 패턴은 우리가 볼 수 없고, 이해할 수도 없는 신의 상징적 표현이 된다.•

그러나 세속화에서는 소실점이 조절되어야 했다. 인간 세계는 유한하고 한정되어 있기 때문이다. 따라서 프라 카르네발레Fra Carnevale가 그렸다고 추정되며 1480~1484년으로 소급되는 이상적인 도시의 그림에서 광장 양측 건물들의 두 선은 먼 곳을 향한다. 그러나 그 공간은 사원에 의해 막혀 있다. 사원의 반쯤 열린 문은 사람들이 더 탐험할 수 있음을 암시한다. 그러나 울타리를 두른 공간 내부에서만 가능하다.•• 만일 여기에서 찾을 수 있는 무한이 존재한다면 그것은 닫힌 종교적 공간 내에서다. 우첼로Uccello의 〈숲속의 사냥Caccia notturna〉에는 소실점들이 놀라울 정도로 많아져 어둠으로 이어진다. 사람들은 길을 잃기가 혹은 수사슴이 도망치기가

• 컬러 도판 13과 14를 참조하라.

•• 컬러 도판 17을 참조하라.

얼마나 쉬운지 강하게 느낀다. 이 그림은 사라짐의 개념에 관한 놀이다. 보는 이의 시각이 무한한 거리보다는 어둠 속으로 사라지기 때문이다.

5

15세기 중반에 화가들은 무한, 추상, 구분되지 않은 공간과 실험하고 있었다. 그들은 이 생각이 문제투성이며 변칙적임을 알고 있었다. 그러나 그들은 또한 이것 없이는 원근법 표현이 있을 수 없다는 것도 알았다. 미술은 전반적으로 혹은 부분적으로 아리스토텔레스를 벗어나고 있었다. 그리고 기하학과 광학이 그 움직임을 인도했다. 그러나 원근법은 또한 3차원 세계를 보는, 그리고 사람들이 본 것을 기록하는 새로운 방식을 권장했다. 이는 이전에 아무도 보지 못했던 것을 보게 했고, 이전에 아무도 하지 못했던 일을 하게 만들었다.

투시화가 생기기 이전에는, 만일 당신이 기계류 한 점을 설계하고 싶다면 그것을 제작하거나 그것의 모형을 제작해야만 했다. 3차원 재료를 가지고 작업하는 것 이외에는 대안이 없었다. 그러나 일단 엔지니어들이 3차원을 그리는 능력을 습득하자, 그들은 손에 펜과 연필(연필은 1560년경 발명되었다)을 들고 설계할 수 있었다. 레오나르도(1452~1519)는 전에 제작된 적이 없는 많은 기계를 설계했으나, 많은 것(비행선 같은)은 실제로 제작되지 못했다. 컬러 도판 15는 그가 설계한 래칫 윈치ratchet winch를 보여준다. 윈치 자체는 그림 왼쪽에 나타나 있다. 오른쪽에는 윈치가 분해되어 그 부품들이 나타나 있다. 각 바퀴는 래칫 시스템에 부착되어 있다. 만일 당신이 윈치 부품의 오른쪽에 부착된 레버를 당기면 바퀴 하나가 차축을 잡아 돌리고, 이것은 추를 들어올린다. 만일 당신이 레버를 밀면, 다른 바퀴가 잡는다. 그러나 차축은 같은 방향으로 돌아가 추를 계속 끌어올리도록 톱니바퀴 장치가 되어 있다. 당신이 크랭크를 돌릴 때보다 레버를 당기거나 밀 때 더 힘을 가할 수 있기 때문에, 이것은 물건을 들어올릴 때 크랭크보다 더 효율적이다. 레오나르도의 그림은 기계의 모형이 제작되고 그 기능을 입증하는 데 충분한 명료함을 제공한다. 오늘날의 설계도와 비교해보아도 그 차이는 크지 않다. 레오나르도의 스케치는 더 큰 수준의 확대에서 볼 수 있는 래칫 메커니즘의 세부 사항과 함께 이미 은연중에 척도에 맞게 그려져 있다.[41]

물론 그림으로부터 실제 기계를 만드는 일은 간단치 않다. 레오나르도의 윈치를 제작하려면 어떤 도구가 필요할까? 만일 당신이 무거운 물체를 끌어올리고 있고 레버를 세게 당기고 있다면 상당한 힘이 그 메커니즘을 구동하는 말뚝에 가해질 것이다. 그것들을 만들려면 어떤 종류의 목재가 필요할까? 근대 초기에 만들어진 그림책들은 그 일을 하는 데 필요한 정보를 제공하기보다는 주로 엔지니어의 기술을 선전하기 위한 의도를 지녔다. 디드로Diderot와 달랑베르d'Alembert의 위대한 《백과전서Encyclopédie》(1751~1772)의 정교한 판板들도 그것을 만드는 방법보다는 당신이 무엇을 만들 수 있는지 알 수 있도록 도와주기 위한 것으로 보인다. 그럼에도 불구하고 활자 매체를 통한 디자인의 성공적인 초기 예시들이 있다. 1602년, 튀코 브라헤는 그의 《복원된 천문학을 위한 도구들Astronomiæ instauratæ mechanica》을 출간했다. 이 책에는 그가 천문 관측을 위해 고안한 새로운 기구들의 정교한 삽화들이 실려있다. 1670년대 베이징에서는 예수회 천문학자인 페르디난트 페르비스트Ferdinand Verbiest가 브라헤의 진품들을 보지 않고도 그의 설계에 기초한 기구들을 제작할 수 있었다.[42]

화가, 건축가 그리고 엔지니어(기하학과 원근법의 사용을 연동하는 솜씨를 요구하는 모든 직업)이기도 했지만, 레오나르도는 동물과 인간의 해부학 연구를 세밀하게 수행했다. 자신의 연구를 출판하려고 했던 것 같지만, 그 뜻을 이루지는 못했다. 해부학 혁명은 안드레아스 베살리우스의 《인체의 구조에 관하여》(1543)의 출간과 함께 도래했다. 베살리우스(파도바 대학에서 가르치고 있었던)는 가능한 최고 수준의 도해를 만들기 위해 베네치아의 티치아노Tiziano 공방 출신의 화가들을 고용했다. 도해들은 텍스트 라벨의 문자 기호에 맞추어 배치되었다. 레오나르도는 자신의 윈치 그림에서도 이미 문자를 표시 기호로 사용하고 있었다. 물론 그 관행은 기하학 그림에서 유래한다. 베살리우스는 그것을 해부학에 체계적으로 사용한 최초의 인물이었다. 이렇게 해서 베살리우스는 독자들에게 인체에서 그가 관찰한 것을 보여줄 수 있었다. 베네치아에서 만들어진 조각된 도해 판은 베살리우스가 베네치아의 인쇄업자들이 고품질의 작업을 하리라고 믿지 않았기에 알프스를 넘어 바젤로 옮겨졌다.

베살리우스의 《구조》의 요점은, 갈레노스의 저술보다는 인간 감각의 증거에 우선권이 주어져야 한다는 주장이다. 중세 해부학자들은 종종 갈레노스의 저술을 크게 낭독하고 보충 설명을 함으로써 강의했다. 그러는 동안 조수들은 신체를 해부했는데, 갈레노스의 오류를 교정하기 위해서가 아니라 그가 말했던 것을 보여주기 위함이었다. 그러나 중세 해부학자들이 스스로 해부를 수행했을 때조차도 그들이 발견한 것(혹은 그들이 알아낸 생각)은 갈레노스가 그들에게 발견하라고 했던 것이었다. 예를 들어, 해부를 수행하는 방법에 관한 최초의 중세 교과서를 저술한 몬디노 데 리우치 Mondino de Liuzzi(1270~1326)는 수많은 직접적 해부를 수행했다. 그러나 그는 여전히 뇌의 아랫부분에서, 비록 거기에 실제로는 없음에도 불구하고,

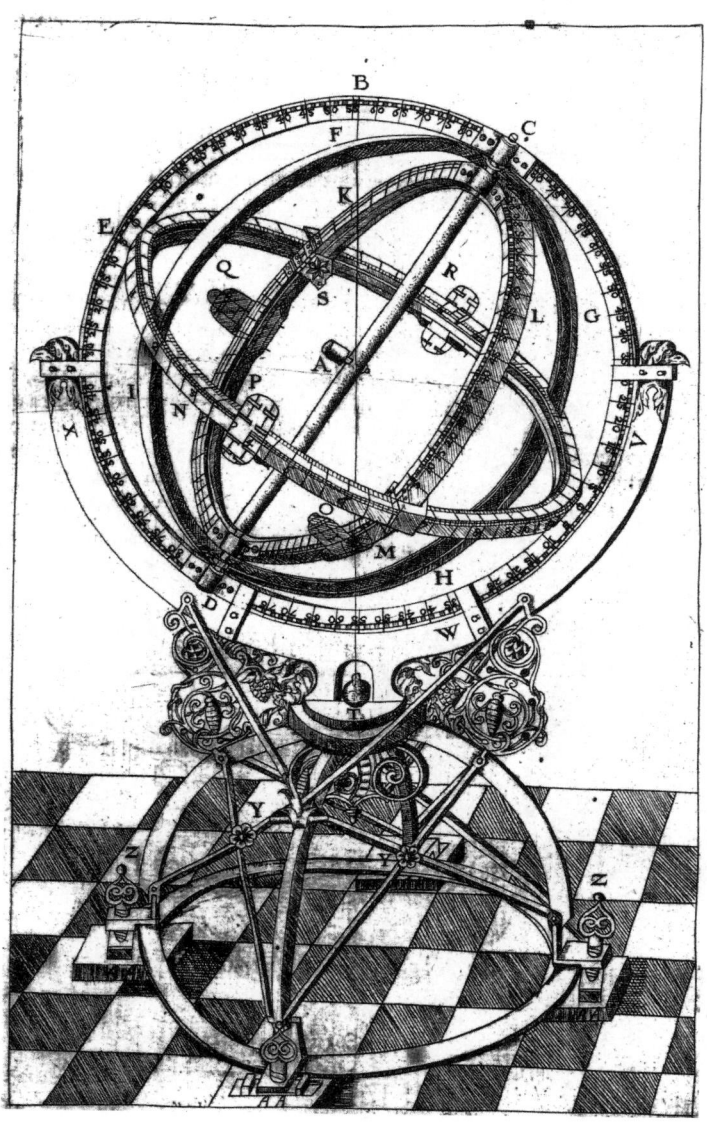

《복원된 천문학을 위한 도구들》(1598)에 실린 브라헤의 적도 혼천의 설계.

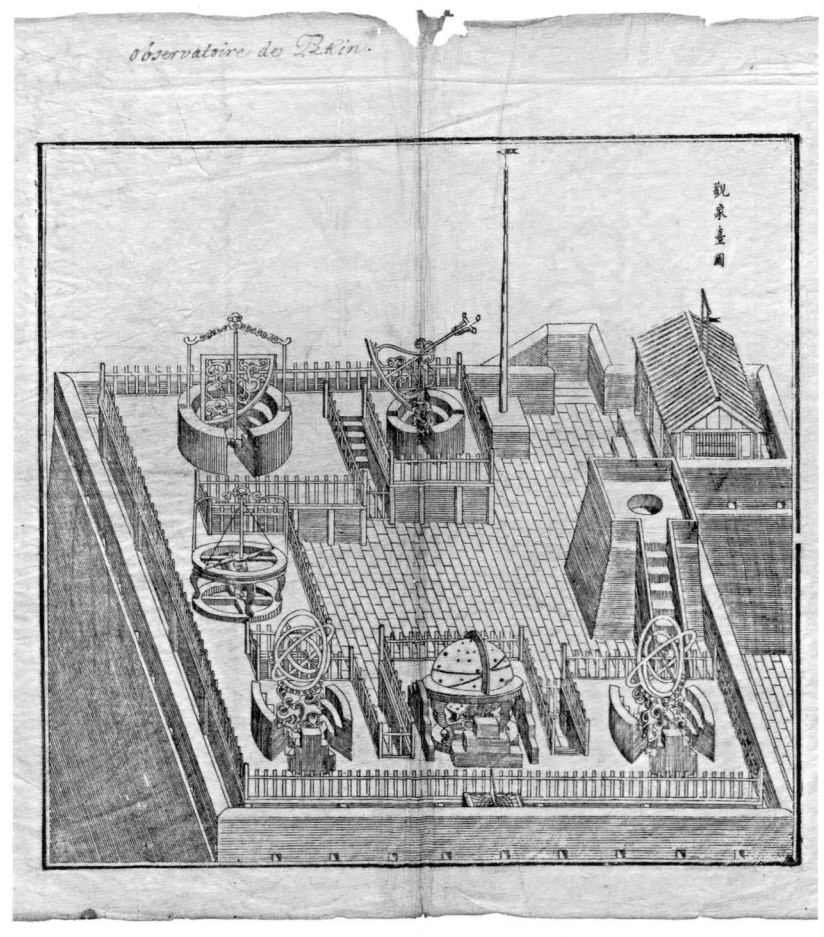

페르디난트 페르비스트의 《새로 만들어진 기구들의 그림新制靈臺儀象志》에 나오는 베이징의 왕실 천문대. 이것은 1668년부터 1674년까지 만들어졌으며, 브라헤의 설계에 기초하여 예수회 선교사들이 제작한 기구들을 보여준다.

갈레노스가 거기에 있다고 주장했던 혈관의 소동정맥그물rete mirabile(괴망怪網)을 발견했다(그것은 발굽이 있는 동물에게만 있다). 레오나르도도 신체를 해부했지만 그 역시 자신이 남성 성기와 척수를 연결하여 뇌에 이르는 경로를 발견했다고 생각했다. 그는 생식에 필수적인 물질이 정액의 일부가 되어 그 경로를 따라 흘러간다고 믿었다. 직접적 경험에 근거하여 일관되게 갈레노스에게 동의하지 않았던 최초의 해부학자는 야코보 베렌가리오 다 카르피Jacobo Berengario da Carpi였다. 그의 《해부학Anatomia Carpi》은 베살리우스의 《구조》가 나오기 불과 몇 해 전인 1535년에 출간되었다.[43] 프톨레마이오스나 갈레노스 같은 위대한 고전시대 저술가의 권위가 흔들리기 시작했던 문화에서만 베살리우스의 《구조》 같은 과업이 착수될 수 있었다. 이러한 면에서 코페르니쿠스와 베살리우스의 저술 발행 연도가 일치했다는 것은 근저에 깔린 유사성을 보여준다. 그 두 사람은 고대 세계에 대한 숭상이, 적어도 지적인 모험가들 사이에서 새로운 혁신의 문화에 의해 치명적으로 약화된 세계에 살았다.

갈레노스의 저술은 도해가 수반된 적이 없다. 갈레노스는 도해가 가치 없는 것이라고 대놓고 말했다. 왜냐하면, 필사본 문화에서는 복잡한 도해는 필사될 때마다 그 품질이 급격히 저하되기 때문이다.•[44] 따라서 갈레노스가 묘사했던 것은 명확함과는 거리가 멀었다. 반면에 베살리우스의 경우, 그가 말하는 것을 쉽게 알 수 있다. 베살리우스는 갈레노스의 오류 수십 군데를 발견했다고 주장해서 갈레노스의 권위를 위태롭게 했다. 이것은 콜럼버스의 발견이 프톨레마이오스의 권위를 위태롭게 한 것과 마찬가지였다. 그러나 후세의 해부학자들에게 훨씬 더 중요했던 것은, 해부학적 세부 사항이 베살리우스의 도해에 없거나 올바르지 않게 나타난 곳에서도

• 이것이 프톨레마이오스의 《지리학》의 어떠한 사본도 그가 그린 지도와 함께 전하지 않는 이유다. 건축에 관한 비트루비우스의 훌륭한 책(아우구스투스가 황제였던 기원전 27년~기원후 14년에 저술된)도 그림들과 함께 살아남지는 못했다. 원래 이 저술에 들어 있던 그림들은 어쨌든 수가 아주 적었고 극도로 초보적이었다. 최초의 도해 판은 1511년 등장했다.

그가 오류를 범했다고 사람들이 자신 있게 말할 수 있었다는 사실이었다. 따라서 투시화에 기초하여 정교하게 인쇄된 도해들은 해부학을 진보적인 과학으로 바꾸었다. 여기서 각 세대의 해부학자들은 선조들의 연구에서 생겼던 오류들과 선조들이 간과한 것들을 확인할 수 있었다. 해부학에서 발견은 베살리우스와 함께 시작되지는 않았다. 베살리우스는 다른 이들이 발견을 했노라고 주장할 수 있는 바탕을 제공했다.

해부학에서 베살리우스가 차용한 기교는 동시에 식물학에서도 차용되었다. 식물학 저자들은 베살리우스가 경험했던 것과 비슷한 난관에 직면했다. 그들은 실재를 정확히 반영하기 위해 실제의 표본을 모든 결함과 함께 그대로 그려야 하는가? 아니면 순전한 표본의 이상화된 이미지를 제공해야 하는가? 시간적으로 한순간에 포착된 식물을 보여주어야 하는가? 아니면 꽃과 열매를 하나의 도해에서 보여주어야 하는가? 베살리우스의 이미지들이 신체 장기들을 확인하고 해부학 지식의 전진을 가능하게 했던 것과 꼭 마찬가지로, 새롭게 도해된 식물학은 여러 다른 종들을 확인하고 그것들의 명명에서 진보를 가능하게 했다. 그러나 진보에는 차별이 수반된다. 인쇄 시대의 최초의 자연사 정보 수집가인 콘라트 게스너Conrad Gesner는 《동물지Historia animalium》(1551~1558)에서 그가 가짜라고 표지를 붙인 도해를 제공했다. 베살리우스조차도 어느 시점에선가 갈레노스의 잘못된 주장의 도해를 내놓았다. 우리에게는 기본적인 합의, 도해는 실재를 나타낸다는 합의는 곧바로 명백해진 것은 아니었다.[45]

1543년이 되면서 새로운 유형의 과학을 가능하게 만든 두 혁명이 함께 도래했다. 한편으로는 기하학적 추상에 뿌리를 둔 투시화가 있었다. 다른 한편에는 인쇄술로 생산된 저술의 본문을 보완하는 조각된 도해 판의 인쇄가 있었다. 투시화는 1425년으로 거슬러 올라가며, 조각된 판의 인쇄는

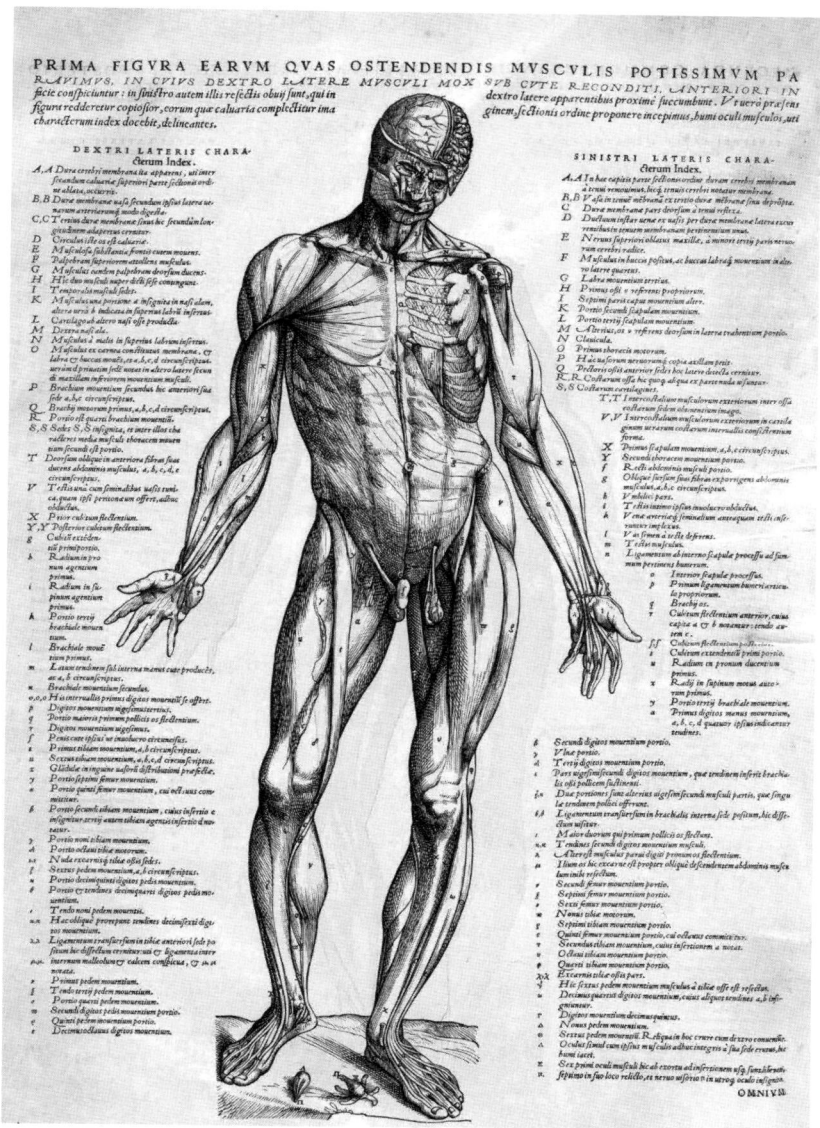

베살리우스의 《인체의 구조에 관하여》(1543)에 실린 인체의 근육에 대한 최초의 도해.

적어도 1428년까지, 인쇄술은 1450년으로 소급된다. 1453년에 일어난 콘스탄티노플 함락은 그리스어 문헌을 읽고 그리스어를 하는 학자들을 동방으로부터 라틴어를 사용하는 서구로 홍수처럼 밀려들게 만들었다.(따라서 갈레노스의 그리스어 원전에 대한 지식이 증진되었다).* 그렇다면 원근법 이미지의 기계적 재생에 의해 초래된 변혁이 완성되는 데까지 왜 한 세기 이상 걸렸을까? 이 질문에는 두 답변이 있다. 첫째, 인쇄술의 발명 이후 출판업자들은 우선 과거로부터 물려받은 방대한 양의 종교적, 철학적 인문학 라틴어 문헌, 그리고 그다음으로는 한정된 독자층을 지닌 그리스어 문헌들을 출판했다. 베살리우스가 연구했던 최초의 신뢰할 만한 갈레노스의 인쇄본은 1538년 바젤에서 등장했는데, 베살리우스가 자신의 《구조》가 인쇄되어야 한다고 주장했던 바로 그곳이다. 둘째, 긴 문화적 혁명이 일어나야만 했다. 그 혁명 속에서 책으로 배우는 것은 직접적 경험보다 덜 중요해 보였다. 앞에서 주장했듯이, 그 혁명은 콜럼버스와 함께 시작되었다.

코페르니쿠스와 베살리우스의 위대한 저작과 나란히, 우리는 그 전해(1542)에 등장한 레온하르트 푹스Leonhart Fuchs의 《식물의 역사에 관하여De historia stirpium commentarii insignes》를 꼽을 수 있다. 이 책은 512개의 정확한 식물 이미지를 담고 있다. 서론에서 푹스는 이렇게 말한다.

비록 그림들이 엄청난 노력과 땀으로 준비되었음에도 불구하고 우리는 후일 그것들이 쓸모없거나 하찮은 것으로 매도될지 알지 못한다. 그리고 식물을

---

* 1453년은 흔히 르네상스가 제대로 시작된 해라고 한다. 문화적 대변혁이 특정한 날짜에 국한될 수 있다고 상상하고 싶어하는 사람들에게 대안이 되는 더 이른 연도는 아티쿠스Atticus에게 보내는 키케로의 편지를 페트라르카가 재발견한 1345년이다. 이것은 고대 로마의 문화적 유산의 재발견을 상징한다. 한편 콘스탄티노플 함락은 고대 그리스의 문화적 유산의 재발견이 시작된 이정표로 여겨진다.

묘사하고 싶어하는 사람 그 누구도 그것들을 그리려고 애쓰지 않는다는 취지에서 누군가는 갈레노스의 가장 따분한 권위를 인용할지 모른다. 그러나 왜 조금 더 시간을 들이지 않는가? 올바른 정신을 가진 사람이라면 그 누가 정보를 가장 언변 좋은 사람의 말보다 훨씬 더 명확하게 전달할 수 있는 그림을 멸시하겠는가? 눈에 보이고 종이와 화판에 묘사된 그러한 것들은 단순한 말로 표현된 것들보다 훨씬 견고하게 정신에 뿌리내린다.[46]

푹스의 말은 두 개의 구별되는 혁명을 나타낸다. 고전시대의 권위의 강등(갈레노스는 가장 따분한 권위다. 이 말이 얼마나 충격적으로 여겨졌는지를 상상하기 어렵다), 그리고 기계적인 재생의 새로운 시대에서 이미지의 힘에 대한 인식이다.[47] 이것들은 모두 과학혁명의 필수적 전제 조건이다.

6

1464년, 레기오몬타누스Regiomontanus(그의 출신지인 쾨니히스부르크의 라틴어 명칭)라고 불리는 독일의 천문학자 요하네스 뮐러Johannes Müller는 파도바 대학에서 강의를 했다.[48] 레기오몬타누스는 그때 막 그의 스승 게오르크 포이어바흐Georg Peuerbach에 의해 시작된 프톨레마이오스의 천문학에 관한 강해와 주해를 완성했다. 이것은 16세기 내내 고급 천문학의 표준 교과서가 될 운명이었다. 그 책에서 포이어바흐와 레기오몬타누스는 프톨레마이오스의 오류들을 비판하는 데 주저하지 않았다. 1464년, 레기오몬타누스는 평면 및 구면 삼각법의 길잡이가 되는 혁신적인 연구(《모든 종류의 삼각형에 관하여De triangulis omnimodis》)를 쓰고 있었다. 이 책은 천문학 계산의 수학적 토대를 제공했다. 그는 프톨레마이오스를 원전으로 읽기 위해 빈에서 그리스어를 배웠다. 그리고 이탈리아에서는 아르키메데스(그의 저술은 중세에 라틴어로 번역되었으나 인쇄본은 그때까지 나오지 않았다)와 대수학의 창시자 디오판토스Diophantos(210년경~290년경)를 그리스어 원전으로 읽을 수 있었다(그의 저술은 라틴어로 구할 수 없었다).

레기오몬타누스는 콘스탄티노플 함락 이후 이탈리아에 유입된 고대 그리스 원전들로부터 혜택을 본 최초의 인물 중 한 사람이다. 파도바에서 강의할 즈음, 구텐베르크가 성서를 출간한 지 10여 년도 지나기 전, 인쇄술 혁명은 이제 막 시작되려 하고 있었다. 예를 들어, 유클리드는 1482년에야 라틴어로 처음 출간되었고, 그리스어로는 1533년, 이탈리아어로는 1543년, 그리고 영어로는 1570년에 출간되었다. 따라서 레기오몬타누스의 강의는 그리스 수학의 재습득에서 핵심적인 계기를 나타내며, 그가 개발한 수학 교과서의 출간이라는 야심 찬 계획을 지향하고 있었다. 비록 그는 이 계획을 실행하기 전에 사망했지만 말이다.

레기오몬타누스는 당시 대학에서 가르치던 아리스토텔레스 철학을 폄하함으로써 수리과학을 찬양했다. 그는 만약 아리스토텔레스가 살아 돌아오더라도 그의 근대적인 제자들이 말하는 것을 이해하지 못할 거라고 말했다. '미치지 않은 이상 그 누구도 우리의 (수리)과학에 대해 이것(이 저술들을 이해할 수 없다는 것)을 감히 주장하지 못할 것이다. 왜냐하면 시대도, 사람들의 인습도 과학에서 어떤 것도 빼앗아 갈 수 없기 때문이다. 유클리드의 정리들은 1000년 전이나 지금이나 동일한 확실성을 지닌다. 아르키메데스의 발견들은 1000세기 이후에 올 사람들에게도 지금 우리 자신이 그것들을 읽을 때 얻는 기쁨보다 못하지 않은 감탄을 선사하게 될 것이다.'[49] 그러나 레기오몬타누스의 수리과학에 대한 칭송은 동시대 수학자들에 대한 무비판적인 찬양을 뜻하지 않는다. 바로 전해에도 그는 '나는 우리 시대의 전형적인 천문학자들의 나태에 놀라지 않을 수 없다. 그들은 잘 속는 여자들과 꼭 마찬가지로, 책에 나와 있는 것이라면 신성 불변의 것으로 받아들인다. (…) 그들이 저술가들(프톨레마이오스 같은)만 믿고 진리를 찾으려는 노력은 하지 않기 때문이다'라고 썼다.[50] 책 연구에서 실재 세계의 연구로 전환해야 한다는 이 주제는 낡은 철학에 반대하는 입장인 새로운 과학의 주창자들에 의해 계속 반복될 터였다. 예를 들어, 그것은 갈릴레이가 가장 좋아하는 비유 중 하나였다. 1620년대에 이런 주장은 1460년대와 마찬가지로 여전히 급진적이었다. 지배적인 전통 커리큘럼의 대학 교육이 감소되지 않았기 때문이다. 갈릴레이 또한 유클리드와 아르키메데스(갈릴레이는 그를 '신성한 아르키메데스'라고 불렀다)가 신뢰할 만한 지식의 유일한 모델을 제공했다는 레기오몬타누스의 확신을 공유했다.[51]

1471년, 레기오몬타누스는 천체의 시차parallax, 視差를 측정하고 그로부터 지구와의 거리를 알아내는 방법을 찾아냈다.[52] 그 방법에는 레비 벤 제르송Levi ben Gerson(1328)이 발명한 기구인 직각기cross-staff, 直角器가 사용됐으리라 추정하고 있다.[53] 직각기는 기울어진 막대를 따라 눈금이 매겨진 축이 있는 매우 단순한 기구였다. 당신은 축 방향으로 보면서 수직 막대의 양 끝이 두 점에 일치되도록 수직 막대를 앞뒤로 조정한다. 두 점 사이의 각도는 축의 눈금으로부터 읽어낼 수 있다. 예를 들어, 당신은 정오에 태양과 수평선이 이루는 각도를 측정하기 위해 직각기를 사용할 수 있다. 만일 당신이 날짜를 알고 정확한 도표를 가지고 있다면 지금 서 있는 지점의 위도를 읽을 수 있다(물론 태양을 볼 때는 실눈을 떠야 한다. 태양을 바라볼 필요 없이 측정을 가능하게 해주는 후방기backstaff는 1594년에 발명되었다). 그렇지 않으면 밤에는 수평선과 북극성의 각도를 측정함으로써 직접 위도를 측정할 수 있었다. 직각기는 사분의, 육분의처럼 시각視覺 관찰을 통해 각도를 측정하기 위해 고안된 일련의 기구 중 하나였다. 직각기가 발명되기 전에 아스트롤라베Astrolabe(중세 유럽에서 이슬람 모델을 복제한)가 관측기구 역할을 하여 태양의 고도를 그림자로 측정할 수 있었다. 하루 중의 시간을 알면 이 장치로 위도를 정할 수 있었다. 그러나 대부분의 사용자들에게 더 중요했던 것은 만일 날짜와 위도를 안다면 하루 중의 시간을 알 수 있었다는 것이다. 이 모든 기구들의 전문적 형태가 측량용, 천문용, 항해용으로 개발되었는데, 각도가 거리나 시간을 결정하는 데 이용될 수 있다는 기본 원리는 모두 동일했다.[54]

측량에서, 만일 당신이 한 건물이 얼마나 떨어져 있는지를 안다면 그 높이를 계산하기는 쉽다. 강 반대편에 있는 성벽을 잰다고 가정해보라. 당신은 건물과 성벽 각각을 직선으로 측정할 수 있을 것이다. 그 측정 거리와 직각기로 측정한 각도를 알면 당신은 성벽의 높이와 거기에 맞는 사다리 길이를 계산할 수 있을 것이다. 이런 기본 원리들은 유클리드에 의해 기술되었고 중세에 잘 이해되고 있었다. 그것들은 투시화에 들어 있는 것과 정확히 동일한 원리다. 그러나 투시화가 3차원 세계를 2차원 표면으로 바꾸는 것이라면, 레기오몬타누스는 지금 밤하늘이라는 2차원 이미지를 취해 3차원 세계로 바꾸려 하고 있었다. 그렇게 하려면 당신은 사실상 단안시單眼視에서 쌍안시雙眼視로 옮아가야 한다.

시차의 원리는 이러한 것을 할 수 있게 해준다. 그것은 만일 이등변삼각형이나 직각삼각형의 한 각과 한 변을 안다면 다른 각과 다른 변도 알 수

• 다소 다른 기구는 야간 관측의였다. 만일 날짜를 안다면, 그것은 북극성을 중심으로 회전하는 큰곰자리 별들의 위치로 밤에 시각을 알려주었다. 여기에서 측정되는 각도는 관측자와 두 개의 먼 물체 사이의 각이 아니라 별들이 시계의 바늘들인 것처럼 읽히고 있다.

측량과 천문학에 사용되는 직각기. 페트루스 아피아누스의 《지리학 입문Introductio geographica》
(1533) 속표지에 실린 그림이다.

있을 것이라는 기본 원리의 한 변형이다. 따라서 그것은 하나 값이 아니라 두 값의 측정을 요구한다. 당신 앞에 손가락을 치켜들고 왼쪽 눈을 감은 채 당신의 손가락이 주변 배경에서 어떻게 보이는지 주목하라. 그런 다음 눈을 바꾸어라. 즉시 당신의 손가락은 오른쪽으로 이동할 것이다. 만일 당신이 두 눈 사이의 거리를 알고 당신 손가락 위치의 겉보기 이동에 해당하는 각도를 안다면 당신은 당신의 손가락이 얼마나 멀리 떨어져 있는지 계산할 수 있다. 물론 아무도 신경쓰지 않지만 말이다. 이 경우 두 눈 사이의 거리는 눈과 손가락 사이 거리의 상당한 비율을 차지한다. 만일 당신이 매우 멀리 떨어져 있는 물체까지의 거리를 측정하려 한다면 당신은 꽤 떨어진, 적어도 그렇게 보이는 두 관측점을 세워야 할 것이다.

　레기오몬타누스는 천문학자가 사실상 멀리 떨어져 있는 두 관측점을 확보하기 위해 이동할 필요가 없다는 것을 알았다.[55] 만일 천체가 우주의 중심 주위를 회전한다면, 그리고 그 중심이 지구의 중심과 같거나 중심에 근접해 있다면, 지구 표면에 있는 천문학자의 관측점은 천체가 움직임에 따라 천체에 대하여 변한다. 천문학자가 우주의 중심으로부터가 아니라 중심에서 떨어져 있는 점으로부터 천체를 바라보고 있기 때문이다.

　목마들이 세 겹의 동심원으로 배열되어 있는 회전목마의 움직이지 않는 한복판에 서 있다고 상상해보라. 중심에는 정지해 있는 둥근 단상이 있고, 그 주위를 원형으로 도열한 목마들이 같은 주기로 돌고 있다. 당신이 바깥으로 시선을 두면, 목마들은 주위를 돌고 있고 그 상대적 위치는 동일할 것이다. 다른 목마와 같은 선에 있는 목마는 4분의 1바퀴를 돈 다음에도 여전히 같은 선상에 있을 것이다. 그러나 만일 당신이 둥근 단상의 바깥쪽으로 몇 걸음 이동한다면 그 끝에 이를 때까지 목마들의 상대적 위치는 내내 바뀔 것이다. 게다가, 만일 정지해 있는 단상의 크기와 맨 바깥 원의 목마들까지의 거리를 안다면, 당신은 그것들이 얼마나 떨어져 있는지를 알아내기 위해 다른 두 원의 목마들의 상대적 위치 변화를 이용할 수 있다. 레기오몬타누스는 동시에 다른 두 장소에서 두 번 측정을 하는 것이 아니라, 동일한 장소에서 다른 시각에 두 번 측정을 함으로써 천체의 시차를 측정할 수 있음을 알았던 것이다.

아리스토텔레스에 따르면 혜성은 상층 대기에 존재한다. 천체는 영원히 변하지 않지만 혜성은 나타났다가 사라지기 때문이었다. 그러므로 혜성은 달 너머의 세계가 아닌 달 아래의 세계에 있어야만 한다. 달보다 위가 아니라 아래에 있어야 한다. 아리스토텔레스의 가설은 그것들이 불이 붙은 지구로부터의 일종의 발산을 나타낸다는 것이다. 우리가 아는 한, 1471년까지는 아무도 혜성의 시차를 측정해보려고 하지 않았다. 그저 아리스토텔레스주의 이론이 분명히 옳다고 생각했다.

비록 1471년에 레기오몬타누스가 그런 측정 방법을 알아냈지만, 그의 실험 방법에 대한 완전한 설명은 1531년이 되어서야 출간되었다. 불운하게도 1548년, 레기오몬타누스가 쓴 것으로 보이는 한 저술이 출간되었다. 그 책은 1472년 나타났던 혜성의 시차를 측정했다고 주장했고, 그 시차가 6도로 엄청 컸기 때문에 그것이 달보다 더 지구에 가까이 접근했음을 확인했다. 달의 일주시차日周視差는 1도였다. 정밀한 조사 결과 이 책은 레기오몬타누스의 것이 아니었다. 이것은 그가 죽었을 때 그의 논문들 속에서 발견되었을 것이고 아마 그의 필적으로 씌어 있어서 그의 저작으로 출간되었을 것이다. 그러나 그것은 그의 방법을 차용하지 않았고, 사실상 레기오몬타누스 생전에 누군가 — 취리히의 익명의 의사(잠정적으로 에베르하르트 슐로이징거Eberhard Schleusinger로 알려진)—에 의해 이미 출간됐다. 우리는 지금 이 사실을 알지만, 16세기에는 아무도 이것을 깨닫지 못했다. 그리고 그것은 역사 문헌에서 엄청난 혼란을 초래했다.[56] 16세기 천문학자들은 레기오몬타누스가 지구로부터 혜성까지의 거리에 대한 전통적 설명을 확정했다는, 겉으로는 견고하게 보이는 증거를 충직하게 받아들였다. 이제 우리는 레기오몬타누스가 1471년에 기술했던 측정 시스템이 실제로 적용되었다고 생각할 이유가 없다는 것을 안다. 어쨌든, 그것을 적용하기 위해 사람들은 먼저 혜성이 정지해 있지 않고 움직이고 있다는 사실을 다루는 방법을 알아내야 했다. 1532년, 요하네스 뵈겔린Johannes Vögelin은 그해 나타났던 혜성의 시차를 측정하고 가짜 레기오몬타누스의 오류를 확인했다고 주장했다.

그리고 1572년 브라헤의 신성新星이 하늘에 나타났다. 얼마 동안 그것은 태양과 달을 제외하고는 천체에서 가장 밝게 빛나는 물체였다. 금성보다도 더 밝았다. 그러한 사건은 1,000년에 한 번 정도만 일어난다. 그리고 혜성과는 달리 신성은 정지해 있었다. 그래서 시차 측정이 더 용이했다. 유럽 전역의 천문학자들이 여기에 사로잡혔다. 이제 그들에게는 레기오몬타누스의 진짜 시차 측정 기술이 있었기 때문에, 자연스럽게 그것을 적용하려고 시도했다. 어떤 이들은 측정 가능한 시차를 발견했으나, 다른 이들은 측정되는 시차가 없다고 주장했다. 특히 그것은 16세기 시계가 제공할 수 있었던 것보다 더 정확한 시간 측정을 요구했기 때문에 정확한 시차 측정은 결코 쉽지 않았다. 그러나 측정할 수 있는 시차가 없음을 보여주기는 훨씬 간단했다. 사람들은 관측 장치로 팽팽한 실을 들고 신성과 정확히 북쪽 혹은 남쪽으로 정렬한 두 별들을 찾기만 하면 되었다. 만일 동일한 별들이 같은 날 밤늦게 신성과 일직선상에 정렬해 있다면 측정되는 시차는 없다. 이 간단한 기술이 케플러의 스승이었던 미하엘 매스틀린에 의해 차용되었다.[57] 그리고 만일 시차가 없다면 혜성은 굉장히 먼 거리에, 그 시차

가 쉽게 측정되는 달보다 훨씬 먼 곳에 위치해 있음이 틀림없다. 그것은 달
아래 있는 물체가 아니라 달 너머의 세계에 있음이 틀림없다.

 하늘에 떠 있는 신성의 등장을 어떻게 설명할 것인가? 그 별이 실제로
하늘에 있다고 가정하는 자연스러운 설명이 존재할 수 없었기 때문에 그
사건은 명백히 기적, 신이 보낸 신호였다. 영국의 토머스 딕스, 이탈리아
의 프란체스코 마우롤리코Francesco Maurolico, 프라하의 타데아시 하제크
Tadeáš Hájek 등 최고의 천문학자들과 점성술사들은 이것이 무슨 징후인지
알아내려는 시도 속에서 극심하게 시달렸고 각자 서로 충돌하는 결론을
발표하려고 서둘렀다.[58]

 1572년 신성의 출현에 뒤이어 1577년에는 혜성이 나타났다. 여기서도
시차 측정 결과 혜성은 달 너머에 있었다. 똑같은 달 너머였지만 신성이
기적으로 간주될 수 있는 반면, 혜성은 너무 흔한 일이어서 그런 방식으로
다루어질 수 없었다. 따라서 만일 혜성이 달 너머 세계의 현상이라면 아리
스토텔레스는 틀린 것이 된다.[59] 브라헤는 또한 시차를 측정함으로써 추
가적인 문제를 해결했다. 프톨레마이오스 우주 체계와 코페르니쿠스, 튀
코의 우주 체계 사이의 결정적 차이는 후자의 근대적 체계하에서는 프톨
레마이오스 체계에서보다 화성이 때때로 지구에 더 근접한다는 것이었다.
처음에 브라헤는 프톨레마이오스 체계가 잘못되었음을 입증한 화성의 시
차에 대해 믿을 만한 값을 얻었다고 생각했다. 비록 나중에 그 값에 문제
가 있음을 인정했지만 말이다. 레기오몬타누스의 시차 측정 절차는 어두
워진 직후 천체의 겉보기 위치와 새벽 직전 천체의 겉보기 위치를 이상적
으로 비교하여 측정되는 시차를 극대화하는 것이었다. 1572년의 신성도,
1577년의 혜성도, 북부 유럽에서 보았을 때 밤하늘에 있지 않았기에 이
절차는 적용될 수 없었다. 화성의 경우, 태양과 거의 일직선상에 있을 때

측정하는 것 이외에는 선택의 방도가 없었다. 따라서 그것은 밤에 지평선 위로 높게 뜨지 않았다. 지평선 근처에 있는 물체의 위치를 측정할 때 브라헤는 빛이 통과하는 대기층에 의해 생기는 굴절을 허용해야만 했는데, 자신이 이 허용량을 잘못 계산했음을 발견했다. 프톨레마이오스 우주 체계에 반박하는 핵심적 논증이라고 생각했던 것의 효과가 떨어진 것이다. 그러나 화성의 위치에 대한 그의 오랜 기간에 걸친 일련의 측정 기록은 케플러가 코페르니쿠스의 가정들 위에서 화성의 '궤도'(그는 천문학에서 사용되는 이 용어를 발명했다)를 계산할 때 매우 유용했다. 그리고 그 궤도는 타원으로 가장 잘 설명될 수 있었다.[60]

1588년, 브라헤는《에테르 세계의 최근 현상에 관하여De mundi aetherei recentioribus phaenomenis》제2권을 출간했다(1572년 신성에 관한 제1권은 1602년 그의 사후 출간되었다). 제2권은 1577년 혜성에 대한 완벽한 연구로서, 그는 방대한 문헌을 검토하고 시차를 발견하지 못한 관측들만이 믿을 만한 것들이며 따라서 혜성이 달 아래 세계의 현상이라고 주장한 아리스토텔레스가 틀렸다고 주장했다.[61] 거기서 멈추지 않고 그는 더 나아갔다. 프톨레마이오스와 코페르니쿠스의 우주 체계 대신에, 그는 그 자신의 지구-태양 중심 체계를 제안했다. 이것은 기하학적으로는 코페르니쿠스주의와 동일했지만 움직이는 태양과 정지한 지구를 상정했다. 그의 계산은 혜성들이 행성들의 수정 천구를 통과해 움직인다고 말하고 있었고, 그의 지구-태양 중심 체계는 화성이 태양 천구를 가로질러야 했기에 브라헤는 견고한 천구 이론 모두를 버리고, 바다의 물고기처럼 태양, 달 그리고 행성들이 하늘에 자유롭게 떠 있다고 주장했다. 천구의 해체에 몰두한 브라헤의 조심성이 아마 출판의 지연을 초래한 원인이었을 것이다.* 그것은 이제 일반적으로 코페르니쿠스의《천체의 회전에 관하여》의 출간보다 근대 천문학의 시작

을 알리는 훨씬 더 중요한 표시로 간주된다.[62]

7

이 이야기는 과학혁명의 두 가지 근본적 특징의 좋은 예시다. 먼저 경로 의존성이다. 레기오몬타누스의 시차 측정에 관한 정교한 체계가 출판되자, 천문학자들은 아리스토텔레스와 프톨레마이오스의 중심적 주장에 어긋나는 결정적 증거에 조만간 이를 수 있는 경로에 올라섰다(비록 레기오몬타누스는 경악했을 테지만). 그것이 오래 걸렸다는 사실은 레기오몬타누스의 기여가 결정적이 아니었음을 의미하는 것이 아니라 그의 저술 출간이 지연되었음을, 1572년의 신성이 문제를 단순 명료하게 만들어내며 고전적인 혁명적 위기를 낳았다는 것을 의미한다. 프톨레마이오스 체계의 어떤 특징들(지구 중심설 같은)은 브라헤의 지구-태양 중심 체계가 입증했듯이 이 충격에서 살아남을 수 있었다. 그러나 프톨레마이오스 체계와 코페르니쿠스 체계 모두에 공통적인 핵심적 특징(변하지 않는 천체, 견고한 천구)은 살아남을 수 없었다. 1650년이 되자 이것은 보편적으로 받아들여졌다. 실제로 1611년 금성의 위상에 관한 갈릴레이의 발견이 확증된 이후에는 그 어떤 유능한 천문학자도 레기오몬타누스가 이해한 프톨레마이오스 체계를 옹호하지 않았다.[63]

새로운 관찰들이 옛 이론들에 치명적이라는 이 주장은 아주 최근의 과

• 결정적 역할은 분명히 크리스토프 로트만의 《혜성론Scriptum de cometa》(1585)이 했다. 이것은 천구의 학설을 직접 공격했다. Granada, Mosley & others, *Christoph Rothmann's Discourse*(2014).

학철학과는 어긋난다. 최근의 과학철학은 관찰과 이론은 모두 변할 수 있고 따라서 현상들이 설명될 수 있는 방식은 항시 존재한다고 주장한다. 그 표준적 접근 방식은 데이터(예를 들어 끓는 물에 온도계를 사용해서 얻은 가공되지 않은 관찰 정보)와 현상(예를 들어 해발 고도에서 물의 끓는점이 섭씨 100도라는 데이터 해석)을 구별하는 것이다. 이론이 설명하는 것은 데이터가 아니라 현상이다. 그리고 현상과 이론 사이뿐만 아니라 데이터와 현상 사이에는 늘 차이가 생길 수 있다.[64] 그러나 17세기 기하학의 경우에는 데이터와 현상 사이의, 그리고 현상과 이론 사이의 격차는 실질적으로 존재하지 않도록 의도되었다.

신성 및 1577년 혜성에 대한 브라헤의 관측의 경우, 데이터가 말하는 것은 일주시차의 부재였다. 설명이 필요한 현상은 이 새로운 물체들이 달 아래의 세계가 아닌 달 너머의 세계에 있다는 점이었다. 바로 잇따르는 이론적 결론은 천체에 변화가 있다는 것이었다. 데이터, 현상, 이론을 한데 묶는 것은 결코 파기할 수 없는 기하학적 논증(만일 관측 가능한 시차가 없다면, 그 새로운 물체는 달보다 훨씬 멀리 떨어져 있어야 한다는)으로 처음의 관측이 믿을 만하다는 사실을 제기했다. 일주시차가 관측된 모든 경우에는 그렇지 않았다. 우리가 보았듯이, 굴절은 데이터와 현상 사이에 간극이 생길 수 있게 만든다. 비록 화성의 시차에 대한 브라헤의 측정이 옳다고 하더라도, 그것들이 그의 우주론과 코페르니쿠스 우주론 사이에 어느 것이 옳은지 결정하는 데 도움이 되지는 않았을 것이다. 그러나 1572년의 신성과 1577년의 혜성의 사례에서 데이터는 현상을 필연적인 것으로 만들었고, 현상은 기존에 확립된 이론을 허위로 만들었다.

만일 브라헤가 그의 논증이 깨부술 수 없는 것이라는 주장을 확정하고자 했다면, 분명히 그는 확인 가능한 시차가 전혀 존재하지 않는다는 관측을 모든 이들이 하지는 않았다는 사실에 대한 설명을 제시했어야 했다. 따라서 《최근 현상》 제2권에서 브라헤는 그와는 다른 결과를 얻었으나 전통적 천문학이 예측했던 결과를 얻었던 사람들의 관측을 주의깊게 살펴보았고, 그들의 오류를 확인했다. 한 천문학자는 혜성과 어떤 별 사이의 거리를 측정했다. 그러나 다음에 측정을 반복할 때 그 별을 다른 별로 혼동했다. 다른 천문학자는 뺄셈을 해야 할 곳에서 덧셈을 했다. 또 다른 천문학자는 가능한 한 관측 간 시간 간격을 좁혀야 할 경우인데, 한 시간 간격으로 두 번 측정을 했다. 또 어떤 천문학자는 천체 좌표의 다른 두 체계를 혼동했다. 이렇게 브라헤는 왜 그들의 결과가 자신의 결과와 다른지를 깔끔하게 설명하면서 그들의 기본적 실수들을 확인한다. 그는 관측들이 주관적 혹은 개인적이지 않고, 객관적이며 신뢰할 수 있는 것이어야 한다고 주장한다. 그것들이 일단 확정되면 나머지는 필연적으로 따라온다.

물론 다양한 결과들이 존재한다는 것 자체는 브라헤의 논증이 결정적이라고 모든 이들을 설득하기 어렵게 만들었다. 갈릴레이는 그의 《두 주요한 우주 체계에 관한 대화》(1632)에서 여전히 1572년의 신성에 관한 시차 측정을 검토하고 있었다. 거기서 그는(브라헤의 반대자들이 계속했듯이) 우리의 목적에 가장 알맞은 측정을 선별해낼 수 없다고 주장했다. 기구의 정확도는 변할 수 있다. 그래서 관측에서 균일성은 결코 존재하지 않는다. 동떨어진 결과들은 잘못된 것임이 거의 확실했다. 그 결과들은 올바른 측정값 근처에 운집해 있을 공산이 크다. 따라서 그의 열세 번의 측정 중 어떤 특정한 하나가 올바른지 결정하기는 불가능하다. 그러나 사람들은 올바른 측정값이 거의 확실히 놓여 있는 범위를 확인하고 그와 동떨어진 측정들이 잘못된 것임을 확신할 수 있다.[65] 여기서 갈릴레이는 데이터와 현상 사이를 구별(보겐Bogen과 우드워드Woodward의 용어를 빌리면)하고, 관측 오차에 대한 최초의 이론을 개발하기 위해 그러한 구별을 사용하고 있었다.

천체에서 신성과 혜성의 위치에 관한 논증은 1610년 이후에도 계속되었다. 1610년 이후에는 모든 유능한 천문학자들이 전통적인 프톨레마이오스 우주 체계를 포기했다. 갈릴레이가 망원경을 발견한 지 2년이 지나자 달에 산맥이 있고, 목성에는 달들이 있고, 금성은 위상을 지니며, 태양에는 흑점이 있다는 것에 아무도 논란을 제기하지 못했다. 따라서 갈릴레이의 관측은 결정적이었다. 브라헤의 일주시차 측정도 그러한 방식으로 이루어져야 했지만 그렇지 못했다.•

과학혁명의 두 번째 기본적 특징은 인쇄술의 영향이다. 16세기 초가 되면서 인쇄술 혁명이 충분히 진행되고 있었다. 우리는 베살리우스의《구조》출간이 해부학에 미친 영향을 살펴보았다. 1531년 이후, 상당수의 천문학자들이 시차에 관한 레기오몬타누스의 저술을 접하게 된 것은 오직 인쇄술 덕택이었다. 인쇄술은 브라헤가 광범위한 출판물들(1577년의 혜성에 관한 출판물이 100종이 넘었다. 비록 많은 것들이 단지 점성술 예언일 뿐이었지만)을 검토할 수 있게 해주었고, 네 명의 최고 관측자가 자신들의 관측에

• 이 이야기에는 오점이 있다. 천문학에서 갈릴레이의 첫 과업은 시차 측정으로 1604년의 신성이 천체에서 일어난 것임을 알 수 있다고 주장한 것이었다. 1632년에도 이것은 여전히 그에게 근본적인 중요성을 지닌 논증이었다. 그러나 1618년 (가톨릭교회가 코페르니쿠스를 탄핵한 직후) 그는 시차 측정이 혜성이 천체 현상이라는 것을 입증한다는 주장을 부인했다. 그는 그것들은 무지개처럼 그저 태양광의 반사 혹은 굴절일지 모르며, 이 경우, 그것들은 측정 가능한 시차를 지니지 못한다고 논했다. 그 논증은 극도로 취약했다. 그것은 왜 혜성이 무지개처럼 관찰자와 함께 움직이는 것으로 보이지 않는지, 그리고 왜 지구의 모든 부분에서 그것들을 밤 내내 볼 수 있는지에 대해 설명하지 못했다. 그것은 새로운 천문학에 반하는 아리스토텔레스의 옹호에 해당했다. 만일 갈릴레이가 진정으로 그것을 심각하게 받아들였다면(그의 제자 카스텔리를 제외하고는 어느 누구도 그러했다는 흔적이 없다) 관측 자료, 현상, 그리고 이론을 서로 떼어놓을 수 없이 묶으려는 브라헤의 시도는 잘못된 판단이었다. 그러나 갈릴레이가 브라헤가 말하고 있는 것을 믿었던 것 같지는 않다. 그는 예수회의 격렬한 비판을 받았다. 그들은 프톨레마이오스를 포기하고 브라헤를 택했다. 그래서 갈릴레이는 비록 조잡하더라도 브라헤의 권위를 감소시키는 논증, 그리고 코페르니쿠스설에서 벗어나는 어떤 일관성 있는 천문학 이론이 존재할 수 없다는 자신의 근본적인 믿음(당시 정황으로 보아 그가 선뜻 진술하기 어려운)을 그의 독자들이 공유하도록 만드는 논증을 기꺼이 내놓았다. 만일 그가 그것을 심각하게 받아들였더라면, (조수潮水는 코페르니쿠스가 옳고 지구가 움직인다는 것을 입증한다는 그의 주장과 같이) 동시대인들은 그를 무시함이 옳았을 것이며, 우리 역시 그러해야 한다. Wootton, *Galileo*(2010), 157-70.

브라헤의 천문대. 휘어진 자는 벽에 장착된 고도 측정용 사분의이다. 그 안쪽 부분은 트롬프뢰유 기법으로 그렸으며, 브라헤가 거인 모습을 하고 있다. 이 그림은 《복원된 천문학을 위한 도구들》 1598년 판에 있다. 사분의 너머의 그림은 1587년 한스 크니퍼Hans Knieper, 한스 판 스틴빈켈Hans van Steenwinckel, 토비아스 겜페를레Tobias Gemperle가 그렸다. 그들은 각각 꼭대기의 풍경, 우라니보르그Uraniborg의 세 구역을 나타내는 세 쌍의 아치, 그리고 브라헤의 초상화를 맡았다.

들어맞는 결과를 만들어냈음을 입증하게 해주었다.[66] 또한 인쇄술 덕분에 브라헤의 새로운 체계가 유럽 전역에 빠르게 알려질 수 있었다. 그리하여 그의 논증들은 1604년의 신성과 1618년의 혜성에서 시험될 수 있었다. 인쇄술은 공통의 방법들로 공통의 문제를 연구하며 합의된 해결책에 도달하는 천문학자들의 공동체를 창조했다. 이 공동체는 1471년에는 존재하지 않았다(이는 레기오몬타누스의 측정 방법이 영향력을 발휘하기까지 오랜 시간이 걸린 또 다른 이유다). 그것은 언제 존재하게 되었을까? 점성술에서 추론한 케플러는 전환의 순간을 1563년으로 정했다. 그해 행성들의 위대한 결합은 학문의 세계를 크게 변화시켰다. 확실히 그것은 점성술 서적들의 홍수로 이어졌다.* 내가 선호하는 연대는 바로 그다음 해인 1564년이다. 프랑크푸르트 도서 박람회의 최초의 인쇄된 카탈로그가 그때 선을 보였다. 프랑크푸르트 카탈로그는 처음으로 진정한 의미의 국제적인 책 교역을 형성하면서 유럽 전역에 퍼졌다.[67]

1572년 이전의 천문학자들은 천체에서 태양, 달 그리고 행성들(태양과 달은 프톨레마이오스 체계에 따르면 기술적으로는 행성이었다)의 위치와 그것들의 미래 운동을 예측하기 위해 측정했다. 그들은 태양, 달, 별들의 크기와 거리에 관한 약간의 어림 계산값들을 전수받았다. 그러나 거리는 실제로는 중요하지 않았다. 그들이 측정하려고 애쓴 모든 것은 프톨레마이오스 체계의 무기인 이심원, 주전원 그리고 이퀀트를 조정함으로써 어느 특정한 시각에 천체에서 그것들의 위치를 규정짓는 각도들에 대한 예측이

---

* 케플러: '매년, 특히 1563년 이래, 모든 분야에서 출판된 저술의 수는 지난 1000년간 출판된 모든 것들의 수보다 많다. 그것들을 통해 오늘날 새로운 신학과 법학이 창출되었다. 파라셀수스파는 의학을 새롭게 창출했고, 코페르니쿠스파는 천문학을 새롭게 창출했다. 나는 마침내 세계는 살아 있고 실제로 소용돌이치고 있으며, 이 놀라운 결합의 충격이 헛되이 거동하지 않았음을 진정으로 믿는다.' De stella nova(1608), Jardine, The Birth of History and Philosophy of Science(1984), 277-8에서 인용.

었다. 이 무기들은 모두 소위 가설(신뢰할 만한 예측을 생산하는 수학적 모형을 의미하는 용어)에 해당하는 것이었다. 그러나 튀코 브라헤와 함께, 거리 측정은 갑자기 매우 중요한 것이 되었다. 이전에는 '현상을 구제하는' 것, 즉 가설을 현상에 맞도록 절충하는 것이 항시 가능했던 반면(필요하다면 두 개의 양립할 수 없는 가설, 하나는 동서 방향의 운동, 다른 하나는 남북 방향의 운동을 예측하는 가설들을 채택함으로써), 브라헤의 관측은 그것이 프톨레마이오스 이론이든 코페르니쿠스설이든 이미 확립된 이론들과는 양립할 수 없었다 (코페르니쿠스는 계속해서 천체에서 행성들을 운반하는 견고한 천구를 믿었다고 생각되었다).[68] 1588년에 이르러 천문학은 2차원이 아닌 3차원의 천체 구성에 관심을 갖게 되었다.

8

과학사가들은 흔히 (그리고 타당하게) 과학혁명의 핵심은 '자연의 수학화'라고 말한다.••[69] 아리스토텔레스와 프톨레마이오스는 천체를 수학으로 읽을 수 있다고 생각했다. 실제로 프톨레마이오스는 그것들을 읽는 기술을 고안했다. 과학혁명의 한 측면은 달 아래 세계에서 일어나는 현상을 포함하는 수학적 이론들의 연장에 있다. 아리스토텔레스주의 물리학이 성질들—4원소(흙, 공기, 불, 물)가 네 성질(뜨겁고, 차고, 건조하고, 습한)을 구현하고 있다—에 사로잡혀 있었던 반면, 새로운 물리학은 측정될 수 있는

•• 나는 '자연의 수학화'보다 '세계의 수학화'라는 표현을 선호한다. 왜냐하면, 나에게 '자연'은 단지 물리학만이 아니라 생물학이 포함되어 있음을 암시하는 것 같기 때문이다.

운동과 양에 사로잡혔다. 그리고 빠르게 낙하하는 물체의 속도, 소리의 속도 그리고 공기의 무게를 측정하려는 시도를 이끌었다. 아리스토텔레스가 각 원소들이 다르게 움직인다고 가정했던 반면, 새로운 물리학은 모든 무거운 물체는 같은 움직임을 보인다고 생각할 수 있다고 가정했다. 아리스토텔레스주의 물리학이 다섯 감각에 의지했던 반면, 새로운 물리학은 오로지 시각에 의존했다. 갈릴레이가 발견한 포사체의 포물선 경로(1592)와 낙하 법칙(1604)과 함께, 달 아래의 세계는 수학으로 읽히기 시작했다. 그리고 뉴턴은 나아가 동일한 물리 법칙이 천체와 지상 모두에서 작동하고 있음을 보여주었다. 그러나 이보다 오래전에 달 너머의 세계와 달 아래의 세계에 대한 아리스토텔레스의 구분은 브라헤에 의해 허물어지고 있었다. 1572년 이후 아리스토텔레스 철학은 오랫동안 의문의 여지가 없다고 간주했던 기본적 주장을 희생하지 않고는 벗어날 수 없는 위기에 직면하고 있었다.

아리스토텔레스에 따르면, 달 아래 세계의 원소들은 자연적으로 정지해 있다. 반면에 달 너머 세계의 구체들은 원주를 따라 끝없이 회전했다. 낙하의 법칙을 발견하기 이전에도 갈릴레이는 그 두 세계 사이의 구분에 대해 의문을 품고 있었다. 《운동에 관하여De motu》(1592년 이전) 초고에서 그는 만일 완벽히 매끄러운 표면에서 돌을 굴리면 그것은 영원히 계속 구를 거라고 주장했다. 그는 원운동을 생각하고 있었다. 그 돌은 지구 주위를 돌 것이다. 그러나 그는 또한 정지 상태가 운동보다 더 자연적이라는 생각에 의문을 제기하고 있었고, 이론적 추상화의 정통성을 주장했는데, 물론 완벽하게 매끄러운 표면은 오직 마음속에만 존재하기 때문이다.[70] 달 아래 세계의 운동을 지배하는 수학적 원리에 대한 그의 최초의 발견은 포탄과 같은 포사체의 경로로서 포물선, 즉 공기의 저항이 없고, 포탄이 날아가면서 자전하지 않는 이론적 세계에서의 포물선 경로의 확인이었다. 갈릴레이 사후, 실제적인 시험은 실제 포탄의 경로가 갈릴레이의 이론적 모형과 매우 다름을 보여주었다. 완벽히 매끄러운 표면은 존재하지 않는다는 것을 감안했을 때, 그의 제자 토리첼리의 검증 실험은 조금도 비판받지 않았다.[71] 갈릴레이, 데카르트, 뉴턴은 물질이 비활성이며, 그 거동이 (적어도 이론상으로는) 수학적으로 예측 가능한 새로운 우주를 구축했다. 그 우주 안에서 운동과 위치는 절대적이라기보다 상대적이었다.

새로운 물리학에 관한 역사 기록에 중점을 두는 전통적인 과학사는 세계의 수학화가 17세기에 시작되었다고 가정한다. 그러나 투시화는 이 새로운 우주와 최초로 짧게라도 만날 수 있게 해주었다. 화가들에게 원근법을 가르쳤던 오스틸로 리치로부터 갈릴레이가 수학을 배웠다는 것과 브라헤가 그의 천문대 벽면에 경탄스러운 트롬프뢰유 그림을 붙여놓았다는 것은 우연의 일치가 아닐 것이다. 달 아래 세계의 수학화는 17세기의 갈릴레이가 아니라 15세기에 알베르티로부터 시작했다. 알베르티의《회화론》은 기하학 원리에 대한 간단한 설명으로 시작한다. 거기서 그는 점, 선, 표면을 정의하고, 전통적으로 수학의 한 분야로 간주되던 광학에 관한 기본 설명을 계속한다. 그는 또한 화가들을 위한 더 정교한 기하학 교과서《회화 요론Elementi di pittura》을 집필했다. 새로운 수학 학습은 투시화로부터 지도 제작법으로 퍼져갔다. 발트제밀러의 세계 지도 입문(1507)은 지도 제작자들을 위한 기초 기하학으로 시작한다. 그들은 위도와 경도, 남북극과 대척점을 이해하기 위해 원주와 축을 이해할 필요가 있었다. 여기에는 특별히 새로울 것이 없었다. 키케로는 지리학이 기하학의 한 분야라고 생각했다.[72] 세바스티아노 세를리오의 비트루비우스 대중화(1537)는 점, 선, 직각, 삼각형 등 기하학의 기초 원리를 설명하는 책으로 시작됐다. 그러나 기하학을 건축, 광학, 지도 제작, 천문학, 물리학(갈릴레이는 자신의 낙하 법칙을 기하학적 논증으로 증명할 수 있다고 주장했다)과 같은 실제 세계 문제들에 체계적으로 적용하는 것은 단기적인 경우를 제외하고는 아리스토텔레스주의의 존립과 양립할 수 없었다.

기하학과 함께 추상화抽象化가 등장했다. 이것은 페트루스 아피아누스가 그의 《세계지도Cosmographicus liber》(1524)를 위해 그린 그림에 아름답게 나타나 있다. 그것은 경도와 위도의 측정이 가상의 기준선망에 어떻게 의존하는지를 보여준다. 사물을 간략히 표현하기 위해 아피아누스는 이 그리드를 구가 아닌 평면인 양 처리한다. 그리고 그는 평행하는 두 선이 소실점에서 합쳐지게끔 원근법으로 그것을 표현한다. 그것은 사실상 화면을 확립하기 위해 화가들이 사용하는 그리드와 똑같다. 이를 나타내기 위해서는 타일 바닥을 표현하는 동일한 기법이 필요했다. 위대한 미술사가 에르빈 파노프스키Erwin Panofsky는 투시화의 타일 바닥은 최초의 좌표 추상계라고 주장했다. 그는 틀렸다. 왜냐하면, 프톨레마이오스가 이미 좌표계로서 경도와 위도를 발명했기 때문이다. 그러나 투시화가 추상 좌표계를 암시한다고 생각한 점에서는 옳다.[73]

아피아누스는 다이어그램의 아래쪽 왼편 구석에 실제의 장소(아마 알프스를 가리키는)를 암시하는 몇몇 산들을 그렸다. 이것들은 지도 제작이 장소를 공간으로 바꾼다는 사실을 은폐할 목적이었다. 그런데 우리는 한 장소에서 다른 장소로 이동하기 위해 지도를 사용하므로 이는 잘못된 것 같다. 확실히 지도는 장소에 관한 것인가? 그러나 지도는 실제의 장소를 기호들(여기서 핀들은 가상의 판에 박혀 있다)로 대체함으로써, 그리고 장소들을 추상적 공간에 위치시킴으로써 기능한다. 아피아누스의 그림에서 베네치아는 항구이고 빈은 그렇지 않다는 것을, 에르푸르트와 뉘른베르크는 개신교이고 뮌헨과 프라하는 가톨릭이라는 것을, 그리고 이 도시들이 크기에서 상이하며 나라에 속해 있음을 암시하는 것은 아무것도 없다. 실제 도시들은 좌표로 대체되었고, 실제의 장소는 이론적 공간으로 대체되었다.

기하학은 또한 화약 발명의 결과로 새로운 중요성을 획득했다. 요새는 이제 (위에서 내려다보았을 때) 직선으로 날아오는 포탄을 막기 위해 구축되어야 했다. 모든 성벽을 따라 정면 또는 측면 발포를 하기 위해서, 요새는 주의깊게 측정된 각도와 거리로 도면에 설계될 필요가 있었다. 15세기 말부터 요새들(프랑스인들이 'trace italienne'라고 불렀고, 아메리카 식민주의자들이 'Star fort'라고 부른 성형요새星形要塞)은 유럽뿐만 아니라 어디든 포탄이 발사되는 곳이면 아시아와 신세계에서도 지어졌다. 그래서 모든 장교들은 약간의 기하학 지식이 필요했다. 요새화의 새로운 과학은 갈릴레이 같은 수학자들이 가르쳤다.[74] 셰익스피어의 《오셀로》에서 갖고 있는 전쟁 지식이라고는 책에서 본 것이 전부인 '위대한 산술가' 마이클 카시오가 자신보다 먼저 승진하는 것을 보고 이아고는 격분한다.[75]

알베르티는 '수학자들은 물질과 완전히 결별한 채 오로지 마음속에서 사물의 모양과 형식을 측정한다'고 썼다.[76] 그러나 수학과 물질 사이의 이 결별은 곧 결합으로 바뀌었다. 이번 장의 제사題詞에 사용된 갈릴레이의 유명한 말로 표현하면, 우주라는 책은 기하학적 모양들로 쓰여 있다. 그 주장은 피타고라스와 플라톤까지 거슬러 올라가지만, 르네상스기의 플라톤주의자들은 실제 수학보다는 수의 신비주의에 흥미가 있었다. 그 주장은 탄도학을 낳은 타르탈리아의 《신과학》(1537)에서 처음으로 대담하게 진술되었다. 그 책의 권두 삽화는 탄도학 지식뿐만 아니라 모든 철학으로 인도하는 문을 통제하는 유클리드를 보여준다.[77]

타르탈리아는 나아가 근대의 자국어로 된 최초의 유클리드 번역본(이탈

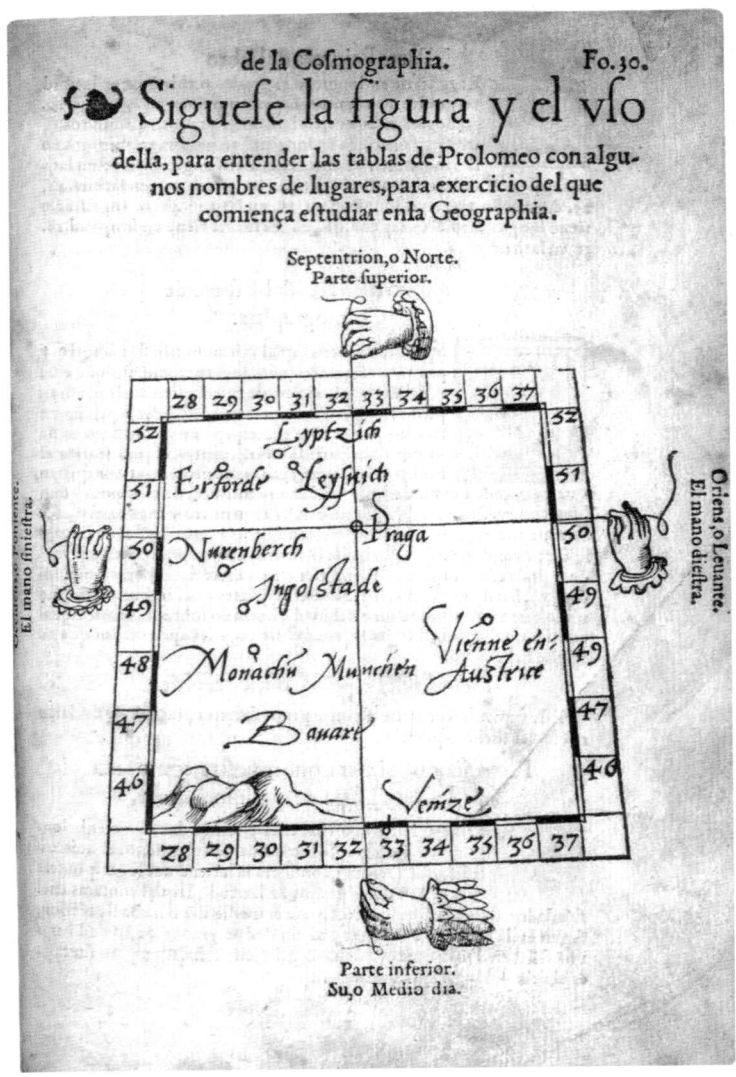

경도와 위도를 나타내는 페트루스 아피아누스의 다이어그램. 출처는 그의 《세계지도》(1524).

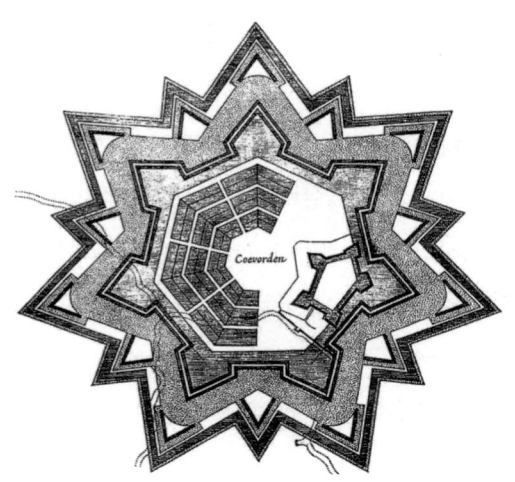

17세기 마우리츠 판오라녀에 의해 설계된 네덜란드 쿠보르던Coevorden 요새화 계획. 시몬 스테빈 Simon Stevin이 마우리츠에게 요새화의 설계에 조언했고, 데카르트는 그의 군대에 복무했다.

리아어, 1543)을 출간했고 새로운 기구들과, 목표물이 얼마나 떨어져 있는 지를 계산하는 데 사용할 수 있는 측량 기술들을 고안했다(《다양한 문제들 과 발명들Quesiti et Inventioni Diverse》, 1546). 예를 들어보자. 1622년 네덜란드 함대가 포르투갈 식민지 마카오를 점령하려고 시도했다. 한 예수회 수학 자는 네덜란드인들이 해변에 가져다놓은 화약 더미까지의 거리와 대포가 발사되어야 하는 고도 각을 결정하기 위해 기하학 계산을 했다. 명중된 포 탄은 전투의 흐름을 바꾸었고, 마카오는 계속 포르투갈의 식민지로 남게 되었다.[78] 과학혁명이 어떻게 수학화되었는지 묻는다면 그 답은 투시화, 지도 제작(이와 관련된 항해와 측량의 과학), 그리고 탄도학을 통해서이다. 타 르탈리아, 브라헤, 갈릴레이 (또한 우리가 보았듯이 레오나르도) 같은 수학자 들에게 세계를 이해하는 방법을 아는 이들은 철학자들이 아니라 자신들이 라는 자신감을 준 것은 이러한 과제들이었다. 회화, 지도 제작, 탄도학은 지금 우리에게 첨단 과학으로 여겨지지 않지만, 한때는 첨단 과학이었다.

여러 수리과학은 서로 연결되어 있었다. 한 분야에 출중한 사람은 다른 분야에서도 뛰어났다. 알베르티는 건축가, 화가, 수학자였다. 피에로 델라 프란체스카는 수학자이자 화가였다. 파촐리는 수학자이면서 건축가였다. 레오나르도는 화가이자 군사 엔지니어였다. 딕스는 측량과 천문학 분야의 책을 출간했다. 가장 위대한 천문학자들(브라헤, 핼리)이 또한 지도 제작자였듯이, 가장 위대한 지도 제작자들(메르카토르, 카시니)은 중요한 천문학자들이기도 했다. 이것들은 각각 독립된 과학이 아니라 기하학 기술과 측정 기구들을 공유하는 친족 과학군##이었다.《천체의 회전에 관하여》의 표준적인 번역에 따르면, 코페르니쿠스는 '천문학은 천문학자들을 위해 기술된다'고 썼다고 되어 있다. 그러나 그의 의도는 달랐다. 그는 '수학은 수학자를 위해 기술된다mathemata mathematicis scribuntur'라고 썼다. 코페르니쿠스는 모든 수학자들이 자신의 논증을 따를 수 있기를 기대했다. 사실상 다른 모든 이들과 마찬가지로, 그는 여러 분야에서 일했다. 그는 천문학뿐만 아니라 화폐 개혁에 관한 책도 출간했다. 케플러 역시 광학뿐만 아니라, 포도주 통의 부피에 대한 수학적 해석(타원의 면적을 계산하는 그의 천문학 문제와도 직접 연결된 주제)에 관해, 그리고 포탄을 가장 잘 쌓는 방법에 대해서도 출간했다.•

• 최초의 과학자들은 모두 여러 학문 분야에 기여했다(유일한 주요 예외는 윌리엄 하비 같은 몇몇 의사들이었다). 의사이며 실험과학자인 길버트는 케임브리지 세인트존스 칼리지에 있을 때 수학 시험 위원이었고, 그의 기본적인 목표는 코페르니쿠스설의 진실성을 증명하는 것이었다. 갈릴레이는 물리학과 천문학에 기여했고, 축성술과 광학도 가르쳤다. 스테빈은 대수학, 공학, 천문학, 항해술, 회계학에 관한 저술을 출간했다. 하위헌스는 진자의 수학과 시계 설계에 몰두하면서 또한 토성의 고리를 발견했다. 메르카토르와 카시니 가(조반니 도메니코 카시니를 필두로 한)는 둘 다 지도 제작자 겸 천문학자였다. 보일은 물리학과 화학 저술을 출간했다. 뉴턴은 물리학과 광학에 관해 출간하는 한편 연금술에도 종사했다. 다니엘 베르누이는 확률론뿐만 아니라 천문학 책도 출간했다. 최초의 현미경 학자로 비교적 교육을 덜 받은(그는 라틴어를 몰랐다) 레이우엔훅Leeuwenhoek조차도 측량기사 자격이 있었다. 흔히 우리는 그들의 관심 범위를 넓게 보지 못한다. 브라헤와 핼리는 천문학자로 유명했지만 그들이 또한 지도 제작자였음을 누가 기억하는가? 코페르니쿠스

니콜로 타르탈리아의 《신과학》(1537)의 권두 삽화. 유클리드는 지식의 성문을 통제한다. 성에서는 포탄의 경로를 보여주기 위해 대포가 발사되고 있다. 안쪽 보루에 입장하려면 수리과학을 통과해야 한다. 그 가운데 타르탈리아가 서 있고 더 안쪽에는 아리스토텔레스와 플라톤과 함께 철학이 있다.

게다가, 3차원을 2차원으로 표현하는 방법에 관심을 기울인 것은 단지 화가들만이 아니었다. 이것은 또한 지도 제작자들에게 중심적 문제였다. 그들은 지구를 평평한 표면으로 투사시켜야만 했다(어떤 이들은 이 문제에 대한 프톨레마이오스의 해법 중 하나가 브루넬레스코에게 영향을 주었다고 말하기도 한다).[79] 그리고 태양의 운동이 어떻게 평평한 눈금판에 투사되어야 하는지를 알아내야만 하는 해시계 제작자들(언제나 수학자들이었다. 가끔 레기오몬타누스, 베네데티 같은 일류들도 있었다)에게도 마찬가지였다. 다음 일련의 이미지가 다른 어떤 것들보다 이러한 관심들의 중첩을 잘 보여준다. 알브레히트 뒤러Albrecht Dürer는 당시의 첨단 미술 기법을 배우기 위해서 두 차례(1494~1495; 1505~1507) 이탈리아 여행을 했다. 그는 회화와 건축에 응용되는 기하학에 관한 책(*Institutionum Geometricarum Libri Quatuor*, 1525)을 출간했다. 1515년, 그는 천문학자이며 지도 제작자인 요한 스타비우스Johann Stabius와 함께 북반구와 남반구를 보여주는 한 쌍의 천체 도표를 출간했다. 이것은 최초의 인쇄된 별자리표였고, 최초로 천체를 명료하게 표시된 좌표계로 보여주었다. 또한 전체 지구를 구로 표현한 최초의 투시화이기도 했다. 여기에서 기하학, 투시화, 지도 제작법이 하나로 뭉쳐진다.

는 오늘날 오직 천문학자로 기억되지만, 그는 《화폐 이론에 관하여Monetae cudendae ratio》(1526)라는 논문을 출간한 화폐 개혁 전문가였다. 그는 거기서 오늘날 우리가 그레셤의 법칙이라고 부르는 것—악화悪貨가 양화良貨를 구축한다—을 정식화했다. 새로운 과학의 근본적으로 학제적인 성격은 적어도 레온하르트 오일러Leonhard Euler(1707~1783)에 이르기까지 계속되었다. 그는 탄도학과 행성 궤도를 재개념화했고, 뉴턴의 광학에 이의를 제기했으며 음악 분야의 긴 논문을 썼다. 여러 분야를 옮겨다니면서, 새로운 과학자들은 새로운 지식을 구축하는 방법에 대해 일련의 가정들을 지니고 있었다. 과학혁명의 핵심에 자리하고 있는 것이 바로 이 가정들이다.

9

수학자의 도구(특히, 기하학이 제공하는 도구)가 세계를 이해하기 위해 사용하는 올바른 도구라는 믿음은 모든 종류의 새로운 표현들을 가능하게 했다. 그런데 이런 것들이 자연계에 대한 사회의 통제 혹은 한 사회 집단의 다른 집단에 대한 통제를 크게 변화시켰을까? 베살리우스의 목표는 수술에 대한 이해를 증진하는 것뿐만 아니라 그것을 개선하는 것이었다. 그러나 마취약, 항생제 혹은 지혈대와 봉합선을 통해 혈액의 손실을 통제하는 믿을 만한 방법 없이 수술은 계속 고통스러웠고, 위험했고, 종종 치명적이었다. 해부에서 얻어진 지식이, 설혹 있다고 하더라도, 실제로 적용되는 일은 거의 없었다.[80]

물론 지도 제작법과 항해술, 탄도학, 축성술의 과학은 이와는 매우 달랐다. 처음 두 가지와 나중 두 가지를 구별하는 것이 중요한데, 전자는 공간과 장소를 다루며 후자는 타격력을 다룬다. 선원들이 어떤 항해 기간 동안 땅이 보이지 않는 곳을 항해하기 시작하면 그들은 새로운 도구들(나침반, 선박용 아스트롤라베 같은 장치 혹은 태양과 별들에 의해 진북을 확정하는 후방기), 새로운 도표들과 지도들, 그리고 새로운 보급품(건빵이나 선박용 비스킷)이 필요했다. 근대 문헌에는 지도를 제국주의 문화의 반영으로서 통치를 위한 기술로 생각하는 경향이 있다.[81] 존 던이 천체 지도를 만드는 일과 그것을 소유하는 일을 비교했음에도 이것은 나에게 잘못으로 보인다.

> 자오선과 평행선으로
> 사람들은 그물을 짰고, 이 그물은
> 하늘에 던져졌네. 이제 그것들은 그의 소유.

언덕에 오르거나 일하기 싫어서

하늘로 가려고, 우리는 하늘이 우리에게 다가오게 만드네.[82]

유럽의 세계지도는 유럽을 그 중심에 두었다. 그러나 마테오리치를 통해 이를 접한 중국인들은 중국이 중심에 있어야 한다고 불평했다. 그는 재빨리 그렇게 된 새로운 지도를 만들었다.* 세계지도를 제작하기 위해 사용된 메르카토르 투시도법(1599)은 적도 근처의 나라들에 비해 북쪽 나라들이 실제보다 훨씬 크게 보이게 한다. 그러나 이는 항해 목적으로 직접 사용될 수 있도록 도표에 경로가 그려질 수 있게 하는 투시도를 구축한 데 따른, 전적으로 우연한 결과다. 3차원 지구를 평면에 보여주는 메르카토르 투시도는 방향의 정확성을 유지하기 위해 거리를 왜곡한다. 그러니까 이 지도들은 유럽의 우월함을 주장하기 위해서가 아니라 원래 선원들의 도구로 의도된 것이었다. 항해용으로 사용하지 않는 사람들에게 이 지도는 이데올로기적으로 보였다.

게다가 18세기까지 지도 제작자들은 항해용 지도를 제작하는 데 주로 관심이 있었다. 일반인들이 원했던 것은 정확한 지도가 아니라 군대와 물자가 따라 움직여야 하는 도로가 표시된 약식 지도였다.[83] 그러한 지도들은 주요 도로의 좌우에 있는 것들은 무시하고 도로, 산길, 물길에 집중했다. 그것들은 추상적 공간(열린 대양이 있는 곳)이 아니라 실제 장소를 보여주었다. 군대 지휘관들은 요새화의 계획을 원했다. 공중에서 내려다보는

---

* 이 문제에 대한 놀랍도록 혼란스러운 논의를 보려면 Mignolo, *The Darker Side of the Renaissance*(2010), 219–26을 참조하라. 이 책은 '마치 기하학이 민족적 요소를 갖고 있지 않으며 지구의 모양에 대한 중립적 배치를 보증하는 것'처럼 행동하는 마테오리치를 공격한다. 이 불평은 오직 우리가 (미뇰로처럼) 객관적 지식 같은 것은 존재하지 않으며 모든 지식은 민족적이며 당파적이라고 가정할 때 의미가 있다.

뒤러의 1515년 세계지도. 북쪽 및 남쪽 하늘의 지도를 포함하고 있다. 뒤러의 지도는 1507년 발트제뮐러의 지도가 출판된 이후 구체로서의 지구의 개념이 얼마나 급격히 정립되었는지를 보여준다. 또한 뒤러가 원근법 표현을 완벽하게 습득했음을 보여준다.

시각(레오나르도가 개척한)은 그들로 하여금 적의 화력에 노출되지 않고 어디에 대포를 배치해야 할지 혹은 어느 지점에서 진군이 봉쇄되어야 할지 혹은 매복을 해야 할지를 확인할 수 있게 해주었다. 따라서 육지에서 군사력 적용을 가시화하는 일에는 바다에서의 그것과는 사뭇 다른 기술이 요구되었다. 그리고 오랫동안 지도 제작법은 지상 전력이 아닌 해상 전력을 증대시켰다(이것이 해상 전력에 주로 의존했던 네덜란드인들이 지도 제작에 그토록 사로잡힌 이유다).

이것은 우리에게 냉혹한 진실을 알려준다. 지도, 후방기, 건빵이 그 자체로는 중립적인 장치이지만, 대양 항해를 가능케 함으로써, 유럽인들이 화약 기술(함대에서 포탄의 형태로 발사되든, 혹은 상륙 부대의 장총에서 발사되든)에 집중하게 하여 자신을 방어하는 데 적절한 수단을 가지지 못한 사회에 영향력을 행사하게 만들었다.[84] 지도 제작법은 화약 무기와 함께 기술적 묶음으로 도래했다. 화약 무기는 진실로 전력 그 자체였다. 그래서 지도 제작법과 항해용 기구들은 그 자체로는 중립적인 것들이지만 사실은 500년간 서양의 지구적 지배를 보장해준 기술적 묶음의 일부다.

10

여기까지의 나의 논증은 17세기 세계의 수학화는 오래 준비되어왔다는 것이었다. 투시화, 탄도학과 축성, 지도 제작법과 항해술이 갈릴레이, 데카르트, 뉴턴을 위한 기초를 마련했다. 공간을 추상적이며 무한한 것으로, 위치와 운동을 상대적인 것으로 파악한 17세기의 형이상학은 15, 16세기의 새로운 수리과학에 기초했다. 만일 과학혁명의 시작을 추적하고 싶다면, 우리는 14, 15세기로 되돌아가, 복식부기와 알베르티와 레기오몬타누스를 살펴볼 필요가 있을 것이다. 과학혁명은 다른 무엇보다도 철학자들의 권위에 반대한 수학자들의 봉기였다. 철학자들은 대학의 커리큘럼을 통제했다(대학 교수로서 갈릴레이는 오로지 프톨레마이오스 천문학만을 가르쳤다). 그러나 수학자들은 왕자, 상인, 군인, 선원들의 후원을 받고 있었다.[85] 그들은 수학을 세계에 새로이 적용했기 때문에 후원을 받았다. 그것은 지상과 천체에서의 더 개선된 측정을 위한 직각기, 육분의, 사분의 같은 많은 새로운 기구들의 발명을 포함했다. 그리고 이는 정확성에 대한 새로운 집념으로 추진되었다. 정확성과 확실성은 새로운 과학의 좌우명이었다.

　레기오몬타누스는 수리과학에서 새로운 유형의 신뢰할 만한 지식을 목격한 최초의 인물 중 한 사람이었을지는 모르지만, 최후의 인물은 아니었다. 1630년 옥스퍼드에서 전통적인 인문주의와 스콜라 철학을 공부한 토머스 홉스는 제네바의 '신사 도서관에서' 유클리드의 《기하학 원론》과 조우하게 되었다. 제1권의 47번 명제(우리가 지금 피타고라스 정리라고 부르는)가 펼쳐져 있었다. 그 순간부터 그는 기하학에 마음을 빼앗겼다.[86] 그는 곧 기하학적 원리 위에서 도덕과 정치의 새로운 과학을 구축하기를 열망했다. 홉스가 깨달았던 것은 그 무엇도 수학의 진리보다 더 확실하지 않다는 것이었다. 2 더하기 2는 항상 4다. 직각삼각형의 빗변의 제곱은 나머지 변들의 제곱의 합과 같다. 이것들은 보편적 진리다. 그것들을 이해하는 것은 그것들을 채택하는 것이다.* 레기오몬타누스(1476년 사망)부터 홉스(1679년 사망)에 이르는 200여 년 동안 유클리드와 아르키메데스는 새로운 종류의 지식을 구축하는 방법에 관한 결정적 예시들, 섹스투스 엠피리쿠스Sextus Empiricus와 몽테뉴에 의해 웅변적으로 표현된 의심에 반박하는 유일한 방어물을 구축했다.[87] 그러나 수학자들에 의해 시작된 이 혁명이 성공하려면, 보편적 진리들을 확립하고 전파하는 다른 방식들을 확정할 필요가 있었다. 이제부터 그것을 들여다보려고 한다.

---

* '상대주의와 상대주의자들에 관한 주석' 6항을 참조하라.

걸리버의 세계

> 그러나 가장 혐오스러운 것은 옷에 기어다니는 이였다. 나는 현미경을 통해 유럽의 이를 본 것보다 훨씬 더 뚜렷하게, 이 해충의 다리와 돼지코처럼 박힌 주둥이를 맨눈으로 볼 수 있었다. 내가 주시해 본 최초의 대상이었는데, 그 모습이 너무나 역겨워서 거의 토할 뻔했지만 만일 적절한 도구가 있었더라면 호기심에 한 마리 해부해보고도 싶었으나 불행히도 그것들을 배에 두고 온 상태였다.
>
> _조너선 스위프트, '브로딩낵Brobdingnag으로의 여행', 《걸리버 여행기Gulliver's Travels》(1726)

1

1610년이 시작되기 전 어느 날, 요하네스 케플러는 프라하의 어느 다리를 걷고 있었다. 그때 약간의 눈송이가 외투에 내려앉았다.[1] 그는 친구인 마테우스 바커에게 신년 선물을 보내지 못해서 죄의식을 느끼고 있었다. 그는 바커에게 아무것도 주지 못했다. 그의 외투 위에서 눈송이들이 녹아 아무것도 남지 않았다. 그것을 바라보며 케플러는 두 가지 사실을 한꺼번에 깨달았다. 각각의 눈송이는 고유하지만 육각형이라는 점에서 모두 같다. 이것은 케플러로 하여금 육각형에 대해, 그리고 어떻게 그것들이 벌집 구조 혹은 석류 씨들과 같은 격자를 만드는지에 대해 생각하게 했다. 그리고 만약 타일이 모두 동일하다면 바닥에 타일을 깔 때 사람들이 사용하는 유일한 형태는 삼각형, 사각형, 육각형이라는 사실에 대해, 또 포탄을 (어느 공간에) 쌓아놓을 때 만들 수 있는 패턴에 대해서도 생각했다. 케플러는 공간을 최대로 절약하며 구체를 쌓는 방식을 알아낼 수 있다고 생각했다. 그의 주장은 케플러의 예측(최선의 배치는 각층에서 구체들의 중심이 아래층의 구체들 사이 공간의 중심 위에 있을 때다)으로 알려져 있고, 1831년에 모든 규칙적인 격자에 대해, 그리고 1998년에는 모든 구체의 배열에 대해서도 최종적으로 옳다는 점이 증명되었다. 케플러에게 이것은 응용수학이었다. 1591년 월터 롤리Sir Walter Raleigh는 토머스 해리엇에게 어떻게 하면 가능한 한 많은 포탄들을 배의 갑판에 적재할 수 있는지 물었고, 해리엇은 그 문제를 케플러에게 넘겼다.

케플러는 눈송이가 자세히 관찰할 가치가 있다고 상상한 최초의 인물이었다. 그가 쓴 소책자《육각형 눈송이에 관하여Strena, seu de Nive Sexangula》(1611)는 결정학結晶學의 기초를 세운 저술로 현재 칭송을 받고 있지만, 그 집필 동기는 참기 어려운 말장난을 생각하고 있었기 때문이다. 눈송이에 해당하는 라틴어는 '아무것도 아닌 것' 혹은 '없음nothing'을 뜻하는 독일어 nichts와 거의 같은 nix다. 눈송이는 금세 녹으니 누군가에게 눈송이를 주는 것은 아무것도 주지 않는 것이다. 그는 친구에게 눈송이에 관한 소책자를 줄 수 있었을 것이다. 그것은 어떤 것이기도 하고 아무것도 아닌 것이기도 하다. 그는 친구에게 아무것도 주지 않은 것에 대해 더이상 당혹스러워할 필요가 없었을 것이다. 이제 그는 그것에 자부심을 가질 수 있을 것이다.

갈릴레이처럼 케플러는 자연이라는 책이 기하학의 언어로 씌어 있다고 믿었다. 그의 첫 번째 주요 저술인《우주의 신비Mysterium Cosmographicum》(1596)에서 그는 코페르니쿠스 체계에서 행성들 간의 거리는 만일 다섯 개의 플라톤 다면체를 어떤 순서대로(정8면체, 정20면체, 정12면체, 정4면체, 정6면체를 안쪽에서 바깥쪽으로) 끼워넣으면 얻을 수 있는 거리라고 주장했다.

만일 신이 수학자라면(누가 그것을 의심할 수 있겠는가), 사람들은 가장 기대하지 않았던 곳, 예를 들면 태양계의 구조 혹은 눈송이 속에서 수학적 논리를 기대해야만 한다.

케플러는 개념적으로 눈송이 속에서 수학적 질서를 발견할 준비가 되어 있었다. 그러나 그는 모든 장소에서, 바로 거기서 그것을 찾고 있는 자기 자신과, 큰 것과 작은 것에 작동하고 있는 동일한 질서를 발견하고 놀랐다. 실제로 그는 다이아몬드와 눈송이가 동일한 형태의 작용에 의해서 형성된다는 가능성을 염두에 두고 있었다. 그것은 차가운 것도 증기도 아니며 지구 그 자체여야 했다.

> 그러나 나는 바보처럼 넋을 잃었다. 거의 아무것도 아닌 선물을 주려고 시도하면서, 나는 그것을 아무렇지도 않게 여겼다. 이 거의 아무것도 아닌 것으로부터, 나는 모든 것들이 들어 있는 전체 우주를 거의 재창조했기 때문이다! 이전에는 가장 미미한 동물(진드기)의 작은 영혼에 대한 논의를 회피했지만, 이제 나는 눈의 작은 원자 속에서 엄청나게 더 큰 동물의 영혼을, 지구라는 구체를 논의하려 한다.[2]

케플러는 아무것도 아닌 것에 관한 농담을 즐긴다. 그는 인간의 눈으로 볼 수 있는 가장 작은 생물인 진드기를 해부하는 동네 의사를 상상하기도 한다. 물론 해부할 수 없지만 말이다.[3]

수개월 후인 3월 15일, 케플러의 세계가 바뀌었다. 케플러의 친구 바커가 마차를 타고 바삐 오더니, 너무 흥분하여 집 안으로 들어가지 않고 새로운 소식을 외쳐댔다. 베네치아에 사는 갈릴레이라는 사람이 일종의 새로운 기구를 사용하여 먼 별 주위를 도는 네 개의 행성을 발견했다는 소식

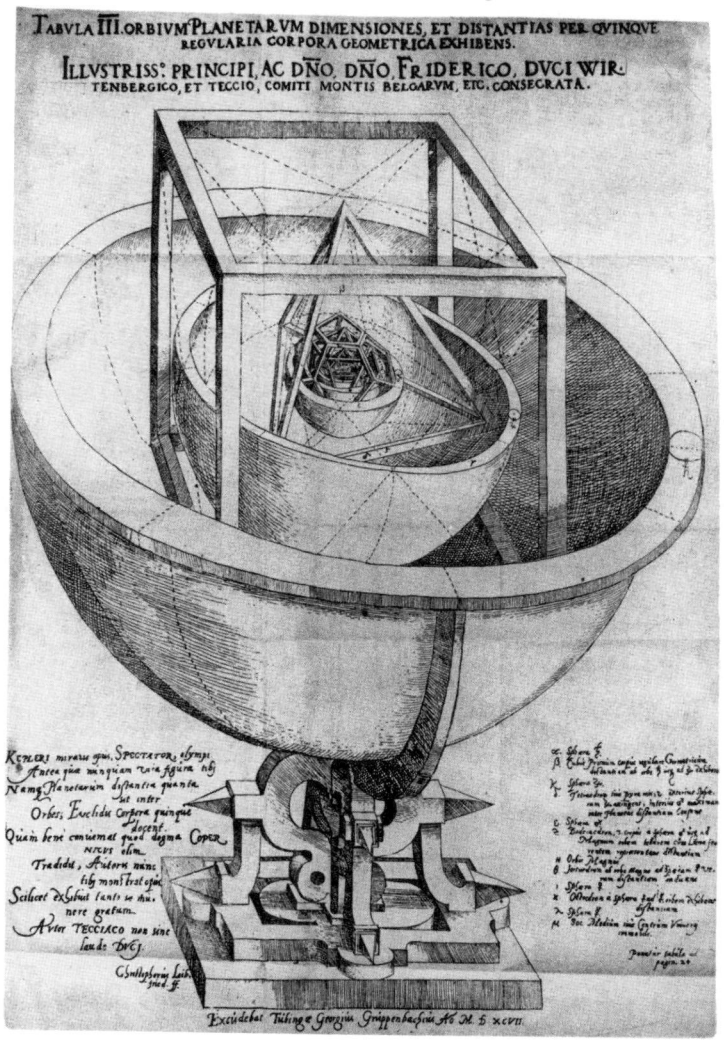

《우주의 신비》(1596)에 실린, 서로 내부에 끼워넣어진 다섯 개의 플라톤 다면체 그림(정6면체, 정20면체, 정12면체, 정8면체, 정4면체). 케플러는 행성들 간의 거리는 만일 다섯 개의 플라톤 다면체를 올바른 순서대로 안쪽에서 바깥쪽으로 끼워넣으면 얻을 수 있다고 주장했다. 그는 이것을 신이 자신의 우주 설계에서 드러나는 수학적 대칭을 보고 기뻐하고 있다는 증거로 간주했다.

이었다. 브루노는 옳았다. 우주는 무한하며 다른 지구들이 존재했다. 태양과 지구는 유일하다고 항상 주장해온 케플러는 명백히 틀렸다. 케플러는 서로 소리치며 웃는 그들을 묘사한다. 바커는 승리에 취해 기뻐하고 케플러는 잘못을 웃어넘기며, 그러한 엄청난 발견이 이루어졌다는 생각에 함께 기뻐한다.[4]

갈릴레이의 책(피렌체의 통치자 코시모 2세 데 메디치에게 헌정되었다. 갈릴레이는 곧 베네치아를 떠나 피렌체로 이주했다)은 3월 13일에 출간되었다. 4월 8일, 그 책 한 권이 외교행낭에 넣어져 프라하에 도착했고, 피렌체 대사는 그 책을 황제에게 바쳤다. 황제는 그것을 바로 케플러에게 넘겼다.[5] 바커가 먼저 들은 풍문은 사실이 아닌 것으로 드러났다.* 사실상 갈릴레이는 먼 별 주위를 도는 행성이 아니라 목성 주위를 도는 네 달(위성)을 발견했다. 결국 브루노가 반드시 옳았던 것은 아니었다. 비록 그 새로운 발견이 코페르니쿠스가 지구는 하나의 행성이며 그 주위를 도는 달을 지니고 있다고 주장할 자격이 있었음을 확실히 증명했지만 말이다. 이것은 프톨레마이오스와 브라헤의 옹호자들에게는 있을 수 없는 일로 여겨졌다(그들에게 달은 행성의 하나였기 때문이다).

- 17세기에는 북부 이탈리아에서 프라하까지 소식을 전하는 데만 3주가 걸렸기 때문에 바커가 들은 소식은 비록 갈릴레이가 되도록 오랫동안 자신의 발견을 감싸두려고 했지만 인쇄 과정을 거쳤기 때문에 그 책에 관해 알고 있었던 누군가로부터 전해졌을 것이다. 바커의 소식통은 아마 플로렌스에 있었을 것이다. 거기서 갈릴레이가 자신의 책을 코시모 데 메디치에게 헌정하고 그의 이름을 따서 새로운 별을 명명하도록 승인해줄 것을 요청했을 때 그의 발견에 대한 소식이 퍼지기 시작했다.

2

갈릴레이의 발견들에 대한 이야기는 단순 명료해 보인다. 1608년, 망원경은 네덜란드에서 발명되었다. 그것은 아마 안경 제작자인 한스 리퍼세이 Hans Lippershey에 의해 이루어진 우연한 발견이었을 것이다(두 명의 다른 안경 제작자는 리퍼세이의 우선권 주장을 반박했다). 갈릴레이는 망원경을 본 적이 없었지만 1609년에 그것을 제작하는 방법을 알아냈다.[6] 망원경은 육지 및 해상의 전쟁에서 명백히 활용될 수 있었다. 그래서 그는 베네치아 정부가 발명에 대한 보상금을 자신에게 지급하도록 설득했다. 베네치아 정부는 얼마 뒤에 누구나 망원경을 널리 이용할 수 있다는 것과 갈릴레이가 자신들을 기만하고 있음을 알고는 다소 짜증이 났다. 갈릴레이의 첫 망원경은 8배율이었다. 1610년 초가 되자 그는 30배율 망원경을 제작할 수 있었고 천체 관측을 시작했다.[7]

문헌에는 표준적인 문구 '갈릴레이는 그의 망원경을 천체로 향하게 했다'가 계속 반복 사용된다. 물론 1609년 가을, 그는 그렇게 했다. 갈릴레이보다 4개월 전, 해리엇은 영국에서 동일한 작업을 했다(그의 첫 망원경은 6배율이었다).[8] 수수께끼는 갈릴레이가 그의 망원경을 개선하는 데 투입한 엄청난 노력에 있다. 그는 20배율 이상의 망원경 열 개를 제작하기 위해 200개의 렌즈를 그가 만든 장비로 연마했다. 이 열 개의 망원경에서 이상한 점은 군사용으로 사용하기에는 그것들이 지나치게 좋았다는 것이다. 시야는 협소해서 갈릴레이는 한 번에 달의 한 부분만을 볼 수 있었다. 두 손으로 들고 보면 흔들거려서 보는 모든 것이 시야에서 계속 살짝 벗어났다. 삼발이 혹은 고정대가 필수적이었다.

갈릴레이의 망원경이 해상이나 육상 전투에 사용하기에는 지나치게 좋았다는 것을 어떻게 아는가? 만일 당신이 바다의 배들을 찾고 있다면, 지구의 곡률은 당신이 얼마나 멀리 볼 수 있는지를 말해준다. 7.3미터 높이에서 수평선은 겨우 9.6킬로미터 떨어져 있다. 갤리선의 망루에서 다른 갤리선을 볼 수 있는 최대 거리는 약 19.3킬로미터이다. 대포의 유효 사거리는 약 1.6킬로미터였고, 육상 전투에서 이는 시야 개선을 위한 결정적인 거리였다. 1636년, 생애의 마지막을 향해 가고 있을 때, 갈릴레이는 네덜란드인들과 협상에 들어갔다. 그는 목성의 위성들을 이용하여 항해하는 배의 경도를 알아내는 방법을 염두에 두고 있었다(항해할 때 신뢰할 만한 정밀한 경도 측정용 시계 크로노미터chronometer는 1761년 이전까지 발명되지 않았다). 그 당시 네덜란드 전역에 20배율 망원경은 단 한 대도 없었지만 네덜란드는 육상 및 해상 전투에 적합한 좋은 망원경들을 보유하고 있었다.[9] 만일 20배율 망원경이 실제로 적용되었다면, 그들도 그것을 보유했을 것이다.* 당시 갈릴레이는 자신의 망원경을 오직 천체를 관측하는 하나의 목적에 적합한 기구로 전환시켰음이 분명하다. 해리엇을 위시한 다른 이들도 그를 따라잡기 위한 경주에 뛰어들었다.

여기서 망원경의 영향과 현미경의 영향을 구별하는 것이 중요하다. 그 둘은 기본적으로 동일한 것이다. 예를 들면, 갈릴레이는 망원경을 곧바로 파리 연구에 사용할 수도 있었다. 그는 후일 더 나은 탁상용 기구를 고안했고, 파리가 어떻게 유리 위를 기어 올라갈 수 있는지 연구했다. 그러나 현미경을 통해 볼 수 있었던 것을 발표한 최초의 출판물인 '꿀벌 Apiarium'(교황 우르바누스 8세를 기린 것으로, 그의 가문인 바르베리니Barberini 가

---

* 1622년과 1635년 사이, 네덜란드에 있던 이사크 베이크만은 갈릴레이가 1610년에 제작한 망원경과 비슷한 성능을 지닌 망원경을 만들려고 분투했으나 성공하지 못한 것 같다. Berkel, *Isaac Beeckman*(2013), 68-9.

문의 상징이 꿀벌이었다)이라는 제목의 신문 사이즈 인쇄물 한 장은 1625년
이 되어서야 등장했다. 그리고 최초의 주요 출판물은 1665년 훅의 《현미
경 관찰Micrographia》이었다.[10] 현미경이 서서히 채택된 반면(그리고 그 세기
말에 이르러 재빨리 폐기되었다), 망원경은 천문학을 거의 하룻밤 사이에 크
게 변화시켰다.[11] 그 이유는 단순하다. 천문학 이론의 확립된 체계가 있었
는데 망원경으로 관측된 것이 그것과 어긋났기 때문이다. 천문학자들은
그들의 연구와 망원경의 관련성을 부인할 수 없었다. 반면 현미경은 이전
에 알려지지 않았던 세계를 시야에 들어오게 했다. 그것이 생산한 새로운
정보가 확립된 지식과 어떻게 관련되는지 규명하기 어려웠다. 망원경은
이미 논의되고 있었던 문제들을 직접 다루었다. 현미경은 현재의 관심사
들과 관련성이 분명하지 않은 새로운 노선의 탐구를 열었다. 망원경의 번
성과는 달리 현미경이 시들해진 것은 과학혁명을 하나의 혁명, 즉 이전의
질서에 대한 반동으로 적절하게 이해할 수 있는 근거 중 하나다. 망원경과
현미경은 둘 다 새로운 지식을 생산했지만, 17세기에는 오직 망원경만이
기존 질서를 직접적으로 위태롭게 했다.

　그러나 1609년에는 망원경이 천문학을 크게 바꿔놓으리라는 사실이 아
직 명백하지 않았다. 만일 그러했다면, 고성능의 망원경을 만들려고 노력
한 수많은 천문학자들이 있었을 터였다(갈릴레이가 자신의 발견을 출판하자
마자 그러했듯이). 왜 갈릴레이는 그것을 과학 기구로서 중대하게 간주했을
까? 자신의 망원경이 충분히 강력하다면 볼 수 있을 무언가가 있으리라고
그가 생각했음은 분명하다. 이 질문에 대해서는 오직 하나의 답변만 가능
하다. 그는 달의 산을 찾고 있었다. 정통적인 가르침은 달이 천체이기 때
문에 완벽히 매끄러운 구체라는 것이었다. 그러나 그것의 색채 변화는 어
떻게 설명해도 확실히 어떤 표면의 불규칙성에 기인한 것은 아니었다. 그

러나 갈릴레이는 플루타르코스에 익숙해 있었다. 플루타르코스는 달이 산지와 계곡의 풍경을 지니고 있다고 주장했다.[12] 케플러는 이 생각을 품고, 1609년 바커와 서로 주고받기 위해서 달 여행에 관한 하나의 이야기, 최초의 공상과학소설을 쓰기 시작했다(이것은 결국 1634년 유고로 출간되었다).[13] 달에서 보면 달은 정지해 있고 지구가 하늘에 떠다닌다는 착각이 들 것이라고 주장했다. 지구와 같은 특징을 지닌 달을 상상한 것은 케플러만이 아니었다. 1604년, 갈릴레이와 가까운 어떤 사람(아마 갈릴레이 자신)이 피렌체에서 달에 산지가 있다고 주장하는 익명의 소책자를 발간했다.

> 또한 달에는, 지구와 똑같이, 거대한 크기의 산지 혹은 훨씬 더 거대한 산지가 있다. 우리는 그것들을 감지 할 수 있다. 이것들로 인해 달에는 딱지투성이 같은 작고 어두운 부분들이 생긴다. 크게 굴곡진 산지는 평평하고 매끄러운 부분들과는 달리 (원근법주의자들이 가르치는 대로) 태양빛을 받고 반사할 수 없기 때문이다.[14]

1609년, 갈릴레이가 그의 개량된 망원경으로 달을 관측했을 때, 그는 '딱지투성이 같은 작고 어두운 부분들'보다 훨씬 더 두드러지고 애매하지 않은 무언가를 가려낼 수 있었다(아마 우리가 현재 크레이터라고 부르는 것이었으리라). 그는 또한 만일 달이 완벽한 구체라면 매끄럽고 끊기지 않은 선일 명암 경계선(달의 밝은 부분들과 어두운 부분들의 경계선)을 따라, 사람들이 밝아야만 하는 지점에서 어두운 표시들을 볼 수 있고, 어두워야 할 지점에서 밝은 조각을 볼 수 있다는 것을 보여줄 수 있었다. 그는 이것들이 바로 산지에 태양이 떠오를 때 볼 수 있는 그림자와 밝은 부분이라고 주장했다. 그는 플루타르코스의 이론을 확인했고, 좋든 싫든, 다른 거주 가능한 세계의 문제를 재개했다.**15** 1624년, 존 던은 (아마 니콜라우스 쿠사누스 혹은 브루노를 되돌아보며) 이렇게 표현한다.*

> **자연**에 귀속되어 있는 사람들은 이 세계 자체가 **유일하다고**singular 결코 생각하지 않기 때문에, 이 세계에 유일한 무언가가 있다는 생각을 전혀 하지 않을 것이다. 그러나 모든 **행성**, 모든 **별**이 이와 같은 또다른 **세계**다. 그들은 세계에 있는 모든 **종**의 **다양성**pluralitie뿐만 아니라 **세계들의 다양성**을 상상할 이유를 발견한다.**16**

《별세계의 보고》(1610)에서 갈릴레이는 자신은 코페르니쿠스 이외에는 누구에게도 신세를 지지 않았다고 말했다. 플루타르코스, 니콜라우스 쿠사누스, 브루노, 델라 포르타는 언급할 가치도 없다. 케플러에게 이것은 공정하지 않게 보였다(그의 생각에 그 분야에 대한 자신의 몇 가지 기여는 분명히 그 자체로서 관련성이 없거나 중요하지 않은 것이 아니었다).**17** 망원경 천문학은 완전히 새로운 시작으로 간주되었고, 실제로 그러했다.

해리엇은 갈릴레이가 관측한 것을 이미 그대로 관측한 바 있었다. 그가 1609년 7월 26일 그린 스케치가 남아 있다. 그것을 보면, 명암 경계선이 불규칙적이라는 게 명백하다. 그러나 이 불규칙성은 과학자들이 '잡음noise'이라고 부르는 것이다. 그것은 의미가 없고 어떠한 정보도 품고 있지 않다. 1610년 7월 17일 자 해리엇의 또다른 스케치도 남아 있다.**18** 이 시간 차이는 해리엇이 그해 봄에 출판되었던 갈릴레이의 《별세계의 보고》를 이제 읽었다는 뜻이다. 이제 그가 본 것은 정확히 갈릴레이가 관측한 것이

---

* 4장을 참조하라.

302

Hæc eadem macula ante secundam quadraturam nigrioribus quibusdam terminis circumuallata conspicitur; qui tanquam altissima montium iuga ex parte Soli auersa obscuriores apparent, quà verò Solem respiciunt lucidiores extant; cuius oppositum in cauitatibus accidit, quarum pars Soli auersa splendens apparet, obscura verò, ac vmbrosa, quæ ex parte Solis sita est. Imminuta deinde luminosa superficie, cum primum tota fermè dicta macula tenebris est obducta, clariora mótium dorsa eminenter tenebras scandunt. Hanc duplicem apparentiam sequentes figuræ commostrant.

《별세계의 보고》(1610)에 실린 갈릴레이가 그린 달의 삽화. 갈릴레이의 목적은 명암 경계선(달의 밝은 부분과 어두운 부분의 경계선)이 매끄럽지 않고 들쭉날쭉하다는 것, 즉 달이 완벽한 구가 아니라는 것을 보여주는 것이었다. 명암 경계선의 양쪽에서 우리는 그림자들(밝은 쪽에 있는)과 밝은 부분(어두운 쪽에 있는)을 볼 수 있다. 마치 산 너머 해가 뜨거나 질 때, 산 정상이 계곡에 앞서 빛나는 것과 마찬가지다.

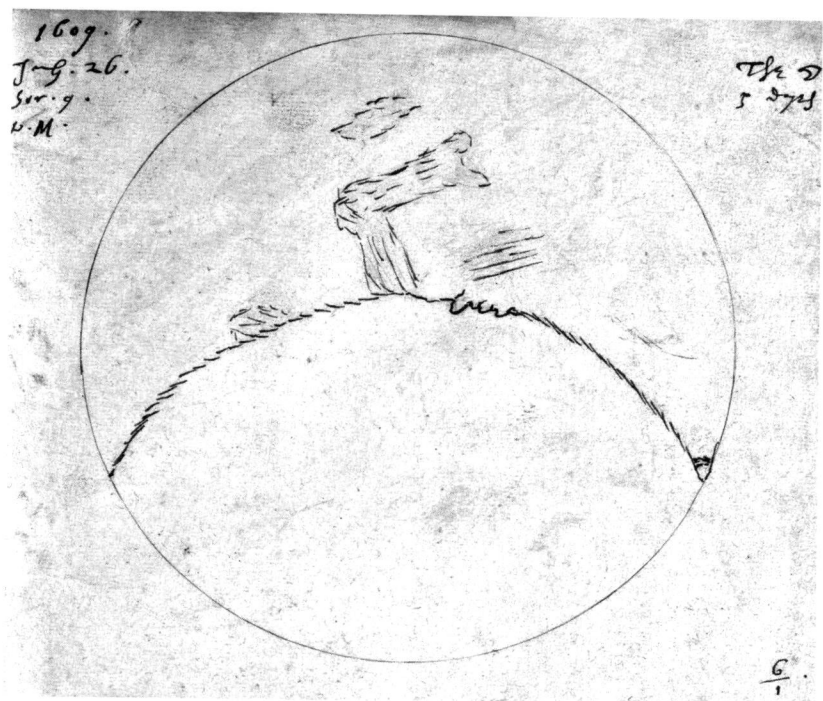

해리엇이 갈릴레이를 읽기 이전에 자신의 망원경으로 관측한 것을 최초로 그린 달 그림. 해리엇은 밝고 어두운 패턴이 달에 산지와 계곡이 있다는 것으로 해석될 수 있음을 파악할 수 없었다. 그래서 그 패턴은 그에게 별다른 의미가 없었다.

었다. 실제로, 그가 수행하고 있었던 것은 갈릴레이의 삽화를 자신이 망원경으로 관측할 수 있었던 것과 비교하는 일이었음이 분명해 보인다. 갈릴레이의 삽화와 해리엇의 삽화 모두 특징적인 큰 원형 돌기가 있다. 사실, 달에는 그런 두드러진 물체가 없다. 학자들은 갈릴레이가 관찰자들이 숨길 수 없는 특징을 가까이 당겨서 볼 수 있도록 의도적으로 분화구를 확대했다고 생각했다.[19] 달을 바라보면서 해리엇은 갈릴레이가 묘사했던 불규칙한 명암 경계선, 밝은 부분과 그늘, 산지와 계곡을 관측했다. 그는 또한

304

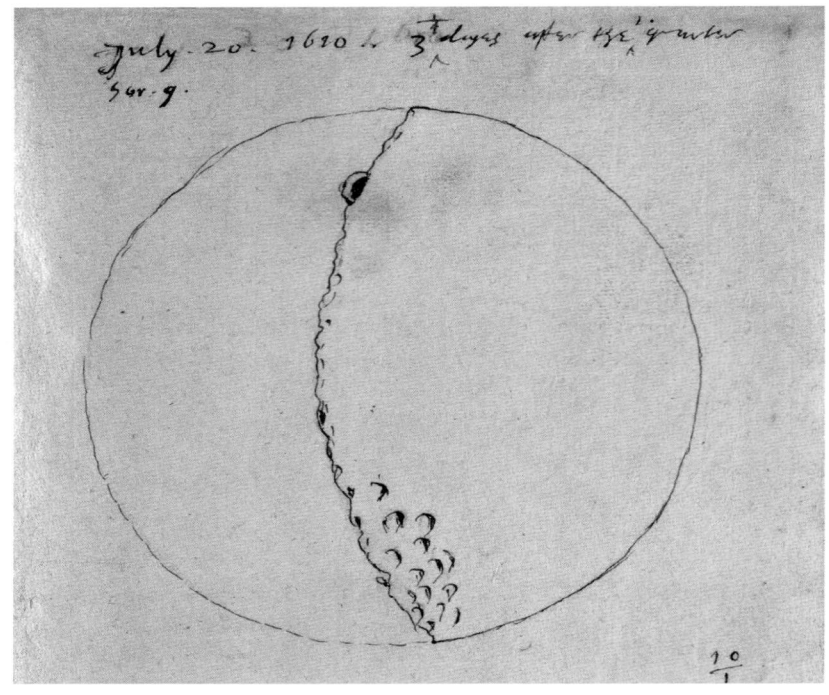

해리엇이 갈릴레이의 《별세계의 보고》를 읽은 이후 그린 달의 그림. 갈릴레이의 영향을 받아 해리 엇은 달에서 실제로 관찰되지 않지만 갈릴레이의 삽화에 등장하는 큰 원형 물체를 그린다. 통상 이는 갈릴레이가 달에서 관찰되는 그늘과 밝은 부분이 보여주는 구조를 드러내기 위해 고의적으 로 한 전형적인 분화구를 확대한 것이라고 본다. 아마 해리엇도 동일한 일을 하고 있었을 것이다. 혹은 정말로 그런 구조가 존재한다고 설득당했을 수도 있다. 좋은 망원경으로 그는 한 번에 달의 오직 한 부분만을 볼 수 있었을 것이기 때문이다.

자신이 갈릴레이가 상상한 분화구를 관측했다고 확신했다. 갈릴레이가 자 신이 관측한 것을 묘사하자, 그리고 관찰자들에게 관측하는 방법을 교육 하자, 달에 산지와 계곡이 있다는 것을 반박하기는 거의 불가능했다. 그러 나 갈릴레이는 해리엇보다 더 나은 망원경을 가지고 있었기 때문에, 그리 고 (해리엇과는 달리) 투시화를 보는 데 익숙했기 때문에, 자신이 관찰하는 것을 이해할 수 있었다. 원근법 이론이 달의 이미지를 해석하는 열쇠를 제공해줄 것이라고 주장한 1604년의 한 익명의 저자는 꽤 옳았던 셈이다.

달을 관찰하고 나자, 갈릴레이는 그의 망원경을 목성으로 돌렸고, 목성이 달들을 지니고 있음을 발견했다. 인습적인 프톨레마이오스 천문학에 따르면, 모든 천체는 지구를 중심으로 회전했다. 코페르니쿠스주의자들의 어려움은, 태양을 우주의 중심에 두고 지구를 움직이게 하는 것뿐만 아니라 지구가 태양 주위를 도는 시간에 달도 지구를 돌아야 한다는 것이었다. 목성의 위성들은 이 배열을 이전에 여겨지던 것보다 믿을 만한 것으로 만들었다. 갈릴레이는 자신이 발견한 내용의 출판을 서둘렀다. 이것은 몇 달 — 다른 이들이 망원경을 손에 넣어 그것으로 갈릴레이의 발견을 확증할 수 있기까지 걸린 시간 — 만에 천문학을 크게 변화시켰다.

그러나 이 이야기에는 눈에 보이는 것 이상의 함의가 있다. 갈릴레이는 그의 망원경을 사용하여 괄목할 만한 발견을 했을 뿐만 아니라 이전에는 아무것도 아니라고 여겨졌던 무언가를 관찰했다. 1609~1610년 겨울, 그는 아무것도 아니라고 여겨졌던 것을 중요한 무언가로 변화시켰다. 거의 무無로부터 전체 우주를 재창조할 수 있다는 생각은 명백히 어리석지만, 그것이 이제 갈릴레이가 수행하고 있는 것이었다. 사람들이 진드기를 해부할 수 있다는 생각 또한 1610년에는 어리석은 것이었지만, 현미경 덕분에, 그것도 곧 가능해질 터였다.

아무도, 갈릴레이조차도, 아무것도 아닌 것이 중요한 그 무엇이 되는 이 새로운 세계를 위해 케플러보다 더 잘 준비되어 있지 않았다. 비록 다른 이들이 갈릴레이가 거짓말을 했다고 의심했지만, 케플러는 즉시 갈릴레이에게 그를 칭송하는 편지를 썼다(이는 곧 프라하, 피렌체, 프랑크푸르트에서 《별세계의 보고와의 대화》로 출간되었다). 케플러는 아직 그 발견들을 자기 눈으로 확인하지는 않았다. 갈릴레이가 주장한 대로 달에 산지가 있다면 브루노는 부분적으로 옳았다. 생명체는 지구에 국한된 것이 아니며, 아마 달에도 사람이 살 수 있을 것이다. 케플러는 그 자신만의 망원경을 제작하려고 애썼다. 그러나 그 망원경은 목성의 위성들을 관찰할 수 있을 만큼 좋지는 않았다. 9월 5일, 그는 갈릴레이가 쾰른의 선제후에게 보내준 망원경을 겨우 손에 넣어 마침내 직접 관찰했다. 케플러는 그가 본 눈송이를 작은 별로 묘사했다. 그가 망원경을 돌리는 곳마다, 그는 그것들이 눈보라를 일으킬 정도로 두껍게 퍼져 있음을 발견했다.

3

《별세계의 보고》에 기록된 발견들이 갈릴레이가 망원경으로 성취한 가장 중요한 것들이라고 생각하기 쉽다. 하지만 그렇지 않다. 그 책의 출간 직후, 갈릴레이는 먼저 흑점을 관찰했다. 이것은 천체에 변화가 있다는 명확한 증거로 간주될 수 있었다. 그러나 처음에 그는 그것들을 어떻게 생각해야 할지 몰랐다. 1611년 4월 이후에야 그는 사람들의 주목을 받기 시작했다.

　1611년 10월, 피렌체로 이주한 갈릴레이는 금성을 관찰하기 시작했다. 그의 동기는 단순했다. 금성은 프톨레마이오스주의자들과 코페르니쿠스주의자들 모두에게 골칫거리였다. 왜냐하면 두 이론 모두에서 금성까지의 거리가 매우 다양하게 나타났기 때문이다. 프톨레마이오스 체계에 따르면 금성은 큰 주전원에서 운행하는데, 이는 지구로부터의 거리를 어떤 때는 가깝게, 어떤 때는 멀게 만들었다. 코페르니쿠스 체계에 따르면, 금성과 지구 둘 다 태양 주위를 돌기 때문에 그 사이의 거리는 엄청나게 변해야 한다. 가끔은 서로 태양의 반대편에 있어야 하고, 가끔 금성은 지구와 태양 사이에 들어와야 한다. 비교해서 말하면 지구에 아주 가까이 있어야 한다. 그러나 비록 금성이 하늘에서 가끔은 더 밝고 가끔은 덜 밝지만, 어느 쪽이든 이론들이 예측하는 변이를 관찰하기는 어려웠다. 갈릴레이에게는 금성을 관찰할 더 깊은 동기가 있었다. 그는 달은 태양빛을 반사함으로써 빛나는, 투명하지 않은 물체라고 주장했다. 그는 달의 어두운 부분이 가끔 그 자체로 유령같이 빛나 보인다는 사실을 지구에서 반사된 빛에 의해 비친다고 주장함으로써 설명했다. 지구에 있는 우리가 달빛을 보는 것과 마찬가지로 달에는 지구광이 있다. 그리고 그것은 여기서의 달빛보다 훨씬 더 밝다. 마찬가지로 만일 금성이 불투명한 물체라면 달처럼 위상$_{phase}$이 있을 것이다. 그래서 갈릴레이는 금성의 위상을 보고 싶었다.

그는 만일 금성에 위상이 있다면 그것들의 성질은 프톨레마이오스 천문학이 근거가 충분한지 혹은 그렇지 않은지를 규명하리라는 것을 처음부터 깨닫고 있었음이 분명하다. 프톨레마이오스 천문학자들은 금성이 태양보다 지구에 가까이 있는지에 관해 합의에 이를 수 없었다. 만약 금성이 태양보다 지구에 더 가깝다면, 금성의 위상은 초승달에서 반원까지 다양할 테지만 반원을 넘지는 못할 것이다. 반대로 금성이 태양보다 지구에서 더 멀리 떨어져 있다면, 그 크기는 시간에 따라 상당히 달라지겠지만 거의 항상 완전한 원일 것이며, 그보다 많이 작아지지는 않을 것이다.[20]

1611년 이전, 우주에 관한 세 가지 대안적 설명, 프톨레마이오스주의, 코페르니쿠스주의, 튀코주의가 서로 이 진짜로 인정받기 위해 경쟁하고 있었다. 수 세기 동안 존재해왔던 프톨레마이오스주의 혹은 지구 중심적 우주 체계에서 별, 태양, 행성, 달은 모두 지구 주위를 돈다. 그러나 행성들과 태양 또한 다른 원들(주전원들)상에서 운동한다. 1543년 새롭게 등장한 코페르니쿠스주의 혹은 태양 중심적 우주 체계에서는 행성(지구도 그중 하나인)은 태양 주위를 돈다. 그러나 달은 지구 주위를 돈다. 1588년 코페르니쿠스설에 대한 하나의 대안으로 발명된 튀코 체계 혹은 지구-태양 중심적 우주 체계에서 행성들은 태양 주위를 돈다. 그리고 태양과 달은 지구 주위를 돈다. 이 세 가지 우주 체계들은 완전하고 분명히 표현되면 기하학적으로 동등하다. 말하자면, 비록 여러 방법으로 원들을 결합시키지만 그것들은 지구에서 맨눈으로 보았을 때 천체의 물체들의 겉보기 위치에 관한 동일한 예측들을 만들어낸다.[*] 행성의 운동을 예측하기 위한 프톨레마이오스주의의 원과 주전원의 결합은 행성의 궤도와 지구 궤도의 코페르니쿠스주의 결합과 (한 걸음 앞으로 가서 왼쪽으로 두 걸음을 떼면 두 걸음 왼쪽으로 나가서 한 걸음 앞으로 가는 것과 동등한 것처럼) 정확히 동일한 결과를 만들어낸다. 이것들은 또한 태양의 궤도와 지구 궤도의 브라헤의 결합과 정확히 동일한 결과를 만들어낸다. 이것이 그들 사이에서 오직 하늘의 행성 위치 정보만으로 올바른 것을 선택하기가 불가능했던 이유였다.[**]

아리스토텔레스 철학의 요구 조건을 더 잘 만족시키는 네 번째 우주 체계를 구축할 수 있어야 한다는 널리 퍼진 관점이 있었다. 그것은 모든 원주들이 공통의 중심(이상적으로는 지구)을 지니고 있는 공심共心 체계였다. 레기오몬타누스(1436~1476), 알레산드로 아킬리니, 지롤라모 프라카스토로(1478~1553) 같은 거물 지식인들의 노력에도 불구하고, 아무도 이 체계

---

[*] 예를 들어, 수성(매 7년여마다 일어나는)과 금성(한 세기 이상 걸리지만 쌍을 이루어 일어나는)의 이동은 오직 (저성능) 망원경으로만 관측될 수 있다. 케플러는 1607년 자신이 암상자camera obscura로 수성의 이동을 관찰했다고 생각했으나 이는 잘못이었다(Van Helden, *Measuring the Universe*(1985), 96-9). 수성의 이동을 최초로 관찰한 인물은 1631년의 가상디Gassendi였다. 금성의 이동은 1639년에 호록스Horrocks에 의해 관찰되었는데 이는 태양계의 크기를 급진적으로 재평가하게 만들었다. Van Helden, *Measuring the Universe*(1985), 95-117; Horrocks, *Venus Seen on the Sun*(2012). 신성이나 혜성의 적절한 나안 관찰은 천구 천문학과 양립할 수 없는 결과를 만들어내기도 하지만, 이 결과들은 행성 운동 예측과는 무관하다.

[**] 그것들의 등가성은 스워들로Swerdlow의 에세이 'An Essay on Thomas Kuhn's First Scientific Revolution'(2004), 106-11에서 입증된다.

의 성공적인 형태를 구축하지 못했다. 그것은 사실에 부합하도록 만들어 질 수 없었다.•••21 (달이 태양이 아니라 지구 주위를 돌고 있기 때문에 코페르니쿠스 체계조차도 공심 체계를 달성하지 못했다.)

1610년, 갈릴레이가 금성의 위상을 발견하고 금성이 태양 주위를 돈다는 것을 증명한 이후, 프톨레마이오스 체계는 비록 여전히 몇몇 행성(수성, 금성, 화성)이 태양 주위를 돌고, 다른 것들(토성, 목성)은 지구 주위를 돈다고 주장할 수 있었지만 더이상 쓸모가 없었다. 이것이 1651년 리촐리의 《새로운 알마게스트Almagestum Novum》의 결론이었다. 이제 오직 두 가지(혹은 두 가지 반) 체계가 남았다. 지식층과 교육을 많이 받은 사람들도 그 후 약 50여 년 동안 선택에 어려움을 겪었다. 그러니까 1610년과 1710년 사이에 우주 이론은 강력한 해당 사례가 제시될 수 있는 적어도 두 가지 체계가 있었기에 확정되지 못했던 것이다. 그러나 모든 이들이 프톨레마이오스의 공심 체계는 분명히 실패작이라는 점에는 확정적으로 동의했다.

1610년 6월, 갈릴레이는 금성이 관측 가능할 만큼 태양으로부터 충분히 벗어나자, 그것을 관찰하기 시작했다. 망원경 속의 금성이 완전한 원이었기에 처음에는 눈에 띄는 것이 별로 없었다. 그것은 태양으로부터 멀리 떨어진 쪽에 있었다. 그러나 10월이 되자 금성이 모양을 바꾸고 있음이 명백해졌다. 그것은 서서히 반원이 되고 있었다. 날마다 갈릴레이는 이 변화를 주의깊게 관찰했다. 12월 11일, 그는 케플러에게 해독하면 '사랑의 어머니(금성)는 신시아Cynthia(달)의 모습을 닮았다'가 되는 암호를 보냈다.22 이 시점에 갈릴레이는 금성에 위상이 있다는 것(반사광에 의해 빛나는 불투

••• 《천체의 회전에 관하여》에서 코페르니쿠스가 교황 바오로 3세에게 보내는 서문 편지에서 표현한 대로, '공심 체계를 신뢰하는 사람들은 그 현상에 해당하는 확실한 그 어떤 것도 증명할 수 없었다'(Barker 번역, 'Copernicus and the Critics of Ptolemy'(1999), 345).

명한 물체임을 의미한다)과 그 위상의 범위는 프톨레마이오스 천문학과 양립할 수 없다는 것을 알았다. 프톨레마이오스 천문학은 금성이 태양보다 지구에서 멀리 떨어져 있든지 아니면 태양보다 가까이 있든지 둘 중 하나를 요구했다. 그는 절대적인 확신이 들 때까지 조금 더 기다렸다. 12월 30일, 그는 제자인 카스텔리Castelli와 로마에 있던 선도적 수학자 크리스토프 클라비우스에게 자신의 발견을 알리는 편지를 썼다. 그 직전, 카스텔리는 갈릴레이에게 (12월 11일, 갈릴레이가 받은) 편지를 보내 금성에 위상이 있는지 물었고, 그 발견을 케플러와 함께 발표하기를 촉구했다. 1611년 1월 1일, 그는 자신의 이전 메시지를 해독한 케플러에게 편지를 썼고, 케플러는 자신과 갈릴레이의 교신을 《굴절광학Dioptrice》(1611)으로 출간했다.[23]

클라비우스와 케플러는 금성에 위상이 있다는 것을 즉시 확인하는 데 어려움이 없었을 것이다. 그들이 해야 할 일은 품질 좋은 망원경을 올바른 방향으로 돌리는 것이었다. 그러나 위상을 지닌 금성 자체는 프톨레마이오스 천문학과 완벽하게 양립할 수 있다. 양립할 수 없는 것은 그 위상이 초승달에서 보름달로 바뀌는 금성이었다. 그러한 금성은 태양 주위의 궤도에 있어야만 한다. 당신은 위상의 전체적인 연속적 전개를 관찰할 필요가 없다. 당신에게 필요한 일은 금성이 거의 완전한 원에서 반원으로 바뀌는 것을 보든지(갈릴레이가 12월에 수행했듯이) 아니면 초승달에서 반원으로 바뀌는 것을 보든지 둘 중 하나다.

갈릴레이가 그의 발견을 공표했을 때, 금성은 태양을 향해 가고 있었다. 합conjunction(지구에서 봤을 때 행성이 태양과 같은 방향에 있게 되는 것—옮긴이)은 3월 1일에 일어났다. 특별히 흥미로운 점은 없었다. 왜냐하면 1월 1일과 3월 1일 사이에 일어난 모든 위상들이 합을 지나면서 역순으로 반복되었을 것이기 때문이다. 3월 5일, 갈릴레이는 로마를 방문하겠다는 의향을

공표했다. 3월 19일, 그는 자신을 태울 가마를 조급하게 기다리며 늦었다
고 불평했다.* 하루이틀 후에 그는 출발했다. 갈릴레이는 로마에 도착했고
예수회 천문학자들은 망원경으로 금성을 관찰하여 그것이 반원으로 바뀌
는 것을 목격했다. 클라비우스가 그의《구》새 판본에 수정을 한 것은 아마
3월 중이었을 것이다. 그는 그때까지의 갈릴레이의 발견들을 주의깊게 기
록한다(그는 흑점에 관해서는 언급하지 않는다. 흑점에 대해서 갈릴레이는 아직 그
의 주목을 끌지 못했다). 그는 금성의 위상을 언급하고, 이 새로운 발견들에
비추어 천문학자들이 그들의 이론을 수정하게 될 거라고 말한다.[24] 그가
말하지 않은 것이 말한 것만큼 중요하다. 그는 금성이 태양 주위를 돈다고
말하지 않았다. 이와 마찬가지로, 4월에 벨라르미노 추기경은 예수회 천
문학자들에게 갈릴레이의 발견들이 확정되었느냐고 물었다. 그들은 그렇
다고 말했고(비록 그들이 클라비우스는 달의 산지들이 외부적인 것이 아니라 내부
구조라고 간주할 수 있다고 생각한다고 보고했지만), 금성의 위상도 이에 포함
시켰다. 그들은 금성이 태양 주위를 돈다고 언급하지는 않는다.[25]

　　그러나 5월 18일, 예수회 천문학자들은 갈릴레이를 위해서 파티를 열
었다. 멜코테Odo van Maelcote는 강의를 했다. 그 강의에서 그는 비록 그들이
완전한 원으로서의 금성을 보지는 못했지만(금성이 태양에 근접하여 1611년
12월 그 뒤로 통과했기에, 그 후 수개월간 완전한 원으로서의 금성은 볼 수 없었다),
금성이 지구 주위를 돌고 있지 않다는 것을 확신하기에 충분한 것을 관찰
했다고 말했다. 청중 속에 있던 철학자들은 이 주장에 분개했다. 자연스럽
게, 갈릴레이는 정당성을 부여받았고 환대받았다. 이즈음 클라비우스는

---

* 갈릴레이는 로마에서 부활절을 지키고 싶다고 말한다. 그러나 자신이 로마에 가는 주된 목적이 '자신을 폄하하는
사람들 모두가 한꺼번에 입을 다물도록' 만드는 것임을 인정한다. 그가 다급한 까닭은 교회력 때문이 아니라 금성의
대두 때문이었다. (Galilei, *Le Opere*(1890), Vol. 11, 67, 71)

몸이 매우 아팠다. 우리는 그가 이 새로운 증거를 가지고 무엇을 했는지 모른다.[26]

멜코테가 공표한 것이 결정적 사실이었음을 이해하는 일이 필수적이다. 모든 행성(태양과 달을 포함한)이 지구 주위를 돌고 있다는 프톨레마이오스의 모형은 잘못된 것으로 입증되었다. 금성이 태양 주위를 돈다는 것은 명백했다(이는 시간이 다음의 합에 접근할수록 점점 더 분명해졌다). 아마 수성도 그러할 것이었다. 5월 18일 이후, 1400년 이상 살아남아왔던 프톨레마이오스의 우주 체계는 치명상을 입었다. 이제 선택은 코페르니쿠스설(지구를 포함한 모든 행성이 태양 주위를 도는)과 브라헤의 체계(모든 행성은 태양 주위를 돌고, 태양은 우주의 중심에 정지해 있는 지구 주위를 도는) 사이에 있었다. 혹은 브라헤의 체계와 프톨레마이오스 체계의 절충에 있었다. 이 절충안에서 안쪽의 행성들은 태양 주위를 돌고, 바깥쪽 행성들은 지구 주위를 돈다. 금성에도 위상이 있다는 소식이 들리자, 어떤 유능한 천문학자도 전통적인 프톨레마이오스 체계를 옹호하지 않았다. 이를 옹호하기 위해서는 견문이 좁은 철학자가 되어야 했다. 게다가, 튀코의 체계가 견고한 천구에 대한 믿음과 양립될 수 없음이 일반적으로 받아들여졌다. 이제, 견고한 천구를 믿고 싶은 사람은 지구 주위를 도는 태양, 이심원 상의 주전원, 그리고 반드시 태양의 천구를 가로질러 태양 주위를 도는 수성과 금성을 상상해야만 했다. 이것이 천구의 존재(클라비우스가 마지막까지 옹호했던)를 반박하는 더 깊은 증거로 간주되는 것은 놀랄 일이 아니다.[27]

요즘의 과학사와 과학철학에 따르면, 꼼짝 못하게 만드는 결정적 사실 killer facts 같은 것은 존재하지 않는다. 우리는 이미 2구 이론이 아메리카의 발견 이후 살아남을 수 없었음을 살펴보았다. 이제 우리는 전통적인 프톨레마이오스 천문학이 금성의 위상 발견 이후 살아남을 수 없었음을 알게 됐다. 따라서 1611년 8월, 반코페르니쿠스주의 수학자 마르게리타 사로 치Margherita Sarrocchi는 금성의 위상을 '금성이 태양 주위를 돈다는 기하학적 입증'이라고 묘사했다. 1612년 2월 5일, 예수회 천문학자 크리스토프 그 리엔베르거Christoph Grienberger는 갈릴레이에게 금성의 1년간의 변화는 달 의 한 달간의 변화와 똑같고 이것은 금성이 태양 주위를 돈다는 것을 입증 함을 확인하는 편지를 썼다.[28] 갈릴레이는 흑점에 관해 마크 벨저Mark Welser 에게 보내는 첫 편지(1612년 5월 4일에 썼고, 1613년에 출간되었다)에서 금성 의 위상에 대해 말한다. '이것은 (…) 누구에게라도 태양 주위를 돈다는 것 에 대해 어떤 의구심도 남기지 않을 것이다.'[29] 1612년 7월 25일, 흑점의 문제에 관해 갈릴레이를 반대했던, 예수회 천문학자 크리스토프 샤이너 Christoph Scheiner는 벨저에게 금성의 위상을 '피할 수 없는 논증'으로 묘사하 는 편지를 썼다. '금성은 태양 주위를 돈다. 신중한 사람은 앞으로도 그것 에 관해 의문을 품지 못할 것이다.'[30] 그리고 갈릴레이는 1612년 12월 1일 자 흑점에 관한 세 번째 편지에서 금성의 위상은 금성이 태양 주위를 돈다 는 것을 규명하는 단 하나의 견고하고 강력한, 어떠한 의구심의 여지도 남 기지 않는 논증이라고 기술한다.[31] 그것을 반박할 만큼 어리석은 사람은 아무도 없었다.•

• 애리유Ariew는 'The Phases of Venus before 1610'(1987)에서 다음과 같이 주장한다. 프톨레마이오스 천문학 은 태양을 금성의 주전원 중심에 둠으로써 금성의 주기를 허용하도록 조정될 수 있었다. 이는 사실상 금성을 — 암 묵적으로 수성도 — 태양의 달로 만드는 것이었다. 이는 확실히 천구 이론에 난점을 제기하는 것이었고, 동시대인들 은 이것을 프톨레마이오스 체계보다는 튀코의 체계에 가까운 것으로 간주했다. 그는 또한 달 표면에 대한 스콜라주 의적 설명은 갈릴레이의 망원경으로 이룬 발견들에서 살아남을 수 있었다고 주장한다(Ariew, 'The Initial Response to Galileo's Lunar Observations'(2001)). 그러나 여기서 그는 달 표면의 얼룩(바다)과 교대로 움직이는 빛과 어둠의 패턴(갈 릴레이가 그늘과 밝은 부분으로 해석했던)을 적절히 구별하지 않는다. 3월에, 아주 능했던 클라비우스도 갈릴레이의 새로 운 발견들이 제기한 문제들에 대한 해결책을 제시할 수 없었다(Clavius, Opera mathematica(1611), Vol. 3, 75를 참조하 라. Lattis, Between Copernicus and Galileo(1994), 198에 번역됨). 이것은 아마 존 윌킨스의 다음 진술의 출처일 것이다. '임종 침상에서 그는 갈릴레이가 망원경으로 한 발견에 관한 첫 소식을 들었다. 그는 이 말을 읊기 시작했다. '이 모든 새로운 현상을 구조할 수 있는, 프톨레마이오스의 것과는 다른 가설을 고려하는 것은 천문학자의 임무다.' (Wilkins, A

314

조반니 바티스타 리촐리의 《새로운 알마게스트》(1651) 권두 삽화. 정의의 여신 아스트라이아Astraea
가 쥔 저울에는 튀코 브라헤와 코페르니쿠스의 우주 체계가 경쟁하고 있다. 리촐리는 튀코의 우주
체계의 우월성을 주장한 최후의 주요 천문학자 중 한 사람이다. 바닥에 내팽개쳐진 것은 프톨레마
이오스의 우주 체계. 갈릴레이가 금성의 위상을 발견하자 아무도 이 체계를 옹호할 수 없었다.
프톨레마이오스 자신은 배경에 축 늘어져 있다. 리촐리가 해석한 튀코의 체계에서 목성과 토성은
태양이 아니라 지구 주위를 돈다.

인습적인 프톨레마이오스 천문학이 1610년까지 번성했고, 이후 즉시 위기를 맞았음은 쉽게 알 수 있다. 표준적 교과서인 사크로보스코의 《구》와 더 고급의 교과서인 포이어바흐의 《새로운 행성 이론Theoricae novae planetarum》의 출간을 살펴보기만 하면 된다. 예를 들면, 사크로보스코의 책에 실린 그림은 클라비우스의 《주해Commentary》 판본이다. 《주해》는 1570년부터 1611년까지 열다섯 종의 판본이 퍼져나갔고 최종판은 1618년에 나왔다. (그에 비해, 1618년 1부가 처음 출간되었던 케플러의 《코페르니쿠스 천문학의 개요Epitome Astronomiae Copernicanae》는 겨우 두 종의 판본뿐이었다.) 클라비우스의 책은 로마, 베네치아, 쾰른, 리옹, 그리고 생제르베Saint-Gervais에서 출간되었다. 사크로보스코, 포이어바흐, 클라비우스를 대체할 수 있는 교과서는 등장하지 않았다. 18세기에 뉴턴주의가 결과적으로 승리하기까지 우주가 어떻게 조직되어 있는지의 문제에 관해 어떤 새로운 합의도 정립되지 않았기 때문이었다. 18세기에 이르면 자국어가 라틴어를 대체했고 어떤 교과서도 과거에 누렸던 국제적인 존재감을 기대할 수 없게 되었다.

4

그래서 1611년이 되자 산지가 있다는 점에서 달이 지구와 꽤 비슷한 물체일 뿐만 아니라 금성도 지구나 달처럼 불투명한 물체라는 것이 일반적으로 받아들여졌다. 따라서 지구가 사람이 살 수 있는 곳이라면 다른 천체도

Discourse(1640) II:21). 그러나 프톨레마이오스 우주 체계의 진정한 위기는 3월이 아니라 5월에 도래했다는 것을 명심할 가치가 있다. 그래서 클라비우스는 생애의 마지막(그는 1612년 2월에 사망했다)에 이르러 프톨레마이오스 체계가 옹호할 수 없는 것임을 기꺼이 인식했을지도 모른다. 적어도 마르게리타 사로치는 1611년 8월에 그렇게 했다.

그러할지 몰랐다. 그리고 만일 금성이 지구의 하늘에서 밝게 빛난다면, 지구 또한 금성의 하늘에서 밝게 빛나야 한다. 스콜라 철학자들은 상상력이 풍부했고 가끔 먼 곳의 별에서 지구를 바라보는 상상을 했다. 그러나 그들은 지구가 가장 밝은 별처럼 빛날 것이라고는 상상하지 못했다.

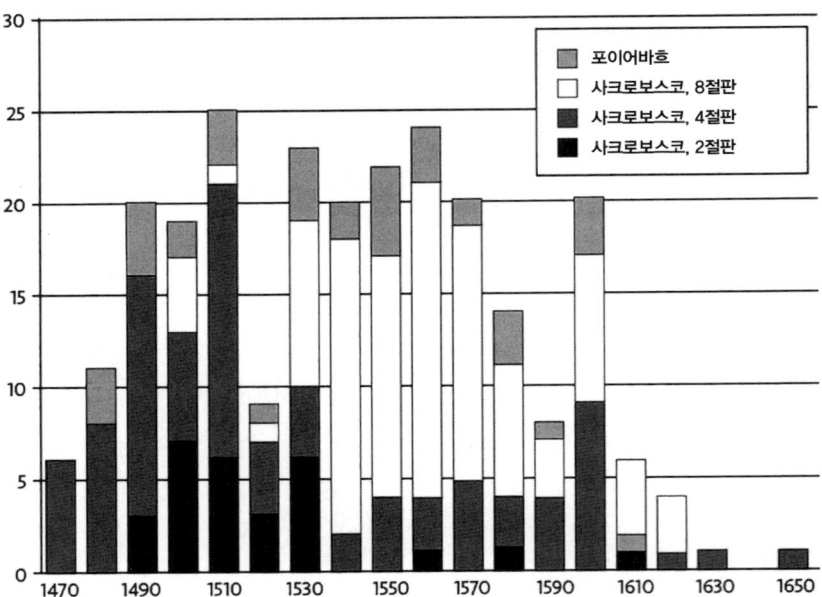

이 도표는 르네상스기의 대학에서 천문학 교육에 사용되었던 두 가지 표준 교과서 사크로보스코의 《구》와 게오르크 폰 포이어바흐의 《새로운 행성 이론》의 여러 판본의 숫자를 보여준다. 막대 아래 숫자는 매 10년간의 첫해다. 따라서 1470은 1470~1479년의 10년을 나타낸다. 코페르니쿠스의 출간(1543)은 이 책들의 판매에 영향을 끼치지 않은 것으로 보인다. 그러나 1577년 혜성과 1588년 튀코의 새로운 우주 체계의 출간에 뒤이은 감소가 있었던 것으로 보인다. 1600~1609년의 10년간, 두꺼운 4절판으로 출간된 클라비우스의 책과 같이 새롭고 더 복잡한 주해뿐만 아니라 저렴한 8절판에 대한 수요가 완전히 확립되었다. 그러나 그 수요는 갈릴레이의 망원경 발견 이후 즉시 붕괴했다. 이 증거로부터 프톨레마이오스 천문학을 괴멸시킨 것은 망원경이었던 것으로 보인다. 사크로보스코의 출간은 위르겐 하멜Jürgen Hamel의 《요하네스 사크로보스코의 구에 관한 연구 Studien zur 'Sphaera' des Johannes de Sacrobosco》(2014) 목록에서, 포이어바흐는 월드캣Worldcat(전 세계 도서관 소장 서지 데이터베이스 — 옮긴이)에서 취합되었다. 이 도표에 대해 논의하고 사크로보스코의 출판물을 형식에 따라 분류하는 데 도움을 준 오언 깅거리치Owen Gingerich에게 감사한다.

망원경은 그 자체로 일종의 우주여행을 제공했다. 훅이 표현했듯, 우리의 육체는 지구에 남겨둔 채 하늘로 이주하는 것이었다.[32] 이제 모든 이들이 먼 우주에서 지구를 바라보는 상상을 하기 시작했다. 밀턴은 지구를 '별의 크기로 매달린 세계pendent World in a bigness as a star'로 상상했고, 파스칼은 더 나아가 지구가 보일 듯 말 듯할 정도의 먼 우주에서 지구가 어떻게 보일지를 상상했다. 그는 지구를 '자연의 광대한 젖가슴 위에 눈에 띄지 않는 한 점'이라고 표현했다. 이것은 새로운 상투어가 되었다. 로크에게 지구는 한 점point이 아니라 티끌spot이었다. 그는 '지구라는 우리의 티끌', '우주의 이 티끌'이라고 표현했다.[33] 지구가 우주에 비해 아주 작다는 생각과 멀리서 지구를 바라보는 상상은 새롭지 않았다. 새로웠던 것은 새로운 천문학과 함께 생겨난 크기의 팽창이었다. 그래서 지구는 다른 행성에서 바라보면 밝은 별이지만 먼 우주에서 바라보면 보이지 않는 별로 여겨졌다. 광대한 거리에서 바라본 지구는 식자층의 상상을 넘어섰다.*

갈릴레이의 망원경은 이전에 추상적이고 이론적으로 여겨졌던 두 가지 생각을 갑자기 있음직한 것으로, 그리고 완전히 현실적인 것으로 만들었다. 실제로 사람이 살 수 있는 다른 세계가 있을지도 모른다. 그리고 우주

---

* 지구가 우주에 비하면 하나의 점이라는 주장은 이미 플리니우스에 의해 이루어졌다(*Natural History*, II:68). 그것은 표준적인 논의 주제가 되었다. 15세기에 잠바티스타 카푸아노 다 만프레도니아는 그것을 자세히 논했다(Gaurico, Prosdocimus & others, *Spherae tractatus*(1531), 78rv). 1505년, 알레산드로 아킬리니는 우주에서 바라보면 지구가 작은 점punctum으로 보이는지 물었다. 그 답은 하늘의 어둠에 묻혀서 아예 보이지 않으리라는 것이었다. Achillini, *De elementis*(1505), 85r; Barozzi, *Cosmographia*(1585), 32를 또한 참조하라. Piccolomini, *De la sfera del mondo*(1540), 10v – 11r는 별에서 보면 지구는 거의 보이지 않을 것이라고 주장한다. (아킬리니에게 지구는 원소 흙의 구체다. 바다의 구체는 투명하기 때문에 보이지 않을 것이다. 그렇지 않다면 그것은 월식 동안 보일 것이다.) 우주는 프톨레마이오스가 생각했던 것보다 훨씬 더 클 필요가 있음을 깨달았던 코페르니쿠스는 지구는 단지 우주에 비하면 점punctum이라고 주장했다. 그러나 그의 점은 정의상 무한히 작은 수학적인 점이었다. Copernicus, *On the Revolutions*(1978), 13. 또한 Benedetti, *Consideratione*(1579), 29를 참조하라. 여기서 베네데티는 비록 그의 사고는 코페르니쿠스설에 대한 몰두로 인해 영향을 받았지만 프톨레마이오스파 천문학자로서 저술하고 있다. 보댕은 코페르니쿠스설이 지구를 하나의 단순한 점으로 보는 견해로부터 구출하고 있다는 오해에 사로잡혀 있었다. Bodin, *Universæ naturæ theatrum*(1596), 581=Bodin, *Le Théâtre de la nature universelle*(1597), 838.

는 실제로 무한할지도 모른다. 이제 모든 문헌은 이 개념에 몰두하게 되었다.[34] 일찍이 1612~1613년, 존 웹스터John Webster는《말피의 공작부인The Duchess of Malfi》에서 갈릴레이의 망원경을 '또 다른 널찍한 세계인 달'을 보여주는 것이라고 지칭했다.[35] 영국에서 프랜시스 고드윈Francis Godwin의 소설《달에 사는 사람The Man in the Moone》이 그의 사후인 1638년에 나왔고(집필 시기는 1628년 이후이다) 프랑스어와 독일어로 번역되었다. 달 여행을 다룬 이 작품은 영어로 쓰인 과학소설의 효시이다.[36] 고드윈은 주교였고 괴짜였다. 그는 자신이 라디오를 발명했다고 믿었던 것으로 보인다.[37] 역시 주교였고 후일 왕립학회의 설립자 중 한 명이 되는 존 윌킨스는 논픽션《달 세계의 발견The Discovery of a World in the Moon》을 같은 해에 출간했다(이 책에서 그는 언젠가 달 여행이 가능해질 것이고 달에서도 사람이 살 수 있을 것이라고 주장한다). 그리고《새 우주와 다른 행성에 관한 담론A Discourse Concerning a New World and Another Planet》을 1640년에 출간했다(첫 번째 부분은《발견》의 재판이고, 두 번째 부분은 어떻게 우리 세계가 코페르니쿠스 덕분에 행성임이 알려지게 되었는지를 설명한다).[38] 그러나 그러한 저술들 중 대체로 가장 중요한 것은 달 여행을 다룬 시라노 드베르주라크Cyrano de Bergerac의 유고집《월세계 여행L'Histoire comique des États et Empires de la Lune》(1657)이다. 곧이어 그는《태양 세계 여행L'Histoire comique des États et Empires du Soleil》을 출간했다.[39] 후일 시라노는 에드몽 로스탕Edmond Rostand에 의해 희곡에 등장하는 극중 인물로 둔갑했다. 그러나 실제의 시라노는 큰 코를 제외하고는 극중 인물과 별로 공통된 부분이 없었다. 동성애자이며 무신론자인 그는 현실에서 자신이 싫어하는 모든 것을 비판하기 위해 우주여행 기구를 사용한다. 불가피하게 그의 저술은 출판을 위해서는 어조를 누그러뜨려야 했고, 1921년까지는 무삭제로 출판될 수 없었다. 그렇다 하더라도 달에 관한 그의 책은 그 세기 말까지 적어도 프랑스어로 19개 판본, 영어로 2개 판본이나 퍼져 나갔다.

  소설은 시라노의 무신론과 유물론 같은 위험스러운 생각들을 효과적으로 위장하는 수단이었다. 그러나 세기가 진행됨에 따라 위장의 필요성이 줄어들었다. 피에르 보렐Pierre Borel은 《세계의 복수성을 증명하는 새로운 논고Discours nouveau prouvant la pluralité des mondes》(프랑스어 1657년, 영어 1658년) 를 출간했다. 이것은 브루노 이후 행성들이 사람이 사는 세계라고 주장한 첫 번째 저술이었다. 보렐은 외계에서 온 방문자들이 이미 (지구에) 도착 했다고 믿었다. 녹색의 작은 사람이 아니라 낙원의 새들로 말이다. 아무도 그들의 둥지를 발견한 적이 없다. 그래서 그것들이 다른 행성에서 우리를 방문한 것이 틀림없다고 그는 주장했다.[40] 보렐의 영향을 받아, 후일 최초 의 왕실 천문학자가 된 존 플램스티드John Flamsteed는 모든 별이 우리 지구 처럼 사람이 살 수 있고 피조물로 채워진, 아마 그 조물주와 그 거주민들 의 법칙에 더 복종하는, 행성계를 동반한다고 결론지었다.[41] 보렐에 이어 두 종의 다른 대중 과학 저술이 잇따랐다. 퐁트넬의 《세계의 다양성에 관 한 대화(세계 다수 문답)》는 데카르트 우주론의 광범위한 전파를 추구했다. 그것은 1686년부터 1757년 퐁트넬의 사망 시까지 적어도 25종의 프랑스 어판이 나왔다. 같은 기간에 두 가지 영어 번역으로 10종의 판본이 나왔 다.•[42] 다른 하나는 또 다른 유고집인 크리스티안 하위헌스의 《우주 이론 Kosmotheoros》(1698)이며, 라틴어, 프랑스어, 영어로 출간되었다.[43]

• 퐁트넬은 은하수에서 별들과 행성들이 아주 가깝게 밀집되어 새들이 한 행성에서 다른 행성으로 날아갈 수 있다 는 생각으로 즐거워했다. 더 진지하게, 그는 달에 있는 생명체가 우리 대기로 익사할 것이며, 그래서 비슷한 대기를 지닌 행성들 간의 여행을 가능케 할 것이라고 주장했다. (Rawson, 'Discovering the Final Frontier'(2015)); Fontenelle, *Entretiens sur la pluralité des mondes*(1955), 98-9, 134).

프랜시스 고드윈의 사후 익명으로 출간된 《달에 사는 사람》(1638) 권두 삽화. 과학소설의 거의 틀림없는 효시이다. 영웅이 백조에 매단 운반선을 타고 달로 날아가고 있다.

존 윌킨스의 《새 우주와 다른 행성에 관한 담론》(1640: 1684 재판) 권두 삽화. 코페르니쿠스와 갈릴레이가 뒤쪽에 그려져 있는 코페르니쿠스 우주 체계를 논의하고 있다. 딕스처럼, 윌킨스는 별들이 무한한 공간에 퍼져 있다고 생각한다. 코페르니쿠스는 자신의 아이디어를 가설적으로 제시한다. 갈릴레이는 자신이 그것들을 망원경으로 확인했다고 말한다. 케플러는 갈릴레이에게 '거기에 날아가서 확정할 수 있으면 좋을 텐데' 하며 귓속말을 한다.

322

1700년 무렵에는 모든 식자층이 우주가 무한하며 사람이 살 수 있는 다른 세계가 있을지도 모른다는 생각에 익숙했다. 실제로 그 생각은 전적으로 존중되었고 우리는 무신론에 반대하는 리처드 벤틀리Richard Bentley의 '보일 강좌Boyle Lectures'(1692)에서 그것이 강력하게 표현되었음을 발견한다.

> 최상의 망원경이 닿을 수 없는 저 너머에 엄청난 수의 빛나는 별들이 존재한다는 것을, 그리고 모든 눈에 보이는 별들이 자기 주위를 도는, 우리가 발견할 수 없는 불투명한 행성을 지니고 있음을, 누가 부인하겠는가? 이제 만일 그것들이 우리 자신들을 위해 창조되지 않았다면, 그것들 자신을 위해서도 창조되지 않았음이 확실하다. 물질은 생명도 감각도 없기 때문에 그 자체의 존재를 의식하지 못하며, 행복할 능력도 없고, 그 존재의 주재자에 대한 경배나 찬양의 제식도 없다. 그러므로 모든 물체는 지능을 가진 정신Intelligent Minds을 위해 형성되었다. 그리고 지구는 주로 인간의 존재와 섬김과 명상을 위해 설계되었으므로, 왜 모든 다른 행성들이 생명과 이해력을 지닌 그것들의 거주민들을 위한 용도를 위해 창조되지 않았다고 해야 하는가? 만일 어떤 사람이 이 추측에 빠져든다면, 그는 그러한 설명에 관해 계시된 종교와 다툴 필요가 없을 것이다. 성서는 그가 원하는 만큼의 엄청난 수의 우주 체계들과 거기에 사는 거주민들을 가정하는 것을 금하지 않는다.[44]

그 결과는 꽤 새로운 의미의 인간의 하찮음이었다.* 프로타고라스(기원전 490년경~기원전 420)는 '인간은 만물의 척도다'라고 말했다. 한때, 이것

---

* 이 측면에서의 예외는 Cavendish, *The Description of a New World*(1666)이다. 그녀는 우주여행을 묘사하지 않고, 그리고 우주의 광대한 크기에 대한 혼란감을 촉발하지 않고 외계 생명에 관해 저술할 수 있었다.

은 문자적으로 참이었다. 측정 단위로서의 피트는 자연스럽게 발foot에 기초한다. 엘ell(이탈리아어 braccio, 프랑스어 aulne)은 팔뚝의 길이다. 마일은 로마인의 1000걸음이다. 갈레노스는 환자의 뜨거움과 차가움을 단순한 용어로 정의한다. 열이 있는 환자는 의사의 손보다 따뜻한 사람이다. 갈레노스의 관점에서 건강한 사람의 손은 냉온, 건습, 딱딱함과 부드러움의 적절한 척도로 여겨졌다. 1701년에 이르러 뉴턴은 정상 체온을 온도 눈금을 위한 두 가지 고정점 중의 하나로 채택하고 싶어했다(낮은 점은 물의 어는점). 그것은 지금도 사용되고 있는, 1720년의 다니엘 가브리엘 파렌하이트Daniel Gabriel Fahrenheit의 세 고정점 중 하나였다. 반면에 수년 후, 존 파울러John Fowler는 위쪽의 고정점은 손이 견딜 수 있는 최고 온도점이어야 한다고 생각했다.[45] 시간은 하루를 24시간으로 나누어 측정되었다. 그러나 일상의 삶에서 짧은 시간 간격은 주관적으로 아베마리아 혹은 주기도문, 즉 성모송 혹은 주기도문을 외는 데 걸리는 시간으로 측정되었다. 무게에 관해서만 사람이 척도가 아니었다. 1799년 프랑스에서 미터 측정계가 채택되면서, 사람은 그 밖의 모든 것의 척도에서 벗어났다.[46] 측정의 기본 단위(거기서 부피나 무게가 유도되는)는 미터가 되었다. 이것은 원래 적도에서 북극까지 거리의 1000만분의 1로 정의되었다. 미터 측정 체계는 그저 망원경의 발명과 함께 시작된 과정을 완결시켰고, 이는 명확히 우주가 인간과 같은 스케일로 만들어졌다는 생각을 파기했다.

5

정통 기독교 사상(적어도 파스칼까지의)에 따르면, 우주는 인류에게 보금자

324

리를 제공하기 위해 창조되었다. 태양은 낮에, 달과 별은 밤에 빛과 열을 공급하기 위해 존재했다. 대우주(전체 우주)와 소우주(인체의 작은 세계) 사이에는 완벽한 상응이 존재했다. 그 둘은 서로를 위해서 만들어졌다. (아담의) 타락은 이 완벽한 구도를 부분적으로 방해했고, 사람은 생존을 위해 노동을 강요받았다. 그러나 우주라는 본래적인 건축물은 여전히 우리 모두가 볼 수 있다. 조물주Demiurge가 우주를 창조했다고 설명하는 플라톤주의는 이 관점을 지지하기 위해 자주 언급될 수 있었다. 실제로 대우주와 소우주의 개념은 신플라톤주의에서 유래했다. 그러나 우주가 영원하다고 주장했던 아리스토텔레스 철학도 인간이 우주를 이해하는 데 필요한 모든 능력을 지니고 있다고 생각했다.

인간 중심적 사고는 측정에만 국한된 것이 아니었다. 확대경은 고대 그리스인들에게 알려져 있었고, 안경은 13세기부터 사용되었다. 그러나 렌즈는 시력이 좋은 사람이 맨눈으로 볼 수 없는 물건을 보기 위해서가 아니라 불완전한 시각을 교정하기 위해 사용되었다. 여전히, 신은 우리에게 건강할 때 우리 목적을 위해 충분히 좋은 눈을 주셨다는 생각이 대세였다.* 게다가 인간은 신의 형상으로 만들어졌다. 이것은 인간의 감각이 결함을 지니고 있다는 사실과 양립할 수 없는 관점이었다.

1610년부터 1665년 사이의 50여 년 동안 인류를 위한 보금자리이며 에덴동산의 확장으로서의 우주라는 기분 좋은 그림은 치명적으로 위태로워졌다. 인간이 만물의 적절한 척도라는 생각도 마찬가지였다. 이러한 변

---

* 바로 1689년에 철학자이며 의사인 존 로크(일반적으로 새로운 사고에 완전히 개방적이었던)는 의료에 활용될 수 있는 기구로서 현미경을 거부했다. 그러한 사용은 우리가 스스로의 건강을 돌보는 데 신이 우리에게 적절한 장비를 갖추게 하지 못했음을, 즉 신에 대한 참된 존경과 양립할 수 없는 관점을 암시한다는 근거에서였다. Locke, *An Essay*(1690), 140-1.

혁에는 서로 다르지만 맞물려 있는 세 가지 구성 요소가 있다. 첫째, 인간은 우주의 중심에서 밀려났다. 이것은 어딘가에 지능이 있는 생명체가 존재할 가능성을 암시했다. 둘째, 소우주와 대우주 사이의 상응도 산산조각이 났다. 우주는 더이상 우리에게 알맞게 만들어져 있지 않았다. 셋째, 크기는 상대적인 것이 되었고 스케일은 임의적이 되었다. 별은 눈송이가, 눈송이는 별이 되었다.[47] 이 커다란 변화는 적절한 관심의 대상이 되지 못했는데, 그것은 표식이 없기 때문이었다. 세 가지 변혁이 하나로 굴러갔기에 표식이 없었다.

사실상, 세 가지 모두 단 하나의 원인에서 비롯한다. 그것은 그 영향력이 들여다보는 누구에게나 동일한 망원경이다. 예를 들어, 여기에 영어에서 '망원경telescope'이라는 낱말이 처음 사용된, 잉글랜드 내전English Civil War 시기의 종교적 소책자에 나오는 예시가 있다.

만일 내가 나의 손에 들어온 이 진지하고 정직한 〈머큐리Mercury〉(한 장짜리 신문)에, 제정신이 아닌 난리법석 소책자Bedlam Pamphlets에도 가끔 베풀었던 환대를 해준다면, 그것은 큰 **잘못**이 아니라고 생각한다. 나는 그것이 나에게 일종의 **눈연고**Eye-salve임을 고백해야만 한다. 왜냐하면 나는 이전에 투시Perspective(망원경)의 잘못된 끝단을(거꾸로) 들여다보았기 때문이다. 그리고 성인의 이름으로 감춰진 웨일스 떠돌이Welsh Itinerants의 범죄는 큰 태양 속의 작은 원자로 보였다. 이 **책**은 새로운 **망원경**Telescope이다. 그것은 우리가 이전에 볼 수 없었던 것을 발견한다. 그리고 이 신령스러운 달에 보이는 **점**들이 **산**지다.[48]

망원경과 현미경은 정확하게 동일한 일을 수행한다. 그것들은 원자들을 산지로 바꾼다. 만일 당신이 다른 쪽 끝에 눈을 대면 산지가 원자들로 바뀐다. 이것은 말하자면 척도Scaling 혁명이다. 윌리엄 블레이크가 '결백의 전조Auguries of Innocence'라고 표현한 대로, 이로 인해 당신이 '모래 알갱이 속의 세계'를 볼 수 있는 것이다. 혹은 반대로 세계를 하나의 모래 알갱이로 볼 수 있는 것이다. 이 혁명에 관한 고전적인 고찰이 볼테르의 소설《미크로메가스Micromégas》(1752)다. 이 명칭은 '작은 것micro'과 '큰 것mégas'을 의미하는 그리스어를 결합한 것이다. 이 책에 시리우스의 한 행성으로부터 지구를 방문한 키가 6킬로미터인 거인과 그가 동반한 자신의 3분의 1 크기의 토성 거주민이 등장한다. 그들에게 인간은 맨눈으로 보이지도 않을 정도다.[49]

척도 혁명은 전혀 유례가 없지는 않았다. 루크레티우스의 원자론은 빈번히 해체되고 새로 만들어지는 우주의 그림을 제시했다. 거기서 자연의 과정들은 우리에게 보이지 않는 원자들 사이의 상호작용이다. 거기서 냄새나 맛 같은 감각은 원자들의 형태나 운동에 의해 야기되는 주관적인 해석으로 묵살된다. 베이컨이 예외적으로, 그리고 선견지명으로 인간의 감각기관을 본래적으로 결함이 있고 때때로 오도하는 것으로 일축한 것은 그가 원자론에 익숙했기 때문이었다.[50] 그러나 비록 미시적 기제micro-mechanisms를 지닌 눈에 보이지 않는 세계의 존재를 제시했지만, 원자론은 눈에 보이지 않는 미생물micro-organisms의 세계를 암시하지는 않았다. 그 세계는 1676년, 네덜란드인 안톤 판 레이우엔훅Anton van Leeuwenhoek이 맨눈으로는 보이지 않는 생물을 처음 보았을 때 발견되었다. 레이우엔훅의 발견은 초기에 회의론에 직면했다. 영국의 훅은 자신의 현미경으로는 이와 견줄 만한 것을 볼 수 없었다. 당시 그는 레이우엔훅이 놀랄 만한 수준의 확대율을 달성했던 작은 유리구슬(단순한 현미경)이 아니라, 복합 현미경을 사용하고 있었다. 레이우엔훅의 발견이 인정되기까지는 4년이 걸린 반면, 목성의 위성에 관한 갈릴레이의 발견은 수개월 안에 확정되었다.

최초의 현미경 학자들은 자신들이 볼 수 있는 대상에는 한계가 없다고 생각했다. 훅 이전에 저술을 출간했지만, 삽화가 셋뿐인 데다 그 품질이 볼품없어서 별다른 영향력을 미치지 못했던 헨리 파워는 종국에 현미경이 '자철석의 자성 발산, 빛의 태양 원자Solar Atoms of light(혹은 저명한 데카르트의 알갱이 에테르), 탄력 있는 공기 입자 등등'을 밝혀줄 것이라고 생각했다.[51] 아마 훅은 실제로 기억의 물리적 근간, 즉 '뇌의 저장 공간에 감긴 생각들의 연속된 사슬'을 보고 싶었을 것이다.[52] 하지만 현미경은 레이우엔훅의 단세포 생물로 한계에 도달했다(1676). 훅은 이louse가 모든 부분에서 도마뱀만큼 복잡한 생물임을 보여주었다. 레이우엔훅은 이런 작은 생물들을 해부하여 생식기를 탐구하고 그것들의 정자를 발견했다. 이런 일들이 가장 작은 생물도 가장 큰 생물만큼 복잡하며, 같은 종류의 기관을 지니고 있다는 가정을 만들어냈다. 원생동물의 특성은 큰 생물과 다르다는 통념과는 전혀 달리, 레이우엔훅의 연구는 그것들이 동일하다는 것을 암시하는 듯했다. 크기는 상관없는 것으로 보였다.

번식을 이해하고자 할 때 이 가정은 엄청나게 중요하다. 일반적인 견해는 모든 생명은 알로부터 온다는 것이었다(적어도 맨눈으로 볼 수 있는 모든 생명체에 대해서 그러하며, 미생물은 자연적으로 발생한다고 생각했다). 비록 아무도 포유류의 알을 직접 보지는 못했지만 말이다. 레이우엔훅과 동시대인이었던 얀 스바메르담Jan Swammerdam은 번데기에서 태어나는 새로운 생물로 간주되어왔던 나비들이 이미 애벌레 안에 존재하고 있음을 보여주었다. 그들의 기관은 해부로 확인될 수 있었다. 마르첼로 말피기Marcello Malpighi는 다 자란 나무의 부분들이 그 씨앗에도 존재하고 있음을 보여주었다.[53] 이것은 전성설preformationism, 前成說이라는 학설로 이어졌다. 성체는 알 속에 완전히 형성되어 있었다. 전성설은 앞서 존재한다는 의미이니 논리적으로 알 속에 이미 다음 세대의 알이, 그 속에는 또 다음 세대의 알이 계속해서 들어 있어, 이브는 시간의 종말까지 존재할 모든 미래의 인간들을 품고 있었다. 따라서 세계 속의 세계에 관한 파스칼의 꿈은 모든 인간이 이브의 난소에 이미 존재한다는 진지한 이론이 되었다(누군가는 여기에다 태어나지 않은 모든 사람을 추가하고 싶을지 모른다. 예를 들면, 수녀들이 만일 결혼했더라면 낳았을 아이들 말이다).[54]

소위 난자론ovism은 지금 우리에게는 아주 기이한 이론으로 보인다. 여기엔 분명한 결함이 있었다. 예를 들어, 이 이론은 부친이 지닌 특성의 유전을 설명할 수 없었다. 하지만 1752년, 모페르튀이Maupertuis는 다지증polydactylism, 多指症이 모계뿐만 아니라 부계로도 유전된다는 것을 보여주었다. 전성설은 또한 새로운 생명은 결코 만들어낼 수 없다고 가정하지만 1741년, 아브라함 트랑블레Abraham Trembley는 폴립polyp을 10여 개의 조각으로 자르면 그것이 다시 10여 개의 폴립이 된다는 것을 보여주었다. 무엇보다도 난자론은 전혀 불가능해 보인다. 어떻게 이전에 존재했고 앞으로 존재할 모든 인간이 이브의 난자 속에 완전히 형성되어 포함되어 있을 수 있는가? 하지만 당시에는 이를 전혀 심각하게 여기지 않았다. 세계 속에 세계가 있다는 생각은 전적으로 존중받을 만한 것이었다. 1830년대에 세포 이론이 정립되자 전성설은 폐기되었다. 이 시점에야 비로소 척도 혁명이 한계를 지니고 있으며 세계 속의 세계라는 개념은 실제가 아니라 환상임이 명백해졌다.

레이우엔훅의 발견에 관한 모든 것을 알고 있던 조너선 스위프트는 1733년 이렇게 썼다.

그래서 자연학자들은 한 벼룩이

그 먹이로 더 작은 벼룩을 지니고 있음을 관찰하네.

그리고 이 벼룩도 씹을 수 있는 더 작은 벼룩이 있다네.

그리고 이렇게 무한정 나아간다네.*

그러나 레이우엔훅 훨씬 이전에도, 그러한 생물들은 척도 혁명이 암시하는 것을 충분히 파악하고 있었던 이들의 상상 속에 존재해왔다. 시라노는 그것들을 기록하고, 우리가 아는 한 현미경을 들여다보거나 훅의 유명한 벼룩 그림(1665년 출간)을 본 적이 없었던 파스칼(1662년 사망)은 옴진드기scabies mite를 조사하고 있는 누군가를 상상했다.

진드기, 그 미세한 몸과 그보다 더 미세한 부분들, 관절이 있는 사지, 사지의 정맥, 정맥 속의 혈액, 혈액 속의 체액, 체액 속의 액체 방울, 액체 방울 속의 증기를 지닌 진드기를 그에게 맡기자. 이 마지막 것들을 다시 나누어, 그가 상상력을 다 소진하게 하라. 그가 도달하는 마지막 물체가 우리의 담론이 되게 하라. 아마 그는 여기에 자연의 가장 작은 점이 있다고 생각할 것이다. 나는 그가 그 속에 있는 새로운 심연을 바라보게 할 것이다. 나는 그를 위해 눈에 보이는 우주뿐만 아니라 그가 이 축약된 원자의 자궁에 있는 자연의 방대함에 대해 상상할 수 있는 모든 것의 그림을 그릴 것이다. 그가 그 안에 있는 우주의 무한을 바라보게 하라. 그 각각에는 그것의 창공, 위성, 땅이, 보이는 세계에서와 같은 비율로 있다. 각각 땅의 동물 그리고 최후의 진드기에서, 그

• Swift, *On Poetry*(1733), 20. 이 비유는 Power, *Experimental Philosophy*(1664), 20으로 소급된다. '벼룩과 이에는 그것들이 우리에게 하듯 그것들을 먹고 사는 다른 이가 있을지도 모른다.'

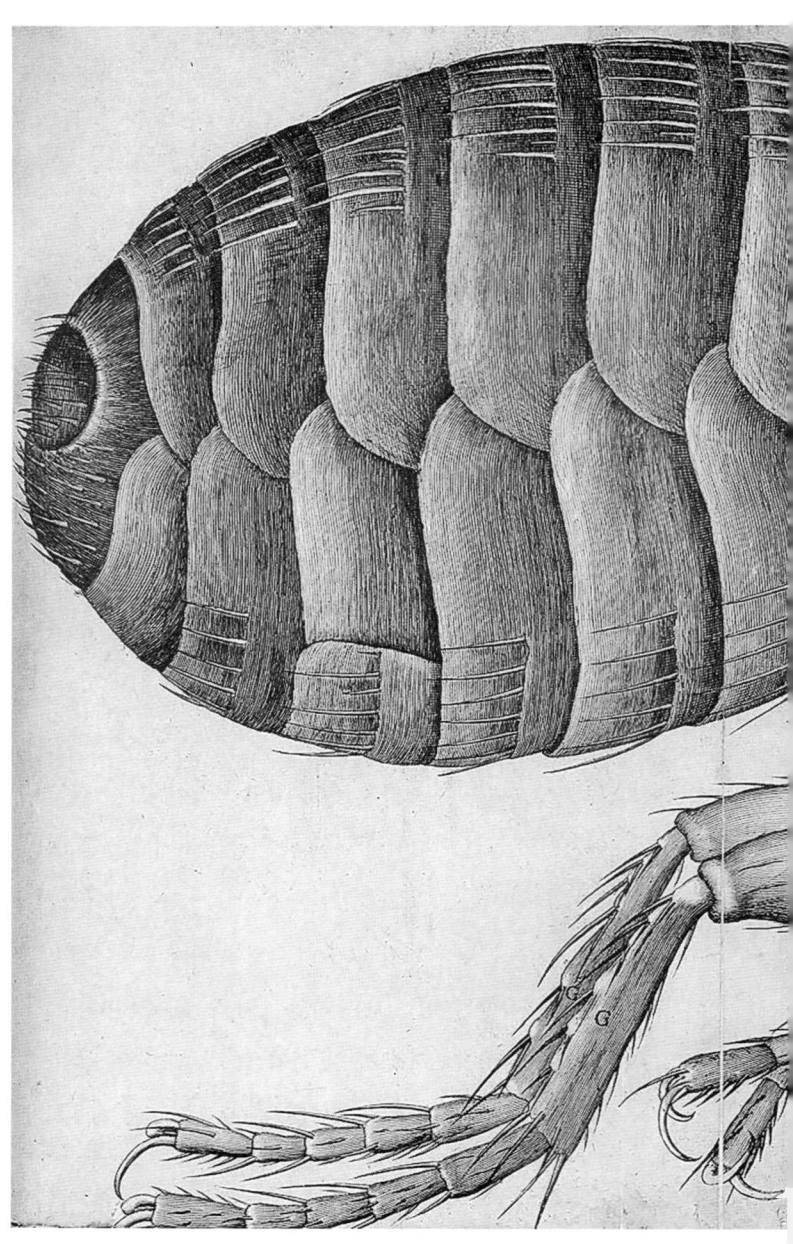

Schem XXXIV

훅의 《마이크로그라피아》(1665)에 실린 벼룩 그림. 최초의 주요한 현미경 작품이다.

속에서 그는 다시, 끝도 중단도 없이, 다른 것에서 동일한 것을 계속 발견하면서, 처음의 것이 지니고 있던 모든 것을 발견할 것이다.[55]

보르헤스는 파스칼을 이렇게 요약한다. '공간에 우주를 포함하지 않은 원자는 없다. 원자가 아닌 우주도 없다. 그가 (비록 그렇게 말하지는 않더라도) 그것들 속에서 끝없이 증식된 자신을 보았다고 생각하는 것이 논리적이다.'[56]

그렇다면 이 모든 반복적으로 내포된 끝없는 우주들 중에서 어느 것이 진정한 파스칼인가? 우리는 알 수 없다. 이것은 라블레의 세계와는 사뭇 다르다. 《팡타그뤼엘Pantagruel》(1532)과 《가르강튀아Gargantua》(1534)는 크기-전환size-shifting을 여러모로 활용한다. 예를 들어, 군대 전체가 거인의 입속에 산다. 그러나 이것은 망원경이 존재하기 이전의 작품으로, 항상 누가 정상적인 크기이며, 누가 축소되었고, 누가 거인이 되었는지에 대한 단서가 있다. 거인들은 정상 크기의 세계를 배경으로 먹고, 마시고, 배변한다. 반면에 《걸리버 여행기》에서 스위프트는 파스칼 세계의 (더 온건한) 버전을 창조한다. 걸리버가 브롭딩낵인들 사이에서 보니, 말벌은 자고새만 했고, 이louse는 혹의 삽화 같았다. 정확하게 일치했다.

그러나 가장 혐오스러운 것은 옷에 기어다니는 이였다. 나는 현미경을 통해 유럽의 이를 본 것보다 훨씬 더 뚜렷하게, 이 해충의 다리와 돼지코처럼 박힌 주둥이를 맨눈으로 볼 수 있었다. 내가 주시해 본 최초의 대상이었는데, 그 모습이 너무나 역겨워서 거의 토할 뻔했지만 만일 적절한 도구가 있었더라면 호기심에 한 마리 해부해보고도 싶었으나 불행히도 그것들을 배에 두고 온 상태였다.[57]

크기가 잘못된 것은 걸리버인가 브롭딩낵인인가? 우리는 브롭딩낵인이라고 말할 것이다. 하지만 그것은 걸리버의 크기가 우리의 크기와 같음을 알기 때문이다. 시라노를 읽은 스위프트는 《걸리버 여행기》에서 그때까지의 과학소설의 관례적인 주제 중 하나였던 행성을 섬으로 솜씨 좋게 변주했다.

독자들이 그러한 저술로부터 받을 수밖에 없는 중심적인 메시지는 인간들이 자신의 중요성에 관해 잘못 이해하고 있다는 것이다. 시라노는 다음과 같이 절대적이고 노골적으로 공격했다.

> 자연이 인간을 위해 만들어졌다고 자신을 설득하는 인류의 이 견딜 수 없는 긍지, 마치 지구보다 434배 더 큰 방대한 물체인 태양이 오직 모과를 익히기 위해, 배추를 포동포동 살찌우기 위해 불타기 시작했던 것인 양. 나로서는, 그들의 거만함에 순응할 수 없기에 행성들이 태양 주위의 세계라고, 고정된 별들도 태양이고 주위에 행성이 있음을 믿는다. 말하자면, 그 세계들의 작음 때문에, 그리고 그것들의 빌려온 빛이 우리에게 도달할 수 없기 때문에, 이 세계의 사람들은 그것을 식별할 수 없다. 그렇게 광대한 구들이 드넓은 사막에 지나지 않음을 어떻게 상상할 수 있는가? 지구는 우리가 거기에 살고 있기 때문에 수십 명의 거만한 난쟁이들을 위한 거처라는 누명을 썼다. 태양이 우리의 하루와 1년을 정하기 때문에 우리 머리가 벽에 부딪히지 않도록 만들어져 있다고 말해야 할까? 아니다! 그 눈에 보이는 신성이 인간에게 비친다면, 그것은 우연이다. 왕의 시동이 거리를 걸어가는 짐꾼의 짐을 우연히 덜어주듯이. (…)[58]

이렇게 현미경이 진지하게 사용되기 이전에도, 망원경은 우주의 무한한 광대함의 어지러운 느낌과 우주 공간에서 마음의 눈으로 바라보았을 때 인간의 하찮음을 만들어냈다. 루크레티우스의 우주에서 신들은 인간과 다르고, 인간들은 원자들이 제멋대로 움직여 나타나는 우연의 결과다. 척도 혁명은 신의 설계를 계속 믿는 사람들이 이 관점의 일관성을 인정하게끔 만들었다. 자신들을 인간의 구원을 위해 신이 창조한 우주에 거주하는 사람들이라고 생각하고 싶어했던 케플러와 파스칼조차도, 우주는 너무나 광대하며 그 우주에 속한 가장 작은 생물체들은 아주 아름답고 정교하기 때문에, 그것은 무한하거나 또는 무한할 수 있다고 인정할 수밖에 없었다. 파스칼은 '이 무한한 공간들의 침묵이 나를 두렵게 한다'고 썼다.[59] 좋든 싫든 간에, 브루노가 우주를 무한한 것으로 묘사했을 때 그가 틀렸다고 주장했던 사람들조차 만일 그가 옳다면 그것은 어떤 모습일지 상상하지 않을 수 없었다.

게다가, 망원경과 현미경은 우리의 시야를 넓힘으로써 인공적인 도움이 없을 때의 인간 감각기관의 한계를 쉽게 인식하게 해주었다. 파스칼의 친구인 로베르발은 시라노가 말한 달에 대해 언급하면서, 인간은 빛을 감지하지만 그 빛이 무엇인지를 발견하기 위해 필요한 감각은 완전히 결여되어 있다고 피력했다.[60]

아마 우주에는, 이해하려면 당신 속에 100만 개의 다른 기관이 있어야 하는 100만 가지 사물이 있을 것이다. 예를 들어, 나는 내 감각으로 자철석과 극 사이에 존재하는 공명sympathy의 원인과 바다의 밀물과 썰물의 원인, 그리고 동물이 죽어서 어떻게 되는지를 알고 있다. 당신은 이 고상한 개념에 믿음만으로는 도달할 수 없다. 그것들은 당신의 지력을 넘어서는 비밀이기 때문이다. 맹인이 풍광의 아름다움, 그림의 색깔, 혹은 무지개의 서로 다른 기다란

빛깔들을 판단할 수 없는 것과 마찬가지다. (…)[61]

로크는 동의했다. 다른 행성에 있는 다른 생명체들은 우리에게는 없는 감각이 있을지도 모른다. 그러나 우리는 그들이 무엇과 비슷할지 상상조차 할 수 없다.

그 자신을 위풍당당하게 모든 사물의 정점에 두지 않을 사람은 자신과 관련이 있는 이 작고 하찮은 부분에서 발견되는 이 구조Fabrick의 광대함과 위대한 다양함을 고려할 것이다. 그는 아마 그것의 다른 저택에 다른 존재, 다른 지적인 존재가 있을지 모른다고 생각하기 쉽다. 캐비닛의 한 서랍에 갇힌 벌레가 인간의 감각이나 이해를 갖지 못하듯이, 그는 그 존재들의 능력에 대해 지식이나 이해가 거의 없다.[62]

서랍에 갇힌 불쌍한 벌레는 무엇을 하고 있는가? 아마도 그는 땅벌레가 아니라 나무벌레일 것이며, 로크의 서랍은 그것들로 득실거리고 있을 것이다.*

---

* (사적인 대화에서) 마이클 헌터Michael Hunter는 그 벌레가 호기심의 방에 있는 표본이라고 제안했다. 그러나 내가 볼 때 이 벌레는 표본이 아니라 살아 있는 생물일 필요가 있다. 살아 있는 생물만이 지식과 이해를 지닐 수 있기 때문이다.

6

소우주와 대우주 사이의 상응이 무너진 책임은 코페르니쿠스에게 있다고 생각할지도 모른다. 그러나 그것은 잘못된 생각이다. 코페르니쿠스의 우주에 주요한 척도 변경이 일어난 것은 오직 한 번뿐이다. 지구가 1년 동안 태양 주위를 돌 때 하늘에서 서로 간의 위치에 측정할 만한 변화가 없으려면 별들은 태양계로부터 광대한 거리에 있어야만 했다. 따라서 보이지 않는 것이 되지 않으려면, 별들은 매우 커야만 했다. 그러나 태양과 행성들은 같은 크기를 유지했고, 코페르니쿠스는 여전히 계속해서 우주는 반복적으로 내포된 구체들이라고 믿었다. 코페르니쿠스의 우주는 더이상 지구 중심적이 아니었지만 여전히 지구 친화적이었다. 그리고 그 우주가 자애로운 설계의 부산물이 아니라고 생각할 이유가 없었다. 그의 논증에는 지구가 그저 하나의 행성이며 우주는 인간의 이익을 위해서 창조되지 않았다는 것을 암시하는 그 어떤 것도 없었다. 우주는 여전히 중심을 지니고 있었고, 태양과 지구는 여전히 독특한 물체였다.

핵심적인 변화는 1608년 망원경과 현미경의 발명과 함께 일어났다. 기구들은 사고를 위한 인공기관이며, 변화의 동인으로 작용한다. 1608년 이전에 직각기, 아스트롤라베 등 표준적인 과학 기구들은 모두 각도를 맨눈으로 측정하기 위해 고안되었다. 튀코 브라헤가 제작한 거대한 육분의와 사분의조차도 그저 더 커진 시각 장치였다. 이 기구들은 원리상 프톨레마이오스가 사용하던 것들과 다를 바가 없었다. 비록 혜성과 신성의 시차를 조사함으로써 행성들을 지탱하는 반투명한 천구에 관한 전통적인 믿음(코페르니쿠스도 여전히 인정했던)을 위태롭게 하는 데 일조했지만 말이다. 이런 기구들은 인간이 우주의 완벽한 관찰자이며 우주 자체는 인간의 삶을 지탱해주도록 설계되었다는 가정을 강화했다.*

　이런 것들이 유일한 전문가용 기구는 아니었다. 연금술사들은 증류기, 도가니, 건류기 등의 특별한 장치들을 갖고 있었다. 하지만 이것들은 단지 열을 가할 수 있는 여러 종류의 용기들일 뿐(연금술은 흔히 불로 하는 실험으로 정의되었다), 우주에서 인간의 위치에 관한 어떤 새로운 정보도 제공하지 못했다. 인쇄술은 지식의 보급을 크게 변화시켰을 뿐만 아니라 눈에 보이는 정확한 정보를 널리 가용하게 만듦으로써 지식이 무엇인지에 대한 전통적인 개념을 수정하게 만들었다.

　1608년 이후, 새로운 종류의 기구들 덕분에 눈에 보이지 않는 것들을 볼 수 있었다. 온도계(1611년경)와 기압계(1643)는 온도와 기압을 눈으로 볼 수 있게 했다. 온도는 이전에는 주관적인 감각이었고, 기압은 보통의 상황에서는 인간이 전혀 알지 못하던 것이었다. 기압계와 보일의 공기펌프(1660)는 생물체 혹은 불꽃이 진공에 노출될 때 어떠한 일이 일어나는지를 볼 수 있게 해주었다. 여기에 뉴턴의 프리즘을 추가할 수 있다. 뉴턴은 백색광이 여러 색의 빛으로 이루어져 있음을 최초로 시각적으로 증명했다(1672). 이렇게 17세기 말에는 일련의 새로운 기구들이 존재했지만, 망원경에 필적하는 영향력을 지닌 것은 없었다. 망원경은 원래 전쟁터와 항해에서 사용될 의도로 만들어진 단순한 도구였지만, 천문학뿐만 아니라 인간이 자신의 중요성을 바라보는 방식 또한 크게 변화시켰다.[63]

---

* 1687년 죽기 직전까지, 위대한 폴란드 천문학자 요하네스 헤벨리우스는 별들과 행성들을 오직 맨눈으로 측정할 것을 주장했다. 다른 이들은 망원경과 접안 마이크로미터eyepiece micrometer의 발명이 훨씬 더 개선된 정확성을 가능케 했다고 주장했지만 헤벨리우스는 확신하지 못했다(그의 기구가 사람 눈이 최대의 예리함으로 기능하도록 고안되어 5초의 원호까지 구별할 수 있기 때문에 그의 말이 맞는 것으로 드러났다. 반면 망원경의 위대한 옹호자인 훅은 사람 눈이 30초 이하의 원호를 구별할 수 없음이 실험적으로 입증됐다고 주장했다). 그럼에도 헤벨리우스는 달의 지도를 그리는 등의 다른 용도로는 망원경을 기꺼이 사용했으며, 결국 거대한 45.7미터짜리 망원경을 제작했다. Buchwald & Feingold, *Newton and the Origin of Civilization*(2013), 44–52.

7

이 마지막 두 장에서 우리는 지적인 변화가 연쇄 반응을 일으키는 방식들을 살펴보았다. 아메리카의 발견은 지구에 관한 2구 이론을 축출했다. 코페르니쿠스설은 행성들이 반사광으로 빛난다는 생각을 이끌었고, 이것은 금성의 위상의 발견으로 확인되었다. 그리고 이것은 프톨레마이오스의 우주 체계를 종식시켰다. 이 변화들에는 임의적이고 우연적인 것이 없었다. 콜럼버스가 항해에 나서자 아메리카를 발견한 것처럼 필연적이었다. 이것들은 근본적인 중요성을 지닌 지적인 변혁이지만 과학사가들은 이를 거의 논의하지 않는다. 사실상 보이지 않는 어두운 별이 되고 말았다.

왜일까? 쿤의《구조》이래 과학사는 과학자들 사이의 논쟁에 초점을 맞춰왔다.[64] 그 전제에는 모든 주요한 새 이론은 논쟁을 불러일으키며 한 이론이 다른 이론을 압도하는 과정에 필연적인 것은 존재하지 않는다는 생각이 깔려있다. 이 접근 방식은 특히 계몽적이었다. 그러나 논쟁에 빛을 비추면서, 조용히 그리고 필연적으로 일어났던, 실제로 당시에 필연적으로 보일 수 있었던 모든 변화를 그림자에 남겨두었다. 1511년 이후에는 아무도(혹은 오직 소수의 헷갈린 사람들과 잘못 알던 사람들을 제외하고는) 2구 이론을 옹호하지 않았다. 1611년 이후에는 아무도 금성에 관한 프톨레마이오스의 설명을 옹호하지 않았다. 갈릴레이가 금성이 완전한 조합의 위상을 가진다는 그의 발견을 공표한 지 11년이 된 1624년에, 그는 어떠한 유능한 사람도 프톨레마이오스의 체계를 옹호하지 않는다는 것을 당연시할 수 있었다.* 프톨레마이오스의 체계를 축출한 것이 망원경이라는 주장

---

* 금성의 위상에 대한 쿤의 논의(Kuhn, *The Copernican Revolution*(1957), 222-4)는 매우 불만족스럽다. 그는 오로

을 지지하는 증거는 쉽게 찾을 수 있다. 비록 토머스 쿤은 코페르니쿠스설이 1610년 이전에 상승세를 타고 있었고 망원경은 별다른 차이를 만들지 못했다고 주장했지만 말이다.** 우리가 보았듯이, 프톨레마이오스 체계의 기본 교과서인 사크로보스코의 《구》 판본들, 더 고급 교과서인 포이어바흐의 《이론》 판본들은 1610년 이후 그 출판 횟수가 현저히 줄어들었다. 증거는 명백하다. 프톨레마이오스의 천문학은 코페르니쿠스의 영향을 받지 않았다. 그것은 1572년의 신성이 발견되자 위기를 맞았다. 그러나 16세기 말이 되자 완전히 회복되었다. 반면에 망원경은 그것의 즉각적이고 불가역적인 붕괴를 초래했다.

때때로 과학에는 실재적이고, 살아 있고, 지속되는 논쟁들이 존재한다. 17세기에 그러한 분쟁이 진공의 가능성을 신봉한 사람들과 그것을 믿지 않은 사람들 사이에서, 움직이는 지구의 가능성을 신봉한 사람들과 그렇지 않은 사람들(1613년 이후에는 프톨레마이오스 지지자들보다는 브라헤 지지자들) 사이에서 일어났다. 때때로 그 결과는 실제로 불안정한 균형을 유지한다. 그러나 다른 때에는 광대하고, 잘 구성된, 명백히 견고해 보이는 체계가 겨우 소곤거림으로 일소된다. 바디아누스의 말을 달리 표현하면, 경험은 진정으로 입증적일 수 있기 때문이다. 만일 당신이 논쟁에 집중하면,

지 위상의 발견으로 해결되었던 행성은 반사광으로 밝게 빛난다는 중심적 문제를 당연시한다. 그는 위상이 결정적 증거라고 말해야 하는 곳에서, '금성이 태양을 중심으로 하는 궤도에서 움직인다는 강력한 증거'를 제시하는 것으로 묘사한다. 그리고 그는 '아마 마지막 문제(즉, 금성의 위상)를 제외하고 위에서 논의된 모든 쟁점 중 어느 것도 코페르니쿠스 이론의 중심 교리에 대한 직접적 증거를 제공하지 못할 것이다'라고 결론짓는다. 이는 꽤 상당한 예외이며, 증거가 과학적 논쟁을 종식시키는 데 있어서 결코 결정적이지 않다는 그의 중심 주장에 추가적인 의문을 주는 것이다. (Wootton, Galileo(2010), 178-9) 《구조》에서 코페르니쿠스가 망원경의 발명 이전에 승리를 거두었다는 그의 잘못된 논증(이에 대응하여 1632년, 샤이너는 프톨레마이오스/튀코 혼합 모형이 이제 보편적으로 인정되었다고 주장했다는 것을 지적할 필요가 있다)에 의존하면서, 쿤은 금성의 위상이 영향력이 있었지만 '특히 비#천문학자들 사이에서' (Kuhn, Structure(1970), 155) 영향력이 있었던 것으로 묘사한다.

•• Kuhn, The Copernican Revolution(1957), 220: '그것이 도래하고 있었을 때, 갈릴레이의 천문학 연구는 주로 승리가 분명히 시야에 들어온 이후 행해진 소탕(총정리) 작업에 기여했다.'

그것은 과학에서의 진보가 임의적이고 예측할 수 없는 것인 양 보이기 시작한다. 만일 당신이 논쟁 없는 주요한 변화는 존재하지 않는다고 가정하면 당신의 중심적인 가정은 결코 검증되지 않는다. 상대주의자 논지는 그것에 도전하는 증거가 결코 고려되지 않기 때문에 확증되는 것처럼 보인다. 만일 당신이 지적인 변화를 더 넓게 살펴보면, 그 그림은 급격히 변한다. 그래야 2구 이론과 어두운 별 이론dark-star theory의 종말이 어떠한 논쟁도 없이 일어났던 지적 변화의 분명한 예시들로 등장한다. 그러나 이것들은 사소한 이론들이 아니었다. 2구 이론은 중세 후기의 최고 철학자들에의해 주장되었고, 어두운 별 이론은 16세기 후반의 가장 영민한 코페르니쿠스주의자들에 의해 주장되었다. 지적 변화의 중요성을 단지 그것이 생성하는 논쟁의 양으로만 측정할 수는 없다.

3 부

지식 만들기

어떤 지식 이론도 왜 그것이 사물을 설명하려는 시도에서 성공적인지 설명하려 해서
는 안 된다. (…) 수많은 가능한 세계, 그리고 실제의 세계가 존재한다. 그 안에서, 지
식에 관한, 그리고 규칙성들에 관한 탐구는 실패할 것이다.

_ 카를 포퍼, 《객관적 지식Objective Knowledge》(1972)[1]

3부에는 이 책의 중심적인 장들이 실려 있다. 모두 과학에 관해 사고하고, 이야기하고, 서술하기 위한 새로운 언어의 발전에 관한 것이다. 각 장에서 언어의 문제는, 한편으로 자연의 직접적 개입과 다른 한편으로는 더 광의의 개념적, 철학적 질문들과 서로 엮여 있다. 그 논지는 단순하다. 과학적 질문에 대해 사고할 때 우리가 사용하는 언어는 거의 전적으로 17세기의 구조물이다. 이 언어는 과학이 겪고 있었던 혁명을 반영했고, 또한 그 혁명을 가능하게 만들기도 했다.

사실

사실은 우리가 삶에서 원하는 유일한 것이다.

_토머스 그래드그라인드의 말. 디킨스, 《어려운 시절Hard times》(1854)

사실은 오직 담론에서의 용어로서 언어적 존재를 지닌다. 그러나 그것은 마치 이 존재가 순전하고 단순하게 '실재'의 바깥 구조 영역에 위치한 다른 존재의 '복제물'인 것처럼 여겨진다.

_롤랑 바르트, 〈역사의 담론Le discours de l'histoire〉(1967)[1]

소위 사실들은 기존의 신념이나 이론과는 무관한, 그저 단순한 사실들이 아닌 것으로 드러났다.

_토머스 쿤, 《과학 역사철학의 난제The Trouble with the Historical Philosophy of Science》(1992)[2]

1

우리는 르네상스기 과학이 그리스 과학을 넘어섰음을 보았다. 아르키메데스는 '유레카!'라고 외쳤지만 르네상스기 과학은 발견, 우선권 분쟁 그리고 시조始祖에서 이름 따오기를 발명했다. 비트루비우스는 투시화 같은 것을 기술했지만 르네상스기 과학은 주관성과 객관성의 새로운 결합, 특정한 위치의 관람자와 소실점을 발명했다. 키케로는 지도 제작법을 기하학의 한 분야로 생각했지만 르네상스기 과학은 전체적으로 새로운 수학 분야를 개발했고 그 힘을 입증했다. 무엇보다도, 르네상스기 과학은 결정적 사실들, 확고부동한 이론들의 포기를 요구하는 사실들의 존재를 인정했다. 분명히 1608년 이전에 몇몇 근본적인 변화들이 있었다. 그러나 여러 측면에서 르네상스기 과학은 본질적으로 고전 과학의 연장이었다. 레기오몬타누스와 갈릴레이는 자신들을 아르키메데스의 제자로 여겼다. 그들은 자신들이 아르키메데스가 하지 못한 것을 했다는 주장에 당황했을 것이다(그러한 주장은 정확한 것이고, 아마 레기오몬타누스에게도 그러할 것이다). 1621년 케플러는《코페르니쿠스 천문학의 개요》의 두 번째 부분을 출간했다. 그는 그것을 아리스토텔레스의《천체에 관하여》의 부록으로 묘사했다. 왜냐하면 그것이 아리스토텔레스에 기초한 교육 과정의 일부라고 생각했기 때문이다.[3] 1700년이 되면서 이 연속성의 의미는 깨졌다. 근대인들은 자신들이 고대인들과 다르다는 것을 알았다. 한마디로 그 차이점을 나타낸다면, 그것은 '사실the fact'이다.

우리는 사실을 아주 당연시하기 때문에 그것의 역사를 기술하려는 시도를 별로 하지 않았다. 그리고 그 어떤 시도도 만족스럽지 않았다.[4] 그러나 우리 문화는 가솔린에 의존하는 만큼이나 사실에 의존하고 있다. 사실 없이 어떤 일을 하는 것은 상상하기가 거의 불가능하다. 그러나 사실들이 존재하지 않았던 시기도 있었다. 사실의 발명 이전에 지식 지형의 모습은 어떠했을까? 한편에는 진리가 있었고, 다른 한편에는 (지배적인) 견해가 있었다. 한편에는 지식이, 다른 한편에는 경험이 있었다. 한편에는 증거가 있었고, 다른 한편에는 설득이 있었다. 견해, 경험, 설득은 신뢰할 만하지 못하고 불만족스러울 수밖에 없다. 지식은 더 견고한 토대 위에 세워져야 했다. 사실들에 관한 이야기는 가장 저급하고 믿을 수 없는 형식의 지식이 최고급의, 그리고 가장 신뢰할 만한 것으로 마술처럼 변화된 이야기다.

이 장에서 우리가 고찰하려고 하는 것은 옥스퍼드 영어사전이 '사실'의 의미 8a로 기술하고 있는 '실제로 일어난 사건 혹은 실제의 사례'다. 비록 사전들은 사실의 작인作因 개념(어떤 이가 그것을 행했기 때문에 일어난 어떤 것)과 사실의 비인격적 개념(자연의 과정에서 일어난 어떤 것)을 충분히 명확하게 구별하지 않긴 하지만[5] 사실들이 발명되기 이전에 이런 것을 어떻게 지칭했을까? 그리스어에는 '현상'이 있었다. 그러나 현상들은 변하기 쉬워서 '구제되거나' 혹은 '구조될' 수 있는 반면 사실들은 완강하다. 라틴어에는 영어의 'thing'에 해당하는 'res'가 있다.[6] 로마인들은 'res ipsa loquitur'라고 말했다. 우리는 '사실들은 그 자체로 말한다'라고 옮긴다.[7] 비트겐슈타인은 《논리철학논고Tractatus Logico-Philosophicus》에서 '세계는 사물들이 아닌 사실들의 총체이다'라고 말했는데, 고전 라틴어 혹은 엘리자베스기의 영어로는 이 말을 번역할 수 없다.* 영어에는 '사실' 이전에 문서에 기록하는 '세목particulars'이 있었다.** 현상은 너무 주관적이다. 그것들은 실재가 아니라 외양이다. 사물과 세목은 현실 세계에 너무 많다. 그 어느 것도 사실을 구성하는 실재와 사유의 특이한 혼합에 해당하지 않는다. 이 특이한 혼합이 바르트가 사실들을 실재의 언어적 복제물이라고 주장할 때 그가 지칭하는 것이다.

사실이란 무엇인가? 당연하게도 철학자들은 의견이 일치하지 않는다. 나의 주제는 철학자들이 흄학파의 사실들이라고 부르는 것이다. 흄에 따르면 '인간의 이성과 탐구의 대상은 두 종류로 나누어진다. 그것은 관념들의 관계들relations of ideas과 사실의 문제들matters of fact이다. 첫 번째 종류에는 기하학, 대수학, 산술 등이 있다. 이것들은 사고의 작용으로 발견 가능

* 라틴어로 할 수 있는 최상의 번역은 '세계는 사물이 아닌 진정한 판단sententiae들의 총체다'이지만 이것은 꽤 다른 주장이다. 사실들과는 달리 판단들은 이루어진다. 'sententiae'는 '살인은 잘못이다'와 같이 가치 판단을 포함한다.

** '소화되지 못한 많은 세목'; '우리는 자연에 관한 진정한 심문이 얼마나 준엄한 일인지를 사람들이 배우고 인식하기를, 그리고 세목에 비추어 자신의 정신을 세계의 크기까지 확장시키는 데 익숙해지기를, 세계를 자신들 정신의 협소함으로 좁히지 말기를 열망한다.' Bacon, Sylva sylvarum(1627), A1r, 74.

346

하다. 인간 이성의 두 번째 대상인 사실의 문제들은 같은 방식으로는 확인되지 않으며 그 진실에 대한 우리의 증거도, 그것이 아무리 크더라도 전자와 같은 성질의 것이 아니다.'[8] 관념들의 관계들은 2+2=4 혹은 '모든 독신자들은 결혼하지 않았다' 같은 정의상 혹은 필연적으로 참인 문제들을 다룬다. 사실의 문제들은 우연히 그렇게 된 사실(그렇게 되지 않을 수도 있었던 사실, 예컨대 '지구는 달이 하나이다' 혹은 '나는 1월에 태어났다' 같은 사실)을 다룬다. 관념의 관계는 순전히 논리적이다. 반면 사실들의 문제(우연히 일어난 사건에 대한 우리의 지식)는 증거, 증언, 경험, 기록에 의존한다.

일상 언어에서, 우리는 종종 관념들의 관계와 사실의 문제들의 구분을 무시한다. 그래서 직각삼각형에서 빗변의 제곱은 나머지 변의 제곱의 합이 사실이라고 말한다. 실제로 모든 사실들은 정의定義상 진실이므로 모든 진리는 사실이라고 생각하는 경향이 있다. 그러나 흄과 17세기에 사실에 관해 논한 누구에게도 이 관계가 상호적이지는 않았다. 피타고라스 정리는 사실이 아니라 연역이다(내가 직접 특정 삼각형의 변들의 제곱을 구해보지 않는 한). 경험이 새로운 중요성을 띠지 않는 문화에서 '사실'이라는 용어는 가치가 없다. 왜냐하면 '사실'은 경험에 근거한 지식과 동일시되기 때문이다. 이 두 유형의 지식 사이의 구분은 지식에 관해 충돌하는 두 접근방식, 관념들의 관계에 주로 의존하는 아리스토텔레스주의와 사실의 문제에 주로 의존하는 실험과학이 공존했던 세계에 아주 다른 영향을 끼쳤고, 지식인들은 둘 중 하나를 선택해야 하는 압력을 받았다. 흄은 관념들의 관계들과 사실의 문제들을 구분하면서 과학혁명에 이르게 한 기본적인 지적 갈등의 개요를 말하고 있다.

사실이란 무엇인가? 그것은 지적 게임에서의 일종의 트럼프 카드다. 만일 가위바위보를 한다면 누가 이길지 확신할 수 없다. 사실이 발명되었을

때 지적인 삶도 좀 비슷했다. 어떤 이들은 추론이 승리해야 한다고 생각했
고, 어떤 이들은 권위(특히 신앙적 질문에 관한 한)가 승리해야 한다고 생각
했다. 다른 이들은 여전히 경험 혹은 실험에 의존하고 싶어했다. 그러나
사실들이 게임에 들어왔을 때, 모든 것이 바뀌었다. 사실들과 다툴 수 있
는 것이 없기 때문이었다. 사실들은 항상 승리한다. 사실은 경험이 권위나
추론을 이기도록 보장해주는 언어학적 기구다. 흄이 인정했던 대로, '사실
의 문제에 거슬리는 추론은 존재하지 않는다.'[9] 이 단어의 의미를 보여주
기 위해 옥스퍼드 영어사전이 선택한 인용문은 그 의미 자체의 이야기를
들려준다. '사실들은 완강한 사물들이다'(1749), '사실들은 논쟁들보다 강
하다'(1782), '하나의 사실이 이 허구를 깨뜨린다'(1836).

　우리는 사실이라는 낱말 혹은 그 개념도 없이 사실에 관해 논하려고 했
던 책 한 권을 읽음으로써 사실 이전의 세계에 관한 통찰을 얻을 수 있다.
1646년 처음 출간된 토머스 브라운Thomas Browne의 《전염성 유견Pseudodoxia
epidemica》 혹은 《미신론Vulgar Errors》이다. 브라운의 열망은 세계에서 거짓된
믿음(코끼리는 무릎이 없다든지, 비버는 사냥꾼을 피해 달아날 때 자신의 고환을
물어뜯는다는 것과 같은)을 제거하는 것이다. 그렇게 하면서 그는 자신을 골
리앗과 대결하는 다윗과 비교한다. '보잘것없는 돌팔매로 골리앗과 권위
의 거인을 상대하기 위해, 보잘것없는 돌멩이와 우리 자신의 빈약한 밑천
에서 도출된 미약한 논증을 지닌 채, 우리는 흔히 여론의 힘에 대항해 홀
로 서도록 강요된다.'[10] 브라운은 우리가 사실이라고 부르는 것이 권위에
직면해서는 무능하게 보였던 세계에서 살았다. 추론, 지배적 견해, 권위가
경험에게 양보해야 한다고 생각했지만 이 단순한 생각을 표현할 언어가
부족했다. 그는 흄이 했던 것처럼, 그리고 우리가 하는 것처럼, 사실과 다
툴 수 없다고 말할 수 없었다.

348

우리는 사실을 너무나 당연시하기 때문에 그것이 근대적인 발명품이라는 것을 알게 되면 충격을 받는다. 고전 그리스어와 라틴어에는 사실에 관한 단어가 없다. 옥스퍼드 영어사전에 나온 앞의 문장들을 이들 언어로 옮길 방도가 없다. 그리스인은 'to hoti'(그러한 것that which is)라는 말을 썼다. 스콜라 철학자들은 'an sit'(그것이 존재하는가whether it is)라고 물었다. 그러나 'is' 진술에는 논쟁의 여지가 많다. 사람들은 그것들을 완강하거나 강력하게 묘사할 수 없다. 물론 낱말과 사물이 항상 일치하는 것은 아니다. 사람들은 '사실'이라는 낱말 없이도 사실이라는 개념 혹은 사실을 확립하는 절차를 세울 수 있었을 것이다. 나는 사실을 확립하는 것과 사실이라는 언어 사이에는 실제로 중요한 차이가 있다는 것을 짧게 논의할 것이다. 나는 이미 베스푸치의 항해가 결정적 사실을 만들어냈다는 것을 언급했다. 그러나 베스푸치의 저술에는, 원문에든 수많은 초기 번역본에든 '사실'에 해당하는 낱말이 없다(《신세계Mundus novus》는 1503년 라틴어로, 《서한Lettera al Soderini》은 1505년 이탈리아어로 출간되었다).

라틴어에서 근대 번역가들에 의해 '사실'로 가장 흔히 번역되는 낱말은 영어에서 'thing'에 해당하는 'res'다. 그러나 사물과 사실은 동일하지 않다. 사물은 낱말 없이도 존재한다. 그러나 사실이란 하나의 진술이며, 담론의 용어다. 사물은 참이 아니지만 사실은 그러하다. 사물과 사실은 같지 않다. 그럼에도 불구하고, 우리는 사실을 마치 그것들이 사물인 양 다룬다. 그리고 '사실'의 사전적 정의는 사실을 사물로 정의하는 것과 그것들을 참믿음true belief으로 정의하는 것 사이를 미끄러지듯 움직인다. 따라서 아메리칸 칼리지 사전American College Dictionary에 의하면 하나의 사실이란 '실제로 존재하는 어떤 것; 실재' 혹은 '실제적 경험이나 관찰로 알려진 진리; 참이라고 알려진 어떤 것'이다.[11] 따라서 사실에 대한 우리의 이해는 야누스의 얼굴과 같다. 우리는 한 순간에는 그것들을 사물, 실재 그 자체로 간주한다. 다음 순간 그것들은 참믿음, 실재에 관한 진술이다. 그 결과, 사실의 문법은 심각한 문제투성이다. 사실이 실재적인 한, 그것들은 참이거나 거짓이 아니다. 그것들이 진술인 한, 그것들은 참이거나 거짓이다. 사람들이 이 모순을 해결할 수 있다고 생각한다면 그것은 잘못일 것이다. 사실에 관한 전체적인 문제점은 그것이 두 세계에 살고 있고, 양쪽 다 최고라고 주장한다는 점이다. 사실을 과학의 원재료로 만드는 것은 바로 이러한 성질이다. 과학 또한 실재와 문화적인 것의 특이한 혼합이기 때문이다. 사실과 과학은 서로를 위해 만들어진다.[12]

사실은 단순히 참 혹은 거짓의 문제가 아니라 증거에 호소함으로써 확인될 수 있는 것이다. '나는 신을 믿는다'라는 진술은 참 혹은 거짓 둘 중 하나다. 여기서 나는 둘 중 무엇인지 확실히 알 수 있는데 이 진술이 순전히 마음의 내적 상태를 가리키기 때문이다. 만일 내가 어떤 종교의식을 행한다면 위 진술이 참이라고 생각할 근거는 되겠지만 사람들이 그것을 어떻게 증명할 수 있는지 알기는 어렵다. 자신들의 신앙이 (일시적으로나마) 황폐해졌음에도 불구하고 종교의식을 행하는 사람들이 있다. 반면 내가 세례를 받았다는 것과 결혼했다는 것은 증명할 수 있다. 이것들은 문서화된 사실, 사건의 객관적 상태다.

한 현대 철학자는 세 종류의 사실, 즉 설명될 수 없는 사실brute facts, 언어에 의존하는 사실language-dependent facts, 제도화된 사실institutional facts을 구분했다. 그가 든 예를 살펴보자.

1. '에베레스트산은 정상 근처에 눈과 얼음이 있다.' 이것은 객관적으로 참 혹은 거짓이다. 그리고 나의 언어 혹은 나의 주관적 경험에 의존하지

않는다(물론 다른 이들에게 이것을 이야기할 적절한 어휘가 필요하지만). 이것은 설명될 수 없는 사실이다.

2. '오늘은 2013년 6월 6일 목요일이다.' 이것은 참이지만 해와 달 그리고 날짜에 숫자를 매기고 명명하는 관습에 의존한다. 이것은 언어에 의존하는 사실이다.

3. '이것은 10파운드 지폐다.' 이것은 단지 이 종잇조각이 영국은행에 의해 발행되었고 승인된 형식이기 때문에 참이다. 이것은 제도화된 사실이다. 많은 사회적 실재들이 제도화된 사실로 이루어져 있다. 예를 들면 재산, 혼인 같은 것들이다.[13]

이 범주들은 우리가 눈 덮인 에베레스트를 발견한다는 것을, 오늘을 목요일로 한다는 것을, 은행이 이것을 법적 통화로 선언한다는 것을 시사한다. 그래서 어떤 사실은 발견되고, 일부 사실은 만들어지며, 몇몇 사실은 공표된다. 이보다 더 단순명료한 것은 있을 수 없다. 우리는 결코 사실을 발견하는 것, 사실을 만드는 것, 혹은 사실을 공표하는 것에 대해 논의하고 있지 않다. 그 대신 우리는 '사실들을 확립한다.'* 나는 이 문구를 1725년까지 소급해 추적할 수 있었다. 물론 그것의 큰 장점은 '확립하다 establish'라는 말이 사실 개념의 양면 가치를 공유한다는 점이다. 우리는

---

* 브뤼노 라투르Bruno Latour에 의하면 위대한 프랑스 과학철학자 가스통 바슐라르는 'un fait est fait', 즉 한 사실은 인공물이다 혹은 사실은 만들어진다고 주장했다(Latour, 'The Force and the Reason of Experiment'(1990), 63). 그러나 나는 바슐라르에게서 이 문구를 찾을 수 없었다. 또한 스티븐 셰이핀Steven Shapin은 사실이 만들어지고 발명된다는 관점을 루드비크 플레크Ludwik Fleck의 것으로 돌린다(Shapin, 'A View of Scientific Thought'(1980)). 그러나 그 언어는 플레크의 것이 아니다. 라투르와 셰이핀은 사실들이 만들어진다는 생각을 그것에 관한 책임을 지지 않고 전하고 싶어했다. 피에르 부르디외는 '비판에 직면하여 서둘러 후퇴하기 이전에 급진적 입장(과학적 사실이란 하나의 구성물 혹은—점진적인 가치 저하—위조, 따라서 인공물, 허구라는 형식의)을 내놓고 진부함으로, 즉 '구성' 같은 애매한 개념의 더 평범한 측면으로, 되돌아오는 전형적인 전략'을 채택한 사람들에 대해 불평했다(Bourdieu, *Science of Science*(2004), 26-7).

이러저러한 것이 사실이라고 규명하고establish, 베이스캠프를 설치하고 establish, 회사를 설립할establish 수 있다. 그것은 말, 행위, 사물에 적용된다.

그것이 이 분류의 유일한 문제는 아니다. 에베레스트산에 관한 유럽인들의 지식은 발견, 탐험, 탐사 및 지도 제작의 긴 역사에 기대고 있다. 1855년, 인도를 대상으로 한 영국의 삼각측량 조사에서 피크 15peak xv 라는 산이 해발 고도 2만 9002피트(8840미터)라고 측정되었다. 1865년, 이산은 왕립지리학회에 의해 공식적으로 명명되었다. 그래서 내가 에베레스트산 정상에 눈이 있다고 말할 때, 나는 우리가 에베레스트산이라고 부르는 데 동의하는 장소가 있으며, 그곳은 매우 높은 산이며, 그 정상에 눈과 얼음이 있다는 것이 전혀 놀라운 일이 아니라는 공유된 지식에 의존하고 있다. 이러한 사실들은 우리에게 설명될 수 없는 것이 되었다. 그러나 그것은 그 산이 발견되고, 측량되고, 명명되고, 유명해진 과정이 우리에게 보이지 않게 되었기 때문이다. 실제로, 에베레스트산 자체는 언어에 의존하며 제도화되어 정의된 실체다. 에베레스트산에 관해 공유할 수 있는 진술을 하는 것은 단지 눈 덮인 산을 발견하는 일 이상의 것을 포함한다. 그것은 공유된 언어를 창조하는 것을 포함한다.** '피크 15 정상 근처에 눈과 얼음이 있다'는 것은 누구에게나 참된 진술일 것이다. 그러나 그것은 한때 소규모 그룹의 측량사들과 지도 제작자들에게만 의미가 통했던 진술이다. 그 밖의 다른 이들에게 그것은 의미가 없었을 것이다.

오늘의 날짜를 살펴보자. 이것은 단지 언어적 관습이 아니다. 계약은

** 포스트모더니스트들은 종종 사실들이 언어로 표현되기 때문에 본질적으로 논쟁의 여지가 있다고 가정한다. 조너선 골드버그는 '사실로 여겨지는 것이 그 자체로 담론적 형성이라는 점을 인정하기보다는 어떤 의심할 여지 없는 사실들이 존재한다고 가정하는' 사람들에 대해 반대를 선언한다(Goldberg, 'Speculations: *Macbeth* and Source'(1987), 244). 사실들은 의심할 여지가 없고 어떤 담론 관습 내에서만 의미를 지닐 수 있음이 명백해야 한다. 예를 들면, '워싱턴은 미국의 수도다'라든지 '1센티미터는 약 0.39인치와 같다'처럼 말이다.

날짜의 해석에 의존하기 때문에 이것은 제도화된 사실이다. 영국과 대영 제국에서 우리가 지금 사용하는 그레고리력은 1752년 법으로 도입되었다. 1752년 9월 2일 수요일 다음 날은 9월 14일 목요일이었다. 유럽 대륙의 대부분에서 9월 2일 수요일(영국식)은 이미 9월 13일이었다. 날짜가 변함과 동시에, 그해의 시작은 3월 25일에서 1월 1일로 옮겨졌다. 그래서 1752년의 1월 1일부터 3월 24일은 존재하지 않았다. 날짜는 그저 명명되는 것이 아니라 화폐처럼 공표된다.

우리가 사실들을 확립하는 사회적, 기술적 과정은 우리에게 보이지 않게 된다. 우리가 그것에 동화되기 때문이다. 언어 의존적이고 제도화된 사실들은 우리에게 설명될 수 없는 사실처럼 보이게 되었다. 이것은 화폐 같은 사회 제도에 들어맞는다. 그러나 실은 이론에 의존하는 자연계에 대한 주장에 더욱 그러하다. 우리는 산의 높이가 해수면으로부터 측정되어야 한다는 생각에 익숙하다. 그러나 이 생각은 중세에는 의미가 통하지 않았다. 몇 가지 예들이 이 점을 명확하게 할 것이다. 나는 내 생년월일을 알고 있다. 나의 부모가 이야기해주었고, 출생 증명서, 운전면허증, 여권 그리고 모든 종류의 공문서 기록에 기재되어 있다. 그것은 진실로 객관적인 사실이다. 만일 내가 뇌졸중에 걸려 태어난 날짜를 잊어버려도 나는 어떤 어려움도 없이 그것을 확인할 수 있다. 그러나 나는 셰익스피어가 태어난 날짜는 모른다. 그는 아마 그의 생년월일을 알지 못했을 것이다. 그가 세례 받은 날짜가 우리에게 알려진 유일한 공적 기록이다.

아마 당신은, 비록 우리는 모르지만, 셰익스피어는 자신이 태어난 날짜를 분명히 알고 있었을 거라고 생각할지도 모른다. 당신은 틀렸다. 1608년, 갈릴레이는 토스카나 대공 페르디난트 1세의 부인인 로레인의 크리스티나Christina of Lorraine와 편지를 주고받고 있었다. 크리스티나는 페르디난트의 별점을 치고 싶었다. 그러나 그녀는 대공이 언제 태어났는지 확실히 몰랐다. 그녀는 1년 이상 차이가 있는 두 날짜 1548년 7월 19일과 1549년 7월 30일을 내놓았다.[14] 갈릴레이는 두 가지 별점을 쳐야만 했다. 그리고 지금까지의 페르디난트의 삶에 더 잘 맞아 보이는 결과를 얻었다. 이에 따라서 그가 태어난 날짜를 결정하고 그의 미래를 예측했다. 이것은 생일은 차치하고 그 생년에 대해서도 순전한 의혹이 있는 위대한 왕자(원래 차남이어서 상속을 받으리라 예상되지 않았던)에 관한 이야기다. 우리 모두는 우리가 태어난 날짜를 알고 있다. 그것은 그러한 지식에 관해 자연스럽거나 심지어 일반적인 어떤 것이 존재하기 때문이 아니라, 우리가 단지 그러한 지식이 제도화되어 있었던 세계에 살고 있기 때문이다.

　파리의 수사修士이며 수학자인 마랭 메르센Marin Mersenne은 갈릴레이의 《두 주요한 우주 체계에 관한 대화》(1632)를 읽었을 때, 브라차braccia로 표현되는 낙하 물체의 상대속도의 측정을 접했다. 이것은 팔의 길이에 해당하는 표준적인 이탈리아식 측정 단위였다.* 그러나 갈릴레이의 브라차는 그 길이가 얼마인가? 메르센은 그에게 편지로 물었으나 답신을 받지 못했다. 수년 후 그가 로마에 갔을 때, 측정하는 자를 파는 가게를 찾아 피렌체의 브라초braccio를 알게 됐다. 그는 갈릴레이의 측정을 점검하고 그것이 잘못되었다고 판단했다.[15] 그런데 갈릴레이는 피렌체에서 측정했을까 아니면 이전에 살던 베네치아에서 측정했을까? 베네치아의 브라초는 피렌체의 그것보다 길었고, 이것은 갈릴레이의 측정을 조금 더 정확하게 만들었을지도 몰랐다. 십중팔구 갈릴레이는 절대적으로 정확한 측정을 수행하는 것에 대해 걱정하지 않았을 텐데, 그 이유는 그가 로마, 베네치아, 피

• 앞의 6장 4절을 참조하라.

렌체, 파리에서 각기 다른 측정 단위를 사용하고 있다는 것을 알았기 때문이었다. 측정 단위가 지역적일 때 정확도는 무의미했다. 실제로, 피렌체와 베네치아에서 서로 다른 두 브라차가 여러 목적을 위해 사용되었다. 따라서 갈릴레이가 낙하 물체에 관한 측정을 한 것은 맞지만, 메르센의 기준에서는, 그는 그 실험들을 사실들로 전환하지는 못했다. 왜냐하면 그 측정은 언어에 의존했기 때문이다. 언어적 차이 이면에는 제도적 공표가 있었다. 피렌체 브라초의 길이는 상인들이 고객을 속이지 못하도록 확실히 하기 위해 피렌체 정부가 결정했다. 설명될 수 없는 사실—일정 시간 동안 물체가 낙하한 거리—로 보이는 것은 부분적으로 언어와 제도에 의존하는 것으로 드러났다. 메르센은 사실들을 분명히 함으로써 갈릴레이의 주장을 평가하고 싶어했다. 이는 단순한 문제가 아니라는 것이 입증되었다. 사실들을 확립하는 것은 기구, 측정하는 자와 같이 단순한 기구에 의존하고, 이것은 표준화되어야 하기 때문이다.[16]

우리는 사실을 대량생산하는 사회 속에 살고 있다. 포장지에는 (내용물의) 무게가 표시되고, 도로 표지는 거리를, 그리고 어떤 나라에서는 당신이 통과하고 있는 마을의 인구까지 알려준다. 우리는 그것들을 대량생산할 뿐만 아니라 마치 우편물을 배분하듯이 효율적으로 배분한다. 예를 들어 전기요금 명세표는 내가 얼마만큼의 전기를 사용했는지를 말해준다. 나의 은행 거래 내역은 내가 얼마나 지출해야 할지를 알려준다. 과학혁명 이전에 사실들은 거의 없었고, 있었다 하더라도 시간적 간격이 너무 멀었다. 그것들은 대량생산되기보다는 맞춤 수제품이었다. 그것들은 골고루 배분되지 않았고, 신뢰할 수 없는 경우도 흔했다. 예를 들어, 아무도 1801년의 인구조사 이전까지는 영국의 인구를 알지 못했다. 최초의 진지한 인구 추정이 1696년에 그레고리 킹Gregory King에 의해 시도되었다. 그 이전에 존 그랜트John Graunt가 1662년 런던의 인구를 어림 계산했다. 숫자는 끔찍이도 믿기 어려웠고 아무도 전국의 인구를 파악하는 일로 걱정하지 않았다. 1752년, 데이비드 흄은 〈고대 국가의 인구에 관하여Of the Populousness of Ancient Nations〉라는 에세이를 출간했고, 거기서 고전 문헌에서 우리가 발견하는 숫자들은 무의미하다고 지적했다.[17] 따라서 기원전 1세기의 저술가인 디오도로스 시켈리오테스Diodoros Sikeliotes에 의하면 기원전 510년 시바리스Sybaris 市는 자유민 30만의 군대를 내보낼 수 있었고, 여기에 여자, 아이, 노인, 노예를 더하면 시바리스는 분명히 흄이 서술하던 당시의 런던(근대적 추정에 따르면 전체 인구 약 70만)보다 훨씬 더 컸다. 아그리겐툼Agrigentum도 마찬가지였다. 디오게네스 라에르티오스Diogenes Laertios에 의하면 그곳은 3세기에 인구 80만이었다. 그러나 이곳들은 당시에 그저 소도시일 뿐이었다. 반면 런던은 세계에서 가장 큰 교역 수도였다. 흄의 에세이는 지적인 전환을 나타낸다. 그가 정확한 수치를 기대하고 있기 때문이었다. 1650년경 이전에는 아무도 디오도로스 시켈리오테스나 디오게네스 라에르티오스의 수치를 믿을 수 없다고 불평하지 않았다. 왜냐하면 그들은 그 밖의 어떤 것도 기대하지 않았고 그들 자신의 수치도 신뢰할 수 없었기 때문이다.

이 새로운 세계를 만든 것은 과학만이 아니라 시민들에게 세금을 매기고, 돈을 빌리고, 군대를 전장에 보낸 국가였다. 주식시장은 이익과 손실, 자본금과 거래액을 위해 수치를 필요로 한다. 그러나 국가들은 수천 년간 정확한 수치를 얻지 않고 이러한 일들을 해왔다. 상인들은 태고부터 돈을 벌거나 잃어왔다. 정확한 수치가 근본적인 차이를 만들 수 있다는 생각은 13세기 복식부기와 함께 시작되었다. 이어서 과학에 전파되었고 회계나 과학 바깥으로 나와 정부로 퍼져갔다.

예를 들어, 1662년에 존 그랜트는 런던의 사망자, 사망 원인, 사망 연령의 수치를 출간했다. 이것들로부터 그는 여러 연령 집단의 기대 여명을 처음으로 계산하여, 생명보험을 위한 기초를 제공할 수 있는 최초의 신뢰할 만한 수치를 산출했다. 그는 통계적 정확성의 새로운 세계에 살고 있었다. 정부의 행정가이며 실제적인 회계 책임자인 그레고리 킹이 양국 간의 전쟁에서 승리하는 데 누가 더 많은 자원을 지니고 있는지 알아내기 위해 1696년의 영국과 프랑스의 국민총생산GNP을 계산할 수 있게 만든 개념적 도구는 과학자들, 왕립학회 1세대 회원이며 아일랜드 토지를 측량한 윌리엄 페티William Petty 같은 사람들로부터 유래했다. (킹은 사람 수와 그들의 과세 가능한 수입뿐 아니라 소, 양, 토끼의 개체수까지 계산했다.)[18] 우리는 로마인이나 그리스인에게는 없었던 무언가를 갖고 있다. 그것은 신뢰할 만한 사실들과 정확한 통계다. 그것들이 특정한 기업 활동 이상의 것과 관련이 있는 한, 이는 17세기 과학혁명까지 거슬러 올라간다.

사실들이 '확립되었다'고, 그리고 당신은 그것들을 확립하는 방법을 배워야 한다고 강조하면서, 나는 그것이 주관적이고 문화적으로 상대적이라고 암시하고 싶지 않다. 에베레스트는 1865년에 명명되기 이전이나 이후나 마찬가지로 눈 덮인 높은 산이었다. 그러나 에베레스트에 대한 사실들을 발견하고 공유하는 것은 명명 과정, 측정 과정, 지도 제작 과정을 필요로 했다. 1865년 이전에도 에베레스트는 거기 있었다. 그러나 1865년 이전에 에베레스트에 관한 사실들은 존재하지 않았다. 에베레스트에 관한 사실들은 확립되었고, 이것은 발견하고, 만들고, 공표하는 세 겹의 과정을 포함했다.

존 그랜트의 《자연적, 정치적 관찰들Natural and Political Observations》(1662)에 실린 사망 통계 도표. 그랜트는 런던에서 발간되는 사망자 연간 보고서를 통해, 해마다 태어나고 사망하는 사람의 숫자와 사망 원인에 대한 통계를 축적했다. 이를 이용하여 그는 여러 연령 집단의 기대 여명을 처음으로 계산했고, 런던의 인구를 추정했다. 그는 런던의 인구가 흔히 주장되어왔듯 700만 명이 아니라 46만 명이라고 결론지었다.

2

그러면 사실을 확립하는 특정한 예를 살펴보자(잠시 그 낱말을 아직 보유하지 못했던 사람들의 활동을 묘사할 때 '사실'이라는 낱말을 사용하는 데 내포된 시대 착오를 제쳐두자). 1604년 2월 19일 밤 프라하, 요하네스 케플러는 사분의로 불리는 금속 기구로 밤하늘의 화성의 위치를 측정하고 있었다.[19] 그가 행하려는 측정의 종류는 천문학자들에게 완전히 익숙한 것이었다. 그러한 측정은 프톨레마이오스 이래 행해져왔다. 그러나 케플러의 관점에서 프톨레마이오스의 측정은 충분히 정확하지 않았고, 프톨레마이오스 이후의 측정도 튀코 브라헤의 측정을 제외하고는 마찬가지였다. 이날 밤은 매서운 바람이 불어 혹독히 추웠다. 장갑을 벗으면 손이 곧 얼얼해져 기구를 조종하지 못할 것이고, 장갑을 끼고 있으면 필요한 미세 조정을 할 수 없었다. 바람은 너무 세서 촛불을 켜두기도 어려웠다. 그래서 그는 불붙은 석탄에서 나오는 희미한 빛으로 측정값을 읽고 기록했다. 그 측정 결과는 만족스럽지 못해서, 그는 1도의 10분만큼 벗어나 있다고 생각했다(1분은 1도의 60분의 1). 현대의 학생용 각도기에서 당신은 1도의 10분을 구분할 수 없다. 케플러 이전 오직 한 명의 천문학자만 그러한 측정을 불만족스럽게 생각했을 것이다. 프톨레마이오스와 코페르니쿠스는 10분 정도는 수용할 수 있는 오차로 간주했다. 그러나 케플러는 튀코 브라헤와 함께 연구했다. 브라헤는 놀라운 정밀도로 1분까지 측정할 수 있는 기구를 고안했다.

케플러는 천문학에 관해 그 이전의 사람들과는 아주 다르게 이해하고 있었기 때문에 그러한 미세한 수치를 우려했다. 이전의 천문학자들의 목표는 천체에서 행성들의 위치를 성공적으로 예측하는 수학적 모형을 구축하는 것이었다. 그들은 모두 그러한 모형들이 원운동의 다양한 결합을 포함해야만 한다는 가정을 공유했다. 왜냐하면 철학자들이 그들에게 천체의 모든 운동은 반드시 원운동이어야 한다고 가르쳤기 때문이었다. 케플러에게 문제는 원, 편심, 주전원 모두가 기하학적 구성이라는 점이었다. 그런 톱니바퀴가 천체에 존재한다는 증거가 없었다. 게다가 그의 선배들은 각 행성에 대해 두 구별된 모형을 사용하는 데 만족하고 있었다. 하나는 동쪽에서 서쪽으로의 운동을 계산하는 것이고, 다른 하나는 북쪽에서 남쪽으로의 운동을 계산하는 것이었다.

케플러는 천체에 투명한 천구가 없다는 것을 알았다. 그래서 그는 행성들이 빈 공간(그는 이곳을 '궤도orbit'라고 불렀다)을 움직이고 있다고 이해했다. 케플러의 열망은 기하학을 물리학으로 대치하는 것이었기에 그는 구체orb를 궤도로 대치했다. (이러한 의미로 사용된 '궤도'는 케플러의 혁신에서 핵심적 표시였다. 이전에 궤도는 땅 위에 남겨진 바퀴의 흔적이나 안구가 들어가는 눈구멍이었다. 구체는 기하학적 추상인 반면 궤도는 물리학적이다.)[20] 행성의 운동을 이해하기 위해 케플러는 급류가 흐르는 강을 거슬러 노를 젓는 사공을 떠올렸다. 그는 의문을 가졌다(케플러는 행성을 조종하는 지성을 상상할 준비가 되어 있었다). 만일 당신이 공간에서 행성을 조종한다면, 어떻게 자신의 위치를 알고 어떻게 경로를 유지할 것인가? 아무런 특징 없는 공간 속에 표식 없는 지점을 중심으로 한 완벽한 원을 포함하는 편심은 그에게 불가능한 것으로 보였다. 케플러는 사람들이 공간에 흐르고 있는 힘(그에게 영감을 준 것은 당시 최근에 출간된 길버트의 자석 연구였다)에 대해 생각해야 하고, 천체의 조타수가 어떻게 방위를 잡는지 물어야 한다고 확신했다.[21] 그래서 그는 천체에서 행성들의 운동을 설명하는 단일한 수학적 모형을 주장했다. 그가 브라헤의 원운동 결합을 이용하여 화성에 이 방법을 적용하려 했을 때, 그는 경도에 대해서 만족스러운 결과(오차 2분)를 얻을 수 있었다.

그러나 위도에 대해서는 실패했다. 그가 올바른 위도를 얻기 위해 기하학을 재조정했을 때, 위도의 오차는 한때 무의미하다고 묵살될 수 있는 값(오차 8분)으로 올라갔으나 케플러는 이것을 용인할 수 없었다.[22]

만일 케플러가 알맞은 원들의 체계를 발견하기로 결심했다면 후일 인정했듯이 그는 그렇게 할 수 있었을 것이다. 그러나 그 대신에 그는 다른 수학적 모형을 고찰하기 시작했다. 그는 만일 태양을 하나의 축으로 하는 타원 궤도를 모형화한다면 만족스러운 정확도 수준의 결과(2분보다 나은)를 얻을 수 있음을 발견했다. 이전의 천문학자들은 그것이 원운동을 포함하지 않기 때문에 이 해결책을 거부했을 것이다. 그러나 케플러는 이 결과를 얻고 기뻐했다. 왜냐하면 그는 행성이 공간에 매달려 도는 원인이 되는, 그리고 행성이 태양(그 힘의 원천)에 접근할 때는 가속시키고 그것으로부터 멀어질 때는 감속시키는, 다른 종류의 물리적 힘이 존재한다고 상상할 수 있었기 때문이다. 물론 그는 옳았다. 그 힘은 중력이기 때문이다.[23]

케플러에게는 '사실'이라는 용어가 없었다(그는 현상, 관찰, 효과, 실험을 언급했다). 그러나 그는 그 개념을 갖고 있었고 자신이 추구하는 것이 사실이라는 것을 알았다. 그는 《새로운 별De Stella Nova》(1606) 속표지에 '똥을 뒤져보면 알곡을 찾는다grana dat e fimo scrutans'라는 문장과 함께 농장에서 모이를 쪼아 먹고 있는 닭 그림을 배치했다. 그는 그 자신을 위대한 철학자가 아니라 사실들을 찾아 뒤질 준비가 된 사람으로 표현했다. 그리고 그 사실들을 믿을 만한 것으로 만들어야 했기에 (문헌에 따르면) 훨씬 이후에 창안된 많은 수사법을 채택하지 않을 수 없었다. 그 수사법은 무관한 세부사항을 장황해 보이게 말하는 것이었다(1604년 2월 19일 밤, 그가 의지했던 불붙은 석탄에서 나온 희미한 빛처럼 말이다). 그것은 성공에 기울인 주의력과 같은 수준으로 실패도 보고하려는 결심(그는 화성에 대한 자신의 투쟁이라고

JOANNIS KEPPLERI
Sac. Cæf. Majeft. Mathematici

DE

STELLA NOVA

IN PEDE SERPENTARII, ET
QUI SUB EJUS EXORTUM DE
NOVO INIIT,

TRIGONO IGNEO.

LIBELLUS ASTRONOMICIS, PHYSICIS, META-
physicis, Meteorologicis & Aftrologicis Difputationibus,
ἐνδόξοις & παραδόξοις plenus.

ACCESSERUNT

I. *DE STELLA INCOGNITA CYGNI:*
Narratio Aftronomica.

II. *DE JESV CHRISTI SERVATORIS VERO*
Anno Natalitio, confideratio noviffimæ fententiæ LAV-
RENTII SVSLYGÆ Poloni, quatuor annos in ufitata
Epocha defiderantis.

Cum Privilegio S. C. Majeft. ad annos XV.

PRAGÆ
Typis PAULI SESSII, impenfis AUTHORIS.
ANNO M. DCVI.

케플러의 《새로운 별De Stella Nova》(1606) 속표지.

부르는 것을 거의 끝없이 이어진 패배라고 표현한다), 독자들이 실제로 현장에 있는 것처럼 그들을 개입시키려는 고집 같은 것들이었다.[24]《새로운 별》에서 그는 마치 우리가 그의 집에 방문하기라도 한 듯 자신의 아내를 우리에게 소개한다. 그러고는 우주가 우연의 산물이라는 에피쿠로스학파의 논증을 반박하기 어렵다는 것을 알게 되었다고 설명한다. 그러나 그의 아내는 그보다 더 가공할 만한 적대자다.

> 어제, 글쓰기가 점점 더 피곤해지고 원자에 대한 생각에 내 마음이 먼지 티끌로 가득 찼을 때, 아내는 저녁을 먹으라고 나를 불러서 샐러드를 주었다. 그래서 나는 그녀에게 "만일 사람이 공중에 백랍 접시, 상추 잎, 소금 알갱이, 식용유 약간, 식초와 물, 영화로운 계란을 던진다면, 그리고 이 모든 것이 거기 영원히 머물러 있다고 한다면, 언젠가 우연히 떨어져 이 샐러드가 될까?"라고 물었다. 아내는 "그런데 이런 모양은 아닐 거예요. 이런 순서도 아닐 거고요."라고 대답했다.[25]

백랍 접시, 영화로운 계란처럼 무관해 보이는 세부 사항의 목적은 롤랑 바르트가 '실재 효과'라고 부른 것을 창출하기 위한 것이다.[26] 우리는 케플러를 신뢰할 수 있고 이해할 수 있다. 왜냐하면 그는 우리에게 실제로 일어난 일을 말하기 때문이다. 19세기에 이러한 종류의 서술은 역사가들의 이상이 되었다(랑케가 표현한 대로 '실제로 일어난 그대로'). 그러나 17세기에 문체로서 사실주의를 열망한 것은 역사가들이 아니라 과학자들이었다. (그러나 예외가 있다. 뉴턴과 데카르트는 가장 두드러지는 예다.) 새로운 과학이 아직 그 주장의 권위를 확립하기 이전이었기에, 그 주장들은 실재에 호소함으로써 이루어져야만 했다. 동료 평가가 없는 세계에서 저술은 그 진실성, 신뢰성과 정확성을 전달하기 위해 문학적 수단을 차용해야만 했다. 케플러의 《새로운 천문학Astronomia Nova》(1609)의 경우, 사실주의는 현대 독자들에게 아주 특이해 보이는 형식으로 추구되었다. 케플러는 새로운 천문학의 윤곽을 말하는 대신 새로운 천문학에 대한 자신의 잘못된 방향과 실수를 찬찬히 기록함으로써 그 탐구를 역사적으로 서술한다. 사실들을 생산하기 위해 케플러는 2월의 밤에 손가락을 꽁꽁 얼려야 했을 뿐만 아니라, 독자들에게 그가 사실(그리고 이론)을 얻기 위해 극단적으로 노력했다는 것을 확신시키는 문학적 형식을 고안해야만 했다. 그 책의 속표지는 그의 새로운 천문학이 수년간 끈기 있게 프라하에서 이루어졌다고 선언한다.[27]

물론 모든 이들이 이 전략이 도움이 된다고 여기지는 않았다. 갈릴레이는 케플러의 책을 이해할 수 없다고 불평했다. 그에게 실재의 현상을 구축하는 방법은 역사적 서술이 아니라 드라마였다. 갈릴레이의 《두 주요한 우주 체계에 관한 대화》 권두 삽화에는 연극이 시작될 때 올라가는 커튼 앞에 선 아리스토텔레스, 프톨레마이오스, 코페르니쿠스의 모습이 있다. 갈릴레이는 그 자신이 무대에 나서지 않은 대화를 진술함으로써, 제시된 주장에 대한 책임을 회피(적어도 원리적으로는)할 수 있었다. 그러나 그는 독자들에게 그들도 실제 논증, 코페르니쿠스설이 논쟁의 여지 없이 승자로 대두하는 논증에 참여하고 있다는 느낌을 주고 싶었다. 불행하게도 이러한 두 가지 목표는 서로 어긋났다. 두 번째 목표에 대한 그의 성공은 첫 번째 것에 대한 그의 어정쩡한 노력마저 약화시켰다. 여기에 패러독스가 있다. 갈릴레이의 《대화》는 겉으로 보기에 실재적 장소(베네치아)에서 이루어진 것이지만 속이 뻔히 들여다보이는 허구다. 등장인물 중 한 명인 심플리초Simplicio는 가상의 인물이고, 다른 두 사람은 죽은 사람이다(살비아티

Salviati는 1614년에, 사그레도Sagredo는 1620년에). 그러나 이 픽션의 목표는 대화에 나온 정보들이 정말로 진짜라고 독자들을 확신시키는 실재적 감을 만들어내는 것이다. 사실들은 진실하다. 비록 주인공들은 허구지만.

　모든 사실들은 지역적인 역사이기 때문에 나는 이 절을 1604년 2월 19일 밤의 케플러로 시작했다. 케플러는 그의 독자들에게 자신의 실험이 정확하다는 것을 확신시키기 위해 그 역사를 이야기하려는 의도가 있었다. 역사가들은 역사가 확립되고 서술되는 과정에서 사실들을 끄집어내기 위해 그 이야기(역사)를 들려주려고 한다. 케플러가 장황한 서술을 택한 이유 중 하나는 그가 단지 사실들을 단도직입적으로 진술할 수 없었다는 점이었는데, 액면 그대로 사실들을 취하는 전통이 없었기 때문이다. 케플러와 갈릴레이의 시대에서조차 철학의 핵심 용어는 '현상'이었다. 아리스토텔레스에 관한 한, 현상이란 그 사례로 일반적으로 인정되는 모든 것을 포함했다.[28] 그래서 만일 사람들이 일반적으로 쥐는 짚단에서 자연적으로 발생한다고 믿으면, 철학자의 과제는 이것이 과연 그러한지 의문을 제기하는 것이 아니라 이것이 왜 그런지를 설명하는 것이다.[29] 게다가 현상은 변할 수 있다. 프톨레마이오스는 그의 천문학의 기초를 케플러가 그러했듯 측정에 두었다. 그러나 프톨레마이오스와 그의 추종자들은 측정이 하나의 근사로 간주될 수 있다고 가정했다. 실제로, 이론적 예측과 실제 측정 사이에는 사소한 불일치가 있게 마련이었다. 게다가 그것들이 일관되어야 할 의무도 없었다. 한 행성의 타원면을 따라가는 운동을 설명하기 위해 하나의 가설(혹은 모형)을 사용하면서, 동시에 상호 모순되는 다른 모형을 사용하여, 그 평면 위 그리고 아래로의 편차를 설명하는 것,[30] 그래서 이 현상을 구제하는 것이 완전히 수용 가능했다.[31] 이와 대조적으로 케플러는 완벽한 일치를 찾고 있었다. 그는 아마 프톨레마이오스가 사용했

갈릴레이의 《대화》(1632) 권두 삽화. 기력이 없는 노인 아리스토텔레스(왼쪽), 이집트 출신이라서 터번을 두르고 있는 프톨레마이오스(가운데), 폴란드 사제복을 입고 있는 코페르니쿠스가 물리학과 천문학에 관해 토론하면서 피렌체의 리보르노 선착장에 서 있다. 그러나 코페르니쿠스는 다른 문헌에 나와 있는 젊고 깨끗이 면도를 한 모습과 전혀 닮지 않았다. 실제로 베르네거Bernegger에 의한 라틴어 번역본은 곧 이 오류를 바로잡아, 더 정확한 코페르니쿠스의 모습을 담았다. 갈릴레이는 그 자신이 코페르니쿠스 역할을 하기로 결심한 것으로 보인다. 세 철학자의 머리 위로 연극 공연이 시작될 때 올라가는 커튼이 달려 있다. 희곡의 권두 삽화를 위해 갈릴레이의 판화가 스테파노 델라 벨라Stefano della Bella가 사용했던 장치다. 따라서 갈릴레이는 이 책에 제시된 논의들이 진리로 간주되어야 하는 것은 아님을 암시한다. 코페르니쿠스설이 교회에 의해 규탄되었기 때문이었다.

던 것과 매우 비슷한 기구를 사용하여, 프톨레마이오스가 했던 것과 매우 비슷한 측정을 하고 있었을 것이다. 그러나 그의 과업에서 측정(우리가 사실이라고 부르는 것)은 새로운 지위와 권위가 있었다.

3

사실은 확립될 뿐만 아니라 '폐지disestablished'되기도 한다. 물론 우리는 '사실은 정의상 진실하다. 그래서 아이들이 믿는 동안에만 존재할 수 있는 팅커벨같이 그것이 허위로 드러날 때 그 진실성도 함께 종료된다'고 말하지 않는다. 사실은 경험에 근거하고 있고 경험에 의해 반박된다. 고대 그리스인들과 로마인들은 자석을 마늘로 문지르면 작동하지 않는다고 믿었다.[32] 플루타르코스, 프톨레마이오스, 그리고 모든 부류의 저술가들이 암암리에 이렇게 믿었다. 그들에게 이것은 데어린 리후의 말로 표현하면 '문제가 안되는 사실성'의 예였다.[33] 그렇게 고장난 자석에 염소의 피를 바르면 자석은 다시 작동한다. 정교한 사상가들(토머스 브라운이 1646년 '중대하고 가치 있는 저술가들'이라고 부른)은 이 믿음을 17세기까지 이어나갔다.[34] 1589년 잠바티스타 델라 포르타(나폴리 출신의 귀족으로 그의 《자연 마술Magia Naturalis》은 1560년부터 1660년까지 한 세기 동안 위대한 베스트셀러 중 하나였다)는 이렇게 항변했다.

> 그러나 내가 이 모든 것을 시도해보았을 때, 나는 그것들이 허위임을 발견했다. 마늘을 먹고 크게 호흡한 다음 자철석 위에 내뿜어도 자철석의 성질은 변하지 않았다. 심지어 자철석 전체에 마늘즙을 발라도 전혀 손대지 않았을 때

처럼 잘 기능했다.[35]

이렇게 경험에 호소하는 것은 새롭지 않았다. 플루타르코스는 마늘이 자석의 성질을 빼앗는 효과의 '감지할 수 있는 경험'을 주장했다.[36] 경험의 본질에 있어서 플루타르코스와 델라 포르타 사이에 어떤 변화가 있었던 것 같다.

그러나 증거에 대한 델라 포르타의 접근 방식에는 새로운 것이 없었다. 그는 마늘의 효능을 믿었던 모든 사람들과 마찬가지로 많은 문제에 대해 모두 쉽게 믿었다. 예를 들면, 그는 자연발생설을 믿었다. 기러기로 부화할 수 있는 따개비가 있을 뿐만 아니라(이것이 흰뺨기러기barnacle goose 이름의 유래이다. 케플러조차도 기러기가 따개비로부터 왔다고 믿었다) 부패한 샐비어 잎이 지빠귀 같은 새를 발생시킨다고 믿었다. 그리고 그는 곰들이 꿀을 찾다가 벌에 쏘이기 때문에 꿀을 좋아한다고 믿었다. 곰의 입에 박힌 벌침이 곰의 시야를 흐리게 하는 두터운 체액을 끌어내는데 꿀은 시력을 개선시키기 때문에 곰들이 꿀을 사랑한다는 것이다. 델라 포르타가 마늘과 자석에 관해 우리와 동일한 관점을 견지하게 된다면, 그것은 그가 플루타르코스나 프톨레마이오스보다 증거를 다루는 데 더 낫기 때문이 아니다. 그가 한 일은 마늘과 자석의 문제를 그것이 보통 자리잡고 있던 더 큰 맥락, 공감sympathy과 반감antipathy으로부터 분리시킨 것이 전부다. 이것이 그로 하여금 그 문제에 대한 새로운 답변에 이를 수 있게 했다. '마늘과 자석이 만났을 때 어떤 일이 일어나는가?' 그의 답변이 우리의 답변이 되었다.[37]

그러나 델라 포르타가 자석의 연구를 공감과 반감의 문제로부터 분리시켰다는 주장은 다소 이상하다. 왜냐하면 그의 책의 서두에서 그토록 많은 것을 이룰 수 있는 이 강력한 힘을 논의할 때, 그의 예시가 사람과 늑대 간의 반감 같은 표준적인 것이기 때문이다. 이것은 만일 사람이 늑대를 보면 말을 못하게 된다고 확신하게 한다. 마늘과 자석의 사례는 거의 필수적으로 포함되어 있다(1658년 영어 번역본을 인용한다).

> 마늘과 자철석 사이에 존재하는 주목할 만한 다툼이 여기에 속한다. 플루타르코스와 그를 이어 프톨레마이오스가 주목했듯이, 마늘로 문지른 자철석은 철을 끌어당기지 않을 것이다. 자철석은 그 속에 독성을 지니고 있고 마늘은 독에 잘 대항한다. 그러나 만일 아무도 자철석에 대항하는 마늘의 힘에 대해 기술하지 않았더라도 우리는 그렇다고 예측할 수 있다. 왜냐하면 그것이 독사, 미친 개, 독성이 있는 물에 잘 대항하기 때문이다. 마찬가지로, 독성 있는 사물에 대적이 되면서 아무런 위험 없이 그것들을 삼킬 수 있는 생물들은, 그러한 독들이 그 생물들에게 물린 데나 가격당한 곳을 치료할 수 있음을 우리에게 보여준다.[38]

우리는 델라 포르타가 공감과 반감 학설을 수용한 것에 대해 너무 비판적이어서는 안 된다. 모든 수용된 견해들을 거부하기로 했던 데카르트조차도 1618년 새끼 양의 피부로 만든 북이 늑대 피부로 만든 북의 진동을 감지하면 소리를 내지 않는다는 것을 믿었다. 무두질까지 갈 것도 없이 죽음조차 양과 늑대의 반감을 소멸시킬 수 없었다.[39] 그러나 겨우 수십 년 후, 월터 찰턴은 이 관점을 지니고 있던 사람들을 비꼬았다.

> **한쪽 면은 늑대의 피부로, 다른 쪽 면은 양 피부로 만든 북은 어떠한 소리도 만들어내지 못하며, 그뿐 아니라 그것들이 서로 근처에 있으면, 늑대의 피부는 얼마 지나지 않아 양 피부를 먹어치운다는 것은 많은 고대인들에 의해 확인되었고, 그리고 아**

주 소수의 근대인들에 의해 의문시되었다. 이 전통들이 대중적 오류로 열거될 가치가 있건 없건, 이것에 대해서 우리는 순전한 **경험**에의 호소 이외에 또 다른 방어가 필요하지 않다. 그러한 저술가뿐만 아니라 그것을 장려하는 자들은 철학자 협회에서 축출되어야 한다. 이들은 명백한 허위를 꾸며냄으로써 진리에 대해 반역하는 반역자이며, 어리석은 것을 믿고 숭배하는 천치들이며, 이것들은 꾸며진 이야기의 냄새만을 풍기며 쉽고 비용이 들지 않는 경험의 반박에 직면해 열려 있다.[40]

17세기 중반, 경험은 이전의 권위 있는 명제들과 자연스럽게 일치하는 것이길 멈추었고 꾸며낸 믿음들의 신랄한 해결책이 되었다.

그렇다면 우리는 어떻게 델라 포르타가 마늘과 자석의 반감을 신봉하는 동시에 거부했던 특이한 사실을 설명할 것인가?* 첫걸음은 《자연 마술》은 30년 이상의 기간 동안 집필된 책이라는 점을 인식하는 것이다. 실제로 그것은 두 가지 책이다. 네 권으로 나누어진 초판은 1558년에 출간되었다(70년간 5개 국어, 60종의 판본이 나왔다).[41] 20권으로 구성된 2판은 1589년에 출간되었다. 두 판 사이의 관계는 복잡하다. 1558년 판의 많은 부분들이 1589년 판에서는 사라졌다. 그 이유는 자명하다. 델라 포르타는 마법 혐의로 1577~1578년 종교재판소에 의해 재판에 처해졌다. (그의 구속 일자는 아마 1574년으로 소급될 것이다. 그때 그는 자연의 비밀을 탐구하기 위해 자신

---

* 당신은 르네상스 저술가들은 일관성에 신경을 쓰지 않았다고 생각할지 모른다. 나는 그렇게 생각하지 않는다. 비일관성은 흔히(그러나 이 경우는 아니다) 우리가 그들이 말하는 것을 오해한 결과다. 눈에 띄는 예로서, 성性 간의 해부학적 차이를 논의한 헬키아 크룩Helkiah Crooke의 *Microcosmographia*(1615)에 대한 스티븐 오겔Stephen Orgel의 해석과 재닛 애덜먼Janet Adelman의 변명을 비교하라. 여기서 오겔은 크룩이 지녔던 문제는 단지 논증이 '과학적으로 참이냐 오류냐'가 아니라, 그가 서로 양립할 수 없는 논증을 그저 기꺼이 제기한 결과와 '서로 모순되는 과학적 논증을 절충할 필요성을 보지 못했다'는 데 있다고 주장한다(실제로, 오겔의 관점에서 일관성은 '후기-계몽주의'적인 덕성이다). Orgel, *Impersonations*(1966), 21–4; Adelman, 'Making Defect Perfection'(1999), 36–9 그리고 n. 29.

이 설립한 아카데미를 닫으라는 명령을 받았다.)⁴² 그는 계속적으로 가톨릭교회의 검열에 걸려, 한동안 출판을 금지당했다.

《자연 마술》2판은 공격이 가능한 원인들을 제거하기 위해 주의 깊게 저술되었다. 영혼에 관한 델라 포르타의 논의가 기독교의 가르침과 일치되도록 하기 위해 조심스러운 문장들이 도입되었다. 세계 영혼anima mundi에 대한 모든 언급은 이제 조심스럽게 인용으로 처리되었다.ᐧ 아니나다를까 마녀가 마녀 집회sabbat에 날아가는 데 사용했을 연고를 다루는 실험을 묘사한 장은 없어졌다. 그는 자신의 능력을 보여주기로 동의한 마녀와 알고지내는 사이였다. 그녀는 자신의 몸 전체를 연고로 문질러 깊은 잠에 빠졌다(델라 포르타는 두 연고를 준비했다. 어린아이들의 지방으로 만든 것과 박쥐의 피로 만든 것이다). 비록 깨어나서 그녀는 바다와 산을 넘어 날아다녔다고 묘사했지만, 그녀의 몸은 열쇠가 채워진 그 방을 떠나지 않았다. 분명한 사실은 마녀 집회는 현실이 아닌 환각이라는 것이다.ᐧᐧ 또한 부적에 관한 장황한 논의를 포함한, 마술이라고 의심받을 수 있는 여러 가지 절차들이 적힌 부분도 사라졌다. 적어도 초판하고 비교해본다면 누구나 그것들이 사라졌다고 생각할 것이다. 그러나 당신의 아내가 정숙한지 그렇지 않은지 알아내는 비법(비너스의 형상이 새겨진 자석을 그녀의 베개 밑에 넣어둬라. 만일 그녀가 신실하다면 잠자리에서 당신에게 성관계를 원할 것이다. 그녀가 정숙하지 않다면, 그녀는 당신을 침대 밖으로 밀어낼 것이다)은 자석에 대한 절로 그 위치

ᐧ '마크로비우스Macrobius가 말한 대로, 그 자신의 비옥함을 나타내는 사물의 제일 원인이며 개시자인 신이 성령Spirit을 창조하시고 생성시켰으므로, 성령은 영Soul을 낳고(그러나 기독교의 진리는 다르게 말한다), 그 영은 부분적으로 이성을 공급받는다. 그것은 하늘과 별들 같은 신성한 것을 한정한다(따라서 이것들은 신성한 영혼을 지녔다고 말한다). 그리고 민감하고 식물을 성장하게 하는 힘도 주셨는데 이것은 부서지기 쉽고 변하는 사물에 부여된 것이다. 따라서 베르길리우스는 이를 잘 인지하고 이것을 성령Spirit, 세계 영혼Soul of the World이라 불렀다. (…) 그러나 기독교의 진리는 영은 성령으로부터, 신 자신으로부터도 즉각 나오지 않는다고 주장한다.' Della Porta, *Natural Magick*(1658), 7–8.

ᐧᐧ 레지널드 스콧Reginald Scot도 당연히 그의 《마법의 발견Discovery of Witchcraft》(1584)에서 이 이야기를 이용했다.

를 옮겨갔고, 비교적 무해하다고 여겨져서 학문적 내용으로 변형되었다. 또한 마지막 권의 안전한 위치로 옮겨진 것은 '카오스Chaos'라는 제목이 붙은 잡다한 말의 모음인데, 여자들이 자신들의 옷을 찢고 미친 듯이 춤추도록 확실하게 보장하는 비법이었다. '토끼의 지방을 연기가 나도록 램프에 가열하라.' 그 비법은 불완전하다. 램프에 신비한 글자를 새겨넣어야 하며, 주문을 중얼거려야 한다. 그렇다 하더라도 델라 포르타는 검열관들이 너무 부주의해서 끝까지 세심한 주의를 기울이지 못하는 것에 의존하고 있었다. 이 신비스러운 문자들과 중얼대는 주문은 의구심을 지닌 독자들에게 분명히 마법으로 비쳤을 것이다.

　종교적 검열이 델라 포르타의 저술에 가해진 유일한 압력은 아니었다. 우리는 그가 일반 금속을 금으로 바꾸는 방법의 비밀에 관해 오랫동안 탐구했다는 것을 알고 있다. 실제로 1580년대에 잠시 동안 그는 자신이 그것을 발견했다고 믿었다.[43] 모두가 그 비밀을 안다면 금을 만드는 일에 이점이 없어지기 때문에 비밀은 널리 전파될 수 없었다.《자연 마술》의 두 판본에서 그는 자신이 산더미 같은 금을 약속하지 않는다고 독자에게 확실히 해두었지만, 가끔 그 자신을 모호하게 표현하면서 순진한 독자들에게 진리를 숨겼다고 지적했다. 그리고 그는 가짜와 진짜 금은金銀 모두를 만드는 과업들을 위한 비법들, 예를 들어 금괴의 무게를 늘리는 비법을 제공했다.[44]

　대부분의 연금술사들이 속임수 장인들임을 인정한다 하더라도, 델라 포르타는 우리에게 자신은 이들과는 다르며 믿을 만한 정보만 제공한다고 확언한다.《자연 마술》1, 2판은 델라 포르타가 오로지 개인적 경험에 근거하여 말할 것이라는 약속으로 시작한다.

많은 이들이 그들이 결코 보지 않은 것을 썼다. 그들은 원재료인 약초도 알지 못했고, 다른 사람들의 전통에 무언가를 보태려는 뻔뻔스러운 내재적 욕망으로 그것들을 적어두었다. 그래서 오류는 연이어서 퍼져나가고 마침내 무한정 늘어나, 원래의 자국Print(즉, 원재료)은 거의 남아 있지 않게 된다. 그 실험은 어려울 뿐만 아니라, 웃지 않고는 읽기조차 어렵다.[45]

초판에는 그러한 오류의 두 가지 예시가 있다. 카토Cato와 플리니우스는 덩굴로 만든 병은 포도주가 물과 섞여 있는지 감별하기 위해 사용될 수 있다고 말했다. 포도주가 물을 뒤로 남긴 채 축출되기 때문이다. 그리고 갈레노스는 으스러뜨린 바질(허브)이 전갈을 자연발생시킨다고 주장하는 것은 허위라고 말했다. 델라 포르타는 야외에서 으스러뜨린(젖은 게 아니다) 바질을 도기에 넣어 이를 시험했는데, 전갈이 생겼을 뿐만 아니라 다른 전갈들이 바질의 향에 이끌려 모여들었다. (델라 포르타는 어떻게 자신이 새로 발생한 전갈과 그냥 지나가는 전갈을 구별할 수 있는지 군이 설명하지 않는다.)

델라 포르타는 그래서 곤혹스러운 사례다. 그는 많은 정보가 믿을 수 없고 검증이 필요하다는 생각을 지니고 있다. 그러나 그는 합리적인 시험을 할 능력이 없는 것으로 보인다. 문제는, 그가 직접 해볼 수 없던 것을 보았거나 행했다고 주장하는 등, 손댈 수 없이 부정직하다는 데 있다. 이러한 부정직함은 2판에서 그의 자석에 대한 논의의 핵심을 차지하고 있다. 이 논의는 예수회 철학자이며 파도바의 예수회 대학에서 가르치던 베네치아 귀족 레오나르도 가르조니Leonardo Garzoni(1543~1592)를 주로 표절했다.[46] 증거는 분명하다. 델라 포르타는 가르조니를 그대로 따라 했을 뿐만 아니라 그가 수행했다고 주장한 몇몇 실험을 잘못 이해했고 그것들을 잘못 발표했다. 얄궂게도 델라 포르타는 곧 그 자신의 자기력에 대한 논의를 윌리

엄 길버트가 표절했다고 불평하게 된다.[47]

　가르조니의 저술은 오직 한 권의 불완전한 복사본만 남아 있다. 그것은 파도바의 조반니 빈첸초 피넬리Giovanni Vincenzo Pinelli의 장서의 부분이었다. 이 서재는 갈릴레이가 찾기 어려운 책을 구해 읽었던 곳인데, 피넬리가 사망하자 전체 장서가 매각되어 베네치아에서 나폴리로의 이송을 위해 선적되었다. 도서를 운반하던 배 한 척이 해적에 붙잡혔다. 해적은 화물칸에 오래된 책만 가득 차 있는 것을 보고 크게 실망했다. 그들은 화가 나서 몇 개의 상자를 물속으로 던져버렸다. 그러고는 선원들을 나포하고(그들은 화물과는 달리 쉽게 팔아먹을 수 있었다) 배는 난파되도록 그대로 표류시켰다. 파도에 살아남은 많은 책과 원고는 마치 표류목인 양 어부들에 의해 불태워졌다. 낱장들은 배의 구멍을 막기 위해 혹은 창문에 붙이기 위해 찢겼다(유리창은 당시 사치품이었다).[48] 소유자의 대리인이 남아 있는 것의 소유권을 주장하기 위해 도착했을 때는 이미 많이 훼손되고 난 뒤였다. 이 특별한 원고는 파도와 불길에서 벗어났지만 분명히 어부들의 수중에 들어갔을 것이다. 원고의 일부가 사라졌기 때문이다.[49]

　그러나 분명히 다른 사본들이 존재했을 것이다. 델라 포르타에게는 중요하지만 알려지지 않은 자료였을 뿐만 아니라 예수회 회원 니콜로 카베오Niccolò Cabeo의 《자석 철학Philosophia magnetica》(1629)에 관해서는 잘 알려진 자료였기 때문이다. 윌리엄 길버트(그의 저술 《자석에 관하여》는 일반적으로 근대 실험과학의 시작을 알렸다고 여겨진다)는 가르조니에게 과도하게 의존한다. 비록 그것이 아마도 델라 포르타에 의해 유포되었을 테지만 말이다.[50] 가르조니는 100가지 이상의 실험을 고안했는데 그중 많은 것을 길버트가 베꼈다. 근대 실험과학의 설립자로서 길버트가 아닌 가르조니와 관련된 좋은 사례가 있다(우리는 다음 장에서 이 문제를 다시 다룰 것이다). 델라 포르타는 어떻게 가르조니의 저술을 확보하게 되었을까? 1580/81년 베네치아에 있었을 때 그것을 읽었을 수 있다. 그러나 물론 그때까지 집필이 완료되었을 경우에만 가능한 일이다. 우리는 이에 대해 자신할 수 없다. 베네치아 출신의 위대한 역사가이며 과학자인 파올로 사르피Paolo Sarpi는 1582년부터 1585년까지 나폴리에 있었다. 그리고 델라 포르타는 그의 독자들에게 자신이 자기력에 대해 알고 있는 것의 대부분을 사르피에게서 배웠다고 말한다. 사르피는 그에게 가르조니의 저술 사본 한 권을 제공했을 것이다. 델라 포르타는 또한 예수회의 평수사였다. 이는 그가 이단 재판을 받은 뒤 자신의 종교적 정통성을 입증하려던 노력의 일부로 보인다. 그래서 그는 예수회 철학에 접근하는 다른 수단을 확보했을 것이다.

더 깊은 문제가 사르피에 대한 진실성이 느껴지지 않는 델라 포르타의 감사에 표현되어 있다. 그는 다음과 같이 썼다.

> 나는 베네치아에서 동일한 연구에 매달려 있는 베네치아 사람 파울루스R. M. Paulus를 알았다. 그는 성모의 종 수도회 관구장이긴 하지만 가장 가치 있는 주창자다. 그로부터 나는 무언가를 배웠다고 고백할 뿐만 아니라 그것을 대단히 기뻐한다. 내가 본 모든 사람들 가운데 그보다 더 박식하고 영리하고 총체적인 지식을 가진 이를 보지 못했기 때문이다. 그는 이탈리아 혹은 베네치아뿐만 아니라 전 세계의 영광이요 명예이다.[51]

이것은 델라 포르타가 이름을 가진 개인에게 감사를 표한 유일한 경우다. 사르피는 지금 전하지 않는 자기력에 관한 짧은 논문을 쓴 적이 있는데, 아마 델라 포르타는 그것을 읽었을 것이다. 그러나 사르피를 소개하는 단 하나의 이유는 분명히 자신의 표절이 드러나는 경우를 대비하기 위해서다. 사르피에게 진 빚을 인정함으로써 델라 포르타는 가르조니를 읽은 적이 없다고 부인할 수 있다. 그는 그 저술들 간의 유사성이 사르피에게서 배운 결과라고 주장할 수 있기 때문이다.

가르조니는 마늘과 자석에 대해 별로 흥미가 없었다. 그러나 그의 글은, 자석에 관한 엄청난 난센스들이 있으며 믿을 만한 지식은 실험에 근거해야 한다고 진술함으로써 시작한다. 그는 당신이 필요로 하는 기본 장비인 자석 몇 개, 작은 철막대 몇 개, 철바늘 몇 개 등을 설명한다. 그러고는 이 장비로 마늘과 다이아몬드가 자석의 능력을 빼앗지 못한다는 것을 쉽게 발견할 거라고 말한다. 당신은 그 실험을 하고 싶을 때마다 할 수 있다. 델라 포르타는 분명히 흥미가 돋았다. 만일 델라 포르타가, 가르조니가 묘사했고 자신이 수행했다고 주장한 수많은 실험들을 실제로 하지 않았다 하더라도, 이 특정 실험들은 수행했던 것으로 보인다. 마늘이 자석을 고장낸다고 계속 반복하여 주장하던 그는 이제 '내가 이 모든 것들을 시도했을 때 나는 그것이 허위임을 발견했다. 마늘을 먹고 크게 호흡한 다음 자철석 위에 내뿜어도 자철석의 성질은 변하지 않을 뿐만 아니라, 마늘 주스로 모두 발라져 있을 때에도 그것은 전혀 손대지 않았을 때처럼 잘 기능했다'고 보고한다.[52]

자석의 성질을 빼앗는다고 알려진 마늘의 능력(선원들은 이 이야기를 검증할 시간이 없었다. 선원들은 조만간 목숨을 잃을 것이기에 양파와 마늘 먹는 것을 자제했다)이 틀렸음을 입증하고, 델라 포르타는 다이아몬드 또한 자철석의 성질을 빼앗는다는 통념(초판에서 그가 기꺼이 받아들였던)이 허위임을 계속 보여준다.

나는 이를 자주 시도했고, 그것이 허위임을 발견했다. 그 안에는 진리가 없다. 그러나 수박 겉핥기로 아는 사람들과 무지한 동료들이 많다. 그들은 고대 저술가들과 흔쾌히 화해하고, 그것들이 학문의 공중 복리에 가져다줄 해악을 보지 못한 채 이 거짓들을 변명한다. 그 기초 위에 서서 그것들을 진리라고 생각하는 새로운 저술가들은 보태고, 발명하고, 그들이 주장하는 원리보다 더 잘못된 다른 실험을 도출한다. **맹인이 맹인을 인도하면 모두가 구덩이로 추락한다.** 진리는 탐구되고, 사랑받고, 모든 사람들에 의해 소유되어야 한다. 옛것이든 새것이든, 어떤 사람, 어떤 권위도 진리로부터 우리를 떼어놓을 수는 없다.[53]

실제로 델라 포르타의 실험들은 그로 하여금 반대의 관점(자석을 변질시키기보다는 강화하기 위해 다이아몬드를 사용할 수 있다는)을 채택하게 만들었다.
염소의 피가 자석의 능력을 다시 회복시킨다는 주장(1판에서 한 주장이며, 플리니우스 이래 문헌에서 다반사였던 주장) 또한 허위다.

다이아몬드와 자철석 사이에 반감이 있고, 다이아몬드와 염소 피 사이에도 큰 반감이 존재하므로 염소 피와 자철석 사이에는 공감이 존재한다. 지금까지 우리가 자철석의 성질이 다이아몬드나 냄새 나는 마늘에 의해 무뎌질 때 염소 피로 씻으면 그 이전의 힘을 회복할 것이며 더 강력해진다고 알았던 것은 이 논증에 기반한다. 그러나 내가 해본바 모든 보고들은 허위다. 다이아몬드는 사람들이 말하는 만큼 단단하지 않다. 그것은 강철에, 그리고 온건한 불에 흠이 나곤 한다. 염소 피, 낙타 피, 혹은 나귀 피 속에서 부드러워지지 않는다. 우리의 보석 세공인들은 이러한 모든 관계들을 거짓이자 어리석은 것으로 여긴다. 자철석의 잃어버린 성질도 염소 피로 회복되지 않는다. 나는 사람들이 거짓 원리에서 거짓 결론이 도출된다는 것을 보게 하기 위해 충분히

이야기했다.[54]

　마늘과 자석에 관해 기술하는 델라 포르타의 주장은 근대적인 것으로 읽힌다. 그러나 몇 쪽만 앞으로(가르조니를 표절한 구절들 이전으로) 돌아가도 그는 여전히 어리석다. 그는 만일 다이얼 부근에 알파벳이 새겨진 나침반을 소지하고 있다면, 멀리 떨어져 있는 누군가와(감옥에 갇혀 있는 사람과도) 분명히 소통이 가능할 거라고 썼다. 만일 한 사람이 나침반 바늘을 한 글자로 향하게 하면, 다른 나침반의 바늘도 흔들거리다가 같은 글자를 향할 것이다. 적어도 그가 그 방법을 시도해보고 실제로 그런지 증명했다고 주장하지는 않았지만, 다시 '잘못된 결론이 잘못된 원리에서 도출된다'는 것을 볼 수 있다.•

　그래서 스스로를 근대적인 사상가로 여긴 델라 포르타 자신의 반복된 주장에도 불구하고, 그리고 그가 '얼마나 대단하게 이 시대가 고대를 능가했는지' 보여주기를 의도했다는 주장에도 불구하고, 그를 사실을 올바르게 정립하기 위해 주의를 기울인 조심스러운 경험주의자로 부르기는 불가능하다.[55] 그러나 이러한 평가는 분명히 잘못이기도 하다. 델라 포르타는 자석과 마늘, 다이아몬드, 염소 피의 상호작용에 관해 사실을 밝히려고 결심한 근대적 경험주의자다. 비록 마음에 품어왔던 이론을 희생해야만 하더라도 말이다. 두 사람의 델라 포르타가 있는 것으로 보인다. 하나는 계속 말만 잘하고, 다른 하나는 행동도 한다.

　여기에는 간단한 설명이 있다. 델라 포르타는, 가르조니가 델라 포르타

• 동일한 장치에 대한 이후의 설명은 다음 책을 참조하라. Passannante, *The Lucretian Renaissance*(2011), 1-2; Glanvill, *The Vanity of Dogmatizing*(1661), 202-4.

를 판단할 때는 근대인으로, 자신이 스스로를 판단할 때는 플리니우스처럼 보인다. 그래서 이 문제적 사실의 작은 덩어리(자석의 성질을 빼앗는 마늘의 능력 혹은 그것을 부활시키는 염소 피의 능력 같은 것은 없다는 사실)는 델라 포르타의 저술에 편입되었다. 물론 그는 그것을 포함시켜 기뻤다. 결국 그가 권위가 아니라 경험에 의존했다는 그의 반복된 주장에 대해 이보다 더 나은 증거가 어디 있겠는가?

그러나 델라 포르타는 자신의 세계를 이 간단한 발견에 비추어 다시 생각해보는 데까지는 이르지 못했다. 그래서 마늘과 자철석은 여전히 공감과 반감에 대한 그의 중요한 장章에 계속 머물고 있었다. 그 장에서 우리는 난폭한 황소를 무화과나무에 매면 길들여진다는 것을, 바실리스크(이구아나과의 도마뱀을 통틀어 이르는 말)는 수탉의 울음소리에 겁을 먹는다는 것을, 잘 씻은 달팽이는 숙취에 좋다는 것을, 늑대를 보면 사람이 말을 못하게 된다는 것을, 그리고 마늘은 자석의 성질을 빼앗는다는 것을 배운다. 마늘과 자석 간에 있다고 알려진 반감을 논박하는 일은 스웨터의 풀린 실과 같았다. 그것을 잡아당기면 전체가 풀릴 것이다. 그래서 델라 포르타는 그 실을 제자리에 밀어넣고 아무 문제도 없는 척했다.[56]

명백한 대안을 제거하는 것은 쉽다. 사람들은 자기력에 대한 새로운 절이 막판에 추가되었고 델라 포르타는 단지 그의 새로운 결론에 비추어 서론을 고치지 못했다고 생각할 수 있다. 아마 그러지 않았을 것이다. 자기력에 대한 새로운 절은 자신의 책이 검열의 공격 대상이 되지 않도록 델라 포르타가 원래의 위치에서 옮긴 내용을 포함하고 있기 때문이다. 그렇다면 그가 시작하는 장들을 수정함과 동시에 자기력에 대한 절을 쓰거나 수정했음이 명백해 보인다. 어쨌든 저술 전체는 금서 목록 신도회Congregation of the Index(교회의 검열을 담당한)와 종교재판소(이단을 기소하는)를 모두 만족시키기 위해 출간 이전에 조심스럽게 검토되었음이 틀림없다. 델라 포르타는 자신이 스스로를 부인하고 있음을 깨달았을 것이다.

그래서 좋든 싫든 문제적 사실의 일부가 세계에 알려지게 되었다. 나침반과 마늘 한 쪽을 구할 수 있는 사람은 누구나 자신의 시험을 수행할 수 있었다. 이것이 오래된 '사실'의 해체가 중요한 이유다. 난폭한 황소, 바실리스크 혹은 늑대에게 손대기는 훨씬 어렵다. 델라 포르타의 책이 판을 거듭하며, 번역을 거듭하며 전파됨에 따라 그것은 옛 신념들에 대한 강력한 해독제를 동반했다(깊이 읽은 사람들에게 그랬다. 어떤 이들은 공감과 반감에 관한 장 이상은 나아가지 못했다). 델라 포르타는 모든 지적 권위는 의심을 가지고 바라보아야 하며 경험에 관한 모든 주장은 시험되어야 한다는 입에 발린 말 이상은 하지 않았지만 옛 확실성을 문제로 여기는 데 일익을 담당했다. 베르나르도 체시Bernardo Cesi는 1636년 그의 《광물학Mineralogia》에서 마늘이 자석의 능력을 빼앗는다는 옛이야기를 전하지만 델라 포르타의 맹렬한 부인에 깊이 감명을 받아 설득을 당한다. 다이아몬드가 자석의 능력을 빼앗는다는 믿음이 이구동성으로 많은 저명한 저술가들에 의해 지지되고 있기 때문에 그것을 포기하기가 어렵다는 것을 알지만, 그는 그것에 반하는 직접적 경험을 했다는 델라 포르타의 주장을 보고한다. 그러나 결국 체시는 델라 포르타처럼 마치 아무 일도 일어나지 않은 양, 그리고 사람들이 옛이야기를 믿으면서 동시에 불신할 수 있는 양, 계속 밀고 나갈 준비가 되어 있었다. 어쨌든 체시는 그가 쓴 이전의 책에서 '우리는 일상의 실험으로부터 자철석의 힘이 마늘에 의해 약화된다는 것을 안다'고 말하지 않았던가?[57]

이 지점에서 리후가 제시한 문제는 해결된 것처럼 보인다. 리후는 플루타르코스와 델라 포르타 사이에는 실제로 차이가 없다고 주장하고 싶어한다. 이는 꽤나 공정하다. 만일 플루타르코스와 가르조니를 비교했다면 그는 동일한 주장을 할 수 없었을 것이다. 그러나 우리가 탐구할 필요가 있는 더 깊은 문제가 있다. 플루타르코스, 가르조니, 델라 포르타는 모두 경험에 호소한다. 플루타르코스는 '우리는 이러한 것들에 대해 감지할 수 있는 경험이 있다'고 썼고, 체시는 '우리는 일상의 실험으로부터 자철석의 힘이 마늘에 의해 약화된다는 것을 안다'고 썼다. 아르놀트 데 보아테Arnold de Boate는 1653년, 자철석이 '철을 끌어당길 뿐만 아니라 자철석으로 문지른 철도 철을 끌어당기게 하는 경탄스러운 성질을 갖고 있다. 그럼에도 불구하고 마늘즙으로 바르면 그 성질을 잃고 철을 잡아당길 수 없으며, 다이아몬드가 가까이 있어도 마찬가지 일이 일어난다고 쓰여 있다'고 말한다. 플루타르코스의 '우리는 감지할 수 있는 경험이 있다'와 체시의 '우리는 안다' 그리고 데 보아테의 '～고 쓰여 있다'를 델라 포르타의 '내가 이 모든 것을 행했을 때' 혹은 우리 자신의 장비를 구하여 자신이 직접 시험해보라는 가르조니의 초대와 비교해보라. 가르조니와 델라 포르타의 사실들은 집단적 지식이나 공유된 이해 위가 아니라 직접적이고 개인적인 경험에 기초한다. 리후는 우리에게 그의 저술을 읽는 익명의 심판관이 (플루타르코스의 '경험'과 델라 포르타의 '경험'은 같은 종류가 아니라는) 논리적으로 또 다른 가능성이 있다고, 즉 플루타르코스가 우리가 사용하는 '경험'과 전혀 다른 무언가를 의미할지 모른다고 올바르게 지적하고 있다고 말한다.[58]

그 심판관은 옳았다. 플루타르코스의 경험은 **간접** 경험이었다. 마치 아리스토텔레스의 현상이 **다른 사람들의** 경험에 기초하고 있었듯이 말이다. 가르조니와 델라 포르타의 경험들은 개인적으로 행해진 실재적인 시험들에 기초하고 있었다.[59] 좋은 예시가 1614년 다이아몬드가 자석의 능력을 빼앗는다는 것을 거부한 피에트로 파시Pietro Passi다. 그는 '그 문제를 명확히 하기 위해 파드레 돈 세베로 세르네시Padre Don Severo Sernesi의 입회하에 이곳 베네치아에서 실험을 수행했다. 그리고 최고로 평판이 높은 보석 세공인이 제공한 25개의 다이아몬드를 사용했다.'[60] 혹은 토머스 브라운의 예를 들어보자. 그는 1646년 마늘/자석 반감을 '확실한 허위'라고 묵살했다. 그는 어떻게 알았을까? '빨갛게 가열한 뒤 마늘즙으로 급랭시킨 철선은 지구 자기에 정렬하는 성질을 잃어버리지 않고 나침반의 남극을 끌어당긴다. 자철석의 톱니가 마늘로 덮여 있어도 끌어당긴다. 마늘로 문지른 나침반도 녹이 슬기 전까지는 인력과 극성을 지닌다.'[61] 브라운은 (이 사실을 발견한) 최초의 인물을 단수형으로 쓰지 않는다. 그러나 그가 세부 내용(빨갛게 가열한 철, 녹슨 자침)을 주의 깊게 묘사했다는 것은 관례적인 가정이 아니라 직접적인 경험을 암시한다. 1671년, 자크 로오Jacques Rohault는 최초의 인물을 분명히 단수로 사용했다. '이것들은 내가 수행한 수천 번의 실험에 의해 반박된 자석과 마늘에 관한 이야기다.'[62]

증거의 새로운 표준에 관한 초기의 예를 1609년에 출간된 안셀무스 보에티우스 데 부트Anselmus Boëtius de Boodt의 광물 연구에서 볼 수 있다. 브루게에서 온 데 부트는 파도바에서 교육받았고 황제 루돌프 2세의 시의가 되었다. 그는 마늘이 자석에 영향을 미치지 않는다는 근대 학자들의 주장이 분명 올바르다는 것을 인정했다. 선원들이 그들에게 동의하기 때문이다. 자석의 성질을 빼앗는 다이아몬드의 능력에 대해서는 전통적인 관점과 델라 포르타의 실험(혹은 그가 했다고 여겨지는 실험) 모두를 보고했다. 그러고는 조심스럽게 그가 독자적인 시험은 하지 않았다고 첨언했다.[63] 그는 끌어당기는 대신 밀어내는 종류의 자석이 있다는 플리니우스 등의 주장을 의심했다. 그는 결코 이런 것을 보거나 직접 구하여 얻은 신뢰할 만한 보고를 접할 수 없었다. 그는 또한 자석이 철을 끌어당기듯 금을 끌어당기는 돌이 있으며, 은을 끌어당기는 다른 종류의 자석이 있다는, 흔히 반복되어 온 주장에도 의구심을 가졌다. 두 경우 모두 눈으로 직접 확인한 증거는 발견할 수 없었다.[64] 그리고 그는 다이아몬드를 망치로 박살낼 수 없다는 주장을 거부했다. 최근에 시험된 모든 다이아몬드는 부서지기 쉽다는 것이 입증되었다. 다이아몬드를 부드럽게 하려고 염소 피에 의지할 필요는 없다.[65]

물론 델라 포르타, 윌리엄 발로(1597),[66] 길버트, 브라운 등 마늘이 자석의 능력을 파괴한다는 주장의 새로운 반대자들이 즉시 승리한 것은 아니었다. 낡은 견해들은 얀 밥티스타 판 헬몬트Jan Baptista van Helmont(1621), 아타나시우스 키르허Athanasius Kircher(1631), 알렉산데르 데 비센티니스 Alexander de Vicentinis(1634)에 의해 지지되고 있었다.[67] 이를 과학적으로 정립하려는 마지막 시도는 로버트 미즐리Robert Midgley의 《자연철학의 새로운 논고A New Treatise of Natural Philosophy》(1687)로 보인다.[68] 어떻게 이것이 가능했을까? 최선의 답변이 브라운에게 보내는 알렉산더 로스Alexander Ross의 답신에 들어 있다.

자철석의 끌어당김을 방해하는 마늘에 관해 내가 말한 것(2권 c. 3)을 브라운 박사, 그리고 그에 앞서 밥티스타 포르타가 반박하고 있다는 것을 안다. 그러나 나는 마늘의 이런 성질을 단언했던 그 수많은 저술가들이 속았다고는 믿을 수 없다. 따라서 그들이 우리가 지금 가지고 있는 것과는 다른 종류의 자철석을 가지고 있었다고 생각한다. 플리니우스와 여러 사람이 다양한 종류의 자철석을 만들었고, 그중 가장 좋은 것이 에티오피아산이다. 그중 어떤 자철석의 끌어당김은 마늘에 의해 방해받지 않는다. 전혀 방해받지 않는다는 것이 아니라는 이야기다. 아마 우리의 마늘이 더운 나라의 고대인들의 마늘에

비해 그렇게 강력하지 않아서 그럴 것이다.[69]

환언하면, 로스는 자신이 그것을 시험함으로써 그 이야기를 인증할 수 없었으리라는 것을 아주 잘 알고 있었다. 그럼에도 불구하고 그는 그것을 계속 믿었다. '위대하고 가치 있는 저술가들'은 그 자신의 경험과 동시대인의 경험을 널리 알렸다.

이에 대한 올바른 반응은 이솝 우화 가운데 하나인 〈허풍쟁이〉에서 발견된다. 한 육상 선수가 로도스섬에서 자신이 가장 경이로운 점프를 했다고 자랑하면서 그것을 증언할 목격자를 세울 수 있다고 주장한다. 이것은 '여기가 로도스다, 여기서 뛰어라(라틴어로 hic Rhodus, hic saltus)'라는 반응에 직면한다.· 연금술사 조지 스타키George Starkey는 그래서 단지 추천서에 의존하지 않고 그의 비판자들이 시간과 장소를 선택할 때마다 시험(hic Rhodus, hic saltus)을 할 준비가 되어 있었다고 주장했다.[70]

나는 우리 현대인들이 오직 스스로 경험한 것을 믿는다는 면에서 로스와 다르다고 말하려는 것이 아니다. 그러나 데 부트와 같이 그것들이 직접적인 경험 혹은 일련의 직접적 실험으로 추적될 수 있거나 재시험에도 견뎌낼 수 있다고 확신하는 경우에만 우리는 사물을 (적어도 과학이 관련되는 한) 믿는다.[71] 예를 들어, 만일 내가 당신에게 대륙이동설을 설득하고 싶다면 나는 당신에게 고지자기古地磁氣에 관한 고전적 논문들을 언급할 것이고 우리는 현장에 나가서 측정을 할 수 있을 것이다. 보일은 1661년 그의 《물리학 에세이Physiological Essays》의 방법론적 서문에서 새로운 지식에 관한 규

· 《루이 보나파르트의 브뤼메르 18일》(브뤼메르는 프랑스 혁명력의 제2월이다 — 옮긴이)에서 마르크스에 의해 후일 유명해진 문구다. 헤겔의 말재간과 마르크스 문구 Hic Rhodus, hic salta의 유래에 대한 설명은 http://berlin.wolf.ox.ac.uk/lists/quotations/quotations_by_ib.html(2014년 12월 22일 접속)을 참조하라.

칙을 펼쳤다. 거기서 그는 사실에 관한 직접적인 경험에 의거하여, 혹은 적어도 직접 경험한 식별 가능한 목격자들에 의존하여 주장을 펼치는 저술가들과 무비판적으로 확립된 전통들을 보고하는 사람들을 구분한다. 자신의 방침은 두 번째 부류(예를 들면 플리니우스와 델라 포르타)를 인용하는 것이 아니라고 그는 말한다.

> 대담하고 불편부당한 호기심으로 그들의 저술에서 전달된 다양한 사실들을 탐구한 경우는 나로 하여금 수많은 그러한 전통이 확실히 허위이거나 혹은 확실히 사실이 아니라고 결론짓게 만들었기 때문에, 그들이 자신의 특별한 지식에 근거하여 전달하거나 그것들을 내 믿음으로 추천하는 특별한 상황을 제외하고는, 내가 불확실하다고 여기는 기초 위에 어떤 것을 구축하는 것이 매우 부끄럽다.

그는 주장한다. '나는 다른 저술가들을 재판관으로 청하지 않고 증인들로 청한다. 나는 그들이 이미 출판한 내용을 고작 내 저술을 치장하기 위한 장식품으로서 차용하지 않는다. 나의 견해를 입증하기 위한 권위자의 신탁 문서로서는 더욱 아니며, 사실의 문제를 인증하기 위한 증명서로서 차용한다.'

보일은 오직 소수의 믿을 만한 저술가들만을 믿기로 하고, 나머지 저술가들, 즉 플리니우스와 델라 포르타에 대한 경멸을 표현했다.

> 헛된 저술가들이 명성을 얻기 위해, 속기 쉬운 세상에 실험적 진리 혹은 큰 신비라는 개념 아래 그러한 것들을 무리하게 강요했다. 그들 자신이 그것을 시도해보려 애를 쓰지도 않았고, 그러한 것들을 해보았다고 고백하는 믿을

만한 사람들로부터 들은 것도 아니다. 그러한 사례들에서, 잘못을 저지르지 않으려, 혹은 속이지 않으려 애를 쓰지 않는 저술가들을 우리가 어째서 다루어야 하는지, 그리고 그들이 명성을 얻기 위해 어떻게 우리를 속이는지 나는 알지 못한다. 우리가 그들 덕분이라고 여기는 바로 그 존경심으로 그들은 비록 진리에서 빗나갔지만 자신들이 그것을 발견했다고 믿는다.

정직한 실수들은 일부러 저지른 실수와 분명히 구분되어야 한다. 보일이 주창한 것은 여러 저술가들의 훈련되고 조직화된 불신이었다. 이것은 책이 말하고 있는 것이 아니라 '사물들 자체가 나로 하여금 생각하도록 하는 것'을 알아내려는 노력의 논리적인 결과였다.[72]

보일은 결코 마늘과 자석을 논의하지 않았다. 그러나 그는 다이아몬드를 먼저 염소 피로 부드럽게 만들지 않는 한, 그것을 부스러뜨리기 불가능하다는 낡은 믿음을 언급했다. 자신이 소유한 다이아몬드 중 하나로 실험하기에는 너무 검소했기 때문에, 그는 직접 경험이 있는 사람으로부터 조언을 얻으려고 했다.

다이아몬드의 놀라운 경도에도 불구하고, 그것들을 염소 피로 적셔서 부드럽게 만들지 않는 한 다이아몬드는 외력에 의해 깨질 수 없다고 주장하는 전통에는 진리가 없다. 이 기이한 주장은 다이아몬드 절단기의 빈번한 사용과 모순된다. 그리고 그들, 보석 세공인과 금 세공인에게 적합한 보석을 풍부하게 공급할 수 있는 그들 중 한 명에게 물어보니, 강철이나 쇠 절구 속에서 그들이 다이아몬드 판이라고 부르는 것을 때림으로써 자신이 다이아몬드를 연마하는 분말을 많이 만든다는 것, 그리고 그 방법으로 쉽게 다이아몬드 재 수백 캐럿을 갖게 되었음을 내게 확인시켰다.[73]

염소 피가 다이아몬드를 부드럽게 만든다는 주장은 보일에게 이상하게 보였다. 그는 공감과 반감이라는 낡은 개념 틀에서 벗어나 있었기 때문이다. 그 개념 틀에 따르면 자철석과 염소 피 사이에는 자연적인 공감이 존재하고, 다이아몬드와 염소 피 사이에는 반감이 존재했다. 그러나 이 개념 구도를 폐지하는 데 요구되는 모든 것은, 간접 경험에 반대되는 직접 경험을 주장한다.*

그러한 접근 방식, 우리에게는 그저 상식으로 보이지만 당시에는 혁명적인 방식의 결과는 지식의 신뢰도에서의 변혁이었다.[74] 윌리엄 워튼 William Wotton은 그의 《고대와 근대 학문에 관한 고찰Reflections upon Ancient and Modern Learning》(1694)에서 이렇게 표현했다.

Nullius in verba('누구의 말에도 의지하지 말라', 즉 권위를 따르지 말라)**는 왕립학회의 모토일 뿐만 아니라 현시대 모든 철학자들이 받아들인 원리다. 그러므로 어떤 새로운 발견들이 조사되고 받아들여질 때, 우리는 그 안에서 이전보다 더 많은 이성을 획득한다. 그래서 그것이 이전에는 무엇이었든 간에 현시대에서 일반적인 동의, 특히 오랜 기간의 검토 끝에 동의된 것은 거의 변할 수 없는 진리의 징후다.[75]

• 서구 문화 속에서 과학혁명 이전 시기의 경험 참조를 특징짓는 인식론적 엉성함은 과학 이전pre-scientific 사회들의 필수적인 특징은 아니다. 아마존 종족인 마체스족Matses은 동사를 사용할 때 정확하게 어떻게 그들이 보고하려는 대상을 알게 되었는지 명시해야 할 의무가 있었다. 직접 경험을 보고하는 경우(어떤 이가 지나가는 것을 직접 목격했다), 증거로부터 유추된 어떤 것(당신이 모래 위의 발자국을 보았다), 예측(하루 중 그 시간이 되면 사람들이 항상 지나간다), 전해 들은 말(당신의 이웃이 어떤 이가 지나가는 것을 보았다고 당신에게 말했다)에 따라 별도의 동사형이 있다. 만일 한 진술이 올바르지 않은 증거성evidentiality 형식으로 보고된다면, 그것은 거짓으로 간주된다. 그래서 만일, 예를 들어 당신이 마체스족 남자에게 부인이 몇 명이냐고 묻는다면, 그가 바로 그 순간 부인들을 볼 수 없는 한, 그는 과거 시제로 "내가 헤아려봤을 때 두 명 이었다"같이 대답할 것이다. (Deutscher, Through the Language Glass(2010), 153)

•• Horace, Epistles I.i. 14–15행: Nullius addictus iurare in verba magistri,/quo me cumque rapit tempestas, defertor hospes. '나는 어떤 주인에게도 충성을 맹세하지 않기로 되어 있다; 나는 폭풍이 나를 내팽개친 곳을 안식처로 삼는다.' 앞의 2장 5절을 참조하라.

여기서 다시 우리는 새로운 과학의 가능성을 반대하는 흐름에 직면한다. 나는 마늘이 자석의 능력을 빼앗는다는 유사-사실pseudo-fact의 파기를 델라 포르타의 직접 경험으로까지 추적할 수 있다. 나는 관련되는 수많은 핵심 자료들을 지니고 있기 때문에 이 추적을 할 수 있다. 나는 가르조니를 알고 있다. 오랜 시간이 흐른 후, 그의 소논문이 인쇄되었기 때문이다. 필사 문화에서 경험의 주장은 이러한 방식으로 추적될 수 없다. 플루타르코스는 그 자신에게 확실해 보였던 '우리' 너머로 되돌아갈 수 없었다. 그는 어떠한 직접 경험도 들먹일 수 없었다. 인쇄된 책은 정보에 대한 접근을 향상시킴으로써 훨씬 쉽게 사실을 확립하고 반박할 수 있게 해준다. 수년 동안 델라 포르타의 개인적 경험은 교육받은 유럽인들과 공유되었다. 1694년 위튼이 표현했던 대로, '인쇄는 학습을 저렴하고 용이하게 만들었다.'[76] 처음에는 이상하게 보였지만, 선택할 설명의 범위를 훨씬 넓힘으로써 다른 모든 것보다 목격자들의 설명에 특권을 부여한 것이 인쇄술이었다.[77]

델라 포르타를 읽을 때 우리가 보게 되는 것은 전환의 순간이다. 고대의 믿음과 근대적인 믿음 간의 전환뿐만 아니라, 경험이 불특정하고 간접적이며 형태가 없는 필사 문화(그 안에서 델라 포르타 같은 사기꾼이 온갖 종류의 거친 주장들을 하고도 무사히 넘어가기를 바랄 수 있었다)와 경험이 특정적, 직접적, 문서화되어 복구할 수 있는 인쇄 문화 사이의 전환이다.[78] 인쇄 문화에서는 법정(로마법 혹은 관습법)의 특이하게 높은 표준을 모든 것에 적용할 수 있게 되었다. 인쇄의 세계와 비교하여 필사 문화는 소문과 잡담의 문화다. 인쇄술은 정보 혁명을 나타낸다. 확실한 사실들은 그 결과다.

마늘과 자석을 시험하려 한 가르조니의 저술은 2005년까지 필사본으로 존재했다. 그러나 그것은 출간을 목적으로 쓰인 것으로 보인다. 믿을 수 없고 믿을 가치도 없는 허위 소문과 어떤 이들의 여론에 전쟁을 선포하려는 그의 결정의 기반이 바로 이것이다.[79] 불운하게도 마늘과 자석 사이에 있다고 생각되던 반감을 파기하는 데 그가 성공했다는 사실은 아주 최근까지 역사에 가려져 있었다. 학문의 세계에서 새로운 사실을 규명한 사람은 가르조니가 아니라 델라 포르타였다.

그러나 인쇄술만으로 목격자 증언에 부여된 독특한 권위를 설명할 수는 없다. 콜럼버스 이후, 갈릴레이 이후 세계에서는 중요한 발견들이 오직 목격자들의 확증에 의존한다는 데 아무도 이의를 제기할 수 없었다.[80] 3장에서 보았듯이, 발견이라는 개념은 이전에 있었던 어떤 것과도 다른 새로운 경험이 존재할 수 있다는 확신에 의존했다. 게다가 많은 발견들이 콜럼버스나 캐벗Cabot같이 사회적 지위가 낮은 사람들에 의해 이루어졌다. 그들은 나침반의 편차를 발견했다. 학자들과 신사들 간의 논쟁을 해결하는 열쇠를 갑자기 선원들과 보석상들이 쥐게 된 것이다. 베이컨은 이것이 새로운 철학이 가야 할 방향임을 명확하게 직시했다. 그러나 혁명은 길게, 서서히 진행되었다. 그 혁명의 시작이 1570년대 혹은 1580년대의 가르조니라면, 1640년대의 브라운과 1660년대의 보일 그 누구도 끝은 아니었다. 목격자의 특권적 지위가 분명해 보이는 우리에게, 이 위대한 혁명은 눈에 띄지 않는다. 그리고 마늘이 자철석의 능력을 빼앗고, 염소의 피가 다이아몬드를 부드럽게 만드는 세계, 결코 실재하지 않고 항상 상상적인 세계에 사는 우리 자신을 상상하기는 거의 불가능하다.

4

케플러에게는 사실들이 많았고 델라 포르타에게는 한두 가지 사실이 있었지만 둘 중 누구에게도 근대적 의미의 '사실'이라는 단어는 없었다. 그 단어는 어디에서 왔을까? 1778년, 고트홀트 레싱Gotthold Lessing은 '사실'에 해당하는 독일어 'Tatsache'에 관한 짧은 에세이를 썼다. 그는 '그 단어는 여전히 싱싱하다. 나는 어떤 이가 그것을 사용하기 이전의 시기를 분명히 기억한다'고 말했다.[81] 그러나 그 단어 자체는 적어도 영어, 프랑스어와 이탈리아어에서는 새롭지 않았다. 그 어원은 라틴어 동사 'facio'(나는 행한다)다. 중성 과거분사 'factum'은 '행해진 것'을 뜻한다. 유럽 전역에서 로마법의 영향력이 남아 있는 어디서나 법은 'factum', 행위 혹은 범죄에 관한 것이다. 따라서 '카인의 범죄the fact of Cain'는 아벨을 죽인 것이었다.[82] 셰익스피어의 《끝이 좋으면 모두 좋다All's Well that Ends Well》에서 헬레나는 말한다.

> 우리의 음모를 분석해보자. 만일 그것이 빨라지면
> 그것은 합법적 행위에서 사악한 의미이고
> 합법적 행동에서는 합법적 의미이며
> 그 둘 모두 죄가 아닌 곳에서, 그러나 죄스러운 사실이다.[83]

여기서 말장난은 '행위deed'와 '행동act'이 동의어이며 또한 특별히 불법적인 행위나 행동을 지칭할 때 사용되는 단어라는 '사실'에 의존한다. 우리는 범죄가 저질러진 이후에 이를 도운 누군가, 즉 사후공범an accessory after the fact을 지칭할 때 이 말(이제는 다소간 고어가 된)을 여전히 사용한다.

영국에서 배심원은 사실의 재판관이었다(조가 탐을 죽였는가? 배심원은 조가 그 행위를 했는지를 결정한다). 재판관은 법의 문제에 관한 권위자였다(어떤 상황에서 어떤 이가 누군가를 정당방위로 죽일 수 있는가? 이 서류는 올바르게 만들어진 것인가?). 사람들은 재판관의 법 해석과 배심원을 이끌어가는 방식에 항의할 수 있지만 배심원의 사실 평결에는 항의할 수 없다.[84] 사실에 관한 이러한 법적 개념에는 자연적인 것이 없다는 점이 강조되어야 한다. 그것은 배심원 제도가 가책에 의한 심판의 대체로 도입된 13세기의 구성물이었다.[85] 그러나 영국 법에서는 사실이 특이한 지위를 지녔다. 한번 사실이라고 결정이 내려지면 결코 재론될 수 없었다. 여기서 사실은 (이론과는 달리) 항상 참이라는 근대적 용법에서의 '사실'이라는 단어의 특징은 바로 여기서 나왔다. 사실은 결코 틀리지 않는다. 배심원들이 사실들을 결정했고 그것들은 틀리지 않은 것(적어도 고칠 수 없는 것 혹은 논란의 여지가 없는 것)으로 간주되었기 때문이다.

라틴어의 factum과 근대 영어의 '사실fact' 간에는 가로질러야 할 장벽이 있었다. factum은 동인動因이 필요하지만 사실은 그렇지 않다. 이 장벽은 비록 실제로는 불가피한 모호성이 있지만 원리상 분명하다. 베이컨(1626년 사망)은 상상이 물체에 작용하는 능력에 관한 사후 출간된 책을 저술할 때, 사실 혹은 효과effect를 잘못 판단하는 것, 그리고 되지 않은 것을 성급하게 되었다고 여기는 것은 틀린 것이라고 주장한다.[86] 따라서 일어난 사건들 배후에는 마녀들이 있다고 흔히 주장되었다. 여기에서 '사실'은 여전히 하나의 행동 혹은 행위다(비록 1755년 존슨 박사의 사전은 베이컨을 인용하면서 달리 말하고 있지만 말이다).[87] 1651년 노아 빅스Noah Biggs가 해바라기가 어떻게 해를 따라 방향을 바꾸는지 묘사하면서 그는 그것을 '사실의 문제'라고 부르지만, 또한 '행해진 일thing done'이라고도 부른다. 그는 해바라기를 그가 본능이라고 부른 것을 지닌 동인으로 취급하고 있다.[88] 그는 낡은 유형의 사실들이 동인을 지닌다는 관습을 확장하고 있지만 분명히 파기하고 있지는 않다. 같은 일이 1년 후 일어났다. 찰스 1세의 사제였던 알렉산더 로스가, 한 남자가 다녀간 목욕탕에서 목욕을 한 후 임신하게 된

한 여자에 관한 고대의 이야기를 논의할 때였다. 이 이야기는 아베로에스도 한 적이 있는데, 토머스 브라운은 거부한 바 있다. 로스는 자궁과 정액 사이에는 본능적인 끌림이 작용한다고 생각한다.[89] 두 번째 모호성은 행동으로 간주될 수 없는 역사적 사건을 논의함에 있어서 발생한다. 역사는 사실들, 즉 사람들이 행해온 사건들에 관한 것으로 간주되어왔다. 1641년 9월 1일 당시 네덜란드에 있던 존 에벌린John Evelyn은 그의 일기에 '한 번 분만에 그해의 날수만큼 많은 아이들을 낳은 것으로 보고된 여자(자신을 네덜란드 백작부인이라고 주장한)의 기념물을 보기 위한' 방문을 기록한다. '많은 대야가 그들이 함께 세례 받은 곳에 매달려 있었다. 적막한 장소인 리스둔Lysdun 교회의 조각 작품 테두리에 사실의 문제에 대한 긴 묘사가 있었다.' 비록 분만은 정확히 행동action은 아니지만 그것들은 쉽게 역사적 사실들의 영역에 들어간다.[90]

사실의 언어는 언제 그리고 어디서 발명되었을까? 아주 최근에야 역사학자들은 이 문제에 대한 간단한 답변이 있다고 생각했다. 프랜시스 베이컨은 사실을 발명했다. 베이컨을 통해 사실이 영어에 들어왔고 왕립학회에 의해 채택되었다. 그래서 역사가들은 '베이컨주의 사실들Baconian facts'에 관해 서술하기 시작했다.[91] 영국 철학은 항상 유별나게 경험주의로 간주되어왔다. 이런 이유로, 영국이 사실의 문화를 창조했고 발명했다고 여겨졌다.*

불행하게도, 이 이야기는 정확하지 않다. 결정적으로 '사실'은 영어가 아니다. 갈릴레이와 그의 교신자들은 기꺼이 사실들을 논의한다. 그러나

---

* 여담으로 덧붙이면, 우리가 '사실'이라는 단어와 자연스럽게 짝을 이루는 단어라고 생각하는 '허구fiction'라는 단어는 1590년대에 영어에 도입되었다. '허구'라는 단어는 사실이라는 근대적 관념보다 앞서 존재한다.

훨씬 이전인 1570년대부터의 이탈리아어 용법이 있었다.[92] 학계의 정설에 따르면 프랑스어는 그 새로운 단어를 1660년대에야 발견했다.[93] 그러나 몽테뉴는 사실을 의미하기 위해 'faict'를 다섯 번 이상 사용했다. 그중 하나는 1580년(그의 이탈리아 여행 이전)으로 소급되고, 나머지는 1588년(세 편의 중요한 에세이에 나타난다. 〈후회에 관하여Du repentir〉, 〈경험에 관하여De l'expérience〉, 〈절름발이에 관하여Des boiteux〉)으로 소급된다. 이 다섯 사례 중 세 사례에서, 몽테뉴를 최초로 영어로 번역했던 플로리오Florio가 영어 단어 '사실'을 확장해 몽테뉴의 faict를 포함할 수 있다고 생각했다는 것을 언급할 가치가 있다. 그러나 다른 두 사례에서 플로리오는 그렇게 느낄 수 없었다.* 비슷하게, 몽테뉴의 제자인 샤롱Charron은 《지혜에 대하여De la sagesse》에서 사실을 의미하기 위해 두 차례 'faict'를 사용한다. 그러나 이 경우 어느 것에도 1608년의 샘슨 레너드Samson Lennard의 영어 번역은 영어 단어 '사실'을 사용할 수 있다는 느낌을 주지 않는다.[94] 우리는 몽테뉴와 샤롱뿐이 아니라는 것을 확신할 수 있다. 장 니코Jean Nicot의 《고금古今 프랑스어 보전寶典Trésor de la langue française, tant ancienne et moderne》(1606)은 명사 fait가 현대적 의미로 사용된 몇 개의 예를 보여준다. '새로운 사실을 분명히 하다articuler faits nouveaux'에서의 쓰임은 새로운 행위 혹은 새로운 사물을

---

* 플로리오가 몽테뉴를 따랐던 세 경우는 다음과 같다. '나는 나 자신 이외에는 내 잘못 혹은 불운에 대해 탓할 데가 없다. 결과적으로 나는 그것이 보완적인 경우, 그리고 사실의 가르침이나 지식이 필요한 곳이 아니라면 다른 이들의 조언을 거의 사용하지 않았기 때문이다'(Montaigne, Essayes(1613), 456); '증명과 논증이 사실과 경험에 근거하고 있음은 분명하다. 실제로 그것들은 끝이 없기에 나는 매듭을 풀지 못하고 알렉산더가 그러했듯이 종종 그것들을 잘라버린다'(582); '내가 기억력이 부족하여 행하는 그 일을 다른 이들은 믿음이 부족하여 더 자주 하는 것이 아니라면, 나는 사실의 문제에 있어서 나 자신의 것보다는 다른 이들의 입으로부터 진리를 취하는 편이 나았을 것이다'(605). 그러나 몽테뉴가 'Je vois ordinairement que les hommes, aux faicts qu'on leur propose, s'amusent plus volontiers à en chercher la raison qu'à en chercher la verité'라고 한 곳에서 플로리오는 '나는 흔히 사람들이 진리trueth를 찾는 것보다는 기꺼이 논증을 하는 데 더 즐거워하고 바쁘게 지내는 것을 목격한다'(578)라고 말한다. 그리고 몽테뉴가 'joinct qu'à la verité il est un peu rude et quereleux de nier tout sec une proposition de faict'라고 한 곳에서 플로리오는 '사실의 한 명제를 단호히 부인하는 것은 무례하고 다툼을 좋아하는 농담이다'라고 말한다.

의미할 수 있다. '사실'은 개괄적으로 봐서 논증의 토대가 되는 그러한 것들일 수 있다.[95]

'사실'이라는 단어는 베이컨주의가 아니다. 베이컨은 결코 영어 문서에서의 현대적 의미로 그 단어를 사용하지 않는다. 그리고 그는 저술에서 'factum'을 서너 차례 사용한다. 그러나 중요한 저술인 1620년의 《신기관》은 영향력을 미칠 수 있는 제때에 영어로 번역되지 않았다.[96] '사실'이라는 단어를 일상 영어에 도입하지 못했던 베이컨의 실수(혹은 그 문제에 대한 플로리오의 실수)는 몽테뉴와 베이컨에 대한 해박한 지식과 라틴어에 대한 애정을 지녔고, 그의 무기를 기술하는 단어(돌멩이가 아닌)가 분명히 필요한데도 불구하고 그 단어를 비인격적 의미로 사용하는 데 실패한 브라운의 실수와 마찬가지로 지극히 명백하다. 브라운에 관한 한 그가 필요로 했던 단어는 존재하지 않았다.

5

'사실'이라는 단어를 영어에 도입하는 데 베이컨보다 훨씬 더 강력했다고 주목받는 사람이 토머스 홉스다. 그는 1640년에 쓰인 《법의 기초, 본성과 정치Elements of Law, Natural and Politic》 1부에서 사실들을 논의한다('인간본성론Humane•• Nature'이라는 제목으로 1650년에야 출간되었다).••• 홉스는 베이컨

•• 현대 영어에는 'human'과 'humane' 두 개의 구별되는 단어가 있다. 그러나 17세기 영어에는 두 구별되는 의미를 지니면서 철자는 'humane'으로 똑같은 단어 하나뿐이었다. 여기서의 'Humane'과 로크의 에세이 제목은 'human'을 뜻한다.

••• '만일 한 사람이 현재 그가 과거에 보았던 것을 본다면, 그는 그것이 이전에 본 것에 선행한다고, 또한 지금 본 것에 선행한다고 생각한다. 예를 들어, 불타고 남은 재를 본 적이 있고 지금 다시 재를 본다면, 그는 불이 여기서도 났

의 비서였고, (오브리Aubrey에 따르면) 갈릴레이를 만난 적이 있다. 그는 갈릴레이를 의심할 여지 없이 숭배했다. 베이컨이나 갈릴레이 모두 '사실'이라는 단어의 사용에서는 홉스보다 뒤처졌다. 홉스는 그의 《법의 기초》를 친구들에게 회람시켰다. 따라서 그 단어의 현대적 의미로 사용된 예는 홉스의 친구 중 한 명이 쓴 글에 처음 나타나게 되었다. 그 사람은 모순덩어리였다. 그는 개신교도이면서 가톨릭교도이고, 아리스토텔레스주의자이면서 원자론자이며, 충직한 왕당파이면서 크롬웰의 친구인 케넬름 딕비Sir Kenelm Digby였다. 1644년에 파리에서 출간된 영혼의 불멸성에 관한 그의 책에서, 딕비는 성교 시 여성들이 갖는 판타지는 그들 자녀들의 외모에 영향을 준다고 주장한다. 그래서 만일 사랑하는 사람이 곰과 같다고 생각하면 당신은 털이 많은 아이를 갖게 될 수도 있다. 그는 우리가 원인에 대한 지식 없이도 사실의 진실성을 확보할 수 있다고 말한다.[97]

다음으로 1649년, 얀 밥티스타 판 헬몬트의 무기 연고(몸의 상처에 바르는 것이 아니라 상처를 만든 무기에 발라 그 상처를 치료하는 연고)에 관한 책이 번역되었다. 이 책은 1621년 처음 라틴어로 출간되었고, 이제 딕비의 친구인 월터 찰턴의 긴 서문과 함께 번역본으로 나온 것이었다. 찰턴은 딕비의 '사실'이라는 단어의 용법이 특이함을 잘 알고 있었다. 그는 (서문에서) 처음 소개할 때 그것에 괄호를 붙여 라틴어 문구 'de facto'를 넣고 두 번

을 거라고 결론지을 것이다. 이는 과거의 **예측**Conjecture 혹은 사실의 가정이라고 불린다. 한 사람이 결과에 앞선 선행 사건들을 너무 **자주** 관찰했다면, 그는 선행 사건들을 볼 **때마다** 결과를 찾을 것이다. 혹은 결과를 볼 때 선행 사건 같은 것이 있다고 설명한다. 그러면 그는 선행 사건과 결과 모두를 서로 간의 **흔적**Sign이라고 부를 것이다. 구름은 다가올 비의 흔적이고 비는 지나간 구름의 흔적이다'(Hobbes, *Humane Nature*(1650), 37-8); '(…) **두 종류의 지식**이 있다. **하나는 감각** 혹은 **고유한 지식** (…) 그리고 동일한 것의 **기억**Remembrance에 다름 아니다. **다른 하나는 과학** 혹은 **명제의 진실성**에 대한, 그리고 사물이 어떻게 명명되는가에 대한 지식으로 불린다. 이것은 **이해**로부터 유래한다. (…) 이 두 종류의 지식에서, 전자는 **사실의 경험**Experience of Fact, 후자는 **진리의 증거**Evidence of Truth다. 전자는 **분별**Prudence이라고 부르는 것이 무방하다면, **후자**는 고대와 근대 저술가들이 말한 대로 **지혜**Sapience, Wisdom로 적절히 불려왔다. **인간만이 후자**를 지닐 수 있다. **전자는 맹수들도** 지닐 수 있다'(60-1, 64-5).

째로 그리스어 단어 'hoti'를 넣었다.•98

홉스의 친구들이 쓴 이 저작들 이후, 홉스의 《인간의 본성Humane Nature》(《법의 기초》1부)은 1650년에 출간되었다. 여기서 그는 두 종류의 지식을 구분했다. 하나는 후일 흄이 말한 대로 개념들의 관계에 관한 과학이며, 다른 하나는 그가 사실들에 관한 분별prudence이라고 부른 것이다. 그리고 홉스는 다른 측면에서는 ('사실'이라는 단어의 혁신적인 사용과는 별개로) 구식 어휘를 고수한다. 사실들에 대한 지식은 증언과 징후(우리는 이것을 증거라고 부를 것이다. 이것을 발자국에서처럼 '자국prints'이라고 부른 델라 포르타의 영어 번역을 보았다)로부터 나온다. 반면, 개념(사유)에 대한 지식은 우리가 증거라고 부르는 것(우리가 이해라고 부르는 것)을 동반한다. 뒤이어서 널리 읽혀 큰 반향을 불러일으킨 《리바이어던Leviathan》(1651)이 나왔다. 그러나 이 책에 자신이 큰 빚을 졌다고 인정하는 사상가는 드물었다. 이 책이 사악할 만큼 무신론적이라고 여겨졌기 때문이다. 사람들은 이 책에 영어에서 최초로 민간 역사의 주제인 역사적 사실(사람의 행동)과 자연사의 주제인 자연적 사실이 존재한다고 말한다.•• 그리고 홉스는 매우 일관적이어서 같은 어휘들이 그의 《자유와 필연에 관하여Of Libertie and Necessitie》(1654)에도 나타난다.99

나는 이 세 명의 저자를 제외하고는, 1658년 이전 영어로 활자화된 '사실'이라는 단어에서 모호하지 않은 용법을 오직 하나 발견할 수 있었다.

• 'An example, de facto'(Helmont & Charleton, A Ternary of Paradoxes(1649), c2v 서문); '그러므로 나는 직접 Hoti, 즉 사실의 문제의 조사에 들어간다.'(dir) 라틴어 원본을 동반한 번역본으로부터의 예들에 대해서는 미주 98을 보라.

•• '**사실**에 대한 지식의 등록은 **역사**라 불린다. 여기에는 두 종류가 있다. 하나는 **자연사**라 불리고, 그것은 그러한 사실들의 역사 혹은 자연의 효과Effects of Nature이며 사람의 **의지**에 의존하지 않는다. 그러한 것들은 **금속, 식물, 동물, 지역** 등의 역사다. 다른 하나는 **민간 역사**Civil History다. 이것은 영연방에 있는 사람들의 자발적 행동의 역사다.' Hobbes, Leviathan(1651), 40.

그것은 1653년 출간된 G. W.의 《근대 정치가The Modern States-Man》라고 불리는 저작에서다. 불운하게도 우리는 G. W.가 누구인지 자신 있게 말할수 없다. 그러나 그는 홉스를 읽고 있었던 것 같다.[100] 앞서 논의한 노아 빅스나 알렉산더 로스의 모호한 용법 또한 홉스의 《인간의 본성》 출간을 따라 이어진다. 그렇다면 이 세 명의 친구인 홉스, 딕비, 찰턴은 어디서 사실이라는 개념을 얻었을까? 나는 올바른 답을 여러 곳에서 찾을 수 있다고생각한다. 우리가 보았듯이, 홉스는 베이컨과 갈릴레이를 알고 있었다. 딕비는 프랑스에서 저술 활동을 했지만, 이탈리아어를 원어민처럼 사용했다. 비록 이것만으로는 그 새로운 단어를 사용하는 충분조건이 될 수 없지만, 우리는 그 조건을 파도바에서 교육을 받은 윌리엄 하비와 토머스 브라운에게서 발견할 수 있을 것이다. 홉스, 딕비, 찰턴 이 세 사람은 엄청난독서를 공유했다. 그 목록 속에는 몽테뉴, 갈릴레이, 베이컨이 분명히 포함되어 있었을 것이다. 그러나 의심할 수 없는 하나의 출처가 있다. 찰턴의 라틴어 원전, 판 헬몬트는 '사실'을 의미하는 데 'factum'을 사용했다 (비록 찰턴은 판 헬몬트의 라틴어를 번역할 때가 아니라 자신의 목소리를 낼 때 '사실'을 사용했지만 말이다).

지금까지 우리가 알게 된 것은 이렇다. 영어에 '사실'이라는 말이 생기기 전, 이탈리아어, 프랑스어, 라틴어에 사실이라는 말이 있었다. '사실'이영어에 도입되는 데 핵심적 역할을 한 사람은 베이컨이 아니라 홉스였다.여기에는 기분 좋은 역설이 있다. 왜냐하면 홉스는 사실적 지식이 연역적지식으로 구성된 과학에 비해 매우 열등한 종류의 지식이라 믿었기 때문이다. 홉스의 사고는 단순하다. 우리는 사실을 반드시 옳은 것이라고 정의하고는 사실로 오인된 것은 전혀 사실이 아니라고 말한다. 그러나 오류는빈번하다. 사실로 생각되었던 것은 자주 사실이 아니다. 그리고 우리가 사실로부터 결론을 도출하고자 할 때 그것의 중요성을 오해함으로써 자주 길을 잃는다. 홉스는 후일 귀납법의 고전적 문제가 되는 것을 개괄하기도 했다. 사실로부터의 논증이 가진 한계를 보여주자면, 흄이 말한 대로, 이제까지 매일 아침 해가 떴다고 해서 내일도 그러하리라고 말할 수 없으며, 포퍼Popper가 말한 대로 당신이 본 모든 백조가 희다고 해서 검은 백조가 없다고 말할 수 없다(호주에 실제로 있다).[101] 홉스는 사실을 이해하지만 믿지 않았던, 사실을 진지하게 고찰한 최초의 철학자였다.

사실의 철학에 관한 그다음 중요한 기여는 1662년 출간된 《포르루아얄의 논리학Logique de Port-Royal》과 함께 이루어졌다. 앙투안 아르노Antoine Arnauld가 쓴 것으로 보이는 그 책의 마지막 네 장章은 분명히 1660년 이후 작성되었고, 최초로 확률 이론의 개요를 서술한 것으로 유명하다. 그것은 프랑스에서 생겨난 사실 개념을 확장한 논의였다. 여기서 사실은 우연한 사건으로 정의되고, 우연한 사건이란 다소간 개연성이 있는 사건을 말하기 때문이다. 따라서 '성탄절에 눈이 왔다'는 진술은 캐나다 노바스코샤에서라면 완전히 믿을 수 있지만, 호주의 시드니에서라면 의심스럽다. 아르노는 사실에 관한 자신의 생각을 어디서 얻었을까? 홉스로부터는 아니다. 이 문제에 대한 홉스의 핵심적 내용은 이 당시 영국 내에서만 알려져 있었다. 사실에 관한 아르노의 몰두는 얀선주의Jansenism가 이단인지에 대한 대논쟁(아르노는 이 문제의 선두 주자였다)에서 발전해 나왔다. 1653년 이후, 이 논쟁은 교황으로부터 이단으로 단죄된 얀선주의자 5개 조항이 얀선의 《아우구스티누스Augustinus》에서 발견될 수 있는지의 문제로 옮아갔다. 아르노는 교황이 치리治理, de jure에서는 권위를 갖지만 사실de facto의 문제에서는 그렇지 않다고 주장했다. 그 조항들이 책에 들어 있는지 하는 중요한 사실의 문제(얀선은 아직 정립되지 않은 조항들을 그의 책에 넣을 의도가 거의 없었을

것이기에 그것은 행위의 문제가 아니라 사실의 문제였다)에 대해 교황은 명백히
틀렸다. 사람들은 5개 조항을 단죄하는 교황의 권위를 인정하면서 여전히
적절히 해석된 아우구스티누스의 가르침을 옹호할 수 있었다. 몽테뉴의
예와 함께, 이 논쟁의 과정에서 아르노는 사실의 개념을 재발명했다.*

　아르노의 예를 따라 블레즈 파스칼은 1657년 그 자신의 안선주의 옹호
를 출간했다. 교회 당국을 피해 루이 드 몽탈트Louis de Montalte라는 필명으
로 출간된《시골 친구에게 부치는 편지Lettres provinciales》는 처음에는 무허가
인쇄소에서 한 편씩 나왔다. 이 책에서는 현대적 의미에서 '사실'이라는
단어가 빈번하게 사용되고 있다.** 또한 아주 흥미로웠고, 예수회 회원들
에게는 엄청나게 파괴적이었다. 이 책은 곧바로 영어로 번역되어, 1657년
처음으로 출간되었고 이듬해에는 증보판이 나왔다.[102] 그 번역은 왕당
파 성직자인 헨리 해먼드Henry Hammond가 주도했지만 왕립학회 회원들 사
이에서 주목을 받게 되었다. 존 에벌린은 속편인《예수회의 비의秘義 후편
Another Part of the Mystery of Jesuitism》(1664)을 번역했다.[103]《시골 친구에게 부
치는 편지》에서 '사실'이라는 단어와 '사실의 문제'라는 문구는 수십 번 반
복해서 나타난다. 법과 신앙의 문제와 대비되는 '사실의 문제'는 지적 구
호이자 강력한 정치적 도구가 된다. 파스칼은 그의 과학 저술에서는 근대
적 의미의 '사실'이라는 단어를 사용하지 않았지만, 이제 (그의 영국 독자들
중 아무도 루이 드 몽탈테의 정체를 알았을 것 같지 않지만) 그는 기존 권위와의

● 예를 들면 다음과 같다. Arnauld & Nicole, *Response au P. Annat*(1654), 서문(Avant-Propos): '그런데 이 같
은 우둔한 세계에서 어째서 교황은 그들이 제안한 사실의 진리를 보증하며, 계속 그들의 칙령과 조직을 반포하는가.'
Première lettre apologétique de Monsieur Arnauld Docteur de Sorbonne; À un évêque(1656), 12에서 아르노
는 교황과 주교들이 '눈이 판단하는 사실의 정확한 관점'을 결정할 수 있다는 것을 부인한다.

●● Pascal, *Les Provinciales*(1657), 48 – 9(네 번째 편지): '그것은 논증 같은 것이 아니고 믿음의 관점도 아니다. 그
것은 하나의 사실의 문제다. 우리는 그것을 보고, 탐구하고, 지각한다.'

투쟁에서 얻어진 또는 받아들여진 견해에 대한 모든 공격에서 요구되는 필수적인 단어로서 '사실'에 품격을 부여했다.

6

사실이라는 개념이 영국으로 전파되면서 우리의 주된 논의는 복잡해졌다. 여태까지 나의 주장은, 역학자의 언어로 말하자면, 이 질병의 최초의 증례 index case로는 홉스의 《법의 기초》 원고가 시중에 나돌았고, '사실'이라는 단어는 그 책에서 유래하여, 먼저 그의 친구들에게, 그리고 나중에는 더 일반적으로 퍼졌다는 것이었다. 그러나 크롬웰이 죽은 1658년의 영국을 들여다보면 '사실'이 새롭게 정립된 것은 홉스의 친구들이 아닌 파스칼 덕분이다. 1658년, 프랑스에서 처음 출간되어 즉시 영국에서 번역된 저술에서 케넬름 딕비는 무기 연고의 문제를 다루면서 새로운 용법의 명확한 정의를 제시했다.

> 사실의 문제에서, 존재의 결정과 한 사물의 진실성은 우리의 감각들이 우리에게 하는 보고에 의존한다. 이 작업은 그러한 성격을 지닌다. 그 효과들을 관찰한 사람들, 그 경험을 한 사람들, 모든 필요한 상황들을 주의 깊게 조사하고 그 일에는 사기 행위가 없다고 확신한 사람들은 그것이 실재이고 진실이라는 것을 의심하지 않는다. 그러나 그러한 경험을 하지 못한 사람들은 스스로를 이야기꾼으로 불러야 하며, 그러한 것을 본 사람들은 권위자로 불러야 한다.[104]

딕비는 홉스와 파스칼에 찬동했을까? 우리는 잘 모른다.

원래 무기 연고는 상처를 입힌 무기에 발라 그 상처를 치료하는 연고다. 곰 기름, 야생 돼지, 미라 가루, 두개골에 자란 이끼를 재료로 쓰는 제조법도 있는데, 델라 포르타가 제시하는 방법은 이렇다. "매장되지 않은 죽은 사람의 두개골에서 이끼를 떼어내고, 그만큼의 사람 지방, 반 온스의 미라, 사람 피, 아마씨, 테레빈유 등을 사발에 넣어 함께 빻고서는 길쭉한 유리병에 보관한다."[105] 판 헬몬트의 경우는 특별히 언급할 만한데, 그는 예수회 회원들의 두개골이 이상적이라고 제안하여 같은 신자들인 예수회를 격노하게 했다. 그는 자신의 과학적 사실들은 회의론에 부딪히는데, 예수회 회원들은 사람들이 그들의 기적을 믿도록 하는 데 거의 어려움이 없었기 때문에 예수회에 적대감을 품고 있었다. 딕비는 물에 녹여 전장으로 쉽게 들고 갈 수 있는 훨씬 간단한 화학 가루를 선전하고 있었다.

무기 연고는 원격 작용을 포함하고 있었으므로, 힘의 작용은 접촉을 필요로 한다는 아리스토텔레스 물리학의 기본 원리를 부인했다. 판 헬몬트, 찰턴, 딕비는 그래도 이것이 효과적인 치료에 방해가 되지 않는다고 주장했다. 자석이 원격 작용의 예이으므로, 그들은 무기 연고를 '자기적磁氣的'이라고 표현하고 싶어했다. 그들의 근본적인 주장은, 비록 어떤 이들이 그러한 사례들은 기적 혹은 마귀가 한 일 같다고 주장하지만, 그것들은 사실상 재현하기가 아주 쉽다는 것이다. 1649년 찰턴이 기술했듯이, 그는 믿지 않을 방도가 없었다.

나 자신의 감각의 증거에 손상을 줄 정도로, 그 성실성으로 정평이 난 저자들이 수립한 관계식들의 진실성에 의문을 품을 정도로, 나의 무례한 회의가 허용이 될 때까지, 그들의 단 하나의 증명이 가장 강력한 증거로서 나의 믿음을 강제한다. 나 자신이 행한 많은 다른 실험들 중에서 나는 오직 하나를 선택하고 들려줄 것이다. 그것은 가장 풍부하고 적합한 것 (…)**106**

그리고 그는 계속하여 사기나 마귀의 개입이 아니냐는 의구심이 생기지 않도록, 회의적인 성직자가 고약을 바르도록 한 시험을 보고한다. 무기 연고는 이제 실험과학의 영역으로 들어왔고, 이상한 사실들이 자연스럽게 받아들여지도록 할 예정이었다. 사실적 지식의 개념이 보일의 진공 펌프 실험의 해석에 도움을 주기 위해서가 아니라 무기 연고의 실제 효능을 회의하는 사람들을 확신시키기 위해 처음 고취되었다는 사실에는 깊은 아이러니가 있다.•

1654년이 되면서, 우리가 판 헬몬트의 번역자로 앞서 만났던 찰턴은 오만한 회의론자 중 하나가 되어 있었다. 그는 세 가지 반대를 제기하며 무기 연고에 대해서 마음을 바꾸었다고 공표했다. 뒷받침하는 이론에 일관성이 없다(왜 고약은 그 근처에 있는 상처를 치료하지 못하는가?). 그리고 전혀 처치하지 않은 경우보다 나아졌다는 것을 증명하기 위해서는, 무기 연고로 처치를 받은 그룹과 받지 않은 대조군을 비교함으로써 그것이 기능한다는 주장을 시험할 필요가 있다. 마지막으로, 어쨌든 성공한 것처럼 보인 사례들은 널리 보고된 반면 실패의 사례는 망각 속에 사라졌기 때문에 그 효능은 환상이라고 의심했다.

• Shapin & Schaffer, *Leviathan and the Air-pump*(1985), 24와 대비하라. 거기서는 '보일과 실험가들'이 사실의 문제에 집착한 원조로 되어 있다. 홉스는 보일이 사용한 언어를 창시했던 사람이 아니라 그저 사실들로부터의 논증을 반대하는 사람이다(22). 이론적 토대로 비트겐슈타인의 언어게임 개념을 채택한 것은 이 책이 지닌 이상한 특징이다(15, 22). 그러나 새로운 언어게임을 개발하는 것이 단어들의 의미 변화를 포함할 수 있다는 가능성은 전혀 고려하지 않는다.

성공에 관한 많은 이야기는 굉장히 멋질 수 있다. 몇몇 실패한 예들 혹은 실험들은 (사실이) 그 반대임을 요약적으로 주장한다. 이 실패들은 의심할 여지 없이, 비교할 수 없는 무게로 성공보다 비중이 크다. 그리고 사람들의 마음을 반대쪽으로, 즉 그 발명자들과 후원자들의 사기는 아니라 하더라도, 최소한 오류일 거라 의심하는 쪽으로 기울게 만든다.[107]

이전에 그가 확신했던 사실이 이제는 그저 우연히 일어나는 일로 보였다. 문제가 된 원리는 단순했다. 자연적인 사실들이 사실로 간주되기 위해서는 반복 가능하고 재현될 수 있어야 한다. 우리는 여기서 사실이라는 개념이 증거와 확률의 문제와 불가분의 관계임을 알 수 있다. 그리고 물론 재현이 (통과해야 할) 시험이 되면서, 한때 공고하고 믿을 만한 것으로 보였던 역사적 사실은 (그 실재성이) 점점 허술하고 희박해 보였다.

파스칼의 《예수회의 비의The Mystery of Jesuitism》(1657)와 딕비가 공감의 분말이라고 부른 것을 다룬 그의 《후기 담론Late Discourse》(1658)이 출간되고 5년 후, 갑자기 새로운 의미로서의 '사실'이라는 단어가 영어에 토착화되었다. 이것은 100년 후 독일에서 레싱이 맞았던 혁명에 비견되는, 영어에서의 변칙적인 순간이다. 딕비의 《담론》의 특별한 성공(29종의 판본이 발간되었다)은 그것과 깊은 관계가 있었을 것이다. 파스칼의 《시골 친구에게 부치는 편지》는 분명히 더 큰 영향을 미쳤다. 1658년 이전, 그 단어가 사용된 예는 그 수가 아주 적고 너무나 드물어서, 그것이 비유적이거나 과장된 의미 혹은 사적인 개인어로서의 경우를 제외하고, 영어에 존재했는지를 합리적으로 의심할 수 있다. 1663년 이후, 사실이라는 낱말은 어디서나 사용된다. 독일에서는 사실의 문화가 1770년대에 생겨났고, 영국과 프랑스에서는 1660년대 초에 생겼다.

영국에서 '사실'은 언어적으로 다반사가 되었을 뿐만 아니라 제도적으로 확장되었다. 왕립학회의 공식적 목표는 새로운 사실을 확립하는 것이었다. 1663년의 그들의 규정은 다음과 같았다.

> 학회에 제출된 모든 실험 보고서에서 사실의 문제는 어떤 서론, 변명 혹은 수사적 과장 없이 있는 그대로 진술될 것이며, 학회의 명에 따라 그렇게 등록부에 들어갈 것이다. 그리고 만일 어떤 회원이 그러한 실험들에서 현상의 원인에 관한 어떤 추측을 하는 데 적합하다고 생각될 경우 같은 일이 별도로 행해질 것이며, 만일 학회가 그 등록을 명하면 등록부에 들어갈 것이다.[108]

여기에 몽테뉴와 그를 넘어서까지 소급되는 사실과 설명 사이의 근본적인 차이가 진술되어 있다. 왕립학회가 학회의 모토로 '누구의 말에도 의지하지 말라nullius in verba'를 채택했을 때, 학회는 사실에 관한 회의론이 아니라, 스콜라 자연철학의 중심적 과업이었던 본래적으로 변하기 쉬운 현상의 원인에 대한 예측에 헌신하고 있었다. 학회는 권위 있는 낱말을 좇는 것이 아니라 사실들을 지키는 낱말을 따랐다. 이 모토는, 사실들은 낱말이 아니라 살림망 속의 물고기처럼 언어의 그물에 잡힌 사물임을 암시했다. 그래서 스프랫이 《왕립학회의 역사》로 그 제목을 약간 잘못 붙인 책을 집필할 때(그는 학회가 세워진 지 3년이 지난 1663년에 이 책의 집필을 시작했고 1667년에 출간했다) 사실들은 중심적 역할을 부여받았다. 그는 아무리 오래된 것일지라도 사실의 문제는 항상 승리를 알려야 한다고 주장했다. 사실들은 학회의 유일한 관심사였다. '그들은 오직 **사실**의 문제만을 다룬다.'[109]

사실은 어떻게 영어를 사용하는 지식인들의 삶의 주류로 들어오게 되었을까? 첫 번째로 주목할 것은 모든 이들이 재빨리 그것을 채택하지는 않았다는 점이다. 예를 들어, 훅의 《마이크로그라피아》 혹은 뉴턴의 《광학》에는 사실이라는 낱말이 없다(이 둘은 '관찰'이라는 낱말에 의존했다).[110] 더 놀라운 것은, 보일이 쓴 《새로운 실험들New Experiments》(1660)에서 그의 공기 펌프 실험에 대한 최초의 설명에도 오직 현상만 있고 사실이라는 낱말은 없다는 점이다. 《리바이어던과 공기펌프》에서 스티븐 셰이핀과 사이먼 셰퍼는 사실들의 생산이 보일의 실험 방법의 핵심에 있다고 주장했다. 공기 펌프는 사실의 문제들을 창조하는 기계다. 그러나 《새로운 실험들》에서는 이와 다르다. 보일은 이미 현대적 의미의 '사실'이라는 영어 낱말에 익숙했다. 그는 1659년 해부학적 표본의 보존에 관한 짧은 논문의 서문에서 그 말을 사용했다(그의 여동생도 그해 후반 그 낱말을 사용했다).[111] 그는 나아가 《회의적 화학자Sceptical Chymist》(1661)에서는 세 번, 같은 해에 나온 《물리학 에세이》에서는 그 낱말을 여덟 번 사용했다(이 두 글 모두 출간되기 한참 전에 쓰였다). 그리고 마지막으로 《새로운 실험들의 옹호Defence of his New Experiments》(1662)에서 그의 진공 실험을 논의하면서 나타난다. 이것은 보일이 '사실'이라는 낱말을 자연철학에서 스콜라 철학자나 데카르트주의자와 토론할 때 사용할 훌륭한 용어로 생각하기까지 시간이 걸렸음을 말해준다. 예를 들어, 그것은 그의 위대한 선배 파스칼이 진공 실험에 관해 저술할 때 사용했던 낱말이 아니었다(이 문제는 다음 장에서 다룰 것이다). 《회의적 화학자》와 《물리학 에세이》는 판 헬몬트의 영향을 강력하게 받은 저작들이었다. 이 새로운 용어가 파라셀수스의 추종자들, 의료화학자들이 논의한 주제들로부터 수학자들이 논의하는 주제들로 넘어가는 데는 시간이 걸렸다. 처음에 보일은 그의 지적 삶의 두 측면(화학자 및 수학자 — 옮긴이)을 서로 다른 어휘들로 유지하고 싶어했던 것 같다. 그러나 그 낱말은 급속하게 유행했다. 1662년이 되자 그는 더 이상 저항할 수 없었다.

7

무엇이 '사실'이라는 낱말을 철학적 영어에서 존중받게 했을까? 일반적인 주장은 사실이 1660년대에 중요해졌다는 것이다. 왜냐하면 그것은 토론을 종결짓는(혹은 회피하는) 한 방법이었기 때문이다. 내전으로 갈기갈기 찢어진 사회에서 자연철학자들은 논쟁을 종결하고 합의에 이르는 길을 찾는 데 민감했다.[112] 비록 우리가 앞에서 보았듯이, 프랑스에서는 '사실'이라는 말이 얀선주의에 대한 논쟁을 종식시키기보다는 불에 기름을 부은 격이 되기도 했지만, 조지프 글랜빌은 《독단화의 헛됨The Vanity of Dogmatizing》(1661)에서 새로운 철학의 핵심적인 장점은 논쟁을 종결시킨다는 점이라고 주장했다. 사실은 논쟁을 가라앉히기도 하지만 야기할 수도 있다.[113] 어쨌든 여기까지의 내 이야기는 더 지역적인 역사를 불러온다. 홉스는 왕립학회에서 퇴출되었다. 그 이유를 설명하는 문헌은 많다.[114] 그러나 판 헬몬트의 독자였던 딕비, 찰턴, 보일은 학회의 으뜸 회원들이었다. 간단히 설명하면 그들의 영향으로 '사실'이라는 낱말이 중요성을 획득했다. 만일 초기 회원들이 조금 달랐다면 그들은 '사실'이 아닌 '현상'만을 여전히 논했을 것이고, 사실이라는 말은 독일어에 그러했듯 18세기가 되어서야 영어에 편입되었을 것이다.

하지만 홉스가 왕립학회에서 배제되었으면 '사실'이라는 단어도 역시 배제되지 않았을까? 그것은 홉스와, 그리고 딕비(또 다른 초기 회원인 존 에벌린은 그를 협잡꾼이라고 매도했다)가 말한 공감sympathetic 마술에 대한 의심스러운 이야기와 긴밀히 연계된 위험한 단어가 아니었을까?[115] 그것은 파스칼 덕분에, 왕립학회의 회원들이 피하려 했던 종류의 종교적인 논쟁과 돌이킬 수 없이 관련된 단어가 아니었는가? 이에 대한 간단한 답은 왕립학회 회원들이 베이컨의 라틴어 용법에 익숙했었다는 점이다. 그러나 그들이 이 때문에 흔들렸다는 흔적은 털끝만큼도 없다. 스프랫은 베이컨이 증거의 문제에 대한 비판적 접근 방식에서 불충분했다고 비평하는 데 비상한 노력을 기울였다.[116] 베이컨은 그들의 모델이 아니었다.

'사실'이라는 낱말이 갑자기 존중받게 된 또 다른 이유가 있었다. 1661년 후반, 도체스터Dorchester 후작의 사서였던 토머스 솔즈버리Thomas Salusbury는 그의《수학 선집 번역Mathematical Collections and Translations》제1권을 출간했다. 이 책에는 갈릴레이의 저술인《두 주요한 우주 체계에 관한 대화》,《두 새로운 과학》그리고《로레인의 크리스티나에게 보내는 편지》의 최초의 영어 번역이 포함되어 있다. 이 책은 희귀하며, 아마 독자도 별로 없었을 것이다. 그러나 그 소수의 독자들은 솔즈버리의 번역에 '사실'이라는 낱말이 빈번히 등장하고 있음을(특히《편지》에) 발견했을 것이다. 그해 초, 조지프 글랜빌은《독단화의 헛됨》을 출간했다. 거기서 그는 홉스를 비판했지만, 그의 '사실의 문제'라는 문구 사용을 인계받는 과정에서 딕비는 칭찬했다.[117] 그는 또한 갈릴레이의《두 새로운 과학》으로부터 바퀴의 운동에 관한 갈릴레이의 역설들을 인계받았고, 흥미 있는 독자들은 그들 스스로《대화》를 읽으면서 움직이는 지구에 찬성하는 갈릴레이의 논증을 요약했다.《대화》의 라틴어판 사본은 구하기 어려운 것으로 유명하다. 그리고 이탈리아어판 사본도 수집가들의 희귀품이다. 글랜빌은 아마 영어 번역이 곧 나오리라는 것을 알고 있었을 것이다. 그리고 그는 솔즈버리의 번역도 갖고 있었을 것이다. 솔즈버리의 번역에서 딕비의 용법을 존경받게 만든 것은 갈릴레이였다.[118]

글랜빌 같은 왕립학회의 회원들은 자연스럽게 갈릴레이에게 흥미를 갖게 되었다. 찰턴은 에피쿠로스 자연철학을 옹호하려는 그의 저서《에피쿠로스-가상디-찰턴의 물리학Physiologia Epicuro-Gassendo-Charletoniana》(1654)에서 갈릴레이의 저술에 크게 의존했다. 갈릴레이가 그렇게 말했기 때문에 보일은 연마된 대리석 판이 진공에서 응집을 멈춘다는 것을 보여주기 위해 큰 노력을 기울였다.[119] 에벌린은 '메디치가의 행성'을 위에 얹은 십자 모양의 망원경 한 쌍을 왕립학회가 문장紋章으로 사용할 수도 있다는 제안을 기록했다.[120] 처음에 헨리 올든버그Henry Oldenburg와 함께 왕립학회의 서기 역할을 분담했던 존 윌킨스는 달은 지구 같고 지구는 행성이라고 주장한 두 책의 저자였다. 그 속에 갈릴레이의 발견이 상세히 보고되어 있는 스프랫의《역사》를 지도한 것도 윌킨스였다.•

따라서 솔즈버리의 《수학 선집》은 '사실'이라는 낱말의 성공에 결정적이었을 것이다. 그들은 홉스와 판 헬몬트로부터, 무기 연고와 공감의 분말로부터, 털 난 아기와 처녀 분만으로부터 사실을 구출했다. 그들은 또한 파스칼과 종교적 논쟁으로부터 사실을 구출했다. 그들은 사실을 존중받게 했다. 그러므로 '영어에서 사실이라는 낱말을 누구 덕분에 쓰게 됐는가?'라는 질문에 대한 답은 아마 몽테뉴, 갈릴레이, 베이컨, 판 헬몬트 덕분일 것이며(비록 그들은 프랑스어, 이탈리아어, 라틴어로 글을 썼지만 말이다), 확실하게는 홉스, 딕비, 찰턴 덕분이고, 명백하게는 파스칼 덕분이며, 마지막으로는 아마 갈릴레이를 번역한 솔즈버리 덕분일 것이다. 그 낱말을 규정에 넣을 때 왕립학회가 채택한 것은 바로 이 복잡하고 모호한 유산이었다. 이 모든 것에서 보일의 역할은 무엇이었는가? 딕비와 찰턴처럼 그는 판 헬몬트의 독자였다. 그래서 '사실'이라는 낱말은 그에게 자연스럽게 다가

• 도체스터 후작은 1663년 왕립학회 회원으로 선출되었다. 비록 공식 기록에서는 역할이 없지만 말이다. 사람들은 그가 솔즈버리를 사서로 채용한 덕분이라고 생각할지도 모른다. Wilding, 'The Return of Thomas Salusbury's *Life of Galileo*(1664)'(2008), 260.

왔다. 그들과 달리 그는 새로운 낱말의 사용에서 개척자는 아니었다. 그는 그 낱말이 새로운 분야에 적용되어 존중받게 될 때까지 기다렸다. 이 분야에서 그는 선도자가 아니라 추종자였던 것으로 보인다.

이렇게 해서 근대적 의미에서 '사실'이라는 낱말은 1661년 이후 영국에서 존중받게 되었다. 반면 프랑스에서 그것은 처음에는 얀선주의와 특별하게 관련된 단어였다. 그러나 적시에 적합한 곳에 있었던 딕비와 찰턴이 없었다면, 파스칼의 저작이 신속히 번역되지 않았다면, 솔즈버리가 갈릴레이 저술들을 번역하지 않았다면, 영국에서는 이후 100년 동안 '사실'의 문화는 없었을 것이다. 영국이 독일보다 한 세기 이전에 '사실'에 사로잡히게 되리라는 보장은 없었다. 아우구스티누스에 관한 논쟁이 없었다면 프랑스도 증명, 설득, 연역, 경험, 진리, 견해의 옛 세계에 머물러 있었을 것이다. 그리고 '사실' 없이는, 지식이 권위가 아니라 증거에 기초하고 있다는 새로운 인식은 일종의 일관되지 않고 믿을 수 없는 지지(포르타가 보냈던)만을 받게 되었을 것이다.

그러나 낱말과 개념은 별개다. '사실'이라는 낱말은 우리에게 사실들을 규명하고 논박하는 방법에 관해서는 거의 알려주지 않는다. 천문학에서는 그렇지만 과학적 탐구의 다른 분야에서는 그 낱말은 개념적 혁명을 공고히 했다.[121]

르네상스 교육의 표준 원리를 따라서 기본적으로 두 종류의 논증, 이성에 따른 논증과 권위에 따른 논증이 있었다. '권위'라는 일반적 이름하에 수집된 다양한 종류의('관습, 여론, 고대의 전통, 예술 분야에서 솜씨 있는 사람들의 증언, 현자의 판단, 다수, 최고'를 따르는) 논증이 있었다.[122] 그래서 1651년 진공에 관한 논문의 서론 초고를 쓰면서 파스칼은 두 종류의 지식, 이성과 권위를 구별했다. 우리는 역사 속 프랑스 왕들의 이름을 어떻게 아는가?

권위로부터다. 권위하에서 문서는 증거로 분류된다. 그때 갑자기 엉뚱하게도 파스칼은 감각 경험을 이성의 부속물로 도입한다(비록 어떤 저자들은 감각을 권위에 속한 것으로 분류하기도 했지만). 그래서 진공의 존재에 대한 결정은 권위에 호소해서가 아니라 감각 실험과 이성에 근거해서 이루어져야 한다. 실험 결과에 대한 파스칼의 증언은 어디에 알맞은가? 그는 말하지 않는다. 우리는 브라운에 대해서도 꼭 같은 결론을 발견한다. 그는 권위에 대항하고 싶어했다. 그래서 자연스럽게 권위에 반대하고 이성에 호소했다. 그러나 그 결과 그는 권위의 한 형식으로서의 증언은 매우 제한된 상황에서만 적절하다고 주장할 의무를 느낀다. 그의 모든 논증이 결국 증언으로부터의 논증이라는 사실이 그에게는 결코 떠오르지 않았다.[123]

홉스에 와서 이 전통적인 구도가 급격하게 변화되었다. 홉스에게, 지식에는 오직 두 원천이 있었다. 한편은 이성이고, 다른 한편은 감각 경험, 기억 그리고 증언이며, 이 모든 것이 사실의 문제들을 확립한다. 이 구도 내에서는 관습, 여론, 고대 혹은 현자의 판단이 자리할 여지가 없지만 증언의 입지는 명확했다. 그것은 기억처럼 즉각적 감각 경험의 대리 형식을 나타냈다. 홉스는 우리가 프랑스 왕들에 대한 지식을 권위에서 도출한다고 말하지 않았을 것이다. 그는 우리가 그것을 증언으로부터, 궁극적으로는 감각 경험으로부터 도출한다고 말했을 것이다.

'사실'이라는 낱말은 증언에 부여된 이 새로운 지위를 상징화했다. 모든 이들이 그것이 법정에서 도입된 낱말임을 이해했다. 이와 함께 증언의 신뢰성을 판단하는 표준들이 정립되었다. 이 표준들은 어떤 한 법체계에 국한된 것이 아니라 유럽 전역에서 일반적으로 받아들여졌다. 브라운조차도 한편으로는 증언을 오직 도덕, 수사법, 법, 역사에만 합당하며 자연철학에는 합당하지 않다고 비난하면서도 그 기초 원리를 이렇게 요약했다. '평민법과 신법 모두에서, 그것은 오직 적어도 증인 두 사람의 입에서 나온 증거를 수용하는 존중받는 법적 증언legitimum testimonium이다. 이것은 중상모략의 방지뿐만 아니라 실수하지 않을 확증을 위한 것이다.[124] 증언을 자연철학에 도입하는 데 있어 그가 당면했던 문제는, 그렇다면 그가 '집합적 증언aggregated testimony'이라고 부르는 것—환언하면, 그저 모든 이들이 믿는 것이 바로 그것이라는 목소리만 내는 사람들의 간접 경험—을 받아들일 필요가 있다는 것이었다. 그는 문서들의 공화국을 광대한 법정으로 바꾸는 것을 상상할 수 없었다.

따라서 사실의 발명 이전에 증언에의 호소는 권위에의 호소로 보였다 (1658년 저술 중이던 딕비조차도 목격자들을 권위로 생각했다). 증인들은 목격자가 아닌 성격 증인character witness으로 생각되었다고 할 수 있다. 사실 이후에 목격자 증언은 실제적 증거 제출의 한 형식이 되었다. 따라서 보일의 주장은 자신이 재판관에 대해서가 아니라 증인들에 대해서 (주의를 기울이도록) 여러 저술가들에게 호소한다는 것이었다. 권위와 구별된 증언과 함께, 이전에 권위였던 것이 그랜빌의 말을 빌리면 그저 '낡고 쓸모없는 짐'이 되어버렸다. 스프랫은 더 직설적이었다. 고대의 폭군을 제거하는 일은 그가 '쓰레기'라고 부른 것을 던져버리는 일이었다.[125]

사실의 발명 이후, 증언은 체계화된 불신의 한 형태로 다가올 수 있었다. 결국 모든 지식 체계는 사람들로 하여금 어떤 이들을, 어떤 것 혹은 어떤 과정을 신뢰하도록 요구한다.[126] 그러나 새로운 과학에서 의심할 여지 없는 신뢰의 역할을 강조하는 것은 물에 잠겨 있는 빙산의 큰 부분을 놓치는 위험을 무릅쓰는 것이다. 보일은 이 세계에 대한 델라 포르타의 생각을 불신하는 법을 배웠기 때문에 자신을 믿을 만하다고 주장했다. 그는 다른 이들에게 그가 델라 포르타의 작품을 읽을 때와 동일한 회의적인 정신으

로 자신의 연구를 읽도록 가르치고 싶어했다. 이전의 과학과 비교하면, 새
로운 과학은 신뢰가 아니라 불신에 기초했다.

8

무기 연고처럼 우리가 살펴본 많은 사실들은 분명히 좀 이상하거나 혹은
이상하게 보인다. '문제가 있는 사실성'의 경우도 있고 '문제가 없는 사실
성'의 경우도 있다. 사실의 언어는 무엇보다도 문제가 있는 사실성의 경우
를 다루는 데 동원되는 것같이 보인다. 로레인 대스턴Lorraine Daston은 자신
이 '이상한 사실'로 부르는 것을 '평범한 사실'과 구분했다.[127] 그녀는 이상
한 사실이 먼저 나오고 다음에 평범한 사실이 온다고 주장했다. 먼저 삼쌍
둥이, 암수한몸, 털이 난 아기, 처녀 잉태가 나오고, 나중에 보일의 공기펌
프가 등장했다. 그는 영국에서는 프랑스에서보다 일찍, 평범한 사실이 이
상한 사실을 대치했다고, 다른 말로 표현하면, 사실이 규칙화되고 정례화
되었다고 주장한다.

　또 다른 이야기를 해보자. 이상한 사실은 항시 평범한 사실을 열망한다.
데카르트에게 입자 철학을 소개했던 것으로 잘 알려진 이사크 베이크만은
1626년 시몬 스테빈의 모토 '경이로움은 전혀 놀랄 일이 아니다Wonder is no
wonder'를 언급하며 다음과 같이 말했다.

　　철학에서 우리는 경이로움에서 경이롭지 않음으로 나아가야 한다. 즉 우리가
　　이상하다고 여기던 것들이 더 이상 이상하게 보이지 않을 때까지 우리는 계
　　속 탐구해야 한다. 그러나 신학에서는 경이롭지 않음에서 경이로움으로 나아

가야 한다. 즉 우리에게 이상하게 보이지 않던 것들이 이상하게 보이고 모든 것이 경이로울 때까지 성서를 연구해야 한다.[128]

자연적인 것과 초자연적인 것의 양자 구분은 우리에게 간명해 보이지만 그것은 사실상 혁명적이었다. 이전에는 자연적인 것과 초자연적인 것 사이에 존재한다고 여겨진 영역, 즉 유령들과 마녀들, 경이와 괴물들의 기이한 영역의 폐지를 의미했기 때문이다.[129]

물론 철학과 신학을 언제 어떻게 구별할지를 아는 데에는 어려움이 있었다. 《포르루아얄의 논리학》은 기적에 대해서라면 지나치게 신뢰하는 사람들을 묘사하면서 무엇이 잘못될 수 있는지 보여준다. 책은 그들이 이상한 사실ce commencement d'étrangeté을 한입에 꿀꺽 집어삼킨다abreuver고 말한다. 그것에 대한 반대에 봉착할 때, 그들은 이에 대처하기 위해 말을 바꾼다. 이상한 사실은 더 평범한 사실로 바뀔 때만 살아남을 수 있는데, 이 경우 그것은 처음부터 어떠한 진실이 들어 있었든 그것이 더욱더 바뀌는 것을 포함한다. 어느 사이엔가 초자연적이라고 생각되던 것이 자연스러운 것으로 변한다.[130]

찰턴과 딕비가 무기 연고가 믿을 만하게 재현될 수 있다고 주장했던 것은 이상한 사실들을 평범한 사실들로 바꾸려는 의도에서였다. 그것은 이상할지 모르지만 자석보다는 이상하지 않았다. 갈릴레이는 달의 산지들이 지구의 그것과 꼭 같고, 목성의 위성은 우리의 달과 비슷하며, 금성의 위상이 달의 위상과 꼭 같고, 태양의 흑점이 구름과 비슷하다고 주장했다. 모든 단계에서 그는 가장 이상한 사실들을 취하여 그것들을 가능한 한 평범하게 만들었다. 보일의 진공펌프조차도 아리스토텔레스주의자와 데카

르트주의자의 눈에는 '이상한 사실들'을 만들어냈다.˙ 그들에게 진공은 불
가능한 것이었다. 그래서 진공의 존재를 정립하는 것으로 보이는 모든 실
험들은 정말 이상했다.

　이상한 사실들을 평범한 것으로 만드는 가장 간단한 방식은 그것들
을 재현하는 것이었다. 위대한 인물 갈릴레이가 죽은 후 그의 실험 프로
그램을 수행하기 위해 피렌체에서 결성된 협회의 모토는 '시험하고 다시
시험하라provando e riprovando'였다. 《협회의 실험 보고Reports of the Society for
Experiments》 속에는 패러다임 예시가 있다. 그럴듯하지만 문제가 있는 결과
에 직면하여 그들은 다른 방법으로 실험을 반복했다. 이렇게 해서 그들은
자신들이 의심스러운 결과에 속지 않았음을 확신했다.[131] 만일 사실의 이
상함이 끝나지 않는다면, 그것이 움직일 수 없는 사실로 바뀌도록 최소한
그 증거는 보강될 수 있다. 아르노는 비록 이상하게 보일지라도 이것이 성
아우구스티누스가 보고한 기적들을 우리가 확신할 수 있는 방법이라고 주
장했다. 누가 그의 진실성을 의심할 수 있겠는가? 그래서 처음부터 이상
한 사실들과 평범한 사실들은 불편한 투쟁 속에 존재했다. 그 투쟁에서 이
상한 사실들이 끊임없이 승격하여 평범한 사실들 혹은 적어도 움직일 수
없는 사실로 인정받기 위해 애를 썼다. 아르노가 인식한 대로, 믿기에 너
무나 이상한 사실들과 이상스럽지만 움직일 수 없는 사실 사이의 선을 어
디에 그어야 하는가의 문제는 결코 간단하지 않다.

　운석이 좋은 예다. 18세기 영국과 프랑스의 과학자들은, 외계인이 사
람들을 유괴한다는 소문을 우리가 거부하듯이, 운석의 실재에 관한 풍부

˙ 아리스토텔레스주의자나 데카르트주의자들과는 달리, 홉스는 진공에 대해 형이상학적으로 반대하지 않았으나 빛
이 진공을 통과할 수 있다는 것을 받아들일 수 없었다. 이것은 토리첼리의 공간이 진공일 수 없다는 것을 의미했다.
Malcolm, 'Hobbes and Roberval'(2002), 187–96은 이 질문에 대해 Shapin & Schaffer를 바로잡는다.

한 증거를 거부했다. 1768년 9월 13일, 3.4킬로그램 무게의 큰 운석이 페이드라루아르Pays de la Loire의 뤼세Lucé에 떨어졌다. 많은 사람들(모두 농부들)이 이를 목격했다. 왕립과학원의 회원 세 명(젊은 라부아지에를 포함한)이 조사를 위해 파견되었다. 그들은 번개가 지상의 사암 덩어리를 때린 것으로 결론지었다. 바깥 우주 공간에서 암석이 떨어진다는 생각은 어리석게만 보였다. 이와 유사한 경우들이 있었다.[132] 1794년 6월 16일, 큰 운석이 시에나 상공에서 폭발했다. 그 도시에 떨어진 소낙비 같은 암석들을 많은 학자들과 영국 귀족들이 목격했다. 아보트 암브로조 솔다니Abbot Ambrogio Soldani는 그 사건을 증언하는 화보집 한 권을 출간했다. 이것은 있는 그대로 순전하게 인정된 첫 운석 강하였다. 이 사건 덕분에 교육받고 부유한 많은 증인이 존재하게 되었고, 증언들이 출간되었다. 또한 운석 강하가 덜 이상해 보이게 되었다. 운석이 떨어지기 18시간 전에, 320킬로미터 떨어진 베수비오 화산이 폭발했기 때문에, 이 암석들은 남쪽 하늘이 아닌 북쪽 하늘에서 떨어졌지만 그 화산에서 분출된 것으로 상상할 수도 있었다. 바깥의 우주 공간에서 날아들었다고 상상하는 것보다 훨씬 그럴듯해 보였다.[133] 뤼세에 떨어진 운석은 너무나 이상했지만 시에나에 떨어진 운석은 그렇게 이상하지 않았다. 아르노가 《포르루아얄의 논리학》에서 주장했듯이 평범한 사실은 매번 이상한 사실을 이긴다.

9

이 장에서 우리는 화성을 정확하게 측정하려고 한 케플러의 노력, '사실'이라는 낱말이 영어로 도입된 과정, 무기 연고 등 일련의 지엽적 역사를 훑어보았다. 너무 자세히 들여다보려 한다면 큰 그림을 놓칠 위험이 있다. 경험이 공공화되고 인쇄술이 기존의 권위를 위태롭게 하면서 개인적 경험을 공공의 자산으로 바꾸는 데 중요한 역할을 할 때 사실들은 견고해지기만 하기 때문이다. 우리가 지금 사실이라고 부르는 것에 기초한 최초의 새로운 과학은 베살리우스의 해부학(1543)이었다. 이것은 이전에는 반대가 없었던 갈레노스의 권위를 반박하기 위해 해부 극장anatomy theatre이라는 공공장소에, 인쇄된 책이라는 공적 공간에 의존했다. 브라운(1646)조차도 그의 '돌멩이'(공격 도구 — 옮긴이)를 그 자신의 '우리 자신의 빈약한 밑천'으로부터가 아니라 그의 풍부한 서가에서 얻었다. 따라서 인쇄된 책들은 그들에게 권위와 겨루는 새로운 자유를 가져다주었다. 레티쿠스의《코페르니쿠스설에 대한 최초의 설명》(1540)의 제사는 2세기 플라톤주의자 알키노오스Alkinoos의 '이해를 얻고자 하는 사람은 정신이 자유로워야 한다'를 인용한다. 케플러는 그의《별세계의 보고와의 대화》(1610)에서, 그리고 갈릴레이는《부체론(떠 있는 물체에 대한 담론)Discorso intorno alle Cose che Stanno in su l'Acqua》에서 반향을 일으켰다. 그리고 엘제비어Elsevier 출판사는 그것을 갈릴레이의《두 주요한 우주 체계에 관한 대화》(1635)의 라틴어 번역본의 제사로 삼았다.[134] 1581년, 유배된 헝가리 주교 안드레아스 두디스Andreas Dudith는 브로츠와프Wrocław에서 두 천문학자, 영국인 헨리 새빌Henry Savile과 실레지아Silesia사람 폴 위티치Paul Witich를 맞이하고 있었다. 그는 '나는 항상 그들의 생각을 파악하지 못한다. 그러나 나는 고대인과 근대인의 저술을 판단하는 그들의 자유를 경이롭게 여긴다'라고 썼다.[135] 1608년, 토머스 해리엇은 케플러에게 자신은 아직도 자유롭게 철학을 하지 못하고 있다고 불평했다. 당시 그는 무신론자로 의심받고 있었다. 그의 두 후원자 월터 롤리Sir Walter Raleigh와 노섬벌랜드Northumberland 백작은 런던탑에 수

감되었고, 한 사람은 유죄를 선고받았고 또 한 사람은 반역죄 혐의를 받았다.[136] 1621년 너새니얼 카펜터Nathanael Carpenter는 《자유철학Philosophia libera》을 출간했다. 1651년, 파스칼은 과학자들에게 '완전한 자유'가 있어야 한다고 주장했다.[137] 솔즈버리의 《수학 선집》(1661)의 제사는 '누구나 동등한 자유를 가져야 하지만 철학자만큼은 아니다'이다. 책과 사실의 상호 관련된 새로운 세계에는 본질적으로 평등하고 자유로운 무언가가 있다. 실제로 우리는 새로운 과학이 17세기에 '문예공화국Republic of Letters'으로 이상화되었고, 18세기가 '시민 사회civil society'로 이름 붙인 사회 권역의 창조를 열망했다고 말할 수 있다.[138]

브뤼노 라투르는 1986년 발표한 〈시각화와 인지: 사물들을 함께 그리기 Visualization and Cognition: Drawing Things Together〉라는 제목의 중요한 에세이에서 인쇄술이 사실들을 '더 견고하게' 만들었다고 주장했다. 인쇄술 이전에는 사실들이 너무 물렀기 때문에 믿을 만하지 못했다.[139] 라투르는 과학 혁명을 만든 것은 여러 세기에 걸쳐 존재해온 실험적 방법이나 영리적인 협회가 아니라 인쇄술이라고 주장한다. 인쇄술은 개인적인 정보를 공공의 지식으로, 개인적 경험을 공동의 경험으로 바꾸었다. 브뤼노 라투르는 주장을 극단적으로 밀어붙이길 두려워하지 않는 대담한, 때로는 무모하기도 한 사상가다. 그러나 이 경우 나는 그가 주장을 극단적으로 밀어붙였다고 생각하지 않는다. 인쇄술은 사실을 견고하게 하지는 않았다. 그것은 사실을 (천문학같이 몇몇 협소하게 전문화된 분야들 바깥에서) 가능하게 했다. 라투르는 당연히 책은 특별한 등급의 물건이라고 생각한다. 많은 물건들은 교환되고 소비되기 위해 존재한다. 예를 들어, 곡식 꾸러미는 빵으로 바뀐다. 라투르의 언어로 그것들은 '변할 수 있는 유동체mutable mobiles'다. 사람들이 '변하지 않는 유동체immutable mobiles'로 생각하는 금은화는 녹아서 순환하는 단단하지만 변할 수 있는 유동체다. 반면에 책은 읽히는 것 이외의 다른 목적이 없다(가끔 태워지는 것을 제외하고는). 그것은 최초의 진정한 '변하지 않는 유동체'다.

이 '변하지 않는 유동체'라는 문구는 사실의 인식론적 역설을 깔끔하게 요약한다. 사실은 한 사람에서 다른 사람으로, 질적 저하 없이, 이리저리 옮겨다닐 수 있다. 혹은 적어도 그 이야기는 유지된다. 이 점에서 증언과는 꽤 다르다. 증언은 중국인들의 귓속말 게임에서처럼 한 사람 한 사람 건너가면서 질이 떨어진다. 18세기의 확률 이론가들은 실제로 이 질적 저하 비율을 계산하는 공식을 고안했다. 그러한 공식이 예수의 재림 날짜를 알아맞히는 데 사용될 수 있다고 주장되었다. 마지막 나팔은 그리스도 부활에 관한 증언의 질이 그 믿음이 더 이상 합리적이지 않은 시점까지 떨어지기 이전에 울려 퍼질 것이다.[140] 증언은 질이 저하되지만 사실은 그렇지 않다. 그러나 양자는 바로 동일한 감각 경험에 기초한다. 사실은 잘못 기억하고 잘못 인용하고 잘못 표현하는 사람들의 이미지로 만들어지지 않는다. 사실은 '유동하지만 변하지 않는' 책의 형상으로 만들어진다. 사실은 물질적 실재, 인쇄된 책에 의해 최초로 드리워진 인식론적 그림자라고 말할 수 있다.

구텐베르크의 성서는 1454/5년에 출간되었다. 그러나 인쇄혁명은 오랜 시간에 걸쳐 진행되었다. 1577년의 혜성 출현은 그 중요성을 논의한 180개가 넘는 출판물의 원인이 되었다. 그 주제에 대한 브라헤의 책은 혜성의 시차에 대한 그 자신의 측정치(천체에 그것을 견고하게 위치시킨)뿐만 아니라 다른 이들의 측정과 주장에 대한 확장된 검토도 담고 있었다. 따라서 인쇄술은 흩어져 있던, 다른 문화에 속하고 다양한 지적 헌신 경험이 있는 천문학자들과 점성술사들을 하나로 묶고, 아이디어의 광범위한 교환

418

과 비교를 가능하게 했다. 우리가 보았듯이, 이 새로운 공동체는 1564년에 시작된 프랑크푸르트 도서 박람회의 카탈로그에 물리적인 표시를 남겼다.•

도서 박람회는 책의 국제 교역, 제임스 1세 시대의 시인 새뮤얼 대니얼이 '정신의 상호 교통'이라고 부른 것의 성장을 촉진했다.[141] 1600년이 되자, 윌리엄 길버트는 지식인들이 '학구적인 사람들의 정신도 힘들고 피곤하게 할 만큼 너무 광대한 책들의 바다'를 항해할 것을 기대한다고 불평할 정도였다.[142] 예를 들어, 1608년 갈릴레이는 카탈로그에서 《지구의 운동에 관하여De motu terrae》라는 제목을 보고, 자연스레 그 책을 구하려고 했다. 그는 2년 후에도 케플러에게 도움을 청하면서 여전히 그것을 추적하고 있었다. 베네치아의 서적상들이 갈릴레이를 도와주지 못했던 것은, 나 역시 프랑크푸르트 카탈로그에서 《지구의 운동에 관하여》를 발견할 수 없었던 것으로 보아, 놀라운 일이 아니다. 그러나 그 책은 존재한다. 따라서 갈릴레이는 다른 카탈로그에서 그 책을 보았음이 틀림없다. 만일 그가 그 책을 입수했다면 그는 실망했을 것이다. 그 책의 주제는 코페르니쿠스설이 아닌 지진이었기 때문이다.[143] 그의 생애 말기에 국제 교역으로 갈릴레이는 《두 새로운 과학》을 출간할 출판사 엘제비어를 발견할 수 있었다. 원고는 이탈리아에서 밀반출되어 라틴어나 네덜란드어가 아닌 이탈리아어로 레이던Leiden에서 출간되었다. 토머스 해리엇의 《새로운 발견지 버지니아의 사실적 약보Brief and True Report of the New-found Land of Virginia》의 도해판(1590)이 프랑크푸르트에서 영어, 라틴어, 프랑스어, 독일어판으로 동시에 출간된 것과 마찬가지였다.

• 5장 7절을 참조하라.

시장이 항상 최선을 위해 움직이는 것은 아니다. 그레셤의 법칙(공교롭게도, 처음 코페르니쿠스에 의해 정립된)에 따르면, 악화는 양화를 구축한다.**144** 그러나 프랑크푸르트 도서 박람회에서 해마다 서서히, 그러나 분명하게 양질의 사실들이 그렇지 못한 사실들을 축출했다. 학자들이 이 과정을 알게 되면서, 그들은 한때 학습된 오류였지만 이제는 난센스로 묵살될 수 있는 오류들의 모음집을 출간하기 시작했다. 의사들이 선도했는데, 로랑 주베르Laurent Joubert의 《대중적 오류들Erreurs populaires》(1578년에 프랑스어로 처음 출간되어, 6개월 동안 10쇄를 찍었고 그 이후로도 빈번히 중쇄가 이루어졌다. 또한 이탈리아어와 라틴어로 번역되었다), 지롤라모 메르쿠리오Girolamo Mercurio의 《이탈리아의 대중적 오류들에 관하여Degli errori popolari d'Italia》(이탈리아어 1603, 1645, 1658년), 그리고 제임스 프림로즈James Primrose의 《군중의 오류Popular Errours or the Errours of the people in matter of Physick》(1638년부터 라틴어로 7종의 판본 발행, 영어와 프랑스어로 번역되었다)가 그것들이다. 토머스 브라운의 《천박한 오류들Vulgar Errors》은, 비록 브라운 자신이 의사였지만 모든 오류들을 주제에 따라 묶었다(1646년부터 5종의 영어판이 발행되었고 프랑스어, 네덜란드어, 독일어, 라틴어로 번역되었다). 그리고 여러 면에서 계몽의 기초를 확립한 저술인 피에르 벨Pierre Bayle의 방대한 《역사 비평 사전Dictionnaire Historique et Critique》(1696, 50년간 8종의 프랑스어판이 나왔고, 영어와 독일어로 번역되었다)은 원래는 단순히 오류들의 개요서로 의도된 것이다.**145** 오류에 대한 이러한 투쟁은 각주 달기로 이어졌다. 각주는 모든 사실이 권위 있는 진술로 추적될 수 있도록 보장해주는 장치다.**146**

이렇게 인쇄술은 혁신가들이 정보를 모으고 함께 일할 수 있도록 함으로써 그들의 손에 힘을 실어주었으며, 교수들의 강의와 권위자의 목소리를 그 여백에 당신의 반박을 써넣을 수 있는 책으로 대체했다. 또한 다른

420

서적들과 다소간 동떨어져 읽혔던 필사본들을 도서관이라는 공간에서 쟁쟁한 권위자들에게 둘러싸여 도움을 받을 수 있는 책으로 대체했다. 그리고 특정한 저술에 관한 정보가 있는 곳에 이르는 즉각적 경로로 색인을 도입했다. 이제 한 권위자가 다른 권위자에게 쉽게 대항할 수 있게 되었다.* 인쇄술은 또한 주장들과 사상들의 끊임없는 충돌을 조성함으로써 논쟁의 양측이 적응하고 변화하지 않으면 안 되게 만들었다. 인쇄술이 했던 일을 아주 간단히 말하면, 강탈자, 권위자의 명예롭지 않은 폭정을 위태롭게 하고 증거를 강화한 것이다.[147] 그것은 과학혁명의 완벽한 도구였다.

또한 인쇄술은 일종의 지적 무기 경쟁을 자극했다. 새로운 무기들(브라헤가 발명한 천문학 육분의, 갈릴레이가 개량한 망원경, 하위헌스가 발명한 진자시계(1656) — 천문학자들은 오랫동안 시간을 정확하게 측정하는 방법을 알려고 애썼다)이 끊임없이 전선에 배치되고 있었다. 케플러의 《새로운 천문학》(1609)이 군사적 은유로 가득 차 있다는 사실은 별로 놀랍지 않은데, 실제로 그는 책 전체를 화성의 운동에 대한 전쟁으로 표현한다. 리촐리의 《새로운 알마게스트》(1651)는 방대한 겹겹의 증거와 논증을 시험대에 올려놓는다. 증거와 논증은 리촐리의 생애 동안 만들어진 것으로 파리와 프라하, 베네치아와 빈에서 취합된 것이었다. 그것들은 모두 어느 시점에 프랑크푸르트 도서 박람회를 거쳐갔다는 것 이외에는 어떤 공통점도 없는 책들로부

• Eisenstein, *The Printing Press as an Agent of Change*(1979), Vol. 1, 88–107; Ong, *Orality and Literacy*(1982), 121–3; 윌리엄 워튼은 색인의 중요성을 강조한 최초의 인물 중 한 명이었다(Wotton, *Reflections upon Ancient and Modern Learning*(1694), 171-2); Wolper, 'The Rhetoric of Gunpowder'(1970), 593은 이것을 인쇄술의 중요성에 관한 '최악의 논증'으로 생각한다. 이것을 무엇이라고 해야 좋을지 모르겠다. 출판자가 사용한 접지를 보완하기 위해 장수 매기기와 쪽수 달기를 도입하도록 촉진한 것은 색인으로 보인다. Blair, 'Annotating and Indexing Natural Philosophy'(2000), 76; Smith, 'Printed Foliation'(1988)을 참조하라. 예를 들어, 비트루비우스의 1521년 번역본은 그 속표지에서 새로운 종류의 정교한 색인을 포함하고 있음을 자랑한다. 그러나 색인은 책에는 실제로 인쇄되지 않아서 독자들이 직접 손으로 써넣어야만 했던 쪽 번호들에 맞추어져 있다.

터 나온 것이었다. 그러한 책은 필사 문화 속에서는 상상도 할 수 없었던 것이다.

나는 여기서 소위 아이젠슈타인 논지라고 불리는 것의 한 형태를 제시하려고 한다. 이것은 처음에 엘리자베스 아이젠슈타인Elizabeth Eisenstein의 《변화의 동인으로서의 인쇄술The Printing Press as an Agent of Change》(1979)에서 제기되었다. 아이젠슈타인의 논지는 역사가들에게 인기가 없었다.[148] 역사가들은 거시사가 아니라 미시사를 좋아한다. 그들은 논증을 매듭짓는 구체적 증거를 지적할 수 있기를 원한다. 그러나 인쇄술 혁명의 경우 우리는 길고도 서서히 이루어진 변혁을 이야기한다. 역사가들은 아주 적절히, 필사 문화가 16, 17세기를 걸쳐 인쇄 문화와 함께했다고 주장해왔다. 레오나르도의 《회화론Trattato della Pittura》은 모두 1570년과 1651년(첫 번째 인쇄본이 나온 해) 사이에 만들어진 것으로 보이는 약 60개의 필사본이 남아있다.[149] 지식은 흔히 천문학자이며 수집가인 니콜라클로드 파브리 드 페레스Nicolas-Claude Fabri de Peiresc(1580~1637)나 베이컨주의 개혁가이며 유용한 지식의 촉진을 추구한 메르센과 새뮤얼 하틀립Samuel Hartlib(1600년경~1662) 같은 인물들의 서신 교류를 통해서도 인쇄술을 통해서 전파된 만큼 전파된다. 책들도 일단 (독자들의) 주석이 달리면 그것의 독특한 내용들로 귀중한 것이다. 그 자신이 넓은 서신 교류망의 중심에 있었던 브라헤는 《천체의 회전에 관하여》의 개개의 사본들을 찾아냈다. 그것들의 이전 소장자들이 써넣은 주석을 보기 위해서였다.[150] 브라헤에게 개인용 인쇄기가 있었으며, 인쇄된 그의 미출판 원고를 브라헤 사후에 케플러가 보게 된 것은 행운이었다. 실제로 케플러는 《루돌프 표Tabulae Rudolphinae》 권두 삽화에서 인쇄술에 탁월한 지위를 부여했다. 이 책은 고대 세계로부터 근대까지의 천문학의 진보를 경축했다. 그러한 동시대의 증인들을 하나하나 지적할 수 있지만 결국 우리는 규모의 문제를 다룬다. 15세기 유럽에서는 500만 개의 필사본이 만들어졌다. 16세기 유럽에서는 2억 권, 17세기에는 5억 권의 책이 만들어졌다.[151] 인쇄된 책이 필사본에 비해 의미심장한 이점을 지니지 못한다 치더라도, 예를 들어 삽화에 관한 한, 절대적으로 늘어난 이용 가능한 정보의 양은 주된 문화적 혁명을 발생시키기에 충분했다.

인쇄술이 발명되자 사실이라는 개념(그리고 이와 함께, 천문학에서부터 다른 분야까지, 신뢰할 만한 사실들을 수립하는 과정의 확장)은 필수불가결한 것이 되었다. 이는 금성의 위상 주기를 발견하는 데 망원경이 결정적 역할을 하고, 항해용 나침반이 널리 사용 가능해지자 사람들이 마늘과 자석 사이에 존재한다고 생각되던 반감을 시험하게 되었던 것과 마찬가지다. 문제는 (어떤 것이) 그러한지 아닌지가 아니라 언제, 어디서, 누구에 의해서인가였다.

내가 '견고함'이라고 명명한 사실의 이 특이한 특성을 어떻게 이해해야 할까? 홉스를 섭렵했으며 사실을 포용하는 데 홉스보다 훨씬 더 앞섰던, 신원을 파악할 수 없는 G. W.는 1653년에 그것을 묘사하려고 노력했던 것 같다. 그는 우연의 세계조차도 자신이 '확실히 인식할 수 있는 능력 determinate cognoscibility'이라고 부르는 것의 대상이라고 주장했다.

> 사실의 문제는 존재와 실재에서 증명만큼 확실하기 때문에 (…) 실제로 모든 그러한 효과들이 꽤 가능성이 높아 보이는 개연성 있는 원인들 속에 도사려 있다. 또한 강력하고 기민한 예측에 의해서 답변 가능하며, 균형 잡힌 방식으로 알려질 수 있다. 따라서 의사는 병을 알고, 뱃사람은 폭풍을 예측하며, 양치기는 양들의 안전을 지킨다.[152]

케플러의 《루돌프 표Tabulae Rudolphinae》(1627) 권두 삽화. 왼쪽에서 오른쪽으로 천문학자 히파르코스Hipparchos, 코페르니쿠스, 익명의 고대 관측가, 브라헤, 프톨레마이오스가 각각 그들의 업적의 상징에 둘러싸여 있다. 뒤쪽의 기둥들은 나무로 되어 있다. 전면의 벽돌 및 대리석 기둥은 천문학의 진보를 상징한다. 튀코 브라헤가 설계한 천문 기구들은 장식물 역할을 하고 있다. 처마 돌림띠 위의 모양들은 수리과학을 상징하며, 중앙에 천문의 여신 우라니아Urania가 있다. 케플러의 후원자인 신성로마제국 황제 루돌프 2세는 독수리로 표현되어 있다. 기단에는 왼쪽에서 오른쪽으로, 연구하고 있는 케플러, 브라헤의 벤섬의 지도, 인쇄기가 있다.

424

사실의 문제들은 증명(즉 연역, 혹은 논리적 증거)만큼 확실하다. 그 주장은 우리에게 논박하기 어려운 것으로 보인다. 사실은 정의에 의해 참이기 때문이다. 내가 여기서 약술한 G. W.의 이 구절은 거의 전적으로 그 1년 전에 나온 너새니얼 컬버웰Nathaniel Culverwell의 유고집《자연의 빛에 관한 우아하고 박식한 담론An Elegant and Learned Discourse of the Light of Nature》에서 도용한 문구로, 아무 인용 표시 없이 연결되어 있다. 오늘날 우리는 이것을 표절이라고 부르지만 그것은 전적으로 핵심을 놓친 것이다. 예를 들어, 컬버웰은 '사실의 문제는 존재나 실재에 있어서 증명만큼 확실하다'고 말했다. 그러나 그는 역사적이며 법적인 사건들, 그리고 더 큰 유형의 우연한 사건들의 작은 한 부분인 사실의 문제들에 대해 썼다. 컬버웰은 근대적 사실(=사건들)이 아니라 낡은 형식의 사실들(=행위들)에 대해 논하고 있었다. 반면 G. W.는 모든 우연한 사건들을 사실의 문제들로 만들었다. 컬버웰과는 달리 그는 흄 방식 혹은 홉스 방식의 사실을 논하고 있었다. 게다가 컬버웰은 일반적으로 우연한 사실에 대한 우리의 지식이 매우 불완전하며 '경계meer 증언'(만일 그것들이 낡은 형식의 사실이라면) 혹은 '균열되어 깨진' 경험적 일반화(만일 그것들이 경험의 문제라면)에 기초하고 있다고 주장했다.[153] 대조적으로 G. W.는 '강력하고 기민한 예측'에 자신을 기꺼이 맡겼다.

비록 저술가들은 거의 정확하게 동일한 단어들을 사용하지만, 컬버웰의《우아하고 박식한 담론》과 G. W.의《근대 정치가》는 (제목이 암시하듯이) 근대 사상과 전근대를 나누는 경계의 서로 다른 편에 서 있다. G. W.는 누군가 컬버웰이 말했던 것을 자신이 말하고 있다고 생각할 위험이 없었기 때문에 컬버웰로부터 차용한 것이다. 이후 50여 년 동안, 이전에 오직 '현상'으로서 유령 같은 존재만 가질 수 있었던 일종의 지적 중간지대에 존재했던 사실이 모든 지식의 토대가 되었다. 1694년 윌리엄 워튼은 새로운 과학을 한 구절로 요약했다. '사실의 문제는 드러나 보이는 유일한 것이다.'[154] 1717년 데사귈리에J. T. Desaguliers는 그의 《실험 철학 강좌Cours de physique expérimentale》를 이렇게 시작한다. '우리가 자연에 관해 지닌 모든 지식은 사실들에 의존한다.'[155] 1721년, 볼로냐의 마르시글리Marsigli 백작은 왕립학회를 방문하고 '관찰이나 실험으로 뒷받침되지 않는 모든 추측은 완전히 거부된다. 영국에서 모든 연구와 교육은 사실에 기초하고 있다'라고 보고했다.[156] 이와 같은 과거의 문장들은 쉽게 읽을 수 있다. 지금 우리는 사실의 바다에서 헤엄치고 있으며 이 문장들이 명백한 것의 복창일 뿐이라고 생각하기 때문이다. 그러나 스콜라 철학이 대학 교육을 여전히 지배하고 있던 18세기 이탈리아에서는 이 새로운 영국의 가치들에 관해 자체적으로 분명한 것이 존재하지 않았다. 모든 인간이 동등하게 태어났다는 독립선언의 주장이 한때는 결코 명백한 것이 아니었던 것과 마찬가지였다.

사실의 중요성은 무엇인가? 포스트모더니스트들이 사실의 문제에 관한 지식이 진정한 지식이라는 주장에 도전한 최초의 사람들은 아니었다. 그것은 이미 홉스에 의해 반박된 적이 있고 흄에 의해서도 논박되었다. 어쨌든, 컬버웰까지 포함한 모든 전근대 사상가는 경험적 지식이 신뢰할 수 없다고 주장한 논증에 익숙했다. 여전히 모든 논증에도 불구하고 우리 현대인들은 — 그리고 실제로 포스트모더니스트들은 — 우리의 믿음을 사실에 둔다. 사실 없이는 어떠한 신뢰할 만한 지식도 있을 수 없다. 사실을 보증하는 데 필요한 것은 물리적 대상으로서의 책이 아니다. 그것은 날마다 바뀌거나 변하지 않는 원천이다. 책은 그것의 가장 분명한 현현이다. 만일 당신이 어떤 책(혹은 웹에서 본 어떤 책의 사진 복사물)을 인용한다면 열람 혹은 접속 날짜를 적을 필요는 없다. 언제 그것에 접근하더라도 원문은 그대로이기 때문이다. 그것을 변하지 않는 유동체로 만드는 것은 그 원문의 고정성이다. 만일 사실들이 탈인쇄 시대를 견뎌내려 한다면 필요한 것은 '변하지 않는 유동체'다.

실험

망원경의 발견이 천문학을 크게 변화시켰듯이 기압계의 발견은 물리학을 크게 변화시켰다. (…) 국가의 역사가 그러하듯 과학의 역사에는 그 자체의 혁명들이 있다. (…) 이 중요한 차이로 과학에서의 혁명들은 (…) 그것들이 행하려고 착수했던 것을 성공적으로 달성한다.

_빈첸초 안티노리Vincenzo Antinori, 〈역사 보도Notizie istoriche〉(1841)[1]

1

1648년, 프랑스 수학자 블레즈 파스칼의 매형이었던 플로랭 페리에Florin Périer는 클레르몽페랑Clermont-Ferrand에서 온 한 무리의 고위 인사들과 함께 마시프 상트랄Massif Central 산악 지대에 있는 퓌드돔Puy-de-Dôme 정상에 오르고 있었다.[•2] 그들은 그 아래에 있는 수도원 정원에 수은이 담긴 용기를 설치하고, 그 속에 유리관을 거꾸로 세워놓았다. 관 속 수은의 높이는 26인치(66센티미터. 그들은 푸스pouce, 즉 인치를 측정 단위로 삼았는데, 그들의 인치는 영국 인치보다 아주 조금 더 길었다)가 넘었다. 그들 계산으로 높이 914미터 정상에 도달했을 때, 그들은 또 다른 기압계barometer를 세웠다 ('barometer'라는 용어는 영국과 프랑스 양국에서 1666년부터 쓰였다. 그보다 1년

• 1654년 이전에 파스칼은 주로 수학자였다. 그해 가을부터 그는 종교에 헌신했고 1662년 임종 시 미완이었던 《팡세Pensées》를 쓰기 시작했다.

428

전, 영국에서는 'baroscope'라는 말이 먼저 나왔다). 산 정상에서 기압계의 수은의 높이는 수도원 정원에 설치된 그것보다 7.6센티미터가량 낮았다. 그 기압계를 분해해서 정상의 여러 지점에서 재결합해 수은 높이를 측정해 보니 같은 결과를 얻었다. 내려가는 도중에 그들은 산발치에서 몇 차례 더 측정했다. 거기서 수은의 높이는 수도원 정원에서보다 2.5센티미터 낮았다. 이러한 반복 실험 중의 하나는 모스니에M. Mosnier가 수행했다. 그다음 날, 그들은 클레르몽 성당의 탑 꼭대기와 탑 아래에서 동일한 실험을 수행했다. 차이는 작았으나(0.5센티미터) 측정 가능했다. 파스칼은 이 마지막 실험 결과를 전해 듣고 파리의 큰 건물 속에서 유사한 실험을 수행했다. 그러고는 신속히 이 현상을 설명하는 논문을 발표했다. 1662년, 보일은 이 실험을 회고하면서 퓌드돔의 실험을 새로운 과학을 타당하게 만든 '결정적 실험experimentum crucis'으로 극찬했다.[3] 실제로 이 실험은 이 문구로 칭송받은 최초의 실험이었다. 이 문구는 나중에 뉴턴이 백색 광선이 여러 빛깔의 광선으로 이루어져 있음을 증명한 자신의 프리즘 실험을 지칭하여 사용함으로서 유명해졌다.[4]

이 실험은 주의 깊게 고안된 실험 절차, 검증(구경꾼들은 거기 서서 실험이 믿을 만한지 확인하고 있었다), 반복성, 급속한 전파를 통한 독립적인 재현성이라는 측면에서 최초의 '적절한' 실험이다.[5] 이 실험이 답하고자 했던 질문은, 관의 꼭대기에 텅 빈 공간이 생기는 데 대한 어떤 자연적인 저항이 있느냐(왜냐하면, 아리스토텔레스는 '자연은 진공을 혐오한다'라고 말했기 때문에) 아니면 수은 기둥의 높이(즉 빈 공간의 크기)는 오로지 공기의 무게에 의해 결정되는가 하는 것이었다. 파스칼은 항상 이 실험의 창안자는 자신이라고 주장했다. 반면에 르네 데카르트는 자신이 파스칼에게 이 실험을 제안했다고 주장했다. 그들의 친구인 마랭 메르센은 파스칼이 자신을 앞질렀을 때 동일한 실험을 준비하느라 분주했다. (메르센은 한쪽 끝이 밀폐된 충분히 길고 견고한 유리관을 확보하는 데 어려움을 겪었다. 그는 파스칼에게 유리관을 공급했던 업자를 찾아갔으나 이미 유리관은 파스칼에게 다 팔린 뒤였다.)•

그 실험이 수은의 높이가 공기의 무게에 의해 결정된다는 것을 입증했다는 데 일반적인 의견 일치가 있지만, 관의 꼭대기 공간이 진공으로 간주될 수 있는지에 대해서는 그렇지 않다. 파스칼은 그렇다고 생각했고, 데카르트는 그것이 유리를 통과할 수 있는, 무게가 없는 에테르를 포함하고 있다고 생각했다(에테르 없이는 빛이 관의 한쪽 끝에서 다른 쪽 끝으로 진행할 수 없다고 생각했다). 메르센과 로베르발은 그 공간에는 희박한 공기가 들어 있다고 생각했다. 이 이야기는 흔히 파스칼은 옳았고 메르센과 로베르발은 틀렸다고 회자되지만 실제로는 그들 모두 옳았다. 그 공간은 사실상 진공이지만 극도로 낮은 압력의 공기를 포함했다.[6] 이 실험에 대한 파스칼의 해석은, 자연은 진공을 혐오한다는 아리스토텔레스의 주장과 직접적으로 모순되는 것이었다.

오늘날의 우리가 그들에게 없던 것을 갖고 있다면, 실험은 그 좋은 예가 될 것이다. 지난 장에서 보았듯이, 한 문화가 어떤 것을 '지녔다'고 말할 수 있는 임계점을 정의하기는 항상 쉽지 않지만, 언어는 유용한 표지를 제공한다. 그런데 우리가 실험으로 방향을 돌리면 이 말은 덜 들어맞는다. experientia(경험)와 experimentum(실험)은 고대와 중세는 물론, 근대 전기의 라틴어에서 다소 동일한 의미였다. 이 단어들을 보유한 모든 근대어에서 두 단어는 라틴어 용법을 따른다.[7] 근대 영어에서는 발레를 보러 가는 것은 경험이고, 대형 강입자 충돌기Large Hadron Collider는 실험이다. 그

• Shea, *Designing Experiments*(2003), 107–9. 수은은 그것의 원광礦石에서 금은을 추출하는 데 이용되었기 때문에 대량으로 생산되었다. 그것은 의료용으로, 특히 매독을 치료하는 데 사용되었기 때문에 쉽게 구할 수 있었다. 구하기 어려운 것은 유리관이었다.

430

러나 이 구별은 서서히 생겨나 18세기 동안 확실하게 자리잡았다. 옥스퍼드 영어사전에 따르면 동사로서 'experiment'가 'experience'의 의미로 사용된 마지막 시기는 1727년, 명사로서 'experience'가 'experiment'의 의미로 사용된 마지막 시기는 1763년이다.* 이러한 의미 변화에 무감각하여 학자들은 자주 라틴어 저술의 experimentum을 'experiment(실험)'로 번역한다. 그러면 본래 의미인 'experience(경험)'를 완전히 잘못된 의미로 전달하게 된다.

그 근대적 구분에 접근한 무언가가 프랜시스 베이컨에게서 발견된다. 베이컨은 두 종류의 경험을 구분했다. 즉, 어쩌다가 얻어진 지식('우연'에 의해)과 의도적으로 획득된 지식('실험'에 의해)의 두 종류다.** 그러나 그의 정의에 의하면 발레 공연에 가는 것은 실험이고, 공연장의 자리가 불편하다든가 거기서 파는 음료수가 비싸다는 것을 알게 된 것은 우연한 경험이다. 게다가, 베이컨을 경험의 과학에 반대하고 실험의 과학을 옹호한 주창자라고 생각하는 것은 잘못이다. 그는 실험은 경험을 보완하여 중요한 정보를 제공해줄 수 있다고 생각했지만, 윌리엄 길버트가 자석을 연구할 때 오직 자석만을 염두에 두는 좁은 시각의 실험 절차를 따르고 있다며 이렇게 비난했다. "한 사물 자체에서만 그 사물의 본성을 찾으려 해서는 아무도 성공할 수 없다. 더 일반적인 것이 되도록 넓게 탐구해야 한다."[8] 홉스는 자신의 입장에서 실험과 경험을 깔끔하게, 그러나 우리의 방식과는 달리

• 이 날짜들과 나란히, 'experience'와 'experiment'의 최초의 명확한 구분은 1732년의 크리스티안 볼프Christian Wolff가 한 것으로 보인다. Schmitt, 'Experience and Experiment'(1969), 80.

•• Bacon, *Novum organum*, Vol. 1, 82: 'Restat experientia mera, quae, si occurat, casus; si quaesita sit, experimentum nominatur'(Bacon, *Works*(1857), Vol. 1, 189). 그러나 베이컨은 형용사 experimentalis를 경험에 근거한 모든 지식 분야를 포괄하여 사용함으로써 일을 복잡하게 만든다. 그에게 '실험하다'는 동사는 'experiri'밖에 없었다.

구별했다. 실험은 특별한 것이고, 경험은 일반적인 것이다.[9]

얼핏 보면 1664년 헨리 파워의 《실험 철학》을 근대적 의미의 실험에 대한 책으로 생각할 수 있다. 실제로 그 책은 수은과 유리관을 사용하는 수많은 실험들을 포함하고 있지만, 그 책의 첫 부분은 현미경을 사용하는 '실험'에 관한 것이다. 그러나 파워는 우리의 근대적 용법에 근접했다. 왜냐하면 비록 그가 자신의 책이 '현미경, 수은, 자석의 새로운 실험'에 관한 것이라고 말하지만, 자신의 현미경 실험 보고에는 '관찰observation', 수은 실험 보고에는 '실험'이라는 표지를 붙였기 때문이다. 이 근대적 의미로 사용된 '관찰'(종교의식 준수 같은 실행의 의미가 아닌)은 비록 그 단어가 고전 라틴어에 존재하긴 했지만(observatio) 영국에서는 비교적 새로운 것이었다. 옥스퍼드 영어사전은 '관찰observation'은 1547년에, 이 새로운 의미의 '관찰하다observe'는 1559년 처음 사용되었음을 알려준다. 시간이 지나자 관찰은 실험의 부속물이 되었다. 이 둘은 고전시대와 중세의 논의의 기저를 이루던, 믿을 수 없고 불특정한 '경험'을 대신하여 신뢰할 만한 사실을 만들어냈다.[10]

프랑스어와 포르투갈어에서는 오래된 혼란이 여전히 존재했다(영어 사용자에게는 특히 그렇게 보인다). 프랑스어에는 '경험하다'와 '실험하다'의 두 뜻을 가진 동사 'expérimenter'가 있었다. 비록 실험을 할(faire une expérience) 수 있었지만(여기서 expérience는 실험을 뜻한다), 영어의 '실험'에 해당하는 명사는 존재하지 않았다. 19세기 프랑스어에서 복수 'expériences'는 경험들이 아니고 항시 실험들을 뜻했다. 프랑스어에는 또한 'expérimentation'이라는 단어도 있었는데, 이것은 지금 '실험'과 같은 의미로 가끔 사용된다.[11] 프랑스어(포르투갈어도 마찬가지)에는 실험 철학philosophie expérimentale이라는 고전적 문구에서 보듯이 형용사

432

'expérimental'이 있다. 이 단어는 스프랫의 《왕립학회의 역사》가 프랑스어로 번역된 1669년 이전까지는 오직 종교적인(신비주의적인) 맥락에서만 사용되었다. 그 시기에 philosophie expérimentale이라는 말도 도입되었다. 존중받는 라틴어 선행 사례에도 불구하고 '실험'이라는 단어가 그에 동반되지 않았다는 것은 수수께끼다.

16세기의 '경험/실험'만큼이나 애매모호한 단어가 더 있다. 대표적인 예가 '입증demonstration'이다. 고전 라틴어에서, 당신은 손가락으로 그것을 가리킴으로써 무언가를 보여준다demonstrate. 그러나 중세에 'demonstratio'라는 단어는 철학이나 수학에서 연역이나 증명을 지칭하는 데 사용되었다. 따라서 당신은 삼각형의 모든 각을 더하면 두 개의 직각이 됨을 입증하거나demonstrate 증명할 수 있다. 프랑스어에서는 최근까지 이러한 의미가 유지되었다. 당신이 말하고 있는 것을 누군가에게 보여주는 맥락에서 그 단어가 기록된 것은 아카데미 프랑세즈 사전Dictionnaire de l'Académie française 4판(1762)이다. 영어에서는 일찍부터 두 의미(연역으로서의 '입증'과, 대상을 가리킴으로서의 '실례')가 함께 존재했다. 따라서 아리스토텔레스주의 철학자들과 새로운 과학자들 모두 'demonstrations'를 사용했지만 서로 현격히 다른 의미로 사용했다.

또 다른 현저한 예가 '증명proof'이다. 우리는 수학, 기하학, 논리학에서 증명, 연역, 입증을 지칭하는 데 그 용어를 사용하는 한편 '먹어봐야 안다the proof of the pudding'(속담), 40도proof 알코올, 총기를 시험하는prove a gun 데 사용한다. 따라서 'proof'는 필연적인 진리와 실제적 시험 두 의미

• 데카르트는 expériment라는 단어를 편지에서 한 차례 사용했다(Clarke, *Descartes' Philosophy of Science*(1982), 41, n. 2).

를 포괄하고 있다. 그리고 그것은 'probe(조사, 탐지)', 'probability(확률)'
과 같은 어원을 지니고 있다. 이러한 모호성은 라틴어 probo, probatio에
서 기인하며, 라틴어에서 유래한 모든 근대 언어에서 발견된다(스페인어
probar, 이탈리아어 provare, 독일어 probieren, 프랑스어 prouver — 프랑스어에
는 '시험하다'의 의미로 éprouver가 있다. 근대 프랑스어에서 prouver는 '시험하다'
라는 의미를 잃어버렸다). 적어도 수학과 논리학에서 'proof'는 절대적이다.
당신은 어떤 것을 증명하든지 못하든지 둘 중 하나다. 반면에 증거evidence
는 더하거나 덜할 수 있는 어떤 것이다. 로마법에서 두 증인은 유죄의 모
든 증거를 제시할 수 있다. 한 명의 증인과 피의자의 자백, 혹은 한 명의
증인과 정황 증거(예: 피의자의 칼이 피해자에게서 발견되었다)는 유죄의 증거
가 된다.

증명이 완전하지 않거나 증거를 얻을 수 있는 대안이 없는 경우, 13세
기에서 18세기까지 (로마법의 원리를 따르고 있는 나라에서) 완전한 증거를
얻으려는 바람에서 고문이 적법하게 사용되었다. 예를 들어, 델라 포르타
의 경우에도 종교재판소는 그의 좋지 않은 건강을 감안하여 그를 약하게
leviter 고문하기로 의결했다. 델라 포르타에게는 다행스럽게도, 한 주가 지
나고 그들은 마음을 바꾸었다. 그 사이 한 주 동안 일어났던 델라 포르타
의 생각과 감정에 관한 기록은 없다.[12] 아마 그는 고문을 예상하고 매우 건
강이 악화되어 더 이상 고문을 받을 수 없었을지도 모른다(왜냐하면 고문이
이루어지기 전에 건강검진을 통과하고 적합 판정을 받아야 했기 때문이다. 종교재
판소는 이러한 문제에 세심했다). 유죄 증거가 불완전했던 사람들은(자백 없이
고문을 당한 사람 — 예를 들면, 1513년의 마키아벨리) 유죄도 아니었고 결백하
지도 않았지만, 혐의를 받았다는 근거로 적절히 처벌을 받았다(이것이 델라
포르타와 1633년 종교재판소에서 심문받은 갈릴레이에게 내려진 처분이었고, 마키

아벨리는 운 좋게도 사면으로 석방되었다). 프랜시스 베이컨은 실험에 관해 논의하면서 '자연의 심문inquisition of nature'과 '괴롭혀진 자연nature vexed'이라는 문구를 사용했다. 이것은 답변을 짜내기 위해 자연을 고문한다는 의미일까?[13] 베이컨은 영국의 사법 절차에서 고문이 통상적으로 사용되지 않는데도 반역 혐의자들이 형틀에 매달려 있는 것을 직접 보았다. 지식이 논의될 때 법적인 은유가 계속적으로 차용되고 있는 세계(우리가 보았듯이 '사실'이라는 단어는 그 자체가 사멸된 법적인 은유다)에서 증명의 문제는 항시 절차의 (은유적) 방식으로 고문의 가능성을 수반한다. 그러나 영국 법에서 '심문'(심리審理가 심문이다)과 '괴롭힘'은 고문을 내포하지 않는다.

　라틴어로《자석에 관하여》를 쓴 윌리엄 길버트는 실험이 무엇을 하는지 설명하기 위해 '증명'이나 '입증' 같은 단어를 사용하는 어려움을 경계했다. 그가 선호한 용어는 고전시대 이후 단어인 ostentio, 즉 '나타냄display', '보임showing'으로, 그는 이것을 '물체로 명백히 보여주는 것'이라고 정의했다. 환언하면, 그는 논리학적, 수학적 의미로 입증을 제시하는 것이 아니라 어떤 물리적 실체가 드러나게 하고 있는 것이다. 그는 당신에게 자신이 손으로 가리키는 것처럼 사물을 보여주려고 한다. 당신이 그의 책을 읽으면 당신은 그 실험의 '사실상의 증인virtual witness'이 된다.[14]

2

이 장은 1648년 파스칼의 퓌드돔 실험으로 시작했다. 그러나 파스칼이 최초의 실험과학자는 아니었다. 예로서, 부력에 관한 갈릴레이의 생각이 어떻게 변했는지 알아보자. 그는 아르키메데스를 숭배했다. 출판되지 않은 초기 문헌에서, 그는 1590년대부터 아르키메데스의 원리(한 물체는 물에 뜰 때, 그 무게만큼의 물을 밀어낸다)를 증명하려고 노력했다.[15] 아르키메데스의 저술은 12세기부터 라틴어 번역본이 존재했고, 1544년에 최초로 출간되었다. 아르키메데스의 초기 판본에는 거대한 대양에 떠 있는 물체를 보여주는 삽화가 들어 있다. 지구상에 펼쳐져 있는 바다인데, 갈릴레이는 그의 저술에 이러한 그림을 스케치했다.

경계가 없는 유체流體에 떠 있는 물체는 그 자체의 무게에 해당하는 물을 밀어내고 있다는 주장은 완벽히 옳다. 그러나 갈릴레이는 그의 저술을 수정하면서 탁자 위에 놓여 있는 수조 같은 용기 속에 떠 있는 물체를 표현하는 데로 나아갔다. 수조 속에 나무토막을 집어넣으면 수조의 수위는 올라간다. 갈릴레이는, 처음에는 상승한 물의 부피는 물체에 의해 위치가 변한 물의 부피에 해당하며 상승한 물의 무게는 아르키메데스의 원리에 따라 물체의 무게에 해당한다고 생각했다. 우리가 보게 될 것처럼 이는 잘못이다. 이전의 아르키메데스 해석자들과는 달리, 갈릴레이는 어떤 실험 장치가 아르키메데스의 원리를 입증할 수 있는지 자문했다. 그가 파악하지 못한 것은 이 장치가 아르키메데스 원리가 불완전하다는 것을 보여줄 수 있다는 점이었다.

20년 후인 1612년, 갈릴레이는 아리스토텔레스주의 철학자들과 논쟁하게 되었다. 그들은 물보다 무거운 물체라도 적당한 모양을 갖추면 물에 뜬다고 확신했다. 예를 들면 물보다 무거운 흑단 조각을 양동이의 수면에 올려놓으면 뜬다는 것이다. 여기에 자극을 받아 갈릴레이는 뜨는 물체를 연구하기 위한 일련의 실험에 착수했다. 그는 젖지 않은 흑단 조각을 부드럽게 수면에 놓으면 뜬다는 것을 발견했다. 금속 바늘도 마찬가지였다. 이미 전체가 젖어 있으면 그것들은 가라앉았다. 갈릴레이는 우리가 표면 장력이라고 부르는 현상을 탐구하고 있었다.

갈릴레이는 가라앉지는 않지만 완전히 잠기는 물체(물과 비중이 같은)를 구현해보고 싶어했다. 그는 왁스와 쇠 줄밥을 섞어서 공 모양으로 만들었다. 그가 적절히 섞었을 때 그것은 수면 바로 아래 떴다. 그는 초고에서 이 경우 밀려난 물의 부피와 무게는 아르키메데스의 원리에 따라 그 공의 부피와 무게에 일치한다고 기록했다. 그는 여전히 이전의 실수를 반복하고 있었다.

이 지점에서 갈릴레이는 무언가 틀렸다는 느낌을 받았다. 그는 이전의 사고실험으로 되돌아가 진짜 수조, 진짜 나무토막, 대리석 조각을 가지고 주의깊게 이 문제를 고찰하기 시작했다. 세 종류의 수조에서 같은 나무토막을 띄우고 같은 대리석 조각을 가라앉혔다. 그렇게 해서 나무토막을 넣었을 때 상승하는 수위를 결정하는 수학식을 얻을 수 있었다. 그는 이제 부피의 용어로 변위displacement의 문제를 이해했다. 무게의 용어로 이를 파악하는 것도 쉬운 일이었다.[16] 한 부분만 잠기도록 대리석 조각을 수조에 넣었을 때, 그것은 물에 잠긴 부분의 부피에 해당하는 물을 밀어내는 것이 아니라, **원래의**(토막을 넣기 이전의 — 옮긴이) 표면 수위 아래 잠긴 부분의 부피에 해당하는 물을 밀어낸다. 따라서 수조에 떠 있는 나무토막은 물속에서의 토막 무게보다 적은 양을 밀어낸다. 아르키메데스의 원리에 의하면, 만일 물이 수면 아래 있는 토막의 부피를 차지하고 있다면 그 물은 전체 토막과 무게가 같을 것이다. 아르키메데스의 원리는 적용되지 않았다.

갈릴레이는 나아가 아주 간단한 실험으로 그의 새로운 이론을 확인했다.[17] 그는 조그만 사각형 수조에 넉넉하게 들어맞는 큰 나무토막을 넣었다. 그는 나무토막이 막 뜨기 시작할 때까지 물을 부었다. 그는 물의 깊이와 나무토막의 높이의 비는 같은 부피의 나무와 물의 무게 비와 같음을 보이려 했고 결과는 성공적이었다. 그러나 이 실험은 그의 새로운 발견에 이 상한 현상이 뒤따르는 것도 보여주었다. 매우 적은 양의 물이 아주 크고 무거운 물체를 띄울 수 있었다. 실제로 수조의 물은 그것이 떠받치고 있는 나무토막보다 가벼울 수 있었다. 이는 전통적으로 이해되는 아르키메데스의 원리로는 불가능했다. (이것은 포도주가 든 병을 얼음 통에 넣고 약간의 물을 넣어 병을 띄움으로써 혼자서도 확인해볼 수 있다.)

마침내 갈릴레이는 이 원리를 확실하게 파악했다. 나무토막을 수조에 넣을 때 수조의 수위는 상승하고, 밀려난 물의 부피는 이전의 낮은 수위 아래의 나무토막 부분에 해당한다. 이 부분의 부피는 새로운 높은 수위 아래의 나무토막 부분이 차지한 부피보다 훨씬 작다. 수조가 나무토막 주위와 더 가깝게 들어맞을수록, 이 효과는 더 강력해진다. 왜냐하면 물이 나무토막이 들어오면서 옆으로 밀려나지 않고 위로 상승하기 때문이다. 갈릴레이는 경계가 있는 수조에서 떠 있는 물체의 무게와 그것에 의해 밀려난 물의 무게 사이의 관계는 평형 상태의 저울 양 끝에 있는 두 추의 관계가 아니라, 한쪽으로 쏠린 지렛대의 양 끝에 있는 두 추의 관계에 비교된다는 사실을 정립했다. 아르키메데스의 원리는 보편적 원리가 아니라, 하나의 극한적인 경우다. 의도하지 않았으나 갈릴레이는 기본적인 수압기를 창안했다.*

갈릴레이는 이 결과들을 1612년에 발표하여 짧지만 질풍 같은 논쟁을

---

* 훨씬 뒤에, 파스칼은 액체 속의 압력을 연구할 때 어떻게 공기가 기압계에서 수은 기둥을 지지하는지를 이해하기 위해 갈릴레이의 업적에 의지했다. 갈릴레이처럼, 파스칼은 어떤 유체가 행사하는 압력은 그 유체의 전체 무게에 의해 결정되는 것이 아니라 어떤 정해진 면적에 가해진 무게의 양에 의해 결정된다는 것을 이해했다. 예를 들면, 길고(3미터면 충분하다) 가는 유리관을 유체가 채워진 나무통 위에 세우고 관에 물을 채운다. 관을 채우기 위해 필요한 물은 소량이지만 높이 때문에 물은 엄청난 압력을 가한다. 이 실험은 '파스칼의 통'으로 알려져 있지만 그가 직접 수행했다는 증거는 없다. 하지만 그가 관련된 원리를 증명하기 위해 고안된 실험을 수행한 것은 분명하다. 그러나 그것은 이미 메르센에 의해 기술된 바 있다.

불러일으켰지만, 이탈리아 북부 바깥에는 알려지지 않았다. 철학자들은 납득하지 못하고 이전과 같이 했고, 수학자들은 감명받지 않았다. 그들이 이해하기에 이것은 수학이 아니었다. 갈릴레이는 윌리엄 길버트의 《자석에 관하여》를 읽은 이래, 10여 년 동안 실험과학자였다. 그러나 그가 일련의 실험 결과를 발표한 것은 이때가 처음이었다. 길버트와 갈릴레이는 체계적 실험에 기반을 둔 새로운 유형의 과학을 전개하고 있었다. 그러나 이를 주목한 사람은 거의 없었다.

3

한 이론을 검증한다는 생각에는 새로운 것이 없다. 프톨레마이오스와 갈레노스가 실험을 수행했다는 것을 보여주기는 매우 쉽다. 최초의 위대한 실험과학자 이븐 알하이삼의 《광학Kitāb al-Manāẓir》은 1230년에 라틴어로 번역되었다(이 시점에 이븐 알하이삼은 알하젠이라는 서구식 이름을 얻었다).[18] 이 책의 필사본은 곧 널리 퍼졌고, 1572년에 인쇄본이 출현했는데 왜 이븐 알하이삼의 사례가 더 광범위하게 추종되지 않았을까? 그의 업적의 중요성은 아무리 과대평가해도 지나치지 않는데 말이다. 엄격하게 실험적인 방법을 사용하여 그는 시각視覺의 유출설(눈에서 나오는 광선에 의해 볼 수 있다는)을 논박했고, 유입설(물체에서 나와 눈으로 들어오는 광선에 의해 볼 수 있다는)을 옹호했다. 그는 최초로 반사 법칙을 완전하게 서술했다. 또한 굴절 법칙을 연구했고 최초의 진정한 암상자를 설계했다. 그 덕분에 눈의 생리

• 앞의 5장 2절을 참조하라.

학적 이해를 향한 큰 진전이 있었다(비록 위아래가 바뀐 상이 렌즈를 통해 눈 뒤편에 있는 망막에 투영된다는 것을 파악하는 데는 실패했지만). 그는 인공적 원 근법의 과학에 지적인 토대를 마련했다. 중세의 광학은 그의 공헌에 크게 의존했으며, 그는 의심할 여지 없이 길버트 이전 실험과학자의 최고 모범 이었다.**

이븐 알하이삼이 수많은 실제 실험을 제공했다면, 중세 철학은 이론의 영향을 시험할 수 있는 사고실험으로 가득했다.[19] 예를 들면, 만일 당신 이 지구의 중심을 관통하는 터널을 뚫고 한 물체를 터널로 떨어뜨리면 어 떤 일이 생길까? 그것은 그 자연적 안식처인 지구 중심에 이르면 멈추는 가? 혹은 중심을 지나가는가? 마침내 중심에 멈출 때까지 왕복 운동을 하 는가? 명백히 이 사고실험은 실제로 수행될 수 있는 것이 아니다(그리고 아 무도 그 대용으로 진자를 사용해보려 하지 않았다).*** 그러나 가끔 실험은 그것 이 실제로 수행되었는지 아닌지 구분하기 어려운 방식으로 기술되며, 이 는 17세기 내내 그러했다. 보일은 파스칼이 실제로 수행할 수 없었던 실험 (수심 6미터에서 수행된)을 기술했다고 불평했고, 근대 역사가들도 갈릴레이 에 대해 똑같은 불평을 터뜨렸다(비록 이는 대부분 오해에서 비롯되었지만).[20]

그러므로 수수께끼는 과학혁명 이전에 과연 어떤 실험과학이 존재했는 가가 아니라(그 예를 쉽게 발견할 수 있으므로), 이븐 알하이삼의 사례와 사고 실험의 우세에서 보듯이 왜 그 사례들이 적었는가 하는 것이다. 몇몇 관련

** 그러나 사브라Sabra의 판단을 주목하라. '그러나 이븐 알하이삼의 광학이 적어도 한 가지 측면에서 17세기 광 학 실험의 발견과는 상이하다는 것은 여전히 사실이다. 그것들은 회절, 복굴절複屈折 혹은 빛의 분산 같은 새로운 성 질을 밝혀주지 않는다. 그리고 그것들은 (…) 측정이 부족하다.' (Ibn al-Haytham, *The Optics: Books 1-3, on Direct Vision*(1989), Book 2, 18-19).

*** 오렘은 한 기둥에 매달린 추(우리가 진자라고 불렀을)는 그런 낙하하는 돌의 움직임을 모사할 수 있음을 이해했 다. 그러나 그가 당시 진자로 실험을 수행했다는 것을 암시하는 물증은 없다.(Clagett, *The Science of Mechanics in the Middle Ages*(1959), 570)

요인들을 확인하는 것은 어렵지 않다.

첫째, 실험은 손으로 하는 노동을 포함한다. 비록 기독교, 특히 수도원 전통이 고대 세계에서보다 노동에 높은 가치를 부여했지만, 중세와 르네상스기 동안 육체노동에 대해서는 여전히 상당한 저항이 존재했다. 최초의 실험가들은 기꺼이 자신들의 손을 사용했다. 갈릴레이는 소년 시절 작은 기계를 만들기 좋아했다고 전해진다(뉴턴도 확실히 그랬다).[21] 토리첼리도 손기술이 좋았다. 실험은 직접 해보는 작업이다.

둘째, 중세 대학에서 아리스토텔레스주의 자연철학자들이 차지한 지배적인 지위는 실험에 대한 이중의 금지를 초래했다. 먼저, 아리스토텔레스는 아무리 복잡하더라도 한 주제를 논할 때 그것에 관한 적절한 지식이 이미 존재한다고 가정한다(광학이 지적인 분야로 개발될 수 있었던 한 이유는, 이 과목의 첫 번째 중요한 논의가 아리스토텔레스가 아닌 유클리드에 의해 이루어졌기 때문이라는 것이다). 다음으로, 아리스토텔레스주의 전통에서 가장 높은 형태의 지식은 연역적 혹은 삼단논법적 지식이었다.

로버트 그로스테스트 같은 중세 철학자들은 어떻게 사람들이 경험으로부터 이론적 일반화에 도달하는지, 그리고 어떻게 이론적 일반화를 사용하여 경험에 관한 사실들(혹은 현상들)을 도출해내는지에 대한 꽤 복잡한 설명을 구성했다. 그러나 전체적인 요점은 이 과정이, 작동해야 할 분명한 제1원리가 존재하지 않을 때만 적용되며, 이는 과학적 지식에 관한 아리스토텔레스의 이해에 전적으로 호환되는 것으로 보였다. 따라서 그로스테스트는 천체의 모든 움직임은 제1원리로부터 원운동임을 알 수 있다고 주장했다(만일 그 움직임이 원이 아니라면 천구 사이에서 텅 빈 공간이 열릴 텐데, 진공은 불가능하므로 이것은 불가능하다). 그러나 우리는 제1원리로부터 지구의 모양을 연역할 수 없다. 결과적으로, 우리는 경험에 의존함으로써 이 간격

을 채워야 한다. 그리고 경험은 지구가 구형이라고 확신시키는 증거를 제
공한다(예를 들어, 일식은 동쪽으로 갈수록 낮에 일찍 나타나고, 서쪽으로 갈수록
낮에 늦게 나타난다. 북극성은 남쪽으로 내려갈수록 지평선으로 가라앉는다).[22]

따라서 경험과 실험은 연역적 지식 자체의 신뢰성에 질문하기 위해서가
아니라, 근본적으로 연역적인 지식 체계에서 간극을 채울 때만 적용된다.
이러한 간극은 아리스토텔레스의 저술에 중심을 둔 교과과정에 한정된,
제한된 의미를 지니고 있었다. (지구의 모양이 순전히 경험적인 질문이라는 그
로스테스트의 관점은 파급효과가 있었다. 왜냐하면 그것은 그로 하여금 지구의 '1구
이론'을 채택하도록 지적인 공간을 열었기 때문이다.) 그로스테스트는 실험 절차
에 대한 놀라운 무관심을 보여준다. 그래서 그는 굴절의 일반 원리를 공식
화했지만, 그것이 반사 법칙처럼 똑같은 각도를 포함해야 한다고 단순한
가정을 했고, 이 가정이 잘못되었다는 것을 보여줄 수 있는 기본적인 시험
도 수행하지 않았다. 그는 굴절의 역할을 강조한 무지개에 대한 새 이론을
만들었다. 무지개에 대해 아리스토텔레스는 오직 반사만을 언급했다. 그러
나 그로스테스트가 자신의 이론을 검증하기 위해 실험을 수행했다는 증거
는 없다.[23] 1953년, 앨리스터 크롬비Alistair Crombie는 《로버트 그로스테스트
와 실험과학의 기원Robert Grosseteste and the Origins of Experimental Science》이라는
제목의 책을 출간했다. 크롬비는 그의 생애 동안 그 책에서 자신이 했던
주장에서 천천히 후퇴하여, 1994년에 이렇게 썼다.

로버트 그로스테스트처럼 독립적인 사상가가 새로운 것을 연구하여 알아내
면서, 자신의 권위 너머, 그것들의 진정한 의미를 발견하는 데 스스로 탁월하
다고 여겼는지 단정하기는 어렵다. 그러지는 않았던 것으로 보인다. 그로스
테스트의 추종자이며 흔히 중세 실험과학의 주창자로 소개되는 로저 베이컨

(1214~1294)조차 동시대의 과학적 업적을 고대의 잊힌 지식의 회복으로 간주했다. 아마 무비판적인 문서 베낌뿐만 아니라 이러한 사고방식으로부터, 이미 보고된 관찰이나 실험을 독창적인 것인 양 보고하는 중세적인 관습이 생겼을 것이다.[24]

셋째, 실험은 외부 세계에 관한 고찰과 일반화하는 능력 모두를 포함한다. 그것은 구체적인 것과 추상적인 것, 즉각적인 예시와 과학적 이론 사이를 오고가는 능력을 요구한다. 이러한 움직임은 개념적으로, 그리고 역사적으로 문제를 일으킨다. 그리스인들은 결코 지식episteme을 외부 세계에 관한 지식으로 생각하지 않았다. 왜냐하면 그들에게 이성은 항시 보편적이고 영원했기 때문이다. 정신은 그것이 알고 있는 것과 하나였다.[25] 예를 들어, 중세에 그로스테스트는 진정한 지식은 깨달음에 근거하고 있으며, 지식의 완벽한 형태는 천사들의 지식이라는 신플라톤주의자의 관점을 채택했다. 천사들은 신의 마음과 우주를 이해하기 위해 실재의 감각적 경험이 필요치 않기 때문이었다.[26] 이것은 근대 초반까지 계속 영향을 미쳤다. 데카르트는 지식에 관한 플라톤의 개념(스스로 명백히 진리인 것으로서의 지식)을 다시 붙잡으려 했다. 그리고 갈릴레이도 가능한 한 그의 새로운 과학을 경험적 추론이 아닌 수학적 증명으로 표현하려 애썼다. 이러한 전통 속에서 지식은 주로 정신적이고, 개념적이고, 이론적이며, 종국에는 수학적이다.

지적 학문 분야의 일원으로서 수학자들은 두 종류의 지식 사이에서 분열되었다. 플라톤과 유클리드는 지식의 순전한 추상적, 이론적 형식을 정당화하는 것으로 보였고, 반면 천문학의 응용과학인 지도 제작법과 축성술은 경험적, 실제적 지향을 장려했다. 고대인들 중 아르키메데스는 이론이 어떻게 실제적 목적에 적용되는지를 보여줌으로써 이 분열을 이어주는 가교를 놓은 것으로 보인다. 그러나 이 두 접근 방식 간의 긴장은 뉴턴에게까지 계속되었다. 뉴턴은 자신의 지식은 증거에 기초하면서 실제로 응용된다고 주장하면서, 가능한 한 깊이 순수한 이론으로 표현하려고 애썼다.

대조적으로, 가톨릭교회는 진리는 우리 바깥에 존재한다는 믿음에 헌신했다. 그리스도의 십자가와 미사에서의 실체 변화(성찬식 때 빵과 포도주가 예수의 몸과 피가 된다는 주장)는 마음속에서가 아니라 외부 세계에서 일어나는 사건이다. 따라서 아리스토텔레스는 지식을 감각에 근거하게 만든 철학자로 해석되었고, 감각은 지각자 외부에 있는 실체에 대한 지식으로 재해석되었다. 그러나(이것은 상당한 '그러나'이다) 종교의 진리는 보통 감각적 지각을 쾌히 받아들일 수 없다. 미사에서 빵과 포도주는 계속 빵과 포도주로 보인다. 따라서 감각적 지각이 신적인 진리를 확인할 때는 기적이 중요해진다.

외부적 실재에 대한 중세의 강조는 플라톤주의와 아리스토텔레스의 플라톤적 해석에 반발하여 유명론唯名論으로 가는 길을 열었고, 오직 구체적 개체들만이 존재하며 추상화는 단지 정신적인 허구라고 주장했다. 그러나 이렇게 하면서 특수한 것에서 보편적인 것으로 회귀하는 작용의 여지를 별로 남기지는 못했다. 사물은 어떤 종류의 자연적 질서나 필연성 때문이 아니라 신이 그렇게 만들기로 선택했기 때문에 그러하다. 세계 자체는 하나의 기적이다. 어제 일어난 일이 내일 반드시 일어나리라는 보장은 없다.[27]

따라서 실험은 플라톤적 이상주의와 투박한 경험 사이에 깊이 연관된 균형을 요구한다. 실험자들은 경험의 특별함을 주장해야 한다. 그러나 또한 특정한 예시에서 일반적인 결론이 도출될 수 있음을 주장해야 한다. 그러므로 기저를 이루는 실험은 자연의 규칙성과 섭리에 관한 이론이 있어야 한다. 자연 세계는 원리상 실험을 통해 해석될 수 있는 종류의 세계여야 한다. 뉴턴의 조수였던 로저 코츠Roger Cotes는 의심하는 사람들에게 '유럽에서 중력이 돌의 낙하 원인이라면 아메리카에서도 마찬가지 아니겠는가?'라고 물었다.[28] 게다가 우리는 세계를 해석할 수 있도록 장비를 갖추어야 한다. 우리의 감각은 중요한 특징을 집어내야 한다. 디드로는 맹인이 신이 창조한 우주를 질서 있는 것으로 인식할 수 있을지 의문을 가졌다. 실험적 방법이 이전에 설명할 수 없었던 것을 성공적으로 설명할 때, 그것은 특정한 과학적 이론을 정립할 뿐만 아니라 실험의 토대를 이루는 일반적 접근 방식의 타당성 또한 확인한다. 성공적인 실험은 실험적 방법에 대한 자신감을 구축한다. 반면에 실패는 그 기반을 약화시킨다.

또 다른 문제는 실험은 인공물이라는 점이었다. 아리스토텔레스주의 철학은 자연물과 인공물을 뚜렷이 구분했다. 하나를 이해한다는 것이 다른 하나를 이해하는 기초를 제공하지는 않는다. 어떤 경우에 이것은 명백하다. 연은 새가 어떻게 나는지 이해하는 데 도움을 주지 않는다. 혹은 증기 기관은 근육이 어떻게 작동하는지 이해하는 데 도움을 주지 않는다. 아리스토텔레스주의자들에게 자연적 물체들은 내부적인 형성 원리가 있다. 반면에 인공물들은 외부에서 부과된 설계에 따라 만들어져 있다. 자연과 인공의 구분은 더 깊게 나아갔다. 인공물의 움직임을 지배하는 법칙은 자연 세계에 작용되는 것과 다르다고 가정된다. 그러니 기계는 거기에 투입되는 것보다 더 많은 것을 뽑아냄으로써 자연을 속일 수 있을지 모른다는 것이다. 갈릴레이는 이런 일이 결코 일어날 수 없다는 것을 보여준 최초의 인물이었다.

자연이 산출하는 것보다 우리가 만든 것을 종종 더 잘 이해할 수 있다는 것은 명백하다. 이 원리는 예를 들면, 이 활동의 규칙을 결정하는 수학으로 확장할 수 있다. 그래서 1578년 파올로 사르피는 다음과 같이 썼다.

우리는 어떻게 만드는지 우리가 완전히 알고 있는 사물의 존재와 원인을 확실히 안다. 경험만으로 아는 사물의 경우, 우리는 그 존재는 알지만 원인은 모른다. 추측하여 가능한 원인을 찾을 뿐이다. 그러나 우리가 가능하다고 여기는 많은 원인 중에 어느 것이 진짜인지는 확신할 수 없다.[29]

사르피는 우리가 알고 있는 것을 만들었기 때문에 확실성을 갖는 지식의 예로서 수학과 시계를 들었다. 그리고 우리가 가능한 올바른 답(예를 들면 코페르니쿠스 우주 체계)을 지니게 되었으나 그것이 올바른지 결코 확신할 수 없는 지식의 예로 천문학을 들었다. 사르피는 코페르니쿠스설이 명백히 옳다는 그의 친구 갈릴레이의 확신에 결코 동의하지 않았다.

이러한 접근 방식은 실험에 의해 획득된 지식이 자연의 작동 방식에 대한 신뢰할 만한 안내자일 필요는 없음을 시사한다. 예를 들어, 실험실에서 진공을 만들 수 있다는 사실이 자연에서도 진공이 생길 수 있다는 것을 의미할 필요는 없다. 흔히들 윌리엄 하비는 심장이 하나의 펌프임을 입증했다고 말한다. 그러나 《동물의 심장과 혈액의 운동에 관한 해부학적 연구 Exercitatio Anatomica de Motu Cordis et Sanguinis in Animalibus》에서 그는 결코 심장을 펌프와 비교하지 않았다. 펌프는 결국 인공물이며 심장은 자연물이다. 그러한 비교에 의존하는 것은 위험한 일이다.[30] 대조적으로 '제작자의 지식 maker's knowledge' 원리는 만일 내가 실험실에서 진공을 만들 수 있다면, 내가 만든 것이 무엇인지 진정으로 이해한다는 것을 시사한다.[31] 따라서 실험적 지식에 대한 신뢰는 자연물/인공물의 구별을 약화시키고, 자연적 과정에 해당되는 절차를 수행함으로써 내가 그러한 과정에 대한 진정한 지식을 획득할 수 있다는 확신으로 대체하기를 요구한다.

인공물에 관한 지식을 자연에 대한 지식으로 간주할 수 있다는 원칙의 문제를 처음으로 주장한 인물은 프랜시스 베이컨이었다. 그는 '인공물은 자연물과 본질 혹은 형식에서 다른 것이 아니라 오직 효용 면에서만 다르다'고 말했다.[32] 따라서 (잠시 후 보게 되겠지만) 다른 방법으로 인공 무지개를 생성시켰다 할지라도 인공적인 무지개에 관한 지식은 자연적인 무지개의 인과적 이해를 제공한다. 이 같은 경우 실험적 방법은 당신이 자연과 인공물 사이를 순조롭게 오가도록 만든다. 길버트는 자신이 실험에 사용했던 조그마한 구형 자석이 지구에 해당한다고 주장했다. 파스칼의 최초의 진공 실험을 관찰했던 피에르 기파르Pierre Guifart는 토리첼리의 관에 대해, 사람들이 공기의 무게를 실제로 본다는 점에서 '그 속에서 사람들은 세계의 축소판을 본다'고 말했다.[33] 그러한 주장들이 쉽게 받아들여지지는 않았다. 예수회 과학자들은 지구 자체가 하나의 자석이라는 길버트의 주장에 완강하게 반대했고, 진공의 반대자들은 수은 위의 공간이 분명히 무언가로 채워져 있어야 하는데 비어 보이기 때문에 토리첼리의 관은 사기라고 항의했다.

만일 세계가 질서 있고 예측 가능하다면, 그것은 우리가 어느 정도 자연을 통제할 수 있는 기술을 개발함으로써 그렇게 되도록 작업했기 때문일 것이다. 만일 그 과정을 모형화할 수 있다면, 그것은 우리가 자연을 닮은 인공물을 만들 수 있는 우리 자신만의 능력을 개발했기 때문이다. 그러므로 17세기 실험적 방법의 주장자들이 시계는 질서, 규칙성, 효율 원리의 화신이며, 더군다나 그것을 만든 것은 우리 자신이기 때문에 우주가 시계와 같다고 주장한 것은 불가피한 일이었다. 만일 우리가 신을 시계 제작자라고 생각한다면, 우리는 그가 이 세계를 실험적 탐구에 복종하도록 만들었음을 확신할 수 있다. 중세에는 천체를 시계장치에 비교했고, 이제 동일한 규칙성의 원리가 달 아래의 세계에서 발견될 거라고 주장되었다.[34]

마지막으로, 중세에는 발견의 문화도 없었다. 이븐 알하이삼의 발견조차도 퇴영적인 지식 체계에 통합되기는 어려웠다. 그래서 시각의 유출설은 그들 편에 선 고대의 저자들에 의해 지지된다는 단순한 이유로 계속 표준 이론으로 남아 있었다.

이 다섯 요인은 중세적인 맥락에서 실험과학의 성공이 왜 제한적이었는지를 설명하는 데 도움이 된다. 디트리히 폰 프라이베르크Dietrich von Freiberg(1250년경~1310년경)를 예로 들어보자. 그는 중세 기독교 시대 전체에서 가장 괄목할 만한 실험을 수행했다. 디트리히는 무지개에 관한 최초의 만족스러운 설명을 제시했는데,[35] 이 설명엔 아리스토텔레스에 대한 직접적 비판이 포함되어 있었다.* 아리스토텔레스는 무지개가 반사의 결과라고 말했다. 반면에 디트리히는 무지개가 각 물방울에서 일어나는 각 두 차례의 반사와 굴절의 결과임을 보여주었다. 아리스토텔레스는 무지개에 노란 색깔이 실제로 존재한다는 것을 부인했고, 오직 세 가지 색깔만을 확인했다. 디트리히는 노랑은 무지개의 네 번째 색깔이라고 주장했다. 디트리히의 분석은 부분적으로 그가 일상생활에서 마주친 무지개 같은 형상(돌아가는 수차에 의해 생긴 포말, 거미줄에 맺힌 이슬 같은)을 살펴보는 것에 기인하고 있었다. 그러나 또한 그는 광선이 빗방울에 들어올 때 어떤 일이 일어나는지에 대한 좋은 모형을 제공할 것이라는 이론적 바탕 위에서, 광

---

* 그러나 아리스토텔레스는 인공적인 무지개를 만들 수 있다고 지적했는데, 이것이 중세 철학자들이 무지개를 이해하기 위해 실험을 수행할 권한을 부여받았다고 느낀 이유였다. *Meteorologica*, Book 3, Part 4, 374a35 – 374b5; Newman, *Promethean Ambitions*(2004), 242. (238~289쪽의 전체 장은 중세 실험에 관한 중요한 논의다.)

448

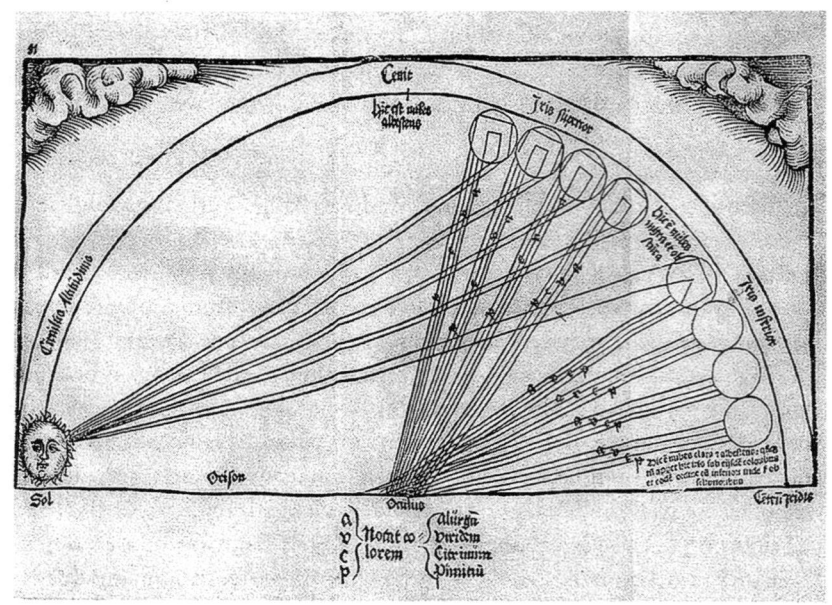

1514년 트루트페터의 교과서가 인쇄되었을 때 등장한 13세기 말엽 디트리히 폰 프라이베르크의 무지개 연구의 삽화. 이것은 무지개가 형성될 때 태양광이 사람의 눈에 들어오기 전 물방울을 통과하면서 두 번 굴절되고 두 번 반사됨을 보여준다. 물방울에서 나올 때 백색광은 일련의 색깔들로 분리되었다.

선이 물로 채워진 유리공 속에 들어올 때 어떤 일이 생기는지 연구했다(그는 오줌통을 사용했다. 그것은 중세 의사들의 표준적인 기구였고 끝부분이 구형이었다). 거의 같은 시대에 동일한 실험이 카말 알딘 알파리시Kamāl al-Dīn al-Fārisī에 의해 암상자 내에서 수행되었다. 그는 디트리히처럼 이븐 알하이삼이 제시한 예에 의존했고, 오줌통을 손에 넣을 수 있는 위치에 있었다.[36]

무지개에 관한 디트리히의 소논문은 세 편만 전하는데, 우리는 그의 발견에 관한 중세의 논의 하나를 알고 있다. 사실 레기오몬타누스는 그의 글을 출간하기로 계획했었다.[37] 그러는 과정에서 레기오몬타누스가 출간하기로 계획했던 다른 저술들은 인쇄물로 나왔으나, 디트리히의 소논문은 그렇지 못했다.[38] 1514년, 요약된 그의 주장이 에르푸르트에서 학생들을 위한 물리학 교과서에 소개되었다(더 짧은 요약은 1517년, 삽화 없이 나왔다).[39] 이 요약본들이 어떤 영향을 미쳤다는 증거는 없다. 이후 디트리히의 연구는 19세기에 재발견될 때까지 완전히 사라진다. 데카르트가 자신의 무지개 연구를 내놓았을 때, 디트리히와 알파리시의 연구를 대체로 반복하고 있었음에도 불구하고, 그는 처음부터 시작해야만 했다.[40] 따라서 우리가 디트리히를 중요한 과학자로 숭배할 때 우리의 판단은 본질적으로 시대착오적이다. 그는 동시대인들이나 계승자들에게 중요하게 여겨지지 않았고 그의 영향은 미미했다. 그의 연구는, 만일 그것이 아리스토텔레스의 기상학에 대한 주석의 형식으로 저술되었더라면, 그리고 정확하게 베끼기 어려운 정교한 삽화에 의존하지 않았더라면, 훨씬 더 잘 보존되고 더 많이 필사되었을 것이다. 아리스토텔레스의 기상학 주석 중 가장 널리 읽힌 것은 테모 유다에이가 쓴 주석인데 여기에도 디트리히에 대한 언급은 없다.

이븐 알하이삼의 연구에 대해서도 비슷한 지적이 있을 수 있다. 《광학》의 아랍어 필사본은 완전한 필사본은 오직 한 편만 전한다(이븐 알하이삼의 업적 대부분인 200여 편의 글은 전하지 않는다). 그리고 그의 광학 연구에 대해 우리가 알고 있는 유일한 (근대 이전의) 아랍어 주석은 알파리시(1309)의 것이다.[41] 이븐 알하이삼은 동쪽 무슬림권보다 서구 라틴 세계에서 훨씬 더 많이 논의되었지만, 서구에서조차도 그는 실험 활동의 교본으로가 아니라 저술가로 취급되었다. 우리가 아는 한, 아무도 그의 실험을 재현하지 않았다. 따라서 아랍 및 중세 유럽 문화에서 실험의 지위는 불확실한 것이었다. 존재했지만 숭상되거나 모방되지 않았고 지식의 한 형태로 인식되

450

었으나 오직 주변에 머물렀다. 이 두 문화에서 이븐 알하이삼은 오직 무지개에 관한 설명이 필요할 때만 모방해야 할 모델로 간주되었다. 대부분의 중세 저자에게 학문은 책에서 찾을 수 있고 추상적 논증으로 시험할 수 있는 어떤 것이지, 사물에서 발견되어 실험으로 검증되어야 할 대상이 아니었다.

4

따라서 1648년의 실험 활동에는 전례가 없었던 것이 없었다. 좋은 전례들 중 하나(이븐 알하이삼의 《광학》)는 비록 모방되는 일은 드물었으나 널리 알려져 있었다. 실험적 지식의 중요성과 지위는 17세기 동안 특이한 변화를 거쳤다. 그것은 주변부에서 중심부로 이동했다.* 칸트는 17세기의 실험적 방법이(그는 갈릴레이, 토리첼리, 화학자 게오르크 슈탈을 인용했다) 자연과학이 '과학의 고속도로'에 들어선 순간 일어난 '지적 혁명의 갑작스러운 결과'라고 주장했는데, 이 평가는 갈릴레이와 토리첼리가 실험을 수행한 최초의 인물들이라는 주장이라기보다는 그 이전의 실험들이 사소한 것에 지나지 않는다는 것으로 읽힐 때 정당하다.[42] 무엇보다도 실험은 아리스토텔레스의 중심적 주장과 맞붙게 되었다. 동시에 실험을 수행하는 사람들은 더 이상 외롭고 고립된 개인들이 아니게 되었다. 그들은 실험가 네트워크의 회원이 되었다. 실험적 지식의 중요성과 지위가 왜 변화하게 되었을까?

---

* 그 결과, '실험'이라는 단어는 1640년대에 비해 1660년대에 영어에서 다섯 배 더 빈번하게 나타난다. '경험'을 의미하는 용례가 급격히 감소하고 있었다는 사실에도 불구하고 말이다. Pumfrey, Rayson & Mariani, 'Experiments in 17th-century English'(2012), 404.

어떤 일이 일어났는지 이해하기 위해서 더 자세히 들여다볼 필요가 있다.

근대 초반 실험적 탐구의 첫 번째 주요 분야는 자석이었다. 이 주제에는 사실상 고대 주석이 존재하지 않았다(왜냐하면 나침반은 고대에 알려지지 않았기 때문이다). 이 주제를 실험적 방식으로 접근할 때 나타날 수 있는 장애물이 여타의 주제를 다룰 때보다 더 적었다는 말이다. 게다가 항해에서 나침반의 중요성을 생각하면 자석이 논의의 주제가 될 수밖에 없었다. 자석에 대한 첫 번째 실험 연구 사례는 피에르 드 마리쿠르Pierre de Maricourt의 《자석에 관한 소고Epistola de magnete》(1269)에서 확인된다. 그는 자석의 극성을 기술하고 같은 극은 서로 밀어내고 다른 극은 서로 당긴다는 것을 보여주며 철이 어떻게 자기화되는지 기술한다. 39개의 사본이 살아남았지만, 1558년 인쇄본이 나타나기 이전까지는, 그것이 더 깊은 실험적 연구로 이어졌다는 증거는 없다.[43] 이븐 알하이삼과 디트리히처럼, 피에르 드 마리쿠르는 직접적인 계승자가 없었다.

1522년, 서배스천 캐벗Sebastian Cabot은 나침반의 편차를 발견했다. 나침반 자침은 진북을 향하지 않고 어느 정도 동쪽이나 서쪽을 향한다. 우리가 지구 표면 어디에 있는지에 따라 진북으로부터 벗어나는 정도가 변한다. 이 발견은 나침반의 작동 원리를 설명할 때 따르는 근본적인 어려움이었다. 그러나 편차는 충분히 규칙적이어서 경도를 측정하는 데 사용될 수 있다는 흥미로운 가능성 또한 높였다. 경도는 대양을 항해하는 사람들에게는 잃어버린 지식 조각이었으므로 근대 초기의 모든 자석 연구들은 이 간극을 메워줄 가능성에 주목했다.

연대기적으로 말하면 레오나르도 가르조니의 논문(7장에서 논의된)이 근대 실험과학 최초의 주요 연구다. 그러나 여기서 연대기는 오해를 불러일으키기 쉽다. 중요한 측면에서 그것들은 단지 오류투성이의 중세 실험적 전통의 계속이었다. 그 개념적 도구는 아리스토텔레스주의이며, 그들은 아리스토텔레스주의 지식 체계에서 간극이나 변칙을 다루려고 노력한다. 그들은 탐험과 발견의 시대에 응하지만 오직 전통 철학의 개념적 도구를 보존하고 보호하려는 의도로만 그렇게 한다. 그에 앞선 중세의 실험가들과 같이, 가르조니는 거의 영향력을 행사하지 못했다. 동료들이 그의 연구를 경도를 확인하는 방법으로 여기지 않는 한, 그의 연구는 별로 흥미롭지 못했다. 그의 원고는 사본 하나만 전하는데, 후일 예수회 이론학자가 윌리엄 길버트에 대항해서 사용할 무기가 필요했기 때문에 그의 연구를 재발견했다. 우리가 보았듯이, 가르조니의 논문이 델라 포르타에 의해 알려지게 된 것은 사실이다. 델라 포르타는 원문 내용을 몽땅 훔쳐 마늘과 다이아몬드에 관한 그의 주장 부분을 직접 시험해보았다. 그러나 이것은 설명하기 어려운 힘들이 숨겨진 자기력이라는 주제가, 자연 마술의 영역에 그대로 맞아떨어졌기 때문이었다. 델라 포르타가 가르조니로 인해 새로운 사고방식 혹은 더 신뢰할 만한 실험 연구로 방향을 잡았던 것은 아니었다.

길버트의《자석에 관하여》는 우리를 다른 세계로 인도한다. 실제로 그는 새로운 유형의 철학적 논의를 하게 되었다고 주장한다. (만일 그가 가르조니를 읽었다면 똑같은 자신감으로 이러한 주장을 했을까? 흥미로운 질문이다.) 길버트에게 실험적 방법은 아리스토텔레스에 대한 보충이 아니라 대안이었다. 그의 철학의 목표는 기존의 지식 체제를 때우거나 수선하는 것이 아니라 새로운 발견을 하는 것이다. 드 마리쿠르와 델라 포르타는 길버트에게 중요한 바탕이었다. 우리는 그가 주의 깊게 그들의 실험을 반복했음을 알 수 있는데, 이로 인해 길버트는 델라 포르타가 반쯤 이해된 바탕으로부터 베껴 쓰고 있다는 것을 알게 되었다. 그는 또한 1581년 로버트 노먼에 의해 발견된 적이 있는 나침반 자침의 복각伏角이라는 이점을 가지고 있었다.[44] 길버트는 지구 자체가 하나의 자석이며 이 때문에 자침이 북쪽을 가리킨다는 것을 인식한 최초의 인물이었다. 그 이전 딕스를 포함한 다른 이들도 나침반 자침이 천체와 지상의 특정 위치로 끌리는 것이 아니라는 점을 파악했으나, 그들은 전체 지구를 자석으로 생각하는 데까지는 나아가지 못했다.[45] 길버트의 야심의 한계는 여기서 그치지 않았다. 그는 자석이 그 축을 중심으로 회전하는 경향이 있다는 것을 (드 마리쿠르의 제안에 기초하여) 보여주려 했다. 이것은 코페르니쿠스가 제시한 지구의 세 운동 중 적어도 하나에 관한 설명을 제공했다. 길버트는 이렇게 자연적 지식이 잘 확립된 분야인 천문학과 관련된 자기력 실험을 수행했지만 자신의 궁극적인 목표에는 도달하지 못했다. 그는 자석이 저절로 회전하는 실험은 수행하지 못했다.

길버트의 코페르니쿠스주의는 1616년 코페르니쿠스설이 규탄되자마자 정통 가톨릭 학자들로부터 적대적 반응을 불러일으켰다.[46] 가르조니의 주장을 거의 답습하고 있었던 니콜로 카베오는 양자가 하나의 기저 현상으로 환원된다는 길버트의 주장과는 달리 자석이 철을 당기는 것과 북극으로 향하는 것은 두 별개의 현상이라고 계속 주장했다. 길버트의 주장은 갈릴레이나 케플러 같은 코페르니쿠스주의자들로부터 호의적 반응을 이끌어냈는데, 갈릴레이는 자신의 방법이 길버트의 방법과 비교적 비슷하다고 말했고, 케플러는 자기력에 관한 길버트의 설명을 행성들이 태양 주위를 돌게 만드는 힘의 모형으로 간주했다. 그러나 길버트 이후 자석 연구는 실험적 지식을 가능하게 만드는 규칙성을 발견하는 데 실패했다. 편차와 복각이 장소마다 달라질 뿐만 아니라, 1634년 한 무리의 영국 실험가들이 그 편차도 시간에 따라 출렁거린다고 주장했다. 이것은 수십 년 동안 개선된 측정의 신뢰도에 대한 그들의 자신감에 기인한 것이었다. 다른 이들은 재빨리 그러한 발견을 결함이 있는 실험 기법의 결과라고 묵살했다. 자연은 그렇게 변덕을 부릴 수 없다. 그러나 결국 반대론자들은 편차가 시간에 따라 변할 뿐만 아니라 복각도 그러하다는 것을 인정하지 않을 수 없었다.[47] 만일 성공적인 실험이 경제적이고 규칙적인 자연에 관한 것이라면 길버트 이후의 자석 연구는 자연이 그러하다는 신념을 약화시키는 것으로 보였다.

　드 마리쿠르, 노먼, 가르조니, 델라 포르타, 길버트에게 공통적인 것은 무엇일까? 실로 아무것도 없다. 드 마리쿠르는 수학자였고, 아마 군인이었던 것 같다. 노먼은 학자로부터 조언을 받는 항해가였다. 가르조니는 예수회 신자로 베네치아 귀족이자 스콜라 철학자였다. 델라 포르타는 나폴리의 주술적인 지식을 전문으로 하는 상류층 귀족이었다. 길버트는 영국의 의사였고 새로운 철학의 옹호자였다. 델라 포르타는 공감과 반감에 사로잡혀 있었고, 가르조니와 길버트는 그러한 범주를 거부했다. 이 '아무것도 없음'은 중요하다. 왜냐하면 그것은 실험적 과학의 기원에 관한 표준적인 설명을 약화시키기 때문이다. 마르크스주의자들이 하는 대로 16, 17세기 실험은 지식인과 장인 간의 새로운 협업이라고 주장하는 것은 도움이 되지 않는다. 이미 1269년, 드 마리쿠르는 자석을 연구하는 사람은 누구나 자신의 손을 부지런히 사용해야 한다고 말했다. 손재주는 16세기에 새로 등장한 것이 아니었다. 매우 재주가 좋았던 가르조니가 솜씨 있는 장인들의 세계와 연결되어 있었다고 제안할 이유는 별로 없다.[48] 편차와 복각의 연구는 명백히 항해가와 지식인 사이의 협업에 의존했지만, 지도 제작법에 관한 전체 과학도 마찬가지였다. 이것은 동시에 우리에게 하나의 문제를 남긴다. 만일 길버트가 새로운 유형의 과학자의 예라면, 무엇이 이 새로운 과학을 가능하게 하는가?

나침반은 육지가 보이지 않는 곳에서 항해할 수 있게 해준다.《자석에 관하여》의 권두에 실린 에드워드 라이트Edward Wright의 서한은 자연스럽게 영국 항해가들의 지구 일주를 언급한다. 그러나 길버트는 서문에서 그 자신을 아주 다른 바다, 책의 바다를 항해하는 사람으로 표현한다. 실제로 그는 엄청난 양의 책을 구입했거나 굉장한 도서관에 자유롭게 출입했을 것이다. 왜냐하면《자석에 관하여》는 최초의 체계적인 문헌 비평으로 시작하기 때문이다. 길버트는 자석에 관해 기술된 모든 문헌을 읽었다. 어떤 고대 및 중세 저자도 (적어도 기원전 48년경 알렉산드리아 도서관이 화염에 휩싸인 이래) 이러한 일을 할 수 없었다. 길버트는 그 이전에 알려진 것을 정확히 알고 있었기 때문에 자신이 새로운 발견을 했다고 자신 있게 선언할 수 있었다. 그는 지식을 책에서뿐만 아니라 사물의 연구에서도 얻을 수 있다고 주장한다. 그러나 그의 연구에서 책의 바다는 실제 바다만큼 중요하다는 것이 단순한 진리다.

그래서 우리는 실험의 지위를 크게 변화시킨 것은 책, 혹은 잘 정리된 도서관이라고 주장할 수 있다. 과거의 지식을 확고하게 함으로써 도서관은 새로운 지식을 가능하게 한다. 해부학의 경우 베살리우스의《인체의 해부》한 권이 전체 도서관으로 기능했다. 그러나 각각의 새로운 분야는 새로운 발견이 시작되기 이전, 기존 지식을 동화시키는 이와 비슷한 과업을 요구한다. 7장에서 보았듯이 인쇄는 사실을 생성했다. 그리고 잠시 동안 그것이 새로운 실험적 철학을 형성시킨 것처럼 보이기 시작한다.

그러나 길버트에게 중요한 것은 단지 공부 혹은 실험 수행뿐만이 아니었다. 그의 새로운 과학에는 세 번째 요소가 있다. 그는 다음과 같이 여러 사람들에게 감사한다.

긴 항해의 여정에서 자석의 편차의 차이들을 관찰한 (…) 몇몇 박식한 사람들, 가장 저명한 학자들인 영국인 토머스 해리엇, 로버트 휴스Robert Hues, 에드워드 라이트, 에이브러햄 켄들Abraham Kendall. 선원들과 원거리 여행가들에게 필수 불가결했던 자석 기구들과 편리한 관찰 방법을 발명하고 만들었던 다른 사람들이 있다. 윌리엄 버로William Borough가 그의 작은 책《나침반 혹은 자침의 편차A Discourse of the Variation of the Cumpas or Magneticall Needle》에서, 윌리엄 발로가 그의《공급Supply》에서, 로버트 노먼이 그의《새로운 인력》에서 했던 것처럼 말이다. 그리고 자침의 복각을 처음 발견한 사람은 (솜씨 있는 뱃사람이며 기발한 기능공인) 로버트 노먼이다.**49**

길버트는 전문가들의 작은 공동체를 인정했다. 그들 중 다수는 그가 개인적으로 아는 사람들이다(예를 들면 해리엇, 버로, 노먼이 그렇고 에드워드 라이트는 가까운 공동 연구자였다). 갈레노스로부터 가르조니에 이르기까지 이전의 모든 실험가들이 고립되어 실험을 수행했는데, 여기서 우리는 최초로 과학 공동체가 기능하고 있음을 볼 수 있다. 그리고 길버트의 연구의 질은 부분적으로 그가 공동체에 속했다는 데 의존한다. 이후 이어지는 편차의 변이의 발견이 촘촘히 얽혀 있는 전문가들, 같은 기구와 실험 기법을 사용하며 오랜 시간에 걸쳐 서로 간의 측정의 정확성을 인정하는 전문가들의 공동체에 의존했다는 것은 의심할 여지 없는 사실이다.

5

길버트의《자석에 관하여》는 그 영향력을 아무리 과대평가해도 지나치지 않을 것이다. 모든 이들이 자석에 흥미가 있기 때문이라기보다는, 최초로 실험적 방법이 전통적인 철학적 탐구를 인수하여 철학을 변혁할 수 있는 방법을 제시했기 때문이다. 길버트의 과업의 중심에는 누구나 그의 실험을 재현하고 그 결과를 확인할 수 있다는 주장이 있었다. 그의 책은 사실상 실험 레시피 모음이었다. 1608년, 파도바에서 갈릴레이는 길버트의 기법을 모방하여, 주위에 철선을 감은 자석을 이용하여 그가 세계에서 가장 강력한 자석이라고 주장한 것을 만들었다. 그러고는 재빨리 이 초자석 super-magnet을 거액을 받고 피렌체 대공에게 팔았다.[50] 다른 이들 역시 길버트의 실험을 모방하고 시험했지만, 갈릴레이 이외에는 아무도 그 과정에서 돈을 버는 방법을 발견하지 못한 것 같다. 길버트의 실험이 재현될 수 없었다고 주장한 사람이 있었다는 기록이 없다는 것은 주목할 가치가 있다. 재현은 과학사에서 성가신 문제이지만 자기력의 역사에 관한 한, 문제는 단순하다. 훌륭한 결과는 재현될 수 있지만, 조악한 결과(가르조니의 결과를 포함한)는 그렇지 못하다.

만일 어떤 형식의 발표나 소통이 없으면, 재현은 있을 수 없다. 해리엇과 갈릴레이가 거의 같은 시기에 낙하 물체의 가속도를 지배하는 법칙을 발견했다.[51] 해리엇은 그의 결과를 혼자 간직했다. 갈릴레이는 법칙 발견 이후 수십 년이 지난 1632년에 마침내 발표했다. 그는 이렇게 주장했다. 공기의 저항을 제쳐두면 무거운 물체와 가벼운 물체는 같은 속도로 낙하한다. 즉, 소총알과 대포알, 혹은 같은 크기의 나무공과 납공을 높은 건물에서 동시에 떨어뜨리면 그것들은 동시에 땅에 떨어질 것이다. 곧 모든 부류의 사람들이 큰 건물에서 물체들을 떨어뜨렸고 꽤 다양한 결과를 얻었다(두 물체를 동시에 떨어뜨리고 첫 번째 물체가 땅에 부딪힐 때 두 번째 물체의 위치를 측정하기는 사람들이 생각하는 것보다 훨씬 더 어렵다). 프랑스에서는

458

1633년에 마랭 메르센이 갈릴레이 실험을 재현하는 정확한 측정을 위해 정교한 길이에 접근했다. 정통 아리스토텔레스주의가 물체는 일정한 속도로 떨어지며 무거울수록 더 빨리 떨어진다고 말한 반면, 갈릴레이는 그것들은 낙하하면서 가속되며, 같은 원리에 의해 그렇게 된다고 주장했다. 아리스토텔레스주의 정통성의 생존이 이제 위태로워졌기 때문에 그의 주장은 실험을 정확하게 재현하려는 광범위한 관심을 불러일으켰다.[52]

1638년에 갈릴레이는 또한 만일 빨펌프 혹은 밀폐된 관 속의 물기둥이 일정 높이(32피트, 약 9.7미터)를 초과하면, 물기둥은 그 위에 진공을 남기며 하강할 거라는 주장을 발표했다. 그는 달랑거리는 줄이 충분히 길면 자체 무게에 의해 끊어질 수 있듯이, 핵심이 되는 문제는 물의 무게라고 생각했다. 물기둥을 유지하는 것은 진공이 생기는 데에 저항하는 자연적인 힘이었다. 그리고 이 힘은 물질의 강도를 이해하는 주된 요인이었다. 이는 진공 같은 것은 있을 수 없다는 정통 아리스토텔레스 철학에 반하는 것이었다.

친구인 조반니 바티스타 발리아니가 높이 18브라키아(약 10.6미터) 이상의 물을 들어올리도록 요구받을 때 빨펌프의 작동이 정지되는 현상에 대한 대안적 설명을 제안했음에도 불구하고, 갈릴레이는 자신의 설명을 고수했다. 발리아니의 설명은, 어떤 지점까지 물의 무게는 항시 우리 모두를 누르고 있는 공기의 무게와 균형을 이룬다는 것이었다. 그 지점 너머로는 물기둥은 상승할 수 없을 것이다. 그리고 누출이 없는 펌프 내에서 진공은 생길 수 있을 것이다. 진공의 생성에는 '저항'이 없었다.[53] 갈릴레이의 주장과 발리아니의 주장 어느 쪽이든 아리스토텔레스 물리학의 핵심을 가격했다. 갈릴레이는 길버트가 수행하기를 열망한 것을 실제로 수행했다. 그는 정립된 철학에 전적으로 어긋나는 발견을 공표했다. 처음에는 게릴라 부대가 적의 전초 기지를 겨냥하여 총을 쏘고 통신을 교란한다. 그런 다음 힘이 모이면 결국 치고 빠지는 작전에서 적과의 대규모 교전으로 옮겨간다. 갈릴레이의 《두 주요한 우주 체계에 관한 대화》는 전통적 천문학과의 대규모 교전이었다. 그의 《두 새로운 과학》(1638)은 아리스토텔레스 물리학에 대한 전면적 공격이었다. 코페르니쿠스설에 대한 논쟁은 신학자들의 개입으로 왜곡되었지만 물리학에 관한 논쟁은 그러한 간섭 없이 이루어질 수 있었다. 전투는 벌어졌다.

1638년 이후 언젠가, 로마에서는 진공에 관해 갈릴레이가 틀렸다는 것을 입증하기 위해 한 무리의 정통 철학자들이 나섰다. 가스파로 베르티 Gasparo Berti는 한쪽 끝에 창유리가 있는 긴 납관을 제작하여 그 속에 물을 채우고 양 끝을 밀봉했다. 그리고 그 관을 큰 물통에 거꾸로 세운 다음 바닥의 봉인을 제거했다. 처음에는 관 꼭대기의 빈 공간이 나타나지 않았다. 그러나 그때 그는 물기둥의 높이(지면에서부터가 아니라 물통의 수위로부터)를 재봐야 할 필요가 있음을 깨달았다. 관을 더 높이자 갑자기 물기둥이 하강하면서 빈 공간이 나타났다. 하지만 그 공간은 진짜 비어 있을까? 빛은 그 공간을 통과했다. 관의 꼭대기에 종을 설치하여 울릴 수 있도록 했다. 종은 울렸고, 공기는 존재하는 듯했다. (종의 진동은 공기에 의해서라기보다는 그것을 지지하는 받침대에 의해 전달된 게 틀림없다.) 결론을 내리기 어려웠다. 그들은 갈릴레이의 주장을 반박도, 확인도 하지 못했다. 그들은 단지 변칙을 생성했다. 그래서 철학자들은 다른 것으로 마음을 돌렸다. 후일 아무도 그들이 이 실험을 수행한 연도를 기억조차 할 수 없었고, 그 당시 아무도 이에 관해 기록을 남기지 않았다.

그러나 피렌체에서는 갈릴레이의 제자 토리첼리가 1643년에 베르티의 실험 소식을 듣고 밀도가 더 높은 유체를 사용함으로써 일을 단순화할

이것은 물로 채워진 긴 관의 맨 끝에 진공을 만들려는 최초의 시도를 나타낸 쇼트Schott의 그림이다 (대략 그 시도가 있고 25년 후에 그려졌다). 이 시도는 물기둥의 높이가 35피트(약 11미터) 이상이 되어야 진공이 생길 거라는 갈릴레이의 주장을 반박하기 위한 것이었다. 관의 맨 끝 공간은 진공에서는 소리가 들리지 않을 것이라는 이론에 따라 종을 매달 수 있도록 확장되었다. 가스파르 베르티 Gaspare Berti의 실험은 결론을 내지 못했지만(종소리가 들렸고, 진공이 생기지 않았음을 암시했다), 토리첼리가 물 대신 수은을 사용하도록 영감을 불어넣었다. 베르티의 실험은 니콜로 주치Niccolò Zucchi 의 《실험 불가타Experimenta vulgata》(1648)에서 최초로 묘사되었다.

수 있다는 것을 깨달았다. 수은을 넣은 관은 물을 넣은 관보다 그 높이가 14분의 1이면 충분했다. 만일 9.7미터가 진공을 만들 수 있는 임계 물 높이라면 수은의 경우 0.6미터 남짓의 높이면 충분했다. 그래서 그는 수은으로 실험을 반복했고 변칙적인 공간(즉, 진공)을 재현했다. 그는 발리아니와 똑같은 결론에 도달했다. 그 공간은 진공을 포함했다. 수은의 무게는 공기의 무게와 균형을 이루고 있었다. 그는 우리가 공기의 바다 아래 살고 있다고 말했다. 어떤 날에는 공기가 다른 날보다 무거워 보이기 때문에 변화하는 공기의 무게를 측정할 수 있을 거라고 추론했다. 그러나 그의 기압계는 곤혹스럽게도 일관성 없는 결과를 만들어냈다(아마 그가 수은을 주입했을 때 습기가 있었을 것이다). 그러고는 그것을 내팽개쳤고, 다른 이들의 성공 소식을 듣기 전에 사망했다.[54]

프랑스에서는 메르센이 토리첼리 실험에 관한 왜곡된 설명을 접해서 그것을 재현하는 데 성공하지 못했다. 실험에 적합한 유리관도 부족했다. 그 후 얼마 지나지 않은 1644년 말에, 그는 피렌체로 여행했고 거기서 토리첼리를 만났다. 그리고 로마로 가서 아마 토리첼리의 실험을 목격했을 것이다. 프랑스로 돌아와 그는 그 실험을 재현해보려 했으나 실패했다. 그의 유리관도 실험에 적합한 품질이 아니었다. 1646년 가을, 피에르 페티Pierre Petit와 그의 친구 블레즈 파스칼이 루앙에서 그 실험을 성공적으로 수행했다. 페티는 이전에 그 실험에 관해 소식은 들었으나 둘 다 그것을 본 적은 없었다. 파스칼은 결과를 쉽게 볼 수 있도록 물 대신 적포도주로 대체하여 원래 로마에서 수행되었던 실험을 새로(그가 그것에 대해 듣지 못했기에) 했다. 베르티의 실험은 공공장소에서 수행되었지만 그것이 주목을 받았다는 증거는 없다. 파스칼의 실험은 달랐다. 그것은 공개 행사에서 시연되었다. 그렇다고 그 결과를 곧바로 발표할 의도였다고 생각할 이유는 없다. 다른

462

이들이 그가 한 실험의 중요성에 대해 토론하기 시작했을 때, 그는 자신의 우선권을 확립하기 위해 서둘러 자신의 설명을 출판했다(1647). 파스칼은 자신의 소책자를 파리에 있는 모든 친구들과 자신의 실험에 흥미를 가진 사람들이 있을지도 모르는 프랑스의 마을에 모두 보냈다. 아마 지방의 책 판매상들에게도 보낸 듯하다. 클레몽페랑으로만 해도 15권에서 30권쯤이 보내졌기 때문이다. 메르센은 이 책을 스웨덴, 폴란드, 독일, 이탈리아 등 거의 모든 곳으로 보냈다. 실험의 지위는 변하고 있었다. 파스칼과 메르센은 이를 위해 모든 노력을 기울였다.[55]

빈첸초 비비아니Vincenzo Viviani에 의하면, 1590년 무렵의 청년 갈릴레이는 피사의 사탑에서 물체를 떨어뜨렸고 전체 대학 구성원들이 이를 지켜보기 위해 운집했다. 갈릴레이가 이 실험을 수행했다는 비비아니의 말은 틀리지 않을 것이다. 그렇더라도, 그가 이 실험을 수행한 최초의 인물은 아니었다. 비슷한 실험이 1576년에 주세페 몰레티Giuseppe Moletti에 의해(출판되지는 않았다), 그리고 시몬 스테빈에 의해(그는 1586년 출간했으나 네덜란드어로 쓰인 이유 등으로 주목을 끌지 못했다) 수행되었다.[56] 그러나 훨씬 이후 이루어진 비비아니의 설명 말고는 군중이 갈릴레이의 초기 실험을 보기 위해 운집했다는 증거는 전혀 없다. 그들이 그랬다고 가정하면서 비비아니는 1630년대가 되어서야 확립된 실험의 지위를 갈릴레이의 젊은 날에서 읽고 있다. 1639년에 비비아니는 17세의 나이로 갈릴레이의 조수가 되었고, 1654년에 갈릴레이의 삶에 관해 글을 썼다. 반면에 1646년 파스칼의 실험은 정말로 군중을 끌어모았다.

이 시점까지 진공 실험에 관한 이야기는 우연과 목표를 달성하기 일보 직전의 상황에 관한 이야기였다. 베르티의 실험은 명확한 결론에 이르지 못했다. 발리아니와 토리첼리는 올바른 이론을 갖고 있었으나, 토리첼리의 실험은 잘 이루어지지 못했다. 프랑스에 전해진 그의 초기 실험 보고서는 그의 이론을 제대로 전달하지 못했고, 실험가들이 그 실험을 재현하는 데 필요한 세부적인 내용을 제공하지도 못했다. 비록 수은이 비싸고 한쪽 끝이 막힌 튼튼한 유리관을 구하기도 어려웠으나, 1646년부터 토리첼리의 실험은 널리 수행되었다. 사실상 토리첼리의 실험은 급속도로 유명해졌다. '유명한 실험'이라는 문구는 1654년 영국에서 처음으로 토리첼리의 실험을 지칭하는 데 사용되었다. 이탈리아에서도 1663년에 famosissima(매우 유명한)라는 말이 사용되었다.[57]

토리첼리의 실험이 기본 모델로 인정되자 여러 종류의 변형을 고안할 수 있게 되었다. 세 종류가 아주 중요하다. 첫째, 파스칼은 기압계를 토리첼리의 관 꼭대기 (변칙적) 공간 속에 넣는 방법을 발명했다. 주관에서 수은이 약 68센티미터 하강할 때, 토리첼리의 공간 내 2차 기압계는 0으로 (혹은 거의 0으로) 떨어진다. 이 실험의 여러 수정안 및 개선안이 파스칼과 여러 사람들에 의해 고안되었다. 이와는 다른 형식으로, '공동void 속의 공동' 실험은 토리첼리의 관 속에는 공기압이 (거의) 없다는 것을 확인하는 것으로 보였다. 둘째, 파스칼은 퓌드돔 실험을 고안했다. 셋째, 로베르발은 납작해져 꽉 밀폐된 잉어의 방광을 토리첼리 관의 꼭대기에 놓는 실험을 고안했다. 수은주가 떨어졌을 때 방광은 뒤에 남겨져 공기를 가득 넣은 것처럼 부풀어올랐다. 이 실험의 해석은 결코 단순하지는 않았으나, 잉어의 방광 속에 공기가 없는 것처럼 보였을 때, 로베르발은 만일 그 속에 공기가 있다면 토리첼리의 공간에도 공기가 (비록 아주 미세한 양이지만) 있을 수 있을 거라고 주장했다.[58]

공기의 팽창과 희소에 관해 숙고하여 로베르발은 '공기의 탄성spring' 개념을 창안했다. 이것은 보일의 《새로운 실험들》(1660)에서 유명해졌고, 보

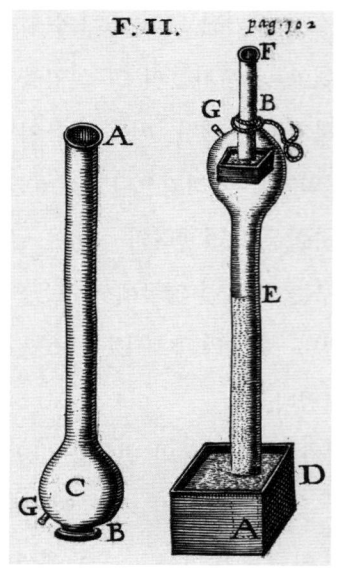

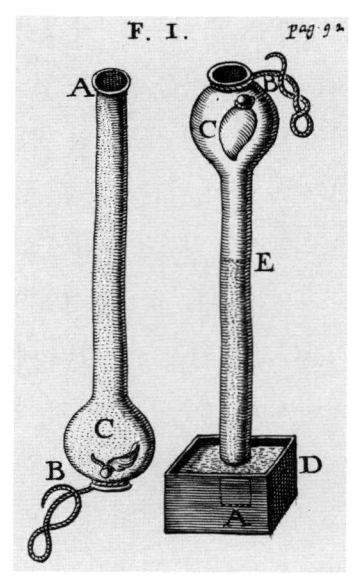

a) 장 페케의 《새로운 해부학 실험》(1651)에 실린 아드리앵 오주Adrien Auzout의 '공동void 속의 공동' 실험. 이 실험에서 큰 기압계의 맨 끝부분에 위치한 토리첼리의 진공 속으로 삽입된 작은 기압계는 그곳의 공기압을 측정한다. 작은 관 속의 수은은 상승하지 않는다. 이것은 그 공간에 공기압이 부재함을 나타낸다. 큰 기압계의 맨 끝 공간에 공기가 주입될 때 그 기압계의 수은은 수은조로 하강한다. 반면에 작은 기압계는 68센티미터까지 상승한다.

b) 질 드 로베르발의 잉어 방광 실험. 모든 공기가 빠져나간 잉어 방광을 끈으로 묶어 토리첼리의 진공에 넣는다. 그것은 즉시 부풀어오른다. 이것은 방광 속에 남아 있던 미량의 공기의 특별한 탄성을 증명한다. 로베르발은 이것이 토리첼리의 공동 속에는 아무리 적더라도 항상 미량의 공기가 존재한다는 결론을 정당화한다고 생각했다.

일의 법칙(1662)에서 체계화되었다.[59] 로베르발이 메르센으로부터 라틴어 'elater'를 빌려와 '탄성'이라는 단어를 사용하지 않은 것은 사실이다('elastic'과 어원이 같은 'elater'는 《새로운 실험들》의 라틴어판에서 'spring'의 번역어이다).[60] 그러나 보일이 그 개념에 대해 로베르발에게 진 빚을 인정하지 않았다는 것은 이론의 지적 소유권이 실험 설계와 같은 다른 종류의 발견의 지적 소유권보다 천천히 확립되어갔다는 것을 보여준다. 그러나 이미 1662년, 보일은 수많은 사람들이 보일의 법칙에 기여했음을 조심스럽게 인정했다.[61] 그리고 지적 소유권의 개념은 1677년에 이르러 확실히 확립되었다. 그때 올든버그는 〈철학회보〉에 쓴 글에서, 제네바에서 보일의 허가 없이 이루어진 보일의 연구의 라틴어 번역본에 그 원본이 처음 출간된 날짜가 기록되어 있지 않음을 불평했다. 이는 다른 이들이 사실상 보일의 아이디어를 훔쳤는데, 보일이 다른 이들로부터 아이디어를 훔쳤다는 잘못된 인상을 줄 수 있었다. 《두 번째 후속편Second Continuation》에서 보일 혹은 그를 대신한 발행인은 그 문제로 되돌아갔다. '비록 몇몇 저술가들이 그들의 저술에 기발하면서도 충실히 우리 저자의 이름을 인용하였지만, 더 많은 이들은 그렇게 하지 않는다. 그의 실험의 상당수와 그것들을 설명하는 추론들을 그의 이름을 전혀 언급하지 않고 퍼나르면서 표절의 관행을 따른다.'[62] 그보다 수년 전, 대법관 매슈 헤일Matthew Hale은 토리첼리의 실험을 익명으로 언급하면서 그는 표절의 불명예를 피하기 위해 가능한 한 충실히 그의 출처를 인용했다고 절절히 주장했다.[63]

새로운 아이디어를 창안한 사람이 인정을 받아야 할 권리가 있다는 것은 우리에게 분명해 보이지만, 이 생각은 근본적으로 새로웠다. 만일 우리가 14세기 파리의 철학자들, 예를 들어 오렘, 뷔리당, 요한네스 데 삭소니아Johannes de Saxonia, 피에르 다이 등을 되돌아보면 우리는 그들 학자들이 서로 서로 주장을 발표했고, 누가 특정한 방향의 주장을 펼쳤는지 기록하지 않았던 세계에서 살았다는 것을 알 수 있다. 그래서 역사가들은 아직도 누가 누구에게 영향을 미쳤는지의 측면에서 파리학파의 역사를 제대로 쓸 수 없다. 최초가 되는 일이 14세기 철학자들에게는 중요하지 않았다. 이러한 세계는 니콜로 카베오가 《자석 철학》을 출간한 1629년에도 그대로 지속되었다. 이 책은 감사의 글도 없이 거의 통째로, 실제로 대부분을 문자 그대로, 레오나르도 가르조니의 미발표 원고에서 따왔다. 파스칼이 그의《유체의 평형에 관한 논고Récit de la grande expérience de l'équilibre des liqueurs》(1654)를 완성했던 시절에도 이런 경향은 지속되어, 그는 스테빈, 베네데티, 갈릴레이, 토리첼리, 데카르트, 메르센의 연구 결과를 엄청나게 갖고 왔으나 어떠한 언급도 하지 않았다.[64] 1660년, 보일(그는 지적 소유권에 관한 감각을 지니고 있었지만 잘못을 저지르고 있다는 것을 분명히 의식하지는 않았다)이 아무 언급 없이 로베르발을 차용했을 때도 마찬가지였다. 그러나 그가 다른 사람들의 차용을 불평했을 때인 1682년(아마 이때도 전적으로 무죄였을 것이다), 이런 무감각은 급속도로 사라졌다. 1687년, 보일의 친구 데이비드 애버크롬비David Abercromby는 전 시대에 걸친 발견의 역사를 고찰하는 논문을 쓰려는 자신의 의도를 공표했다. 이 주제는 폴리도루스 베르길리우스가 쓰려다가 실패한 것이었다. 그 내용으로는 모든 '개념이든, 엔진이든, 실험이든 새로운 장치'가 포함될 터였다. 이것은 그가 '저자'라고 부르는 발견자와 발명자의 연구가 될 터였다. '저자'라 함은 표절이나 단순한 점진적 개선에 기여한 사람이 아닌 유용한 지식의 첫 번째 발명자를 의미한다.[65]

1646년부터 1648년까지 유럽 전역에 흩어져 있던 소수의 실험자 무리(파스칼, 로베르발, 오주, 페리에, 가상디, 페케)가 동시에 진공 실험에 몰두하고 있었다. 그들을 묶고 있던 것은 메르센과의 공통적인 우정이었다. 그들은 메르센과 편지를 교환했고, 파리에 들르면 그의 집에서 그를 만났다. 그들은 다양한 직업적 책무를 지녔으나, 먼저 자신들을 최초의 으뜸가는 수학자로 여겼다. 그리고 그들은 순수 수학에 크게 기여했다.[66] 그들은 서로 경쟁하기도 하고 협력하기도 했으며 (대체로) 그들 자신의 기여가 인정받을 수 있다고 자신할 만큼 서로 신뢰했다. 그들은 자유롭게 서로 원고를 돌려가며 읽었다. 예를 들어, 로베르발은 결코 그의 진공 실험을 출판하지

않았지만 프랑스에서의 그 실험의 초기 역사를 기술한 그의 서한은 폴란
드에서 출간되었다. 그의 수많은 실험들이 논쟁 상대에 의해 인쇄되었다.
그의 잉어 방광 실험은 페케에 의해 새로운 해부학적 연구를 주로 다룬 책
으로 1651년에 출간되었다(1653년 라틴어에서 영어로 번역되었다). 이 집단
에서 출판은 중요했지만 사신私信이나 준準공적 서신이 더 중요했다. 메르센
은 이탈리아, 폴란드, 스웨덴, 네덜란드로 파스칼의 퓌드돔 실험을 공표하
는 편지를 보냈다.[67] 메르센의 친구들이 서로의 주장에 동의하지 않은 채
협업을 했다는 것도 중요하다. 그들이 동의한 것은 결과를 해석하는 방법
이 아니라 실험적 탐구의 가치였다.

　메르센은 1648년 사망했고, 프랑스에서 진공에 관한 연구에는 더 이상
의 진전이 별로 없었다. 그러나 파스칼과 페케의 연구는 영국(헨리 파워는
즉시 페케의 실험을 재현했다)과 이탈리아에서 읽혔다. 가스파르 쇼트의《역
학Mechanica hydraulico-pneumatica》(1657)도 마찬가지였다. 쇼트는 로마에서
의 베르티의 원래 실험뿐만 아니라 폰 게리케Von Guericke의 진공펌프 제작
에 대해서도 보고했다.[68] 폰 게리케는 내부 공기를 빼낸 구의 두 반쪽은 공
기압에 의해 너무나도 꽉 붙들려 있어서 말들이 양쪽에서 당겨도 떨어지
지 않는다는 것을 보여주었다. 보일에게 영감을 불어넣어 그 자신의 공기
펌프를 제작하게 한 것도 쇼트의 책이었다. 1657년에 진공 실험이 피렌체
에서 재개된 것은 우연이 아니었다. 만일 1643년의 토리첼리에서 1662년
보일의 발견까지 기압계 실험을 수행한 것으로 알려진 사람들을 열거하면
100명은 가뿐히 넘길 것이다. 이들 100명이 최초의 흩어진 실험과학자 공
동체다.*

---

* '삶의 실험적 형식에서 진정한 지식을 생산하는 과업은 전적으로 집단적 과업에 의존하는 것으로 여겨졌다. 목격

468

실험은 새로운 지식을 창출한다. 그러나 그 지식이 순환되지 않으면 더 이상 진보의 기회는 없다. 토리첼리의 기압계는 표준화되어 널리 보급된 최초의 실험 장치이다. 그리고 그것과 함께 수행될 수 있는 실험의 끝없는 변형(토리첼리의 공간에 곤충을 집어넣은 실험 같은)이 고안되었다. 이것은 청중(퓌드돔 정상에서 페리에 주위에 있던 적은 수의 대중으로 상징되는)을 동반했던 최초의 실험이었고, 협업적이면서도 경쟁적이었던 최초의 사례였다.

예상했던 대로, 이 최초의 성공적인 실험 공동체는 과학 공동체가 구성되고 이것들이 활용되는 방식을 변화시켰다. 비록 메르센은 서신 왕래를 통해 주로 기능하는 적절한 학회를 구축할 소망을 표현했으나 그의 공동체는 만나서 서한을 교환하는 격식 없는 그룹이었다. 초기의 준과학 아카데미들도 존재했었다. 델라 포르타는 비밀스러운 지식을 추구하기 위한 아카데미를 결성했고, 그와 갈릴레이는 체시Cesi 왕자가 설립한 아카데미아 데이 린체이Accademia dei Lincei에 속해 있었다.* 베이컨은 그의 유토피아적인 《새로운 아틀란티스》(1626)에서 공동으로 작업하는 과학 공동체를 상상했다. 메르센은 서신 왕래를 통해 '눈에 보이지 않는 학회'를 설립한 최초의 인물도, 최후의 인물도 아니었다. 그 자신의 네트워크는 파이레스크Peiresc에 의해 구축된 것으로부터 커나갔고, 비슷한 네트워크가 하틀립과 올든버그에 의해 설립되었다(올든버그의 네트워크는 그가 윌킨스와 함께 초대 의장이 되었을 때 왕립학회가 되었다).[69]

토리첼리의 네트워크(기압계 실험에 종사한 사람들의 집단을 부르는 용어)의

하고 증언하는 공동체에 의해 진정한 실험들이 수행되고, 보이고, 수행 여부가 신뢰되어야만 했다.' (Shapin, 'Boyle and Mathematics'(1988), 43) 길버트에게는 이미 소규모의 전문가 공동체가 있었으나 토리첼리파의 실험은 이와는 패다른 종류의 국제적 네트워크를 창출했다.

• Lynceus는 '날카로운 눈을 지닌'이라는 뜻의 형용사다. 아카데미아 데이 린체이는 흔히 Academy of the Lynxes로 번역되지만, Academia della Linci일 것이다.

특별한 성공은 피렌체에서 아카데미아 델 치멘토Academia del Cimento(1657), 프랑스에서 아카데미 드 몽모르Académie de Montmor(1657), 영국에서 왕립학회(1660), 프랑스에서 왕립학사원Académie Royale(1666)의 설립을 이끈 주된 요인이었다. 아카데미아 델 치멘토는 한 권의 책을 발행했고, 왕립학회는 새로운 과학을 위한 첫 번째 학술지 〈철학회보〉를 (1665년부터) 간행하였다. 프랑스에서는 〈지식인의 잡지Journal des sçavans〉가 같은 해 발행되기 시작했다. 그것은 광범위한 학술적 주제를 포괄했으나 창간호에서 학술지의 주된 관심사 중 하나는 새로운 발견을 공표하는 것이라고 선언했다.

이렇게 해서 격식 없는 토리첼리의 네트워크는 협업과 교류가 더 급속한 진보를 이끌어낸다는 확신에 이끌려 과학의 제도화의 효과적인 시작을 알렸다. 예상한 대로, 이것은 과학적 진보라는 개념에의 새로운 헌신과 동시에 일어났다. 파스칼은 진공에 관한 출판되지 않은 책의 서문 초고에서, 근거하고 있는 출전의 권위에 의존하는 성격에 따라 역사적인 지식(신학은 핵심적인 예다)과 경험에 의존하는 지식을 구별했다. 후자의 경우, 각 세대는 전 세대보다 많은 것을 안다. 그는 그래서 진보는 연속적이고 중단이 없다('세계가 오래됨에 따라 모든 인류는 계속적으로 진보한다')고 주장했다.[70] 파스칼은 실제로 각 세대는 전 세대보다 멀리 본다고 했는데, 아마 틀림없이 '우리는 거인의 어깨에 올라탄 난쟁이'라는 유명한 말을 염두에 두고 있었을 것이다. 이 말은 12세기의 베르나르 드 샤르트르Bernard de Chartres로부터 유래했지만 지금은 뉴턴의 한 편지에서 많이 인용된다. '만일 내가 멀리 보았다면 그것은 거인의 어깨 위에 올라서 있기 때문이다.' 뉴턴은 거짓된 겸손(그가 가장 직접적으로 타고 있었던 어깨는 키가 작은 로버트 훅의 어깨였다)을 보이고 있었다.[71] 파스칼의 목표는 고대에 대한 존경을 약화시키는 것이었기에, 그는 고대인들이 우리에 비해 거인이었다는 주장을 반복

《새로운 실험Experimenta nova》 (1672)에서 쇼트가 그린 마그데부르크 반구半球의 삽화. 1654년, 레겐스부르크에서, 그 다음에는 1656년 마그데부르크에서 오토 폰 게리케는 공기 펌프를 사용하여 구리로 만든 구에서 내부의 공기를 뽑아냈다. 한 무리의 말들에게 맨 줄들을 구에 부착했다. 구는 서로 짝을 이룬 두 반구로 구성되어 있었다. 그러나 말들은 반구를 분리할 수 없었다. 이는 반구들에 작용하는 공기압의 힘을 입증했고, 보일의 공기펌프 제작을 고무했다.

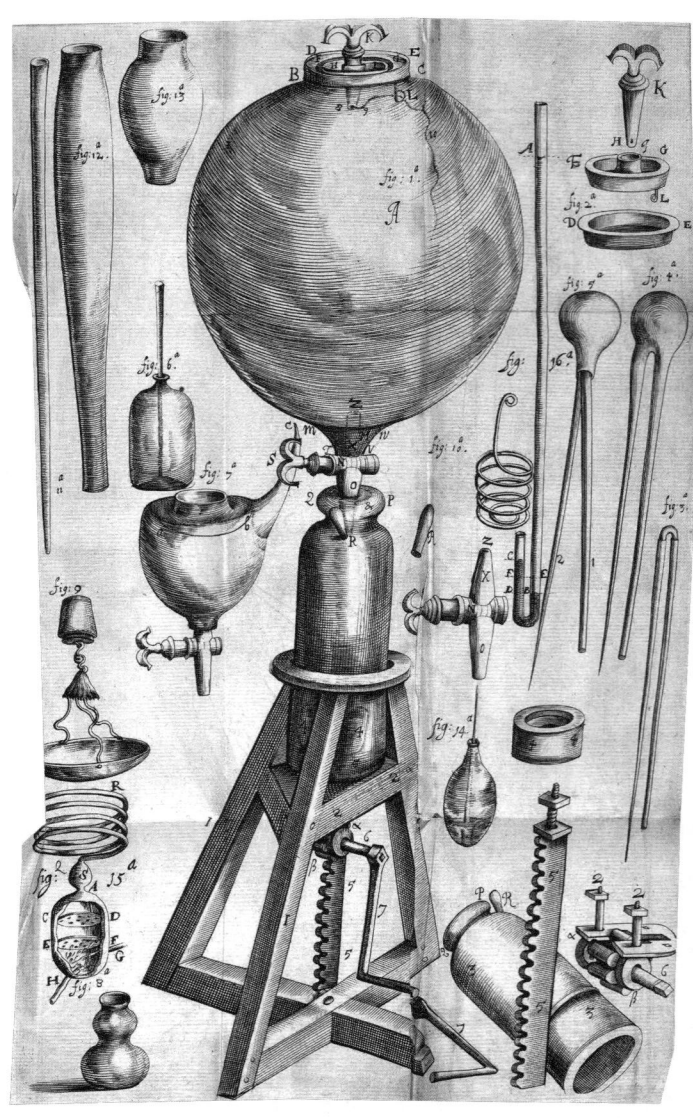

보일의 《새로운 물리-역학 실험New Experiments Physico-mechanical》(1660)에 실린 보일의 첫 번째 공기 펌프. 로버트 훅이 설계하고 제작했다.

아카데미아 델 치멘토Academia del Cimento 실험의 영어 번역본 권두 삽화. 자연은 아리스토텔레스에게는 등을 돌리고, 아카데미아는 그녀(자연)를 왕립학회에 소개하고 있다. 1666년 이탈리아어로 출간되어 왕립학회에 제출되었다(판매용이 아닌 전시용으로 호화 양장본으로 출간되었다). 상당 기간이 지난 이후에 리처드 월러Richard Waller는 그것들을 《자연 실험 에세이Essayes of Natural Experiments》(1684)로 번역했다. 권두 삽화는 월러 자신이 직접 그렸다.

할 의도가 없었다. 그는 각 세대가 그 능력 면에서 여타 세대와 동일하다고 가정했다.

언뜻 보기에, 진보가 연속적이라는 파스칼의 주장은 상식에 맞지 않아 보인다. 우리는 기록하고 전파하는 믿을 만한 방식을 지니고서야 세대에서 세대로 경험을 축적해왔다. 그러나 파스칼은 필사 문화가 아닌 책을 상정하고 있다(우리는 길버트의 '책의 바다'를 배경으로 하고 있다). 지식이 효과적으로 기록되고 전파된 것은 인쇄술의 발명 이후다. 게다가 그는 모든 개인이 진보하지는 않는다는 것을 인식하고 있었다. 진보하는 것은 그가 보편적 인간l'homme universel이라고 부른 집합적 인간이다. 파스칼이 그 자신보다 더 큰 집단성에 소속감을 느끼게 된 것은 다른 과학자들과의 협업을 통해서였다. 토리첼리의 네트워크는 어떤 개인이 할 수 있는 것보다 훨씬 더 효과적으로 문제를 해결했다. 역사적으로 그 서문은 헛소리다. 1651년에 진보는 새로운 개념이었기 때문이다. 그러나 그 이후 그것은 실제로 중단된 적이 없었고 연속적이었다. 근대 과학의 설명으로서 그 서문은 딱 맞다.

따라서 실험은 새롭지 않다. 불을 피우기 위해 두 막대를 비빈 최초의 사람은 하나의 실험을 하고 있었다. 갈레노스, 이븐 알하이삼, 디트리히 폰 프라이베르크도 실험을 수행했다. 새로운 것은 실험에 관심을 가진 과학 공동체다. 우리는 길버트가 자석 실험을 수행했을 때 주위에 있던 사람들의 집단에서 이러한 전조를 볼 수 있다. 그러나 이들은 대부분 그다지 교육받지 못한 항해가들이었다. 1632년 갈릴레이의 《대화》 출간 이후 수 년 내에 이는 적절한 형식을 취한다. 로마인들에게도 우리가 가진 모든 것이 있었다고 생각하는 데어린 리후조차도 하나의 예외를 인정한다.

고대에는 연구자들이 자신들의 결과를 발표할 대학, 과학 학술회의, 학술지가 없었다. 새로운 과학자도 없었고, 가장 새로운 업적이 보고되고 비교되고 논의될 수 있는 〈뉴욕 타임스〉의 과학 기사도 없었다. 이 근대적인 출처들로부터, 전문가 사이에서 그리고 과학적으로 유식한 대중 사이에서 우리가 많은 문제에 대한 '현장에서의 합의consensus in the field'라고 부르는 무언가에 관한 이해가 흔히 등장한다.[72]

쿤에게는 '현장에서의 합의'에 대한 특별한 용어가 있었다. 그는 그것을 혁명적 과학과 반대되는 '정상 과학'이라고 불렀다. 토리첼리의 기압계는 정상 과학이 전개된 최초의 실험 장치였다. 이전에도 안정적이고 합의에 기초한 과학들, 예를 들면 프톨레마이오스의 천문학 혹은 베살리우스의 해부학이 존재했다. 그러나 이것은 영어에서 '실험'으로 불리는 최초의 합의다.

17세기 동안 라틴어 단어 experimentia와 experimentum은, 그리고 영어 단어 '경험experience'과 '실험experiment'은 그 의미가 변하기 시작했다. 따라서 1660년부터 '실험 철학experimental philosophy'은 실험에 의존하는 과학의 의미로 널리 사용되는 표지가 되었다. 아무도 '경험 철학experiential philosophy'에 대해 글을 쓰지 않았다.[73] 의미 변화의 연원은 13세기 초반으로 거슬러 올라간다. 그때 이븐 알하이삼의 《광학》 같은 핵심적인 아랍어 원전의 번역자들은 아랍어 i'tibar를 번역하기 위해, 그리고 광학의 실험을 표현하기 위해 라틴어 experiri보다는 experimentare를 선택했다.[74] 그 결과 Experimentum은 중세 철학자들에 의해 인공적으로 구축된 경험을 표현하는 데 일반적으로 사용되었다. 그것은 《자석에 관하여》에서 길버트가 한 명확한 선택이 될 터였다. 서서히 '실험'은 영어에서 과학자들이 행하는 그 무엇을 뜻하는 기술적인 용어가 되었다. 그러나 우리가 보았듯이 프랑스에서는 그렇지 않았다. 이탈리아에서 갈릴레이는 라틴어 experimentum를 써야 할 때 통상적으로 이탈리아어 esperienza를 썼다. Esperimento와 sperimentare는 비록 그것들이 아카데미아 델라 크루스 카Accademia della Crusca의 이탈리아어 사전(1612)에서 발견되기는 하지만 신조어였다. 그것들은 토스카나 문헌의 어떤 고전 저술에서도 사용되지 않았다. 그러나 esperienza는 지나치게 넓은 의미의 용어라서 새로운 과학의 과정들을 묘사하기 어려웠다. 그리고 갈릴레이 사후 그의 제자들은 아카데미아 델 치멘토를 결성했다(cimento는 영어 단어 'assay'나 프랑스어 essai처럼 실용적 의미로 '시험' 혹은 '증명'을 뜻한다. 그러니까 이것은 실험에 헌신한 아카데미였다). Esperimento의 궁극적 성공은 프랑스어의 philosophie expérimentale와 같이 영어와 영국 과학의 영향력을 반영한다. 영어에서 '실험적 방법'이라는 문구는 1675년에 처음 나타난다.•

따라서 '실험'이라는 단어의 경우 언어적 변화가 이론과 실제보다 뒤처졌다. 만일 언어가 매우 제한된 도움만을 제공한다면 어떻게 우리가 한 실험을 보면서 그 실험을 이해할 수 있게 되겠는가? 그 답은 단순하다. 하나의 실험은 하나의 질문에 답변하기 위해 고안된 인공적인 시험이다. 중세와 르네상스기 철학자들에게 잘 알려진 이것에 해당하는 라틴어 용어는 periculum facere, 무언가를 시험 혹은 검증하는 것이다.[75] 그러한 시험은 보통 조절된 조건을 포함하며 간혹 특별한 장치를 요구한다.

• 〈철학회보〉에 실린 요한 슈투름Johann Christophorus Sturm이 쓴 Collegium experimentale라는 제목의 책 해설에 나온다(Anon, 'An Accompt of Some Books'(1675), 509). '이 논문의 박학한 저자는 그 이전의 수 세기에 걸쳐서보다 아직 끝나지 않은 이 세기에 자연철학의 훨씬 위대한 진전이 이루어져왔으며 그 행복한 **실험적** 방법에 의해 영국과 프랑스의 왕립학회에 의해 포용되고 실천되어왔음을 주목한다. (…)' 슈투름의 책은 물리-역학적 발견들과 실험들inventa et experimenta physico-mathematica에 관한 것이다.

6

우리는 지니고 있으나 그리스, 로마, 중세 철학자들이 지니지 못했던 것을 구분하려고 시도했을 때, 지금까지 나는 발견이나 사실 같은 개념적 도구, 혹은 혜성의 비非시차non-parallax 측정과 같은 기술적 돌파구, 혹은 망원경 같은 기구가 갖는 의미를 찾아내려 했다. 이 장은 그 대신 사회학적 실재(과학 네트워크)와 더 구체적으로 퓌드돔 정상에서 페리에 주위에 모인 소규모 군중을 지향하고 있다. 개념적 설명과 사회학적 설명의 차이점을 과도하게 강조한다면 잘못일 것이다. 발견은 공표되고, 사실은 인정되고, 실험은 재현되고, 개념은 청중(다른 무엇보다도, 인쇄술에 의해 생겨난)이라는 사회학적 실재에 근거한다. 과학 네트워크는 그 사회학적 실재의 또 다른 이름이다. 파스칼은 그의 발견을 메르센의 네트워크에 공표했다. 그리고 그들로 하여금 실험을 반복하게 함으로써 그의 사실이 옳다는 것을 설득했다. 새로운 개념과 새로운 사회 조직은 동전의 양면이다. 만일 이전의 과학자들이 영국의 해리엇처럼 출간을 못 했든지 혹은 갈릴레이처럼 늦게 출간했다면, 그것은 부분적으로 자신들이 말하려는 것을 들어줄 청중이 존재한다고 확신하지 못했기 때문이다. 토리첼리의 기압계의 성공은 새로운 과학을 위한 청중을 창출했다.

　과학이 공동체 활동이라는 것을 강조함에서, 나는 과학이 **오직** 사회적인 역사라고, 혹은 (상대주의자들이 그러한 것처럼) 과학자들이 동의하는 것이면 무엇이든 과학이라고 (쿤이 그랬던 것 이상으로) 말하려는 것은 아니다. 이전에도 지식의 진보라는 목적을 가진 공동체를 설립하려는 시도는 여럿 있었다. 예를 들면 16세기 의사들은 네트워크를 형성하고 서로 간에 교환한 편지를 출간했다.[76] 그러나 그 공동체가 할 수 없었던 것은 그들이 수행한 문제에 대한 합의와 만족스러운 해결에 도달하는 과업이었다. 그들은 정상 과학을 닮은 어떤 것도 이룩하지 못했다. 정상 과학의 요체는 재현이 다. 1647년 이후 계속해서 과학자들은 한쪽 끝이 막힌 긴 유리관에 수은 을 채우고 수은 수조 속에서 그 관을 거꾸로 세웠다. 그들은 서로 실험에 관한 조언을 주고받았다. 그들은 서로 도움이 되는 지침을 제공했다. 피에 르 페티는 관 속에서 숨을 들이마시지 말라고 말한다. 그러면 수은이 물로 오염되기 때문이었다. 헨리 파워는 장치를 담요에 얹고 나무 숟가락을 사 용하라고 말한다. 흘린 수은을 담아 다시 퍼올릴 수 있기 때문이다.[77] 그 들은 수많은 변형된 시험을 창안하고 수행했지만 아무도 기초적인 실험은 수행하지 않았다. 그리고 계속해서 수은 유리관에서 동일한 실험 결과를 얻었다.* 만일 토리첼리 기압계가 재현하기 쉽지 않았다면 그것은 최초의 유명한 실험이 되지 못했을 것이다. 1657년에 아카데미아 델 치멘토가 설 립되었을 때, 그 모토는 보카치오의 '시험하고 다시 시험하라'였고, 그들 은 시험하고 또 시험했다. 성공적인 재현(지적인 일관성이나 권위에의 지지가 아닌)은 신뢰할 만한 지식의 표징이었다.

나는 여기서 이 "재현이라는 것은 문젯덩어리이며, 성공적인 재현이라 고 간주되는 것은 결국 권위자의 개입으로 항시 결정된다"고 주장하는 최 근의 과학사 기록학의 지배적인 전통에 반박하고자 한다.[78] 이들 역사가 에 의하면 재현은 자연적 사실이 아닌 사회적 인공물이다. 이에 관한 고전 적 연구는 스티븐 셰이핀과 사이먼 셰퍼의 《리바이어던과 공기펌프》다.[79]

---

* 파스칼이 큰 건물 내에서 행해지는 소형화된 퓌드돔 실험에 대해 언급한 대로다. '호기심 있는 사람은 누구나 원 할 때마다 스스로 시험해볼 수 있다.'(Pascal, *Oeuvres complètes*(1964), 687) 가상디는 실제로 재빨리 그것을 반복했 다. Koyré, *Études d'histoire de la pensée scientifique*(1973), 330; 예를 들어, 보일은 웨스트민스터 사원 지붕에 서 소형화된 실험을 수행했다(Boyle, *A Defence*(1662), 51–2 = Boyle, *The Works*(1999), Vol. 3, 52–3). 토리첼리 실 험이 용이하게 반복될 수 있었던 이유에 관해서는 Glanvill, *Plus ultra*(1668), 60–1을 참조하라.

토머스 쿤의 《과학혁명의 구조》 이후 과학사에서 가장 영향력이 있는 저술로 알려진 이 책은 이후 유명해진 많은 주장을 펼쳤다.[80] 이 책은 보일이 공기펌프 실험을 통해 사실을 확립한 선구자였다고 주장한다. '사실'이라는 단어 사용을 좁게 한정하지 않는 한, 앞 장으로부터 이 관점이 잘못된 것임을 알 수 있다. 길버트, 케플러, 파스칼은 모두 사실을 확립했다. 이 책은 또한 보일이 독자들을 가상 증인virtual witnesses으로 만듦으로써 대중의 지지를 이끌어내는 진기한 기술을 지녔다고 주장한다. 가상 증인화도 중요하다. 그러나 이런 점에서도 보일은 선구자는 아니었다. 이 책은 자신이 진공을 만들었다고 주장한(비록 조심스러웠지만) 보일과 보일이 하지 않았다고 주장하는 반대자 사이의 논쟁은, 보일이 더 나은 논증을 제시해서가 아니라 더 유력한 사회적 신분이었기에 보일의 승리로 일단락될 수 있었다고 주장한다.

보일이 관여된 논쟁과 파스칼이 관여된 논쟁을 비교해보는 것이 중요하다. 보일은 공기가 빠져나간 유리구가 (유리관) 기압계 꼭대기의 빈 공간보다 실험에 더 나은 장소를 제공하기 때문에 공기펌프를 제작했다. 예를 들어, 보일은 유리구 속에 촛불 혹은 새를 놓을 수 있었다. 비록 곤충이나 개구리는 수은을 뚫고 토리첼리의 공간으로 들어갈 수 있지만, 촛불과 새는 그럴 수 없다. 그의 실험 장치(유리구 속)가 기압계의 꼭대기 공간과 동등하다는 것을 보여주기 위해, 보일은 표준 실험을 계속하여 사실상 같은 결과를 얻었다. 보일의 진공이 토리첼리의 진공과 구별할 수 없다는 점이 밝혀지면서, 영국에서의 논증은 프랑스에서 제시된 논증과 기본적으로 동일하다고 받아들여졌다. 빛은 토리첼리의 공간을 통과할 수 있기 때문에 공간 안에 신비스러운 에테르(무게가 없이 온 공간에 퍼져 있는 물질)가 들어 있다고 주장하는 사람들에 대해 파스칼은, 빛의 본질이 알려져 있지 않으므로 투과를 위한 매질로서 상상적인 물질(에테르)이 필요하다고 주장하는 것은 쓸데없는 일이라고 반박했다. 그는 측정할 수 없는 특징을 가진 물체가 존재한다고 주장하는 것은 물리학을 돈키호테처럼 우스꽝스러운 이야기로 바꾸는 것이라고 여겼다. 파스칼과 보일은 과학자들이 에테르처럼 그 존재가 이론상으로는 편리하지만 실험적으로 입증될 수 없는 물질에 매력을 느끼는 것이 과연 합당한가 하는 문제에 의문을 제기하는 데 성공했다는 점에서는 둘 다 승자가 될 수 있었다.

그러나 보일의 공기펌프 실험에 대한 반박은 펌프가 새고 있어서 진공을 만들 수 없다는 점이었다. 대조적으로 토리첼리 기압계는 비록 관 내에 공기가 갇히지 않도록 하는 것이 쉽지는 않았지만 새지 않았다. 그러나 자신의 실험 결과가 이전 기압계 실험에서 얻어진 결과와 유사하다는 보일의 주장은 옳았다. 영국에서 그가 인정받을 수 있었던 것은 그의 강적인 홉스가 고립되어 데카르트보다 덜 위협적이었기 때문이었다. 홉스는 무신론자로 이름이 높았기 때문에 극도로 입지가 좁아졌으나, 데카르트는 그의 논증을 기독교가 수용할 수 있는 넓은 맥락에서 조심스럽게 펼쳤다. 파스칼과 보일의 지역적이며 제한적인 성공을 과장하지 않는 것이 중요하다. 코페르니쿠스설과 함께 진공에 관한 믿음은 뉴턴의 만유인력 이론(1687년 출간)이 중력이 텅 빈 공간에 어떻게 작용하는지를 설명했을 때 궁극적으로 승리했다. 그때 파스칼과 보일은 진공(지금은 우주의 대부분을 채우고 있다고 주장되는)의 발견자로 환호를 받았다. 그러나 1660년대의 상황은 아주 달랐다. 예를 들어 영국에서는 로베르발이 파스칼에게 반대했듯이, 헨리 파워가 실험적 증거를 근거로 하여(그리고 데카르트주의에 대한 심정적 동조로 인해) 보일의 법칙에 계속 반대했다.[81]

1661년, 크리스티안 하위헌스는 자체적으로 공기펌프를 제작하고 표준적인 실험을 시작했다. 그는 실험 공간에 얼마나 많은 공기가 남아 있는지 미세하게 측정하기 위해 물 압력계를 도입함으로써 자신의 장치의 품질을 시험했다. 하위헌스는 펌프를 돌려 공기를 뽑아냈으나 압력계의 수위는 떨어지지 않았다. 관은 여전히 공기로 차 있었다. 하위헌스가 사용하고 있던 물은 실험 도중에 공기를 방출하지 않도록 공기가 제거되어 있었다. 하위헌스는 만일 공기 방울을 그 속에 주입한다면 그것이 예상대로 움직이리라는 것을 알았다. 이 보고서가 보일에게 전해졌을 때, 그는 (아주 자연스럽게) 그것을 상식에 맞지 않은 것으로 묵살했다. 그러나 하위헌스는 런던에 와서 보일의 장치에서도 같은 결과가 나타난다는 것을 보여주었다. 이는 크게 당혹스러운 전개였다(여전히 그러하다). 아무도 그 설명이 무엇을 말하는지 잘 모른다. 그 결과를 놓고 하위헌스는 진공에 관한 이전의 믿음을 포기했다(공기 방울이 물에 주입될 때 변칙이 사라진다는 사실에도 불구하고 그는 이전에 알려지지 않았던 어떤 물질이 물기둥을 떠받치고 있다고 생각했다). 반면 보일은 아무것도 일어나지 않은 것처럼 실험을 수행하기로 결정했다.[82]

여기서 중요한 것은 두 개의 모순되는 결과가 동등한 지위를 적절하게 갖지 못했다는 점이다. '공동 속의 공동' 실험은 이후 계속하여 물로, 포도주로, 수은으로 수행되었고, 적어도 다섯 가지의 다른 모양의 장치에서 수행되었으나 하위헌스가 만들어낸 것과 비교되는 결과는 관찰되지 않았다. 그러므로 보일은 조심스럽게 그것으로부터 공기를 제거하여 수은으로 변칙적인 부유 상태suspension를 만들 수 있는지 살펴보기로 결정했다. 이것이 하위헌스의 결과에는 뭔가 잘못이 있다는 것을 명백하게 할 터이기 때문이었다. 그가 표현한 대로, '엔진(공기펌프) 속에서 큰 수은 기둥이 지탱되는 것은 토리첼리의 실험에 관해 여태까지 행해진 모든 실험과 별로 유사성이 없어 보였다.'[83]

482

그러나 공기펌프 실험을 수행하기 전에도 보일은 대기 속에서 수은의 변칙적인 부유를 (132센티미터 높이로) 만들어내는 데 성공했다. 이 지점에서 그 현상은 진공으로 여겨지는 곳에 무엇이 있느냐 없느냐와 관계가 없다는 것이 명확해졌다. 하위헌스는 동의했다. 자신의 변칙적인 결과가 이것과 무관하다고 인정하는 데는 채 2년이(17세기의 교통과 통신의 어려움을 감안하면 생각보다 짧은 기간) 걸리지 않았다. 하위헌스가 자신의 결과가 어떤 면에서 보일의 결과보다 낫다고 주장한 것과 이를 고려해서 자신의 초기 신념을 포기한 것은 잘못이라고 말할 수 있다. 보일의 결과는 올바른 결과였다. 그리고 하위헌스의 결과는 단지 매우 당혹스러운 변칙이었다. 이제 우리는 이것을 자신 있게 말할 수 있다. 그리고 보일이 공기펌프의 안과 바깥에서 큰 수은 기둥의 변칙적인 부유를 입증하자마자, 그것은 또한 당시의 지적인 관찰자들에게도, 그리고 하위헌스에게도 분명해졌다.[84]

실험적 방법은 독립적인 재현에 의존한다. 과학 사회학자들이 흔히 하는 주장은 진정으로 독립적인 재현은 결코 일어나지 않는다는 것이다. 새로운 실험이 작동하게 하기 위해 과학자들은 그 실험을 이미 수행했던 과학자들의 무리 속에서, 책에 쓰여 있지 않은 기교를 습득하면서 시간을 보내야 한다. 그러나 파스칼과 함께 페티는 토리첼리의 실험을 독립적으로 재현했다. 그리고 바르샤바의 발레리오 마그니Valerio Magni는 1647년에 그것을 재현했거나 혹은 재창안했다. 오직 기술된 기록을 중심으로 보면(예를 들면 헨리 파워) 다른 이들도 전적으로 독립적으로 그 실험을 수행한 것으로 보인다. 단순한 사실은 토리첼리 실험의 재현은 문제를 야기하지 않는다는 것이다. 이는 과학 사회학자들이 틀렸다는 이야기가 된다.*

---

* 나는 15장 4절에서 뉴턴의 결정적 실험에 관한 사이먼 셰퍼의 설명을 논의할 것이다. 다시 말하지만 그 실험의 재

만일 우리가 실험의 역사를 이런 방식으로 되돌아보면, 우리는 퓌드돔 정상에서 페리에가 동반했던 소규모 관중으로 상징되는 17세기에 일어난 일의 중요성을 이해할 수 있다. 왜 그들은 거기에 있었을까? 페리에는 분명히 증인들이 있어서 기뻤을 것이다. 그러나 그들은 이것이 역사가 만들어지는 것을 목격할 기회라고 믿었기 때문에 거기에 있었다. 그들의 입회는 발견 자체가 아닌 발견의 **문화**의 시작을 의미한다. 이 문화는 정부 관료들과 교양 있는 목사들에 의해 공유되었다. (페리에는 목사 두 사람과 정부 관료 두 사람, 의사 한 사람을 동반자로 지명한다.) 게다가 출판은 훨씬 많은 수의 '사실상의 구경꾼'의 존재를 보장한다. 월터 찰턴이 표현한 대로, 소그룹의 프랑스 실험가들은 '유럽의 모든 재사들의 경쟁심을 부추겨 총명의 영예를 위한 경쟁에 도전하게 만드는 기회로서, 만장일치로 토리첼리 실험을 붙잡은 것으로 보였다.'[85] 그리고 보일이 퓌드돔 실험을 기념하기 위해 '결정적 실험'이라는 문구를 만들었을 때, 그는 철학적 논쟁이 실험에 의해 해결될 수 있는 새로운 시대의 시작을 알리고 있었다.

7

재현의 문제는 과학혁명을 이해하는 데 가장 중요한 핵심 주제이다. 대표적인 것이 연금술의 종말이다.[86] 보일과 뉴턴은 연금술 연구에 엄청난 시간을 바쳤다. 비록 보일의 연구 활동에 관한 우리의 지식은 제한적이지만 (보일의 첫 전기 작가 토머스 버치Thomas Birch의 지시하에 관련 문헌의 대부분이 파

현이 사회적 인공물이라는 주장은 허위로 드러났다. 그것(재현)이 결코 진정으로 독립적이지 않다고 보증하는 암묵적 지식의 이전과 관련한 재현에 관해서는 다음을 참조하라. Collins, 'The TEA Set'(1974); Collins, 'Tacit Knowledge, Trust and the Q of Sapphire'(2001); Labinger & Collins (eds.), *The One Culture?*(2001), 23에서 핀치Pinch.

484

기되었기 때문에), 보일은 삶의 대부분을 일반 금속을 금으로 변화시키는 일을 하며 보냈다.[87] 보일은 자신이 성공 직전까지 왔다고 생각했고, 금을 만드는 사람에게 사형을 선고하는 법령을 바꾸는 캠페인을 (성대하게) 벌이는 것을 신중하게 생각했다.[88]

　많은 연금술사들처럼 보일은 현자의 돌philosopher's stone(일반 금속을 금으로 변화시키는 연금술)에 대한 탐구는 영적인 요소를 포함한다고 생각했다. 그는 그러한 변환을 관찰했다고 믿었다. 그의 도움으로 그의 면전에서 그것을 수행한 익명의 낯선 사람은 아마 천사일지도 모른다고 생각했다.[89] 그는 이 특별한 계시를 위해 선발되었다. 이 믿음 때문에 보일은 교활한 사기꾼들의 완벽한 목표가 되었다. 연금술에 관한 프랑스어로 된 보일의 서신 일부가 우연히 보전되었는데, 프랑스어를 몰랐고 보일의 유고를 정리하면서 어느 것을 버릴지 결정하는 임무를 맡았던 버치의 조수 헨리 마일스Henry Miles 덕분이었다. 이 문서를 통해 조르주 피에르Georges Pierre라는 프랑스인이 자신은 이탈리아, 폴란드, 중국에 회원을 보유한 연금술사 협회의 수장이라며 보일을 설득했던 것을 알 수 있다. 회원이 되기 위해서 보일은 자신이 보유한 연금술 비밀뿐만 아니라 망원경, 현미경, 시계, 사치스러운 직물, 고액의 현금 등 귀한 선물을 넘겨주어야 했다. 그 대가로, 피에르는 유리병 속의 난쟁이 제조법을 알려주었다. 피에르의 말은 달콤했다. 그의 비밀결사의 한 모임은 불만을 품은 고용원들에 의해 파탄이 났는데 그들은 결사가 모이는 성城을 폭파했다고 했다. 피에르는 장황하게 말을 이어갔다. 보일이 그것들을 우연히 발견할 가능성은 희박하지만 혹시나 해서 네덜란드와 프랑스 신문에 안티오크의 총대주교의 이야기를 실었다는 것이다. 사실, 안티오크에 있어야 할 즈음 피에르는 바이외에서 정부情婦와 즐거운 시간을 보내고 있었다. 그리고 그는 터무니없는 이야기로

고향 마을 캉Caen에서 이미 '정직한 조르주'로 불리고 있었다.[90]

어떻게 과학혁명의 핵심 인물 가운데 한 명인 보일이 연금술을 전적으로 확신할 수 있었을까? 그 답은 연금술은 자기만족적인 활동이라는 것이다. 연금술을 연마하는 사람들은 현자의 돌이 과거에도 성공적으로 만들어졌다고 확신했다. 보일과 함께 연금술을 연구한 조지 스타키는 이렇게 표현했다. '핵심적 비결이 베일에 가려 있어서, 오로지 신의 즉각적인 도움의 손길이 연구를 통해 동일한 결과를 얻으려고 노력하는 장인들을 인도해야만 함에도 불구하고, 현자들은 혼신의 힘을 다해 그 비결을 찾아내려고 노력했고, 그들의 탐구를 기록으로 남겼다.'[91] 보일처럼 스타키도 그 돌을 자신의 손안에 쥐고 있다고 믿었다. 그리고 일반 금속을 금이나 은으로 바꾸었다고 주장했다. 혹은 적어도 금이나 은 같은 금속으로 바꿀 수 있었다고 주장했는데, 그렇게 만든 금은 불안정했고, 은과 흡사했으나 무게가 더 나갔다.[92]

스타키는 고의적으로 난해하게 기술된 연금술 문헌을 주의 깊게 연구함으로써 이런저런 비결을 알아내려고 노력했다. 17세기 초반 이래 'hermetical'(모세와 동시대인으로 생각되며 수많은 저술을 남긴 것으로 여겨지는 신화적인 저술가 헤르메스 트리스메기스투스Hermes Trismegistus적 전통을 뜻하는)이라는 단어는 새로운 의미를 부여받았다. 'hermetical'이라는 단어는 '뚫고 들어갈 수 없음'이라는 뜻의 말재간이 되어, 화학 물질로 실험을 하는 사람들은 밀폐된 용기를 'hermetically closed'라고 부르기 시작했다.[93] 스타키가 소기의 목적을 달성하지 못했을 때에도(자신은 파산하고 그의 가족들은 극빈자가 되었다), 그 저술들이 잘못되어 있다는 생각은 떠오르지 않았다.[94] 그는 자신이 그 저술들을 잘못 이해했거나 그들의 지시 사항을 정밀하게 따르지 않았다고 확신했다. 비록 검증은 항시 미루어졌지만, 연금술사들에게는 원리적으로 검증의 과정('불의 재판')이 있었다. 그들에게 허위를 입증하는 과정은 없었다.

스타키는 자연적 정의正義의 기본 원리인 '다른 편 이야기를 들어라'라는 속담을 혐오스러운 것으로 간주했다.[95] 여기서 다른 편은 연금술을 사기, 망상, 환상으로 일축하는 사람들이었다. 그러나 스콜라 철학자들 중에 이들은 아퀴나스로부터 알베르투스 마그누스에 이르기까지 다수였다. 연금술은 오랫동안 회의론자들로부터 조롱을 당해왔다. 대표적인 두 예를 들자면 레지널드 스콧의 《마법의 발견Discovery of Witchcraft》(1584), 벤 존슨Ben Jonson의 《연금술사The Alchemist》(1610)가 있다. 잘 알려지지 않은 책에 특별한 권위가 부여되거나 잠근 서랍에서 더 나은 고대의 원고가 새로 발견되어야 믿음이 유지될 수 있었을 것이다. 브라이언 비커스Brian Vickers는 '연금술은 누가 뭐래도 서술적이면서 실험적인 과학이었다'라고 말했다. 그림에서 보면 연금술사들은 항상 책과 원고, 실험실의 온갖 거추장스러운 짐에 둘러싸여 있다.[96] 그러나 그림에서 놓치고 있는 것은 가장 중요한 순간, 즉 한 사람이 다른 사람에게 설득당하여 서로 신뢰하는 순간이다. 보일은 사후 그의 학구적인 제자들에게 일종의 연금술 유산을 남겼다(현재는 전하지 않는데, 아마도 파기되었을 것이다). 그 안에는 그가 시도해보지는 않았으나 효과가 있을 것으로 확신한 많은 연금술 조제법이 포함되어 있었다. 왜냐하면 그것들은 연금술이 실제로 일어난다고 알고 있으며 그 자신들이 유능한 심판관인 사람들, 진정으로 능숙한 사람의 제자들, 또는 그렇지 않다 하더라도 이들과의 교제와 대화를 허락받은 사람들에 의해 획득된 것들이기 때문이다.[97] 어려움은 그 자체로 진정성을 보증했다. 진정한 장인 (현자의 돌을 만들 수 있는 사람)으로 신뢰받는 사람이 없는 경우에는, 그 장인을 알고 있고 그와 대화를 나눈 적이 있다고 주장하는 것만으로도 숨은 의미를 지닌, 이해할 수 없는 텍스트가 진짜임을 증명하기에 충분했다. 보일은 믿고 싶었기 때문에 믿었다.

최근에는 연금술을 최초의 실험과학으로 표현하려는 노력이 있었다(현재 그 역사가들은 그것을 'chymistry'라고 부른다). 흔히들 연금술에서 근대 화학이 탄생했다고 말한다.[98] 많은 연금술 비법이 실제로 근대적인 실험실에서 이루어질 수 있음을 보이면서, 이들 학자들은 겉으로 보기에 이해할 수 없는 저술들을 의미 있게 만들었고, 연금술을 실험실 과학으로 복귀시켰다. 그러나 이 주장이 너무 깊이 강조되면 왜 18세기에 근대 화학이 연금술의 연속이 아닌 그것에 대한 논박으로 정립되었는지를 설명하기가 어려워진다. 왜 버치는 보일의 연금술 논문을 기념하지 않고 파기했는가?

연금술의 종말에 대해서 서술된 것은 별로 없다. 그러나 보일과 뉴턴의 눈에 존경스러웠던 활동은 1720년대가 되자 전적으로 평판이 나빠졌다.[99] 존 파워스John C. Powers는 이것이 니콜라 레메리Nicolas Lémery(1645~1715) 같은 과학 학술원Académie des Sciences 화학자들에 의한 일련의 수사학적 운동의 결과라고 주장했다. 학술원 화학자들은 연금술사들의 많은 실험적 발견을 채택했고 과장된 이야기로 그들의 기예를 불명예스럽게 만든 사람들에 대한 연금술사들의 공격도 받아들였다. 그러면서도 학술원 화학자들은 '현자의 돌'에 대한 추구를 어리석은 일이라고 묵살했다. 이것이 함축하는 것은, 그들은 내면 깊숙이 연금술사였으나 그것을 솔직히 인정할 준비가 되어 있지 않았다는 것이다. 파워스는 18세기 화학자들의 말을 곧이들으려고 하지 않는다. 새로운 화학의 주창자들은 자신들은 불가해한 저술에 시간을 쓸 여유가 없다고 주장했다. 그들은 '그 부류 화학자들(연금술사)은 너무나 모호하게 글을 써서 그들을 이해하려면 점치는 능력을 지녀야 한다'고 항변했다.[100] 그들은 자신들의 실험실에서 재현할 수 있고 동료

488

들에 의해 확인 받을 수 있는 화학적 과정에만 흥미가 있었다. 새로운 화학의 주창자들이 만든 '각각의 연구 보고'는 특정한 질문 혹은 질문 세트에 대한 한정된 탐구를 담고 있으며, 화학자들은 오로지 청중들이 자신들의 결론을 받아들이도록 설득하기 위해 자신들의 실험에 대한 설명에 의존했다.[101] 파워스는 이것을 '진짜처럼 보이려는' 실험이라고 묘사했지만, 물론 이는 진짜였다.

연금술을 역사의 쓰레기통으로 보내버릴 수 있게 만든 것은 화학자들이 수행하려고 했던 과업에 대한 새로운 이해였다. 보일과 뉴턴을 포함한 연금술사들에게 기본적인 과업은 한 물질을 다른 물질로 **변성시키는**transmuting 것이었다. 그런데 1718년, 약제사의 아들이며, 약제사를 훈련하기 위해 설립된 파리 식물원Jardin des Plantes의 수석 화학자 에티엔 프랑수아 조프루아Étienne François Geoffroy는 〈다양한 물질 사이의 화학에서 관찰한 보고서 도표Table des différents rapports observés en Chimie entre différentes substances〉를 발표했다. 조프루아의 도표는 그가 '사람들이 화학에서 보통 다루는 주요한 물질들'이라고 부른 것을 열거하고 있다(24개). 하지만 당시 화학자들이 빈번히 다루었던 많은 종류의 물질들을 제외했다. 그 선정의 원리는 혁명적이다. 그가 열거한 물질들은 서로 반응하여 새로운 안정된 화합물을 형성한다. 그러나 이 화합물 각각은, 만일 올바른 화학적인 절차를 따르면, 분해되어 원래의 성분으로 되돌아갈 수 있다. 조프루아의 24개 물질은 다른 물질과 결합해도 그대로 살아 있다. 그것들은 결합해도 변성되지 않는다. 조프루아는 그 세기 말 라부아지에에 의해 정립된 종류의 근대적인 원소 이론에서 멀리 떨어져 있었지만 변성transmutation의 개념으로부터 완전히 벗어난 연구 과업을 수행하고 있었다. 따라서 근대 화학의 시작을 알린 것은, (흔히 주장되듯이) 보일이 아니라 조프루아다.[102]

조프루아의 연구는 화학자들이 이미 연금술적 사고로부터 벗어나려고
했던 맥락에서 나타났다. 연금술을 죽음에 이르게 한 것은 실험(스타키, 보
일, 뉴턴은 끊임없이 실험적 지식을 추구했다)도 아니고, 새로운 지식에 몰두
한 학자들의 네트워크(연금술사들은 비법을 하나씩 주고받는 식으로 서로 지식
을 나누고 정보를 조금씩 빼오는 데 매우 뛰어났다)의 발전도 아니고, 화학 결합
이 변성을 일으키는 것은 아니라는 조프루아의 인식도 아니었다. 연금술
을 죽인 것은, 실험은 실제로 일어난 현상에 대한 명확한 설명을 담고 있
는 출판물의 형식으로 공개적으로 보고되어야 하며 되도록 독립적인 증인
들 앞에서 재현되어야 한다는 주장이었다. 연금술사들은 오직 소수만이
신적인 비밀의 지식을 알기에 적합하며, 만일 공급이 줄어들어 금이 사라
지면 사회질서가 붕괴할 것으로 확신하면서 비밀스러운 학습을 추구했다.
그 학습의 일정 부분은 새로운 화학의 주창자에게 넘길 수 있지만, 대부분
은 이해될 수 없고 재현할 수 없는 것으로 포기되어야 한다. 은밀한 지식
은 출판과 공적公的 혹은 반半공적 수행에 의존하는 새로운 형식의 지식으로
대체되었다. 닫힌 사회는 열린 사회로 대체되었다.*

연금술을 이야기 할 때 그 초점을 보일과 같은 개인에게 맞추면, 왕립학
회나 고등과학원 같은 공적 기관 및 메르센의 네트워크 같은 비공식 기관
의 역할을 놓치기 쉽다. 딕비, 올든버그, 보일 등 왕립학회의 창립 멤버 중
대다수가 연금술에 사로잡혀 있었다. 그러나 연금술적 변성은 왕립학회의
모임에서 결코 논의되지 않았다. 〈철학회보〉에 보일이 쓴 단 한 편의 짧은
논문만이 연금술 문제를 다루었을 뿐이다. 그것도 연금술에 흥미 있는 다

---

* 카를 포퍼의 과학철학 접근 방식은 그의 《열린사회와 그 적들》(1945) 출판으로 영어권에 널리 알려지기 시작했다.
과학적 진보는 검증verification이 아니라 허위임을 입증하기falsification(반증)에 기반한다는 1935년의 그의 고전적인 설명
은 결국 《과학적 발견의 논리The Logic of Scientific Discovery》(1959)라는 제목으로 독일어에서 영어로 번역되었다.

490

른 이들이 그에게 (연금술에 관해) 문의해달라는 소청에 따라 그의 관심을 공표하는 하나의 광고로서 기능했을 따름이었다.[103] 모든 이들(아마 보일을 제외한)은 왕립학회가 기초해 있는 원리, 즉 정보의 자유로운 교환, 실험의 재현, 결과의 출판, '사실'의 확인 같은 것들이 연금술의 원리와 어긋난다고 확신했다. 보일과 뉴턴은 연금술사이기도 했고 동시에 새로운 과학 공동체의 참여자였다. 그러나 그들은 대부분 파스칼이 그의 강렬하고 고된 종교적인 삶과 과학자로서의 삶이 분리되어 있음을 분명히 했듯이, 그들 삶의 두 측면이 분리되어 있음을 명백히 했다. 보일이 연금술사들끼리 서로 누구인지 쉽게 확인할 수 있도록 연금술을 약간 대중 앞으로 가져가고 싶어한 것은 사실이다. 뉴턴은 즉시 그에게 면박을 주고 '극도의 침묵'을 요구했다. 뉴턴은 '내 의견으로는 보일이 너무 튀고 지나치게 명성을 바란다'고 불평했다.[104]

파스칼은 과학과 종교의 근본적인 차이점이, 과학에는 심문을 받을 수 없는 진리가 존재하지 않는 반면, 종교는 재론의 여지가 없는 진리를 인정하는 점이라고 주장했다. 연금술사들에게 '현자의 돌'의 실재는 재론의 여지가 없었는데 한 세대가 가기 전에 권위, 고대 저술과 비밀스러운 문서들에 호소하는 것이 치명적인 오류로 보이게 되었다. 연금술은 결코 과학이 아니었다. 연금술은 새로운 과학의 정신을 받아들인 사람들 사이에서 살아남을 여지가 없었다. 그들은 연금술사가 지니지 못한 것을 지녔기 때문이었다. 비판적인 공동체는 아무것도 신뢰하지 않을 준비가 되어 있었다. 연금술과 화학은 둘 다 실험적 학문 분야였지만, 연금술사와 화학자는 다른 양식의 삶을 살았고, 다른 유형의 공동체에 속해 있었다.* 이 논점에서

• "그래서 당신은 인간의 동의가 진리와 허위를 결정한다고 말하는 건가요?" — 이것은 사람들이 그것은 진리다.

중요한 결과가 뒤따른다. 우리는 1640년대에 과학 공동체가 형성되기 이전에 실제로 신뢰할 만한 과학을 발견할 것으로 기대해서는 안 된다. 그리고 이것은 맞는 것 같다. 만일 갈릴레이가 제 기능을 발휘하고 있는 과학 공동체에 속해 있었더라면, 그가 제시한 조수潮水 이론을 코페르니쿠스설에 대한 옹호의 중심에 두려는 그의 의도는 틀림없이 좌절되었을 것이다.[105]

따라서 연금술의 조종弔鐘 소리를 듣기 위해 1718년 조프루아의 도표 출간까지 기다릴 필요는 없다. 화학chymistry을 연구하는 신진 역사가들에 의하면 연금술과 화학은 1679년 레메리의 교과서 3판 출간(이때 구분이 시작되었다) 전까지는 분화되지 않은 하나의 과목이었다.[106] 1720년대가 되면 둘은 실질적으로 분리된다. 여기에 1668년 출간된 조지프 글랜빌의 《훨씬 너머Plus Ultra》를 인용한다. 그 책은 이방인들이 신으로 경배했던 인물로서의 보일에 대한 과도한 찬양을 담고 있다. 그러나 연금술과 화학에 대한 그 접근 방식은 분명히 18세기 방식의 전조가 된다.

선생, 나는 이집트인과 아라비아인, 파라셀수스주의자들, 몇몇 근대인들 사이에서 화학Chymistry은 매우 환상적이고, 불가해하고, 기만적이었음을 고백합니다. 그러한 연금술사들의 뽐냄, 허영, 위선은 **기예**Art에 **추문**을 몰고 왔습니다. 그리고 그것을 **의심**과 **경멸**의 대상이 되게 했습니다. 그러나 그것의 근래의 **경작자**, 특히 왕립학회는 그 찌꺼기로부터 그것을 개선시켜왔고, 그것을 **정직하고, 진지하고, 이해할 수 있는** 것으로 만들었고, **철학**의 탁월한 **해석자**가 되

허위다 하고 **말하는** 것이다. 그리고 그들은 자신들이 사용하는 **언어** 속에서 동의한다. 그것은 의견의 일치가 아니라 삶의 양식의 일치다.' (Wittgenstein, *Philosophical Investigations*(1953), para. 241(강조는 원문))

492

작업장에 있는 연금술사 가족. 피터르 브뤼헐Pieter Brueghel의 그림을 필립 갈Phillip Galle이 판화로 인쇄했다. 히에로니무스 콕Hieronymus Cock이 출간했다(1558년경).

도록, **보통 사람들**에게 **도움**이 되도록 만들었습니다. **그들**은 **금 만들기, 기만적인 설계와 헛된 변성, 장미십자회 연금술사의 증기**Rosie-crucian Vapours, **마술적인 주문, 미신적 제안**을 다 내려놓고, 그것을 **자연**의 **깊이**와 **효율**을 알아내기 위한 기구로 탈바꿈시켰습니다.[107]

글랜빌은 보일과 뉴턴이 자신의 시각을 공유하지 않았음을 알고 아마 충격을 받았을 테지만 연금술과 새로운 과학의 관계를 파악한 사람은 보일과 뉴턴이 아니라 글랜빌이었다. 1704년의 《기술 어휘 목록Lexicon technicum》은 급격히 대두하고 있는 합의를 표현했다.

연금술사ALCHYMIST는 연금술을 연구하는 사람이다. 즉 무식한 자와 생각 없는 자들을 어려운 말과 비상식으로 즐겁게 해주는 능숙한 연금술사들의 위선적인 말에 의하면, 연금술은 금속의 변성과 '현자의 돌'을 가르치는 화학의 고상한 부분이다. 경이로운 진품이 되기 위해 필요한 아랍어 소사사鮮 '알AI'이 없다면, 그 단어는 단지 화학을 의미할 뿐이다. 그 단어 속에 어원이 보인다. 이 연금술 연구는 거짓말로 시작하여 고생과 노동으로 이어지고 마침내 거지가 되어 끝나는 기예 없는 기예이다'라고 올바르게 정의되고 있다.[108]

연금술의 종말은 근대 과학을 두드러지게 한 것이 실험의 수행(연금술사들은 수많은 실험을 수행했다)이 아니라 발견을 평가하고 결과를 재현하는 비판적인 공동체의 형성이라는 사실에 대한 더 깊은 증거를 제공한다. 은밀한 과업으로서 연금술은 올바른 형태의 공동체를 발전시키지 못했다. 과학은 오직 열린사회에서만 번성한다는 포퍼의 말은 옳았다.[109]

9장

법칙

자연과 자연법칙은 어둠 속에 숨어 있다.
신이 '뉴턴이 있으라!' 말씀하시매 모든 것이 밝아졌다.

_알렉산더 포프Alexander Pope, 〈아이작 뉴턴을 위한 비명碑銘〉(1735년 출판)

1

1619년 11월 10일, 젊은 프랑스 군인 르네 데카르트(1596~1650)는 울름에서 오갈 데 없는 처지가 되었다.[1] 그는 가톨릭교도인 바이에른 공 막시밀리안 1세의 군대에 있었다. 그때는 후일 30년 전쟁으로 알려지게 되는 끔찍한 범유럽적 전란이 막 시작된 참이었다. 전투의 조짐이 있었고, 곧 겨울이었다. 말 그대로 군인은 할 일이 없었다. 데카르트는 예수회 학교에서 견실하면서도 대체로 인습적인 교육을 받았다. 아버지를 기쁘게 하려고 대학에서 2년간 법률 공부를 했으나, 1619년에는 군인이 되는 것 말고 다른 직업을 택할 아무런 이유를 발견하지 못했다. 그러나 겨울에 갇혀서, 데카르트는 난로가 켜진 방 안에 틀어박혀 골똘히 생각에 잠겨 있었다. 그는 현존하는 모든 지식 체계는 장구한 세월에 걸쳐 수많은 사람들에 의해 꿰어 맞추어졌다는 점에서 문제가 있다는 결론에 도달했다. 완전히 새로운 출발이 필요했다. 누군가는 자연과학을 포함하는 철학 전체를 그 바탕부터 새롭게 설계해야 한다.

흥분에 지쳐 잠이 든 데카르트는 세 가지 꿈을 꾸었다. 첫 번째 꿈에서 그는 유령과 큰 바람의 공격을 받았고 몸 한쪽에 쇠약해진 일종의 약점이 있었다. 그는 기도하러 예배당에 들어가려 했지만 들어갈 수 없었다. 이 악몽에서 깨어나자 그는 기도했고 정신을 가다듬으려 애썼다. 다시 잠들었을 때 그는 뇌성을 들었다. 그는 눈을 뜨고 불똥이 가득한 방을 보았다. 자신이 완전히 깨어났는지 분명하지 않았다. 그러나 갑자기 불꽃은 사라졌고 그는 다시 잠이 들었다. 세 번째 꿈속에서는 시집으로 보이는 큰 책이 있었다. 책장을 열자 Quid vitae sectabor iter?(나는 어떤 인생길을 가야 하는가?)라는 구절이 보였다. 낯선 사람이 들어와 그에게 est et non(그러기도 하고 아니기도 하다)으로 시작되는 다른 시를 주었다. 데카르트는 책에서 이 시를 찾으려 했지만 그 책과 낯선 사람은 사라졌다(피에르 드 라 브로세Pierre de la Brosse의 《시문집Corpus poetarum》(1611)에는 이 두 시가 나란히 실려 있다). 반쯤 깬 채로 데카르트는 그 꿈들을 해석하려 했다. 처음 두 꿈은 그가 지금까지 잘못 살아왔음을 보여주었다고 할 수 있었고, 세 번째 꿈은 그의 미래의 길을 설계하는 것으로 해석될 수 있었다. 그에게 그 길은 무엇이 참이고 무엇이 거짓인지를 정립하는 철학적 책무에 헌신하는 길이었다.

데카르트의 남은 일생에서, 이 꿈은 철학자로서의 새로운 삶의 기점이 되었다. 그는 진리를 정립할 수 있는 사고에 관한 일련의 법칙을 연구하기 시작했다. 그는 생계를 유지하면서 위대한 과업에 전념하기 위해 재산의 일부를 매각했다. 14년 후, 그는 개신교 국가인 네덜란드에 거주하면서 자연과학에 관한 일련의 논문을 발표하려고 준비하고 있었다. 그때, 그는 갈릴레이의 파문을 전해 듣고, 자신의 철학은 코페르니쿠스를 지지하고 있으므로 가톨릭교회의 파문을 두려워하여(비록 교회가 그를 파문한다 해도, 그는 종교재판소의 관할 밖에 있었던 네덜란드에 살았기 때문에 위험에 빠질 우려는 없었지만) 논문을 출간하지 않기로 결심했다. 1637년, 그는 마침내《방법서설Discours de la Méthode》과 수학 및 자연과학에 관한 세 편의 에세이를 출간했다. 1644년, 그는 자신의 철학을 요약한《철학 원리Principia Philosophiae》를 출간했다.

《방법서설》을 출간했을 즈음, 그는 자신의 철학을 소개하는 최상의 방법은 회의론을 극한까지 적용하는 데 있다고 생각했다. 세계가 실재한다는 것을 우리는 어떻게 알 수 있는가? 우리가 꿈을 꾸고 있지 않다는 것을 어떻게 알 수 있는가? 우리가 어떤 악마 같은 조물주에 의해 체계적으로 기만당하고 있지 않다는 것을 어떻게 알 수 있는가? 우리는 알 수 없다. 우리가 확신할 수 있는 것은 오직 한 가지다. cogito ergo sum(나는 생각한다. 고로 나는 존재한다). 데카르트는 이로부터, 우리로 하여금 체계적으로 기만당하고 있지 않게 하는 신의 존재를 증명하고, 자연 세계가 순전히 움직이는 물질로 구성되어 있다는 설명을 구축하기 위한 출발점을 확보하게 된다.《방법서설》은 이상한 저작이다. 왜냐하면 그것은 자서전이면서 철학책이기도 하기 때문이다. 데카르트는 어떻게 사고할 것인가를 배우며 자신이 거쳐 온 단계를 이야기함으로써 우리에게 생각하는 방법을 가르쳐준다. 그는 독자들에게 너무 개인적인 경험이었던 꿈 이야기 대신, 철학자로서 새로이 출발했던, 난로가 켜진 방에서 보냈던 그날에 관해 말한다.

데카르트 이야기의 문제는 그것이 사실이 아니라는 데 있다. 난로가 켜진 방과 꿈 이야기를 의심할 이유는 없지만, 모든 증거는 데카르트의 새로운 철학자로서의 삶이 정확하게 그 1년 전인 1618년 11월 10일에 시작되었다고 말한다. 그날 그는 신교도인 마우리츠 판오라녀의 군대에서 복무하며 저지대 국가Low Countries(유럽 북해 연안의 벨기에, 네덜란드, 룩셈부르크로 구성된 지역 — 옮긴이) 중 브레다에 있었다. 그 마을에 수학 문제 풀기에 도전하라는 포스터가 붙었다. 그 포스터는 플라망어로 쓰여 있었고 데카르트는 포스터를 보고 있는 옆에 선 사람에게 번역을 부탁했다. 이 사람이 교사이자 건축가인 이사크 베이크만이었다. 그와 데카르트의 관계는 그가 쓴 일기(1905년 재발견되었고, 1939년에서 1953년 사이 네 권으로 출간되었다)를 통해서 알 수 있다.[2]

데카르트와 베이크만은 라틴어로 대화를 나누었고 서로 공통의 관심사가 있음을 알게 되었다. 며칠 후 베이크만은 일기에 '물리 수학자는 흔치 않다'고 썼다. 실제로 그 낯선 사람은 데카르트에게 '나는 여태까지 물리학과 수학을 결합해서 내가 하는 방식과 똑같이 연구를 수행하는 사람을 만난 적이 없다'고 말했다. 데카르트 자신도 이 같은 방식으로 연구하는 그 누구와도 대화한 적이 없었다.[3] 그러나 베이크만은 사고에 있어서 데카르트를 훨씬 앞서 있었다. 그는 이미 우주는 운동하는 입자로 이루어졌으며 미시적인 수준에서 기능하는 운동의 법칙(자연의 법칙을 뜻하는 베이크만의 용어는 '계약pactum'이었다)[4]은 거시적인 수준에서도 틀림없이 동일하다고 판단하고 있었다. 그는 완전히 독립적으로 갈릴레이의 자유낙하의 법칙에 근접한 지점에 도달해 있었다. 두 달 동안 베이크만과 데카르트는 긴밀히 함께 연구했고, 베이크만이 브레다를 떠난 후에도 그들은 서신을 계속 주고받았다. 데카르트는 한 서신에서 베이크만에게 우리는 결코 사라지지 않을 우정의 끈으로 묶여 있다고 말했다. 데카르트는 베이크만에게 다음과 같이 확약했다.

당신은 나를 흔들어 냉담에서 벗어나게 하고, 내가 배웠으나 잊었던 것을 기억하게 만든 유일한 사람이다. 내 마음이 진지한 관심에서 벗어나 헤맬 때 올바른 길로 인도해준 것도 당신이다. 그러므로 만일 내가 비난받지 않을 무언

가를 창안한다면 당신은 그것이 당신 것이라고 주장할 권리가 있다.[5]

몇 년 후인 1630년, 베이크만은 바로 그렇게 했다. 그는 데카르트의 친구인 메르센에게 보낸 편지에서 음악에 관한 데카르트의 몇 가지 아이디어는 자신의 것이라고 언급했다. 데카르트는 완전히 격노했고 베이크만으로부터의 그 어떤 영향도 부인했지만, 메르센이 베이크만을 만나서 그의 논문을 읽었을 때 실제로 데카르트의 아이디어 중 많은 것을 베이크만이 먼저 정식화했음을 발견했다. 데카르트는 또다시 베이크만에게 '나는 당신에게 그 어떤 하찮은 것도 배운 바가 없다'고 말하며 분노했다. 이는 1630년 10월 17일, 데카르트가 남긴 서한 중 가장 긴 편지로 이어졌다. 그것은 열두 쪽에 달하는 신랄한 욕설(베이크만이 어째서 정신병자이며 망상 환자인지를 설명하는)로 가득 찼다.[6]

왜 데카르트는 자신이 아는 많은 것을 베이크만에게서 배웠다는 단순한 사실을 마음에 담을 수 없었을까? 그것은 1619년 11월 11일, 꿈에서 깨어난 이래, 그가 새로운 철학을 단독으로, 바닥부터, 어떤 이의 도움도 없이 구축하고 있다고 스스로에게 말해왔기 때문이었다. 자신이 베이크만에게 지적으로 의존하고 있다는 사실 자체가 그로서는 견디기 힘든 것이었다. 그래서 1637년 《방법서설》을 시작하는 자전적 설명 속에 베이크만은 없고, 난로가 켜진 방에 관한 유명한 이야기만 있다.

그 당시 나는 독일에 있었다. 그곳에서 아직 끝나지 않은 전쟁들에 소환되어 있었다. 내가 황제의 대관식에서 군대로 복귀했을 때, 겨울의 시작은 나를 진지에 붙들어두었고, 나는 마땅히 대화할 상대도, 걱정도 열정도 없었다. 나는 하루 종일 방문을 닫아걸고 난로가 켜진 방에서 보냈다. 거기서 나의 사유에

관해 나 자신과 완전히 자유롭게 대화했다. 나에게 먼저 떠오른 생각 중 하나
는 여러 부분으로 이루어진 작품이나 여러 장인들에 의해 만들어진 작품은
한 사람이 만들어낸 작품처럼 완성도가 높지 않다는 것이었다. 보통 단 한 명
의 건축가가 맡아 완성한 건물이 여러 명이 대충 수선하려 한 건물보다 더 매
력적이고 잘 계획되어 있다.[7]

2

3장에서 논의했던 탁자로 돌아가보자. 이 경우 아리스토텔레스주의자들
에 따르면 형상 및 목적론적 설명은 그 외부에 있다. 탁자의 형상은 목수
의 마음속에 있고, 그 목적은 누군가에게 일할 수 있는 장소를 제공하는
것이다. 그러나 떡갈나무의 경우 그 형상과 목적은 어떤 의미에서 도토리
내부에 있다. 작용인은 외부에 있다. 자연물에서는, 형상인과 목적인이 내
부에 있다. 질료인은 우선은 외부적이다. 떡갈나무 뿌리에 흡수된 물이나
내가 방금 먹은 아침은 내부적이 되지만 말이다.

대조적으로, 기계론적 설명은 내부적 원인이 아닌 외부적 원인에 관한
것이다. 만일 당신이 고대의 원자론자, 예를 들어 에피쿠로스나 루크레티
우스라면 떡갈나무의 형성과 성장을 일으켜 그것의 잠재성을 발현하게끔
명령하는 내부적 원리를 받아들이지 않을 것이다. 원자들은 단지 수동적
인 물질 덩어리일 뿐이다. 떡갈나무는, 집이 특정 형태를 지닌 벽돌의 집
합체인 것처럼, 외부적 힘에 의해 어떤 형태를 갖게 된 원자들의 집합체이
다. 고대의 원자론자 혹은 근대 초기의 기계론자(베이크만이나 데카르트 같
은)에게 원인은 결코 내부에 있지 않고, 항시 외부적이다. 작용인과 기계

500

론적 원인만이 존재한다.* 형상인, 목적인은 존재하지 않으며, 질료인은 결코 변하지 않는다.

에피쿠로스나 루크레티우스에게 원자에서 중요한 것은 그것의 크기, 모양, 운동이다. 이것이 원자가 지닌 모든 것이라면 우리가 세계에서 인지하는 성질들, 색깔이나 맛, 냄새, 소리, 질감, 온도는 크기, 모양, 운동의 결과물이어야만 한다. 크기, 모양, 운동이 제1성질, 다른 성질들은 제2성질이어야 한다. 만일 소리가 진동에 의해 발생한다면, 소리가 운동의 결과임을 알기는 쉽다. 만일 두 막대기를 서로 비벼 열이 발생한다면, 열이 운동의 한 형태라고 상상할 수 있다. 우리는 냄새가 코로 들어오는 입자에 의해 생긴다고 가설을 세울 수 있다. 제1성질은 객관적이다. 제2성질은 그것들이 감각의 방식에 의존한다는 점에서 주관적이다. 귀가 없는 세계에는 소리가 없고 오로지 진동만 있다. 코가 없는 세계에는 냄새는 없고 대기에 뜬 입자만 있을 것이다. 감각이 주관적이라는 이 생각을 명료하게 하려고 갈릴레이가 든 예는 간지럼이다. 깃털로 나를 간지럽히면 나는 뚜렷한 감각을 느끼지만 깃털에는 나의 간지럼 감각에 상응하는 것이 없다. 객관적 실체와 주관적 감각 사이의 구별은 루크레티우스에 의해 이루어졌다. 갈릴레이는 《시금자》(1623)에서 루크레티우스를 언급하지는 않았지만(루크레티우스는 위험한 무신론자로 간주되었다. 그러나 갈릴레이는 《사물의 본성에 관하여》를 소장했다고 한다), 이 문제에 공명한 최초인 근대 저술가였다.[8] 갈릴레이 이후 이 구별은 데카르트에 의해 받아들여졌다. 제1성질과 제2성질의 구분을 표현하기 위해 우리가 사용하는 용어는 1666년 보일에 의해 도입되었고, 1689년 로크에 의해 유행했다.[9] (로크의 용어 제1성질, 제2성질은

---

* 우리는 12장에서 기계론의 문제로 되돌아갈 것이다.

이전의 아리스토텔레스의 용어 주된 성질, 부차적 성질을 대치했다. 아리스토텔레스는 4원소를 주된 성질인 뜨거움과 차가움, 건조함과 축축함으로 나누었다.)

데카르트는 주된 성질과 부차적 성질을 구분하는 고대 원자론을 따랐지만 텅 빈 공간, 즉 무無에 대한 믿음은 거부했다. 데카르트가 파악하는 한, 물질은 오직 하나의 근본적 특성만을 지녔다. 그것은 공간을 점유한다. 따라서 진공이란 있을 수 없다. 진공이란 그 속에 아무것도 없는 공간이기 때문이다. 데카르트에게 물질세계는 분리 가능한 입자로 구성되어 있다. 그는 '원자atoms'라는 단어를 피한다. 왜냐하면 고대 원자론자들은 원자는 분리할 수 없고 원자 사이의 공간은 비어 있다고 주장했기 때문이다.

사물에 대한 데카르트의 구도scheme에서 물질은 오직 직접적인 접촉에 의해 상호작용할 수 있다. 원격 작용은 없다. 두 물체가 상호작용할 때 그것들은 서로 밀어냄으로써 작용한다. 따라서 자기력과 중력은 당김이 아닌 어떤 종류의 밀어냄의 과정의 결과로 설명되어야 한다. 데카르트에 따르면, 자기력의 경우 이 밀어냄의 과정은 지구가 태양 주위를 휘감고 있는 거대한 유체의 소용돌이에 갇힌 결과였다. 이 소용돌이가 행성들을 궤도에 붙들고 있고 물체들을 지구 표면으로 당기고 있다. 태양은 각각 자체의 소용돌이에 둘러싸인 많은 별들 중 하나였다. 마찬가지로 자기력은 철에서 나와 철로 다시 들어가는 나선 모양의 작은 흐름streamer을 통하여 작동한다. 자석의 당김은 사실상 밀쳐냄이다. 그것은 마치 코르크마개뽑이가 코르크를 병에서 뽑아내는 것과 같다. 나는 코르크마개뽑이를 당기지만 그것은 코르크를 밀어낸다.

데카르트의 우주 체계에는 그것의 상호작용과 병합에 의해 우리가 경험하는, 엄청나게 다양한 물질을 생성시키는 오직 한 종류의 물질이 있다. 그것의 상호작용에 관한 법칙이 자연의 세 법칙이다. 먼저 '각 물체는 그것의 능력에 관한 한, 항시 같은 상태에 놓여 있다'는 것이다. 따라서 일단 한번 움직이면, 계속 움직인다. 또한 '모든 운동은 그 자체로 직선적이다.' 그리고 '한 물체가 더 강한 물체와 접촉하면 운동을 잃어버리지 않지만, 약한 물체와 접촉하면 그 약한 물체로 전달하는 것만큼의 운동을 잃어버린다.'[10]

자기력, 코르크마개뽑이, 우리가 오늘날 중력이라고 부르는 것이 잡아당기는 힘이 아니라 항시 밀어내는 힘이라고 주장하는 데카르트주의를 어떤 농담으로 간주하기 쉽다. 그러나 최근의 연구는 데카르트가 미세하고 아름다운 실험을 수행했음을 보여준다. 그리고 그의 소용돌이 이론은 18세기까지 살아남았다.[11] 데카르트주의와 뉴턴주의 사이의 결정적 논쟁은 지구의 모양을 둘러싸고 일어났다. 뉴턴은 편평타원체 혹은 평평한 지구를, 데카르트는 장축타원체 혹은 계란 모양의 지구를 주장했다. 프랑스의 페루와 라플란드 원정대(1735~1744)는 뉴턴이 옳고 데카르트가 틀렸다는 것을 발견했다(그들로서는 실망스러운 결과였다).[12]

3

자연법칙에 관한 근대적인 개념은 데카르트 철학의 부산물이다. 왜냐하면 데카르트는 자연법칙을 자연에 대한 지식의 모든 것으로 간주한 최초의 인물이었기 때문이다. 갈릴레이, 해리엇, 베이크만은 각기 독자적으로

• 현존하는 데카르트주의자가 있을까? 1980년, 몬트리올에서 나는 뉴턴의 중력 이론을 거부하고 수정된 데카르트의 설명을 지지하는 팸플릿을 넘겨받았다. 그러니 아마 있을 것이다.

우리가 지금 자유낙하의 법칙이라고 부르는 것을 발견했으나, 아무도 이 맥락에서 '법칙law'이라는 단어를 사용하지 않았다. 18세기에 관해 저술한 뷔퐁 백작Comte de Buffon에 의하면, '자연은 창조주에 의해 정립된 영원한 법칙의 체계다.'[13] 따라서 과학의 핵심 과제는 자연법칙의 인지다.** 자신이 원했다면 뷔퐁은 17세기를 되돌아보고 과학혁명기 동안 발견된 일련의 법칙들, 스테빈의 수력학 법칙, 갈릴레이의 낙하 법칙, 케플러의 행성 운동 법칙, 스넬의 회절 법칙, 보일의 기체 법칙, 훅의 탄성 법칙, 하위헌스의 진자 법칙, 토리첼리의 유체 법칙, 파스칼의 유체동역학 법칙, 뉴턴의 운동 및 중력 법칙을 확인할 수 있었을 것이다. 이것들 대부분, 아마 모든 것이 뷔퐁의 시대에 와서야 '법칙'이라는 이름을 부여받았을 것이다(오직 뉴턴만이 그 자신의 발견을 묘사하면서 '법칙'이라는 단어를 사용했다). 비록 소수는 이미 발견자의 이름을 따온 명칭을 획득했지만, 나머지는 아직 발견자의 이름을 따서 명명되지 못했다.*** 자연법칙의 발견이 과학혁명의 가장 괄목할 만한 성취 중 하나이므로 '자연과 자연법칙'이라는 제목을 가진 과학혁명에 관한 책이 있다는 것은 놀랍지 않다.[14] 1703년, 뉴턴은 왕립학회의 회장이 되었고 그것의 목표를 규정할 계획을 입안했다. 그는 '자연철학'의 목표는 자연의 틀과 작용, 간단히 말하면 일반적인 규칙 혹은 법칙을 발견하는 데 있으며, 관찰과 실험으로 이 규칙을 규명하여 사물의 원인과 결과를 추론하는 데 있다고 서술했다.[15] 자연의 법칙은 이제 과학에 관한 모든 것이 되었다.

** 나는 '자연법칙'과 '과학법칙'을 동의어로 여긴다. 비록 몇몇 철학자들은 두 상이한 종류의 법칙을 구별하는 표지로 이것들을 사용하고 싶어한다는 것을 알지만 말이다.

*** 3장 9절을 참조하라.

이와는 대조적으로, 고대인들은 우리의 셈법에 의하면, 오직 네 가지 물리 법칙, 지렛대의 법칙, 광학적 반사법칙, 부력의 법칙, 속도의 평행사변형 법칙만 알고 있었다.[16] 아니 더 정확히 말하면 고대인들은 우리가 법칙이라고 부르는 네 원리를 알고 있었다. 고대인들은 자연이 규칙적이고 예측할 수 있다고 말하고 싶을 때 자연의 '법칙'이라고 불렀지만, 결코 어떤 특정한 과학적 원리를 법칙이라고 부르지는 않았다. 로마인들은 자연법lex naturae에 대해 많은 것을 논했지만, 그것은 보통 도덕법을 뜻했다.

법은 어떤 피조물(사람, 천사)에게 부과된 의무다(예를 들면, 살인하지 말라). 피조물은 그 의무를 받아들일 수도 있고 거부할 수도 있다. 도덕법은 합리적이고 언어를 사용하는 피조물에게 적용된다. 그리고 자연법은 그들 모두에게 공통적인 도덕적 의무를 인식할 수 있는 능력이 있다는 전제로 모든 인간을 결속시킨다. 비인간 자연에는 법이 없다. (우리가 아는 한) 자연에서 오직 인간만이 합리적이고 언어를 사용하는 피조물이기 때문이다. 자연 세계에 나타나는 규칙성을 법이라고 말하는 것은 비유적인 표현이다. 이는 1세기에도, 17세기에도, 오늘날에도 마찬가지다. 그러나 그 비유는 꽤 직접적이다. 그리스인들은 때때로 그것을 사용했고(비록 대부분 자연적인 것과 사회적인 것을 대조할 때 사용했지만), 항시 법정을 드나들었던 로마인들은 그 비유적 표현이 자연은 그 작동에서 규칙적이며 예측 가능하다는 것을 진술하는 명백한 방법임을 발견했다. 기독교도들에게 그것은 더 분명한 비유였다. 하느님을 자연에 법을 부과하는 입법자로 생각하고 자연은 그에게 순종하는 존재로 의인화하기 쉬웠기 때문이다.

그래서 자연의 법칙nature's law에 대해 논할 때 우리는 인간 행동 혹은 자연을 지배하는 '자연법natural law'이나 '자연법칙laws of nature'을 이야기하고 있다. 고전 라틴어에서 lex(또는 ius) naturae와 naturalis lex(또는 ius)는 동의어로 구별이 없으며, 모든 인간들이 공통으로 지닌 도덕법을 지칭하는 데 가장 자주 사용되었다. 따라서 근대어에서도 '자연 법칙'은 1650년 이전 영국에서 가장 흔한 용어였다(극단적인 경우로 홉스는 《리바이어던》에서 '자연법'을 두 번, '자연법칙'을 백 번 이상 사용했다). 그리고 프랑스어의 loy naturelle, 이탈리아어의 legge naturale, 스페인어의 ley natural 모두 자연법칙의 의미다. 두 종류의 법, 도덕법과 자연법을 분리하는 언어학적 구별은 과학적 문제를 다룰 때 la loy(또는 les loix) de la nature를 사용한 (la loi naturelle가 아닌) 데카르트와 함께 나타났다. 데카르트 이전에는 la loy de nature와 la loy de la nature는 비록 전자가 더 흔하게 사용되긴 했지만 동일한 의미였다. 그러나 데카르트와 그의 권위 있는 (라틴어를 프랑스어로 옮긴) 번역자는 결코 la loy de la nature를 쓰지 않았다. 따라서 데카르트는 그의 말이 도덕법이 아닌 과학적 법칙이라는 정확한 표시를 하기 위해, lex naturae의 번역으로 사용할 수 있으면서 덜 흔한 프랑스어를 선택했다. 독일에서도 비슷한 과정으로 더 드문 용어인 Naturgesetz는 주로 자연법칙을 의미하게 되었고, 흔한 용어 Naturrecht는 계속 자연법을 의미했다.

흔하지 않은 문구에 새로운 의미를 부여하기는 흔한 문구에 그러기보다 분명히 쉽다. 그러나 영어는 과학적 법칙을 지칭하는 데 '자연법natural law'이 아니라 '자연법칙law of nature'이라는 용어를 사용하는 데카르트를 따랐다. 이는 특이한 효과를 가져왔는데, 'law of nature'는 영어에서 도덕법을 뜻하는 가장 흔한 용어였기 때문이다. 양자를 위해 같은 용어를 사용하는 것은 불필요하게 혼란을 일으키는 일이었기에, 시간이 지나면서 도덕철학자, 정치철학자, 신학자들은 'law of nature'라는 용어를 거의 포기하여 과학자들에게 이양했고, 프랑스, 독일, 이탈리아와 같은 노선을 취해

'natural law'로 전환했다. 이는 프랑스어가 영어에 영향을 미친, 그리고 과학자들이 처음으로 신학자들의 언어를 결정한 눈에 띄는 사례이다. 그 결과 우리 현대인들에게 자연법칙laws of nature은 과학적 법칙이고 자연법 natural laws은 도덕법이다. 이러한 점에서 우리는 모두 데카르트주의자다.

4

데카르트보다 훨씬 이전에 과학적 맥락에서 자연법칙에 대한 언급을 찾을 수 있는데, 학자들은 그 개념의 기원을 밝히려고 애써왔다.[17] 그것이 복수의 기원을 지니고 있으며, 데카르트와 함께 전적으로 새로운 중요성을 띠게 되었다는 것은 의심의 여지가 없다. 나는 세 가지 기원을 구분할 것이다. 이 중 (내가 보기에) 가장 중요한 것은 여태까지 거의 무시되었다. 첫째, 윌리엄 오컴William of Ockham(1288~1348)을 비롯한 유명론자唯名論者 철학자들은 형상에 관한 아리스토텔레스 학설을 공격했다. 그들은 형상이나 본질 같은 것은 없으며 오직 특정한 물체만 있다고 주장했다. 형상에 관해 논할 때, 우리는 한 표지(혹은 명칭, 여기서 유명론이란 용어가 나왔다), 즉 특정한 것에 붙이기 위해 우리가 선택한 명칭을 사용하고 있다. 그들의 견해에 따르면, 아리스토텔레스주의의 형상은 유령 같은 존재다. 당신은 그것을 파악할 수 없지만, 그것들은 항시 설명에 덧붙는다. 분명히, 탁자를 만드는 경우 목수에게는 어떤 계획이 있다. 형상은 그의 마음속에 있는 사유idea다. 그가 만드는 탁자는 그 형상과 일치한다. 그러나 도토리나무의 형상은 어디 있는가? 만일 당신이 그것을 찾을 수 없다면, 어떻게 그것이 세계에서 활동하고 있는가? 만일 우주가 규칙적이고 예측 가능하다면, 이는 내재적인 형상이 있기 때문이 아니라 신이 외부에서 질서를 부여했기 때문이다. 신은 우주를 여러 다른 방식으로 창조할 수 있었을 것이다. 그는 임의로 지금 같은 방식으로 창조하기로 했다. 그리고 그것이 드러내는 질서는 신이 부과하기로 선택한 질서다. 따라서 유명론자인 장 제르송Jean Gerson(1363~1429)은 피조물과 관련되는 자연법칙은 그것들의 운동과 작용, 그것들의 목표를 향한 경향을 규제하는 것이라고 주장했다.[18] 여기서 '법칙'이라는 용어는 외부적인 신성神性의 인과를 암시하지만, 자연법칙의 특정한 내용은 결코 명시되지 않았다. 그리고 법칙에는 괴물이나 기적처럼 이따금 생기는 예외의 영역이 확실히 존재한다. 몇몇 근대 주석가들은 자연법칙의 발명은 오직 유일신 문화, 즉 신이 절대적인 입법자로 생각될 수 있는 문화에서만 일어날 수 있으며, 과학혁명은 모두 기독교 덕분이라고 주장하고 싶어한다. 유명론자들의 주장이 신 중심인 것은 분명 사실이지만, 자연법칙에 관한 다른 방식의 사유에서는 사실이 아님을 앞으로 보게 될 것이다.

둘째, 수리 분야에서 엄밀히 필연적으로 증명될 수 없는 자연적 규칙성, 다시 말하면 완전한 철학적 (인과적) 설명이 존재하지 않는 규칙성 혹은 공리를 지칭하는 데 흔히 법칙lex은 회칙regula 혹은 '규칙rule'과 동의어로 사용되었다. 따라서 로저 베이컨은 반사의 법칙(반사각은 입사각과 같다)을 언급했고, 코페르니쿠스의 제자인 레티쿠스는 코페르니쿠스가 '천문학의 법칙'을 발견했다고 주장했다(코페르니쿠스 자신은 그러한 주장을 하지 않았다). 우리가 보았듯이, 라무스는 프톨레마이오스와 유클리드의 '법칙'에 대해 말한다.[19] '법칙'이라는 용어는 깨지지 않는, 예외 없는 규칙성을 시사하지만 인과관계에 대해서는 어떤 설명도 제시하지 않는다. 이들 법칙은 명시할 수 있는 내용을 지닌다.

두 전통은 장 페르넬Jean Fernel(1497~1558)의 연구로 파리에서 합쳐진다. 그는 천문학자 겸 수학자로 경력을 시작한 후 의학으로 전환하여 '생리학physiology'이라는 용어를 창안했다. 페르넬에 의하면 우주를 지배하는 영원하고 변하지 않는 법칙들이 있다. 이것들은 신에 의해 정해졌고 이것들 없이는 우주에 질서가 없었을 터였다. 의학의 법칙들은 법칙의 넓은 구조에 적합하다. 의학의 기본 법칙은 특정 성질로 반대 성질을 치료하는 고대 히포크라테스의 원리다. 예를 들어, 열병은 몸을 차게 해서 치료한다. 이것은 구체성이 결여되어 있기 때문에 법칙이라기보다는 원리, 격언, 경험에 근거한 규칙으로 보인다.[20]

(법칙에 관한) 유명론자의 용법이나 수학적 용법 모두 특별히 흔하지 않았기에, 그것들이 17세기 용법에 미친 어떤 직접적인 영향을 보여줄 수는 없다. 갈릴레이는 코페르니쿠스설에 대한 옹호 주장을 할 때마다 자연법칙에 세 가지 참고 사례만 들었다. 그의 더 과학적인 업적에는 자연법칙이 들어 있지 않았다.[21] 자연을 이해하려는 시도의 중심에 보편적 법칙이라는 개념을 배치하고 그 개념에 구체적인 내용을 부여한 최초의 인물은 데카르트였다. 1630년의 서한에서 처음으로, 그다음에는《세계Traité du monde et de la lumière》(1633년 완성되었으나 그의 사후 출간되었다. 데카르트는 갈릴레이 파문 소식을 접하고 출간에 관한 모든 희망을 버렸다)에서, 그 후에는《철학 원리》(라틴어 1644년, 프랑스어 1647년. 이전의《방법서설》에서는 '자연법칙' 대신 '자연의 원리'라는 표현을 사용한다)에서 그 작업이 이루어졌다.* 우리가 보았듯이, 데카르트는 세 가지 법칙을 세웠으나 그의 법칙들, 그의 중요한 첫 법칙들

---

* 그 이전에, 《신기관》(1620)에서 베이컨은 자연법칙의 발견이 자연철학의 근본적 목표라고 주장했다(Book 2, aphorism 2: Bacon, *Works*(1857), Vol. 1, 228). 그러나 그에게 이는 달성된 것attainment이 아니라 계획project이었다.

은 과학적 발견의 현대 목록에 나타나지 않는다. 데카르트의 두 가지 자연 법칙은 뉴턴의 제1운동 법칙이 되었고, 세 번째 법칙은 뉴턴 법칙에 의해 반박되었다.

더 중요한 것은, 데카르트가 현대의 법칙 목록을 봤더라면 당황했으리라는 점이다. 그의 세 법칙은 유일한 법칙들이 되게끔 의도된 것이었다. 마치 5개의 공리로부터 유클리드 기하학 전체를 연역할 수 있는 것처럼, 그것들로부터 자연 세계의 모든 측면들을 다룰 수 있는 완전한 지식 체계를 유도할 수 있어야 한다. 그는 법칙들이 증식되고 그 수가 크게 증가하는 것을 바라지 않았다. 물론, 자신의 법칙들의 의미를 고찰하면서 그는 일련의 부차적인 결론들을 내렸다. 예를 들면, 같은 일직선 위에서 운동하는 입자들(진공 상태의 입자. 그는 진공을 믿지 않았지만 통풍 장치 속에서의 입자 운동 규칙은 그의 능력을 초월하는 것이라 생각했다)이 충돌할 때 어떤 일이 일어나는지를 예측할 수 있게 하는 일곱 가지 규칙regulae이 있었다. 이들 규칙은 결코 '법칙'이라 불리지 않았다. 이후 50년 동안 데카르트의 용어 '자연법칙'은 과학 언어의 중심에 자리잡았다. 그러나 이와 동시에 그 의미는 변했고, 데카르트의 원래 개념을 상실하게 되었다.

자연법칙이라는 데카르트의 개념은 어디서 유래했는가? 루크레티우스는 비록 lex naturae라는 구절을 사용하지 않지만 자연의 법칙에 관한 개념을 갖고 있었다. 대신 그는 foedus naturae라는 구절을 (세 차례) 사용한다. foedus라는 말은 동맹 혹은 맹약이지만 흔히 법lex과 동의어로 사용되었다. 루크레티우스에 관한 르네상스기의 주석가들은 그가 자연법칙을 말하고 있는 것으로 해석했다.[22] 베이컨은 '자연법칙과 사물의 상호 계약'이라는 말을 사용했다. 베이컨은 루크레티우스의 말을 새롭게 표현하고 있다. 루크레티우스에게 자석이 철을 잡아당기는 것은 자연법칙에 따른 것이다. 종이 번식하는 것, 개는 개를 낳고, 고양이는 고양이를 낳는 것도 자연법칙에 따른 것이다. 데카르트가 자연법칙을 정립할 때 첫 번째 운동 법칙에서 선택한 문구 quantum in se est(번역하기 매우 어렵지만, 대략 '그 것이 자체로 존재하는 한')를 보면 그가 루크레티우스를 염두에 두고 있었음은 명백해 보인다. 루크레티우스는 그 문구를 《사물의 본성에 관하여》에서 네 차례 사용한다. 원자들이 자연적으로 진공을 가로질러 '그것들이 자체로 존재하는 한' 아래로 떨어지는 방식을 논의하면서 두 번 사용하는데, 여기서 '그것들이 자체로 존재하는 한'은 데카르트의 관성 개념을 예시하는 구절이다. 뉴턴은 관성을 정의하면서 똑같은 구절을 사용했다. 그는 명백히 데카르트로부터 그 구절을 가져왔고, 나중에 그것이 루크레티우스에게서 유래했음을 발견했다.[23]

지금까지 자연법칙이라는 개념을 추적하면서 우리는 정립된 논증 노선을 따라왔다. 그러나 자연법칙에 대한 데카르트의 집착이 어디서 왔는지를 이해하기 위해 우리는 이전에 논의되지 않았던 텍스트를 고려해야만 한다. 1580년 처음 출간된 몽테뉴의 가장 길고 철학적인 에세이 〈레몽 세봉을 위한 변명Apologie de Raymond Sebond〉으로 방향을 틀어보자. 우리는 잠시 뒤 이것이 루크레티우스의 foedus naturae에 직접적인 영감을 받았음을 알게 될 것이다. 아래는 그것을 요약한 것이다. 단순화를 위해, 1580년 몽테뉴가 추가한 부분은 생략했다.

우리의 것 중 무엇도 어떤 식으로든 신의 자연에 불완전한 자국을 남기거나 얼룩지게 하지 않고는 신의 자연과 비교되거나 연관될 수 없다. (…)

우리는 헛되고 희박한 가능성으로 신을 인간의 이해에 굴복하도록 만들고 싶어한다. 그러나 우리 자신과 우리가 아는 모든 것을 창조한 이는 신이다.

무에서는 아무것도 만들어질 수 없기에, 신은 물질 없이는 세계를 지을 수 없었다. 무엇이라! 신이 우리의 손에 당신 권능의 궁극적 원리에 이르는 열쇠를 넘겨주셨다고? 그가 인간 지식의 한계를 뛰어넘지 않도록 자신을 붙드셨는가? (…) 당신은 많이 알아봤자 당신이 머무르고 있는 이 조그만 동굴의 질서와 통치 방식만을 알 뿐이다. 이 세계를 넘어 신은 무한한 통치권을 지닌다. 우리가 아는 자그마한 조각은 **전체**에 비하면 아무것도 아니다.

> 루크레티우스: 전체 하늘, 바다, 땅은
> 가장 위대하신 **전능자**와 비교하면 아무것도 아니다.

당신이 인용하는 법은 조례(내규une loy municipale)다. 당신은 우주의 법칙(l'universelle, 즉 la loi universelle)에 관한 개념을 갖지 못한다. 당신은 한계의 지배를 받고, 신이 아닌 한계의 제한을 받는다. (…) (몽테뉴는 여러 기적을 열거한다.) 물질적 몸은 단단한 벽을 통과할 수 없다. 사람은 난로 속에서 살아남지 못한다. (…) 그가 이러한 법칙regles을 만든 것은 당신을 위해서다. 법칙들이 제한하는 것은 당신들이다. 신은 그가 원하면 모든 법칙들로부터 벗어날 수 있다. 그는 그 사실을 보여주기 위해 기독교도 증인들을 만드셨다.

당신들의 이성이 당신을 설득하여 여러 세계가 있다는 것을 보여줄 때 이성은 좀더 높은 가능성과 더 나은 토대를 얻을 수 있다. (…) 그러므로 신이 이 하나의 세계만 만드셨고 그것과 비슷한 다른 세계를 만들지 않았다는 것은 있음 직하지 않은 일로 보인다. (…) 이제 에피쿠로스와 거의 전체의 철학이 그 의견을 밝힌 대로, 여러 우주가 있다면, 이 세계에 적용되는 원리와 법칙이 동일하게 다른 세계에도 적용되는지 어떻게 아는가?[24]

여기서 몽테뉴의 사유는 루크레티우스를 읽고 생겨났다. 그는 자신의 책에서 루크레티우스가 자연의 법칙foedera naturae를 논의한 네 구절 중 하나를 반박하여, 루크레티우스를 요약하면 '자연의 거동의 질서와 균일성은 자연의 원리의 균일성을 명백하게 한다'고 말한다.[25] 몽테뉴가 여기서 논하려 하는 것은 이러한 입장에 대한 반박이다. 그의 진정성 여부는 판단하기 어렵다. 기적에 대한 자신의 믿음을 강조하면서도 그는 몇 문단 뒤에서 기적의 개념을 전적으로 주관적인 것으로 치부했다. 우리의 즉각적 이해를 위해 중요한 것은 그의 논의가 자연법칙에 관한 후기의 문헌을 통해 되풀이되는 방식인데, 물론 몽테뉴의 저술은 모든 식자층이 읽었기 때문이다.

1654년, 월터 찰턴은 몽테뉴를 다소 새롭게 표현하여 말했다.

자연법칙에 의해 우주에 있는 만물은 그 특유한 위치, 그 크기에 정확하게 일치하는 공간의 한 장소에 놓여 있다. 한 물체가 정지해 있든 움직이든, 우리는 항상 그 장소가 그것의 크기와 똑같은 하나임을 이해한다.

우리는 **자연의 법칙(원문은 law가 아닌 lay)에 의해** 말한다. 왜냐하면 만일 우리가 그 저자의 전지전능함으로 돌아가 창조주가 그의 지혜로 피조물에게 부과한 기본적인 법칙에 의해 그 자신의 에너지를 제한하지 않았다는 것을 고려하면, 우리는 우리 정신의 긴장감을 개념의 더 높은 음계로 올려야 하기 때문이다. 우리의 이성은 신앙이 외연 없이 존재하는 육체의 가능성, 그리고 육체 없이 일치하는 육체의 외연을 인정해야 한다. 부활 후 (…) 문은 닫혀 있는데 그의 사도들에게 나타났던 우리 구세주 유령의 신령한 신비에서처럼(몽테뉴의 '물질적 육체는 단단한 벽을 통과할 수 없다'와 비교하라), 우리가 외연 없는 육체의 존재와 육체 없는 외연의 존재, 이 둘의 **방식**을 이해할 수 있다는 것이 아니다. 자연의 가장 작은 효과의 크기도 측정할 수 없는 우리의 좁은 지성은 초자연적인 것을 측정하는 데 무능함을 고백해야 하기 때문이다. 그러나 존재하지 않던 물질로부터 육체를 형성하는(몽테뉴의 '아무것도 무로부터는 만들어지지 않는다'와 비교하라) 신의 권능을 인정하는 사람은 누구나 바로 그 육체를 다시 무로 환원시키는 동일한 권능도 부인할 수 없다.[26]

그리고 보일은 몽테뉴를 좇아서 보편적 자연법칙과 지엽적 자연법칙 municipal law of nature을 구별한다('지엽적'이라는 용어는, 그가 인식한 대로, 영어에서 사용하기 어색한 말이다. 그는 오로지 몽테뉴를 염두에 두었기 때문에 그 말을 사용했다고 나는 확신한다).

우리는 가끔 **자연법칙들**과 **자연의 관습**Custom of Nature을 유용하게 구별한다. 혹은 당신이 좋다면, 물질적 사물 속에 있는 기본적Fundamental이고 일반적인 구조General Constitutions와 이런저런 종류의 물체에 속해 있는 지엽Municipal 법칙(만일 내가 이렇게 부를 수 있다면)을 유용하게 구별한다. 물의 예를 다시 꺼내 조금 바꿔보면, 물이 땅에 떨어지는 것은 **자연의 관습**의 성질 때문이라고 말한다. 물은 거의 끊임없이 아래로 향하는 성질이 있고, 외부에서 방해를 받지 않으면 실제로 아래로 떨어진다. 그러나 물은 펌프나 다른 기구로 빨아올리면 위로 올라간다. 그 운동은 평소와 다르기 때문에 더 보편적인 **자연법칙**에 의해 이루어진다. 이 경우, 항존하는 공기의 무게를 감내하는 물의 더 높은 압력이, 물이 펌프 혹은 파이프를 따라 상승하면서(물의 무게로 인해) 낮아진 압력을 능가해야 한다.[27]

데카르트 또한 틀림없이 몽테뉴를 읽었을 것이다. 그리고 그로부터 놀라운 아이디어를 얻었다. 적절한 자연법칙은 이 우주에서만 유효하지 않다는 의미에서 보편적일 것이다. 그것은 존재할 수 있는 그 어떤 우주에서도 유효할 것이다. 오늘날 우리는 덜 엄격하게 검증한다. 자연법칙은 우리 우주의 모든 시간과 장소에서 유효하다.[28] 만일 우리가 이것을 자연법칙의 중심적 특징으로 간주한다면, 어떻게 아리스토텔레스주의자가 그것들을 인지할 수 있었는지 알기는 매우 어렵다. 아리스토텔레스 물리학에서는 달 아래의 세계와 달 너머의 세계에 다른 법칙이 적용된다.[29] 전자에서는 변화가 존재하고 자연적 운동은 수직적이다. 반면 후자에서는 변화가 없고 자연적 운동은 원형이다. 양 권역에 공통적인 물리법칙은 없다. 달 아래의 세계에서는 몇몇 일반 법칙을 정립하기가 쉬워 보인다. 모든 생물은 죽는다. 자식은 부모를 닮는다. 그러나 불사조는 죽지 않는다. 태어난 괴물monstrous birth은 부모를 닮지 않는다. 아리스토텔레스주의자들은 이렇게 달 아래의 세계에서 예외 없는 규칙성은 존재하지 않는다는 것을 깨달았다. 양 권역에 적용되는 규칙성은 없다. 아리스토텔레스적인 자연법칙은 없다.

　그러나 데카르트는 우리가 그 용어를 이해할 수 있는 한정된 의미에서 보편성을 추구하는 것이 아니라, 만일 우리의 우주와 다른 우주가 존재한다면 그곳에 적용될 법칙이 무엇이냐고 질문했을 때 몽테뉴가 도입한 강력한 의미의 보편성을 좇는다. 《철학 원리》(1644)에서 데카르트는 자신이 우리 우주를 지배하는 법칙들을 묘사하는 것이 아니라, 우리 우주와 구별하기 어려운 우주가 진화하는(만일 어떤 우주가 혼돈에서 출발했다면) 법칙들을 묘사하고 있다고 주장한다. 데카르트가 확언하듯이, 이것은 우리 우주가 어떻게 시작했는가가 아니다. 우리가 다 알듯이 신이 우주를 창조했고, 우주를 명령했다. 그러나 그것은 우리가 존재할 수 있는 그 어떤 우주에나 적용되는 법칙을 정립할 수 있도록 한다. 데카르트는 여기서 약간 혼란스러워 한다. 그는 유명론자처럼 신은 자연법칙과 수학의 법칙들을 마음대로 결정했다고 주장하고 싶어한다. 우리에게는 그것들이 필요해 보이지만 신에게는 필요하지 않다. 동시에 그는 어떤 합리적인 신이라도 만일 질서 있고 일관된 우주를 창조하고 싶어했다면, 이들 법칙을 선택했을 거라고 주장하길 원한다. 뉴턴의 제자 로저 코츠는 이렇게 불평했다.

> 그 자신의 정신의 힘과 그 이성의 내면의 빛으로 물리학의 진정한 원리와 자연적 사물의 법칙을 발견할 수 있다고 생각하는 사람(즉, 데카르트)은, 세계는 필연에 의해 존재하며 바로 그 필연에 의해 법칙이 따라온다고 가정해야 한다. 혹 자연의 질서가 신의 의지에 의해 확립되었다면, 비참한 파충류인 그 자신이 무엇이 가장 적합한지 말할 수 있겠는가?[30]

어쩌다가 데카르트는 이렇게 꼬여버렸을까? 그가 몽테뉴의 표현대로 진짜 보편적인 법칙, 즉 원자들의 제멋대로의 연결에 의해 혼돈에서 창조된 에피쿠로스의 우주와 전능한 신에 의해 창조된 우주에 모두 적용되는 법칙을 세우려고 노력했기 때문이다. 따라서 그는 지엽적 효과에 '법칙'이라는 용어를 사용하지 않았다.*

자연법칙에 관한 데카르트의 개념은 깊은 영향력이 있었다. 데카르트처럼, 뉴턴은 그의 《프린키피아》에서 오직 세 가지 법칙만 말했다. 그는 케플러의 행성 운동 원리(케플러는 법칙이라 부르지 않았다)가, 케플러가 제안했듯, 단지 통계적인 규칙성이라는 관점을 견지했다. 케플러의 행성 운동 원리는 갈릴레이의 낙하 법칙과 함께 보편적인 원리, 즉 중력의 원리에서 필연적으로 유도된다는 것이 증명되었을 때 법칙 같은 지위를 획득했다.[31] (뉴턴은 그것이 데카르트의 세 법칙에 부합되지 않았기 때문에 명백히 중력을 법칙이라 부를지 주저했다. 《광학》에서는 그것을 법칙이라 불렀으나 《프린키피아》에서는 그렇지 않았다.) 보일 역시 오직 소수의 '더 보편적인 법칙'이 존재하며, 이것들이 소위 자연법칙이라고 생각했다.

그러나 베이컨은 다른 접근 방법을 주창했다. 단 하나의 최상의 법칙 아래(그는 그것을 기본 법칙summa lex이라고 불렀지만 그것이 무엇인지 밝히지 않았다) 부속적인 여러 법칙을 추구했다(그는 가끔 이것을 매우 중요한 법칙 내 '조항'들로 생각했다). 결국 몽테뉴조차도 부속 법칙의 존재를 허용했기 때문이다. 다양한 양상에서의 열의 본질을 정의한 열의 법칙은 베이컨이 제시한 예다. 반면 루크레티우스는 자기력의 법칙을 논의했다. 이러한 접근 방식은 법칙의 수가 늘어날 수 있게 한다. 기체에 관한 보일의 가설(그는 결코 법칙이라 부르지 않았다)은 이제 법칙으로 간주될 수 있게 되었다. 우리는 이와 같은 완화된 태도를 월터 찰턴의 저술 속에서 알 수 있는데, 그 저술에는 모든 효과를 생성하는 세 개의 자연의 일반법칙 이외에 '희소와 밀도의 법칙', '자기 인력의 변할 수 없는 법칙' 같은 다른 많은 법칙이 있다.[32] 왕립학회와 18세기 과학의 접근 방식이 된 것은 몽테뉴와 데카르트의 훨씬 더 선명한 접근 방법과는 대조적인 루크레티우스, 베이컨, 찰턴의 느긋한 접근 방식이었다.[33]

• 이 혼란은 자연법칙에 관한 현대 철학의 논의에서도 나타난다. 넓게 이야기하면 두 학파가 있다. 하나는 자연법칙들이 그저 우리가 자연에서 확인하는 규칙성이라고 주장한다. 다른 하나는 그것들이 세계의 필연적 특성이라고 주장한다. 규칙주의자들은 유명론자들의 상속이며 필연론자들은 에피쿠로스의 상속자다. 결과적으로 '자연법칙이란 무엇인가?'에 어떻게 답해야 할지에 대해서는 일치가 없다는 것이다.

5

자연법칙의 개념을 처음으로 강조했던 데카르트와 그의 추종자들은 일련의 신학적 난제들과 직면했다. 그럼에도 불구하고 그들은 자신들의 접근 방식을 아리스토텔레스주의보다 기독교와 조화시키기 쉽다고 주장했다. 아리스토텔레스는 우주가 영원하다고 믿었지만 인격적인 신은 믿지 않았기 때문이다. 네 개의 특별한 접점이 있었다.

첫째, 어떻게 영혼이 기계적 우주에 적합하도록 만들어질 수 있는가? 데카르트는 정신과 물질을 철저히 분리했다. 정신은 비물질적이고 불멸이다. 그래서 감각적인 시공의 세계와 정신의 관계는 본래적으로 문제가 많다. 데카르트는 정신이 솔방울샘pineal gland(좌우 대뇌반구 사이 제3뇌실의 뒷부분에 있는 솔방울 모양의 내분비 기관 — 옮긴이)을 통해 육체에 작용한다고 주장함으로써 나름의 최선책으로 이 문제를 해결했다. 그 결과 정신은 '기계의 유령'이 되었다.[34]

둘째, 우주를 만드는 데 있어서 신의 역할은 무엇인가? 데카르트는 신이 초기 조건을 설정하면 저절로 조립되어 작동되는 기계로서의 우주를 상상했다. 그러나 다른 이들은 데카르트가 묘사한 종류의 일반 법칙은 우리가 개의 발에서 발견할 수 있는 완벽한 설계를 결코 창출하지 못한다고 주장했다. 데카르트는 결코 전체로서의 우주와 인간이 만든 기계를 비교하지 않았다. 왜냐하면 그는 공교하게 설계된 우주는 기계가 만들어지는 방식으로 제작되었다고 말할 의도가 없었기 때문이다. 반면에 보일은 바로 그것이 우리가 우주를 생각할 때 가져야 할 관점이라고 주장했다. 케플러를 따라, 그는 우주를 시계에 비교했다. 그리고 신을 시계 제작자에 비교했다. 데카르트의 우주는 자동기계였으나 스스로 제작하는 자동기계였다. 데카르트의 우주는 사람을 위해 만들어진 것이 아니다.[35] 보일의 우주는 그러하다. 우리는 비록 그것이 기계적인 장치지만 보일의 우주에 편안함을 느낄 자격이 있다. 불멸의 비물질적인 영혼이 데카르트의 우주에 편안함을 느끼는지는 분명하지 않다.

셋째, 어떻게 자연법칙이 원인으로 작용하는가? 어느 우주에서나 2 더하기 2는 4일 것이고 지렛대와 저울은 어느 우주에서나 동일하게 작동할 것이라는 데에는 논란의 여지가 있다. 그러나 어떤 우주에서나 (빛의) 반사각은 입사각과 동일할까? 데카르트의 세 번째 법칙이 실제로 유효한 우주가 존재할 수 있을까? 만일 자연법칙이 수학적 진리보다 아래에 있고, 인지되는 규칙성보다 위에 있다면, 단지 신이 자연법칙이 적용되도록 선택했기 때문에 그것이 존재한다는 것이 분명해 보일 것이다. 이것은 주의설主意說, voluntarism이며, 자연법칙의 개념으로부터 저절로 나오는 것으로 보인다. 여기에 수수께끼가 있다. 왜냐하면 주의설의 표준적인 대안은 합리주의이며, 합리주의자들은 자연법칙이 수학 법칙과 같이 그것들이 필요하기에 존재한다고 주장한다. 대부분의 질문에 데카르트는 합리주의자였지만, 자연법칙에 관한 한, 그는 양쪽 입장을 견지하고 싶어한 것으로 보인다.

이와 관련 있는 질문이 있다. 인과율에서 신의 역할은 무엇인가? 그는 단지 일반 규칙을 설정하기만 하는가? 혹은 이 규칙이 적용되도록 보장하기 위해 모든 경우에 일일이 개입하는가? 나의 키보드에서는, 시프트 키를 누른 채 소문자를 입력할 수 없다. 선택의 여지가 없다. 대문자여야만 한다. 컴퓨터가 설계될 때 제작자가 한 선택이 이를 결정한다. 이제는 아무것도 이를 바꿀 수 없다. 반면에, 내가 Q를 입력하고 이어서 U를 입력했을 때 글자 Q와 U 사이에는 인과적 연관이 없다. 나는 단지 하나가 다른 것의 뒤를 따르도록 선택했을 뿐이다. 내가 U를 Q에 따르도록 선택한 것과 꼭 마찬가지로 신은 모든 경우에 인과적 연결causal connections처럼 보이는 것을—엄밀히 말하면 인과적 연결이 아니라 오직 시간적 일치temporal coincidences가 있을 뿐이다(우인론偶因論, occasionalism으로 불린다)—창조했다. 그것은 말브랑슈Nicolas Malebranche와 데카르트 추종자들에 의해 받아들여졌고, 뉴턴은 가끔 모든 중력 작용은 신의 의지로 일어난다는 듯이 말했다. 당신은 주의론자가 되지 않고는 우인론자가 될 수 없다. 모든 주의론자는 적어도 우인론으로 가는 첫걸음을 디딘 것이다.

몇몇 과학사가들은 주의론 없이는 자연법칙이 존재할 수 없으며 전능한 창조주 없이는 주의론도 존재할 수 없다고 주장하고 싶어한다.[36] 따라서 그리스인과 로마인은 자연법칙이라는 개념을 정립할 수 없었다. 그리고 이 개념들 없이는 근대적인 과학을 발전시킬 수 없었다. 이것은 분명히 데카르트와 뉴턴을 당혹시켰을 것이다. 그들은 루크레티우스에게서 자신들의 아이디어의 영감을 얻었거나 (뉴턴의 경우는) 원형을 발견했다. 전능한 창조주라는 개념은 자연법칙을 정립하는 데는 도움이 되었을지 모르나, 그것이 필수적인 전제 조건이라고 주장하는 것은 잘못으로 보인다.

이는 우리에게 마지막 네 번째 문제를 안겨준다. 신은 자연법칙 위에 군림할 수 있는가? 보일은 기꺼이 신은 기적을 일으킬 수 있으며 그렇게 하여 자신의 법칙을 파기할 수 있다고 주장했다. 그러나 갈릴레이는 자연을 가차없으며 불변하는 것으로 묘사했다. 그의 입장에서는 어떻게 데카르트의 법칙에 어떤 종류의 예외라도 있을 수 있는지 이해하기 어렵다.[37] 프랑스의 데카르트주의자들은 실질적인 검열과 마주했다. 그래서 자신들이 했던 말에 조심해야 했다. 1641년 출간된 데카르트의 《성찰Meditationes de Prima Philosophia》은 1663년 가톨릭교회의 금서 목록에 올랐다. 왜냐하면 데카르트의 입자철학(루크레티우스의 원자론처럼, 실체나 형상 같은 것은 존재하지

520

않는다고 했다)이 가톨릭 교리의 화체설化體說(미사에서 빵과 포도주가 외관상으로는 그대로 있지만 그리스도의 몸과 피로 변한다고 선언한다)과 양립할 수 없는 것으로 간주되었기 때문이다.**38** 개신교 국가에서는 비록 출판될 수 있는 것에는 한계가 있었으나 검열은 덜 엄격했다. 따라서 뉴턴의 몇몇 제자들은 자연법칙의 논리에 따라 결론을 도출하고, 발생되는 모든 현상은 자연법칙을 따른다고 주장할 준비가 되어 있었다.**39** 예를 들면, 윌리엄 휘스턴 William Whiston(뉴턴의 제자로서 뉴턴과 같은 아리우스파다. 즉, 그리스도가 영원 전부터 존재했다는 삼위일체 교리를 부정했다)은 1696년, 노아의 홍수는 혜성 꼬리가 지구를 지날 때 발생했다고 주장했다.**40** 마찬가지로, 갈라진 홍해와 이집트의 역병에도 자연적인 설명이 있어야 한다. 신이 이 예외적인 사건을 그 필요와 동시에 일어나도록 예비했다는 것이 섭리의 증명이 된다.

개신교도들은 오랫동안 가톨릭교가 보고한 근대적인 기적들은 단지 자연적인 사건의 오해(사기는 아닐지라도)라고 주장했다. 똑같은 주장이 성경 자체에도 적용되었다. 그러한 이론을 구약에 적용하는 것이 신약에 적용하는 것보다 분명히 안전하지만 이는 암시적으로 그리스도의 기적들, 심지어 부활조차도 자연적인 사건, 놀랍게도 신의 개입이 필요한 시점과 일치했던 사건으로 이해되어야 함을 의미했다. 신이 기도에 응답하기 위해 사건의 과정을 바꾸지는 않는다. 그러나 전능한 신으로서 그는 응답으로 보이는 사건이 기도에 잇따르는 것을 미리 알고 있다. 기적과 기도에 대한 응답은 전적으로 주관적인 경험이다. 객관적으로는 우연의 일치 이외에 아무것도 아니다. 몽테뉴는 이미 이렇게 물었다. '자연에 반하는, 우리가 기적이라고 부르는 일이 얼마나 많을까? 만국의 모든 사람들은 자신들의 무지의 정도에 따라 기적을 찾는다.'**41**

1. 르네상스기의 아리스토텔레스 이미지. 베네초 고촐리Benozzo Gozzoli가 그린 〈토마스 아퀴나스의 승리Il Trionfo di san Tommaso d'Aguino〉(1471)의 부분이다. 아리스토텔레스가 들고 있는 책은 그의 《형이상학Metaphysics》인데, 보이는 부분을 번역하면 다음과 같다. '가르칠 수 있다는 것은 안다는 증거이다.' 아리스토텔레스는 갈레노스, 프톨레마이오스와 함께 과학혁명이 시작되기 전까지 자연계에 관한 모든 지식의 기초로 여겨졌다. 대학에서 그는 17세기 말까지 계속 가르침의 기반이었다.

2. 월링퍼드의 리처드Richard of Wallingford(1292~1336)가 아스트롤라베로 짐작되는 수학 기구를 만들고 있다. 옥스퍼드의 수학자이며 수도원장인 리처드는 정교한 기구들을 제작했고 중요한 시계를 설계했다. 그는 중세 세계에서 우리가 과학자라고 부르는 사람에 가장 근접한 인물이었다. 그러나 그는 수학이 천체를 해석하는 데는 차용될 수 있지만 우리가 사는 세계를 해석하는 데는 그럴 수 없을 거라고 생각했다. 그리고 그는 실험적 방법에 대한 개념을 가지고 있지 않았다. 그의 얼굴에 당시 사람들이 문둥병으로 믿었던 반점이 있다.

3. 오렘의 원고 《천지론 주해Le Livre du ciel et du monde》(1377)에서 상상한 지구. 오렘은 자전하는 지구를 진지하게 숙고하여 코페르니쿠스를 예견했다. 이 그림에서 지구는 공간에 떠 있다. 구의 4분의 1은 사람이 사는 곳이며, 절반은 바다로 덮여 있고, 나머지 4분의 1은 미지의 땅 또는 바다이다. 땅과 바다는 함께 단일 구체로 보이는 것을 구성한다. 비록 그것들이 사실은 그 중심이 다른 별개의 구체지만 말이다. 결과적으로, 오렘은 이 지구를 자전하는 것으로 생각할 수는 있었지만, 적도상의 지점을 제외하고는 대척점(180도 반대 방향에 있는 지점)의 가능성을 인정할 수 없었다.

4. 현존하는 가장 오래된 천구의天 球儀. 발렌시아에서 이브라힘 이븐 사이드와 그의 아들 무함마드가 헤기라Hegira 478년(서력 1085년)에 제작했다. 아랍 천문학은 매우 정교했으며, 적어도 코페르니쿠스 이전까지는 어떤 서구 천문학에도 뒤지지 않았다. 실제로 코페르니쿠스는 당연히 아랍 천문학자들이 고안한 기술적 해법들을 사용했을 것이다.

5. 15세기 후반의 적도의赤道儀와 아스트롤라베. 적도의(위)는 (안쪽 원들 중 하나를 이용하여) 달의 위치를, 그리고 (다른 원을 이용하여) 수성과 금성의 위치를, (세 번째 원을 이용하여) 화성, 토성, 목성의 위치를 계산할 수 있게 해준다. 이것은 주로 점성술에 사용되었다.

아스트롤라베(아래)는 태양의 위치를 계산하고, 하늘에 있는 태양의 고도로부터 시간을(당신이 서 있는 곳의 위도를 안다면), 혹은 정오의 태양의 고도로부터 당신의 위도를 알려준다. 그리고 언제 어떤 별이 보이는지 보여주고 진북의 방향을 결정한다. 이 정교한 기구는, 여행 중이 아닌 한, 이것을 이용해 사람들에게 주로 시간을 알려주었던 수학자가 보유했던 것이 틀림없다. 아무리 잘 제작되었어도 이러한 기구들은 프톨레마이오스 천문학의 한계들을 시험할 정도로 충분히 정확한 측정이나 계산을 할 수 없었다.

CHOR

ZEPHIR

CLAVDII PTHOLOMEI ALEX
ANDRINI COSMOGRAPHI

HYDROGRAPHVS OCCIDENTALIS

MARE GLACIALE SIVE CONGE

AFRICVS

TOTA ITA PROVINCIA

AMERICA

LYBONOTH

AFRICA

ETHIOPIA INTERIOR

UNIVERSALIS   COSMOGRAPHIA   SECVNDVM PTHOLOMEI TRA

6. 1507년의 발트제뮐러의 세계지도. 최초로 '아메리카'라는 명칭이 포함되었다. 신세계를 사실상 새로운 대륙으로 보여주고, 대척점을 보여준 최초의 지도다. 이 지도는 2구 이론을 폐기하는 데, 그리고 코페르니쿠스설을 가능한 것으로 만드는 데 결정적인 역할을 했다. 위쪽에 있는 구세계의 지도 옆에는 프톨레마이오스가, 신세계의 지도 옆에는 베스푸치의 모습이 담겼다.

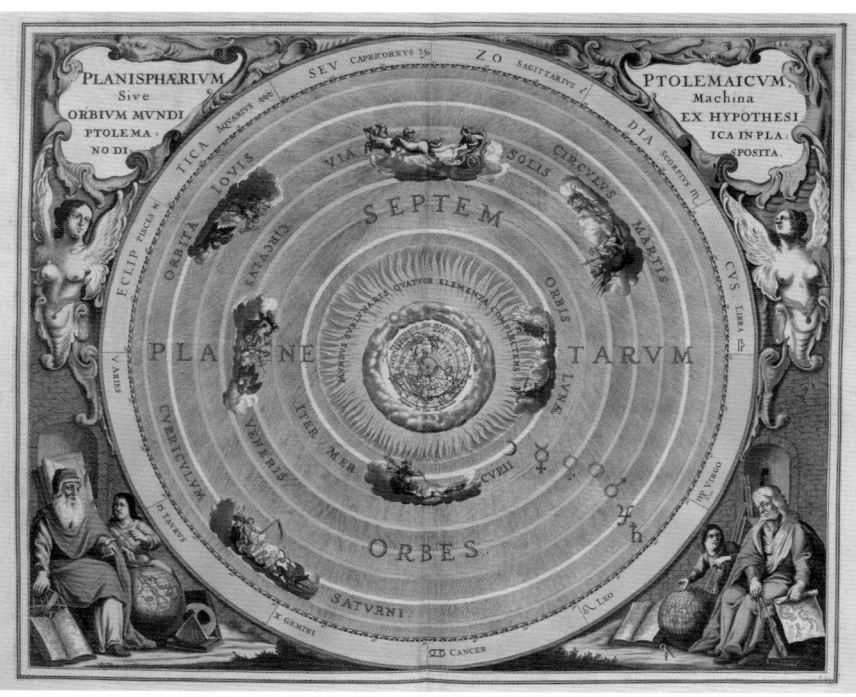

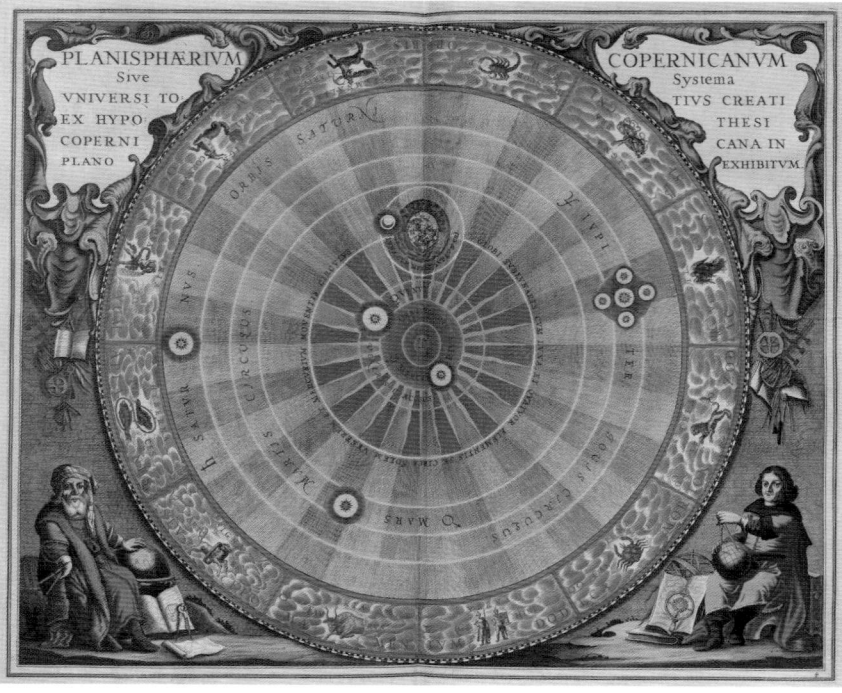

7. 안드레아스 첼라리우스Andreas Cellarius의 별자리 지도 《대우주의 조화Harmonia macrocosmica》(1660)에 실려 있는 프톨레마이오스, 코페르니쿠스, 튀코의 우주 체계. 프톨레마이오스 우주 체계(왼쪽 위)에는 지구가 중심에 있고 바깥쪽으로 공기, 불, 달, 수성, 금성, 태양, 화성, 목성, 토성의 구체들이 작동하고 있으며 황도가 표시되어 있다. 코페르니쿠스 우주 체계(왼쪽 아래)에는 태양이 중심에 있고 바깥쪽으로 수성, 금성, 지구, 달, 화성, 목성과 그것의 위성들, 토성, 그리고 고정된 별들이 있다. 튀코의 우주 체계(위)에는 지구 주위를 도는 달과 태양, 그리고 태양 주위를 도는 행성들(목성의 위성들도 보인다)이 있다. 그러나 본문은 바깥 행성들은 태양 주위를 돌지 않고 지구 주위를 돈다고 가정한다—뒤의 두 체계는 사실상 그 체계의 두 대안이다. 이 시기에 프톨레마이오스 체계는 지나간 역사로서만 사람들의 흥미를 끌었다(이것이 프톨레마이오스 체계가 목성의 위성들을 보여주기 위해 개량되지 않았던 이유다). 그러나 코페르니쿠스 체계와 튀코의 체계는 그것들을 지지하는 사람들이 있었다.

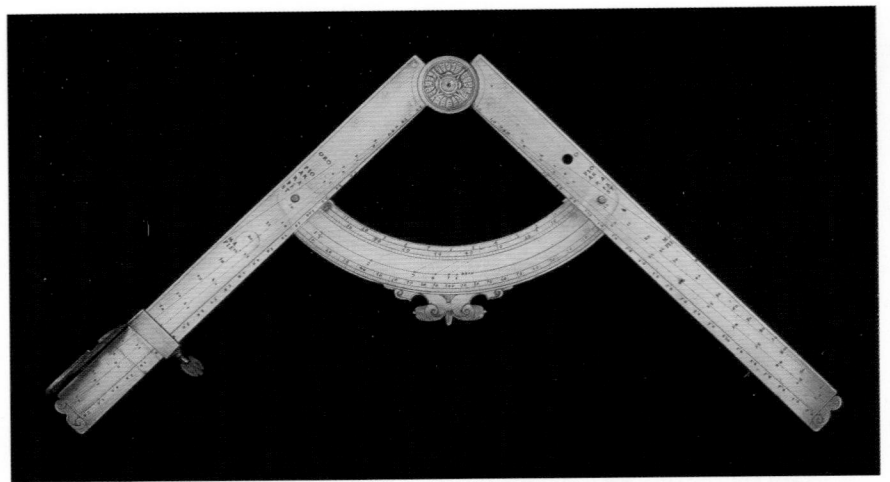

8. 갈릴레이의 기하학과 군사용 컴퍼스Compasso geometrico et militare. 파도바 대학에서 가르치는 동안, 갈릴레이는 컴퍼스 사용법을 젊은이들에게 가르치면서 심심찮은 수입을 올렸다(비례 혹은 군사용 컴퍼스를 영어로는 보통 sector라고 부른다). 17세기 초에 이런 일반적인 종류의 기구들은 흔했지만, 갈릴레이의 것은 특별히 제작되었고 아마 가장 정교했을 것이다. 멀리 있는 물체의 높이를 측정하기 위해 눈으로 보는 장치를 부착할 수 있었고, 포신의 상승각을 측정하기 위해 다림줄도 부착할 수 있었다. 그리고 컴퍼스의 눈금은 한 통화를 다른 통화로 환산하거나 나무의 부피를 보드풋board feet 단위로 구하는 등의 수학적 계산을 위해 사용될 수 있었다. 따라서 갈릴레이의 컴퍼스는 원시적인 경위의經緯儀, 계산자, 분도기分度器가 하나로 합쳐진 것이었다. 아스트롤라베가 천체에 대한 중세 수학의 적용을 구현하듯이, 컴퍼스는 세계에 대한 수학자의 새로운 기술 적용을 구현한다.

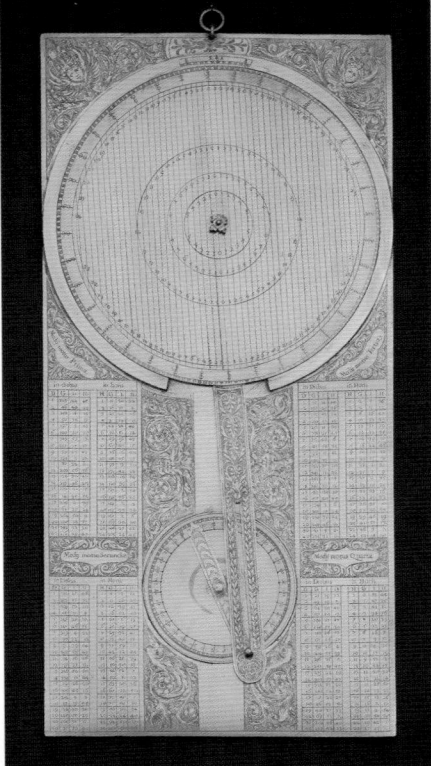

9. 갈릴레이의 조빌라비jovilabe로 알려진 이 17세기 기구는 목성의 위성 위치를 예측하는 데 사용되었다. 갈릴레이는 확실히 이러한 종류의 기구를 발명했다. 카시니Cassini, 뢰머Rømer, 핼리Halley가 (목성의) 위성들의 위치를 정확하게 예측하고 위도를 계산하려는 노력의 일환으로 이 기구들을 사용하게 되면서, 17세기 후반에는 이런 기구들이 흔해졌다. 조빌라비 덕분에 끝없는 계산과 정확도의 손실 없이도 매우 복잡한 이론 체계의 모델링이 가능해졌다.

10. 파도바의 스크로베그니Scrovegni 예배당에 있는 조토Giotto
의 〈성 안나의 수태고지Annunciazione a S. Anne〉(1304). 이 그림
은 깊이감을 성공적으로 구현하려 했다. 그러나 지붕보가 소실
점으로 수렴하지 않음을 주목하라. 또한 공간도 상당히 모호
하다. 예를 들어, 만일 당신이 문을 열고 방에 들어갔다면 당신
은 어디에 있겠는가? 조토는 기하학적으로 알아볼 수 있는 공
간을 완벽히 창조할 수 있었지만, 그렇게 하는 것은 그의 주된
관심사가 아니다. 그는 세계를 정량적으로 보지 않고 정성적으
로 본다.

11. 원래 시에나의 시청에 있었던 암브로조 로렌체티Ambrogio Lorenzetti의 〈수태고지Annunciazione〉(1344)는 공간을 기하학적으로 표현한 아주 초기 작품이다. 타일 바닥은 공간적 틀을 구축한다. 비록 이것이 마리아와 천사의 몸이나 건축물에서는 유지되지 않지만 말이다. 로렌체티는 마리아가 임신하게 된 시점을 묘사한다. 천사는 '하느님의 말씀에는 불가능한 것이 없다'고 말한다.

12. 피렌체의 산타 마리아 노벨라에 있는 마사초Masaccio의 〈성 삼위일체 Santa Trinità〉(1425)는 현재까지 전해지는 최초의 엄밀한 원근법 회화이며, 명백히 브루넬레스코의 연구에 기반한다. 원래 이 프레스코화 앞에는 윗부분과 아랫부분의 전환을 표시하기 위해 제단이 놓여 있었다. 기하학적 원리에 입각한 구성을 짜내기 위해 마사초가 그렸던 선들이 여전히 회반죽 속에 보인다.

ECCE VIRGO CONCIPIET ℸ PARIET FILIVM ℸ VOCABIT NOMEN EIVS EMANVL. YSA.VI.C

ECCE CONCIPIES INVTERO ℸ PARIES FILIVM ℸ VOCABIS NOMEN EP IHESVM.LVCE.I.C.

13. 프라 안젤리코Fra Angelico의 〈수태고지Annunciazione〉(1451). 천사는 마리아에게 임신할 거라고 말한다. 그 너머의 문은 마리아의 자궁 입구와 낙원의 문을 나타낸다. 이 그림과 그림 14, 17에서 아리스토텔레스의 용어로는 이해할 수 없는 소실점이 신비롭게 모호하다. 화가들이 수학과 철학의 충돌에 얼마나 민감했는지를 보여준다.

14. 피에로 델라 프란체스카Piero della Francesca가 그린 〈성 안토니오 다면화Polittico di Sant'Antonio〉의 부분인 〈수태고지Annunciation〉(1470년경). 화가이자 수학자였던 피에로는 자신의 원근법적 착시의 전체적인 구사 능력을 보여준다. 그는 하느님의 불가해성을 전달하기 위해 소실점을 사용한다.

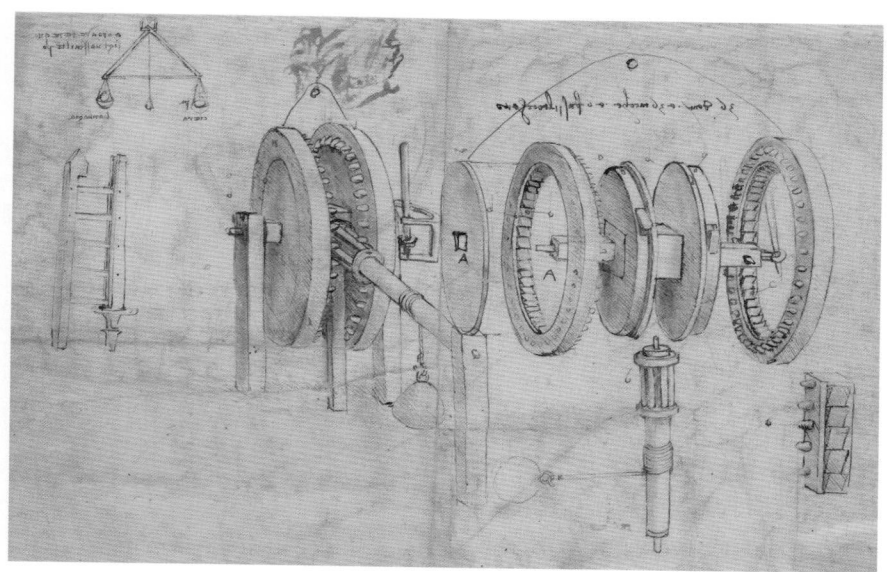

15. 레오나르도 다빈치가 원근법을 이용해 그린 래칫 윈치ratchet winch 분해 조립도. 《코덱스 아틀란티쿠스Codex Atlanticus》(1478~1519)에 실려 있는 이 그림은 엔지니어링을 크게 변화시킨 원근법의 능력을 보여준다.

16. 《코덱스 아틀란티쿠스》에 실려 있는 레오나르도의 원근법 기구perspectograph. 화가는 작은 구멍을 통해 그가 그리고 싶은 물체를 본다. 구멍과 그가 그리고 싶은 물체 사이에 판유리가 있다. 따라서 판유리는 그림 평면을 이루고 그 위에 그려지는 형상은 다른 표면에 베껴질 수 있다. 이것은 아마 브루넬레스코가 최초의 원근법 표현을 창출했을 때 사용한 기교였을 것이다.

17. 1470년 이후, 이상적인 도시의 모습. 프라 카르네발레Fra Carenvale 또는 프란체스코 디 조르조 마르티니Francesco di Giorgio Martini의 작품일 것으로 추정된다. 우르비노의 프레데리코 다 몬테펠트로Frederico da Montefeltro 공작의 궁전을 위해 의뢰되었다. 전체 그림은 관람자의 시선을 소실점에 집중시킨다. 그러고는 소실점을 반쯤 열린 문 뒤로 재치있게 감춘다. 순수하게 수학적인 세계는 불가능하다는 암시가 원근법의 완전한 수학화와 결합되어 있다.

18. 가끔 야코포 데 바르바리Jacopo de' Barbari의 작품으로 잘못 전해지는 이 루카 파촐리Luca Pacioli의 초상화는 1495년에 그려진 것으로 보인다(책상 위의 종잇조각에 연도가 적혀 있다). 파촐리는 유클리드 기하학을 가르치고 있다. 그가 소유했던 수학책 중 한 권이 오른쪽 전면에 있다. 이것이 르네상스기에, 그리고 실제로 그 후 수세기에 걸쳐 수학을 가르쳤던 방식이다.

19. 안토니 반다이크Anthony van Dyck가 그린 케넬름 딕비
Kenelm Digby의 여러 초상화 중 하나. 홉스의 친구이며 왕립학
회 설립 회원인 딕비는 '사실fact'이라는 낱말을 대중화하는 데
결정적인 역할을 했다. 해바라기는 한결같음의 상징이다. 초상
화는 1633년 갑자기 사망한 그의 부인 베네티아Venetia를 애도
하는 딕비를 표현하고 있다. 태양을 따르는 해바라기의 능력은
아리스토텔레스의 용어로는 설명될 수 없었다. 딕비는 그것을
(자기학磁氣學과 무기武器 연고와 함께) 새로운 실험 과학에 의해 다
루어지는 문제들의 전형적인 예로 들었다.

가설과 이론

철학적 발견에 대한 설명은 (…) 자연의 작용에서 여태껏 이루어진 상당한 측정˙이 없다면 내가 판단하기로는 가장 이상한 것이다.
_아이작 뉴턴이 헨리 올든버그에게 보낸 서신. 1672년 1월 18일

1

1666년의 시작과 함께 뉴턴은 막 23세가 되었다(그는 성탄절에 태어났다). 1년 전에는 학사 학위를 취득했고 1년 후에는 중력 이론을 연구하기 시작했다. 4년이 지나기도 전인 1669년 10월, 그는 케임브리지 대학의 루커스 수학 석좌교수가 되었다. 정확히 4년이 지난 후인 1670년 초, 그는 광학에 관한 첫 대학 강좌를 열었다. 1666년 초, 그는 프리즘을 얻었다. 뉴턴 이전에도 많은 이들이 프리즘을 사용하여 빛을 스펙트럼의 색으로 분리했다. 우연히도 이들은 모두 프리즘에서 나온 빛을 근처 표면에 투사시켰다. 뉴턴은 트리니티 칼리지의 자신의 연구실에 프리즘을 설치하고 가는 빛이 들어오도록 덧문에 셔터 역할을 하는 구멍을 뚫었다. 그리고 빛이 6.7미터 떨어진 벽면에 투사되도록 구멍 근처에 프리즘을 위치시켰다. 태양은 원

˙ 지금처럼 사람들이 보통 의도적으로 숨겨진 어떤 것 또는 의도적으로 숨은 사람을 찾아내는 것을 제외하면, 17세기의 '측정detection'은 '발견discovery'과 동의어다(라틴어 detego는 '알아내다uncover'라는 뜻이다). 그래서 '측정'은 '발견'보다 우연의 범위가 좁다.

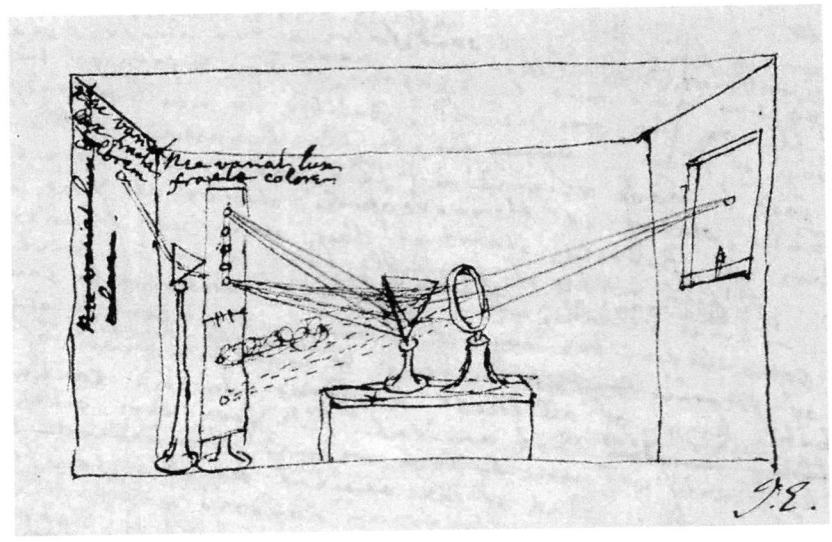

'결정적 실험'에 대한 이 스케치는 《광학》의 프랑스어 번역본 삽화를 위한 지침으로, 뉴턴이 직접 그렸다. 한 다발의 빛이 오른쪽 셔터 구멍을 통과하여 어두운 방에 들어온다. 그것은 빛줄기를 좁히기 위해 렌즈를 통과한 다음 프리즘에 들어간다. 프리즘으로 들어간 백색광은 무지개 빛깔의 스펙트럼으로 분리되어 스크린 위에 길쭉한 모양으로 투사된다. 한 색깔의 빛은 스크린의 작은 구멍을 통과하여 두 번째 프리즘에 들어간다. 이 색깔의 빛은 두 번 굴절하지만 가는 빛줄기가 유지된 채 색깔도 변하지 않는다.

형이다. 뉴턴의 셔터에 있는 구멍도 원형이었다. 따라서 벽면에 생긴 색상 부분도 역시 원형이어야 했다. 그러나 그렇지 않았다. 그것은 세로가 가로보다 5배 정도 길었다.[1]

　뉴턴은 여러 가능성을 고찰했다. 그는 프리즘에는 문제가 없으며 빛은 스핀을 먹은 테니스공처럼 휘어지지 않고 프리즘에서 벽면까지 직선으로 진행했음을 확인했다. 그래서 그는 앞쪽에 두 번째 프리즘을 놓고, (첫 번째 프리즘을 통과하여) 스크린의 다른 작은 구멍으로 들어간 빛을 통과시켰다. 첫 번째 프리즘으로 들어간 백색광은 여러 빛깔의 스펙트럼으로 분리되었으나, 두 번째 프리즘을 통과한 이후에는 각 빛깔은 그대로였다. 각 빛깔은 첫 번째 프리즘을 통과할 때 굴절되는 만큼 두 번째 프리즘을 지나면서 굴절되었다. 그는 이것을 '결정적 실험experimentum crucis'이라고 불렀다. 뉴턴은 백색광이 균일하지 않고 스펙트럼의 모든 빛깔로 이루어져 있으며 각 빛깔은 프리즘을 통과하면서 다르게 굴절된다는 것을 발견했다. 더 나아가 그는 반사망원경은 영상이 스펙트럼의 다른 색깔의 후광으로 인해 손상되지 않기 때문에 표준 굴절망원경에 비해 훨씬 더 우월하다고 결론지었다(2년 후, 그는 이 아이디어를 적절하게 구체화하게 된다).•
1670년 그는 빛과 색에 관한 새로운 이론을 강의했고, 1672년 이것은 그의 첫 논문 〈빛과 색에 관한 새로운 이론을 포함하는 케임브리지 대학 수학 교수 아이작 뉴턴의 서한A Letter of Mr Isaac Newton, Professor of the Mathematicks in the University of Cambridge; Containing His New Theory about Light and Colors〉이 되었다.

  뉴턴이 한 이 이야기는 맞지 않다. 그가 기술한 그 실험은 1666년 초 케임브리지에서 수행될 수 없었다. 그 실험은 태양이 지평선 위에 40도 이상 떠 있어야만 가능하다. 어쨌든, 뉴턴은 1666년 초 케임브리지에 없었다. 말년의 한 대화에서 그는 1665년 8월 스터브리지 축제 장터Sturbridge fair에서 프리즘을 구입했다고 말했지만, 1665년 축제 때는 그가 케임브리지에 없었으며 1666년에는 축제가 열리지 않았다. 우리가 추측할 수 있는 최선은, 최초의 실험은 아마 1666년 6월(뉴턴이 역병을 피해 케임브리지를 떠난 시점) 직전에 행해졌으며 프리즘은 다른 축제 장터에서 구입했고 결정적 실험을 포함한 더 심도 있는 실험은 1668년 여름에 수행했으리라고 말하는 것이다.

• 반사망원경에서 상은 곡면 거울에 의해 확대된다. 반면 굴절망원경에서는 렌즈를 통과하면서 확대된다. 반사망원경은 굴절에 의존하지 않기에 상 주위에 여러 빛깔의 후광halo을 만들지 않는다. 그러나 곡면 거울을 제작하는 일은 결코 간단하지 않다.

524

정확한 날짜는 중요하지 않다. 더 중요한 뉴턴의 노트를 통해 우리는 뉴턴이 1664년 색깔의 서로 다른 굴절에 대해 알고 있었고 그때 이미 프리즘(아마 1663년 8월 스터브리지 축제 장터에서 구입했을)을 갖고 있었음을 알 수 있다. 뉴턴은 프리즘으로 반은 하얗고 반은 검은 카드, 그리고 길이의 반은 적색이고 반은 청색인 실을 쳐다보았다. 두 경우에서 모두, 두 색이 정렬되어 보이지 않고 물체가 둘로 분리된 것처럼 보였다. 1666년 뉴턴이 실험을 수행했을 때 그것은 의도적으로 길게 늘인 스펙트럼(그가 경이롭다고 표현한)을 생성하도록 설계되었다. 뉴턴의 전기 작가 웨스트폴Richard Westfall은 프리즘이 만든 길쭉한 이미지에 경이로워했다는 뉴턴의 주장은 문자 그대로 이해되어야 할 것이 아니라 수사학적 장치로 간주해야 한다고 결론지었다.[2] 토머스 쿤은 '1672년 뉴턴의 설명이 암시하는 것은 뉴턴이 그의 논문에서 말하는 것처럼 첫 번째 프리즘 실험에서 최종적인 이론으로 곧장 혹은 바로 나아가지 않았다는 점에서 사실이 아니라고' 주장했다.[3] 피터 디어Peter Dear는 더 나아가 '뉴턴의 설명은 묘사된 사건이 실제로 일어나지 않았기에 거짓이다'라고까지 말한다.[4]

왜 뉴턴은 실제로 일어난 일을 이런 방식으로 다시 기술했을까? 생각해 볼 수 있는 하나의 답은, 그는 현상에서부터 이론으로 가는 작업을 수행한 것으로(그 반대 방향이 아니라) 가장하고 싶어했다는 것이다. 왕립학회는 베이컨을 숭상했으며, 이것은 베이컨의 방식대로 나아가는 것이었기 때문이다.[5] 다른 답은, 그가 결정적 실험이라고 언급한 것은 파스칼의 퓌드돔 실험에 대한 묵시적 동의라는 것이다. 파스칼의 실험은 이전의 실험들과 이론화 작업에 뒤이어 — 그러나 이것들과 무관한 방식으로 — 수행되었다. 왜 바로 본론으로 들어가지 않는가? (보일은 충격을 받았을 것이다. 왜냐하면 그는 항시 실험 보고서는 실제로 일어난 일의 충실한 기록이어야 한다고 주장했기 때문이다. 그러나 뉴턴의 논문 구절을 보면 뉴턴은 상세한 역사적 서술을 불편해했다.)*

우리는 뉴턴이 실제로 언제 프리즘 실험을 수행했는지, 실험을 수행한 순서와 그의 이론이 정확히 언제 정립되었는지에 대해서는 토론할 수 있지만, 그가 자신이 묘사한 그 실험을 수행했다는 데에는 논란의 여지가 없다. 그 사건은 언제 그리고 왜 일어났는지 단정하기 어렵지만 확실히 일어났다. 보통 과학사는 이 지점에서 멈춘다. 그러나 나는 다른 측면에 초점을 맞추고 싶다. 뉴턴은 그의 첫 번째 출판물에서 자신이 새로운 학설을 제시하고 있다고 말한다. 거기에 편집자 올든버그는 '빛과 색에 관한 새로운 이론을 포함하는 아이작 뉴턴의 서한'이라는 제목을 붙였다. 이것은 그 제목에 '이론'이라는 말이 들어간 최초의 〈철학회보〉 게재 논문이다. 뉴턴이 그 낱말을 수락한 것은 뒤이은 서신 교환에서였다.[6] 비평가이냐스가스통 파르디Ignace-Gaston Pardies는 뉴턴의 논문이 만일 사실이라면 광학의 토대를 뒤집어놓을지도 모르는 '가장 기발한 가설', '특별한 가설'이라고 말했다.[7] 뉴턴은 라틴어로 쓴 답신에서 이것을 모욕으로 여기지 않겠다고 했다.

나는 존경하는 신부님이 그것을 잘 알지 못해서 내 이론을 가설이라고 부르는 것을 불쾌하게 받아들이지 않습니다. 그러나 나의 설계는 아주 달랐습니다. 왜냐하면 그것은 오직 빛의 어떤 성질들을 포함하는 것 같기 때문입니다. 그것은 이제 발견되어 쉽게 증명할 수 있습니다. 만일 내가 그것을 진리로 여기지 않았다면, 나는 그것들을 하나의 가설로 인정받기보다는 헛된 생각으로

---

* 이 절의 마지막 각주를 참조하라.

526

팽개치는 편이 나았을 것입니다.[8]

파르디는 답신에서 자신은 '무례한 의도로' 가설이라는 단어를 사용한
게 아니라고 주장한다.[9] 뉴턴은 자신의 연구가 빛의 성질을 정립했다고 생
각한다고 응답했다. 사람들은 그 성질들의 가능한 원인에 대해서 가설을
세울 수 있었을 것이다. 그러나 가설은 사물의 성질에 부차적인 것이어야
한다. 오직 유용한 가설만이 새로운 실험을 고안할 수 있게 해준다. 그는
나아가 최소한 이런 경우라야 사실에 부합되는 가설을 구축하는 데 어려
움은 없다고 불평했다. '이 학설에 맞는 가설을 제공하는 것은 쉬운 일이
다. 만일 누군가 데카르트의 가설을 옹호하고 싶다면 구형입자globules•는
동일하지 않고, 어떤 구형입자의 압력은 다른 것보다 강하며, 따라서 그것
들은 빛을 다르게 굴절시키며 여러 색깔을 만들기에 적합하다고 말하면
된다.[10] (우리는 뉴턴의 노트를 통해 천천히 움직이는 광선은 빠른 광선보다 더 굴
절된다는 아이디어를 갖고 그가 굴절 현상에 관해 연구하기 시작했다는 것을 알 수
있다.)[11] 그는 그 문제로 돌아가, 철학으로 설명될 수 있는 것은 무엇이든
가설이라는 이름으로 부르는 관습이 생겼으므로 파르디가 자신에게 해를
끼치지 않았다고 확신한다고 말하며 편지를 마무리했다. 그러나 그는 이
관습은 진정한 철학에는 해로울 수 있다고 느꼈다.[12]

뉴턴은 사실 원래의 논문에서 스스로 '가설'이라는 단어를 사용했다. 그
러나 그것은 부정확한 어림 계산을 지칭할 때였다.[13] 이 점을 더 논의하자
면, 올든버그는 뉴턴이 제안하는 것이 의심의 여지 없이 입증된 결론이므

• 더 이상 나눌 수 없는 입자 또는 원자로서 데카르트주의자들에게는 빛을 구성하는 입자다.

로 가설이 아니라고 주장하는 문구를 삭제했다.** 그러니까 파르디는 뉴턴
과 1660년대 및 1670년대 초반의 왕립학회 사이의 기본적인 차이점을 언
급한 것이다. 뉴턴과는 달리 왕립학회는 견해의 잠정적인 표현을 선호했
다. 이 장에서 나의 첫 번째 목표는 왜 뉴턴이 '가설'이라는 단어에 적대적
이었으며 자신의 연구를 가설로 표현하는 것을 거의 모욕에 가깝다고 느
꼈는지 그 이유를 설명하는 데 있다.

2

'가설'이라는 단어의 유행은 새로웠다. 그것은 데카르트의 《철학 원리》
(1644)의 출간과 함께 시작되었다. 그 책의 제3편에서 데카르트는 행성들
의 운동을 설명하기 위해 제기되었던 여러 '가설들'(프톨레마이오스, 튀코,
코페르니쿠스의 가설들)로부터 지구에서의 운동과 변화를 설명하는 과업으
로 눈을 돌렸다. 세 개의 중요한 절(43~45)에는 여백에 다음과 같은 주석
이 달려 있다.

　43: 만일 하나의 원인이 모든 현상을 그것으로부터 명확히 추론되게 한다면,

** 삭제된 문구는 다음과 같다. '자연학자는 색깔의 과학이 수학적인 것이 된다고는 거의 생각하지 않을 것이다. 그
러나 나는 그것에는 광학의 어느 부분과 마찬가지로 충분한 확실성이 있다는 것을 감히 보증한다. 그것들에 관해 내가
말하려는 것은 가설이 아니라 가장 견고한 결과물이다. 단지 그것이 모든 현상(철학자들의 보편적 주제)을 만족시키기 때
문이라든지, 혹은 그렇지 않으면 안 되기 때문에 이러저러하다는 추론에 의해 예측된 것이 아니라 실험의 중재를 통해
직접적으로, 그리고 어떠한 의심의 여지도 없이 분명히 밝혀졌기 때문이다. 이러한 실험들의 역사적 서술을 계속하는
것은 너무 지루하고 혼란스러운 담론을 펼치는 일이 될 것이다. (…)' 혹과 뉴턴은 그것이 누락되었다는 것을 알아차
리지 못했을 것이다. 그들이 이후에 인쇄된 논문에서 그것을 언급했듯이 말이다. Newton, *The Correspondence of
Isaac Newton*(1959), Vol. 1, 96 – 7; 편집자의 주 105 n. 19, 190 n. 18, 386 n. 22를 참조하라.

528

그것이 참이어서는 안 된다는 것은 사실상 불가능하다.

44: 그럼에도 불구하고, 나는 내가 단지 가설로 여겨지기로 제시한 원인들을 원한다.

45: 나는 거짓이라고 동의된 몇몇 가정들을 만들 것이다.[14]

데카르트의 정식화가 혼란과 논란을 불러일으킨 것은 놀랍지 않다. 첫째, 그는 가설적 원인이 사람들에게 진정한 지식을 제공할 수 있다고 말하고는, 되짚어가서 자신의 주장은 **오로지** 가설적이라고 말하고 마침내 자신의 주장 중 일부는 거짓임에 틀림없다고 인정하는 것으로 보인다. 가설은 새로운 철학을 어디로 향하게 하는가? 가설은 다툼이 있을 수 없는 명백한 지식을 창출하고 있었는가? 참일 수도 있고 그렇지 않을 수도 있는 지식인가? 혹은 명백히 거짓된 지식인가? 1644년부터 지금까지 가설이라는 단어의 용법과 지위는 중심적인 문제가 되었다.

여기서 논의하고 있는 것을 이해하기 위해, 중세에는 '가설'에 세 가지 서로 다른 기술적인 의미가 있었다는 것을 알면 도움이 된다.[15] 논리학에서는 하나의 가설hypothesis은 논지thesis 아래에 오는 어떤 것이었다(피부 아래로 들어가는 바늘 주사인 '피부밑주사hypodermic'에서처럼 hypo는 그리스어로 '아래under'라는 뜻이다). 그래서 사람들은 '사람은 죽는다(논지). 소크라테스는 사람이다. 고로 소크라테스는 죽는다'라고 말한다. 여기에서 논지를 따라 나와 '소크라테스는 죽는다'라는 주장을 생성하는 '소크라테스는 사람이다'가 '가설'이다. 이것은 가설적 형식 '**만일** 소크라테스가 사람이라면, 그는 죽는다'로 진술될 수 있다. 이 예는 단순하다. 그러나 다음을 생각해보라. '베드로 사도는 교회를 관할(지도)하는 권위를 지녔다. 교황은 베드로의 후계자다. 고로 교황은 교회를 관할(지도)하는 권위를 지닌다.' 가톨릭교도는 이것을 타당한 삼단논법으로 간주한다. 반면 개신교도는 그 가설은 거짓이라고 주장한다. 교황은 로마의 주교로서 베드로의 후계자일 수 있다. 그러나 그는 요구되는 의미에서는 베드로의 후계자가 아니다.

　수학에서는 '가설'이라는 단어가, 논거가 기초해 있는 가정supposition 혹은 공준postulate을 의미하는 데에 사용된다. 기하학에서는 예를 들어, 실제로 그렇지 않다는 것이 증명되어도 두 각이 같다는 가정하에 논증을 제안할 수 있다. 그러나 수학에서는 '가설'이라는 단어를 전혀 다른 기술적 의미로도 쓴다.[16] 가설은 천체에서 행성의 미래 위치를 예측하는 이론적 모형이었다. 다른 가설들이 동일한 결과를 만들어낼 수도 있다. 예를 들어, 이심원eccentric circle은 가상원deferent상의 주전원epicycle과 정확하게 동일한 운동을 생성할 수 있다. 어느 하나를 다른 것보다 더 선호하게 만드는 철학적 이유들이 있을 수 있다. 그러나 천문학자는 계산을 수행하기 위해 어느 쪽도 기꺼이 사용할 수 있을 것이다. 따라서 가설에서 중요했던 것은 그것이 참이냐가 아니라 그것이 정확한 결과를 산출하는가였다(우리가 잘못된 가설이라고 생각하는 것도 꽤 정확한 결과들을 생성할 수 있었다). 헨리 새빌은 프톨레마이오스와 코페르니쿠스 중 누구를 더 선호하는지 진술해보라고 요청받았을 때 이렇게 말했다. '어느 것이 사실인지 신경쓰지 않는다. 그래서 식별할 문제는 해결되었고 설명은 완전했다. 프톨레마이오스의 낡은 방식 혹은 코페르니쿠스의 새 방식이 동일하게 천문학자들을 도와주고 있기 때문이다.'[17] 이러한 의미에서, 그것이 맞든 틀리든 간에 현상을 구한 설명들 중에서 우리는 1640년 이전 '가설'이라는 (라틴어) 단어를 사용한 홉스를 발견한다. 이것은 데카르트가 자신의 우주론을 논의하면서 '가설'이라는 단어를 사용한 그 의미이다.[•18]

　그러나 코페르니쿠스설이야말로 진리라고 여기던 사람들은 이 경우 가설의 참됨이 중요하다고 주장했다. 케플러는 예측을 하는 데 사용되는 수학적 모형인 기하학적 가설과 천문학적 가설, 천체에서 행성들의 실제 경로를 구별했다. 기하학적 가설로서 프톨레마이오스, 튀코, 코페르니쿠스의 체계들은 동등했다. 그러나 천문학적 가설로서 그것들은 전혀 달랐다. 영어에서 검증이 필요한 이론으로서의 가설에 대한 첫 번째 언급은 이러한 사유의 노선을 통해 찾을 수 있다. 레너드 딕스의 《예측》 1576년 판에서 그 아들인 토머스 딕스는 '수학적으로 평가되는 나침반의 변칙에 관한 하나의 가설 혹은 가정된 원인'을 제안했다.[19] 이것이 암시하는 것은, 만일 가설이 검증을 통과하면 그것은 진리로 승격될 수 있다는 것이다. 이것은 어쨌든 영어에서 '가설'이 표준적인 근대적 의미로 사용된 초기 용법으로 보인다.** 나침반의 변칙에서 수학적 패턴(로버트 노먼이 '변칙의 명백한 불규칙성을 해결하기 위한 규칙, 가설을 지닌 이론'이라고 부른 것)[20]을 찾던 소규모 집단에게 그것은 '가설'이라는 천문학적 용어를 채택하여 그것에 새로운 실험적 전환을 부여하는 단순한 한 걸음이었다.[21] 그러나 이 전환은 새로운 과학철학의 탄생을 효과적으로 나타낸다. 경험의 검증에서 살아남는 하나의 가설이 과학적 원리이다. 따라서 1616년 갈릴레이의 〈밀물과 썰

• "자연물을 다루는 것은 다른 과학들의 방법과 크게 다르다. (…) 자연적 원인에 대한 설명에서 우리는 반드시 '가설' 또는 '가정'이라 불리는 다른 종류의 원리에 의지해야 한다. 감각에 인지되는 어떤 사건(보통 '현상'이라 불리는)의 작용인에 관한 질문이 제기될 때, 그 질문은 주로 그것으로부터 한 현상이 필연적으로 수반되는 어떤 운동의 지정 또는 기술에 있다. 비슷하지 않은 운동들이 비슷한 현상을 일으키는 일이 불가능하지 않기에 그 효과가 가정된 운동으로부터 올바르게 입증되는, 그럼에도 그 가정이 사실이 아닌 일이 일어날 수 있다."(Hobbes, 'Tractatus opticus', Malcolm, 'Hobbes and Roberval'(2002), 183-4에서 인용. Malcolm의 번역) 1647년 파스칼이 노엘에게 한 최초의 응답, Pascal, Oeuvres(1923), 98-101과 비교하라. 그러나 파스칼은 포퍼식의 '허위임을 입증하기falsification'에 가까이 가 있다. 어떤 좋은 가설이 진리임을 증명하는 일이 가능하지 않더라도 나쁜 가설이 허위임을 보여주는 일은 흔히 가능하다는 것을 그가 강조하기 때문이다.

•• 이러한 의미로 '가설'이 옥스퍼드 영어사전에 나타난 최초의 시기는 1646년이다. T. Browne, Pseudoxia epidemica ii, ii, 60: '철은 얼려도 자기 정렬을 드러낸다. (…) 그러나 (놀라우면서도 자기 가설을 전진시킨 것은) 그것들의 극단이 (…) 땅으로 향하는 위치에서도 같은 현상을 입증한다는 점이다.'

물, 조수에 관한 대화Discorso Sul Flusso E Il Reflusso Del Mare〉는 그의 조수 이론
을 체계적 관찰 프로그램에 의해 확인할 필요가 있는 하나의 가설로서 제
시했다.[22]

보일은 '가설'이라는 단어를 이런 의미로 반복해서 사용했고, 〈좋은 가
설의 필요조건the requisites of a good hypothesis〉(출판되지 않음)이라는 짧은 논문
을 쓰기도 했다. 보일은 가설을 진리를 정립하기 위한 유용한 단계로 생각
했다. 좋은 가설은 실험으로 검증될 수 있는 새로운 예측으로 이끈다. 최
상의 상태에서 가설은 부호화된 통신을 해독할 수 있게 해주는 암호표key
와 같다. 이제 모든 것이 의미가 통하게 되고, 이것이, 이것만이 올바른 해
법(바로 데카르트가 43번째 절에서 표현한 관점)•••임이 명백하다. 로크는《인간
지성론An Essay Concerning Human Understanding》의 한 절에서 '가설의 진정한 사
용'에 관해 서술했다. 그는 가설이 우리를 새로운 발견으로 이끌 수 있다
고 인정했다. 그러나 대부분의 가설은 매우 의심스러운 예측에 지나지 않
는다고 강조했다.[23]

반면에 윌리엄 워튼William Wotton은 뉴턴처럼 일반적으로 허위의 혹은 만
족스럽지 않은 주장을 지칭할 때 그 단어를 사용했다. 워튼에게, 하나의
주장이 가설이라고 말하는 것은 그것을 거부하는 것이다. 만일 그것이 실
제로 모든 현상을 설명한다면 그것은 더 이상 가설이 아닐 것이다. 그리
고 우리는 데카르트의 45번째 절에서처럼, 세 번째 용례를 발견한다. '가
설'이 허위라고 인정되었으나 어떤 식으로는 유용하다고 주장되는 논증을
지칭하는 데 사용하는 경우다. 오시안더는 코페르니쿠스의《천체의 회전

••• 이것은 탁월한 가설의 특징이다. '그것은 솜씨 있는 자연학자가 그것에 관한 적합성(일치) 혹은 부적합성에 의해
미래 현상, 그리고 특히 그것을 검토하기 위해 적절히 고안된 실험들의 사건들, 그것의 결과로 일어나야 하거나 혹은
그러지 않아야 할 사물들을 예측하게 해준다.' Westfall, 'Unpublished Boyle Papers'(1956), 69-70.

532

에 관하여》의 익명의 서문에서, 이 책이 우주가 실제로 어떠한지를 묘사하는 것으로서가 아니라 가설을 제시하고 있는 것으로 읽혀야 한다고 주장했다. 벨라르미노는 갈릴레이에게 자신은 가설이라는 전제하에 코페르니쿠스에 대해 이야기할 수 있다고 말했다. 그에게 코페르니쿠스설은 진리가 아니었다.[24] 데카르트는 이 전통을 따라 45번째 절에서 그 단어를 신학적 이유에서 거짓으로 인정되어야만 하는 원리(그러나 진리로 가정하면 도움이 되는)를 지칭하는 데 사용했다.*[25]

'가설'이라는 단어에는 우리가 주목해야 하는 더 많은 용례가 존재한다. 길버트의 《자석에 관하여》(1600) 본문에서는, 그 단어가 순수하게 관례적인 방식으로, 예를 들면 코페르니쿠스의 가설을 의미하는 데 사용되지만 서문에서는 이상한 무언가가 나타난다.

우리 사이에서 탐구되지 않았고, 수없이 수행되지 않았고, 반복되지 않았던 그 어떤 것도 이 책들에서 확정되지 않았다. 우리의 추론과 가설의 많은 것들이, 보통 받아들여지고 있는 견해와 이질적일 때, 아마 어쩌면 처음에는 꽤 어렵게 보일 것이다. 그러나 나는 이제부터 그것들이 증명(즉 실험)으로부터 권위를 획득하리라는 것을 의심하지 않는다. (…) 우리는 이제 근거로 고대 그리스 저술가를 거의 인용하지 않는다. 왜냐하면 우리의 자기 이론 대부분이 그들의 원리나 도그마와 불일치하기 때문이다. (…) 우리 시대는 그들이

---

* 데카르트는 가끔 자신이 항상 부인할 준비를 하고 있던 가설hypotheses과 가정suppositions을 구분했다. 그는 항시 가정은 선험적으로, 그리고 제1원리의 연역에 의해 개념적으로 진리임을 보여줄 수 있다고 주장했다. Descartes, *Philosophical Writings*(1984), 250–1, 255–8(가설); 40–1, 150(가정). 그러나 프랑스어판의 152-3에는 suppositions가 있다. 비록 권위 있는 라틴어 번역에는 hypotheses가 있지만 말이다(나는 이 점과 많은 것을 존 슈스터 John Schuster에게 빚졌다). 뉴턴이 가설의 가정을 반대할 때, 그리고 로크가 우리는 가설을 원리로 격상시켜서는 안 된다고 말할 때, 이 두 사람은 아마 데카르트를, 특히 데카르트의 '가정'을 염두에 두고 있었을 것이다('가정'은 로크가 '원리'라고 말한 것, 그리고 뉴턴이 가정은 실험적 증거보다 우선시되어서는 안 된다고 불평하면서 반대한 것이라고 추측할 수 있다).

계속 살아있다면 흔쾌히 받아들여졌을 많은 것들을 알아내고 이에 관한 새로운 사실을 발표해왔다. 그런 까닭에 또한 우리는 오랜 경험으로부터 발견한 것들을 설득력 있는 가설로 주저 없이 설명해왔다.[26]

여기서 길버트는 '가설'이라는 단어를 우리가 '이론'이라는 단어를 쓰듯이 사용한다. 우리는 가설이 승낙 혹은 거절을 기다리고 있다고 가정한다. 그러나 길버트의 '가설'은 긴 연속적 실험들로부터 유래하고, 승낙된다. 그것들은 지식을 공고히 하는 새로운 추가물이다. 우리의 용어로 그것은 '이론'이다. 우리는 갈릴레이에게서 동일한 용례를 본다. 흑점에 관한 저술(1613)에서 그는 달이 불투명하고 산지가 있다는 것을 감각적 경험에 의해 확인된 참된 가설이라고 주장했다.[27]

따라서 적절한 절차로 검증되는 설명으로서의 '가설'의 표준적이며 근대적인 의미(만일 승낙되면 이론의 지위로까지 격상될)는 1660년대까지는 확고하게 정립되지 않았다.[28] 1660년, 로버트 보일은 바다의 썰물과 밀물에 관한 데카르트의 가설의 진위를 발견할 수 있는 크리스토퍼 렌이 제안한 실험을 묘사했다.[29] 파워의 《실험 철학》(1664)은 그 단어를 빈번히 사용한다. 1665년 혹은 그의 《마이크로그라피아》를 왕립학회에 대한 헌정 서한으로 시작한다. '철학적 진보에서 귀 학회 스스로 지시한 규정, 특히 독단적인 주장과 충분히 실험에 근거하지도 않고 확인도 되지 않은 가설을 옹호하지 말라는 규정은 여태껏 보지 못한 최상의 것으로 여겨진다.' 이 시점으로부터, 관찰과 실험에 의해서 승인되거나 거부될 수 있는 예측 혹은 문의query(훅의 용어를 사용)를 뜻하는 '가설'은 새로운 과학의 용어에서 중심적인 것이 되었다. 실제로 우리는 왕립학회의 설립 이후에 '가설'이 오로지 현실적으로 그 근대적 의미를 획득했다고 말할 수 있다.

'가설'의 이런 다양한 의미들은 17세기 저술들을 통해 그 특이한 분포를 설명하는 데 도움이 된다. 갈릴레이, 파스칼, 데카르트, 뉴턴 같은 대부분의 수학자들은 그 단어를 기술적 천문학에 사용하는 데 익숙했고, 다른 맥락으로는 사용하길 피하는 경향이 있었다. 그러나 코페르니쿠스설을 하나의 가설로 지칭하는 것이 통상적인 일이 되자 자기, 원자, 기계와 관련된 다른 가설들의 수가 증대했다. 이것들은 새로운 과학의 큰 이론이었다. 나침반 자침의 경사(복각)에 관한 딕스의 설명 혹은 공기의 탄성에 관한 보일의 설명 같은 작은 가설들은 이 덕분에 깔끔하게 정리되었다.

그러나 그 용어는 특히 데카르트가 자신의 가설들이 틀릴 수 있음(어떤 경우에는 실제로 그러했음이 분명했다)을 인정했기 때문에 논란이 없지 않았다. 뉴턴은 그의 《프린키피아》 2판(1713)에서 hypotheses non fingo라고 썼다. 우리는 그 자신이 이것을 '나는 가설을 가장하지 않는다I do not feign hypotheses'라고 번역했음을 안다. 여기서 fingo와 feign(가장하다)은 17세기 'feign'이라는 단어의 핵심 의미인 '상상하다'를 의미한다.[•30] 따라서 코페르니쿠스와 프랜시스 베이컨은 이심원과 주전원을 '가장하는' 천문학자들에 관해 썼다. 이는 이심원과 주전원이 상상적인 독립체임을 뜻했다.[••31]

• 2판의 초고에서 그는 다음과 같이 썼다. '현상으로부터, 중력이 주어지고 있으며 위에 묘사된 법칙(역제곱 법칙)에 따라 모든 물체에 작용하며 행성들과 혜성들의 운동을 충분히 설명한다는 것이 확실하다. 따라서 그것은 자연법칙이다. 비록 현상으로부터 이 법칙의 원인을 이해할 수는 없지만 말이다. 나는 그것이 형이상학이든 물리적이든 주술적인 것이든 가설을 피하기fugio 때문이다. 그것들은 해로우며 과학을 낳지 못한다.'(Newton, Unpublished Scientific Papers(1962), 353)

•• 'aliis ante me hanc concessam libertatem, ut quos libet fingerent circulos ad demonstrandum phaenomena astrorum'(Copernicus, De revolutionibus orbium coelestium(1543), iiii(r)); 'Of Superstition'(Bacon, The Essayes(1625), 97). 여기서 'feign'은 'frame'과 동의어로 사용된다. 이 문구는 윌킨스가 그의 《담론A Discourse》(1640), 26에서 어떤 언급도 없이 차용했다. 베이컨은 유토피아를 '가장된 영연방'이라고 묘사했다. 그는 이렇게 썼다. '이제 아마존(고대 그리스 신화 속의 여전사 — 옮긴이) 땅(비록 고대는 그것을 허구인지 역사인지 의심스럽게 하고 있지만)의 가장된 사례를 들겠다. 거기서는 공적, 사적 지배권 그리고 군사력 자체도 여성들의 수중에 있다.' 라틴어로 저술 활동을 한 호락스Horrocks와 뉴턴은 또한 거의 동일한 단어 confingo를 사용했다. 호락스는 프톨레마이오스주의 천문학자들의 상상적인 주전원을 논의할 때 사용했다(Hevelius & Horrocks, Mercurius in Sole visus(1662), 133). 그리고 뉴턴은

따라서 뉴턴이 말한 것은 '나는 자연의 성질을 설명하기 위해 상상적인 독립체를 발명하지 않는다'라는 뜻이었다.••• 《방법서설》(1637)에서 데카르트는 아리스토텔레스의 철학을 '사변적'이라고 비난했다. 그 자신의 철학은 실험적으로 검증될 수 있는 설명(말하자면, 가설)을 제안함으로써 진리에 도달할 터였다.[32] 그러나 《철학 원리》(1644)에서 그는 이 입장에서 후퇴하여 경쟁하는 설명들 중 하나를 선택하는 것이 가끔 불가능함을 인정했다. 왜냐하면 보이는 세계를 구성하는 보이지 않는 입자들의 세계에서 실제로 일어나는 현상을 사람들이 볼 수 없기 때문이다. 바깥에서 시계를 바라보는 시계 제작자가 기계장치들이 설정되는 다양한 방식을 상상할 수 있듯이, 철학자들은 자연적 과정을 설명하는 몇몇 동일하게 훌륭한 방식들이 있을 수 있음을 인정해야만 한다. 그것들 중 하나를 선택하기 위해 시험을 고안하는 일이 항상 가능하지는 않았다.[33] 뉴턴이 hypotheses non fingo 라고 주장했을 때 그가 거부했던 것은, 사실일 수도 있고 아닐 수도 있는 설명을 구성하는, 이러한 과정이었다. ('가설'이라는 단어가 그의 오랜 적, 혹은 특별히 연관되어 있다는 것이 이와 무관하지 않았을 것이다.) 뉴턴에게 오로지 가치 있는 가설들은 검증 가능한 가설들이었다. 만일 그것들이 검증에서 살아남으면 그것들은 더 이상 가설이 아니다. 길버트와 갈릴레이가 말하

•• 《광학》의 라틴어본에서 '가장하는 가설 없이'라고 썼다(Cohen, 'The First English Version of Newton's *Hypotheses non fingo*'(1962), 380–1). 따라서 'feign'은 속임수라는 암시를 반드시 수반하는 것은 아니다. 그것은 단지 '상상하다'를 의미하며, 코헨이 'to feign'은 시치미를 떼거나, 숨기거나, …인 척하거나, 위조, 엉터리까지의 의미를 지니고 있다고 주장할 때 그는 잘못된 길에 들어선 것이다. (Cohen, 'The First English Version of Newton's *Hypotheses non fingo*'(1962), 381)

••• 이 사고 노선은 라무스(1572년 사망)까지 거슬러 올라간다. 그의 논리학 저술은 극도로 영향력이 컸고, 특히 개신교도들에게 그러했다. 라무스는 가설 없는 천문학, 즉 주전원 같은 상상적인 독립체가 없는 천문학을 주창했다(표준적인 관점은, 천구는 실제적, 물리적 독립체지만 천문학자들이 그 사이에 채워넣은 주전원은 허구적이라는 것이다). 케플러는 원운동의 원리로부터 벗어남으로써 그러한 천문학을 창출했다고 주장했다. (Granada, Mosley, and others, *Christoph Rothmann's Discourse*(2014), 55–63, 134–43.)

는 '가설'은 진리일 수 있는 주장이 아니라 진리라고 우리가 확신할 수 있는 것이었다. 이러한 용법은 우리에게도 특이하게 보이듯이, 뉴턴에게는 받아들여질 수 없었다.

3

파스칼의 퓌드돔 실험은 그것이 공기의 무게와 직접 관련이 있음을 보임으로써 기압계에서 수은의 높이를 설명했다. 그것은 인과관계를 눈으로 볼 수 있게 했다. 공기의 무게와 수은의 무게는 서로 균형을 이루었다. 인습적인 17세기 철학자의 관점에서는 이것은 특이한 설명이었다. 우리가 3장에서 보았듯이, 아리스토텔레스의 인과적 설명에는 형상인, 목적인, 질료인, 작용인의 네 성분이 있다. 토리첼리의 관에서 수은이 하강하지 않는 이유에 관한 파스칼의 설명에서 형상인과 질료인은 아주 희박하여 관심이 없었고, 목적인은 완전히 사라졌다. 당신은 수은을 대신하여 물이나 포도주를 사용할 수 있다. 그래서 정확하게 물질은 무관하다. 어떤 액체나 가능하다. 당신은 유리관 대신 납관도 사용할 수 있다. 따라서 질료인도 무관하다. 한쪽 끝이 막혔으면 어떤 관이나 가능하다. 수은에는 기둥으로 서 있는 자연적 경향이 없다. 따라서 목적인도 여기서 작동하지 않는다. 오로지 작용인(무게의 균형, 그 균형을 가능하게 하는 구조 혹은 형식, 수은조 안에 위쪽 끝이 밀폐된 관)만 남는다. 아리스토텔레스주의자들에게는 효과인과 구조를 분리시키고 다른 모든 것을 무시하는 오직 한 분야가 있었다. 그 분야는 역학mechanics이었다. 파스칼의 설명은 기계적 설명이다. 그 설명의 특이한 점은 역학적 설명의 범위를 지렛대와 도르래의 인공적 세계로부터 기체와 액체의 자연 세계까지 확장한다는 것이다. 게다가 어떠한 기계적 설명처럼, 파스칼의 설명은 측정(제곱인치당 파운드, 혹은 동일한 현상에 해당하는 수은 기둥의 높이)으로서, 혹은 비율(기압계는 저울이므로, 두 무게의 비는 1:1이다. 그러나 기압계를 퓌드돔 산정까지 운반하면 공기 y미터는 수은 무게 x센티미터와 같다는 것을 보여준다)로서 수학적으로 표현 가능했다. 이것이 진공 논쟁에 대한 보일의 투고 논문의 제목이 《새로운 물리-역학 실험 New Experiments Physico-mechanical》인 이유였다. 역학은 이제 물리학을 설명하는 데 사용되고 있었다.

파스칼의 퓌드돔 실험은 우리에게 아주 단순하게 보인다. 그러나 그것은 우리가 근대 물리학에 익숙하기 때문이다. 생명이 없는 물체가 목적 또는 목표를 가지고 있다고 말하면 (아리스토텔레스주의자들이 그랬던 것처럼) 우리가 혼란스럽게 느끼는 것과 꼭 마찬가지로, 아리스토텔레스주의자들에게 그것은 실제로 일어나고 있는 현상에 관해 어떤 종류의 설명도 제공하지 않는 것으로 보였다. 파스칼의 설명은 우리에게 옳게 보인다. 아리스토텔레스주의자들에게는 그것은 틀리게 보였다. 이것이 아리스토텔레스주의자들(파스칼 당시에는 대부분의 지식인이 여전히 아리스토텔레스주의자였다)이 그 설명을 자연은 진공을 혐오한다는 것으로 대체하고 진공이 생겨나는 것을 방해하려 했던 이유였다. 우리의 마음속에 파스칼의 설명이 만족스럽지 못하고 자연의 목표라는 설명이 선호되는 정신적 우주를 재구성하기는 어렵다.

아리스토텔레스주의자들의 문제는 퓌드돔 실험 결과를 성공적으로 예측하는 설명을 할 수 없었다는 데 있었다. 왜 산기슭보다 산 정상에서 자연은 진공을 덜 싫어해야 하는가? 파스칼은 이 질문에 답할 수 있었고, 그들은 그러지 못했다. 파스칼의 설명은 시험될 수 있었고 그 과정을 보여줄 수도 있었다. 그러나 그것을 좋은 설명으로 인정하기 위해서 철학자들은 설명을 구성하는 것의 정의를 바꿔야만 했다. 그들은 수학자들이 제시하는 데 익숙했던 종류의 설명으로 납득시키는 것을 배워야만 했다. 파스칼의 설명을 틀린 것으로 생각했던 사람들조차 그가 성공적인 예측(토리첼리 관속의 물기둥 높이는 수은 기둥 높이의 14배일 것이라는)을 한다는 것을 알 수 있었다. 그러나 아리스토텔레스주의자들은 성공적인 예측을 할 수 없었다.

파스칼에게 익숙한 또 다른 예, 갈릴레이의 낙하 법칙을 들어보자. 갈릴레이는 (공기의 저항이 없을 때) 모든 낙하하는 물체는 같은 비율로 가속된다는 것을 보였다. 그리고 사람들은 일정 시간 동안 낙하체가 이동한 거리와 그것의 최종 속도를 예측할 수 있다. 실제로 이것들은 측정 단위와 무관하게 관련되어 있다. 이동 거리는 당신이 피트와 초로 측정하든, 혹은 킬로미터와 성모송Are Maria으로 측정하든, 경과된 시간의 제곱에 비례한다 (우리가 시간을 측정하는 데 단 하나의 표준적이고 보편적인 단위계를 가지고 있다는 것은 우연이다. 그러나 근대 초기의 사람들은 시간 경과의 단위로 성모송 같은 격식 없는 측정 단위를 사용했다). 갈릴레이의 낙하 법칙은 이상적인 조건하에서 물체가 낙하할 때 어떤 일이 일어나는가를 수학적인 용어로 **묘사**한다. 그러나 그것은 어떤 것도 **설명**하지 않는다. 그것은 (파스칼의 진공 실험이 하듯이) 하나의 기계론적 설명도 **제시**하지 않는다. 그것은 당신에게 무엇을 측정할지를 알려주고 당신이 결과를 예측할 수 있게 하지만 '왜?'라는 질문에 대한 답은 제공하지 않는다.

만일 과학이 사물을 설명한다면, 이것은 과학이 아니다. 과학을 과학으로 만드는 것은 과학이 설명을 제공한다는 데 있지 않고, 수학적 모형의 형식으로 신뢰할 만한 예측을 제공한다는 데 있다. 갈릴레이의 낙하 법칙을 좋은 과학으로 인정하는 것은 왜 수은이 기압계에서 높이 서는가에 관한 파스칼의 설명보다 아리스토텔레스주의의 과학 개념으로부터 훨씬 더 급진적인 이탈을 수반하기 때문이다. 당신은 아마 이것이 단지 갈릴레이의 법칙이 완전하지 않기 때문이라고 생각할지도 모른다. 뉴턴의 중력 이론은 갈릴레이의 낙하 법칙과 케플러의 행성 운동 법칙의 설명을 제공한다. 그것은 부분적으로 진실이다. 그러나 뉴턴은 중력이 무엇인지 혹은 어떻게 그것이 작동하는지를 전혀 설명하지 않는다. 우리가 보았듯이 그도 그렇다고 인정했다. 중력 이론은 단지 넓은 공간에 걸쳐서 신뢰할 만한 예측을 가능하게 한다. (근원적인 이유에 관한) 설명의 문제는 해결되지는 않은 채 진행되어왔다. 결과적으로 뉴턴의 중력 이론에 대한 하위헌스의 반응은 단순했다. '나는 중심으로부터의 거리의 제곱에 반비례한다는 중력의 이 조절된 감쇠에 관해 결코 생각해본 적이 없다. 이것은 중력의 새롭고도 놀라운 성질이다. 그 이유를 찾아볼 충분한 가치가 있다.'[34] 하위헌스는 여전히 설명을 찾고 있었다. 뉴턴은 설명의 세계를 떠나 새로운 세계, 이론의 세계에 들어갔다.

과학적 설명들은 (적어도 지금까지는) 완전하지 않다. 그것들은 흔히 갑자기 멈춘다. 과학법칙은, 비록 가끔 더 깊은 설명이 후에 나타나지만, 그것 너머 설명이 존재하지 않는 지점을 표시한다. 아리스토텔레스주의 과학은 그렇지 않았다. 아리스토텔레스주의 철학자들은 자신들의 지식이 중요한 측면에서 불완전하다는 것을 의식하지 못했다. 따라서 그들은 갈릴레이 혹은 파스칼의 성공에 대해 다른 등급을 매겼다. 그들에게 자신들의 지식 체계가 성공적이라는 증거는 그것으로 설명할 수 없는 것이 없다는 점이었다. 비록 그 설명들이 현재 우리에게는 순환적으로 보이지만 말이다. 몰리에르Molière는《상상으로 앓는 사나이Le malade imaginaire》(1673)에서 왜 아편이 사람들을 잠들게 하는지 설명할 수 있다는 생각을, 그것은 '그 속에

그 본성이 감각들을 달래서 잠들게 만드는 최면성의 힘이 있기' 때문이라
고 말함으로써 조롱했다. 그러한 설명들은 파스칼 이후에는 어리석게 보
이지만, 그 이전에는 그렇지 않았다.

　갈릴레이, 혹은 파스칼, 혹은 뉴턴에게 중요했던 것은 이전에는 그러한
예측이 불가능했던 곳에서 성공적인 예측을 할 수 있다는 것이었다. 그러
나 이는 그들 지식의 한계를 인정하는 일을 수반했다. 아리스토텔레스주
의 철학자들은 아리스토텔레스가 알 필요가 있는 모든 것을 알고 있었다
고 가정하며 뒤를 돌아보았다. 새로운 과학자들은 앞을 바라보며 그들이
만족스러운 예측을 할 수 있는 주제의 한정된 범위를 확장하려고 목표를
세웠다. 새로운 과학은 진보하고 옛 철학은 그러지 못한 하나의 이유는,
새로운 과학이 완벽하지 않음과 불완전함에 대해 의식했기 때문이었다.

4

과학이란 무엇인가? 현대 과학사의 시조라 불릴 자격이 있는 제임스 브라
이언트 코넌트James Bryant Conant(그는 쿤의 멘토였다)는 그것을 '실험과 관찰
에서 생성되어 새로운 실험과 관찰을 이끌어내는 일련의 개념들 혹은 개
념적 구도들(이론들)'이라고 정의했다.[35] 따라서 과학은 한편으로는 이론과
다른 한편으로는 관찰(우리의 옛 친구 '경험') 사이의 상호작용 과정이다. 천
문학에서 이 과정은 튀코 브라헤와 함께 실제로 시작되었고, 물리학에서
는 파스칼과 함께 시작되었다. 우리는 그것을, 비록 뉴턴이 그것을 압축해
놓은 채로 첫 출판을 했지만, 그의 노트를 통해서 명확하게 추적할 수 있
다. 지식의 본질에 관한 특별한 변혁이 과학의 언어에 반영되고 있음이 명

백해 보인다. 비록 우리가 과학에 관해 논의하는 언어가 우리에게 완전히 제2의 자연이 되어서, 이 언어적 적응의 핵심적 측면이 거의 완전히 보이지 않게 되었지만 말이다.[36] 적응 그 자체는 존재한다고 깨닫게 되면 확인하기가 쉽고, 일단 확인되면 중요성은 명백해진다.

프랑스어 사전에서 이론théorie이라는 일련의 단어를 찾아보는 것이 논의를 시작하는 유용한 방식이 될 것이다.[37] 19세기 말이 되기까지는 우리는 그 말의 명백한 근대적 의미를 열과 전기의 이론으로 주어진 예시들과 함께 발견하기가 어려웠다. 그 이전에 '이론theory'은 실제적 지식으로보다는 사변적인 것으로 정의된다(그 단어의 어원은 보다look 혹은 지켜보다spectate의 그리스어다). 주목할 만한 하나의 특별한 용법은 la théorie des planètes, '행성의 운동에 관한 수학적 모형들'이다. 만일 우리가 갈릴레이, 파스칼, 데카르트, 홉스, 아르노, 로크에게서 'theory'/théorie/teoria라는 단어를 찾는다면 우리는 아무것도 발견하지 못한다.* 반면 흄에게서는 종종 근대적 의미로 (시간이 흐를수록 더 자주) 사용된 그 단어를 발견한다.

16세기 영어에서 '이론theory'(혹은 'theoric', 이 단어는 상호 교환적으로 사용되었다)이라는 단어는 프랑스어 사전을 조사함으로써 우리가 예측할 수 있는 대로 사용된다. 한편으로는 실행에 반대되는(음악가들은 음악의 이론과 실기를, 포병들은 화포의 이론과 실기를 배운다) 사변적 혹은 추상적 지식을 지칭하고, 다른 한편으로는 행성의 이론(모형)을 지칭한다. 따라서 프톨레마이오스와 코페르니쿠스의 이론들이라고 지칭하면 그들 우주의 수학적 모형들을 의미한다. 수학적 모형을 지칭하지 않고 그 단어가 근대적 의미로 사용

---

* 파스칼과 데카르트에게서 우리는 오직 실제적 지식과 이론적 지식 사이의 관례적인 구별을 찾을 수 있지만 특별한 이론은 발견하지 못한다.

되는 최초의 예는 베이컨의《숲의 숲》(1627)이다. 그는 갈릴레이의 조수 이
론을 비판하고 있다.

> 갈릴레이는 그것을 충분히 알고 있었다. 만일 그 안에 물이 있는 **열린 수로**가
> **바닷물**이 따라올 수 있는 것보다 빨리 **움직이면**, 물은 운동이 시작되는 **후단**을
> 향해 더미 위에 모인다. 그는 이것을 **대양**의 **밀물**과 **썰물**의 **원인**으로 제안한다.
> **지구**가 **바닷물**보다 빨리 움직이기 때문이다. 비록 그 **이론**은 거짓이지만 최초
> 의 실험은 **진실**이다.**°38**

그 단어의 새로운 의미가 퍼진 것은 아마 베이컨부터일 것이다.°° 우리
는 그의 1649년과 1650년 판 헬몬트에 대한 주석과 그 번역으로부터, 그
리고 1653년 데카르트에 대한 주석과 그 번역으로부터 그것을 발견할 수
있다. 각각의 경우 원본에는 '이론'에 해당되는 말이 없다.39 1660년, 보일
은 자신이 진공에 관한 새로운 실험을 제공할 것이지만, 새로운 이론은 제
공하지 않을 거라고 공표한다.°°° 1662년, 그는 현재 보일의 법칙이라고 불
리는 새로운 '이론'(그 자신이 사용한 단어)을 자랑스럽게 공표한다.40 그 단
어가 그 새로운 의미로(즉, 이론과 실제의 대조 혹은 수학적 모형으로서가 아니
라) 왕립학회의 〈철학회보〉에 처음 등장한 것은 존 월리스John Wallis의 조

---

* 갈릴레이가 '왜 지구에 바다가 가득한지'에 대한 정교한 수학 이론을 지녔던 것은 사실이다. 그러나 베이컨이 그
이론이 틀렸다고 말할 때 나는 그가 일반적인 코페르니쿠스설을 지칭하지 않은 것으로 여긴다. 코페르니쿠스설로부
터 갈릴레이가 연역한 내용이 아니라, 그저 '지구에 물이 가득할' 때 조수가 생긴다는 이론을 지칭한 것으로 본다.

** 옥스퍼드 영어사전에 합당한 의미로서 '이론'과 '이론화하다'의 최초의 예시가 실린 것은 1638년이다.

*** '그리고 비록 내가, 이 기회에, 당신에게 어떤 새로운 발견을 담은 것을 숙지시키지 않는 척하지만, 당신이 이전
에 **가정**만 했던 새로운 것을 **아는** 데 내가 도움이 된다면 매우 기쁠 것입니다. 아직 의문의 여지가 없는 것이 되지 못
한 것을 새로운 이론으로가 아닐지라도 적어도 새로운 **증명**으로 당신께 제시할 것입니다.' Boyle, *New Experiments
Physico-mechanical*(1660), 2 = Boyle, *The Works*(1999), Vol. 1, 157.

수에 관한 설명에 대한 올든버그의 편집인 서문에서였던 것으로 보인다 (월리스는 이론이 아니라 가설, 에세이, 추정이라고 표현했다. 그 책의 색인에서, 이것은 '새로운 이론'이었다). 두 번째 등장은 동물의 수혈에 관해 로버트 보일이 썼던 〈로어 박사에게 드리는 실험 제안Tryals proposed to Dr Lower〉에서였다.[41] 스프랫의 《역사》(1667)에서 그 단어는 완전한 근대적 의미를 띠게 된다. 사람들은 스콜라학파도 이제 이론을 가졌다고 말했다. 그리고 새로운 이론의 생산은 이제 실험을 수행하는 것만큼이나 새로운 과학의 중요한 부분이 되었다.[42] 우리가 보았듯이, 1672년 왕립학회에 보내는 뉴턴의 서한은 올든버그에 의해 '빛과 색에 관한 새로운 이론을 포함하는 케임브리지 대학 수학 교수 아이작 뉴턴의 서한'이라는 제목이 붙었다.[****] 그리고 '새로운 이론'이라는 문구는 잇따라 교환되는 서신 속에 퍼져나갔다. 그의 《광학》(1704)은 그 자체를 '빛의 이론'에 관한 연구라고 선언했다.[*****][43] 광학은 전통적으로 수학의 한 분야였다. 그리고 보일의 법칙도 수학적 관계식이다. 그러나 혹은 '탄성의 진정한 이론'뿐만 아니라 그 자신의 불꽃 이론에 대해 저술했지만 거기에는 수학이 들어 있지 않았다.[44] 새로운 의미로 사용된 그 단어는 토머스 버넷Thomas Burnet의 《지구에 대한 이론Telluris theoria sacra》(1681, 1684 영역)에 처음 나타났고, 이어 윌리엄 휘스턴의 《지구에 대한 새 이론A New Theory of the Earth》에 나왔다. 프랑스어에서는 새로운 용법이 《중심 진동에 대한 새로운 이론Nouvelle théorie du centre d'oscillation》(1714)을 쓴 요한 베르누이Johann Bernoulli 같은 수학자들에 의해 처음으

[****] 뉴턴 자신은 그것을 이론theory이 아니라 학설doctrine이라고 부른다. 보일이 그의 책 중 하나에 'A Defence of the Doctrine Touching the Spring and Weight of the Air'(1662)라고 이름을 붙였듯이 말이다. '학설doctrine'은 그 학파가 사용했던 옛 용어이고, '이론theory'이 이를 대체한다.

[*****] theoria라는 단어는 뉴턴의 《프린키피아》(1687)에 네 번 나타난다. 세 번은 현대적인 의미로서다. '이론theory'은 1729년 앤드루 모트Andrew Motte의 번역본에 반복해서 나타난다.

로 채택된 것으로 보인다. 그것은 곧 더 일반적으로 퍼져나갔다. 볼테르의 《뉴턴 철학의 요소들Élémens de la philosophie de Newton》(1738)은 빛의 이론la théorie de la lumiére을 논의했다. 조지 버클리George Berkeley의 《시각신설론an Essay Towards a new Theory of Vision》은 1732년 이탈리아어로 번역되었다.

'이론'이라는 단어의 새로운 의미는 새로운 과학의 이해에 기본적이다. 전통적으로 철학은 지식scientia, 진정한 지식을 추구했다. 그러나 천문학을 수행하는 수학자들은, 실재와 일치할 수도 있고 아닐 수도 있으나, 현상에는 다소간 잘 들어맞는 수학적 모형인 가설, 이론에 만족했다. 수학적 이론들은 설명이 아니었다. 그것들은 예측을 하는 개념적 체계였다. 기체 압력에 관한 보일의 새로운 이론(1662)과 빛에 관한 뉴턴의 새로운 이론(1672)은 설명이 아니었다. 그것들은 '왜'라는 질문에 답하지 못했다. 그것들은 실험 과정의 결과를 성공적으로 예측하고 자연 세계에서 그 과정들을 확인할 수 있게 해주는 개념들이었다. 게다가 '이론'이라는 단어에는 유용한 모호성이 있다. 그것은 확립된 진리를 지칭하기도 하고(이것이 뉴턴이 이론이라는 단어를 사용한 방식이다), 실행 가능한 가설을 의미하기도 한다. 따라서 논란의 여지 없는 진리를 주장하고 싶은 사람들과 잠정적인 지식 주장을 하고 싶은 사람들의 차이를 얼버무린다.

따라서 '이론'이라는 용어를 채택함에 있어서 과학자들은, 그것이 원인의 지식, 그리고 아리스토텔레스주의 철학자들이 물질 혹은 형상이라 부른 것의 지식을 의미하는 한, 철학자들의 진리에 대한 집착에서 자유로워졌다. 로크와 뉴턴은 우리가 물질에 관한 지식을 가질 수 없을 거라고 주장했다(만일 세계가 원자로 구성되어 있다면 우리는 그것들의 크기 및 모양을 알 수 없다). 우리는 오로지 성질에 관한 지식(도토리는 딱딱하다. 발사balsa 나무는 부드럽다 등)을 가질 수 있었다. 뉴턴은 물질에 관한 지식을 신뢰할 수 있고 정확하게 작동되는 개념적 모형으로 교체했다. 과학철학자들은 '실재론'이라고 불리는 것, 즉 과학이 진리인가라는 질문에 오늘날까지 사로잡혀왔다. 그들이 알아차리지 못한 것은, 진정한 지식scientia이라는 낡은 관념으로부터의 탈출과 '이론'이라는 개념이 이것을 대체하여 근대 과학이 확립되었다는 점이다.* 그 단어를 채택한 것은 철학과 수학의 고전적 전통(연역과 물질의 진정한 지식을 추구하는)과 근대 과학(실행 가능한 이론에 관심을 기울이는) 사이의 단절을 나타낸다. 로크의 《에세이》(1690)는 이 전환을 제목에서 상징화한다. 그것은 **지식**(지금 이것은 인간의 능력을 초월하는 것으로 생각된다)에 관한 책이 아니라 《인간지성론An Essay Concerning Human Understanding》이다. '에세이'라는 단어는 그 이해가 잠정적이라는 것을 암시하기도 한다. 독자에게 보내는 서한의 중심 구절에서 그는 이해에 관해 다음과 같이 썼다.

> 그것이 가장 고양된 영혼의 능력이기 때문에, 다른 어떤 것보다 더 큰, 그리고 더 꾸준한 기쁨으로 차용된다. 진리를 향한 탐구는 일종의 매사냥과 사냥이다. 그 추구 자체가 쾌락의 대부분을 만든다. 정신이 지식을 향한 진보에서 내딛는 모든 발걸음은 몇몇some** 발견을 만들어내고, 이는 새로울 뿐만 아니라 적어도 그 시대에서 최상의 것이기도 하다.

따라서, 우리가 그것을 보유하고 있는 한, 지식은 절대적이 아니라 진보적이며, 확정적이 아니라 잠정적이다. 우리는 진보한다. 그러나 매사냥을

---

* 이 개념이 흄의 회의론 철학에서 그렇게 진심으로 받아들여졌다는 것은 놀랍지 않다.
** '몇몇'은 초판의 활자본에는 없지만, 가끔 출판업자가 잉크로 써서 삽입했고 이후 모든 판본에 나타난다.

하거나hawking 혹은 사냥하는hunting 사람들과 달리, 우리는 결코 먹이를 잡지 않는다.

하여, 갈릴레이조차 주저하는 과학자 이상은 아니었다. 그는 항상 연역의 확실성을 추구했기 때문이다. 차라리 근대 과학은 베이컨이 지구의 운동을 '이론'으로 설명한 갈릴레이를 새롭게 묘사하면서 시작되었다. 1660년대에 이르자 영국에서 과학을 논의하는 표준 용어에는 '사실'과 '증거'(법칙으로부터의. 다음 장에서 '증거'를 논의할 것이다), 그리고 '가설'과 '이론'(천문학으로부터)이 포함되었다. 과학은 발명되었다. 이 네 단어를 (모두 근대적인 의미로) 담고 있는 최초의 책('실험'이라는 단어도 근대적 의미로 담고 있는)은 월터 찰턴이 쓴 판 헬몬트에 관한 주해《세 겹의 역설Ternary of Paradoxes》(1649)이다. 찰턴은 의도적이며 자의식 강한 언어 사용의 혁신가였다. 옥스퍼드 영어사전은 그를 하나의 단어를 정의한 최초의 등재자로 151회 인용한다(그는 'projectile', 'pathologist', 'erotic'을 사용한 최초의 인물이었다).[45] 그러나 즉시 우리의 주목을 받는 이 용법 중 어떤 것도 그에게는 새롭지 않았다. 실제로 그는 영어의 놀랄 만한 장점을 주장했다.

우리 **모국어**의 공경할 만한 위풍당당함이여. 주장하건대 이것으로부터 가장 말쑥한 **정신의 개념**이 대중에게 알려지도록 정교하게 구성되어서 세계 여타 언어보다 더 몸에 맞는 적합한 옷을 만들 수 있다. 특히 두 영웅적인 재사士 세인트 앨번 자작(프랜시스 베이컨)과 지금 전성기인 브라운 박사의 기술과 땀에 의해 완성 또는 개선된 이후, 그들의 비할 데 없는 저술들 중에서 그러한 완전하고 의미 있는 **표현들**로 채워진 한 권의 책이 선택될 것이다. 만일 이것이 최대 규모의 가장 고상한 **사유**에 의해 올바로 헤아려진다면, 그 책은 **라틴어는 합리적 영혼의 최상의 조화로운 협화음**이라는 몇몇 신학 교수들의 편파적인

신조를 비틀거리게 하는 데 당연히 기여할 것이다.[46]

찰턴의 언어는 동시대인들의 찬성을 얻지 못했다. 그는 다음 저술《굽은 코의 미망迷妄Deliramenti catarrhi》(1650)을 자신을 폄하하는, 머리가 둔한 자들에 대한 길고 신랄한 비판으로 시작했다. 그는 선언하기를, 타락한 입맛을 지닌 그들의 기호嗜好는 시인들의 엘리시움과 부드러운 낭만으로 버무려져 있고, 남성적인 언어보다는 여성적인 무대 대사로 기름이 쳐져 있으며, 몇몇 새로운 프랑스어풍의 영어 어법으로 양념이 되어 있고, 대충 만든 샐러드를 제외하고는 그 어떤 것도 소화하기에 맞지 않다고 말했다. 그러나 찰턴은 초기 왕립학회의 가장 활동적인 회원 중 한 사람이었다. 보일과 스프랫에 의해 길들여진 그의 개인어는 과학의 언어가 되었다. 낡은 철학이 논란의 여지 없는 확실성을 주장하는 곳에서, 새로운 철학은 신뢰할 만하고 논쟁의 여지 없는 가설들과 이론들을 만들기 위해 사실과 증거가 오랫동안 정리된 학문인 천문학과 그 법칙들을 모델로 삼았다.

증거와 판단

나는 고개를 저었다. '많은 사람들이 훨씬 사소한 증거로 교수형을 당했다.' 나는 깨달았다. '그들은 그렇게 당한다. 많은 사람들이 부당하게 교수형에 처해졌다.'

_아서 코넌 도일, 〈보스콤 계곡의 비밀The Boscombe Valley Mystery〉(1891),
《셜록 홈스의 모험The Adventures of Sherlock Holmes》

1

'과학이란 무엇인가?'라는 질문을 다시 던져보자. 그 답변은 '증거에 근거한 자연적인 과정에 관한 지식'이다. 증거라는 개념 없이 과학은 존재할 수 없다. 17세기 과학자들이 사용하던 '증거'라는 낱말의 의미를 찾아보면 다소 특이한 점을 발견할 수 있다. 그들은 그 낱말을 알고 있었지만 결코 사용하지 않았다. 예를 들면, 베이컨은 물론 법률적 맥락에서 그 낱말에 익숙했지만 자연철학을 논할 때 결코 그 말을 사용하지 않았다.[1] 그들은 '증거'에 대해 우리와는 다른 개념을 가지고 있었든지 아니면 그들이 그 낱말을 사용하는 데 어떤 장애물이 있었던 것 같다.[2]

우리는 네 가지 다른 의미로 '증거'라는 낱말을 사용하고 있음을 인식하고 출발할 필요가 있다. 먼저 '증거'는 명백한 어떤 것을 지칭한다. 2 더하기 2가 4인 것은 명백하다. 이것이 라틴어 evidentia에서 바로 온 '증거'의 원뜻이다. 이는 어원학적으로 그 낱말의 기본 의미이므로, 옥스퍼드 영어사전은 1300년대로 되돌아가보면 다른 의미로 사용된 사례가 있다는 사실에도 불구하고 1665년에 원래 의미의 두 예와 함께 먼저 이 뜻을 열거한다. 거기에 나온 예시 중 하나는 로버트 보일의 언급이다. '어떤 진리들이 있는데, 그것들 속에는 풍부한, 결코 숨겨질 수 없는 진정한 빛 혹은 증거가 있다.'[3] 마음에 명백한 것과 눈에 분명한 것 사이의 비교가 이러한 의미 '증거'를 사용할 때 퍼져나간다. 존 로크의 《인간지성론》(1690)은 이 눈-언어eye-language를 잘 보여준다.

> 마음의 지각은 시각과 관계되는 단어에 의해 가장 적절하게 설명되는데, 우리가 바라보는 물체에서 명료함과 모호함이라고 부르는 것을 생각함으로써, 우리 생각에서의 명료함과 모호함이 의미하는 것을 가장 잘 이해할 수 있다. 눈에 보이는 물체를 우리가 발견하게 해주는 것이 빛이므로, 우리가 그 모양과 색깔을 자세히 구별하기에 충분한 빛 속에 들어 있지 않은 것에 우리는 모호함이라는 이름을 부여한다. 더 나은 빛 속에서는 구별이 될 것이다. 따라서 그것들이 물체 그 자체일 때 우리의 단순한 생각은 명확하다. 그것들은 취해진 그때로부터 질서가 잡힌 지각의 감각 속에서 드러난다.[4]

비록 다른 곳에서 '증거'라는 낱말을 사용하지만('그 증거의 정도', '확실성과 증거'), 로크는 '명확한'이라는 낱말을 사용하기를, 그리고 직관적 지식을 '밝은 햇살과 같은 것'이라고 표현하기를 훨씬 더 선호한다. 이것은 마음의 관점을 그 방식으로 바꾸자마자 그 자체가 즉시 감지되도록 한다.[5] 이렇게 명확하고 분명한 생각에 대한 그의 논의는 데카르트의 예시를 따른다. 데카르트는 오직 명확한 생각만이 논증에 사용될 수 있다고 주장한다.

550

로크가 '증거'라는 낱말의 사용을 되도록 피한 이유는 영어에서 그 낱말
이 여러 의미를 지니고 있기 때문이다. 따라서 1654년 월터 찰턴은 가상
디가 에피쿠로스의 인식론을 요약한 두 라틴어 문구의 영어 번역 '감각의
증거가 반대하지 않거나 찬성하면 그 견해는 사실이다. 그리고 감각의 증
거가 찬성하지 않거나 반대하면 그 견해는 허위다'를 제시했다.[6] 그는 라
틴어 evidentia를 번역하고 있으므로 여기서 '증거'라는 말은 '분명함' 혹
은 '명백함'을 뜻해야 하고, 그는 그렇게 사용했다. '감각 증거의 찬성'은
우리의 감각에 일어나는 어떤 물체에 대한 우리의 인식 혹은 판단이 그것
의 실재와 정확하게 일치한다는 확신을 의미한다. 혹은 우리 감각의 지각
을 통해 그 물체가 그러하다고 판단되거나 그렇다는 견해가 생기면 진정
으로 그러하다.[7] 그래서 감각의 증거는, 사람들이 생각하는 대로, 감각의
증언이 아니라 우리 감각이 그 물체를 제대로 파악한다는 자신감이다. 찰
턴이 예로 든 것은 멀리서 우리에게 걸어오는 인물이다. 어떤 지점까지 오
면 그가 플라톤임이 명백해진다. 옥스퍼드 영어사전은 그 낱말이 1665년
이전에는 이러한 의미로 사용되지 않았다고 설명했는데 이는 확실히 잘못
이다. 1615년, 라틴어의 의미로 그 낱말을 조심스럽게 사용한 토머스 잭
슨Thomas Jackson은 말한다.

> **증거.** 분명함cleerenes과 명확함perspicuity(직접적으로 그리고 공식적으로 그것의 주
> 된, 본래의 의미 속에 포함되어 있다) 외에, 알려진 사물의 제한 없는 이해의 효

• 이것은 《최초의 철학에 관한 성찰Meditations on First Philosophy》(1641) 3부의 첫 문단에 고전적으로 표현되어 있다. 매
우 흔하게 이 눈-언어는 어떤 것도 그것이 그려질(그리고 새겨질) 수 없는 한 실재적인 것으로 간주될 수 없음 시사한
다(그리고 그렇게 의도되었다). 이는 오로지 기계론 철학만이 진정한 것임을 의미했다. 따라서 베이크만은 1629년에 이
렇게 주장한다. '철학에서 나는 그것이 관찰 가능한 것처럼 표현되지 않는 것은 아무것도 허용하지 않는다.' Berkel,
Isaac Beeckman(2013), 81, 173–85; Lüthy, 'Where Logical Necessity Turns into Visual Persuasion'(2006).

과를 가져다준다. 그것들은 사물의 지식에 대한 우리의 욕망을 완전히 만족
시키기 때문이다. (우리가 알고 싶어하는 특정한 것으로부터 그것이 이미 가진 더 깊
고 나은 정보를 수용할 수 있는 지각 능력을 떠나보내는 지식은 생각할 수 없다.)[8]

　잭슨을 따라, 이러한 유형의 증거를 명확성 증거Evidence-Perspicuity라고
부르자.

　둘째, 영국 법에서(오직 영국 법에서만) 법률 용어로 사용된 '증거'가 있
다. 처음에(1439년부터) 영국 법정은 증언과 증거(그 사건과 관계있는 문서)
를 고려했다. 그 후 1503년부터 '증거'는 증언과 문서적 증거를 포괄하는
용어가 되었다. 존 코월John Cowell은 《해석자The Interpreter》(1607)에서 '증거'
를 그것이 사람의 증언이든 도구의 증언이든 어떤 증명을 위해 법률에서
사용되는 것이라고 썼다.[9] 이러한 법적 의미에서 '증거'를 나타내는 라틴
어 용어는 하나도 없다. 서류는 instrumenta이고, 증언은 testimonium이
다. 이 포괄적인 법적 의미를 법적 증거Evidence-Legal라고 부르자. 우리는 찰
턴이 그의 《세 겹의 역설》에서 이러한 의미로 '증거'를 사용하고 있음을 알
수 있다. '참고로 이제 자석의 작용에 자격면허를 주는 것을, 그리고 기준
이 되는 진리의 증거로 그 적대자들의 무지와 어리석음을 확신시키는 것
을 우리의 과업으로 삼을 것이다.'[10]

　일찍부터 '증거'는 사람들에게 믿음 혹은 승인의 근거를 제공하는 어떤
것(승인 증거Evidence-Assent)을 뜻했다. 그래서 코월은 증거에 대한 그의 정
의를 확장해갔다. 그는 재판에서 피고는 증언을 하도록 요구 받는다고 말
한다. 그는 '자신이 말할 수 있는 것을 이야기한다. 그를 따라 똑같이, 죄
수로 인해 염려하는 모든 사람들, 어떤 지표indices나 징표tokens를 제공할
수 있는 사람들도 그렇게 한다. 우리는 우리의 언어(증거)로 악한에 강력

552

한 제재를 요청한다.' 그는 토머스 스미스Sir Thomas Smith(1577년 사망)를 인용하고 있다. 스미스와 코월은 이러한 '증거'의 확장된 의미가 영어에서 특이하다는 것을 깨닫는다. 지표와 징표를 뜻하는 라틴어는 signa 혹은 indicia이며, 프랑스어는 preuves(증거, 증명, 표시)이다. 이것이 '증거'의 네 번째 의미이다(지표 증거Evidence-Indices).

영국 법정에서 지표 증거는 법적 증거의 한 부분으로서 오직 증인이나 서류를 통해서 표현되는 것으로 받아들여진다. 지표 증거란 통상 과학이 증거에 의존한다고 말할 때 우리가 의미하는 것이다. 따라서 범죄의 현장에 남겨진 지문은 누군가가 거기에 있었다는 조짐 혹은 징표가 되는 지표 증거다. 코월은 '파산bankrupt'이라는 단어를 설명하는 예시를 든다.

> **파산**Bankrupt(brankrowte라 불리는)은 프랑스어 banque route(파산), faire bangueroute(파산하다)와 로마어 foro cedere, solum vetere에서 온 것이다. 내가 취한 프랑스어 단어의 구성은 수사적으로 지상에 남겨진 징후, 한때 그것에 고정된 도표의, 그리고 이제는 사라진 은행(banque), 즉 계산대(mensa) 그리고 도로(route) 즉 발자국(vestigium)으로부터 취해진 것이다. 그래서 원어는 많은 저술가들에 의해서 어떤 공적 장소에서 그들의 노점과 계산대(tabernas et mensas)를 지녔던 로마어 mensarii에서 파생된 것으로 보인다. 돈을 맡겼는데 도망가거나 속이는 경향이 있을 때 그들은 그 뒤에 잔해나 징후만을 남긴다.[11]

당신은 시장에서 가판대를 갖고 있는 누군가에게 얼마간의 돈을 맡긴다. 어느 날 당신은 시장에 간다. 그 가판대가 이전에 있었던 곳은 지상에서 유일한 표시, 발자국vestigium이다. 이것은 그 가판대가 사라졌다는 징

표, 조짐, 혹은 징후다. 그 간판대가 사라졌다는 사실은 당신의 은행가가
폐업을 했다는 징후다. 당신의 은행가가 폐업했다는 사실은 당신이 많은
돈을 잃어버렸다는 것을 의미한다.

찰턴 역시 '증거'를 이러한 의미로 사용한다. 그는 만일 당신이 종양 주
위에 사파이어로 원을 그리면 어떻게 종양이 사멸하는지를 묘사한다. 그
리고 사파이어는 원격으로(자기력磁氣力으로) 암에 계속 작용한다고 주장한
다. '이것 자체가 **자기력**을 위한 더 확실한 증거를 제공할 것이다. **사파이어**
의 마찰 후 몇 분 내에 종양은 더 심해지지 않을 것이고, 더 지나면 (…) 균
력菌力(독성)은 부재하는 **보석**의 **자기적 인력**에 순응하여 계속적으로 숨을 내
쉰다.'12

이러한 종류의 논증은 고대 로마인들에게 잘 알려져 있었다. 이것은
사물에서(혹은 우리가 사실이라고 부르는 것에서) 출발하는 논증이다. 이것
은 서기 1세기로 소급되는 저술인 퀸틸리아누스Quintilianus의 《웅변교육론
Institutio Oratoria》 제5권에서 논의되고 있다. 을이 갑의 칼에 맞은 채 죽어 있
는 것이 발견된다. 이것은 갑이 을을 살해했다는 징후다. 물론 갑이 칼을
도난당했거나, 을이 갑을 공격하여 갑이 정당방위를 한 것이 아니라면 말
이다. 그러한 징후들은 완전한 증거일 수 없고 오직 암시이다. 그것들은
맥락에 따라서 해석되어야 한다. 퀸틸리아누스는 이렇게 말한다.

징후는 그것으로부터 어떤 것이 추론되는 것이다. 예를 들면, 피로부터 살인
이 추론되는 것과 같다. 그러나 피의자의 옷에 묻은 것은 죽은 동물의 피일
수도, 혹은 그저 코피일 수도 있다. 그 옷에 피가 묻은 사람이 반드시 살인자
는 아니다. 그러나 이 징후가 그 자체로 충분하지 않다 하더라도 다른 것과
더해지면 증인의 진술에 상당하는 것이 된다. 만일 그 사람이 원수이든지, 이

전에 위협을 했든지, 혹은 같은 장소에 있었다면 말이다. 그 징후가 이것들에 더해지면 오직 의심만 받던 것이 확실하게 보일 수 있다.[13]

우리는 그러한 지표 증거가 정황적인circumstantial 증거라고 말한다. 여기서 '정황적'의 법적 이해는 본질적으로 '맥락과 관련되어contextual' 있다. '정황적'이라는 단어는 퀸틸리아누스로까지 거슬러 올라간다. 그는 circumstantia를 공간적인 분포(목동 주변에 서 있는 양)를 지칭하는 데 사용하지 않고 맥락에 의존하는 문제점이 있는 연역으로 지칭한 유일한 라틴어 저술가다. 정황에의 호소에 대해 퀸틸리아누스가 지어낸 예시는 이렇다. 대사제가 사형수를 사면하는 어떤 법이 있고, 만일 간음을 저지른 어떤 사람이 사형에 처해지면 그 상대방도 역시 사형에 처해져야 하는 다른 법이 있다고 해보자. 대사제가 간음을 하고 사형선고를 받는다. '아무 문제 없다. 나는 나를 사면할 것이다'라고 그는 말한다. '전혀 그렇지 않다. 만일 당신이 스스로를 사면하면 당신의 상대방도 사형 집행에서 사면된다. 그러면 당신은 두 사람을 사면한 것이 되는데, 그렇게는 할 수 없다. 그래서 당신은 죽어야 한다'라는 반론이 나온다. 간음이라는 특정한 맥락에서 대사제의 사면권은 사용될 수 없다.[14]

신앙을 위한 불완전한(그러나 하찮은 것이 아닌) 논증을 지칭하기 위해 '정황'과 '정황적'이라는 말은 퀸틸리아누스의 라틴어로부터 영어에 편입된다. 1590년, 예수회 회원 로버트 파슨스Robert Parsons는 말한다.

사도 바울이 선언했듯이, 우리가 믿는 일들은, 인간 논증의 추론에 의해 명백해지는 것과 같이, 저절로 그러하지는 않다. 그러나 우리를 향한 자비로운 신의 선량함과 신실한 인도함이 있기에, 신은 안으로나 밖으로나 그 자신을

충분한 증거 없이 내버려두지 않는다. 바울이 다른 곳에서도 증언했듯이, 내
면적으로 신은 그것들을 믿는 데에 내면의 기쁨과 위로와 함께 우리에게 빛
과 이해를 주심으로써, 우리가 믿는 그러한 일들이 진리임을 증언한다. 외면
적으로는, 그는 수많은 편리함, 개연성, 신뢰의 논증으로 우리에게 증언한다.
(신이 그것들을 명한 대로) 믿어지는 바로 그 점에도 불구하고 약간의 모호함은
여전히 남는다. 그러나 수많은 개연성의 정황이 있기 때문에 사람들은 그것
을 믿는다. 어떤 이유로든지 그것들을 거부하고 믿지 않는 것은 이치에 어긋
나는 것으로 보인다.[15]

개연성, 신뢰의 논증들, 가능성의 정황. 이 모든 것은 지표 증거에서 유
래한다. 그것들은 진술된 단어 혹은 작성된 문장에 해당되는 증언 자체는
아니다. 그러나 성서에서 그것들은 신에 의해 세심하게 조직되므로 증언
과 동등한 것이 된다. 원문의 증언을 제공하는 것은 성서와 교회의 전승이
다. 정황은 증언을 맥락과 관련짓고 그것을 동반한다. 이와 마찬가지로 내
면의 빛, 이해와 기쁨은 그것이 증언인 것처럼 기능한다. 파슨스에게 그것
들은 우리 믿음의 진리를 향해 말하고 있는 것 같았다.

네 유형의 증거(명확성, 법적, 승인, 지표) 사이에는 수많은 혼란의 영역
이 존재했고 지금도 그러하다. 그리고 하나가 붕괴하면서 다른 것으로 흡
수되기도 한다. 존 윌킨스는 유고집《자연 종교의 원리와 임무Principles and
Duties of Natural Religion》(1675)에서 믿음을 위한 근거(승인 증거)라는 가능한
가장 넓은 의미로 증거의 논의를 확장했다. 따라서 그는 '증거'라는 이름
아래 감각, 입증(즉 연역), 증언, 경험을 포함시켰다. 앞의 두 가지는 '~의
of' 증거이고 뒤의 두 가지는 '~을 위한for' 증거다.[16] 믿음을 위한 증거(법
적 증거, 지표 증거)는 여러 '승낙의 정도degree' 혹은 '진실성, 확실성 혹은

556

신뢰성의 정도'를 만들면서 좋아질 수도 나빠질 수도, 강해질 수도 약해질 수도 있다.[17] 이와 마찬가지로, 한 믿음의 증거(명확성 증거)는 여러 정도의 지식을 만들면서 더 커질 수도 더 작아질 수도, 더 명백해질 수도 더 모호해질 수도 있다. 로크에게는 '세 종류의 지식, 직관적 지식, 입증(증명)적 지식, 감각적 지식이 있다. 이 각각에는 여러 정도와 방식의 증거와 확실성이 있다.'[18] 로크의 관점에서 지표 증거(그는 개연성을 논의할 때 '증거'라는 단어를 이러한 의미로 사용한다)는 지식(직관과 입증 그리고 감각으로 한정된, '~의of' 증거 유형)의 형식이 아니라, 견해의 한 형식이다. 이것은 '승낙의 정도'라는 용어로 측정된다. 그럼에도 불구하고 몇몇 지표 증거는 마치 '확실한 지식'인 것처럼 간주될 수 있다.[19]

명백히, 여러 유형의 전문성은 여러 유형의 지식과 함께 작동한다. 수학자들은 증명되는 지식 혹은 명확성 증거를 다룬다. 아리스토텔레스주의 철학자들은 모든 진정한 지식이 명확성 증거에 기초하여 논란의 여지가 없는 명제로부터 거부할 수 없는 결론으로 논증해나가는 삼단논법으로 표현될 수 있다고 생각했다. 반면에 법률가들은 법적 증거와 지표 증거에 관심이 있다. 신학자들도 그러했다. 1400년 이래 신학자들은 소위 '도덕적 확실성moral certainty'(비록 성패가 달린 많은 것이 존재하더라도 의존하기에 충분히 훌륭한 증거)이라고 부르는 것을 논의해왔다. 따라서 나는 비록 내가 그곳에 가본 적이 없다 하더라도, 로마라고 불리는 도시가 존재한다는 것을 도덕적으로 확신할 수 있다. 증언이 있고, 문서가 있고, 지도와 사진이 있다. '로마'라는 장소의 존재를 확인하는 수많은 증거가 있다. 이 모든 증거가 가짜일 수 있다는 것은 전혀 타당해 보이지 않기에 나는 로마가 존재한다고 매우 확신한다. 그러나 나의 확실성은 직삼각형에서 빗변의 제곱이 나머지 변들의 제곱의 합과 같다는, 엄밀하게 증명될 수 있는 것과 동일한 종류는 아니다. 로마를 위한 증거는 경험으로부터의 논증이며 따라서 개연성으로부터의 논증이다.* 표준적인 논증은 기독교인들이 그들 신앙의 진리성에 대한 도덕적 확실성이 필요했다는 것이다. 그들 영혼의 운명이 거기에 달려 있었기 때문이었다.

몇몇 신학자들은 도덕적 확실성에 만족하지 못했다. 1689년 장로교 목회자 리처드 백스터는 증거의 개념을 자세히 논의했고, 고려되어야 할 유일한 종류의 증거는 명확성 증거라고 결론지었다. 그는 사람들이 여러 형식의 경험들 중 어느 것에도 의존할 수 없었다고 주장했다. '우리의 경험 철학자들과 의사들도 종종 성공적이었던 실험이 이후로는 다른 과제들을 놓치는 것을 발견한다. 그 이유는 알지 못한다. 어떤 결과들은 종종 알 수 없는 원인들로부터 생긴다.'[20] 진정한 신앙은 확실성을 요구했고, 확실성은 자체적 증거 혹은 명확성 증거를 요구했다. (성서가 그 자체로 명백한 진리임을 증명하려는 백스터의 노력을 우리가 붙들고 있을 필요는 없다.)

여기서 과학혁명의 특성을 규명하는 한 방식은 명확성 증거로부터 지표 증거로의 이동, 즉 직관적 혹은 입증적 증거 대신 정황적인 혹은 개연성 있는 증거를 믿도록 배운 사람들에 의한 것이라는 점이 분명히 드러난다. 따라서 토리첼리의 실험에서 공기의 압력을 볼 수는 없지만 수은 기둥의 높이는 눈으로 볼 수 없는 압력의 지표가 된다. 당신이 망원경으로 달을

---

* '도덕적 확실성'이라는 용어는 만일 그것들이 틀린 것으로 입증되면 치명적인 잘못이 되는 동인 없이 어떤 종류의 결정을 하는 데 요구되는 확실성의 정도를 묘사하기 위해 장 제르송에 의해 창안되었다(Schüssler, 'Jean Gerson, Moral Certainty'(2009)). 따라서 죄수에게 사형을 언도하는 재판관은 정말 그들이 죄가 있는지에 대해 도덕적으로 확실할 필요가 있다(오늘날의 용어로 말하면 '합리적 의심을 넘어서는' 확실성). 그러나 가장 성실한 재판관도 이따금 도덕적인 잘못 없이 거짓말하는 증인에 의해 오도된다. 따라서 도덕적 확실성은 사람들이 수학이나 논리학에서 지니는 종류의 절대적 확실성과는 아주 다르다. 도덕적 선택에서 흔히 문제가 되는 것은 사람들이 사실을 올바르게 파악하고 있다는 확신이므로, 그 용어는 사람들이 사실의 문제들에 관해 판단하는 다른 맥락으로 확장되었다. 따라서 나는 카이사르가 루비콘강을 건넜다는 것에 대해, 파스칼이 퓌드돔 실험을 올바르게 보고했다는 것에 대해 도덕적 확실성을 지닌다. 이 개념의 이후 역사에 관해서는 Leeuwen, *The Problem of Certainty*(1963)를 참조하라.

바라볼 때, 당신은 산지를 볼 수 없지만 들쑥날쑥한 명암경계선은 달에 산지들이 있다는 것을 의미한다. 갈릴레이가 목성의 위성들을 관찰했을 때, 그는 그것들이 위성이라는 것을 알 수 없었다. 그러나 그것들이 움직이는 패턴은 그것들이 목성 주위의 궤도에 있다는 것을 의미했다. 각각의 경우 당신이 볼 수 있는 것은 그것 자체를 넘어 당신이 믿을 수 있게 추론하는 어떤 것을 가리킨다. 수학자들은 법률가들과 신학자들이 수 세기 동안 증거를 다루던 방식으로 증거를 다루기 시작했다.

2

지금까지 우리는 주로 영어 문헌을 통해 증거를 살펴보았다. 영국 법에서 배심원은 사실의 문제를 심판하는 사람이었다. 그의 임무는 증거를 헤아려 피고에게 죄가 있는지 결정하는 것이었다.[21] 그 결정에 이르는 방법에 대해서는 정해진 규칙이 없었다. '합리적 의심을 넘어서는beyond reasonable doubt'이라는 규칙은 18세기에야 확립되었다. 이 규칙의 전체 요점은 배심원들이 스스로 의미를 결정해야 한다는 것이다. 따라서 배심원들은 만일 자신들이 그렇게 선택하면 자유롭게 정황적 증거에 입각해 결정에 이를 수 있었다. 1616년, 〈정직한 법률가The Honest Lawyer〉라는 제목의 연극에서 한 인물은 명백한 빈정거림으로 이렇게 표현한다.

우리는 결단코 판단해서는 안 된다.
정황적 가능성이나 추정에 의해
어떤 생명도 안전할 수 없다.[22]

우리가 보았듯이 로마의 사법권에서는 상황이 매우 달랐다. 증거를 다루는 방식에 대한 명확한 규칙이 존재했다.[23] 증거를 수집하고 규칙을 적용하고 평결을 하는 사람은 재판관이었다. 예를 들어, 교수형 유죄 평결은 범죄가 일어나는 것을 목격한 두 증인의 증언 혹은 자백과 같은 완전한 유죄 증거를 요구했다.* 정황 증거가 증언을 대신할 수 있다고 퀸틸리아누스가 말할 때, 그 이후의 법관들은 그가 완전한 증거의 절반으로 간주될 수 있는 권한을 정황 증거에 부여한 것으로 받아들였다. 교수형의 경우, 완전한 증거가 부족할 때, 표준적인 절차는 자백을 받아내기 위해 고문을 하는 것이었다. 그러나 고문은 오직 혐의에 대해 절반의 증거에 달하는 충분한 근거가 있을 때만 할 수 있었다. 영어에서 일반적으로 입증demonstration(수학적 증명)을 의미하는 '증거proof'라는 단어를 사용할 때, 절반의 증거라는 생각은 말이 되지 않는다. 대륙과 스코틀랜드 전역에서 재판관들은 완전한 증거를 확보하거나 고문을 정당화할 수 있는 충분한 증거를 확보할 때까지 증거들을 축적했다. 예를 들어, 소문은 72분의 1의 증거를 나타냈다.** (소문은 증거라고 하기엔 너무 미미했다는 뜻 — 옮긴이)

프랑스어에서도 'evidence'가 아니라 라틴어 어원을 따라서 'preuve', 즉 영어로 'proof'에 해당하는 단어를 사용했다. 그러나 그들은 proof를 축적될 수 있는 사물로 보았다. (법정에 제출되는) evidence가 의심할 여지 없는 완전한 증거에 이를 때까지 축적될 수 있는 것과 동일한 방식으로 말이다. 그러나 영어에서 우리가 '증거evidence'를 전체로, '그의 유죄 증거가

---

* 완전한 증거와 절반의 증거 사이의 구분은 1190년대의 주석학파注釋學派로 거슬러 올라간다. Franklin, *The Science of Conjecture*(2001), 18–19.

** 17세기에는 고문이 드물어졌다. 증거가 불충분한 재판에서는 범죄인에게 갤리선에서의 노역 선고가 내려지는 것이 보통이었다. 충분히 근거가 있는 혐의는 유죄 선고에 이르지만 집행까지는 아니었다. 그 자체의 정황적 증거는 이제 더 큰 비중을 가질 수 있었다.

560

압도적이다'라고 말할 수 있는 반면, 프랑스어에서는 복수형 les preuves 을 사용할 필요가 있다. '증거에 기초한 의학'의 표준적인 프랑스어 번역 은 médecine fondée sur les faits이다. 프랑스어는 증거에 대해 지표 증 거라는 동일한 단어를 보유하는 데 있어서 혼자가 아니었다. 이것은 영어 와 포르투갈어 이외의 다른 모든 유럽어에 적용된다(evidencia는 자주 복수 형으로 발견된다. 18세기 영어에서처럼).**24**

3

따라서 퀸틸리아누스가 신호와 징표에 대해 이야기하는 방식과 17세기 영 국인들이 지표 증거에 대해 이야기하는 방식, 그리고 17세기 대륙의 유럽 인들이 법률상 증거에 관해 이야기하는 방식 사이에는 근본적인 연속성이 존재한다. 그러나 1660년경까지는 증거의 개념이 존재하지 않았다는 주 장이 제기되어왔다(이것이 내가 이 시기 이전에 취해진 지표 증거의 예들에 집중 한 이유다).**25** 그 주장은 증인들의 증거, 감각의 증거, (더 나은 용어가 없어서) 단서clue의 증거의 구별에 기초하고 있다.**26** 이언 해킹Ian Hacking은 오스틴J. L. Austin을 인용함으로써 마지막 둘을 서로 구별한다.

어떤 동물이 돼지라는 진술에 대한 증거를 내가 적절히 갖고 있다고 말할 수 있는 상황은, 예를 들면, 그 짐승 자체가 실제로 보이는 것이 아니라 돼지가 지나간 이후 땅에 남은 수많은 표시들을 볼 수 있다는 것이다. 만일 내가 몇 개의 돼지 밥통을 발견한다면, 그것은 약간의 증거이며, 소리와 냄새는 더 나 은 증거를 제공한다. 그러나 만일 그때 그 동물이 나타나 내 시야 내에 분명히 서 있으면, 더 이상 증거 수집의 문제는 존재하지 않는다. 그것이 내 시야에 들어옴은 더 이상의 증거를 나에게 제공하지 않는다. 나는 이제 그것이 돼지라는 것을 바로 알 수 있다.[27]

이 증거(지표 증거로 보인다) 개념이 르네상스기에는 실종되어 있었다. 그래서 그 주장이 계속된다. 그 대신, 그들에게는 징후의 개념이 있었다.[28]

이 주장은 일련의 오류를 포함한다. 첫째, 그것은 '징후sign'(즉 지표, 흔적, 혹은 징표)를 '특징signature'과 혼동한다.[29] 특징에 관한 르네상스기의 이론에 의하면 어떤 자연적 물체들은 그 형태에 자체의 특징이 있다. 따라서 신장 모양의 콩은 신장병을 치료하는 데 유익할 것이다. 플라톤주의자들과 파라셀수스주의자들에 의해 주장된 이 학설은 징후(지표, 흔적 혹은 징표로 알려진) 이론과 아주 다르다. 둘째, 징후/특징 학설은 의학과 연금술 같은 수준이 '낮은' 분야에 속한다고 주장되고 있다. 법학 혹은 신학에 대해서는 언급하지 않는다. 셋째, 징후는 그것들이 마치 책에 기록된 것처럼 '읽힌다'. 따라서 단서의 증거와 증인들의 증거 사이에는 구별이 없다고 주장된다. 이것이 이 논증이 흥미로워진 지점이다. 퀸틸리아누스는 징후를 증언과 동등한 것으로 받아들이기 때문이다. 파슨스도 그랬다. 그들에게는, 증언은 증거(법적 증거)의 패러다임 형식이며 지표 증거가 이에 일치할 것으로 예상되었다.

그럼에도 불구하고 퀸틸리아누스는 그가 '기술적technical' 증거와 '비기술적non-technical' 증거라고 부르는 것을 조심스럽게 구별한다.[30] 비기술적 증거는 서류, 증인, 고문으로 받아낸 자백 같은 것들이다. 기술적 증거는 주창자에 의해 구성되어야 한다. 우리가 보았듯이, 그는 어떤 징후들은 사실상 그 자체(피로 얼룩진 옷, 비명)로 말하고 있지만 다른 징후들은 해석에

562

과도하게 의존함을 주목한다. 따라서 징표, 흔적 그리고 징후는 비록 그것
들이 서류나 증인과 동일한 작업을 하는 데 사용될 수 있지만, 서류나 증
인과 같은 종류의 증거를 제공하지 않는다. 징후들이 책처럼 읽힌다는 주
장은 우주가 책, 자연의 책이라는 르네상스기의 믿음으로부터 나왔다. 그
러나 이것은 징후의 이론을 잘못된 맥락에 놓아두게 된다. 징후의 이론은
법률에서 유래한다. 그리고 징후들은 그것들이 말하고 있는 것처럼 취급
된다. 왜냐하면 법정 소송 사건들은 두서없는 공연이기 때문이다. 용의자
의 옷에 묻은 피를 증인에 해당되는 것으로 변하게 하는 것은 검사의 일이
다. 그는 그 피가 말하게 만들어야 한다.

피에르 가상디는 그의 《철학 어구Syntagma philosophicum》(1656)에서 고전
적인 징후 이론을 지식의 정교한 이론으로 상술했다.[31] 그는 두 종류의 징
후를 구분했다. 우리가 그 시각에 거기에 있었다면 직접적인 감각적 경험
으로 알 수 있었을 무언가를 알게 해주는 징후가 있다. 이것들은 흔적이
다. 은행가의 탁자, 돼지의 발자국, 혹은 범인의 손가락은 흔적, 자취 혹은
자국을 남긴다. 그래서 우리는 달에서 본 분화구가 과거에 있었던 소행성
과의 충돌의 흔적이라고 말한다. 이런 징후는, 마치 사냥감을 잡으려면 어
느 길을 따라가야 하는지 발자국이 알려주는 것처럼, 숨겨진 어떤 것을 우
리가 알 수 있도록 인도한다.[32] 가상디에게 '흔적'은 지표 증거를 의미한
다. 반면에 그는 우리가 결코 알 수 없는 어떤 것을 가리키는 징후도 있다
고 말한다. 우리는 피부에서 구멍을 볼 수 없지만 피부를 통해 땀이 나온
다는 것은 구멍들이 존재한다는 것을 입증한다. 우리는 옴 진드기의 다리
를 볼 수 없다. 그러나 그것들이 움직인다는 사실로 다리 혹은 그 비슷한
것이 있다고 말할 수 있다. 사실상 가상디는 현미경이 발명되어 땀구멍과
진드기 다리를 볼 수 있게 되었을 때 그것들의 존재를 증명하는 이전의 논

증이 타당함을 확인했다고 지적한다. 그러한 논증은, 예를 들어, 피부를 다공성多孔性 도기에 비교하는 것과 같은 유추에 의존했다. 이러한 유추 논증 개념은 에피쿠로스학파에 의해 의학에서 채택되었다. 그러나 그것은 법률가들에게도 익숙했다. 따라서 퀸틸리아누스는 법률가들이 우리가 고정관념이라고 부르는 것에 끌릴 거라고 가정한다. '한 남성의 약탈 행위를, 한 여성의 독살 행위를 믿기는 쉽다.' 이것들은 사건의 정황에 기초한 유추 논증이다.[33]

가상디는 확실히 유추 논증의 중요성을 강조하는 데에서 옳았다. 1660년, 공기의 탄성에 대한 새로운 학설을 설명하고 싶어했을 때 로버트 보일은 공기를 양모에 비교했다. 양모는 압축될 수 있으나 압력이 제거되면 원래 상태로 돌아온다. 그는 이 유추가 탄성의 개념을 그럴듯하게 설명한다고 느꼈다. 토리첼리는 공기의 무게와 압력을 물의 무게와 압력에 비교했다. 흔적과 유추라는 두 가지 아주 다른 유형의 추론을 구별하는 것이 로크에게는 여전히 중요하다. 아무도 흔적의 신뢰성을 문제 삼지 않았다(예를 들면 부상 없는 상처). 그러나 유추는 훨씬 더 문제의 소지가 있었다. 분명히, 만일 우리 지식의 많은 부분이 그 기원에서 유추적이라면, 그것은 확실할 수 없고, 사건의 진정한 원인들은 항시 우리를 피해 갈지 모른다.

가상디는 흔적의 증거와 증인의 증거를 분명히 구분할 필요를 느끼지 않았다. 그러나 그는 확실히 상처가 부상을 '증명한다'고 생각하지 않았다.[34] 그는 증언과는 구별되는 완벽히 올바른 증거의 개념을 갖고 있었다. 그러나 만일 당신이 핵심적인 문제가 단서와 증언을 구별하는 데 있다고 잘못 가정한다면, 당신은 아마 아르노가 최종적으로 그 둘을 구별한 것은 오직 《포르루아얄의 논리학》에서였다고 결론지을 것이다. 왜냐하면 그가 '내적 증거'와 '외적 증거'를 구분했다고 들었기 때문이다. 내적 증거는 단

564

서의 증거(그의 칼이 희생자에게 있었다)다. 외적 증거는 증인의 증거(그의 아
내가 말하기를 그는 결코 곁을 떠나지 않았다)다. 물론 아르노는 영어가 아닌
프랑스어를 썼기 때문에 '증거'라는 단어를 사용하지 않았다. 그가 사용한
단어는 사정(정황, circonstances)이다. 예를 들어 '어떤 사건의 진실을 판단
하고 그것이 일어났다는 것을 믿을지 말지 결정하기 위해서 그 사건은 기
하학의 명제처럼 분리되어 고려될 필요가 없다. 그것보다는 그 사건의 모
든 정황, 내적(단서들), 외적(증언들) 정황들이 고려되어야 한다.'[35]

   우리가 보았듯이 '정황'은 퀸틸리아누스의 신조어다. 퀸틸리아누스는
또한 징후 혹은 단서의 증거와 증인의 증거를 분리한다. 실제로 《포르루아
얄의 논리학》에서와 같이 징후의 증거는 '내적'이고 증인의 증거는 '외적'
이다. 《포르루아얄의 논리학》에서 징후의 증거가 무엇에 대해 내적인지
파악하기는 약간 어렵다. 칼은 몸속에 있을 것이다. 그러나 내부의 지문은
정확하게 무엇인가? 우리가 보았듯이 파슨스에게 구별은 매우 단순하다.
내적 증거는 나의 느낌으로 구성된다. 이것은 내 안에 있다. 퀸틸리아누스
에게 이는 좀더 복잡하다. 증인들과 서류들은 외부로부터 법률가에게 도
착한다. 기술적 증거들은 법률가 자신에 의해 구성된다. 그래서 그것들은
웅변술 내에서 형성된다. 기술적 증거들은 증거에 대한 법률가 자신의 기
여다. 아르노는 퀸틸리아누스를 베끼고 있지 않지만 그는 퀸틸리아누스를
넘어서기 위해 퀸틸리아누스를 재구성하고 있다.*

   《포르루아얄의 논리학》(1662)은 증언과 지표 증거를 명확하게 구별한
최초의 저술인가? 우리가 보았듯이, 이전의 저술에서 증언은 지표 증거

---

* 퀸틸리아누스는 아르노에게 근본적인 기준점이다. '퀸틸리아누스와 모든 다른 수사학자, 아리스토텔레스와 많은
철학자 (…)'(Arnauld & Nicole, *La Logique*(1970), 294). 퀸틸리아누스는 우리에게 잘 알려져 있지 않은 인물로 보이지
만 수사학이 핵심 교과목이었을 때 교육받은 사람들에게는 그렇지 않았다.

를 대신할 수 있다고 확실하게 가정되었다. 그리고 가끔 (파슨스에게서처럼) 그 둘은 한 몸인 것처럼 보인다. 그럼에도 불구하고 리처드 후커Richard Hooker(1600년 사망)는 '사물은 발언자의 자질과 알려진 조건에 의해 혹은 그것들에 내재된 진리의 분명한 가능성에 의해 신뢰받는다'라고 말한다.[36] 이것은 정확하게《포르루아얄의 논리학》에서 이루어진 내적(그것들에 내재된) 증거와 외적 증거(증언)의 구별이다. 후커는 함축적으로 두 유형의 증거가 정황에 비추어 고려되어야 한다고 인식한다. 피고의 옷에는 피가 묻어 있지만 그는 도살업자다. 증언은 분명하다. 그러나 증인은 믿을 수 없다. 내적 증거가 외적 증거를 대체할 수 있다는 사실이 후커가 그것들은 하나이며 같다고 생각한다는 것을 의미하지는 않는다. 그것들은 특성상 분명히 다르다. 전자는 자연의 규칙성에 의존하며 후자는 사람의 진실성에 의존한다. 또 다른 예를 들어보자.《포르루아얄의 논리학》이 출간되기 훨씬 이전인 1648년, 윌킨스는 이미 아르키메데스의 발견들(함대를 불태운 그의 유명한 거울 같은)이 사실이기에는 너무나 경이롭게 보인다고 주장하고 있었다(그러한 이상한 위업은 훨씬 박식해진 이 시대에는 믿을 만하게 보이지 않는다. 다시 말해, 만일 우리가 그것들을 믿을 수 없다면, 그는 어떻게 믿을 수 있었을까?). 그것들이 수많은 판단력 있는 저자들, 누구보다도 폴리비오스Polybios(그는 그 사건의 목격자였거나 혹은 목격자와 이야기를 나눈 사람이었다)에 의해 전해지지는 않았다.[37] 여기서, 내적 증거는 법정에서 흔히 일어나는 대로 외적 증거에 반박해서 설정된다(피의자는 옷에 피 묻어 있지만 그의 아내는 그가 자기 곁을 떠난 적이 없다고 말한다).

따라서 1660년대에 증거의 새로운 개념이 존재한다는 주장은 잘못이다. 어디를 바라보아도 우리가 발견한 것은 퀸틸리아누스의 구별의 재작업에 불과하다. 새로운 것은 한 분야에서 다른 분야로의 개념의 이동이다.

지표 증거는 법률가들과 신학자들의 업무였다. 1660년, 그것은 왕립학회의 업무가 되었다. '도덕적 확실성'은 신학자들의 언어였다. 1662년, 우리는 그것이 최초의 통계학자들인 그랜트Graunt와 페티Petty에 의해 사용되고 있음을 발견한다.[38] 사실들이 법정에서 나와 실험실로 옮겨간 것과 꼭 마찬가지로, 증거도 비슷한 시기에 동일한 움직임을 겪었다. 새로운 유형의 지식을 구축하는 동일한 과정의 한 부분으로, 도덕적 확실성은 신학에서 과학으로 옮겨갔다. 증거에 대해서는, 새로운 과학은 새로운 개념들을 창안한 것이 아니라 존재하고 있던 것을 재활용하고 있었다.

4

17세기 중반에 증거의 새로운 개념에 대한 탐구는 결실을 맺지 못할 운명이었다. 왜냐하면 사실로부터의 추론의 신뢰성 문제가 수 세기 동안 토론되어온 고전적인 전후 사정이 존재했기 때문이다. 그 전후 사정이란 프톨레마이오스의 주전원에 대한 논의였다. 아리스토텔레스주의 철학자들에 의하면, 주전원은 실제로 존재해서는 안 되었다. 천체의 모든 운동은 우주의 중심에 대해 원운동이어야 했다. 그들에게 주전원은 행성의 위치를 계산할 수 있게 해주는 유용한 허구였다. 그러나 수학자들은 천체 행성들의 명백히 불규칙한 운동을 어떤 눈에 보이지 않는 실재가 운동을 일으키고 있다는 증거로 해석했다. 그들은 행성 운동에 대한 자신들의 관측이 주전원의 실재에 대한 좋은 증거라고 간주했다. 수학자들의 관점을 클라비우스는 이렇게 요약한다.

자연철학에서 우리가 효과들을 통해 원인에 관한 지식에 도달한 것처럼, 우리로부터 멀리 떨어져 있는 천체를 다루는 천문학에서도 마찬가지다. 우리는 어떻게 그것들이 배치되어 있고 우리의 감각을 통해 구성되는지에 관한 지식을 획득해야 한다. (…) 그러므로 천문학자들이 행성들의 특정한 운동과 다양한 현상으로부터, 그러한 다양한 운동, 배치 그리고 형태를 지닌 행성들을 실어 나르는 특정한 원들을 탐구해야 한다는 것은 적합하고 매우 합리적이다. (…) 그러나 우리의 반대자들은 자신들이 이 모든 현상들이 이심원과 주전원을 가정함으로써 설명될 수 있다고 말하면서 이 논증을 약화하려 한다. 그러나 이로부터 그 원들이 자연에서 발견된다는 사실이 따라오지는 않는다. 그렇기는커녕, 그것들은 완전히 허구다. 아마 모든 현상들은 더 적합한 방식으로 설명될 수 있을 것이다. 비록 그것이 아직 우리에게 알려져 있지는 않지만. (…) 그러나 이심원과 주전원을 가정함으로써 이미 알려진 현상들이 설명될 뿐만 아니라, 그것이 일어나는 시간은 모르지만 미래의 현상들도 예측이 된다. 따라서 만일 내가 1582년 1월에 월식이 일어날지 궁금하다면 나는 이심원과 주전원의 운동을 계산함으로써 월식이 일어날지 확신할 수 있을 것이다. 그래서 더 이상 의심하지 않게 될 것이다. (…) 그러나 우리가 천체를, 우리의 허구에 복종하여 우리가 바라는 대로 혹은 우리의 법칙에 순응하도록 강제해야 한다는 것은(만일 우리의 적들이 존재한다고 주장하는 이심원과 주전원이 허구라면, 우리는 그것들을 강제하는 것으로 보인다) 믿을 수 없다.[39]

여기서 클라비우스의 논증은 과학이 진리에 수렴해야 하고 만일 그러지 않으면 성공적인 예측을 할 수 없을 거라고 주장하는 근대적 실재론자들의 논증과 동일하다. 반면에 로버트 보일은 철학자들과 나란히, 아베로에스에게까지 거슬러 올라가고 근대적 실용주의자들과 도구주의자들을 향하는 노선의 논증을 제시했다.

> 많은 원자론자들만큼 자신 있게, 다른 자연주의자들은 자신들이 설명하려 하
> 는 사물의 진정하고 순전한 원인을 안다고 추정한다. 그러나 흔히 그들의 설
> 명에서 얻을 수 있는 최상의 것은, 설명된 **현상**이 그것들이 전달하는 방식에
> 따라 만들어질 수 있지만 실제로는 그렇지 않다는 것이다. 숙련공이 용수철
> 과 추로 시계 바퀴를 돌아가도록 설치할 수 있듯이, 화약뿐만 아니라 압축된
> 공기와 용수철로 인한 격렬한 반응으로 포신에서 포탄이 나오듯이, 서로 다
> 른 다양한 원인들에 의해 똑같은 효과가 만들어질 수 있다. 그리고 우리의 둔
> 한 이성으로는 그러한 여러 방식 중 무엇이 그것들을 드러내기 위해 자연이
> 실제로 사용하는 동일한 **현상**을 만들 수 있는지 확실히 구별하기는, 비록 불
> 가능하지는 않다 하더라도, 매우 어려울 것이다.[40]

겉으로 보면 배터리로 구동되는 시계와 시계장치(태엽)로 구동되는 시
계는 같아 보인다. 시곗바늘이 돌아간다는 사실이 어떤 종류의 기제가 그
것들을 구동하고 있는지 말해주지는 않는다. 학술 용어로 이것은 귀납
적 추론의 신뢰성에 관한 논쟁이었다. 우리의 용어로는 사물의 증거 혹
은 지표 증거에 관한 논쟁이다. 그 논쟁은 17세기 후반에 새롭지 않았
다. 1558년 인문주의자이며 철학자인 알레산드로 피콜로미니Alessandro
Piccolomini는 이렇게 말한다.

> 한 돌이 큰 힘으로 벽을 때리는 것을 봤다고 가정하라. 그러한 격렬함의 원인
> 을 알지 못하고 우리는 그 돌이 활이나 석궁에서 나온 것이라고 상상한다. 우
> 리의 이론이 허위이며 그 돌이 우연히 되는대로 던져진 것이라고 가정하라.

그럼에도 불구하고 그것은 상상된 활로부터 나왔을 때와 동일한 격렬함으로 벽을 때릴 것이다. 그 돌의 앞서 말한 격렬함은 한 가지 원인보다 많은 것들로부터 유래했을 수 있다. 마찬가지로, 우리가 하늘에 있는 행성들의 다양한 현상을 볼 때, 비록 그러한 현상이 진정으로 발생한 원인들은 숨겨져 있지만, 그럼에도 불구하고 우리는 이 이론들이 옳다고 가정하고 그 현상들이 우리가 관찰한 바로 그것들로부터 유래했을 거라고 보면 충분하다. 우리에게 이것은 계산, 예측을 위해 그리고 행성들의 위치, 거리, 운동을 알아내는 데 필요한 정보를 위해 충분한 것 그 이상이다.[41]

만일 실재론자들과 도구주의자들 사이의 이 논쟁이 전자電子와 같이 눈에 보이지 않는 실체의 과학적 지식의 본질에 관한 우리의 논쟁에 공명하는 것처럼 보인다면, 이는 여기서 착수된 것이 우리가 사용하는 동일한 개념의 증거이기 때문이다. 이 토론에서 실종된 모든 것은 우리가 그토록 강조하는, 그리고 그들이 필요성을 느끼지 않던 그 단어, 바로 '증거'다. 현상, 예측, 원인에 관한 그들의 어휘는 이 과업에 완벽히 들어맞는다.

5

1640년대부터 실험의 승리와 함께 법률가들, 의사들, 천문학자들에게 충분했던 종류의 증거(단서의 증거 혹은 사실)가 파스칼 같은 수학자들이 물리학을 할 때에도 충분해지기 시작했다. 현상으로부터 원인을 뒤로 되짚는 **귀납적** 추론이 기학학자들과 스콜라 철학자들의 **선험적** 추론을 한편으로 몰아내기 시작했다. 이들은 신뢰할 만한 추론의 유일한 형식은 정의定義로부터 결과를 향해 앞으로 나아가는 추론이라고 주장했다. 원리적으로 다른 여러 가설들이 그 임무를 동일하게 잘 수행할 수 있다는 것(클라비우스는 코페르니쿠스 체계가 신뢰할 만한 예측을 할 수 있다는 것을 의심하지 않았다. 그러나 그는 지구가 움직이지 않고 정지해 있다고 확신했다)을 천문학자들이 인정했듯, 많은 사람들은 토리첼리의 실험에 대한 훌륭하고 경쟁적인 수많은 설명들이 존재한다고 계속해서 주장했다. 파스칼은 이에 동의하지 않았다.

스프랫이 새로운 지식의 출발점인 실험적 증거가 가장 신뢰할 만하다고 주장하면서 왕립학회를 그 비판자들로부터 옹호했을 때, 그가 염두에 두었던 것은 이러한 종류의 지식이었다. 실제로 스프랫은 바로 그 단어 '증거'를 (17세기 저술가로서는 예외적으로) 우리가 사용하듯이 사용한다.

> 세계에서 이제 승인되고 실천되는 것 중에서 이보다 더 강력한 증거(왕립학회가 요구하는)에 의해 확인된 것은 아무것도 없다. 오직 우리 종교의 거룩한 신비를 제외하고 말이다. 신앙, 견해, 혹은 과학의 여타 문제들에서 사람들을 인도하는 확증은 이것만큼 그렇게 견고하지 않다. 그리고 나는 감히 모든 진지한 사람들에게 호소한다. 법에 의해 지배되는 모든 나라에서 보면, 생명과 재산의 문제에서 그들은 두 명 혹은 세 명의 증인 그 이상을 기대하지 않는다. 그들은 그들의 지식과 관련되는 모든 것에서 만일 60명 혹은 100명의 일치하는 증언이 있다 하더라도, 그것들이 공정하게 다루어졌다고 생각하지 않을 것이다.[42]

그러나 대부분 새로운 과학자들은 '증거'라는 단어를 회피했다. 왜냐하면 그것은 불가피하게 암암리에 법정을 지칭하게 되기 때문이었다. 반면 이는 스프랫이 분명히 지칭하려 했던 것이었다. 따라서 1660년에 보일은 어떤 실험을 '물이 공기로 변환되는 그럴듯한, 그러나 입증하는 증거는 아닌' 것으로 묘사한다.[43] 여기서 그는 우리가 지표 증거의 의미로 '증거'를 사용하는 영역에서, '증거'를 마치 자신이 프랑스어의 preuve를 쓰듯이 사용한다. 오늘날 영어에서 '거짓된 사실'이 모순되는 것과 마찬가지로 단지 '그럴듯한 증거'는 없다. 그러나 보일은 '증거'를 우리와 다르게 사용하고 있다.

무엇보다도, 보일은 여느 17세기 과학자처럼 그의 독자 대부분이 수학자들이라는 점을 인식한다. 그래서 그는 자신이 다음과 같이 해야만 한다고 느낀다.

> 수학자 독자들이 나를 용서해주기를 바란다. 그들 중 어떤 이들은 내가 항상 사물을 설명하지 않는 물리학 실험들과 같은 증명들을 제공해야만 하는 것을 좋아하지 않을 것이다. 그들은 수학적 확실성과 정확성으로 피력할 것이다. 그리고 내가 그 설명을 확정하기 위해 그러한 실험들을 포함해야 한다는 데에는 더 반대할 것이다. 잘 논증된 추정들과 체계들이 유체정역학적 문제에 관해 어떤 합리적인 사람을 설득하는 데 불충분한 것인 양 말이다.[44]

바꾸어 말하면, 그는 수학적 증명(명확성 증거)이 가능해 보이는 영역에서 지표 증거에 기대는 것에 대해 사과해야만 한다고 느낀다. 증명을 향한 이 열망은 우리가 경험 과학이라고 생각하는 것에 국한되지 않았고 신학에서도 다반사였다. 따라서 1593년에 수학자 존 네이피어John Napier는 요한계시록에 관한 자신의 해석을 '성서의 문구와 본질이 허용하는 한도에서 거의 분석적이고 명시적인 표현 방식으로 된 명제의 형식'으로 발표했다.[45]

르네상스기의 수학은 두 방향으로 나아갔다. 아리스토텔레스는 기하학과 산술(순전히 이론적인 실체를 다루는) 그리고 광학, 화성학과 천문학(물리적 실재를 다루는)을 구별했다. 베이컨은 이 구별을 위한 표식으로 '순수 수학'과 '혼합된 수학'을 제시했다. (베이컨은 원근법, 공학, 건축, 세계지리 그리고 '여러 기타 분야들'을 포함하도록 혼합된 수학 유형의 목록을 확장했다.)[46] 순수 수학은 현상 속에 혼재된 증명과 입증을 다루지만 그 언어와 논점 지향적인 스타일에 대한 꾸준한 열망의 결과로 더 높은 지위를 차지하고 있었다.

예를 들어, 갈릴레이는 되도록 기하학에 밀착하고 싶어했다. 그는 달에 드리워진 그림자의 길이를 측정했다. 그리고 그렇게 되려면 산들은 얼마나 높아야 하는지를 보여주기 위해 기하학을 사용했다. 그는 기하학을 사용하여 태양의 흑점이 태양의 표면 혹은 그 근처에 있어야 함을 증명했다.[47] 그러나 이 증명들은 사물(그림자와 모양)에 대한 기하학적 정리의 적용 가능성에 대한 논의를 포함한다. 실제로 그것들은 유추에서 시작되었다. 갈릴레이는 달의 명암경계선을 따라 존재하는 빛과 어둠의 부분이 태양이 뜰 때 위에서 보면 산지처럼 보인다고 생각했다. 너무나 그렇게 보였으므로 그는 정확하게 그렇다고 주장했다. 태양의 흑점은 그에게 구름을 상기시켰다. 그는 그것들이 구름이 아니라는 것을 알았지만 그것들은 태양 표면에 대해, 구름과 지구 표면의 관계와 같을 것이다. 새로운 과학은 예를 들어 갈릴레이의 《두 새로운 과학》 혹은 뉴턴의 《프린키피아》에서처럼, 가끔 그 자체를 공리와 증명의 체계로 표현했지만, 그것은 유추가 아니라 항상 사실에 근거하고 있었다.

이는 이들 17세기 저술들에서 '증거'(법정 분쟁의 다툼과 언쟁의 암시를 수반하는)라는 단어의 희소성을 설명하는 데 도움이 된다. 스프랫의 《왕립학회의 역사》에서 증거는 세 차례 나타난다. 새로운 실험과학의 위대한 승리인《광학》(1704)에서 뉴턴은 이 말을 오직 한 차례 사용한다. 〈철학회보〉의 초기 발간분들에서 그것은 한 해에 한두 차례 나타난다. 데사귈리에의《실험 철학 강의A Course of Experimental Philosophy》(1734~1744) 같은 후기의 저술 속에서조차, 그 단어는 두 권에서 오직 두 번 나타난다. 우리가 보았듯이, 1660년 이후에는 새로운 과학자들이 끊임없이 '사실'(비록 뉴턴은 수학자들에게는 적합하지 않다며 이 용어를 피했지만), '경험', '실험', '가설', '이론', '자연법칙'에 관해 이야기했다. 그들이 '증거'라는 단어를 사용했을 때, 그것은 보통 아무 생각 없이 그리고 우연히 사용한 것이었다. 그리고 가끔은 법률이나 신학과의 비교를 암시하고 싶어서였다(스프랫에 의해 인용된 예에서처럼).

만일 새로운 과학을 구축하는 데 관여한 사람들에게 그것을 요약하는 한 용어가 있었다면, 그것은 '증거'가 아니라 '경험'이었다. 파스칼은 경험의 권위를 주장하는 데서 한 걸음 더 나아갔다. 그는 우리의 자연 지식은 경험에 기반을 두고 있으며 경험은 시간이 경과하면서 축적되므로 끝없이 진보할 수 있다고 주장했다.[48] 따라서 경험의 강조는 진보와 발견의 개념들과 묶여 있다. 물론 자연의 이론적 이해를 입증하기 위해 유리관 속의 수은의 높이 측정에 의존하는 데에는 상당한 문제점이 있었다. 측정은 특정한 날에, 특정한 환경하에서, 특정한 장비로 수행되는, 특정한 사건이다. 반면에 이론은 보편적으로 적용할 수 있어야 한다. 갈릴레이와 같은 초기 실험가들은 반복해서 수행되어온 일반적인 조건에서의 실험을 보고함으로써 이 문제를 폄하하려 했다. 그러나 파스칼 이후부터 실험은 국소적인 사건이 된다. 그리고 그렇게 기술된다. 그러한 서술은 특정한 것에서 보편적인 것으로 옮아가는 인식론적 문제를 폄하하지 않고 오히려 강조한다.[49] 이 문제를 우회하는 하나의 방법은 여러 다른 시각에서 그 현상을 파악하는 일련의 다른 실험들을 고안하는 것이다. 파스칼은 토리첼리의 실험을 넘어서는 데 열중했고 이 간극을 메우기 위해 새롭고 엄밀한 실험을 고안했다.

이론과 사실의 일치는 너무나 중요했기 때문에 갈릴레이와 뉴턴은 이론에 대한 경험의 우위를 주장하면서도 이론에 맞추기 위해 사실들을 왜곡할 준비가 되어 있었다. 어쨌든 메르센은 갈릴레이의 낙하 실험이 정확하게 재현될 수 없다고 확신했다. 그리고 우리는 뉴턴이 이론적인 물리학 원리와 측정된 음속값을 정확히 맞추기 위해 수치를 조작했던 것을 알고 있다.[50] 우리는 갈릴레이와 뉴턴의 과학은 항상 경험적이라고(적어도 그 열망에서는) 말할 수 있다. 그러나 그것은 그 단어를 19세기적 의미로 사용하는 것이다. 17세기에 경험주의자들은 이론을 증거에 기초하게 하는 사람이 아니라 추론 훈련을 받지 못한 사람들로 생각되었다.* 가상디와 로크는 스스로를 결코 경험 철학을 확립한 사람이라고 생각하지 않았다. 비록 우리는 그것이 그들이 하고 있었던 일이라고 말할 수 있지만 말이다.

새로운 과학자들이 되도록 수학적 증명을 열망했고, 그러할 필요가 있었을 때 이론과 사실의 정확한 일치를 반복적으로 주장했으면서도, 영어에서는 그들은 '증거'라는 단어를 피했다. 증거는 깊숙이 들어가보면 불가피하게 법률과 연관되어 있다. 우리가 전염병 보균자 Typhoid Mary 나 사실의 언어(7장), 자연법칙(9장), 가설과 이론(10장)과 관련된 최초의 증례로 확인할 수 있는 증거라는 말은 쓰이지 않았다. 혹은 존재한다 하더라도 그것

---

* 따라서 1694년 5월 25일, 뉴턴은 호스Hawes에게 이렇게 썼다. '증거는 필요하지만 단순한 실용적 역학과 합리적인 역학 사이, 실용적인 측량자 또는 검량관과 뛰어난 기하학자 사이, 의술에 경험 있는 사람과 박학하고 합리적인 의사 사이에는 동일한 차이가 존재한다.' Newton & Cotes, *Correspondence*(1850), 284; 또한 Bacon, *Novum organum* Vol. 1, xcv(Bacon, Works (1857), Vol. 1, 201)를 참조하라.

은 과학 바깥에 있었다.

지표 증거라는 언어(그 개념과 구분되는)는 과학에서가 아니라 존 윌킨스의 《자연 종교의 원리와 임무에 관하여Of the Principles and Duties of Natural Religion》(1672, 75회 등장)와 매슈 헤일Matthew Hale의 《인류의 원시적 기원The Primitive Origination of Mankind》(1677, 280회 등장. 그러나 당시 헤일은 대법원장이었다)과 같은 자연 신학의 저술에서 17세기 말을 향해 이륙하고 있었기 때문이다. 그것은 철학에서는 흔한 일이 되었다. 그것은 흄의 《인간본성론》(1739~1740)에 48회 나타난다. 그 단어의 장기적인 행운은 윌리엄 페일리William Paley의 《자연 신학Natural Theology》 혹은 《신의 존재의 증거와 속성 Evidences of the Existence and Attributes of the Deity》(1802)과 깊은 관계가 있다. 서서히, 그러나 확실히, 우리는 지표 증거라는 언어가 법률, 신학, 철학에서 과학으로 옮겨가는 것을 볼 수 있다. 그러나 그 언어는 개념보다는 훨씬 뒤처졌다. 실험이란 다름 아닌 지표 증거에 대한 호소였기 때문이다.

6

그 단어가 나타내는 개념이 아니라 오로지 '증거'라는 단어에만 집중하는 것은 잘못일 것이다. 그렇게 하면 중요한 전개를 놓칠 수 있기 때문이다. 로크와 그 이전의 사람들에게 지식은 진리와 같았다. 폐기할 수 있는 지식, 새로운 관찰에 비추어 수정될 수 있는 지식은 그저 견해 또는 개연성이었다. 도덕적 확실성은 '견고한' 믿을 만한 견해로 도입되었지만, 도덕적으로 확실한 지식에 대한 중요한 점은, 당신은 거리낌없이 그것에 헌신할 수 있다는 것이었다. 실제로 그것은 위조되지 않는다. 비록 도덕적 확

576

실성이 수학 정리가 증명되듯이 증명될 수 없다 하더라도 말이다. 증거의 개념(관련 있는 경험을 뜻하는)은 법률로부터 과학에 도입되었다. 영국 법에서는 일단 배심원이 평결을 하면 법률의 문제에 관한 항소가 있을 수 있지만 사실의 문제에 대해서는 항소가 없다. 1907년까지는 새로운 증거를 도입하는 절차가 없었다.[51] 따라서 배심원들은 그들의 평결을 확신해야만 했다. 윌킨스와 로크의 저술에서 개연성에 근거한 도덕적 확실성은 진리의 한 형태로서 연역적 혹은 자체로 명백한 지식에 합류했다. 이것은 단순히 법정의 관습에 따른 것이다.

로크는 믿을 만한 지식으로 보였던 것이 잘못된 것으로 드러난 사례를 논의했다. 태국 왕의 사례다. 왕은 네덜란드 대사의 증언을 믿지 않으려 했다. 대사는 왕에게 네덜란드에서는 물이 단단해질 수 있어서 코끼리도 그 위를 걸을 수 있다고 장담했다. 그러나 로크는 그러한 사례를 경험적 지식이 잘 작동할 때, 어떻게 그것이 작동하는지에 대한 패러다임 예시로 제안하지 않았다. 그는 일반 원리를 정립했다. '우리의 지식의 준거로서, 관찰의 확실성으로서, 경험의 빈도와 항상성으로서, 증언들의 수와 신뢰도는 다소간 그것과 일치하거나 그렇지 않을 때도 있다. 그 자체로 다소간 개연성이 있는 어떤 명제도 마찬가지다.'[52] 이는 개연성이 있는 것은 시간이 경과함에 따라 변한다는 것을 뜻한다. 그러나 로크는 용기를 내어 한 걸음 더 나아가, 지식 자체도 시간이 경과함에 따라 변하는 것이라고 말하지 못했다. 한편에 그가 여기서 '우리의 지식our Knowledge'이라고 부른 것이 있다. 그것은 변할 수 있다. 다른 한편에 지식Knowledge이 있다. 이것은 진리Truth다.

옥스퍼드 영어사전은 보통 '알고 있는 사실 혹은 사물, 사람 등을 알게 되는 것'을 뜻하는 '지식'과 '정당화된 진정한 믿음'(라틴어 scientia)을 뜻하는 '지식'을 구별한다. 로크가 말한 '우리의 지식'은 관찰, 경험, 증언에 해당되어야 하며 아는 것으로서의 지식이다. 그러나 로크는 여전히 정당화된 진정한 믿음을 갈망한다. 그러한 면에서 그는 여전히 홉스처럼 사고한다. 홉스는 다음과 같이 썼다.

> 이렇게 경험의 징후를 취하는 것은 사람들이 보통 생각하는 것 속에 있다. 사람마다 차이점은 지혜에 있다. 지혜로써 그들은 한 사람의 전체적 능력과 인지력을 공통적으로 이해한다. 그러나 이는 오류다. 징후는 확정적이지 않다. 그리고 그것들은 흔히 혹은 이따금 실패하므로 그것들의 확정은 결코 충분하거나 명백하지 않다. 비록 여태까지 낮과 밤이 계속되는 것을 보아왔지만 앞으로도 계속 그러하리라고, 그리고 영원히 그러하리라고 결론지을 수는 없다. 경험은 어떤 것도 보편적으로 결론지을 수 없다. 징후가 스무 번 와서 한 번 빗나간다면 사람들은 한 번보다 스무 번에 내기를 건다. 그러나 그것을 진리라고 결론짓지는 않을 것이다.[53]

홉스(흄의 연역의 문제점을 명료하게 진술하고, 확실성의 근거가 없다고 지표 증거를 거부한)의 급격한 입장 변화, 그리고 로크의 입장 변화는 윌리엄 워튼의《고대와 근대 학문에 대한 고찰》(1694)에서도 발견된다.

> 흔히 말하는 새로운 철학자들은 그들이 손안에 있는 사물에 관한 방대한 수의 실험과 관찰이 쌓이기 전까지는 일반적 결론을 도출하는 일을 피한다. 그리고 새로운 빛이 옛 가설들 속으로 들어오면서 옛 가설들은 잡음이나 동요 없이 몰락한다. 자연적 사물에 관한 탐구로부터 이루어진 추론들, 비록 그것들은 일반적 용어로 기술되었지만, (동의에 의해) 암묵적 예비Tacit Reserve로 받아들여진다. **이미 이루어진 실험들과 관찰들에 관한 한, 그것은 타당하다.**[54]

578

워튼의 '암묵적 예비', 이는 모든 과학적 추론이 폐기 가능하다는 원리인데, 근본적인 중요성을 가진다.● 그것은 과학을 논쟁의 여지가 없다고 여기는 진리의 지식으로부터, 정립된 진리가 항상 반박될 수 있고 궁극적인 진리가 결코 획득되지 않는 형태의 진보적 지식으로 변환시킨다. 워튼은 암묵적 예비라는 개념을 어디서 가져왔을까? 그 문구 자체는 도덕철학에서 왔다. 거기서는 전통적으로 모든 가능성은 무언의 의구심 '내가 할 수 있다면', '내가 해야 한다면' 혹은 '사물이 같은 상태에 있다면'을 동반한다. 그래서 상황의 변화로 인해 나는 책임을 면한다.[55] 그러나 지적인 체계가 나중에 수정되고 개선될 필요가 있는, 단지 일시적인 구성물일 뿐이라는 원리는 직접적으로 워튼이 '잡음이나 동요 없이 몰락하는 옛 가설들'에 대해 기술했을 때 언급한 가설과 이론의 수학적 언어에서 나온다.

이제, 워튼이 정립한 암묵적 예비와 함께, 도덕적 확실성은 새로운 종류의 일시적 지식, 순전히 잠정적인 이해로 대체되었다. 이 암묵적 예비는 이전에는 그렇게 명확히 진술된 적이 없었다. 로크가 말한 태국 왕의 사례는 암묵적 예비가 타당한 사례지만 로크는 그것을 정립하지 않았다. 워튼이 이해한 것은 과학자들이 자신들이 아는 지식 혹은 경험을 잠시 동안, ('말하자면 동의를 얻어') 진정한 믿음으로 취급하는 데 동의할 수 있다는 것이다. 그리고 이것은 실수가 아니라 당신이 이상적인, 변하지 않는 진리로서의 지식(최종적인 항소 불가능한 평결)을 하나의 특정한, 진보적인 형태의 지식, 불완전하게 아는 지식으로 변화시키는 방식이다. 귀납은 항상 완벽

● 로버트 보일의 말과 비교하라. '나는 오직 잠정적인 것으로 간주되는 그러한 종류의 상부구조들superstructures(즉 지식 체계들)을 지니게 될 것이다. 비록 그것들이 여타의 것들보다 가장 덜 불완전한 것으로, 혹은 당신이 원한다면, 이제껏 지닌 최상의 것으로 선호될 수 있지만 말이다. 그러나 절대적으로 완전한 것으로, 혹은 더 개선될 수 없는 개조품으로 전적으로 묵인되어서는 안 된다.' Boyle, *Certain Physiological Essays*(1661), 9 = Boyle, *The Works*(1999), Vol. 2, 14.

하지 않으며, 증거는 항상 불완전하다. 그러나 그것은 함께 가기에 충분할 수 있다. 워튼이 정립한, 과학에서 모든 지식은 암묵적 예비를 동반한다는 개념 덕분에 그는 근대 과학의 개념적 토대를 적절하게 이해한 최초의 인물, 혹은 당신이 선호한다면, 근대 과학을 이해하고 그것의 한계를 인정한 최초의 인물이 된다. 증거의 근대적인 이론이 완전해진 것은 오직 이 시점에서였다(물론, 비록 워튼은 '증거'라는 단어를 사용하지 않고 경험과 관찰에 대해 기술했지만 말이다). 그래서, 우리가 마침내 워튼의 암묵적 예비에 도달할 때, 우리는 처음으로 과학적 지식의 본질에 대한 탄탄한 이해와 조우한다.[56]

7

그럼에도 불구하고, 증거의 개념을 탐색하면 예상치 못한 방식으로 보상을 받는다. 실제로 그것은 우리에게 이상스럽고 예상치 못한 발견을 가져왔다. 과학자들이 증거의 신뢰성에 관해 평가하기 시작했을 때, 그들은 자신들이 '판단'이라고 부르는 것을 행사할 필요가 있었다(예를 들어, 로크는 이렇게 말한다. '지식은 눈에 보이는 확실한 진리로부터 얻어진다. **오류**는 우리 지식의 잘못이 아니라 그것을 승인하는 우리의 판단 실수다. 오류는 사실이 아니다').[57] 그리고 판단의 행사는 특정한 조합의 덕성, 당신이 동료들의 심판(평가)에서 보고 싶어하는 불편부당성, 근면, 성실 같은 덕성을 요구한다. 우리는 지표 증거의 논의 어디서나 이 미덕들을 발견할 수 있다. 반면에 그것들은 명확성 증거의 논의에서는 대개 무관하다. 예를 들면, 1677년에 한 신학자는 확실성과 신념 사이의, 그리고 명확성 증거와 지표 증거 사이의 차이점을 이렇게 설명한다.

> 수학적 증명은 매우 강력한 빛을 가져오기에 정신은 그것의 승인을 유예할
> 수 없다. 정신은 객체(대상)가 적나라하게 우뚝 서서 압도된다. 따라서 수학
> 적 문제에는 불신자도 이단도 없다. 그러나 신앙의 동기는 다르다. 비록 객체
> 가 가장 확실하다 하더라도 그 증거는 감각에서 흘러나오는 것만큼 혹은 증
> 명처럼 명확하지 않고 거부할 수 있기 때문이다. 이것이 그로티우스Grotius의
> 탁월한 관찰이다. 신은 현명하게 사람에게 복음의 진리를 설득하는 방식을
> 정했다. 신앙은 합리적인 피조물들의 순종 행위로 받아들여질 수 있다. 믿음
> 을 유도하는 논증은 충분한 확실성에도 불구하고 정신에 그렇게 승인을 강제
> 하지 않는다. 여기에는 분별과 선택이 있다.**58**

수학자들은 분별이 필요하지 않다. 기독교인, 법률가, 과학자는 이것이
필요하다. 그래서 스프랫은 자신의 이상적인 철학자를 이렇게 묘사한다.
'진정한 철학은 무엇보다 먼저 특정한 것에 대한 꼼꼼하고 철저한 조사 위
에서 시작되어야 한다. 그것들에 엄청난 주의를 기울이면 몇몇 일반적인
규칙을 알게 될 것이다. 그다음 우리의 철학자가 더디게 믿고 엄정하게 재
판(어떤 이들은 정신의 맹목성과 마음의 완강함이라고 잘못 부르기도 할)하는 것을
상상하자.'**59** 과학자는 더디고, 꼼꼼하고, 철저하고, 엄밀해야 한다. 윌킨스
는 말한다. '절제라는 단어는 하나의 품성, 습관이며, 지적 덕성에 대한 애
정이다. 이것으로 우리는 더도 덜도 아닌 증거와 그것의 중요성이 철저히
요구되는 적합한 조치를 따라서 어떤 진리를 고찰한다. 이것에 대해 결핍
된 극단으로서 반대편에 서 있는 것이 극렬함 혹은 광신적인 생각이다.'**60**
과학자는 온건하고 절제해야 한다. 이것은 새로운 유형의 덕성이다. 그 참

신함에 대해 윌킨스는 명료하게 '우리는 증거에 의해 가장 잘 지지되는 관점을 채택하는 것 말고는 다른 방도가 없다'고 말했다.

> 정신을 그러한 동일한 판단의 틀에 유지시키기 위해서는 특별한 덕성과 솜씨가 있어야 한다. 사물들의 진정한 차이점을 식별하는 충분한 능력을 가진 사람들이 있다. 그러나 (그들 중 어떤 이들은) 자신들의 포악한 애정과 자발적인 편견을 통해, 그리고 자신들의 부주의로 인해, 혹은 사물의 고려와 비교를 무시하여, 어떤 사물이 참임을 기꺼이 인정하지 못하면서, 평범한 논증을 확신하지 못한다. 증거가 불충분해서가 아니라, 그것을 판단하는 능력의 결핍과 부패 때문이다. 이제 우리 정신을 그러한 틀에 유지하는 것을 무시하는 일, 사람이 제대로 알기 위해 극도로 주의를 기울여야 함에도 그러한 중요한 문제들을 고려하는 데 있어서 우리의 사유를 적용하지 않는 것은 악덕이다. 그리고 비록 철학자들(내가 아는) 중 아무도 이러한 종류의 믿음(이렇게 표현할 수 있다면)을 헤아리지 않지만, 나는 중요한 문제들을 고려하고 판단함에서 정신의 가르치기 쉬움teachableness과 균등함을 여러 지적인 덕성들 가운데 하나로 올려놓는 것이 타당하다고 여긴다.[61]

불편부당함 역시 지적인 덕성이다. 로크는 이렇게 말한다.

> 그럼에도 불구하고 나는 의문을 표하지 않는다. 우리의 존재와 기질의 현재 상황 아래서 인간의 지식은 지금까지보다 훨씬 더 멀리 진행할 것이다. 만일 인간이, 진리를 발견하는 수단을 개선하는 데 있어서 성실하게, 그리고 정신의 자유를 가지고 사고의 성실과 노고를 이용한다면 거짓을 구별하고 밝혀낼 수 있다.[62]

582

성실과 근면은 또한 지적 덕성이다.

그래서 지식이 명확성 증거의 문제이기를 멈추고 지표 증거의 문제가 되기 위해서는 전체적으로 새로운 덕성들의 조합이 인식 주체에게 요구된다. 결국 암묵적 예비의 개념과 함께, 도덕철학의 원리가 지식 주장의 한계를 설정하면서 직접 인식론에 도입된다. 이 덕성들과 한계는 '객관성'이라는 단어로 요약될 수 있다고 말하고 싶을지 모른다. 그러나 객관성은 19세기 개념이며 자연을 관찰하고 정보를 기록하는 새로운 방식들을 뜻한다.[63] 그것을 과학혁명으로 거슬러 올라가 읽는다면 잘못일 것이다. 산업혁명의 정밀한 도구화 이전에 불편부당성과 판단은 직업적 능숙함을 새롭게 표현하는 방식이 아니라 덕성이었다.

발견은 개인주의와 경쟁을 암시한다. 과학자들은 모험을 즐기고 혁신적이어야 한다. 그러나 로버트 머튼이 계속 지적한 대로 과학은 단지 개인적인 성공에 관한 것이 아니다. 과학자들은 그들의 직업 문화에 의해 아주 색다른 조합의 가치에 대한 헌신을 언명하기를 요구받는다. 머튼은 그 가치를 공동체주의communism(지식은 공유된다. 흔히 'communalism'으로 개명됨. 우리는 실험과학자들의 최초 공동체가 1640년대에 프랑스에서 등장했던 것을 보았다), 보편주의universalism(지식은 비인격적이어야 하며 편향되지 않아야 한다), 사심 없음disinterestedness(과학자들은 서로 도와야 한다), 그리고 조직화된 회의주의organized scepticism(생각들은 검증되고 또 검증되어야 한다)라고 요약했다.[64] 이 가치들의 조합은 가끔 머리글자를 따서 CUDOS라고 불린다. 따라서 모든 과학자들은 경쟁적이고 충돌하는 두 긴요한 명령 앞에 놓여 있다. 그들은 서로 경쟁하면서도 협력할 의무가 있다. 과학자들은 자기를 내세우지 않으면서 자기주장이 강한 야누스의 얼굴이 필요하다. 그리고 머튼은 과학사회학자로서 자신의 책무를, 어떻게 과학자들이 이 갈등을 타결할지에 대한 해결책을 마련하는 것으로 보았다. 그는 이 갈등을 사회적 과업으로서의 과학의 구성 요소로 간주했다.*

이 갈등은 어떻게 초래되었는가? 그 답은 매우 단순하다. 그것은 발견을 지표 증거와 관련된 도덕적 덕성과 결합한 결과다. 그 결과는 과학의 본질에 내재한 구조적 갈등이다. 그것의 기원이 역사적인 갈등이다. 당신은 코페르니쿠스 혹은 케플러 혹은 갈릴레이가 절제, 불편부당성, 근면을 칭송하는 것을 발견하지 못했을 것이다. 그러나 코페르니쿠스, 케플러, 갈릴레이는 주로 수학자들이다. 갈릴레이 이후 세대는 지표 증거에 대한 의존을 인정했어야만 했다. 싫든 좋든 그것은 사법부의 덕성을 채택해야 했다.

왕립학회가 사실의 추구, 불편부당성, 절제에 헌신적이었다는 생각은 지금까지 크게 강조되어왔다. 그것이 왕정복고의 즉각적인 전후 사정에서 설립되었기 때문이었다.**65** 20년 동안 사람들은 진리의 이름 아래 서로를 죽이고 있었다. 이제 그들은 자신들의 다툼을 다른 방식으로 관리해나갈 방법을 배워야 했다. 새로운 과학은 이러한 국소적 맥락에 자리잡아야 한다. 나는 이러한 점에 진리가 있다는 것을 부인하지는 않지만, 그것은 머튼이 1660년대에 과학자들이 숭앙했던 덕성이 1940년대의 과학자들에게 동일하게 숭앙되고 있는 이유를 발견한 것을 제대로 설명하지 못한다. 새로운 덕성들은 왕정복고의 즉각적인 맥락보다 연원이 더 깊다.

그 밖의 어디에서 경쟁과 협력 사이의 이와 같은 갈등을 발견할 수 있을까? 법률가 직업에서다. 대립적인 제도에서 변호사는 승소하고 싶어한다. 그리고 많이 승소할수록 더 많은 보수를 받는다. 동시에 모든 변호사들은

---

* 몇몇 사람들은 O를 독창성originality으로 대체함으로써 CUDOS를 다시 써보려 시도했다. 그러나 그것은 CUDOS가 한 세트의 서로 엮여 있는 가치들, 독창성 혹은 발견이라는 꽤 상이하고 모순적인 집합이라는 점을 간과한다.

법정의 관리다. 그들은 직업적 표준 규약에 매여 있다. 그들은 고객을 대신해 거짓말을 해서는 안 되고 상대편 측 증거를 덮으려 해서도 안 된다. 그들은 경쟁적이며 동시에 협력적이다. 지표 증거가 법정에서 실험실로 옮겨갔을 때 일어난 현상은, 증거에 기초한 모든 법제도(예를 들면 가책 ordeal에 의한 재판 같은 다른 법제도에는 이러한 특성이 없다)의 모순적 특성이 과학으로 이전되었다는 것이다. 그리고 과학자들은 변호사들이 대립적인 제도 내에서 항시 그러했던 것처럼 그들 스스로 분열하여 곧장 퀸틸리아누스로 되돌아가게 되었다. 그는 언제나 훌륭한 논증이면서 동시에 승리하는 논증(그 두 가지가 항시 같은 것이 아님을 충분히 인지하고 있지만)을 모색한다.

르네상스기 스토아 철학의 부흥으로 '철학적'이라는 단어는 새로운 의미를 획득했다. 철학자들은 자신들의 감정을 절제할 수 있었고 운명의 강타에 흔들리지 않을 수 있었다.* 그들은 즉각적인 경험으로부터 물러서서 더 큰 그림을 숙고할 수 있었다. 윌킨스, 스프랫, 로크는 아주 다른 종류의 사람, CUDOS의 전형적인 예가 되는 사람을 찾고 있었다. 이 장은 새로운 유형의 증거에 대한 탐색으로 시작되었고, 새로운 유형의 지식인이 지닌 야누스의 얼굴(낡은 유형의 증거, 정황적 증거를 다루도록 요구되었던 철학자들에 의해 만들어진)로 끝난다.

---

* 옥스퍼드 영어사전에 따르면 '철학적philosophical'이라는 단어가 이러한 의미로 사용된 가장 이른 연도는 1638년이지만 이미 몽테뉴가 같은 의미로 사용한 바 있다(*Essais*(1580), Book 2, Ch. 7). 그리고 이러한 용례는 1603년 플로리오Florio의 번역에도 이어진다.

8

이 논증에는 한 걸음 더 나아간 단계가 있다. 1976년, 토머스 쿤은 〈물리과학의 발전에서의 수학적 전통과 실험적 전통의 대결Mathematical versus Experimental Traditions in the Development of Physical Science〉이라는 제목의 논문을 출간했다.[66] 쿤은 영국에서 실험과학은 17세기 후반부터 번성했고, 과학은 베이컨의 전통 속에서 수행되었다고 주장했다. 유럽 대륙에서는 훨씬 더 연역적인 스타일의 과학이 선호되었고, 과학은 데카르트 스타일로 수행되었다. 영국인들은 사실에, 프랑스인들(그가 염두에 둔 것은 주로 프랑스인이었다)은 이론에 몰두했다. 쿤이 진술한 대로 실험가들을 수학자들과 대치하는 사람들로 설정한 이 주장은 잘못된 것으로 보인다. 영국에는 실험가이면서 동시에 수학자인 핼리와 뉴턴이 있었다. 프랑스에는 파스칼, 카시니, 하위헌스가 있었다(카시니와 하위헌스는 프랑스에서 태어나지 않았지만 자진해서 프랑스에서 활동했다).** 《실험 의학 서설Introduction à l'étude de la médecine expérimentale》(1865)을 집필한 것은 영국인이 아닌 프랑스인 클로드 베르나르Claude Bernard였다.

그러나 우리는 쿤의 주장을 다른 방식으로 재진술할 수 있다. 영국에는 관습법이 있었고 이것은 배심 제도에 의존한다. 정황 증거가 증언에 포함되는 한, 배심 제도는 정황 증거에 중요한 역할을 부여해왔다. 검사에게 유추로 논할 수 있는 넓은 시야의 영역을 허용하는 것이다. 과학자들이 지표 증거를 중심으로 과학을 재구성했을 때, 그들은 그 속에 적어도 이상적인 형태로 양측을 경청하려는 자세, 증명을 설득과 섞으려는 열망, 상식에

** 1756년, 달랑베르는 《백과전서》의 '실험' 항목에서 프랑스의 새로운 실험 물리학의 승리를 찬양했다.

586

의 호소 같은 배심 제도의 장점을 도입했다. (물론 뉴턴은 여기서 가장 큰 예 외다.) 대조적으로 프랑스에는 로마 법 제도가 있었다. 그들의 새로운 과학 은 지적인 엄밀성, 일련의 규격화된 절차, 완전한 증거의 요구, 다른 전문 직들에게 답변할 때 필요한 신뢰도 같은 수사 판사 juge d'instruction의 덕성을 중심으로 조직되었다. 쿤이 주장한 대로 만일 두 다른 과학 전통이 존재한 다면, 아마 그것은 수학자들과 실험가들 사이의 갈등을 상징하기보다는, 두 다른 법적 전통과 지표 증거를 다루는 두 다른 방식이 과학에 도입되었 기 때문일 것이다. 그러므로 사람들이 영어의 '증거evidence'를 프랑스어의 'preuve'로 탈 없이 번역할 수 있다고 말한다면 이는 아마 잘못일 것이다. 두 용어는 두 개의 서로 다른, 그리고 비교할 수 없는 법정 문화, 배심원 재판과 심문 재판을 반영하기 때문이다. 프랑스의 법적 증거는 영국의 법 적 증거와 다르다. 그래서 프랑스의 지표 증거는 항상 영국의 지표 증거와 상이했다.*

한번은 내 친구가 파리의 병원에 입원했다. 의사들은 그에게 자신들이 그의 병에 관한 가설들을 갖고 있다고 말했다. 그들은 그 가설들을 입증하 려고 했다. 영국에서라면 당신에게 어떤 증상이 있는데 진단을 내리기 위 해 검사가 필요하다고 말했을 것이다. 두 문화, 하나는 지표 증거와 명확 성 증거의 차이를 강조하고 다른 하나는 그것을 최소화한다. 그럼에도 불 구하고 그들은 하나의 공통된 과업이 있다. 징후와 증상을 지식으로 변환 시키는 것이다.

● 이상하게도 Cassin, Rendall & Apter (eds.), *Dictionary of Untranslatables*(2014)(이것 자체가 프랑스어로부터의 번역)에는 'evidence/proof' 항목이 없다. 적어도 이것을 보면, 프랑스인들은 자기들의 언어에 'evidence'라는 용어 가 부족하다는 것을 모르고 있는 듯 보인다. 경험/실험의 논의는 영어 어휘가 경험주의를 장려하는 반면에 프랑스어 어휘는 그것과 어긋나 있다고 주장하는데, 이 사례를 보면 사실로 보인다.

내가 여기서 말하려는 것은 보일이 그럴듯한 증거라고 불렀을 법한 것이다. 결론을 짓기에는 부족하지만 (내가 보기에) 괜찮은 논증이다. 내가 보여주고 싶었던 것은 과학이 지표 증거에 관한 새로운 관심과 우려를 합법적 절차로 모형화했다는 점이다. 할 수 있는 한, 지표 증거가 특성상 명확성 증거와 차이를 지니는 영역 범위를 경시하려 했기 때문이다. 데이비드 흄조차도 그의 에세이 〈기적에 관하여Of Miracles〉(1748)에서 그 단어의 두 의미 사이에서 미끄러지고 넘어졌다.**

나는 또한 우리가 지표 증거를 다루면서 확실하다고 믿게 되는 두 가지 간과하기 쉬운 점을 강조하고 싶다. 첫째, 지표 증거를 거부하고 기하학적 증명, 징후, 감추어진 의미의 확인(예를 들면 점성술)에 의존해온 수많은 지식 체계들이 존재해왔다. 지표 증거는 일상적인 업무를 계속하는 사람들에 의해 항상 무모한 방식으로 사용되어왔다. 그러나 17세기 중반 영국에서 그랬던 것처럼 그것들을 이론적 지식을 위한 믿을 만한 기초로 승격시키는 것은 문화적으로 기이하고 명백히 진실과 거리가 먼 주장을 하는 것이었다.

둘째, 지표 증거에 의존하는 것이 이기는 전략일 수밖에 없다는 것은 지금도 명백하지 않다. 귀납의 문제성에 관한 흄의 설명의 전체 요지는, 우리는 왜 귀납이 꽤 잘 작동하는지 그리고 왜 자연은 그 진행에서 극도로

** '인간의 이성 혹은 탐구의 모든 대상들은 자연스레 두 종류, 즉 관념들의 관계Relations of Ideas와 사실의 문제Matters of Fact로 나눌 수 있다. 첫 번째 종류는 기하, 대수, 산술의 명제들이다. 간략히 말해, 직관적 혹은 증명 가능한 모든 명제들은 어떤 (…) 비록 자연에는 진정한 원이나 삼각형이 존재하지 않지만 말이다. 유클리드가 증명한 명제들은 영원히 진리와 증거를 지닐 것이다. 인간 이성의 두 번째 대상인 사실의 문제들은 (이와) 동일한 방식으로 우리에게 확인되지 않는다. 아무리 대단하더라도 앞서 말한 자연의 진리성에 대한 증거도 우리에게는 없다. 모든 사실의 문제들의 정반대는 여전히 가능하다. 왜냐하면, 그것은 결코 모순을 의미하지 않기 때문이다. 그리고 영원히 진리와 실재에 부합하는 것이 양 동등한 독특함과 용이함으로 정신에 의해 품어지기 때문이다.' (Hume, *Philosophical Essays*(1748), 47 – 8.)

규칙적으로 보이는지(혹은 적어도 규칙성을 찾을 수 있도록 훈련된 우리에게 규칙적으로 보이는지)를 설명할 수 없다는 점이다. 지표 증거에 의존하려 한다 하더라도 좋은 논증을 구성하는 것이 무엇인지 사람들이 어떻게 알 수 있는가? 의사들은 만일 어떤 치료법을 20번 시도해서 19번 성공한다면 그 효능이 입증된 것으로 여긴다. 핵물리학자들은 만일 741번의 긍정적이지 않은 결과 중 단 한 차례의 긍정적인 결과라도 있다면 무언가에 대한 증거가 있다고 말한다. 그들은 그 공산이 350만 대 1이면 어떤 것이 입증되었다고 간주한다. 초기의 과학자들은 통계적 유의성을 지닌 시험을 수행하는 방법을 알지도 못했다.

증거는 의존하기에 자연스러운 논증이 아니고 성공적일 수밖에 없는 논증도 아니라는 것이 핵심이다. 증거에 대한 의존은 우연히, 비교적 잘 작동했다. 지표 증거가 명확성 증거를 대치하면서 새로운 과학자들은 점점 더 성공(쿼드롬 실험, 보일의 법칙, 뉴턴의 새로운 빛 이론)을 주장할 수 있었다. 이 성공들은 지표 증거의 매력을 더욱 신장시켰다. 사실, 실험, 이론, 자연법칙, 증거 같은 새로운 과학의 지적 도구들은 그 가치를 철학적 논증으로 확립시키지 않았다. 그것이 실제로 좋은 결과를 생성한다는 사실에 의존해 성공했다. 사람이 사는 세계 가운데는 결코 증거에 기초하지 않는 문화도 있을 것이다. 아마 증거를 찾는 것이 아무것도 보상해주지 않는, 회의론자들이 논쟁에서 승리할 뿐만 아니라 자신들에게 유리한 사실들도 가지고 있는 세계도 있을 수 있다. 물리학의 어떤 분야들에서, 실재와 새로운 과학이 깔끔하게 딱 들어맞게 되었다. 결국 이는 행운이었다. 로크는 인간의 감각 능력이 우리가 물질적인 실체의 적절한 지식을 개발할 만큼 충분한지 의심했다.[67] 그가 틀렸음이 밝혀졌지만, 아마 맞을 수도 있었을 것이다.

4 부

근대의 탄생

―――――――

자연철학은 그러므로 젊을 뿐이다.

_ 토머스 홉스, 《철학의 요소들Elements of Philosophy》(1656)

4부는 과학혁명의 매우 다른 두 결과를 다룬다. 12장과 14장은 산업혁명의 과학적 기원을 탐색한다. 산업혁명은 이전에 생각된 것보다 더 일찍 일어났고 과학혁명에 더 가까웠음이 드러났다. 13장은 마녀, 마귀, 도깨비 같은 초자연적 동인動因에 대한 믿음을 살펴본다. 처음에 새로운 과학에 종사했던 핵심 인물들은 과학이 초자연적 활동의 실재를 증명하는 데 도움이 되기를 희망했다. 뉴턴의 《프린키피아》(1687) 출간 이후 그 결과는 완전히 반대였다. 새로운 과학은 새로운 회의론을 정당화하는 것처럼 보였다.

기계

자연을 기계로 보는 르네상스기의 관점은 (…) 기계를 설계하고 제작하는 인간의 경험에 기초한다. 그리스인과 로마인은 매우 작은 범위를 제외하고는 기계 사용자들이 아니었다. 그들의 석궁과 물시계는 자신들과 세계의 관계를 받아들이는 방식에 영향을 미치는 충분히 중요한 특징이 아니었다. 그러나 16세기 무렵에는 산업혁명이 거의 일어나고 있었다. 인쇄기와 풍차, 지렛대, 펌프, 도르래, 시계와 손수레, 그리고 광부와 엔지니어 사이에서 사용되는 다수의 기계들이 일상생활의 정착된 특징들이었다. 모든 이들이 기계의 본질을 이해했다. 기계를 만들고 사용하는 경험은 유럽인들의 일반적 의식의 일부가 되었다. 그것은 시계 제작자와 시계, 혹은 풍차 장인과 풍차의 관계는 신과 자연의 관계와 같다는 명제에 다가서는 용이한 한걸음이었다.

_콜링우드, 《자연이라는 개념The Idea of Nature》(1945)[1]

1

위대한 철학자이자 고고학자인 콜링우드R. G. Collingwood는 새로운 기계는 새로운 사고방식을 고무한다는 꽤 간단한 기술적 결정론을 제안했다. 그의 주장에는 두 가지 문제가 있다. 첫째는 그가 새롭다고 열거한 르네상스기의 유일한 기계는 인쇄기라는 것이었다. 중세는 시계의 발명, 물레방아와 외바퀴 손수레의 급속한 확산, 교회를 짓는 데 필요한 기중기의 개발과 함께 기술적 혁명을 맞았다고 흔히 주장된다. 자연을 기계로 보는 시각은 16세기가 아니라 14세기에 생겨났다.[2] 두 번째 문제는 더 근본적이다. 콜링우드는 르네상스기의 자연에 관한 개념에 긴 장章을 할애했고, 르네상스는 자연을 기계로 바라보았다는 주장으로 돌아왔지만, 자연을 기계로 묘사한 어떤 사람의 예도 제시하지 않았다. 콜링우드는 르네상스가 자연을 기계로 바라본다는 것을 지나치게 확신하여 자신의 주장을 뒷받침할 아무런 증거도 제시하지 못하고 있다는 사실도 인지하지 못했다.

이러한 경계의 이야기를 마음에 담고, 너무나 명백하여 질문할 필요가 없어 보이지만 사실상 필수적인 전제가 되는 질문을 던져보자. 기계란 무엇인가? 먼저, 적어도 개념적 용어로는 '단순한 기계'가 있다. 아르키메데스는 무거운 것을 운반하는 데 사용되는 세 가지 기본적인 도구를 연구했다. 그것은 지렛대, 도르래, 나사였다. 알렉산드리아의 헤론Heron(10~70)은 여기에 기중기와 쐐기를 보탰다. 16세기 말, 시몬 스테빈은 빗면을 포함시켰다. 이 모든 단순한 기계들은 짐을 옮기는 데 기계적인 이점을 제공했다. 근대적인 역학은 갈릴레이의 《역학에 관하여Le Mecaniche》(1600년에 완성되어, 1634년 메르센에 의해 출간)에 의해 확고해졌다.[3] 갈릴레이는 기계가 행한 일은 기계에 투입된 일보다 클 수 없으며, 기계는 자연을 속여 자연의 정상적인 법칙을 어기는 일을 할 수 없다는 것을 최초로 입증했다. (따라서 지렛대는 가벼운 물체가 무거운 물건을 들 수 있게 하지만, 가벼운 물체는 무거운 것보다 더 많이 움직여야 하고, 받침점의 양편에 행해진 일은 동일하다.) 갈릴레이는 이렇게 해서 자연적 과정과 인공적 과정의 새로운 등가성을 확립했다. 갈릴레이는 기계를 이렇게 좁고 기술적인 방식으로 생각했기 때문에, 결코 우주가 하나의 기계라든지 모든 자연적 과정은 기계적인 용어로 이해될 수 있다고 말하지 않았다. 더군다나 우주를 시계와 비교하지도 않았다.

갈릴레이가 중점적으로 논의한 것은 원자론이었다. 데모크리토스, 에피쿠로스, 루크레티우스의 원자론은 우주가 그것의 크기, 모양, 단단함을 통해 기능하는 구성 요소(즉 원자)로 이루어져 있다고 말했다. 데모크리토스의 표현대로 '관례적으로 달고, 쓰고, 뜨겁고, 차다고 말하지만 실제로는 원자와 빈 공간'만 있다.[4] 원자와 빈 공간의 세계에서 모든 자연적 과정은 원자들이 서로 밀치며 다투는 방식의 결과다. 1618년, 이사크 베이크만과의 대화 끝에, 젊은 데카르트는 고대의 원자론을 대체할 아이디어를 떠올렸다. 고대인들이 텅 빈 공간에서 서로 부딪치는 원자들을 생각한 반면에, 데카르트는 텅 빈 공간의 가능성을 거부했고, 물이 대양을 채우듯이 모든 가능한 공간을 채우고 있는 입자들을 상정했다. 다음 해에 데카르트는 그의 유명한 명제 '나는 생각한다. 고로 나는 존재한다cogito ergo sum'를 만들어냈다. 결론적으로, 내가 확실히 아는 무언가가 있는 것이다. 그는 이 튼튼한 토대 위에서 아리스토텔레스의 철학을 대체할 새로운 철학을 세우는 일에 착수했다. 1637년, 그는 자신의 새로운 체계의 요소들을 발표하기 시작했다. 1952년 마리 보아스Marie Boas의 책처럼 긴 논문이 발표된 이후로, 아리스토텔레스의 형상과 성질 이론에 대한 두 대안 — 고대인들의 원자 철학(갈릴레이, 가상디 등에 의해 부활된)과 데카르트의 입자론 철학 — 을 함께 묶어 '기계론 철학'이라고 부르는 것이 관례가 되었다.[5] 그 용어는 확실히 17세기 말에 널리 사용되었지만 도움이 되기보다는 오용되는 경우가 더 많았다.

기계론 철학의 시조라고 여겨지는 데카르트는 저술에서 자신을 기계론 철학자로 묘사하지 않았다. 그는 모든 기계론적 법칙은 물리법칙 혹은 자연법칙(갈릴레이가 증명한)이지만 모든 자연법칙이 기계론적 법칙은 아니라고 말했다. 그는 자연을 기계적 시스템으로 묘사하지 않는다. 그는 한 서한(1637)에서 한 차례 '기계론 철학'이라는 용어를 사용했는데, 거기에는 '꽤 끈적끈적한 기계론 철학'이라는 언급이 나온다. 그것은 수레를 만드는 장인들이 지닐 법한 철학이었다. 그는 자신의 철학을 '거칠고 끈적끈적'하

594

며 '과도하게 총체적이고 기계론적', 즉 너무 물리적이어서 철학이라고 간
주될 수 없는 것이라고 묘사하는 어느 비평가에게 항변한다. 데카르트는
'만일 나의 철학이 역학에서 흔히 그렇듯이 모양, 크기, 운동을 고려하기
때문에 그 비평가에게 과도하게 총체적으로 보인다면, 그는 내가 생각하
기에 다른 어떤 것보다 더 칭찬을 받아야 할 것을 저주하고 있는 것이다.
그 점에서 나는 긍지를 갖는다'라고 말했다.[6] (레오나르도 역시 기계론 철학자
인 것이 긍지가 되어야 한다고 굳게 믿었다.)[7]

　'기계론 철학'이라는 용어는 1659년 데카르트 사후, 헨리 모어Henry
More(케임브리지 대학교수이며 평생 플라톤 숭배자였다)에 의해 그가 한때 열
광적으로 지지했던 데카르트주의에 대한 공격의 과정에서 창안되었다.[8]
모어는 영혼과 목적이 자연 속에 활동하고 있다는 생각을 옹호하고 싶
어했으며, 자연적 과정은 영혼이 없고, 물질은 수동적이며, 일어나는 모
든 일은 (신, 천사, 인간의 자유로운 선택은 제외하고) 필연적으로 생긴다는 데
카르트의 주장을 거부했다. 영국 바깥에서 이 용어는 서서히 인기를 얻
었다. 라틴어로 된 첫 번째 참고문헌은 새뮤얼 파커Samuel Parker의 《논쟁
Disputationes》(1678)이고, 프랑스어 문헌으로는 피에르 벨Pierre Bayle의 《문
예공화국의 소식Nouvelles de la république des lettres》(1687)이 있다.[9] 영어에
서는 하나의 대안이 있었다. 1662년 로버트 보일은 고대의 원자론과 데
카르트의 새로운 입자론 모두를 포괄하기 위해 '입자론 철학corpuscularian
philosophy'이라는 용어를 창안했다.[10] 따라서 '입자론 철학'과 '기계론 철
학'은 정확하게 동일한 것에 관한 두 가지 경쟁하는 용어다. 프랑스어에
서 이것들의 최초의 등장은 '기계 혹은 입자 철학la philosophie mécanique ou
corpusculaire'(1687)라는 언급에서이다(2년 후 보일의 저술이 번역되었을 때 사용
된 문구는 '입자 철학la philosophie des corpuscules'이었다).[11]

1654년, 월터 찰턴은 곧 기계론 철학이라고 불릴 것을 이렇게 요약했다. 그가 말하는 모든 것은 데카르트의 말일 수 있었다.

그것에 의해 자연이, 하나의 작용과 그것에 대한 반응에 의해 모든 효과들을 만드는, 자연의 **일반 법칙들**, 그리고 이전 논문의 잡다함으로부터 수집된 법칙들은 이것들이다. (1)모든 효과는 그 원인이 있어야 한다. (2)어떤 원인도 운동이 없으면 작용할 수 없다. (3)먼 물체에는, 혹은 실제로 존재하지 않는 물체에는, 아무것도 그것 자체로 혹은 어떤 기구에 의해서, 결합되든 혹은 전파되든 작용할 수 없다. 따라서 어떤 물체도 중재에 의한 혹은 즉각적인 접촉 없이는 다른 것을 움직일 수 없다. 매개하는 어떤 계속되는 기관, 그리고 그것 자체로 물질적인 것의 중재에 의해서만 가능하다.

이러한 정의를 내린 다음, 찰턴은 더 나아가 전통적인 공감과 반감의 개념을 공격한다. 그리고 그것들이 역학적 용어들로 재개념화되어야 한다고 주장한다.

두 사물이 상호 **공감**에 의해서 서로 **이끌려 껴안게** 되든지 혹은 상호 **반감**에 의해 서로 **밀어내거나 회피한다**고 말할 때, 이것이 행해질 필요가 있다고 인정하지 않기란 매우 어려울 것이다. 동일한 방식과 수단으로 우리는, 모든 감각할 수 있는 기계적인 작용에서, 한 물체는 인력을 받아 굳게 유지되고, 또 다른 물체는 서로 반발하여 연합을 피한다는 것을 관찰한다. 허용되는 조그만 차이점은 총체적이고 **기계적인** 작용에서는, **감각할 수 있는** 수단들에 의해 인력과 척력이 수행되지만 **공감**과 **반감**이라 불리는 자연의 미세한 수행에서는, 인력과 척력은 교묘하고 **감각할 수 없는** 것에 의해 수행된다는 점이다.

이는 그가 이제 공감과 반감이 어떻게 작용하는지를 원리적으로 알고
있음을 의미한다.

> 우리 모두는 한 물체가 다른 물체를 잡아당기는 모든 보편적이며 감지할 수 있
> 는 인력과 상호작용에 동원되는 수단들에서 고리, 줄, 또는 몇몇 그러한 이음
> 기구들이 잡아당기는 것부터 끌려오는 것까지 계속 이어지고 있음을 관찰한
> 다. 그리고 한 물체가 다른 물체로부터 받는 모든 척력 혹은 그것들을 분리시키
> 는 데에는 장대, 지렛대, 혹은 다른 이음새 기관, 또는 충격을 가하는 것으로부
> 터 받는 것까지 이어져 영향을 미치는 어느 정도의 폭발이나 방출된 힘들이 사
> 용된다. 그러므로 한 물체가 다른 물체를 잡아당기는 모든 흥미롭고 감지할 수
> 없는 인력에서도, 잡아당기는 것부터 끌려오는 것까지 어떤 호리호리한 고리,
> 줄, 체인, 혹은 이음새 기구들을 자연이 이용하고 있다는 것을 왜 우리는 생각
> 하지 못하는가? 마찬가지로 모든 비밀스러운 척력 혹은 분리(밀쳐냄)에서, 저
> 항하는 물체부터 격퇴하는 물체에 이르기까지 자연은 어떤 작은 막대기, 장대,
> 혹은 돌출된 기구 같은 것을 사용하고 있다는 것을 왜 우리는 생각하지 못하는
> 가? 비록 그러한 자연의 기구들이 눈에 보이지 않고 감지할 수 없을지라도, 우
> 리는 그러한 것들이 존재하지 않는다고 결론을 내려서는 안 된다.[12]

찰턴에 의해 묘사된 이 기계론 철학은 루크레티우스에게는 완벽히 이해
가 되었을 것이다. 그러나 그는 기계론 철학이라는 명칭을 매우 당혹스럽
게 느꼈을 것이다. 왜냐하면 로마인들은 우리만큼은 막대기나 고리를 기
계로 생각하지 않았기 때문이다. 이것들은 수학자들의 간단한 기계다. 그
러나 기계에 대한 로마인들의 개념은 찰턴과도 우리와도 달랐다. 기계에
관한 로마인들의 지식을 말해주는 핵심적 원전은 비트루비우스의 《건축

론》이다. 이 책은 건축이나 전쟁에서 사용된 기계들을 묘사하고 있다. 비트루비우스가 기계machina에 관해 썼을 때, 그는 그 단어를 우리와는 아주 다른 의미로 사용했다. 사형대는 기계다. 성곽 공격용 사다리도 기계다. 적의 성벽에 접근하여 기어 올라갈 수 있게 해주는 수레 위의 탑은 기계다. 관객들이 서 있는 단도 기계다. 로마인의 기계는 반드시 사물을 움직이게 하지는 않으며, 움직이는 부분이 있어야 하는 것도 아니다. 그것들의 공통적인 특징은 안정되게 설계된 물질적 구조물이라는 점이다. 도르래가 달린 승강 장치는 기계다. 그러나 그것을 기계로 만드는 것은 그것이 견고하게 지지되고 있다는 사실이다. 투석기는 기계다. 그러나 그것을 기계로 만드는 것은, 그것이 큰 돌을 던질 수 있다는 사실이 아니라 로프로 묶인 아주 견고한 목재로 만들어졌다는 사실이다. 기계machina에 가장 근접한 동의어는 fabrica다. 이 말은 흔히 '구조structure'로 번역될 수 있다. 루크레티우스가 세계라는 기계machina mundi에 관해 이야기할 때, 그는 우리 우주의 소멸을 논의하는 맥락에서 그렇게 이야기하는 것이다. 우리 세계가 끝날 때 그것의 구조는 조각날 것이다. 따라서 세계라는 기계는 하늘, 땅, 그리고 네 원소로 이루어진 우리 우주의 안정된 구조다. 이 모든 것들은 우리 우주가 종국을 맞을 때 사라질 것이고 새로운 우주가 태어날 것이다.[13]

'세계라는 기계'라는 문구에는 테르툴리아누스Tertullianus(160~225)와 아우구스티누스(354-430)가 공감했고, 따라서 그것은 사크로보스코 등 중세 철학 전반에 걸쳐 나타난다. 비록 루크레티우스의 저술은 사라져 1417년 이전에는 재발견되지 않았지만 말이다.* 그러나 그것은 움직이는 부품의

---

* 테르툴리아누스에 의하면, 디오니시우스는 예수가 십자가에 못박힘과 동시에 일어났던 기적 같은 태양의 일식을 목격했을 때 탄성을 질렀다. '신이 고통을 당하시고, 세계는 산산조각 났다Aut deus naturae patitur, aut dissolvitur machina mundi'. 이 문구는 라틴어 성무일과서에 나타난다. Augustine: *moles et machina mundi*(광대한 세계 덩어리).

맞물림, 톱니바퀴 체계 혹은 구동장치를 암시하지는 않는다. 그것을 '세계
기계machine of the world'라고 번역하는 것은 오역이다. 최상의 영어 번역은
1675년 존 윌킨스의 문구 '우리가 세계라고 부르는, 눈에 보이는 이러한
틀this visible frame which we call the World'이다.[14]

2

물론 시간이 흐르면서 루크레티우스의 문구의 원래 의미는 사라졌다. 기
계들이 변화하면서 루크레티우스의 문구도 함께 변화했다. 여기에는 시
계가 결정적이었다. 최초의 시계의 주된 목표 중 하나는 단지 시간을 알려
주는 것이 아니라 천체의 운동을 모형화하는 것이었다. 따라서 1364년(기
계 시계를 가능하게 한 탈진기脫進機, escapement mechanism가 발명되고 약 60년 후),
조반니 데 돈디Giovanni de' Dondi는 파도바에서 시각, 태양, 달, 다른 행성들
의 운동, 그리고 종교 축제일을 보여주는 천체투영관을 제작했다. 그의 목
표 중 하나는 프톨레마이오스 우주 체계가 단지 수학적인 모형이 아니라
천체가 실제로 작동하는 방법의 정확한 표현이라는 것을 증명하는 것이
었다.[15] 따라서 시계가 천체를 본뜬 것이므로 천체는 시계와 같다고 주장
하는 것은 자연스러웠다. 우리가 아는 한, 이 주장은 파리의 왕궁 위에 시
계가 설치되고 7년 후인 1377년, 오렘에 의해 처음으로 제기되었다. 그는
천구의 운동은 아마 시계를 만들어 저절로 돌아가게 하는 사람과 같을 거
라고 말했다.[16] 은연중에 그는 신이 시계 제작자와 같다고 말하고 있었다.
'그것은 그의 명제에 이르는 용이한 한 걸음이었다. 시계 제작자와 시계의
관계는 신과 자연의 관계와 같다는 콜링우드의 말은 옳다.' 그러나 어떤

중세 저술가도 우주를 기계 공작소같이 거친 것과 비교하지 않았다. 그리고 오렘의 비교는 매우 조심스럽게 제한된 것이었다. 그는 전체 우주를 시계와 비교하는 것이 아니라, 천체의 원운동을 시계의 회전 바퀴와 비교하고 있었다. 그는 시계를 기계로 생각하지 않았다. 그리고 그는 신의 존재를 증명하기 위해 시계 은유를 사용하지 않는다. 오렘은 기계론 철학을 상세히 설명할 의도가 없었다. 그는 플라톤과 아리스토텔레스의 형상의 세계 속에 살았기 때문이다. 실제로, 그는 결국 천구는 영적인 지성에 의해 지배된다는 인습적인 관점을 수용했다.

그러나 1550년경, 비트루비우스의 주석가들은 기계란 무엇인가에 관한 그의 설명에 불만을 터뜨리기 시작했다.[17] 그들은 수차와 시계를 (처음으로) 기계에 포함시키고 동력 기계류에 중요성을 부여하고 싶어했다. (그리스인과 로마인은 극소수의 수차를 가졌고, 시계는 없었다. 따라서 동력 기계에 관심이 부족했다.) 기계에 대한 근대적인 개념은 라틴어 용어인 machina에 새로운 의미를 부여함으로써 탄생한 것이다. 기계가 무엇인지에 관한 이런 새로운 이해는 오토마타automata, 즉 그것 스스로 움직이는 장치(시계를 포함한)가 이제 처음으로 기계로 분류되었다는 것을 의미했다.

시계들은 오랫동안 시계 자체에서 튀어나오는 조각상 혹은 시각을 표시하기 위해 움직이는 조각상을 지니고 있었다. 간혹 망치를 든 사람 형상이 시각을 알리는 종을 쳤다. 동정녀 마리아와 아이의 조각상이 나타나고, 세 왕이 그들 옆에서 가두행진을 했다. 혹은 기계로 작동되는 전령관이 등장해 나팔을 불었다. 스트라스부르 성당(1352~1354년 처음 건축된) 내부의 시계는 정교한 시계의 가장 유명한 예였다. 예를 들어, 꼭대기에 날개를 퍼덕거리는 금빛 수탉이 서서, 입을 벌리고, 혀를 내밀어 꼬끼오 하면서 정오를 알렸다.[18] 근대적인 뻐꾸기시계는 이 '자동적' 기계의 단순한 형태였다. 가장 정교한 것 중 하나는 1676년 발명된 반복 기계장치였다. 줄을 잡아당기면 시계는 마지막으로 맞춰놓은 시간들과 15분 간격으로 차임벨을 울린다. 바꾸어 말하면, 만일 당신이 시각을 물으면 시계가 답을 한다(어두워졌을 때 주로 사용하도록 의도된 기능이다).

기계에 대한 새로운 개념의 특별히 중요한 예는 프랑스의 개신교도 살로몽 드 코Salomon de Caus가 저술한 《동력의 원인Les Raisons des forces mouvantes, avec diverses machines tant utiles que plaisantes》(1615)에서 제시된다.[19] 드 코는 그 것들이 공기압(그는 초보적인 증기기관을 고안했다)에 의해 구동되든, 흐르는 물 또는 하강하는 추에 의해 구동되든 움직이는 기계장치에 관심이 있었다. 예를 들어, 그는 자동 오르간player organ(자동 피아노처럼 회전하는 통 위에 있는 핀 구멍에 의해 전달된 정보에 따라서 자동으로 음악을 연주하는 오르간)을 발명했다. 그는 노래하는 기계 새들이 들어 있는 작은 동굴을 지닌 정교한 분수들을 제작했다. 그는 또한 물을 퍼올리기 위한 기계, 목재를 자르는 기계, 여러 산업적 임무를 수행하는 기계를 묘사했다. 화려하게 장식된 분수와 노래하는 새들을 제작하는 일에서 그는 고전적인 선례를 따랐다. 그러나 그리스인과 로마인은 동력이 있는 망치와 톱에 대해, 그리고 인간의 힘을 초월하여 기계적인 과업을 수행하는 자동기계에 대해서 아는 바가 없었다.

기계에 대해 논했을 때 데카르트가 염두에 둔 것이 드 코의 기계이기 때문에 드 코는 중요하다. 그리고 그 새로운 용어를 라틴어에서 프랑스어로, 데카르트를 통해 영국으로 전파한 것이 드 코다.[20] 1637년의 데카르트의 저술을 읽기 이전에, 영국인들은 복잡한 기계를 '기계'가 아니라 '엔진'이라고 불렀다.[21] ('엔진'이라는 단어는 지성을 뜻하는 라틴어 ingenium에서 왔으며, 여기서 '기발한ingenious'이라는 단어가 파생되었다. 영어에서 그 단어는 교묘한

계략cunning device으로 사용되기 이전에 '기발 또는 교활cunning'을 뜻했다.) 그래서 모어More가 '기계론 철학'이라는 용어를 창안했을 때, 그는 그 새로운 용어를 영어에 도입하는 역할을 하고 있었다.[22] '엔진'과 '기계'는 영어에 대한 데카르트의 영향력의 결과로 여전히 겹치는 의미를 갖고 있다.

데카르트는 스스로 자동기계를 설계했고, 아마 제작도 한 것 같다. 그는 시계장치의 개량, 자석에 의해 구동되는 줄타기 곡예사, 개가 달려들면 자고새가 날아가는 장치를 설계했다. 그가 여자를 만들었다는 이야기도 전해진다. 데카르트가 승선한 배가 폭풍우에 휩싸였을 때, 그 배의 선장은 이 살아 있는 기계는 마귀에 의해 살아가는 게 틀림없다고 확신하여 그녀를 배 밖으로 내던졌다고 한다.[23]

《방법서설》에서 처음 진술된 데카르트의 새롭고 눈에 띄는 주장은 동물들이 자동기계, 즉 복잡하고 스스로 움직이는 기계라는 것이다. 그것들은 우리가 '생명' 혹은 '지성'이라고 부르는 몇 가지 여분의 성질을 지니고 있으나, 스트라스부르 성당의 수탉처럼 사실상 그저 미리 정해진 통상적인 일을 수행하고 있는 것으로 보인다. 데카르트는 영혼이 합리적인 인간에게만 고유하다고 주장했다. 동물들은 영혼이 없고 추론하는 능력도 없다. (아리스토텔레스주의자들은 식물성, 동물성, 합리성 세 종류의 영혼을 구분했다. 그래서 동물도 어떤 종류의 영혼을 지닌다고 인정하는 데 문제가 없었다.) 데카르트가 자연에 있는 어떤 것을 기계로 묘사할 때, 그가 항상 염두에 둔 것은 생물학적 독립체다. 그는 동물들이 설계되었음을 부인했다. 그러나 그것들은 (드코의 기계처럼) 움직인다. 그리고 스스로 번식한다. 그래서 동물들은 한번 존재하게 되면, 그 복잡한 구조를 바탕부터 다시 조립할 필요가 없다.

만일 동물들이 기계에 불과하다면, 원숭이의 몸과 비슷한 인간의 몸 역시 데카르트주의자들에게는 기계처럼 작동한다. 그리고 데카르트주의 의

602

사들은 톱니바퀴 기계의 예시가 아니라 드 코의 분수나 자동 오르간을 구동하는 유형의 수압 장치의 예시로서 인간 해부를 연구하는 데 열심이었다. 만일 인간의 몸이 기계라면, 그것은 동력원을 지녀야 한다. 그것이 아마 데카르트가 심장을 펌프보다는 열 엔진으로 생각하고 싶어한 이유였을 것이다(드 코는 태양광을 렌즈를 통해 쪼여서 물을 데워 분수를 구동했다). 심장을 단지 펌프로 묘사하면 무엇이 심장을 구동하는가라는 질문이 남게 된다. 물론 동물들이 기계라고 주장되자, 이것은 인간 또한 기계라는 주장에, 그리고 가상디, 데카르트, 보일, 뉴턴이 가장 배척하는 유형의 체계적인 물질주의의 채택에 조그만 한 걸음이 되었다. 쥘리앵 오프루아 드 라메트리Julien Offroy de La Mettrie의 《인간 기계론Man the Machine》(1748)은 이러한 종류의 타협하지 않는 기계론적 사유의 논리적 발전이었다.[24] 물론 데카르트에 의해 제기된 도전은 동물처럼 움직일 수 있는 자동화를 구축하려는 것이었다. 100년 후 자크 드 보캉송Jacques de Vaucanson(1709~1782)은 걷고, 꽥꽥거리고, 먹고, 배변할 수 있는 기계 오리를 만들었다.[25]

데카르트는 우주를 시계와 같은 것으로 생각하지 않았다. 왜냐하면 그의 관점에서 외계 공간은 프톨레마이오스 천문학의 수정 천구나 드 코의 기어와 도르래 기계로 채워진 것이 아니라, 행성들을 별 주위 궤도로 운반하는 액체 소용돌이로 채워져 있었기 때문이다.[26] 그러나 그는 우주를 이해하는 것은 시계를 이해하는 문제와 비교될 수 있다고 강조한다. 만일 당신이 바깥에서 시계를 쳐다보면 시곗바늘을 돌게 하는 기제機制가 존재한다는 것을 알 수 있다. 당신은 시곗바늘이 하강하는 추에 의해 회전한다고 결론지을 수 있을 것이다. 그러나 그것들은 용수철에 의해서 동등하게 구동될 수 있다(또는 진자에 의해 조절될 수 있다. 그러나 데카르트는 진자시계가 발명되기 이전에 죽었다). 만일 시계를 분해할 수 있다면 무엇이 어떻게 되어 있는지 알 수 있을 것이다.²⁷ 데카르트는 자연에 관한 우리 이해의 많은 부분이 이와 같다고 생각했다. 우리는 사물이 어떻게 작동하는지에 대해 설득력 있는 설명을 찾아낼 수 있다. 그러나 우리는 그 설명이 그것들이 실제로 작동하는 방법인지 확신할 수는 없다. 그 기제는 우리에게 보이지 않기 때문이다. 그것이 작은 상자 속에 숨어 있기 때문이 아니라 너무 작아서 우리가 볼 수 없기 때문이다. 처음의 희망 사항은 현미경이 보이지 않는 것을 볼 수 있게 해주는 것이었는데, 예를 들면 현미경으로 파리가 판유리에 기어 올라가는 것을 보았을 때 실제로 그렇게 되었다. 그러나 그것은 빛이 반사되고 굴절되는 기제, 또는 냄새를 일으키는 입자를 보여줄 수 없었다.²⁸ 데카르트는 실험들이 여러 가능성 중 하나를 확실하게 선택하게 해주도록 구축될 수 있다고 생각했다(따라서 당신은 물이 채워진 구형 병으로 실험을 하여 무지개가 어떻게 생성되는지 보일 수 있다). 그러나 이것이 항상 가능하지는 않을 것이다. 데카르트의 관점에서 파스칼의 진공 실험은 고압의 가능성을 제거하는 데 도움이 되지 않았다. 따라서 데카르트는 우주가 실제로 어떻게 작동하는가에 관한 비유로서가 아니라, 우리 이해력의 한계에 관한 인식론적 주장을 펼치기 위해 시계 은유를 사용한다.*

시계는 자동적으로 그 기능을 수행한다. 그러나 그것은 스스로를 조절할 수 없었다. 빨리 갈 때 자체의 속도를 늦출 수 없다. 늦게 가면 맞는 시각으로 돌아올 수 없다. 그러나 드 코의 기계들 중 하나는 복잡한 되먹임feedback 기제를 지닌다.²⁹ 그 기계는 수조의 물의 절반을 올리는 데 물의 무게를 이용하도록 설계된다. 반면 나머지 반은 아래로 내려가면서 균형을

---

* 그 논증 자체는 새롭지 않았다. 그것은 이미 아베로에스파와 그들의 반대파 사이의 주전원의 실재성에 관한 논쟁 속에서 형성되었다. 11장 4절을 참조하라.

보캉송의 오토마타 전시 셋을 홍보하는 날짜 미상의 18세기 광고 전단. 플루트 연주자, 북 치는 사람, 소화 기능을 지닌 오리. 복제품을 만들려는 여러 시도에도 불구하고 오리의 내부 작동 방식은 알려지지 않았다.

유지한다. 그것은 각기 다른 높이의 수조 세 개로 구성되어 있다. 기계를 작동하기 위해 두 밸브는 아래 수조에 물이 차면 닫혀야 한다. 이것은 호퍼hopper(깔때기 모양의 출구를 지닌 큰 통 — 옮긴이)에 물이 넘침으로써 작동된다. 호퍼가 비면, 물의 무게가 밸브를 닫는다. 스스로 조절하는 기계는 17세기에는 매우 드물었다(수년 후, 콘래드 드레블Conrad Drebbel은 계란을 위한 온도계가 달린 인큐베이터를 설계했다). 그리고 드 코의 기계는 알렉산드리아의 헤론이 물갈퀴 조절기를 설계한 이후 발명된 최초의 기계였을 것이다. 이것은 우리가 지금도 물탱크와 변기 수조에 사용하고 있다.[30] 그것들은 18세기 후반에야 보편화되었다. 필요한 순간에 자동적으로 밸브를 여닫는 방법은 후일 증기기관의 작동에 필수적인 것으로 입증되었다(바람개비를 바람으로 바꾸는 선풍기는 또 하나의 단순한 예다). 스스로 조절하는 기계는 일련의 더 진보된 기술을 향한 중요한 발걸음에 그치지 않았다. 그것은 근대 사회과학의 토대가 되는 개념이다. 데이비드 흄의 교역 균형 이론과 애덤 스미스의 시장 개념은 되먹임 기제의 개념에 의존한다.[31] 그리스인들과 로마인들이 경제적 행동에 관한 일반 이론을 개발하는 데 실패한 이유에 대한 오랜 논쟁이 있다. 하나의 좋은 답변은, 그들이 되먹임 기제를 가진 기계를 지니지 못했기 때문에 그들에게 사회적 과정을 사고하는 필수적 수단이 결핍되어 있었다는 것이다.[32]

3

그래서 17세기에 가상디, 데카르트 등에 의해 수정되어 재구성된 고전적 원자론은 자연을 입자들의 상호작용으로 설명했다. 1659년 이후 영어에

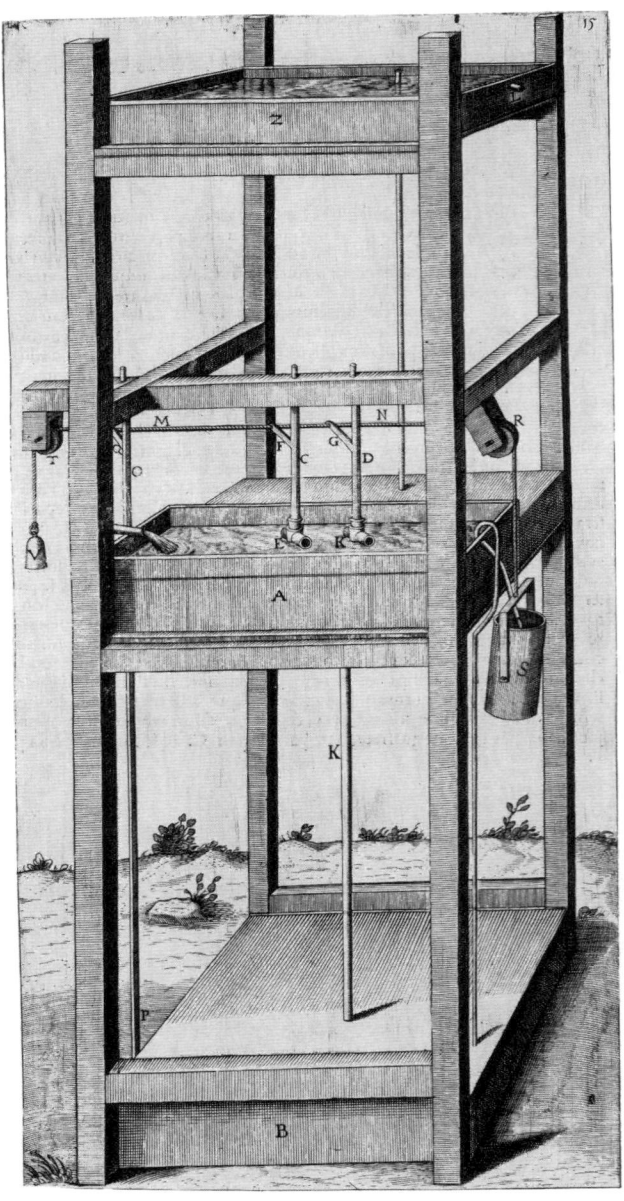

드 코의 자체적으로 조절되는 물 퍼올리는 기계(《동력의 원인Les Raisons des forces mouvantes, avec diverses machines tant utiles que plaisantes》(1615)에서)

서는 보통 이것을 '기계론 철학'이라고 불렀다. 비록 보일은 훨씬 덜 혼란
스러운 용어인 '입자론 철학'과 '입자 철학'을 곧 도입했지만 말이다. (결
국 '기계론 철학'이라는 용어는 프랑스에 수출되었고 데카르트주의자들 사이에 혼란
을 확산시켰다.) 원자와 입자는 기계가 아니다. 그러나 시계 부품들의 상호
작용이 그러한 것처럼, 그것들의 상호작용은 크기, 모양, 강도에 의해 결
정된다. 가상디의 제자들(영국의 찰턴 같은)과 데카르트의 제자들(헨리 파워
같은)은 많은 것에 동의하지 않았지만, 자연 과정에 대한 입자론적 설명에
특권을 주어야 한다는 점에는 동의했다. 보일과 뉴턴은, 비록 모든 것이
입자론적 설명에 달려 있다고 주장하지는 않았지만, 이 점에서 그들을 따
랐다(실제로 뉴턴의 중력 이론은 결국 그것이 태어난 입자론 철학을 파괴하면서 최
대의 예외로 입증되었다).

   꽤 별개의 논증은 우주가 시계 또는 복잡한 기계처럼, 하나의 목표를 이
루기 위해 설계되었고, 따라서 그것은 신의 존재를 입증한다는 주장은 별
개의 논증이었다. 데카르트는 이러한 논증을 사용하지 않는다. 그의 우주
는 '설계되었다'고 묘사될 수 없고, 바로 기본적인 법칙들이 그 자체를 드
러내도록 만든 결과다. 그것은 기계적이라기보다는 유체다. 그것은 톱니
와 기어가 아니라 소용돌이와 여러 다른 유체 흐름을 포함한다. 설계에 관
한 근대적인 논증은 왕립학회의 설립자들 중 한 명인 존 윌킨스의 《자연
종교의 원리와 임무에 관하여》(그의 사후인 1675년 출간됨)에 처음 등장했다
고 주장된다.[33] 그 논증에 따르면 오직 외부적인 동인이 자연의 여러 부분
들이 특정한 기능들을 수행하도록 그것을 설계하고 구축할 수 있기 때문
에, 우주에도 창조주가 있다. 아리스토텔레스주의자는 이렇게 논증할 수
없었다. 아리스토텔레스 자신은 우주에 창조자가 있다는 것을 믿지 않았

608

다. 그의 중세 후계자들은 목적성이 자연의 기본 요소라고 생각했다.* 그러나 윌킨스는 이 논증을 사용한 최초의 인물이 아니었다. 그것은 1668년 헨리 모어에게서 발견할 수 있고, 모어 이전에 17세기 초반 확률에 흥미가 있었던 네덜란드 예수회 회원 레오나두스 레시우스Leonardus Lessius(1631)에게서도 발견될 수 있다.³⁴

이 저술들을 따라서 그 논증을 추적해보면, 그것이 훨씬 오래된 논증의 변이變異라는 것이 명백해진다. 이것은 가끔 무한 원숭이 정리infinite monkey theorem로 불리는데, 원숭이가 내키는 대로 영원토록 타자기의 자판을 두드리면 결국 셰익스피어의 작품들이 나온다는 주장이다. 이 논증에 대한 본질적인 반박을, 물론 타자기나 셰익스피어는 언급되지 않지만, 키케로에게서 발견할 수 있다. 키케로는 우주가 우연의 산물이라는 원자론자의 주장을 거부했다. 그는 이렇게 말한다.

이러한 일이 일어날 수 있다고 생각하는 사람이 만일 금이나 다른 어떤 것으로 만들어진 셀 수 없이 많은 알파벳 스물한 글자의 활자들을 그릇에 던져 넣어 섞은 다음 땅에 쏟았을 때, 그것들이 독자들이 읽을 수 있는 형태의 엔니우스Ennius의《연대기Annales》를 만들 수 있다고 생각해서는 안 되는 이유를 나는 이해할 수 없다. 우연이 단 한 구절의 시라도 쓰는 데 성공할 수 있을지 의문이다.³⁵

이와 마찬가지로 레시우스와 그의 후계자들은 만일 당신이 상당한 양의

---

* 신의 존재에 대한 아퀴나스의 다섯 번째 증명은 우주의 부분들이 한 지성에 의해 인도되는 듯이 움직인다는 것을 우리가 볼 수 있다는 것이다. 그래서 하나의 지성이 그것들을 인도하고 있어야 한다. 아퀴나스는 시계공 신이 아니라, 우주에 거하며, '궁수가 화살의 방향을 정하듯이', 우주를 총괄하는 신의 존재를 상정하고 있다.

벽돌을 땅에 던지더라도 당신은 궁전을 지을 수 없을 거라고 말한다. 책은 저자를 필요로 한다. 궁전은 건축가를, 시계는 시계 제작자를, 그리고 우주는 창조주를 필요로 한다. 우리는 이미 케플러가 샐러드도 요리사를 필요로 한다고 주장하는 것을 보았다.[36] (이 주장은, 물론 후일 흄과 다윈에 의해 비판이 제기되었지만, 오랫동안 거의 저항할 수 없는 것으로 보였다.)

보일은 이 주장에 관한 자신만의 견해를 갖고 있었다. 그는 그것을 사용하여 원자론자에게 대항한 것이 아니라 스콜라주의자들에게 대항했다. 보일은 그들이 전지전능한 신의 적절한 개념을 지니지 못했다고 주장했다. 실제로 그는 아퀴나스를 염두에 두었을 것이다.

세계에서 신의 대행자에 대한 그들의 견해와 내 제안의 주된 차이는 **그들이** 그 교묘한 장치가 실제로 매우 인공적인 꼭두각시의 본질을 좇은 것으로 세계를 상상하는 듯하다는 점이다. 그러나 기능공은 (가끔 하나의 선이나 줄을 그림으로써) 거의 모든 특정한 운동을 흔쾌히 보여준다. 그리고 가끔 엔진의 작용을 다스린다. 반면에 우리 견해에 따르면 스트라스부르에 있는 흔치 않은 시계처럼, 모든 사물은 너무 솜씨 좋게 고안되었기 때문에 엔진이 한번 움직이면 기능공이 처음 설계한 대로 모든 사물들이 진행된다. 그 시간에 이런저런 것을 수행하는 작은 조각상의 운동은 그러한 꼭두각시처럼 기능공 혹은 그에 의해 고용된 어떤 지능적인 대행자의 특이한 개입을 필요로 하지 않는다. 그러나 특별한 경우에는 전체 엔진의 일반적, 원래적 고안의 성질에 의해 그 기능을 수행한다.[37]

그 주장에 관한 보일의 견해에서 당신은 시계에 저술 혹은 궁전을 대치시킬 수 없다(윌킨스의 주장에서는 그렇게 할 수 있다). 왜냐하면 저술과 궁전은 정적인 반면 시계는 움직이기 때문이다. 보일에 따르면 우리 우주에서 모든 것이 기계류의 오류를 수정하기 위해 필요한 개입 없이도, 화살의 방향을 정하는 궁수 없이도 동일한 일반 법칙에 따라 진행된다는 것은 놀라운 일이다. 이 주장을 지키기 위해 그는 억지로 짜맞춘 복잡한 것이 아니라 연속적 운동인 것이 필요했다. 오직 시계가, 초기의 시계들은 계속 조정을 해주어야 할 필요가 있었기 때문에, 실제로 오직 진자시계가 이 역할을 할 것이다. 이러한 면에서 보일의 주장은 새로우며 뚜렷이 기계론적이다.

그러나 기계론 철학의 유산은 단지 설계 논증의 근대적 형태가 아니었다. 그것은 여전히 지적 설계라는 형식으로 옹호되고 있다. 미래는 기계론이든 뉴턴주의든 새로운 철학자들 앞에만 놓여 있는 것이 아니었다. 그것은 또한 새로운 기계들 앞에도 놓여 있었다. 1615년 드 코는 매우 단순한 증기기관을 만지작거렸다. 증기기관의 작동은 간단한 되먹임을 요구했다. 보캉송은 기계 오리를 만들었을 뿐만 아니라 브로케이드 직물을 자동으로 짜는 기계를 고안했다. 프리드리히 폰 크나우스Friedrich von Knauss(1724~1789)는 사람 손과 꼭 같이 종이 위에 글을 쓰는 기계 손을 발명했다. 그는 또한 최초의 타자기를 제작했다.[38] 산업혁명은 그런 사람들의 솜씨, 최초의 스트라스부르 성당 시계를 제작한 장인들에게 익숙했던 솜씨에 의존할 것이다. 과학혁명은 수학자들의 혁명으로부터 출발해 결국 역학의 혁명으로 전환되었다. 다축방적기spinning jenny는 스트라스부르 시계의 직계 후손이다.

이것은 우리가 처음 시작했던 문제를 상기시킨다. 스트라스부르 시계는 14세기 중반에 만들어졌다. 그러나 기계론 철학은 이보다 3세기 후에 창안되었다. 그동안 기계는 크게 변하지 않았다. 그러나 철학자들은 변했다. 루크레티우스의 저술이 가용되자(1417년에 그는 재발견되었다) 그의 '세계라는 기계' 개념은 시계장치 우주라는 아주 새로운 생각으로 전환될 수 있었다. 그러나 이것이 나타나기 위해서는 루크레티우스의 저술만으로는 충분하지 않았다. 필요했던 것은 새로운 기계들만이 아니라 기계장치를 논의하는 새로운 언어였다. 이 새로운 언어 이전에, 시계들은 천체를 이해하는 데 사용될 수 있었으나 지구 물리학 혹은 생물학은 그렇지 못했다. 움직이는 기제의 개념을 일반화함으로써 시계장치 우주와 기계 인간을 가능하게 만든 것은 드 코 같은 엔지니어였다.

　지리학은 16세기 초, 선원들에 의해 새로 만들어졌다. 자연의 철학은 17세기에 '수학자들과 엔지니어들'에 의해 새로 만들어졌다.[39] 자연철학은 더 이상 펜과 종이로만 수행되는 과업이 아니었다. 보일의 공기펌프와 하위헌스의 진자시계는 철학적인 기계들, 철학자들에 의해 만들어진 기계들(물론 기술자들의 도움을 받아서)이었다. 첫째로는 과학적 문제를 해결하기 위한, 그리고 둘째로는 과학적 이론을 구현하기 위한 기계들이었다. 데카르트의 자동기계에 대한 집착이 새로운 기계론 철학을 가져왔듯이, 그것들은 철학자들이 기계류에 관해 생각하는 방식을 크게 바꾸는 데 도움이 되었다. 이미 17세기에 수학자들의 혁명은 기계의 혁명과 구별하기 어려워지고 있었다. 나는 산업혁명이 16세기에 거의 일어나고 있었다는 콜링우드의 주장이 틀렸다고 생각한다. 새로운 동력원에 주의가 집중되지 않았기 때문이다. 그러나 14장에서 나는 그것이 17세기 말에는 새로운 유형의 전문가 엔지니어-과학자의 출현 덕분에 실제로 진행되고 있었음을 논의할 것이다.

4

이제 데카르트와 보일 모두가 우리가 기계론 철학이라고 부르는 것을 가지고 있지만 서로 매우 다르다는 것이 명백해졌을 것이다. 우리가 구분했던 세 가지 핵심 논증, 입자론 철학, 자동기계로서의 동물, 시계장치 우주 중에 그들은 첫 번째에 대해서는 동의하지만 각각은 나머지 둘 중에서 오직 하나만을 선택한다. 동물 자동기계는, 만일 인간이 동물과 별다른 것이 없다면, 무신론으로 인도한다. 그러나 만일 사람이 비물질적 마음의 존재를 증명할 수 있다면(데카르트가 자신이 할 수 있다고 생각한 대로) 그렇지 않다. 입자론 철학이 우주는 우연히 태어났다는 주장과 결합하면 무신론으로 인도한다. 그러나 만일 이 이상의 단계가 설계 논증에 의해 차단된다면(보일이 그것을 차단하려고 애쓴 것처럼) 그렇지 않다. 데카르트와 보일은 첫째, 마음을 물질과 구별함으로써, 둘째, 자연 세계를 신의 설계에 대한 증거를 제공하는 것으로 간주함으로써 자신들을 무신론으로부터 보호할 수 있다는 자신감을 가진다.[40] 보일의 논증은 상당히 튼튼함이 입증되어, 그는 윌리엄 페일리(1743~1805) 같은 기독교 신학자들의 오랜 전통을 고취하려 했다. 비록 흄이 그의 유고집 《자연 종교에 관한 대화Dialogues Concerning Natural Religion》(1779)에서 그것을 둔화시키는 데 최선을 다했음에도 불구하고, 다윈 이전까지는 좋은 답변이 없었다. 데카르트의 논증은 성공하지 못했다. 로크조차도 생각하는 물질 같은 것이 있을 수 있다고 생각했다.[41] 뉴턴이 이렇게 물은 것은 옳았다.

만일 우리가 데카르트와 함께 외연이 육체다extension is body라고 말한다면, 우리는 명백히 무신론으로 가는 길을 제시하지 않는 것인가? 외연이 생성되지 않았고 영원히 존재해왔기 때문에, 그리고 우리가 신과의 관계성 없이 그것에 관한 절대적 생각을 지니고 있기 때문에, 그래서 어떤 상황에서 우리가 신이 존재하지 않는다고 상상하면서 외연을 마음속으로 품기는 불가능할 것이다. 동시에 마음이 전혀 외연을 지니고 있지 않으며, 그리고 어떤 외연에서도 실질적으로 존재하지 않는다고, 즉 어디서도 존재하지 않는다고 말하지 않는 한, 이 (데카르트) 철학에서 마음과 육체의 구별은 이해할 수 없다. 이는 마음의 존재를 거부하는 것과 동일하게 보인다. (…) 따라서 무신론자들이 생겨나 마음을 오직 신성에 속하는 형체를 지닌 물질로 돌리는 것은 놀라운 일이 아니다.[42]

돌바크d'Holbach와 디드로 같은 많은 18세기 무신론자들은 데카르트의 기계론으로부터 받은 영감을 신이 존재할 여지가 없는 체계적인 물질주의로 전환시켰다.

입자론 철학은 그것이 비물질적 본질의 형식 혹은 물질에 관한 아리스토텔레스주의 학설에 대한 대안을 제공했다는 점에서 과학혁명에 절대적으로 중요했다. 그 결과로서 그것은 사물의 본성에서 목적론을 배제했다.[43] 그것은 공기압과 진공을 설명하는 이론적 모형의 생성에 도움이 되었다. 비록 이 모형들이 데카르트에게는 받아들여질 수 없었지만 말이다. 그러나 13장에서 다루게 될 뉴턴 혁명은 그 개념이 18, 19세기에 계승되어 과학의 핵심 부분이 되는 것을 재빨리 중단시켰다. 근대 물리학, 화학, 생물학은 입자론 철학에서 출현하지 않았고, 오히려 그 철학의 붕괴에서 나왔다. 결국, 입자론 철학은 스콜라 철학과 뉴턴주의 사이의 삽입구다.

뉴턴주의는 입자론 철학을 파괴하고 설계 논증을 크게 강화했다. 오직 자연법칙을 창조하고 그것들이 세계에 영속적인 영향을 미치도록 보장하

614

는 전지전능한 신만이 중력의 작용을 설명할 수 있었다. 왜냐하면 중력은 아리스토텔레스주의 용어나 입자론 용어로는 설명될 수 없기 때문이다. 뉴턴의 신은 목표물들에 개개의 화살을 쏘지 않았다. 그는 각 화살의 비행을 결정하는 법칙을 정립했다. 따라서 뉴턴주의는 설계 논증을 정교하게하고 그것에 의존하게 된 문화 속에서만 잉태될 수 있었다. 그 문화는 특히 영국적이었다. 우리가 보았듯이 데카르트가 설계에 대한 호소를 완강히 회피했기 때문이다. 이러한 면에서 뉴턴은 보일의 상속자다. 그리고 뉴턴주의를 대륙으로 수출하는 일은 외국의 과학자들에게 원격 작용론을 받아들이도록 설득하는 것뿐만 아니라 설계 논증을 채택하도록 설득하는 것이기도 했다.

1733년, 볼테르는 영국인과 프랑스인이 두 다른 세계, 뉴턴의 세계와 데카르트의 세계에 살았다고 말했다.

> 영국에 도착한 프랑스인은 다른 모든 사물과 마찬가지로 철학이 매우 변화했음을 발견할 것이다. 그는 물질이 충만한 세계를 떠났다. 그는 이제 진공의 세계를 발견한다. 파리에서 우주는 미묘한 물질의 소용돌이로 보인다. 그러나 런던에서 그러한 것은 보이지 않는다. 프랑스에서는 달의 압력이 조수를 일으킨다고 하고 영국에서는 바다가 달을 향해 끌린다고 한다. 사물의 본질은 완전히 변했다. 당신은 영혼의 정의에도, 물질의 정의에도 동의하지 않는다. 이 견해들은 얼마나 극단적으로 모순적인가![44]

볼테르의 글은 우리에게 과학자들이 살 수 있는 하나 이상의 세계가 존재한다는 것을 상기시켜준다.

그러나 데카르트의 세계와 뉴턴의 세계에서 자연법칙은 불변이었다. 인

간은 대우주에서 소우주까지 자신들의 형상을 자신들에게 다시 비추기는
커녕, 자신들의 존재에 전혀 무관심한 우주에 살고 있다. 그들 모두에게
태양은 셀 수 없이 많은 것 중에서 그저 하나의 별이었다. 그리고 우주는,
비록 무한하지는 않아도, 적어도 알려진 한계는 없다. '내가 그 이전과 이
후의 영원 속에 집어삼켜진 내 생애의 짧은 기한을, 내가 차지하는 좁은
공간을 생각할 때, 그리고 나에 관하여 알지 못하고 또한 내가 알지 못하
는 무한한 크기의 공간에 휩싸여 있음을 알게 될 때, 나는 두렵다. (…) 이
무한한 공간의 영원한 침묵이 나를 두렵게 한다'고 말한 파스칼은 이 새
로운 세계를 존재하게 만드는 데 기여했다.[45] 사물의 형식으로 신이 새겨
놓은 의미들, 존재의 대사슬, 공감과 반감, 자연적 마술이 맹목적 메커니
즘과 불변의 법칙에 의해 대체되었다. 데카르트의 관점에서는 동물조차
도 그저 자동기계였다. 블레이크는 우주를 측정해서 신과 노는 뉴턴을 그
렸다. 자연법칙의 단순화된 수학적 언어에 사로잡혀, 뉴턴은 더 이상 그를
둘러싼 복잡성과 다양성을 볼 수 없다. 질은 그저 양$_량$으로 환원되었다. 이
것이 베버weber가 '세계의 탈마법화'라고 부른 것의 시작이다.[46]

세계의 탈마법화

따라서 지성화와 합리화의 과정이 증가한다고 우리가 살고 있는 조건들에 관한 이해도가 높아지는 것은 아니다. 그것은 전혀 다른 의미이다. 그것은 우리가 이해하고 싶어하기만 하면 언제든 그렇게 할 수 있다는 지식 혹은 확신이다. 그것은 우리가 신비스럽고 예측할 수 없는 힘에 지배당하고 있지 않고, 그와 반대로, 모든 것을 계산에 의해서 원칙적으로 통제할 수 있음을 의미한다. 그것은 결국 세계의 탈마법화를 의미한다.

_막스 베버, 《직업으로서의 학문》(1918)[1]

1

1661년 3월, 윌트셔의 테드워스에 사는 존 몸페슨John Mompesson이라 불리는 신사가 북을 치는 거리의 악사를 구속하고 북을 빼앗았다(거지들은 면허가 있어야 했고, 이 거지의 면허는 가짜였다). 그 후 2년여 동안, 몸페슨의 집에는 시끄러운 귀신들이 출몰했다.[2] 시끄러운 북소리가 나고, 물체가 이상하게 떠다니고, 경고음도 들렸다. 여기서 전형적인 보고 하나를 보자.

1662년 11월 5일. 큰 소리가 났다. 한 하인이 아이들 방의 판자 두 개가 움직이는 것을 목격했다. 그는 그중 하나에 가까이 오라고 명했다. 그러자 그 판자는 그에게서 1야드 떨어진 지점으로 왔다(그가 보기에 아무것도 판자를 움직이지 않았다). 하인은 자기 손안으로 오라고 덧붙였다. 그러자 판자가 그에게 착 밀려왔다. 그는 다시 내던졌다. 그러자 판자는 다시 그에게 밀려왔고, 위아래로, 앞뒤로 적어도 스무 번 반복되었고, 마침내 몸페슨 씨는 그의 하인에게 그만두라고 했다. 이는 낮에 일어난 일이며, 방에 있던 사람들 전부가 목격했다. 그날 아침 유황 냄새가 남아 있었고 매우 독했다. 밤에 크래그 목사와 여러 이웃들이 그 집을 방문했다. 목사는 아이들 방 침대 옆에 무릎을 꿇고 그들과 함께 기도했다. 그곳은 아주 골칫거리였고 시끄러웠다. 기도 시간 동안 그 소동은 지붕 밑 다락으로 철수했다가, 기도가 끝나자마자 되돌아왔다. 사람들이 보는 곳에서 의자들이 저절로 방에서 이리저리 걸어다녔다. 아이들의 신발이 머리 위로 휙 던져졌으며 고정되지 않은 모든 물건들이 방에서 움직였다. 동시에 침대 기둥이 목사에게 날아와 목사의 다리를 쳤으나 살짝 부딪쳤고, 양털 한 뭉치도 그보다 더 부드럽게 떨어지지는 않았을 것이다. 떨어진 바로 그 자리에서, 이리저리 구르거나 움직이지 않고 멈추었다.[3]

이상야릇하고 놀라운 이야기는 항상 많았다. 이 이야기는 조지프 글랜빌이라는 목사가 쓴 《사두개교에 정복된 자Saducismus triumphatus》에 나온다. 글랜빌은 새로운 과학의 주창자 중 한 사람이었고, 1664년부터 왕립학회의 평회원이었다. 1666년, 글랜빌은 마법의 실재를 옹호하기 위한 출간을 시작했다. 몸페슨 이야기가 실린 그의 첫 번째 버전은 다음 해 《근대 사두개교에 대한 일격A Blow at Modern Sadducism》에 등장했다. 사두개교는 영혼의 실재성을 거부하는 것으로 이해된다. (방금 인용한 버전은 유고집 《사두개교에 정복된 자》(1681)에 나온다. 글랜빌의 친구이며 플라톤주의 철학자 헨리 모어에 의해 다섯 종류의 판본이 유통되었다.) 《사두개교에 정복된 자》의 목표는 단순했다. 글랜빌은 그가 '근대적 관계 선집choice Collection of modern Relations'이라고 부른 것에 대한 의심의 여지 없는 증거를 (자신이 제시한 것을 포함하여) 만들어내려 했다. 이는 마법, 시끄러운 유령, 악마가 사실임을 증명하려는 것이었다(동시대 과학 언어의 사용은 의도적이었다). 따라서 그는 영적 세계의 실재를 증명하고 무신론적 물질주의를 반박하려 했다.[4] 의사인 존 웹스터는 그에 대항하여 1677년 《마법이라는 것의 폭로The Displaying of Supposed Witchcraft》를 썼다. 웹스터는 출간 허가를 얻는 데 어려움을 겪었다. 그러나 마침내 왕립학회의 부회장으로부터 허가를 받았다. 글랜빌과 웹스터 사이의 논쟁에서 학회는 편드는 일에 신중했다. 그러나 웹스터는 평회원으로 선출되지 못했다. 글랜빌과 그와 같은 부류에게 새로운 과학은 물질주의와 무신론에 대한 옹호물로 봉사하도록 의도된 것이었다. 근대적이 되는 일과 마법에 대한 믿음은 함께 나아갔다.[5]

2

'근대적modernus'이라는 낱말은 6세기까지 거슬러 올라간다.* 그것은 서고트족의 로마 약탈(410)과 테오도리크Theodoric(493~526) 치하의 새로운 기독교 질서의 확립 이후 생겨났다. 그때 근대는 대격변, 위기와 붕괴의 긴 시기 이후의 회복의 시대였다. '근대적'이 뜻하는 것은 세기마다, 학문 분야마다 달랐다. 1000여 년 동안 고대인과 근대인이 존재했다. 이는 대략 이교도와 기독교도에 해당했다. 일찍이 1382년, 피렌체의 연대기 작자 필리포 빌라니Filippo Villani는 '고대, 중세, 근대'를 언급했다. 1604년, 중간 시기medium aevum('중세medieval'의 전신)라는 용어가 도입되었고, 이는 아직도

• 기록된 최초의 용례는 다음과 같다. 'antiquorum diligentissimus imitator, modernorum nobilissimus institutor'. Cassiodorus, *Institutiones divinarum et saecularium litterarum*, c.530s

여전히 표준적인 고대사, 중세사, 근대사 사이의 구분을 형성하고 있다.[6] 다른 용어들도 나타났다가 사라졌다. '르네상스the Renaissance' 그리고 '계몽시대the Enlightenment'(명확한 정관사와 함께)는 19세기 용어다. 이것은 지난 50년간 '근대 초기'에 근거를 제공해왔다. 이 세 가지 용어(중세, 르네상스, 계몽주의) 모두 1453년 이후의 모든 역사를 마지못해 '근대'로 생각하는 것을 반영한다.[7] 여행안내서를 손에 들고, 유럽의 큰 철도역 중 한 곳에서 기차에 탄 19세기 여행가는 더 이상 에라스뮈스Erasmus와 공통점이 많지 않다. 에라스뮈스는 16세기 초, 말을 타고 유럽을 여행했다. 에라스뮈스의 시대 이후, 계몽시대의 유일한 진보는 사륜마차의 도입이었다. 19세기 후반의 역사가들에게 '근대성modernity'(18세기 단어)은 로마 함락 혹은 콘스탄티노플 함락과 함께 시작된 것이 아니라, 철도 시간표와 함께 시작되었다.** 그리고 그것은 거기에 멈춰 있는 것으로(적어도 지금까지는) 보인다. 우리가 우리 세계(지난 50여 년간의 세계)와 우리 부모, 조부모, 증조부모의 세계의 차이를 표시하기 위해 '탈근대postmodern'라는 용어를 창안했기 때문이다.

셰익스피어는 '근대적modern'이라는 낱말을 '평범한ordinary'과 '동시대의 contemporary'라는 두 가지 의미로 사용했다. 그는 근대 세계의 독특한 특징을 강조하고 싶어할 정도의 뚜렷한 역사적 변화 감각을 갖지 못했다. 그리고 그가 가장 절실히 알고 있었던 독특한 특징인 종교개혁the Reformation을 가톨릭교로 비난받을까 두려워서 간접적으로만 언급해야만 했다. 그래서 라퓨Lafeu는 《끝이 좋으면 다 좋아All's Well that Ends Well》에서 '그들은 기적이 과거의 일이라고 말한다. 그리고 우리 주변에 근대적이고 익숙한 것을 초

** 구글 엔그램에 따르면, '근대적modern'이라는 단어는 1894년에 처음으로 '고대의ancient'라는 단어보다 더 흔해졌다.

자연적이고 원인이 없는 것으로 만드는 냉철한 사람들이 존재한다. 따라서 우리가 미지의 두려움에 굴복해야만 할 때, 우리는 외견상의 지식에 우리 자신들을 안락하게 맡기며 공포를 하찮은 것으로 만든다'(II. iii.891)라고 말한다. 그는 기적은 과거의 일이라는 새로운 개신교 교리를 공격하고 있다. 그러나 '평범한'이라는 의미로의 그의 '근대적'의 사용은 그의 목적을 명료하게 하기보다는 모호하게 한다. 5세기에 로마 함락은 한 세계의 종국을, 그리고 다른 세계의 시작을 알렸다. 19세기의 철도도 마찬가지였다. 셰익스피어는 나침반, 인쇄술, 화약, 아메리카의 발견에도 불구하고 뚜렷하게 '근대적인' 사회에서의 삶을 알지 못한다. 그는 베로나와 캔터베리의 차이뿐만 아니라 고대 로마와 그가 살던 런던의 차이를 무시하고 싶어했다.

회화, 음악, 전쟁, 문학 같은 몇몇 뚜렷한 분야에서는 근대의 감각이 르네상스기에 존재한다(최상의 예로 단테를 꼽을 수 있는 근대 문학은 라틴어가 아닌 지방어로 씌었다).* 그러나 '근대 시대' 혹은 '근대 세계' 혹은 '근세'라고 불릴 수 있는 어떤 것이 존재했다는 생각은 셰익스피어 사후(1616)에야 확립되었다.** 예로서 1620년 알레산드로 타소니Alessandro Tassoni에 의해 출간된 고대인과 근대인의 업적에 관한 자세한 비교를 살펴보자. 타소니는 고대인들이 갖지 못했던 모든 종류의 것들, 예를 들면 매사냥, 비단, 투시화 등을 잘 알고 있다. 그는 시계, 나침반, 화약, 망원경 같은 특정한 근대적 기술들이 고대인들이 이룩한 모든 것을 능가하는 진정한 진보를 나타낸다

---

* 앞의 2장 4절을 참조하라.

** 이 세 문구는 EEBO(Early English Book Online)에 1600년 이전에(1593년에 처음) 세 차례 나타난다. 1600년과 1624년 사이에 49회, 1625년과 1649년 사이에 88회, 1650년과 1674년 사이에 179회, 1675년과 1699년 사이에 162회 나타난다. 가장 빈번하게 나타나는 것은 1650년대다.

고 생각한다. 그러나 그의 역사관은 근본적으로 순환적이다. 한 시대의 이점은 다음 시대에 모두 쉽게 잃어버리기 쉽다. 무엇보다도 그는 자연과학에서의 결정적인 전환에 관한 개념이 없었다. 자연철학에 관한 논의에서 그는 단지 아리스토텔레스의 권위에 의거한 어떤 것을 인정하지 않고 수많은 발견(주로 신세계 발견의 부산물로서)을 한 점에 대해 근대인들을 칭찬한다. 그러나 그는 근대인에 대한 그리스인의 우월성은 논란의 여지가 없다고 간주한다. 천문학에 관한 논의에서, 그는 혜성들이 달 너머의 세계에 있다는 브라헤의 증명과 망원경을 통한 갈릴레이의 발견들을 자신이 잘 알고 있음을 드러낸다. 그러나 그는 사크로보스코를 코페르니쿠스와 함께 근대인으로 분류한다(그가 시계를 망원경과 함께 근대적으로 분류하듯이). 그리고 그는 갈릴레이의 망원경으로 관측하기를 거부했던 크레모니니를 칭찬한다. 타소니는 고대의 교실로부터의 해방감을 표현했다고 간주되어왔다. 그러나 그의 주장은 단지 근대인들이 교실에서 고대인들과 나란히 자리를 찾아야만 한다는 것이다. 근대인들이 고대인들을 대체한다는 생각이 그에게는 떠오르지 않았다.[8]

이 장은 두 가지 의미에서의 과학의 탄생에 관한 것이다. 첫째, 1660년 대에 갈릴레이 이후post-Galilean 과학을 지칭하는 '근대적'이라는 낱말의 새로운 의미가 등장했다. 그래서 글랜빌의 《훨씬 너머》(1668)의 첫 번째 절의 제목은 '유용한 지식의 근대적 개선'이다. 그리고 그는 콜럼버스 이후 post-Columbus 시대를 지칭하기 위해 '근대적'이라는 낱말을 자주 사용한다 ('근대 세계', '근세', '철학의 근대적 방법', '근대적 실험가', '근대적 발견들').[*] 이는 버터필드의 책 제목《근대 과학의 기원》의 기저를 이루는 '근대적'과 같은 의미이며, 뉴턴의 동시대인들에 의해 확립된 용법을 반영한다. 우리가 과학에 관해 이야기할 때, '근대적'이라는 낱말에 대한 우리의 이해는 그들의 이해와 일치하며, '근대적'이라는 용어에 대한 그들의 용법은 우리가 과학혁명이라고 부르는 것을 인정하는 그들의 방식이다.

둘째, 우리가 '근대적'이라는 말을 그저 '평범한'이라는 말보다 강력한 무언가를 의미하는 것으로 간주한다면, 이미 라퓨의 말에서 암시했듯이, 그것은 마술, 마법에 대한 믿음의 쇠퇴이다. 당시 이는 새롭고도 견줄 만한 것이 없는 것으로 비쳤다. 18세기 초반의 영국은 베버가 말한 '세계의 탈마법화'의 핵심적 순간을 나타낸다. 과학혁명의 이러한 측면에 특별히 우리가 관심을 갖게 만드는 것은 베버의 근대성에 대한 개념이다.[9]

3

1704년, 후일 《걸리버 여행기》를 쓴 조너선 스위프트는 《책의 전쟁The Battle of Books》이라는 제목의 풍자문학 소품을 출간했다. 그것은 도서관에서의 책들의 전쟁, 고대인과 근대인의 전쟁을 묘사했다. 스위프트는 이 우화를 1697년까지 썼는데, 당시에는 풍자했던 분쟁은 지나간 듯 보였다. 스위프트의 저술은 호기심을 돋우듯 불완전하여 누가 승리한 것인지 알

• 제목에 '근대적'을 포함한 저술들에 대해서는 다음을 참고하라. Bartholin, Walaeus & others, *Bartholinus Anatomy: Made from the Precepts of His Father, and From the Observations of All Modern Anatomists*(1662); Dary, *The General Doctrine of Equation Reduced into Brief Precepts: In III Chapters. Derived from the Works of the Best Modern Analysts*(1664); Salusbury (ed.), *Mathematical Collections and Translations in Two Parts from the Original Copies of Galileus and Other Famous Modern Authors*(1667); Croll, Hartmann & others, *Bazilica Chymica & Praxis Chymiatricae; or, Royal and Practical Chymistry in Three Treatises. Wherein All Those Excellent Medicines and Chymical Preparations are Fully Discovered, from whence All Our Modern Chymists Have Drawn Their Choicest Remedies*(1670); Barbette, *The Chirurgical and Anatomical Works ... Composed according to the Doctrine of the Circulation of the Blood and Other New Inventions of the Moderns*(1672).

수가 없었다. 영국에서의 고대와 근대의 전쟁은 1690년 저명한 정치가이
자 외교관인 윌리엄 템플William Temple(1688년부터 1699년 자신이 죽을 때까
지, 스위프트를 이따금 자신의 비서로 채용했던)이 근대인에 대항하여 고대인
을 옹호하는 에세이를 출간했을 때 촉발되었다.[10] 템플은 수년 전 프랑스
에서 시작되었던 논쟁에 응답하고 있었다. 프랑스에서는 17세기(프랑스인
들은 현재 고전시대l'âge classique라고 부른다. 이 용법은 20세기에 분명히 새롭다)
프랑스 저술가들의 글들이 그리스인들과 로마인들이 저술했던 그 어떤 것
보다 우월하다고 주장되고 있었다. 영국에서 이 토론은, 한편으로는 밀턴
이나 드라이든Dryden 같은 작가들의, 다른 한편으로는 베르길리우스나 호
메로스 같은 작가들의 상대적인 장점을 중심으로 전개되었다(셰익스피어가
모든 시인들 중 가장 위대하다는 주장은 아직 확립되지 못했다). '근대인들'은 새
로운 자신감을 얻었다.

　이 논쟁에서 고대 과학과 근대 과학의 상대적인 장점에 관한 문제는 처
음에는 전적으로 부차적인 것이었다. 템플은 그의 에세이에서 스쳐 지나
갈 정도로만 그 문제에 관해 다루었다. 그것은 스위프트의 《책의 전쟁》에
서 다시 배경으로 후퇴했다.[11] 퐁트넬이 프랑스에서 고대인에 대항하여 근
대인을 옹호하는 일에 착수했을 때(1686), 이 문제는 중심적인 주제였다.[12]
그리고 그것은 젊은 목사 윌리엄 워튼이 템플에게 보내는 주된 답변으로
저술한 《고대와 근대 학문에 관한 고찰》(1694년, 증보 2판 1698년)에서 다시
중심적인 역할을 수행했다. 워튼은 과학이 그의 주된 관심은 아니었으나
그럭저럭 왕립학회의 회장으로 선출되었다. (워튼은 로버트 보일의 삶에 관
한 책을 써달라고 부탁받았다. 그는 작업을 시작했으나 한동안 술에 빠져 방탕한 생
활을 했기 때문에 완성하지 못했다.)[13] 템플은 과학에 관해 거의 알지 못했다.
워튼보다도 훨씬 더 몰랐다. 그리고 이 결핍을 보상하고 싶은 생각도 별로

없었다. 1699년, 그가 죽었을 때, 그는 미완성의 답변을 워튼에게 남겼다. 거기에는 논증의 쟁점이 될 필요가 있던 과학의 논의는 빠져 있었다. 그는 분명히 누군가 다른 사람이(아마도 스위프트) 자신을 위해 초고를 써주기를 원했다.

1701년, 스위프트는 이 불완전한 저술을 유고집으로 출간했다.[14] 스위프트에 따르면 아래의 문단이 템플의 원고에 들어 있었다. 그러나 그 속에 있는 고드윈, 윌킨스 등의 저술의 훌륭한 지식을 암시하는 정보는 분명히 스위프트에 의해 마련된 것이었다. 스위프트는 과학의 문제들, 실제로 거의 태양 아래 모든 문제들에 관해 잘 알고 있었다.[15]

우리의 근대적 참주Pretender(제임스 2세의 아들 제임스 에드워드 스튜어트James Edward Stuart(1688~1766) — 옮긴이)들의 시대인 지난 50년간, 지식과 학문의 위대한 선구자로 통해온 사람들의 비현실적인 추측에 의해, 이용, 혜택, 혹은 인간의 쾌락을 위해 생산되어온 것들을 내가 아직 찾고 있으며 그것을 발견하면 기뻐해야 할 것이다. 실제로 나는 이 시대에 진척 중인 학문과 과학에 대해 이상한 진보의 관념을 지닌 사람들의 경이로운 허세와 비전에 관해, 그리고 그들이 다음 단계로 만들고 싶어하는 진보에 관한 이야기를 들었다. 모든 병을 확실하게 치료하는 보편적 의학, 부자가 되는 것에는 신경쓰지 않는 사람들에 의해 발견될 현자의 돌(연금술), 늙은이의 정맥에 젊은이의 피를 수혈하는 것(이는 그들이 양들만큼이나 장난을 좋아하게 만들 것이다), 모든 인류를 위해 봉사하는 보편 언어(그들 자신의 언어를 잊어버렸을 때에도), 말로 하기 어려운 문제 없는 서로의 사유에 대한 지식, 추락하여 목뼈가 부러지기 전까지 날아다니는 기술, 바닥이 이중으로 되어 난파되지 않는 배, 약국에서 싼 가격에 팔리게 될 침Spittle이라 불리는 고귀하고 필수적인 주스의 놀라운 성질, 행성들에서 새로운 세계들을 발견하는 것, 뉴욕과 런던 사이만큼 빈번히 달에서 이곳저곳을 여행하는 것, 나와 같은 불쌍한 중생은 이것들을 절반만큼의 재치나 교훈도 없이 아리스토텔레스의 주장만큼이나 자연 그대로라고 생각한다. 거기서 이 근대적 현자들은 시간에 맞춰 어디서 자신들이 올랜도Orlando처럼 유리병에 남은 자신들의 잃어버린 감각들을 발견할지 아마 알 것이다.[16]

이 모든 것은 충분히 정확하다. 그 지식은 템플의 것이 아니라 스위프트의 것이다.

템플의 〈옹호A Defence of the Essay upon Antient and Modern Learning〉(1701) 출간은 워튼의 응답을 불러일으키지 않았다. 그의 적대자인 템플이 이미 죽었기 때문이다. 그리고 어쨌든 그의 에세이에는 그것만으로 그 논증을 지탱할 수 있게 해주는 새로운 과학에 대한 자세한 논의가 명백히 부족했다. 그러나 워튼은 자신의 저술을 조롱하는 스위프트의 《책의 전쟁》의 출간을 냉정하게 참지 않았다. 아마, 특히, 스위프트가 〈옹호〉에 처음에 그렇게 보였던 것보다 더 많은 역할을 했다고 이제 의심했기 때문이었을 것이다. 그래서 1705년 그는 스위프트의 《통 이야기Tale of Tub》에 대한 맹렬한 공격과 함께 그 자신의 〈옹호〉를 출간했다. 《통 이야기》는 《책의 전쟁》과 함께 출간되었는데, 그가 기독교의 핵심 신앙에 대한 공격으로 해석했던 풍자였다.

템플은 고귀한 가문 출신이었다. 그는 벼락부자 워튼을 안 그런 척하며 무시했다.[17] 그리 대단치 않은 배경을 지닌 스위프트조차도 워튼을 알려지지 않은 혈통의 사람이라며 묵살했다.[18] 언젠가 자신이 잠시 동안 스위프트의 고용주였기 때문에 자기 이름이 주로 기억될 것이며, 그리고 자신과 워튼이 오직 스위프트의 《책의 전쟁》에 화제를 불러일으킨 것으로 기억되

리라는 생각은 템플을 경악시켰을 것이다.* 워튼은 템플보다 더 깊이 모호
함 속으로 침잠했기 때문이다. 이제 아무도 바벨탑, 혹은 서기관과 바리새
인에 관한 워튼의 학술논문을 읽지 않는다. 그러나 템플과는 달리 그는 더
기억될 만하다. 그는 실제로 과학혁명을 탁월하게 파악했기 때문이다. 실
제로 그는 그 분야를 탐색한 최초의 인물이었다. 그는 고대 과학과 근대 과
학의 차이점을 설명해야 한다는 것을 알았다. 그러기 위해서는 인쇄술, 망
원경, 현미경이 새로운 과학에 기여한 부분을 분석해야 했다. 그는 정보의
더 나은 전파와 결합된 새로운 비판적 태도가 사실들과 이론들의 더 큰 신
뢰성으로 이어진 방식을 묘사해야 했다.** 혈액 순환 개념의 초기 단계에
관한 그의 탐구는 학문적 과업으로서의 과학사의 시작이었다.[19] 그가 코페
르니쿠스를 언급하지 않았다는 점에서 그의 판단은 분명히 결함이 있다고
흔히 생각되어왔다. 이제 튀코 브라헤가 새로운 천문학의 진정한 확립자
로 간주되게 되었으므로, 이는 덜 비난받을 만하다.***[20] 그리고 왕립학회의
설립이 근대 과학의 진정한 시작을 표시한다는 관점을 분명히 표현한 최
초의 인물도 워튼이다. 그가 16세기의 성취들은 주로 파괴적이라고 주장
했기 때문이다('쓰레기를 제거하는 것이 한 시대의 과업이다'). 반면 '새로운 철
학이 세계에 근거를 확립한 것은 오직 지난 40~50년 동안이었다.'[21]

이제, 최종 요약에서 워튼은 이렇게 말한다.

- 템플은 또한 나중에 그의 아내가 된 도로시 오스본Dorothy Osborne이 오랜 연애 기간 동안 그에게 쓴 편지들로 유명
하다. 1888년부터 2002년까지 수많은 판본이 나왔다. 그들의 관계에 관한 이야기는 지금도 회자된다. Dunn, *Read
My Heart*(2008).

- • 7장 3절과 11장 6절을 참조하라.

- • • 워튼을 향한 비난도 찬양도 정당하지 않다. 그가 핼리에게 자신을 대신해 천문학에 관한 장을 쓰도록 했기 때문
이다. 그러나 위대한 천문학자인 핼리가 코페르니쿠스를 언급할 가치가 없다고 생각한 점은 매우 흥미롭다.

(1)어떤 논증들도 설득력 있게 받아들여지지 않는다. 어떤 원리들도 통용되는 것으로 허용되지 않는다. 현시대의 유명한 철학자들 사이에서 그러나 그것 자체로 알 수 없는 것 (…) 물질과 운동, 그것들의 몇몇 성질들이 유일하게 물리적 문제들의 근대적 해결에서 고려된다. **물질적 형식들, 초자연적인 성질들, 의도적인 종들, 특질들, 사물의 공감과 반감**이 폭발하고 있다. (…) 그것들이 텅 빈 소리이기 때문이다. 그 단어들로는 누구도 구체적이고 확정적인 생각을 형성할 수 없다.

(2)철학에서 분파와 파당 형성은 (…) 어떤 의미로는 전적으로 밀려나 있었다. 데카르트는 그 자신의 말에 대해 아리스토텔레스보다 더 신뢰받지 못한다. 사실의 문제는 호소해야 할 유일한 것이다. (…)

(3)수학은 사람들의 이해에 관한 조력자나 그 일원들을 자극하는 역할로서뿐만 아니라 자연의 모든 작용에서 자연의 경제를 이해하는 데 절대적으로 필요한 것으로서 물리학(즉 자연과학)에 합류한다.

(4)흔히 새로운 철학자들로 불리는 이들은 손안에 있는 사물에 관한 엄청난 수의 실험이나 관찰을 수집하기 전까지는 일반적인 결론을 내리기를 꺼린다. 새로운 빛이 낡은 가설에 들어오면서, 낡은 가설은 어떤 잡음이나 동요 없이 추락한다.[22]

이렇게 워튼은 비록 그 용어를 사용하지는 않았지만 과학혁명을 정교하게 분석했다. 과학혁명은 인쇄술과 망원경의 발명에 의해 가능해졌다. 과학혁명은 수학과 기계론 철학에 의존했다. 그리고 과학혁명은 새로운 실험적 방법과 사실의 확립에 의존했다. 새로운 과학은 이전에 진행되었던 것과 종류가 달랐다. 그것이 공허한 이론이 아니라 실험과 관찰에 기초하며, 과학적 이해는 시간이 흐르면서 계속 변하고 있음을 깨달았기 때문이다. 1694년에는 뉴턴의 《프린키피아》가 이미 출간되었고, 워튼은 그 중요성을 어느 정도 파악하고 있었다. 1705년, 그는 뉴턴의 《광학》을 새로운 과학의 전범이 되는 저술로 표현했다. 과학혁명을 되살피고, 선도적인 주창자가 누구인지를 확인하고, 주된 특징을 묘사하는 것이 이미 가능했다. 나의 이 책은 나와 이름이 비슷한 사람 윌리엄 워튼에 의해 확립된 전통 속에 정연하게 서 있다.

이 마지막 문장은 엉뚱한 것이 아니다. 1700년 즈음에는 과학의 개념이 발전하여 이후 크게 변하지 않았고, 그와 함께 지난 200년간 변화한 것에 관해 근본적으로 신뢰할 만한 설명이 나왔다. 1650년에는 아무도 물리 세계를 연구하는 방법을 전혀 알지 못했다. 1700년이 되자 물리 세계의 연구는 사실, 실험, 증거, 이론, 자연법칙에 관한 것이라는 생각이 잘 확립되었다. 이후의 과학혁명들은 우리의 지식을 크게 변화시켰지만, 우리의 과학 개념을 해체하여 재구성하지는 않았다.

4

그러나 근대 과학의 개념은 베버의 문구 '세계의 탈마법화'에서 서로 결합된 더 깊은 문제들을 제기한다. 워튼이 스위프트를 해석한 대로, 회의적인 불신자는, 근대인을 비판한 스위프트였다. 반면 워튼은 자신을 정통 개신교도로 표현했다.[23] 그는 과학이 불신앙과 연관될 거라는 두려움을 보이지 않았다. 우리는 워튼을 읽으면서 새로운 철학과 기독교 신앙 사이에 갈등이 존재하지 않음을 알 수 있다. 그러나 그것들의 상호 관계의 본질과, 과학과 양립할 수 없다고 거부하는 일련의 믿음, 특히 마술과 마법의 관계의 본질에 대한 통찰은 얻지 못한다. 위튼이 강조해서 다룬 한 주제는 연금술이다. 여기서 그는 자신의 회의론을 명확히 하지만, 보일과 뉴턴이 통달한 사람이라는 것을 알고 있었기 때문에, 스스로 매우 조심스럽게 표현한다. 따라서 위튼이 연금술사들에게 지나치게 동조적이었다고 공격할 기회가 템플에게 주어졌다.[24] 마법에서 풀린 세계에 살고 있는 사람은 그것의 주장자인 위튼이 아니라, 근대 과학의 비판자인 템플과 스위프트라고 생각해도 무리가 아니다.

과학의 중요한 주제와 마술의 쇠퇴에 관해 지난 세대의 역사가들이 논한 것은 이상하게도 도움이 되지 않는다. 여러 측면에서 키스 토머스Keith Thomas의 《종교와 마술의 쇠퇴Religion and the Decline of Magic》(1971)는 핵심적인 저술이다.[25] 토머스는 마술에는 두 토대가 있다고 믿었다. 먼저, 마술은 자연에 대한 지배력을 얻으려는 시도, 그들의 구성원들을 흉작, 화재, 질병, 고통 그리고 갑작스러운 죽음으로부터 보호할 수 없는 사회에서의 불가피한 시도를 나타낸다. 따라서 원리적으로 마술에 대한 신뢰는 기술, 특히 의학의 개선, 보험 정책과 예고 없는 재앙의 영향을 감소시키는 여러 방안들의 시작과 함께 쇠퇴해야만 한다. 이 설명에 기초하면, 마술에 대한 믿음은 19세기까지는 혹은 그 이후까지도 쇠퇴하지 않았어야 했다. (니컬러스 바번Nicholas Barbon의 화재보험회사가 1680년 설립된 것은 사실이다. 그러나 보험 서비스를 받은 사람은 극히 적었다. 이와 마찬가지로 프리메이슨 같은 친숙한 단체는 18세기 초까지 거슬러 올라간다. 그러나 그 단체들은 19세기까지는 회원 수가 비교적 적었다.)

둘째, 토머스는 개인들이 사회적 긴장, 특히 자선의 배분에 관한 사회적 긴장의 결과로 마법과 악마적 마술을 수행한 것으로 확인되었다고 주장했다. 이 주장에 따르면, 악마적 마술에 대한 믿음은 생활수준의 일반적인 개선이 있을 때까지, 그리고 아마 복지국가의 발전 이전까지는 쇠퇴하지 않았어야 했다. 확실히 그 믿음과 긴장은 모두 18세기 초의 사회에서 지배적이었다. 조지프 애디슨Joseph Addison은 《구경꾼Spectator》(1711)에서 모든 마을에 마녀라고 여기는 사람들이 있었다고 주장한다. 그리고 이 믿음은 곧바로 사회적 긴장을 반영한다.

> 한 늙은 여자가 망령 들기 시작하고 교구에 고발되는 일이 잦아지면, 그녀는 일반적으로 마녀로 바뀌고, 마을 전체는 과장된 상상, 가상적인 전염병, 무서운 몽상으로 채워진다. 그러는 동안 수많은 악령들 가운데 죄 없는 경우인 이 가엾은 사람은 스스로에게 두려움을 갖기 시작한다. 그리고 가끔 그녀의 상상력이 의식이 혼미한 시기에 형성한 비밀스러운 거래나 그 비슷한 것들을 고백한다. 이는 빈번히 동정심을 가장 많이 받아야 할 대상을 향한 자비를 차단한다. 그리고 사람들에게 우리 인류의 불쌍하고 노쇠한 지체들을 향한 증오심을 고무한다. 그들에게서 인간성은 노쇠와 노망에 의해 훼손된다.[26]

그러나 교육받은 엘리트 사이에서 마법에 대한 믿음은 18세기 초에는 급격히 감소했음이 분명하다. 애디슨 자신은 그 문제에 중립적임을 주장했다. 즉 원리적으로 마녀의 존재를 믿었으나 마녀에 대한 특정한 비판의 타당성에는 그렇지 않았다. 이 양가 감정을 솜씨 있게 반영하는 예로서, 제인 웨넘Jane Wenham은 1712년 마법 혐의로 유죄 판결을 받았으나 사면을 받고 풀려났다. 그러나 그녀는 사형 기소에 직면한 최후의 인물이 아니었다. 메리 힉스Mary Hicks와 그녀의 아홉 살 난 딸은 1716년에 폭풍을 일으켰다는 죄명으로 사형되었다. 그러나 1736년, 반反마녀법은 폐지되었다.[27] 다소 놀랍게도, 동시대인들(애디슨을 포함한)은 성직자들이 마법을 비판한

새로운 회의론의 선두에 섰다고 주장했다.[28]

이 수수께끼에 관한 단순한 해결책이 있는 것 같다. 18세기 초 마법에 대한 믿음이 쇠퇴한 것에 관해 기술적 혹은 사회학적 설명이 없을 수 있다. 그러나 손쉬운 대안적 설명이 있다. 새로운 과학이 원인임에 틀림없다. 일반적으로 주지주의 설명을 피하는 토머스도 이것에 기댄다. 새로운 과학과 마법에 대한 회의론은 동전의 양면이므로, 그는 그렇게 기댄 데 대해, 그것이 전혀 설명이 아니라는 근거에서 비판을 받았다.[29] 나는 이 같은 비판이 과연 타당한지 이해할 수 없다. 감조하천感潮河川에 떠 있는 배들을 생각해보라. 썰물에서 그것들은 펄에 갇힌다. 사람들은, 비록 배의 들림 자체가 물이 밀려드는 최상의 증거라 할지라도, 밀물에 의한 배의 들림을 확실히 설명할 수 있다.

그러나 만일 새로운 과학이 원인이라면, 그 기제는 결코 단순하지 않다.[30] 1660년 왕립학회의 설립 이후에는 새로운 철학이 기독교에 적대적이지 않고 우호적이라는 것을 증명하는 일이 선도적인 회원 집단에게, 그리고 다른 누구보다 보일에게 매우 중요했다. 글랜빌의 《경건한 철학 Philosophia pia》(1671)(제목은 라틴어이지만 영어로 씌었다)과 보일의 《기독교도 거장Christian virtuoso》(1690)의 핵심 목표와 마찬가지로, 이것은 스프랫의 《왕립학회의 역사》(학회가 설립되고 겨우 7년 만에 등장했다. 스프랫은 성직자였고 나중에 주교가 되었다. 그는 《역사》가 나온 다음 주교로 승진한 윌킨스의 감독하에 저술했다)에 부여된 중심 과제 중 하나였다.[31] 이에 대한 이유를 이해하기는 어렵지 않다. 우리가 보았듯이, 보일이 입자론 철학이라 부른 것은 모든 종교의 적敵인 에피쿠로스와 루크레티우스의 가르침에 기초하고 있다. 토머스 홉스는, 비록 원자론자는 아니었으나, 보편적으로 종교에 적대적이라고 알려진 물질주의자 에피쿠로스주의 철학을 발전시켰다. 비

632

록 출간물에는 별로 나타나지 않지만 반종교적 사고는 런던의 커피하우스
(1660년 왕정복고 이후 그 수가 급속히 증가했다)에서 명백히 널리 퍼졌다. 심
지어 왕립학회의 회원 중에도 명백한 불신자들이 있었다. 사람들은 핼리
에 대해 그가 기독교를 믿는 척조차 하지 않았다고 말한다. 1691년, 그가
옥스퍼드의 천문학과 학과장직에 거절당한 것은 이러한 이유 때문이었다.
그는 니컬러스 손더슨Nicholas Saunderson의 불신앙에 대한 평판이 1710년
케임브리지의 루커스 수학 석좌교수직을 얻는 데 결과적으로 장애가 되지
않았음을 알게 되자 다소간 짜증이 났다(손더슨은 후일 디드로의《맹인에 관한
서한Lettre sur les aveugles à l'usage de ceux qui voient》에서 맹목적인 무신론자의 모델이
되었다).[32]

　게다가, 12세기 대학의 설립 이래 기독교 신학은 아리스토텔레스 철학
에 의해 확립된 틀 내에서 교육되어왔다. 아리스토텔레스주의 자연철학의
옹호자들이 새로운 철학을 좋은 철학뿐만 아니라 좋은 신학에도 반反한다
고 비난했던 것은 자연스러웠다. 따라서 왕립학회 회원들은 새로운 철학
자체가 기독교 신앙에 우호적임을 입증해야 하는 일이 전략적으로 중요하
다고 생각하지 않으면 안 되었다. 그러나 물론 그들 중 많은 이들에게 이
는 단지 고려해야 할 문제 이상이었다. 보일은 재산을 경건한 목적에 기부
하는 독실한 신앙인이었고, 유언장의 조항으로 불신자의 개종을 위한 보
일 강좌를 설립했다. 새로운 과학과 기독교 신앙의 양립 가능성에 관한 그
의 주장은 깊은 신념의 표현이었다.[33]

　왕립학회가 설립되기 직전, 기독교 신앙을 위한 두 종류의 논증이 개발
되었다. 첫째, 정신은 비물질적이어야만 하므로 합리적인 존재는 불멸의
영혼을 지녀야만 한다는 데카르트주의 논증이 있었다. 우리 자신보다 우
월한 존재로서의 신에 관한 우리의 지식은 우리 바깥에서 와야만 한다. 다

른 측면에서 데카르트주의는 전통적 믿음과 불편한 관계에 있었다. 자연의 기본 법칙이 확립되자, 데카르트는 완전히 무계획적인 우주를 상상할 준비가 되어 있었기 때문이었다. 그리고 반종교적 주장의 다양한 형태가 데카르트주의, 다른 누구보다도 스피노자에서 발전되었다. 그러나 데카르트 철학의 핵심에는 믿음을 선호하는 논증들이 있었다. 둘째, 설계 논증이 있었다. 기계론 철학자들은 우주를 시계로 묘사함으로써(12장 참조) 전지전능한 시계 제작자의 제작품으로서가 아니고서는 우주를 이해할 수 없다고 주장했다. 보일은 이 주장을 대단히 강조했다. 이는 우주가 두 원자를 접촉하게 하고 연쇄반응을 촉발시키는 제멋대로의 방향 전환의 결과라는 에피쿠로스와 루크레티우스의 주장에 역행하는 것이었다.

이러한 논증 모두는 기본적으로 새로웠다. 전통 의학에서 '영혼'은 신체에서 작동했다. 우리는 지금 이것을 신경을 따라 이동하는 전기적 충격이라고 여긴다. 이 영혼들은 물질적인 것이 아니라고 말할 수 있다. 그리고 신학에서 천사와 악마는 비록 그들이 관례적인 의미의 육체를 지니지 않는다 하더라도 공간을 차지한다. 따라서 영적 세계는 물질과 비물질 사이의 모호한 영역이었다.[34] 이것이 1677년 존 웹스터가 그것을 묘사한 방식이다.

우리는 물체의 고유한 본질을 모르기 때문에 물체의 가장 높은 정도의 순수함과 영성에도 무지하다. 우리는 그것들이 어디서 끝나는지 모른다. 그러므로 우리는 영적인 그리고 비물질적인 존재의 시작이 어디라고 말할 수 없다. 우주에서 창조된 존재에는 엄청난 다양성이 있고, 어느 하나가 다른 것을 능가하는, 수많은 종류와 정도의 순수함과 정교함이 있기 때문에, 우리는 그것들 중 어느 것이 무형의 존재 혹은 영혼의 본질에 근접하는지 확정할 수 없

634

다. 그래서 의사들은 뼈, 인대, 근육, 살 등과 관련해서는 사람의 신체에서 핵심적인 부분을 영혼이라 부른다. 그러나 그것은 여전히 신체의 한계 내에 포함되어 있고, 공기나 에테르가 그러하듯이, 나머지 것들과 마찬가지로 형체가 있다. 그리고 그런 눈으로 볼 수 있는, 공중에서 운반되고 우리 눈에 나타나는 여러 물체에 대해서 우리는 그 모양, 색깔, 위치, 다른 물체와 비슷한 정도를 구별한다. 학문이 교묘한 솜씨로 그 성질들의 이름을 전수해주었지만 그것들은 무無이거나 형체가 없는 사물이며, 그럼에도 불구하고 진정으로 물질적이다. 그래서 만일 우리가 그렇게 큰 순수함의 물체를 지녔다면, 그리고 영혼의 본질에 근접한다면, 우리는 영혼이 어디서 시작되어야 하는지 말할 수 없다. 우리는 가장 순수한 물체가 어디서 끝나는지 모르기 때문이다.[35]

데카르트주의는 물질과 비물질을 명료하게 구분함으로써 어떻게 천사와 마귀가 세계에 존재할 수 있는지 알 수 없게 했다. 데카르트보다 훨씬 이전, 레지널드 스콧은 물질세계에서 비물질적 존재의 자리가 없다고(정신 내부를 제외하고는) 결론지었다. 그러나 데카르트를 따른다고 여겨지는 웹스터는 천사와 마귀가 시야에 나타나 의사소통을 할 수 있는 물질적 존재, 그러나 공기처럼 너무 영적이라서 만지거나 붙들 수 없는 존재라고 당당하게 주장했다.[36] 사람들조차도 비물질적 정신뿐만 아니라 사후 물리적 존재가 될 수 있는 물질에 민감한 영soul을 지니고 있다. 게다가, 존 로크가 《인간지성론》(1690)에서 생각하는 물질이라는 개념에 논리적 불가능이 없다고 인정했을 때, 데카르트의 비물질적 정신에 관한 주장에 가혹한 일격이 가해졌다.[37] 따라서 정신과 물질의 데카르트적 구별은 처음 생각했던 것보다 덜 뚜렷하고 덜 결정적인 것으로 드러났다.

설계 논증에 대해 말하자면, 그것은 우주는 목적에 고취되어 있고 궁극적 목적은 신에게서 발견될 수 있다고 주장한 전통적인 토머스 아퀴나스 학파의 주장과 근본적으로 달랐다. 새로운 철학자들은 물질을 신의 형상을 지닌 수동적 수령인으로 간주했고 아리스토텔레스주의적 형상의 존재를 거부했다. 우리가 9장에서 보았듯이, 그들에게 설계 논증은 자연 그 자체를 목적적인 것으로 보여주기보다는 우주를 제작된 것으로 상상하는 것에 의존했다. 이 논증은 정신과 물질의 구별보다 훨씬 더 견고했고 흄의 유고집《대화》에서 체계적인 공격을 받았다. 따라서 이 두 논증은 기계론 혹은 입자론 철학의 사전 수락에 의존한다. 그것에 따르면 물질은 수동적이며 항시 바깥으로부터 작용된다.

1653년과 1691년 사이에 세 번째 논증이 전개되었다. 이 논증은 '사실의 문제'에 관한 새로운 언어에 기초했다.[38] 그 아이디어는 간단했다. 기독교는 물질세계를 초월하는 영적 세계에 대한 믿음에 의존했다. 천사와 마귀의 형태로 있는 영혼의 존재를 부인하는 것은 불멸의 영혼의 존재를 부인하는 핵심적인 단계였다. 영혼의 존재를 입증하는 것은 영적 세계의 실재를 증명하는 일이 될 터였다. 영혼의 존재에 대한 문제를 두고 전투가 벌어졌지만, 성패가 달려 있었던 것은 실제로 신의 존재였다. 글랜빌은 '영혼 혹은 마녀가 있다는 것을 부인하는 데 만족하여, 신이 없다고 감히 직설적으로 말하는 사람들'이라고 표현했다.[39] 신앙을 논란의 여지 없는 사실의 문제에 기초하게 하려는 시도에 대한 이러한 강조는 개신교 세계에서 특이한 것이 아니었고, 그 기원은 사실들의 새로운 언어가 확립되기 이전이다. 로마에서 악마의 변호인advocatus diaboli 직책은 정전正典 승인을 얻으려고 주장된 기적을 지지하기 위해 제시된 증거를 시험하기 위해 일찍이 1587년에 만들어졌다.

불신앙을 반박하는 새로운 전략은 헨리 모어의《무신론에 대한 해결책

636

Antidote against Atheism》(1653)에서 시작된다. 이 책은 마법 사례에 관한 광범위한 연구를 포함한다. 모어의 제자 글랜빌은 그 문제의 최고 주창자가 되었다. 글랜빌은 특정 사례들, 무엇보다도 '테드워스의 북 치는 악사The Drummer of Tedworth'를 유명하게 만들었다.⁴⁰ 보일이 프랑스어로 쓰인《마스콘의 악마L'antidemon de Mascon》(1658)의 번역을 주선한 것도 이러한 문헌으로써 기여하기 위해서였다. 그리고 메리치 카소봉Méric Casaubon은 존 디John Dee의 천사들과의, 혹은 카소봉의 말대로, 악마들과의 대화 기록을 출간했다(1659). 보일은 나아가 초심리학의 시작으로 묘사할 수 있는 투시력에 관한 광범위한 연구를 수행했다.⁴¹ 이 전통하에서 출간된 마지막 중요한 연구는 리처드 백스터의《영적 세계의 확실성The Certainty of the World of Spirits》(1691)이다.

영적 세계의 존재에 관한 신뢰할 만한 증인들의 증거를 수집하여 증명하려는 이런 전략에는 단순한 문제가 있었다. 실험실의 실험 보고에서 혹은 살인이나 절도를 다루는 법정에서 설득력이 있을 법한 증거가, 마귀 들림과 공중 부양의 사례를 다룰 때도 설득력이 있을 수 있다고 생각되었다. 글랜빌의 주된 반대자인 존 웹스터도 이러한 생각을 공유했다. 보일의 저술에서도 '증거'라는 말이 드물게 발견된다는 점을 감안했을 때, 실제로 얼마나 자주 그들이 '증거'라는 단어를 사용하는지가 눈에 띈다. 웹스터는 32번, 글랜빌은 1681년 판에서 66번 사용했다. 웹스터는 마귀와의 약속, 마귀와의 성교, 마녀의 혹을 빠는 검은 고양이, 공중을 날아다니며 늑대나 토끼로 변하는 마녀들에 대한 믿을 만한 증거가 있다는 것을 거부하고 싶어했다. 그는 믿을 만한 증거를 사람들이 법정에서 사용할 수 있는 것으로 정의했다. 한 사람 이상의 증인이 있어야 하고, 증인들은 건전해야 하며, 불편부당하고 편견 없는 마음을 지녀야 한다. 이러한 기준에 의거하여 그

조지프 글랜빌의 《사두개교에 정복된 자Saducismus triumphatus》(1681) 2부의 권두 삽화. 위쪽 왼편부터 시계 방향으로 다음과 같다. 테드워스의 북 치는 악사(이 장의 시작 참조); 서머싯 마녀 줄리언 콕스; 트리스터 문Trister Gate에서 마녀들의 만남; 암스테르담의 천상의 유령; 스코틀랜드의 마녀 마거릿 잭슨; 셰프턴 맬릿Shepton Mallet에서의 리처드 존스의 부양.

는 유령, 살인자 앞에서 피를 흘리는 살해된 시신, 그리고 연금술 등에 관한 증거의 신뢰성을 인정했다. 따라서 글랜빌과 웹스터 간의 논쟁은 단순히 마귀의 실재에 관한 것이 아니라 세계에서 그들의 작용의 한계에 관한 것이었다. 그리고 웹스터는 우리 눈에는 어리석게 보이는 많은 것들을 증거에 근거해서 믿었다. 그 증거는 보일과 그랜빌의 눈에 마법에 대한 증거보다 더 약했다.[42]

그러나 《포르루아얄의 논리학》(1662)은 한 사건이 일어나야만 한다고 지지하는 증거가 강력할수록, 그 사건이 일어날 확률이 낮다는 것을 인정했다. 그 사건이 일어나지 않았어야 한다는 것보다 그 증거가 허위여야 한다는 가능성이 더 낮다는 것을 확실하게 해두기 위해서였다. 이는 《논리학》과 로크가 얼버무리고 넘어간 기적의 증거에 대한 문제를 분명히 제기했다. 실제로 그 주장이 천천히 계속된 것은 이러한 이유에서였다. 그러나 18세기 초 이러한 개연성 논증은 엄청난 손상을 가하는 힘으로 작용했다. 이 논증은 프랜시스 허친슨Francis Hutchinson의 《마법에 관한 역사적 에세이 Historical Essay Concerning Witchcraft》(1718)의 핵심이 되었다(비록 나중에 주교가 된 허친슨은 천사의 존재에 관한 자신의 믿음을 조심스럽게 확인했지만). 그것은 1722년 존 트렌처드John Trenchard와 토머스 고든Thomas Gordon의 《카토의 서한Cato's Letters》에서 채택되었다.[43] 그리고 1726년 열일곱 마리의 토끼를 낳았다고 주장한 메리 토프트Mary Toft의 유명한 사례에 의해 만들어진 팸플릿 중 하나에서 행해졌다.

배터시Battersea에 사는 한 여자가 다섯 개의 오이를 낳았다고 전하는 한 통의 편지를 어떤 사람이 본다고 가정하라. 아니 백 통의 편지를 본다고 하자. 그 편지는 분별 있는 사람으로 하여금 무언가를 믿게 할 요량이었다. 그러나 그 편지들은 강요받아 쓴 것이거나 혹은 보는 사람에게 강요하려는 의도로 쓰였을 것이다. 이 둘 중 하나는 매일 일어날 수 있거나 일어난다. 그러나 어떤 생명체가 모든 측면에서 그 자체와 상이한 종의 생명체를 낳았다는 일은 결코 알려져 있지 않다. 하물며 다섯 혹은 열일곱 생명체를 말이다. 그러므로 상식을 가진 사람, 더군다나 마음속을 꿰뚫어 보고 안목이 예리한 해부학자는 그런 모든 편지들을 최대의 경멸로 바라보아야 한다.[44]

더 정교한 형식으로 그것은 데이비드 흄의 《인간 이해에 관한 탐구An Enquiry Concerning Human Understanding》(1748)에 실린 에세이 〈기적에 관하여Of Miracles〉에 대한 논쟁이 되었다.[45]

기독교 교회는 기적과 천사에 대한 믿음을 포기할 수 없었다. 그러나 기독교도들은 마법, 마귀 들림, 시끄러운 유령, 공중 부양, 투시력 등의 실재에 대한 자신들의 주장으로부터 확실히 후퇴할 수 있었다. 우리가 보았듯이 실제로 영혼에 대한 믿음을 지지했던 군대의 선봉에 서 있던 성직자는 이 후퇴에서도 선두에 섰다. 이는 1712년 제인 웨넘의 재판에 의해 순조롭게 진행되었다. 이 후퇴를 가능하게 한 것은 종교적 신앙에 대한 새롭고 강력한 논쟁의 전개였다.

5

1687년, 뉴턴은 《프린키피아》를 출간했다. 이 책에서 그는 중력 이론을 확립했다. 중력은 기계론 철학으로는 불가능한 원격 작용을 수반한다. 대륙에서는 뉴턴주의에 대한 저항이 1740년대까지 지속되었고, 하위헌스, 라이프니츠, 퐁트넬 같은 핵심적 지식인들이 개입했다.⁴⁶ 영국에서는 《프린키피아》의 중요성이 단지 이 책이 지나치게 기술적technical이라는 이유로 천천히 인식되었다. 최초로 출간된 때부터 뉴턴이 죽은 1727년까지 오직 열 사람만이 이 책을 제대로 이해할 수 있었을 것이라고 한다.⁴⁷

뉴턴의 발견이 선풍적으로 전파된 결정적 순간은 리처드 벤틀리Richard Bentley가 첫 번째 보일 강좌를 맡은 1692년에 찾아왔다. 벤틀리는 당대의 가장 위대한 고전학자였다. 그러나 그는 또한 왕립학회의 평회원이 될 터였다.⁴⁸ 그는 고대인과 근대인의 전쟁에서, 템플이 고전문학의 보물 중 하나라고 지목한 팔라리스Phalaris(기원전 6세기 시칠리아의 폭군 — 옮긴이)의 서한이 후대에 위조되었다고 입증한 워튼의 《고찰》 2판을 제공함으로써 그의 친구 워튼의 편에 섰다. 그는 성직자로 경력을 시작하지 않았지만 1690년 부제副祭로 임명되었고 후일 사제로 임명되었다. 강의를 준비하면서 그는 뉴턴에게 편지를 썼고, 뉴턴은 이렇게 답장을 보냈다. '내가 우리의 우주 체계에 관한 논문을 썼을 때, 나는 신의 존재를 믿는 인간을 염두에 둠으로써 작동하는 그러한 원리들에 주목했다. 그 목적에 유용함을 발견하는 것보다 더 나를 즐겁게 하는 것은 없다.'⁴⁹

벤틀리의 여덟 강의는 《무신론의 어리석음과 불합리함The Folly and Unreasonableness of Atheism Demonstrated from the Advantage and Pleasure of a Religious Life, the Faculties of Human Souls, the Structure of Animate Bodies, & the Origin and Frame of the World》(1693)이라는 제목으로 출간되었다. 첫 강의는 종교의 사회적, 심리적 혜택을 다루었다. 두 번째 강의는 생각하는 물질에 반대하는 데카르트의 논증을, 세 번째, 네 번째, 다섯 번째는 신체의 설계를, 마지막 세 강의는 뉴턴주의 우주의 설명을 다루었다. 뉴턴을 추종하여, 벤틀리는 단순한 사례를 만들었다. 중력은 신이 끊임없이 '우주를 작동시킨다'는 것을 입증한다. 중력은 '신의 즉각적인 명령과 지시이며 신의 법칙의 수행이다. (…) 이것은, 만일 증명되면, 즉시 무신론자들이 하늘을 거슬러 세웠던 모든 탑과 포대를 위태롭게 하고 멸망케 할 것이다.' 이것은 '신의 존재에 관한 새롭고 아무도 꺾을 수 없는 논증'이었다.[50] 게다가 우리의 태양계는 우연히 존재할 수 없었고, 안정적인 계系를 구축하기 위해 그것을 구성하는 부분들의 의도적인 조직화를 필요로 했다. 따라서 자애로운 신은 우주와 인류를 창조했다고 볼 수 있다.

1692년 이후 과학자들과 신학자들 모두의 문화에서 중대한 변환을 가능하게 한 것은 이들 새로운 논증이었다. 영적 세계의 옛 논증은 폐기되었고(18세기부터 출간된 모든 보일 강좌에서는 오직 하나의 마법에 대한 문헌만을 찾을 수 있다) 새로운 합리적(우리가 보게 되겠지만) 신학이 자리를 잡았다. 벤틀리의 뉴턴주의 기독교는 마귀 활동에 대한 믿음뿐만 아니라 (드러나지 않지만 내포적으로) 데카르트주의의 과도한 합리주의에 대한 하나의 대안으로 제시되었다. 여기서 벤틀리의 표적은 토머스 버넷이었다. 버넷은 그의 《지구에 관한 신성한 이론Telluris Theoria Sacra》(라틴어판 1681~1689, 영어판 1684~1690)에서 노아의 홍수를 과학적으로 설명하려 노력했다.

우리가 보았듯이, 아리스토텔레스주의 철학자들은 물의 구가 땅의 구보다 10배 크다고 믿었다. 그래서 그들에게 수수께끼는 왜 홍수 동안 물이 땅을 덮는가가 아니라 왜 항상 덮지 않는가였다. 물의 구와 땅의 구가 합쳐져 하나가 될 때, 지구의 전체 표면을 덮을 만큼의 충분한 물이 없음이 명백해 보였다. 게다가 데카르트주의자들은 우주가 물질로 가득한 공간이라고 주장했다. 그것은 가득 차 있다. 그래서 만일 신이 임시로 물을 더 만들어내기로 선택했다면 동시에 그는 현재 물을 넣을 공간을 차지하고 있는 물질을 파괴해야만 한다. 버넷은 이것이 불가능한 일이라고 여겼다. 대신 그는 지구는 한때 물을 완전히 둘러싸고 있는 완벽히 부드러운 껍질이라는 가설을 세웠다. 큰 위기 때 껍질에 금이 갔고 껍질의 큰 부분이 수면 아래로 하강하여 오늘날 우리가 아는 지구가 되었다. 버넷의 논증은 만연된 공포와 맞닥뜨렸다. 헤리퍼드의 주교 허버트 크로프트Herbert Croft는 이렇게 표현했다. '자연적 원인으로부터 모든 것을 추론하는 이러한 방식은 전 세계의 비웃음을 살까봐 두렵다.'[51] 벤틀리는 존 레이John Ray의 《창조 과업에 드러난 신의 지혜The Wisdom of God Manifested in His Works of Creation》(1691) 같은 저술에 의지하여, 지구는 인류에 혜택을 주기 위해 시작부터 대양들과 항구들로 만들어졌다고 주장했다. 결과적으로, 노아의 홍수는 인간의 과도한 타락과 우연히 일치하여 일어난 단순한 자연적 사건이 아니라 진정한 기적으로 간주되어야 했다.[52]

그래서 하나의 관점에서 볼 때 벤틀리의 논증은, 예를 들어 윌리엄 휘스턴의 《지구에 대한 새 이론》보다 훨씬 더 보수적인 전통적 기독교의 재진술이었다. 휘스턴의 책은 노아의 홍수가 혜성이 지구에 근접한 결과로 일어났다는 것을 주장하기 위해 뉴턴의 우주에 대한 설명을 개발했다. 그러나 벤틀리는 마귀와 마녀에 관한 논증에서는 18세기 초의 위대한 반종교적 저술 중 하나인 앤서니 콜린스Anthony Collins의 《자유사고 담론Discourse of Freethinking》(1713)에 대한 그의 공격에서 분명히 드러나듯이 급진주의자들의 편에 섰다. 벤틀리는 《최근의 자유사고 담론에 대한 언급Remarks upon a Late Discourse of Freethinking》(1713)에서 필레레우테루스Phileleutherus(자유를 사랑하는 사람)라는 필명 뒤로 숨으면서, 마녀와 마귀 들림을 믿는 일에 대한 영향력 있는 공격인 발타자르 베커Balthasar Bekker의 《마법에 홀린 세계 De Betoverde Weereld》(1691)(원래 네덜란드어로 출간)와 새뮤얼 하스넷Samuel Harsnett의 《터무니없는 천주교의 협잡에 관한 선언Declaration of Egregious Popish

Impostures》을 인정한다고 언급하고, 자신이 콜린스보다 마법을 믿지 않는 다는 것을 분명히 했다. 하스넷은 레지널드 스콧에게서 크게 영향을 받았 고, 마귀 들린 것으로 생각되는 사례들은 사실 의도적인 사기임을 증명하는 일에 착수했다. 따라서 벤틀리는 적어도 마법에 관한 한, 한편으로 공인된 교회를 방어하면서 자유사상가들을 공통의 기반에서 만날 준비가 되어 있었다.

이 목적을 위한 벤틀리의 《언급》의 주된 중요성은 마법에 대한 믿음의 쇠퇴에 관해 그가 제공한 설명에 있다.

> 종교개혁 이전의 암흑기에, 그들이 가톨릭이기 때문이 아니라 배우지 못한 사람들이기 때문에, 기이한 징후, 이상한 발광 혹은 경기驚氣, 터무니없는 식사와 배설을 수반한 어떤 특별한 질병은 무지로 인해 **마귀** 탓으로 돌려진 **자연적** 힘이었다. 이 미신은 오두막에서 궁정에 이르기까지 보편적이었다. 이는 성직자로서의 지식과 기능에 접목되지 않았다. 그러나 인간의 본성에는 잘 맞았다. 어떤 민족도 예외가 아니었다. **사제**들이 밟지 않은 우리 저자의 **뉴저지 낙원**에서도 예외가 아니었다. 만일 다음 시대가 무식해지면, 그 미신은 새롭게 생겨날 것이다. 그때 **영국**에서 무엇이 마법 이야기를 약화시킬 것인가? 그것은 자유사상가들의 **성장하는 종파**가 아닌 철학과 의학의 성장이다. 무신론자에게가 아니라 왕립학회와 의과대학에 감사한다. **보일**과 **뉴턴**에게, **시드넘**Sydenham과 **래트클리프**Ratcliff에게 감사한다. 사람들이 마법의 탓으로 돌렸던 질병들이 약으로 치료되는 것을 보았을 때, 그들의 이전 오류들 또한 치료되었다. 그들은 거짓된 입장, **선험적인 것**에 의해서가 아니라 **사건**을 통해 진리를 배웠다. 거기에는 마녀, 마귀도 없고 신도 없었다.[53]

벤틀리가 그의 관점을 확립하는 데 기울인 주의에 주목하라. 마녀, 마귀, 신에 관한 믿음에 대한 체계적인 거부는 무신론자의 잘못된 입장이다. 마법이 병을 일으킨다는 미신적인 믿음의 거부는 철학자의 올바른 자세다. 무신론자는 '**선험적인 것**'을 논한다. 철학자는 '**사건**을 통해서', 환언하면 경험으로부터 논한다. 벤틀리는 확실히 보일, 뉴턴, 시드넘, 래트클리프가 마법에 대한 믿음을 직접 공격했다고 생각하지 않았다. 그리고 그는 보일이 그러한 믿음에 우호적이라는 것을 아마 알았을 것이다. 차라리 그가 의미했던 것은 그들의 의도가 무엇이었든 새로운 과학은 신실한 믿음을 위태롭게 한다는 것이었다. 스프랫이 '이 탐구적인, 꼼꼼한, 믿지 못하겠다는 성미'라고 칭찬했던 증거에 대한 새로운 태도는 기적, 섭리, 마법에 대한 일반적인 회의론을 고취시켰다. 신이 점차 기적에 의해서가 아니라 그의 '알려진, 그리고 상시적인 법칙'에 의해 작용한다고 생각되면서, 마귀는 귀신 들림이나 주문 같은 특별한 수단이 아니라 악의 평범한 유혹을 통해서 작용하는 것으로 주장되었다.[54] 따라서 벤틀리는 토머스 논지의 지지자였다. 더 나은 과학 지식과 결합되어 개선된 질병 치료 기술은 마술과 마법에 대한 믿음을 위태롭게 했다. 그는 한 손에는 학문을, 다른 한 손에는 미신을 두었다. (물론 개선된 질병 치료 기술은 없었으나 벤틀리는 명백히 의학이 크게 진전하고 있다고 생각했다. 비록 이 믿음은 정당화될 수 없어 보였지만 말이다.)

그는 과학의 진보가 미신적 믿음을 파괴했다고 생각하는 데 있어서 혼자가 아니었다. 실제로 전통적 믿음의 부식이 상당 기간 진행되고 있었다. 처음으로 공격을 받은 것은 요정과 도깨비에 대한 믿음이었다(레지널드 스콧에 따르면 이는 1580년대에 이르면 교육받은 사람들 사이에서는 거의 사라졌다). 그때 공감의 학설이 나왔다.[*] 그리고 구름 속의 기이한 모양, 두세 개의 태양, 혜성, 괴물 탄생 같은 (자연의) 경이에 대한 믿음이 이어졌다. 이런 사건들은 고대 로마에서처럼 대격변을 예고하는 것으로 여겨졌다. 《경이에 대한 담론Discourse Concerning Prodigies》(1663)에서 존 스펜서John Spencer는 자연철학은 미신에 대한 올바른 치료법이라고 주장했다.

> 사람에게 한 종류의 마음의 강력함과 존재를 부여하는 모든 지식, 특히 **철학**의 본성. 이는 **무신론**의 돌팔매로부터 우리를 견고하게 지켜줄 것이다. 우리로 하여금 어떤 제1원인을 주목하게 하고, 그것으로부터 2차적 원인이 올라오고 최종적으로 (문제가) 해결되기 때문이다. 또한 **미신**의 수렁으로부터 우리를 견고하게 지켜줄 것이다. 우리를 2차적 원인과 익숙하게 함으로써, 공상은 우리가 그 원인과 본성을 해결하지 못한 사물들의 매우 괴기스럽고 미신적인 인식을 제안하기 쉽다. 이 모든 것은 지식의 광선이 비추기 전에 (황혼의 그림자처럼) 날아간다. 철학은 우리가 출발했던 사물에 근접하도록 우리를 인도한다. 그리고 이전에 우리를 두렵게 만들었던 것에 대한 뚜렷하고 철저한 관점을 제공한다. 그래서 우리의 이전의 어리석음과 약점을 부끄럽게 만든다.[55]

경이에 대한 공격은 그것이 오로지 내란으로 이어질 수 있다는 확신 속에서 왕정복고 이후의 '열광'(특히 성령의 즉각적인 고무에 대한 믿음)을 위협하는 더 큰 프로그램의 한 부분이었다.[56] 따라서 스프랫은 섭리와 경이를 믿는 사람들의 '사치'를 누그러뜨리는 새로운 과학의 경향을 강조하고 싶어했다.

• 6장 5절, 7장 3절, 12장 1절, 13장 3절을 참조하라.

그러면 재판에는 엄밀하고 믿음은 부족한 우리의 **철학자들**을 상상해보자. 이것을 어떤 이들은 마음의 맹목, 그리고 심장의 딱딱함이라고 잘못 부른다. 그는 충분한 증거가 그를 납득시키는 곳에서는 어떤 사물이 **자연**의 힘을 능가함을 허용하지 않는다는 것을 생각해보자. **신앙**의 가면에 의해 그의 판단이 우리를 경악시키지 않도록, 그는 항시 깨어 있고 어떤 **기적적인 사건**의 잡음을 경계하고 있다.**57**

스프랫의 관점에서는, 열광은 세계에 대한 신의 개입을 잘못 주장함으로써 불신앙에 빌미를 제공했다. 그것을 옹호하려면 신앙을 핵심적 믿음으로 조금씩 줄여나갈 필요가 있었다.

잘 믿는 경건함의 자리를 차지한 핵심적 가치는 공손함이었다. 그것은 17세기 말, 18세기 초 저술가들의 뇌리를 가장 크게 사로잡고 있었던 생각이었다. 스펜서는 기독교를 새롭게 묘사하면서 이미 이러한 관심사를 다음과 같이 표현한다.

그러나 모든 격렬한 신성의 표현(구약성서에 나타난 대로의)에 관해 이야기하고 그것을 찾는 사람들은, 우리 구세주의 등장이 이제 우리를 그 아래 복종하게 한 사제의 기질과 조건을 오해한다. 그 속에서 만물은 차분하고 조용한 방식으로 관리되게 되어 있다. 우리의 구세주가 세계에서 발견한 성질에 적합한 방식으로, 그리고 그러한 표현으로 관리된다. **누가 그의 목소리를 길 위에서 듣지 못하게 했는가.** 합리적인 존재의 조건은 꾸준하고 조용한 논증에 의해 관리되어야 한다. **지혜의 말씀은 조용히 들린다.** 복음의 신비는 차분하고 알 수 있는 언어의 형식으로 옷을 입고 나아간다. 사람들의 마음은 이제 어떠한 격렬함이나, 신적 능력의 위대한 예시나, 세계의 더 낮고 더 굽실거리는 세계의 상태에 동반한 정의에 의해 황홀경에 빠지지 않는다. 우리의 구세주가 초래한 기적들의 본성은 (사무엘이 그들을 달래며 말했듯이, 소경을 치료하고, 병자와 절름발이를 낫게 하고 폭풍과 벼락을 일으키지 않는) 조용하고 부드러운 것이었다.[58]

마법은 새롭고, 조용하고, 차분하고 합리적인 시대에는 부적합한 더 원시적인 제도라고 생각하기 쉽다. 물론 스펜서의 논증은 '더 낮고 더 굽신거리는 세계의 상태lower and more servile state of the World'가 언제 종식되었는지에 관해서 애매모호하지만 그럴 수밖에 없다. 그것은 실제로 구세주의 탄생 때문에 생겨났나? 혹은 종교개혁 때문이었나? 혹은 왕정복고로 인한 것이었나?

1653년과 1692년 사이에 많은 새로운 철학자들이 천사와 마귀의 존재에 대한 믿음을 보여줌으로써 자신들의 정통성을 주장하고 싶어했다. 이 주장들이 다른 측면에서는 그들이 지배하기를 열망했던 조용하고 공손한 세계와 불편한 관계였음에도 불구하고 말이다. 1692년 이후 뉴턴주의자들은 신앙을 위한 실행 가능한 대안적 주장인 개연성의 균형을 제시했다. 이것은 처음에는 마법에서, 그리고 결국에는 기적에서 (미들턴Middleton의 《자유로운 탐구Free Enquiry》(1747)와 흄의 《에세이》(1748)와 함께) 풀려나게 했다. 마술과 마법에 대한 믿음을 위한 논증은 대부분 포기되었다. 그러나 시간이 지나면서 스프랫과 벤틀리 같은 사람들이 머물고자 추구한 미신과 합리주의 사이의 중간 지대는 점차 궁지에 몰렸고, 추는 다른 방식으로 흔들리기 시작했다. 복음적 기적이 공격을 당함에 따라 (적어도 암암리에) 당대에 미신으로 간주되어왔던 것이 다시 존중받게 되었다. 호가스Hogarth는 《경신, 미신, 광신Credulity, Superstition and Fanaticism》(1762)에서 이 새로운 세계를 나타냈다. 이 책은 동시대의 사건들을 풍자할 뿐만 아니라 그러한 관점들이 마지막으로 드러난 그 세기의 시작을 회고한다. 메리 토프트는 토끼를 낳는다. 광신의 온도계 아래 글랜빌의 책은 웨슬리의 설교로 가득하다. 온도계의 꼭대기에는 테드워스의 북 치는 악사가 서 있다. 회의론의 시대는 새로운 열광에 무너지고 있었다.

6

따라서 단순하게 말해 벤틀리는 옳았다. 새로운 과학은 점성술과 연금술을 위태롭게 했던 것과 마찬가지로 마술과 마법에 대한 믿음을 매우 위태롭게 했다. 그러나 이 과정은 간단치 않았다. 1653년과 1692년 사이에 마법에 대한 믿음과 연금술의 실행은 종종 새로운 과학과 손잡고 나아갔다. 그리고 만일 새로운 과학이 결국 이 둘과 양립할 수 없음이 증명된다면, 많은 사람들에게 이것은 새로운 철학의 의도하지 않은 결과였다. 1692년 이후에야 새로운 합리주의는 확고한 위치를 유지하기 시작했다. 그 합리주의가 후일 존 웨슬리로부터 지속된 공격을 당했을 때, 그 결과는 합리주의의 패배가 아니라 한편으로는 과학, 다른 한편으로는 신앙이라는 두 문화의 최초의 등장이었다.

워튼과 벤틀리에 관한 놀라운 점은 그들이 신학자이면서 동시에 새로운 과학의 주창자였다는 것이다. 반면 《책의 전쟁》에서 이 둘을 조롱한 스위프트는 그들만큼 과학에 정통한 성직자였다. 영국에서 과학자들과 성직자들은 공통된 문화에 살았다. 그리고 마술과 마법을 믿느냐 혹은 믿지 않느냐에 관한 한, 그들 사이에는 분열이 없었다. 워튼과 벤틀리는 뉴턴주의의 초기 지지자들 가운데 과학에 흥미를 가진 성직자 중 전형적인 사람들이

호가스의 《경신, 미신, 광신》(1762). 약 10여 가지의 마법과 미신이 표현되어 있다. 그 가운데 테드워스의 북 치는 악사가 오른쪽 온도계 꼭대기에 서 있다(온도계 자체가 글랜빌의 책 위에 서 있다). 한편 전경에서는 메리 토프트가 토끼를 낳는다.

었다. 뉴턴파의 많은 지도자들이 성직자였다. 최초의 왕실 천문학자인 존 플램스티드, 보일 강좌의 강사이며 라이프니츠에 대항하는 뉴턴의 대변자 새뮤얼 클라크Samuel Clarke, 옥스퍼드의 새빌 천문학 석좌교수이며 왕실 천문학자인 제임스 브래들리James Bradley, 수많은 판본과 번역본을 배태한 《물리-신학Physico-Theology》(1713)의 저자 윌리엄 더럼William Derham, 뉴턴의 케임브리지 루커스 수학 석좌교수직을 계승한 윌리엄 휘스턴 등이 그들이다. 무신론자들은 수없이 많았는데, 보통 동시대의 과학보다는 고전 학문에 더 흥미가 있었다. 그들은 《아폴로니우스 티아누스의 생애에 관한 필로스트라투스의 첫 두 책: 그리스 원어로부터 영어로 (번역되어) 출판되었고 각 장마다 언어학적 주석이 첨부됨The Two First Books of Philostratus, Concerning the Life of Apollonius Tyaneus: Written Originally in Greek, and now Published in English: Together with Philological Notes upon each Chapter》(Charles Blount, 1680)과 같은 제목의 책을 출간했다. 콜린스에 대한 벤틀리의 공격의 대부분은 키케로의 구절에 대한 해석에 관한 논쟁으로 옮아갔다. 19세기의 전선戰線은 아직 그어지지 않았다.

　성직자, 수학자, 기구 제작자, 그리고 챈도스 공작 제임스 브릿지James Brydges, 매클스필드 백작 2세 조지 파커George Parker 같은 귀족들을 함께 결속시키는 공통의 문화를 구축하고 이를 재구축하는 데는 꾸준한 노력이 필요했다.[59] 우리는 그 과업을 위한 네 가지 구성 요소를 구분할 수 있다. 첫째, 대학에서 뉴턴주의 교육을 제공할 필요가 있었다. 최초의 뉴턴주의 물리학 교과서는 존 케일John Keill의 《참 물리학 입문Introductio ad veram physicam》(1701)이었고, 이것은 자크 로오의 《물리학Physica》(1697)을 새뮤얼 클라크가 각색한 교과서와 경쟁했다. 로오의 데카르트주의는 꾸준히 판을 거듭할수록 클라크의 뉴턴주의 주석으로 덮였다. 뉴턴 자신은 빌럼 스흐라베산더Willem 's Gravesande에 의해 영어로는 1720년에 최초로, 라틴어로는 1723년에 단순화되었다. 그리고 존 펨버튼John Pemberton의 《아이작 뉴턴 경의 철학의 관점A View of Sir Isaac Newton's Philosophy》(1728)에 의해 더 단순화되었다. 둘째, 뉴턴주의적 기독교는 그 비판자들에 대항하여 제임스 주린James Jurin의 《불신앙의 벗이 아닌 기하학Geometry No Friend to Infidelity》(1734) 같은 저술로 옹호되어야 했다. 당시 뉴턴주의는 대중들의 일반적 접근이 가능했어야 했다. 휘스턴의 《새 이론》(1696)은 《프린키피아》의 논증을 대중적으로 설명한 최초의 저술이었다. 그러나 니어마이어 그루Nehemiah Grew의 《신성한 우주Cosmologia sacra》(1701), 에드워드 웰스Edward Wells의 《젊은 신사의 천문학The Young Gentleman's Astronomy》(1718), 존 해리스John Harris의 《신사 숙녀의 천문학 대화Astronomical Dialogues between a Gentleman and a Lady》(1729), 볼테르의 《뉴턴 철학의 요소들Éléments de la philosophie de Newton》(1738), 알가로티Francesco Algarotti의 《숙녀들을 위한 뉴턴주의Il newtonianesimo per le dame》(1739, 이 책은 6개 국어로 30종의 판본이 간행, 보급되었다) 같은 저술들이 뒤따랐다.

　여성 교육에 대한 외견상의 집착은 부분적으로 퐁트넬의 《문답》의 모방에서(프랑스에서는 여성들이 살롱 문화에서 중심적인 지위를 차지했다), 그리고 부분적으로는 볼테르의 친구인 에밀 드 샤틀레Émilie du Châtelet의 예에서 유래한다. 샤틀레 부인은 재능 있는 수학자였고 《프린키피아》를 프랑스어로 번역했다(1756).[60] 철학자와 여성 사이의 대화를 피했던 볼테르조차도 화장대에서 교양 있는 그녀가 그의 책을 읽고 있는 모습을 상상하기를 좋아했다. 그리고 분명히 그에게는 이러한 종류의 독자들이 있었다. 볼테르는 볼로냐 대학에서 학위를 받고(1732) 그곳에서 교수가 된 최초의 여성 라우라 바시Laura Bassi와도 서신을 교환했다. 바시는 물리학과 학과장직을 맡았

652

고 자연스럽게 뉴턴의 물리학을 가르쳤다.[61] 영국에서는 퐁트넬을 번역한 극작가 애프라 벤Aphra Behn과 알가로티를 번역한 시인 엘리자베스 카터 Elizabeth Carter가 이에 해당한다. 여성 독자들은 가공적인 것 이상이었다.[62]

뉴턴주의를 대신한 캠페인의 이 세 구성 요소는 시간이 지나면서 탄력을 얻었다. 이에 관한 간단한 척도는 뉴턴의 이름이 제목에 나오는 책의 숫자를 헤아려보는 것이다. 절정기는 분명히 1715년부터 1745년까지 계속되었다. 새뮤얼 존슨Samuel Johnson이 그의 에세이 〈저자의 헛됨The Vanity of Authors〉(1751)에서 '모든 새로운 자연 체계는 한 무리의 해설자들을 탄생시킨다. 그들의 임무는 그것을 설명하고 드러내는 것이다. 그리고 그들은 그 종파의 설립자가 명성을 보존하는 기간 이상으로 존재하기를 원하지 않는다'라고 썼을 때, 그는 전적으로 새로운 사건들의 상태를 당연시하고 있었다.[63] 퐁트넬의 《세계 다수 문답》(1686) 이전에는 아무도 자연의 체계를 유행시키지 못했다. 뉴턴주의자들은 훨씬 더 난해하고 복잡한 지적 체계를 대중에게 전달하기 위해 데카르트주의자들의 기법을 채택하고 조정했다. 그 과정에서 그들은 모든 교육받은 사람들이 공유한 문화라는 개념을 보전하려 했을 뿐만 아니라 그 개념을 저렴한 책, 대중 전달 그리고 글을 읽고 쓸 줄 아는 보편적인 능력의 시대에 적용하려 했다.

이것이 전부가 아니었다. 실험 철학을 소통시키는 최선의 방법은 사람들로 하여금 실험이 수행되는 것을 직접 보게 하는 것이었다. 존 해리스 John Harris는 1698년에서 1707년까지 런던에서 '진정한 기계론 철학의 원리'를 가르치는 실험을 곁들인 공개 강의를 개설했다. 그는 곧 제임스 호지슨James Hodgson, 손위 프랜시스 혹스비Francis Hauksbee the elder, 험프리 디튼Humphrey Ditton과 경쟁하게 되었다. 1713년 윌리엄 휘스턴(1710년 이단 사상으로 케임브리지에서 쫓겨난)은 런던에서 강의와 시범을 시작했다. 그해

1월 그는 집에서 강의를 했고, 프랜시스 혹스비와 함께하기도 했다. 그해 봄, 그는 손아래younger 프랜시스 혹스비(손위 프랜시스 혹스비의 조카)와 크레인 법정에서 강의와 시범을 했고, 더글러스의 커피하우스와 마린 커피하우스에서 수학을 가르쳤다. 인기 있는 강사들 중 으뜸은 존 테오필루스 데사귈리에(뉴턴주의 성직자. 그는 성직자의 임무에는 별로 신경쓰지 않았고 신앙적 확신도 거의 보여주지 않았다)였다. 그는 1713년 런던에서 강의와 시범을 시작했고, 1717년《물리−역학 강의Physico-Mechanical Lectures》를 출간했다. 1734년까지 그는 121번 강의했다. 런던에서뿐만 아니라 지방을 순회하고 저지대 지방까지 갔으며, 순회 여행을 하는 10여 명의 강사들 중 여덟 명이 그의 제자였음을 자랑할 수 있었다. 실제로 강의 과정들은 뉴캐슬, 스폴딩, 스카버러, 배스같이 먼 곳에서도 널리 개설되었다.[64]

　뉴턴의 지적 수준으로 인해 과학이 새로이 전문화되었고, 그래서 오직 엘리트만 참여할 수 있는 은밀한 활동이 되었다고 생각하기 쉬울 것이다.[65] 그러나 그 반대다. 17세기 말부터 설교와 강의를 통해, 인기 있는 교과서와 연극 같은 대화를 통해 새로운 과학은 그 이전 어느 때보다 더 광범위한 청중에게 전파되었다. 만일 그것이 세계를 마법에서 푸는 역할을 했다면, 교육받은 사람들, 성직자들, 일반 남녀들 사이에 효과적으로 그 사유가 뿌리내렸기 때문에 그러했다. 생각하건대, 진정한 역사적 수수께끼는 18세기에 일어난 마녀와 마귀에 대한 믿음의 상실이 아니라, 19세기 세계의 진보적인 재마법화re-enchantment다.

14장

지식은 힘이다

만일 내가 사람이 완전히 습득할 수 없는 자연의 담론을 물리학이 가르쳐준다고 생각한다면, 나는 물리학에 대해 지금 품고 있는 것 이상의 고상한 가치를 부여해야만 한다. 자연의 권능을 증대하려 하기보다는, 자연에 대한 이해를 만끽하기 위해 즐거운 사색으로 섬길 뿐이다.

_로버트 보일, 《몇 가지 고려Some Considerations》(1663)[1]

1

과학혁명과 산업혁명, 그리고 수학자들의 혁명과 기계적인 혁명은 어떤 관계가 있는가? 과학혁명이 신석기혁명 이래 가장 중요한 사건이라는 주장의 타당성은 이 질문에 대한 답변에 달려 있다. 왜냐하면, 만일 과학혁명이 사고(관념)의 세계에서의 하나의 사건에 불과하다면 그 중요성도 상대적으로 제한적이기 때문이다. 반면 과학혁명이 자연에 대한 새로운 통제로 향하는 길을 열었다면, 산업혁명은 단지 과학혁명의 연장, 즉 새로운 과학의 과정, 언어, 문화를 기술자들과 공학자들의 사회계층으로 연장한 것으로 볼 수 있다. 베이컨과 그의 추종자들이 그들의 새로운 과학을 통해 세계를 변혁하고자 열망했다는 데에는 의심의 여지가 없다. 18세기 중반, 버치Birch의 《왕립학회의 역사》는 베이컨을 인용한다. '내가 이해하는 자연철학은 고상하고 미묘한 고찰에서 벗어나지 않는다. 그러나 인간 조건의 불편을 경감시키는 데 효과적으로 응용된다.'[2] 1666년에 설립된 프

랑스 학사원Académie des sciences의 모토는 '자연의 탐구와 기술의 개선'에서
1699년에 산뜻한 '발견을 통한 진보'로 변경되었다.

최초의 과학자들 몇몇의 천진스러운 열정의 표현을 찾기는 쉽다. 부친
인 베네치아 대사 파올로Paolo(1675~1681)를 따라서 영국에 왔던 암브로
시오 사로티Ambrosio Sarotti는 진공 실험을 수행하는 과학 학회를 조직하
기 위해 고향으로 돌아갔다.* 귀향한 첫해의 끝 무렵, 그는 동료들에게 자
랑스럽게 공표했다. '만일 세계의 시작 이래, 함께 통일된 모든 인류가 매
년 당신이 혼자서 올해 수행한 만큼 일을 할 수 있었다면, 그들은 지금 이
세계에서 지상의 낙원에서처럼 행복하게 살고 있었을 것이다.'³ 이는 그
와 동료들이 실생활에 도움이 되는 그 무엇도 발견하지 못했다는 사실에
도 불구하고 한 말이다. 모든 사람들이 새로운 과학의 실용적 효용을 확신
하고 있는 것은 아니었음은 놀랍지 않다.⁴ 조너선 스위프트는 오직 이를
부인할 목적으로《걸리버 여행기》(1726)의 제3권을 썼다. 그러나 그의 공
격은 그가 적의 본질을 정의하려 애쓰면서 망설였음을 말해준다. 라퓨타
Laputa는 수학적인 문제에 사로잡혀 그들의 주변 세계에 주의를 기울일 수
없는 과학자들이 다스리는 하늘을 날아다니는 섬이다. 그들은 서로 듣고
말할 때, 스스로에게 상기시키기 위해 팽창된 방광으로 자신들의 귀와 입
을 때리는 플래퍼flapper의 서비스에 의존한다. 그러나 그들이 지배하는 식
민지 발니바르비Balnibarbi에 라퓨타를 모방하여 하나의 아카데미가 형성되
었다. 거기서 과학자들은 오이로부터 햇빛을, 그리고 거미줄에서 실을 만
들며 실용적 목적을 가장 비실용적인 방식으로 추구한다. 새로운 발명을

• 1679년 12월 1일, 조반니 암브로시오 사로티Giovanni Ambrosio Sarotti는 왕립학회의 평회원으로 선출되었다. Hunter,
The Royal Society and Its Fellows(1982), no. 356.

혼자 승인하지 않는 총독은 걸리버에게 말한다.

> 그는 자기 집으로부터 반 마일 이내에 편리한 방앗간을 갖고 있었다. 그 방앗간은 큰 강의 흐름에 의해 가동되었으며, 아주 많은 소작인뿐만 아니라 그 자신의 가족을 위해서도 충분했다. 약 7년 전 한 기획 단체가 그에게 와서, 이 방앗간을 헐고 긴 산마루 위 사면에 다른 방앗간을 지으라고 제안했다. 그 방앗간에 공급할 파이프와 엔진을 산마루로 운반하는 저수를 만들기 위해서는 그 산마루에 긴 운하를 뚫어야 한다. 산지의 바람과 공기가 물을 휘젓기 때문에, 그것들은 방앗간의 가동을 적합하게 만든다. 그리고 내리막 길로 흘러내려가는 물은 그것의 경로가 강의 수위보다 높아서 흐르는 강물의 반쯤으로 방앗간을 가동하게 될 것이다. 그는 당시에 중개인을 다루는 데 능숙하지 않았고, 많은 친구들의 압력도 있고 해서, 그 제안을 승낙했다고 말했다. 2년간 100여 명이 고용된 후에 그 공사는 실패했고, 그 이후 기획자는 자신을 꾸짖는 전적인 비난을 한몸에 받고서 그 자리를 떴다. 그만큼의 실망뿐만 아니라 엇비슷한 성공의 확신으로 다른 이들을 동일한 실험대에 올려놓으며 말이다.[5]

그는 어떤 종류의 '엔진'이 사용되었는지 말하지 않는다. 그러나 스위프트는 확실히 최초의 증기기관을 염두에 두었다. 그것은 일반적으로 물을 퍼올리는 데 사용되었다. 그래서 스위프트의 설명에서 새로운 과학은 전적으로 비실용적이며 동시에 실용성에 사로잡혀 있다. 이는 불가능한 결합이 아니다. 실제로 그것은 사로티를 비교적 잘 묘사하고 있는 것으로 보인다. 그러나 그것은 확실히 당혹스러운 것이다.

과학사가들은 새로운 과학과 기술적 진보의 관계에 관한 이해를 스위프트 이상으로 진전시키지 못했다. 자연스럽게 마르크스주의 과학사가들은 새로운 과학이 새로운 사회적 관계의 결과라고 주장하고 싶어했다. 스탈린 대숙청의 초기 희생자로서 1936년 처형된 러시아인 보리스 헤센Boris Hessen이 1931년에 말했듯이, '한 걸음씩 과학은 부르주아와 함께 번성했다. 그 산업을 발전시키기 위해, 부르주아는 물질의 성질과 자연의 힘의 발현을 탐구하는 과학을 요구했다.' 그러나 마르크스주의자들만 새로운 과학이 그 가능한 응용에 의해 동기 부여가 된다고 주장한 것은 아니었다. 1938년, 로버트 머튼은 그의 고전적 연구인 《17세기 영국의 과학, 기술과 사회Science, Technology and Society in Seventeenth-century England》에서 유용한 지식을 장려한 청교도주의의 역할을 강조했으며, 헤센과 같은 마르크스주의자들의 주장을 거부하면서도, 헤센을 따라서 17세기 과학은 실제로 실용적인 응용을 지니도록 의도되었다고 주장했다.[6]

그러나 일련의 연구는(앨프리드 루퍼트 홀의 연구가 특히 영향력 있다) 과학자들의 의도가 무엇이었든, 실제로 새로운 과학은 사실상 기술적 진보에 아무런 영향을 끼치지 못했음을 보여준다고 주장했다. 한 핵심적인 사례 연구는 와트의 증기기관(1765)을 제시한다. 와트는 그의 새로운 엔진을 글래스고에서 개발했다. 거기서 조지프 블랙Joseph Black이 잠열의 개념을 제안했다(1750년경). 후일 블랙은 와트와 협업하고 그의 새로운 엔진에 투자했다. 와트는 새로운 엔진을 고안했을 때 잠열의 개념에 익숙했을까? 그 새로운 이론은 그의 새로운 기술에 영향을 미쳤을까? 와트는 그렇지 않다고 주장했다. 그리고 역사가들도 그 말을 곧이들었다.[7] 로런스 조지프 헨더슨Lawrence Joseph Henderson은 "증기기관이 과학에 빚진 것보다 과학이 훨씬 더 많은 것을 증기기관에 빚졌다"라고 말했다.[8] 결국 사디 카르노Sadi Carnot는 뉴커먼의 최초의 증기기관이 출현한 지 100년이 더 지나고, 와트의 기관이 나온 지 60년이 지난 1824년이 되어서야 증기기관에 대한 만족스러운 이론을 내놓을 수 있었다. 홀은 18세기 후반 이전까지는 공학은 과학에 거의 아무것도 빚진 것이 없다고 말해도 거의 틀림이 없다고 생각했다. 토머스 쿤은 적어도 1870년대까지는 과학과 기술은 서로 상반되는 것이라고 생각했다.[9]

사람들은 기술사가들이 이론과 실제의 이 분리 상태에 의문을 제기하고 싶어했을 거라고 생각할 것이다. 그러나 처음에는 그들도 과학사가와 동일한 사람들이었다.[10] 확립된 정통적 견해에 대한 주된 공격은 최근에야, 예상되지 못한 진영으로부터 출현했다. 이들 산업혁명의 새로운 경제사가들은 기술과 기술적 혁신의 중요성, 그들이 '지식경제'라고 부르는 것의 중요성을 강조했다.[11]

이 의문에 대해 새로운 경제사가들은 (이제 명확해질 바) 옳았다. 그러나 과학이 산업혁명에서 핵심적 역할을 했다고 주장하는 사람들은 단순하지만 이제는 고전적인 질문이 된 것에 대해 답변할 필요가 있다. 과학은 증기기관의 발명에서 어떤 역할을 했는가? 그러나 이 문제를 다루기 전에, 우리는 실용적 지식이라는 명백히 단순한 관념을 분석할 필요가 있다. 여기서 핵심적 문제는 시간의 척도이다. 사람들이 하나의 이론적 성취 혹은 기술적 전진을 실용적 관련성이 별로 없다고 묵살하기까지 얼마나 오랫동안 기다려야 하는가? 홀이 가정한 대로 새로운 과학은 그것이 유래한 기술과 **동시대적**이어야 하는가?[12]

탄도학을 예로 들어보자. 갈릴레이는 처음에 자신의 낙하 법칙의 발견과 함께 포사체의 포물선 경로가 대포의 대혁신을 일으키기를 희망했다. 그의 제자 토리첼리가 갈릴레이의 이론이 포탄이 실제로 날아가는 궤도를 묘사하는지 보기 위한 실제 시험에 들어갔을 때, 그는 실제 궤도가 이론과 다르다는 것을 발견했다. 공기의 저항 효과가 적절하게 이해되지 못했기 때문에 빠르게 움직이는 포사체에는 그 이론을 적용할 수 없었음에도 불구하고 그는 이론이 온전히 유지된다고 주장했다(그것이 낮은 속도로 단거리에서 발사된 박격포에는 적용할 수 있음이 입증되었다).[13] 탄도학은 마침내 1742년과 1753년 사이 로빈스Robins와 오일러Euler에 의해 음속 장벽의 발견과 비행 시 회전의 효과(물론 소총에서는 회전 효과가 의도적으로 유도된다. 그러나 토리첼리의 포탄은 날아가면서 추락한다)에 대한 이해와 함께 크게 혁신되었다. 그 결과, 궤도를 믿을 만하게 계산하는 방정식이 확립되었다. 갈릴레이의 물리학은 실용적인 것으로 의도되었으나 가장 분명한 응용 분야에서 별로 실용적이 아닌 것으로 입증되었다. 그럼에도 불구하고 진공에서의 그의 이상적인 포물선 궤도는 로빈스와 오일러에 의한 실제 궤도의 훨씬 더 정교한 분석을 위한 필수적 전제 조건이었다. 갈릴레이의 이론은 실용적**이었다.** 그것이 성공하기까지 한 세기가 걸렸다. 위대한 토리첼리를 당혹시켰던 그 문제는 1780년대가 되자 수학에 특출한 재주가 있었던 젊은 나폴레옹에게는 단지 학교 숙제일 뿐이었다. 물론 그 학교는 사관학교École Militaire였다.[14]

또한 연구자로서 갈릴레이 삶의 대부분을 사로잡았던 도전 과제를 살펴보자. 그것은 바다의 경도를 정립하는 문제였다. 북쪽 혹은 남쪽으로의 각도(위도)는 날짜와 정오에 태양의 높이만 알면 계산하기 쉬웠다. 동쪽 혹은 서쪽으로의 각도(경도)는 훨씬 정하기 어렵다. 사람들이 사용할 수 있는 명백한 기준점이 없기 때문이다. 갈릴레이는 사람들이 목성의 위성(그가 1610년 발견한)의 월식을 보편적 시계로 사용할 수 있다는 이론을 세웠다. 미래의 월식을 예측하는 신뢰할 만한 도표를 만들어 세계 어디에서든지 사람들은 정확한 시간을 맞힐 수 있다. 만일 지역 시간(예를 들어 정오에서 경과한 시간)을 안다면, 사람들은 지역 시간과 도표가 계산해준 그 장소에서의 시간을 비교해 쉽게 그 기준점의 경도를 계산한다. 위성의 운동은 덜 단순했다. 그러나 갈릴레이와 그의 동료들은 피나는 노력을 경주했다. 갈릴레이는 조빌라비라고 불리는 작은 기계 모형을 만들기도 했다. 이것은 그가 복잡한 계산을 하지 않고 위성의 위치를 계산할 수 있게 했다. 물론 빛의 속도를 고려할 필요가 있다는 사실을 알았더라면, 그는 더 나은 계산을 할 수 있었을 것이다. 왜냐하면 월식이 일어나는 것으로 보이는 시간은 목성이 지구로부터 얼마나 떨어져 있느냐에 따라 달라지기 때문이다.

그러나 중심적인 문제는 단순했다. 어떻게 사람들이 파도로 흔들리는 배 위에서 강력한 망원경을 통해 작고 멀리 있는 물체를 보고 신뢰할 수 있는 관찰을 할 수 있었을까? 움직이는 배 위에서 망원경을 안정적으로 들고 있기 어려웠기 때문에, 갈릴레이는 짐발gimbal(수평을 유지하는 장치 — 옮긴이) 의자에 앉아서 관찰할 수 있도록 머리에 고정할 수 있는 한 쌍의 강력한 쌍안경을 고안했다(나침반은 이미 짐발에 올려져 있었다). 경도의 문제를 해결하는 것은 보편적으로 인정된 도전 과제였다. 실제로 각 정부는 이 도전에 성공하는 누구에게나 막대한 보상금을 약속했다. 갈릴레이는 다른 것이 아닌 이 발견으로 불멸의 명성을 확립하고 싶어했다. 그는 스페인 정부가 제공하는 보상금을 수령하려 했지만 실패했다(그의 제자 카스텔리는 바다로 나갔지만 끔찍한 멀미를 겪었다). 그는 말년에 네덜란드 정부가 자신의 아이디어를 채택해 실제로 작동시킬 수 있다는 희망으로 그들과 은밀한 협상에 나섰으나 실패했다.[15]

과연 그는 실패했는가? 1679년, 카시니(이탈리아에서 프랑스로 이민 가 유명한 천문학자이자 지도 제작자가 된) 가문은 경도를 계산하기 위해, 비록 바다가 아닌 건조한 육지에서였지만 목성의 위성을 이용하고 있었다. 그러한 측정은 그들이 프랑스 면적을 재계산하도록 이끌었고(프랑스는 이전에 생각되었던 것보다 20퍼센트 작은 것으로 판명되었다), 지구의 모양에 관해 계산하도록 이끌었다(이는 뉴턴주의자들에게는 좋은 소식이 되었고, 데카르트주의자들에게는 자신들을 황폐화하는 일격이었다). 갈릴레이는 옳았다. 목성의 위성은 경도를 측정하는 유망한 방식이었다. 그의 제안이 작동하는 데는 60년이 걸렸고, 단단한 땅 위에 서 있기만 하면 작동했다.[16]

경도를 계산하는 대안적인 계획도 있었다. 오랫동안 나침반의 편향과 복각의 측정으로 선원들이 자신들의 위치를 확인할 수 있게 되길 기대했다. 수 세대에 걸친 노력에도 불구하고 이것은 환상에 불과한 것으로 입증되었다. 복각과 편향은 시간이 지나면서 예측 불가능하게 변했기 때문이다.[17] 결국 가장 간단한 구도가 최선으로 판명되었다. 사람들이 해야 할 일이라고는 여행 중에 믿을 만한 시계를 가지고 다니면서 지역 시간과 기준점(예를 들면 그리니치 자오선) 시간의 차이를 측정하는 것뿐이었다.

갈릴레이는 자신이 진자가 완벽한 시간을 알려준다는 것을 보여주었다고 믿었고, 진자시계를 고안했다(다만 그는 그것을 제작하지 않았다. 그가 이 문제에 주의를 기울였을 때 그는 장님이 되었다. 그를 도우려 했던 그의 아들은 손재주가 부족했다). 갈릴레이의 연구를 알지 못하고 하위헌스는 최초의 진자시계를 제작(1656)하고 진자의 법칙을 개량(1673)하는 데까지 나아갔다. 그러는 동안 로버트 훅, 하위헌스, 장 드 오트쾨유Jean de Hautefeuille는 1658년과 1674년 사이에 균형 바퀴balance wheel(14세기에 발명되었고, 여행용 시계를 위한 진자보다 더 안정적이었다)를 스프링으로 조절하여 작은 시계와 휴대용 시계가 시각을 정확히 알려주도록 하는 방법을 고안했다. 여전히 항해용 시계나 휴대용 시계를 만드는 일은 갈 길이 멀었다. 그러한 시계는 온도와 습도 변화, 그리고 파도의 흔들림에도 불구하고 정확해야 했다. 그 문제는

662

존 해리슨John Harrison이 1735년에 최초의 신뢰할 만한 항해용 정밀 시계 chronometer를 제작하기 전까지는 해결되지 않았다.[18] 갈릴레이, 훅, 하위헌스의 발견은 이것과 무관한가? 아마 아닐 것이다. 그러나 그것들은 충분치 않았다. 그 문제를 해결하는 데는 한 세기 이상이 걸렸다. 그러나 그동안 해결책을 향한 꾸준한 진전이 있었다.

물론 시계장치는 17세기의 혁신품은 아니었다. 우리가 보았듯이 최초의 기계식 시계는 13세기 후반까지 거슬러 올라간다. 기어용 기계는 수차나 풍차로부터 유래했다. 수차는 고대 그리스인들과 로마인들에게 알려져 있었으나 흔하지는 않았다. 중세 초기의 원시 산업혁명 덕분에, 첫 번째 1000년의 끝 무렵 그것들은 빠르게 널리 퍼졌다. 토지대장Domesday Book은 1086년 영국에 수차에 의해 가동되는 6000개 이상의 방앗간이 있었다고 전한다. 세로축 풍차가 뒤를 따랐다. 그 제작 시기가 확실하게 알려진 최초의 세로축 풍차는 1185년 영국 요크셔의 위들리Weedley에 있었다. 중세기 물방앗간의 최대 밀집 지역이 영국이라는 사실을 고려하면, 우리가 기록된 최초의 세로축 풍차와 시계를 찾아낸 곳이 영국이라는 것은 분명 우연의 일치가 아니다. 증기는 1830년 이전까지는 동력원으로서 물과 바람을 앞지르지 못했다.[19] 스위프트의 라퓨타에서는 18세기 영국에서처럼, 증기력은 수력을 대치하지 못했고 보조로 사용되었다.

그럼에도 불구하고 갈릴레이, 훅, 하위헌스의 혁신품은 산업혁명의 기어 기계류를 가능하게 했다고 주장되어왔다.[20] 17세기 중반 이전, 기어는 손으로 깎았다. 훅은 동일한 기어들을 생산하기 위한 최초의 기계를 설계했다. 이는 기계류의 대량생산을 가능케 했다. 불가피하게 18, 19세기 엔지니어들은 그들의 기계를 제작하기 위해 시계 제작자를 찾았다(예를 들어, 리처드 아크라이트는 1769년에 정방기精紡機를 만들기 위해 시계 제작자 존 케이와 함께 일했다). 그리고 그들이 성취한 것의 품질은 1656년 이후 일어났던 시계 제작의 혁명의 결과로 크게 신장되었다.[21]

기계식 시계는 비교해서 생각할 수 있는 귀중한 기회를 우리에게 제공한다. 왜냐하면 우리는 16세기 유럽 여행가에 의해 다른 문화에 그 시계들이 소개되었을 때 다른 문화가 어떻게 반응했는지 알 수 있기 때문이다. 일본인들은 곧 그들 자신의 시계를 직접 제작하고 있었다(재빨리 그들 자신의 소총을 직접 제작했던 것과 마찬가지로). 반면 중국인들은 11세기에 소송蘇頌이 천문 관측을 위한 정교한 물시계를 제작했다는 사실에도 불구하고, 시간을 알려주는 시계에 별다른 관심을 보이지 않았고 그들 자신의 시계를 직접 제작하는 일에도 마찬가지였다. 그들에게 시계는 뮤직박스같이 단지 유쾌한 것일 뿐 쓸모없는 물건이었다. (화약이 중국에서 유래했지만 중국인들은 군사혁명의 기술을 받아들이는 데에도 느렸다.) 따라서 중세 유럽에서 일어났던 시계의 광범위한 채택에는 자동적으로 따라오는 보급 결과가 없었다.[22]

그러나 시계는 14, 15세기에 급속도로 퍼진다. 먼저, 유럽인들은 이미 기계적 마인드를 지니고 있었기 때문이며, 둘째, 그들의 원형 기어 운동은 프톨레마이오스 천체 운동의 축소판을 반영했기 때문이다(초기의 시계는 달의 주기, 황도십이궁, 일주 시간 등 천문학적 시간을 측정했다). 셋째, 시계는 공동체 활동의 조정에 관한 비인격적 기제(수도원과 성당 사무실의 개폐, 마을과 도시의 시장의 개장과 폐장)를 제공했다. 평등한 공동체(도시, 수도원, 성당 사제단은 모두 그들의 지도자를 선거를 통해 선출했다)는 시계에 의해 관리되었다. 반면 폭정은 그렇지 않았다. 시계는 수도원, 성당, 시청의 눈에 잘 띄는 공적인 장소에 설치되었다. 그러나 왕궁에는 더디게 설치되었다. (지금도 1960년대에 지어진 내가 일하는 대학 캠퍼스에는 시계탑이 우뚝 서 있는데,

HALLEY'S

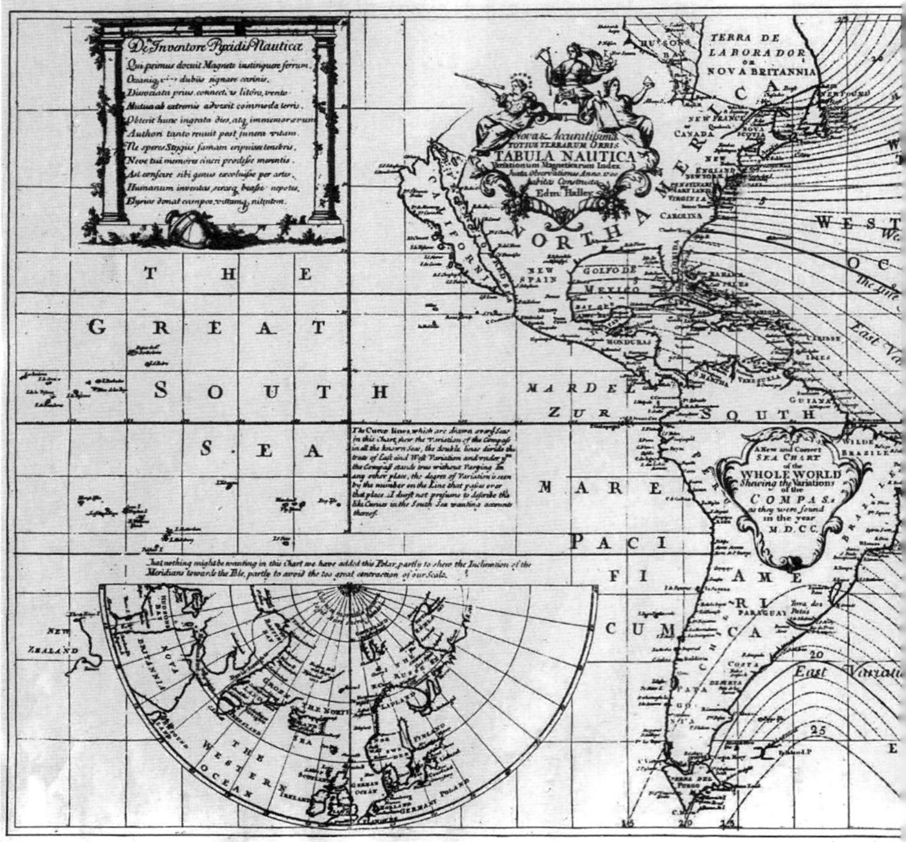
THE GREAT SOUTH SEA
MAR DEL ZUR
MARE PACIFICUM
TERRA DE LABORADOR OR NOVA BRITANNIA
NEW SPAIN
GOLFO DE MEXICO
CANADA
CAROLINA
VIRGINIA
NEW ZEALAND
Nova & Accuratissima TOTIUS TERRARUM ORBIS TABULA NAUTICA
Edm. Halley
A New and Correct SEA CHART of the WHOLE WORLD Shewing the Variations of the COMPASS as they were found in the year M.D.CC.
East Variation
WEST
SOUTH
PARAGUAY
COSTA DESERTA
TERRA DEL FUEGO
THE WESTERN OCEAN
THE NORTH SEA
LAPLAND
FINLAND
GERMANY
POLAND

1701년 출간된 자기 편차에 대한 핼리의 등각도선 지도. 지도의 각 선은 등고선 같지만, 균일한 고도 측정을 표시하는 대신 자기장 편차의 균일한 측정을 표시한다. 핼리는 지도의 기초가 된 것을 측정하기 위해 두 번의 원정을 수행했다. 자기 편차를 이용해 경도를 측정하는 길을 열 수 있으리라 희망했기 때문이다.

666

시간을 알려주는 기능보다는 우리 공동체가 잘 훈련되어 있고 평등하다는 인상을 주는 기능을 한다.) 이러한 문화적, 기술적, 개념적, 정치적인 요인들이 중국에는 없었고, 따라서 중국인들은 시계에 감탄했지만 그것을 사용하지는 않았다.

시계장치는 명백히 우주가 복잡한 기제(혹은 기계장치)로 이해될 수 있다는 관념을 조성했다. 그리고 코페르니쿠스주의자들은 동일한 물리적 원리가 천체와 지구에 작동한다는 생각에 몰두했다. 따라서 케플러는 1605년 자석에 관한 길버트의 저술에 감동하여 이렇게 썼다.

> 나의 목표는 이것이다. 시계의 모든 운동이 가장 단순한 추에 의해 일어나듯, 거의 모든 다양한 운동이 단순한 자기력 및 입자들의 힘에 의해 이루어지는 한, 천체 기계는 신의 창조물 같지 않고, 시계와 같다.* 나는 또한 이 물리적 설명이 어떻게 수학과 기하학 안에서 이루어지는지를 보일 것이다.[23]

그러나 중세 및 르네상스기 시계들은 너무나 완벽하지 않았기 때문에 그것들을 구동하는 추는 매일 들어올려야 할 뿐만 아니라, 시각도 수정되어야 했다. 우주를 완벽한 시계 같은 기계(신적인 시계 제작자가 만든, 관리를 필요로 하지 않는)로 생각할 수 있게 한 것은 오직 하위헌스의 개량된 시계뿐이었다. 우리는 최초의 진자시계 이후 6년이 지난 1662년만큼 이른 시기에 새로운 과학의 주창자인 사이먼 패트릭Simon Patrick이 쓴 문장 속에서 데카르트의 '오토마타'의 형상화에 접목한 새로운 탈하위헌스post-Huygens

---

* 초기의 큰 시계들은 대부분 천천히 하강하는 추에 의해 구동된다. 원조 시계는 추가 하강하는 공간을 확보하기 위해서 커야만 했다. 추의 하강은 탈진기 장치(기어의 회전 속도를 고르게 하는 장치 — 옮긴이)를 통해 조절된다. 진자 이전에 오차의 발생 원인이 된 것은 이 조절의 부정확함이었다.

형상화를 발견한다.

> 그러자 확실히 세계의 위대한 자동화에서, 어떻게 한 부분이 다른 부분을 움직이게 하고, 이 운동들이 각 부분의 크기, 모양, 위치에 따라 첫 번째 용수철로부터 어떻게 변하는지 (…) 관찰함으로써, 이 신성한 기술의 과정을 알아내는 것이 철학의 임무임에 틀림없다.••24

시계장치는 유익한 은유를 제공함으로써 과학혁명을 고무했다. 그리고 정교한 기어 장치의 개발은 산업혁명을 촉진했다. 그러나 그것 자체가 이들 혁명들의 소산은 아니었으며, 이들 혁명들의 전제 조건도 아니었다. 다른 유형의 기어 기계류가 존재했기 때문이다.

기술적 진보에서 지연된 보상을 가져다준 또 하나의 중요한 예가 있다. 수력(수압) 공학은 레오나르도 같은 최초의 엔지니어들과 뒤이은 갈릴레이와 그 제자들의 주된 관심사였다. 갈릴레이는 배수 시설 공사에 조언했다. 그의 제자 카스텔리는 교황에게 강의 관리에 대해 조언했고 그 주제에 관한 논문을 출간했다(《물의 흐름에 관한 계량Della misura delle acque correnti》, 1628). 그의 제자 토리첼리는 물의 높이가 주어졌을 때 흘러나오는 물의 속도를 계산할 수 있게 해주는 토리첼리의 법칙(1643)을 정립하면서 이론적 돌파구를 마련했다. 그리고 그는 또한 아르노강의 지류인 키아나강의 흐름에 관해 실용적으로 연구했다. 그의 제자이며 철학자로서의 갈릴레이의 계승자인 파미아노 미켈리니Famiano Michelini 또한 수력학에 관해 출간했

•• 패트릭은 추가 아니라 용수철로 구동되는 작은 시계를 염두에 두고 있다. 그러나 많은 이들은 그가 특히 주 용수철과 균형 용수철 모두를 지닌 시계(또는 손목시계)를 염두에 두었다고 생각한다. 균형 용수철은 진자의 원리를 더 작은 공간에서, 손목 위에서 적용하게 만든다. 이것은 1658년 훅이 발명했다.

다(《강의 방향에 대한 논저Trattato della direzioni de' fiumi》, 1664).[25]

그러나 이후 영국의 존 스미턴John Smeaton이 토리첼리의 연구에 의존해, 어떤 설계가 가장 효율적인지(하사식下射式 수차 및 상사식上射式 수차에 비교하여), 그리고 그것이 잘 작동하기 위해서 그 설계가 어떻게 이루어져야 하는지 규명하기 위해 모형 수차 실험을 수행하는 체계적 프로그램에 착수하기까지는 100년이 걸렸다. 바퀴는 얼마나 커야 하는가? 그리고 최대 효율을 얻기 위해서는 얼마나 빨리 회전해야 하는가? 하사식 수차의 패들(노)은 물 아래로 얼마나 깊이 내려가야 하는가? 놀랍게도 스미턴은 상사식(물이 바퀴의 위 꼭대기로 들어가는) 수차가 하사식(물이 바퀴의 아랫부분으로 들어가는) 수차보다 두 배 더 효율적임을 발견했다. 이론상으로는 동일하게 작동해야 했다(비록 데사귈리에는 실제로 상사식 수차가 우월할 것으로 옳게 예상했지만 말이다).[26] 그는 왜 그것들이 다르게 작동하는지를 설명하는 데 어려움을 겪었다. 결국 스미턴은 수차를 제작하는 데 지침이 되는 일련의 실제적 어림 규칙을 개발했고, 하사식에서 상사식으로의, 이것이 불가능할 때는 브레스트 휠breast wheels(회전축에 수평으로 물이 들어오는 수차)로의 전환을 장려하는 데 큰 영향력을 발휘했다. 우리가 갈릴레이와 그 제자들의 물의 흐름에 관한 연구가 현저하게 개량된 실용적 기술을 촉진함으로써 마침내 보상받았다고 말할 수 있는 것은 바로 이 시점이다.[27]

수차의 사례는 특히 흥미롭다. 기술이 거의 1000년간 극도로 천천히 개발되었기 때문이다. 밀라이츠Millwrights는 시행착오를 통해서 어떤 것이 작동하고 어떤 것이 작동하지 않는지를 배워나갔다. 그러나 급속한 발전을 위해서는 체계적인 실험이 필요했다. 그리고 이것은 오로지 실험적 방법이 새로운 지적 지위에 오른 이후 가능했다. 스미턴 자신은 법률을 공부하다가 엔지니어가 되기 전에 기계 제작 견습생을 거쳤다(그는 자신을 군사

존 스미턴의 하사식 수차 모형. 바퀴 지름은 약 60센티미터다(《실험 탐구An Experimental Enquiry》 (1760)).

military 엔지니어에 반대되는 의미로 '민간civil 엔지니어'라고 부른 최초의 인물이었다. 그는 나아가 민간 엔지니어 협회를 설립했다).[28] 그는 왕립학회의 평회원이 되었다. 그는 훅이 시계 제작에서 행했던 대로, 실용적 지식과 이론적 지식을 결합했다. 그리고 물론 그는 동력에 대한 수요가 급증하던 경제적 상황에 대응하고 있었다. 그는 더 나아가 증기기관을 제작하고, 부두와 교량, 운하(갑문을 여닫는 방식으로 캘더강을 여전히 항해할 수 있게 해주는 캘더 수로를 포함하여)를 건설했다.

1680년대에, 심지어 1580년대에도 스미턴의 실험을 수행하는 데 장애물은 무엇이었는가?* 스미턴의 연구는 두 가지 지적 전제 조건의 충족에 성패가 달려 있었다. 첫째, 척도 모형으로 작업하면 간혹 (실제를) 오도할 수 있다는 것이 잘 알려져 있었다. 왜냐하면 실물 크기의 기계는 간혹 아주 다르게 작동했기 때문이다. 이 문제를 생각하는 개념적 장치는 갈릴레이의 《두 새로운 과학》에서 제시된 적이 있었고, 스미턴은 그것의 한 측면, 영리하게 그의 모형에서 발생되는 마찰의 양을 측정하여 그것을 보정함으로써 척도 모형에서는 실물보다 마찰이 더 커지는 경향이 있다는 사실을 고찰했다. 둘째, 스미턴의 연구는 토리첼리의 법칙의 체계적 응용에 의존했다. 우리는 세 번째 전제 조건을 추가할 수도 있을 것이다. 물 흐름의 입력과 수차의 출력을 비교함으로써 수차의 효율을 계산하는 일에서 스미턴은 에너지 보존에 관한 뉴턴의 법칙을 상정하고 있었다. 그러한 의미에서 그의 연구는 탈뉴턴주의적post-Newtonian이었다. 그러나 그는 절대적인 효율 측정 없이 여러 유형의 수차의 출력을 비교할 수 있었다. 게다가 힘을

---

* 1627년 이사크 베이크만과 그의 동료들은 수평 풍차와 수직 풍차의 상대적 장점을 확인하기 위해 모형을 사용하는 연구 프로그램을 계획했다. 그러나 그들이 실제로 자신들의 계획을 실행했는지에 대한 증거는 존재하지 않는다. Berkel, *Isaac Beeckman*(2013), 38–9.

정의하는 데 있어서 스미턴은 힘의 정의를 둘러싼 뉴턴의 추종자들과 라이프니츠의 추종자들 간의 갈등을 비켜갔다(이제 그 갈등은 운동에너지와 운동량을 구분함으로써 해결되었다). 이 갈등은 그의 연구가 성공하기 위해 해결될 필요는 없었다.

따라서 1580년대에는 스미턴의 실험을 수행하기가 불가능했고 1650년대에는 완벽히 가능할 게 명백해 보였다. 뉴턴의 《프린키피아》(1687)의 주장들은 널리 이해되기 시작하자 복잡하지 않은 일이 되었다. 모형을 갖고 하는 연구에는 새로운 것이 없었다. 데사귈리에는 1720년대에 모형 증기기관을 제작하고 있었다. 확실히 그가 최초는 아니었다. 그러나 스미턴과 와트 모두 동력 기계의 효율을 변혁하는 방법을 알아내기 위해 모형을 사용한 것은 18세기 중반이 지나서였다. 근대 과학이 기능공과 장인의 경험과학적 탐구에서 유래했다고 생각하는 사람들은 스미턴이 과학적 방법을 도입하기 이전에 수차에서 특별하게 서서히 이루어진 진화를 고려할 필요가 있다. 스미턴과 와트가 그러했듯, 체계적으로, 그리고 남의 이목을 의식하여 실험적 방법을 차용하기 위해 사람들은 일정량의 탄탄한 이론과, 비록 힘이 들지만 실험이 진보를 만드는 탁월한 전망을 제공한다는 자신감 모두가 필요했다. 1750년대에 이론은 새로운 것이 아니었지만, 그 자신감은 새로웠다. 그 자신감의 원천은 뉴턴의 제자들, 특히 데사귈리에에 의해 수행된 공개 강의와 책을 통해 지속된 새로운 과학의 홍보 프로그램이었다.[29]

결국, 초기의 근대 과학은 그것이 표출한 두 가지 가장 어려운 실제적 문제인 현실적인 조건하에서의 포사체의 경로 계산과 경도의 측정을 극복했다. 그럼에도 불구하고 만일 17세기 과학자들이 이 해결된 문제들을 보지 않았다 하더라도, 그들은 그 문제들을 해결한 자신들의 18세기 계승자들을 위한 토대를 마련했다. 추가로, 18세기 중반에 스미턴과 와트는 기계장치를 구동하는 데 이용되는 수력과 증기력의 효율을 변혁했다. 단기적으로는 스미턴의 업적이 더 중요했고, 장기적으로는 와트의 업적이 더 중요했다. 이러한 실용적인 문제들이 해결되지 않고 있었던 1726년, 과학의 효용에 적대감을 지녔던 스위프트의 사례는 정상적으로 보였다. 1780년 아니 1750년에도 적대감을 지니기가 훨씬 더 어려웠을 것이다. 이상하게도, 역사가들은 스위프트의 세계에 갇혀 있다. 스미턴의 저술 같은 것을 읽을 때, 그들은 그것들이 단지 모형을 어설프게 손보는 것을 반영하는 것처럼, 그리고 사용되는 모든 용어가 상식적인 것처럼 순진하게 읽는다. 그들은 물의 높이와 흐름의 속도의 관계를 발견한 것은 새로운 과학이었다는 사실을 감지하지 못한다.

2

새로운 과학 최초의 위대하고 실용적인 성취는 1712년의 뉴커먼의 증기기관이었다. 스위프트가 강이 없는 곳에 방앗간을 짓는다고 불평했을 때 아마 비웃었을 바로 그 기관이었다. 뉴커먼의 성취를 넓은 시각에서 바라보는 것이 중요하다. 1800년까지 오직 2200개의 증기기관이 영국에서 제작되었는데, 그중 3분의 2가 뉴커먼의 기관이었고 4분의 1이 볼턴Boulton과 와트의 기관이었다.[30] 1760년과 1800년 사이에 증기력의 약 두 배에 달하는 새로운 수력(대부분 스미턴의 연구 결과물)이 사용되었다.[31] 증기의 위대한 시대는 아직 도래하지 않았다. 비록 블레이크Blake는 1804년에 이미 '어두운 악마의 방앗간'에 관해 쓰고 있었지만(그는 아마 1786년에 지어진, 볼턴과 와트의 증기기관을 동력원으로 하는 런던 최초의 큰 공장인 앨비언 제분소를 염두에 두었을 것이다), 1818년에 메리 셸리Mary Shelley가 《프랑켄슈타인Frankenstein》을 출간했을 때, 새로운 과학의 소름 끼치는 능력에 관한 그녀의 비전에는 증기가 포함되어 있지 않았다('증기의 놀라운 효과'에 관한 한 차례의 언급은 책이 인쇄되는 중에 아마도 퍼시 셸리Percy Shelley가 추가했을 것이다).[32] 1807년, 풀턴Fulton의 증기선이 뉴욕 시와 주도州都인 올버니Albany 사이에 정규 승객 운송 서비스를 시작했다. 1819년, 증기와 돛을 결합한 사바나호SS Savannah는 대서양을 횡단했다. 1829년에 스티븐슨의 증기기관차 로켓Rocket은 철길을 따라 덜컹거리며 달렸다. 1836년 쯤에는 증기기관이 '세계사의 새로운 시대'를 상징한다고 묘사하는 일이 가능했다. 그것은 인류의 능력을 '예상 밖으로' 증폭했다.[33]

1712년에 산업혁명과 증기의 시대는 먼 미래의 일이었다. 1836년이 되자 이것은 현실이 되었다. 그것들은 와트와 스미턴 같은 기술 전문가들의 새로운 문화에 의해, 그리고 영국의 고임금에 의해 존재하게 되었다(다수의 새로운 발명은 고임금 경제에서만 득이 되었기 때문이다).[34] 증기기관은 산업혁명을 불가피하게 만들지는 않았지만, 그것을 가능하게 만들었다. 이전에도(예를 들어, 흑사병 이후에도) 고임금 경제들이 있었으나 산업혁명은 없었다. 산업혁명의 중심적인 다수의 새로운 발명들, 예를 들어 아크라이트의 방적기는 과학에 아무것도 빚지지 않았다. 그러나 스미턴의 개량된 수차나 볼턴과 와트의 개량된 증기기관 없이는, 그것들이 만들어진 공장들은 동력을 얻지 못했을 것이다.

증기기관을 이해하기 위해서는 커피를 만드는 방법에 관해 생각해보면 도움이 된다. 어떤 이들은 갈아놓은 커피를 담은 필터에 물을 떨어뜨려 커피를 만든다. 그들은 중력에 의존하고 있다. 다른 이들은 에스프레소 포트

674

를 사용한다. 그것은 증기를 사용하여 물을 커피 가루 사이로 끌어올린다. 포트는 압력 증기 시스템이다. 이것이 포트에 안전밸브가 필요한 이유다. 그리고 어떤 이는 진공 방법을 이용한다. 여기서 물은 증기(단지 물의 무게를 이길 만큼의 낮은 압력의 증기)에 의해 높은 곳의 용기로 밀려 올라간다. 그러나 그때 열이 제거되고 증기는 응결한다. 그것은 진공을 만들고 물을 커피 가루 사이로 다시 아래로 빨아당긴다. 진공 방법은 대기압에 의존한다.

증기기관은 17세기 과학의 소산이었다. 그것은 진공으로, 공기로, 증기압으로 실험되었다.[35] 공기압의 간단한 예는 17세기에 바람총wind gun이라고 불린 공기총이었다. 메르센은 1644년에 이것을 묘사했는데, 그것이 영어로 발표된 최초의 해였다. 보일은 1682년에 공기총의 설계를 발표했다.[36] 그것은 공기를 풀무가 부착된 용기 속으로 압축하여 압축된 공기가 총알을 밀어내는 방식으로 작동했다. 또한 갇힌 공간 속의 증기는 압력을 생성하기 위해 사용되었다. 이 원리는 1606년에 델라 포르타에 의해 차용되었다. 그리고 1625년에 살로몽 드 코Salomon de Caus가 증기 분수를 고안했다. 그것은 에스프레소 기계처럼 작동했다. 출구가 하나뿐인 용기 속의 증기압이 수조의 물을 위로 밀어올려 밖으로 나오게 했다. 보일의 법칙은 압력이 어떻게 강력한 힘을 생성하는 데 사용될 수 있는지에 대한(사람들이 그 힘을 유용한 목적을 위해 이용하는 방법을 알아낼 수 있다면) 이론적 설명을 제공했다.

그러나 몇몇 종류의 고압 기계장치를 만드는 데는 대안이 있었다. 그 반대인 저압 장치는 공기펌프를 이용한 폰 게리케von Guericke의 연구에서 나왔다. 폰 게리케는 만일 사람들이 실린더 내부의 공기를 뽑아내면 대기압은 피스톤을 아래로 밀고 그 힘은 강한 사람 여럿이 힘을 합쳐도 저항할 수 없을 정도라는 것을 보여주었다.[37] 1680년, 하위헌스는 대기압을 이용하는 또 다른 방법을 생각해냈다. 그는 밸브를 통해 공기를 실린더로부터 뽑아내기 위해 폭발을 사용했다. 그런 다음 뜨거운 기체가 냉각될 때 피스톤은 자체 무게로 인해 아래로 빨려 내려간다.

이 아이디어는 공기펌프 실험을 수행하던 드니 파팽(의사이며 하위헌스의 조수로서 과학자로 출발했던)에 의해 채택되었다. 파팽은 개신교도였고, 프랑스에서는 개신교도들의 삶이 점점 더 불편해지고 있었다. 그는 그때 영국으로 이주했고, 거기서 보일의 조수로 일했다. 보일의 증언에 따르면, 파팽은 보일이 《새로운 실험의 후속편A Continuation of New Experiments》(라틴어판 1680년, 영어판 1682년)이라는 제목으로 출간한 저술에 나온 많은 실험들을 고안했고, 그것들을 전부 수행했다. 실제로 파팽이 썼기 때문에 그 책은 전혀 보일의 것이 아니었다.[38] 1680년, 파팽은 왕립학회의 평회원으로 선출되었다(그의 사회적 지위는 단순한 기술 조수와는 아주 달랐다). 그러나 그의 재정적 지위는 불안정했다(그는 회비를 면제받았다). 1681년부터 1684년까지 그는 빈에서 일하다가 다시 영국으로 돌아왔다. 그러나 1687년에 다시 영국을 떠나 마르브루크에서 수학 교수가 되었다(여기서 그는 동료 학자와 사이가 틀어졌다. 그 학자는 그와 같은 신자였으나 수학 교수가 필요없다고 생각했고, 그를 제명했다). 그 후 그는 1695년부터 카셀에서 헤세 백작을 보좌하는 엔지니어로 일했다. 그는 그곳의 풀다Fulda강에서 원시적인 잠수함 실험을 성공적으로 수행했다.[39]

파팽은 하위헌스의 아이디어를 한 걸음 더 전진시켰다. 그는 소량의 물을 담을 수 있는 실린더를 제작하여 불꽃으로 가열했다. 물은 증기로 변했고 공기를 바깥으로 밀어내 피스톤을 실린더의 끝으로 밀어올렸다. 그 끝에는 스프링이 빗장과 맞물려 있다. 열이 제거되면 증기는 응축했고, 피스톤은 충전 상태가 된다. 빗장이 당겨지자마자 그것은 공기의 압력에 의해

676

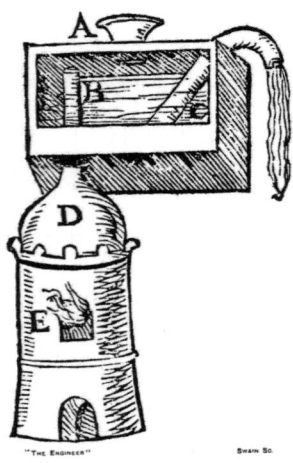

조반니 바티스타 델라 포르타의 증기압 펌프(《세 번째 영서靈書Tre libri de' spiritali》(1606)에 수록).

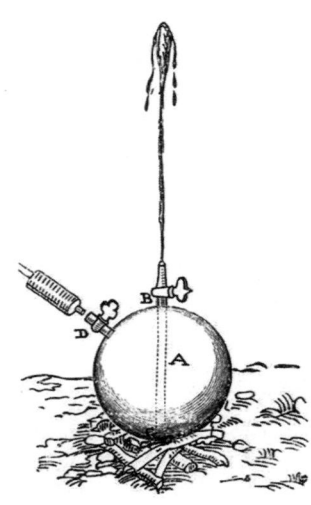

드 코의 증기-동력 분수(《동력의 원인La Raison des forces mouvantes》(1615)에 수록).

실린더 축을 따라 아래로 내려온다. 이것은 효과상 대기압에 의해 구동되는 바람총이었다. 여기서 피스톤이 총탄을 대치했다. 파팽은 일련의 피스톤들이 톱니장치를 돌려 배를 구동시킬 수 있도록 하여 뱃사공 비용 절감(특히 지중해와 강에서는 갤리선들이 아직 널리 사용되고 있었다)을 상상하는 데까지 나아갔다. 그리고 그는 만일 근처에 수차를 돌리는 강이 없다면 이런 종류의 엔진은 광산에서 물을 퍼내는 데에도 사용될 수 있을 거라고 생각했다.[40] 불행하게도 실린더를 급속도로 충전하고 방전하는, 혹은 질서 있는 방식으로 그것들을 방전시키는 기계장치가 없었다.

이 기간 동안에 그는 수많은 증기기관 실험을 수행했다. 그 정점은 자신의 거실 바닥을 돌아다니는 증기수레의 제작이었다.[41] 그는 심지어 증기로 구동되는 장갑차가 기마대보다 빨리 기동할 수 있는 시대를 기대하기도 했다. 그의 적들은 그를 조롱하며 그가 하늘을 나는 기계를 연구하고 있다고 빈정댔다. 그리고 실제로 그는 자신에게도 그러한 생각이 떠올랐음을 인정했다.[42] 그는 루이 14세(파팽을 비롯한 신교도들을 프랑스에서 몰아낸)에 대한 투쟁에 개인적으로 기여하기 위해, 시간당 200개의 비율로(심지어 그는 나중에 500개라고 주장했다) 수류탄을 90야드 날려보내는 박격포를 설계했다. 그 설계는 단순했다. 지렛대를 당김으로써 피스톤이 실린더 아래로 내려가고 진공을 만든다. 피스톤이 풀리며 그것은 실린더 위로 밀려올라가면서 적을 향해 포탄을 던지는 추진력을 만든다. 환언하면, 이는 그의 대기압에 의해 구동되는 바람총에 관한 초기 계획의 수정이라기보다는 대기압 증기기관의 각색이었다.[43]

1704년 3월, 파팽은 여전히 그의 대기압 증기기관을 연구하고 있었다. 그에게는 얼마나 큰 진전이 있었을까? 이 질문에 대한 답은 영국의 법률가, 음악가, 문학가인 로저 노스Roger North의 공책 속에서 발견된다.[44] 거기

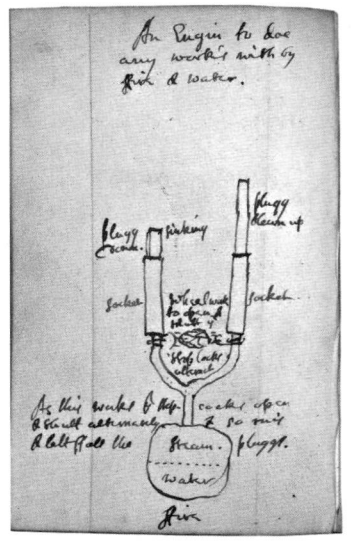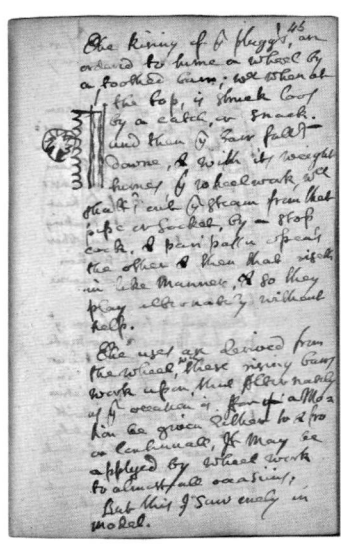

로저 노스의 공책에 기록된 것. 두 실린더 증기기관과 피스톤이 축을 돌리는 래크 앤드 피니언 rack-and-pinion 방식 그림을 보여준다. (British Library Add. MS 32504.)

서 노스는 '오직 모형으로 된' 것을 보았다고 말한 두 실린더 대기압 증기 기관을 묘사했다. 이 시기에 '모형으로'라는 문구는 모호하다. 그것은 근대적 의미를 지닐 수도 있지만 더 흔히 도식적 표현, 즉 계획 혹은 그림을 지칭한다.[45] '모형으로'라는 문구는 극히 드물었으나 1651년에 출간된 인쇄물의 제목 속에 기독교 교리의 요약으로서 '모형으로' 묘사되어 있다. 그것은 벽보wall-chart다.[46] 그래서 노스는 아마 동작하는 모형 혹은 축소 모형이 아니라 그림을 보았을 것이다. 따라서 그는 오직 모형을 보았다고 주장했다. 그가 이 그림을 언제 보았는지는 우리가 확신할 수 없다. 초기의 등장은 1701년에 기록되었고 우리에게 대략적인 날짜를 제공한다. 아마 이것은 파팽의 거실을 이리저리 맴돌고 다녔던 작은 증기수레를 움직이게 한 엔진일 것이다.

노스가 묘사한 엔진은 파팽의 대기압 증기기관의 한 개발품이다. 이제 실린더들은 자동 밸브 기어가 있었고 상호적으로 작동했다(1676년, 파팽은 바로 이런 특징이 있는 공기펌프를 설계했다). 작동 메커니즘은 파팽이 1695년에 그의 증기기관 실험에 대한 설명을 프랑스어로 출간했을 때 보여주었던 것과 분명히 비슷하다. 비록 구동 타격이 완성되었을 때 한 바퀴 돌기보다는 톱니바퀴가 톱니막대에서 떨어져 움직이지만, 그것은 시계에서 볼 수 있는 메커니즘에 기초했다. 래칫ratchet(한쪽 방향으로만 회전하게 되어 있는 톱니바퀴─옮긴이)을 지닌 래크 앤드 피니언rack-and-pinion 방식(톱니바퀴와 톱니막대가 맞물려 돌아가는 식─옮긴이)은 피스톤으로 바퀴를 돌리는 방법에 관한 최선의 해결책과 거리가 멀기 때문에 독특하다(크랭크가 훨씬 나았다). 보일의 최초의 공기펌프는 펌프에서 피스톤을 구동시키기 위해 래크 앤드 피니언 메커니즘을 사용했다. 그러나 톱니바퀴를 돌리지 않고 톱니막대가 뒷걸음치도록 허용하는 래칫이 없었다. 그것은 파팽의 뒤를 잇는 누군가의 연구일 수 있지만 파팽 자신의 연구일 가능성이 훨씬 높아 보인다. 분명히 그는 자신의 최근 엔진 그림을 영국에 있는 친구 중 한 명에게 보냈다. 그리고 이 그림을 노스가 보았다. 그러나 1704년 이후 파팽이 대기압 증기기관에 관해 연구했다는 증거도, 노스에 의해 기록된 그의 엔진이 널리 퍼졌다는 소식도 없다. 1695년과 1704년 사이에 파팽이 이룩한 진보는 영향력이 없었다. 그러나 노스의 스케치가 없었더라면 우리는 그것들에 대해 알 수 없었을 것이다. 우리가 보게 될 것처럼, 파팽의 진정한 기여는 다른 곳에 있었다.

3

1698년, 군사 엔지니어이며 왕립학회의 평회원인 토머스 세이버리Thomas Savery는 물을 끌어올리는 증기 구동(대기압과 증기압 모두를 사용하는) 펌프의 특허를 획득했다(누군가는 그가 단지 우스터Worcester 후작 에드워드 서머싯 Edward Somerset(1667년 사망)의 증기 동력 펌프에 관한 초기 설계를 베꼈다고 의심했다).[47] 증기는 실린더로 유입되어 냉각된다. 그때 증기는 응결되고 파이프로 물이 끌어올려져 실린더 속으로 들어간다. 밸브는 닫히고 물은 가열된다. 발생된 증기는 실린더 밖으로 물을 끌어올린다. 따라서 세이버리의 엔진은 풀무처럼 흡입하고 배기했다. 그러나 흡입은 응결된 증기로 인해, 배기는 팽창하는 증기에 의해 이루어졌다. 밸브와는 별도로 이 엔진은 움직이는 부분이 없었다. 흡입이 대기압에 의해 구동되기 때문에 그것은 물을 약 9미터 이상은 끌어올릴 수 있었다. 반면 배기는 실린더 내의 압력이 충분히 높으면 물을 어떤 높이로도 끌어올릴 수 있었다. 따라서 세이버리는 광산의 바닥 근처에 그의 장치를 설치하여 물을 퍼올리는 데 사용할 것을 제안했다. 실제로 그 엔진은 장식용 분수를 구동하는 데 사용되었다. 그러나 광산의 물을 퍼내는 데는 아니었다. 세이버리는 충분히 높은 압력을 견디는 보일러와 실린더를 제작할 수 없었다.[48]

세이버리의 엔진 소식은 헤세의 영지에도 도착했다. 그리고 파팽은 고압력 펌프를 고안하는 데 착수했다. 그의 초기의 노력은 분명히 성공적이지 않았고, 그는 설계를 개선하기 위해 세이버리와 상담했다. 이윽고 파팽은 성공적으로 장식용 분수의 물을 뿜어내기 위해 증기기관을 사용했다(루이 14세의 베르사유 궁전 분수는 장식용 분수를 군주와 귀족의 매우 경쟁적인 분야로 만들었다). 그의 엔진 중 하나가 폭발했다(파팽이 최초의 안전밸브를 발명

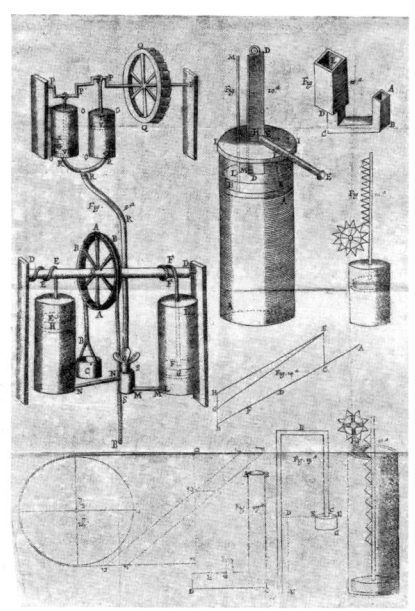

1695년, 파팽이 만든 여러 가지 공기압 엔진의 삽화. 왼쪽 시스템은 공기를 빨아올리는 피스톤을 구동하기 위해 수차를 사용한다. 이것은 두 번째 세트의 피스톤을 구동함으로써 버킷을 들어 내린다. 중앙 맨 위쪽에 대기압에 의해 구동되는 파팽의 피스톤 삽화가 있다. 증기가 응축되면 'E' 표시의 판이 제거되면서 피스톤은 아래로 내려간다. 오른쪽에는 그의 래크 앤드 피니언 래칫 방식에 대한 두 개의 그림이 있다.

했다는 사실에도 불구하고). 반면 다른 것의 보일러는 겨울에 동파했다. 파팽의 펌프는 비록 파팽 자신이 독립적으로 고안했다고 주장했지만, 흔히 그리고 충분한 근거에 의해 세이버리의 것을 수정한 것으로 묘사되었다.[49] 그것은 물을 폭발 주기에서만 끌어올린다는 점에서 세이버리의 펌프와 크게 달랐다. 그리고 그것은 시스템을 구동하는 데 사용된 물(증기로 전환되어 그 후 응결된)을 물갈퀴float(피스톤과 비슷해 보이지만 기계류를 구동하는 데 사용되지 않았던)를 이용해서 퍼올린 물과 분리했다. 이 아이디어는 열이 엔진을 통해 퍼올린 물을 데우는 데 낭비되는 것을 막겠다는 것이었다. 게다가

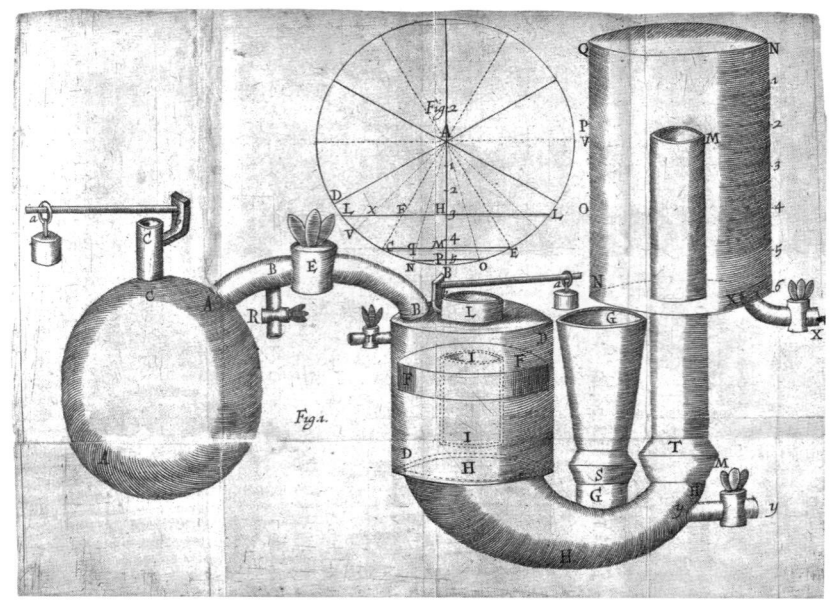

파팽의 증기펌프(출전: 《화력을 통한 급수給水의 새로운 기교Nouvelle manière pour élever l'eau par la force du feu》(1707)). 보일러는 왼편에 있고 오른쪽에 채워지고 있는 탱크가 있다. G로 표시된 호퍼 속으로 물이 일정하게 공급되어야 할 필요가 있다. Fig. 2는 펌프가 구동하기로 되어 있는 수차의 설계에 관한 것이다. 펌프는 세이버리의 엔진을 개조한 것이며, 증기와 배수되는 물을 분리하기 위해 도입된 물갈퀴float가 있다.

파팽의 설계에는 세이버리가 차용한 간단한 장치(증기의 응결 속도를 높이기 위해 실린더를 냉각시키는 물 스프레이의 사용)가 없었다.[50]

파팽은 점차 헤세에게 만족하지 않게 되었다. 영주 헤세는 그의 연구에 타당한 지원을 하지 않았다. 그래서 그는 영국으로 돌아가기로 결심했다. 흔히 그가 자신이 가진 모든 짐을 실을 수 있는 증기 동력선을 제작했다고 말한다. 그는 카셀을 출발하여 풀다강을 따라 종국에는 런던에 도착할 요량이었다. 불행하게도, 24킬로미터를 가서 베저Weser강 합류점에 왔을 때 뱃사공 길드가 독점권을 가진 강줄기에 도달했다. 그는 공식적인 면제를 받으려고 노력했지만 성공하지 못했다. 뱃사공들은 자신들의 권리를 강제 적으로 확보하기 위해 그의 배를 압수하고 파괴했다. 이것이 거의 한 세기 동안 이루어졌던 증기 동력 수송의 종말이었다.

그러나 증기 동력선 이야기는 오해에 기초하고 있다. 파팽은 돛이나 노 로 가는 배를 만든 적이 없고 그 배는 파괴되었다. 그러나 (그의 서신으로부 터 분명히 알 수 있듯이) 그것은 증기기관으로 구동되지 않았다. 파팽은 증 기선이 아닌 외륜선paddleboat을 제작했다(최초의 외륜선은 아니었다. 여기서 도 세이버리가 그보다 앞섰다). 패들은 손으로 돌리는 크랭크에 의해 구동되 었다.[51] 이 이야기가 어떤 의구심의 표시 없이 너무 자주 반복된다는 것은 당혹스럽다. 결국 1707년에 움직이는 증기선을 제작하는 일이 가능했다 면, 왜 물 위에서의 증기 추진을 확립하는 데 그로부터 한 세기나 걸렸을 까? 한 저자는 비열한 음모가 작동하고 있었음이 틀림없다는 명백한 결론 을 내리는 데 주저하지 않았다. 그러나 이 신화를 반박하는 증거는 오래전 인 1880년에 출간되었다.[52]

파팽은 배의 난파와 함께 가진 것을 모두 잃고, 아내와도 헤어져, 1707년 마침내 영국에 도착했다. 그리고 그는 왕립학회에 자신의 증기동 력선을 제작하도록 지원해달라고 제안했다. 학회는 그의 제안서를 세이버 리에게 보냈다. 세이버리는 이 분야의 선도적 전문가였을 뿐만 아니라, 어 떠한 증기 동력 기관이나 다룰 수 있는 특허를 갖고 있었다. 세이버리는 물갈퀴/피스톤은 너무 큰 마찰을 만들기 때문에 작동할 수 없다고 주장했 다. 학회의 회장으로서 뉴턴은 비용이 너무 많이 든다며 전체 연구 계획을 거절했다.[53] 물론 뉴턴은 파팽에 대해 편견을 지녔을 수도 있다. 왜냐하면 파팽이 뉴턴과 점차 갈등을 빚고 있던 라이프니츠의 친구였기 때문이다. 거절한 지 수년 후에(그동안 학회는 기금이 부족했고 실험을 별로 수행하지 못했다), 왕립학회는 실험적 과학에 관한 새로운 열광의 표시를 보여주고 있었다. 그러나 파팽은 혜택을 받지 못했다.[54]

확실히 뉴턴은 옳았다. 파팽의 구상에는 끔찍이 돈이 많이 들었다. 그 이유는 파팽의 엔진 그림을 보면 명백히 알 수 있다. 그것은 펌프 기계장치로 물을 공급해야 한다. 물 공급원은 실린더의 위쪽보다 높아야 한다.[55] 만일 엔진이 배 안에 설치되고 물이 강이나 바다에서 공급되려면 엔진 전체가 흘수선 아래에 있어야 한다. 이는 흘수가 매우 높은 아주 큰 배가 필요하다는 뜻이다.[56] 파팽은 이를 잘 알고 있었다. 그는 왕립학회에 무게 80톤, 길이 30미터의, 아마 건조하는 데 '겨우 400파운드'가 들 배를 제안했다.[57] 당시 400파운드는 어느 정도의 가치를 지녔을까? 소매가격지수를 이용하면 현재 가치로 5만 파운드지만 평균 임금 승수를 이용하면 72만 5000파운드다. 더 도움이 되는 어림 계산은 케임브리지의 루커스 수학 석좌교수 연봉의 네 배였다. 그러니 40만 파운드라고 치자.*

따라서 파팽이 그의 증기 동력선을 운행하고 있는 19세기 삽화들은, 그것들이 갑판 아래 엔진을 지닌 바다를 항해하는 큰 기선이 아닌, 조그만 배의 갑판 위쪽에 장착된 엔진을 보여준다는 점에서 완전히 오도된 것이다. 파팽의 증기압 엔진이 큰 규모로 설치되지 않는 한, 배를 구동시킬 수 없는 문제는 해결하기가 불가능하다.** 이 계획은 비실용적이었다. 끊임없이 새로운 계획을 찾아내고 있었던 파팽(그는 다른 많은 사람들처럼 자신도 경

• 루커스 수학 석좌는 1663년 설립되었다. 그러나 금전적 가치는 그사이에 별로 변하지 않았다. 물론 현대적인 봉급은 고용주의 연금 납부 및 여러 요금으로 보완된다. 그래서 17세기 봉급과 직접 비교할 수 없다.

•• 엔진에 의해 구동되는 수차가 배가 물에서 나아가도록 동력을 제공하는 패들로 기능해도 불가능하다. 원리적으로 사람들은 두 기능을 분리하고 수차와 패들을 구동 벨트로 연결할 수 있다. 그리고 수차에서 나온 물을 엔진으로 순환시킬 수 있다. 그러나 만일 수차가 갑판 위에 있으면 그것은 바람을 붙들어 돛으로 움직일 것이다. 그 결과 배가 흘수가 아주 높고 크지 않은 한, 조종하기가 불가능하고 뒤집힐 가능성이 있다.

도를 측정하기에 충분히 정확한 시계를 제작할 수 있다고 생각했다)은 자신을 지원해줄 사람을 찾을 수 없었다. 그의 말년은 실패와 빈곤의 시기였다. 우리는 마지막으로 1723년 1월 23일, 그에 관한 소식을 듣는다. 그는 '나는 슬픈 상황에 처해 있다'고 썼다.[58] 우리는 언제, 어디서, 어떻게 이 위대한 엔지니어-과학자가 죽었는지 알지 못한다.[59]

4

파팽이 실패하고 겨우 5년 뒤에 뉴커먼은 최초의 상업적으로 성공할 수 있는 증기기관을 만들었다. 뉴커먼의 엔진의 가장 큰 장점은 개념의 단순함과 겸손한 야망이었다. 그것은 대기압에 의해 구동되는 하나의 피스톤으로 구성되어 있었다. 피스톤이 아래로 구동될 때, 밀펌프를 작동시키는 큰 대beam를 잡아당긴다. 펌프 기계 장치의 무게로 피스톤은 정점에서 멈춘다. 증기를 채움으로써 공기는 실린더에서 배출된다. 그때 증기는 실린더에 물을 분사함으로써 응결된다(뉴커먼은 이 방법을 우연히 발견했다). 그리고 대기압은 피스톤을 아래로 밀고, 증기는 대기압에서 실린더로 재주입된다. 이것은 피스톤을 풀어주고, 피스톤은 펌프의 무게에 의해 들려 올라간다. 엔진은 분당 약 15주기로 천천히 돌아갔다. 이 엔진은 단순하다. 왜냐하면 1690년 파팽의 최초의 증기기관처럼, 그것은 오직 대기압에 의해 구동되는 한 개의 실린더로 구성되어 있기 때문이다. 세이버리의 엔진과 파팽의 두 번째 엔진은 효율적으로 작동하기 위해 고압을 구축할 필요가 있었다. 그러나 실제로 보일러와 실린더는 그러한 압력을 견디도록 제작될 수 없었다. 반면 뉴커먼은, 세이버리와는 달리, 잠재적인 마찰과 그것이 동반하는 누출의 어려움에도 불구하고 움직이는 피스톤을 제작해야만 했다.

뉴커먼은 정규교육을 별로 받지 못했다. 1664년에 태어난 그는 다트머스, 데번의 철물상이었고, 그 지역 침례교회의 장로였다. 그러나 거의 단신으로(한 명의 조수, 유리 시공자 콜리Cawley가 있다) 새로운 기술을 탄생시켰다. 이것이 어떻게 가능했을까? 그것은 현재의 우리를 당혹시키듯이 동시대인들을 당혹시켰다. 첫 번째 가능성은 그가 철저히 고립되어, 이전에 진행되었던 어떤 것도 알지 못한 채 연구했다는 것이다. 이것이 분명히 잘못되었다는 것을 알기 위해, 우리는 이 가능성을 세심하게 다루어야 한다. 우선 뉴커먼은 대기압을 알지 못하고는 그의 엔진을 고안할 수 없었을 것이다. 왜냐하면 대기압이 엔진의 구동력이기 때문이다. 공기압에 관한 지식이 1712년까지 널리 알려진 것은 사실이다. 기압계의 작동에 관한 어떤 설명이든 뉴커먼에게 토리첼리와 파스칼의 발명에 관해 전해주었을 것이다. 그러나 그는 이것을 절대적으로 최소한으로 필요로 했을 것이다.

우리는 1712년 이전의 뉴커먼에 대한 직접적인 정보가 거의 없다. 그러나 후일 그가 동료들에게 말한 것으로 보건대 두 가지는 분명해 보인다. 첫째, 그는 세이버리가 연구를 시작한 즈음인 1698년보다 늦지는 않은 시기에, 증기기관에 관한 연구를 시작했다. 둘째, 그는 세이버리와는 완전히 독립적으로 연구했다.[60] 그럼에도 불구하고 어떤 학자들은 이것은 말이 안된다고 느꼈다. 뉴커먼은 세이버리나 파팽의 전문성으로부터 혜택을 받았음이 틀림없었다. 한 학자는 과감하게 그리고 모든 증거에 반박하여, 뉴커먼은 세이버리의 고용자에 불과하다고 주장했다.[61] 또 다른 학자는 '모든 증거에 비추어보면' 뉴커먼과 세이버리는 세이버리가 다트머스에 갔던 1707년 1월 혹은 그 후 곧 만났을 수 있다고 제안했다. 그러나 이는 너무

존 테오필루스 데사귈리에의 《실험 철학 강좌》(1734~1744, 그림은 1763년 판)에 삽화로 사용된 뉴
커먼의 기관. 보일러는 왼쪽에 있다. 거기서 피스톤은 수직으로 들어올려지며, 로킹 암rocking arm에
연결되어 있다.

늦다(그리고 곧 교묘하게 1705년으로 바뀌었으나, 이 역시 여전히 늦다).[62] 18세
기 후반의 한 학자는 로버트 훅(1703년 사망)이 파팽의 최초의 증기기관을
묘사한 것을 뉴커먼에게 보내주었다고 주장함으로써 그 문제를 해결했다.
이 이야기는 그것을 뒷받침하는 문서들이 존재하지 않음에도(1936년 이후
이 문서들은 존재하지 않는다는 것이 알려져 있다) 불구하고 아직도 반복되고
있다.[63] 또 다른 학자는 '토머스 뉴커먼은 1685년과 1700년 사이 〈철학회
보〉의 몇몇 호에서 파팽이 출간한 엔진 원형과 펌프의 모형들에 관한 스케
치를 본 것이 틀림없다'(〈철학회보〉에 실린 파팽의 논문은 증기기관을 다룬 것
이 아니라 수력 혹은 인력을 다룬 것이라는 사실을 숨기면서)고 말한다.[64]

파팽의 엔진은 그 구상에서 뉴커먼의 엔진에 가장 근접한 것이었다. 위대한 역사가 조지프 니덤은 아주 현명하게 '나는 뉴커먼이 파팽의 증기 실린더를 몰랐다고 믿는 것은 거의 불가능하다고 생각한다'고 말했다.[65] 그러나 파팽은 자신의 엔진을 독일에서 제작하고 작동시켰다. 우리가 아는한, 어떤 영국인도 그것을 본 적이 없었다. 그는 그것을 여러 차례, 라틴어로, 프랑스어로 출간했지만, 영어로는 출간하지 않았다. 영어로 그것을 묘사한 문단은 1697년의 〈철학회보〉에 실린 파팽의 논문 중 한 편에 관한 해설에서 나타났다.

네 번째 편지는 앞에서 말한 (펌핑) 엔진을 (수차를 이용하여) 가동하는 데 편리한 강이 그 부근에 없는 곳에서 광산의 물을 뽑아내는 방법을 보여준다. (하위헌스가 했듯이) 이 목적을 위해 화약으로 실린더에 진공을 만드는 불편함을 감수해야 했던 곳에서, 그는 대안으로 실린더의 바닥에 가해진 불로 물의 작은 표면을 증기로 바꾸는 것을 제안한다. 증기는 실린더 속의 플러그(즉 피스톤)를 상당히 높이 위쪽으로 밀고, 이것은 (증기가 응축됨에 따라 물은 식으면서) 공기의 압력에 의해 다시 내려온다. 그리고 광산에서 물을 퍼올리는 데 이용된다.[66]

뉴커먼이 〈철학회보〉를 본 적이 있었던 것 같지는 않다. 그러나 그가 어떤 삽화도 없이 이 문장을 읽었다 하더라도, 그것은 그에게 엄청난 양의 할 일을 남겼을 것이다. 노스가 스케치한 더 선진화된 파팽 엔진을 그가 알았다면, 이는 명백히 뉴커먼에게 큰 흥밋거리였을 것이다. 그러나 그것은 아마 뉴커먼의 실험 프로그램이 시작된 이후였을 것이다. 그리고 그것의 설계는 뉴커먼의 것보다 더 복잡했다. 실제로 파팽이 그것을 제대로 작동시킨 적이 있는지도 의문이다.

성공적으로 증기기관을 발명하기 위해 뉴커먼이 지녔어야 했을 것들 혹은 그가 발명 이전에 실험을 수행하기 위해 필요했던 것을 열거하면 도움이 될 것이다. 그가 필요했던 것의 대부분은 단순했다. 예를 들어 펌프 버킷과 펌프 핸들은 기존 기술의 응용이었다. 그리고 보일러는 기본적으로 양조장의 큰 구리 통이었다. 그러나 다른 것들은 녹록하지 않았다. 첫째, 실린더와 피스톤의 사용은 게리케까지 거슬러 올라가지만, 당시 영국에서는 이것들을 증기와 결합시킨 경험이 없었다. 둘째, 뉴커먼은 밀폐된 피스톤을 만드는 수단들이 필요했다. 그는 피스톤을 가죽 세척기와 실린더에 분사된 물의 층으로 밀봉했다. (존 모랜드John Morland는 1680년대에 피스톤을 사용하는 펌프를 설계했다. 그의 밀봉은 아주 달랐다.)[67] 셋째, 압력계가 있었으면 좋았을 터였다. 기압계는 최초의 압력계였다. 그러나 보일과 파팽은 1682년의 《새로운 실험의 후속편》에서 정교한 압력계를 묘사했다. 결정적으로 안전밸브를 장착하는 것이 핵심이었다. 이것은 그 자체가 일종의 압력계다. 파팽은 이것을 발명했다. 그리고 1707년 설계에 이를 반영했다 (나중에 폭발을 일으키지는 않았을 것이다). 뉴커먼은 그의 엔진에 파팽의 안전밸브와 비슷한 형태(딸깍 꼭두각시Puppet Clack라 불리는)를 사용했다.[68] 추가적으로 그는 기계 그 자체의 작용에 의해 여닫히는 밸브를 피스톤에 설치하는 기술이 필요했다.[69]

마지막으로 또 하나의 전제 조건이 있었다. 큰 스케일보다는 작은 스케일에서 더 잘 작동되는 것이 세이버리의 엔진의 특징이다. 실린더가 커질수록 실린더의 부피가 표면적보다 더 급격히 증가한다. 그래서 냉각의 효율이 떨어진다. 그래서 세이버리는 모형을 만들었을 때 자신이 돌파구를 마련했다고 생각하는 오류를 범했다. 뉴커먼의 엔진은 그 반대였다. 출력

690

과 마찰의 비율은 작은 스케일에서 가장 좋지 않고, 엔진이 커질수록 더 좋아진다. 왜냐하면 실린더의 부피(엔진의 출력을 결정하는)는 피스톤의 둘레(마찰의 양을 결정하는)보다 더 급격히 증가하기 때문이다.[70] 데사귈리에와 그의 친구는 후일 세이버리의 엔진과 뉴커먼의 엔진 모두를 제작했다. 그의 특별한 전문성에도 불구하고, 그는 세이버리의 엔진이 뉴커먼의 엔진보다 더 나은 결과를 내는 것을 보고 솔직히 깜짝 놀랐다.[71] 뉴커먼은 처음부터 이 스케일의 문제점을 이해하고 있었음이 틀림없다. 그렇지 않았더라면 그는 자신의 첫 모형이 매우 형편없이 작동했을 때 집요하게 계속하지는 않았을 것이다. 그는 다른 곳에서 이 지식을 획득했음이 틀림없다.

물론 뉴커먼은 이 모든 것과 그 이상을 발명할 수 있었을 것이다. 결국 그는 공공의 운용에 투입할 준비를 갖추기까지 14년 동안 자신의 새로운 엔진에 매달렸다. 그러나 불과 몇 년 전에 뉴커먼 엔진의 3분의 1 크기의 축소형을 제작하려는 시도가 큰 난관에 봉착했다는 것은 알아둘 가치가 있다. 좋은 계획과 충분한 기술적 전문성을 지니고도, 최종 결과물이 어떨지에 대한 지식을 갖추고도, 작동하리라는 절대적인 확신이 있더라도, 엔진이 제대로 작동되기 위해서는 땜질하고 만지작거리는 수많은 시간이 필요하다는 것이 입증되었다.[72] 이상적으로, 뉴커먼은 이런저런 핵심 정보를 자신에게 공급해줄 정보원이 필요했다. 그래서 자신이 제작하려는 기계의 조립에만 몰두할 수 있게끔 말이다. 이는 10년 넘는 기간 동안, 여가 시간에 그를 바쁘게 만들기에 충분했다.

5

실제로 그러한 자료가 있었다. 뉴커먼이 우연히 마주쳤을 가능성이 〈철학회보〉보다 더 높은 자료 말이다. 그것은 증기기관을 논하지 않기에 증기기관의 역사가들이 간과해온 자료다. 실제로, 그것은 일반적으로 간과되었다. 구글 학술 검색Google Scholar이나 톰슨 로이터Thomson Reuters 사社의 웹 오브 사이언스Web of Science에도 그것에 관한 단 하나의 인용도 없다. 그 책의 저자가 잘 알려져 있었음에도 불구하고, 사람들은 쉽게 지난 세기에 아무도 그것을 읽지 않았다는 인상을 형성할 수 있었다. 전하는 사본의 수로 판단해보면, 처음 출간되었을 때 그 책은 많이 팔렸다. 바로 1687년 드니 파팽에 의해 출간된《새로운 찜통의 후속편A Continuation of the New Digester of Bones》이다.[73]

파팽은 그의 새로운 찜통에 관한 최초의 설명을 1681년에 출간했다. 그것은 아주 간단히 말하면 최초의 압력솥, 밀폐된 이중 냄비였다. 압력솥은 고압에서 물을 증기로 바꾸기 때문에 일반적인 끓는 물보다 높은 열에서 훨씬 더 빨리 조리한다. 또는 (뼈를 찌는 경우) 딱딱한 음식이 부드럽게 으깨질 때까지 조리한다. (파팽의 압력솥은 역사에서 특별한 자리를 차지한다. 왜냐하면 1761년 혹은 1762년에 와트는 파팽의 압력솥 안전밸브에 주사기를 부착함으로써 초기의 증기기관을 만들어 자신의 최초의 증기 실험을 수행했기 때문이다.)《새로운 찜통》과《후속편》은 가끔 함께 제본되었다. 뉴커먼이 1687년 혹은 그가 증기기관에 매달리기 시작하기 전 10년 동안 어느 시점에,《후속편》을 한 권 혹은 두 권 모두 습득했다고 상상하기는 어렵지 않다. 그의 동기는 단순했을 것이다. 파팽의 장치를 만들어 팔면 생기는 이익이 있었다. 그리고 파팽이 아무나 자유롭게 그것을 사용할 수 있다고 주장하고 어떠한 특허로도 그것을 보호하지 않았기 때문에, 그것을 이용하여 돈을 벌려는 뉴커먼에게 장애물은 없었다.

그러나 짧은 제목은 파팽의 책 내용에 대한 엉성한 안내다. 완전한 제목은 더 유용한 정보를 준다. '새로운 찜통의 후속편: 해상과 육상에서 적용된 새로운 용법과 개량: 영국과 이탈리아에서 시도된 공기펌프의 새로운 용법과 개량A continuation of the new digester of bones: its improvements, and new uses it hath been applyed to both for sea and land: together with some improvements and new uses of the air-pump, tryed both in England and Italy.' 이것은 부분적으로 공기펌프에 관한 책이다(비록 공기펌프와 진공 실험을 연구하는 역사가들이 그것을 읽는 데 실패했지만 말이다).[74] 그리고 그것은 파팽의 가장 최근 (마지막) 모형의 그림과 묘사를 제공한다.[75] 파팽의 펌프는 피스톤이 달린 실린더로 이루어져 있다. 피스톤은 물의 층으로 밀봉되어 있다. 그리고 파팽은 이를 달성하는 방법을 주의깊게 묘사한다.[76] 사용된 방법은 뉴커먼이 처음 사용한 방법에 해당된다. 후일 그는 더 나은 방법을 발견했지만 말이다.[77] 뉴커먼 증기기관의 피스톤처럼, 실린더에도 피스톤의 작용으로 여닫는 많은 밸브와 주입구가 있다. (파팽은 밸브 작용이 자동적으로 이루어지는 공기펌프를 만든 최초의 인물이었다.) 무게에 의해 닫히는 한 밸브가 있다. 비록 이 경우 그것이 안전밸브는 아니지만 말이다. 파팽은 그러한 밸브의 작동을 묘사한다. 증기기관의 피스톤의 기본 기술이 펼쳐진다. 왜냐하면 그 기술은 공기펌프의 기술과 겹치기 때문이다. 파팽이 3년 후 최초의 증기기관을 제작하는 데까지 나아갈 수 있었던 것은 바로 이 같은 겹침 때문이다.*

---

* 홀은 이렇게 썼다. '보일의 공기펌프(1658)는 실제 실린더에 정확히 들어맞는 피스톤에 의존하는 이후의 모든 기계의 선조다.'(Hall, 'Engineering and the Scientific Revolution'(1961), 337).

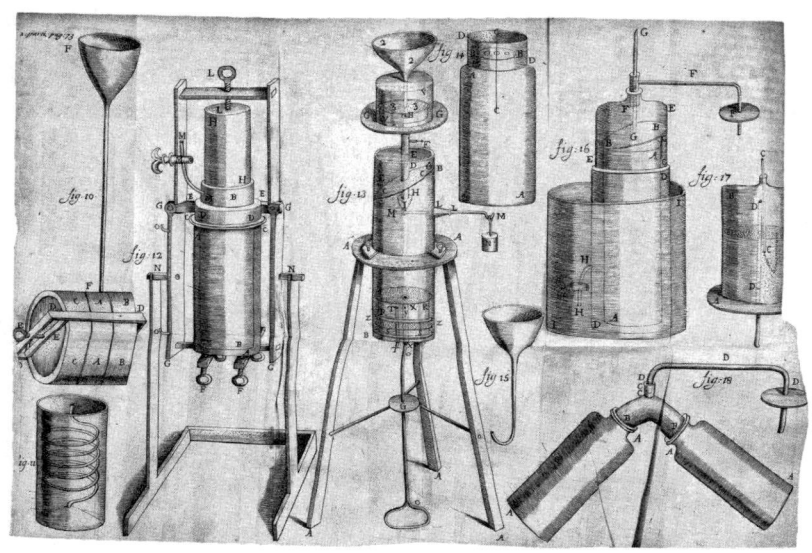

《새로운 찜통의 후속편》에 실린 파팽의 1687년 공기펌프.

그러나 《후속편》은 그 이상을 했다. 그것은 독자들에게 파팽을 증기기관의 발명으로 이끈 사고의 노선을 알려준다. 그는 말한다.

나는 또한 이 엔진(공기펌프)의 효용들 중에, 거대한 추의 무게 없이 큰 효과를 만들어낼 수 있는 강도를 손꼽는다. 평평하고 잘 만들어진 관도 가벼우면서도 공기가 비어 있게 만들 수 있기 때문에, 대기압을 견딜 수 있을 것이다. 그럼에도 불구하고 그 관의 바로 한쪽 끝에 있는 플러그는 매우 큰 강도로 다른 쪽을 향해 압축될 수 있다. 만일 관의 직경이 꽤 크다면 말이다. 예를 들어, 만일 직경이 1피트라면 그 플러그는 약 1800파운드의 강도로 압축될 것이다. 저명한 게리케 씨는, 압축 공기에 관한 그의 책에 실린 묘사에서 볼 수 있듯이, 처음으로 그 강도를 대포에서 납 탄을 발사하는 데 적용하려 시도했

694

다. 이후로, 나 또한 1686년의 〈철학회보〉 1월 호에서 볼 수 있는 것처럼, 그
의 발명에 무언가를 더하기 위해 노력했다. 그 이후 나는 4피트 길이의 총열
을 통해 발사된 1인치 직경의 납 탄은 1초에 128피트가량 날아가는 신속함
을 얻을 것으로 계산했다. 그러나 만일 같은 신속함이 1피트 직경의 포탄에
주어지려면 그것은 속이 비어 있는 철로 만들어야 한다. 그래서 그 무게는 약
37.5파운드가 되어야 한다. 만일 그것이 꽉 찬 납으로 되어 있다면 그것의 무
게는 450파운드가 나갈 것이다. 그래서 약 4피트의 총열을 지나면서 그것은
1초에 32피트 날아가는 신속함을 얻을 것이다. (…) 포탄이 지나가는 총열의
끝은 대기의 압력을 견딜 만큼 충분히 강한 무언가로 마무리되어야 한다. 포
탄의 도상에서 만나게 되는 것 또한 그것의 강도 일부를 가져간다.[78]

　여기서 파팽이 묘사하고 있는 것은 대기압에 의해 구동되는 바람총이
다. 그러나 총탄이 총열에서 빠져나가도록 하기 위해 구멍을 뚫도록 요구
하는 그 장치가 어떤 실용적인 목적에는 적합하지 않다는 것이 명백하다.
　그가 또한 묘사하고 있는 것은 대기압에 의해 구동되는 피스톤이다. 그
는 대기압 증기기관이 발명되는 시점에 있었다. 그러나 여기서 진공은 증
기의 응결에 의해서가 아니라, 그의 펌프에 의해 만들어진다. 그러나 그는
급격한 응결을 이루어내기 위해(그래서 진공을 만들기 위해) 증기로 채워진
용기 바깥에 가해지도록 물을 사용하는 방법을 반복하여 묘사한다(비록 그
는 자신의 증기기관에서 이 기술을 사용하지는 않았지만).[79] 만일 파팽의 저술을
읽었다면, 뉴커먼은 파팽이 증기기관의 기본 설계를 얻기 위해 계속해나
간 바로 그 방식으로 이것저것 종합해서 추측해야만 했다. 만일 파팽이 그
것을 할 수 있었다면, 왜 뉴커먼은 그것을 할 수 없었을까? 게다가 파팽은
여기서 독자들에게 스케일의 문제를 소개한다. 당신이 총의 스케일을 증

가시키면 그것은 덜 효율적이 된다. 총탄의 무게가 끝의 표면적보다 빨리 증가하기 때문이다. 이것을 깊이 생각한 사람은 관의 직경이 증가함에 따라 총탄의 무게 증가는 마찰로 인해 잃어버린 에너지 부분의 감소에 의해 부분적으로 보상되리라는 것을 파악할 것이다.

뉴커먼의 증기기관은 탐정소설의 밀실 줄거리와 비슷하다. 여기 밀실에 시체가 있다. 살인자는 어떻게 들어오고 나갔을까? 그의 무기는 무엇이었을까? 1698년경, 다트머스에 뉴커먼이 살고 있었다. 우리는 증기기관에 관한 지식이 그에게 도달할 수 있는 방법을 알지 못한다. 밀실 미스터리가 그러하듯, 만일 우리가 하나의 해결책을 찾아낼 수 있다면, 우리는 이미 그 해결책을 발견한 것이다. 물론 우리는 뉴커먼이 1687년 런던에 가서 파팽을 만났을 가능성을 배제할 수 없다. 파팽은 실제로 그의 압력솥을 보여주기 위해 매주 일정한 시간을 할애할 수 있다고 선전했다. 사실 그 나라를 곧 떠났지만 말이다. 그러나 우리는 그러한 모임을 상상할 필요가 없다. 손에 《후속편》을 들고, 뉴커먼은 파팽이 엔진을 제작하기 위해 대기압을 이용하는 방법에 관해 알고 있었던 거의 모든 것을 알고 있었을 것이다. 모든 잡동사니들이 거기 있었다. 그가 해야 할 일은 어떻게 그것들이 총을 만드는 것이 아니라 펌프를 구동하는 새로운 목적을 달성하도록 조립되는지를 깨닫는 것뿐이었다. 그리고 《후속편》은 파팽 압력솥의 수정 모형을 제작하는 방법에 관한 지침들과 함께 바로 지방 철물상과 한미한 제조업자가 찾고 있었던 그러한 종류의 책이었다. 뉴커먼이 그곳에서 발견하기를 기대했던 가장 중요한 것은, 큰 무게의 추 없이 큰 효과를 낼 수 있는 새로운 유형의 출력을 기술한 부분이다. 나는 이 의도하지 않은 조우로부터 증기기관이 탄생했다고 믿는다.

데사귈리에는 증기기관에 대한 최초의 중요한 연구에서 증기기관의 모

696

든 위대한 진보는 우연히 이루어졌다고 주장했다.

> 만일 독자가 뉴커먼 씨와 콜리 씨가 피스톤으로 움직이는 열기관을 만든 이
> 래, 그것의 여러 개선의 역사에 익숙하지 않으면, 그러한 불편함과 어려운 사
> 례들을 위한 적절한 해결책이 숙고된 것은 위대한 총명과 철학의 완전한 지
> 식 때문임이 분명하다고 상상할 것이다. 그러나 여기에 그런 것은 없다. 거의
> 모든 개선은 우연 덕분이었다. (…)[80]

데사귈리에는 그의 단어를 조심스럽게 선택했다. 그는 개선은 우연 덕분이라고 말한다. 그러나 그는 증기기관을 피스톤과 함께 움직이게 만든 최초의 작업이 철저한 철학 지식을 요구했는지 아닌지에 대해 독자들이 결정하도록 맡겼다. 확실히 그것은 어떤 철학과 어떤 계승된 기술을 요구한다. 이 두 가지 모두가 파팽의 《후속편》에 의해 제공되었다고 나는 생각한다.

실제로 뉴커먼 엔진의 작동을 설명할 때, 데사귈리에는 괄목할 만한 영향력을 만들었다. 그는 계속해서 뉴커먼의 실제 설계(피스톤에서 증기가 응결하여 진공을 만드는)를 묘사하기 전에, 한 철학자가 피스톤에서 진공을 만들기 위해 공기펌프를 사용하고 있는 엔진을 상상하도록 요청한다. 이 철학자는 확실히 뉴커먼이 아니었다. 그러나 데사귈리에는 뉴커먼 엔진의 발명에 이르는 (내가 생각하기에) 유일하게 그럴듯한 경로를 올바르게 직감했다. 뉴커먼이 기존의 증거들을 엮고 추측해서 증기기관을 만들었던 반면, 데사귈리에는 그것의 작동을 설명하기 위해 그것들을 다시 분리하여 파팽의 대기압 바람총을 재발견했다.[81]

역사가들은 오랫동안 과학이 산업혁명에 기여한 범위에 관해 토의해왔다. 그 답은, 그것이 그들이 인정하는 것보다 훨씬 큰 범위라는 것이다. 파

팽은 당시 가장 위대한 과학자인 하위헌스, 보일과 함께 일했다. 그는 왕립학회 회원이자 수학 교수였다. 1687년부터 1707년 사이 20년 동안 그는 동작 가능한 증기기관의 제작에 몰두했다. 그러나 결국 실패했다. 뉴커먼은 파팽이 세이버리 엔진을 수정하여 멈춘 곳이 아니라, 파팽이 시작한 곳에서 다시 출발했다. 그렇게 하면서 그는 가장 선도적인 이론들과 17세기에 창출된 가장 정교한 기술을 이어받았다. 산업혁명을 가능하게 만든 것은 이것이다. 먼저 과학이 찾아왔고, 나중에 기술이 도래했다.*

---

* 비록 증기기관 그 자체가 또한 새로운 과학을 촉발했지만, 그것의 작동, 특히 볼턴과 와트의 증기기관이라는 진전된 형식으로의 작동은 사디 카르노가 《화력의 원동력에 대한 고찰Reflections on the Motive Power of Fire》(1824)로 열역학의 과학을 확립하기 이전에는 충분히 설명되지 못했다.

과학의 발명

어떻게 과학적 활동 같은 역사적 활동이 역사에 독립적인, 시간과 장소의 구속에서 벗
어난, 그래서 영원하고도 보편적으로 타당한 범역사적 진리를 만들어낼 수 있는가?

_ 부르디외Bourdieu, 《과학의 과학Science of Science》(2004), I

결론은 한발 물러나서 과학혁명의 실재성을 인정하는 것의 결과가 무엇인지 묻는다. 15장은 상대주의자들이 의존하는 핵심 논증을 살펴보고, 그들이 표방하는 바를 실천하지 않고 있음을 보여준다. 16장은 휘그 사관의 반대자들이 '변화는 설명(논의)될 수 없다'는 방식으로 역사를 정의했다고 논의하면서, 과학혁명의 모든 역사는 휘그 혹은 목적론적 역사일 수밖에 없다는 주장을 다룬다. 17장은 몽테뉴의 회의론을 살펴보고 과연 우리가 그보다 더 많이 안다고 주장할 수 있는지 자문하는 것으로 책을 끝맺는다.

자연에 반항하여

살비아티Salviati: 만일 우리가 논의하고 있는 이 질문이 법률이든지 인문학 내의 다른 분야들, 즉 거기에는 참과 거짓이 없는 분야들 중 하나의 어떤 논점이라면, 사람들이 공명정대하게 지적인 절묘함, 웅변적 유창함, 독서의 폭과 깊이에 의존할 수 있을 걸세. 그리고 누구든지 이러한 면에서 장점을 가진 사람이 그의 주장이 더 강력하게 보이도록 하고 인정받는 데 성공하리라 희망할 수 있을 거야. 그러나 그것의 결론이 참이고 필연적이며 사람들의 여론에 무관한 **자연과학**(scienze naturali)에서는, 자네는 오류에 지지를 보내지 않도록 주의를 기울여야 하네. 왜냐하면 1000명의 데모스테네스와 1000명의 아리스토텔레스가, 운 좋게도 진리를 접한 보통밖에 안 되는 지성에 의해 스스로 패배하는 것을 발견할 것이기 때문일세. 그러므로 심플리초Simplicio 군, 그 생각을 포기하고, 훨씬 많이 교육받은 사람들, 훨씬 더 정교한 사람들이 있을 수 있도록, 그리고 그들이 우리 중 나머지보다 훨씬 더 깊이 있는 학문으로, 자연에 반항하여, 거짓을 진리로 대체하도록 희망을 품으시게.

_갈릴레이, 《두 주요한 우주 체계에 관한 대화》(1632)[1]

1

이 책의 시작과 함께한 보르헤스의 언급으로 되돌아가보자. 셰익스피어는 역사 감각이 없었다. 그는 고전 작가의 작품을 읽을 때 그들이 자신과 동시대인이라고 여겼다. 그는 더 나아지기도 하고 더 나빠지기도 한 많은 변화를 경험했지만, 변화의 돌이킬 수 없음과 진보의 개념을 갖지 못했다. 이는 놀라운 일이 아니다. 왜냐하면 그의 세계에서는 진보의 증거가 별로 없었기 때문이다. 1613년, 셰익스피어가 무대에서 은퇴했을 때 베이컨이 새로운 학문에 관해 출간한 책은 《학문의 진보》(1605) 하나뿐이었다. 그리고 갈릴레이가 망원경을 이용하여 발견한 것을 발표한 지 겨우 3년이 지난 시점이었다. 그러나 그때부터 진보는 멈추지 않았다. 나는 경제성장의 주된 동인 중 하나는 '인간의 예지가 확장되는 데까지 자연에 대한 인간의 지배력의 영속적이고 무한한 성장'에 있으며 그 지배력은 증가하는 과학 지식에서 왔다는 존 스튜어트 밀의 의견을 수정할 이유가 없다고 본다.[2]

'진보'라는 단어의 사용을 둘러싸고 모든 종류의 금기 사항이 제안되었다. 실제로 그것은 인문학에서는 더 이상 사용할 수 없는 단어가 되었다. 그 단어의 사용은 피에르 벨이 '여론의 법the law of opinion'이라고 부르는 학계의 무거운 제재로 처벌받는 일을 초래하는데, 이는 교수 재임용과 승진의 거부를 의미하기 때문이다.* 그래서 이 문제에 관한 나의 관점은 진보의 개념에 비판적인 많은 예리한 학자들의 관점과 동일하다는 것을 강조한다. 철학자 존 그레이John Gray는 '진보와 다른 환상에 반하여Against Progress and Other Illusions'라는 부제가 달린 책에서 '과학에서는 진보가 사실이다. 윤리와 정치에서 그것은 미신이다. 과학 지식의 가속되는 전진은 기술 혁신에 불을 붙였고, 끊임없는 새로운 발명을 만들어냈다. 이로 인해 지난 수백 년간 인구는 엄청나게 늘어났다. 포스트모던 사상가들은 과학적 진보에 의문을 제기하지만 그것은 의심할 여지 없는 사실이다'라고 말했다.[3]

이러한 관점은 전적으로 관례적이다. 미국 과학사학회와 거기서 발행하는 학술지 〈아이시스Isis〉의 설립자인 조지 사튼George Sarton은 1936년, '과학사는 인류의 진보를 보여줄 수 있는 유일한 역사다. 사실상, 진보는 과학 분야가 아닌 다른 분야에서는 명확하고 의심할 여지 없는 의미를 갖지

---

* 글랜빌이 표현한 대로, '반대한 사람은 명예에 먹칠을 할 것이다. 죄를 지은 카인의 공포가 그에게 엄습할 것이다. 그를 만나는 사람은 누구나 그를 살해할 것이다.' (Glanvill, *The Vanity of Dogmatizing*(1661), 130)

못한다'라고 말했다.⁴ 그러한 진술 덕분에 사튼은 한때 우리가 얼마나 순진했는지를 보여주기 위해 인용되는 사람이 되었다. 알렉상드르 쿠아레의 명성은 사튼보다 더 높았지만 그도 그 전해에 같은 언급을 했다. 그는 '과학사는 진보라는 개념에 어떤 의미 — 때로는 영광스럽고 때로는 매도되는 — 를 제공하는 유일한 역사(기술의 역사와 함께)다'라고 말했다.⁵

사튼과 쿠아레는 모두 옳았다. 진보 없는 근대 과학의 역사는 과학의 독특한 특성을 포착하는 데 실패한다. 게다가, 이른바 상대주의자들 중 최고수들도 이를 알고 있다. 쿤은 과학이 **진리를 향해** 진보한다거나,** 진리를 파악했다고 주장할 수 있다는 점을 부인했으나, 과학에서 진보의 개념을 위한 여지는 남겨놓아야 한다고 항상 주장했다. 비록 어떻게 이것이 가능한지를 설명하는 데는 큰 어려움을 겪었지만 말이다.⁶《구조》의 마지막 장의 제목은 '혁명을 통한 진보'이다. 거기서 그는 '한 종류의 진보는 그 활동이 존속하는 한, 반드시 과학적 활동의 특징이 된다'고 말했다. 그는 더 나아가 진보는 진화적 용어로 이해되어야 한다고 주장했다.⁷ 실용주의의 완고한 옹호자인 리처드 로티는 우리가 논쟁의 여지 없는 지식을 구축할 수 있는 인식론적 토대는 없다고 주장했다. 그러나 그 역시 쿤의 숭배자였기에 쿤처럼 과학은 그 자체의 용어 속에서 진보한다는 것을 인정했다. '우리 생각에 우리가 올바른 방향으로 향하고 있다고 말하는 것은, 쿤이 그랬던 것처럼, 되돌아보았을 때 진보의 이야기로서 과거의 이야기를 할 수 있다고 말하는 것이다.'⁸ 예측과 제어를 목표로 하는 형태의 지식은 계속 개선

** 사람들이 진리를 향해 진보함 없이 진보를 이룰 수 있다는 생각을 이해하려면, 안개 속에서 산에 오르는 누군가를 생각해보라. 그는 위를 향해 오르고 있다고 말할 수 있다. 그러나 그는 정상에 접근하고 있는가, 아니면 실제로 그보다 낮은 봉우리에 이르는 경사면, 그곳으로부터 결국 내려와 다시 발걸음을 옮겨야만 하는 곳에 있는가? 안개가 걷혀야만 알 수 있다. 과학적 지식의 경우 이 안개는 결코 걷히지 않는다. 정상은 보이지 않고 진리는 항상 시야에 들어오지 않는다. 그러나 진리 없이도 진보는 존재할 수 있다.

된다. 진보는 그 이야기의 부분이다. 이 책이 겨냥하는 것은 쿤과 로티의 완화된 상대주의가 아니라, 과학에서의 진보란 하나의 환상이며, 과학자들이 서로 동의하지 못할 때 실제 일어나는 일에 대한 오해의 결과라고 말하는 강한 상대주의다. 대중과 과학자들은 증거의 질이 결과를 결정한다고 상상하지만 실제로 결과를 결정하는 것은 논쟁자의 지위, 권력, 수사학적 기술이라는 것이다.

2

과학 지식의 우연적이고 국소적인 특성에 대한 강조는 소위 뒤앙-콰인 Duhem-Quine 논지라고 불리는 심오한 철학적 논증에 의해 지지된다.[9] 이 논지의 이름은 잘못 붙여진 것이다. 물리학자이자 과학사가인 피에르 뒤앙 Pierre Duhem(1861~1916)은 이 주장을 견지하지 않았고, 미국의 철학자 콰인 W. V. O. Quine(1908~2000)도 이 주장을 포기했다. 그러나 이것은 현대 과학사, 과학철학의 개념적 토대가 되었다.*

　이 논지는 두 형태를 취하고 있다. 첫째, 과학 이론은 실험에 의해 논박될 수 없다고 말한다. 과학 이론은, 그 실험이 아무리 자주 반복되었다 하더라도 하나의 실험으로 논박될 수 없을 뿐만 아니라, 일련의 여러 다른 실험으로도 논박될 수 없다. 과학 이론은 이론, 사실, 장비 등이 얽혀 있는

---

* 더 정확하게 말하면, 콰인은 그 논지는 사소하지 않게 접근하면 옹호할 수 없음을 인정했다. Quine, 'A Comment on Grünbaum's Claim'(1976). 사소함의 한 예로서 프톨레마이오스 천문학의 옹호자들이 그저 태양을 '지구'로, 지구를 '태양'으로 개명함으로써 코페르니쿠스설의 위협에 대응했던 것을 생각하라. 그다음에 그들은 지구는 우주의 중심에 정지해 있다고 계속 주장했다. 원리적으로, 어떤 이론이든 이러한 식으로 용어를 재정의함으로써 구출될 수 있다. 그러나 그 과업은 알맹이를 잃게 된다.

복잡한 것이다. 만일 한 실험이 이론과 어긋나는 결과를 산출하면 여기에는 무언가 잘못되어 있는 것이다. 그러나 그 이론이 잘못이라고 단정할 수는 없다. 이 이론이 의존하는 어떤 다른 이론에 잘못이 있을 수도 있고, 당연시되는 어떤 사실에 오류가 있을 수도 있고, 실험 장비가 생각지 않게 작동했을 수도 있다. 따라서 실험 결과는 한 이론을 논박할 수 없다. 이것을 '전체론holism'이라고 한다.

그러나 아메리카를 향한 항해를 예로 생각해보자. 이것은 사실상 하나의 실험이었다. 그리고 결정적인 실험이었다. 이는 곧바로 '2구two spheres 이론'을 논박했다. 새로운 증거 앞에 이 이론을 구하는 유일한 길은 모든 항해자들이 틀렸다고 말하는 것이었다. 아메리카는 그들이 생각했던 것이 아니었다. 아무도 이러한 주장을 밀고 나가는 일이 가치 있다고 생각하지 않았다. 이는 뒤앙을 당황하게 하지는 못했을 것이다. 그는 근대 물리학을 구체적으로 다루기 위해 그의 논지를 구축했다. 그는 그것이, 예를 들면, 19세기 생물학에는 적용되지 않음을 인정했다.

둘째, 이론은 사실과 느슨한 관계를 지니고 있다고 설명된다. 어느 일련의 사실이 주어졌을 때, 마치 주어진 두 점을 잇는 많은 선을 그을 수 있는 것처럼, 이것들을 설명할 수 있는 수많은 이론이 존재한다. 이것은, 과학자들이 인지하건 못 하건 간에, 그들이 어느 특정한 이론을 채택할 의무는 없음을 의미한다. 그 사실을 잘 설명할 수 있는 많은 대안이 있기 마련이다.** 물론 사실과 이론은 가까운 관계를 갖는다. 사실로 여겨지는 것은

** 어떤 이들은 이것이 토머스 쿤의 《과학혁명의 구조》(1962)에서 왔다고 믿는다. 이 책 자체는 서문에서 콰인을 인용한다. 그 논증은 쿤이 읽었던 책, 루드비크 플레크Ludwik Fleck의 《과학적 사실의 발생과 전개Genesis and Development of a Scientific Fact》(1979)(1935년 독일에서 최초 발간됨)에 훨씬 대담하게 진술되어 있다. 따라서 특히 쿤이 과학사회학에 반대하는 1991년 강의를 한 이래, 동시대 과학자의 대다수가 쿤보다는 플레크를 그것의 모델로 여긴다. 예를 들어, 쿤이 아니라 플레크가 '과학 지식 사회학의 진정한 맹아'라는 래빈저와 콜린스의 진술이 있다(Labinger and Collins (eds.),

당신이 지닌 이론에 의존한다. 한 이론이 타당한지 아닌지는 당신이 인정하는 사실에 의존한다. 사실과 이론의 이 느슨하고 미끄러운 근친 관계를 '과소결정의 원리principle of underdetermination'라고 부른다.

다시, 아메리카를 향한 항해의 예는 과소결정의 원리에 대한 문제를 제기한다. 우리가 보았듯이, 보댕은 수륙 지구 이론에 대한 대안을 제안했으나 그것은 아무도 지지하지 않아서 결코 성공할 수 없었다. 수륙 지구 이론은 과소결정이 아니었다. 이 경우, 이론과 사실의 관계는 느슨하지 않고 긴밀했다. 금성의 위상에 대해서도 마찬가지다. 그것의 존재가 인정되자 금성이 태양 주위를 돈다는 결론은 피할 수 없었다.

전체론과 과소결정론은 뒤앙-콰인 논지가 주목될 때마다 등장한다. 이 논지는 증거가 과학자들이 진리라고 여기는 것을 결정하지 못한다는 것을 입증한다. 따라서 과학적 믿음은 주로 문화적, 사회적 요인에 의해 형성된다고 말할 수 있다. 만일 과학이 주로 문화적으로 결정된다면 이제 익숙한 결론이 나온다. 과학의 과정과 결론은 순전히 국소적인 합의를 반영할 뿐이다.• 이러한 확신은 17세기의 과학혁명 같은 것은 존재하지 않는다는 주장에 힘을 실어주게 된다. 우리가 이해하는 과학은, 파리나 런던에서와 피렌체에서는 확연히 다른 것이다. 책을 쓰는 역사가들은 '책이란 여러 독자들에게 여러 의미를 제공하며 1640년대에 피렌체에서 갈릴레이를 읽는 것은 1660년대에 런던에서 그의 저술을 읽는 것과는 사뭇 다르다'고 주장함으로써, 분명한 반대 — 런던의 과학자들은 피렌체나 파리의 과학자가

The One Culture?(2001), 3n).

• 이 맥락에서 흔히 사용되는 문구는 '국소적 지식local knowledge'이다. 푸코는 그것을 사용한다. 그러나 그것은 특히 기어츠Geertz의 《국소적 지식Local Knowledge》(1983)과 연관되어 있다. 비평을 위해서는 Jacob, 'Science Studies After Social Construction'(1999)을 참조하라.

쓴 책들을 읽고 있으므로, 그들은 단일 지적 공동체에 속한다는 — 를 차단하려고 애쓴다.[10]

국소적 의미와 범세계적 메시지 사이의 이 대조는 전적으로 정상적이다. 우리는 올바른 균형점을 찾아야 한다. 갈릴레이는 이탈리아를 벗어난 적이 없었지만 영국과 스코틀랜드에 추종자들이 있었고, 그의 저서 《두 과학》은 레이던에서 출간되었다. 혈액의 순환을 발견한 윌리엄 하비는 파도바에서 의학을 공부했고, 데카르트는 프랑스에서 네덜란드로 이주했다. 하위헌스는 네덜란드에서 프랑스로, 홉스는 영국에서 프랑스로 옮겨 활동했고, 로버트 보일은 옥스퍼드와 런던에서 연구 활동을 했지만 이탈리아로 갔다. 그의 조수 드니 파팽은 프랑스, 영국, 이탈리아, 독일에서 활동했다. 물론 거의 모든 초기 과학자들은 공통의 언어를 썼다. 갈릴레이는 《두 주요한 우주 체계에 관한 대화》를 1632년에 이탈리아어로 출간했으나, 1635년 라틴어판을 내놓았다. 보일은 《공기의 탄성과 그 효과들을 다루고 있는 새로운 물리-역학적 실험들New Experiments Physico-Mechanical Touching the Spring of the Air and its Effects》을 1660년에 영어로 출간했으나, 1661년 라틴어판을 내놓았다. 뉴턴은 《광학》을 1704년에 영어로 출간했으나 1706년 라틴어판도 나왔다. 1660년과 1700년 사이에 선출된 왕립학회의 첫 550명 회원 중 72명이 외국인이었다(외국인의 비율은 18세기에는 3분의 1까지 증가한다).[11] 새로운 과학에는, 적어도 서부 유럽, 인쇄술의 세계, 화약 무기류, 망원경과 진자시계 내에서는 언어나 국적의 경계가 없었다.

뒤앙-콰인 논지의 온건한 해석은 증거와 문화가 과학적 신념의 구성에 각각 역할을 한다는 혼합된 구성주의constructivism로 이어진다.[12] 쿤의 《코페르니쿠스 혁명》(1959)은 이러한 예를 제공한다. 쿤에 따르면, 코페르니쿠스주의는 대안 체계(프톨레마이오스 체계와 튀코 체계)에 망원경의 발명 이전에 승리했지만, 이는 단지 코페르니쿠스 체계의 수학적 우아함으로만 설명될 수는 없다. 사람들로 하여금 태양을 숭배하도록 장려한 신플라톤주의 같은 다른 문화적 요인들 역시 중요했다.* 또 다른 예는 뉴턴이 원격작용action at a distance론을 기꺼이 수용한 점이다. 데카르트주의자들에게 뉴턴의 중력 이론은 사리에 맞지 않았다. 그러나 데카르트주의가 거리낌없이 수용되고 설계로부터의 논증arguments from design이 널리 받아들여진 영국에서는 그 이론에 대한 저항이 훨씬 약했다. 그러나 하나의 과학이 일단 정립되면, 놀라울 정도로 다른 분야로부터의 영향에 대한 독자적인 면역이 생기게 된다.[13] 이는 그것이 증거와 더불어 문화에 의해 형성되지 않는다는 것을 말하는 것이 아니다. 그것을 형성하는 문화는 다른 무엇이 아니라 과학 자체의 문화다. 따라서 케플러는, 길버트의 자석에 관한 연구에 익숙했기 때문에 자기력을 자신의 모형으로 사용할 수 있었고, 이를 기반으로 행성 운동 법칙을 세울 수 있었다. 길버트는 케플러가 단지 기하학보다는 물리학에 기반을 둔 천문학을 고안하게끔 했다. 따라서 영국에서 뉴턴은 (데카르트주의자들과는 달리) 이미 **이론**에 관한 개념(하나의 가설 이상의, 그러나 증명과는 별개인 어떤 것)을 지녔기에 자신의 중력 이론을 제안할 수 있었다.

뒤앙-콰인 논지의 타협할 수 없는 해석은 과학은 **전적으로** 사회적 구성물이며, 적어도 그렇다고 가정하고 연구되어야 하며 실재(다뉴브강의 원류, 아메리카의 존재, 금성의 위상들)라는 것은 역사가들이나 사회학자들의 관심사가 아니라는 결론이 나온다. 만일 이것이 옳다면, 좋은 과학과 나쁜 과학을 구별할 길이 없어진다. 왜냐하면 모든 이론들은 동등하게 적합하며

---

* Kuhn, *Structure*(1970), 69의 요약을 참조하라. 코페르니쿠스가 신플라톤주의에 영향을 받았다는 주장에 이의가 제기되어왔다. Rosen, 'Was Copernicus a Neoplatonist?'(1983). 브루노는 확실히 그러했다.

(이것을 '인지적 평등주의cognitive egalitarianism'라고 부른다), 이는 과학의 진보를 논하는 것을 무의미하게 만들기 때문이다.** 나는 이것을 상대주의라고 부른다.*** 상당한 기간 동안, 이 타협할 수 없는 해석은 과학사의 지배적인 위치를 점유해왔다. 이 논지의 진리성을 확신한 사람들에게 '2구 이론'이나 프톨레마이오스의 지구 중심설의 종말 같은 중요한 역사적 사건들이 보이지 않았던 것은, 그렇게 해석된 뒤앙-콰인 논지가 이 사건들을 다룰 수 없었기 때문이다. 그것의 지지자들은 갈릴레이의 망원경으로 천체를 관측하기를 거부한 철학자 체사레 크레모니니처럼 행동했다. 그들은 증거가 자신들이 틀렸음을 보여줄 때조차도 자신들의 이론에 맞지 않는 것은 모조리 무시함으로써 자신들의 신념을 고수했다.

3

정확하게 동일한 상대주의자 접근 방식이 이론들에 대한 사실들에 차용

** 이것은 놀랍게 보이지만, 래리 라우든Larry Laudan의 〈과소결정론 쉽게 이해하기Demystifying Underdetermination〉(1990)에 기록되어 있다. 라우든이 인지적 평등주의라고 부른 것이 과학사가들 사이에서 계속 널리 인정되고 있음을 강조하는 것이 중요하다. 그들이 만일 이 주장에 의문을 제기하면 자신들이 더 이상 역사적으로 사고하지 않게 될 것이라는 단순한 이유에서다(Shapin, 'History of Science and Its Sociological Reconstructions'(1982), 196-7을 참조하라). 사실상 인지적 평등주의를 인정하는 것은 그들이 역사적으로 사고**할 수 없음**을 의미한다. 인지적 평등주의는, 하나의 예를 들자면, 우리가 제비가 연못에서 겨울을 보낸다는 것을 더 이상 믿지 않는 이유를 설명할 수 없기 때문이다.

*** '상대주의'라는 용어는 논쟁거리지만, 나는 '구성주의'보다는 그 용어를 사용한다. 실재는 우리가 실세계에 대해 지니고 있는 믿음을 강요하지 않는다고 주장하는 사람들을 지칭하고 싶기 때문이다. 나는 과학이 순전히 그리고 단지 **사회적** 구성물이라고 생각하는 모든 이들을 상대주의자라고 여긴다. 과학이 자연과 사회 모두의 제약을 받는다고 생각하는 (나를 포함한) 많은 이들이 있다. 그리고 그들은 넓은 의미의 구성주의자라 불려도 합당하다. 그러나 상대주의자는 아니다. 상대주의에 대한 자세한 논의를 위해서는 '더 자세한 주석'에 있는 '상대주의와 상대주의자들에 대한 주석'을 참조하라. 요약하면, 나는 에든버러와 바스학파의 회원들이 (앤드루 피커링Andrew Pickering을 제외하고는) 상대주의자라고 생각한다. 그래서 그들은 행위자 네트워크 이론Actor Network Theory(ANT)의 옹호자들이다. 이언 해킹, 래리 라우든, 앤드루 피커링은 실재론과 상대주의의 함정을 피하려 애쓰는 사람들의 중요한 예다. 나도 이 과업을 공유하고 있다.

되었다. 이언 해킹에 의하면, 빛의 속도와 같은 기본적 측정에도 필수적인 일치가 존재하지 않는다.[14] 그는 광속을 측정한 최초의 인물이 현재 우리가 알고 있는 값과 매우 다른 값을 얻었음을 지적함으로써 이러한 사실을 보여주며, 광속에 대한 일치는 불가피하다는 주장을 '끔찍하다고' 일축할 수 있다고 생각했다. 사실상 '끔찍한 주장'은 해킹에게 해당되는 것이고 이것을 알려면 증거를 살펴볼 필요가 있다.

정립된 관례를 따라 해킹은 올레 뢰머Ole Rømer(1644~1710)를 광속을 측정한 최초의 천문학자로 간주했다. 사실, 뢰머는 결코 광속값을 계산한 적이 없다.[15] 그의 목표는 목성의 위성(위성의 월식은 지구 표면의 여러 장소의 위도를 측정하는 데 사용되는 표준시간을 정하는 데 이용되었다) 주기의 정확한 값을 구하는 것이었다. 매우 적은 분량의 데이터에 근거하여, 뢰머는 지구가 목성으로부터 가장 멀리 떨어져 있을 때 월식의 순간은, 가장 가까이 떨어져 있을 때보다 22분 지연되어 보이는 것으로 결론지었다. 따라서 빛이 지구 궤도의 지름을 통과하는 데는 22분이 걸리며, 혹은 반지름(즉 태양으로부터 지구까지 거리)을 지나는 데 11분이 걸린다. 뢰머가 광속을 측정했다는 주장은 이 거릿값을 도입하는 것에 의존하는데, 뢰머는 이 일을 하지 않았다(그가 신뢰할 만한 값을 고려했을지도 모른다고 생각할 이유는 없다).[*] 광속의 직접적인 측정은 훨씬 이후인 19세기에 이루어졌다. 다음의 두 표는 두 종류의 측정의 역사를 요약하고 있다.[16]

이 표들로부터 두 결론에 도달한다. 첫째는 11분이라는 뢰머의 첫 측정 이후 17년째에는 태양에서 지구까지 빛이 진행되는 시간에 관한 꽤 정확

---

[*] 만일 내가 런던에서 뉴욕까지 비행시간이 7시간 30분이라고 말한다면 내가 비행기의 속력을 측정한 것이 아니라는 점을 명백히 해야 한다. 그러기 위해서는 런던에서 뉴욕까지 거리가 약 5566킬로미터라는 정보가 필요하다. 뢰머는 속력이 아니라 경과 시간을 측정하고 있었다.

빛이 태양에서 지구까지 오는 데 걸리는 시간

연도	저자	방법	시간
1676	뢰머	목성의 위성들	11분
1687	뉴턴[1]	목성의 위성들	10분
1693	카시니[2]	목성의 위성들	7분 5초
1704	뉴턴	목성의 위성들	7분 또는 8분
1726	브래들리	항성수차	8분 12.5초
1809	들랑브르	목성의 위성들	8분 13.2초
현대 값			8분 19초[3]

1. 뉴턴의 값들은 독립적인 실험들에 근거한 것은 아니다. 그것들은 당시 그가 판단하기에 최적의 가용값들이다.
2. 카시니는 빛이 즉각적으로 투사됨을 결코 인정하지 않았다. 그러나 뢰머처럼 그는 목성의 위성들의 시간들을 계산하는 데 차용된 보정식으로 값을 얻게 되었다. 그리고 이 값은 다른 이들에 의해 광속값으로 채택되었다.
3. 이 값은 평균이다. 지구의 궤도는 타원이기 때문이다.

광속

연도	조사자	방법	결과(km/s)
1849	피조	회전 톱니바퀴	313,000
1850	푸코	회전 거울	298,000
1875	코르뉴	회전 거울	299,990
1880	마이컬슨	회전 거울	299,910
1883	뉴컴	회전 거울	299,860
1907	로자, 도시	전자기 상수	299,790
1926	마이컬슨	회전 거울	299,796
1928	미텔스태트	커 셀kerr cell 셔터	299,778
1932	피스, 피어슨	회전 거울	299,774
1940	휘텔	커 셀 셔터	299,768
1941	앤더슨	커 셀 셔터	299,776
1950	에센, 고든스미스	공동 공진기	299,792
1951	베리스트란드	커 셀 셔터	299,793
1958	프룸	라디오파 간섭계	299,792
현대 값			299,792[1]

1. 이것은 지금 정의상 진리다. 1983년 이래 미터는 광속과의 관계 속에서 정해졌기 때문이다(그 역은 아니다).

한 값을 구할 수 있게 되었다는 것이다. 둘째는 광속의 측정은 1928년까지 꾸준히 개선되었고, 그 후 20년간 지금은 약간 부정확하게 보이는 값으로 정착되었다. 그리고 1950년에 개선이 시작되어 그 이후로 거의 동일한 값을 유지하고 있다.*

해킹의 주장을 '끔찍하게' 만든 것은, 그가 자기 마음대로 하나의 값을 정하고 그 값이 광속을 측정한 기나긴 시도 중에서 최초라고 여긴 것이다. 물론 태양에서 지구까지 빛이 진행되는 시간에 관한 뢰머의 값은 매우 대충 얻어진 근삿값이었다! 그러나 과학은 고립된 개인이 행하는 활동이 아니다. 그것은 8장에서도 논의했듯이 경쟁(과 협력)에 의해 진전되는 집단적 과업이다.[17] 실제로 왕립 천문학자인 존 플램스티드는 공인된 권위자인 카시니와 벼락출세한 뢰머 사이에는 경쟁과 불화가 있었음을 주목했다.[18] 시간이 지나면서, 경쟁은 반드시 진보를 낳는다. 물론 경쟁은 불완전하며, 잠시 동안 과학자들은 잘못된 길에 들어설 수도 있다. 그러나 시간이 지나면서 좋은 결과가 나쁜 결과를 밀어낸다.** 외계外界의 학회가 비록 충분히 앞선 기술을 지녔더라도 광속에서는 거의 정확하게 같은 값에 도달할 것이라는 주장은 전적으로 무리가 없다. 광속의 문제는 이론 물리학자들을 대접하기 위해 임의로 고안된 것이 아니다. 그것은 행성들의 미래의 분명한 위치를 높은 정확도로 예측하려는 천문학 종사자 누구나에게, 그들의 목적이 점성술이든, 시간 측정이든 혹은 우주 항해든, 그 자체의 의미를

• 이러한 공유된 오차 경향은 '시류 효과bandwagon effect'라고 불린다. Mirowski, 'A Visible Hand'(1994), 574. 핀치는 이것이 측정들 사이의 일치의 유일한 원인이라고 생각한 것 같지만(Labinger and Collins (eds.), *The One Culture?*(2001), 223), 그것은 옳을 수 없다. 그렇지 않으면 한번 정립된 일치는 결코 깨지지 않을 것이다.

•• 특정한 환경에서는 나쁜 해결책의 존속을 허용하는 경제적, 제도적 투자가 있을 수 있다. 영어 QWERTY 키보드는 한 예다(David, 'Clio and the Economics of QWERTY'(1985)). 1616년 이후 가톨릭교회의 지구 중심주의도 또한 하나의 예다.

부여한다.***

4

상대주의자는 이 주장에 과학자들이 광속 측정에서 더 나아지고 있다고
믿을 이유가 없으며, 그들은 단지 광속을 어떻게 측정할지에 대한 **동의**에
더 근접하고 있을 뿐이라고 반응할 것이다. 이것은 명백한 잘못이다. 왜냐
하면 케플러의 행성 운동 법칙과 결합된 광속 측정에 관한 하나의 검증은
그것이 하늘에 떠 있는 행성의 위치를 예측할 수 있는가 하는 것이기 때
문이다. 뢰머는 이 검증에 실패했고 근대적인 값들은 통과했다. 여전히 이
와 같은 선상에 있는 논증의 고전적 예는 사이먼 셰퍼의 에세이 〈유리 작
업: 뉴턴의 프리즘과 실험의 용례들Glass Works: Newton's Prisms and the Uses of
Experiment〉(1989)이다. 셰퍼는 뉴턴은 전통적으로 주장되듯이 백색광이 여
러 다른 빛깔의(또한 다르게 굴절되는) 광으로 이루어져 있음을 실험으로 입
증한 것이 아니라고 한다. 왜냐하면 그의 실험은 임의적이고 비합리적인
조건(예를 들면, 영국에서 만들어진 프리즘의 사용)을 제외하고는 성공적으로
재현될 수 없기 때문이다. 뉴턴이 했다는 발견은 그 자체를 오로지 과학
공동체에 강요했다. 왜냐하면 뉴턴은 '실험적 권위의 사회적 제도에 대한
통제'를 획득했기 때문이다. 그의 권위는 '압도적'인 것이 되었다. 우리는

*** 전적으로 예측 가능하게도, 진자시계의 발명(1656) 직후 문제가 발생했다. 이는 이전에 볼 수 없었던 변칙을 노출시키면서 정확도의 새로운 표준을 가능하게 했다(Cohen, 'Roemer and the First Determination of the Velocity of Light(1676)'(1940), 338). 그렇다 하더라도 뢰머의 시계는 평균적으로 약 30초 틀렸다(Shea, 'Ole Rømer, the Speed of Light'(1998)). 어떻게 아는가? 우리는 그의 관측과 그가 그것들을 관찰했을 때 목성의 위성들의 위치들을 재현한 것을 비교할 수 있기 때문이다.

실험적 증거 때문이 아니라 그것에도 불구하고 뉴턴의 색 이론을 믿는다. 우리는 뉴턴이 성공적으로 자신을 과학 공동체에 강요했고 실험들은 요구되는 결과를 산출하도록 무대에 올려졌기 때문에 그것을 믿는다.[19] 뉴턴의 실험은 포장된 상태로 왔고, 그것들은 학교에서 어린이들을 교육하기 위해 믿을 만하게 재현될 수 있다. 그러나 그것은 장비가 그 요구되는 결과를 만들도록 고안되었기 때문이다.

사람들은 셰퍼가 혹은 그의 독자들이 이러한 주장을 본질적으로 타당해 보이지 않는다고 거부했으리라 생각할 것이다. 사람들은 그들이 뉴턴의 굴절 이론과 색 이론에 의존하는 다양한 기술 — 빛의 여러 빛깔이 다르게 굴절되어 렌즈로 보는 물체 주변에 반그림자를 만드는 문제점을 해결하기 위해 뉴턴 자신이 설계한 반사 망원경과 셰퍼가 그의 에세이를 출간할 때 20년간 널리 사용되고 있던 모든 색상을 보여주는 컬러텔레비전 — 에 관해 의심했으리라 생각할 것이다. 그와 반대로 셰퍼의 주장들은 어떻게 과학이 작동하는가에 관해 당시 잘 정립된 이론 — 과학은 증거를 통해서가 아니라 권력과 설득을 통해 작동한다는 — 을 확인하는 것으로 받아들여졌다. 그의 에세이는 강력한 이론이 실행될 수 있음을 입증하는 것으로 보였기에 숭상을 받았다. 사람들은 우리가 현재 좋은 과학(뉴턴의 새로운 빛 이론)이라고 생각하는 것의 역사를, 우리가 나쁜 과학(연금술)이라고 생각하는 것을 서술할 때 사용하는 것과 똑같은 지적 행동을 사용하여 서술할 수 있을 것이다. 불운하게도, 요구되는 결과를 산출하도록 무대에 올려졌던 것은 뉴턴의 증거가 아니라 셰퍼의 증거였다. 한 단계씩, 각 세부마다 셰퍼의 논증은 1996년 앨런 셔피로Alan Shapiro에 의해 반박되었다. 많은 사람들이 어떤 특별한 어려움 없이, 그리고 어떤 조작도 필요 없이 뉴턴의 실험을 성공적으로 재현할 수 있음이 판명되었다. 그러나 2000년 이래 셰퍼의 논문은 셔피로의 논문이 두 번 인용될 때마다 일곱 번 인용되었고, 그 차이는 계속 커지고 있다. 지난 4년 동안 셰퍼의 논문은 셔피로의 논문이 두 번 인용될 때마다 열 번 인용되었다. 적어도 일시적으로는 나쁜 지식이 좋은 지식을 몰아내기도 한다.[20]

셰퍼의 에세이는 고립된 사례가 아니다. 셰퍼와 같은 전통 안에서 연구하고 있는 중요한 지식인 집단이 있다. 그들은 실험은 결코 똑바로 재현될 수 없다고 주장한다. 실험들이 완전히 독립적으로 수행될 때마다, 일치하지 않는 결과가 얻어진다고 그들은 주장한다. '올바른' 결과를 얻는 방법을 배우기 위해서는, 매우 특이하고 특정한 조건에서 그 실험을 수행하도록 훈련되어야 한다. 그리고 처음에는, 과거에 이 실험을 성공적으로 수행했던 사람들로부터 직접 배워야 한다. 결국 하나의 실험은 정확하게 바로 그 결과를 얻을 수 있도록 고안된 특별한 장치를 제조함으로써 신뢰할 수 있도록 대량 재생될 수 있다. 장치와 결과는 상호 의존적이다. 이것은 '블랙박스화black-boxing'(기능만 알고 원리는 모르는 것 — 옮긴이)라고 불린다. 어떤 실험이 블랙박스화되면 그 실험은 더 이상 그 결과의 검증이 아니다. 그보다는 올바른 결과를 얻는 것은 그 장치의 신뢰성에 대한 검증이 된다. 그래서 이런 방식으로 논의하는 사람들의 관점에서는 재현의 전체 개념이 오도되고 있으며, 실험적 지식에는 투명성이 없게 된다.[21] 따라서 한 실험이 무엇을 입증했는가에 관한 합의를 도출하는 것은, 실재 세계의 객관적 측면을 발견하는 불편부당한 과정이 아니라, 사람들을 설득하여 당신이 원하는 방식으로 그들도 행동하고 생각하도록 하는 사회적 과정이 된다. 물론 이러한 주장들은 다른 어떤 것보다 과학자들의 행동에 더 큰 영향을 준 실험(토리첼리의 실험, 뉴턴의 프리즘 실험, 광속 측정 실험)에 적용하려 하면 난관에 봉착한다. 로버트 보일은 전체론이나 과소결정주의에 대한 헌신적

인 추종자들과 실험 결과의 독립적 재현을 거부하는 자들이 제기한 과학
에 대한 상이한 관점들을 다음과 같이 요약했다.

경험은 우리에게 보여주었듯이, 열대에 사람이 거주할 수 없으며, 천체는 단
단한 유리구이며, 혈액이 심장으로부터 정맥(동맥이 아닌)에 의해 신체의 바
깥 부분으로 운반된다는 것과 같은 다양하고 매우 그럴싸하게 뿌리박힌 견
해는, 그것들과 일치하지 않는, 그리고 새로운 발견들이 나타나자, (사람들의)
보편적 요구로 인해 사라진다. 비록 아무도 그것들을 일부러 논박하는 일을
자신의 과업으로 삼지는 않았지만 말이다. 천박한 사람이 '그 자체로 곧게 뻗
어 보이는 선(직선)은 어떤 선이 구부러졌는지도 보여준다Rectum est Index sui &
Obliqui'라고 말하는 것도 마찬가지다.[22]

환언하면, 수륙 지구와 금성의 위상과 같이 매우 흔하게 하나의 새로운
이론은 급격히 그리고 저항 없이 승리한다. 새로운 증거가 모든 알려진 대
안들을 제거하기 때문이다.

5

만일 상대주의자들의 과학에 관한 설명이 옳다면, 모든 주요한 패러다임
변환은 서로 경쟁하는 지적 공동체 간의 치열한 논쟁을 동반해야 한다. 실
제로 이러한 일이 일어난다는 것이 쿤의 관점이다. 어떤 논쟁들은 그러하
지만 다른 논쟁들은 보일이 말한 대로, 옛 이론을 반박하기 위해 애쓰는
사람도 없을 정도로 조용히 일어난다. 어떤 군대는 첫 가격을 당하기도 전

에 즉시 전장을 포기한다. 상대 군대는 승리를 선언하고 상대방의 탈영병을 급히 흡수한다. 무엇이 이러한 갑작스러운 변혁을 일으키는가? 1507년 바디아누스가 아리스토텔레스는 모든 것을 알았던 것은 아니며, 그도 오류에 빠질 수 있는 인간이라고 주장했을 때(즉시 문제가 되었던 질문은 다뉴브강의 원천이었다. 그러나 물론 2구 이론은 성패가 위태로웠다), 그 주장은 우리에게 너무나 당연하여 하찮게 보인다. 그러나 바디아누스의 동시대인들에게는 전혀 그렇지 않았다. 왜 아리스토텔레스는 오류를 범했는가? 불충분한 경험experientiae penuria 때문이다.[23] 아메리카의 발견에 뒤이은 수륙 지구 이론의 승리는 경험이 철학적 연역을 이긴 위대한 승리이며, 따라서 혁명의 시작이다.*

　그러나 경험의 역할에 관한 과도하게 단순화된 관점을 지지하기 위해 이와 같은 예들에만 의존하는 것은 위험할지 모른다. 경험에는 세 종류가 있다. 우리가 보았듯이 가끔 그것은 믿음들을 논박하면서 하나의 대안을 제시한다. 가끔은 이미 유지되고 있는 신념을 확인한다(페루와 라플란드Lapland로 간 프랑스 원정대에 의한 지구의 모양에 관한 측정(1735~1744)은 뉴턴주의를 확인했다). 그리고 가끔 예견되지 못한 결과로 이어지는 도정을 따라가는 유일한 한 걸음을 의미하기도 한다. 이 세 번째 경험에 과학적 질문

---

* 이 혁명은 사실상 반대 없이 진행되었다. 만일 클라비우스가 25년 뒤에도 여전히 그것을 주장하고 있었다면, 그것이 논쟁거리이기 때문이 아니었다. 그것은 단지 그가 사크로보스코의 《구》에 대한 주석을 제공하고 있기 때문이었다. 이 책은 여전히 모든 대학의 교재였다. 클라비우스는 실제로 살아 있는 것이 아니라 죽은 것과 논쟁을 하고 있었다. 그러면 왜 베스푸치의 발견 이후에도 사크로보스코가 계속 표준 교과서로 남아 있었을까? 대학 커리큘럼은 고전에 맞추어져 있었기 때문이었다(유클리드가 기하학에서 점유하는 위치를 사크로보스코는 천문학에서 점유하고 있었다). 또한 프톨레마이오스 우주론이 실행 가능한 한, 사크로보스코의 저술이 지니는 문제는 감당할 수 있었고, 1538년의 비텐베르크 판본에 나온 예시를 따르는 텍스트들에서 깔끔하게 관리되었다. 여전히, 그런 문제들은 계속 쌓이고 있었다. 바로치의 《우주론Cosmographia》(1585)에는 사크로보스코의 84개 오류 목록이 포함되어 있다. 바로치는 사크로보스코를 대체하기를 열망했으나 그의 바람은 잘못 자리잡았다. 사크로보스코는 1611년 이후 프톨레마이오스의 지구 중심설이 더이상 지적으로 존중받을 수 없을 때까지 자리를 유지했다. 그리고 1611년 이후, 어떤 천문학 교과서도 사크로보스코가 누렸던 지위를 다시 누리지 못했다.

718

들에 대한 옳았을 수도 있지만 틀린 것으로 입증되는 답변이 있다. 그럼에도 불구하고 그 답변은 성공적인 답변으로 향하는 중요한 단계다. 그리고 올바른 답변은 그 중요성이 더 깊은 경험에 비추어 서서히 명백해진다. 쿤은 혁명적인 위기의 결과가 그것이 진행되는 동안 예측 불가능하다는 사실은 그것이 지나고 나서의 깨달음으로 설명될 수 없음을 뜻한다고 주장했다. 그와는 반대로, 토론을 통해 안정적인 결과를 산출할 수 있는 유일한 길이 있다. 그것에 바로 도달하는 것은 미로에서 탈출하는 길을 발견하는 것과 같을 수 있다.

예를 들어, 중세 후반 베네치아 사람들은 아시아에서 향료를 수입하여 부유해졌다. 향료는 홍해에서 알렉산드리아까지 육로로 수송되었는데, 이는 그것들을 구입해서 배에 실어 지중해를 건넜던 베네치아 상인들이 향료에 비싼 가격을 지불해야 했음을 의미한다. 포르투갈 사람들은 베네치아 사람들보다 저가로 팔려고, 아프리카 주변을 항해하여 향료가 나는 섬에 도달하는 항로를 찾으려 했고, 결국 성공했다. 네덜란드 사람들이 뒤를 이었다. 그들은 향료 무역을 위대한 상업 제국의 토대로 만들었다. 콜럼버스는 서쪽으로 가는 항로를 찾으려 했지만, 그의 후계자들은 남아메리카를 둘러 항해하는 것은 몹시 힘들고 시간 낭비임을 발견했다. 아시아로 가는 상업적 항로로서 그의 발견은 실패였으나, 여기에는 남아메리카에서의 금과 은의 발견으로 인한 보상보다 더 큰 것이 있었다. 1600년대 초반, 프랑스의 탐험가 사뮈엘 샹플랭Samuel Champlain은 바다로 캐나다를 가로질러 세인트로렌스St Lawrence에 이르고, 오대호를 지나, 계속 나아가는 항로를 자신이 찾을 수 있을지도 모른다고 생각했다.[24] 그는 동쪽에서 온 중국 중개상을 만날 것에 대비하여 자신의 카누에 중국 예복을 갖고 다녔다. 그의 대륙 횡단 항로도 역시 실패였다. 1794년까지 배들은 북서 통행로를 찾으

려 했지만 아무것도 발견되지 않았다.[25]

여기서 우리는 변하는 지리 지식을 배경으로 하여 똑같은 질문에 답변하려는 일련의 시도를 한다. 실제로 그 지식을 개선하려는 주된 동인은 아시아로 가는 나은 항로를 찾으려는 시도였다. 나중에 판명되었듯이 15세기 말과 19세기 말 사이에 새로운 항로를 찾으려는 노력은 계속 실패했다. 결과가 이러하리라는 것을 알기는 불가능했다. 그들은 알 수 없었지만, 우리는 콜럼버스가 중국에 도착하지 못했으리라는 것을, 샹플랭은 중국 궁정에서 온 사절을 결코 만날 수 없었다는 것을, (지구온난화가 도래하기 전에는) 상업적으로 활용 가능한 북서항로에 대한 탐색은 실패하리라는 것을 확신할 수 있다. 1800년대에 모든 가능한 대안들은 배제되었고, 아시아로 가는 최상의 항로에 대한 문제는 최종적으로 정착되었다(적어도 1869년 수에즈 운하의 개통 전까지는).

경로 의존의 그러한 예들은 규칙이지 예외가 아니다. 코페르니쿠스가 지구는 우주의 중심이 아니라 태양 주위를 도는 하나의 행성이라고 제안했을 때, 사람들은 그것이 어떤 종류의 행성인지를 골똘히 생각하지 않을 수 없었다. 아리스토텔레스의 우주에서 지구는 빛의 수령자이지 빛을 방출하지 않았다. 지구를 낮추어 보는 상상을 하기는 쉬웠다. 그러나 사람들이 본 것은 아주 작은 지구였다. 놀랍게도 아리스토텔레스주의자들 사이에서는 천상에서 지구는 어떻게 보일지에 관한 폭넓은 논의가 있었다. 그러나 아무도 그것을 밤하늘의 가장 밝은 별 중의 하나라고 상상하지 않았다. 니콜라우스 쿠사누스는 태양이 지구로 바뀌는 것을 무릅쓰고 지구를 진정한 별(움직이지 않는 — 옮긴이)로 바꾸었지만 그를 따를 준비가 되어 있는 사람은 거의 없었다.[26] 딕스와 베네데티에게는, 비록 그들은 코페르니쿠스주의자였지만, 먼 거리에서 보면 지구는 빛을 받긴 하지만 통과시키

720

지는 못하기에 어두운 별이 될 터였다. 레오나르도, 브루노, 갈릴레이는 지구가 태양에서 바라보면 거대한 달처럼 보이리라는 사실을 깨달았고, 달의 어두운 부분을 엷게 비추는 지구의 반사광을 인식했다. 해리엇은 갈릴레이의 저술을 읽고, 이것을 오늘날 우리가 쓰는 용어인 지구광earthshine이라고 명명했다.[27] 갈릴레이는 지구가 빛을 반사하며 육지는 바다보다 더 많은 빛을 반사할 것(이것이 달이 반사광에 의해 더 밝게 빛나는 이유다)이라는 것을 보여주는 기본적인 실험을 고안했다. 1610년, 자신의 망원경을 금성으로 향하게 하여, 갈릴레이는 금성이 위상을 가진다는 것을 발견했다 — 이는 금성 역시 빛을 반사한다는 증거다. 게다가 그것은 완전한 주기가 있었다. 이는 코페르니쿠스와 튀코 브라헤의 우주 체계에서와 같이 금성이 태양 주위를 돈다는 증거였다.[28] 이 시점에서, 금성에서 바라보면 지구는 하늘에서 가장 밝은 별 중 하나이리라는 점이 명백해졌다.

그래서 코페르니쿠스주의자들은 복잡하지 않은 질문을 던졌다. 지구는 어떤 종류의 행성인가? 이 질문에 대한 광범위한 답변들이 조사되었다. 모든 행성들이 빛의 반사로 인해 빛난다는 오직 하나의 답변만이 탄탄하고 안정된 것으로 드러났다. 그 답변이 규명되는 데는 70년이 걸렸다. 그러나 망원경이 발명되어 과학 기구로 변하자 그것은 살아남을 수 있는 유일한 답변이 되었다. 그 답변은 1543년에는 규명 여부를 예측할 수 없었으나 1611년 이후에는 필수 불가결해졌다.

하나의 과학적 질문이 과학자 공동체의 의제에 상정되면, 즉 '살아 있게' 되면 일정 기간 동안 일정한 범위의 가능한 답변들이 탐구되리라 예상할 수 있다. 실제로, 가끔 모든 가능한 답변들이 고려될 수도 있다.[29] 이 초창기에는 무엇이 올바른 답변인지에 관해 동의에 이르기가 불가능할지도 모른다. 그러나 시간이 지나면, 한 답변이 옳고 나머지는 그르다는 안정된 합의가 나올 것이다. 이 합의는 동의를 얻는 수사학적, 정치적 과정에만 의존하지 않고, 한 특정한 이론의 지지자가 비판을 반박하고 생산적인 물음들을 계속 유발하는 능력에도 의존한다.[30] '탄탄하고' '안정적인' 답변은 아주 단순하게 올바른 답변이 된다. 이는 그 옳음이, 비록 부주의한 역사가들이나 과학자들이 가끔 넌지시 나타내는 것처럼, 항상 분명하다는 것을 의미하지 않는다. 즉, 그것은 그 옳음에 적어도 일정 기간 동안 이론의 여지가 없음을 의미한다.

대척점의 발견은 곧바로 수륙 지구의 개념으로 이어졌다. 그러나 코페르니쿠스설은 모든 행성이 반사된 빛으로 빛난다는 관점으로 바로 이어지지는 못했다. 망원경이 개입해야만 했다. 토리첼리의 진공관이 압력계라는 인식과 대기압 증기기관의 발명 사이에는 외부 요인의 개입이 없었다. 보일의 법칙은 파스칼의 '퓌드돔' 실험의 자연스러운 발전이었고, 대기압 증기기관은 보일의 법칙의 자연스러운 발전이었다(비록 엔진을 제작하는 기술적인 어려움이 상당했지만 말이다). 토리첼리는 한순간도, 마치 콜럼버스가 아메리카를 상상하지 않았던 것과 마찬가지로 증기기관을 상상하지 않았다. 기압계에서 증기기관으로 가는 길은 곧바르지 않았으나, 그 길은 발견되기를 기다리고 있었다.

북서항로에 관한 탐험이나, 자기력에 기초해 행성 운동을 설명하려는 시도는 오류였으나 유용했다. 그것들이 배태되었을 때부터 실패할 수밖에 없었던 수많은 과학적 활동의 예들이 있지만, 그것들의 실행자들은 경험으로부터 단지 배우기만 하는 것을 거부했다. 일반 금속을 금으로 바꾸려는 시도, 혹은 2000년 이상 피를 뽑아 감염병을 치료하려는 시도는 아무것도 성공하지 못했으며, 북서항로의 탐험이나 케플러의 새로운 천문학 탐구가 달성했던 가치 있는 새로운 지식을 산출하지도 못했다. 그리고 이것이 어떤 것이라도 작동되게 할 수 있든지(이 경우 현자의 돌, 즉 연금술은 아직 발견되지 않았다), 혹은 어떤 것은 결코 작동할 수 없든지(이 경우, 어떤 신념이 실행 가능하고 어떤 것이 그러하지 못한지 제한하는 외부적 실재가 존재한다) 둘 중 하나라는 상대주의자 접근 방식이 지닌 문제점이다. 물론 '작동되게 할 수 있음'은 파악하기 어려운 개념이다. 많은 연금술사들은 일반 금속이 금으로 바뀌는 것을 보았다고 생각했다. 그리고 많은 의사들은 피 뽑기로 환자들을 치료했다고 생각했다. 사람들은 여러 방식으로 스스로를 기만한다. 아메리카는 실제로 아시아였다는 생각은 한 세대 안에 소멸했으나, 연금술사들의 과업은 훨씬 더 오래 지속되었다.

6

과학이 항상 세계에 관한 논란의 여지 없는 진리를 정립한다고 생각하는 순진한 실재론자들은, 과학적 탐구는 항상 비슷한 질문을 하게 되고 동일한 답변을 만든다고 가정한다(이 견해는, 과학 이론은 그것이 기초한 증거가 수정됨에 따라 급격하게 변한다는 증거가 제시되면 유지되기 어렵다).[31] 상대주의자들은 질문과 답변 모두 한없이 가변적이라고 가정한다. 사실, 질문들은 가변적일 수 있지만 가끔 답변은 그렇지 않다. 당신이 꼭 서쪽으로 항해할 필요는 없다. 그러나 만일 그렇게 한다면 아메리카에 도착할 것이다. 일단 당신이 아메리카를 발견했으면, 만일 당신이 원래 아시아에 도달하려 했다 하더라도, 그 탐험은 그 주변의 길을 찾기 시작할 것이다. 한 질문은 다른 질문을 만든다. 과학적 탐구는 경로 의존적이다.[32]

이 생각을 극단으로 몰고 가는 상식적인 관점이 존재한다. 그 관점은 일단 당신이 한 질문에 대한 답변을 내놓으면 당신이 도달할 답변은 마치 콜럼버스의 아메리카의 발견처럼 전적으로 미리 정해져 있다고 주장한다. 어떤 두 목수가 탁자의 길이에 대해 일치된 값 — 비록 인치나 센티미터 등 척도는 다를 수 있지만 — 을 지니게 될 것과 마찬가지로, 화성인과 지구인은 비록 분명 다른 측정 단위를 가졌다 하더라도 광속값은 일치한 것이다.

따라서 상식적인 관점에 의하면, 외계인(만일 그들이 존재하고 지능이 있다면)의 과학은 우리의 과학과 중복되는 부분에서 서로 일치해야만 한다. 노벨 물리학상을 받은 스티븐 와인버그는 '우리가 다른 행성에서 온 존재들과 조우할 때, 우리는 그들의 물리과학 법칙이 우리의 것과 같음을 발견하게 될 것이다'라고 말하면서 이 관점을 지지했다.[33] 과학은, 한 문화가 원칙적으로 표현할 것을 습득하게 하는, 문화를 넘나드는 언어다. 그것은 기술적으로 발달한 문화가 이미 말했을 것을 습득하게 하는 언어다. 이것이 1974년 아레시보Arecibo 전파망원경에 의해 우주 공간에 송출된 메시지의 기저에 깔린 가정이다. 그 메시지는 1부터 10 사이의 숫자로 구성되어 있었다. 수소, 탄소, 질소, 산소, 황의 원자번호, DNA의 뉴클레오타이드의 당과 염기의 화학식, DNA 속의 뉴클레오타이드의 개수, DNA의 이중나선 구조, 인간의 모습과 신장, 지구의 인구, 우리 태양계의 그림, 그리고 아레시보 망원경의 크기와 모습이 담겨 있다. 그 가정은, 그 메시지를 수신할 수 있는 어떤 외계 지성은 수학과 과학을 인식할 것이고, 즉시 지구 특정의 정보를 이해하리라는 것이었다. 위대한 수학자 크리스티안 하위헌스는 1673년 진자의 법칙을 발견했다. 그는 사람이 사는 행성들이 우주 전체에 흩어져 있을 거라고 믿었다. 그리고 자신이 죽은 1695년까지는 이 법칙이 우주 전체에 이미 알려져 있을 거라고 스스로를 설득했다.[34]

724

이와 반대로, 어느 두 사회도 똑같은 종교적 신앙을 생성하지 못하듯이, 어느 두 문화도 똑같은 지식을 생산할 수 없도록 규정짓는 일련의 문화적, 사회적 요인에 의해 과학이 형성된다는 견해도 있다. 사실상 과학적 지식은 변할 수 없는 진리가 아니다. 따라서 두 다른 과학자 공동체는 항시 서로 현저히 다른 과학적 사실과 이론 체계를 만들 것이며, 과학은 문화를 넘나드는 지식 형태가 아니라 특정 공동체에 한정된 국소적 합의다. 당신은 보일의 법칙이 신세계와 조금 비슷하다고 생각할지 모른다. 그것은 발견되기를 기다리고 있었다. 그러나 문화적 결정론자들은 이를 수용하지 않는다. 그들은 이것이 그 지방 특유의 기술과 문화가 담긴 (1892년 사보이 호텔) 요리사의 가장 유명한 요리, 예를 들면 에스코피에Escoffier(근대 프랑스 요리사, 1846~1935 — 옮긴이)의 피치 멜바(복숭아 반쪽에 아이스크림을 넣고 산딸기 소스를 얹은 디저트 — 옮긴이) — 와 더 비슷하다고 생각한다.[35] 피치 멜바나 새우 칵테일 같은 어떤 요리가 대륙에 퍼져나가 시간이 지나도 남게 되듯, 어떤 과학적 학설은 성공적으로 전파되고, 다른 것들은 그 학설이 탄생했던 시간과 장소에 묶여버린다.

이 책은 양측 입장의 지지자들이 약간의 좋은 주장과 약간의 나쁜 주장을 동시에 했던 것을 살펴보려 한다. 그것의 비판은 상대주의자(그들의 관점이 과학사에서 더 지배적이므로 더 많은 분량을 할애했다)뿐만 아니라 상대주의가 근거하고 있는 역사학과 인류학의 증거를 마음에 새기는 데 실패한 실재론자에게도 향하고 있다. '우리 모두는 어떤 상식적인 논증 능력을 갖고 있으며, 이 사실을 알 때 더 나은 지식을 인식할 수 있다'고 논의하는 것이 상대주의를 반대하는 사람들의 표준적인 술책이다.[36] 그들은, 과학은 본질적으로 '체계적으로 적용된 상식'이라는 관점을 갖고 있다. 혹은

카를 포퍼가 표현한 대로 '말하자면 엄연한 상식'이다.* 내 관점으로는 과
학을 상식으로 설명하는 것은 원주를 한 바퀴 도는 것과 같다. 명백히 어
떤 근본적인 경험들과 보편적이고 모든 인류 문화에 유효하다고 간주될
수 있는 논증의 형식이 있다. 이것들이 없다면, 문화를 넘나드는 소통은
거의 불가능했을 것이다.[37] 예를 들면, 모든 인류 문화는 야생 동물을 수렵
한 경험이 있다. 로마의 법률가들은 원래 동물이 남긴 흔적을 뜻하는 '발
자국vestigia'을 증거의 한 형태로 간주했음을 우리는 알고 있다. '조사하다
investigate'라는 단어는 수렵 시 동물의 흔적을 쫓는다는 뜻에서 기원했다.
'단서clue'라는 단어는 탐정들이 찾는 무언가를 뜻하는 19세기에 새로 생
긴 말로서, 아리아드네의 실(테세우스를 미노타우로스의 미로에서 탈출시킨)에
서 유래한 은유다. 증거를 따라가서 그것이 어디에 이르는지 보는 일은 새
로운 것이 없다는 것을 보여준다. 탐정들 역시 테세우스가 자신의 발자취
를 따라가듯 발자국을 따른다. 실재론자들이 주장하는 대로, 모든 인간은
자신들이 관여된 문제를 탐구할 때, 정교한 방식으로 그와 동일한 종류의
지적 활동을 할 능력이 있다.[38]

　그러나 모든 인간 사회에는 공통된 범문화적 균일성이 존재하지만 이는
대부분 도움이 되지 않는다. 먼저, 비록 극소수의 보편적 경험과 사유 양
식이 존재할 수 있다 하더라도, 개별 문화는 그 구성원들이 소유한 국소적
인 형태의 상식, 그곳의 다른 사람에게는 아닐지라도 우리에게 공통적인

• Popper, *The Logic of Scientific Discovery*(1959), 22. 만일 포퍼가 코페르니쿠스가 자신의 새로운 이론을 상식
과 어긋나는 것으로 드러나게 묘사했음(Copernicus, *On the Revolutions*(1978), 4)을 기억했다면 이렇게 표현하는 데 주
저했을 것이다. 게다가, 포퍼는 또한 과학 지식의 고유한 특징이 성장하는 것(18)이라고 주장했다. 반면 상식은 여러 시
간과 장소에서 동일해야 한다. 상식 관점의 예를 보려면, Christie, 'Nobody Invented the Scientific Method'(2012)
를 참조하라. 그러나 우리가 상식이라고 생각하는 것은 그 자체가 문화적 성취이며, 글을 읽고 쓸 줄 아는 능력 같은
전제 조건이 필요하다. Luria, *Cognitive Development, Its Cultural and Social Foundations*(1976)는 추상적 사고
(삼단논법과 같은)가 자연스럽게 형성되지 않는다는 고전적인 (그리고 눈을 열어주는) 증명이다.

상식으로서 공유하는 경험과 사고방식을 이식한다. 이런 식으로 무어G. E. Moore는 창조주 혹은 사후세계를 믿는 것이 아니라 외부적 실재를 믿는 것은 상식이라고 생각했다. 비록 많은 이들에게 창조주나 사후세계에 대한 믿음은 상식적이지만 말이다.[39] 사실상, 한 사회 내에서 일반적으로 공유될 수 있고 의문 없이 받아들여지는 신념의 범위는 엄청나다. 상식에 관한 논의는 일반적으로 그 개념의 보편성과 국소성을 적절히 구별하지 못한다.

예를 하나 들어보자. 중세와 르네상스기를 통해 스콜라 철학자들은 아리스토텔레스를 따라 땅은 본래 무겁고 아래를 향하고 있으며, 불은 본래 가볍고(陰의 무게를 지닌다고 말할 수도 있다) 위를 향한다고 생각했다. 공기와 물은 그것들이 발견되는 주변 조건에 따라서, 즉 그것들의 적정 위치보다 높은지 낮은지에 따라 무겁기도 하고 가볍기도 했다. 또한 아리스토텔레스주의자들은 고체는 액체보다 조밀하고 무겁다고 주장했다. 따라서 얼음은 물보다 무겁다(더 조밀하므로). 그런데 왜 얼음은 물에 뜨는가? 연못에 있는 얼음은 평평하므로 뜬다. 그리고 물은 얼음이 가라앉지 못하게 저항한다. 그들은 이렇게 주장한다. 나무는 물보다 무겁다. 왜냐하면 나무를 구성하는 원소들은 땅에서 나왔기 때문이다. 그들은 '만일 그것의 밑바닥이 평평하다면 당신은 나무로 배를 만들 수 있다'고 말할 것이다.[40]

아르키메데스의 저술은 중세에 널리 알려졌지만, 철학자들은 그의 부력 개념이 옳다고 인정하지 않았다. 아르키메데스는 모든 물체는 무게를 지니며 아래로 향하는 경향이 있다고 주장했다. 철학자들이 보기에 이것은 근본적으로 잘못된 개념이었다. 그들이 아르키메데스의 주장을 적절치 않다고 묵살했을 때 상식은 자신들 편에 있다고 생각했다. 그리고 세계에 대한 그들의 경험은 자신들의 주장과 부합했다. 그들은 자신들의 이론이 실제와 부합하지 않는 곳에서 일어나는 중요한 변칙을 알지 못했다. 그들은 자신들의 이론을 재고하도록 재촉하는 어떤 것도 경험하지 못한 채, 배를 타고 항해했고, 부교를 건넜으며, 얼음이 언 물웅덩이를 건넜다. 그럼에도 불구하고, 갈릴레이가 지적한 대로, 얼음을 잘게 부수었을 때 이것이 여전히 뜨는지 살펴보았다면, 평평하기 때문에 얼음이 뜬다는 자신들의 주장을 쉽게 검증할 수 있었을 것이다.* 그리고 평평한 얼음판을 수면 아래로 밀어넣으면 왜 다시 떠오르는가?

갈릴레이의 질문에 답했던 철학자들이 일치되는 입장을 취한 것은 아니었으나, 이성, 즉 상식과 아리스토텔레스의 권위가 자신들 편에 있다고 생각했다. 어떤 이들은 '비록 순수한 얼음은 물보다 무겁지만(물은 얼음이 뜨는 것을 방해하지 않으나, 일단 얼음이 물에 잠기면 수면으로 올라오는 것을 방해한다) 갈릴레이의 얼음은 그 속에 공기가 포집되어 있어서 밑으로 가라앉지 않고 수면에서 흔들거린다'고 주장했다.[41] 다른 이들은 갈릴레이의 이론이 그 자체의 문제점을 드러낸다고 지적했다. 갈릴레이는 감각적 경험에 호소했지만, 감각적 경험은, 배는 해안에서 멀리 떨어진 바다에서 높이 뜨고 항구에 접근할수록 낮게 뜬다는 것을 보여주었다. 아르키메데스도, 갈릴레이도 이 기본적인 사실을 설명할 수 없었다. 그러나 아리스토텔레스주의자들은 자신들은 설명할 수 있다고 주장하며 우쭐댔다. (더 많은 양의 물은 배의 밑바닥을 더 견고하게 밀어낸다는 것이 이 수수께끼의 답이다.)[42] 한편 그들은 가장 근본적인 질문들에 대해서 일치하지 못했다. 어떤 이들은 나무가 물보다 무겁다고 생각했고, 다른 이들은 가볍다고 생각했다. 어떤 이들은 물은 적정 위치에 있으면 무게가 없다고 주장했고, 다른 이들은 이를 부인했다. 어떤 이들은 물은 얼 때 팽창한다고 인정했고, 다른 이들은 이

• 앞의 3장 3절을 참조하라.

를 반박했다. 그들이 모두 동의하는 것은 한 가지, '아리스토텔레스는 항상 옳다'는 것이었다.

갈릴레이와 그의 반대자들 사이에는 핵심적인 차이점이 있었다. 그 둘 모두 경험을 주요시했으나 갈릴레이는 실험의 프로그램에 종사했다. 갈릴레이의 경험은 적용된 지식이었고, 그들의 경험은 그렇지 않았다. 궁극적으로 둘의 차이는, 반대자들은 그들이 확신하는 것을 주장하기는 해도 그것을(나무는 물보다 무겁고, 배는 해안에서 멀리 떨어진 바다에서 높이 뜬다는 것을) 검증하지 못했다는 사실에 있었다. 반면, 갈릴레이는 자신의 주장 하나하나를 검증했다. 그들의 검증 실패는 가장 기본적인 것에 대해 동의하지 못하는 무능력에서 드러났다. 그들은 갈릴레이가 사실로서 진술한 진리의 대부분을 반박하지 않았으나, 자기네의 사실을 담은 주장을 갈릴레이가 인정해주기를 기대했다. 물론 갈릴레이는 그럴 수가 없었다. 따라서 그들은 세네카의 권위에 의거해 시리아에는 물이 너무 두터워서 벽돌도 그 위에 뜨는 호수가 있다고 전했다. 이를 설명해보라고 요청받았을 때 갈릴레이가 설명할 가치도 없는 과장된 이야기라고 일축하자, 그들은 분개하여 세네카, 아리스토텔레스, 플리니우스, 솔리누스Solinus 등 신뢰할 만한 저술가들을 믿어야 한다고 주장했다.[43] 환언하면, 갈릴레이와 그의 반대자들의 기본적인 차이는, 그들은 철학자였고 갈릴레이는 과학자가 되는 과정에 있던 수학자였다는 것이다(그의 한 반대자가 주장했듯이, 한 수학자가 유능한 철학자인 양 거짓 주장을 하고 있는 것이 아니라).[44]

아리스토텔레스와 그의 추종자들이 상식이 부족했거나 세계가 어떻게 운행되는가에 대한 경험이 부족했다는 주장은 요령부득이다. 그들이 살던 시대의 기준으로 보면 그들은 상식과 경험이 풍부했다. 그들에게 결핍되어 있던 것은 올바른 지적 도구, 이론적인 주장을 확인할 수 있는 검증을 고안하는 절차였다. 그들은 이 절차가 불필요하다고 생각했다. 반대가 없는 명제에서 출발하여 필연적으로 이르게 되는 결론을 도출하는데 무엇이 잘못될 수 있는가? 사람들이 우리 모두가 공유하는 공통의 경험에 의존하는데 무엇이 잘못될 수 있는가? 이렇게 우리는 딜레마에 빠진다. 우리가 공동체에서 공유하는 모든 신념은 상식과 호환이 될 정도로 상식은 정확한 형태가 없고 잘 변한다. 혹은 많은 사회가 쉽게 반박될 수 있는 신념을 지니고 있기 때문에 상식이 부족하다고 주장한다면, 대부분의 시간 동안 아무도 어떤 상식도 드러내지 않는 공동체들이 존재하는 것처럼 보인다. '상식'이라는 개념은 너무 대단한 것이거나, 아니면 너무 하찮은 것이다. 모든 사회는 충분한 상식을 지녀서, 그 개념이 신뢰할 만한 지식을 구성하는 것을 이해하는 데 도움이 되지 않거나, 아니면 우리 자신의 상식과 일치하는 주장만이 상식이라고 규정되어, 역사상 여러 문화에서 상식은 그 공급이 매우 부족했다.

영국 철학자 수전 하크Susan Haack가 '훌륭하고 정직하며 철저한 탐구를 만드는 요소와 훌륭하고 강력하며 지지하는 증거를 만드는 요소에 관한 우리의 표준은 과학 내부에 있지 않다. 과학이 어디에서 성공하고 어디에서 실패하는지, 어떤 영역에서, 그리고 어떠할 때 더 잘 수행되고 혹은 더 악화될 수 있는지를 판단함에 있어서, 우리는 경험적 믿음의 견고성, 경험적 탐구의 엄밀성과 철저함을 판단하는 기준에 일반적으로 호소한다'고 말했을 때, 그녀는 별개의 두 문제를 혼동하고 있다.[45] 우리 사회에서 탐구의 어떤 기준(경험적 정보의 취득에 대한 강조를 포함하여)은 과학에 국한된 것이 아니라 널리 공유되고 있다. 과학혁명과 그것을 가능하게 한 문화적 전환이 우리의 문화 전반을 형성했기 때문이다. 그러나 정당화된 진정한 믿음을 구성하는 것이 무엇인지, 그리고 어떻게 그것을 얻을 수 있는

730

지에 대해 우리와 아리스토텔레스가 동일한 관점을 공유하고 있다고 생각하면 정말 잘못이다. 그래서 문제는 다음과 같다. 여기서 '우리'는 누구인가? 하크의 예시를 사용한다면, 우리는 동시대의 역사가인가 혹은 탐정인가? 다른 모든 인간처럼 상식에 관한 어떤 능력을 공유하는 인간으로서의 우리인가? 첫 번째 해석은 대략 옳다. 그러나 의미심장하지는 않다. 두 번째 해석은 의미는 있으나 사실이 아니다. 게다가, 경험적 증거를 어떻게 판단하는가는 상황에 따라 다르다. 보일과 뉴턴은 일반 금속에서 금으로의 변성을 신봉했지만 다른 경험적 질문을 다룰 때에는 탁월한 심판관들이었다. 16세기에 장 보댕은 《역사의 쉬운 이해를 위한 방법Method for the Easy Comprehension of History》(1566)이라는 책을 썼다. 이 책은 흔히 근대 역사 논증을 확립한 저술로 간주된다. 그는 또한 《마녀의 악령광에 관하여 On the Demon-mania of Witches》(1580)라는 책을 썼다. 거기서 그는 마녀가 도처에 존재하며 인간이 정기적으로 늑대로 탈바꿈한다고 주장했다. 그에게는 두 관점 모두 똑같이 상식적으로 여겨졌다. 1세기 후, 토머스 브라운은 그릇된 믿음(코끼리는 무릎이 없다는 등의)의 급속한 유행을 반대하는 운동을 펼쳤다. 그러나 그는 롯의 아내는 소금 기둥으로 변했다고 계속 믿었으며, (의사로서의 전문직 자격으로) 초자연적 힘이 작동한다는 것을 증명하여 피의자의 혐의를 확인하기 위해 마녀 심판에 출석했다.[46] 브라운은 적어도 당시의 기준에서 보면 꽤 상식적인 사람이었다. 마녀에 대한 그의 관점은 그가 경험적 믿음에 대해 무능하다는 것을 보여준다고 주장해도 지나치지 않을 것이다. 만일 그가 무엇이 증거를 구성하는가에 관해 우리와 다른 관점을 지니고 있었다면, 그것은 '상식'이라는 것이 문화마다 서로 다르다는 것을 보여준다.

7

(과학과 여러 유형의 경험적 탐구에 적용되는) 상식이라는 근대적 개념의 형성을 관찰하기 위해 우리는 다시 갈릴레이에 의해 수정된 아르키메데스의 원리의 예로 돌아가야 한다. 갈릴레이는 올바른 실험 결과를 얻었을 때나 그 며칠 전 그러지 못했을 때나 동일한 사람이다. 무엇이 변했는가? 그 답은 간단하다. 그는 (실험을 통해 이론을) 검증하고, 그 이론을 개선하는 실험 프로그램을 시작했다. 그는 하나의 변칙(물에 뜬 흑단 조각)에서 출발하여 바늘이 물에 뜨는 것을 발견했다. 그 결과 그는 최초로 표면장력을 알게 되었다. 더 나아가 그는 아르키메데스의 원리를 입증하려 했다. 그 결과 그는 또 다른 변칙(물은 자신의 무게보다 더 큰 무게를 들어올린다는)을 발견했다. 대담하게도 그는 다시 아르키메데스의 원리로 되돌아가 그것을 수정했다. 그러고는 아주 다른 실험으로 자신의 새로운 이론을 검증했다. 이론과 증거, 가설과 실험 사이를 오가는 과정은 우리에게 너무나 익숙하여 갈릴레이가 근본적으로 새로운 일을 하고 있다는 사실을 파악하기 어렵다. 그의 선조들이 수학이나 철학을 하던 영역에서, 갈릴레이는 우리가 과학이라 부르는 작업을 하고 있었다. 이 과정의 시작과 끝에서의 차이점은, 끝에서의 증거는 시작에서보다 논증에 훨씬 더 엄격한 제한을 부과한다는 것이다. 증거와 논증은 새로운 방식으로 상호작용한다. 이러한 상호작용을 논의하면서 갈릴레이는 비록 실험 기법과 결론은 독창적이었지만, 그와 우리가 상식의 보편적 원리라고 생각하는 것에 실제로 기댈 수 있었다. 그러나 이 의지는 그것들이 너무나 단단히 자리잡고 있어서 논쟁할 여지 없는 진리로 여겨지는 확신과 어긋날 때 항상 문제를 일으킨다. 논쟁에 참여하는 모든 집단은 상식이 자기편에 있다고 주장한다.* 갈릴레이는 물체

가 왜 뜨는지에 대해 자신이 철학자들보다 정확하게 이해했다는 것을 그들에게 확신시키는 데 확실히 성공하지 못한 것 같다.

과학혁명의 대강은 부력을 받는 물체에 대한 갈릴레이의 논문 속에 압축되어 있다. 그 문제는 2000년간 총명한 철학자들과 수학자들에 의해 논의되어왔다. 철학자들과 수학자들의 견해는 비록 서로 극명하게 어긋나 있었으나 일상의 경험에 만족스럽게 부합되거나, 적어도 그렇게 믿어졌다. 어떤 이론도 위기를 맞지 않았다. 갈릴레이 이전에는 어떤 유능한 수학자도 아르키메데스가 물체가 뜰 때 일어나는 현상을 완벽하게 설명하고 있다는 점을 의심하지 않았고, 어떤 유능한 아리스토텔레스주의 철학자도 물체가 뜨는지를 결정하는 것은 (그 물체의) 모양이라는 견해에 반박하지 않았다. 그리고 갈릴레이는 얼음은 물보다 가벼울 뿐만 아니라 물체는 가끔 물속에서 자신의 무게를 분산시키지 않고 뜬다는 사실(이것은 엄청난 충격이었다)을 깨달았다. 모든 이들이 잘못 생각하고 있었던 것이다.

우리는 지적 혁명의 시기를 단지 어떤 국소적인 우연한 사건이나, 갈릴레이와 몇몇 아리스토텔레스주의 철학자 사이의 논쟁(비록 그러한 논쟁이 실제로 일어나긴 했지만)에만 기댐으로써 설명할 수 없다. 수력 압착기 hydraulic press를 발명했을 때 갈릴레이가 매달린 문제는 유능한 엔지니어만 도전할 수 있는 새롭고 실용적인 문제만은 아니었다. 그는 단지 오래된 문제를 붙들고 있었다. 왜 어떤 물체는 뜨고 어떤 것은 가라앉는가? 그가 만일 새로운 답을 찾았다면, 그것은 그가 새로운 방법을 차용하여 새로운 지

적 도구를 전개하고 있었기 때문이다. 파스칼은 갈릴레이의 새로운 이해를 명료화하고 체계화하는 데까지 나아갔다. 그의 상황은 약간 달랐다. 그는 기압계에서 어떻게 공기의 무게가 수은 기둥을 떠받치고 있는지 이해하기 위해 유체 내의 압력을 연구하고 있었다. (실제로 그는 압력의 개념을 창안했다. 갈릴레이는 압력이 아닌 무게의 개념으로 생각했다.)[47] 파스칼의 새로운 수력학은 그의 진공 실험의 연장이었으나, 갈릴레이의 뜨는 물체에 관한 연구는 이러한 면에서 구체적 경로를 따른 것은 아니었다. 그것은 새로운 문제가 아니라 새로운 유형의 실행과 사고에서 생겨났다.

아리스토텔레스는 물에 뜨는 물체를 이해하려 할 때 용기의 크기가 중요하다는 갈릴레이의 논증을 따라가기 어려웠을 것이다. 그러나 아르키메데스는 그렇지 않았을 것이다. 그러면 갈릴레이와 아르키메데스의 차이는 무엇일까? 만일 아르키메데스가 그것을 이해하는 데 별 어려움이 없었다면 이는 어떤 의미에서 새로운 사고인가? 첫째, 갈릴레이는 가장 권위적인 믿음도 의문시될 수 있었던 문화에서 살았다. 이는 콜럼버스의 유산이었다. 그는 발견의 시대에 살았다. 둘째, 갈릴레이는 적어도 원리상 모든 것이 (오리가 물에 들어올 때 연못의 수위 상승, 배가 출발할 때 바다의 수위 상승 같이) 측정의 대상인 새로운 과학을 구축하고 있었다. 전에 없이 정확한 측정의 원리는 튀코 브라헤에게서 유래한다. 물리학에서 증거와 이론의 관계를 긴밀하게 함에 있어서, 갈릴레이는 천문학의 실행에 근거를 두고 있었다.** 셋째, 갈릴레이는 길버트를 모범으로 삼았다. 길버트는 새롭고 예기치 않은 진리를 확립하기 위해서 실험 장치를 주의깊게 사용했다. 콜럼

** 아르키메데스보다 더 정확해야 한다는 그의 주장은 그의 청년기로 거슬러 올라간다. 이때 그는 발린체타balincetta라는 기구를 고안했는데, 이것은 그 이전에 만들어진 어떤 것보다 더 정확하게 비중을 측정했다.

버스, 브라헤, 길버트는 갈릴레이가 사용했던 논증을 제공하지 않았지만, 그들은 갈릴레이가 과감히 따른 역할 모델이었다. 그들은 그의 새로운 수력학에 직접 기여하지 않았지만, 새로운 수력학은 그들이 그 형성에 이바지했던 지적 문화(특히, 갈릴레이의 지적 문화)에 의해 가능해졌다. 그의 동시대인들 대부분은 아직도 기꺼이 아리스토텔레스에게 경의를 표했고 정통적인 믿음에 도전하는 데 무관심했기 때문이었다. 우리가 보았듯이, 이 특이한 문화가 널리 받아들여지고 일반적으로 존중되기 시작한 것은 파스칼부터였다.

아르키메데스는 비록 대양과 배는 원형, 삼각형, 사각형은 아니더라도 실재 세계는 수학적으로 읽힐 수 있다고 확신했다. 그는 유클리드의 기하학이 아리스토텔레스의 삼단논법보다 더 강력하다고 확신했다. 모든 가능한 세계를 이해하는 데 수학자들이 철학자들보다 더 잘 준비되어 있다는 것을 일일이 증명할 방법은 없다. 이는 수학적 과업의 성공을 통해서만 확고해질 수 있으며, 수학자들이 철학자들의 주장에 도전할 수 있고 또한 그 과정이 성공하면 보상을 받을 수 있는 문화를 필요로 한다.[48] 그러나 갈릴레이는 단순히 제2의 아르키메데스가 아니었다. 그는 또한 실험과학자였다. 수학자들은 그 이상의 단계로 나아가는 데 흥미가 없었을 것이다. 14세기 옥스퍼드에서는 수학에 빠진 철학자들이 낙하하는 물체는 계속 가속된다는 가설을 만들었으나, 그들은 이 이론적 가능성을 실험으로 확인해보려는 노력을 하지 않았다. 그것은 갈릴레이의 몫이었다. 실제로 옥스퍼드의 철학자들은 색깔과 온도는 정량화될 수 있어서 급격히 증가하거나 감소할 수 있으리라는 가설을 세웠다. 낙하하는 물체의 속도를 측정할 방법을 찾지 못한 것과 마찬가지로, 그들에게는 색깔과 온도를 측정할 방도가 없었다. 그들의 추측은 추상적이고 이론적이었다. 그것은 이론적으로는 모든 세계에 적용 가능하지만 우리가 사는 실제 세계에는 그렇지 못했다. 그들은 역학을 이론적으로 연구했으나 기계에 관한 실용적인 관심은 없었다.*

라틴어로 된 아르키메데스의 저술은 12세기부터 가용했고, 1544년 이후 출판되었다. 갈릴레이 이전에는 모든 수학자들이 무한한 대양에 떠 있는 배를 생각하는 것으로 만족했다. 그러나 아무도 모의 대양에 모형 배를 띄워 실제로 어떤 일이 일어나는지 연구하지 않았다. 가장 우수한 수학자들은 일관되고 완벽하게 보이는 아르키메데스의 원리에 전적으로 만족했다. 갈릴레이는 물체가 물 위에 뜨는 현상에 관한 아르키메데스의 설명을 최초로 실험 장치로 검증할 수 있는 이론으로 전환시켰다. 그 시점에서 그 이론은 불완전한 것으로 입증되었다.

수학적인 이론을 그에 상응하는 실험 장치에 결합시키려는 갈릴레이의 시도는 근본적인 것이었다. 그는 자신의 조수潮水 이론을 증명할 수 있는 역학적 모형을 만들려는 열망도 갖고 있었다.[49] 갈릴레이의 해석이 갖는 큰 장점이 여기에 있다. 그것은 아리스토텔레스와 아르키메데스의 해석을 압도하면서 더 나은 예측과 제어를 제공한다. 푸딩이 제대로 되었는지 증명하려면 먹어봐야 한다. 물론 한번 성취되어 전파된 성공은 상식으로 재표현되어, 우리는 문제를 해결할 수 있는 오직 하나의 올바른 방법만 존재한다는 (이 경우 갈릴레이의 방법) 것을 확신한다. 그것은 귀납과 연역을 앞뒤로 옮겨다니며, 사고실험과 실제 실험을 고안하며, 완전히 검증되기 전

---

* 하나의 예외가 있다. 월링퍼드의 리처드(1292~1336)는 놀랍도록 정교한 시계를 고안했다. 그러나 시계는 철학적 기구였다. 그것은 태양과 다른 행성들의 운동을 모형화했다. 리처드가 직접 손으로 만든 정교한 측정 기구는 기계적 기예보다는 교양과목에 더 활용될 예정이었다. (North, *God's Clockmaker*(2005)) 리처드는 대장장이의 아들이었지만 수차나 풍차처럼 하중을 견디는 기계에는 관심이 없었다.

까지, 그리고 그것을 반증하기 위한 시도가 행해지기 전까지는 어떤 이론
도 신뢰하지 않는 것이다.* 만일 **우리**가 상식이 포함하고 있다고 생각하는
관습practice을 뜻한다면, '상식'이라는 개념은 갈릴레이의《부체에 관한 담
론Discorso intorno alle cose che stanno in su l'acqua》(1612)이 출간되기 전에는 존재
하지 않았다.** 갈릴레이는 수전 하크가 '견실하고 정직하고 철저한 탐구
를 구성하는 것, 그리고 견실하고 강력하고 지지하는 증거를 구성하는 것
에 관해 우리가 생각하는 기준'에 대해 논의할 때 요구되는 '우리'의 의미
를 가진 최초의 인물이다.[50] 뜨는 물체에 관한 갈릴레이의 연구와 같은 사
례를 이해하는 데 있어서 우리는 과도한 실재론을 견지할 수 있다. 이 경
우 우리는 갈릴레이의 독창성이나 그가 직면했던 반발을 결코 이해할 수
없다. 그러나 우리는 동시에 너무 과도한 상대주의를 견지할 수도 있다.
이 경우 우리는 그가 옳았고 그의 반대자들은 틀렸다는 것을 결코 인정할
수 없다.

따라서 우리는 실재론자와 상대주의자 모두 일리가 있다는 점을 인정
하지 않을 수 없다. 우리는 토끼와 함께 달려야 하고, 사냥개와 함께 사냥
해야 한다. 상대주의자처럼 인간 합리성의 보편적 기준으로부터 논의하는
위험을 인정해야 하고(이는 그러한 논의가 항상 타당하지 않음을 의미하지 않는
다. 갈릴레이의 부력에 관한 지식은 반대편의 그것보다 훨씬 더 신뢰할 수 있었다).

• 적어도 랜들Randall, 〈파도바학파The School of Padua〉(1940)까지 소급되는 주장들이 있어왔다. 아리스토텔레스주의 철
학자들은 이를 수행하는 방법을 이해했다고 한다. 그러나 갈릴레이 같은 아리스토텔레스의 반대자들이 그들에게 보
여주기 전까지 그들이 실제적으로 그것을 수행했다는 설득력 있는 예시는 없다. 17세기 전반기에 예수회 회원 사이에
는 아리스토텔레스주의를 새로운 과학의 도전에 맞추는 시도를 포함한 활발한 과학적 전통이 있었다. 그러나 교단의
의무 회원들은 교회의 전통적 가르침에 따르기 위해 이를 서서히 억눌렀다. Feingold, *Jesuit Science*(2002).

•• 여기서 나는 출판 연도를 기준으로 논의하고 있다. 갈릴레이는 이미 낙체에 대한 정교한 실험으로 뒷받침되는 우
아한 이론을 발전시켰다. 그러나 그는 1638년까지 이를 출판하지 않았다. 부체에 관한 담론은 아리스토텔레스주의
물리학의 핵심 원리를 정면으로 반박하기 위해 최초로 출판된 실험과학이다. 길버트의 자석 연구는 실험적 방법의 빛
나는 입증이었지만 철학자들의 논증과 직접 충돌하지는 않았다.

실재론자처럼 지식이 경험에 비추어 조심스럽고 체계적으로 검증되어야 한다는 데 동의하는 한, 좋은 과학과 나쁜 과학을 구분하는 것은 어렵지 않다고 주장해야 한다.

나는 이번 장의 이전 절을 과학에 관한 두 대립적인 관점을 제시하는 것으로 시작했다. 그리고 두 관점 모두 이점이 있다고 논의했다. 하나의 관점으로부터 우리가 도달하게 되는 지식은 문화적으로 상대적이고, 우연히 발견되고, 특이성이 있는 것으로 보인다. 다른 관점으로부터 얻게 되는 지식은 상식적이고 예측 가능하고 필연적인 것으로 보인다. 쿤은 이들 사이의 긴장에도 불구하고, 혁명기 과학과 정상 과학을 구분함으로써 양쪽의 관점을 견지하려고 노력했다. 그가 주장하기를, 혁명의 결과는 문화적으로 상대적이고, 우발적이고, 특이적인 것이다. 그러나 그것은 그 진전이 정상이 되는 안정기로 이어진다. 쿤의 구별은 너무 깔끔했지만 그의 접근 방식은 건전했다. 우리가 보았듯이, 가끔 한 발견은 되돌아서 보면 전적으로 필연적인 방식으로 다른 발견으로 이어진다. 코페르니쿠스와 뉴턴 사이에는 많은 혁명이 일어났다. 한 혁명에서 다른 혁명으로 이르는 단순한 경로는 없다. 그러나 토리첼리에서 뉴커먼까지는 경로가 꽤 직선적이다. 기압계가 발명되고 실험 과정이 새로운 지식에 이르는 최선의 경로로 받아들여지자 증기기관이 바로 잇따랐다. 과학사에서 급진적 우발성과 예측할 수 있는 진화 사이의 양자택일처럼 보이는 것에 단순한 해결책은 존재하지 않는다. 그 선택은 거짓이다. 그 답은 항상 두 극단 사이의 어딘가에 있으며 양자 사이의 균형은 각각 새로운 주제로 새롭게 유지되어야 한다.

8

우리는 과학의 기원을 탐구해왔다. 우리는 과학이 우리가 발명하여 어떤 규칙으로 놀이하기로 동의한 과업이라는 것을 살펴보았다. 우리가 그 규칙을 발명하고, 원할 때 그것을 바꿀 수 있는 수많은 과업이 있다. 성년은 과거에는 21세였지만 지금은 18세다. 여성은 투표권이 없었지만 지금은 있다. 이와는 다른 과업들이 존재하는데, 여기서는 그 규칙을 바꿀 수 있는 능력이 우리가 제어할 수 없는 요인에 의해 제한된다.

예를 들어, 정원사들은 식물을 위해 특이한 미세 환경을 창조한다. 만일 정원사들이 작업을 중단하면, 자연이 인수한다. 따라서 정원은 자연적이기도 하고 인위적이기도 하다. 전적으로, 그리고 동시에 그러하다. 배중률 排中律, law of the excluded middle(어떤 명제와 그것의 부정 가운데 하나는 반드시 참이라는 법칙 — 옮긴이)은 자연적이거나 인위적이거나 **둘 중 하나**임을 요구한다고 가정하기 쉽다. 따라서 셔츠는 자연적이거나(면화, 리넨, 모) 인조인(나일론, 폴리에스터) 재료로 만들어져 있다. 그러나 레이온은 나무로부터 만들어져 자연적인 동시에 인조이다. 그래서 바람을 맞아 항해할 수 있는 배는 자연에서 저절로 일어날 수 없는 결과를 얻기 위해 자연력을 사용한다. 우리는 정원 가꾸기, 요리, 조선造船에서 문화적으로 특수한 수많은 선택을 할 수 있지만, 단순히 그렇게 할 수 없는 예들도 많다. 식물은 죽고, 마요네즈는 분리되고, 배는 가라앉는다. 소원과 의지는 그것을 다르게 변화하도록 할 수 없을 것이다.* 그러한 활동은 자연적인 것과 사회적인 것 사

---

* 저명한 문예비평가 스탠리 피시Stanley Fish는 한 악명 높은 에세이에서 과학과 야구는 기본적으로 비슷하다고 주장했다. 둘 다 사회적 구성물이고, 둘 다 '실재적'이다(Fish, 'Professor Sokal's Bad Joke'(1996)). 피시는 야구의 규칙은 투표로 바꿀 수 있다고 인정한다. 나아가 그는 자연의 사실들 또한 변하며, 연구비 지원 기관들이 무엇이 사실인지를 결

이의 복합적인 협업에 의존한다. 앤드루 커닝엄Andrew Cunningham이 그랬던 것처럼, 과학을 '하나의 인간의 활동, 전적인 인간의 활동, 인간의 활동에 지나지 않은 것'이라고 말한다면 이는 잘못된 것이다.[51] 그것은 전체적으로 인간 활동이지만 '오로지 인간 활동'에 불과한 것만은 아니다. 시詩와 스크래블 게임은 인간 활동에 지나지 않는 것이다. 과학은 자연적인 것과 인위적인 것을 결합하면서 현실과 문화에 의해 제약을 받는 매우 확장된 활동 부류에 속한다.

과학의 특이한 성격은, 그것이 단지 자연과 협력할 뿐만 아니라 그 협력이 시작되기 전부터 존재했던 진리를 발견한다고 주장한다는 점이다. 과학사가 문제가 많은 활동이라는 것은 놀라운 일이 아니다. 왜냐하면 과학 자체가 끊임없이 그것의 시간적 특수성, 자체의 인위성으로부터의 탈출을 주장해왔기 때문이다. 그것의 생성 과정으로부터의 탈출을 주장하면서, 과학은 그 자체를 인위적인 것이 아닌 자연적인 것으로 표현한다. 이 명백한 그릇된 설명에 반대하여 어떤 이들은 과학은 전혀 자연적이지 않고 전적으로 인위적이라고 주장하고 싶어할지도 모른다. 그러나 단순한 진리는, 과학은 자연적이면서도 인위적인 것이며 이 인위적인 활동이 자연에서 일어나는 것을 발견할 수 있다는 과학자들의 주장은 옳다는 것이다.**

어떤 이들은 문화에서 벗어나 과학자들이 주장하는 방식으로 자연을 발견할 수 있다는 것을 부인할 것이다. 브뤼노 라투르는 결핵을 일으키는 박테리아가 고대 이집트 파라오 람세스 2세의 폐에서 발견되었다는 사실이

정한다고 주장한다. 그는 틀렸다. 얼음은 결코 물보다 무겁지 않다. 그는 '두 활동이 사회적 구성물이라고 하더라도 만일 당신이 둘 중 하나를 측정하고 싶으면 명심해야 할 차이점이 있다'고 썼다. 바로 그렇다. 과학은 야구와 같지 않다. 나 자신의 논증은 어떤 측면에서는 피시와 일치하지만, 독자들이 명심해야 할 것은 그 차이점이다.

** 자연/인공 구분의 타당성을 부인하는 것은 과학혁명을 가능하게 한 핵심적인 움직임이었다. 앞의 8장 5절을 참조하라.

740

곧 람세스가 폐결핵으로 사망했다는 것을 의미하지는 않는다고 주장했다. 결핵균은 19세기가 되어서야 발견되었으니 이전에는 결핵 같은 것이 없었고, 따라서 아무도 결핵으로 사망할 수 없다는 것이다. 이것은 명백히 잘못이다. 물론 람세스 2세는 자신이 결핵으로 죽어가고 있다는 것을 몰랐지만, 지금의 우리는 그를 죽게 한 것은 결핵이었다는 것을 안다. 라투르의 역사주의는 과학에 관한 핵심적 측면을 놓치고 있다. 과학은 우리가 그것이 참이냐, 거짓이냐를 믿는 사실에 관한 것이다. 결핵을 일으키는 박테리아는 1882년 로베르트 코흐Robert Koch에 의해 **발명**된 것이 아니라 **발견**되었다. 라투르는 발견과 발명은 같다는 자신의 생각을 분명히 하면서 '람세스 2세는 그가 개틀링 총Gatling gun(1861년에 리처드 개틀링이 발명한 총)에 의해 죽지 않은 것과 마찬가지로, 결핵으로 죽지 않았다'고 말한다. 발견과 발명은 같지 않다. 개틀링 총은 자연과 사회 사이의 새로운 종류의 협력으로 태어났다. 그러나 박테리아를 확인하고 그것을 사멸시키는 데에는 실험실에서 비롯되어 자연과 사회 사이의 복합적 협력이 필요한 기술이 요구되지만, 결핵을 일으키는 박테리아는 우리 측의 의도적인 협력을 요구하지 않는다.•52

　방법과 실행으로서의 과학은 사회적 구성물이다. 그러나 지식 체계로서의 과학은 사회적 구성물 이상의 것이다. 왜냐하면 과학은 실제 사실에 부합될 때 성공적이기 때문이다.53 이 부합은 필요한 것이나 필연적인 것으로 볼 수 없다. 이는 실재론자들이 이해하지 못하는 점이다. 아리스토텔레

• '더 자세한 주석'의 '상대주의와 상대주의자들에 관한 주석' 7항을 참조하라. 비슷한 혼동을 알려면, 7장 1절의 사실들이 만들어진다는 생각과 비교하라. 사실의 개념은 하나의 발명이지만, 특정한 사실들이 발명되는 것이 아니라 규명되는 것이라는 나의 논증과 대조된다. 그래서 과학 자체는 하나의 발명이지만, 뉴턴은 중력을 발명하지 않았다. 그는 그것의 법칙을 발견했다.

스는 자신의 방법을 반드시 신뢰할 수 있다고 믿었다. 이것은 잘못이다. 만일 우리의 방법이 그의 방법보다 낫다면, 그것은 세계가 그렇게 운행 되도록 정해져 있기 때문이 아니라 우리의 방법이 있는 그대로의 세계와 잘 부합하기 때문이다.•• 그럼에도 불구하고 이런 부합이 이루어지는 곳에 서는(그것은 모든 새로운 과학 분야에서 새롭게 정립되어야 한다) 선순환positive feedback loop이 일어난다. 좁은 수학 분야 바깥(천문학과 광학을 포함한)에서 는 그 순환은 1600년에 처음으로 완결되었다. 따라서 과학은 지난 5세기 동안 좋은 과학이 나쁜 과학보다 더 높은 생존율을 지닌 진화 과정의 결과 라고 생각해도 좋다. 쿤이 말한 대로, '과학 발전은 점점 가까워지는 어떤 고정된 목표를 향해 이끌려가기보다는 뒤에서 추진되는 다원적인 진화와 같다.'[54]

9

상대주의자들의 문제는 그들이 나쁜 과학과 좋은 과학, 골상학과 핵물리 학을 정확히 같은 방식으로 설명한다는 데 있다. '스트롱 프로그램strong programme'의 옹호자는 공공연하게 이 동등성을 주장한다.••• 실재론자들의 문제는 그들이 과학의 방법과 구조에는 아무것도 특이한 것이 없다고 가 정한다는 데 있다. 그들에 따르면 과학적 방법은 어떻게든 시계처럼 인위

•• 예를 들어 Boghossian, *Fear of Knowledge*(2006)와 대비해보라. 그 책에서 객관적 사실이라는 관념은 그것이 투명하고 문제가 없는 것처럼 취급된다. 이것이 그 자체가 구성되어야만 하는 하나의 관념이라는 생각은 저자에게 떠 오르지 않는 것 같다.

••• '상대주의와 상대주의자들에 관한 주석' 8항을 참조하라.

적이지 않고, 걷는 것처럼 자연적이다. 이 책은 실재론자들을 상대주의자들로, 상대주의자들을 실재론자들로 바라볼 것이다. 이는 1991년 쿤의 강연 '과학 역사철학의 난제The Trouble with the Historical Philosophy of Science'의 전통에 입각한 것이다. 거기서 쿤은 다음과 같이 말하면서 상대주의자들을 비판했다.

> 그들의 잘못은 과학적 지식을 너무나 당연시하는 전통적 관점을 취한 것이다. 즉 그들은 **지식**이 무엇이어야 하는지에 대한 이해에서 전통적 과학철학이 옳다고 느끼는 것 같다. 사실들이 우선해야 하며 적어도 확률에 관한 불가피한 결론은 그것들에 근거해야만 한다. 만일 과학이 이러한 의미의 지식을 생산하지 않는다면 그것은 어떤 지식도 생산할 수 없다고 그들은 결론짓는다. 그러나 지식을 얻는 방법에 관해서뿐만 아니라 지식 자체의 본질에 대해서도 전통이 잘못되었을 수 있다. 아마 적절히 이해된 지식은 이 새로운 연구가 묘사하는 바로 그 과정의 산물일 것이다.[55]

　환언하면 이 과제는 어떻게 흠 있고, 대단히 우발적이고, 문화적으로 상대적이고, 너무나 인간적인 과정으로부터 신뢰할 수 있는 지식과 과학적 진보가 초래될 수 있는지를 이해하는 것이다.

　지식을 이해하는 데 장애물 중 하나는 (쿤의 말을 빌리면) 우리의 난점들을 논의하는 데 사용하는 어휘에 있다. **지식**과 같은 것은 없으며 단지 신념 체계가 **지식**으로 인정될 뿐이라고 생각하는 사람들을 위한 만족스러운 딱지label가 존재하는데, 바로 상대주의자들이라는 것이다. 그러나 자연에 관한 어떤 형식의 지식이 다른 형식의 지식보다 더 성공적이며, 따라서 지식은 진보한다는 공통의 인식을 지닌 여러 다른 입장을 표현하는 집합적인 용어는 없다. 사람들은 물론 '진보주의자'라는 용어를 채택할 수 있지만, 그것은 진보라는 개념과 연관된 모든 난점을 생략할지도 모른다. 진보는 가끔 중단되며, 삶의 많은 국면에서 한 걸음 전진은 두 걸음 후퇴를 초래한다. 진보는 직선적으로 계속 증대하지 않으며, 진보가 측정되는 기준에 대해 동의하기 어려울 때도 많다. 그럼에도 불구하고 진보는 일어난다.

실재론자, 실용주의자, 도구주의자, 오류가능주의자 등 이 모든 그룹이 공통적으로 지닌 것은 성공적인 예측 혹은 제어로 합격시킬 수 있는 것에 대해 자연(혹은 실재 혹은 경험)이 실질적인 제한을 가한다, 즉 자연이 저항한다는 인식이다.[56] 이 사람들은 과학적 지식이 전적으로 결정되지 않으며, 결정되지 **않는** 것도 아니라는 것을 인식한다. 그것은 **반**결정적semi-determined이다. 열렬한 상대주의자가 되어 자연이 저항하는 것을 인정할 수는 없다. 그러나 구성주의자가 되어 (우리에게 허락된 문화적 자원으로부터 지식을 생산한다고 말하고) 자연의 저항을 인정할 수는 있다. 실제로 적절히 이해된 과학적 지식은 구성되고 제한되는 것으로 보아야 한다. 장하석은 이러한 이중적 인식을 대하여 '능동적 실재주의active realism'이라는 표지를 제안했다.•[57]

이 '두 세계의 최선의 위치'를 점유하려고 노력하는 사람은 누구나 자연이 저항한다는 개념을 떨쳐내야 하는 더 큰 도전을 직면할 필요가 있다. 쿤은 이 도전을 간파했으나 잘못 묘사했다. 그는 '자연을 관찰하는 것이 과학의 발전에 중요한 역할을 한다는 것을 거리낌없이 인정하는 사람들'을 비난했다. '그들은 거의 완전히 그 역할에 관해, 즉 자연이 그것에 관한 믿음을 생성하게 하는 절충에 개입하는 방식에 관해 알려주지 않는다'면

• '상대주의와 상대주의자들에 관한 주석' 8항을 참조하라.

서 말이다.[58] 쿤이 한 말의 의미를 파악하려 들면 그것 손가락 사이로 빠져 나갈 것이다. 과학 자체가 어떤 의미에서는 자연이 그것에 관한 믿음을 생성하게 하는 절충에 개입하는 방식에 관한 설명이기 때문이다. 이 경우 쿤이 묻는 것은 사실상 역사적이거나 철학적인 질문이 아니라, 과학의 한 조각이라도 그에게 설명해달라는 요청이다.

그래서 우리는 쿤의 명제를 거꾸로 바라보아야 한다. 그것에 관한 믿음을 생성하게 하는 절충에 물리적 세계가 개입하는 방식을 이해하기 위해서는 물리적 세계에 관해, 그리고 우리가 물리적 세계와 소통하는 방식을 살펴보아야 한다. 첫째로 이것은 장비에 관한 질문이다. 망원경은 천문학자들이 자연과 절충하는 방식을 크게 변화시켰다. 둘째, 그것은 지적 도구에 관한 질문이다. 예를 들어, 자연법칙이라는 개념은 과학자들이 하는 질문과 자연이 제공하는 답변의 유형을 형성한다. 과학자들과 물리적 세계간의 대화에서 물리적 세계는 (대개) 불변이다. 반면, 과학자들이 대화에 끌어들이는 것은 변한다. 이것이 물리적 세계가 수행하는 역할을 변혁한다. 자연이 저항하는 방식은 우리가 바뀌듯이 변한다. 우리가 지식을 추구함에 있어서 물리적 세계와 상호작용하는 방식을 이해시켜주는 역사적 인식론이 필요하다. 그러한 인식론의 중심 과제는 왜 우리가 과학적 지식의 추구에서 성공적이었나를 설명하는 것이 아니다. 그 문제에는 적절한 답변이 없다. 그보다는 성공 위에 성공이 구축되었던 진화적 과정을 추적하는 것이다. 이런 방식으로 우리는 과학이 작동한다는 것을, 그리고 그 작동 방식을 이해하게 된다.

이 장의 앞부분에서 나는 '과학은 말하자면 상식적인 지식이다'라는 1958년 포퍼의 주장을 인용했다. 우리가 보았듯이, 그는 틀렸다. 몇 개월 후 그는 《과학적 발견의 논리The Logic of Scientific Discovery》 2쇄에서 역사가

액턴Lord Acton(1834~1902)의 논문에서 인용한 '과학을 하는 사람에게 그 역사보다 더 필요한 것은 없다'는 문장을 새로운 제사로 추가했다.[59] 그러면 과학자와 시민은 과학사로부터 무엇을 배워야 하는가? 아무것도 변하지 않은 채 유지될 수 없다는 사실인가? 프톨레마이오스와 뉴턴의 이론들이 수 세기 동안 완벽히 만족스러워 보였던 것과 꼭 같이, 우리가 가장 소중하게 여기는 이론들도 언젠가 대체될 것이라는 사실인가? 쿤이 반복해서 지적한 대로, 과학 교육의 중심 목표 중 하나는 이 기본적인 진리를 다음 세대의 과학자에게 숨기는 것이다.[60] 과학 공동체는 그들이 하려고 하는 것에 대해 서로 동의가 이루어졌을 때 가장 효율적으로 작동하므로 과학은 주입에 의해 자신을 재현한다.

그러나 쿤이 파악한 대로, 최상으로 정립된 과학적 이론도 살아남지 못할 수도 있다는 사실이 그것들이 신뢰할 만한 것이 아니라는 것을 의미하지는 않으며, 과학은 진보하지 않는다는 것을 의미하지도 않는다. 프톨레마이오스는 점성술사들에게 그들이 필요로 하는 정보를 제공했으며, 뉴턴은 케플러의 행성 운동 법칙을 설명했다. 우리는 매일 매 순간 근대 과학의 신뢰성을 증명하고 있다. 과학의 한계와 강점을 모두 인식하는 데에는 회의론과 자신감의 특이한 혼합이 필요하다. 상대주의자는 과도하게 회의하고, 실재론자는 과도하게 확신한다.

이 포스트모던 시대

역사는 기원에 관한 연구가 아니다.
_허버트 버터필드, 《역사의 휘그주의 해석》(1931)[1]

(이후 발생한 사건에 관한) 이 지식은 역사적 마인드를 가진 사람들이 역사가가 해야 한다고 주장하는 것, 과거를 그 자체의 용어로 고려하고 사건들을 그 시대를 살았던 사람들처럼 관찰하는 것을 할 수 없게 만든다. 반드시 그는 그렇게 하려고 노력해야 한다. 그는 그 사건들에 관해 자신과 동시대인인 사람들 그 누구도 몰랐던 것을 알고 있기 때문에, 그 결과가 어떠했는지를 알고 있기 때문에 이상의 일을 해야만 한다.
_잭 헥스터Jack Hexter, 〈역사가와 그의 시대The Historian and His Day〉(1954)[2]

1

이 책 제목은 '과학이라는 발명'이다. 그것은 뒤돌아볼 때만 그 중요성이 충분히 파악될 수 있는 과정에 관한 것이다. 이미 1694년의 윌리엄 워튼과 1748년의 디드로는 실제로 일어났던 사건들을 우리의 감각에 가깝게 기술했다. 그러나 눈에 띄는 사실은 근대 역사서술방법론이 2차 세계대전 직후 실제로 시작되었다는 것이다. 당시 하버드 대학 총장이었고, 원자탄 개발을 위한 맨해튼 프로젝트에서 중심적인 역할을 수행한 적이 있는 제임스 코넌트는 1948년에 학부 강의 '과학의 이해'를 시작했다(쿤의 연구는 이 진취적인 계획으로부터 비롯되었다). 우리가 보았듯이, 허버트 버터필드의 강좌 '근대 과학의 기원'도 같은 해에 열렸다. 과학은 태평양에서 전쟁을 승리로 이끌었고, 과학의 역사는 적절하게도 모든 교육받은 사람들의 관심사가 되었다.

이 책이 부분적으로 회고에 의존하고 있음을 고려하면, 많은 역사가들은 이 책을 휘그 사관의 예시로 비난하는 것이 정당하다고 느낄 것이다. 1931년, 버터필드가 휘그 사관을 공격했을 때, 그가 겨냥한 것은 역사에는 우리의 가치, 제도, 문화를 형성하는 목표와 목적지가 있다는 견해였다. 그의 공격은 현재를 정당화하고 찬양하기 위해, 특히 어떤 정치적 동기를 갖고 역사를 쓰는 사람을 향했다.[3] 버터필드의 해결책은 역사가들로 하여금 과거가 그들의 현재가 되도록 조언하는 것이었다.[4]

그러나 지난 반세기에 '휘그 사관'이라는 용어가 미묘하게 변했고, 과거를 그 자체의 용어로 이해하기 위해 가장 힘든 노력을 해온 바로 그 역사가들이 이러한 지적 범죄로 인해 유죄로 비판받게 된 자신들을 발견했다.[5] 이 문제의 논의를 괴롭힌 핵심적인 혼란은 '과거를 보는 역사가의 좋은 위치는 반드시 현재에 있어야 하며' 결과적으로 무엇을 연구할 것인가의 선택은 '결국 단지 역사서술방법론적인 것이 아니라 정치적인 것이다'라는 진술, 스스로 휘그 사관의 반대자를 자처하는 사람들이 표명한 진술 속에 표현되어 있다.[6] 만일 이것이 사실이라면, 역사가들이 휘그 사관 기술을 피할 수 있는 방법을 아는 것은 극도로 힘든 일이 될 것이다. 그러나 이것은 절반의 진리에 지나지 않는다.

역사가들은 필연적으로 과거로부터 살아남은 증거에 의존한다. 그러한 의미에서 그들의 유리한 위치는 현재 남아 있는 물질적인 유물과 기록물이다. 역사가는 또한 필연적으로 그들 자신의 언어로 역사를 기술한다. 그리고 자신들의 연구 대상이 되는 사람들과 공유하고 (그들이 동시대 역사를

748

기술하지 않는 한) 있지 않은 지적 도구들과 절차들에 의존한다. 무엇에 대해 쓸 것인가에 대한 그들의 선택은 필연적으로 그들 자신의 흥미와 관심사에 의해 결정될 것이다. 이러한 면에서 역사는 당연하게도 현재를 사는 역사가에 의해 기술된다.

그러나 역사가의 시각이 반드시 전적으로 현재의 시각일 필요는 없다. 고故 톰 메이어Tom Mayer는 '갈릴레이는 유죄다'라는 제목의 책을 쓰고자 했는데, 이것이 그가 실제로 갈릴레이가 유죄이거나 유죄여야 한다고 믿었다는 의미는 아니다. 그는 1633년에 갈릴레이를 심문하고 정죄했던 종교재판소의 확립된 절차에 따라 갈릴레이가 유죄 선고를 받았음을 말하려 했다. 메이어의 목표는 갈릴레이의 재판을 종교재판소가 처리한 수많은 재판 가운데 하나로 이해하고, 그 자신이 그 재판이 정규적인 절차에 따라 진행되었는지, 그리고 그 처리에 어떤 예외가 있었는지 평가할 수 있는 위치에 서는 것이었다. 그의 과업은 종교재판관의 과거를 그의 현재로 만드는 것이었다. 그의 결론은 당시의 실정법에 따라 갈릴레이는 유죄라는 것이었다.[7]

과거를 그 자체의 용어로 이해해야 한다는 관념은 역사가들에게, 그들 자신의 관점을 지닌 대변인으로서의 역할을 할 수 있는 과거에 살던 누군가를 찾아야 한다는 왜곡된 압박을 가할 수 있다. 가끔 이 묘책은 정당화될 수 있다. 그러나 그것은 종종 새로운 종류의 휘그 사관을 생성하는데, 눈에 띄는 예는 셰이핀과 셰퍼의 《리바이어던과 공기펌프》에서 찾을 수 있다.

홉스는 우리 자신이 만든 사물(기하학, 국가)에 관한 지식과 우리가 만들지 않은 사물에 대한 지식(자연철학)을 구분했다. 기하학과 국가의 경우, 우리는 어떤 것이 왜 그러한가를 확실히 알고 있다. 그러나 자연철학의 경우 우리가 자연을 탐구하면서 알 수 있는 것에는 한계가 있다. 왜냐하면 여러 다른 기제가 같은 효과를 만들어낼 수 있고, 그 효과를 일으킨 원인을 규명하려 할 때, 우리가 할 수 있는 것은 어떤 특정한 효과를 일으킬 확률이 높은 원인을 합리적으로 추측하는 것밖에 없기 때문이다.[8]

그러나 셰이핀과 셰퍼는 홉스를 모든 지식은 관습적이며 구성되었다고 믿는 17세기의 비트겐슈타인주의자로 바꾸고 싶어했다.[9] 이 주장을 지지하는 그들의 유일한 증거는 《시민론De cive》(1642)의 영어 번역본 16장 16절이다.

> 그러나 어떤 사람이 왕들에 반대하는 것은, 그들은 배움이 부족하여 신의 말씀이 들어 있는 고대의 책들을 해석하기에 충분한 능력을 갖춘 경우가 드물고, 이런 이유로 이 공직이 그들의 권위에 의존하는 것은 합당하지 않기 때문이다. 그는 사제들에게도, 필멸의 모든 인간에게도 마찬가지로 반대할 것이다. 그들은 죄를 저지르기 때문이다. 비록 사제들이 본질상, 그리고 기예에서, 다른 사람들보다 더 잘 교육받았지만, 왕들은 그러한 해석자들을 자기 관할 아래 충분히 임명할 수 있다. 그래서 비록 왕들 자신이 신의 말씀을 해석하지는 않지만, 그것들을 해석하는 공직은 그들의 권위에 의존할 것이다. 그리고 왕들이 그 자체로 공직을 실행하지 못하기 때문에 이 권위를 왕에게 넘겨주길 거부하는 사람들은, 왕들 자신이 **기하학자**인 경우를 제외하고는 **기하**를 가르치는 권위는 왕들에게 의존해서는 안 된다고 말한다.

이로부터 그들은 결론짓는다. 홉스에 따르면 '논리의 힘은 모든 사람들의 자연적인 추론 능력 위에서 작동하는 사회(집단)를 대표하는 힘'이다. 그리고 '기하학적 추론 뒤에 있는 힘'이 리바이어던의 힘이다.[10] 이것은 '지식의 문제에 대한 해결책은 사회질서의 문제에 대한 해결책'이며 '과학사는 정치사와 동일한 지형'을 지닌다는 더 넓은 주장의 일부다.[11] 홉스와 비트겐슈타인은 한 유형의 지식은 한 유형의 사회질서를 시사하며 그 역도 마찬가지라고 주장하고 싶어했다.

불행하게도 그들의 주장은 홉스의 저술에 대한 중대한 오해에 의존했다. 그 주장은 단순하다. 우리 모두는 끊임없이 우리를 위해 일하는 전문가들을 고용한다. 건축가, 시공자, 자동차 수리공, 외과 의사를 선택하는데 있어서 우리 자신이 전문가일 필요가 없다. 왕의 경우, 그는 사람들에게 그 일을 실행하도록 허가를 내준다는 점에서 특별한 종류의 전문가 선택을 한다. 다른 무엇보다도 홉스의 세계에서는, 그는 목사에게 설교할 허가를 부여한다. 이를 수행하기 위해서 그 자신이 전문가일 필요는 없다. 그는 단지 분별력 있는 조언이 필요할 따름이다. 홉스의 지적은, 전문성은 군주가 그것이 이러하다고 말하는 그 무엇이 아니라는 것이다. 비전문가도 전문가를 선택하는 데 유능할 수 있다는 것이다.

홉스 시대의 영국에서는 학교에서 가르치려면 허가를 받아야 했고, 권위 있는 교과서 《릴리 문법Lily's Grammar》으로만 라틴어를 가르칠 수 있었다. 그렇다고 이것이 군주가 그렇게 하라고 칙령을 내렸다는 뜻은 아니다. 그것은 정부가 전문가와 상의하여 학교를 옮기는 학생들이 다른 책으로 배워야 하는 혼란을 겪지 않도록 하나의 문법책을 선택했다는 것을 의미했다. 홉스가 기하학자들은 왕으로부터 가르칠 권위를 획득한다고 말할 때, 그의 말은 왕이 그 사람들에게 기하학을 가르치도록 인가한다는 의미다. 오직 허가증을 지닌 사람들만 가르칠 수 있다. 홉스는 훌륭한 것으로 간주되는 어떤 기하학적 논증을 칙령이 보증한다고 말하지는 않았다. 물론 왕은 잘못된 결정을 내릴 수도 있다. 근대적인 용어로 그는 동종 요법homeopathy의 의사들에게 질병의 배종설germ theory 의사와 동일한 법적 지위를, 혹은 17세기 용어로 가톨릭 신부에게 개신교 목사와 동일한 법적 지위를 부여할 수도 있다. 그러나 그의 잘못된 결정은 잘못된 논리학, 기하학, 의학, 신학을 훌륭한 논리학, 기하학, 의학, 신학으로 만들지는 않을 것이다. 그것은 단지 잘못된 사람들에게 실행할 권리를 부여하는 효과만 있을 것이다.

여기서 홉스가 논하려는 것은 진리가 아니라 인가(권한 부여)다. 영국의 종합의료협의회General Medical Council(GMC) 웹사이트에는 '영국에서 의료 행위를 하려는 모든 의사들은 법적으로 등록을 하고 면허를 소지해야 한다'고 적혀 있다. 면허는 의사들에게 영국에서 어떤 활동—예를 들어 처방, 사망 및 화장 증명, 어떤 의학적 지위(국민의료보험NHS에서 의사로 일하는 것과 같은)의 유지—을 수행하는 법적 권위를 부여한다. 환자를 치료하는 능력이 GMC에 의해 의사에게 위임되었다든지, GMC가 이야기하는 것이 바로 훌륭한 의료라든지, 의사들은 새로운 치료법을 도입함으로써 의료의 개선을 추구할 수 없다는 이야기가 아니다. 그것은 단지 당신은 면허 없이 의료 행위를 할 수 없다는 뜻이다. 홉스는 GMC가 그러했듯이 마찬가지로 이른바 비트겐슈타인의 관점을 지지했던 것은 아니었다.

셰이핀과 셰퍼의 오해는 도움이 되었다. 홉스의 진리관을 비트겐슈타인의 그것과 일치시킴으로써(그들이 이해한 바대로), 그들은 홉스와 보일의 논쟁을 자연의 본질에 관한 우리 자신의 동시대적인 논쟁과 나란히 놓인 논쟁으로 바꿀 수 있었고, 격론을 벌이는 데 기여했다. 홉스는 상대주의자를 대표했고 보일은 실재론자를 대표했다. 만일 그들이 자신들의 관점을 대변할 과거의 인물을 발견하지 못했다면, 그들은 자신들이 그 자체의 용어로 이해하기보다는 우리의 범주에 의존함으로써 과거를 이해하고 있다는 비난에 노출되었을 것이다. 그들의 설명에 의하면, 운 좋게도 홉스는 우리가 차용하길 원하는 바로 그 범주를 차용한다. 그래서 과거와 현재는 매듭 없이 뭉친다. 따라서 그들은 홉스와 보일의 논쟁에 관한 중대하고도 시대착오적인 이해를, 그 논쟁에 관한 그들 자신의 관점을 홉스의 입을 빌려 정당화한다.

세이핀과 셰퍼는 《리바이어던과 공기펌프》를 다음과 같이 끝맺는다. '우리 앎의 형태가 관습적이고 인공적인 상태라는 것을 인식하게 되면서, 우리가 아는 것에 대해 책임이 있는 것은 실재가 아니라 우리 자신임을 깨닫게 된다. 국가만큼이나 지식은 인간 활동의 소산이다. 홉스는 옳았다.'[12] 나의 주장은 우리가 아는 것에 대한 책임은 우리 자신과 실재 모두에 있다는 점이었다. 과학은 국가와 같지 않다. 국가는 전적으로 우리가 만든 것이다. 비록 그것을 파괴하는 것은 돈을 파괴하는 것처럼 결코 쉽지 않지만 말이다. 콜럼버스는 아메리카의 존재에 책임이 없다. 갈릴레이는 목성의 위성의 존재에 책임이 없으며, 핼리는 핼리혜성의 귀환에 책임이 없다. 확실히 이 발견들에 대한 공로는 그들에게 돌아가지만 말이다. 실재는 그 나름의 역할이 있다. 그리고 이것이 정확하게 홉스가 자연철학이 '외관 혹은 겉으로 명백한 효과'(우리는 '실재'라고 말할 것이다)와 '진정한 추론'에 의존한다고 주장했을 때 그의 논점이었다.[13]

그러나 잠시 동안 마지막 구절 '홉스는 옳았다'에 집중해보자. 세이핀과 셰퍼는 한 번도 '보일은 옳았다'라고 말한 적이 없다. 그들은 '갈릴레이가 옳았다' 혹은 '뉴턴은 옳았다'라고 말하지도 않았다. 그렇게 되면 그것은 휘그 사관이 될 터였다. 그렇다면 무엇이 그들로 하여금 '홉스는 옳았다'고 말할 수 있게 했는가? 그 답은 간단하다. 홉스는 과학에 관해 옳지 않았다. 그들이 아는 한, 과학에서 옳고 그른 것은 없다. 홉스는 지식의 관습적인 본질에 관해 옳았다. 여기서 그들의 상대주의는 붕괴하고 그들은 우리에게 그들 자신의 버전으로 휘그 사관을 제공한다. 어떻게 그들은 홉스가 옳다는 것을 아는가? 왜냐하면 그들 자신이 홉스를 이른바 17세기의 비트겐슈타인주의자로 만들 수 있다고 생각했기 때문이다.

2

버터필드가 주창한 대로, 과거를 현재로 만드는 것은 하나의 과업이다. 모든 회고를 비난하고 과거는 '그 자체의 용어로' 표현되어야 한다고 주장하는 것은 완전히 별개의 과업이다. 따라서 '역사가가 저지를 수 있는 유일한 기본 원리적 오류는 역사를 사건이 일어난 순서대로 앞으로 나아가면서 읽지 않고 뒤로 돌아가면서 읽는 것'이라고 사람들은 말한다.[14] 2장에서 보았듯이, 우리가 역사를 앞으로 나아가면서 그리고 동시에 뒤로 돌아가면서 읽어야만 한다는 점에서 이것은 난센스다. 로베스피에르는 나폴레옹을 출현시킬 의도가 없었다. 그러나 만일 우리가 나폴레옹을 이해하길 원한다면 우리는 되돌아보아야 하며 어떻게 프랑스 절대주의와 프랑스혁명이 나폴레옹의 출현을 가능하게 했는지 알아야 한다. 여기서 실제로 일어난 일은 특정한 종류의 회고(현재를 찬양하기 위해 사용된 회고)에 대한 버터필드의 맹비난이 **일반적인** (모든) 회고에 대한 비난으로 바뀐 것이었다.

  역사는 거꾸로 읽힐 수 있고 또 그래야만 한다는 인식을 하지 못하면 일

• 그러나 잭 헥스터의 고전적 에세이 〈역사가와 그의 시대〉(1954)(그의 《역사에서의 재평가Reappraisals in History》(1961)에서 재판됨)를 보라. 이제 도처에서 볼 수 있는 문구, 즉 역사가의 과제는 '과거를 그 자체의 용어로 이해하는 것'이라는 문구의 인기는 아마 헥스터 덕분일 것이다. 이것은 역사가가 수행하는 것의 오직 일부일 뿐이라고 헥스터가 현명하게 채택한 관점이다(221, 231).

련의 역사적 질문들이 전부 무효화될 수 있다. 따라서 20세기 후반의 가장 영향력 있는 사상사가 퀜틴 스키너Quentin Skinner는 그의 기념비적인 책《근대 정치사상의 토대The Foundations of Modern Political Thought》(1978)를 쓴 것에 대해 사과했다. 그는 2008년 인터뷰에서 다음과 같이 말했다.

> 목적론적으로 서술하게 되는 은유를 사용하는 데에서 (…) 잘못이었다. 그 책은 내가 탐구하고 있는 세계를 가능한 한 심도 있게 나 자신의 용어로 나타내려고 노력했어야 하는데, 우리의 현재 세계의 기원에 대해 너무 많은 관심을 기울였다. 그러나 근대 초기 유럽 역사를 서술할 때 당면하는 문제는, 비록 그들의 세계와 우리의 세계가 서로 크게 다르지만, 우리 세계는 어쨌든 그들의 세계로부터 출현했다는 점이며, 따라서 기원, 기초, 진화, 발전에 관해 쓰고 싶은 매우 자연스러운 유혹이 존재한다는 점이다. 그러나 그것은 이 포스트모던 시대에 내가 굴복하게 되리라고 예상했던 유혹은 아니다.[15]

여기서 비난받고 있는 것은 단지 과거와 현재를 연결해주는(항상 저항을 받는 유혹) 어떤 역사가 아니라 기원, 진화, 발전을 다루는 어떤 역사, 그 결과를 염두에 두고 기술된 어떤 역사다.

이것은 단지 작은 실수라고 생각할 수 있다(스키너는 결국 쓰지 말았어야 한다고 말하고 있었다). 그러나 그것은 불가피하게 과거를 '그 자체의 용어로' 표현하는 과업으로부터 나온다. 모든 인간 역사의 기본적인 특징은 사람들이 미래를 들여다볼 수는 없다는 점이다. 그리고 이것은 미래가 비록 헤아릴 수 없이 많은 의도적인 활동의 결과임에도 불구하고 모든 이들에게 의도되지 않은 결과이기 때문이다.[16] 아무도 그들이 계획하고, 예상하고, 의도한 것을 정확하게 얻을 수 없다. 과거를 그 자체의 용어로 표현하는 역사를 쓴다는 것은, 불가피하게 그것이 예측될 수 없다는 단순한 이유에서 그 변화의 과정이 전혀 이해될 수 없는 역사를 쓰는 것이다.* 역사가 목표 혹은 목적을 지닌다는 목적론적 역사와 역사를 발전의 과정으로 연구하려고 하는 거꾸로 읽는 역사를 구분하는 것이 여기에서 중요하다. 인간 역사는 목표와 목적이 없다. 그러나 수많은 기원, 토대, 진화, 발전이 존재하며, 만일 그것들을 제쳐두면 당신은 변화를 이해하는 모든 가능성을 제쳐두게 된다.**

과거를 거꾸로 읽는 이 과업이 역사의 참여자들이 스스로 어디로 가고 있는지 알고 있다는 혹은 종국의 결과가 미리 정해져 있다는 가정을 포함할 필요는 없다. 《2차 세계대전의 기원The Origins of Second World War》(1961)을 쓴 테일러A. J. P. Taylor는 독일의 정치가들이 2차 세계대전이 도래하는 것을 목격할 수 있었다고 상상하지 않았다. 실제로 그는 전쟁이 의도적인 계획의 결과라는 가정으로부터 벗어나기 위한 더 나은 설명을 찾고 있었다. 스키너는 《토대》를 저술할 때 (만일 나에게 초기의 스키너를 말년의 그로부터 옹호할 자유가 있다면) 마키아벨리, 보댕, 홉스가 의도적으로 근대 자유주의 혹은 근대적 국가론의 토대를 구축하려고 노력했음을 상상하지 않았다. 《이데올로기의 시작The Beginning of Ideology》(1981)을 쓴 도널드 켈리Donald Kelly는 16세기 프랑스 지식인들이 근대적인 주의ism를 예견했다고는 결코 상

---

* 발터 벤야민은 1940년에 이렇게 썼다. '한 시대를 되살리고 싶은 역사가들에게 퓌스텔 드쿨랑주Fustel de Coulanges(1830~1889)는 그 역사의 이후 과정에 관해 알고 있는 모든 것을 애써 잊으라고 권고한다. 역사적 유물론이 파괴되었던 방식을 특징화하는 더 나은 방도는 없다.' (Benjamin & Arendt, *Illuminations*(1986), 247–8) 첨언하자면, 역사가들이 변화, 전개, 기원에 관해 생각할 필요가 있음을 알기 위해 당신이 역사적 유물론자일 필요는 없다.

** 기원에 대한 어떤 탐색이 목적론적인 것으로 폐기되어야 한다는 주장은 푸코Foucault, *Dits et écrits*(2001), Vol. 1, 1004 – 24에 실린 'Nietzsche, l'histoire, la généalogie'(1971)에서 유래한다.

756

상하지 않았다.* 현재의 관점에서 과거를 읽는 역사를 쓰는 것은(나는 몇몇
역사가들이 이것을 충격적으로 여기고 있음을 안다) 완벽히 분별력 있는 지적
과업이다.¹⁷ 그것에 종사하길 거부하는 역사가들은 역사의 지적 시야를 불
필요하게, 그리고 제멋대로 좁힌다. 실제로 회고의 도움 없이 기술된 역사
는 전혀 역사가 아니고, 그보다는 푸코의 용어를 빌리면 계보학일지도 모
른다.

　이 혼란의 대부분의 원천은 역사가의 과업이 지니는 두 가지 명백한 문
제적 특징으로부터 유래한다. 첫 번째는 과거의 사람들이 상당 정도 무엇
이 진행되고 있는지 이해했고 그것에 대응해 영리하게 반응했다는 것이
다. 따라서 사람들이 갈릴레이의 관점에서 역사를 기술할 수 있다고 생각
하기 쉽다. 예를 들어, 갈릴레이는 정교한 실험을 수행했음에도 불구하고,
길버트의 연구를 충분히 철학적인 것이 아니라고 묵살하면서 실험적 방법
의 힘을 결코 완전히 파악하지 못했다. 이러한 측면에서의 그의 한계를 교
정하는 데에 현재-중심적인 관점을 채택할 필요는 없다. 우리는 오로지 더
정확한 측정을 위해 재빨리 갈릴레이의 실험을 재현하는 데 착수한 메르
센의 유리한 위치에서 갈릴레이를 지켜볼 필요가 있다. (물론 여기에는 셰이
핀과 셰퍼가 홉스에게 그랬듯이, 우리가 단지 메르센을 우리의 관점을 위한 대변인
으로 바꿀 위험이 항상 있다. 그래서 조심스럽게 논의를 진행해야 한다.)

　역사가의 과업이 지닌 명백히 문제적인 두 번째 특징은, 몇몇 중요한 발
전들은 참여자들에게 잘 보이지 않는다는 것이다.** 간혹 사람들은 실제

● '상대주의와 상대주의자들에 관한 주석' 10항을 참조하라.

●● 예를 들어, Christopher Clark, *The Sleepwalkers: How Europe Went to War in 1914*(London: Allen Lane, 2012)와 Chris Wickham, *Sleepwalking into a New World: The Emergence of Italian City Communes in the Twelfth Century*(Princeton: Princeton University Press, 2015)를 참조하라.

로 자신들이 하고 있는 것의 중요성을 이해하지 못한다. 혹은 만일 그것을 이해한다 해도, 자신들의 생각을 종이에 표현하는 데 실패한다. 뉴턴은 '가설'이라는 단어의 사용에 관해 마구 불평해댔다. 그러나 이론, 사실, 혹은 자연법칙들에 관한 비교할 만한 토론이 없었다. 새로운 용어들은 조용히, 우연히, 무심코 도입되었다. 그러나 그것은 새로운, 우리 자신의 것으로 굳어진 사고방식의 탄생을 나타낸다. 만일 사람들이 원한다면, 그 사고방식의 정체를 파악하고 그것을 우리의 사고방식으로 확인하는 것은, 의식적으로 의도된 결과가 아닌 발전을 다루는 한, 둘 다 역사가들의 적절한 과제다.[18] 이것은 지식 고고학intellectual archaeology이라고 불릴 수 있다. 나는 이 두 유형의 역사적 시각 어느 것도, 비록 그것들이 과거를 그 자체의 용어로 표현하려는 누구에게나 그렇게 보일 것이 틀림없지만, 문제가 있다고 생각하지 않고, 또한 그것들에 휘그 사관이라는 딱지를 붙여야 한다고 생각하지도 않는다.

이제 휘그 사관(그 용어가 일반적으로 이해되는 대로)의 한 예로 돌아가보자. 조지 케일리Sir George Cayley가 공기보다 무거운 물체의 비행의 물리학을 분석한 《항공술에 관하여On Aerial Navigation》(1809~1810)를 출간했을 때, 그는 현대의 비행기를 상상할 수 없었다. 그러나 그는 캠버 에어포일cambered aerofoil과 우리가 지금 프로펠러***라고 부르는 것을 발명했으며, 공기보다 무거운 물체도 비행이 가능하다고 확신했다. 실제로 그는 사람을 태우는 글라이더를 성공적으로 제작하는 데까지 나아갔다. 물론 그에게 부족했던 것은 적합한 동력원이었다. 그는 증기기관으로 구동되는 비행기를 상상하

*** 옥스퍼드 영어사전에서 이 단어가 배를 추진하는 장치(실제로 외륜paddle wheel)라는 의미로 제일 처음 사용된 때는 1809년이다. 그리고 배에 사용된 최초의 실용적 스크루 프로펠러는 1829년으로 거슬러 올라간다.

려고 애썼으나 그 어려움은 분명했다.

케일리가 근대 항공학의 토대를 놓았다고 말하는 것은 완벽히 합리적이다. 케일리는 자신이 중요한 돌파구를 마련했다는 것을 확신했다. 그러나 그 성취의 중요성이 명백해진 것은 한 세기 이상 지난 뒤였다. 1912년 〈사이언스〉에 실린 '역학적 비행의 문제The Problem of Mechanical Flight'에 관한 논문은 이렇게 시작한다. '과학적 항공 시대는 1809년에 조지 케일리 경이 최초의 완전한 비행기의 역학 이론을 출간했을 때 시작되었다.' 그리고 바로 뒤이어 이렇게 덧붙인다. '그 논문은 약 60년 후 발굴되기 전까지 주목받지 못한 채 간과되었다.'[19] 역사가들은 케일리를 어떻게 처리하는가? 나는 왜 그들이 그의 존재를 무시하는 척하는지 알 수가 없다. 비록 그에 관한 어떤 논의도 휘그 사관으로 치부되기 쉽다고 하더라도 말이다. 현재를 최초의 비행기 시기까지 확장하지 않는 한, 케일리를 중요한 사람으로 간주하는 데에 특별히 현재-중심적인 것은 없다. 케일리에 관해 서술하는 일이 현대적인 항공 여행을 찬미하거나 (예를 들어) 비행기가 지구온난화에 일조했다는 사실을 부인하는 것은 아니다. 과학기술의 역사에서 케일리는 크게 중요하지 않지만 하찮은 인물도 아니다. 그러나 그의 중요성에 관한 우리의 감각은 전적으로 현재에서 과거를 바라보는 관점에서 나온다는 것은 의심할 여지가 없다.

3

휘그 사관, 즉 목적론적 역사를 기술한다는 비난을 두려워하기 때문에 이러한 종류의 간명하고 기초적인 지적을 하는 역사가를 찾기 어렵다. 다행

히 철학자 리처드 로티는 우리를 도울 수 있다. 로티는 다음과 같은 스티
븐 와인버그의 다음 언급을 물고 늘어졌다.

허버트 버터필드가 역사의 휘그주의 해석이라고 부른 것은 그것이 정치나 문
화의 역사에서와는 다른 방식으로 과학사에서 정통적이다. 왜냐하면 과학은
누적적이며, 성공과 실패의 명확한 판단을 허락하기 때문이다.[20]

여기서 와인버그는 무심코 세 가지 별개의 문제인 누적(모든 역사, 실제로
모든 인간의 활동은 누적적이다), 성공 혹은 실패(성공과 실패의 명확한 판단을
허용하는 많은 인간 활동이 있다), 진보(근대 과학기술의 독특한 특징)를 혼합했
다. 그래서 로티는 이렇게 공격했다.

와인버그는 진정으로 재건 수정 법안과 뉴딜의 주州 간間 교역 조항의 사용에
의해 초래된 헌법의 변화가 성공적이었는지 혹은 실패였는지에 대해 명확한
판단을 삼가길 원하는가? 그는 진정으로 시인들과 예술가들이 그들 선조의
어깨에 걸터앉아 시를 쓰고 그림을 그리는 방법에 대한 지식을 축적해왔다
고 생각하는 사람들에게 동의하지 않기를 원하는가? 그는 의회 민주주의 혹
은 소설의 역사를 기술할 때 휘그주의 방식으로 누적의 이야기를 해서는 안
된다고 진정으로 생각하는가? 그는 문화의 이 영역에 관한 반反휘그주의적인
정통적 역사를 제안할 수 있는가?[21]

역사는 성공과 실패의 누적 기록이다. 그리고 역사가 그것이 아닌 무언
가가 될 수 있다는 겉치레는 지난 50년간 역사적 기술의 독특한 케케묵은
생각이다. (로티와 와인버그는, 만일 그들이 사용하는 언어에 동의만 할 수 있다

면, 별다른 어려움 없이 서로 동의했으리라고 상상할 수 있다.)

갈릴레이와 뉴턴, 파스칼과 보일의 과학에서 중요한 것은 그것이 부분적으로 성공적이었고, 미래의 성공을 위한 토대를 놓았다는 것이다. 그들은 미래가 무엇을 담을지 몰랐다. 그러나 그들은 자신들이 성취하려는 것에 대한 명확한 의미를 파악하고 있었다. 그들은 자신들이 진보를 만들고 있음을 자신했다. 그리고 우리는 그들 뒤를 따랐던 사람들에 대한 그들의 영향력을 배제할 수 없는 것처럼, 그 진보를 우리 역사 바깥으로 배제할 수 없다. 우리는 성공을 의회 민주주의와 문학의 역사 바깥으로 배제할 수 없다. 비록 민주주의는 가끔 실패하고, 문학은 가끔 나아지지 않고 퇴보하지만 말이다. 과학에 관해 눈에 띄는 점은 그 과정이 단지 **누적적**일 뿐만 아니라, **누적되어 늘어난다는** 것이다. 과거는 단지 현재를 형성하는 것만이 아니다. 과학에서 과거에 이루어진 이득은 현재에 만들어지는 더 큰 이득과 교환되기 위해서만 포기된다(검열, 종교적이거나 정치적 간섭이 있는 곳을 제외하고 말이다).* 1572년 이래 과학사를 독특하게 진보의 역사로 만든 것은 근대 과학의 이런 특이한 성격이다. 과학의 역사를 민주주의 혹은 문학의 역사를 기술하는 회의론적 방식과 동일한 방식으로 기술하기가 적합하지 않은 것은 바로 이 때문이다.

---

* 과학에서 새로운 패러다임이 승리하는 과정은 그것들이 낡은 패러다임과 분리할 수 없기에 포기될 수밖에 없는 몇몇 완벽하게 만족스러운 이론들의 손실을 포함하며, '쿤 손실Kuhn loss'(이 용어는 Post, 'Correspondence, Invariance and Heuristics'(1971)로부터 유래한다)이라 불려왔다. 예를 들면 Graney, *Setting Aside All Authority*(2015)는 코페르니쿠스설의 손실이 이득보다 컸다는 견해를 지닌 사람들의 주장을 고찰하고, 그들의 논증이 결코 무시할 수 없음을 보여준다. 그럼에도 불구하고, 나는 과학에서 한 걸음 후퇴는 항시 두 걸음 전진을 가져오며, 손실이 이득보다 큰 분명한 사례는 없다는 것을 주장하고 싶다.

4

그러므로 이 책은 의도적으로 이 포스트모던 시대에 확립된 어떤 관습에 반대하여 기술되었다. 나는 곧 그러한 관습들 하나하나가 휘그주의적인 정치사 서술을 지배했던 관습처럼 신비주의적인 것이 되리라 믿는다. 상대주의와 포스트모더니즘 뒤에 있는 구동력은 무엇일까? 어떤 이들은 그 것이 근본적으로 다문화주의로의 정치적 전념, 문화가 붕괴될 때 재검토를 요구하는 전념이라고 생각한다. 대충 말하자면 이것은 나에게 사실로 보인다. 또 다른 관점 하나는, 포스트모더니스트들은 '실재'의 존재를 인정하지 않으려 한다는 것이다. 이 관점이 지닌 문제는 그것이 '실재'라는 개념을 당연시한다는 점이다. 반면 우리가 필요한 것은 실재의 변화하는 본질에 관한 역사다. 그러나 여전히 이 두 번째 관점 또한, 내가 생각하기에는 진리의 알맹이를 지니고 있다. 포스트모던 과학사가들이 그러하듯이, 급진적 우연성, 경로-의존성 같은 것은 존재하지 않는다는 생각, 우리가 여전히 연금술에 종사하고 있고 페니파딩penny-farthings 자전거(앞바퀴는 아주 크고 뒷바퀴는 아주 작았던 초창기의 자전거 — 옮긴이)를 타고 있다는 생각을 주장하는 것은, 어떤 이론이나 기술이 성공하도록 이끄는(다른 것들은 실패하는 반면) 실재에 기초한 논리가 결코 존재하지 않는다고 주장하는 것이다.[22] 실행에서 중대하게 문제가 있지만 의도에서 고결한 다문화주의에 대한 정치적 전념과 함께, 우리는 또한 강력한 환상, 우리가 선택하는 방식으로 세계를 재구성할 수 있다는 환상, 우리가 시도하는 것은 결코 이루어질 수 없다고 아무도 우리에게 말해줄 수 없다는, 동일하게 강력한 환상을 인정해야 한다. 다문화주의자 정치는 탈식민주의와 이민이라는 실재적인 대상물을 가진다. 그러나 포스트모더니스트 인식론은 우리가 소망을

762

만족시키는 정치학politics of wish-fulfillment이라고 부르는 것과 관계있는 환상을 지닌다. 그것에 따르면, 우리의 정신에 있는 사고들ideas 외에는 우리가 선택하는 대로 우리 세계를 재구성하는 데 장애물이 없다. 세계는 우리가 원하는 어떤 것이라도 될 수 있다. 왜냐하면 사고가 그것을 그렇게 만들기 때문이다. 셰이핀과 셰퍼가 '우리가 아는 것에 책임이 있는 것은 우리 자신이다'라고 말했을 때, 그들은 무엇이든 우리가 그것을 (지식으로) 만들기로 선택하는 것이 지식이라고 암시하는 듯 보인다. 그리고 만일 우리가 보고 있는 대로의 과학을 좋아하지 않는다면, 우리가 할 수 있는 일이라고는 과학이 그런 모습이 아니기를 기원하는 것뿐일 것이다.

상대주의에 감추어져 있는 것은 전능에 관한 꿈, 아마 학구적 삶의 무기력과 (현실과의) 무관함에 대한 상상 보상fantasy recompence일 것이다. 1919~1920년, 이탈리아의 마르크스주의자 안토니오 그람시는 그 자신의 경구로 '지성의 비관주의, 의지의 낙관주의'를 채택했다.[23] 푸코의 정치학은 이와 정반대로 지성의 낙관주의, 의지의 비관주의다. 그것은 우리 세계의 재구성에 방해되는 것은 실제로 우리 스스로가 만든 것이라고 주장하면서, 우리는 우리가 만들지 않은 세계에 갇혀 있다고 선언한다. 이는 몽테뉴가 사랑했던 친구 에티엔 드 라 보에티Étienne de la Boëtie에 의해 처음 창안된 정치의 비전이다. 몽테뉴는, 비록 자신의 친구에 대한 사랑에는 한계가 없었음에도 불구하고, 그 속임수에 결코 넘어가지 않았다.

'나는 무엇을 아는가?'

사람이 세계를 이해하기 위해 세계는 어떻게 되어야만 하는가?
_토머스 쿤, 《과학혁명의 구조》(1962)[1]

어떤 과학 이론도 사물을 설명하려는 우리의 시도에서 왜 우리가 성공적인지를 설명하려 해서는 안 된다. (…) 수많은 가능하고 사실적인 세계가 존재한다. 그 속에서는 지식의 탐구와 규칙성의 탐구가 실패할 것이다.
_카를 포퍼, 《객관적 지식》(1972)[2]

1

1571년, 몽테뉴는 법관으로서의 전문직에서 은퇴했다. 그는 당시, 오늘날의 기준으로 보면 아직 젊었지만, 16세기의 기준으로 보면 고령으로 진입하는 37세였다. 그는 1563년의 라 보에티의 죽음을 여전히 애도하며 죽음에 대한 생각에 사로잡혀 있었다. 그는 책과 함께 여생을 보낼 요량이었다. 그는 수천 권에 이르는 방대한 장서가 있었다. 그는 서재 기둥에다 고전에서 인용한 60여 개의 구절을 써놓았다. 모두 인간 삶의 허망함과 지식을 향한 인간 열망의 헛됨을 강조하는 내용이었다. 그것들은 사실상 그의 독서의 축도였다. 그는 한 쌍의 저울 그림 위에 '나는 무엇을 아는가Que sçay-je?'라고 새겨진 메달을 갖고 있었다. 그 저울은 위아래로 흔들려서, 정의를 상징하기보다는 불확실성을 나타냈다.

몽테뉴는 새로운 삶에서 행복을 찾지 못했다. 그래서 그는 하나의 치료법으로 자신을 친구로 삼아 글쓰기로 돌아섰다. 그 결과가 그의 《수상록Essais》이었다. 1권과 2권을 포함하는 첫 책은 1580년에 출간되었다(3권은 1588년 추가되었다. 몽테뉴는 1592년에 죽기 전까지 자신의 에세이들을 계속 수정했다). 에세이essay라는 말은 우리에게 정상적이고 자연스럽게 보인다. 학생들은 항상 에세이를 쓴다. 그러나 이 말을 사용했을 때, 몽테뉴는 분석assay 혹은 시험test을 의미했다. 몽테뉴는 자신을 시험하고, 자신을 탐험하고, 자신을 연구하고, 자신을 알아내려 하고 있었다. 《수상록》에서 몽테뉴는 세계의 지식에 관한 기본적인 주장, 지식은 항시 주관적이고 개인적이라는 주장을 하고 있었다. 그는 또한 새로운 문학 장르를 발명하고 있었다.

그의 《수상록》 초판에서는 두 가지가 특히 중요했다. 1권의 중심에는 우정에 관한 에세이가 있었다. 원래 이것은 라 보에티의 놀라운 저작 《자발적 복종에 관한 담론Discours de la servitude volontaire ou le Contr'un》의 초판 서문으로 준비된 것이었다. 현재 라 보에티의 이 책은 최초의 아나키스트 저술로 간주되곤 한다.[3] 결국 몽테뉴는 《담론》을 출간할 수 없었다. 그것이 이미 개신교 반란군에 의해 출간되었고 선동적인 것으로 규탄되었기 때문이다. 라 보에티는 왜 우리가 권위에 복종해야 하는지 알고 싶어했다. 그리고 그의 답은 우리가 그래서는 안 된다는 것이었다.

2권의 핵심부에(이번에는 중심이 아니었다 ─ 중심이 되는 에세이는 〈양심의 자유에 관하여〉다)는 에세이 중에서 가장 긴 〈레몽 세봉을 위한 변명〉이 있었다. 여기서 나온 문구는, 우리가 9장에서 보았듯이, 후일의 자연법칙에 관한 사유에 중요했다. 카탈로니아 신학자인 세봉(1385~1436)은 라틴어로 기독교의 진리를 합리적으로 입증하는 책을 썼다. 임종을 앞둔 몽테뉴의 부친은 몽테뉴에게 그것을 프랑스어로 번역해달라고 요청했다(몽테뉴는 부친에게 보내는 번역에 대한 헌정 서한의 날짜로 부친의 임종일인 1568년 6월 18일을 적었다). 따라서 〈변명〉의 원천은 한 구절 한 구절이 우정에 관한 에세이처럼 사사롭고 개인적이었다. 몽테뉴의 〈변명〉과 세봉의 기독교 옹호는 서로 짝을 이루는 저술이었다. 그러나 이번에는 혁명적 저술의 저자는 몽테뉴다. 왜냐하면 〈변명〉은 밖으로 드러난 형식으로는 세봉에 대한 옹호였기 때문이다. 자세히 살펴보면 그것은 그가 옹호하는 모든 것에 대해 엄청난 손상을 가하는 공격, 종교에 관한 한결같은 비판이었다. 명백히 몽테뉴의 주장은 정교하고 주의깊게 표현되어야 했다. 세봉의 저술조차 검열에 저촉이 생겼다. 그것의 기본 요지 때문이 아니라 세봉이 서론에서 펼친 사치스러운 주장 때문이었다. 세봉은 신앙과 이성을 같이 사용했기 때문에 몽테뉴의 비평은 지식에 관한 모든 주장이 과장되어 있음을 보임으로써 신앙을 약화할 요량이었다. 〈변명〉에서 문제가 된 것은 기독교 신앙의 합리성이 아니라 철학자들이 제기하는 모든 주장의 신뢰성이었다. 지금 우리가 '과학'이라고 부르는 주제는 16세기에 철학의 일부로 형성되었다.* 그래서 몽테뉴의 〈변명〉은 다른 무엇보다도 그의 시대의 과학에 대한 공격이다.

몽테뉴의 회의론의 원천은 확인하기 어렵지 않다. 개신교도와 가톨릭교도 간의 치열한 투쟁은 프랑스에서 내란이 계속되도록 했고 가장 끔찍한 대학살과 야만성으로 이어져 진리에 대한 모든 주장을 당파적인 것으로 만들었다. 인문주의 학습(몽테뉴는 라틴어를 제1언어로 말하도록 교육받았다. 그래서 그는 자신의 부친에게 결핍되었던 학문을 습득할 수 있었다)은 기독교에 대한 현실적인 대안으로서 이교도 그리스인과 로마인의 믿음들을 되돌려

* 또는 철학에 부속된 주제였다. 앞의 2장 2절을 참조하라.

주었다. 중세 대학의 철학적 논쟁(아비센나의 아리스토텔레스주의와 아베로에스의 아리스토텔레스주의 사이의, 그리고 실재론자들과 유명론자들 사이의)은 중세에 알려지지 않았던 두 저술의 출간에 의해 편협한 지역주의로 비치게 되었다. 그 두 저술은 몽테뉴가 주의깊게 연구한 물질주의 무신론의 저술, 루크레티우스의 《사물의 본성에 관하여》(많은 주석이 달렸고, 그가 읽었던 책이 최근 확인되었다)와 섹스투스 엠피리쿠스의 《피론주의의 개요Pyrrhōneioi hypotypōseis》(1420년대에 재발견되었으나 1562년에야 출간됨)였다.[4] 신세계의 발견은 모든 인간이 그것에 동의할 수 있는 무언가가 존재한다는 주장을 치명적으로 약화시켰다.

몽테뉴의 회의주의는 그 한계를 지니고 있었다. 그는 당신이 포도에서 포도주를 만들 수 있고 보르도에서 파리로 가는 길을 찾을 수 있다는 것을 의심하지 않았다. 어떤 이가 그에게 고대인들은 지중해의 바람을 이해하지 못했다고 설득한 적이 있었다. 몽테뉴는 그런 주장을 참지 못했다. 그들은 동쪽으로 항해하려 했는데 서쪽으로 갔는가? 그들은 마르세유로 출발했는데 제노바에 도착했는가? 물론 그렇지 않다. 그는 2 더하기 2는 4가 되고 삼각형의 내각을 합하면 두 개의 직각이 됨을 의심하지 않았다(비록 그는 두 선이 영원히 접근할 수 있으나 결코 만나지 않는다는 기하학적 증명이 역설적임을 발견했지만 말이다).[5] 그가 의심했던 것은 당신이 기독교 혹은 다른 종교의 진리를 증명할 수 있다는 것이었다.[6] 그는 보편적인 승인을 받을 수 있는 어떤 도덕 원리가 존재한다는 것을 의심했다. 그리고 그는 우리의 정교한 지적 체계가 세계가 어떻게 구성되어 있는지를 이해할 수 있게 해주는지 의심했다. 의사는 환자를 치료하기보다 죽일 확률이 높다고 그는 생각했다. 거의 1500년 동안 프톨레마이오스는 지리와 천문학과 관련된 모든 질문에 대한 신뢰할 만한 전문가로 여겨졌다. 그때 신세계의 발견은 그의 지리 지식이 끔찍하게 잘못되었다는 것을 보여주었다. 그리고 코페르니쿠스는 프톨레마이오스의 우주론에 적어도 실행 가능한 대안이 있음을 보여주었다.[7] 몽테뉴는 지식에 대한 우리의 주장이 인간으로서의 우리의 한계를 인정하지 않으려 하기 때문에 일반적으로 잘못되어 있다고 말했다. 우리는 소크라테스의 지혜가 그 자신의 무지를 인정하는 데 있었다는 것을 기억할 필요가 있다.[8]

몽테뉴는 〈변명〉을 세네카에게서 인용한 문장으로 끝냈다. '오! 그가 인간성 이상으로 고양되지 않는다면 인간은 얼마나 악하고 비참한 존재인가? 간결한 말, 이것은 가장 유용한 열망이지만 부조리하다.' '주먹보다 더 큰 한 줌을 만들기 위해, 팔보다 더 큰 한 아름을 만들기 위해, 다리가 뻗을 수 있는 것보다 더 넓은 보폭을 만들기 위해 사물들은 괴물이 되고 곤란해진다. 사람은 그 자신 이상에 도달하거나 혹은 인간성을 초월하여 존재할 수 없다. 그는 그의 눈으로만 보고 그의 손으로만 움켜잡을 수 있기 때문이다.' 물론 그는 거기서 그치지 않는다. 이단적인 설명들이 너무 명확하기 때문이다. 그래서 그는 계속한다. '그는 하느님이 그에게 특별한 도움의 손길을 허락하신다면 고양될 것이다. 그는 그 자신의 수단을 포기하고 부인함으로써 그 자신이 순전히 천상의 존재에 의해 이끌려 높아짐으로써 고양될 수 있다.'[9] 이것이 마지못해 억지로 추가한 문장인가? 몽테뉴의 독자들은 정통 가톨릭에 대한 그의 항변이 진심 어린 것이라고 생각하는 이들과 그것들이 단지 검열에 대비한 양보라고 생각하는 이들로 극명하게 나누어진다. 나 자신의 동조는 이미 명확할 것이다.[10] 결국 몽테뉴는 결코 천상의 영감과 신적인 개입의 예시를(의심이나 어려움으로 그것을 얼버무리지 않고) 제시하지 않았다. 그는 우리가 하느님의 형상으로 창조되기는커녕, 우리가 하느님을 우리의 형상으로 만들었다고 지적했다. '우리를 서로 상관관계가 있는 존재로 간주하면서, 우리 자신을 위해 하느님의 특성을 위조한다.'**11** 그는 한순간 기적을 믿는다고 주장하면서, 다음 순간에는 그 자신의 믿음을 의심했다. 종국에 그는 기독교인이 되는 의무를 자신이 살고 있는 국가의 법을 지킬 의무에 접목시켰다. 합리적인 사람의 시각에서 볼 때 그 법의 내용은 전적으로 임의적인 것이다.**12**

여기서 이 문제를 해결할 필요는 없다. 현재의 목적을 위해 중요한 것은 몽테뉴의 거부 — 그의 시대의 포도주를 만들고 빵을 굽는 지식 같은 실용적 지식에 대한 거부가 아니라 의학, 지리학, 천문학 같은 학습된 지식에 대한 거부다. 몽테뉴는 이들 다양한 분야의 지식을 '과학'이라고 불렀다. 몽테뉴의 회의주의는, 그 시대의 과학에 적용해볼 때 전적으로 정당하다. 1580년에 대학에서는 오늘날 과학도가 여전히 배우는 단 하나의 자연철학적 원리도 가르치지 않았기 때문이다. 종교적 신앙과 관습적인 도덕적 확실성에 의문을 제기하는 몽테뉴의 주장은 과거에도 그러했고 오늘날에도 여전히 날카롭다. 그러나 당시의 과학에 의문을 품은 그의 주장은 오늘날의 과학에는 해당되지 않는다. 과학은 지금 그때의 과학과는 완전히 다른 것이다.

2

몽테뉴는 인간은 불완전하고 인간의 지식은 필연적으로 신뢰하기 어렵다고 주장했다. 갈레노스는 건강한 의사의 손은 세계를 구성하는 네 가지 성질인 차고 더운 것, 축축하고 건조한 것을 판단하는 완벽한 기구라고 주장했다. 만일 환자가 의사의 손보다 뜨거우면 절대 용어로 더운 것이다. 세계는 덥고 찬 것을 느끼는 우리의 감각이 실제의 정성적 차이에 해당하도록 신에 의해 질서를 부여받았다. 몽테뉴는 이런 것들을 받아들이려 하지 않았다. 우리는 오감을 갖고 있다. 그러나 만일 실제로 (세계가) 진행되고 있는 것을 알고자 한다면 우리가 얼마나 많은 감각을 갖고 있어야 하는지 누가 아는가? 우리가 무엇을 놓치고 있는지를 누가 아는가? 물론 그는 옳다. 박쥐는 우리가 경험하는 것과 근본적으로 다른 방식으로 세계를 경험한다. 그리고 반향점 측정echo location만을 통해 박쥐들이 우리가 다른 수단으로 아는 것을 알게 된다고 가정하는 것은 잘못이다. 그것은 우리가 결코 지니지 못할 통찰력을 박쥐들에게 제공할 수 있기 때문이다.[13] 디드로는 몽테뉴의 〈변명〉처럼 그 한 줄 한 줄이 체제 전복적인 그의 저서 《맹인에 관한 서한》(1749)에서 맹인 철학자는 반드시 무신론자일 거라고 주장했다. 그들은 우주의 질서와 조화를 감지할 수 없기 때문이다.[14] 우리가 세계에 관해 아는 것, 그리고 우리가 안다고 생각하는 것은 전적으로 우리가 그것을 감지하는 방법에 의존한다.

우리가 과학혁명이라고 알고 있는 위대한 변혁 — 몽테뉴가 은퇴 후 그의 서재로 돌아간 다음 해에 본격적으로 시작된 변혁은 우리의 감각을 개선하는 데 있었다. 나침반은 선원들이 지구의 자기장을 감지할 수 있게 했다. 망원경과 현미경은 과학자들이 이전에 볼 수 없었던 세계를 관찰하게 만들었다. 온도계는 온도를 측정하는 갈레노스의 손을 대체했다. 기압계는 우리 피부에 닿는 공기의 압력을 나타내 보여주었다. 진자시계는 시간의 경과라는 주관적 경험을 객관적으로 측정하게 해주었다. 새로운 기구들은 새로운 지각을 의미했고 그것들과 함께 새로운 지식이 도래했다.

이 모든 기구들은 적어도 부분적으로 유리 제작 기술에 의존했고 시각적 정보를 제공했다. 이것들과 함께 인쇄술이라는 수단으로 저술과 그림을 기계적으로 생산 할 수 있다. 이것은 지식의 소통을 변혁했고 새로운 유형의 지적 공동체를 확립했다. 빽빽이 들어찬 인쇄된 서적으로 둘러싸인 서재에서 집필된 몽테뉴의 《수상록》은 그 자체가 새로운 책 문화의 등장에 대한 증거다. 인쇄되어 전파됨으로서 그것들은 모든 독자들에게 그들 자신의 독자적 탐험 프로젝트에 어떻게 참여할 수 있는지를 보여주었다.

망원경은 과학 기구이고 인쇄술은 과학 바깥의 어떤 것이라고 생각하는 경향이 있다. 그러나 최초의 망원경은 과학자에 의해 만들어지지도 않았고 과학자를 위한 것도 아니었다. 인쇄술은 과학자들의 지적인 열망을 변화시켰다. 왜냐하면 이제는 문헌과 자세한 그림까지 같이 놓고 연구할 수 있게 되었기 때문이다. 둘 다 실용적 기술로 출발했으나 과학 기구가 되었다. 이렇게 해서 새로운 과학은 엘리자베스 아이젠슈타인의 구절을 사용하자면, '변화의 동인'으로 기능하는 몇몇 핵심 기술에 의존하게 되었다.[15]

인쇄술은 몽테뉴의 《수상록》의 경우에서 볼 수 있듯이 권위에 대한 새로운 비판적 태도를 북돋았고 지식은 시험되고 재시험되어야 한다는 주장으로 이어졌다. 몽테뉴의 경우, 이는 우리가 알고 있는 것의 주관성, 그것의 개인적 경험에 대한 의존성의 강조를 불러왔다. 물려받은 지식은 더는 의문 없이 인정될 수 없었다. 그러나 새로운 지식이 축적되면서 인쇄술은 회의론을 북돋는 대신 새로운 유형의 자신감을 불어넣기 시작했다. 사실은 점검될 수 있고, 실험은 재현될 수 있으며, 권위는 나란히 놓고 비교될 수 있었다. 지적인 엄밀함은 그 어느 때보다 훨씬 강렬했고 폭이 넓었다. 인쇄술은, 지식은 더 이상 권위에 의해 뒷받침되는 것이 아니라 신뢰할 수 있어야 한다는 주장의 전제 조건이 되었다.

새로운 기구들과 인쇄된 책들의 홍수는 새로운 경험의 창을 열었고 낡은 권위를 타파했다. 과학의 오래된 역사, 버트, 버터필드, 쿠아레의 과학사는 17세기의 새로운 과학이 주로 이 새로운 증거의 결과물이라는 시각을 거부했다. 중요한 것은 사유의 방식이었다. 쿤과 함께 시작된 새로운 과학사는 이 새로운 사유의 방식을 지식 공동체에 뿌리내리게 하려고 노력했다. 새로운 사유의 성공은 사상가 공동체 내부 및 그 사이의 갈등과 경쟁에 달려 있었다. 실험은 성공적으로 재현될 수 있다는 생각을 문제화함으로써 쿤 이후 세대, 셰이핀과 셰퍼의 세대는 경험 그 자체가 예측 불가능하고, 영향을 잘 받고, 사회적으로 구성된다는 것을 입증하려고 노력했다. 그들의 설명(여기서 그들은 쿤과 결별했다)에서는 지식의 사회사는 단지 과학사의 한 측면이 아니다. 오히려 지식의 사회사는 기술될 수 있는 유일한 역사다.

포스트모던 과학사의 부적절함을 인식한다는 것은 우리가 단지 쿤이나 쿠아레로 되돌아가야 한다는 것을 의미하지 않는다. 그들이 흥미를 가졌던 패러다임 전환에 집중했을 때 생겨나는 문제는, 그러한 전환이 일어났던 더 넓은 환경에 대한 시야를 우리가 잃어버린다는 것이다. 쿤은 당시 발견이 당연시되었고, 망원경이 막 등장했고, 과학이 수행되는 언어가 결코 언급되지 않았던 코페르니쿠스설을 설명했다. 쿤의 접근 방식은 과학적 과업을 시대에 부여된 것으로 여겼고 그래서 불가피하게 그 형성 과정을 놓쳤다. 이것은 코페르니쿠스설의 뒤늦은 승리에 중요했다. 쿤은 자신이 놓치고 있는 것을 관찰하는 데 실패했다. 왜냐하면 그는 과학이 1543년보다 훨씬 이전에 발명되었다고 가정했기 때문이며, 또한 코페르니쿠스설이 채택되는 데 있어서의 장애물, 천문학을 철학에 복종시킴으로써 오는 장애물을 심각하게 과소평가했기 때문이다. 그러한 접근 방식은 어떻게 파스칼이 압력의 이론을 개발했는지, 혹은 보일이 어떻게 보일의 법칙에 도달하게 되었는지에 관한 부분적인 수정은 설명할 수 있을지 모르지만 베르티부터 파팽에 이르는 긴 과정의 진공 실험은 설명할 수 없다(뉴커먼의 대기압 증기기관은 새로운 시작이라기보다는 그 확장된 과업의 최종 결론이다). 이 기간 동안 새로운 문화, 지적인 논쟁을 실험으로 해결하려고 추구하는 문화가 구축되었다. 그 문화는 그 자체가 우주의 구조에 관한 논쟁을 훨씬 더 정확한 관찰을 통해 해결하려고 노력했던 초기의 과업, 튀코 브라헤에 의해 확립된 새로운 천문학을 모방하면서 확립되었다. 수학자들은 관찰에서 실험으로, 천문학에서 물리학으로 관심을 두면서 새로운 지적 도구, 새로운 언어가 필요하다는 것을 깨달았다. 새로운 언어 중 몇몇(가설과 이론)은 천문학에서 왔고, 다른 몇몇(사실과 증거)은 법률에서 왔다. 이 새 어휘는 새로운 지식의 지위를 설명하는 데 필수적이지만 이것은 우리가 너무나 당연시하기 때문에 언제 창안되었는지 알 수 없어졌다. 그 가정은 사유가 자연스럽게 왔든지, 혹은 자연과학에 관한 사유에 필요한 지적 도구들이 고대 그리스인들에 의해 개발되었든지 둘 중 하나라는 것이다. 우리가 보았듯이 이는 사실이 아니다.

과학적 탐구에는 기본적으로 세 가지 변수가 있는 것으로 보이는데, 이는 경험(사실, 실험), 과학적 사고(가설, 이론), 사회(사회적 지위, 전문 조직, 학술지, 네트워크, 교과서)다. 쿤의 패러다임 개념은 이들 세 변수를 서로 엮은 특별한 방식이다. 이 기본적인 구도는 이언 해킹의 《확률의 등장The Emergence of Probability》(1975)의 출간과 함께 문제가 되었다. 이 책은 확률적 사고가 1660년대까지 존재하지 않았던 강력한 지적 도구를 제공했다고 주장했다.* 그러나 확률이 17세기 동안 나타났던 일련의 핵심 지적 도구

---

* 확률의 《등장》에 관해서는 Daston, 'The History of Emergences'(2007)를 참조하라. 나는 이 책에서 확률적 사고의 중요성을 강조하지 않았다. 그것의 주된 영향이 이후에 나타났기 때문이다. Gigerenzer, Swijtink and others, *The Empire of Chance*(1989). 해킹은 자신의 연구를 미셸 푸코의 지식 고고학 연구의 전개로 보았다. 그

중 하나라는 것을 명백히 해야 한다. 그런 새로운 과학사를 구축할 수 있는 재료는 1975년에는 쉽게 손 닿는 곳에 있지 않았다.

그러나 해킹이 확률 이론을 특정한 사고방식으로 확인한 것은 확률의 등장 이전에 가능했던 지적 대안을 명확히 하는 데 이바지했다. 갈릴레이가 쓴 문장 중에 이보다 더 자주 인용되는 것은 없다.

철학은 항시 우리 눈앞에 펼쳐진 이 매우 위대한 책(우주를 뜻한다)에 쓰여 있다. 그러나 사람들은 먼저 그 언어를 이해하고 그것이 기술된 특성을 인식하는 방법을 배우기 전에는 그것을 이해할 수 없다. 그것은 수학적 언어로 쓰여 있다. 그 특성은 삼각형, 원, 그리고 다른 기하학적 모양들이다. 이 수단들 없이는 그것의 한 단어라도 이해하는 것은 불가능하다. 이것들 없이는 아무런 단서 없이 어두운 미로를 이리저리 헤맬 뿐이다.[16]

갈릴레이의 관점에서 기하학이 제공한 지적 도구들은 과학자들이 필요로 하는 유일한 도구들이었다. 이것은 합리적인 관점이었다. 왜냐하면 그것들은 코페르니쿠스 천문학에, 그리고 갈릴레이의 두 새로운 과학, 포사체의 과학과 하중을 견디는 구조의 과학에 필요한 유일한 도구들이었기 때문이다.•• 필요한 도구들은 이뿐이라고 주장하면서 갈릴레이는 아리스토

러나 나는 《등장》을 해킹이 믿었던 것보다 훨씬 덜 푸코적인 작업으로 여긴다. 해킹은 또한 앨리스터 크롬비Alistair Crombie에게 진 상당한 빚을 인정했다. 적어도 나의 목적에서는, 《등장》은 역사가들에게 Febvre, *Le Problème de l'incroyance*(1942)와 더불어 시작했던 지적 도구의 역사적 연구 전통에 부합된다. 지적 도구에 대한 페브르 자신의 관심사는 그가 계획했던 역사 백과사전에서 분명히 나타났다. Rey, Febvre, and others (eds.), *L'Outillage mental*(1937); 그것의 출처는 뤼시앵 레비브륄Lucien Lévy-Bruhl의 인류학에 있다. 예를 들어, Lévy-Bruhl, *How Natives Think*(1925)를 참조하라.

•• 현대의 책들(예: Heilbron, *Galileo*(2010))은 흔히 갈릴레이의 발견들을 대수식으로 표현하는데, 그러한 표현들은 심각하게 시대착오적이다.

텔레스의 논리학을 무관한 것으로 묵살했다. 물론 갈릴레이 이래 대수, 미적분, 확률 이론을 포함한 과학을 수행하는 모든 종류의 새로운 언어들이 발명되어왔다.

새로운 과학은 새로운 지적 도구로부터가 아니라 갈릴레이의 망원경, 보일의 공기펌프, 뉴턴의 프리즘 같은 새로운 유형의 실험 장치로부터 온다고 생각하기 쉽다.* 이것은 잘못된 관점이다. 100년의 시간 동안 무작위의 임상실험(스트렙토마이신, 1948)은 X선(1895)이나 MRI 스캐너(1973)보다 훨씬 더 중요하게 여겨진다. 새로운 도구들은 지극히 명백하다. 새로운 지적 도구들은 그렇지 않다. 그 결과 우리는 새로운 기술의 중요성을 과대평가하고, 새로운 지적 도구의 생산율과 영향력을 과소평가하는 경향이 있다. 좋은 예시가 방정식에서 미지의 양을 나타내기 위해 알파벳의 끝자리 근처 문자 x, y, z를 사용한 데카르트의 창안과 윌리엄 존스William Jones의 기호 π의 도입(1706)이다.[17] 또 다른 예는 그래프다. 그래프는 이제 어디서나 볼 수 있기에 그것들이 자연과학에서는 1880년대에야 사용되기 시작했다는 사실은 충격적이다. 그래프는 사고를 위한 강력하고 새로운 도구를 나타낸다.[18] 절대적으로 근본적인 개념인 통계적 유의성의 개념은 1925년 로널드 피셔Ronald Fisher에 의해 정립되었다. 그 개념 없이는 1950년에 리처드 돌Richard Doll이 흡연이 암을 유발한다는 사실을 입증할 수 없었을 것이다.

물리적 도구들은 지적 도구들과는 매우 다르게 작동한다. 물리적 도구들은 세계에서 당신이 활동할 수 있도록 해준다. 톱은 나무를 자르고, 망

• 나는 새로운 사고와 사고를 위한 새로운 도구를 구분한다. 갈릴레이의 새로운 과학은 확실히 새로웠지만, 그가 그것들을 구축하는 데 사용했던 지적 도구들은 어떤 수학자에게나 익숙했던 것이었다. 미적분학은 사고를 위한 새로운 도구였고, 그것이 없었다면 뉴턴은 중력에 대한 자신의 설명을 공식화할 수 없었을 것이다.

치는 못을 두드린다. 이 도구들은 기술 의존적이다. 드라이버는 동일한 나사못을 대량 생산할 수 있게 된 19세기에 등장했다. 그 이전에는 극소수의 수제 나사못을 칼날 끝으로 돌려야 했다.[19] 망원경과 현미경은 렌즈를 만드는 기존의 기술에 의존했다. 온도계와 기압계는 유리를 뽑는 기존의 기술에 의존했다. 망원경과 온도계는 톱과 망치만큼 주변 세계를 변화시키지는 못했지만, 세계에 대한 우리의 인식을 바꾸었다. 그것들은 우리의 감각을 변혁시켰다. 몽테뉴는 사람들이 오직 그들 자신의 눈으로만 볼 수 있다고 말했다. 그들이 망원경으로 볼 때(물론 몽테뉴에게는 그런 기회가 없었다), 그들은 오직 자신의 눈으로 보게 된다. 그러나 그들은 맨눈으로는 결코 볼 수 없었을 것을 보고 있는 것이다.

반면 지적 도구는 세계가 아니라 사고를 조종한다. 그것은 기술적인 전제 조건이 아니라 개념적인 전제 조건을 가진다. 어떤 도구들은 물리적이면서도 지적인 도구다. 주판은 복잡한 계산을 수행하는 물리적 도구다. 그것은 당신이 더하고 빼고 곱하고 나눌 수 있게 한다. 그것은 완전히 물질적이지만 그것이 생성하는 것은 숫자다. 그리고 숫자는 물질적인 것도, 비물질적인 것도 아니다. 주판은 정신적 노동을 수행하는 물리적 도구다. 우리가 당연시하는 아라비아 숫자도 마찬가지다. 나는 로마인들이 하듯 x, xxviii, liv 하지 않고 10, 28, 54라고 쓴다. 아라비아 숫자는 나로 하여금 종이 위에서 로마 숫자로 할 수 있는 것보다 훨씬 능숙하게 더하고 빼고 곱하고 나누게 해준다. 그것들은 종이 위에 기호로서, 그리고 나의 마음에 존재하는 도구들이다. 주판처럼 그것들은 내가 수를 다루는 방식을 변혁시킨다. 숫자 0(그리스인들과 로마인들에게 알려지지 않았던), 소수점(1593년 크리스토프 클라비우스에 의해 발명된), 대수학, 미적분학, 이러한 것들은 수학자들이 할 수 있는 것을 변혁시킨 지적인 도구들이다.[20]

이제 분명해져야 하겠지만, 근대 과학은 그 하나하나가 주판이나 대수학만큼 중요한 일련의 지적 도구들에 의존한다. 그러나 주판과는 달리 물질적 객체로 존재하지 않는다. 아라비아 숫자, 대수학, 혹은 소수점과는 달리 특정한 유형의 기명을 요구하지 않는다. 처음 보면 그것들은 낱말('사실', '실험', '가설', '이론', '자연법칙', '확률')일 뿐이다. 그러나 그 낱말들은 새로운 사고방식을 압축하고 있다. 수학자들에 의해 차용된 지적 도구들과는 달리 이러한 지적 도구들이 지닌 특이한 점은, 그것들이 우연적이고, 틀리기 쉽고, 불완전하다는 것이다. 그러나 그것들은 신뢰할 만하고 견고한 지식을 가능하게 한다. 그것들은 어렵고, 아마 옹호하기 불가능할, 그러나 실제로는 잘 작동되는 철학적 주장들을 시사한다. 그것들은 신앙과 잘못된 신념의 몽테뉴의 세계와 신뢰할 만하고 효과적인 우리의 세계를 이어주는 통로로 기능한다. 그것들은 우리가 왜 여전히 주먹보다 더 큰 한줌을 만들 수 없는지, 다리가 뻗을 수 있는 것보다 더 넓은 보폭을 만들 수 없는지 그 수수께끼를 설명한다. 망원경이 눈의 능력을 개선했듯이 이 도구들은 정신의 능력을 개선했다.

17세기 동안 핵심 낱말들의 의미는 옮겨졌고 변화했다. 근대 과학적, 더 정확히는 메타과학적 어휘들이 서서히 형성되었다. 이는 새로운 유형의 사고를 반영하기도 했고 또 그것을 불러일으켰다.[21] 이 변화들이 지적 공동체 내의 드러나는 토론의 주제가 되는 일은 드물었다. 그리고 일반적으로 역사가들과 철학자들에 의해 간과되어왔다(그 용어 자체가 새롭지 않기 때문이기도 했다. '확률'은 이러한 면에서 전형적이다. 비록 그것들이 지금은 새로운 방식으로 사용되고 있지만). 그러나 그것들은 지식에 관한 주장의 특성을 크게 변화시켰다.[22]

이들 지적 도구들과 함께 우리는 그것들을 사용하는 데 익숙한 공동체의 등장을 볼 수 있다. 과학의 새로운 언어와 과학자들의 새로운 공동체는 단일한 과정의 두 측면이다. 언어는 개인적이지 않기 때문이다. 이 공동체를 묶고 있는 것은 단지 새로운 언어만이 아니라 경쟁적이면서 협력적인 가치 체계였다. 이것은 과학적 논증 자체에 내재해 있다기보다는 과학적 과업을 기술하기 위해 사용되었던 언어 속에서 발견과 진보라는 용어로 표현되었고, 종국에는 시조 이름 따오기로 제도화되었다. 이들 지적 도구들과 문화적 가치의 현저한 특징은 이것들이 패러다임의 그것과는 아주 다른 역사를 지닌다는 것이 입증되었다는 점이다. 패러다임은 번성한다. 어떤 것은 사라지고, 또 다른 것은 입문적인 교과서로 격하된다. 새로운 언어와 과학의 새로운 가치는 이제 300년을 살아남았다(만일 우리가 그것들의 공통의 기원인 '발견'으로 되돌아가면 500년). 그리고 그것들이 곧 유행이 지나리라고 말해주는 것도 없다. 대수학, 미적분학과 꼭 마찬가지로 그러한 도구들과 가치들은 너무 강력해서 내던질 수 없는, 박물관의 진열품이 아니라 꾸준히 사용되는 습득물이다. 왜인가? 과학의 새로운 언어와 문화는 여전히(앞으로도 그러하리라 믿는다) 과학적 과업이 수행되는 기본적인 틀을 구성하고 있기 때문이다. 그것들의 발명은 과학의 발명의 본질적인 부분이기 때문이다.

3

과학혁명은 단회의 변혁 과정, 여러 차례 반복된 한 종류의 변화가 아니라 몇몇 다른 유형의 변화, 중복되고 서로 엮인 변화가 누적된 결과였다. 첫째, 그 안에서 과학이 발명되는 문화적 틀이 존재했다. 이 틀은 발견, 독창성, 진보, 저작권 같은 개념들, 그리고 그것들과 연관된 관습(시조 이름 따오기 같은)으로 이루어져 있었다. 낡은 역사가와 철학 학파들은 이 틀을 당연시했지만, 새로운 학파는 그것들의 중요성을 설명하고 그 기원을 추적하기보다는 그 개념들을 뒤집고 해체하고 싶어했다. 이러한 문화는 역사의 특정한 순간에 등장했다. 그것이 존재하기 이전에는 우리가 그 용어를 이해하는 대로의 과학은 존재할 수 없었다. 물론 발견 같은 개념은 문제가 많다는 비평가들의 주장은 옳다. 발견은 한 개인에 의해 어느 특정한 시점에 이루어지는 경우가 드물다. 그러나 다른 많은 문제의 소지가 있는 개념들(민주주의, 정의, 화체설)과 꼭 마찬가지로, 그것들은 사람들이 지각하고, 그들의 활동을 이해하고, 어떻게 삶을 영위할지 결정하게 해주는 틀을 제공해왔고 지금도 그러하다. 우리는 이들 기초를 이루는 개념들을 고찰하지 않고서는 과학을 이해할 수 없다.

이 새로운 틀과 함께, 인쇄술은 지적 공동체의 본질, 그들이 교환할 수 있는 지식, 권위에 대한 자세, 그리고 자연스럽게 증거에 대한 태도를 변혁시키고 있었다. 그다음에 새로운 기구들(망원경, 현미경, 기압계, 프리즘), 새로운 이론들(갈릴레이의 낙하 법칙, 케플러의 행성 운동의 법칙, 뉴턴의 빛과 색깔 이론)이 출현했다. 마지막으로 새로운 과학에 사실, 이론, 가설 그리고 법칙에 의해 뚜렷한 정체성이 부여되었다. 17세기 동안 다섯 가지 근본적인 변화가 상호작용하고 엮이면서 근대 과학을 생성했다. 더 광범위한 문화, 증거의 동원 가능함, 증거에 대한 태도, 기구화, 협의의 과학 이론, 과학의 언어와 언어 사용자들의 공동체, 이 모든 것의 변화들이 다른 시간 간격으로 작동했으며, 서로 다른 독립적인 요인들에 의해 구동되었다. 그러나 누적적인 효과는 물리적 세계에 관한 우리 지식의 본질에서의 근본적인 변혁, 과학의 발명이었다.

이 변화의 각각은 새로운 과학의 구축에 필요하기 때문에 우리는 그것들의 등급을 매기는 데에는 조심스러워야 한다. 그러나 자세히 살펴보면 새로운 과학은 다른 것이 아니라 한 가지에 관한 것임이 명백하다. 그것은 철학에 대한 경험의 승리다. 이러한 변화들 하나하나는 철학자들의 지위를 약화했고, 철학자들과는 달리 새로운 정보를 환영했던 수학자들의 지위를 강화했다. 과학의 새로운 언어는 다른 무엇보다도 새로운 과학자들에게 증거, 당시에는 경험으로 불린 증거를 다루는 도구를 제공한 언어였다. 레오나르도, 파스칼, 디드로(그리고 바디아누스, 콘타리니, 카르티에 등등)는 옳았다. 새로운 과학과 낡은 과학의 차이를 나타낸 것은 경험이었다.

4

몽테뉴도 또한 옳았다. 그의 시대의 사람들이 세계를 이해하는 측면에서는 끔찍이 오류를 범하기 쉽다고 생각한 점에서 옳았다. 포스트모더니스트들의 주장에도 불구하고 그때 이후, 비록 우리 인간은 이전과 마찬가지로 계속 오류를 범하기 쉬운 존재지만, 우리는 신뢰할 만한 지식을 발전시키는 방법을 배워왔다. 물론 우리의 오늘날의 지식은 미래 세대의 시각에서는 불완전하고 한계가 있는 것으로 입증될 것이다. 우리는 언제 무엇이 발견될지 추측조차 할 수 없다. 그러나 그 지식이 단지 신뢰할 수 없는 것으로 입증될 가능성은 없다. 우리는 로켓이 지구에서 화성으로 날아가는 경로를 믿을 만하게 계산할 수 있다. 우리는 인간 DNA 염기 서열을 밝히고, 예를 들어, 당뇨병을 일으키는 유전자 변이를 확인할 수 있다. 우리는 입자가속기를 만들 수 있다. 만일 우리의 지식이 전적으로 잘못되어 있

780

다면, 우리는 이러한 것들을 할 수 없었을 것이다. 우리가 (이 모든 것을) 할 수 있다고 생각하는 사람은 그 누구라도 몽테뉴가 로마인들은 지중해의 바람 체계를 이해하지 못했다는 주장을 맞이했을 때 지녔던 바로 그 동일한 인내에 직면해야 한다.

힐러리 퍼트넘Hilary Putnam은 1975년, 과학이 진리에 도달한다는 실재론은 과학의 성공을 기적으로 만들지 않는 유일한 철학이라고 주장했다.[23] 그 사유는 단순하다. 과학은 일어난 일을 설명하고 앞으로 일어날 일을 예측하는 데 매우 유용하다. 만일 과학적 지식이 사실이라면 사건들의 이 상태는 더 이상의 설명이 필요하지 않다. 그러나 만일 과학적 지식이 사실이 아니라면, 오직 기적만이 과학자들의 예측과 실제로 일어나는 일 사이의 그런 완벽한 일치를 설명할 수 있었다. 퍼트넘의 주장은 래리 라우든에 의해 무너졌다. 라우든은 성공적인 과학 이론들은 사실일 가능성이 높다는 주장에 반대했다. 그의 이러한 주장은 지극히 옳다.[24] 우리가 지금 분명히 잘못되었다고 여기는 많은 이론들은 과거에 성공적이었다. 이 말은 항상 결함이 있는 이론들이 당시 누군가에 의해 결함이 있다고 인지되었다는 것을 의미하는 게 아니라, 그럼에도 불구하고 광범위한 추종(히포크라테스의 체액 의학, 연금술, 골상학 같은)을 획득했음을 의미한다. 오히려 내 말은 그들 시대의 과학 내에서 잘 정립된 이론들이 상당한 증거에 기초하고 있었고, 견고한 설명을 제공하는 것으로 보였고, 새로운 예측을 하는 데 성공적이었다는 뜻이다. 즉, 프톨레마이오스의 우주 체계, 플로지스톤phlogiston(1667년부터 18세기 후반까지, 태울 때 인화성 물질이 방출된다고 믿어진 물질), 열소(19세기 전반, 열의 기초가 되는 물질로 가정된 탄성 유체), 전자기 에테르(19세기 후반, 빛이 전파하는 매질이라고 주장되던 것) 이론 같은 것이 그러한 예들이다.

이 사례들은, 예를 들어 뉴턴 물리학과는 다르다. 아인슈타인의 상대성 이론을 사용하여 당신은 그 속에서 뉴턴의 법칙이 실제로 일어나는 것과 긴밀히 일치되는 하나의 세계, 우리의 일상적 경험의 세계를 구축할 수 있다. 천체물리학자들은 우주선의 궤도를 계산하기 위해 여전히 아인슈타인의 이론이 아니라 뉴턴 물리학을 사용한다. 왜냐하면 비록 뉴턴 역학의 계산이 우리가 잘못된 개념이라고 여기는 것에 기초하고 있긴 하지만, 그것들과 시공의 상대성을 인식하는 계산들 사이의 차이가 너무 작아서 걱정할 필요가 없기 때문이다. 아인슈타인의 물리학은 뉴턴의 물리학을 훨씬 넘어서면서도 그 결과를 물려받은 것으로 간주될 수 있다. 그러나 열소나 전자기 에테르의 사례들에서는 계승하는 이론이 없다. 우리는 이제 한때 완벽하게 잘 정립된 것으로 보였던 이 이론들이 진리의 유용한 근사라고 말하지 않는다. 하지만 우리가 이 이론들을 더 이상 진리로 혹은 유용한 것으로조차 여기지 않는다는 사실로부터, 그것들이 결코 신뢰할 만한 실험적 실행과 연관된 적이 없었다는 주장이 따라나오는 것은 아니다. 프톨레마이오스의 천문학처럼 그것들은 어떤 한계 내에서는 근거가 확실한 것이었다. 라우든의 주장은, 과학을 두드러지게 하는 것은 그것이 신뢰할 수 있는 것이라는 주장에 대한 반박이 아니라, 과학이 진리에 도달한다는 퍼트넘의 주장에 대한 반박이다.[25] 1664년, 마거릿 캐번디시Margaret Cavendish는 진리에 대한 탐구와 일반 금속을 금으로 바꾸는 현자의 돌에 대한 헛된 탐구를 비교하면서 이렇게 표현한다.

비록 자연철학자들은 자연의 절대적 진리, 자연의 기초 작업, 자연적 효과의 숨은 원인을 찾아낼 수는 없지만, 인간의 삶에 혜택을 주는 필요하고 유익한 기예와 과학을 많이 알아내왔다. (…) 확률은 진리 다음이다. 그리고 숨겨진

원인에 대한 탐구는 눈에 보이는 효과들을 찾아낸다.[26]

물론 신뢰성이라는 것은 파악하기 어려운 개념이다. 우리는 교훈적인 예로서 몽테뉴 시대의 의사에게로 되돌아갈 필요가 있다. 그들은 환자를 치료하기 위해 자신들의 지식을 사용하고 있다고 생각했다. 사실상, 그들이 선호한 치료법(출혈 및 사혈)은 전혀 도움이 되지 않았다.[27] 그들은 환자들의 플라시보 효과와 결합된 자연적 치유(그들의 면역 체계의 작동 덕분인)를 의학적 요법에 의해 초래된 치료로 오해했다(몽테뉴와 같은 지적인 구경꾼이 의심했던 것에 못지않게).* 의학에는 19세기까지 성공을 측정하는 신뢰할 만한 수단들이 존재하지 않았다.

그러나 몽테뉴 시대의 프톨레마이오스 천문학자들은 히포크라테스학파 의사들과 매우 달랐다. 클라비우스는 이심원(가상원)과 주전원이 존재해야만 한다고 주장했다. 그렇지 않으면 천문학자들이 이룩한 예측의 성공은 설명할 수 없었기 때문이다.

> 그러나 이심원과 주전원을 가정함으로써, 이미 알려진 모든 외양이 보존될 뿐만 아니라 미래의 현상들도 예측된다. 그 시간은 전혀 알려져 있지 않다. (…) 우리가 천체를 우리의 허구에 복종하고 우리가 원하는 대로, 그리고 우리의 원리와 일치하여 움직이도록 강제해야 한다는 것은 믿기 어렵다(그러나 우리의 적대자들이 주장하는 대로, 만일 이심원과 주전원이 허구라면, 우리는 그것들을 강제하고 있는 것처럼 보인다).[28]

---

* 치료법의 효능에 대한 현대적인 시험은 어떤 효과적 요법이 플라시보 효과보다 치료를 더 잘 수행해야 한다는 생각에 의존한다. 때마침 의사 자격을 갖추고 있었던 드니 파팽은 1704년 8월 11/12일 플라시보와 플라시보 효과를 라이프니츠에게 보내는 편지에서 최초로 기술했다. 우리가 보았듯이(앞의 7장 6절), 대조군의 결과에 대비되는 성공을 측정할 필요성은 월터 찰턴도 파악하고 있었다.

클라비우스는 틀렸다. 이심원과 주전원은 존재하지 않는다. 그러나 높은 신뢰도로 천체의 미래 운동을 예측할 수 있다는 그의 주장은 옳았다. 클라비우스처럼 우리는 그것(예측)을 가지고 일을 수행함으로써 우리의 지식을 시험한다. 그것이 우리의 지식과 몽테뉴 시대의 대부분의 과학 사이의 근본적인 차이점이다. 16세기 철학과 비교하여 우리의 모든 과학은 응용과학이며, 우리의 모든 과학적 지식은 실제 세계의 응용을 견디기에 충분히 튼튼하다. 우리는 이것을 두 단어로 요약할 수 있다. 과학은 작동한다Science Works.

만일 당신이 보트 항해를 배운다면 당신은 지구는 정지해 있고 태양이 움직이는 프톨레마이오스 우주 체계로 항해하는 방법을 배울 것이다. 이것이 진리이기 때문이 아니라 그것이 계산을 쉽게 해주기 때문이다. 그래서 잘못된 이론은 근사적 맥락에서 사용될 때는 완벽히 믿을 만할 수 있다. 만일 우리가 주전원, 플로지스톤, 열소, 에테르를 더 이상 사용하지 않는다면, 그것은 이 이론들로는 신뢰할 만한 결과를 얻을 수 없기 때문만이 아니다. 우리에게는 사용하기 쉽고 넓은 범위에 응용되는 대안적인 이론들이 있기 때문이다. 어느 날 우리의 물리과학이 히포크라테스의 의학처럼 박식한 난센스로 입증될 것이라고 생각하는 데에는 타당한 근거가 없다. 그러나 프톨레마이오스의 주전원처럼 그것들이 타당성을 지닌 곳에서는 전적으로 잘못된 이유로 옳을 수도 있다. 과학은 진리가 아니라, 신뢰할 만한 지식(즉 신뢰할 만한 예측과 제어)을 제공한다.[29]

언젠가 우리는 우리가 가장 오랫동안 소중히 여겼던 지식의 일부가 주전원, 플로지스톤, 열소, 전자기 에테르, 그리고 뉴턴 물리학처럼 더 이상 쓸모가 없다는 것을 발견할지도 모른다. 그러나 미래의 과학자들도 여전히 사실과 이론, 실험과 가설에 대해 논의할 것이 사실상 확실해 보인다. 이 개념적 틀은 (사물을) 기술하고 정당화하는 데 사용되는 과학적 지식이 인식할 수 없을 만큼 변화하는 동안에도 놀라울 만큼 안정된 것으로 입증되었다. 자연적인 과정에 대한 어떤 진보적 지식이 '발견' 비슷한 개념을 필요로 하는 것과 꼭 마찬가지로, 더 큰 진전이 일어남에 따라 지식을 신뢰할 만하면서도 해체 가능한 것으로 표현하는 방식이 필요할 것이다. '사실', '이론', '가설'에 의해 수행되는 작업을 하는 용어들은 어떤 성숙한 과학적 과업에서도 역할을 해야만 할 것이다.

우리는 모든 역경에 대항해서 얻게 된 과학적 지식을 지니고 있다는 것을 인정하면서 이 책을 마무리해야 한다. 우주가 우리를 염두에 두고 만들어졌다는 증거는 없다. 그러나 운 좋게도 우리는 우주를 이해하려고 출발하는 데 필요한 감각 기관과 지적 능력을 지닌 것으로 보인다. 지난 600년 동안 우리는 우리의 이해를 진전시키는 데 필요한 지적, 물질적 도구들을 빚어왔다. 로버트 보일은 이렇게 물었다.

> 그리고 전지전능한 신 혹은 경탄할 만한 고안자 자연은 어떤 방법으로도 현상을 드러낼 수 없으나 (그것이) 인간의 둔한 이성으로 설명할 수 있음은 어떻게 입증될 수 있는가? 나는 인식할 수 있기보다는 설명할 수 있다고 말한다. 왜냐하면 만일 신 혹은 우리와는 다른 더 높은 지능을 지닌 존재가 우리에게 그것들을 알려주는 것을 자신의 과업으로 삼는다면 우리가 그것들을 충분히 이해할 수 있는 사물들이 있기 때문이다. 그러나 우리는 우리 스스로의 힘으로는 결코 그러한 진리를 발견하지 못할 것이다.[30]

신, 천사들, 외계인들은 우리를 도우러 아직 오지 않았다, 그러나 점점 더 많은 현상들이 인간의 둔한 이성으로도 설명될 수 있음이 입증되었다.

과학—연구 프로그램, 실험적 방법, 순수 과학과 새로운 기술과의 연결, 해체 가능한 지식의 언어—은 1572년과 1704년 사이에 발명되었다. 우리는 여전히 그 결과와 함께 살고 있다. 그리고 인간은 항상 그러할 것으로 보인다. 그러나 우리는 과학의 기술적 혜택으로만 살지 않는다. 근대적인 과학적 사유 방식은 우리 문화의 큰 부분이 되었기 때문에, 이제는 우리의 삶의 방식이 사실, 가설, 이론이 논의되지 않는 세계, 지식이 증거에 기초하지 않은 세계, 자연이 법칙을 갖지 않은 세계로 되돌아간다고 생각하기는 어려워졌다. 과학혁명은 단지 그것이 너무나 놀랍도록 성공적이었기 때문에 거의 눈에 보이지 않는 것이 되었다.

그리스와 중세 '과학'에 관한 주석

이 책의 전부는 연속성 논지(린드버그Lindberg의 《서양과학의 기원들The Beginnings of Western Science》(1992)이 그 전형적인 예다)에 대한 반론이다. 그러나 나는 이 주석에서 몇 가지 일반적인 논증들을 제시하고 약간의 중요한 양보를 하고자 한다.

1572년 튀코가 그의 신성을 관측하기 이전에는 과학이 존재하지 않았다는 주장은 일부의 분명한 반대에 노출되어 있다. 쿤은 프톨레마이오스의 천문학이 성숙한 과학이었다고 생각했다(Kuhn, *Structure*(1970), 68-9). 프톨레마이오스 천문학은 확실히 기능하는 패러다임과 진보의 역량이 있었다. 비록 몇몇 중심 논증들, 천체의 모든 운동은 원운동이고 천체에는 변화가 없으며, 지구는 우주의 중심에 있고 진공은 있을 수 없다는 논증들은 철학에서 유래했지만(Kuhn, *The Copernican Revolution*(1957)은 이것들을 '훌륭한 것'(86), 그리고 '얽힘'(90)이라고 부른다), 경험에 비교적 잘 부합되었다. 그리고 그것은 코페르니쿠스설뿐만 아니라 튀코의 연구 과업을 가

능하게 했다. 비록 천문학이 달 아래 세계와 달 너머의 세계라는 아리스토
텔레스주의의 구분을 의문의 여지 없이 받아들였다는 점에서 특이한 분과
학문이었지만 말이다. 그 구분은 1572년에 깨지기 시작했고, 그와 함께
우주의 여러 부분들을 지배하는 다른 원리들이 있을지도 모른다는, 그래
서 여러 다른 장소에 여러 다른 과학이 있을 수 있다는 인식이 사라졌다.
따라서 진정으로 1572년은 변화의 결정적 순간이다.

　아리스토텔레스주의 생물학이 과학이었다는 생각에는 강력한 논증들
이 있다(Leroi, *The Lagoon*(2014)). 그러나 아리스토텔레스는 생물학 탐구
의 전통을 확립하지 않았다. 17세기에 윌리엄 하비는 자신을 아리스토텔
레스주의 생물학자로 여겼지만, 그는 자신과 아리스토텔레스 사이에 생
물학 연구를 수행하는 방법을 이해한 오직 한 사람만을 인정했다. 그 사
람은 자신의 스승(이자 갈릴레이의 친구)인 히에로니무스 파브리키우스였
다(Lennox, 'The Disappearance of Aristotle's Biology'(2001)). 마찬가지
로, 아르키메데스가 과학자였다는 생각에도 강력한 논증이 있다(Russo,
The Forgotten Revolution(2004)). 그러나 그의 과학은 아리스토텔레스주
의에 통합될 수 있었던 것만큼을 제외하고는 중세에 별다른 영향력을 발
휘하지 못했다. 수학자들이 아르키메데스 과학이 아리스토텔레스를 능
가한다고 생각하기 시작한 것은 16세기 말이었다(Clagett, 'The Impact
of Archimedes on Medieval Science'(1959): Laird, 'Archimedes among the
Humanists'(1991)). 이렇게 과학혁명은 아리스토텔레스주의 생물학과 아
르키메데스 수학이라는 잃어버린 과학들을 회복했다. 그러나 그것은 그
근원들로부터 재빨리 벗어났다. 하비에게 자신처럼 진정한 아리스토텔레
스주의자라고 주장하는 후계자는 없었다. 갈릴레이에게 스스로 아르키메
데스의 제자라고 주장하는 후계자는 없었다.

쿤에 따르면 아리스토텔레스의 역학은 그 자체로 성숙한 과학이었다 (Kuhn, *Structure*(1970) 10; Kuhn, *The Copernican Revolution*(1957) 77-98; Kuhn, *The Essential Tension*(1977), 24-35, 253-65; Kuhn, *The Road since Structure*(2000), 15-20). 서로 경쟁하는 학파들은 늘 존재했기 때문에(그래서 '정상' 과학은 없었다) 뉴턴 이전의 광학도 과학이었다고 인정하기를 거부했지만, 그는 아리스토텔레스 역학을 중세 말 임페투스impetus 이론에 의해 추월되었으나 결국 갈릴레이의 새로운 물리학으로 이어진 성공적인 패러다임이라고 표현했다(Kuhn, *Structure*(1970), 118-25). 여기서 검증해야 할 것은 '혁명을 통한 하나의 패러다임에서 다른 패러다임으로의 계속되는 전환은 성숙한 과학의 통상적 발전 패턴'이라는 명제이다(Kuhn, *Structure*(1970), 12). 중세의 임페투스 이론은 그러한 전환을 일으키지 않았다. 아리스토텔레스는 계속 교과서로 사용되었고, 비록 임페투스 이론이 아리스토텔레스 이론 내에서 문제들을 땜질하는 데 사용되긴 했지만, 임페투스 이론에 전념한 별도의 논문은 존재하지 않았다(Sarnowsky, 'Concepts of Impetus'(2008)). 임페투스 이론은 몇몇 변칙을 다루는 데 사용되었지만 혁명을 초래하지는 못했다. 실제로 중세 자연철학자들은 아리스토텔레스를 능가할 수 있는 혁명을 상상할 수 없었다. 정상 과학을 수행하고 있지 않았기 때문에 그들은 결국 자신들을 괴롭혔던 문제들을 결코 해결하지 못했다. 중세에 자연철학이 지녔던 두 가지 특징적인 형식이 있다. 하나는 아리스토텔레스에 관한 주석이며, 다른 하나는 합의된 정답이 없는 문제들에 대한 질문들의 모음이다. 시간이 지나면서 새로운 문제들이 추가되었다. 옛 문제들은 결코 배제되지 않았다.

물론 아리스토텔레스학파의 자연철학이 도전받지 않은 채 중세를 지나 살아남은 하나의 이유는 세 가지의 매우 한정된 분야(자석, 무지개, 연금술) 이외에는 실험들이 수행되지 않았고, 경험에 호소하는 분야에서도 측정을 결코 포함하지 못했다는 점이다. 따라서 클라겟Clagett의 방대한 《중세의 역학The Science of Mechanics in the Middle Ages》(1959) 본문에 나오는 최초의 적절한 실험들은 갈릴레이에 의해 수행된 것들이다. 그랜트Grant가 편집한 《중세 과학 자료집A Source Book in Medieval Science》(1974)의 더 방대한 본문으로 방향을 틀어보면, 우리는 예를 들어, 잉헨의 마르실리우스Marsilius of Inghen(1340~1396)가 번역하여, 편집자가 '자연은 진공을 싫어한다는 것을 입증하는 실험Experiments Demonstrating that Nature Abhors a Vacuum'(327-8)이라는 제목을 붙인 절을 발견한다. 그러나 이것들은 (experiments가 아니라) 'experientiae' 즉 경험이다. 마르실리우스는 자연이 진공을 혐오한다는 주장으로 가장 잘 설명될 수 있어 보이는 현상들(사람들이 빨대로 물을 빨아올릴 수 있다는)을 수집했다. 그는 어떤 실험도 수행하지 않았다. 한편 윌리엄 길버트(On the Magnet(1600))로 방향을 틀어보면, 우리는 특별하게 고안된 실험들뿐만 아니라 측정을 필요로 하는 실험들(가르조니 같은 그의 선조들에게서 발견하지 못하는 것)을 발견한다.

중세 철학이 현대 과학의 전제 조건이었음을 보여주는 매우 강력한 지적 전통이 존재한다(Grant, The Foundations of Modern Science(1996); Hannam, God's Philosophers(2009)). 이 연구는 피에르 뒤앙Pierre Duhem(1861~1916), 아날리제 마이어Annalise Maier(1905~1971), 마셜 클라겟Marshall Clagett(1916~2005)의 선구적 연구들에 기초하고 있다. 오로지 아리스토텔레스와 중세 철학자들이 특정한 탐구의 노선을 열었기 때문에 우리가 과학을 갖고 있다는 주장에 이의를 제기하는 것은 내 논증의 일부가 아니다. 최초의 과학자들은 그들의 조상으로부터 일련의 문제들을 물려받았지만, 그러한 문제들을 푸는 과정들은 새로웠고, 그러한 과정들을 용이하게 하려고 그들이 구축한 지적 도구들을 철학이 아니라 천문학과 법률로부터 끌어왔다. 어떤 중세 자연철학자도 자연과학을 진보하는 것으로 여기지 않았다. 만일 우리가 연구를 관련 있는 새로운 정보를 모으는 과업으로 이해한다면, 어떤 중세 자연철학자도 연구에 종사하지 않았다. 반면에 튀코는 수년에 걸쳐 체계적으로 연구 활동을 수행했다. 그리고 그는 그것이 당시 천문학의 기본적 문제들을 해결할 것으로 믿었다. 연구 과업의 개념과 함께, 필연적으로 진보의 개념이 나타났다.

종교에 관한 주석

과학혁명과 같은 중요한 주제를 다시 숙고해보면 거기에는 재보정과 재평가의 복잡한 과정이 포함되어 있는 것을 알 수 있다. 중심적으로 여겨졌던 주제들이 미미해지고, 그저 고고학적 흥미로 보이던 것이 새로운 중요성을 띠게 된다. 근대 초기에 기독교와 과학의 관계를 규명하는 데 몰두한 매우 방대한 문헌이 있다.* 어떤 이들은 고대 그리스와 로마 혹은 중국에는 알려지지 않았던 개념인 자연법칙의 개념을 과학이 가능하게 했기 때문에, 창조주 하느님에 대한 믿음은 근대 과학의 기본적인 전제라고 주장한다. 다른 이들은 기독교의 이런저런 부류(예를 들면 청교도)와 새로운

---

* Merton, 'Science, Technology and Society'(1938); Hooykaas, *Religion and the Rise of Modern Science*(1972); Lindberg & Numbers (eds.), *God and Nature*(1986); Webster (ed.), *The Intellectual Revolution of the Seventeenth Century*(1974); Funkenstein, *Theology and the Scientific Imagination*(1986); 더 최근의 것으로는 Harrison, *The Bible, Protestantism and the Rise of Natural Science*(1998), *The Fall of Man and the Foundations of Science*(2007)가 있다. 기독교 혹은 개신교가 과학혁명의 전제 조건이었다는 것에 관한 의구심은 신앙과 과학의 상호작용에 대한 연구의 충분한 여지를 남긴다. 예: Picciotto, *Labors of Innocence*(2010).

과학 사이에는 특별한 친밀감이 있다고 주장한다.** 나는 이러한 주장들이 설득력이 없다고 생각한다. 확실히 흥미를 돋우기는 하지만 말이다. 만일 유일신교가 중요한 것이었다면, 이슬람 정통 세계에 과학혁명이 있었을 것이다. 만일 개신교가 중요한 것이었다면 갈릴레이는 위대한 과학자가 되지 못했을 것이다. 자연법칙의 개념은 중요한 시험 사례를 나타낸다. 신학적 질문들은 근본적인 것으로 입증되지 않았다. 실제로 그 문제에 대한 핵심적 출처는 루크레티우스로 보인다. 그리고 최초의 과학자들의 종교적 신념에 관해서 유일하고 안전한 결론은 일반화가 불가능하다는 것이다. 예수회 회원, 얀선주의자, 칼뱅주의자, 루터주의자 들이 있었고, 신앙이 별로 없거나 아예 없는 이들도 있었다. 그들의 종교적 믿음에 관한 한, 최초의 과학자들은 다소간 17세기 유럽 지식인들의 무작위 표본인 것으로 보인다. 내가 논의했던 많은 과학자들은 엄청나게 경건했으나, 그들의 종교적 신앙은 그들이 공통적으로 지니고 있던 것은 아니었다. 단적인 예로 얀선주의자인 파스칼과 아리우스파였던 뉴턴을 생각하면 된다.*** 그들이 공통적으로 지녔던 것은 종교가 아니라 수학과 표현의 자유의 필요성이었다. 1648년 여름, 데카르트는 보헤미아의 엘리자베스에게 보낸 편지에서 '한 발은 프랑스에, 다른 한 발은 네덜란드에 딛고 나의 일을 수행하면서, 나의 처지가 자유롭다는 점에서 나는 행복합니다'라고 말했다.

** 청교도가 과학을 육성했다는 머튼의 논지는 그것이 힐Hill의 《지적 기원Intellectual Origins》(1965)에서 다루어지기 전까지는 역사가들 사이에서 별다른 영향력이 없었다. 힐의 책의 결점은 즉시 분명해졌다. 예를 들어, Rabb, 'Religion and the Rise of Modern Science'(1965)를 참고하라.

*** 뉴턴의 신학에 대해서는 Snobelen, 'Isaac Newton, Heretic'(1999); Snobelen, '"God of Gods, and Lord of Lords"'(2001)를 참조하라.

비트겐슈타인: 비非상대주의자

비트겐슈타인이 상대주의자라는 확신이 사회학과 과학사 문헌에 깊이 자리잡고 있다. 비록 철학자들도 그 문제에 대해 다양한 견해를 지니고 있지만 말이다(Kusch, 'Annalisa Coliva on Wittgenstein and Epistemic Relativism'(2013) 또한 Pritchard, 'Epistemic Relativism, Epistemic Incommensurability and Wittgensteinian Epistemology'(2010)를 참조하라). 나에게 그런 확신은 비트겐슈타인이 꽤 다른 과학관을 표현한 수많은 구절들과 어긋나 보인다. 1931년의 한 메모에서 그는 '단순하게 들리지만, 마법과 과학의 차이를 구별하자면 과학에는 진보가 있지만 마법에는 없다고 말함으로써 표현될 수 있다. 마법에는 그 자체가 발전해나가는 경향이 없다'고 썼다(Wittgenstein, 'Remarks on Frazer's Golden Bough'(1993), 141). 하나의 과업이 진보한다는 사실은 내가 반드시 그것을 채택해야 함을 의미하지는 않는다. 육상 선수는 매년 더 빨리 달리지만 그것이 내가 육상을 시작해야 하는 이유는 아니다. 과학은 특별한 경우다. 만일 과학이 자연을 이해함에서 더 나아지고, 예측과 통제에 더 나아진다면, 그러한 진보에 직면하여 어떻게 내가 무관심한 채로 남아 있을 수 있는지를 이해하기란 매우 어렵다.

1931년의 언급은 대표적이지 못한 것으로 쉽게 묵살될 수 있지만, 우리는 비트겐슈타인의 마지막 메모에서 본질적으로 동일한 관점을 발견한다. 다음 구절을 참조하라.

131. 아니다. 경험은 우리의 판단 게임의 근거가 아니다. 더구나 그것의 탁월한 성공도 아니다.

132. 사람들은 왕이 비를 내리게 할 수 있다고 여겼다. 우리는 이것이 모

든 경험에 반하는 것이라고 말한다. (…)

나는 비트겐슈타인이 우리가 귀납을 경험에 근거하게 할 수 없다고 말하고 있는 것이라고 해석한다. 이는 흄이 우리의 인과 개념을 경험에 근거하게 할 수 없음을 보여준 것과 마찬가지다. 그러나 비록 우리가 특정한 절차를 철학적 정당화에 근거하게 할 수 없다 하더라도, 만일 그것이 탁월하게 성공적이라면 우리는 확실히 계속 그것을 사용해야 한다. 왕이 비를 내리게 할 수 있다는 마법적 주장은 탁월한 성공이 아니다. 그리고 우리가 그것이 우리의 모든 경험에 반한다고 말할 때, 그들의 마법과 우리 과학은 충돌한다. 거기서 우리의 과학은 그들의 마법보다 우월하다.

다음과 비교해보자.

170. 나는 사람들이 어떤 방식으로 나에게 전달하는 것을 믿는다. 이 방식으로 나는 지리학적, 화학적, 역사적 사실들을 믿는다. 그것이 내가 과학을 **배우는** 방식이다. 물론 학습은 믿는 것에 기초한다.

만일 당신이 몽블랑의 고도가 4000미터라고 배웠다면, 그리고 당신이 지도에서 그것을 찾아보았다면 당신은 그것을 **알고 있다**고 말한다.

그리고 이제 우리가 그것이 득이 되는 것으로 판명되었기 때문에, 이러한 방식에 신빙성을 부여한다고 말할 수 있는가?

다시 말해, 이 논증은 내가 몽블랑이 4000미터 고도인 것을 증명할 수는 없지만, 지도의 권위로 그것을 믿고, 그것이 득이 되는 것으로 입증되었다는 것으로 보인다. 환언하면, 우리가 어떤 유형의 사실들을 확립하는 사회적 절차는 정당화될 수 없지만, 그것들은 성공적이며, 득이 되고, 이

794

것이 우리가 그것들을 차용하는 이유다.

그리고 달로 여행하는 생각을 다룬 일련의 메모들(106, 108, 111, 117, 171, 226, 238, 264, 269, 286, 327, 332, 337, 338, 661, 662, 667) 중 하나를 살펴보자.

> 286. 우리가 믿는 것은 우리가 배운 것에 의존한다. 우리는 모두 달에 도착하는 것이 가능하지 않다고 믿는다. 그러나 그것이 가능하고 간혹 그런 일이 생길 거라고 믿는 사람들이 있을 것이다. 우리는 이렇게 말한다. 우리가 아는 많은 것을 이 사람들은 모르고 있다. 그리고 그들이 그들의 믿음을 그렇게 확신하지 못하게 하라—그들은 틀리고 우리는 그것을 알고 있다. 만일 우리가 우리의 지식 체계를 그들의 것과 비교한다면, 그들의 지식 체계는 분명히 훨씬 더 빈약할 것이다.

여기서 비트겐슈타인의 논지가 상대주의자의 그것이라고 가정하기 쉽다. 우리는 그들의 지식이 우리 것보다 열등하다고 말한다. 그러나 **그들도** 우리에 대해 똑같이 말한다. 그러나 사람들이, 무당들이 그러하듯이, 자신들의 몸은 (지상에) 남겨두고 달까지 여행할 수 있다고 믿는 사회를 상상해 보라. 그것을 1950년의 비트겐슈타인의 세계와 비교해보라(메모 106, 667 참조). 제트 엔진과 원자탄을 가능하게 만든 1950년의 과학 지식이 샤머니즘 문화의 마법 지식보다 우월하다고 (그리고 더 성공적이라고) 말하는 것이 공정하지 않은가? (Child, *Wittgenstein*(2011), 207-12를 참조하라.)

동일한 종류의 논지가 다시 제시된다.

> 474. 이 게임(규범으로서의 사물들의 안정성을 가정하는)은 그 가치를 입증한

다. 그것은 아마 그것이 행해지는 원인일 수 있지만 근거는 아니다.

따라서 나는 내가 여기서 일어나 방에서 나가더라도 이 테이블이 계속 존재할 거라고 가정한다. 나는 이 믿음을 **정당화**할 수 없다. 그러나 그 믿음은 잘 작동하고(득이 되고 성공적이며), 이것이 내가 계속해서 이 믿음이 진실인 것처럼 행동하는 이유다(이것이 이 게임이 진행되는 원인이다).
마지막으로 살펴보자.

617. 어떤 사건들이 나를 더이상 낡은 언어게임을 계속할 수 없는 입장으로 몰아넣을 것이다. 그 속에서 나는 그 게임의 확실성에서 벗어났다.
실제로, 언어게임의 가능성이 어떤 사실들에 의해 좌우된다는 것이 명백해 보이지 않는가?

프톨레마이오스 천문학이 표현하는 언어게임을 살펴보라. 그 게임은 망원경이 금성의 전체 삭망 주기(위상)를 보여주었을 때 그 기능을 멈추었다. 따라서 언어게임은 성공하고, 진보하고, 득이 되고, 그것의 가치를 증명하지 않는다. 그것들은 사실들이 변하면 또한 유지될 수 없다.
이 구절들을 함께 묶어보면, **작동하고, 득이 되고, 우월하고, 진보를 만들기** 때문에 다른 것보다 우월한 어떤 유형의 지식이 존재함을 알 수 있다. 그리고 그것들은 알려진 사실들과 어긋나지 않는다. 우리는 이러한 유형의 지식(넓은 의미의 '과학')에 대한 만족스러운 철학적 정당화를 제공할 수 없다. 그러나 우리는 그것들이 작동하며, 자연 현상을 이해하고, 예측하고, 통제하는 데 관심이 있는 다른 문화들(모든 문화가 이러한 활동에 관심이 있어야 한다)이 우리 지식(지도 혹은 일기예보)의 유용성을 인식할 수 있어야 한다고 말할 수 있다. 아메리카 원주민들이 들소를 사냥하는 데 말과 총기의 유용성을 인식할 수 있는 것과 마찬가지이다. 이는 반토대주의자anti-foundationalist에 해당하지만 과학에 대한 상대주의자 관점과는 거리가 멀다. 과학적 관점들이 포기되어 새로운 것들로 대체될 때, 그것은 새로운 것들이 성공적이고 득이 되는 데 더 낫다고 생각되기 때문이라는 생각이 뒤따른다. 환언하면, 과학은 진화한다. 그것은 발전하는 데 실패한 이론들 혹은 새로운 발견에 직면하여 적응할 수 없는 이론들이 제거되기 때문에 그러하다.

이것은 (공교롭게도) 이 책에서 제시된 과학관이다. 따라서 그것은 진정으로 비트겐슈타인이 확립한 전통 속에 있는 것으로 여겨진다. 그러나 비트겐슈타인의 텍스트는 당혹스럽고, 문제투성이이며, 완성되지 않은 것이다. 그것들은 한 번 읽어서는 이해하기 어렵다. 상대주의자의 과학사를 정당화하기 위해 이를 이용하지만 않는다면, 나는 비트겐슈타인을 상대주의자로 읽고 싶은 사람들과는 큰 언쟁을 벌일 일이 없다. 만일 비트겐슈타인이 과학사를 이해하는 데 있어서 상대주의자가 아니었다고 지적하는 것이 역사가들로 하여금 자신들이 (잘못되게) '휘그 사관'이라고 부른 것에 대한 적대감을 포기하는 데 도움이 된다면, 비트겐슈타인이 진실로 의미하려 했던 것을 토론할 가치가 있다. 하나의 실행이 득이 되고, 성공적이고, 그 가치를 증명한다고 말하는 것은 필연적으로 (미래 시점에서) 되돌아보며 판단하는 일이라는 것을 주목하라. 비트겐슈타인의 설명에 따르면, 우리는 오직 되돌아보았을 때의 혜택으로 좋은 과학과 그릇된 과학을 구별할 수 있다. 그리고 우리는 좋은 과학과 그릇된 과학의 구분을 무시 할 수 없다. 왜냐하면, 만일 우리가 그렇게 하면 과학의 특이한 특성 중 하나인 과학이 진보한다는 것을 놓치게 될 것이기 때문이다.

비트겐슈타인이 실제로 무엇을 생각했느냐 하는 문제는 어떤 경우라도 그의 영향력의 문제와 분리되어야 한다. 〈확실성에 관하여Über Gewißheit〉는 1969년까지는 출판되지 않았다. 그 글로 인해 비트겐슈타인을 타협하지 않는 상대주의자로 보는 관점이 확고하게 정착되었다. 그의 텍스트는 쿤 이후post-Kuhnian 새로운 과학사의 정통성을 부여하는 데 결정적인 역할을 했다. 왜냐하면 그것들이 아주 철저한 상대주의를 공개적으로 지지하는 것으로 잘못 읽혔기 때문이다. (다음 주석의 6항을 참조하라.)

상대주의와 상대주의자들에 관한 주석

이 책은 세 가지 유형의 상대주의를 반박하고자 한다. 첫째, 역사는 뒤돌아보았을 때의 혜택을 고려하지 않고 기술되어야 한다는 주장이 있다. 버터필드의 책《역사의 휘그주의 해석》(1931)까지 거슬러 올라가는 이 주장은 1960년대까지는 과학사에 별다른 영향력을 미치지 못했다. 이 주장은 올바른 것이 될 수 없다. 예를 들면, 사람들로 하여금 콜럼버스의 아메리카 발견을 근대 과학의 발전에서의 핵심적인 순간으로 규정하게 해주는 것은 오직 되돌아봄이다(MacIntyre, 'Epistemological Crises'(1977)를 참조하라). 둘째, 합리성이라는 개념은 항상 문화적으로 상대적이라는 주장이 있다. 이 주장은 비트겐슈타인에게서 나왔지만, 피터 윈치Peter Winch의《사회과학의 이념The Idea of Social Science》(1958)이 출판된 이후 과학사와 과학철학에 주된 영향을 미치기 시작했다. 나는 그 주장이 근대 과학의 성취에 대한 어떠한 파악과도 양립될 수 없다고 주장한다. 셋째, 과학에서 성공적인 주장과 실패한 주장은 정확하게 동일한 방식으로 이해되고 설명되어야 한다는 논증이 있다. 이 주장은 데이비드 블루어David Bloor의 《지식과 사회의 상Knowledge and Social Imagery》(1976)에서 유래했고, 블루어가 '스트롱 프로그램strong programme'이라고 명명했다. 이 논증은 과학적 주장들이 항시 그 대안적 주장보다 증거에 더 잘 부합하기 때문에 채택 될 수 없다. 이 주장이 과학사에 초래한 결과는 치명적인 것으로 보인다. 물론 이 논증들의 각각은 '포스트모더니즘'이라고 느슨하게 부를 수 있는, 더 큰 지적 움직임의 일부가 되었다. 나는 포스트모더니즘이 순진한 실재론자에게 가르쳐주어야 할 엄청나게 많은 것을 갖고 있다고 믿는다. 그러나 순진한 실재론은 오늘날의 과학사가들 사이에서 성공할 기회를 갖지 못하기 때문에, 나는 여기서 그것들의 장점이 아닌 결함에 집중했다.

1. 행위자의 판단으로서의 진리(즉 진리란 당신이 진리라고 생각하는 것이다)에 대해 셰이핀Shapin과 셰퍼Schaffer를 참조하라. 셰이핀과 셰퍼, 《리바이어던과 공기펌프》(1985), 14(Bloor, *Knowledge and Social Imagery*(1991), 37-45, Shapin, *A Social History of Truth*(1994), 4: '역사가들, 문화인류학자들, 지식 사회학자들에게, 진리를 받아들여진 믿음으로 취급하는 것은 방법의 금언으로 간주되며, 그것은 올바르다'와 비교하라). 진리는 오직 필연적으로 주관적인 진술들에 대한 행위자의 판단이다. 즉 '그것은 내가 여태껏 들어본 가장 재미난 농담이다'라는 것은 오로지 내가 그렇다고 생각하는 한 진리다. 그것은 행위자의 판단에 합리성을 만드는 데 별로 도움이 되지 않는다(Garber, 'On the Frontlines of the Scientific Revolution'(2004), 158). 그 개념의 전체적 요점은 행위자들이 흔히 잘못 판단할 수 있고 또 그렇게 한다는 것을 보여주는 데 사용될 수 있기 때문이다. 체크메이트와 죽음 사이에는 차이가 있다. 체스의 규칙을 변화시키면 누가 이기고 지는지를 바꿀 수

있다. 그러나 우리가 개념들을 변화시킨다고 죽은 자를 되살릴 수 없다(우리가 할 수 있다고 믿는 것은 일종의 광기다). 만일 어떤 것과 모든 것이 행위자의 판단으로 취급된다면, 진리, 합리성, 객관적 실재라는 개념들은 무의미한 것이 된다. 그리고 우리는 선택을 통해 모두 불멸의 존재가 될 수 있을 것이다. 그러나 적어도 이러한 주장을 하는 사람들은 진정으로 현자의 돌에 대한 스타키Starkey의 믿음이 '정당성을 인정하기 어려운 것이 아니'라는 뉴먼Newman과 프린시프Principe의 주장과 같은 당혹스러운 정식화를 피한다(Newman & Principe, *Alchemy Tried in the Fire*(2005), 176). 따라서 그들은 그것이 합리적이라고 주장하는 것을 피하며, 또한 그것이 어리석다고 인정하는 것도 피한다.

2. 반스와 블루어(Barnes & Bloor, 'Relativism, Rationalism'(1982), 23)는 스트롱 프로그램의 핵심 신조를 '동등성 가설equivalence postulate'로 정식화했다. '우리의 동등성 가설은 모든 믿음들이 그것들의 신뢰성에서 서로 동등하다는 것이다. 모든 믿음들이 평등하게 참이거나 거짓이라는 것이 아니라, 참과 거짓에 관계없이 그것들의 신뢰성이라는 사실은 동등하게 문제가 있는 것으로 여겨져야 한다는 것이다.' 그래서 사이먼 셰퍼는 자연을 파악하는 그 우월성을 통해 한 형태의 자연철학(그것에 반대되는 것보다는)의 확립을 설명하는 것은 잘못이라고 주장한다(Schaffer, 'Godly Men and Mechanical Philosophers'(1987), 57). 그러나 모든 믿음들이 서로 동등하지는 않으며, 그것들의 신뢰성의 원인이 크게 다르다는 것은 명백하다. 얼음이 물보다 가볍다는 갈릴레이의 믿음은 얼음이 물보다 무겁다는 아리스토텔레스주의자의 믿음과 동등하지 않다. 자석이 마늘과 무관하다는 근대적 믿음은 마늘이 자석의 능력을 빼앗는다는 고전적인 믿음과 동등하지 않다. 이러한 사례들에서 앞의 것은 지지하는 사실들이 있고, 나중의 것은

그렇지 않다. 자연철학의 한 형태는 자연을 파악하는 그 우월성을 통해 반대자를 극복하여 자연철학 자체를 정립했다. 타당성의 문제가 신뢰성의 문제와 분리되어야 한다고 주장하는 것은 근거가 충분한 믿음들이 그렇지 못한 것으로 취급되어야 한다고 주장하는 것이다. 이 명제에 기초한 탐구들은 근거가 충분한 믿음의 편에서 이루어진 주장들이 과도하다고 결론짓게 되어 있다. 결론들이 방법론 속에 구축되어 있기 때문이다.

  물론 스트롱 프로그램 접근 방식을 어떻게 해석해야 하는가의 문제에는 많은 논란이 있다. 블루어의 〈반反라투르Anti-Latour〉'(1999)와 라투르의 〈데이비드 블루어를 위하여For David Bloor〉(1999)에서 서로 주고받은 놀라운 공격을 보라. 나는 라투르의 블루어 읽기가 전적으로 설득력이 있다고 본다. 효과적인 비평을 위해 라우든의 〈과학의 유사과학?The Pseudo science of Science?〉(1981)을 참조하라.

  3. 세코드Secord, 〈전환하는 지식Knowledge in Transit〉(2004), 657. 《리바이어던과 공기펌프》가 저술된 지적 맥락은 셰이핀에 의해 〈과학사와 사회학적 재구성History of Science and Its Sociological Reconstructions〉(1982)에서 적절하게 규명되었다. 스트롱 프로그램에 관해서는 블루어의 《지식과 사회의 상Knowledge and Social Imagery》(1991)을 보라. 반스와 블루어의 다른 연구들에 관해서는 블루어의 《비트겐슈타인Wittgenstein》(1983); 반스의 《쿤과 사회과학T. S. Kuhn and Social Science》(1982)을 참조하라. 스트롱 프로그램은 명시적으로 '방법론적 상대주의'를 지지한다. 이것은 '모든 믿음들은 그것들이 어떻게 평가되는지에 관계없이 동일하게 일반적인 방식으로 설명되어야만 한다'는 것을 의미하는 용어다.(Bloor, *Knowledge and Social Imagery*(1991), 158. 즉 그것은 대칭 원리와 동일하다. 그것에 대해서는 2장 5절과 아래 7항, 위의 2항에 있는 동등성 가설의 재진술을 참조하라).

바스학파의 설립자이며, 에든버러학파의 연구와 밀접히 관련되어 있는 해리 콜린스Harry Collins는 적어도 이따금은 '상대주의'라는 단어를 기꺼이, 그리고 명백하게 차용하고, 동료 상대주의자들과 그가 상대주의에 대한 조력자들로 간주하는 사람들이 누구누구인지를 기꺼이 확인한다. 콜린스의 〈입문Introduction〉(1981)을 참조하라. 그러나 '상대주의'는 17세기의 '무신론'과 꽤나 비슷하다. 많은 사람들이 그것을 공격하지만 그것을 모조리 자백하는 사람은 거의 없다. 그리고 그들이 그렇게 할 때, 그들은 그 단어를 자신들만의 특이한 방식으로 정의하면서 주장한다(Bloor, 'Anti-Latour'(1999)). 그 결과 누가 공정하게 상대주의자로 불릴 수 있고 누구는 그럴 수 없는지 혼란스러워진다. 예를 들어 나는 더 정확히 알아야만 하는 사람들이, 셰이핀은 상대주의자가 아니며 그 단어를 드물게 사용했다고 말하는 것을 반복해서 듣는다. 그럼에도 불구하고, 그는 최근 명시적으로 그 자신을 '방법론적 상대주의자'로, 환언하면 스트롱 프로그램의 지지자로 밝혀왔다(이는 사회학적 관점에서 놀랍지 않다. 왜냐하면 그는 1973년부터 1989년까지 에든버러 과학 연구 그룹의 일원이었기 때문이다). 셰이핀은 과학적 지식의 신뢰성에 대한 그 자신의 믿음에 대해 설명함으로써 그가 가르친 것을 실천한다. 그 신뢰성은 (다른 문화 속에 있는) 마법에 관한 믿음에도 똑같이 적용할 수 있다. '과학에 대한 나의 확신은 엄청나다. 말하자면 나는 대체로 과도하게 교육받은 문화의 전형적인 구성원이다. 그 문화에서는 과학에 대한 신뢰가 정상의 표지이며 우리는 그 일원이 되면서 계속 그러한 확신을 만들어낸다.'(Shapin, 'How to be Antiscientific'(2010), 42 = Labinger & Collins (eds.), *The One Culture?*(2001), III; 점성술을 믿는 사람은 사회적 오류를 범하고 있다는 콜린스의 주장과 비교해보라(Labinger & Collins (eds.), *The One Culture?*(2001), 258-9. 또한 '동등성 가설'에 관한 셰이핀의 설명을 참조하라(Shapin, 'Cordelia's Love'(1995)) 그리고 Ophir & Shapin, 'The Place of Knowledge'(1991) 5장에 나오는 'relativist genre'라는 표현을 참조하라. 이것은 셰이핀의 편에서 명백한 자기 묘사다). 나는 셰이핀의 상대주의를 15장에서 다루었다.

나는 '방법론적 상대주의는 사람들이 또한 철학적 상대주의 혹은 회의론을 채택하지 않는 한 정당화될 수 없다'(244)는 데 대해 라빙거와 콜린스가 편집한《하나의 문화The One Culture?》(2001)에 실린 브리크몽Bricmont과 소칼Sokal의 기고문에 동의한다. 방법론적 상대주의(하나의 방법으로서 상대주의를 채택하는)와 쉽게 혼동될 수 있는 매우 다른 입장인 방법론적 불가지론을 구별하는 것이 중요하다. 방법론적 불가지론은 사람들이 어떤 방법이 작동하고 어떤 방법이 작동하지 않는지를 선험적으로 알 수 없다는 주장이다. 옹호하자면 이것은 사후에ex post facto 한 방법이 다른 방법보다 더 성공적임을 알 수 있다는 주장(방법론적 상대주의자들이 거부하기로 결단한)과 완벽히 양립할 수 있는 입장이다. 쿤의《과학혁명의 구조》(1996), 173을 참조하라.

4. 셰이핀,《진리의 사회사A Social History of Truth》(1994). 셰이핀은 '제한된' 진리관보다는 '자유로운' 진리관을 지지한다(4). 그러한 접근 방식은 마늘이 자석의 능력을 빼앗는다고(플리니우스, 알베르투스 마그누스, 판 헬몬트 등) 주장하는 것을 포함한다. 마늘이 자석의 능력을 빼앗지 않는다는 주장은 발견이 아니라 단지 대안적인 진리가 된다. 실험적 방법은 신뢰할 만한 방식이 아니라 진리를 생산하는 하나의 방식이 된다. 보일의 훈련된 의심의 방침은 다른 이들을 신뢰하는 새로운 방식이 된다.

셰이핀은 또한 관용을 향한 방법론적 성향을 지지한다.《리바이어던과 공기펌프》에서 그와 셰퍼는 "겔너Gellner를 따라서 우리는 홉스에 대한 '관

용적인 해석'을 제공할 것이다"라고 썼다. 그리고 1962년에 처음 선보인
겔너의 논문과 해리 콜린스(그에 대해서는 9항을 참조하라)가 그것을 언급한
것을 인용했다. 사실상, 콜린스는 자신이 겔너를 따르고 있는 것이 아니
라 반박하고 있음을 아주 분명히 했다(Collins, 'Son of Seven Sexes'(1981)
n. 15). 그의 말에 의하면 겔너의 논문은 '자선에 반대하는 탄원'이었다
(Gellner, 'Concepts and Society'(1970), 48). 그는 이렇게 주장했다. '맥락
에 관련되는 관용contextual charity에 대한 과도한 탐닉은 사회적 삶에서 무엇
이 최선이고 최악인지에 관해 우리를 눈감게 만든다. 그것은 우리로 하여
금 일치하지 않는 학설 혹은 윤리가 더 나은 것으로 대체되면서 사회 변화
가 일어날 수 있는 가능성에 눈감게 한다. (…) 그것은 동일하게 우리로 하
여금 (…) 불합리하고 모호하고 일치되지 않고 이해할 수 없는 학설의 차
용에 눈감게 한다.'(42-3) 겔너를 따르는 것을 지지하는 것은《리바이어던
과 공기펌프》가 아니라 나의 책이다. 실제로 겔너는 나의 전체적인 논지를
정확하게 진술했다. '최근 수 세기 동안, 단지 사회적인 것으로부터 순전
히 인지적 개념의 사용으로의 중요한 변화가 있었다. 이것은 보통 과학혁
명으로 알려져 있다. 비트겐슈타인주의자들은 이 사건에 관해 어떤 질문
도 할 수 없게 만들었다. 그 용어로는 그러한 종류의 어떠한 것도 일어날
수 없었고, 말이 될 수 없었기 때문이다'(Gellner, *Relativism and the Social
Sciences*(1985), 185). 그도 그럴 것이 셰이핀은 '과학혁명 같은 사건은 존
재하지 않았다'고 주장한다(Shapin, *The Scientific Revolution*(1996), 1).

　새로운 과학을 구축하려고 노력하는 사람들이 지식의 사회학을 제공했
다고 주장할 수는 있지만, 그들은 또한 지식이 사회적으로 결정되는 세계
로부터 벗어나고 싶었던 사람들이라는 사실이 강조되어야 한다. 베이컨
의 우상을 참조하라(Bacon, *Instauratio magna*(1620), 53-80(Book 1, §§

23-68) = Bacon, Works(1857), Vol. 4, 51-69). 그리고 글랜빌,《독단화의 헛됨The Vanity of Dogmatizing》(1661), 특히 125-35, 194-5를 참조하라. 셰이핀의《진리의 사회사》의 해설을 보려면, 파인골드Feingold의〈사실의 중요성What Facts Matter〉(1996)과 슈스터Schuster와 테일러Taylor의〈맹목적 신뢰Blind Trust〉(1997)를 참조하라.

5. 토머스 쿤은 흔히 그의《구조》(1962)에서 '패러다임'이라는 단어를 (영어를 사용하는) 과학철학에 도입했다고 인정되고 있다(예컨대 Lehoux, *What Did the Romans Know?*(2012), 227, 그리고 Hacking, 'Introductory Essay'(2012), xvii-xxi). 그러나 사실상 그 단어는 핸슨Hanson이《발견의 패턴Patterns of Discovery》(1958)에서 반복해서 사용하고 있다(16, 30, 91, 150, 161). 비록 전부는 아니더라도 이것들 중 일부는 명확히 쿤의 원형으로 보인다. 쿤이 '패러다임'이라는 단어를 처음 사용한 것은 핸슨의 책('The Essential Tension'. 이것은 Kuhn, *The Essential Tension*(1977), 225-39에 재수록되었다)이 나온 이후인 1959년에 발표된 학술회의 논문에서였다. 핸슨은 또한 형태심리학Gestalt psychology의 중요성을 강조하는 데 있어서도, 그리고 비트겐슈타인 철학을 강조한 점에서도 쿤보다 앞섰다. 그는《구조》에서 네 차례 인용된다. 그리고 쿤은 후일 그가 핸슨의 영향을 받았던 범위를 강조했다(Kuhn, *The Road since Structure*(2000), 311; Nye, *Michael Polanyi and His Generation*(2011), 242).

이것은 쿤의 해석에서 큰 문제를 제기한다. 조엘 아이작Joel Isaac은 쿤의 저술과 수많은 동시대 저술의 겉으로 보이는 유사성은 회고적 구성이라고 주장했다(Isaac, *Working Knowledge*(2012), 232). 그러나 아이작은 이것들 중 일부가 쿤에게 미친 영향을 고려하지 않는다. 따라서 그는 핸슨이 쿤에게 영향을 미쳤을 가능성을 무시한 채, 쿤이 패러다임의 개념을

1958~1959년쯤 생각해냈다고 말한다. (파이어아벤트는 쿤의 《구조》 초고를 읽고, 그 전체가 지나치게 핸슨을 떠오르게 한다는 것을 발견했다. Hoyningen-Heune, 'Two Letters'(1995).) 아이작은 또한 쿤의 《구조》와 폴라니Polanyi의 《개인적 지식Personal Knowledge》(1958) 사이에 겉으로 보이는 유사성은 오해의 소지가 있다고 생각한다. 《구조》에서 쿤이 폴라니의 책을 '훌륭한' 것으로 언급하고 있다는 사실에도 불구하고 말이다(44. 흔히 쿤이 많은 아이디어를 폴라니로부터 표절했다고 한다. 그래서 매킨타이어는 쿤의 자연과학관은 '마이클 폴라니의 저술에 상당 부분 빚진 것으로 보인다(쿤은 어디에서도 어떠한 빚도 인정하지 않았다)'고 썼다). (MacIntyre, 'Epistemological Crises'(1977), 465) 괄호 속의 진술은 완전히 틀렸다. 그 인정은 초판부터 존재한다. 비록 그것이 3판과 그 이후 판의 색인에서 간과되고 있지만 말이다. 쿤과 파이어아벤트 사이의 유사성 또한 마찬가지다. 비록 그들이 1960년과 1961년에 가깝게 소통하고 있었다는 사실에도 불구하고 말이다(Hoyningen-Huene, 'Three Biographies'(2005)). 아이작은 이들 다른 저자들과 함께 실증주의의 반대자로서 쿤을 읽는 것은 쿤의 책이 지닌 그 구성의 역사적 맥락을 받아들이는 것이라고 주장한다(4; 고전적인 이런 저술은 Shapere, 'The Structure of Scientific Revolution'(1964)이다). 그러나 쿤 자신은 아이작이 뒤집으려고 한 해석을 인정했다(Kuhn, *The Road since Structure*(2000), 90-1).

따라서 아이작은 실증주의에 대한 《구조》의 직접적인 공격을 축소해서 말했다. 이것은, 쿤에 따르면, '과학 이론의 본질과 기능에 대한 가장 지배적인 동시대적 해석'을 뒷받침했고(Kuhn, *Structure*(1996), 98-103; Isaac, *Working Knowledge*(2012), 231-2; 이 동시대적 해석의 요약 설명은 Hesse, 'Comment'(1982), 704를 참조하라), 《구조》의 구성의 맥락을 잘못 표현했다. 아이작이 참석한 하버드에서의 쿤에 대한 '지역적' 독회는 귀중하지만, 쿤

806

은 1956년 하버드를 떠났다. 하버드 독회에서의 핵심 텍스트는 《구조》가
아니라, 아이작이 대체로 무시했던 1957년 출판된 《코페르니쿠스 혁명》이
어야 했다. (아이작이 가끔 인정한 대로) 《구조》는 훨씬 더 널리, 전 세계적으
로 반실증주의 토론에 연대하여 올바르게 읽힌다.

6. 수학의 진리가 필연적이라는 데 모든 이들이 동의하지는 않을 것
이다. 비트겐슈타인은 이렇게 주장했다. 우리는 수학적 진리들을 '만들
거나' '발명'하지, 그것들을 '발견'하지 않는다(http://plato.stanford.edu/
entries/wittgenstein-mathematics). 그리고 스트롱 프로그램은 이 원리
를 수학으로부터 과학으로 확장하기를 추구한다(Bloor, 'Wittgenstein and
Mannheim'(1973)). 내 질문은 '레기오몬타누스와 홉스가 수학에 대해 올
바르게 생각했는가?'가 아니라 '그들의 수학에 관한 이해가 신뢰할 만
한 과학 지식을 위한 기초공사에 어떻게 도움이 되었는가?'다. 비트겐슈
타인도 수학적 진리들에 상응하는 실재가 존재하지만, 그 실재는 그것
들을 위해 우리가 활용한 것이라고 주장했다(Conant, 'On Wittgenstein's
Philosophy of Mathematics'(1997), 220). 과학은 우리의 수학을 위해 우리
가 보유한 활용의 하나다. 그리고 우리의 수학과 우리의 과학은 서로를 지
탱한다. 블루어는, 수학의 효용을 논의하면서, 그것이 어떤 유형의 사회적
관계를 가능하게 하는 데 유용하다고 암묵적으로 가정한다. 따라서 그는
수학을 군주주의 같은 이데올로기라고 부르는 것이 타당할지 모른다고 생
각한다(189). 그러나 수학은 또한 비트겐슈타인이 '우리의 실용적인 요구
들'이라고 부른 것을 포함하고 있다. 그리고 만일 2+2=4가 규범이라면,
그것은 신이 내린 왕의 권리 같은 것이 아니라 '마요네즈를 만들 때, 당신
은 기름을 한 방울씩 넣어야 한다'는 것과 같다.

7. 독립적인 실재에 대한 호소를 피하면서 좋은 과학과 그릇된 과학을

구분할 수 없다는 표준적인 상대주의자 관점에서 벗어나는 한 방법은 실재 그 자체가 변화하여 사람들이 자연과 사회를 동일한 역사의 부분으로 대칭적으로 취급하도록 논증하는 것이다. 이것은 행위자 네트워크 이론 Actor Network Theory(ANT)의 접근 방식이다. 인상적인 예를 들자면, 로Law의 〈기술과 다차원 공학Technology and Heterogeneous Engineering〉(1987)을 보라. 이 접근 방식의 이면에 있는 사고를 위해서는 라투르 〈실험의 힘과 논증The Force and the Reason of Experiment〉(1990)과 라투르 〈사회적 전환 이후의 또 하나의 전환One More Turn after Social Turn〉(1992)을 참조하라. 이 접근 방식은 그것이 에든버러학파와 바스학파의 방법론적 상대주의를 거부한다는 점에서 경탄할 만하다. 그러나 그것은 급진적인 역사주의로 인도한다('나의 해법은 (…) 덜이 아니라 더 역사화하는 것이다.' Latour, *Pandora's Hope*(1999), 169). 이에 따르면 태즈메이니아는 타스만이 1642년에 그것을 '발견'하기 이전에는 존재하지 않았다. 그리고 결핵은 코흐가 1882년 그것을 '발견'하기 이전에는 존재하지 않았다. 따라서 모든 사실들은 인공물들이다(7장 1절과 15장 8절을 보라). 이것은 진실이 아니다. 자연과 실재는 또한 인공물들이라고 주장될 운명이다. 이것은 우리를 다시 다른 경로를 통해 상대주의로 인도한다. 라투르에 따르면 얼린 피시핑거fishfinger(막대 모양으로 썰어 튀긴 다음 냉동한 생선 — 옮긴이)는 냉장고와 냉동 트럭이 있을 때만 존재할 수 있듯이, 자연의 법칙들은 과학자들과 과학 기구들이 존재할 때만 오직 유효하다(Latour, *We Have Never Been Modern*(1993), 91-129).

8. 블루어,《지식과 사회의 상Knowledge and Social Imagery》(1991): 비평을 위해서는 슬레작Slezak의 〈재고A Second Look〉(1994)를 보라. 블루어의 자연이 과학에 제한을 가한다는 것을 인정하지 않는 무능력의 현저한 예는 해당 책 39쪽에서 찾아볼 수 있다(비록 마지막 문장 — '의심할 여지 없이 우리는

우리의 이론을 [프리스틀리Priestley의 이론보다] 선호하는 데 있어서 완전히 정당하다. 왜냐하면 그것의 내적 일관성이 이론적으로 해석된 광범위한 실험과 경험에서 유지될 수 있기 때문이다' — 의 양보는 동등성 명제와 양립할 수 없기에 대단히 파괴적으로 보이지만 말이다). 대칭의 원리(좋은 과학과 나쁜 과학은 같은 방식으로 설명되어야 한다는)와 불편부당의 원리(실패한 과학은 성공적인 과학만큼 조심스럽게 연구되어야 한다는, 알렉상드르 쿠아레가 일찍이 1933년에 진술한 원리)를 구분하는 것이 중요하다(Zambelli, 'Introduzione'(1967), 14). 따라서 베르톨로니 멜리Bertoloni Meli, 〈동등성과 우선권Equivalence and Priority〉(1993), 14는 대칭 원리에 호소하지만, 그의 논증은 불편부당의 원리만 요구한다. 실제로 라이프니츠와 뉴턴의 분쟁에 대한 그의 설명은 대칭적이지 않다. 라이프니츠는 표절자이고 뉴턴은 그렇지 않았기 때문이다.

9. 나의 관점은 피커링Pickering의 《실행의 맹글The Mangle of Practice》(1995)의 관점과 비슷하다. 비록 피커링은 '저항resistance'을 선호하면서, '제한constraint'이라는 단어를 피했지만 말이다. 왜냐하면 그는 그것이 사회적 제한(65-7)을 암시한다고 생각하기 때문이다. '자연계는 결코 그러하다고 믿어지는 것을 제한하지 않는다'는 해리 콜린스의 가정에 대한 옹호와 대조해보라(Collins, 'Son of Seven Sexes'(1981), 54; 콜린스는 자신의 입장이 1980년에 덜 극단적이 되었다고 말한다(Labinger & Collins (eds.), *The One Culture?*(2001), 184n). 그래서 나는 여기서 그의 성숙하고 절제된 진술들로부터 인용하고 있음을 언급할 가치가 있다). 만일 이것이 사실이라면 콜럼버스는 중국에 도착했을 것이며 마늘은 자석의 능력을 빼앗았을 것이며, 돼지는 날 수 있었을 것이다. 콜린스의 상대주의가 (스트롱 프로그램의 상대주의처럼) 경험적인 탐구 프로그램(비록 그가 그것을 '상대주의의 경험적인 프로그램'(Collins, 'Introduction'(1981))이라고 부르지만)의 결과가 아니라 그

것의 전제라는 것을 파악하는 게 중요하다. 그의 전체 과업은 "처방에 안주하고, '기술적 언어를 상상적인 객체에 관한 것으로 취급한다'"(Collins, *Changing Order*(1985), 16). 분명히, 만일 이것이 당신의 전제라면 당신의 유일한 결론은 과학이 어떤 종류의 '교묘한 속임수'(6)를 포함하고 있다는 것이다. 사람들을 설득하여 가공의 것이 존재한다고 믿게 만드는 속임수 말이다. 물론 콜린스조차 그렇게 하는 것이 잘못이라고 주장하면서도 이 속임수에 굴복한다(Collins, 'Son of Seven Sexes'(1981) 34, 54를 참조하라). 따라서 경험적 과업은 오직 콜린스의 상대주의자 전제를 시험하기 위해서가 아니라 그것을 보여주기 위해서 존재한다. 그리고 참일 수 없는 것('문자 그대로 믿을 수 없는 것')이 참일지도 모른다고 생각하도록 강요한다는 점에서 절대로 타당해 보이지 않는다. 일부 독자들은 아마 콜린스는 실재하지 않으며 내가 이런 얘길 만들어냈다고 생각할 것이다(1996년 물리학자 소칼이 엉터리 논문을 포스트모던 학술지 《소셜 텍스트》에 투고한 소칼의 날조 이후 ─Sokal, *Beyond the Hoax*(2008) ─ 그러한 생각은 비합리적인 것이 아니었다). 나는 그들에게 그가 실제로 존재하며 괴짜가 아니라는 점을 보증한다. 괴짜는 영국 학사원British Academy의 평회원으로 선발되지 않는다.

 '제한'에 대한 논의의 더 주의깊게 정식화된 반대를 보려면 셰이핀, 〈과학사와 사회학적 재구성History of Science and Its Sociological Reconstructions〉(1982), 196-7을 참조하라. 셰이핀이 제공한 것은 본질적으로 순환적인 논증이다. 제한의 담론은 상대주의와 양립하지 않는다. 그러나 역사가들은 상대주의에 충실하다. 따라서 그들은 제한에 대해 논해서는 안 된다. 둘째로, 그는 과학자들을 제한하는 것은 실재가 아니라 실재에 관한 특정한 기술description이라고 주장하는 뒤앙-콰인 논지에 의존한다. 그러나 이 주장이 가정하듯이 과학적 논쟁의 결과가 항시 제약을 두지 않은 것이라고 생각

810

하는 것은 잘못이다. 갈릴레이가 금성의 위상을 관찰했을 때, 그가 본 것을 기술하는 대안적인 방식은 없었다. 모든 이들이 다 이유가 있어서 공유하는(예를 들면, 빛은 직진한다는) 가정들을 사람들이 질문할 준비가 되어 있지 않은 한, 대안적인 방식이 존재할 수 없었다.

10. 다음 예시들을 추가할 수 있다. Mornet, *Les Origines intellectuelles de la Révolution française*(1933); Lefebvre, *The Coming of the French Revolution*(1947); Bailyn, *The Ideological Origins of the American Revolution*(1967); Trevor-Roper, 'The Religious Origins of the Enlightenment'(1967); Stone, *The Causes of the English Revolution*(1972); Weber, *Peasants into Frenchmen*(1976); Baker, *Inventing the French Revolution*(1990); Chartier, *The Cultural Origins of the French Revolution*(1991); Skinner, 'Classical Liberty and the Coming of the English Civil War'(2002); Bayly, *The Birth of the Modern World*(2003). 그 성격상 동일하게 회고적인 것은 쇠퇴에 관한 책들이다. 토머스, 《종교와 마법의 쇠퇴Religion and the Decline of Magic》(1997), 혹은 매킨타이어, 《미덕 이후After Virtue》(1981)와 같은 실패에 대한 책이다.

물론, 옛 회고적 이야기들을 포기하는 이유 중 하나는 그것들이 심대하게 불만족스럽기 때문이다. 엘튼Elton과 그를 추종하는 학자 집단이 영국 대내란English Civil War에 관해 보여준 대로(Elton, 'A High Road to Civil War?'(1974)), 그리고 코반Cobban과 그를 추종하는 학자 집단이 프랑스대혁명에 대해 보여준 대로(Cobban, *The Social Interpretation of the French Revolution*(1964))다. 그러나 하나의 과업이 형편없이 수행되었다고 해서 그것이 더 낫게 수행될 수 없다는 말은 아니다. 그리고 그것이 불행한 사건이라는 것(그것은 왜 다시 합치는 것이 불가능했는가라는 질문을 하게 만든다)

말고는 영국 대내란을 설명할 수 없는 상황이 만족스러운 것으로 간주될 수 있는지 상상하기는 어렵다. 나 또한 왜 역사가들이 대부분의 흥미로운 문제들을 정치학, 철학, 사회학 등 다른 분야에 양보했는지 알지 못한다. 단지 그것들이 시작과 끝의 고려를 요구하기 때문이라는 이유로 말이다.

　단순한 진실은 휘그 사관의 정의가 해마다 더 견고해졌다는 점이다. 그러나 과학사에서 소위 휘그 사관의 문제는 특별히 성가시다. 왜냐하면 그것이 과학에 진보가 존재한다는 인정을 검열하고 동등성 명제를 역사적 방법의 원리로 단단히 자리잡게 하는 데 사용되기 때문이다. 또한 해가 지나며 태도들은 더욱 제한적이 되어왔다. 1996년, 여느 사람들처럼 휘그 사관에 반대하는 역사가인 로이 포터Roy Porter는 한 저술을 출판했다(분명히 더 일찍, 아마 1989년에 집필했을 것이다). 그 저술에서 포터는 과학혁명을 '미래의 약속으로 가득한 상당하고 영구한 업적들'을 낳은 것으로 지칭하면서 '과학의 진보'를 언급했다(Porter, 'The Scientific Revolution and Universities'(1996), 538, 560; Porter, 'The Scientific Revolution'(1986), 302과 비교하라). 이제 톱니바퀴를 풀 시간이다.

　11. 내가 이 책에 관한 작업을 시작했을 때의 상황에 대한 자세한 분석은 대스턴Daston의 〈과학학과 과학사Science Studies and the History of Science〉(2009)에 나와 있다. 우리 사이의 차이는 강조점의 차이 정도이다. 내 판단으로는 대스턴은 시대착오의 두려움이 과학사를 약화한 정도를 낮게 잡았고, 과학사가 대칭 원리로부터 둔 거리의 정도를 높게 잡았다(과학사가 그 방향감을 상실했다는 이전의 인정에 대해서는 Secord, 'Knowledge in Transit'(2004), 671을 참조하라). 골린스키Golinski의 〈새로운 서문New Preface〉(2005), xi은 과학전쟁(과학자들이 스트롱 프로그램으로 대표되는 인식론적 상대주의에 격렬히 반발하여 과학 지식의 확실성과 보편타당성을 지키려 하자, 과학사

회학자들이 1996년 그들의 저널 《소셜 텍스트》를 '과학전쟁'이라는 제목의 특집 호로 발행하여 이를 반박한 일 — 옮긴이) 직후의 상황을 요약했다. '구성주의는 초기의 활짝 핀 전망을 잃어버렸다. (⋯) 그러나 그것은 여전히 암묵적인 가정의 수준에서 많은 역사적 학문을 제공한다.'

골린스키는 또한 스트롱 프로그램의 상대주의가 '회의론을 집대성하는 표현이 아니라 도구'로 사용될 수 있고 그래야만 한다는 혼란스러운 관점에서, 구성주의가 '여러 다양한 접근 방식의 보완적인 것'(x-xi)으로 간주될 수 있다고 주장하는 사람의 전형적인 예일 것이다. 스트롱 프로그램의 정교한 지지자들이, 자신들이 일상의 삶에서는 상대주의자가 아니라고 주장하는 것은 사실이다. 그러나 그들은 당신이 역사가로서 혹은 사회학자로서 과학을 연구할 때, 당신이 시간제 상대주의자일 수 있다고 제안하지 않는다. 그들의 상대주의는 도구처럼 집었다가 내려놓을 수 없다. 왜냐하면 그것은 비상대주의자 질문들을 문제가 되지 않는다고 판단하는 방법론적 명제이기 때문이다. 그 측면에서 그들은 하나부터 열까지 상대주의자다.

골린스키는 또한 구성주의자 과업이 방향 감각을 잃는 것은 오로지 과학전쟁의 발발 때문이라고 잘못 제기하고 있다. 사실상 소칼의 날조(1996)의 시기까지 그 과업은 이미 이중적인 곤경에 처해 있었다. 바깥으로부터 그것은 엄청난 충격을 주는 비판에 놓여 있었다. Laudan, 'Demystifying Underdetermination'(1990). 밀려드는 위기감은 내부자로서 브뤼노 라투르의 진술에 나타난다. '신속한 진보의 나날 이후에 과학의 사회학적 연구들은 정체 상태에 있다'(Latour, 'One More turn After the Social Turn'(1992), 272). 그것들은 정체되어 있었고, (올바른 길로 복귀하려는 중요한 시도인 피커링의 《실행의 맹글The Mangle of Practice》(1995)에도 불구하고) 여전히 그러하다.

이제 보널Victoria E. Bonnell과 헌트Lynn Hunt가 《문화적 전환 너머Beyond the Cultural Turn》라는 제목의 논문집을 출판한 지 15년이 된다. 거기서 그들은 자신들이 '우리의 현재의 곤경'이라고 부른 것에서 탈출하는 방식을 찾았으나 실패했다(Bonnell & Hunt, 'Introduction'(1999), 6). 아! 여전히 닉 윌딩Nick Wilding처럼 '사회구성론이 충분히 성공적이지 않다'고 생각하는 사람들이 많다. 윌딩은 17세기에 '과학적 과업이 지역화되고 양도되지 않았기 때문에 규범이라는 개념이 초기의 근대적 인식론적 지평이 아니라 계몽주의에 속한다'는 생각에 의구심을 가진다(Wilding, *Galileo's Idol*(2014), 136-7). 그러한 접근 방식은 필연적으로 과학혁명을 전혀 눈에 보이지 않는 것으로 만든다. 그것은 자연에 반항하여 허위를 진리로 바꾸는 것이 불가능하다는 갈릴레이의 주장이 전적으로 잘못된 것임을 암시한다. 그리고 홉스가 갈릴레이를 새로운 유형의 지식의 설립자로 숭배한 것이 잘못된 것임을 암시한다. 디드로의 꿈이 과학적 과업의 탄생에 대한 이야기의 종국이 아니라 시작을 나타낸다는 것을 암시한다. 물론 이것은 잘못된 생각이다. 갈릴레이의 새로운 과학의 이동성은 곧바로 그가 1633년 파문된 후 15년간 그의 저술이 출판된 도시들의 목록에 의해 입증된다. 스트라스부르(1634, 1635, 1636), 레이던(1638), 파리(1639, 1681), 파도바(1640, 1649), 리옹(1641), 라벤나(1649), 런던(1653, 1661, 1663, 1665, 1667, 1682, 1683), 볼로냐(1655~1656, 1664), 암스테르담(1682). 메르센, 대니스Danese, 윌킨스 등의 인기를 끈 저술들이 여기에 추가될 수 있다. 만일 이것이 지역주의라면, 그 반대는 무엇일까?

날짜와 인용에 관한 주석

나는 출간 일자를 속표지에 표시된 것으로 잡는다. 로크의 《인간지성론》은 1689년에 나왔다. 그러나 속표지에는 1690년으로 되어 있다. 포퍼의 《탐구의 논리Logik der Forschung》는 1934년 가을에 나왔지만, 속표지에는 1935년으로 되어 있다. 쿠아레의 《갈릴레이 연구》는 1939년으로 되어 있지만 나온 것은 1940년이었다. 월터 찰턴의 《세 겹의 역설》은 예외다. 1950년으로 된 두 판본 중 하나는 1649년에 등장했다. 그래서 나는 내가 어떤 판본을 사용했는지 보여주기 위해 1649년을 출간 일자로 삼았다.

나는 연도를 1월 1일 시작하는 것으로 잡는다. 뉴턴의 첫 출판은 1671/1672년 2월 6일로 되어 있지만, 나는 이것을 1672년으로 했다.

나는 인용문에서 원래의 철자법과 구두점을 지켰다. 예외적으로 'u'와 'v', 'i'와 'j'는 규칙화했다.

인터넷에 관한 주석

지난 10년간 학문적 과업은 인터넷에 의해 크게 변화되었다. 이 책에서 인용된 모든 초기 근대의 문헌들을 인터넷에서 찾아볼 수 있다. 일부는 구독 서비스(Early English Books Online(EEBO); Eighteenth Century Collections Online(ECCO))를 이용해야 하지만 상당수가 개방된 사이트(Google Books, Gallica)에 있다.

특히 단어들의 역사에 대한 나의 연구는 인터넷에 기반하고 있다. 주요한 출처들은 다음과 같다. 1. 영어는 EEBO와 ECCO의 탐색 기능으로 보완된 *Oxford English Dictionary*다. EEBO는 모든 제목을 찾아준다. 텍스트들의 약 25퍼센트다(그러나 많은 텍스트들이 여러 판본으로 중복되어 있어서 사실은 그 이상이다). 반면에 ECCO는 데이터베이스(거의 완성되어 있음)에서 모든 텍스트를 찾아준다(오류가 많다). 또한 사람들은 초기 근대 영어사전들을 http://leme.library.utoronto.ca에서 찾을 수 있다. 2. 프랑스어는 일반인 열람 사전 모음을 참조할 수 있다. http://artfl-project.uchicago.edu/contentdictionnaires-dautrefois. 3. 이탈리아어는 http://vocabolario.signum.sns.it/에 있는 *Vocabolario degli accademici della Crusca*(1612)를 참조할 수 있다. 4. 모든 언어들, 특히 라틴어 자료는 Google Books와 여러 ebooks(archive.org와 gallica.bnf.fr) 모음의 자료를 참조할 수 있다. 나는 접속 일자를 부기하지 않았지만 이 책의 대부분은 2012~2014년에 작성되었다. 물론 더 많은 자료들이 검색되고 옥스퍼드 영어사전이 개정되면 결과물은 바뀔 수 있다.

그러나 이것은 내가 인터넷에 진 빛의 일부에 불과하다. 날마다 우편배달부는 멀리 떨어진 세계의 구석구석에서 온 책 꾸러미를 문 앞에 갖다놓는다. 17세기 학자들은 가끔 자신들이 책의 바다에 빠져 익사하고 있다고 느꼈다. 내 책상의 책과 서류 더미가 더해지면서 나 역시 그러한 느낌을 받는다. 대개 나는 어디에, 그리고 언제 상륙할지 확신하지 못한 채 먼바다를 떠돌고 있다고 느끼지만, 나 자신만의 발견의 항해를 하고 있음을 기쁘게 생각한다.

◎ 감사의 말 ◎

이 책은 몇몇 경탄스러운 예외를 제외하고는 대부분의 과학사가들이 자신들의 과업을 공정하지 않게 하고 있다는 느낌에서 태어났다.[*] 그들이 이런 평가에 동의하리라 기대하지는 않는다. 불가피하게도 그들에게 이런 평가는 기껏해야 오해에 근거하고 있다고 여겨질 것이다. 그럼에도 불구하고 나는 내가 동의하지 않는 그들에게 가장 큰 빚을 졌다. 알렉상드르 쿠아레의 말을 빌리면, '인간의 사유는 격렬한 논쟁이다. 그것은 비판을 먹고 자란다.' 새로운 진리는 허위로 바뀌어야만 하는 고대의 진리의 적이다.[1] 불일치, 가끔 극명한 불일치 없이는 번영도 없었을 것이다.

그러나 나는 불일치 혹은 새로움 자체를 추구하지 않았다. 오히려 나는 의견의 차이에 서서히, 마지못해 당도하게 되었고, 과학과 과학혁명의 중요한 특징이 현재 건실한 학문으로 전해지고 있는 설명들에 의해 간과되거나 묵살되어왔기 때문이다(나에게는 그렇게 보였다). 파스칼이 자연은 진공의 존재에 무관심하다고 공표했을 때 말했듯이, '내가 그렇게 일반적으

• '상대주의와 상대주의자들에 관한 주석' 11항을 참조하라.

로 받아들여진 의견을 포기하는 것에 유감이 없지는 않다. 나는 오직 진리의 강요에 양보할 뿐이다. 나는 과거의 것을 꽉 붙들 이유가 있을 때만 새로운 사고에 저항했다.'[2]

나 자신의 지적인 발전은 상당 부분 뤼시앵 페브르에게 빚지고 있음이 분명하다. 그의 《16세기에서의 불신앙의 문제Le problème de l'incroyance au XVIe siècle》(1942)는 여전히 중세적 사고에서 근대적 사고방식으로의 전환을 다룬 가장 중요한 책이다. 나는 내 학문적 경력의 첫 10년을 이 책을 독파하는 데 바쳤다. 그 책은 우리가 선조들과 씨름하는 복잡한 방식의 좋은 예이기에, 오랜 시간이 지난 후, 나는 이제 나 자신이 그 책을 옹호하고 있음을 발견한다.[3] 나에게 어떻게 생각할 것인가를 알려준 동시대의 또 다른 책은 브루노 스넬Bruno Snell의 《정신의 발견Die Entdeckung des Geistes》(1946)이다.

그러나 옛 책들만이 내 영감의 유일한 원천은 아니다. 나는 이언 해킹과 로레인 대스턴으로부터 역사적 인식론을 배웠고, 과학혁명을 구성하는 모든 다른 혁명들을 위한 영감이 수학자들에게서 비롯되었다는 단순한 이유에서 그것이 많은 혁명들이 아니라 하나의 혁명이라는 것을 짐 베넷Jim Bennet으로부터 배웠다. 그리고 나는 래리 라우든의 〈과소결정론 쉽게 이해하기Demystifying Underdetermination〉(1990), 앤드루 피커링의 《실행의 맹글The Mangle of Practice》(1995), 존 재미토John Zammito의 《인식의 멋진 혼란A Nice Derangement of Epistemes》(2004)으로부터 특별한 격려를 받았다.

7장은 2011년 옥스퍼드의 세인트 에드먼드 홀에서의 엠든 강좌Emden Lecture에서 처음 선보였고, 그 후 셰필드 대학에서의 학제 간 강좌에서, 그리고 요크 철학회의 강의에서 다루어졌다. 이 책의 핵심 논지는 2014년의 요크 대학에서의 에일머Aylmer 강의와 일리노이 공과대학에서의 강의에 제시되어 있다. 몇몇 논지, 특히 3장과 7장의 논지는 《타임스 리터러리 서플

818

먼트Times Literary Supplement》의 해설 논문에서 처음 시도되었다. 내게 기회를 제공해준 데 대해 그곳의 편집인들에게 감사를 표한다. 나는 또한 요크 대학의 내가 속한 학과와 학생들에게 큰 빚을 졌다. 학과에서는 지난 10년 간 내가 과학사에 전념하도록 배려해주었고, 내 학생들은 영민하고 성실했다. 짐 베넷, 사빈 클라크, 마이클 쿠보비, 레이철 라우든, 파올로 팔미에리, 클라우스 보겔, 톰 웰치 등 많은 친구들과 동료들은 이 책의 일부를 읽어주었고 유익한 비평을 해주었다. 앨런 찰머스, 스티븐 콜린스, 크리스토퍼 그레이니, 존 케키스, 앨런 소칼, 소피 위크스는 초고를 읽고 중요한 논점들에 대해 나를 논박했다. 존 슈스터는 엄청난 관대함으로 여러 차례 초고를 읽어주었고 수많은 격려와 비판을 해주었다. 줄리아 레이스는 특히 독일어 원전 작업에서 귀중한 도움을 주었다. 많은 사람들이 나에게 길잡이가 되어주었고 오류에서 나를 건져주었다. 파비오 아세르비, 에이드리언 에일머, 마이크 비니, 마르코 베르타미니, 피트 빌러, 앤 블레어, 스튜어트 캐럴, 플로리스 코헨, 스티븐 클루카스, 사이먼 디치필드, 토비 다이크, 존 엘리엇, 모데차이 파인골드, 필리페 페르난데즈아메스토, 피에르 피알라, 아서 파인, 매리 개리슨, 앨프리드 히아트, 마크 제너, 스티븐 존스턴, 해리 키치코폴로스, 래리 라우든, 스티븐 리버시, 마이클 레비, 노엘 맬컴, 세이라 말릭, 애덤 모슬리, 제이미 니웰, 아일린 리브스, 크리스 렌윅, 스튜어트 레이놀즈, 리처드 세르지언트슨, 앨런 셔피로, 바버라 셔피로, 윌리엄 셔, 마크 스미스, 셀라그 스네든, 릭 왓슨, 닉 윌딩, 앨버트 판 헬든, 데이비드 워머스리가 그들이다. 나는 특별히 오언 깅거리치와 마이클 헌터에게 감사를 표하고 싶다. 그들은 출판을 위해 이 책을 읽어주었다. 저자는 더 나은 독자들을 바랄 수 없을 것이다. 나는 몇 번이고 그들에게 질문을 던지며 돌아왔다.

이 책의 원래 구상은 나의 경탄스러운 대행인 피터 로빈슨과의 밀접한 협력 속에서 이루어졌다. 앨런 레인 출판사의 스튜어트 프로핏은 이 책에 엄청나고 유별난 주의를 기울였다. 그를 만나고 이 책은 훨씬 좋은 책이 되었다. 이 책은 또한 무척 방대하다. 시작부터 그는 큰 책을 원했고 어찌 됐든 그렇게 되었다. 동시에 미국의 대리인 마이클 칼리즐과 발행인 빌 스트래천은 내가 실제로 일을 마치는지 예민하게 주시했다. 그리고 마침내 나는 일을 완료했다. 수재나 스톤은 삽화를 구하는 데 눈부신 활약을 했다. 세라 데이는 눈이 날카로운 편집자였다. 색인은 이 정도의 책에서 그래야만 하듯이 저자가 확인 후 서명했다. 멜럴은 나의 타자수였고, 센트는 나의 문헌 정리 프로그래머였다. 그들은 아무리 칭찬해도 지나침이 없을 것이다.

이들 중 아무도 나의 오류나 누락에 어떠한 책임도 없다. 이전과 같이 나의 사고는 매슈 패트릭과의 대화를 통해 발전되어왔다. 다른 누구보다도, 아내 앨리슨 마크에게 감사한다. 그녀 없이는 아무것도 이룰 수 없었을 것이며, 내가 이룬 것은 모두 그녀 덕분이다.

레스터셔의 테딩워스에서
2015년 봄

과학사는 과학과 인문학을 이어주는 가교이다. 과학사 분야에서 전통적으로 가장 중요한 질문 가운데 하나가 '서구에서 근대 과학은 어떻게 태동했는가'일 것이다. 1500년 이전의 유럽은 축적된 지식의 양과 그 축적 속도에 있어서 중국, 인도, 아랍에 한참 뒤처져 있었다. 그러나 1800년에 이르면 과학과 응용기술 지식의 양에서 유럽은 이들 문명보다 훨씬 앞서가게 된다. 역사적으로 유럽의 경제성장은, 15세기 후반에서 18세기 중반까지 축적된 과학기술 지식을 인간 삶의 조건을 개선하는 데 사용한 엘리트 그룹의 출현과 깊은 관련이 있다. 이 유럽의 엘리트들이 이룩한 '문예(학문) 공화국Republic of Letters'이 사상思想의 시장을 형성했는데, 이 공화국을 출범시킨 것은 15세기 말 네덜란드의 에라스뮈스라고 할 수 있다. 이후 프랜시스 베이컨은 지식을 얻는 최상의 방법으로 경험적인 실험 철학을 주창하며《새로운 아틀란티스》로 이 문예 공화국에 합류하고자 하는 이들에게 정신적 전범典範을 제공했다. 케플러, 갈릴레오, 데카르트, 뉴턴이 발전시킨 분석도구 '수학'도 과학의 지평을 활짝 열어젖히며 인류가 세계를 이해하는 방식을 크게 변화시켰다. 브리태니커 백과사전 편집장을 지낸 바 있는 미국의 유명 저술가 찰스 밴 도렌은 《지식의 역사》(1991)에서 "새로운 지식을 획득하는 방법이야말로 서구사회가 세상에 선보인 모든 지식 중에서 가장 귀중하며 1550년에서 1700년 사이에 일련의 유럽 사상가들이 이 '과학적 방법'을 창안했다"고 말한다. 1930년대에 위대한 과학사가 알렉상드르 쿠아레는 이 사건을 '과학혁명'이라고 불렀다. 쿠아레에게 과학혁명은 '자연의 수학화'의 출현과 승리였고, 실험과 경험은 새로운 과학에서 상대적으로 덜 중요한 측면이었다. 이러한 수학적 관점의 영향으로, 근대과학의 기원을 설명할 때 전통적으로 천문학과 역학에 많은 부분이 할애되어왔다. 하지만 이 책 《과학이라는 발명》은 물리학, 화학, 생명과학도 근대과학의 탄생에 중요한 기여를 했다는 사실을 밝히면서 '자연의 수학화'와 더불어 '비수학적' 측면도 균형 있게 다룬다. 또한 유용한 지식의 탐구에 참여한 유럽 지식인들, 엔지니어, 기계공, 장인, 산업가, 발명가들과 이들 사이에 있었던 지식의 교류가 근대과학의 탄생에 기여했음을 분명히 밝히고 있다.

이 책의 주제는 유럽의 근대과학이 태동한 17세기 과학혁명이다. 현재의 과학사 연구의 주류는 근대 과학이 '패러다임의 전환'이며 중세 과학에서 연속적으로 발전했다는 연속성 논지(데이비드 린드버그의 《서양과학의 기원들》이 그 전형적인 예다)를 견지한다. 이에 비해 이 책의 저자 데이비드 우튼은 상대주의와 실재론 사이의 중도적 입장에 서서 과도한 상대주의를 배격한다. 근대 과학은 튀코 브라헤가 신성, 새로운 별을 관찰한 1572년과 뉴턴이 《광학》을 출간한 1704년 사이에 '발명'되었고, 이 새로운 과학은 '혁명적'이었다는 것이다. 저자는 지리상의 발견, 수륙지구 개념의 대두, 망원경의 발명과 갈릴레이의 목성의 위성 발견, 뉴턴의 《프린키피아》와 《광학》의 출간 등 우리에게 익숙한 여러 사건들이 어떻게 전개되었는지를 통해 '자연을 탐구하고 개념화하는 방식의 변화'를 통찰해낸다.

이 책 전체를 관통하는 물음들은 과학사와 과학철학의 핵심적 주제인 '과학이란 무엇인가? 과학적 사실과 진리란 무엇인가? 과학은 산업과 문명을 어떻게 변화시키는가? 과학은 어떻게 정립되고 발전하는가?' 등이다. 이 물음들에 답하기 위해 이 책이 다루고 있는 방대한 문헌은 압도적이어서, 가히 과학사 및 과학철학에 관한 백과사전이라 부를 만하다. 자연과학, 인문학, 예술, 사회과학을 넘나들며 저자가 펼치는 스토리텔링의 너비와 깊이는 마치 웅장한 교향악 같아서 그야말로 지성의 향연을 방불케 한다. 또 이 책은 과학적 발견의 내용과 의미 그리고 역사적 맥락에만 국한하지 않고 브루노, 갈릴레오, 데카르트, 뉴턴 같은 과학자들의 인간적 삶과 내면의 정신을 들여다볼 수 있는 일화들과 더불어 유럽의 정치적, 정신적 지형에 대한 묘사로 가득하여 읽는 재미를 더한다.

필자는 과학사를 전공하지 않은 자연과학도이다. 과학을 직업으로 하는 이에게 과학은 호기심과 도전 의식에서 출발하는 '놀이'이기도 하지만 지난한 인내를 요구하는 '끔찍한 게임'이기도 하다. 필자가 경험한 과학도로서의 삶은 설렘과 성취감, 실패와 좌절이 연속으로 교차하는 과정이었다. 그러나 과학만으로는 무언가 부족했다. 그 갈증은 인문학적, 철학적 물음과 연결되어 있었다. 도대체 과학이란 무엇이며 과학적 방법이란 어떠한 것인가? 왜 동양에는 서양에서 발전한 유형의 과학이 없었는가? 과학은 극소수의 천재들에 의해서만 발전되어 왔는가? 위대한 과학자들은 무엇을 생각하며, 왜 그렇게 끈기 있게 과업을 수행했는가? 그들은 인간적으로도 위대했는가? 그리고 행복했는가? 물질문명과 과학은 진정 인간을 자유롭게 하는가? 과학을 배우고 수행하면서 이러한 근본적인 질문에 목말라했고 과학과 과학 활동의 진정한 의미에 대한 답을 얻고 싶었다. 또 한편으로는 우리 사회가 아직도 서구에 비해 합리성과 객관성의 추구에 있어서 뒤쳐져 있다고 느꼈다. 우리는 여전히 과학이, 그리고 과학을 견인할 철학이 빈곤하다. 우리에게는 올바른 과학 정신과 실행, 그리고 이를 뒷받침할 인문학적 성찰 모두가 필요하다고 생각했다. 이 책은 과학의 역사에 관한 하나의 해석이다. 이 책이 과학의 근본적 질문에 모두 답을 준 것은 아니었지만 저자가 펼친 논의의 너비와 깊이, 열정과 집념은 필자의 마음을 사로잡았다.

전공 분야도 아니고 서툰 솜씨이지만, 우리 독자들이 서양과학의 전통과 사상, 그 사회경제적 배경을 조망함으로써 과학을 더 깊이 이해하는 데 도움이 되기를 바라는 마음으로 이 책을 번역했다. 과학에서 위대한 족적을 남긴 이들 대다수가 비범한 인문학자요 제너럴리스트였음을, 그리고 자연의 탐구와 인간과 사회에 관한 탐구는 서로 긴밀히 얽혀 있음을 보여주고 싶었다. 특히 이 책의 행간에 배어 있는 과학 정신의 에토스와 파토스가 우리의 젊은 독자들에게 '더 열린 시각'과 '숭고한 것을 성취하려는 열망'을 불어넣었으면 한다. 과학사를 탐구하면 인간 지성과 문명의 발전사를 돌아보며 미래를 전망할 수 있다. 현재 진행되고 있는 4차 산업혁명은 그 범위와 규모에 있어서 인류 역사상 유례없는 사회·경제·문화적 대변혁을 몰고 올 것이기에, 인간의 의도와 선택은 그 어느 때보다 중요하다. 이제 우리는, 칸트가 말한 대로, 인간의 지성과 통찰력을 '무엇을 알 수 있는가'에서부터 '무엇을 해야 하는가'의 문제에 집중해야 한다. 이 책에서 논의하고 있는 근대 과학의 형성과 전개 과정은 전환기의 새로운 과학의 미래를 열어가는 데 여러 시사점을 제공할 수 있을 것이다.

17세기 학자들은 가끔 자신들이 책의 바다에 빠져 익사하고 있다고 느꼈다고 한다. 현대인 역시 학구적인 사람들의 정신도 힘들고 피곤하게 할 만큼 광대한 책들의 바다에서 허둥대고 있다. 그러나 책의 바다에 빠져 헤매는 일은 앎을 사랑하고 새로운 것을 창조하려고 노력하는 사람들의 숙명이 아닐까? 본문의 특징적인 부분이라고 할 수 있는 '더 자세한 주석'에서 저자는 "어디에, 그리고 언제 상륙할지 확신하지 못한 채 먼바다를 떠돌고 있다고 느끼지만, 나 자신만의 발견의 항해를 하고 있음을 기쁘게 생각한다"라고 말하며 이 책을 마친다. 앎 자체를 목말라하며 진리의 바다로 항해에 나선 독자들에게 이 책이 조금이라도 도움이 되었으면 하는 바람이다.

끝으로, 이 책의 출판을 허락해주신 김영사와 훌륭한 기획안을 마련해주셨고 번역 과정에 큰 도움을 주신 편집부 이승환 선생님, 그리고 꼼꼼한 교정 작업 가운데 많은 유익한 제안을 해주신 오경철, 이경란 선생님, 기꺼이 감수를 맡아주신 서울대학교 홍성욱 교수님께 깊은 감사를 드린다.

동아대학교 승학캠퍼스에서
2020년 봄

◎ 후주 ◎

서론

1. Harrison, 'Reassessing the Butterfield Thesis'(2006), 7은 과학혁명이라는 개념은 그것이 언제 시작되어 언제 끝났는지를 알 수 없기에 일관성이 없다고 주장한다. 나는 여기에 동의하지 않는다. 그 개념은 날짜가 불분명하더라도 일관성이 있다('산업혁명'과 비교하라). 그러나 실제로 날짜를 확정하기도 그다지 어렵지 않다.

1장

1. Borges, *The Total Library*(2001), 465.
2. Barker, *The Agricultural Revolution in Prehistory*(2006).
3. Stein, *Everybody's Autobiography*(1937), 289.
4. Turgot, *A Philosophical Review of the Successive Advances of the Human Mind*는 1750년에 저술되었지만 19세기까지는 출판되지 않았다(Turgot, *Turgot on Progress*(1973)); Condorcet, *Outlines of an Historical View of the Progress of the Human Mind*(1795)―같은 해의 프랑스어 원본; Bury, *The Idea of Progress*(1920).
5. II.1.813-15.
6. II.3.1440.
7. MacGregor, *Shakespeare's Restless World*(2012), Ch. 18: 'London becomes Rome.'
8. Borges, *The Total Library*(2001), 472('The Enigma of Shakespeare', 1964).
9. Kassell, *Medicine and Magic in Elizabethan England*(2005).
10. Donne, *The Epithalamions, Anniversaries and Epicedes*(1978).
11. Wootton, *Galileo*(2010), 5-6.
12. Jacquot, 'Thomas Harriot's Reputation for Impiety'(1952).
13. Hill, *Philosophia epicuraea*(2007).

826

14. Brown, ‘*Hac ex consilio meo via progredieris*’ (2008), 836-8. 나는 그것이 원래 대학 도서관에서 나왔으리라고 생각하지 않는다. 왜냐하면 도서관 책들에는 빈 페이지를 끼워넣지 않기 때문이다.

15. Trevor-Roper, ‘Nicholas Hill, the English Atomist’ (1987), 11 (Robert Hues를 인용), 13 (Thomas Henshaw를 인용).

16. Trevor-Roper, ‘Nicholas Hill, the English Atomist’ (1987), 3-4.

17. Trevor-Roper, ‘Nicholas Hill, the English Atomist’ (1987), 28-34.

18. Kepler, *Kepler's Conversation with Galileo's Sidereal Messenger* (1965), 34-6, 38-9.

19. Trevor-Roper, ‘Nicholas Hill, the English Atomist’ (1987), 11.

20. Lynall, *Swift and Science* (2012).

21. Thomas Poole에게 보내는 편지, 1801년 3월 23일.

22. Gingerich, ‘Tycho Brahe and the Nova of 1572’ (2005); McGrew, Alspector-Kelly & others, *The Philosophy of Science* (2009), 120-2. 코페르니쿠스가 아니라 브라헤가 천문학 혁명의 시작을 알린다는 견해에 대해서는 Donahue, *The Dissolution of the Celestial Spheres* (1981); Lerner, *Le Monde des sphères* (1997); Grant, *Planets, Stars and Orbs* (1994); Randles, *The Unmaking of the Medieval Christian Cosmos* (1999).

23. Wesley, ‘The Accuracy of Tycho Brahe's Instruments’ (1978).

24. Thoren, *Lord of Uraniborg* (2007); Christianson, *On Tycho's Island* (2000); Mosley, *Bearing the Heavens* (2007).

2장

1. Weinberg, *To Explain the World: The Discovery of Modern Science* (2015), xi.

2. Mayer, ‘Setting Up a Discipline’ (2000); 과학사를 연구하고 가르치도록 역사가를 최초로 임명한 사례는 이후 1948년에 생겼다. Butterfield, *The Origins of Modern Science* (1950); 그리고 Bentley, *The Life and Thought of Herbert Butterfield* (2011), 177-203.

3. Snow, *The Two Cultures* (1959). 또한 Leavis, *Two Cultures?* (2013)를 참조하라.

4. Cohen, *The Scientific Revolution: A Historiographical Inquiry* (1994), 21, 97-121; 그리고 예를 들어, Porter, ‘The Scientific Revolution and Universities’ (1996), 535를 참조하라.

5. Snow, *The Two Cultures* (1959); 그리고 Ashby, *Technology and the Academics* (1958)를 추가로 참조하라.

6. Butterfield, *The Origins of Modern Science* (1950), viii.

7. Laski, *The Rise of European Liberalism* (1936). 1913년의 Ornstein, 보존판. Smith (1930)와 Bernal (1939)은 ‘과학혁명 (the Scientific Revolution)’이라는 용어를 사용했다 (Cohen, *The Scientific Revolution: A Historiographical Inquiry* (1994), 389-96). 그러나 그것이 그 개념을 인기 있는 것으로 묘사하는 일을 정당화할 수는 없을 것이다.

8. Greeley, ‘The Age We Live In’ (1848), 51; ‘Lowell, Manchester, Lawrence는 전체

문명 세계를 급격히 변화시킨 산업혁명의 유형들이다.'

9. Koyré, *The Astronomical Revolution*(1973)(French original, 1961).

10. Cunningham & Williams, 'De-Centring the "Big Picture"'(1993).

11. Shapin, *The Scientific Revolution*(1996), 3.

12. 1935년, 쿠아레가 과학혁명 개념을 도입했을 때, 그의 출처는 Bachelard, *Le Nouvel Esprit scientifique*(1934)였고, 이후 *The New Scientific Spirit*(1985)로 번역되었다. 그는 이후 판본에서 Bachelard의 고전적인 저술, *La Formation de l'esprit scientifique*(1938)를 참고문헌에 추가했다(*The Formation of the Scientific Mind*(2002)로 번역됨).

13. Butterfield, *The Whig Interpretation of History*(1931). 그것의 지속적인 중요성에 대해서는, 예를 들어 Wilson & Ashplant, 'Whig History'(1988)를 참조하라.

14. Elton, 'Herbert Butterfield and the Study of History'(1984), 736. B. J. T. Dobbs는 시초는 '상상할 수 있는 최고의 휘그 과학사'라고 말한다. Dobbs, 'Newton as Final Cause'(2000), 30. 옹호를 위해서는, Westfall, 'The Scientific Revolution Reasserted'(2000), 41-3을 참조하라.

15. Shapin, *The Scientific Revolution*(1996). 과학혁명에 관한 핵심적 권위를 가진 문헌들은 다음과 같다. Dijksterhuis, *The Mechanization of the World Picture*(1961); Cohen, *The Birth of a New Physics*(1987); Lindberg & Westman (eds.), *Reappraisals of the Scientific Revolution*(1990); Cohen, *The Scientific Revolution: A Historiographical Inquiry*(1994); Applebaum, *Encyclopedia of the Scientific Revolution*(2000); Osler (ed.), *Rethinking the Scientific Revolution*(2000); Dear, *Revolutionizing the Sciences*(2001); Rossi, *The Birth of Modern Science*(2001); Henry, *The Scientific Revolution*(2002); Wussing, *Die grosse Erneuerung*(2002); Hellyer (ed.), *The Scientific Revolution*(2003); Cohen, *How Modern Science Came into the World*(2010); Principe, *The Scientific Revolution*(2011). 최근의 학문 경향을 가늠해보려면 Smith, 'Science on the Move'(2009)를 참조.

16. Wilson & Ashplant, 'Whig History'(1988), 14.

17. Wagner, *The Seven Liberal Arts*(1983).

18. Thus Milliet de Chales, *Cursus seu mundus mathematicus*(1674), I, †3r: *Plebeiae sunt caeterae disciplinae, mathesis Regia*; ††1r: *Primum inter naturales scientias locum, sibi iure vendicare Mathematicas disciplinas*; 그리고 증보 유고판에서는, Milliet de Challes, *Cursus seu mundus mathematicus*(1690), Vol. 1, 1-2: *Quòd si hoc praesertim saeculo, assurgere non nihil videtur Physica, fructúsque edidisse non poenitendos, si multa scita digna, jucunda, Antiquis etiam incognita decreta sunt; ideò sane quia Mathematici philosophantur, rebúsque physicis Mathematices placita admiscent.* Bennett, 'The Mechanics' Philosophy and the Mechanical Philosophy'(1986)는 이러한 측면에서 의미가 크다. Gascoigne, 'A Reappraisal of the Role of the Universities'(1990), 227의 도표도 마찬가지다. 그

828

리고 수학자와 해부학자 사이의 협업에 관한 중요한 논문이 있다. Bertoloni Meli, 'The Collaboration between Anatomists and Mathematicians in the Mid-seventeenth Century'(2008). 로버트 보일은 새로운 과학자들이 거의 항상 수학자이거나 의사라는 규칙에서 흥미로운(그리고 부분적인) 예외다. Shapin, 'Boyle and Mathematics'(1988). 수학자와 철학자 사이의 충돌을 인식하면 과학혁명에서의 대학의 역할을 명료하게 이해하는 데 도움이 된다. 그들의 역할의 긍정적 견해에 대해서는 다음을 참조하라. Gascoigne, 'A Reappraisal of the Role of the Universities'(1990)(그러나 표 5.2는 1551년과 1650년 사이에 태어난 과학자들의 3분의 1만 대학에서 직위를 가졌다는 것을 보여준 다); 그리고 Porter, 'The Scientific Revolution and Universities'(1996).

19. Leonardo da Vinci, *Treatise on Painting*(1956), no. 1. 나중의 곤혼스러움에 대해서 는, Leonardo da Vinci, *Trattato della pittura*(1817), 2를 참조하라. 수학이 모든 진 정한 지식의 토대라는 확장된 주장에 대해서는, Aggiunti, *Oratio de mathematicae laudibus*(1627), esp. 8, 26, 33. 이 저술이 Galileo의 것이라고 생각하는 데에는 근거 가 없다(*Galileo's Muse*(2011)의 저자 Peterson에게는 미안하지만). 그러나 그는 확실히 그것 을 승인했다.

20. Biagioli, 'The Social Status of Italian Mathematicians, 1450-1600'(1989).

21. '*Galilaeus, non modo nostri, sed omnium saeculorum philosophus maximus*', Hobbes, *De mundo*(1973), 178.

22. Hooke, *The Posthumous Works*(1705), 3-4.

23. Baxter, *A Paraphrase on the New Testament*(1685), 고린도전서 2장 주석(*OED* s.v. physic 잘못 인용됨); 그리고 Harris, *Lexicon technicum*(1704), *OED* s.v. physiology에 인용됨(나는 1708년의 2판에서 인용했다). 또한 Hooke, *The Posthumous Works*(1705), 172: 'the Science of Physicks, or of Natural and Experimental Philosophy'를 참조하라. 워튼은 영어에서 'physick'과 'physical'은 적절하게 의학에 한정된다고 생각한다(Wotton, *Reflections upon Ancient and Modern Learning*(1694), 289). 그러나 실제로 그는 일반적인 물리학을 지칭하기 위해 'physical'을 사용한다.

24. 'physical science'와 동의어로 사용된 'physiology'에 대해서는 다음을 참조하라. Gilbert, *De magnete*(1600)(*physiologia nova*); Charleton, *Physiologia Epicuro-Gassendo-Charletoniana*(1654); 또한 Parker, 앞의 p. 40, 그리고 Wotton, *Reflections upon Ancient and Modern Learning*(1694), 457.

25. Andrew Cunningham은 특히 근대 초기의 정확한 범주는 '자연철학(natural philosophy)'이며 자연철학은 그것이 신(神) 중심이라는 점에서 과학과 달랐 다고 주장해왔다. 그의 Edward Grant와의 논쟁을 참조하라. Cunningham, 'How the *Principia* Got Its Name'(1991); Grant, 'God, Science and Natural Philosophy'(1999); Cunningham, 'The Identity of Natural Philosophy'(2000); 그 리고 Grant, 'God and Natural Philosophy'(2000). 나는 Grant가 옳다고 본다. 또한 Dear, 'Religion, Science and Natural Philosophy'(2001)를 참조하라. 훨씬 더 도전 적인 주장이 John Schuster에 의해 제기되고 있다(Schuster, *Descartes-Agonistes*(2013),

31-98). 그러나 나는 자연철학이 과학혁명에 관한 사유를 위한 범주이며 과학혁명이 자연철학 내부에서 일어난 내란이라는 그의 관점에 동의하지 않는다. 또한 나에게 훨씬 더 유용해 보이는 대안적인 범주인 물리-수학(physico-mathematics)에 관해서는 다음을 참조하라. Dear, *Discipline and Experience*(1995), 168-79, Schuster, 'Cartesian Physics'(2013), 57-61; 그리고 Schuster, *Descartes Agonistes*(2013), 10-13, 56-9. 새로운 과학이, 싫든 좋든, 자연철학의 파괴냐 아니면 내부에서의 투쟁이냐를 판단하는 문제는 부분적으로 '성숙한 데카르트가 전형적(typical)인지 아니면 비격식(atypical)인지'에 관해 우리가 어떻게 생각하는지에 달려 있다.

26. Kuhn, *The Road since Structure*(2000), 42-3. Mary Hesse의 네트워크 모형에 관해서는 *Discipline and Experience*(1995), 151-2.
27. 프랑스어에 관해서는, Schaffer, 'Scientific Discoveries'(1986), 408을 참조하라.
28. Boyle, *The Christian Virtuoso*(1690), 제목 페이지=Boyle, *The Works*(1999), Vol. 11, 281.
29. Secord, *Visions of Science*(2014), 105에서 인용.
30. 1831년은 Google Books에 따른 것이다. *OED*는 1835~1836년.
31. Hannam, *God's Philosophers*(2009), 338.
32. Hill, 'The Word "Revolution" in Seventeenth-century England'(1986), 149. 어떻게 '사물이 단어에 선행하는지'에 대해서.
33. Benveniste, *Problèmes de linguistique générale II*(1974), 247-53; 영어의 연도는 *OED*를 따랐고, EEBO와 Google Books와 대조했다. 나는 1895년이라는 연도를 Pierre Fiala 덕분에 확정했다. 그는 친절하게도 Frantext database를 검색했다.
34. 하나의 예외는 Bruno다. Bruno, *The Ash Wednesday Supper*(1995), 139.
35. 임의로 취해본 예는 Denton, *The ABC of Armageddon*(2001), 84-5.
36. Shapiro, *John Wilkins*(1969), 192.
37. Laslett, 'Commentary'(1963).
38. Digges에 대해서는, Johnson & Larkey, 'Thomas Digges, the Copernican System'(1934); Ash, 'A Perfect and an Absolute Work'(2000); 그리고 Collinson, 'The Monarchical Republic'(1987). Harriot에 대해서는, Fox (ed.), *Thomas Harriot*(2000); Schemmel, *The English Galileo*(2008); 그리고 Greenblatt, 'Invisible Bullets'(1988).
39. Laslett이 수학이 과학과 관련된 과업임을 인지하는 데 실패한 것은(그는 오직 의학만 언급했다) 그가 Taylor, *The Mathematical Practitioners*(1954)를 전혀 읽지 못했음을 알려준다. 그러한 실수는 Dear, *Discipline and Experience*(1995) 같은 저술 덕분에 이제 더는 저질러지지 않으리라고 믿고 싶다.
40. 이것들 대부분에 대해 저술했던 핵심적 인물은 네덜란드의 수학자 Simon Stevin이다. Dijksterhuis, *Simon Stevin: Science in the Netherlands around 1600*(1970).
41. Snow, 'The Concept of Revolution'(1962). Hill, 'The Word "Revolution" in Seventeenth-century England'(1986)는 더 이른 연도를 주장한다. 그러나 그가 제시

한 예들은 좋게 보아도 모호하다.

42. Hull, 'In Defence of Presentism'(1979).

43. Hooke, *Micrographia, or Some Physiological Descriptions of Minute Bodies*(1665), a4.

44. Sprat, *The History of the Royal-Society*(1667), 327, 363.

45. Sprat, *The History of the Royal-Society*(1667), 328-9.

46. Cohen, 'The Eighteenth-century Origins of the Concept of Scientific Revolution'(1976); 그리고 Baker, *Inventing the French Revolution*(1990).

47. Hunter & Wood, 'Towards Solomon's House'(1986), 81. Sprat, *The History of the Royal-Society*(1667), 29와 비교하라. '하나의 큰 구조(great Fabrick)가 내려앉고, 그 대신 다른 것이 우뚝 섰다.'

48. 영어에서 'modern'이라는 단어에 대해서는 Withington, *Society in Early Modern England*(2010), 73-101.

49. Galilei, *Dialogue on Ancient and Modern Music*(2003).

50. Kuhn, *Structure*(1970), 161; Feyerabend, *Farewell to Reason*(1987), 143-61. 얼마 지나지 않아(1587~1595) Vasari의 《미술가 열전》을 모델로 삼아, Bernardino Baldi가 근대 수학의 역사에 관해 저술하려는 시도가 있었다. Swerdlow, 'Montucla's Legacy'(1993), 301; 그리고 Rose, 'Copernicus and Urbino'(1974).

51. 200여 가지의 예를 보려면, Thorndike, 'Newness and Craving for Novelty'(1951)를 참조하라.

52. 예를 들어, Thorndike, *A History of Magic and Experimental Science*(1923), II, 451-527; 그리고 Crombie, *Styles of Scientific Thinking*(1994), 345

53. Gilbert, *De magnete*(1600), Ch. 1. Gilbert는 또한 '더 근대적인' 저자들, 즉 르네상스기 저자들을 확인한다.

54. Filarete, *Trattato di architettura*(1972), Bk 13; Panofsky, *Renaissance and Renascences*(1970), 28. Greenblatt & Koerner, 'The Glories of Classicism'(2013)에서 인용. http://fonti-sa.sns.it/TOCFilareteTrattatoDiArchitettura.php, 380을 참조하라.

55. Swift, *A Tale of a Tub*(2010), 153.

56. Rapin, *Reflexions upon Ancient and Modern Philosophy*(1678), 189(최초의 프랑스어 판은 1676).

57. Boyle, *Hydrostatical Paradoxes*(1666), A7r =Boyle, *The Works*(1999), Vol. 5, 195; 그리고 Glanvill, *Plus ultra*(1668), 1. Glanvill, Bacon, Galileo, Descartes, Boyle은 근대인이다.

58. Harvey, *The Vanities of Philosophy and Physick*(1699), 10.

59. Glanvill, *Plus ultra*(1668); Le Clerc, *The History of Physick*(1699)(프랑스어로 최초 출판, 1696).

60. '*Audendum est, et veritas investiganda; quam etiamsi non assequamur, omnino*

tamen propius, quam nunc sumus, ad eam pervenivemus.'(investigare의 어원
은 '흔적을 쫓아가다(to follow in the tracks of)'이다.) Boyle, *The Origine of Formes
and Qualities*(1666)=Boyle, *The Works*(1999), Vol. 5, 281; Boyle, *A Free
Enquiry*(1686) = Boyle, *The Works*(1999), Vol. 10, 437. Eamon, *Science and the
Secrets of Nature*(1994), 269-300.

61. Wotton, *Reflections upon Ancient and Modern Learning*(1694), 페이지가 매겨지
지 않은 서문, 91, 105, 146, 169, 341. '과학의 진보(progress of science)'(그리고 변이
variations)라는 구절에 대한 초기의 예시들에 대해서는 다음을 참조하라: Jarrige, *A
Further Discovery of the Mystery of Jesuitisme*(1658); Borel, *A New Treatise*(1658),
2 — Borel은 Bacon이 *de progressu Scientiarum*(92)를 저술한 것으로 오해했다.
Naudé, *Instructions Concerning Erecting of a Library*(1661); Bacon, *The Novum
organum ...Epitomiz'd*(1676), 11; 그리고 Le Clerc, *The History of Physick*(1699), 'To
the Reader'(페이지가 매겨지지 않음).

62. Gingerich & Westman, 'The Wittich Connection'(1988), 19에서 인용.

63. Wootton, *Galileo*(2010), 96, 123, 286 n. 53.

64. Hunter & Wood, 'Towards Solomon's House'(1986), 87.

65. Glanvill, *The Vanity of Dogmatizing*(1661), 178, 181-3.

66. Hobbes, *Elements of Philosophy*(1656), B1r(최초의 라틴어판, 1655).

67. Power, *Experimental Philosophy*(1664), 192.

68. Wallis, 'An Essay of Dr John Wallis'(1666), 264.

69. Parker, *A Free and Impartial Censure*(1666), 45.

70. Dryden, *Of Dramatic Poesie*(1668), 9.

71. Kuhn, *Structure*(1970), 162-3.

72. Winch, *The Idea of a Social Science*(1958); Hanson, *Patterns of Discovery*(1958);
Kuhn, *Structure*(1962). Wittgenstein은 David Bloor와 '에든버러 학파'에 핵심
적 영향을 미쳤다. Bloor, *Knowledge and Social Imagery*(1991); 그리고 Bloor,
Wittgenstein(1983). 상대주의 사회학을 좌초시키기 위해 Wittgenstein을 활용하는 계
획의 파괴적인 평가에 대해서는 Williams, 'Wittgenstein and Idealism'(1973).

73. Wittgenstein, *Philosophical Investigations*(1953), §43.

74. E. g. Phillips, *Wittgenstein and Scientific Knowledge*(1977), 200-1. 나는
Wittgenstein과 같은 입장에서 출발했지만, William James는 인간이 고안한 것
(human device)으로서가 아닌 진리의 개념이 1850년에 사멸했다고 생각했다. James,
'Humanism and Truth (1904)'(1978), 40-1.

75. Biagioli (ed.), *The Science Studies Reader*(1999)는 과거에 과학학(Science Studies)으
로 불렸지만 지금은 과학기술학(Science and Technology Studies)으로 불리는 분야에 대
한 입문서다.

76. Russell, 'Obituary: Ludwig Wittgenstein'(1951).

77. Wittgenstein, *On Certainty*(1969), §612.

78. Feyerabend, *Against Method*(1975); Feyerabend, *Farewell to Reason*(1987).

79. Wilson (ed.), *Rationality*(1970); and Hollis & Lukes (eds.), *Rationality and Relativism*(1982).

80. Galilei, *Le opere*(1890), Vol. 5, 309-10.

81. Shapin & Schaffer, *Leviathan and the Air-pump*(1985), 67.

82. Hamblyn, *The Invention of Clouds*(2001); 그리고 Gombrich, *Art and Illusion*(1960), 150-2.

83. Hooke, *The Posthumous Works*(1705), 3.

84. Gilbert, *On the Magnet*(1900), iii.

85. Tuck, *Natural Rights Theories*(1979), 1-2.

86. Burtt, *The Metaphysical Foundations of Modern Physical Science*(1924).

87. Butterfield, *The Origins of Modern Science*(1950), 5; Burtt, *The Metaphysical Foundations of Modern Physical Science*(1924)(이 책에 관해서는 Daston, 'History of Science in an Elegiac Mode'(1991)을 참조하라); 그리고 Koyré, 'Galileo and the Scientific Revolution of the Seventeenth Century'(1943), 346.

88. Diderot, *The Indiscreet Jewels*(1993), 136.

1부

1. Copernicus, *On the Revolutions*(1978), 7.

3장

1. Hanson, 'An Anatomy of Discovery'(1967), 352.

2. Columbus, *The Journal*(2010), 35-6.

3. Lester, *The Fourth Part of the World*(2009).

4. Grafton, Shelford & others, *New Worlds, Ancient Texts*(1992), 80; Galilei, *Le opere*(1890), Vol. 3, 57; 앞의 p. 56.

5. Galilei, *The Essential Galileo*(2008), 47; Giordano da Pisa: 'Non é ancora venti anni che si trovó l'arte di fare gli occhiali, che fanno vedere bene, ch'é una de le migliori arti e de le piú necessaire che 'l mondo abbia, e é così poco che ssi trovó: arte novella che mmai non fu. E disse il lettore: io vidi colui che prima la trovó e fece, e favvellaigli'(Ilardi, *Renaissance Vision*(2007), 5에서 인용됨); and Filarete: 'Pippo di ser Brunelleschi inventó la prospettiva, la quale precedentemente non si era mai usata... Benché gli antichi fossero acuti e sottili, essi non conobbero la prospettiva'(Camerota, *La prospettiva del Rinascimento*(2006), 61에서 인용됨).

6. *descobrir*의 의미에 대해서는, Morison, *Portuguese Voyages to America*(1940), 5-10, 43(Morison이 'explore'로 번역한 1484년의 용례), 45-6(Morison이 'discover'로 번역한 1486년의 용례). 또한 1499년 *descubre*라는 단어가 스페인어에서 'discover'의 의미

로 나타난 것에 대해서는 Randles, 'Le Nouveau Monde'(2000), 10를 참조하라.

7. Caraci Luzzana, *Amerigo Vespucci*(1999), 321-83; 다음에서 찾을 수 있다. at http://eprints.unifi.it/archive/00000533/02/ Lettera_al_Soderini.pdf. 초기의 *Mundus novus*는 discooperio를 포함하지 않지만 이탈리아어 원전은 전해지지 않는다. Waldseemüller는 라틴어에 너무 해박해서 *Cosmographiae introductio*에서 Vespucci의 용례를 베끼지 않았다. O'Gorman는 Waldseemüller의 *invenio*는 'discover'가 아니라 'conceive'로 번역되어야 한다고 주장한다. 이것은 Waldseemüller가 Vespucci의 라틴어 저술로부터 작업하고 있었다는 사실을 간과한 것이다. 거기서 *invenio*는 이미 discooperio의 번역이었다(O'Gorman, *The Invention of America*(1961), 123와 n. 117).

8. Wolper, 'The Rhetoric of Gunpowder'(1970)를 참조하라.

9. Watson, *The Double Helix*(1968), 197.

10. 발견의 발견에 관해서는 Fleming (ed.), *The Invention of Discovery*(2011); 그리고 Margolis, *It Started with Copernicus*(2002), Ch. 3—어떤 문헌도 그 새로운 용어를 탐색하지 않는다. 호기심에 대해서는 Huff, *Intellectual Curiosity and the Scientific Revolution*(2011); Harrison, 'Curiosity, Forbidden Knowledge'(2001); Ball, *Curiosity*(2012); Daston, 'Curiosity in Early Modern Science'(1995); Daston & Park, *Wonders and the Order of Nature*(1998), 303-28. 근대 과학의 문화적 토대에 대한 흥미로운 설명은 Muraro, *Giambattista della Porta, mago e scienziato*(1978), 171-9에서 찾을 수 있다.

11. Bury, *The Idea of Progress*(1920), 44-9.

12. Leroy, *Variety of Things*(1594), fol. 127rv. Le Roy의 세속적 역사철학에 대해서는, Huppert, 'The Life and Works of Louis Le Roy, by Werner L. Gundersheimer'(1968)를 참조하라.

13. 새로운 지리학적 발견에 기초한 지식의 진보의 원리에 관한 확고한 진술에 대해서는 Piccolomini, *De la sfera del mondo*(1540), 39v.를 참조하라.

14. 나는 이 관점을 Stuart Carroll에게 빚졌다.

15. 1829년은 Google Books를 탐색하여 얻은 연도다. *OED*는 1853년이라고 말한다.

16. 'nostalgia'에 대해서는, *OED*를 참조하라. 최초로 영어에 사용된 예는 Harle, *An Historical Essay on the State of Physick in the Old and New Testament*(1729)(*OED*에 의하면 1756년); *maladie du pays*의 초기의 프랑스어 용례는 Constantini, *La Vie de Scaramouche*(1695).

17. 나는 Dunn, *Modern Revolutions*(1972), 226으로부터 그 용어를 취한다. 내재된 여러 문제들에 대해서는, Skinner, *Visions of Politics*, Vol. 1(2002), 128-44; 그리고 Shapin & Schaffer, *Leviathan and the Air-pump*(1985), 14.

18. Leroy, *Variety of Things*(1594), sig. A4v.

19. Leroy, *De la vicissitude*(1575), 'Sommaire de l'oeuvre'.

20. Vergil, *On Discovery*(2002); Copenhaver, 'The Historiography of Discovery in

834

the Renaissance'(1978); 그리고 Atkinson, *Inventing Inventors in Renaissance Europe: Polydore Vergil's De inventoribus rerum*'(2007).

21. Hay, *Polydore Vergil*(1952), 74.

22. Zhmud, *The Origin of the History of Science*(2006), 299–301.

23. Vergil, *A Pleasant and Compendious History*(1686), 149. 또한 Vergil, *An Abridgement*(1546); 그리고 Vergil, *The Works*(1663)를 참조하라.

24. 입문서로는, Bodnár, 'Aristotle's Natural Philosophy'(2012); 또한 Kuhn, *The Road since Structure*(2000), 15–20를 참조하라.

25. 8장 2절, 15장 6절을 참조하라.

26. Thorndike, *A History of Magic and Experimental Science*(1923), Vol. 5, 37–49.

27. Westman, *The Copernican Question*(2011), 99.

28. Thorndike, *Science and Thought in the Fifteenth Century*(1929), 209(수정된 번역). Thorndike는 초판을 본 적이 없다. Achillini, *De elementis*(1505), 84v-85r.

29. Thorndike, *Science and Thought in the Fifteenth Century*(1929), 209.

30. Piccolomini, *Della grandezza della terra et dell'acqua*(1558), 7v-10r에서, 특히 지리와 관련된 문제에서는, 경험이 권위에 앞서야만 한다는 확장된 주장을 참조하라.

31. Thorndike, *Science and Thought in the Fifteenth Century*(1929), 210.

32. Book 1 of Machiavelli's *Discourses*(Machiavelli, *Selected Political Writings*(1994), 82-4)의 서문을 참조하라. Montaigne, *The Complete Essays*(1991), 605-6; 그리고 Schmitt, 'Experience and Experiment'(1969) on Zabarella.

33. Eamon, *Science and the Secrets of Nature*(1994), 272에서 인용.

34. Thorndike, *A History of Magic and Experimental Science*(1923), Vol. 5, 581-2; 그리고 Taisnier, *Opusculum*(1562), 16-17. 라무스가 아리스토텔레스가 말한 모든 것이 오류라는 논지를 옹호했다고 말해지지만 이것은 오역이다. Ong, *Ramus*(1958), 36-46.

35. Galilei, *Dialogue Concerning the Two Chief World Systems*(1967), 107-8; 이와 유사한 예시들, 그리고 옳은 것을 추구하기보다는 Plato/Aristotle/Galen과 함께 틀리는 것이 낫다는 속담의 논의에 대해서는 Maclean, *Logic, Signs and Nature*(2002), 191-3.

36. Muir, *The Culture Wars of the Late Renaissance*(2007), 15-18; Pascal, *Oeuvres*(1923), 9—파스칼의 실험들에 관한 Pierre Guiffart의 생각을 비교하라.

37. Glanvill, *Plus ultra*(1668), 65-6.

38. Harvey, *Anatomical Exercitations*(1653), preface, fol. 4r; 그리고 Charleton, *Physiologia Epicuro-Gassendo-Charletoniana*(1654), 183.

39. Guicciardini, *Maxims and Reflections (Ricordi)*(1972), 76.

40. Montaigne, *The Complete Essays*(1991), 648.

41. Montaigne, *The Complete Essays*(1991), 644(the 1588 text); Borges, *The Total Library*(2001), 'The Doctrine of Cycles'(115-22), 'Circular Time'(225-8), 225에 '인용된' Vanini와 함께(사실상, 이는 바니니가 실제로 말한 것을 보르헤스가 개선한 것

이다. Vanini, *De admirandis*(1616), 388); 그리고 Trompf, *The Idea of Historical Recurrence*(1979)를 참조하라.

42. Zhmud, *The Origin of the History of Science*(2006), 299.

43. Righter, *Shakespeare and the Idea of the Play*(1962), 15, 23.

44. Bacon, *Instauratio magna*(1620), Vol. 1 §84, 99 = Bacon, *Works*(1857), Vol. 1, 191; 그리고 Browne, *Pseudodoxia epidemica*(1646), 20; 또한 Pascal, *'Préface sur le traité du vide'*(Pascal, *Oeuvres complétes*(1964), 772-85); 그리고 Glanvill, *The Vanity of Dogmatizing*(1661), 140-1를 참조하라.

45. Johnson, 'Renaissance German Cosmographers'(2006), 34-5.

46. Alberti, *On Painting and On Sculpture*(1972), 33(브루넬레스코에게 헌정됨: 수정된 번역).

47. Alberti, *On Painting and On Sculpture*(1972), 57-8; 앞의 p. 58 and n; 그리고 Serlio, *Libro primo [quinto] d'architettura*(1559), Book 2, 1r(1537년 초판).

48. *Discourses on Livy*, Book 1 서론(1675년의 Neville의 번역에 누락된 문단); Book 2, Ch. 17; 그리고 Machiavelli, *Art of War*, 서문.

49. Copernicus, *On the Revolutions*(1978), 5; 그리고 Gingerich, 'Did Copernicus Owe a Debt to Aristarchus?'(1985).

50. Rheticus, *Narratio prima*(1540); 그리고 Rosen (ed.), *Three Copernican Treatises*(1959), 135.

51. Digges & Digges, *A Prognostication Everlasting*(1576), fol. 43.

52. Galilei, *Dialogue Concerning the Two Chief World Systems*(1967), 274, 276, 318, 328.

53. Eamon, *Science and the Secrets of Nature*(1994); 그리고 Long, *Openness, Secrecy, Authorship*(2001).

54. Minnis, *Medieval Theory of Authorship*(1988), 9로부터 인용.

55. 1556년 *chozes nouvelles* 개념에 대한 Guillaume de Testu의 옹호를 참조하라. Lestringant, *L'Atelier du cosmographe*(1991), 187.

56. Rosenthal, *'Plus ultra, non plus ultra'*(1971); 그리고 Rosenthal, 'The Invention of the Columnar Device'(1973).

57. Randles, 'The Atlantic in European Cartography'(2000), 15.

58. Galilei, *Le opere*(1890), Vol. 3, 253.

59. Galilei, *Le opere*(1890), Vol. 15, 155.

60. Norman, *The New Attractive*(1581), Aiirv.

61. Lodovico delle Colombe, Wootton, *Galileo*(2010), 7에 인용; 같은 저자의 1612년 글과 비교하라: Galilei, *Le opere*(1890), Vol. 4, 317.

62. Galilei, *Le opere*(1890), Vol. 13, 345.

63. Eamon, *Science and the Secrets of Nature*(1994), 272에서 인용됨.

64. Thorndike, *A History of Magic and Experimental Science*(1923), Vol. 7, 430; 또

는 예를 들어, Thevet, *Cosmographie universelle*, 1575: '*en ces matieres cy, les plus sçavans n'y voient pas si clairement, que font les Matelots et ceux qui ont par cy devant long temps voiagé en ces terres, d'autant que l'experience est maistresse de toutes choses*': Lestringant, *L'Atelier du cosmographe*(1991), 25에서 인용됨: 또한 27-35, 45-6, 50를 참조하라.

65. Glanvill, *The Vanity of Dogmatizing*(1661), 140.

66. 앞의 *experientia magistra rerum*, n. 64에 관해서는 Gilbert, *Machiavelli and Guicciardini*(1965), 39: Tedeschi, 'The Roman Inquisition and Witchcraft'(1983): Gerson, *Opera omnia*(1706), Vol. 1, 76: 그리고 Himmelstein, *Synodicon herbipolense*(1855), 207. 그러나 Erasmus는 오직 바보들만이 경험으로부터 배운다고 생각했다. Vaughan, 'An Unnoted Translation of Erasmus in Ascham's "Schoolmaster"'(1977).

67. Cooper, *Inventing the Indigenous*(2007).

68. Ashworth Jr, 'Natural History and the Emblematic World View'(1990).

69. 'Discovery': *OED*: 'discover': Münster, *A Treatyse of the Newe India*(1553), sig. H7r: 'voyage of discovery': Bourne, *A Regiment for the Sea*(1574), 35v.

70. Phillips, 'The English Patent'(1982), 71.

71. Bacon, *The Advancement of Learning*(1605), 48v = Bacon, *Works*(1857), Vol. 3, 384. 이 주제에 대한 일반적인 논의에 대해서는 Gascoigne, 'Crossing the Pillars of Hercules'(2012)을 참조하라. 후일 Hooke은 그의 'The Present State of Natural Philosophy'에서 발견을 하는 방법에 대한 규칙을 제시하고 천재성보다는 고된 노력이 지식을 전진시키는 데 요구되는 모든 것이라는 점을 확신시키려고 했다. Hooke, *The Posthumous Works*(1705), 1-70.

72. Serjeantson, 'Francis Bacon and the "Interpretation of Nature" in the Late Renaissance'(2014).

73. Weeks, 'Francis Bacon and the Art-Nature Distinction'(2007), 105, *Novum organum* CIX(수정된 번역)을 인용함.

74. Weeks, 'The Role of Mechanics in Francis Bacon's "Great Instauration"'(2008). della Porta, *Natural Magick*(1658) [1589], 2와 비교하라.

75. Pascal, *Oeuvres*(1923), 136-41와 비교하라. 그리고 앞의 p. 36.

76. Galilei, *Le opere*(1890), Vol. 3, 59.

77. De Bruyn, 'The Classical Silva'(2001).

78. Fattori, '*La diffusione di Francis Bacon nel libertinismo francese*'(2002). Mersenne이 그의 생각들을 논의한 바에 대해서는, Thorndike, *A History of Magic and Experimental Science*(1923), Vol. 7, 430을 참조하라.

79. Bartholin, *Anatomicae institutiones*(1611), 449.

80. Wotton & Bentley, *Reflections upon Ancient and Modern Learning. The Second Part*(1698), 45-6: Thorndike, *A History of Magic and Experimental Science*(1923),

Vol. 5, 44-5; 그리고 Park, 'The Rediscovery of the Clitoris'(1997).

81. Laqueur, *Making Sex*(1990).

82. Bartholin, *Anatomicae institutiones*(1611), 174.

83. Gingerich & van Helden, 'From Occhiale to Printed Page'(2003), 251-4.

84. Galilei & Scheiner, *On Sunspots*(2008).

85. Kuhn, 'Historical Structure of Scientific Discovery'(1962).

86. Schaffer, 'Scientific Discoveries'(1986); 그리고 Schaffer, 'Making Up Discovery'(1994).

87. 이것은 O'Gorman의 논증이다. *The Invention of America*(1961). O'Gorman은 '발견' 과 '발명'을 특이하게 구분함으로써 문제를 복잡하게 만들었다(9). 그러나 그의 기본적 주장은 발트제뮐러가 아메리카를 발견했다는 것이다(123).

88. Schaffer, 'Making Up Discovery'(1994), 13.

89. Broughton, 'The First Predicted Return of Comet Halley'(1985); 그리고 Yeomans, Rahe & Freitag, 'The History of Comet Halley'(1986).

90. 베셀이 이 예측을 언제 했느냐에 대해서는 견해 차이가 있다. 1823년이라고 말한 Bamford, 'Popper and His Commentators on the Discovery of Neptune'(1996), 216와 1840년이라고 말한 Smith, 'The Cambridge Network'(1989), 398-9를 비교하라. Morando, 'The Golden Age of Celestial Mechanics'(1995), 216는 '1835년 이후' 라고 보았다.

91. Wittgenstein, *Philosophical Investigations*(1953), §§66-8.

92. Merton, 'Priorities in Scientific Discovery'(1957); Merton, 'Singletons and Multiples'(1961); Merton, 'Resistance'(1963); 그리고 Merton, *The Sociology of Science*(1973)(이전의 논문들을 모은 것이다); 또한 Lamb & Easton, *Multiple Discovery*(1984); 그리고 Stigler, 'Stigler's Law of Eponymy'(1980)를 참조하라.

93. Merton, *On the Shoulders of Giants*(1965); Merton & Barber, *The Travels and Adventures of Serendipity*(2006); 그리고 Sills & Merton, *International Encyclopedia of the Social Sciences: Social Science Quotations*(1991).

94. Koyré, *Études Galileennes*(1966), 80-158; 그리고 Schemmel, *The English Galileo*(2008).

95. Schaffer, 'Scientific Discoveries'(1986), 400-6.

96. Hanson, *Patterns of Discovery*(1958), 4-30(Kuhn의 '상이한 세계들different worlds' 논 지를 진술하는 데 깊이 나아갔다); Putnam, *Meaning and the Moral Sciences*(1978), 22-5; 그리고 Lehoux, *What Did the Romans Know?*(2012), 226-9.

97. Burkert, *Lore and Science*(1972), 307.

98. Galilei, *Le opere*(1890), Vol. 10, 296; 또한 372를 참조하라.

99. Wilding, *Galileo's Idol*(2014), 108-11.

100. *concurrence*에 대해서는, Leroy, *De la vicissitude*(1575)를 참조하라; *Vocabolario delli Accademici della Crusca*는 그 단어를 정의할 때 *concorrente*의 근대적 의미를

제공하지 않지만, rivale을 정의하면서 근대적 의미로 그것을 사용한다. 영어의 용례에 대해서는, *OED*를 참조하라(또한 'emulation', 1552), 그러나 'competition'의 최초의 사용에 대해서는, Stubbes, *The Discoverie of a Gaping Gulf*(1579), E5r를 참조하라.

101. Hobbes, *Examinatio et emendatio*(1660), in Malcolm, 'Hobbes and Roberval'(2002), 164–5(Malcolm의 번역)에서 인용됨.

102. Hall, *Philosophers at War*(1980); Bertoloni Meli, *Equivalence and Priority*(1993). 소유권 분쟁에 대해서는 Iliffe, 'In the Warehouse'(1992).

103. Westfall, *Never at Rest*(1980), 446–53, 471–2, 511–12.

104. 같은 이유로 Merton은 그가 비록 과학사가로 출발했지만 결코 내가 제시하려는 논증 노선을 발전시키지 않았다. 그러나 Merton, *Science, Technology and Society*(1970) [1938], 169, n. 30을 참조하라.

105. Jardine, *The Birth of History and Philosophy of Science*(1984).

106. Clark & Montelle, 'Priority, Parallel Discovery and Pre-Eminence'(2012).

107. 이전의 예시로 가능한 것은 Van Brummelen, *The Mathematics of the Heavens*(2009), 182.

108. Hellman, *Great Feuds in Mathematics*(2006); Toscano, *La formula segreta*(2009).

109. Biagioli, 'From Ciphers to Confidentiality'(2012).

110. Mattern, *Galen and the Rhetoric of Healing*(2008); Lehoux, *What Did the Romans Know?*(2012), 6–8, 10–11, 132.

111. Merton, *The Sociology of Science*(1973), 273–5.

112. Park, 'The Rediscovery of the Clitoris'(1997).

113. Ambrose, 'Immunology's First Priority Dispute'(2006).

114. Serrano, 'Trying Ursus'(2013).

115. Ruestow, *The Microscope in the Dutch Republic*(1996), 47–8; Cobb, *Generation*(2006), 155–87.

116. Röslin, *De opere Dei creationis*(1597).(이 참고문헌은 Adam Mosley 덕분에 확인했다.) Severinus의 세 가지 의학 체계를 비교하라. *Idea medicinae philosophicae*(1571). 내가 말할 수 있는 것은, 브라헤가 오만하게도 자신의 이름을 따서 그의 체계를 명명했다는 Brotton의 주장이 틀렸다는 것이다. Brotton, *A History of the World in Twelve Maps*(2012), 266.

117. http://www-history.mcs.st-andrews.ac.uk/Curves/Limacon.html.

118. Waldseemüller의 지도에서 '아메리카'는 전체적으로 대륙을 지칭하는 것으로 나타나지 않는다. 그러나 그의 협업자 Matthias Ringmann은 지도에 부수된 책에서 분명히 그 새 명칭이 대륙을 지칭하는 의도임을 드러냈다. 그리고 그것은 1520년까지 이러한 의미로 지도들에 나타난다. Meurer, 'Cartography in the German Lands, 1450~1650'(2007), 1205. 다른 지도에서는 적어도 1537년까지는 'Asia'가 계속 사용되었다. Rosen, 'The First Map to Show the Earth in Rotation'(1976), 174, Rosen, *Copernicus and His Successors*(1995)에서 중판. 아메리카의 명명에 대해서는

Johnson, 'Renaissance German Cosmographers'(2006)—불운하게도 그녀는 시조 이름 따오기를 당연시했다.

119. '알폰신(Alphonsine)'(라틴어)이라는 형용사의 내가 찾은 초기 용례는 1483년의 것이다. 그러나 아마 더 이른 예들이 있을 것이다.

120. Randles, 'Bartolomeu Dias'(2000), 26.

121. McIntosh, *The Johannes Ruysch and Martin Waldseemüller World Maps*(2012), 17.

122. Galilei, *The Essential Galileo*(2008), 46.

123. Galileo가 이교도 신들 가운데서 메디치를 고양하는 데 성공한 것에 대해서는, Aggiunti, *Oratio de mathematicae laudibus*(1627), 20.

124. Ramazzini & St Clair, *The Abyssinian Philosophy Confuted*(1697).

125. Bailey, *An Universal Etymological English Dictionary*(1721).

126. Ippocratista : Siraisi, *Taddeo Alderotti*(1981), 40 : Scotista : Gerson, *Opera*(1489), index, s.v. *Distinctionis* : 나머지는 *OED*에서 왔다.

127. 시조 이름 따오기에 관해서 별로 기술된 것이 없지만 의학 분야에 관한 흥미로운 사전이 웹사이트 http://www.whonamedit.com에 있다. 그리고 Stigler의 법칙은 엉뚱한 사람이 영예를 얻는다고 말한다. Stigler, 'Stigler's Law of Eponymy'(1980). 파스칼이(Pascal, *Oeuvres complètes*(1964), 523) '[Q]uand nous citons les auteurs, nous citons leurs démonstrations, et non pas leurs noms ; nous n'y avons nul égard que dans les matières historiques,'라고 말할 때, 그는 저자의 이름을 사용하는 두 가지 방식을 구분하고 있다. 만일 누군가 (책을 가리키기 위해 그 이름을 사용하여) Copernicus라 지칭하면, 이것은 태양 중심설(heliocentrism)을 가리키는 약칭이다. 그러나 누군가가 1604년의 신성(역사적 사실의 문제)을 언급하면, 그것의 실재성에 대한 영예는 Kepler와 천체 현상의 다른 관찰자들의 권위에 의존한다.

128. *OED*, 'algorism'을 참조하라.

129. Proclus & Euclid, *In primum Euclidis*(1560), 207 ; 그리고 van Brummelen, *The Mathematics of the Heavens*(2009), 56.

130. Proclus & Euclid, *In primum Euclidis*(1560), 198, 200.

131. Proclus & Euclid, *In primum Euclidis*(1560), index(under admirabile)—134, 270를 비교하라 ; Drayton, *Poly-Olbion*(1612), A3rv, 그 명칭의 기원에 대한 여러 설명을 제공한다. Pythagoras가 그 정리의 창시자인지에 대해서 약간의 불확실성이 있는 것이 사실이다. Proclus는 그러한 귀착을 보고하는 데 조심스러웠다(그리고 그 정리가 한정된 중요성을 가진 것이라고 제안하는 데까지 나아갔다). Vitruvius, *Zeben Bücher*(1548).

132. Ruby, 'The Origins of Scientific "Law"'(1986), 357.

133. Devlin, *The Man of Numbers*(2011), 145.

134. Pascal, *Oeuvres*(1923), 478-95 ; Dear, *Discipline and Experience*(1995), 186-9. (Koyré는 이러한 항의들이 솔직하지 못한 것임을 알았다. Koyré, *Études d'histoire de la pensée scientifique*(1973), 378.) 이와 마찬가지로, Pascal은 자신이 공동 속의 공동—실험(void-in-the-void experiment)을 발명했기에 그것의 수정된 형식으로 다른 이들이 이룩한 발

840

견들의 공로를 자신이 차지할 자격이 있다고 주장했다. Leibniz가 한 비슷한 주장에 대해서는 Bertoloni Meli, *Equivalence and Priority*(1993), 6을 참조하라.

135. '표절(Plagiary)': *OED*에는 기록되어 있지 않지만 EEBO에는 1585회 등장한다. 그러나 이것은 인식론적으로 올바른 'kidnapper'의 의미다.

136. Browne, *Pseudodoxia epidemica*(1646), 22.

137. *OED*, s.v. 'Ptolemean'.

138. Starkey, *Nature's Explication and Helmont's Vindication*(1657).

139. Bartholin, Walaeus and others, *Bartholinus Anatomy*(1662).

140. Stubbe, *An Epistolary Discourse Concerning Phlebotomy*(1671).

141. 별기하지 않은 한 *OED*에 나오는 날짜다. 라틴어에서 *boyliano*는 Line에서 유래했다. *Tractatus de corporum inseparabilitate*(1661).

142. Harris, *Lexicon technicum*(1704).

143. Reynolds, *Death's Vision*(1713).

144. Voltaire, *Letters Concerning the English Nation*(1733).

145. Zhmud, *The Origin of the History of Science*(2006).

146. Galilei, *The Essential Galileo*(2008), 45.

147. Bacon, *Sylva sylvarum*(1627), 45-6=Bacon, *Works*(1857), Vol. 3, 165-6.

148. Charleton, *Physiologia Epicuro-Gassendo-Charletoniana*(1654), 3.

149. Huff, *Intellectual Curiosity and the Scientific Revolution*(2011).

150. Harris, *Lexicon technicum*(1704).

151. Phillips, 'The English Patent'(1982); Long, 'Invention, Authorship, "Intellectual Property"'(1991).

152. May, 'The Venetian Moment'(2002).

153. Wootton, 'Galileo: Reflections on Failure'(2011); Baliani, Wallis, 'An Essay of Dr John Wallis'(1666), 270에 관하여 Wallis는 Galileo의 이론이 하루 두 번 밀물을 만들어낸다고 생각한다. 그러나 Palmieri, 'Re-examining Galileo's Theory of Tides'(1998), 242를 참조하라.

154. McGuire & Rattansi, 'Newton and the "Pipes of Pan"'(1966), 109. 무엇이 뉴턴을 기쁘게 했는지에 대한 논의를 보려면, Russo, *The Forgotten Revolution*(2004), 365-79를 참조하라.

4장

1. Adams, *The Hitchhiker's Guide*(1986), 15, 274, 463.

2. Kuhn, 'Dubbing and Redubbing: The Vulnerability of Rigid Designation'(1990), 299.

3. Kuhn, *Structure*(1970), 171.

4. Russell, *Inventing the Flat Earth*(1991).

5. Columbus, *The Four Voyages*(1969), 217-19.

6. O'Gorman, *The Invention of America*(1961), 98-101.

7. Biro, *On Earth as in Heaven*(2009); Schuster & Brody, 'Descartes and Sunspots'(2013); 또한 Johnson, *The German Discovery of the World*(2008), 51-7; 내가 보기에 제목에 'cosmology'를 붙인 최초의 책은 Mizauld, *Cosmologia: Historiam coeli et mundi*(1570)이다. (Worldcat은 더 이른 몇 가지를 보여주지만 그것들은 실체가 없는 듯하다.)

8. Aristotle, *On the Heavens*(1939).

9. 엄밀히 말하자면, 그 문제는 마지막 이교도 철학자들에게서 유래한 듯 보인다. 알렉산드리아의 Olympiodorus : Duhem, *Le Système du monde*, Vol. 9(1958), 97-8.

10. Pliny the Elder, *Natural History*(1938), Book 2, cap. 65; 번역자는 그 구절의 의미를 파악할 수 없었다. Pliny the Elder, *L'Histoire du monde*(1562)와 비교하라. 플리니우스의 주장은 지구의 중심에서 대양의 해변까지 거리는 대양의 최저점에서 공해(high seas)까지의 거리보다 짧다는 것으로 보인다.

11. 다음 문단이 주로 기초하고 있는 핵심적 저술은 Duhem, *Le Systeme du monde*, Vol. 9(1958), 79-235이다(www.gallica.fr에서 온라인으로 볼 수 있다). 이 주제에 대한 논의는 보통 문헌에 불완전하게 익숙한 데서 기인하므로 여기서 나는 더 완전한 연대순으로 된 문헌 정보를 제공하려 한다. 비록 Rosen의 'Copernicus and the Discovery of America'(1943)가 필요한 예비 문헌이지만 말이다. Boffito, *Intorno alla 'Quaestio'*(1902)(원전들의 전집에 해당한다)—www.archive.org에서 온라인으로 찾아볼 수 있다; Thorndike, *A History of Magic and Experimental Science*(1923), Vol. 4, 161, 166, 176, 233; Vol. 5, 9, 24-5, 156, 321, 389, 427-8, 552-3, 569, 591, 614; Vol. 6, 10, 12, 27, 34, 50, 60, 83, 380; Vol. 7, 50, 54-5, 339, 385, 395-6, 404, 481, 601, 644, 692; Wright, *The Geographical Lore of the Time of the Crusades*(1925), 186-7, 258; Thorndike, *Science and Thought in the Fifteenth Century*(1929), 200-16; Duhem, *Le Système du monde*, Vol. 9(1958), 79-235(www.gallica.fr에서 찾아볼 수 있다); O'Gorman, *The Invention of America*(1961), 특히 56-8; Goldstein, 'The Renaissance Concept of the Earth'(1972); Randles, *De la terre plate au globe terrestre*(1980); Grant, 'In Defense of the Earth's Centrality and Immobility'(1984), 20-32(최상의 출발점); Hooykaas, *G.J.Rheticus's Treatise on Holy Scripture and the Motion of the Earth*(1984), 127-32; Margolis, *Patterns, Thinking and Cognition*(1987), 235-43; Russell, *Inventing the Flat Earth*(1991)(비록 그는 Randles 저술의 논점을 놓치고 있지만 말이다); Wallis, 'What Columbus Knew'(1992); Vogel, '*Das Problem der relativen Lage von Erd- und Wassersphäre im Mittelalter*'(1993); Randles, 'Classical Models of World Geography'(1994)(Randles, *Geography, Cartography and Nautical Science in the Renaissance*(2000)에 재수록); Grant, *Planets, Stars and Orbs*(1994), 622-37; Vogel, *Sphaera terrae*(1995); Headley, 'The Sixteenth-century Venetian Celebration of the Earth's Total Habitability'(1997); Margolis, *It Started with Copernicus*(2002), 96-102; Besse, *Les Grandeurs de*

la terre(2003), 65-110; Vogel, 'Cosmography'(2006); Lester, *The Fourth Part of the World*(2009); Biro, *On Earth as in Heaven*(2009)(Biro의 책이 기초하고 있는 논지는 온라인에서 찾아볼 수 있다. unsworks.unsw.edu.au/fapi/datastream/unsworks:993/SOURCE02); 그리고 Schuster & Brody, 'Descartes and Sunspots'(2013). 중세 논쟁에 관한 편리한 입문서로 Alighieri, *La Quaestio de aqua et terra*(1905)(복사물과 번역)가 있고, www.archive.org에서 온라인으로 찾아볼 수 있다(또한 Philip Wicksteed의 번역이 존재한다. http://alighieri.scarian.net/translate_english/alighieri_dante_a_question_of_the_water_and_of_the_land.html). 이와 관련된 문제들이 Westman, *The Copernican Question*(2011)에서 언급조차 되지 않았다는 것은 놀랍다. 비록 Westman이 Grant와 Goldstein의 두 저작에 익숙했지만 말이다(Margolis, *Patterns, Thinking and Cognition*(1987), 314) 그리고 지도 제작 역사가들이 일반적으로 그 문제들을 잘 몰랐다. 예를 들면 Brotton, *A History of the World in Twelve Maps*(2012); Simek, *Heaven and Earth in the Middle Ages*(1996); 그리고 Woodward, 'The Image of the Spherical Earth'(1989). Woodward (ed.), *Cartography in the European Renaissance*(2007)의 방대한 분량은 그 주제에 대해 세 문장을 포함했다(59, 그리고 327—거기에 Randles의 논증이 잘못 제시되어 있다). 그러나 지구에 대한 핵심적인 기여는 그것에 대한 지식을 보여주지 않는다(136-7).

12. Oresme, *Le Livre du ciel et du monde*(1968), 397, 562-73.

13. Duhem, *Le Système du monde*, Vol. 9(1958), 91-6. 1505년, Alessandro Achillini 는 전통적 비율들의 타당성에 대해 의문을 표했다. 그러나 (만일 내가 그를 올바로 이해했다면) 그는 2구 이론에 의문을 제기하는 데까지는 나아가지 못했다. Achillini, *De elementis*(1505), 84v-85r.

14. Hiatt, *Terra incognita*(2008), 100-4.

15. Thorndike, *The Sphere of Sacrobosco and Its Commentators*(1949)는 원문과 번역을 제공한다.

16. 서로 상이한 두 목록이 존재한다. Roberto de Andrade Martins(http://www.ghtc.usp.br/server/Sacrobosco/Sacrobosco-ed.htm); 그리고 Hamel, *Studien zur Sphaera*'(2014), 68-133.

17. 예를 들어, Taylor, *The Haven-finding Art: A History of Navigation from Odysseus to Captain Cook*(1971), 154; Russell, *Inventing the Flat Earth*(1991), 19; Lester, *The Fourth Part of the World*(2009), 28-9.

18. Hiatt, *Terra incognita*(2008), 142, British Library MS Cotton Julius D.VII, 46r(그 구절의 사진을 보려면 123)에서 인용.

19. Hiatt, *Terra incognita*(2008), 133, Petrarch, *Le familiari(Familiarum rerum libri)*, ed. V. Rossi(4 vols., Florence: Sansoni, 1933~1942) Vol. 2, 248를 인용하고 있음.

20. Wright, *The Geographical Lore of the Time of the Crusades*(1925), 86-7, 259-61; Arim: Oresme, *Le Livre du ciel et du monde*(1968), 24, 330-5; 그리고 Sen, 'Al-Biruni on the Determination of Latitudes and Longitudes in India'(1975).

21. Duhem, *Un précurseur francais de Copernic*(1909); Duhem, *Le Systéme du monde*, Vol. 9(1958), 202-4, 329-44; Sarnowsky, 'The Defence of the Ptolemaic System'(2007), 35-41; Grant, *Planets, Stars and Orbs*(1994), 642-7; 그리고 Oresme, *Le Livre du ciel et du monde*(1968).

22. 관습적인 관점에 대해서는 Thorndike, *The Sphere of Sacrobosco and Its Commentators*(1949), 274-5, 296를 참조하라(주해는 Michael Scot이 한 것으로 간주된다).

23. Johnson, *The German Discovery of the World*(2008), 57-71(그녀의 논증의 요지는 나의 그것과는 어긋나기는 한다).

24. 수륙지구의 최초의 표현에 대해서는 Helas, '"*Mundus in rotundo et pulcherrime depictus*"'(1998); 그리고 Helas, '*Die Erfindung des Globus durch die Malerei—Zum Wandel des Weltbildes im 15. Jahrbundert*'(2010)를 참조하라. *globus cruciger* 같은 지구에 대한 중세의 표현은 땅의 구이거나 또는 하늘의 구—환언하면 전체로서의 우주를 표현하는 것 중 하나로 이해되어야 한다(Vogel, *Sphaera terrae*(1995), 360).

25. Colón, *The Life of the Admiral Christopher Columbus*(1992), 15-40(지구는 19쪽에 있다); Dalché, 'The Reception of Ptolemy's Geography'(2007), 329; 그리고 Randles, 'The Evaluation of Columbus' "India" Project'(1990).

26. Besse, *Les Grandeurs de la terre*(2003), 62-3.

27. Vogel, 'America'(1995), 14.

28. 예를 들어, Guillaume Fillastre는 1414~1418년 이렇게 썼다. '나는 지구[terra: 땅덩어리]의 모양이 구형이라고 가정하면, 동쪽 극지점에 사는 사람은 서쪽 극지점에 사는 사람과 대척점에 있다고 말한다.' Hiatt, *Terra incognita*(2008), 158.

29. Ezekiel 7:2; Isaiah 11:12. 거주 가능한 지구의 네 구석에 대해서는, Oresme, *Traitié de l'espére*(1943), Ch. 31.

30. Donne, Holy Sonnets VII.

31. Leurechon, *Selectae propositiones*(1629), 19. Randles가 알게 된 가장 이른 연도 (1646년)로 나아간 것은 Randles, *Geography, Cartography and Nautical Science in the Renaissance*(2000), article 1, 74. 알려진 최초의 영어 용례(*OED*가 제시하는 연도인 1658년보다 앞서는)는 Charleton, *The Darkness of Atheism Dispelled*(1652), 8이다.

32. Trutfetter, *Summa in tota[m] physicen*(1514), Book 2, Ch. 2(sig. liii-miiv). Trutfetter 는 이전 판본의 축약본인 *Summa philosophiae naturalis*(1517)에서 그 문제를 다루지 않는다.

33. *Habes lector*는 1518, 1522, 1557년에 재인쇄되었다. 그러나 그것은 또한 가끔은 별도로 제본되어 별개의 출판물로 분류되기도 하면서 Pomponius Mela, *De orbis situ*(1518, 1522, 1530, 1540, 1557)의 부속편(apparatus)으로 나타난다. Randles, 'Classical Models of World Geography'(1994)(Randles, *Geography, Cartography and Nautical Science in the Renaissance*(2000)에 중판), 66-7를 참조하라(67쪽에 인용된 Vadianus의 핵심적 문단은 여러 판본마다 다름을 주목하라—Agricola & Vadianus, *Habes lector*(1515), sig. B iii(r)를 Mela, *De orbis situ libri tres. Adiecta sunt praeterea loca aliquot*

844

ex Vadiani commentariis(1530), sig. X5v와 비교하라).

34. Mela, *De orbis situ libri tres. Adiecta sunt praeterea loca aliquot ex Vadiani commentariis*(1530), V2v, V3r, V4r, X2r, X6r, Y3v. 1518년 Sacrobosco 의 편집자로서의 Tannstetter의 역할에 대해서는 Hayton, 'Instruments and Demonstrations'(2010), 129를 참조하라. 1524년의 삽화에 대해서는, Margolis, *Patterns, Thinking and Cognition*(1987), 236를 참조하라. Oronce Fine의 1528년 *La Theorique des cielz*, 이 책은 Sacrobosco의 주해서가 아니지만 지구의 새로운 모습을 채택했다. Cosgrove, 'Images of Renaissance Cosmography'(2007), 62–3.

35. 비슷한 관점이 이미 Fernández de Enciso(1519), Margalho(1520) 그리고 Fernel(1528)에 의해 표현되었다. Randles, 'Classical Models of World Geography'(1994), 65–9.

36. Gingerich, 'Sacrobosco as a Textbook'(1988).

37. Hamel, *Studien zur Sphaera*'(2014), 42–50.

38. Gingerich, 'Sacrobosco Illustrated'(1999), 213–14.

39. 나는 나중에 나온 중판본을 본 적이 있다. Sacrobosco, *Sphaera... in usum scholarum*(1647).

40. 예를 들어 Beyer, *Quaestiones novae*(1551) 그리고 Sacrobosco, *Sphaera*(1552) (나는 1601년 판본을 사용하고 있다)를 참조하라. Piccolomini, *La Prima parte delle theoriche*(1558)는 새롭고 충격적이라고 주장하지만 분명히 비전문가 청중을 위해 저술하고 있으며, 옛 관점을 고수하고 있는 동시대인들을 경멸감으로 대한다.

41. Schott, *Anatomia physico-hydrostatica*(1663). 비슷한 문제들이 Carpenter, *Geographie Delineated*(1635)에서 논의된다.

42. Berga & Piccolomini, *Discorso*(1579); 그리고 Benedetti, *Consideratione*(1579); 두 저술들은 라틴어로 함께 출판되었다(Berga의 저술은 다른 이에 의해 번역되고 있었다. 그가 이미 사망했거나 죽음에 임박했기 때문이었다): Berga & Benedetti, *Disputatio*(1580). (그 저술들은 별도의 속표지가 있었지만 페이지는 계속 매겨져 있었다.)

43. Madeleine Alcover는(Cyrano de Bergerac, *Les États et empires de la lune et du soleil*(2004), 27) Maurice Laugaa의 논문을 근거로, Vincent Leblanc가 1634년에 두 번째 반구의 존재를 부인했다고 주장했다. 나는 Laugaa의 논문은 보지 못했다. 그러나 Leblanc의 저술은 적어도 번역본상으로는 그 주장을 뒷받침하지 않는다. Leblanc, *The World Surveyed*(1660), 171–3.

44. Bataillon, 'L'Idée de la découverte de l'Amérique'(1953), 31. 그 문구는 1493년 Peter Martyr에게서 유래한다. O'Gorman, *The Invention of America*(1961), 84–5. Columbus 자신은 그의 세 번째 항해에서 신세계를 발견했다고 주장했다. 비록 그의 첫 두 항해가 아시아의 부분들을 발견했지만 말이다. O'Gorman, *The Invention of America*(1961), 94–104. 동등하게, 새로운 땅들은 가끔 육지의 구 바깥에 있는 *extra orbem*로 불린다. Randles, 'Le Nouveau Monde'(2000), 31.

45. Bodin, *Universæ naturæ theatrum*(1596), 183–93; Bodin, *Le Théatre de la nature*

universelle(1597), 252-65 ; Blair, *Annotations in a Copy of Jean Bodin, Universae naturae theatrum*(1990).

46. Schott, *Anatomia physico-hydrostatica*(1663), 245-8.

47. Cesari, *Il trattato della sfera*(1982), 144-7.

48. Copernicus, *On the Revolutions*(1978).

49. Rosen (ed.), *Three Copernican Treatises*(1959).

50. Goldstein, 'The Renaissance Concept of the Earth'(1972)는 핵심적 저술이다. 이것은 Grant, 'In Defense of the Earth's Centrality and Immobility'(1984), 27 n. 90, 그리고 Grant, *Planets, Stars and Orbs*(1994), 636 n. 66에서 되풀이되었다.

51. Rosen, 'Copernicus and the Discovery of America'(1943).

52. Swerdlow의 번역과 비교하라(Swerdlow, 'The Derivation and First Draft of Copernicus's Planetary Theory'(1973), 444): '따라서 지구는 주변을 흐르고 있는 바다와 근처의 공기와 함께 자전한다.'; Swerdlow의 번역은 원고상의 증거에 반하여 *circumfluis*를 *circumflua*로 수정하는 것에 의존한다.

53. 사과에 대해서는 Mela, *De orbis situ libri tres. Adiecta sunt praeterea loca aliquot ex Vadiani commentariis*(1530), X5(v) ; Gaspar Peucer, *Elementa doctrinae*(1551), Besse, *Les Grandeurs de la Terre*(2003), 110에서 인용됨; 그리고 Hooykaas, *G.J. Rheticus's Treatise on Holy Scripture and the Motion of the Earth*(1984), 86, 128-31. 또한 *circumfluere*는 Vadianus에 의해 이러한 맥락으로 사용된 동사임을 주목하라. Rheticus는 분명히 Vadianus를 읽었고 아마 Copernicus로부터 이 저술을 배웠을 것이다. Hooykaas, *G.J. Rheticus's Treatise on Holy Scripture and the Motion of the Earth*(1984), 87.

54. 만일 이것이 맞다면, Swerdlow의 주해는 어떤 측면에서 오도하고 있다. 따라서 Copernicus의 두 번째 가설은 단지 가설 3과 6의 직접적 결과로 볼 수 없다. 그리고 Copernicus의 *centrum gravitatis*라는 문구는 단지 '무거운 물체가 그것을 향하여 움직이는 중심' 그 이상을 의미한다(Swerdlow, 'The Derivation and First Draft of Copernicus's Planetary Theory'(1973), 437-8). 이와 마찬가지로, 'Copernicus가 보여준 과업을 그가 이해한 바대로 제대로 이해하기 위해서 우리는 그것을 자연철학 (…) 그리고 천체물리학에서 완전히 떼어놓아야 한다'는 주장(440)은 옳은 것이 아니다.

55. Swerdlow는 가능한 가장 이른 날짜를 1500년으로 잡았다. 날짜를 1508년경이라고 보는 일련의 강력한 논증에 대해서는 (여기서 논의된 결정적 증거에 대한 어떤 참고문헌도 없이), Goddu, 'Reflections on the Origin of Copernicus's Cosmology'(2006)을 참조하라. Goddu(37-8, Rosen을 따라서)는 Corvinus의 시를 논의한다.

56. Digges & Digges, *A Prognostication Everlasting*(1576), M2r.

57. Swerdlow, 'The Derivation and First Draft of Copernicus's Planetary Theory'(1973), 425-9.

58. Besse, *Les Grandeurs de la Terre*(2003), 91-6.

59. Copernicus, *On the Revolutions*(1978), 4.

60. Shank, 'Setting up Copernicus?'(2009).

61. 움직이는 지구에 반대하는 일군의 논증들은 Albert of Saxony에서 찾아볼 수 있다. 그는 Oresme에 대항하고 있다. Sarnowsky, 'The Defence of the Ptolemaic System'(2007), 35-8.

62. Swerdlow, 'The Derivation and First Draft of Copernicus's Planetary Theory'(1973), 425, 442, 474, 477. 이 문제들에 관한 최근의 논의들(적어도 Margolis의 저술을 인정하는)에 대해서는 Clutton-Brock, 'Copernicus's Path to His Cosmology'(2005), 209 그리고 n. 27(Goddu, 'Reflections on the Origin of Copernicus's Cosmology'(2006), n. 55에서 되풀이됨)를 참조하라.

63. Rheticus, *Narratio prima*(1540), D3v, D4v; Rosen (ed.), *Three Copernican Treatises*(1959), 14('선반의 볼처럼like a ball on a lathe'), 149; Calcagnini, *Opera aliquot*(1544), 389(거기서는 주위의 원소들이 지구가 완벽한 구로 바뀌도록 봉사한다. pilae absolutae rotunditatis); 그리고 Hooykaas, *G.J.Rheticus's Treatise on Holy Scripture and the Motion of the Earth*(1984), 49(totum globum ex terrâ et aquâ, cum adiacentibus elementis), 54-5.

64. 영국에서의 Bruno에 대해서는 Massa, 'Giordano Bruno's Ideas in Seventeenth-century England'(1977); McMullin, 'Giordano Bruno at Oxford'(1986); Ciliberto & Mann (eds.), *Giordano Bruno, 1583~1585*(1997); Feingold, 'Giordano Bruno in England, Revisited'(2004); 그리고 Rowland, *Giordano Bruno*(2008), 139-87.

65. Rowland, *Giordano Bruno*(2008), 145-6.

66. McNulty, 'Bruno at Oxford'(1960), 302-3.

67. Goldstein, 'Theory and Observation'(1972), 43. Copernicus가 태양 중심설을 채택하게 된 처음의 동기가 이퀀트를 피하는 것인지 아니면 행성의 순서를 고치려 한 것인지의 문제는 까다롭다. Westman, 'The Copernican Question Revisited'(2013)를 참조하라. 다음 문단에서 논의된 증거는 핵심적 문제가 이퀀트라는 관점을 선호하는 것으로 보인다.

68. Gingerich, *An Annotated Census*(2002); 또한 Gingerich & Westman, 'The Wittich Connection'(1988); 그리고 Gingerich, *The Book Nobody Read*(2005)를 참조하라.

69. Bruno, *The Ash Wednesday Supper*(1995). Bruno의 영국 세상은 Bossy, *Giordano Bruno and the Embassy Affair*(1991)에 놀랍게 묘사되어 있다. 그러나 Bossy의 *Under the Molehill*(2001)에 비추어보면 Bruno가 스파이였다는 그것의 중심적 주장은 수정될 필요가 있다.

70. Rowland, *Giordano Bruno*(2008), 149-59.

71. Copernicus, *On the Revolutions*(1978), 16.

72. Grant, *Planets, Stars and Orbs*(1994), 395-403.

73. Singer & Bruno, *Giordano Bruno*(1950); Gatti, 'Bruno and the Gilbert Circle'(1999).

74. Koyré, *From the Closed World to the Infinite Universe*(1957), 6–23 ; Montaigne, *The Complete Essays*(1991), 505 ; 그리고 Montaigne, *Oeuvres complètes*(1962), 429.

75. Redondi, 'La nave di Bruno e la pallottola di Galileo'(2001) ; Granada, 'Aristotle, Copernicus, Bruno'(2004).

76. McMullin, 'Bruno and Copernicus'(1987), *Giordano Bruno and the Hermetic Tradition*(1991), 그는 Yates를 비판한다. 또한 이것에 대해서는 Westman & McGuire, *Hermeticism and the Scientific Revolution*(1977) ; Gatti, *Essays on Giordano Bruno*(2011), Ch. 2를 참조하라.

77. 그것은 라디오 프로그램에서 최초로 명명되었고 이듬해에 출판되었다.

78. Digges & Digges, *A Prognostication Everlasting*(1576).

79. Johnson & Larkey, 'Thomas Digges, the Copernican System'(1934).

80. 이것은 이미 Dreyer에게 분명했다. 비록 그가 오직 1592년 판본을 보았지만 말이다. Dreyer, *History of the Planetary Systems*(1906), 347.

81. Duhem, *Le Système du monde*, Vol. 10(1959), 247–347 ; 그리고 Koyré, *From the Closed World to the Infinite Universe*(1957), 6–24.

82. Digges, *Alae*(1573) ; Pumfrey, 'Your Astronomers and Ours Differ Exceedingly'(2011).

83. Westman, *The Copernican Question*(2011).

84. Swerdlow, 'Copernicus and Astrology'(2012), 373. 이상하게도, Swerdlow는 Copernicus 체계에는 이퀸트가 존재하며 이퀸트를 제거하는 것이 Copernicus가 태양 중심설을 채택한 주된 동기였다는 것 두 가지 모두를 견지한 것으로 보인다(Westman, 'The Copernican Question Revisited'(2013), 104–15).

85. Ragep, 'Copernicus and His Islamic Predecessors'(2007) ; Saliba, *Islamic Science and the Making of the European Renaissance*(2007), 193–232.

86. 비록 Oresme은 이미 상당한 주의를 기울여 그 같은 이론을 개발했지만 말이다. Oresme, *The 'Questiones de Spera'*(1966), Q. 8, 그리고 Oresme, *Le Livre du ciel et du monde*(1968), 518–39 ; 그는 아마도 Digges와 Bruno의 공통된 출처인 듯하다.

87. 이 논증은 17세기 중반까지 계속적으로 중요했다. Riccioli는 그것이 코페르니쿠스설에 반박하는 핵심적인 논증이라고 생각했다. Graney, 'The Work of the Best and Greatest Artist'(2012) ; 그리고 Graney, 'Science Rather than God'(2012). 그것은 망원경 렌즈가 별들을 점에서 원반으로 바꾸어준다는 사실에 의해 강화되었다. 그래서 만일 코페르니쿠스설이 그것들이 아주 먼 거리에 존재함을 강요한다면 망원경은 그것들이 훨씬 거대한 크기임을 요구했다. 예를 들어 Flamsteed는 태양이 지구보다 크듯이 몇몇 별들은 태양(그 자체가 이제는 별로 여겨진)보다 훨씬 더 클 것이라고 생각했다. Hunter, 'Science and Astrology'(1995), 280.

88. Johnson & Larkey, 'Thomas Digges, the Copernican System'(1934), 102, 그리고 (더 이른 의학을 참고하기 위해서) 111 ; 그리고 Digges & Digges, *A Prognostication Everlasting*(1576), M2r, N4r.

848

89. Palingenius, *The Zodiake of Life*(1565); Koyré, *From the Closed World to the Infinite Universe*(1957)는 Digges의 중요성을 강조한다(35-9). 그러나 Palingenius에 대한 그의 밀접한 의존성을 알고 있다(24-7, 38-9). 어두운 별은 이미 Oresme의 저술에 나온다. Oresme, *Le Livre du ciel et du monde*(1968), 515.

90. Harvey, *Gabriel Harvey's Marginalia*(1913), 161.

91. Bacchelli, 'Palingenio'(1999); 또한 Palingenius, *The Zodiake of Life*(1947); 그리고 Granada, 'Bruno, Digges, Palingenio'(1992)를 참조하라.

92. Ariew, 'The Phases of Venus before 1610'(1987)는 천체는 a)스스로의 빛으로 b)반 투명하거나 혹은 c)빛을 반사하여 빛나야 한다고 가정한다. 그것들이 어두울 수도 있다는 네 번째 가능성은 그의 논의에 나타나지 않는다.

93. Benedetti, *Diversarum speculationum*(1585), 195. Dreyer, *History of the Planetary Systems*(1906), 350는 이 구절을 충분히 이해하지 못한다. 나는 그것이 그 외 다른 데서 논의된 것을 본 적이 없다(예를 들어, 그것은 Di Bono, 'L'astronomia Copernicana nell'opera di Giovan Battista Benedetti'(1987)에서 논의되지 않는다. 그 책에는 Benedetti가 달과 지구가 비슷한 물체라고 생각한다고 잘못 주장되고 있다. 293~294쪽에 인용된 구절은 여기에 제시된 해석과 어긋나지 않는다. '만일 지구가 태양처럼 빛난다면 (…)'—그러나 그렇지 않다).

94. Gatti, 'Bruno and the Gilbert Circle'(1999). Gilbert, *De mundo nostro sublunari philosophia nova*(1651), 173.

95. Pumfrey, 'The Selenographia of William Gilbert'(2011); 그리고 Bacon, *Works*(1857), Vol. 2, 80.

96. Pumfrey, 'Your Astronomers and Ours Differ Exceedingly'(2011).

2부

1. Bartholin, *The Anatomical History*(1653), 127.

5장

1. Galilei, *Le opere*(1890), Vol. 6, 232; Sharratt 번역, *Galileo: Decisive Innovator*(1994), 140.

2. Gleeson-White, *Double Entry*(2011).

3. Galilei, *Dialogue Concerning the Two Chief World Systems*(1967), 207-8.

4. 역사서술방법론적 조망에 대해서는 Baldasso, 'The Role of Visual Representation'(2006)을 참조하라.

5. 연대에 대해서는 다음을 참조하라. Kemp, *The Science of Art*(1990), 9; Camerota, *La prospettiva del Rinascimento*(2006), 60; Tanturli, 'Rapporti del Brunelleschi con gli ambienti letterari fiorentini'(1980), 125.

6. White, *The Birth and Rebirth of Pictorial Space*(1987), 119; (그리고 주의깊은 주석을 위해서는) Raynaud, *L'Hypothèse d'Oxford*(1998).

7. Manetti, *Vita di Filippo Brunelleschi*(1992). (그 기술은 White, *The Birth and Rebirth of Pictorial Space*(1987), 113–17에 주로 재생되고 있다.)

8. 핵심적 저술은 Edgerton, *The Renaissance Rediscovery of Linear Perspective*(1975) 이다. Arnheim, 'Brunelleschi's Peepshow'(1978); Kemp, 'Science, Non-Science and Nonsense'(1978); 그리고 Kubovy, *The Psychology of Perspective and Renaissance Art*(1986).

9. Leonardo, '한 그림이 거울 이미지처럼 둥글게 보이게 하는 것은 불가능하다. (…) 당신이 오직 한 눈으로 양자를 볼 때를 제외하고는'과 비교하라. Gombrich, *Art and Illusion*(1960), 83에서 인용.

10. 미술에서 '사실주의(Realism)'와 '자연주의(naturalism)'는 수많은 상이한 형식을 취한다 (예를 들어 Smith, 'Art, Science and Visual Culture in Early Modern Europe'(2006); Smith, *The Body of the Artisan*(2006); 그리고 Ackerman, 'Early Renaissance "Naturalism" and Scientific Illustration'(1991)를 참조하라). 내게 특별히 중요하게 보이는 것은 Ivins가 '엄밀한 두 방법(rigorous two-way), 또는 공간상에 확실히 위치한 물체의 모양과 그것들의 그림 표현의 상호 간의(reciprocal), 계량적(metrical) 관계'라고 불렀던 것이다(Ivins, *On the Rationalization of Sight*(1975), 9). 진리의 상응 이론(correspondence theory)은 이미 Aquinas(*De veritate*, Q.1, A.1–3; cf. *Summa theologiae*, Q.16)에서 찾을 수 있다. 비록 어떤 이들은 고전적인 선행 사건이 있다고 주장할지 모르지만 나는 그것들이 설득력이 없다고 여긴다. 우리는 '외부적' 실재의 문제로 되돌아갈 것이다.

11. Yiu, 'The Mirror and Painting'(2005)은 여기서 도움이 된다. 남아 있는 거울로부터 작업을 수행하는 Schechner, 'Between Knowing and Doing'(2005)은 Yiu가 논의한 재료를 고려할 때 거울의 품질에 대해 지나치게 비관적으로 보인다.

12. Vasari, *Lives of the Artists*(1965); Alberti, *On Painting and On Sculpture*(1972)(라틴어와 영어); 그리고 Alberti, *On Painting*(1991)(영어만).

13. Tanturli, '*Rapporti del Brunelleschi con gli ambienti letterari fiorentini*'(1980).

14. Belting, *Florence and Baghdad*(2011).

15. Raynaud, *L'Hypothèse d'Oxford*(1998).

16. Boccaccio, Gombrich, *Art and Illusion*(1960), 53에서 인용.

17. Hahn, 'Medieval Mensuration'(1982).

18. Kemp, *The Science of Art*(1990), 344–5의 부록; 그리고 Camerota, *La prospettiva del Rinascimento*(2006), 63–7를 참조하라.

19. 첨가되는 요소들은 아스트롤라베(astrolabes)의 2차원에 3차원 표현을 수행한다(Aiken, 'The Perspective Construction of Masaccio's *Trinity* Fresco'(1995)), 해시계(Lynes, 'Brunelleschi's Perspectives Reconsidered'(1980)). 그리고 지구를 평평한 표면에 투영시키는 Ptolemy의 세 번째 방법(Edgerton, *The Heritage of Giotto's Geometry*(1991), 152–3) 이다.

20. Filarete, *Trattato di architettura*(1972)(또한 http://fonti-sa.sns.it/TOCFilareteTrattatoDiArchitettura.php에서 찾아볼 수 있다.)

850

21. Melchior-Bonnet, *The Mirror* (2002), 18-19.

22. Gombrich, *Art and Illusion* (1960), 5. Gombrich는 가끔 잘못 이해된다. 주의깊은 분석을 위해서는 Bertamini & Parks, 'On What People Know about Images on Mirrors' (2005)를 참조하라. 비록 몇몇 저자들이 이러한 맥락에서 이 문제를 논의해왔지만(예를 들어 Lynes, 'Brunelleschi's Perspectives Reconsidered' (1980), 89), 오직 Rotman만이 이것의 효과를 그의 회화 속에서 보여준다. Rotman, *Signifying Nothing* (1993), 15. 이상하게도, 거울을 사용한 것으로 보이는 Camerota의 가장(simulation)은 이 효과를 보여주지 못한다. 그리고 그는 거울 이미지와 원래의 장면이 같은 크기로 보인다고 가정하는 듯하다. Camerota, *La prospettiva del Rinascimento* (2006), 62. 나는 오로지 그의 이미지는 거울 이미지가 아니라 인쇄된 재생품이며 그들이 오도하고 있다고 가정할 수 있다.

23. 라틴어 저술이 이탈리아어 저술보다 앞서 나왔다는 것이 정설이다. 이 경우, 알베르티는 분명히 저술 속에서 브루넬레스코가 읽도록 할 의도라는 주장을 철회했다(이것은 내 주장을 지지한다). 반면에 최근 학자들은 이탈리아어 저술이 라틴어 저술보다 먼저라고 주장한다. 이 경우 알베르티는 분명히 브루넬레스코와 논의한 이후 그 주장을 추가했을 것이다(이것은 나의 주장에 배치된다): Alberti, *On Painting* (2011)를 참조하라.

24. Alberti, *De pictura* §§31, 32: 라틴어판 Alberti, *On Painting and On Sculpture* (1972); 이탈리아어판 Alberti, *De pictura* (1980)(Web에서 읽어볼 수 있다). 이 수정은 Alberti에게 주목받지 못했다. *On Painting* (2011)의 원문은 이상하게도 이탈리아어가 아니라 Basle Latin *editio princeps*이다.

25. Panofsky, *Perspective as Symbolic Form* (1991), 75-6 n. 3.

26. Camerota, *La prospettiva del Rinascimento* (2006), 66-7.

27. Field, *The Invention of Infinity* (1997), 43-61.

28. Vasari, *Lives of the Artists* (1965), 136.

29. Niceron, *La Perspective curieuse* (1652). Massey, *Picturing Space* (2007)를 참조하라.

30. Mackinnon, 'The Portrait of Fra Luca Pacioli' (1993).

31. Vergil, *On Discovery* (2002), 245.

32. Baxandall, *Painting and Experience in Fifteenth-century Italy* (1972).

33. Gleeson-White, *Double Entry* (2011). 나는 언젠가 근대 초기 사상에 미친 복식부기의 영향이라는 주제를 다루고 싶다.

34. Panofsky, *Perspective as Symbolic Form* (1991), 143: Palladio를 번역하면, Panofsky는 옛 용어의 'orizzonte(…)는 항상 "소실점(vanishing point)"을 의미한다고 언급한다.'

35. Alberti, *On Painting* (1991), 54 (§19).

36. Hintikka, 'Aristotelian Infinity' (1966); Charleton, *Physiologia Epicuro-Gassendo-Charletoniana* (1654), 62-71를 읽어보면 도움이 된다. 이것은 공간의 개념을 정식화하려고 시도한다.

37. Rotman, *Signifying Nothing* (1993).

38. Vitruvius Pollio, *De architectura*(1521). Koyrè는 무한의 개념을 아리스토텔레스 물리학과 근대 물리학의 핵심적 차이점으로 간주했다. Koyrè, *Études d'histoire de la pensée scientifique*(1973), 165.

39. Moffitt, *Painterly Perspective and Piety*(2008); Parronchi, 'Un tabernacolo brunelleschiano'(1980).

40. 구약 아가서 4:12.

41. Edgerton, *The Heritage of Giotto's Geometry*(1991), 108-47; Long, 'Power, Patronage and the Authorship of Ars'(1997); Galluzzi, *The Art of Invention*(1999); Ackerman, 'Art and Science in the Drawings of Leonardo da Vinci'(2002); Lefèvre, 'The Limits of Pictures'(2003); 그리고 Long, 'Picturing the Machine'(2004).

42. Chapman, 'Tycho Brahe in China'(1984).

43. Thorndike, *A History of Magic and Experimental Science*(1923), Vol. 5, 498-514.

44. Carpo, *Architecture in the Age of Printing*(2001), 16-22. 르네상스기의 해부학이 고전시대 해부학의 연속이라고 주장하는 Cunningham의 *The Anatomical Renaissance*(1997)는 도해의 기계적 재생산이 만들어낸 근본적 변혁을 놓치고 있다. 필사 문화 내에서 시각적 정보를 전파시키는 어려움에 대한 탁월한 사례 연구에 관해서는 Eagleton, 'Medieval Sundials and Manuscript Sources'(2006)를 참조하라.

45. Ogilvie, *The Science of Describing*(2008); 그리고 Kusukawa, 'The Sources of Gessner's Pictures for the *Historia animalium*'(2010).

46. Ackerman, 'Early Renaissance "Naturalism" and Scientific Illustration'(1991), 202에서 인용.

47. Ivins의 *Prints and Visual Communication*(1953)은 고전 저술이다. 모든 사람들이 이미지의 가치에 대해 Fuchs와 Vesalius에 동의하지는 않았다. Fuchs에 반대한 예는 Kusukawa, *Picturing the Book of Nature*(2011), 124-31, 그리고 Vesalius에 반대한 예는 같은 책, 233~237를 참조하라.

48. Swerdlow, 'Montucla's Legacy'(1993), 299; Byrne, 'A Humanist History of Mathematics?'(2006).

49. Swerdlow, 'Montucla's Legacy'(1993), 299.

50. Swerdlow, 'Montucla's Legacy'(1993), 188(수정된 번역).

51. Wootton, *Galileo*(2010), 22, 138, 165-6, 210. 574~575쪽의 Boyle과 비교하라. 따라서 과학혁명의 최초의 국면에서는 그것은 그리스 수리과학의 재발견에 상당한다. Russo, *The Forgotten Revolution*(2004).

52. 원문은 Jervis, *Cometary Theory in Fifteenth-century Europe*(1985), 96-112쪽의 그녀의 번역과 함께 170-93에 다시 나온다.

53. Jervis, *Cometary Theory in Fifteenth-century Europe*(1985), 108-10.

54. Bennett, *The Divided Circle*(1987).

55. Barker & Goldstein, 'The Role of Comets in the Copernican Revolution'(1988),

311은 레기오몬타누스는 달까지 거리를 계산하는 Ptolemy의 방법을 일반화한 것으로 잘못되게 묘사하고 있다. Ptolemy의 방법은 두 개가 아닌 오직 하나의 측정에 개입되었다. van Helden, *Measuring the Universe*(1985), 16; 그리고 Newton, 'The Authenticity of Ptolemy's Parallax Data-Part 1'(1973). 레기오몬타누스의 방법과 그것을 혜성에 적용시키려는 생각이 이미 Levi ben Gerson에게 떠올랐다는 그들의 주장은 당연히 옳다. 그러나 그의 저술의 이 부분은 르네상스기에는 알려져 있지 않았다.

56. Jervis, *Cometary Theory in Fifteenth-century Europe*(1985), 114-20.

57. Jervis, *Cometary Theory in Fifteenth-century Europe*(1985), 125.

58. Gingerich, 'Tycho Brahe and the Nova of 1572'(2005).

59. Barker & Goldstein, 'The Role of Comets in the Copernican Revolution'(1988)은 혜성을 태양광이 집속되는 렌즈들로서 간주하는 대안적인 이론이 제기되었다는 점에서 이것이 과도한 단순화라고 주장한다. 그리고 이 이론은 혜성의 위치에 대해서는 무지했다. 그러나 우선 이 이론은 천체의 변화에 대한 적절한 설명을 제공하지 못했고, 둘째로 만일 천체에서 혜성의 경로에 대한 설명을 제공했다면 그 설명은 수정-천구(crystalline-spheres) 이론과 양립할 수 없었을 것이다. 그들이 혜성 이론이 코페르니쿠스설의 원인이 아니라고 주장한 점은 옳다(내가 주장했듯이 지구의 1구 이론이 결정적 전제조건이다). 그리고 코페르니쿠스설 자체가 옛 천문학의 많은 것을 보존하고 있다는 주장도 맞다. 혜성의 시차를 설명하기 위해 아리스토텔레스-프톨레마이오스 우주 체계에 그때그때의 즉석 조정을 계속할 수 있었으리라는 주장과 일관된 우주 체계가 그 자체로 Kepler와 Galileo에게 새로웠다는 주장은 틀렸다.

60. Gingerich & Voelkel, 'Tycho Brahe's Copernican Campaign'(1998).

61. 프랑스어 번역이 존재한다. Brahe, *Sur des phènomènes plus récents du monde éthéré, livre second*(1984). Brahe에 대해서는, Thoren, *Lord of Uraniborg*(2007); Mosley, *Bearing the Heavens*(2007); 그리고 Christianson, *On Tycho's Island*(2000); 혜성에 대해서는 Hellman, *The Comet of 1577*(1971).

62. Donahue, *The Dissolution of the Celestial Spheres*(1981); Randles, *The Unmaking of the Medieval Christian Cosmos*(1999); 그리고 Lerner, *Le Monde des sphéres*(1997).

63. 나는 이것을 나에게 확인해준 데 대해 Christopher M. Graney에게 감사한다. 철학적, 천문학적 논쟁을 해결하는 데 있어서 망원경의 결정적 역할에 대해서는 Aggiunti, *Oratio de mathematicae laudibus*(1627), 20; 자연스레 1616년의 코페르니쿠스설의 규탄을 고려해서, 그는 세부 사항에 들어가기를 피했다.

64. Bogen & Woodward, 'Saving the Phenomena'(1988).

65. Klein, *Statistical Visions in Time*(1997), 149-51.

66. Hellman, 'A Bibliography of Tracts and Treatises on the Comet of 1577'(1934); 그리고 Hellman, 'Additional Tracts on the Comet of 1577'(1948).

67. Eisenstein, *The Printing Press as an Agent of Change*(1979); Estienne, *The Frankfurt Book Fair*(1911); 그리고 Jardine, *The Birth of History and Philosophy of*

Science(1984), 277-80에 있는 Kepler.

68. Barker, 'Copernicus, the Orbs and the Equant'(1990)(그리고 더 이른 문헌을 보려면 그의 주4를 보라).

69. Cohen, *The Scientific Revolution: A Historiographical Inquiry*(1994), 59-97을 참조하라: 그리고 Cohen, *How Modern Science Came into the World*(2010), xvii-xviii, 201. 그 구절은 Koyré, 'Galileo and the Scientific Revolution of the Seventeenth Century'(1943), 347에서 나왔다. 비록 그것이 오로지 1939년의 *Études*에 나와 있는 아이디어의 재진술이지만 말이다. 공교롭게도 그것은 이미 Needham, *The Sceptical Biologist*(1929), 91에서 사용되었다.

70. Wootton, *Galileo*(2010), 58. 비슷한 논증이 이미 Calcagnini, *Opera aliquot*(1544), 389에서 발견된다.

71. 5장 1절을 참조하라.

72. Vergil, *On Discovery*(2002), Bk 1, Ch. 18, para. 3.

73. Panofsky, *Perspective as Symbolic Form*(1991), 57-8.

74. Hale, 'The Early Development of the Bastion'(1965); Henninger-Voss, 'Measures of Success'(2004); 그리고 Gerbino & Johnston, *Compass and Rule*(2009), 31-44.

75. *Othello*, I, i, 19.

76. Alberti, *On Painting*(2011).

77. Cuomo, 'Shooting by the Book'(1997).

78. Brook, *Vermeer's Hat*(2008), 102.

79. 예를 들어, Edgerton, *The Renaissance Rediscovery of Linear Perspective*(1975), 91-123.

80. Wootton, *Bad Medicine*(2006), 73-93.

81. 예를 들어, Harley, 'Maps, Knowledge and Power'(2001).

82. Donne, 'First Anniversary', ll. 278-82.

83. Parker, *The Army of Flanders*(1972), 42-90; Hale, 'Warfare and Cartography'(2007).

84. Cipolla, *European Culture and Overseas Expansion*(1970).

85. 예를 들어, Long, 'Power, Patronage and the Authorship of Ars'(1997).

86. Jesseph, 'Galileo, Hobbes and the Book of Nature'(2004), 193. 그보다 더한 수학 예찬은, 예를 들어 Galileo의 제자인 Niccolò Aggiunti의 취임 강연을 참조하라(설득력 없이 Galileo의 것으로 간주한) Peterson, Galileo's Muse(2011)): Aggiunti, *Oratio de mathematicae laudibus*(1627).

87. Tuck, 'Optics and Sceptics'(1988).

6장

1. 1610년, Georg Kepler가 Kepler에게 쓴 편지: Kepler, *The Six-cornered Snowflake*(1966), 65 n. 1을 참조하라.

2. Kepler, *The Six-cornered Snowflake*(2010), 99.

3. Kepler, *The Six-cornered Snowflake*(2010), 31. Kepler는 분명히 천공개선충(scabies mite)보다 작은 생물을 염두에 두었다. Kepler, *L'Étrenne*(1975), 88 n. 21.

4. Kepler, *Kepler's Conversation with Galileo's Sidereal Messenger*(1965), 9-11.

5. Kepler, *Dissertatio cum Nuncio sidereo*(1993)(영어 저술로는 Kepler, *Kepler's Conversation with Galileo's Sidereal Messenger*(1965)).

6. Mario Biagioli는 Galileo가 이미 망원경을 보았다고 주장했다. 그가 지닌 증거는 Sarpi가 Francesco Castrino에게 쓴 편지(1609년 7월 21일)다. 그 속에서 Sarpi는 망원경이 '이탈리아에' 도착했다고 말한다. '이탈리아에'는 문맥상 분명하듯이 '베네치아에'라는 뜻일 필요는 없다(Biagioli, 'Did Galileo Copy the Telescope? A "New" Letter by Paolo Sarpi'(2010)). Bucciantini, Camerota & others, *Galileo's Telescope*(2015), 35-6는 적어도 Sarpi가 이 편지를 쓰기 전에 망원경을 다루었다는 것을 사실이라고 주장한다는 점에서 Biagioli의 논증 노선을 받아들인다. 그러나 이것은 Sarpi가 말한 것을 넘어서는 것이다. Sarpi의 '새로운' 편지는 1833년에 처음 출판되었다. Biagioli는 왜 Favaro가 Galileo 전집 속에 그것을 포함시키지 않았는지를 골똘히 생각한다. 설명은 단순하다. Favaro는 그것을 Sarpi의 개인적 경험의 기술이 아니라 새로운 보고로 읽었다. 이 판독상(이것은 나에게 완벽히 합당하게 보인다), 그것은 Galileo의 망원경 지식의 문제와 관련이 없다.

7. Wootton, *Galileo*(2010), 87-92; van Helden, 'The Invention of the Telescope'(1977).

8. Alexander, 'Lunar Maps and Coastal Outlines'(1998); 그리고 Pumfrey, 'Harriot's Maps of the Moon'(2009).

9. Wootton, *Galileo*(2010), 130.

10. Freedberg, 'Art, Science and the Case of the Urban Bee'(1998), 298; Power, *Experimental Philosophy*(1664)는 몇 안 되는 조악한 도해를 지녔다.

11. Wootton, *Bad Medicine*(2006), 110-38; Wilson, *The Invisible World*(1995); Ruestow, *The Microscope in the Dutch Republic*(1996).

12. Plutarch, 'The Face of the Moon'(1957), §§21-2, 133-49.

13. Kepler, *Kepler's Somnium*(1967); Kepler, *Kepler's Dream*(1965). Aït-Touati, *Fictions of the Cosmos*(2011), 17-44를 참조하라; 그리고 Campbell, *Wonder and Science*(1999), 133-43.

14. Wootton, *Galileo*(2010), 65에서 인용.

15. Kepler, *Kepler's Conversation with Galileo's Sidereal Messenger*(1965), 11, 34-9, 44-5; 1611년 1월 13일 Campanella가 Galileo에게, Galilei, *Le opere*(1890), Vol. 11, 21-2.

16. Donne, *Devotions Upon Emergent Occasions*(1624), 98-9.

17. Kepler, *Kepler's Conversation with Galileo's Sidereal Messenger*(1965), *passim*, 특히 38: '그러므로, Galileo, 당신은 그들의 적절한 찬양에 대해 우리 조상들을 부러워하

지 않을 것이다. 당신이 최근 자신의 눈으로 관찰했다고 보고한 것을 그들은 당신 훨씬 이전에 반드시 그러하리라고 예측했다.'

18. Alexander, 'Lunar Maps and Coastal Outlines'(1998), 346-7.

19. Gingerich & van Helden, 'From Occhiale to Printed Page'(2003), 260-1.

20. 여기서와 다음 문단에서의 나의 논의는 광범위하게 Palmieri, 'Galileo and the Discovery of the Phases of Venus'(2001)에 의존한다.

21. Regiomontanus에 대해서는 Shank, 'Mechanical Thinking'(2007), 22-6; Ragep, 'Copernicus and His Islamic Predecessors'(2007)는 이슬람 전통을 논의한다. 그는 이것을 실패로 특징짓는다(71).

22. Galilei, *Le opere*(1890), Vol. 10, 483.

23. Galilei, *Le opere*(1890), Vol. 10, 409-505, Vol. 11, 11-12; Kepler, *Dioptrice*(1611), 11-12; 그리고 Kepler, *Dioptrice*(1611), 21-3.

24. Lattis, *Between Copernicus and Galileo*(1994), 199-202.

25. Lattis, *Between Copernicus and Galileo*(1994), 186-93.

26. Lattis, *Between Copernicus and Galileo*(1994), 193-5; Lattis는 아무도 (아마 Galileo 를 제외하고는) 금성을 보름달 같은 원으로 바라보지 않았다는 것을 파악한 것으로 보이 지 않는다—외합(superior conjunction)은 1610년 5월에 마지막으로 일어났고, 2011년 12월까지는 다시 일어나지 않을 것이다.

27. Lattis, *Between Copernicus and Galileo*(1994), 205-16.

28. Galilei & Scheiner, *On Sunspots*(2008), 173.

29. Galilei & Scheiner, *On Sunspots*(2008), 93.

30. Galilei & Scheiner, *On Sunspots*(2008), 196.

31. Galilei, *Le opere*(1890), Vol. 11, 177; Galilei & Scheiner, *On Sunspots*(2008), 265.

32. Hooke, *Micrographia, or, Some Physiological Descriptions of Minute Bodies*(1665), 234.

33. Milton, *Paradise Lost*, Book 2, 1052; Pascal, *Pensées*, no. 199; 그리고 Locke, *An Essay*(1690), 277, 296.

34. Ball, *Curiosity*(2012), 215-55; 그리고 Cressy, 'Early Modern Space Travel'(2006).

35. Act II, scene 4. 그 저술은 1623년까지는 출판되지 않았다.

36. Godwin, *The Man in the Moone*(2009).

37. Empson, *Essays on Renaissance Literature*(1993), 220-54; Aït-Touati, *Fictions of the Cosmos*(2011), 45-55; Campbell, *Wonder and Science*(1999), 155-71; 그리고 Campbell, 'Speedy Messengers'(2011).

38. Aït-Touati, *Fictions of the Cosmos*(2011), 56-63; 그리고 Chapman, 'A World in the Moon—Wilkins and His Lunar Voyage of 1640'(1991).

39. Cyrano de Bergerac, *Les États et empires de la lune et du soleil*(2004); Darmon, *Le Songe libertin*(2004); Aït-Touati, *Fictions of the Cosmos*(2011), 63-71; 그리고 Campbell, *Wonder and Science*(1999), 171-80.

856

40. Borel, *A New Treatise*(1658), 93-4.
41. Hunter, 'Science and Astrology'(1995), 280-1. Hunter는 그의 주석에서 Borel(Borellus)을 Giovanni Alphonso Borelli(Borellius)로 오인했다.
42. Fontenelle, *Entretiens sur la pluralité des mondes*(1955); Aït-Touati, *Fictions of the Cosmos*(2011), 79-94; 그리고 Campbell, *Wonder and Science*(1999), 143-9.
43. Aït-Touati, *Fictions of the Cosmos*(2011), 95-125.
44. Bentley, *The Folly and Unreasonableness of Atheism*(1692), 241-2.
45. Chang, *Inventing Temperature*(2004), 10.
46. Crease, *World in the Balance*(2011).
47. Aït-Touati, *Fictions of the Cosmos*(2011), 139.
48. Griffith, *Mercurius Cambro-Britannicus, or, News from Wales*(1652), 서문(*2r).
49. Voltaire, '*Micromégas*': *A Study*(1950); 그러나 작문의 연도에 대해서는 Barber, 'The Genesis of Voltaire's "Micromégas"'(1957).
50. Ball, *Curiosity*(2012), 222.
51. Power, *Experimental Philosophy*(1664), 서문(c2v-c3r).
52. Ball, *Curiosity*(2012), 318; 그러나 '아마(may)'는 여기서 중요한 단어다. Hooke 은 실제로 이 맥락에서 현미경을 언급하지 않기 때문이다(Hooke, *The Posthumous Works*(1705), 140).
53. Bertoloni Meli, *Mechanism, Experiment, Disease*(2011).
54. Pinto-Correia, *The Ovary of Eve*(1997).
55. Pascal, *Pensées*(1958), no. 72.
56. Cyrano de Bergerac, *Les États et empires de la lune et du soleil*(2004), 116-17; Pascal, *Pensées*(1958); 그리고 Borges, *Other Inquisitions*(1964), 'Pascal', 100. Borges는 이 생각이 이미 Anaxagoras에게 존재했다고 생각하지만 이것은 잘못으로 보인다. Vlastos, '*Wege und Formen frühgriechischen Denkens, Hermann Fränkel*'(1959)을 참조하라.
57. Swift, *Gulliver's Travels*(2012), 158-9.
58. Cyrano de Bergerac, *The Comical History*(1687), 13-14.
59. Pascal, *Pensées*(1958), no. 206.
60. Malcolm, 'Hobbes and Roberval'(2002), 170. (Malcolm은 Roberval이 이 관점을 견지하는 만큼 Hobbes도 그럴 수 있다고 주장한다.)
61. Cyrano de Bergerac, *The Comical History*(1687), 41.
62. Locke, *An Essay*(1690), 46.
63. Aggiunti, *Oratio de mathematicae laudibus*(1627), 19-20.
64. 많은 예들 중에서 Shapin & Schaffer, *Leviathan and the Air-pump*(1985), 6-7를 참조하라.

3부

1. Popper, *Objective Knowledge*(1972), 23.

7장

1. Barthes, 'Le Discours de l'histoire'(1967).
2. Kuhn, *The Trouble with the Historical Philosophy of Science*(1992), 6 : Kuhn, *The Road since Structure*(2000)에 재수록.
3. Kepler, *Epitome of Copernican Astronomy, Books 4 & 5*(1995), 5.
4. 주요한 저술들은 Poovey, *A History of the Modern Fact*(1998) : Shapiro, *A Culture of Fact*(2000) : 그리고 Daston & Park, *Wonders and the Order of Nature*(1998), 215-53. Daston의 중요한 에세이들이 있다. 'The Factual Sensibility'(1988) : 'Marvellous Facts and Miraculous Evidence'(1991) : 'Baconian Facts'(1994) : 'Strange Facts, Plain Facts'(1996) : 'The Cold Light of Facts'(1997) : 'The Language of Strange Facts'(1997) : 그리고 'Perché i fatti sono brevi?'(2001). 매우 영향력이 큰 저술로는 Shapin & Schaffer, *Leviathan and the Air-pump*(1985), 22-79 : 그리고 Shapin, *A Social History of Truth*(1994), 193-242.
5. Lorraine Daston은 아마 이 때문에 '사실'이라는 단어의 근대적 사용이 베이컨과 동시대라고 진술했을 것이다. *OED*는 '사실'의 비인칭 정의하에 있는 두 가지 초기 용례를 보여준다. 그러나 그것들은 사실상 대행 용법(agency usages)이다. 그것이 기록하고 있는 가장 이른 용례는 위에서 논의한 대로 Evelyn으로부터다. 또한 Daston과 나는 어떻게 사실이 규명되는지에 대해 다른 설명을 제공한다. 그녀는 이상하고도 놀라운 사실들(예를 들어 괴물의 탄생)의 규명에 눈을 돌리지만, 나는 Kepler가 사실을 규명하고 있었다고 제안한다.
6. Paula Findlen은 플리니우스(Pliny the Elder)가 특이한 정보 조각을 지칭하기 위해 *factum*이라는 단어를 사용했다고 생각한다. 그의 《박물지》는 근대적인 개념의 사실의 출처가 될 터였다. 그녀는 Pliny, *Natural History*, 서문, 17-18를 Loeb 판본으로 인용한다. Findlen, 'Natural History'(2008), 437-8 : Pliny, *Natural History*(1938), Vol. 1, 12-13. 이것은 그답지 않은 실수다. *factum*이라는 단어는 인용된 구절에 나타나지 않는다. 그리고 Rackham이 '사실'이라고 번역한 단어는 우리가 예상하듯이 물(物, res)이다.
7. 초기의 예는 Bossuet, *Quakerism À-la-Mode*(1698), 91 : '사실의 문제가 명백히 드러낼 때 그의 논증은 어떤 목표를 가지는가?'
8. Hume, *Philosophical Essays*(1748), 47(최초의 탐구, Part 4, section 1).
9. Hume, *Political Discourses*(1752), 211('Of the Populousness of Ancient Nations').
10. Browne, *Pseudodoxia epidemica*(1646), a5r('To the Reader').
11. Barnhart, *The American College Dictionary*(1959).
12. Latour, 'The Force and the Reason of Experiment'(1990), 63-5.
13. Searle, *The Construction of Social Reality*(1995), 1-30, 121.

14. Galilei, *Le opere*(1890), Vol. 10, 226-7.
15. 8장 5절을 참조하라.
16. Wootton, 'Accuracy and Galileo'(2010).
17. Hume, *Political Discourses*(1752), 155-261. 통계적 정확성에 관하여 예외적으로 일찍 시도된 두 가지 예에 대해서는 Giovanni Villani's *Cronica* for 1338(Biller, *Measure of Multitude*(2000), 406-14에 논의됨), 그리고 Tolomei, Guicciardini & others, *Tre discorsi appartenenti alla grandezza delle citta*(1588)에 대한 Giovanni Botero의 기여를 참조하라. 가장 최근의 현대적 판본은 Botero, *On the Causes of the Greatness and Magnificence of Cities, 1588*(2012).
18. McCormick, *William Petty*(2009)에 들어 있다. Holmes, 'Gregory King'(1977); Slack, 'Measuring the National Wealth in Seventeenth-century England'(2004); 그리고 Slack, 'Government and Information in Seventeenth-century England'(2004).
19. Kepler, *New Astronomy*(1992), 210-11.
20. Goldstein & Hon, 'Kepler's Move from Orbs to Orbits'(2005).
21. Kepler, *New Astronomy*(1992), 405, 410-16.
22. Gingerich, 'Johannes Kepler'(1989), 63.
23. Gingerich, 'Circles of the Gods'(1994), 23.
24. Shapin & Schaffer, *Leviathan and the Air-pump*(1985), 22-79.
25. Westman, *The Copernican Question*(2011), 401. (나는 Westman의 번역을 수정했다. 프랑스어 번역도 존재한다. Kepler, L' Étoile nouvelle dans le serpentaire(1998)).
26. Barthes, 'The Reality Effect'(1986).
27. Kepler, *New Astronomy*(1992), 27.
28. Owen, 'Tithenai ta phainomena'(1975). 합의가 지식의 신뢰할 만한 기초라는 생각에 대한 17세기 영국인들의 공격에 관해서는 Skinner, *Reason and Rhetoric*(1996), 257-67를 참조하라.
29. 이 문제와 씨름하는 사람의 예에 대해서는 Piccolomini, *La prima parte delle theoriche*(1558), 29r-30v를 참조하라. 이 책은 대중의 견해는 자연철학이 아니라 도덕의 문제 속에서 신뢰를 받아야 한다고 주장한다.
30. Gingerich, 'Johannes Kepler'(1989), 63.
31. Duhem, *To Save the Phenomena*(1969).
32. Lehoux, *What Did the Romans Know?*(2012), 136-54, 209-17.
33. Lehoux, *What Did the Romans Know?*(2012), 140; 마늘과 자석에 대한 전체 논의는 136-54에서 다루어진다.
34. Browne, *Pseudodoxia epidemica*(1646), 67.
35. Della Porta, *Natural Magick*(1658), 212.
36. Lehoux, *What Did the Romans Know?*(2012), 143. 이것은 Plutarch, *Quaestiones convivales*, Bk 2, Ch. 7에 대한 Lehoux의 번역이다.

37. Lehoux, *What Did the Romans Know?*(2012), 145-6.

38. Della Porta, *Natural Magick*(1658), 10.

39. Shea, *Designing Experiments*(2003), 116-17; Augst, 'Descartes' Compendium on Music'(1965). Descartes는 또한 시체가 그 살인자 앞에서 피를 흘리는 이유를 설명했다. Daston & Park, *Wonders and the Order of Nature*(1998), 241.

40. Charleton, *Physiologia Epicuro-Gassendo-Charletoniana*(1654), 358.

41. Balbiani, *La magia naturalis*(2001), 20.

42. Eamon, *Science and the Secrets of Nature*(1994), 194-229; Tarrant, 'Giambattista della Porta and the Roman Inquisition'(2013), 이것은 검열에 대한 Porta의 대응을 단순화했다. 그리고 Valente, '*Della Porta e l'Inquisizione*'(1999).

43. Clubb, *Giambattista della Porta, Dramatist*(1965), 23-4, 26, 51.

44. Della Porta, *Natural Magick*(1658), Book 6; della Porta, *La Magie naturelle*(1678), Book 3, Ch. 4.

45. Della Porta, *La Magie naturelle*(1678), *préface aux lecteurs*(A4v). 어떤 이유에서인지 이탈리아어 번역본 della Porta, *De i miracoli*(1560)에 서문이 빠져 있다. della Porta, *Natural Magick*(1658), 독자 서문.

46. Garzoni, *Trattati della calamitá*(2005); Ugaglia, 'The Science of Magnetism before Gilbert'(2006).

47. Muraro, *Giambattista della Porta, mago e scienziato*(1978), 143-71.

48. Hobson, 'A Sale by Candle in 1608'(1971); Grendler, 'Book Collecting in Counter-Reformation Italy'(1981).

49. Garzoni, *Trattati della calamitá*(2005), 81-2.

50. 최초의 근대인으로서의 Gilbert에 대해서는 Zilsel, 'The Origin of William Gilbert's Scientific Method'(1941); Monica Ugaglia는 Gilbert가 Garzoni와 Paolo Sarpi의 잃어버린 원고를 직접 볼 수 있었다고 주장한다. 그 증거는 덜 확실해 보인다(그리고 Sarpi의 원고는 당연히 Gilbert의 책보다 뒤에 작성되었다). Garzoni, *Trattati della calamitá*(2005), 60-79.

51. Della Porta, *Natural Magick*(1658), 190.

52. Della Porta, *Natural Magick*(1658), 212.

53. Della Porta, *Natural Magick*(1658), 213.

54. Della Porta, *Natural Magick*(1658), 214.

55. Della Porta, *Natural Magick*(1658), 독자 서문.

56. Della Porta, *Natural Magick*(1658), 8-10.

57. Cesi, *Mineralogia*(1636), 40(Lehoux의 번역), 534(Lehoux는 주요한 논의를 인용하지 않았다).

58. Lehoux, *What Did the Romans Know?*(2012), 144.

59. Lehoux 자신에 의해 그의 주장의 초기 버전에서 거의 동일한 논점이 만들어졌다. Lehoux, 'Tropes, Facts and Empiricism'(2003), 13 n. 12, 여기서 그는 Alessandro

860

Vicentini가 '우리가 이해하는 대로의 실험에 대해서보다는 세계의 경험에 대해 일반적으로 호소한다'고 말한다. Dear, *Discipline and Experience*(1995), 149와 비교하라.

60. Garzoni, *Trattati della calamitá*(2005), 91 n. 4로부터 인용됨.

61. Browne, *Pseudodoxia epidemica*(1672), 70. (나는 1646년 판본이 손상되어 보이기 때문에 1672년 판본을 인용한다.)

62. Rohault, *Traité de physique*(1671), 234.

63. De Boodt, *Gemmarum et lapidum historia*(1609), 225. 선원들의 권위는 아마 Boyle이 '논리학자의 규칙, 솜씨 좋은 장인은 그들 자신의 기예로 영예를 받아야 한다(the *Logicians* Rule, the Skilfull *Artists* should be Credited in their own Art)'라고 요약한 경험적 원리로부터 유래했을 것이다(Serjeantson, 'Testimony and Proof'(1999), 218; Browne, *Pseudodoxia epidemica*(1646), 26).

64. De Boodt, *Gemmarum et lapidum historia*(1609), 222, 234–5.

65. De Boodt, *Gemmarum et lapidum historia*(1609), 60.

66. Jonkers, *Earth's Magnetism in the Age of Sail*(2003), 166.

67. Helmont & Charleton, *A Ternary of Paradoxes*(1649), 40–1; Fletcher & Fletcher, *Athanasius Kircher*(2011), 150; 그리고 Thorndike, *A History of Magic and Experimental Science*(1923), Vol. 2, 310–11.

68. Midgeley, *A New Treatise of Natural Philosophy*(1687), 31.

69. Ross, *Arcana microcosmi*(1652), 110.

70. Starkey, *Nature's Explication and Helmont's Vindication*(1657), b7v('Epistle to the Reader'). 이 논증의 Galileo의 버전에 대해서는 Wootton, *Galileo*(2010), 164를 참조하라.

71. 나는 de Boodt의 근대성을 과도하게 진술하고 싶지는 않다. 그는 연금술에 흥미가 있었다. 이에 대해서는 Purs, 'Anselmus Boëtius de Boodt'(2004)를 참조하라.

72. Boyle, *Certain Physiological Essays*(1669), 33 = Boyle, *The Works*(1999), Vol. 2, 29–30; 그리고 Boyle, *Certain Physiological Essays*(1661), 31, 27, 7 = Boyle, *The Works*(1999), Vol. 2, 28(여기서 'barely'는 'basely'로 잘못 표기되어 있다), 27, 13. Boyle이, 만일 권위가 문제되었을 때 그러해야 하는 만큼, 그의 증인들의 사회적 지위에 대해 특히 신경쓰지 않았음을 주목하라(Shapin, *A Social History of Truth*(1994)에 반反하여); 중요한 것은 그들이 직접적 지식을 지녔고 자신들의 경험을 잘못 해석하지 않을 만큼의 충분한 전문성을 지녔다는 것이다. 또한 여기서 우리가 특이한 영국 경험론을 다루고 있지 않음을 주목하라.

73. Boyle, *Experimenta et observationes physicæ*(1691), 30 = Boyle, *The Works*(1999), Vol. 11, 386.

74. 과학적 방법이 상식이 되기 전 존재했던 세계에 대한 최상의 소개는 Febvre, *The Problem of Unbelief*(1982)(1942년 처음 출간)에 남아 있다; Koyré, 'Du monde de 'l'à-peu-près'' à l'univers de la précision'(1971), 1948년 처음 출간; 그리고 Febvre, 'De l'à peu près à la précision'(1950).

75. Wotton, *Reflections upon Ancient and Modern Learning*(1694), 233-4.

76. Wotton, *Reflections upon Ancient and Modern Learning*(1694), 24; 또한 Glanvill, *Plus ultra*(1668), 77-9를 참조하라.

77. 증인들의 증언에 관한 새로운 문화에 대해서는, Frisch, *The Invention of the Eyewitness*(2004)를 참조하라.

78. Della Porta, *De telescopio*(1962).

79. Garzoni, *Trattati della calamità*(2005), 94.

80. Adorno, 'The Discursive Encounter of Spain and America'(1992).

81. Lessing, *Gotthold Ephraim Lessings Leben*(1793), Vol. 3, 177-8('*Ueber das Wörtlein "Thatsache"*'); *Grimms Wörterbuch*는 1756년을 'Thatsache'의 최초의 사용 일자로 제시한다.

82. Browne, *Pseudodoxia epidemica*(1646), 3.

83. III.vii.44-7.

84. 따라서 Daston과 Park은 사실의 문제와 판단의 문제의 구별에서 Bacon이 일으킨 혁신을 잘못 보았다. Daston & Park, *Wonders and the Order of Nature*(1998), 230.

85. Bartlett, *Trial by Fire and Water*(1986).

86. Bacon, *Sylva sylvarum*(1627), 243 =Bacon, *Works*(1857), Vol. 2, 642.

87. Johnson은 그의 *Dictionary*에서 이전의 구절에 의존한다. '감각의 격동(*Percussion of the Sense*), 그리고 사실 속의 사물들(Things in Fact)에 의해 초래된 그 효과들(Those Effects)은 상상력(*Imagination*)에 의한 것과 어느 정도 비슷하게 발생된다.' Bacon, *Sylva sylvarum*(1627), 206 =Bacon, *Works*(1857), Vol. 2, 598.

88. Biggs, *Mataeotechnia medicinae praxeos*(1651), 37.

89. Ross, *Arcana microcosmi*(1652), 132.

90. Evelyn, *The Diary*(1955), Vol. 2, 38.

91. Daston, 'Baconian Facts'(1994). 그러나 Daston은 '사실'이라는 단어를 Shapiro와는 달리 Bacon의 공으로 돌리지 않았다. 'The Concept "Fact"'(1994), 15-16, 이것은 라틴어 용법과 영어 용법을 구분하지 못했다.

92. Wootton, *Galileo*(2010), 99-100. 또한 Galilei, *Le opere*(1890), Vol. 5, 389를 참조하라.

93. Shapiro, *A Culture of Fact*(2000), 133-5.

94. 또한 Roberval이 날짜가 표기되지 않은 단편에서 '사실'을 의미하는 'fait'를 두 차례 사용했음을 참조하라. Pascal, *Oeuvres*(1923), 49-51(Roberval은 1675년에 사망했다. 이것이 그 문서가 분명히 쓰이기 이전의 날짜terminus *ante quem*를 확정한다). 그 문서가 쓰인 것은 1648년일 것이다.

95. http://artfl-project.uchicago.edu/content/dictionnaires-dautrefois; 우리는 'faire'로 검색해야 한다.

96. Serjeantson, 'Testimony and Proof'(1999), n. 84는 두 가지 예를 보여준다. Bacon, *Works*(1857), Vol. 1, 402, Vol. 3, 736. 이것들에 추가될 수 있는 것은 Vol. 3, 775, 그

리고 아마 Vol. 1, 210일 것이다(여기서 그 용례는 명백히 은유적이다).

97. Digby, *Two Treatises*(1644), 330.

98. '우리의 신학자(Divine)와 의사(Physician) 사이에, *de facto, fact*의 참임에 대하여 논란이 없다. 양자는 일치되게 그 치료가 다친 사람에게 초래된다고 수긍한다. 논쟁은 오로지 의사들은 이 자석 치료(Magnetical Cure)를 순전히 자연적이라고 주장하지만 신학자는 그것이 마귀적(*Satanical*)이라고 할 필요가 있다는 데 있다(Helmont & Charleton, *A Ternary of Paradoxes*(1649), 4); '*Inter theologum & medicum non est quaestio facti*'(Helmont, *Ortus medicinae*(1652), 595b); '나는 이제 흔히 분명한 한 약초(Herb)를 알고 있다. 만일 그것을 비벼서 당신의 손이 따뜻해질 때까지 품고 있으면, 당신은 재빨리 다른 사람의 손을 잡고 따뜻해질 때까지 붙들고 있으면, 그는 열렬한 사랑으로 계속 불탈 것이다. 그리고 당신의 사람을 여러 날 동안 함께하게 했다. 나는 이 사랑을 입수하는 식물의 증기로 손을 씻고 개의 발을 몇 분 동안 잡았다. 그 개는 그의 옛 여주인을 버리고 즉시 나를 쫓아와 아주 열렬히 나의 관심을 사려 했기에 저녁에 그 개는 내 방문에 애처롭게 짖어댔다. 그래서 나는 문을 열고 그를 맞아들여야만 했다. 지금 *Bruxels*에 살고 있는 몇몇 사람들이 있는데, 그들은 나의 증인들이며, 이 사실의 참됨을 증언할 수 있다.'(14); '*Adsunt Bruxellae mihi hujus facti testes*'(599a); '진심으로 나는 달의 영향을 받는(*Sublunaries*) 사실(*Fact*)의 예들을 장황하게 늘어놓았고, 새파이어(*Saphire*), 아르스마트(*Arsmarte*), 아사룸(*Asarum*), 그리고 대부분의 다른 약초(*Herbs*) 등을 찾아내는 접목된 코(engrafted *Nose*)와 같은 매우 많고 매우 적절한 예들을 무대 위에 올렸다.'(35); '*Siquidem in sublunaribus exempla facti*'(604b); '그러므로 그 사실의 우발성을 부인하는 것은 누구에게나 무례한 심술의 행동이다. 그것은 어느 곳에서도 하찮고 빈번히 일어나기에 그것은 어떤 이의 관찰을 벗어날 수 없다.'(35); '*Idcirco inseolentis est petulantiae, negare facti esse*'(604b)

99. Hobbes, *Leviathan*(1651), 21, 30-1, 40, 200; Hobbes, *Of Libertie and Necessitie*(1654), 75.

100. EEBO는 그가 George Wither라고 가정하지만 나는 그럴 것 같지 않다.

101. Hobbes, *Humane Nature*(1650), 31-41; Hacking, *The Emergence of Probability*(2006), 31, 47-8과 비교하라; 그리고 Glanvill, *The Vanity of Dogmatizing*(1661), 189-93.

102. Pascal, *Les Provinciales, or, The Mysterie of Jesuitisme*(1657); 그리고 Pascal, *Les Provinciales, or, The Mystery of Jesuitisme*(1658).

103. Keynes, *John Evelyn, a Study in Bibliophily*(1937), 119-24; Jansen, *De Blaise Pascal à Henry Hammond*(1954).

104. Digby, *A Late Discourse*(1658), 4.

105. Della Porta, *Natural Magick*(1658), 229. Hedrick, 'Romancing the Salve'(2008), 162 n. 5; 그리고 McCord, 'Healing by Proxy'(2009)를 참조하라.

106. Helmont & Charleton, *A Ternary of Paradoxes*(1649), d1r. Charleton이 마음을 바꾼 것은 흔히 기제로의 전환(conversion to mechanism) 탓으로 여겨진다. 이것은

Lewis, 'Walter Charleton and Early Modern Eclecticism'(2001)에 의해 반박된다.

107. Charleton, *Physiologia Epicuro-Gassendo-Charletoniana*(1654), 380–2.

108. Weld, *A History of the Royal Society, with Memories of the Presidents*(1848), Vol. 2, 527.

109. Sprat, *The History of the Royal-Society*(1667), 47–8, 70; 또한 73, 99, 359.

110. Pomata, 'Observation Rising: Birth of an Epistemic Genre, 1500–1650'(2011).

111. De Bils, *The Coppy of a Certain Large Act*(1659), A2v =Boyle, *The Works*(1999), Vol. 1, 43; Boyle, *The Correspondence of Robert Boyle, 1636-1691*(2001), Vol. 1, 396. (이 참고문헌은 Michael Hunter 덕분에 확인했다.)

112. 예를 들어 Poovey, *A History of the Modern Fact*(1998), 112–15.

113. Glanvill, *The Vanity of Dogmatizing*(1661), 159–68.

114. Malcolm, *Aspects of Hobbes*(2002), 317–35.

115. Hedrick, 'Romancing the Salve'(2008), 184.

116. Sprat, *The History of the Royal-Society*(1667), 36.

117. Glanvill, *The Vanity of Dogmatizing*(1661), 207.

118. Salusbury (ed.), *Mathematical Collections*(1661), Vol. 1: 240, 413, 428, 445, 455; Vol. 2: 57; 그리고 *de facto*는 'fact'처럼 새로운 의미를 획득했다. Vol. 1, 21, 161, 367, 376, 401, 455.

119. Boyle, *New Experiments Physico-mechanical*(1660), 229–32 =Boyle, *The Works*(1999), Vol. 1, 238–9; Galilei, *Discorsi e dimostrazioni matematiche*(1638), 12.

120. Hunter, *Establishing the New Science*(1989), article 14, 42(그러나 윗부분은 '지구와 행성들'이 아니라 갈릴레이가 발견한 목성과 그 위성들을 보여준다).

121. 이 혁명은 Serjeantson, 'Testimony and Proof'(1999)에 잘 묘사되어 있다.

122. Pierre Du Moulin in 1598, Serjeantson, 'Testimony and Proof'(1999), 203에서 인용(Serjeantson의 번역을 수정하여).

123. Pascal, *Oeuvres complétes*(1964), 772–85; Browne, *Pseudodoxia epidemica*(1646), 25–6.

124. Browne, *Pseudodoxia epidemica*(1646), 26.

125. Glanvill, *The Vanity of Dogmatizing*(1661), 143; Sprat, *The History of the Royal-Society*(1667), 25, 29.

126. 이러한 측면에서 Shapin, *A Social History of Truth*(1994)의 논증은 이론의 여지가 없다.

127. Daston, 'Strange Facts, Plain Facts'(1996); 그리고 Daston, 'The Language of Strange Facts'(1997).

128. Berkel, *Isaac Beeckman*(2013), 144–5.

129. Clark, *Thinking with Demons*(1997).

130. Arnauld & Nicole, *La Logique*(1970), Part 4, Ch. 14.

131. Accademia del Cimento, *Saggi di naturali esperienze*(1667), 146; Accademia del Cimento, *Essayes of Natural Experiments*(1684), 77.

132. Westrum, 'Science and Social Intelligence about Anomalies'(1978).

133. Nield, *Incoming!*(2011), 67-72.

134. Pantin, 'New Philosophy and Old Prejudices'(1999), 260. Gilbert는 *De magnete* 의 독자 서문에서 '*libere philosophare*'라는 구절을 사용한다.

135. Goulding, 'Henry Savile and the Tychonic World-system'(1995), 175.

136. Jacquot, 'Thomas Harriot's Reputation for Impiety'(1952), 167.

137. Pascal, *Oeuvres complétes*(1964), 779.

138. Sutton, 'The Phrase "*Libertas Philosophandi*"'(1953); Broman, 'The Habermasian Public Sphere'(1998); Daston, 'The Ideal and Reality of the Republic of Letters'(1991).

139. Latour, 'Visualization and Cognition'(1990).

140. Stigler, 'John Craig and the Probability of History'(1986).

141. Montaigne, *Essayes*(1613), A3v(서문 시가詩歌들).

142. Gilbert, *On the Magnet*(1900), ii.

143. Galilei, *Le opere*(1890), Vol. 10, 441; Schneider, *Disputatio physica de terrae motu*(1608)는 최고의 후보로 보인다. 몇몇 르네상스 과학자들이 지구를 구성하는 물질은 감지할 수 없는 운동을 하고 있으며, 그것이 다른 원소로 변하기도 하고, 열과 물을 만나기도 하면서, 그 결과 지구의 무게중심이 끊임없이 변한다는 이론을 갖고 있었음을 언급할 필요가 있다(예를 들어 Prosdocimo de' Beldomandi). 지구의 운동에 관한 이 이론은 아마 Galileo의 친구이자 멘토인 Guidobaldo del Monte가 잃어버린 논문의 주제일 것이다. 그가 코페르니쿠스주의자라고 생각할 합당한 이유가 없기 때문이다(Grant, *Planets, Stars and Orbs*(1994), 624-6; Thorndike, *A History of Magic and Experimental Science*(1923), Vol. 4, 239, Vol. 7, 230, 601).

144. Reiss & Hinderliter, 'Money and Value in the Sixteenth Century'(1979).

145. Bayle, *Projet*(1692); Joubert과 Primerose는 Browne에게 알려져 있었다. Browne, *Pseudodoxia epidemica*(1646), a5r.

146. Grafton, *The Footnote*(1997).

147. Charleton, *Physiologia Epicuro-Gassendo-Charletoniana*(1654), 3.

148. 예를 들어 Grafton, 'Review: The Importance of Being Printed'(1980); Eisenstein 과 Latour의 접근 방식에 대안적인 방식을 펼치는 선언문에 대해서는 Johns, 'Science and the Book in Modern Cultural Historiography'(1998).

149. Leonardo da Vinci, *Trattato della pittura*(1651)=*Traitté de la Peinture*(2012); 382-3.

150. Mosley, *Bearing the Heavens*(2007); 그리고 Gingerich & Westman, 'The Wittich Connection'(1988).

151. Buringh & van Zanden, 'Charting the "Rise of the West"'(2009).

152. G. W., *The Modern States-man*(1653), 21-3.

153. Culverwel, *An Elegant and Learned Discourse*(1652), 171, 138.

154. 13장 3절을 참조하라

155. Desaguliers, *A Course of Experimental Philosophy*(1734), Vol. 1, 서문(b3r).

156. Carpenter, *John Theophilus Desaguliers*(2011), 70에서 인용.

8장

1. Antinori, 'Notizie istoriche'(1841), 27.

2. 기압계/진공 실험에 대해서는, Waard, *L'Expérience barométrique*(1936): Middleton, *The History of the Barometer*(1964): 그리고 Shea, *Designing Experiments*(2003). Pascal의 실험들의 주요한 출처는 Pascal, *Oeuvres complètes*(1964), Vol. 2에 있다. 핵심 저술들은 Pascal, *The Physical Treatises of Pascal*(1937)에 번역되어 있다.

3. Boyle, *A Defence*(1662), 48=Boyle, *The Works*(1999), Vol. 3, 50. Hunter와 Davis 가 주목하듯이, Boyle은 그 구절을 Bacon으로부터 가져왔음을 인정하지만, Bacon 의 구절은 *instantia crucis*였다(그는 실험이 아니라 관찰을 생각하고 있었다). 그래서 나 중에 Hooke과 Newton이 이후에 사용했던 결정적 실험(*experimentum crucis*)이라 는 구절은 명백히 Boyle에게서 가져온 것이다. (그 구절을 정립하는 데 있어서 Boyle의 역할. 따라서 그의 Pascal 참조는 초기 문헌에는 빠져 있다. 예를 들어 Dear, *Discipline and Experience*(1995), 22.)

4. Newton, 'A Letter of Mr Isaac Newton'(1672), 3078.

5. 급속한 파급이 부족했던 약간 더 초기의 예시에 대해서는 Graney, 'Anatomy of a Fall'(2012): 그리고 Koyré, *Études d'histoire de la pensée scientifique*(1973), 289-319: 또 다른 대안적인 후보에 대해서는 운동의 상대성을 입증한 Gassendi의 1640년 공개 실험을 참조하라: Koyré, *Études d'histoire de la pensée scientifique*(1973), 329. 17세기 실험화(experimentation)의 탁월한 조망을 보려면 Bertoloni Meli, 'Experimentation in the Physical Sciences of the Seventeenth Century'(2013)을 참조하라.

6. Roberval의 실험들과 주장들에 대해서는 Auger, *Un savant méconnu*(1962), 117-33를 참조하라: 그리고 Malcolm, 'Hobbes and Roberval'(2002), 193-6. Torricelli 실험의 의미에 관하여 합의에 이르는 과정의 어려움은 Hale, *Difficiles nugae*(1674)에 잘 드러나 있다.

7. Dear, 'The Meanings of Experience'(2006), 106: Crombie, *Styles of Scientific Thinking*(1994), 331-2, 349. 실험에 대한 핵심 논문은 Schmitt, 'Experience and Experiment'(1969)이다. 그의 시각은 그 제목이 암시하는 것보다 훨씬 넓다.

8. Bacon, *Works*(1857), Vol. 8, 100-1.

9. Hobbes, *Humane Nature*(1650), 35-6: 이 구별의 초기의 예에 대해서는 Maclean, *Logic, Signs and Nature*(2002)를 참조하라.

10. Daston & Lunbeck (eds.), *Histories of Scientific Observation*(2011).

11. 실험화에 대해 내가 찾을 수 있는 가장 이른 등장(이탈리아어-프랑스어 사전들과 1639년 도표 이외에)은 Scarpa, *Réflexions et observations anatomico-chirurgicales sur l'aneurisme*(1809), 3(이탈리아어에서 번역)에 들어 있다.

12. Valente, '*Della Porta e l'Inquisizione*'(1999), 422.

13. 이 주제에 대한 활발한 토론에 대해서는 Pesic, 'Proteus Rebound'(2008); Merchant, 'The Violence of Impediments'(2008); Vickers, 'Francis Bacon, Feminist Historiography and the Dominion of Nature'(2008); 그리고 Park, 'Response to Brian Vickers'(2008)를 참조하라. 자연이 여성이라는 사실은 이 경우에 내게 특별히 적절하다고 여겨지지 않는다—남자와 여자는 차별 없이 고통받았다. 두 가지 법적인 모토 *magister rerum usus*와 *magistra rerum experientia*를 비교하라. 경험이 정부 (mistress)이며, 실행(practice: *usus*)이 주인이라는 사실은 적절하지 않다. 혹은 배를 여성으로 지칭하는 우리 자신의 전통도 그러하다. 반면에, 그 결과로서 권력이 강화된 여자는 운이 좋다는 것이 Machiavelli에게 중요하다. 그래서 자연이 여성이라는 것은 적절할 수도 있다.

14. Gilbert, *De magnete*(1600), '*Verborum quorundam interpretatio*'(*vi[r]). Gilbert에는 두 가지 번역이 있다. 그중 첫 번째 것이 선호된다. Gilbert, *On the Magnet*(1900); Gilbert, *De magnete*(1951). Gilbert, *On the Magnet*(1900), ii.를 가리키면서, Shapin은 Boyle의 실험 보고의 맥락에서 '사실상의 증언(virtual witnessing)'의 개념을 도입했다. Shapin, 'Pump and Circumstance'(1984). 그러나 Boyle 이전에 사실상의 증언이 있다. 특히, Boyle이 읽은 저술인 Pecquet, *New Anatomical Experiments*(1653)는 생체 해부의 묘사에서 Shapin에 의해 확인된 모든 문학적인 기교들을 사용한다. (나는 Jamie Newell 덕분에 이것을 알게 되었다.)

15. 이어지는 논의는 Palmieri, 'The Cognitive Development of Galileo's Theory of Buoyancy'(2005)의 영향을 크게 받았다. 비록 나의 해석은 그것과 다르지만 말이다. 번역의 핵심적 출처는 Drake, *Cause, Experiment and Science*(1981)에 있고, 매우 중요한 논의는 Shea, *Galileo's Intellectual Revolution*(1972), 16-22이다.

16. Galilei, *Le opere*(1890), Vol. 4, 52-4.

17. Galilei, *Le opere*(1890), Vol. 4, 54-5.

18. Lehoux, *What Did the Romans Know?*(2012), 143 n. 22; Lindberg, 'Alhazen's Theory of Vision'(1967). 라틴어 번역이 새롭게 편집되었다. Ibn al-Haytham, *Alhacen's Theory of Visual Perception*(2001)과 후속 권들.

19. King, 'Medieval Thought-experiments'(1991).

20. Boyle, *Hydrostatical Paradoxes*(1666), 5-6=Boyle, *The Works*(1999), Vol. 5, 206; Galileo에 대해서는 Wootton, *Galileo*(2010), 78(잘못된 관점은 Koyré, 'Galilée et l'expérience de Pise'(1973)(1937년 처음 출판)에서 유래한다).

21. Westfall, *Never at Rest*(1980), 60-4.

22. Sacrobosco, Peuerbach & others, *Textus sphaerae*(1508), 87v.

23. Eastwood, 'Robert Grosseteste's Theory of the Rainbow'(1966).

24. Crombie, *Styles of Scientific Thinking*(1994), 348. 실험을 수행했다고 허위로 주장했던 사람들의 예에 대해서는 ibid., 380-1를 참조하라. Crombie의 진화하는 Grosseteste에 관한 해석은 그의 초기 저술들로부터 추적할 수 있다. 거기서 Grosseteste는 실험과학의 설립자다(Crombie, 'Grossesteste's Position in the History of Science'(1955)), 이 주장은 그의 이후 저술들을 거치면서, 매우 조심스러운 논증으로 과업의 종료 시까지 일관되게 제기된다. Eastwood, 'On the Continuity of Western Science'(1992)를 참조하라. 더 깊이 있는 비판에 대해서는 Eastwood, 'Grosseteste's "Quantitative" Law of Refraction'(1967); Eastwood, 'Medieval Empiricism'(1968); Serene, 'Robert Grosseteste on Induction'(1979); 그리고 Southern in Crombie (ed.), *Scientific Change*(1963), 305.

25. Cranz, *Reorientations of Western Thought*(2006).

26. Eastwood, 'Medieval Empiricism'(1968), 306-11; 그리고 Serene, 'Robert Grosseteste on Induction'(1979), 103.

27. 여기서 그 문제들은 복잡하다. 그래서 나는 그것들을 완전히 파악한 체하지 않는다. 내가 볼 때, 세 개의 구별되는 국면이 존재한다. 그리스인에게, 아는 사람(知者)는 그 대상(the known)과 하나다. 중세 철학자들에게는, 아는 사람은 대상에 관한 진정한 감각적 지식을 가질 수 있다. 그리고 근대 초기 과학자들에게는, 지각(sensation)은 신뢰할 수 없는 도구가 된다. Tachau, *Vision and Certitude in the Age of Ockham*(1988); Smith, 'Knowing Things Inside Out'(1990); Buchwald & Feingold, *Newton and the Origin of Civilization*(2013)의 도입부; Tuck, 'Optics and Sceptics'(1988); 그리고 Cranz, *Reorientations of Western Thought*(2006)를 참조하라.

28. Newton, *The Mathematical Principles of Natural Philosophy*(1729)(Cotes의 서문은 페이지가 매겨지지 않음). 물론, 대안적인 관점은 자연에서 일어나는 많은 것이 규칙적이지 않고 예측할 수도 없다는 것이다. Céard, *La Nature et les prodiges*(1996); 그리고 Daston & Park, *Wonders and the Order of Nature*(1998).

29. Crombie, *Styles of Scientific Thinking*(1994), 1102에서 인용(원문을 보려면, Sarpi, *Pensieri naturali*(1996), 3를 참조하라).

30. Webster, 'William Harvey's Conception of the Heart as a Pump'(1965).

31. Pérez-Ramos, *Francis Bacon's Idea of Science*(1988).

32. Weeks, 'Francis Bacon and the Art-Nature Distinction'(2007).

33. Dear, *Discipline and Experience*(1995), 153-61.

34. 12장의 더 깊은 논의를 참조하라.

35. Grant (ed.), *A Source Book in Medieval Science*(1974), 435-41; 그리고 Crombie, *Robert Grosseteste*(1953), 233-59.

36. Boyer, *The Rainbow from Myth to Mathematics*(1959), 125; 그리고 Topdemir, 'Kamal al-Din al-Farisi's Explanation of the Rainbow'(2007).

37. Crombie, *Robert Grosseteste*(1953), 233.

868

38. Boyer, *The Rainbow from Myth to Mathematics*(1959), 141.

39. Trutfetter, *Summa in tota[m] physicen*(1514): Trutfetter, *Summa philosophiae naturalis*(1517).

40. Buchwald, 'Descartes' Experimental Journey'(2008).

41. Sabra, 'The Commentary that Saved the Text'(2007).

42. Kant, *Critique of Pure Reason*(1949), 2판 서문(1787).

43. 정확히 말하면, 그것은 1520년 이전에 출판되었지만 그 판본은 극도로 희귀하다. 그리고 누군가가 그것을 읽었다는 증거도 없다. 표준적인 판본은 Peregrinus, *Opera*(1995)다.

44. Pumfrey, *Latitude: The Magnetic Earth*(2001).

45. Digges & Digges, *A Prognostication Everlasting*(1576), O3v–O4r.

46. Blackwell, *Behind the Scenes at Galileo's Trial*(2006)에 들어 있는 Galileo의 파문에 대한 Melchior Inchofer의 정당화 속에서 그에 대해 참고하라.

47. Pumfrey, 'O tempora, O magnes!'(1989).

48. Zilsel, 'The Sociological Roots of Science'(1942), 그리고 Zilsel, 'The Origin of William Gilbert's Scientific Method'(1941)는 고전적인 마르크스주의자 설명을 제공한다. de Maricourt에 대해서는 Radelet de Grave & Speiser, 'Le "De magnete" de Pierre de Maricourt'(1975), 203(프랑스어 번역).

49. Gilbert, *On the Magnet*(1900), 7–8.

50. Wootton, *Galileo*(2010), 91–2, 102–3.

51. Harriot에 대해서는 Schemmel, *The English Galileo*(2008): 그리고 Shirley, *Thomas Harriot*(1983)를 참조하라.

52. Wootton, *Galileo*(2010), 36–42: Wootton, 'Accuracy and Galileo'(2010), 49: Dear, *Discipline and Experience*(1995), 67–85, 124–44: Bertoloni Meli, 'The Role of Numerical Tables in Galileo and Mersenne'(2004): Sarasohn, 'Nicolas–Claude Fabri de Peiresc'(1993): 그리고 Palmerino, 'Experiments, Mathematics, Physical Causes'(2010).

53. Wootton, *Galileo*(2010), 168–9: Wootton, 'Galileo: Reflections on Failure'(2011), 16–18: Shea, *Designing Experiments*(2003), 17–24.

54. Shea, *Designing Experiments*(2003), 24–39: Shank, 'Torricelli's Barometer'(2012).

55. Pascal, *Oeuvres*(1923), 486: 그리고 Shea, *Designing Experiments*(2003), 41–7. 공개적 실험 수행은 특별히 프랑스에서만의 현상이 아니었다. Valeriano Magni는 1647년 7월 바르샤바에서, 왕, 왕비, 조신들 앞에서 자신의 토리첼리 실험을 수행했다 (Dear, *Discipline and Experience*(1995), 187–8).

56. Koyré, 'Galilée et l'expérience de Pise'(1973)(1937년 최초 출판): Wootton, *Galileo*(2010), 273–4 n. 10: Devreese & Vanden Berghe, 'Magic is No Magic'(2008), 152–4.

57. Charleton, *Physiologia Epicuro-Gassendo-Charletoniana*(1654), Ch. 5의 내용 목록. 그리고 Shank, 'Torricelli's Barometer'(2012), 162: 또한 Glanvill, *Plus*

ultra(1668), 94; 그리고 Boyle, *Certain Physiological Essays*(1661), 189 = Boyle, *The Works*(1999), Vol. 2, 155을 참조하라.

58. Shea, *Designing Experiments*(2003), 47-127.

59. Webster, 'The Discovery of Boyle's Law'(1965); Pecquet, *New Anatomical Experiments*(1653).

60. Bertoloni Meli, 'The Collaboration between Anatomists and Mathematicians in the Mid-seventeenth Century'(2008), 672(여기서 그 개념은 Roberval이 아니라 Pecquet의 것으로 돌려졌다).

61. Boyle, *A Defence*(1662), 63-4. Boyle의 공동 연구자들이 성취한 다양한 기여의 본질에 대한 문제는 까다로운 문제다. Agassi, 'Who Discovered Boyle's Law?'(1977)는 일부 가치 있는 주장을 제기하지만 몇몇 기본적인 오류(예를 들어 Hooke의 최초 실험 날자)가 있다. Pugliese, 'The Scientific Achievement of Robert Hooke'(1982)은 믿을 만하다.

62. Hunter, *Boyle*(2009), 190; Boyle, *A Continuation of New Experiments*(1682), a3v, a4r = Boyle, *The Works*(1999), Vol. 9, 128-9. Boyle이 1661년에 다른 이들에게 감사를 표하는 원리를 펼친 것이 사실이다. (Boyle, *Certain Physiological Essays*(1661), 32 = Boyle, *The Works*(1999), Vol. 2, 29), 그러나 당시 그는 분명히 그것에 따라 살지 않았다.

63. Hale, *Difficiles nugae*(1674), 8.

64. Ugaglia, 'The Science of Magnetism before Gilbert'(2006), 72-3; Duhem, '*Le Principe de Pascal*'(1905); 그리고 Pascal, *Oeuvres complètes*(1964), Vol. 2, 1037 — 그 저술은 그의 사후에야 출판되었다. 그러나 1654년에 이미 출판 준비를 마친 것으로 보인다. Pascal이 그의 출처에 대한 어떤 감사의 말을 추가할 의향이었음을 암시하는 것은 없다.

65. Abercromby, *Academia scientiarum*(1687). Sprat은 저자와 '완성자(Finishers)'를 구별했다. Iliffe, 'In the Warehouse'(1992), 32.

66. Mersenne은 그의 사실상의 아카데미를 '전적으로 수학적인(entirely mathematical)'인 것으로 묘사한다. Garber, 'On the Frontlines of the Scientific Revolution'(2004), 156.

67. Pascal, *Oeuvres*(1923), 161-2.

68. Schott, *Mechanica hydraulico-pneumatica*(1657).

69. Webster, 'New Light on the Invisible College'(1974).

70. Pascal, *Oeuvres complètes*(1964), 777-85; 그리고 Shea, *Designing Experiments*(2003), 187-207.

71. Merton, *On the Shoulders of Giants*(1965).

72. Lehoux, *What Did the Romans Know?*(2012), 10-11.

73. 그 문구가 최초로 등장한 것은 명백히 1635년이다. Anstey, 'Experimental versus Speculative Natural Philosophy'(2005), 217.

74. Ibn al-Haytham, *The Optics: Books I-III, on Direct Vision*(1989), Book 2, 15-19.

870

75. Schmitt, 'Experience and Experiment'(1969), 115–22.

76. Siraisi, *Communities of Learned Experience*(2013).

77. Shea, *Designing Experiments*(2003), 43; 그리고 Power, *Experimental Philosophy*(1664), 88.

78. Collins, *Changing Order*(1985); 그리고 Pinch, *Confronting Nature*(1986).

79. Shapin & Schaffer, *Leviathan and the Air-pump*(1985).

80. Secord, 'Knowledge in Transit'(2004), 657.

81. Webster, 'Henry Power's Experimental Philosophy'(1967), 169.

82. Shapin & Schaffer, *Leviathan and the Air-pump*(1985), 225–82.

83. Shapin & Schaffer, *Leviathan and the Air-pump*(1985), 254.

84. Papin, *A Continuation of the New Digester*(1687)에는 Shapin과 Schaffer가 언급하지 않은 변칙적 유예(anomalous suspension)에 관한 흥미로운 논의가 있다. Boyle은 이미 1661년에 재현의 문제를 알고 있었다. Boyle, *Certain Physiological Essays*(1661)에 들어 있는 성공하지 못한 실험들(주로 화학실험)에 대한 두 에세이를 참조하라. 그 문제는 나중에 Sprat, *The History of the Royal-Society*(1667), 243–5에서 논의되었다.

85. Charleton, *Physiologia Epicuro-Gassendo-Charletoniana*(1654), 35.

86. 연금술에 관한 최근의 문헌은 방대하다. 특히 참조할 만한 것들은 다음과 같다. Dobbs, *The Foundations of Newton's Alchemy*(1975); Smith, *The Business of Alchemy*(1994); Principe, *The Aspiring Adept*(1998); Newman, *Gehennical Fire*(2003); Newman, *Promethean Ambitions*(2004); 그리고 Newman & Principe, *Alchemy Tried in the Fire*(2005).

87. Hunter & Principe, 'The Lost Papers'(2003).

88. Principe, *The Aspiring Adept*(1998); Hunter, 'Alchemy, Magic and Moralism'(1990), 특히 404–5(법안의 폐지); 그리고 Hunter, *Boyle*(2009).

89. Principe, *The Aspiring Adept*(1998), 98–113, 190–201.

90. Principe, *The Aspiring Adept*(1998), 115–34; Malcolm, 'Robert Boyle, Georges Pierre des Clozets and the Asterism'(2004); 그리고 Principe, 'Georges Pierre des Clozets'(2004). 속임수와 연금술에 대해서는 Nummedal, 'On the Utility of Alchemical Fraud'(2007); 그리고 Nummedal, *Alchemy and Authority in the Holy Roman Empire*(2007), 147–75.

91. Newman & Principe, *Alchemy Tried in the Fire*(2005), 189.

92. Principe, *The Aspiring Adept*(1998), 110, 159; 그리고 Starkey, *Alchemical Laboratory Notebooks*(2004), xxii–xxiii, 2–41(검은 파우더로 변한 금은 그가 이전에 만든 금과 동일하다고 가정하면서).

93. Du Chesne, *The Practise of Chymicall, and Hermeticall Physicke*(1605), K1v, K2r, K3r.

94. Newman & Principe, *Alchemy Tried in the Fire*(2005), 175–6.

95. Vickers, 'The "New Historiography"'(2008), 127. 이 에세이에 대한 Newman의 답

변에 대해서는 Newman, 'Vickers on Alchemy'(2009).

96. Vickers, 'The "New Historiography"'(2008), 132: 그리고 Principe & DeWitt, *Transmutations*(2002).

97. Hunter, 'Alchemy, Magic and Moralism'(1990), 403-4.

98. 예를 들어 Newman & Principe, 'Alchemy versus Chemistry'(1998); Newman, *Atoms and Alchemy*(2006); 그리고 Newman, 'Recent Historiography'(2011).

99. 이 연대기에 대한 강조를 보려면, 예를 들어 Principe, 'Alchemy Restored'(2011), 306를 참조하라.

100. Powers, *Ars sine arte*(1998), 176(수정된 번역).

101. Powers, *Ars sine arte*(1998), 177.

102. Klein, 'Origin of the Concept of Chemical Compound'(1994); Chalmers, *The Scientist's Atom and the Philosopher's Stone*(2009); Newman, 'How Not to Integrate the History and Philosophy of Science'(2010); Chalmers, 'Understanding Science through Its History'(2011); 그리고 Chalmers, 'Klein on the Origin of the Concept of Chemical Compound'(2012).

103. Hunter, 'The Royal Society and the Decline of Magic'(2011), 105.

104. Hunter, 'Alchemy, Magic and Moralism'(1990), 407.

105. Wootton, 'Galileo: Reflections on Failure'(2011).

106. Newman & Principe, 'Alchemy versus Chemistry'(1998), 60-1.

107. Glanvill, *Plus ultra*(1668), 12.

108. Newman & Principe, 'Alchemy versus Chemistry'(1998), 62에서 인용.

109. Popper, *The Open Society and Its Enemies*(1945).

9장

1. Baillet, *La Vie de Monsieur Des-Cartes*(1691), Vol. 1, 77-86는 핵심 자료다. 현대적 논의에 대해서는 Gaukroger, *Descartes: An Intellectual Biography*(1995), 104-11; 그리고 Clarke, *Descartes: A Biography*(2006), 58-63를 참조하라.

2. Beeckman, *Journal*(1939); Berkel, *Isaac Beeckman*(2013); Gaukroger, *Descartes: An Intellectual Biography*(1995), 68-103, 222-4; 그리고 Clarke, *Descartes: A Biography*(2006), 46-52, 142.

3. Beeckman, *Journal*(1939), Vol. 1, 244: Gaukroger 번역, *Descartes: An Intellectual Biography*(1995), 69.

4. Beeckman, *Journal*(1939), Vol. 1, 101, 253, 260-1, 265, Vol. 3, 104, 그러나 그는 또한 *theorema*(Vol. 1, 256) 그리고 *ratio naturalis*(Vol. 3, 104)를 사용한다. 또한 그의 *modus* 사용에 대해서는 Berkel, *Isaac Beeckman*(2013), 238 n. 52를 참조하라.

5. Gaukroger, *Descartes: An Intellectual Biography*(1995), 90.

6. Descartes, *Oeuvres philosophiques*(1963), Vol. 1, 270-84. 라틴어의 프랑스어 번역.

7. Descartes, *Philosophical Writings*(1984), Vol. 1, 116.

8. Camerota, 'Galileo, Lucrezio e l'atomismo'(2008); Favaro, 'Libreria di Galileo Galilei'(1886), nos. 353, 354.

9. Boyle, *The Origine of Formes and Qualities*(1666), 10, 43 = Boyle, *The Works*(1999), Vol. 5, 308, 317.

10. Descartes, *Principles of Philosophy*, Vol. 2, 37-40.

11. 예를 들어 Schuster, 'Waterworld'(2005); 그리고 Buchwald, 'Descartes' Experimental Journey'(2008).

12. Hoare, *The Quest for the True Figure of the Earth*(2004).

13. Wilson, 'From Limits to Laws'(2008), 13에서 인용.

14. Boas Hall, *Nature and Nature's Laws*(1970). 1662년에 Boyle이 보고하여 우리가 지금 Boyle의 법칙으로 부르는 것은 1676년에 법칙이 되었다(Dear, *Discipline and Experience*(1995), 207).

15. Westfall, *Never at Rest*(1980), 632.

16. Boyer, 'Aristotelian References to the Law of Reflection'(1946), 92.

17. 핵심적 논의들은 다음과 같다. Zilsel, 'The Genesis of the Concept of Scientific Progress'(1945); Needham, 'Human Laws and Laws of Nature in China and the West (I)'(1951); Needham, 'Human Laws and Laws of Nature in China and the West (II)'(1951); Oakley, 'Christian Theology and the Newtonian Science'(1961); Milton, 'The Origin and Development of the Concept of the "Laws of Nature"'(1981); Ruby, 'The Origins of Scientific "Law"'(1986); Steinle & Weinert, 'The Amalgamation of a Concept'(1995); Milton, 'Laws of Nature'(1998); Henry, 'Metaphysics and the Origins of Modern Science'(2004); Oakley, *Natural Law, Laws of Nature, Natural Rights*(2005); Joy, 'Scientific Explanation'(2006); 그리고 Harrison, 'The Development of the Concept of Laws of Nature'(2008).

18. 'Lex naturae est in rebus creatis regulatio motuum et operationum et tendentiarum in suos fines.' Oberman, 'Reformation and Revolution'(1975), 425 n. 47에서 인용.

19. Ruby, 'The Origins of Scientific "Law"'(1986), 342-3, 353-5, 357.

20. Fernel, *Therapeutice, seu medendi ratio*(1555), 1r-6r. 또한 Fernel, *On the Hidden Causes of Things*(2005), 30 n. 90을 참조하라. 이 참고문헌들은 Sophie Weeks 덕분에 확인했다.

21. Steinle & Weinert, 'The Amalgamation of a Concept'(1995), 320-1.

22. Hine, 'Inertia and Scientific Law in Sixteenth-century Commentaries on Lucretius'(1995).

23. Lehoux, *What Did the Romans Know?*(2012), 49-54; Cohen, '"Quantum in se est"'(1964); 'Nos in jure naturae enucleando et rerum foederibus interpretandis paulo diligientiores erimus . . .': 'The History of the Sympathy and Antipathy of Things', Bacon, *Works*(1857), Vol. 2, 81.

24. Montaigne, *The Complete Essays*(1991), 585-7 ; 그리고 Montaigne, *Oeuvres complétes*(1962), 504-5.

25. Screech (ed.), *Montaigne's Annotated Copy of Lucretius*(1998), 229.

26. Charleton, *Physiologia Epicuro-Gassendo-Charletoniana*(1654), 263.

27. Boyle, *A Free Enquiry*(1686), 256-7 =Boyle, *The Works*(1999), Vol. 10, 524.

28. http://www.iep.utm.edu/lawofnat/.

29. 나는 이 점을 내게 알려준 데 대해 Sophie Weeks에게 감사한다.

30. Newton, *The Mathematical Principles of Natural Philosophy*(1729), Mr Cotes의 서문, A8r(1713년 라틴어판으로부터 번역).

31. Kepler '법칙들'의 수용에 대해서는 Russell, 'Kepler's Laws'(1964) 그리고 Wilson, 'From Kepler's Laws, So-called, to Universal Gravitation'(1970).

32. Charleton, *Physiologia* Epicuro-Gassendo-Charltoniana(1654), 343, 258, 395.

33. Steinle, 'Negotiating Experiment, Reason and Theology'(2002).

34. Ryle, *The Concept of Mind*(1949).

35. Descartes는 이 점을 분명히 한다. Descartes, *Principia philosophiæ*(1644), Part 3, §iii ; 그리고 Descartes, *Les Principes de la philosophie*(1668),114-15.

36. Harrison, 'The Development of the Concept of Laws of Nature'(2008); 또한 Harrison과 Henry 사이의 자발적 행동(voluntarism)에 관한 논쟁을 참조하라. Harrison, 'Voluntarism and Early Modern Science'(2002); Henry, 'Voluntarist Theology at the Origins of Modern Science'(2009); 그리고 Harrison, 'Voluntarism and the Origins of Modern Science'(2009).

37. Galilei, *Le opere*(1890), Vol. 5, 283.

38. Henry, *The Scientific Revolution*(2002), 92.

39. Harrison, 'Newtonian Science, Miracles, and the Laws of Nature'(1995).

40. Snobelen, 'William Whiston, Isaac Newton'(2004).

41. Montaigne, *The Complete Essays*(1991), 588 ; 그리고 Montaigne, *Oeuvres complétes*(1962), 506.

10장

1. Newton, *Papers & Letters*(1958)에는 이미 출판된 핵심적 저술들과 편지들이 실려 있다. Kuhn의 분석이 27-45에 있다. Westfall의 설명은 Westfall, 'The Development of Newton's Theory of Color'(1962); 그리고 Westfall, *Never at Rest*(1980), 156-74. 내가 작성한 연대기는 Westfall에 근거한다. Shapiro, 'Introduction'(1984); Guerlac, 'Can We Date Newton's Early Optical Experiments?'(1983); 그리고 Hall, *All was Light: An Introduction to Newton's Opticks*(1993), 33-59.

2. Westfall, 'The Development of Newton's Theory of Color'(1962), 352.

3. Newton, *Papers & Letters*(1958), 34 n. 11.

4. Dear, 'Totius in verba'(1985), 155.

5. Lohne, 'Isaac Newton: The Rise of a Scientist, 1661-1671'(1965), 138.

6. Newton, *Papers &Letters*(1958), 47, 53, 93.

7. Newton, *Papers &Letters*(1958), 79.

8. Newton, *Papers &Letters*(1958), 92.

9. Newton, *Papers &Letters*(1958), 105.

10. Newton, *Papers &Letters*(1958), 108.

11. Westfall, 'The Development of Newton's Theory of Color'(1962), 350.

12. Newton, *Papers &Letters*(1958), 109.

13. Newton, *Papers &Letters*(1958), 49.

14. Descartes, *Philosophical Writings*(1984), Vol. 1, 255-6.

15. 최상의 포괄적인 논의는 Koyré, 'Concept and Experience in Newton's Scientific Thought'(1965)이다.

16. Blake, Ducasse, and others, *Theories of Scientific Method*(1960), 22-49; Gingerich, 'From Copernicus to Kepler'(1973); Martens, *Kepler's Philosophy and the New Astronomy*(2000), 60-8; Granada, Mosley, and others, *Christoph Rothmann's Discourse*(2014), 55-64.

17. Carpenter, *Geographie Delineated*(1635), 143.

18. Malcolm, 'Hobbes and Roberval'(2002), 167.

19. Digges의 가설의 세부적인 것에 대해서는 Johnston, 'Theory, Theoric, Practice'(2004)를 참조하라. Borough, *A Discours of the Variation of the Cumpas*(1581), Giiir/v는 '가설(hypothesis)'이라는 단어를 정확하게 동일한 방식으로 사용한다. Borough와 Digges 모두 John Dee에게 배웠다. Dee는 다소 기이하게 '가설'이라는 단어를 사용했는데, 이는 논증에 의해 뒷받침되지 않는 참된 주장을 뜻하는 것으로 보인다. Dee, *General and Rare Memorials*(1577), 41.

20. Norman, *The New Attractive*(1581), Aiiirv.

21. 동일한 움직임을 Scaliger, *Opuscula varia ante hac non edita*(1610), 424-5 =Hues, *Tractatus de globis*(1617), 111 =Hues, *A Learned Treatise of Globes*(1659), 142에서 찾을 수 있다.

22. Galilei, *Le opere*(1890), Vol. 5, 395. 또한 Galilei, *Le opere*(1890), Vol. 7, 485를 참조하라.

23. Locke, *Essay*, iv, 12, §13. 가설에 관한 Locke의 입장에 대해서는 Laudan, 'Nature and Sources'(1967); Osler, 'John Locke'(1970)(이상하게도 Osler는 Laudan을 읽지 않았지만 말이다); Farr, 'The Way of Hypotheses'(1987). 이 시기의 광범위한 가설 논증(hypothetical arguments)의 논의에 대해서는 Roux, 'Le scepticisme et les hypothèses de la physique'(1998).

24. Finocchiaro, *The Galileo Affair: A Documentary History*(1989), 67, 그리고 색인에 포함된 참고문헌들, s.v. 'hypothesis'; 또한, 예를 들어 1615년 5월 2일에 Dini가 Galileo에게 보낸 편지: Galilei, *Le opere*(1890), Vol. 12: no. 1115.

25. Descartes, *Principia philosophiae*(1644), 특히 Vol. 3, 44, 45, 47; Descartes, *Philosophical Writings*(1984), Vol. 1, 255-8, 267; Martinet, '*Science et hypothèses chez Descartes*'(1974); Clarke, *Occult Powers and Hypotheses*(1989), 131-63. Galileo 재판이 Descartes에게 미친 영향에 대해서는 Finocchiaro, *Retrying Galileo, 1633-1992*(2007), 43-51.

26. Gilbert, *De magnete*(1600), *iii[r]; Gilbert가 수정한 번역, *On the Magnet*(1900), iii-vi.

27. Galilei, *Le opere*(1890), Vol. 5, 225.

28. Wilkins, *A Discourse*(1640), 19는 코페르니쿠스설을 이후의 '발명들(inventions)'(발견을 뜻함)에 의해 확인된 가설로 묘사한다.

29. Boyle, *New Experiments Physico-Mechanicall*(1660), 133, 382.

30. Cohen, 'The First English Version of Newton's *Hypotheses non fingo*'(1962); Koyré, 'Concept and Experience in Newton's Scientific Thought'(1965); Cohen, 'Hypotheses in Newton's Philosophy'(1966); Sabra, *Theories of Light*(1967), 231-50; Hanson, '*Hypotheses fingo*'(1970); McMullin, 'The Impact of Newton's *Principia* on the Philosophy of Science'(2001); Anstey, 'The Methodological Origins of Newton's Queries'(2004); Anstey, 'Experimental versus Speculative Natural Philosophy'(2005).

31. Bacon의 천문학에 대해서는 Jalobeanu, 'A Natural History of the Heavens'(2015).

32. Descartes, *A Discourse*(1649), 100, 103-5.

33. Laudan, 'The Clock Metaphor and Probabilism'(1966).

34. Sabra, *Theories of Light*(1967), 168-9, Huygens, *Oeuvres complètes*, 21:472를 번역한 것.

35. Conant, *Robert Boyle's Experiments in Pneumatics*(1950), 4.

36. 1600년 이전의 '이론(theory)'에 대해서는 Westman, *The Copernican Question*(2011), 38-43을 참조하라. 가설(hypothesis)에 대해서는 Brading, 'Development of the Concept of Hypothesis'(1999); 그리고 Ducheyne, 'The Status of Theory and Hypotheses'(2013). Ducheyne(188)는 Boyle과 Hooke이 '가설'과 '이론'을 상호 교환적으로 사용한다고 생각한다. 이것은 그렇지 않다. 예를 들어, Hooke은 반복적으로 '참된 이론(true theory)'이라는 문구를 사용한다. 그는 결코 '참된 가설(true hypothesis)'에 대해 쓰지 않는다. 또한 Anstey, 'Experimental versus Speculative Natural Philosophy'(2005)를 참조하라.

37. 온라인 https://artfl-project.uchicago.edu/content/dictionnaires-dautrefois에서 편리하게 찾아볼 수 있다.

38. Bacon, *Sylva sylvarum*(1627), 204-5 =Bacon, *Works*(1857), 2:596.

39. Helmont & Charleton, *A Ternary of Paradoxes*(1649); Helmont, *Deliramenta catarrhi*(1650); 그리고 Descartes, *Excellent Compendium of Musick*(1653).

40. Boyle, *A Defence*(1662), 63-8 = Boyle, *The Works*(1999), Vol. 3, 61-5.

41. Wallis, 'An Essay of Dr John Wallis'(1666); Boyle, 'Tryals Proposed by Mr Boyle to Dr Lower'(1667)=Boyle, *The Works*(1999), Vol. 5, 554-6.

42. Sprat, *The History of the Royal-Society*(1667), 18, 155.

43. Newton, 'A Letter of Mr Isaac Newton'(1670); 그리고 Newton, *Opticks*(1704), Advertisement, Book 1, 12, Book 2, 1, 78, 102, 111.

44. Hooke, *Lectiones Cutlerianæ*(1679), 31; 그리고 'Lampas', 9.

45. 'Erotick'은 Powell, *The Passionate Poet*(1601), 그리고 Ferrand, *Erotomania, or, A Treatise Discoursing of the Essence, Causes, Symptomes, Prognosticks and Cure of Love or Erotic Melancholy*(1645)에서 찾아볼 수 있다.

46. Helmont & Charleton, *A Ternary of Paradoxes*(1649), c1rv.

11장

1. Serjeantson, 'Testimony and Proof'(1999), 211. 영어에서 '증거(evidence)'라는 단어의 역사에 대해서는 Wierzbicka, *Experience, Evidence and Sense*(2010), 94-148.

2. 따라서 Buchwald & Feingold, *Newton and the Origin of Civilization*(2013)는 Newton의 증거라는 단어의 사용과 이해에 대한 감탄할 만한 연구를 제공하지만, 그가 그 단어를 드물게 사용했던 이유에 대해서는 설명하지 않는다.

3. Boyle, *Occasional Reflections*(1665), 156=Boyle, *The Works*(1999), Vol. 5, 154.

4. Locke, *An Essay*(1690), 163.

5. Locke, *An Essay*(1690), 264.

6. Charleton, *Physiologia Epicuro-Gassendo-Charletoniana*(1654), 19; Gassendi, *Animadversiones*(1649), 158을 참조하라. 'Opinio illa vera est, cui vel suffragatur, vel non refragatur Sensus evidentia... Opinio illa falsa est, cui vel refragatur, vel non suffragatur Sensus evidentia.'

7. Compare Glanvill, *The Vanity of Dogmatizing*(1661), 24, 77, 90, 109. 여기서 '감각의 증거(evidence of sense)'가 근대적 의미로 사용되고 있음이 명백해 보인다.

8. Jackson, *Justifying Faith*(1615), 13.

9. Cowell, *The Interpreter*(1607), s.v. 'evidence'.

10. Helmont & Charleton, *A Ternary of Paradoxes*(1649), 37.

11. Cowell, *The Interpreter*(1607), s.v. 'bankrupt'.

12. Helmont & Charleton, *A Ternary of Paradoxes*(1649), 18.

13. Quintilian, *The Orator's Education*(2001), 362-3(수정된 번역).

14. Quintilian, *The Orator's Education*(2001), 419.

15. Parsons, *The Seconde Parte of the Booke of Christian Exercise*(1590), 157-8.

16. Wilkins, *Natural Religion*(1675), 1-11. Ian Hacking은 이 저술에 새로운 개념의 증거(지표 증거)가 있다고 주장한다. 그러나 이것은 Wilkins가 말한 것의 오해다. Wilkins는 경험을 논의하고 있고, 그가 제시한 예시들 중 어느 것도 지표 증거(Evidence-Indices)가 아니다. 경험은 입증(demonstration)과 증언(testimony)을 섞지 않는다. 그러

나 감각(sensation)과 입증은 섞인다(Hacking, *The Emergence of Probability*(2006), 83; 페이지 매김은 1984년 초판과 동일). 경험의 혼합된 특성이 이미 Gassendi에 의해 논의되었다. Gassendi, *Opera omnia*(1727), 72b.

17. Jackson, *Justifying Faith*(1615), 14.
18. Locke, *An Essay*(1690), 268.
19. Locke, *An Essay*(1690), 336.
20. Baxter, *A Treatise of Knowledge and Love Compared*(1689), 59.
21. Weiner, 'The Civil Jury Trial and the Law-Fact Distinction'(1966).
22. Sheppard, *The Honest Lawyer*(1616), J4v.
23. Franklin, *The Science of Conjecture*(2001), 12-63; 그리고 Langbein, *Torture and the Law of Proof*(1977).
24. 나는 언어학적 용례에 관한 수많은 이런 논점들을 Alan Sokal에게 빚졌다.
25. Hacking, *The Emergence of Probability*(2006), 32-5, 79, 83-4.
26. Hacking은 이것을 사물의 증거라고 부른다. 그러나 이는 오도하는 것으로 보인다. 다른 이들(예를 들어 Wilkins)은 감각을 사물의 증거로 지칭하기 때문이다. 'Clues' 또한 문제가 있다. 그것이 19세기 용어이기 때문이다. Ginzburg, *Myths, Emblems, Clues*(1990).
27. Hacking, *The Emergence of Probability*(2006), 32, Austin, *How to Do Things with Words*(1962), 115로부터 인용
28. Hacking, *The Emergence of Probability*(2006), 39-48.
29. Maclean, 'Foucault's Renaissance Episteme'(1998).
30. Quintilian, *The Orator's Education*(2001), 325-7, 355-9.
31. Hacking, *The Emergence of Probability*(2006), 46-7; LoLordo, *Pierre Gassendi*(2007), 94-9; 고전적 학설에 대해서는 Allen, *Inference from Signs*(2001).
32. Eamon, *Science and the Secrets of Nature*(1994), 283에서 인용; 라틴어 저술은 Gassendi, *Opera omnia*(1727), Vol. 1, 108.
33. Quintilian, *The Orator's Education*(2001), 375-415(특히 379), 461, 483, 501.
34. 증인에 대한 Gassendi의 입장에 대해서는, Gassendi, *Opera omnia*(1727), 86.
35. Hacking, *The Emergence of Probability*(2006), 79(내가 첨언한 어구)에서 인용.
36. Hooker, *Ecclesiasticall Politie*(1604), 100.
37. Wilkins, *Mathematicall Magick*(1648), 120-1.
38. Graunt, *Natural and Political Observations . . . Made upon the Bills of Mortality*(1662), 20; 그리고 Petty, *A Treatise of Taxes*(1662), 27. Graunt는 또한 '십중팔구는(in all probability)'이라는 문구를 사용한다. 죄송하지만 Daston, *Classical Probability in the Enlightenment*(1988), 12.
39. Clavius, *In sphaeram*(1585), 450-2, Crombie, *Styles of Scientific Thinking*(1994), Vol. 1, 535-6의 번역문.
40. Boyle, *Some Considerations*(1663), 81 = Boyle, *The Works*(1999), Vol. 3,

878

255-6(Crombie, *Styles of Scientific Thinking*(1994), Vol. 2, 1175-6 참조).

41. Piccolomini, *La prima parte delle theoriche*(1558), 22v; Crombie, *Styles of Scientific Thinking*(1994), Vol. 1, 532의 번역문.

42. Sprat, *The History of the Royal-Society*(1667), 100.

43. Boyle, *New Experiments Physico-mechanical*(1660), 176(Boyle, *The Works*(1999), Vol. 1, 218, 여기서 'transmuted'가 'transmitted'로 잘못 읽힌다). 그러나 판단자들과 증인들에 대한 Boyle의 언급(7장 3절 참조) 그리고 Sargent, *The Diffident Naturalist*(1995), 42-61, 특히 54에 있는 논의를 참조하라. 나는 '증거'라는 단어를, 예를 들어 Glanvill의 *Vanity of Dogmatizing*에서처럼 자유롭게 사용한 초기의 근대 과학자들을 찾을 수 없다.

44. Boyle, *Hydrostatical Paradoxes*(1666), a1r=Boyle, *The Works*(1999), Vol. 5, 196.

45. Buchwald & Feingold, *Newton and the Origin of Civilization*(2013), 140-1에서 인용.

46. Bacon, *The Advancement of Learning*(1605), 31; 그리고 Brown, 'The Evolution of the Term "Mixed Mathematics"'(1991).

47. 흑점에 관한 Galileo의 두 번째 편지(1612), Galilei & Scheiner, *On Sunspots*(2008), 107-70에 들어 있다.

48. 'Préface sur le traité du vuide', Pascal, *Oeuvres complètes*(1964), Vol. 2, 772-85.

49. Dear, *Discipline and Experience*(1995), 15, 180; 1651년에 Riccioli에 의해 출판된 예에 대해서는 78.

50. Palmerino, 'Experiments, Mathematics, Physical Causes'(2010); 그리고 Westfall, 'Newton and the Fudge Factor'(1973).

51. 법적인 문제들과 그것들의 역사는 최근에 Regina *v.* Pendleton에 대한 상원(House of Lords)의 판단 속에서 요약되었다(2001년 12월 13일).

52. Locke, *An Essay*(1690), 333.

53. Hobbes, *Humane Nature*(1650), 38-9; Hacking, *The Emergence of Probability*(2006), 48에 인용.

54. Wotton, *Reflections upon Ancient and Modern Learning*(1694), 301.

55. Seneca, *Seneca's Morals Abstracted*(1679), Part 3, 99-100.

56. 따라서 나는 경험적 지식의 타당성에 대한 이전의 설명에 급격한 비일관성이 있다는 Feyerabend의 주장에 공감한다. Feyerabend, 'Classical Empiricism'(1970).

57. Locke, *An Essay*(1690), 353; 판단에 대한 Locke의 입장에 대해서는 Laudan, 'Nature and Sources'(1967), 214-16. 어떻게 판단이 매일매일의 과학적인 과정에 행사되는지에 관한 예에 대해서는 Buchwald & Feingold, *Newton and the Origin of Civilization*(2013), 66-71; Hevelius는 별의 위치를 결정하기 위해 측정을 반복하곤 했다. 그는 그 결과들의 평균을 취하지 않았고 어느 결과가 올바른 것인지에 대해 판단을 내렸다.

58. Bates, *The Divinity of the Christian Religion*(1677), 41-2.

59. Sprat, *The History of the Royal-Society*(1667), 31, 360.
60. Wilkins, *An Essay towards a Real Character*(1668), 289-90.
61. Wilkins, *Natural Religion*(1675), 35-6.
62. Locke, *An Essay*(1690), 269.
63. Daston & Galison (eds.), *Objectivity*(2007). 그러나 Gaukroger, *The Emergence of a Scientific Culture*(2006), 239-45에 들어 있는 '객관성(objectivity)'의 논의는 적어도 부분적으로 '판단(judgement)'의 논의다.
64. Merton, 'Science and Technology in a Democratic Order'(1942), Merton, 'The Normative Structure of Science'(1973)로 재출간.
65. Shapin & Schaffer, *Leviathan and the Air-pump*(1985), 72-6.
66. Kuhn, 'Mathematical versus Experimental Traditions'(1976), Kuhn, *The Essential Tension*(1977)에 재수록. 이 논증 노선은 이미 Conant, *Robert Boyle's Experiments in Pneumatics*(1950), 67-8에 'The Two Traditions'라는 제목으로 묘사되었다.
67. Locke, *An Essay*, Book 3, Ch. 6, §2.

4부

12장

1. Collingwood, *The Idea of Nature*(1945), 8-9.
2. Cipolla, *Clocks and Culture, 1300-1700*(1967); White, 'The Medieval Roots of Modern Technology'(1978); Gimpel, *The Medieval Machine*(1976); Reynolds, *Stronger than a Hundred Men*(1983); North, *God's Clockmaker*(2005); 그리고 Walton, *Wind and Water*(2006). 어떤 사람들은 그러했다고 주장할 것이다. Kaye, *Economy and Nature*(1998). 르네상스기와 근대 초기의 기계에 대해서는 Sawday, *Engines of the Imagination*(2007); 그리고 Rossi, *Philosophy, Technology and the Arts*(1970).
3. Drabkin & Drake (eds.), *Mechanics in Sixteenth-century Italy*(1969).
4. Kirk, Raven & others, *The Presocratic Philosophers*(1983), 410.
5. 기계론 철학에 대해서는 Boas, 'The Establishment of the Mechanical Philosophy'(1952); 그리고 Dijksterhuis, *The Mechanization of the World Picture*(1961), 1950년 네덜란드어로 처음 출판된 원전으로부터 번역.
6. Berkel, *Isaac Beeckman*(2013), 83 그리고 n. 42.
7. 2장 2절을 참조하라.
8. More, *The Immortality of the Soul*(1659), 서문(b7r). More는 일찍이 데카르트주의(Cartesianism)를 무신론자들의 공격으로부터 그것을 방어하기 위한 '신학의 요새화(Fortification about Theology)'로 환영했다. McGuire & Rattansi, 'Newton and the "Pipes of Pan"'(1966), 131. More와 Descartes에 대한 고전적 연구는 Webster, 'Henry More and Descartes, Some New Sources'(1969)이다.

9. Parker, *Disputationes de Deo et providentia divina*(1678), 64; 그리고 Bayle (ed.), *Nouvelles*(1684), Vol. 2, 753.

10. Boyle, *A Defence*(1662), 서문(*1v)=Boyle, *The Works*(1999), Vol. 3, 9; Boyle, *Experiments and Considerations Touching Colours*(1664), 서문(A4r)=Boyle, *The Works*(1999), Vol. 4, 7: 'corpuscular philosophy'. 또한 Power, *Experimental Philosophy*(1664), 서문(b2r): 'the Atomical and Corpuscularian Philosophers'를 참조하라.

11. Boyle, *Nouveau Nouveau traité*(1689), 속표지.

12. Charleton, *Physiologia Epicuro-Gassendo-Charletoniana*(1654), 343-4.

13. Popplow, 'Setting the World Machine in Motion'(2007): 내가 크게 의존한 논문이다.

14. Wilkins, *Natural Religion*(1675), 62. 1563년 John Dee의 판에 박힌 문구 'the huge frame of this world'를 참조하라. Bennett(1986), 10에 인용.

15. Shank, 'Mechanical Thinking'(2007), 19-22. 천체투영관(planetaria)에 대해서는 King & Millburn, *Geared to the Stars*(1978)를 참조하라.

16. Crombie, *Styles of Scientific Thinking*(1994), Vol. 1, 404.

17. Popplow, 'Setting the World Machine in Motion'(2007), 57.

18. Bedini, 'The Role of Automata'(1964), 29-30

19. De Caus, *Les Raisons des forces mouvantes*(1615).

20. Baltrusaitis, *Anamorphoses*(1955), 37.

21. Power는 여전히 'machine'보다 'engine'을 선호한다. 그리고 Boyle은 'Pneumatic Engine'(공기-펌프)과 'living Engine'(생물체)에서처럼, 'machine'보다 'engine'을 훨씬 더 자주 사용한다. 언어학적 변환의 어색함은 마치 어떤 다른 종류가 있는 것처럼 Boyle이 빈번하게 'Mechanical Engine'이란 단어를 사용한 데서 드러난다. 'engine'에 대해서는 Carroll, *Science, Culture and Modern State Formation*(2006), 30-2을 참조하라.

22. *OED* engine 6a는 1538년이며, mechanical 5a(두 번째 예)는 1579-80년이다. 그러나 machine 6b는 1659년이다(Cyrano de Bergerac의 프랑스어로부터의 번역). mechanism 2a는 1665년이다. 그리고 automaton 2b는 1664년이다. 이 마지막 두 예 모두 분명히 Descartes에 의해 영향을 받았다.

23. Mayr, *Authority, Liberty & Automatic Machinery*(1986), 63; 그리고 Gaukroger, *Descartes: An Intellectual Biography*(1995), 1.

24. La Mettrie, *La Mettrie's 'L'homme machine': A Study*(1960).

25. Riskin, 'The Defecating Duck'(2003); Schaffer, 'Enlightened Automata'(1999); 그리고 Standage, *The Turk: The Life and Times of the Famous Eighteenth-century Chess-playing Machine*(2002).

26. Mayr, *Authority, Liberty & Automatic Machinery*(1986), 64; Schuster, 'Waterworld'(2005).

27. Laudan, 'The Clock Metaphor and Probabilism'(1966).

28. Power, *Experimental Philosophy*(1664), 서문(b2r)에는 죄송하지만, 그는 자신이 원자를 볼 수 있다고 생각했다.
29. De Caus, *Les Raisons des forces mouvantes*(1615), Book 1, problem 6.
30. Mayr, *Authority, Liberty & Automatic Machinery*(1986), 190-3, 이 책은 de Caus를 놓친다.
31. Mayr, *Authority, Liberty & Automatic Machinery*(1986), 155-80 ; Wootton, 'Liberty, Metaphor and Mechanism'(2006).
32. Finley, 'Aristotle and Economic Analysis'(1970).
33. Hacking, *The Emergence of Probability*(2006), 82-3.
34. More, *Divine Dialogues*(1668), 20-8 ; 그리고 Lessius, *Rawleigh, His Ghost*(1631), 27-41 ; Lessius에 대해서는 Franklin, *The Science of Conjecture*(2001), 244-5.
35. Cicero, *De natura deorum*(1933), 213.
36. 앞의 p. 362.
37. Boyle, *A Free Enquiry*(1686), 11-12=Boyle, *The Works*(1999), Vol. 10., 448.
38. Bedini, 'The Role of Automata'(1964), 37-9 ; Riskin, 'The Defecating Duck'(2003), 625-9.
39. 2장 2절 참조하라.
40. Mayr, *Authority, Liberty & Automatic Machinery*(1986), 57, 64-5, 92.
41. Yolton, *Thinking Matter*(1983).
42. Newton, *Unpublished Scientific Papers*(1962), 142-4(109-10의 라틴어).
43. Cook, 'Divine Artifice and Natural Mechanism'(2001). 목적론에 대항하는 반동은, 한편으로는 과학적 토대를 가능하게 했으나 동시에 윤리적 강론(ethical discourse)의 전통적 틀을 파괴했다. MacIntyre, *After Virtue*(1981). 이것조차도 기계론 철학의 중요성을 과장한다는 주장에 대해서는 Chalmers, 'The Lack of Excellency of Boyle's Mechanical Philosophy'(1993) ; Chalmers, *The Scientist's Atom and the Philosopher's Stone*(2009) ; 그리고 Chalmers, 'Intermediate Causes and Explanations'(2012).
44. Voltaire, *Letters Concerning the English Nation*(1733), 109-11. 'After Copernicus astronomers lived in a different world'(Kuhn, *Structure*(1962), 117)와 비교하라.
45. Pascal, *Pensées*(1958), 61.
46. 'Science as a Vocation'(1918) ; Weber, *The Vocation Lectures*(2004), 13.

13장

1. Weber, *The Vocation Lectures*(2004), 12-13.
2. Hunter, 'New Light on the "Drummer of Tedworth"'(2005).
3. Glanvill, *Saducismus triumphatus*(1681), 93-4.
4. Glanvill, *Saducismus triumphatus*(1681), 81.
5. Jobe, 'The Devil in Restoration Science'(1981).

6. McLaughlin, 'Humanist Concepts of Renaissance and Middle Ages in the Tre-and Quattrocento'(1988), 135; Considine, *Dictionaries in Early Modern Europe*(2008), 259-61.

7. '근대 초기'에 대해서는 Thomas, *The Ends of Life*(2009), 4.

8. Tassoni, *Dieci libri di pensieri diversi*(1627); Rossi, *Philosophy, Technology and the Arts*(1970), 91-3; 그리고 Hale, *The Civilization of Europe in the Renaissance*(1993), 589-90.

9. Walsham, 'The Reformation and "The Disenchantment of the World" Reassessed'(2008).

10. Jones, *Ancients and Moderns*(1936); 그리고 주로 문학적 측면에 대해서는 Levine, *The Battle of the Books*(1991). Wotton에 대해서는 Hall, 'William Wotton and the History of Science'(1949); 그리고 Swift에 대해서는 Elias, *Swift at Moor Park*(1982).

11. Jones, *Ancients and Moderns*(1936)는 과학에 대한 논쟁을 고대인과 근대인의 투쟁에서의 중심적 문제로 취급했다. 그 강조는 Levine, *The Battle of the Books*(1991) 그리고 Levine, *Between the Ancients and the Moderns*(1999)에 의해 교정되었다. 그러나 그 과정에서 과학에 관한 논쟁, 그리고 그것과 함께 Temple에 대한 Wotton의 답변은 보이지 않게 되었다.

12. Fontenelle, *Entretiens sur la pluralité des mondes*(1955).

13. 남아 있는 단편들은 Hunter (ed.), *Robert Boyle: By Himself and His Friends*(1994), 111-48에 활자화되었다.

14. Swift, *A Tale of a Tub*(2010), 199-200; Wotton, *A Defense of the Reflections*(1705), 14-15, 45-7; 그리고 Elias, *Swift at Moor Park*(1982), 76-7. 특히 Swift의 중단(hiatus)의 사용은 Temple의 그것을 모방한 것이었다는 Wotton의 제안을 주목하라. 이것은 Swift가 Temple의 저술에 관여했을 수도 있다는 것을 은밀히 시사한다. *Battle*에서 Temple(또는 Swift)의 구절의 반향에 대해서는 Elias, *Swift at Moor Park*(1982), 298를 참조하라(그러나 침spittle은 Valentine Greatrakes의 치료 수행에서 중요한 부분이었음을 주목하라. 그는 Boyle에 의해 인정받았다).

15. Lynall, *Swift and Science*(2012).

16. Temple, *Miscellanea. The Third Part*(1701), 281-3.

17. Elias, *Swift at Moor Park*(1982), 116-20, 191.

18. Swift, *A Tale of a Tub*(2010), 155.

19. Wotton, *Reflections upon Ancient and Modern Learning*(1694), 206-18; 그리고 Wotton & Bentley, *Reflections upon Ancient and Modern Learning. The Second Part*(1698), 46-53.

20. Hall, 'William Wotton and the History of Science'(1949), 1061-2.

21. Wotton, *Reflections upon Ancient and Modern Learning*(1694), 3.

22. Wotton, *Reflections upon Ancient and Modern Learning*(1694), 300-1. 번호 매기기는 Wotton의 것이지만 문단 나누기는 내가 한 것이다.

23. Wotton은 당연히 옳았을 것이다. Womersley, 'Dean Swift Hears a Sermon'(2009).

24. Wotton, *Reflections upon Ancient and Modern Learning*(1694), 128–30; 그리고 Temple, *Miscellanea. The Third Part*(1701), 292–5.

25. Thomas, *Religion and the Decline of Magic*(1997); Macfarlane, 'Civility and the Decline of Magic'(2000)를 참조하라.

26. *Spectator*, no. 117, 1711년 7월 14일: Addison and Steele (eds.), *The Spectator*(1712), Book 2, 189.

27. Bostridge, *Witchcraft and Its Transformations*(1997).

28. 예를 들어 Bentley, *Remarks upon a Late Discourse of Free-thinking*(1713), 33.

29. Macfarlane, 'Civility and the Decline of Magic'(2000).

30. Hunter, 'Science and Heterodoxy'(1990); Hunter, 'The Royal Society and the Decline of Magic'(2011); 그리고 Hunter, 'The Decline of Magic'(2012)은 매우 중요하다.

31. On Sprat, Wood, 'Methodology and Apologetics'(1980).

32. Schaffer, 'Halley's Atheism and the End of the World'(1977); *ODNB*, 'Saunderson, Nicholas'; 그리고 Tunstall & Diderot, *Blindness and Enlightenment*(2011), 41–6.

33. Hunter, *Boyle*(2009).

34. Schaffer, 'Godly Men and Mechanical Philosophers'(1987); 그리고 Webster, 'Henry Power's Experimental Philosophy'(1967), 173–6.

35. Webster, *The Displaying of Supposed Witchcraft*(1677), 203–4.

36. Webster, *The Displaying of Supposed Witchcraft*(1677), 147–8, 197–215.

37. Yolton, *Thinking Matter*(1983).

38. Hunter, 'The Decline of Magic'(2012), 405–8. Hunter는 이 전통이 1691년 이후 어느 정도까지 살아남았는지를 탐구하지만 결론은 '간신히(barely)'인 것으로 보인다.

39. Glanvill, *Saducismus triumphatus*(1681), preface(F3r).

40. Hunter, 'New Light on the "Drummer of Tedworth"'(2005).

41. Hunter, *The Occult Laboratory*(2001).

42. Jobe, 'The Devil in Restoration Science'(1981).

43. Wootton, 'Hutchinson, Francis'(2006); 그리고 Trenchard & Gordon, *Cato's Letters, or, Essays on Liberty, Civil and Religious, and Other Important Subjects*(1995), Vol. 3, no. 79, 1722년 6월 2일.

44. Gulliver, *The Anatomist Dissected*(1727), 5–6.

45. Wootton, 'Hume's "Of Miracles"'(1990).

46. Shank, *The Newton Wars*(2008).

47. Valenza, *Literature, Language*(2009), 58.

48. Haugen, *Richard Bentley*(2011).

49. Newton이 Bentley에게 쓴 편지, 1692년 12월 10일: Bentley, *The Correspon-*

884

dence(1842), 47 ; 또한 Stewart, *The Rise of Public Science*(1992), 31-59를 참조하라.

50. Bentley, *The Folly and Unreasonableness of Atheism*(1692), 225, 102, 277.

51. Croft, *Some Animadversions*(1685), 40-1.

52. Stewart, *The Rise of Public Science*(1992), 33-7, 41, 67-3.

53. Bentley, *Remarks upon a Late Discourse of Free-thinking*(1713), 33-4.

54. Sprat, *The History of the Royal-Society*(1667), 362, 360.

55. Spencer, *A Discourse Concerning Prodigies*(1663), 76.

56. Burns, "'Our Lot is Fallen into an Age of Wonders'"(1995) ; Burns, *An Age of Wonders*(2002).

57. Sprat, *The History of the Royal-Society*(1667), 360.

58. Spencer, *A Discourse Concerning Prodigies*(1663), 11-12(Spencer의 꺾쇠괄호).

59. 명백히, 이 과정은 하버마스적인 용어로 읽힐 수 있다. Broman, 'The Habermasian Public Sphere'(1998).

60. Du Châtelet, *Selected Philosophical and Scientific Writings*(2009).

61. Findlen, *A Forgotten Newtonian*(1999) ; 그리고 Cieslak-Golonka & Morten, 'The Women Scientists of Bologna'(2000).

62. Valenza, *Literature, Language*(2009), 78-86 ; 그리고 Feingold, *The Newtonian Moment*(2004), 119-41.

63. Johnson, 'The Vanity of Authors'(1752), 53.

64. Wigelsworth, *Selling Science in the Age of Newton*(2011), 147-74 ; Jacob & Stewart, *Practical Matter*(2004), 61-92 ; Stewart, *The Rise of Public Science*(1992), 94-182 ; 그리고 Carpenter, *John Theophilus Desaguliers*(2011).

65. Valenza, *Literature, Language*(2009)는 '어려움 자체는 그의 추종자들에 의해 영리적 상품으로 번역되었다'(55)고 주장한다.

14장

1. Boyle, *Some Considerations*(1663), Vol. 2, 3 =Boyle, *The Works*(1999), Vol. 2, 64.

2. Bacon, *Works*(1857), Vol. 1, 500(나의 번역).

3. Papin, *A Continuation of the New Digester*(1687), 105에서 인용.

4. 예를 들어, Thomas Shadwell's *The Virtuoso*(1676)를 참조하라. 그리고 Carroll, *Science, Culture and Modern State Formation*(2006), 40-3.

5. Swift, *Gulliver's Travels*(2012), 257-8.

6. Hessen(1931), Hessen & Grossman, *The Social and Economic Roots of the Scientific Revolution*(2009)(56쪽에 인용) ; Merton, 'Science, Technology and Society'(1938) ; 머튼의 접근 방식에 대해서는 Webster, *The Great Instauration*(1975)를 참조하라 ; 그리고 더 최근의 연구에 대해서는 Westfall, 'Science and Technology'(1997)(비록 Westfall은 Hessen의 추종자로 여겨져서는 안 되지만 말이다. Ravetz & Westfall, 'Marxism and the History of Science'(1981)을 참조하라).

만일 구식의 머튼주의 과학사회학이 과학이 실용적 목적에 봉사한다고 가정한다면, 새로운 탈푸코주의(post-Foucauldian) 과학사회학/과학사는 놀라우리만치 과학혁명 기의 기술에 대해 말할 거리가 없다. 따라서 Shapin, 'Understanding the Merton Thesis'(1988)는 Merton의 1938년 저술에 대한 가치 있는 다시 읽기를 제공하지만 Hessen 논지와 Merton 논지의 어느 것에도 판단을 내리지 않는다.

7. 고전적인 논문은 Fleming, 'Latent Heat and the Invention of the Watt Engine'(1952)이다. 최근의 학술 연구에 대해서는 Miller, *James Watt, Chemist*(2009) 를 참조하라.

8. 이것은 일반적으로 '기인하다(attributed)'로 인용된다. Google Books에서는 그 인용 은 1957년부터 출처가 모호해 보인다. Henderson에 기인한다는 것과 연도는 1963년 에 처음 등장한다.

9. Hall, 'Engineering and the Scientific Revolution'(1961), 337; Hall, 'What Did the Industrial Revolution in Britain Owe to Science?'(1974); 그리고 Kuhn, 'The Principle of Acceleration: A Non-dialectical Theory of Progress: Comment'(1969). Hall의 논증은 이미 Conant, *Robert Boyle's Experiments in Pneumatics*(1950), 69-70에 묘사되어 있다.

10. 예를 들어 Hall은 표준 옥스퍼드 기술사 편집인 중 한 사람이었다. 그의 지위는 Hall, *Ballistics in the Seventeenth Century*(1952)에 처음으로 분명히 설명되었다. 특별 히 Hall, 'What Did the Industrial Revolution in Britain Owe to Science?'(1974) 을 참조하라; Hall, 'Engineering and the Scientific Revolution'(1961)(Kerker, 'Science and the Steam Engine'(1961)와 대조하라); 그리고 Singer, Hall & others, *A History of Technology*(1954). 고전적인 에세이 하나는 Layton Jr, 'Technology as Knowledge'(1974)이다. 나는 Wengenroth, 'Science, Technology and Industry'(2003)가 도움이 되는 것을 알게 되었다.

11. Mokyr, *The Enlightened Economy*(2009); Mokyr, *The Lever of Riches*(1990); Mokyr, *The Gifts of Athena*(2004); Mokyr, 'The Intellectual Origins of Modern Economic Growth'(2005); van Zanden, *The Long Road to the Industrial Revolution*(2009); 그리고 Allen, *The British Industrial Revolution*(2009); Mokyr와 Allen의 비교에 대해서는 Crafts, 'Explaining the First Industrial Revolution'(2011) 를 참조하라. 이전의 연구에 대해서는 Musson & Robinson, *Science and Technology*(1969). 마르크스주의 접근 방식에 대해서는 Jacob, *Scientific Culture and the Making of the Industrial West*(1997). H. Floris Cohen은 동시대 과학사가 들 중 산업에 대한 과학의 기여를 강조하는 데 있어서 거의 혼자다. Cohen, 'Inside Newcomen's Fire Engine'(2004). 그러나 그의 주된 저술, Cohen, *How Modern Science Came into the World*(2010)는 그 주제를 논의하지 않는다.

12. Hall, 'What Did the Industrial Revolution in Britain Owe to Science?'(1974), 136.

13. Segre, 'Torricelli's Correspondence on Ballistics'(1983).

14. Steele, 'Muskets and Pendulums'(1994). 특유의 비관론으로 Hall은 이 혁명을 19세

886

기로 되밀어 넣는다. Hall, 'Engineering and the Scientific Revolution'(1961), 334; 그리고 Hall, *Ballistics in the Seventeenth Century*(1952), 159.

15. Bedini, *The Pulse of Time*(1991); 그리고 Wootton, *Galileo*(2010), 130-1, 167, 169.
16. Brown, *Jean Domenique Cassini and His World Map of 1696*(1941), 39, 47, 58-60; Brotton, *A History of the World in Twelve Maps*(2012), 306.
17. Pumfrey, '*O tempora, O magnes!*'(1989); 또한 Waters, 'Nautical Astronomy and the Problem of Longitude'(1983)를 참조하라.
18. Sobel, *Longitude*(1995).
19. Allen, *The British Industrial Revolution*(2009), 173.
20. Allen, *The British Industrial Revolution*(2009), 204-6. 상호 교환할 수 있는 부속품들에 대해서는 Alder, 'Making Things the Same'(1998)를 참조하라.
21. 이 논증 노선은 Koyré에 조짐이 나타나 있다. '*Du monde de l'à-peu-près à l'univers de la précision*'(1971)(1948년 최초 출판).
22. Landes, 'Why Europe and the West?'(2006).
23. Herwart von Hohenburg에 보내는 편지의 라틴어 원문 Koyré, *The Astronomical Revolution*(1973), 378에 인용; Snobelen, 'The Myth of the Clockwork Universe'(2012), 177 n. 18의 번역문.
24. Patrick, *A Brief Account of the New Sect of Latitude-Men*(1662), 19.
25. Maffioli, *Out of Galileo*(1994); 그리고 Maffioli, *La via delle acque*(2010).
26. Desaguliers, *A Course of Experimental Philosophy*(1734), 532.
27. Smeaton, *An Experimental Enquiry*(1760); Schaffer, 'Machine Philosophy'(1994); 그리고 Reynolds, *Stronger than a Hundred Men*(1983).
28. *OED*, s.v. 'civil'.
29. Stewart, 'A Meaning for Machines'(1998), 272-6.
30. Rolt & Allen, *The Steam Engine of Thomas Newcomen*(1977), 145.
31. Allen, *The British Industrial Revolution*(2009), 173.
32. Ketterer, 'The Wonderful Effects of Steam'(1998).
33. Galloway & Hebert, *History and Progress of the Steam Engine with a Practical Investigation of Its Structure and Application*(1836), 서문 (i).
34. Allen, *The British Industrial Revolution*(2009), 25-56.
35. Allen, *The British Industrial Revolution*(2009), 157-8.
36. *OED* s.v. 'wind-gun'; Wilkins, *Mathematicall Magick*(1648), 153; Bertoloni Meli, *Thinking with Objects*(2006), 130; 그리고 Boyle, *A Continuation of New Experiments*(1682), 16-18＝Boyle, *The Works*(1999), Vol. 9, 147-9.
37. 증기기관의 초기 역사의 조망은 Dickinson, *A Short History of the Steam Engine*(1963), 1-17에서 볼 수 있다. Von Guericke는 그것으로부터 Papin이 약간 다른 형태를 만들었던 진공-동력(vacuum-powered) 총을 설계했다. Papin, 'Shooting by the Rarefaction of the Air'(1686); 그때 Papin은 공기가 배기된 실린더에 유입되는

속도를 계산했다. Papin, 'A Demonstration'(1686).

38. Boyle, *A Continuation of New Experiments*(1682), 라틴어판 서문(A3v-a1r) = Boyle, *The Works*(1999), Vol. 9, 124-5. 나는 Papin이 실험 노트(프랑스어로 된)뿐만 아니라 라틴어 저술에도 책임이 있다고 믿는다. '문체' 그리고 '단어 선택'이 자신의 것이었다는 Boyle의 진술이 그 밖에 무엇을 의미하는지를 알아채기 어렵다(Shapin, 'Boyle and Mathematics'(1988), 35와 비교하라).

39. Tönsmann, '*Wasserbauten und Schifffahrt in Hessen*'(2009). Papin은 Shapin, 'The Invisible Technician'(1989) 그리고 Shapin, *A Social History of Truth*(1994)에 Boyle이 그 이름만으로 누군지 아는 '기술자(technician)'의 특이한 경우(anomalous case)로서 주로 등장한다. Shapin은 Papin이 FRS로 선출되었다고(아마도 *Continuation*에 대한 그의 기여를 인정받아) 어디에서도 언급하지 않는다. 이것은 그가 기술자 그 이상이었다는 명백한 인식이었다. Hunter, *The Royal Society and Its Fellows*(1982), 87, 133 n. 3, F369.

40. Dickinson, *A Short History of the Steam Engine*(1963), 9-11. Galloway에서의 Papin에 대한 더 자세한 것은, *The Steam Engine and Its Inventors*(1881); Ernouf, *Denis Papin*(1883); Wintzer, *Denis Papins Erlebnisse in Marburg, 1688~1695*(1898); Schaffer, 'The Show that Never Ends'(1995), 13-14(그러나 Schaffer는 대기압 피스톤과 Hessian pump, Papin, *Recueil de diverses pieces*(1695)에 묘사된 원심 펌프 혹은 벨로우를 혼동한다. 그리고 그는 Papin이 증기-동력 배를 만들었다는 옛 신화를 반복한다. 이에 대해서는 아래를 참조하라); Stewart, *The Rise of Public Science*(1992), 24-7(그러나 p. 25에 있는 'Hellish Bellows'는 'Hessian Bellows'를 잘못 읽은 것이다). 131-2, 175-8; Shapin, 이전 주석; Boschiero, 'Translation, Experimentation and the Spring of the Air: Richard Waller's "Essayes of Natural Experiments"'(2009); 그리고 Ranea, 'Theories, Rules and Calculations'(2015), 나는 이것을 너무 늦게 보아서 고려하지 못했다. 독일어 번역이 함께 있는 Papin의 *Nova methodus*(1690)의 라틴어 원문은 Tönsmann & Schneider (eds.), *Denis Papin*(2009), 136-41에 들어 있고, Ducoux, *Notice sur Denis Papin*(1854), 56-63와 Figuier, *Exposition et histoire*(1851), Vol. 3, 419-23에는 프랑스어 번역이 있다. Papin, *Nouvelle manière pour lever l'eau par la force du feu*의 영어 번역도 있다. Smith, 'A New Way of Raising Water by Fire'(1998). Papin의 저술들은 Papin, *La Vie et les ouvrages de Denis Papin*(1894)에 모아져 있다. 제1권은 Péan & La Saussaye, *La Vie et les ouvrages*(1869)을 재출간한 것이다(인쇄된 유일한 권). 의도된 여덟 권 중에, 여섯 권 반이 인쇄되어 제본된 것으로 보인다. 그러나 (내 생각으로는) 모든 계획된 도판이 분실되었다. 이 극도로 희귀한 저술은 미국 온라인(http://www.hathitrust.org)에서 찾아볼 수 있다. 그러나 현재 유럽에서는 아니다. Worldcat은 하나의 '완전한(complete)' 세트를 목록에 열거하고 있다. 하나는 Wisconsin의 웹을 위해 복사된 것이고, 다른 것은 Blois 지방도서관에 있다. Smith, 'A New Way of Raising Water by Fire'(1998), 178-9. (Oklahoma에 있는 사본은 1권이 빠져 있다. 그리고 목록에 있는 모든 다른 사본들은 여러 권들이 빠져 있다. COPAC(Consortium

of Online Public Access Catalogues)에 열거된 것 중에는 단 하나의 완전한 사본도 없다. 내가 인용하는 사본은 내가 소장한 것이며, 아마 현존하는 네 개의 완전한 세트 중 하나일 것이다.) 전집(*Works*)은 Vols. 7 & 8 안에 완전한 Papin-Leibniz 교신을 포함하고 있다—활력(*vis viva*) 논란에서 저자들을 피해 간 사실이며, 가장 최근에는 Rey, 'The Controversy between Leibniz and Papin'(2010)(그의 편지들의 연대 분류는 가끔 전집(*Works*)에 들어 있는 것과 다르다)에서 그러하다. 여타의 편지와 더불어 Papin-Leibniz 교신으로부터 방대한 선택 결과물은 Leibniz, Huygens & others, *Leibnizens und Huygens' Briefwechsel mit Papin*(1881)로 출판되었다. 이에 대해서는 근대적 중판본이 존재한다. 이 판본은 전집의 편집인들에게 알려져 있지 않았다. Hooke, *Lectures de potentia restitutiva*(1678), 25-8에 들어 있는, 압축공기에 의해 구동되는 분수를 설명한 'Dr Pappins Letter containing a Description of a Wind-fountain'이 Papin의 저술에 추가되어야 한다.

41. Leibniz에게 보내는 편지, 1698년 7월 25일(Papin, *La Vie et les ouvrages de Denis Papin*(1894), Vol. 8, 17-19＝Leibniz, Huygens & others, *Leibnizens und Huygens' Briefwechsel mit Papin*(1881), 233-4). 불운하게도, 어떻게 이것이 작동했는지를 알 길이 없다. 그러나 Papin은 1704년, 대기압에 의해 구동되는 피스톤을 고려하고 있었다. 3월 13일 Leibniz에게 보내는 편지(Papin, *La Vie et les ouvrages de Denis Papin*(1894), Vol. 8, 151-4＝Leibniz, Huygens & others, *Leibnizens und Huygens' Briefwechsel mit Papin*(1881), 284-7: 날짜가 명기되지 않은 Leibniz의 편지에 대한 답신으로 보인다. Papin, *La Vie et les ouvrages de Denis Papin*(1894), Vol. 8, 215-19, 그리고 Leibniz, Huygens & others, *Leibnizens und Huygens' Briefwechsel mit Papin*(1881), 276-80).

42. Leibniz에게 보내는 편지, 1704년 3월 13일, 그리고 위와 같이, 날짜가 명기되지 않은 Leibniz의 편지.

43. Leibniz에게 보내는 편지, 1702년 9월 7일(Papin, *La Vie et les ouvrages de Denis Papin*(1894), Vol. 8, 126-9＝Leibniz, Huygens & others, *Leibnizens und Huygens' Briefwechsel mit Papin*(1881), 264-7; 그리고 1705년 3월 23일까지 계속되는 교신(Papin, *La Vie et les ouvrages de Denis Papin*(1894), Vol. 8, 223-6 ＝ Leibniz, Huygens & others, *Leibnizens und Huygens' Briefwechsel mit Papin*(1881), 342-4).

44. 이 스케치의 해석은 논란의 여지가 있다. Dickinson은, 나의 관점에서 올바르게도, 그것이 대기압 엔진이라고 생각했다. 그러나 그의 편집자의 주해를 참조하라. 그 편집자는 그것이 고압-엔진이라고 주장한다. Dickinson, *Sir Samuel Morland*(1970), 79. North는 명백히 그 엔진이 up-stroke에서 작동한다고 생각했다. 그러나 만일 그가 오직 그림이나 작은 모형(maquette)만을 보았다면 그러한 오해는 놀랍지 않다. 어쨌든 Papin은 대기압, 그리고 고압 시스템 모두로 작업했기 때문에, 그 문제는 지금의 설명하려는 목표에는 중요하지 않을 수도 있다. Rhys Jenkins, Dickinson & Rolt는 그 엔진을 Morland(Rolt & Allen, *The Steam Engine of Thomas Newcomen*(1977), 18-19)의 것으로 돌린다. 이것은 North가 여러 해 전에 보았던 엔진을 기억으로부터 묘사하고 있었음을 시사한다. 그들은 Papin의 구동 기제(mechanism)와의 명백한 유사성을 주목하

지 않는다. '모형(model)'이라는 단어의 모호함에 대해서도 마찬가지다. Wallace는 그
엔진을 Savery의 것으로 돌린다(Wallace, *The Social Context of Innovation*(1982), 58-60).
피스톤은 극복하기 어려운 너무 큰 마찰력으로 인해 비실용적이라는 Savery의 확신에
도 불구하고 말이다. Papin의 것으로 돌리는 것, 또는 극한으로 Papin의 저술로부터
작업한 누군가의 것으로 돌리는 것은 나에게 무난해 보인다.

45. 그러나 Savery가 초안(혹은 그림)을 지닌 모형을 대비시켰을 때 그것은 근대적 의미를
수반하는 것으로 보인다. Smith, 'A New Way of Raising Water by Fire'(1998), 172.

46. Gibbon, *A Summe or Body of Divinitie Real*(1651).

47. Desaguliers, *A Course of Experimental Philosophy*(1734), 465-6.

48. Dickinson, *A Short History of the Steam Engine*(1963), 18-27.

49. Gaulke, 'Die Papin-Savery-Kontroverse'(2009).

50. Papin, *Nouvelle maniere pour élever l'eau*(1707). Newcomen은 물을 실린더 속에
투입하는 것이 낫다는 것을 우연히 발견했다. Desaguliers, *A Course of Experimental
Philosophy*(1734), 533.

51. Savery, *Navigation Improv'd*(1698); Papin, *La Vie et les ouvrages de Denis
Papin*(1894), Vol. 1, 206-7; Leibniz에게 보내는 편지, 1704년 3월 13일, 1707년
7월 7일(Papin, *La Vie et les ouvrages de Denis Papin*(1894), Vol. 8, 280-2 = Leibniz,
Huygens & others, *Leibnizens und Huygens' Briefwechsel mit Papin*(1881), 378-80); 그리
고 Leibniz에게 보내는 Drost von Zeuner의 편지, 1707년 9월 29일(Papin, *La Vie et
les ouvrages de Denis Papin*(1894), Vol. 8, 294 = Leibniz, Huygens & others, *Leibnizens
und Huygens' Briefwechsel mit Papin*(1881), 385): 'sa petite machine d'un vaisseau
ä roues'; Leibniz가 Sloane에게, Tönsmann, *'Wasserbauten und Schifffahrt in
Hessen'*(2009), 99에 인용.

52. 그 신화는 Figuier, *Exposition et histoire*(1851), Vol. 3, 70-106, 419-32(이후 판본들에
서 1권이 된다)에서 유래한다. Gerland, 'Das sogenannte Dampfschiff Papins'(1880)
는 사실들을 바로잡는다. 틀린 이야기가 계속 회자된다(http://en.wikipedia.org/wiki/
Denis_Papin, 2014년 6월 3일 접속); 또한 Gerth, 'Der Dampfkochtopf=Digestor–Eine
Erzahlung'(1987); 그리고 앞의 주 40을 참조하라. 음모에 대해서는 http://www.
schillerinstitute.org/educ/pedagogy/steam_engine.html.

53. Smith, 'A New Way of Raising Water by Fire'(1998), 169-77.

54. Leibniz가 Papin에게, 1699년 6월 24일 혹은 27일(Papin, *La Vie et les ouvrages de
Denis Papin*(1894), Vol. 8, 101-2, 303-4 = Leibniz, Huygens & others, *Leibnizens und
Huygens' Briefwechsel mit Papin*(1881), 248-9)과 비교하라; Stewart, *The Rise of Public
Science*(1992), 14-15; Boas Hall, *Promoting Experimental Learning*(1991), 122;
그리고 Heilbron, *Physics at the Royal Society*(1983), 특히 14, 21, 31, 43.

55. Savery는 이것을 문제로 파악했다(Smith, 'A New Way of Raising Water by Fire'(1998),
174).

56. 따라서 그의 증기선이 풀다강 위에서 달릴 수 없었고 항만에서 다시 시도될 필요가 있

었다는 Papin의 관점: Leibniz에게 보내는 편지, 1707년 7월 7일. 또한 1707년 9월 15일 Leibniz에게 보내는 그의 편지를 참조하라: 'Je suis persuadé que si Dieu me fait la gráce d'arriver heureusement à Londres et d'y faire des vaisseaux de cette construction qui aient assez de profondeur pour appliquer la machine á feu á donner le mouvement aux rames [paddles], je suis persuadé, dis- je, que nous pourrions produire des effects qui paroitront incroyables...' (Papin, *La Vie et les ouvrages de Denis Papin*(1894), Vol. 8, 291-3 = Leibniz, Huygens & others, *Leibnizens und Huygens' Briefwechsel mit Papin*(1881), 383-5). Tonsmann, '*Wasserbauten und Schifffahrt in Hessen*'(2009)은 올바르게도 Papin이 작동하는 증기선을 건조했다는 주장을 하나의 전설로 확인한다. 그러나 증기선을 제작하려는 Papin의 계획이 1707년의 Savery-타입의 엔진이 아니라 1690년의 그의 대기압 구동 피스톤에 의존했다고 잘못되게 가정한다.

57. Smith, 'A New Way of Raising Water by Fire'(1998), 169.

58. Royal Society archives: Papin, *La Vie et les ouvrages de Denis Papin*(1894), Vol. 7, 74에 잘못 베껴졌다.

59. Bannister, *Denis Papin: Notice sur sa vie et ses écrits*(Blois: F Jahyer, 1847), 23(worldcat은 이 저술의 오직 하나의 사본을 열거한다. 다른 것은 이 저자의 소장품이다)을 따라서, De la Saussaye는 1714년에 Papin이 Hesse에 있었다고 확정하는, 날짜가 명기되지 않은, Leibniz의 교신에서 나온 구절을 인용한다. Papin, *La Vie et les ouvrages de Denis Papin*(1894), Vol. 1, 251-2. 그러나 Leibniz, Huygens & others, *Leibnizens und Huygens' Briefwechsel mit Papin*(1881), 114, 256-60를 참조하라.

60. Rolt & Allen, *The Steam Engine of Thomas Newcomen*(1977), 39.

61. Wallace, *The Social Context of Innovation*(1982), 60-1.

62. Rolt & Allen, *The Steam Engine of Thomas Newcomen*(1977), 38-9.

63. Rosen, *The Most Powerful Idea in the World*(2010), 31과 주석; Rolt & Allen, *The Steam Engine of Thomas Newcomen*(1977), 36을 비교하라.

64. Mokyr, 'The Intellectual Origins of Modern Economic Growth'(2005), 298주석을 Wallace, *The Social Context of Innovation*(1982), 55-6과 비교하라.

65. Wallace, *The Social Context of Innovation*(1982), 56을 인용.

66. Anon, 'Account of Books'(1697).

67. Dickinson, *Sir Samuel Morland*(1970), 57-8.

68. Desaguliers, *A Course of Experimental Philosophy*(1734), 472; Hills, *Power from Steam*(1989), 33; Savery의 엔진은 안전 밸브가 부족했다(만일 물이 너무 높게 상승되지 않으면 증기가 그것을 통해 바로 뿜어져 나올 수 있었다); Desaguliers는 1717년에 개량품으로 하나를 도입했다.

69. 이것은 가끔 그 이후의 개발품으로 불린다. 그러나 Rolt & Allen, *The Steam Engine of Thomas Newcomen*(1977), 79-80를 참조하라. 그 밸브들은 시험 운전에서는 손으로 여닫을 수 있었다. 그러나 그 기계는 너무 천천히 작동시킬 수밖에 없어서 자동화 없

이는 실용적이지 못했다.

70. Leibniz는 이 원리를 파악했다. Papin에게 보내는 편지, 1698년 8월 28일(Papin, *La Vie et les ouvrages de Denis Papin*(1894), Vol. 8, 28–32=Leibniz, Huygens & others, *Leibnizens und Huygens'Briefwechsel mit Papin*(1881), 239).

71. Desaguliers, *A Course of Experimental Philosophy*(1734), Vol. 2, 489–90.

72. Hills, *Power from Steam*(1989), 21–2.

73. The English Short Title Catalogue는 28개의 사본을 열거하는데, 이것은 예를 들어 1682년의 Robert Boyle의 *Continuation of New Experiments*의 39개 사본들과 비교된다. 그리고 우리는 훨씬 높은 비율의 Boyle의 책이 이것보다 (더 오래) 살아남았다고 자신할 수 있다. 이는 수명이 짧은 출판의 명백한 특성을 지니고 있다. 원본 *New Digester* 그리고 *Continuation* 두 책의 프랑스어 번역은 1688년에 등장했다. Papin, *La Manière d'amollir les os*(1688).

74. 예를 들어, 공기-펌프에 대한 문헌의 언급은 없었다. Andrade, 'The Early History of the Vacuum Pump'(1957); van Helden, 'The Age of the Air-pump'(1991); 그리고 Schimkat, 'Denis Papin und die Luftpumpe'(2009); 또는 고전적 연구, Wilson, 'On the Early History of the Air-pump in England'(1849).

75. 이것은 아마도 Boyle에 있어서 실험을 위해 사용된 모형이었을 것이다. *A Continuation of New Experiments*(1682), Boyle이 서문에서 우리에게 말했던 것은 그 자신의 공기-펌프(또한 Papin이 설계한 펌프)와 달랐다. 이것은 Boyle, *Experimentorum novorum*(1680) 그리고 Boyle, *A Continuation of New Experiments*(1682)(=Boyle, *The Works*(1999), Vol. 9, 134의 시작 부분에 묘사되고, 그 그림이 그려져 있다. EEBO에 있는 Boyle, *A Continuation of New Experiments*(1682)의 사본은 삽화가 부족하다는 점에서 흠이 있다). 그러나 그것은 1684년 판에서는 개선된 부분을 포함한다. Papin, *La Vie et les ouvrages de Denis Papin*(1894), Vol. 5, 7–11.

76. Papin, *A Continuation of the New Digester*(1687), 45.

77. Desaguliers, *A Course of Experimental Philosophy*(1734), Vol. 2, 470, 482–3, 533.

78. Papin, *A Continuation of the New Digester*(1687), 54–5.

79. Papin, *A Continuation of the New Digester*(1687), 41, 48, 116.

80. Desaguliers, *A Course of Experimental Philosophy*(1734), Vol. 2, 474(또한 532–3를 참조하라).

81. Desaguliers, *A Course of Experimental Philosophy*(1734), Vol. 2, 468.

결론

15장

1. Galilei, *Le opere*(1890), Vol. 7, 78(나의 번역).

2. Mill, *Principles of Political Economy*(1909), Bk 4, Ch. 1, §2. 그러나 Chunglin Kwa는 이렇게 기술한다. '과학적 진보가 우리의 자연에 대한 지배력의 끊임없는 확대로 이

어진다는 생각은 낭만적인 신화다.' Kwa, *Styles of Knowing*(2011), 11.

3. Gray, *Heresies*(2004), 3.

4. Sarton, *The Study of the History of Science*(1936), 5.

5. Koyré, *Etudes Galiléennes*(1966), 11.

6. Kuhn, *The Essential Tension*(1977): '과학의 진보(progress of science)'라는 색인을 참조하라.

7. Kuhn, *Structure*(1970), 170.

8. Rorty, 'Science as Solidarity'(1991), 39. 또한 Rorty, 'Thomas Kuhn, Rocks and the Laws of Physics'(1999), 179-80을 참조하라. 과학에 대한 Rorty의 재빠르면서도 효율적인 비평에 대해서는 Williams, *Essays and Reviews, 1959-2002*(2014), 204-15를 참조하라.

9. Quine, 'Two Dogmas of Empiricism'(1951). 뒤앙-콰인(Duhem-Quine) 논지가 보편적인 진리가 아니라는 것과 그것의 적용성이 각각의 특정한 경우에 대해서 입증되어야만 한다는 것이 Grünbaum, 'The Duhemian Argument'(1960)에 의해 입증되었다. 게다가, 뒤앙은 결코 뒤앙-콰인 논지를 주장하지 않았다. Ariew, 'The Duhem Thesis'(1984). Laudan, 'Demystifying Underdetermination'(1990)은 이 논지의 잘못 생각된 적용에 대해 통렬하게 비평했다. Popper는 이미 뒤앙 논지를 1935년에 다루었다. Popper, *The Logic of Scientific Discovery*(1959), 42, 78-84.

10. Biagioli, 'Scientific Revolution, Social Bricolage and Etiquette'(1992); Johns, *The Nature of the Book*(1998)(그리고 Eisenstein, 'An Unacknowledged Revolution Revisited'(2002); Johns, 'How to Acknowledge a Revolution'(2002)을 참조하라); Livingstone & Withers (eds.), *Geography and Revolution*(2005); Ogborn & Withers, 'Book Geography, Book History'(2010). 지방주의(Localism)와 우발성(contingency)은 스트롱 프로그램에 근본적인 것이다. Bloor, 'Anti-Latour'(1999)와 비교하라. 지방주의가 과학이 전파되는 방식에 대한 연구와 균형을 맞추지 못했다는 우려의 표현에 대해서는 Secord, 'Knowledge in Transit'(2004), 660; 그리고, 지방주의/세계주의(localism/globalism) 양자로부터 도피하려는 대담하지만 잘못 생각된 시도에 대해서는 Latour, *We Have Never Been Modern*(1993)을 참조하라.

11. Hunter, *The Royal Society and Its Fellows*(1982), 107.

12. 이러한 측면에서 Horton, *Patterns of thought*(1997)의 접근 방식은 내게 모범적으로 보인다.

13. Bourdieu, *Science of Science*(2004)와 비교하라.

14. Hacking, 'How Inevitable are the Results of Successful Science?'(2000), 64-6, 그리고 Hacking, *The Social Construction of What?*(1999), 163-5.

15. Cohen, 'Roemer and the First Determination of the Velocity of Light (1676)'(1940); Van Helden, 'Roemer's Speed of Light'(1983); Kristensen & Pedersen, 'Roemer, Jupiter's Satellites and the Velocity of Light'(2012).

16. 첫 번째 도표에 나온 숫자들은 Boyer, 'Early Estimates of the Velocity of

Light'(1941)에서 가져온 것이고, 두 번째 도표는 Fowles, *Introduction to Modern Optics*(1989), 6 그리고 https://en.wikipedia.org/wiki/Speed_of_light#First_measurement_attempts(2014년 12월 8일 접속)에서 따온 것이다. 또한 MacKay & Oldford, 'Scientific Method, Statistical Method and the Speed of Light'(2000)를 참조하라.

17. 장하석은 '인식적 반복(epistemic iteration)'이라는 용어를 선호하면서 '경쟁(competition)'이라는 단어를 피한다. Chang, *Inventing Temperature*(2004), 44-8, 212-17, 226-31.

18. Willmoth, 'Römer, Flamsteed, Cassini and the Speed of Light'(2012), 49.

19. Schaffer, 'Glass Works'(1989), 100.

20. Shapiro, 'The Gradual Acceptance of Newton's Theory of Light'(1996). Newton 의 최초 저술에 반대한 것에 관한 Schaffer의 설명에 대한 가치 있는 대안은 Bechler, 'Newton's 1672 Optical Controversies'(1974)에 의해 제시된다. Bechler에게 중심 적 문제는 재현이 아니라 확실성에 관한 Newton의 주장이었다.

21. Whitley, 'Black Boxism'(1970); Callon, '*Boîtes noires*'(1981); Pinch, 'Opening Black Boxes'(1992); 패러다임적 용례는 Pinch, *Confronting Nature*(1986)에 의해 규명된다.

22. Boyle, *Certain Physiological Essays*(1661), 27-8＝Boyle, *The Works*(1999), 2:26('동 맥이 아닌'을 채택함에 있어 나는 2판으로부터 따른다).

23. Mela, *De orbis situ libri tres. Adiecta sunt praeterea loca aliquot ex Vadiani commentariis*(1530), S2(rv).

24. Brook, *Vermeer's Hat*(2008), 26-53.

25. Williams, *Voyages of Delusion*(2002); Fleming, *Barrow's Boys*(1998).

26. Alessandro Achillini는 만일 지구가 빛을 발한다면, 멀리서 보았을 때, 지구는 달이나 다른 행성들처럼 빛나리라고 주장한다. Achillini, *De Elementis*(1505), 85r. 그러나 그 가 지구는 빛을 내지 **않는다**고 주장하기 바로 직전이다.

27. Wootton, *Galileo*(2010), 64.

28. Palmieri, 'Galileo and the Discovery of the Phases of Venus'(2001).

29. Jardine, *The Scenes of Inquiry*(2000).

30. Lakatos, *The Methodology of Scientific Research Programmes*(1978).

31. 실재론의 합리적이며 복잡한 방어에 대해서는, Leplin (ed.), *Scientific Realism*(1984) 을 참조하라.

32. 경로-의존성에 관한 영향력 있는 비평에 대해서는 Pinch & Bijker, 'The Social Construction of Facts and Artefacts'(1987); 그것의 중요성에 관한 주장에 대해서 는 Pickering, *The Mangle of Practice*(1995), 185, 209. 여기에서 미로에서 빠져나오 는 어떤 사람이 실제로 택한—매우 틀릴 수도 있고 우발적인—경로와 사람들이 빠져나 오도록 허용하는 미리 정해진 경로를 구별하는 것이 필요하다. 질문과 답변에 대해서 는 Collingwood, *An Autobiography*(1939). 여기에서의 나의 논증은 Hacking, 'The

Self-Vindication of the Laboratory Sciences'(1992)의 그것과 매우 다르다. 분명히 어떤 실험실 과학의 경우에는 사용된 장비와 획득된 결과들 사이에 상호 작용이 존재한다. 그래서 그 둘은 서로를 뒷받침한다. 그러나 이것은 내가 아래에서 논의하는 경우로 보이지 않는다.

33. Weinberg, 'Sokal's Hoax'(1996); 적대적인 논평에 대해서는 Weinberg 그 자신과, Labinger and Collins (eds.), *The One Culture?*(2001), 238, Brown, *Who Rules in Science?*(2001), 19, Rorty, 'Thomas Kuhn, Rocks and the Laws of Physics'(1999), 182-7을 참조하라.

34. Aït-Touati, *Fictions of the Cosmos*(2011), 105.

35. Hacking, 'How Inevitable are the Results of Successful Science?'(2000); 또한 Jardine, *The Scenes of Inquiry*(2000); Stanford, *Exceeding Our Grasp*(2010)를 참조하라. 수학은 흥미로운 사례 연구를 제공한다. 경로 의존성에 반하여는 Heeffer, 'On the Curious Historical Coincidence of Algebra and Double-entry Bookkeeping'(2011); 그러나 Pascal은 유클리드 기하학을 출발선으로부터 재발명했던 것으로 보인다. 그리고 Srinivasa Ramanujan은 근대 수학의 많은 부분을 재발명했다. 그는 또한 독특하면서도 견줄 데 없는 수많은 결과들을 양산했다.

36. Sokal, *Beyond the Hoax*(2008), 234-5. 그러나 Sokal과 Bricmont의 명확한 어구는 조심스러웠고 모호하다는 점을 주목하라.

37. O'Grady, 'Wittgenstein and Relativism'(2004), 328-9.

38. Ginzburg, *Myths, Emblems, Clues*(1990), 96-125는 이러한 문제들을 생각하는 데 있어서 기본적인 것이다. Wittgenstein은 아마 이러한 논증의 힘을 당연히 인식했을 것이다. O'Grady, 'Wittgenstein and Relativism'(2004).

39. Moore, *A Defence of Common Sense*(1925). 역사가의 접근 방식에 대해서는 Rosenfeld, *Common Sense: A Political History*(2011).

40. Galilei, *Le opere*(1890), Vol. 4, 154, 217.

41. Galilei, *Le opere*(1890), Vol 4, 218-19.

42. Galilei, *Le opere*(1890), Vol. 4, 364-5, 391.

43. Galilei, *Le opere*(1890), Vol. 4, 393.

44. Galilei, *Le opere*(1890), Vol. 4, 385

45. Haack, *Manifesto of a Passionate Moderate*(1998), 94-그러나 이 그룹이 인정되는 105를 참조하라.

46. Geis & Bunn, *A Trial of Witches*(1997).

47. Chalmers, 'Qualitative Novelty in Seventeenth-century Science'(2015)

48. Biagioli, 'The Social Status of Italian Mathematicians, 1450-1600'(1989).

49. Galilei, *Le opere*(1890), Vol. 5, 386.

50. 앞의, 주 45.

51. Cunningham, 'Getting the Game Right'(1988), 370

52. Latour, 'On the Partial Existence of Existing and Non-existing Objects'(2000);

Hacking조차도 이것이 '무책임한 농담조'임을 알았다. Hacking, *Historical Ontology*(2002), 11.

53. Lehoux, *What Did the Romans Know?*(2012), 232–3, 237 ; Kuhn, *The Trouble with the Historical Philosophy of Science*(1992), 9와 비교하라.

54. Kuhn, *The Trouble with the Historical Philosophy of Science*(1992), 14

55. Kuhn, *The Trouble with the Historical Philosophy of Science*(1992), 9. Pinch, 'Kuhn —The Conservative and Radical Interpretations'(1997)(원래 1982년 출판됨)은 Kuhn 의 유산의 모호함에 대한 가치 있는 안내를 제공한다.

56. Lehoux, *What Did the Romans Know?*(2012), 232–3. 흥미로운 예는 음속이다. 한 세 기 이상 음속의 이론값과 실험값들 사이에는 주된 괴리가 있었다. 자연은 계속해서 미 루었다(Finn, 'Laplace and the Speed of Sound'(1964)).

57. Chang, *Is Water H2O?*(2012), 203–51, 특히 215–24. Brown과 Sokal은 동일한 목적 을 달성하기 위해 '객관주의(objectivism)'라는 용어를 사용한다. Brown, *Who Rules in Science?*(2001), 92 ; Sokal, *Beyond the Hoax*(2008), 229. 그러나 Brown 자신이 보여 주는 대로(101–4), 객관주의라는 개념은 많은 혼란을 불러일으키기 쉽다.

58. Kuhn, *The Trouble with the Historical Philosophy of Science*(1992), 9.

59. Popper, *The Logic of Scientific Discovery*(1959), 22(1958년 서문으로부터). 그 책이 처 음 재출판되었을 때 새로운 비명(碑銘)(14)이 추가되었다(23의 감사의 말을 참조하라). 페 이지 매김은 이후 판본과 다르다.

60. Kuhn, *Structure*(1970), 135–42.

16장

1. Butterfield, *The Whig Interpretation of History*(1931), 47.

2. Hexter, 'The Historian and His Day'(1954), 231.

3. Butterfield, *The Whig Interpretation of History*(1931), v.

4. Butterfield, *The Whig Interpretation of History*(1931), 16.

5. Wilson & Ashplant, 'Whig History'(1988).

6. Ashplant & Wilson, 'Present-centred History and the Problem of Historical Knowledge'(1988), 274.

7. Mayer, *The Roman Inquisition: A Papal Bureaucracy*(2013) ; Mayer, *The Roman Inquisition: Trying Galileo*(2015).

8. Malcolm, 'Hobbes's Science of Politics and His Theory of Science'(2002) ; Malcolm, 'Hobbes and Roberval'(2002), 187–9 ; Hull, 'Hobbes and the Premodern Geometry of Modern Political Thought'(2004), 특히 121–2.

9. Shapin & Schaffer, *Leviathan and the Air-pump*(1985), 150.

10. Hobbes, *Philosophicall Rudiments Concerning Government and Society*(1651), 284 ; Shapin & Schaffer, *Leviathan and the Air-pump*(1985), 153–4.

11. Shapin & Schaffer, *Leviathan and the Air-pump*(1985), 332.

12. Bloor, *Wittgenstein*(1983), 3을 비교하라.
13. Shapin & Schaffer, *Leviathan and the Air-pump*(1985), 148, *De Corpore*, 65-6의 번역을 인용.
14. Laslett, 'Commentary'(1963), 863(원문에는 명백한 오식誤植이 있다. 그것은 'the historians'로 읽힌다): Jardine, 'Whigs and Stories'(2003)에 있는 논의를 참조하라.
15. Goldie, 'The Context of the Foundations'(2006), 32.
16. Merton, 'Unanticipated Consequences'(1936).
17. Mayr, 'When is Historiography Whiggish?'(1990): Alvargonzález, 'Is the History of Science Essentially Whiggish?'(2013). 이와 같은 관점을 표현하는 역사가들은 역사가의 직업에서 축출되어야 한다는 주장에 대해서는 Shapin, 'Possessed by the Idols'(2006): 그리고 그다음 문제의 편지 페이지에 있는 나의 대응을 참조하라.
18. Foucault, *L'archéologie du savoir*(1969).
19. James, 'The Problem of Mechanical Flight'(1912).
20. Weinberg, 'Sokal's Hoax'(1996).
21. Rorty, 'Thomas Kuhn, Rocks and the Laws of Physics'(1999), 186.
22. 눈에 띄는, 그러나 설득력 없는, 상대주의자들의 자전거의 역사에 관한 접근 방식에 대해서는 Pinch & Bijker, 'The Social Construction of Facts and Artefacts'(1984), 411-19를 참조하라.
23. 그 구절은 Romain Rolland에서 유래했으며, Gramsci의 신문 *L'ordine nuovo*의 발행 인란에 사용되었다.

<h2 style="text-align:center">17장</h2>

1. Kuhn, *Structure*(1970), 163.
2. Popper, *Objective Knowledge*(1972), 23.
3. La Boëtie, *De la servitude volontaire*(1987).
4. Greenblatt, *The Swerve*(2011): Screech (ed.), *Montaigne's Annotated Copy of Lucretius*(1998): Popkin, *The History of Scepticism*(1979).
5. Montaigne, *The Complete Essays*(1991), 643-4.
6. Montaigne, *The Complete Essays*(1991), 502-4, 594-5(Voltaire가 *Candide*에서 반복했던 논증).
7. Montaigne, *The Complete Essays*(1991), 642-4.
8. Montaigne, *The Complete Essays*(1991), 555, 567.
9. Montaigne, *The Complete Essays*(1991), 683.
10. 근대 초기의 불신앙에 대한 학술적 관점은 지난 30년 동안 크게 진전되었다. 그러나 Montaigne는 계속해서 기독교인으로 읽힌다. 이 질문에 대한 나의 접근 방식에 대해서는, 예를 들어 Wootton, 'Lucien Febvre and the Problem of Unbelief'(1988)을 참조하라. 더 최근의 르네상스 인본주의에 대해서는 Brown, *The Return of Lucretius*(2010), 서문 및 1장을 참조하라. Montaigne의 Lucretius 주석은 모든 신앙

적인 믿음에 대한 Lucretius의 비평에 그가 깊숙이 관련되어 있음을 보여준다.

11. Montaigne, *The Complete Essays*(1991), 595.

12. Montaigne, *The Complete Essays*(1991), 652-3.

13. Nagel, 'What is It Like to be a Bat?'(1974).

14. Tunstall & Diderot, *Blindness and Enlightenment*(2011)—비록 나의 이 저술 읽기가 분명한 이유에서 Tunstall과는 다르지만 말이다.

15. Eisenstein, *The Printing Press as an Agent of Change*(1979); Eisenstein, *The Printing Revolution*(1983); Baron, Lindquist & Shevlin (eds.), *Agent of Change*(2007). 일반적으로 나는 Eisenstein을 그녀의 비판자들(예를 들어 McNally (ed.), *The Advent of Printing*(1987))보다 더 선호한다. 또한 앞의 pp. 60, 197-8 그리고 302-6을 참조하라.

16. Sharratt, *Galileo*(1994), 140; Galilei, *Le opere*(1890), Vol. 6, 232(Sharratt의 번역).

17. Mazur, *Enlightening Symbols*(2014); Padoa, *La Logique déductive*(1912), 21.

18. Tilling, 'Early Experimental Graphs'(1975); Maas & Morgan, 'Timing History'(2002).

19. Rybczynski, *One Good Turn*(2000).

20. Ginsburg, 'On the Early History of the Decimal Point'(1928).

21. Hacking, *The Emergence of Probability*(2006), xvi, Butterfield, *The Origins of Modern Science*(1950)를 인용; 그리고 xx, Crombie, *Styles of Scientific Thinking*(1994)를 참조; Hacking, 'Language, Truth and Reason'(1982)(Hacking, *Historical Ontology*(2002)에서 중판); Hacking, '"Style" for Historians and Philosophers'(1992) Hacking, *Historical Ontology*(2002)에서 재출판; Hacking, 'Inaugural Lecture'(2002). Hacking은 Crombie, *Styles of Scientific Thinking*(1994)의 발걸음을 따르고 있다. 이 책은 Crombie가 일찍이 1980년에 '개봉박두(forthcoming)'라고 묘사한 저술이다(Crombie, 'Philosophical Presuppositions'(1980)). 비평을 위해서는 Kusch, 'Hacking's Historical Epistemology'(2010)를 참조하라. Crombie에 기초한 접근 방식에 대해서는 Kwa, *Styles of Knowing*(2011)을 참조하라.

22. 지적 도구 혹은 근본 개념의 역사에 대한 연구는 '역사학적 인식론(historical epistemology)'이라고 불려왔다. 그 용어는 Gaston Bachelard에서 유래한다. Daston, 'Historical Epistemology'(1994)를 참조하라. 그녀는 그 용어를 '해킹스러운(Hackinqesque)'이라고 묘사하지만, Ian Hacking은 Foucault의 용어 '지식의 고고학(archaeology of knowledge)'을 더 선호한다. Hacking, *The Emergence of Probability*(2006), 그리고 Hacking, *Historical Ontology*(2002)에서 Daston은 최근에 하나의 대안을 제시했다. '대두의 역사(history of emergences)': Daston, 'The History of Emergences'(2007).

23. Putnam, *Mind, Language, and Reality*(1975), 73.

24. Laudan, 'A Confutation of Convergent Realism'(1981). 내 관점으로는 Laudan은 그의 사례를 과장하여 진술한다. 그러나 그것을 조금씩 허물려는 시도(Psillos, *Scientific*

Realism(1999), 101-45와 같은)는 나에게 전적으로 설득력을 갖기에는 너무 특별한 애원을 지닌 것으로 보인다.

25. Chang, *Is Water H$_2$O?*(2012), 224-7.

26. Newcastle, *Philosophical Letters*(1664), 508.

27. Wootton, *Bad Medicine*(2006). 1704년 7월 10일, Leibniz에게 보내는 편지에서 Papin의 언급을 참조하라(Papin, *Le Vie et les ouvrages de Denis Papin*(1894), Vol. 8, 190-94=Leibniz, Huygens and others, *Leibnizens und Huygens' Briefwechsel mit Papin*(1881), 317-21. The placebo: Papin, *Le Vie et les ouvrages de Denis Papin*(1894), Vol. 8, 206-8=Leibniz, Huygens and others, *Leibnizens und Huygens' Briefwechsel mit Papin*(1881), 328-30).

28. 11장 4절을 참조하라.

29. 나의 입장은 Hacking의 그것과 일치한다. 'Five Parables'(1984), 그리고 Hacking, *Historical Ontology*(2002), 43-5.

30. Boyle, *Some Considerations*(1663), 84=Boyle, *The Works*(1999), Vol 3, 257; 세속적 용어로 표현된 비슷한 감정에 대해서는, Kuhn, *Structure*(1970), 173을 참조하라.

감사의 말

1. Koyré, *Newtonian Studies*(1965), 65.

2. Shea, *Designing Experiments*(2003), 116.

3. Febvre, *Le Probleme de l'incroyance*(1942); Febvre, *The Problem of Unbelief*(1982); 그리고 Wootton, Lucien Febvre and the Problem of Unbelief(1988).

◎ 참고문헌 ◎

Abercromby, David. *Academia scientiarum: Or the Academy of Sciences*. London: HC for J Taylor, 1687.

Accademia del Cimento. *Essayes of Natural Experiments*. Trans. R Waller. London: B Alsop, 1684.

———. *Saggi di naturali esperienze*. Florence: G Cocchini, 1667.

Achillini, Alessandro. *De elementis*. Bologna: J Antonius, 1505.

Ackerman, James S. 'Art and Science in the Drawings of Leonardo da Vinci'. In *Origins, Imitation, Conventions: Representation in the Visual Arts*. Cambridge, Mass: MIT Press, 2002: 143–73.

———. 'Early Renaissance "Naturalism" and Scientific Illustration'. In *Distance Points: Essays in Theory and Renaissance Art and Architecture*. Cambridge, Mass: MIT Press, 1991: 185–210.

Adams, Douglas. *The Hitchhiker's Guide to the Galaxy: A Trilogy in Four Parts*. London: Heinemann, 1986. 《은하수를 여행하는 히치하이커를 위한 안내서》(책세상)

Addison, Joseph and Richard Steele (eds.). *Spectator*. 8 vols. London: S Buckley and J Tonson, 1712–15.

Adelman, Janet. 'Making Defect Perfection: Shakespeare and the One-sex Model'. In *Enacting Gender on the English Renaissance Stage*. Ed. V Comensoli. Urbana: University of Illinois Press, 1999: 23–52.

Adorno, Rolena. 'The Discursive Encounter of Spain and America: The Authority of Eyewitness Testimony in the Writing of History'. *The William and Mary Quarterly* 49 (1992): 210–28.

Agassi, Joseph. 'Who Discovered Boyle's Law?' *Studies in History and Philosophy of Science Part A* 8 (1977): 189–250.

900

Aggiunti, Niccolò. *Oratio de mathematicae laudibus*. Rome: Mascardus, 1627.

Agricola, Rudolf and Joachim Vadianus. *Habes lector: hoc libello. Rudolphi Agricolae ivnioris Rheti, ad Joachimum Vadianum Heluctiu(m) Poeta(m) Laureatu(m), Epistolam, qua de locor(um) non nullorum obscuritate quaestio sit et percontatio*. Vienna: J Singrenues, 1515.

Aiken, Jane Andrews. 'The Perspective Construction of Masaccio's "Trinity" Fresco and Medieval Astronomical Graphics'. *Artibus et historiae* 16 (1995): 171–87.

Aït-Touati, Frédérique. *Fictions of the Cosmos: Science and Literature in the Seventeenth Century*. Trans. S Emanuel. Chicago: University of Chicago Press, 2011.

Alberti, Leon Battista. *De pictura*. Ed. C Grayson. Rome: Laterza, 1980. 《알베르티의 회화론》(사계절)

———. *On Painting*. Ed. M Kemp. Trans. C Grayson. London: Penguin, 1991.

———. *On Painting: A New Translation and Critical Edition*. Ed. R Sinisgalli. Cambridge: Cambridge University Press, 2011.

———. *On Painting and on Sculpture: The Latin Texts of De pictura and De statua*. Ed. C Grayson. London: Phaidon, 1972.

Alder, Ken. 'Making Things the Same: Representation, Tolerance and the End of the Ancien Régime in France'. *Social Studies of Science* 28 (1998): 499–545.

Alexander, Amir. 'Lunar Maps and Coastal Outlines: Thomas Harriot's Mapping of the Moon'. *Studies in History and Philosophy of Science Part A* 29 (1998): 345–68.

Alighieri, Dante. *La Quaestio de aqua et terra*. Ed. A Müller and SP Thompson. Florence: LS Olschki, 1905.

Allen, James V. *Inference from Signs: Ancient Debates about the Nature of Evidence*. Oxford: Clarendon Press, 2001.

Allen, Robert C. *The British Industrial Revolution in Global Perspective*. Cambridge: Cambridge University Press, 2009.

Alvargonzález, David. 'Is the History of Science Essentially Whiggish?' *History of Science* 51 (2013): 85–100.

Ambrose, Charles T. 'Immunology's First Priority Dispute – An Account of the 17th-century Rudbeck–Bartholin Feud'. *Cellular Immunology* 242 (2006): 1–8.

Andrade, EN da C. 'The Early History of the Vacuum Pump'. *Endeavour* 16 (1957): 29–35.

Anon.'An Accompt of Some Books'. *Philosophical Transactions* 10 (1675): 505–14.

———. 'Account of Books'. *Philosophical Transactions* 19 (1697): 475–84.

———. 'An Advertisement Concerning the Invention of the Transfusion of Bloud'. *Philosophical Transactions* 2 (1666): 489–90.

Anstey, Peter R. 'Experimental versus Speculative Natural Philosophy'. In *The Science of Nature in the Seventeenth Century*. Ed. P Anstey and J Schuster. Berlin: Springer, 2005: 215–42.

————. 'The Methodological Origins of Newton's Queries'. *Studies in History and Philosophy of Science Part A* 35 (2004): 247–69.

Antinori, Vincenzo. '*Notizie istoriche*'. In *Saggi di naturali esperienze fatte nell'Accademia del cimento*. Florence: Tip. Galileiana, 1841: 1–133.

Applebaum, W. *Encyclopedia of the Scien tific Revolution: From Copernicus to Newton*. New York: Garland, 2000.

Ariew, Roger. 'The Duhem Thesis'. *British Journal for the Philosophy of Science* 35 (1984): 313–25.

————. 'The Initial Response to Galileo's Lunar Observations'. *Studies in History and Philosophy of Science Part A* 32 (2001): 571–81.

————. 'The Phases of Venus before 1610'. *Studies in History and Philosophy of Science Part A* 18 (1987): 81–92.

Aristotle. *On the Heavens*. Ed. WKC Guthrie. Cambridge, Mass.: Harvard University Press, 1939.

Arnauld, Antoine. *Première Lettre apologétique de Monsieur Arnauld Docteur de Sorbonne*. [S.l.]: [s.n.], 1656.

Arnauld, Antoine and Pierre Nicole. *La Logique, ou l'art de penser*. Paris: Flammarion, 1970.

————. *Response au P. Annat, provincial des Jésuites, touchant les cinq propositions attribuées àM. l'Evesque d'Ipre, divisée en deux parties*. [s.l.]: [s.n.], 1654.

Arnheim, R. 'Brunelleschi's Peepshow'. *Zeitschrift für Kunstgeschichte* 41 (1978): 57–60.

Ash, Eric H. '"A Perfect and an Absolute Work" – Expertise, Authority and the Rebuilding of Dover Harbor, 1579–1583'. *Technology and Culture* 41 (2000): 239–68.

Ashby, Eric. *Technology and the Academics: An Essay on Universities and the Scientific Revolution*. London: Macmillan, 1958.

Ashworth Jr, William B. 'Natural History and the Emblematic World View'. In *Reappraisals of the Scientific Revolution*. Ed. DC Lindberg and RS Westman. Cambridge: Cambridge University Press, 1990: 303–32.

Atkinson, Catherine. *Inventing Inventors in Renaissance Europe: Polydore Vergil's De inventoribus rerum*. Tübingen: Mohr Siebeck, 2007.

Auger, Léon. *Un savant méconnu, Gilles Personne de Roberval, 1602–1675; son activité intellectuelle dans les domaines mathématique, physique, mécanique et philosophique*. Paris: A Blanchard, 1962.

Augst, Bertrand. 'Descartes's Compendium on Music'. *Journal of the History of Ideas* 26 (1965): 119–32.

Aurelius, Marcus. *The Meditations of the Emperor Marcus Aurelius*. Ed. ASL Farquharson. Oxford: Clarendon Press, 1968. 《명상록》(현대지성)

Austin, John Langshaw. *How to Do Things with Words*. Oxford: Clarendon Press,

1962.

Bacchelli, Franco. '*Palingenio e la crisi dell'aristotelismo*'. In *Sciences et religions: De Copernic àGalilée*. Rome: École Française de Rome, 1999.

Bachelard, Gaston. *The Formation of the Scientific Mind: A Contribution to a Psychoanalysis of Objective Knowledge*. Trans. M McAllester-Jones. Manchester: Clinamen Press, 2002.

———. *La Formation de l'esprit scientifique: contribution àune psychanalyse de la connaissance objective*. Paris: J. Vrin, 1938.

———. *The New Scientific Spirit*. Boston: Beacon Press, 1985. 《새로운 과학정신》(인간사랑)

———. *Le Nouvel Esprit scientifique*. Paris: Librairie Félix Alcan, 1934.

Bacon, Francis. *The Essayes or Counsels, Civill and Morall*. London: J Haviland, 1625. 《베이컨 수필집》(문예출판사)

———. *Instauratio magna*. London: J Bill, 1620.

———. *The Novum organum . . . Epitomiz'd*. Trans. MD. London: T Lee, 1676. 《신기관》(한길사)

———. *Of the Proficience and Aduancement of Learning, Divine and Humane*. London: H Tomes, 1605. 《학문의 진보》(아카넷)

———. *Sylva sylvarum, or A Naturall Historie*. London: W Lee, 1627.

———. *Works*. Ed. J Spedding, RL Ellis and DD Heath. 14 vols. London: Longman 1857–74.

Bailey, Nathan. *An Universal Etymological English Dictionary*. London: E Bell, 1721.

Baillet, Adrien. *La Vie de Monsieur Des-Cartes*. 2 vols. Paris: D Horthemels, 1691.

Bailyn, Bernard. *The Ideological Origins of the American Revolution*. Cambridge, Mass.: Harvard University Press, 1967. 《미국 혁명의 이데올로기적 기원》(새물결)

Baker, Keith Michael. *Inventing the French Revolution*. Cambridge: Cambridge University Press, 1990.

Balbiani, Laura. *La magia naturalis di Giovan Battista della Porta*. Bern: Lang, 2001.

Baldasso, Renzo. 'The Role of Visual Representation in the Scientific Revolution: A Historiographic Inquiry'. *Centaurus* 48 (2006): 69–88.

Ball, Philip. *Curiosity: How Science became Interested in Everything*. London: Bodley Head, 2012.

Baltrusaitis, Jurgis. *Anamorphoses, ou Perspectives curieuses*. Paris: O Perrin, 1955.

Bamford, Greg. 'Popper and His Commentators on the Discovery of Neptune: A Close Shave for the Law of Gravitation?' *Studies in History and Philosophy of Science Part A* 27 (1996): 207–32.

Bannister, Saxe. *Denis Papin: Notice sur sa vie et ses écrits*. Blois: F Jahyer, 1847.

Barber, William H. 'The Genesis of Voltaire's "Micromégas"'. *French Studies* 11 (1957): 1–15.

Barbette, Paul. *The Chirurgical and Anatomical Works . . . Composed according to the Doctrine of the Circulation of the Blood, and Other New Inventions of the Moderns*. London: J Darby, 1672.

Barker, Graeme. *The Agricultural Revolution in Prehistory: Why Did Foragers become Farmers?* Oxford: Oxford University Press, 2006.

Barker, Peter. 'Copernicus and the Critics of Ptolemy'. *Journal for the History of Astronomy* 30 (1999): 343–58.

———. 'Copernicus, the Orbs and the Equant'. *Synthèse* 83 (1990): 317–23.

Barker, Peter and Bernard R Goldstein. 'The Role of Comets in the Copernican Revolution'. *Studies in History and Philosophy of Science Part A* 19: 299–319 (1988).

Barnes, Barry. *T. S. Kuhn and Social Science*. London: Macmillan, 1982.

Barnes, Barry and David Bloor. 'Relativism, Rationalism and the Sociology of Knowledge'. In *Rationality and Relativism*. Ed. M Hollis and S Lukes. Oxford: Blackwell, 1982: 21–47.

Barnhart, Clarence Lewis. *The American College Dictionary*. New York: Random House, 1959.

Baron, Sabrina, Eric Lindqvist and Eleanor Shevlin (eds.). *Agent of Change: Print Culture Studies after Elizabeth L. Einstein*. Amherst, Mass.: University of Massachusetts Press, 2007.

Barozzi, Francesco. *Cosmographia in quatuor libros distributa summo ordine*. Venice: G Perchacinus, 1585.

Barthes, Roland. '*Le Discours de l'histoire*'. *Social Science Information* 6 (1967): 63–75.

———. 'The Reality Effect'. In *The Rustle of Language*. Trans. R Howard. Oxford: Blackwell, 1986: 141–8.

Bartholin, Caspar. *Anatomicae institutiones corporis humani utriusque sexus historiam*. Wittenberg: Raab, 1611.

Bartholin, Caspar, Thomas Bartholin and Johannes Walaeus. *Institutiones anatomicae, novis recentiorum opinionibus & observationibus, quarum innumerae hactenus editae non sunt*. Leiden: Hackius, 1641.

Bartholin, Thomas. *The Anatomical History of Thomas Bartholinus, Doctor and Kings Professor, Concerning the Lacteal Veins of the Thorax, Observ'd by Him Lately in Man and Beast*. London: O Pulleyn, 1653.

Bartholin, Thomas, Johannes Walaeus and others. *Bartholinus Anatomy: Made from the Precepts of His Father, and from the Observations of All Modern Anatomists*. London: P Cole, 1662.

Bartlett, Robert. *Trial by Fire and Water: The Medieval Judicial Ordeal*. Oxford: Oxford University Press, 1986.

Barton, Ruth. '"Men of Science": Language, Identity and Professionalization in the

Mid-Victorian Scientific Community'. *History of Science* 41 (2003): 73–119.

Bataillon, Marcel. '*L'idée de la découverte de l'Amérique chez les Espagnols du XVIe siècle (d'après un livre récent)*'. *Bulletin hispanique* 55 (1953): 23–55.

Bates, William. *The Divinity of the Christian Religion*. London: JD, 1677.

Baxandall, Michael. *Painting and Experience in Fifteenth-century Italy*. Oxford: Oxford University Press, 1972.

Baxter, Richard. *A Paraphrase on the New Testament*. London: B Simmons, 1685.

———. *A Treatise of Knowledge and Love Compared*. London: T Parkhurst, 1689.

Bayle, Pierre (ed.). *Nouvelles de la république des lettres*. Amsterdam: Desbordes, 1684–1709.

———. *Projet et fragmens d'un dictionnaire critique*. Rotterdam: R Leers, 1692.

Bayly, Christopher. *The Birth of the Modern World: Global Connections and Comparisons*. Oxford: Blackwell, 2007.

Bechler, Zev. 'Newton's 1672 Optical Controversies: A Study in the Grammar of Scientific Dissent'. In *The Interaction between Science and Philosophy*. Ed. Y Elkana. Atlantic Highlands, NJ: Humanities Press, 1974: 115–42.

Bedini, Silvio A. *The Pulse of Time: Galileo Galilei, the Determination of Longitude, and the Pendulum Clock*. Florence: LS Olschki, 1991.

———. 'The Role of Automata in the History of Technology'. *Technology and Culture* 5 (1964): 24–42.

Beeckman, Isaac. *Journal tenu par Isaac Beeckman de 1604 à 1634*. Ed. C de Waard. 4 vols. The Hague: M Nijhoff, 1939–53.

Belting, Hans. *Florence and Baghdad: Renaissance Art and Arab Science*. Cambridge, Mass.: Harvard University Press, 2011.

Benedetti, Giovanni Battista. *Consideratione di Gio. Battista Benedetti, filosofo del Sereniss. S. Duca di Sauoia, intorno al Discorso della grandezza della terra, & dell'acqua, del Excellent. Sig. Antonio Berga, filosofo nella Vniuersità di Torino*. Turin: Bevilacqua, 1579.

———. *Diversarum speculationum mathematicarum et physicarum liber*. Turin: N Bevilacqua, 1585.

Benjamin, Walter. *Illuminations*. Ed. Hannah Arendt. New York: Schocken Books, 1986.

Bennett, James A. *The Divided Circle: A History of Instruments for Astronomy, Navigation and Surveying*. Oxford: Phaidon, 1987.

———. 'The Mechanics' Philosophy and the Mechanical Philosophy'. *History of Science* 24 (1986): 1–28.

Bentley, Michael. *The Life and Thought of Herbert Butterfield*. Cambridge: Cambridge University Press, 2011.

Bentley, Richard. *The Correspondence*. Ed. JH Monk, C Wordsworth and J Wordsworth. London: J Murray, 1842.

―――. *The Folly and Unreasonableness of Atheism*. London: H Mortlock, 1692.

―――. *Remarks upon a Late Discourse of Free-Thinking: In a Letter to F. H.D.D. By Phileleutherus Lipsiensis*. London: J Morphew, 1713.

Benveniste, Émile. *Problèmes de Linguistique Générale II*. Paris: Gallimard, 1974.

Berga, Antonio. *Discorso di Antonio Berga della grandezza dell'acqua & della terra contra l'opinione dil S. Alessandro Piccolomini*. Turino: Bevilacqua, 1579.

Berga, Antonio and Giovanni Battista Benedetti. *Disputatio de magnitudine terræ et aquæ (contra Alex. Piccolomineum conscripta)*. Trans. FM Vialardi. Turin: IB Raterius, 1580.

Berkel, Klaas van. *Isaac Beeckman on Matter and Motion: Mechanical Philosophy in the Making*. Baltimore: Johns Hopkins University Press, 2013.

Bertamini, Marco and Theodore E Parks. 'On What People Know about Images on Mirrors'. *Cognition* 98 (2005): 85–104.

Bertoloni Meli, Domenico. 'The Collaboration between Anatomists and Mathematicians in the Mid-seventeenth Century'. *Early Science and Medicine* 13 (2008): 665–709.

―――. *Equivalence and Priority: Newton versus Leibniz*. Oxford: Oxford University Press, 1993.

―――. 'Experimentation in the Physical Sciences of the Seventeenth Century'. In *The Oxford Handbook of the History of Physics*. Ed. JZ Buchwald and R Fox. Oxford: Oxford University Press, 2013: 199–225.

―――. *Mechanism, Experiment, Disease: Marcello Malpighi and Seventeenth century Anatomy*. Baltimore: Johns Hopkins University Press, 2011.

―――. 'The Role of Numerical Tables in Galileo and Mersenne'. *Perspectives on Science* 12 (2004): 164–89.

―――. *Thinking with Objects: The Transformation of Mechanics in the Seventeenth Century*. Baltimore: Johns Hopkins University Press, 2006.

Besse, Jean-Marc. *Les Grandeurs de la terre: Aspects du savoir géographique àla Renaissance*. Lyon: ENS Éditions, 2003.

Beyer, Hartmann. *Qvaestiones novae in libellum de sphaera Joannis de Sacro Bosco*. Paris: G Cauellat, 1551.

Biagioli, Mario. 'Did Galileo Copy the Telescope? A "New" Letter by Paolo Sarpi'. In *The Origins of the Telescope*. Ed. A van Helden, S Dupré, R van Gent and H Zuidervaart. Amsterdam: KNAW Press, 2010: 203–30.

―――. 'From Ciphers to Confidentiality: Secrecy, Openness and Priority in Science'. *British Journal for the History of Science* 45 (2012): 213–33.

―――― (ed.). *The Science Studies Reader*. New York: Routledge, 1999.

―――. 'Scientific Revolution, Social Bricolage and Etiquette'. In *The Scientific Rev-*

olution in National Context. Ed. R Porter and M Teich. Cambridge: Cambridge University Press, 1992: 11–54.

———. 'The Social Status of Italian Mathematicians, 1450–1600'. *History of Science* 27 (1989): 41–95.

Biggs, Noah. *Mataeotechnia medicinae praxeos: The Vanity of the Craft of Physick*. London: E Blackmore, 1651.

Biller, Peter. *The Measure of Multitude: Population in Medieval Thought*. Oxford: Oxford University Press, 2000.

de Bils, Lodewijk. *The Coppy of a Certain Large Act . . . Touching the Skill of a Better Way of Anatomy of Mans Body*. London: [s.n.], 1659.

Biro, Jacqueline. *On Earth as in Heaven: Cosmography and the Shape of the Earth from Copernicus to Descartes*. Saarbrücken: VDM Verlag Dr Müller, 2009.

Blackwell, Richard J. *Behind the Scenes at Galileo's Trial*. Indiana: University of Notre Dame Press, 2006.

Blair, Ann. *Annotations in a copy of Jean Bodin, 'Universae naturae theatrum'. Frankfurt: Wechel, 1597*. 1990. http://history.fas.harvard.edu/files/history/files/blair–theaterofnature.pdf.

———. 'Annotating and Indexing Natural Philosophy'. In *Books and the Sciences in History*. Ed. M Frasca-Spada and N Jardine. Cambridge: Cambridge University Press, 2000: 69–89.

Blake, Ralph M, Curt J Ducasse and Edward H Madden. *Theories of Scientific Method: The Renaissance through the Nineteenth Century*. Seattle: University of Washington Press, 1960.

Bloor, David. 'Anti-Latour'. *Studies in History and Philosophy of Science Part A* 30 (1999): 81–112.

———. *Knowledge and Social Imagery*. 2nd edn. London: Routledge & Kegan Paul, 1991. 《지식과 사회의 상》(한길사)

———. *Wittgenstein: A Social Theory of Knowledge*. London: Macmillan, 1983.

———. 'Wittgenstein and Mannheim on the Sociology of Mathematics'. *Studies in History and Philosophy of Science Part A* 4 (1973): 173–91.

Blundeville, Thomas. *A Briefe Description of Universal Mappes and Cardes, and of Their Use: And Also the Use of Ptholemey His Tables*. London: T Cadman, 1589.

Boas, Marie. 'The Establishment of the Mechanical Philosophy'. *Osiris* 10 (1952): 412–541.

Boas Hall, Marie. *Nature and Nature's Laws: Documents of the Scientific Revolution*. London: Macmillan, 1970.

———. *Promoting Experimental Learning: Experiment and the Royal Society 1660–1727*. Cambridge: Cambridge University Press, 1991.

Bodin, Jean. *Le Théatre de la nature universelle*. Trans. F de Fougerolles. Lyons: J

Pillehotte, 1597.

────. *Universæ naturæ theatrum in quo rerum omnium effectrices causæ & fines quinque libris discutiuntur.* Lyons: I Roussin, 1596.

Bodnár, István. 'Aristotle's Natural Philosophy'. *The Stanford Encyclopedia of Philosophy.* 2012. http://plato.stanford.edu/archives/spr2012/entries/aristotle–natphil/ (accessed 14 December 2014).

Boffito, Giuseppe. *Intorno alla 'Quaestio de aqua et terra' attribuita a Dante.* Turin: C Clausen, 1902.

Bogen, James and James Woodward. 'Saving the Phenomena'. *Philosophical Review* 97 (1988): 303–52.

Boghossian, Paul Artin. *Fear of Knowledge: Against Relativism and Constructivism.* Oxford: Clarendon Press, 2006.

Bonnell, Victoria E and Lynn Hunt. 'Introduction'. In *Beyond the Cultural Turn: New Directions in the Study of Society and Culture.* Ed. VE Bonnell and L Hunt. Berkeley: University of California Press, 1999: 1–32.

Boodt, Anselm Boèce de. *Gemmarum et lapidum historia.* Hanover: C Marnius, 1609.

Borel, Pierre. *A New Treatise Proving a Multiplicity of Worlds.* Trans. D Sashott. London: J Streater, 1658.

Borges, Jorge Luis. *Other Inquisitions, 1937–1952.* Austin: University of Texas Press, 1964. 《만리장성과 책들》(열린책들)

────. *The Total Library: Non-Fiction 1922–1986.* Ed. E Weinberger. Trans. E Allen and SJ Levine. London: Penguin, 2001.

Borough, William. *A Discours of the Variation of the Cumpas, or Magneticall Needle.* R Ballard: London, 1581.

Boschiero, Luciano. 'Translation, Experimentation and the Spring of the Air: Richard Waller's "Essayes of Natural Experiments"'. *Notes and Records of the Royal Society* (2009)

Bossuet, Jacques. *Quakerism A-la-Mode, Or A History of Quietism, Particularly That of the Lord Arch-Bishop of Cambray and Madam Guyone.* London: J Harris, 1698.

Bossy, John. *Giordano Bruno and the Embassy Affair.* New Haven: Yale University Press, 1991.

────. *Under the Molehill: An Elizabethan Spy Story.* New Haven: Yale University Press, 2001.

Bostridge, Ian. *Witchcraft and Its Transformations, c.1650–c.1750.* Oxford: Clarendon Press, 1997.

Botero, Giovanni. *On the Causes of the Greatness and Magnificence of Cities, 1588.* Trans. G Symcox. Toronto: University of Toronto Press, 2012.

Bourdieu, Pierre. *Science of Science and Reflexivity.* Trans. R Nice. Chicago: University of Chicago Press, 2004.

Bourne, William. *A Regiment for the Sea.* London: T Hacket, 1574.

Boyer, Carl B. 'Aristotelian References to the Law of Reflection'. *Isis* 36 (1946): 92–5.

———. 'Early Estimates of the Velocity of Light'. *Isis* 33 (1941): 24–40.

———. *The Rainbow from Myth to Mathematics.* New York: T Yoseloff, 1959.

Boyle, Robert. *Certain Physiological Essays and Other Tracts.* London: H Herringman, 1669.

———. *Certain Physiological Essays Written at Distant Times, and on Several Occasions.* London: H Herringman, 1661.

———. *The Christian Virtuoso Shewing, that by being Addicted to Experimental Philosophy, a Man is Rather Assisted, than Indisposed, to be a Good Christian.* London: J Taylor, 1690.

———. *A Continuation of New Experiments Physico-mechanical.* Oxford: R Davis, 1682.

———. *The Correspondence of Robert Boyle, 1636–1691.* Ed. MCW Hunter, A Clericuzio and L Principe. 6 vols. London: Pickering & Chatto, 2001.

———. *A Defence of the Doctrine Touching the Spring and Weight of the Air.* London: FG, 1662.

———. *Experimenta et observationes physicæ: Wherein are Briefly Treated of Several Subjects Relating to Natural Philosophy in an Experimental Way.* London: J Taylor, 1691.

———. *Experimentorum novorum physico-mechanicorum continuatio secunda.* Geneva: S de Tournes, 1680.

———. *Experiments and Considerations Touching Colours.* London: H Herringman, 1664.

———. *A Free Enquiry into the Vulgarly Receiv'd Notion of Nature.* London: J Taylor, 1686.

———. *Hydrostatical Paradoxes.* Oxford: R Davis, 1666.

———. *New Experiments Physico-Mechanical, Touching the Spring of the Air.* Oxford: H. Hall, 1660.

———. *Nouveau traité.* Lyons: J Certe, 1689.

———. *Occasional Reflections upon Several Subjects.* London: H Herringman, 1665.

———. *The Origine of Formes and Qualities.* Oxford: R Davis, 1666.

———. *Some Considerations Touching the Usefulnesse of Experimental Naturall Philosophy.* Oxford: R Davis, 1663.

———. 'Tryals Proposed by Mr Boyle to Dr Lower, to be Made by Him, for the Improvement of Transfusing Blood out of One Live Animal into Another'. *Philosophical Transactions* 1 (1667): 385–8.

──────. *The Works of Robert Boyle*. Ed. M Hunter and EB Davis. 14 vols. London: Pickering & Chatto, 1999–2000.

Brading, Katherine. 'The Development of the Concept of Hypothesis from Copernicus to Boyle and Newton'. *Revista de Filozofie KRISIS* 8 (1999): 5–16.

Brahe, Tycho. *Sur des phénomènes plus récents du monde éthéré, livre second*. Trans. J Peyroux. Paris: A Blanchard, 1984.

Brannigan, Augustine. *The Social Basis of Scientific Discoveries*. Cambridge: Cambridge University Press, 1981.

Broman, Thomas. 'The Habermasian Public Sphere and "Science *in* the Enlightenment"'. *History of Science* 36 (1998): 123–50.

Brook, Timothy. *Vermeer's Hat: The Seventeenth Century and the Dawn of the Global World*. London: Profile, 2008. 《베르메르의 모자》(추수밭)

Brotton, Jerry. *A History of the World in Twelve Maps*. London: Allen Lane, 2012.

Broughton, Peter. 'The First Predicted Return of Comet Halley'. *Journal for the History of Astronomy* 16 (1985): 123–32.

Brown, Alison. *The Return of Lucretius to Renaissance Florence*. Cambridge, Mass.: Harvard University Press, 2010.

Brown, Gary I. 'The Evolution of the Term "Mixed Mathematics"'. *Journal of the History of Ideas* 52 (1991): 81–102.

Brown, James Robert. *Who Rules in Science? An Opinionated Guide to the Wars*. Cambridge, Mass.: Harvard University Press, 2001.

Brown, Lloyd A. *Jean Domenique Cassini and His World Map of 1696*. Ann Arbor: University of Michigan Press, 1941.

Brown, Piers. '*Hac ex consilio meo via progredieris*: Courtly Reading and Secretarial Mediation in Donne's "The Courtier's Library"'. *Renaissance Quarterly* 61 (2008): 833–66.

Browne, Thomas. *Pseudodoxia epidemica, or Enquiries into Very Many Received Tenents, and Commonly Presumed Truths*. London: E Dod, 1646.

──────. *Pseudodoxia epidemica: Or, Enquiries into Very Many Received Tenents and Commonly Presumed Truths*. London: N Ekins, 1672.

Brummelen, Glen van. *The Mathematics of the Heavens and the Earth: The Early History of Trigonometry*. Princeton: Princeton University Press, 2009.

Bruno, Giordano. *The Ash Wednesday Supper = La Cena de le Ceneri*. Ed. EA Gosselin and LS Lerner. Toronto: University of Toronto Press, 1995.

De Bruyn, Frans. 'The Classical Silva and the Generic Development of Scientifi Writing in Seventeenth-century England'. *New Literary History* 32 (2001): 347–73.

Bucciantini, Massimo, Michele Camerota and Franco Giudice. *Galileo's Telescope: A European Story*. Cambridge Mass.: Harvard University Press, 2015.

Buchwald, Jed Z. 'Descartes' Experimental Journey Past the Prism and through the

Invisible World to the Rainbow'. *Annals of Science* 65 (2008): 1–46.

Buchwald, Jed Z and Mordechai Feingold. *Newton and the Origin of Civilization.* Princeton: Princeton University Press, 2013.

Buringh, Eltjo and Jan Luiten van Zanden. 'Charting the "Rise of the West": Manuscripts and Printed Books in Europe, a Long-term Perspective from the Sixth through Eighteenth Centuries'. *Journal of Economic History* 69 (2009): 409–45.

Burkert, Walter. *Lore and Science in Ancient Pythagoreanism.* Cambridge, Mass.: Harvard University Press, 1972.

Burns, William E. *An Age of Wonders: Prodigies, Politics and Providence in England, 1657–1727.* Manchester: Manchester University Press, 2002.

———. '"Our Lot is Fallen into an Age of Wonders': John Spencer and the Controversy Over Prodigies in the Early Restoration'. *Albion* 27 (1995): 237–52.

Burtt, Edwin A. *The Metaphysical Foundations of Modern Physical Science: A Historical and Critical Essay.* London: Routledge, 1924.

Bury, John Bagnell. *The Idea of Progress: An Inquiry into Its Origin and Growth.* London: Macmillan, 1920.

Butterfield, Herbert. *The Origins of Modern Science, 1300–1800.* London: Bell, 1950. 《근대과학의 기원》(탐구당)

———. *The Whig Interpretation of History.* London: Bell, 1931.

Byrne, James Steven. 'A Humanist History of Mathematics? Regiomontanus's Padua Oration in Context'. *Journal of the History of Ideas* 67 (2006): 41–61.

Calcagnini, Celio. *Opera aliquot.* Basle: H Frobenius, 1544.

Callon, Michel. *'Boîtes noires et opérations de traduction'. Économie et humanisme* 262 (1981): 53–9.

Camerota, Filippo. *La prospettiva del Rinascimento: arte, architettura, scienza.* Milano: Electa, 2006.

Camerota, Michele. *'Galileo, Lucrezio e l'atomismo'.* In *Lucrezio, la natura, la scienza.* Ed. F Beretta and F Citti. Florence: LS Olschki, 2008: 141–75.

Campbell, Mary Baine. 'Speedy Messengers: Fiction, Cryptography, Space Travel and Francis Godwin's "The Man in the Moone"'. *Yearbook of English Studies* 41 (2011): 190–204.

———. *Wonder and Science: Imagining Worlds in Early Modern Europe.* Ithaca: Cornell University Press, 1999.

Caraci Luzzana, Ilaria. *Amerigo Vespucci.* Nuova Raccolta Colombiana. Rome: Istituto poligrafico e Zecca dello Stato, 1999.

Cardano, Gerolamo. *De subtilitate libri XXI.* Basle: L Lucius, 1554.

Carpenter, Audrey T. *John Theophilus Desaguliers.* London: Continuum, 2011.

Carpenter, Nathanael. *Geographie Delineated Forth in Two Bookes, Containing the Spherical and Topicall Parts Thereof.* Oxford: J Lichfield, 1635.

————. *Philosophia libera, triplici exercitationum decade proposita: In qua, adversus huius temporis philosophos, dogmata quædam nova discutiuntur.* Oxford: J Lichfield, 1622.

Carpo, Mario. *Architecture in the Age of Printing.* Cambridge, Mass.: MIT Press, 2001.

Carroll, Patrick. *Science, Culture and Modern State Formation.* Berkeley: University of California Press, 2006.

Cassin, Barbara, Steven Rendall and Emily S Apter (eds.). *Dictionary of Untranslatables: A Philosophical Lexicon.* Princeton: Princeton University Press, 2014.

De Caus, Salomon. *Les Raisons des forces mouvantes.* Frankfurt: J Norton, 1615.

Cavendish, Margaret. *The Description of a New World, Called the Blazing-World.* London: A Maxwell, 1666.

Céard, Jean. *La Nature et les prodiges: L'Insolite au XVIe siècle.* Geneva: Droz, 1996.

Cesari, Anna Maria. *Il trattato della sfera di Andalòdi Negro nelle Zibaldone del Boccaccio.* Milan: AM Cesari, 1982.

Cesi, Bernardo. *Mineralogia, sive, Naturalis philosophiæ thesauri.* Louvain: J & P Prost, 1636.

Chalmers, Alan. 'Intermediate Causes and Explanations: The Key to Understanding the Scientific Revolution'. *Studies in History and Philosophy of Science Part A* 43 (2012): 551–62.

————. 'Klein on the Origin of the Concept of Chemical Compound'. *Foundations of Chemistry* 14 (2012): 37–53.

————. 'The Lack of Excellency of Boyle's Mechanical Philosophy'. *Studies in History and Philosophy of Science Part A* 24 (1993): 541–64.

————. 'Qualitative Novelty in Seventeenth-century Science: Hydrostatics from Stevin to Pascal'. *Studies in History and Philosophy of Science Part A* 51 (2015): 1–10.

————. *The Scientist's Atom and the Philosopher's Stone How Science Succeeded and Philosophy Failed to Gain Knowledge of Atoms.* Dordrecht: Springer, 2009.

————. 'Understanding Science through Its History: A Response to Newman'. *Studies in History and Philosophy of Science Part A* 42 (2011): 150–3.

Chang, Hasok. *Inventing Temperature: Measurement and Scientific Progress.* Oxford: Oxford University Press, 2004. 《온도계의 철학》(동아시아)

————. *Is Water H₂O?: Evidence, Pluralism and Realism.* Dordrecht: Springer, 2012.

Chapman, Allan. 'Tycho Brahe in China: The Jesuit Mission to Peking and the Iconography of European Instrument-making Processes'. *Annals of Science* 41 (1984): 417–43.

————. 'A World in the Moon – Wilkins and His Lunar Voyage of 1640'. *Quarterly Journal of the Royal Astronomical Society* 32 (1991): 121.

Charleton, Walter. *The Darknes of Atheism Dispelled by the Light of Nature. A Physico-Theologicall Treatise.* London: W Lee, 1652.

912

————. *Physiologia Epicuro-Gassendo-Charletoniana, or A Fabrick of Science Natural upon the Hypothesis of Atoms*. London: T Heath, 1654.

Chartier, Roger. *The Cultural Origins of the French Revolution*. Durham, NC: Duke University Press, 1991. 《프랑스혁명의 문화적 기원》(지만지)

Châtelet, Émilie du. *Selected Philosophical and Scientific Writings*. Ed. JP Zinsser. Chicago: University of Chicago Press, 2009.

Chesne, Joseph du. *The Practise of Chymicall, and Hermeticall Physicke*. Trans. T Timme. London: T Creede, 1605.

Child, William. *Wittgenstein*. London: Routledge, 2011.

Christianson, John Robert. *On Tycho's Island: Tycho Brahe, Science and Culture in the Sixteenth Century*. Cambridge: Cambridge University Press, 2000.

Christie, Thony. 'Nobody Invented the Scientific Method'. 29 August 2012. http://thonyc.wordpress.com/2012/08/29/nobody-invented-the-scientific-method/ (accessed 10 December 2014).

Cicero, Marcus Tullius. *De natura deorum: Academica*. Ed. H Rackham. Cambridge, Mass.: Harvard University Press, 1933. 《신들의 본성에 관하여》(그린비)

Cieslak-Golonka, Maria and Bruno Morten. 'The Women Scientists of Bologna'. *American Scientist* 88 (2000): 68–73.

Ciliberto, Michele and Nicholas Mann (eds.). *Giordano Bruno, 1583–1585: The English Experience*. Florence: LS Olschki, 1997.

Cipolla, Carlo M. *Clocks and Culture, 1300–1700*. London: Collins, 1967. 《시계와 문명》(미지북스)

————. *European Culture and Overseas Expansion*. Harmondsworth: Penguin, 1970.

Clagett, Marshall. 'The Impact of Archimedes on Medieval Science'. *Isis* 50 (1959): 419–29.

————. *The Science of Mechanics in the Middle Ages*. Madison: University of Wisconsin Press, 1959.

Clark, Kathleen M and Clemency Montelle. 'Priority, Parallel Discovery, and Pre-eminence: Napier, Bürgi and the Early History of the Logarithm Relation'. *Revue d'histoire des mathématiques* 18 (2012): 223–70.

Clark, Stuart. *Thinking with Demons: The Idea of Witchcraft in Early Modern Europe*. Oxford: Clarendon Press, 1997.

Clarke, Desmond M. *Descartes: A Biography*. Cambridge: Cambridge University Press, 2006.

————. *Descartes' Philosophy of Science*. Manchester: Manchester University Press, 1982.

————. *Occult Powers and Hypotheses: Cartesian Natural Philosophy under Louis XIV*. Oxford: Clarendon Press, 1989.

Clavius, Christoph. *In sphaeram Ioannis de Sacro Bosco commentarius, nunc tertio ab ipso auctore recognitus*. Rome: D Basa, 1585.

―――. *Opera mathematica*. 5 vols. Mainz: Hierat, 1611–12.

Clubb, Louise George. *Giambattista della Porta, Dramatist*. Princeton: Princeton University Press, 1965.

Clutton-Brock, Martin. 'Copernicus's Path to His Cosmology: An Attempted Reconstruction'. *Journal for the History of Astronomy* 36 (2005): 197–216.

Cobb, Matthew. *Generation: The Seventeenth-century Scientists who Unravelled the Secrets of Sex, Life and Growth*. New York: Bloomsbury, 2006.

Cobban, Alfred. *The Social Interpretation of the French Revolution*. Cambridge: Cambridge University Press, 1964.

Cohen, H Floris. *How Modern Science Came into the World: Four Civilizations, One 17th-century Breakthrough*. Amsterdam: Amsterdam University Press, 2010.

―――. 'Inside Newcomen's Fire Engine: The Scientific Revolution and the Rise of the Modern World'. *History of Technology* 25 (2004): 111–32.

―――. *The Scientific Revolution: A Historiographical Inquiry*. Chicago: University of Chicago Press, 1994.

Cohen, I Bernard. *The Birth of a New Physics*. New York: Norton, 1987.

―――. 'The Eighteenth-century Origins of the Concept of Scientific Revolution'. *Journal of the History of Ideas* 37 (1976): 257–88.

―――. 'The First English Version of Newton's *Hypotheses non fingo*'. *Isis* 53 (1962): 379–88.

―――. 'Hypotheses in Newton's Philosophy'. *Physis* 8 (1966): 163–83.

―――. '*Quantum in se est*: Newton's Concept of Inertia in Relation to Descartes and Lucretius'. *Notes and Records of the Royal Society of London* 19 (1964): 131–55.

―――. 'Roemer and the First Determination of the Velocity of Light (1676)'. *Isis* 31 (1940): 327–79.

Collingwood, Robin George. *An Autobiography*. London: Oxford University Press, 1939.

―――. *The Idea of Nature*. Oxford: Clarendon Press, 1945. 《자연이라는 개념》(이제이북스)

Collins, Harry M. *Changing Order: Replication and Induction in Scientific Practice*. London: Sage, 1985.

―――. 'Introduction: Stages in the Empirical Programme of Relativism'. *Social Studies of Science* 11 (1981): 3–10.

―――. 'Son of Seven Sexes: The Social Destruction of a Physical Phenomenon'. *Social Studies of Science* 11 (1981): 33–62.

―――. 'Tacit Knowledge, Trust and the Q of Sapphire'. *Social Studies of Science* 31 (2001): 71–85.

914

————. 'The TEA Set: Tacit Knowledge and Scientific Networks'. *Social Studies of Science* 4 (1974): 165–85.

Collinson, Patrick. 'The Monarchical Republic of Queen Elizabeth I'. *Bulletin of the John Rylands University Library of Manchester* 69 (1987): 394–424.

Colón, Fernando. *The Life of the Admiral Christopher Columbus*. Ed. B Keen. New Brunswick: Rutgers University Press, 1992.

Columbus, Christopher. *The Four Voyages*. Trans. JM Cohen. Harmondsworth: Penguin, 1969.

————. *The Journal of Christopher Columbus (During His First Voyage, 1492–93)*. Ed. CR Markham. Cambridge: Cambridge University Press, 2010.

Conant, James. 'On Wittgenstein's Philosophy of Mathematics'. *Proceedings of the Aristotelian Society* 97 (1997): 195–222.

Conant, James Bryant. *Robert Boyle's Experiments in Pneumatics*. Cambridge, Mass.: Harvard University Press, 1950.

Condorcet, Marquis de. *Outlines of an Historical View of the Progress of the Human Mind . . . Translated from the French*. London: J Johnson, 1795.

Considine, John. *Dictionaries in Early Modern Europe: Lexicography and the Making of Heritage*. Cambridge: Cambridge University Press, 2008.

Constantini, Angelo. *La Vie de Scaramouche*. Paris: C Barbin, 1695.

Cook, MG. 'Divine Artifice and Natural Mechanism: Robert Boyle's Mechanical Philosophy of Nature'. *Osiris* 16 (2001): 133–50.

Cooper, Alix. *Inventing the Indigenous: Local Knowledge and Natural History in Early Modern Europe*. Cambridge: Cambridge University Press, 2007.

Copenhaver, Brian P. 'The Historiography of Discovery in the Renaissance: The Sources and Composition of Polydore Vergil's *De inventoribus rerum*, I–III'. *Journal of the Warburg and Courtauld Institutes* 41 (1978): 192–214.

Copernicus, Nicolaus. *De revolutionibus orbium coelestium*. Nuremberg: J Petreius, 1543.

————. *On the Revolutions*. Ed. J Dobrzycki. Trans. E Rosen. Baltimore: Johns Hopkins University Press, 1978.

Cosgrove, Denis E. 'Images of Renaissance Cosmography'. In *The History of Cartography*. 6 vols. Vol. 3: *Cartography in the European Renaissance*. Ed. D Woodward. Chicago: University of Chicago Press, 2007: 55–98.

Costabel, Pierre. '*Sur l'origine de la science classique*'. *Revue philosophique de la France et de l'étranger* 137 (1947): 208–21.

Cowell, John. *The Interpreter, or Booke Containing the Signification of Words*. Cambridge: J Legate, 1607.

Crafts, N. 'Explaining the First Industrial Revolution: Two Views'. *European Review of Economic History* 15 (2011): 153–68.

Cranz, F Edward. *Reorientations of Western Thought from Antiquity to the Renaissance*. Ed. NS Struever. Aldershot: Ashgate, 2006.

Crease, Robert P. *World in the Balance: The Historic Quest for an Absolute System of Measurement*. New York: WW Norton, 2011. 《측정의 역사》(에이도스)

Cressy, David. 'Early Modern Space Travel and the English Man in the Moon'. *The American Historical Review* 111 (2006): 961–82.

Croft, Herbert. *Some Animadversions upon a Book Intituled, the Theory of the Earth*. London: C Harper, 1685.

Croll, Oswald, Georg Eberhard Hartmann and Johann Hartmann. *Bazilica Chymica, & Praxis Chymiatricae, or Royal and Practical Chymistry in Three Treatises*. London: J Starkey, 1670.

Crombie, Alistair Cameron. 'Grosseteste's Position in the History of Science'. In *Robert Grosseteste, Scholar and Bishop*. Ed. DA Callus. Oxford: Clarendon Press, 1955: 98–120.

———. 'Philosophical Presuppositions and Shifting Interpretations of Galileo'. In *Theory Change, Ancient Axiomatics and Galileo's Methodology*. Ed. J Hintikka, D Gruender and E Agazzi. Dordrecht: Reidel, 1980: 271–86.

———. *Robert Grosseteste and the Origins of Experimental Science, 1100–1700*. Oxford: Oxford University Press, 1953.

———. *Scientific Change*. New York: Basic Books, 1963.

———. *Styles of Scientific Thinking in the European Tradition*. 3 vols. London: Duckworth, 1994.

Culverwell, Nathaniel. *An Elegant and Learned Discourse of the Light of Nature: With Other Treatises*. London: J Rothwell, 1652.

Cunningham, Andrew. *The Anatomical Renaissance: The Resurrection of the Anatomical Projects of the Ancients*. Aldershot: Ashgate, 1997.

———. 'Getting the Game Right: Some Plain Words on the Identity and Invention of Science'. *Studies in History and Philosophy of Science Part A* 19 (1988): 365–89.

———. 'How the *Principia* Got Its Name, or Taking Natural Philosophy Seriously'. *History of Science* 29 (1991): 377–92.

———. 'The Identity of Natural Philosophy: A Response to Edward Grant'. *Early Science and Medicine* 5 (2000): 259–78.

Cunningham, Andrew and Perry Williams. 'De-centring the "Big Picture": "The Origins of Modern Science" and the Modern Origins of Science'. *British Journal for the History of Science* 26 (1993): 407–32.

Cuomo, Serafina. 'Shooting by the Book: Notes on NiccolòTartaglia's *Nova scientia*'. *History of Science* 35 (1997): 155–88.

Cyrano de Bergerac, Hercule-Savinien de. *The Comical History of the States and Empires of the Worlds of the Moon and Sun*. London: H Rhodes, 1687.

————. *Les États et empires de la lune et du soleil, avec le fragment de physique*. Ed. M Alcover. Paris: H Champion, 2004.

Dalché, Patrick Gautier. 'The Reception of Ptolemy's Geography'. In *The History of Cartography*. 6 vols. Vol. 3: *Cartography in the European Renaissance*. Ed. D Woodward. Chicago: University of Chicago Press, 2007: 285–364.

Daneau, Lambert. *Physique françoise, comprenant . . . le discours des choses naturelles, tant célestes que terrestres, selon que les philosophes les ont descrites*. Geneva: E Vignon, 1581.

Darmon, Jean-Charles. *Le Songe libertin: Cyrano de Bergerac d'un monde àl'autre*. Paris: Klincksieck, 2004.

Dary, Michael. *The General Doctrine of Equation Reduced into Brief Precepts: In III Chapters. Derived from the Works of the Best Modern Analysts*. London: N Brook, 1664.

Daston, Lorraine J. 'Baconian Facts, Academic Civility and the Prehistory of Objectivity'. In *Rethinking Objectivity*. Ed. A Megill. Durham, NC: Duke University Press, 1994: 37–63.

————. *Classical Probability in the Enlightenment*. Princeton: Princeton University Press, 1988.

————. 'The Cold Light of Facts and the Facts of Cold Light: Luminescence and the Transformation of the Scientific Fact, 1600–1750'. In *Signs of the Early Modern II*. Ed. DL Rubin. Charlottesville, VA: Rookwood Press, 1997: 17–45.

————. 'Curiosity in Early Modern Science'. *Word and Image* 11 (1995): 391–404.

————. 'The Factual Sensibility'. *Isis* 79 (1988): 452–67.

————. 'Historical Epistemology'. In *Questions of Evidence: Proof, Practice and Persuasion across the Disciplines*. Ed. J Chandler, AI Davidson and H Harootunian. Chicago: University of Chicago Press, 1994: 282–9.

————. 'The History of Emergences: The Emergence of Probability'. *Isis* 98: 801–8 (2007).

————. 'History of Science in an Elegiac Mode: E. A. Burtt's *Metaphysical Foundations of Modern Physical Science Revisited*'. *Isis* 82 (1991): 522–31.

————. 'The Ideal and Reality of the Republic of Letters in the Enlightenment'. *Science in Context* 4 (1991): 367–86.

————. 'The Language of Strange Facts in Early Modern Science'. In *Inscribing Science: Scientific Texts and the Materiality of Communication*. Ed. T Lenoir. Stanford: Stanford University Press, 1997: 20–38.

————. 'Marvelous Facts and Miraculous Evidence in Early-Modern Europe'. *Critical Inquiry* 18 (1991): 93–124.

————. '*Perchéi fatti sono brevi?* *Quaderni storici* 36 (2001): 745–70.

————. 'Science Studies and the History of Science'. *Critical Inquiry* 35 (2009):

798–813.

———. 'Strange Facts, Plain Facts and the Texture of Scientific Experience in the Enlightenment'. In *Proof and Persuasion: Essays on Authority, Objectivity and Evidence*. Ed. S Marchand and E Lunbeck. Turnhout: Brepols, 1996: 42–59.

Daston, Lorraine J and Peter Galison (eds.). *Objectivity*. New York: Zone Books, 2007.

Daston, Lorraine J and Elizabeth Lunbeck (eds.). *Histories of Scientific Observation*. Chicago: University of Chicago Press, 2011.

Daston, Lorraine J and Katharine Park. *Wonders and the Order of Nature, 1150–1750*. New York: Zone Books, 1998.

David, Paul A. 'Clio and the Economics of QWERTY'. *American Economic Review* 75 (1985): 332–7.

Davies, Richard. *Memoirs of the Life and Character of Dr Nicholas Saunderson: Late Lucasian Professor of the Mathematics in the University of Cambridge*. Cambridge: Cambridge University Press, 1741.

Dear, Peter. *Discipline and Experience: The Mathematical Way in the Scientific Revolution*. Chicago: University of Chicago Press, 1995.

———. 'The Meanings of Experience'. In *The Cambridge History of Science*. Vol. 3: *Early Modern Science*. Ed. K Park and LJ Daston. Cambridge: Cambridge University Press, 2006: 106–31.

———. 'Religion, Science and Natural Philosophy: Thoughts on Cunningham's Thesis'. *Studies in History and Philosophy of Science Part A* 32 (2001): 377–86.

———. *Revolutionizing the Sciences: European Knowledge and Its Ambitions, 1500–1700*. Princeton: Princeton University Press, 2001. 《과학혁명》(뿌리와이파리)

———. '*Totius in verba*: Rhetoric and Authority in the Early Royal Society'. *Isis* 76 (1985): 144–61.

Dee, John. *General and Rare Memorials Pertayning to the Perfect Arte of Navigation*. London: J Daye, 1577.

Della Porta, Giambattista. *De i miracoli et maravigliosi effetti dalla natura prodotti libri IV.* Venice: L Avanzi, 1560.

———. *De telescopio*. Florence: LS Olschki, 1962.

———. *La Magie naturelle en quatre livres*. Lyons: A Olier, 1678.

———. *Natural Magick in Twenty Books . . .: Wherein are Set Forth All the Riches and Delights of the Natural Sciences*. London: T Young, 1658.

Denton, Peter H. *The ABC of Armageddon: Bertrand Russell on Science, Religion and the Next War, 1919–1938*. Albany, NY: State University of New York Press, 2001.

Desaguliers, John Theophilus. *A Course of Experimental Philosophy*. 2 vols. London: Senex, 1734–44.

Descartes, René. *A Discourse of a Method for the Well Guiding of Reason, and the*

918

Discovery of Truth in the Sciences. London: T Newcombe, 1649. 《방법서설》(문예출판사)

―――. *Excellent Compendium of Musick with Necessary and Judicious Animadversions Thereupon*. London: T. Harper, 1653.

―――. *Oeuvres philosophiques*. Ed. F Alquié. 3 vols. Paris: Garnier, 1963–73.

―――. *The Philosophical Writings of Descartes*. Ed. J Cottingham, D Murdoch and R Stoothoff. 2 vols. Cambridge: Cambridge University Press, 1984.

―――. *Les Principes de la philosophie*. Paris: T Girard, 1668.

―――. *Principia philosophiæ*. Amsterdam: Elzevir, 1644. 《철학의 원리》(아카넷)

Deutscher, Guy. *Through the Language Glass: Why the World Looks Different in Other Languages*. London: William Heinemann, 2010. 《그곳은 소, 와인, 바다가 모두 빨갛다》(21세기북스)

Devlin, Keith J. *The Man of Numbers: Fibonacci's Arithmetic Revolution*. New York: Walker, 2011. 《수학자 피보나치》(해나무)

Devreese, J T and Guido Vanden Berghe. *'Magic is No Magic' : The Wonderful World of Simon Stevin*. Southampton: WIT, 2008.

Dewey, John. *German Philosophy and Politics*. New York: H Holt, 1915. 《독일 철학과 정치》(교육과학사)

Di Bono, Mario. '*L'astronomia Copernicana nell'opera di Giovan Battista Benedetti*'. In *Cultura, scienze e tecniche nella Venezia del Cinquecento: Atti del convegno internazionale di studio Giovan Battista Benedetti e il suo tempo*. Venice: Istituto veneto di scienze, lettere e d'arti, 1987: 288–300.

Dickinson, Henry Winram. *A Short History of the Steam Engine*. London: F Cass, 1963.

―――. *Sir Samuel Morland: Diplomat and Inventor, 1625–1695*. Cambridge: Heffer, 1970.

Diderot, Denis. *Les Bijoux indiscrets*. 2 vols. [n.l.]: Au Monomotapa, 1748. 《입 싼 보석들》(고려대학교출판부)

―――. *The Indiscreet Jewels*. New York: Marsilio, 1993.

Digby, Kenelm. *A Late Discourse Made in a Solemne Assembly of Nobles and Learned Men at Montpellier in France*. London: R Lownes, 1658.

―――. *Two Treatises . . . in Way of Discovery of the Immortality of Reasonable Soules*. Paris: G Blaizot, 1644.

Digges, Leonard and Thomas Digges. *A Prognostication Everlasting*. London: T Marshe, 1576.

Digges, Thomas. *Alae seu scalae mathematicae*. London: T Marsh, 1573.

Dijksterhuis, Eduard Jan. *The Mechanization of the World Picture*. Oxford: Clarendon Press, 1961.

―――. *Simon Stevin: Science in the Netherlands around 1600*. The Hague: M Nijhoff, 1970.

Dobbs, Betty Jo Teeter. *The Foundations of Newton's Alchemy*. Cambridge: Cambridge University Press, 1975.

———. 'Newton as Final Cause and First Mover'. In *Rethinking the Scientific Revolution*. Ed. M Osler. Cambridge: Cambridge University Press, 2000: 25–39.

Dodds, E R. *The Ancient Concept of Progress and Other Essays on Greek Literature and Belief*. Oxford: Clarendon Press, 1973.

Donahue, William H. *The Dissolution of the Celestial Spheres*. New York: Arno Press, 1981.

Donne, John. *Devotions upon Emergent Occasions*. London: T Jones, 1624.

———. *The Epithalamions, Anniversaries and Epicedes*. Ed. W Milgate. Oxford: Clarendon Press, 1978.

Drabkin, Israel Edward and Stillman Drake (eds.). *Mechanics in Sixteenth-century Italy*. Madison: University of Wisconsin Press, 1969.

Drake, Stillman. *Cause, Experiment and Science: A Galilean Dialogue Incorporating a New English Translation of Galileo's 'Bodies that Stay Atop Water, or Move in It'*. Chicago: University of Chicago Press, 1981.

Drayton, Michael. *Poly-Olbion*. London: M Lownes, 1612.

Dreyer, John Louis Emil. *History of the Planetary Systems from Thales to Kepler*. Cambridge: Cambridge University Press, 1906.

Dryden, John. *Of Dramatic Poesie: An Essay*. London: H Herringman, 1668.

Ducheyne, Steffen. 'The Status of Theory and Hypotheses'. In *The Oxford Handbook of British Philosophy in the Seventeenth Century*. Ed. PR Anstey. Oxford: Oxford University Press, 2013: 169–91.

Ducoux, François Joseph. *Notice sur Denis Papin, inventeur des machines et des bateaux àvapeur*. Blois: H Morard, 1854.

Duhem, Pierre. '*Un précurseur français de Copernic: Nicole Oresme (1377)*'. Revue générale des sciences pures et appliquées 20 (1909): 866–73.

———. '*Le Principe de Pascal: Essai historique*'. Revue générale des sciences pures et appliquées 16 (1905): 599–610.

———. *Le Système du monde: Histoire des doctrines cosmologiques de Platon à Copernic*. 10 vols. Vol. 9: *La Physique Parisienne au XIVe siècle*. Paris: Hermann, 1958.

———. *Le Système du monde: Histoire des doctrines cosmologiques de Platon à Copernic*. 10 vols. Vol. 10: *La Cosmologie du XVe siècle*. Paris: Hermann, 1959.

———. *To Save the Phenomena: An Essay on the Idea of Physical Theory from Plato to Galileo*. Chicago: University of Chicago Press, 1969.

Dunn, Jane. *Read My Heart: Dorothy Osborne and Sir William Temple*. London: Harper, 2008.

Dunn, John. *Modern Revolutions: An Introduction to the Analysis of a Political Phenomenon*. Cambridge: Cambridge University Press, 1972.

Dupleix, Scipion. *La Physique ou science naturelle, divisée en 8 livres*. Paris: Veuve D Salis, 1603.

Eagleton, Catherine. 'Medieval Sundials and Manuscript Sources: The Transmission of Information about the Navicula and the *Organum Ptolomei* in Fifteenth-century Europe'. In *Transmitting Knowledge: Words, Images and Instruments in Early Modern Europe*. Ed. S Kusukawa and I Maclean. Oxford: Oxford University Press, 2006: 41–71.

Eamon, William. *Science and the Secrets of Nature: Books of Secrets in Medieval and Early Modern Culture*. Princeton: Princeton University Press, 1994.

Eastwood, Bruce S. 'Grosseteste's "Quantitative" Law of Refraction: A Chapter in the History of Non-experimental Science'. *Journal of the History of Ideas* 28 (1967): 403–14.

———. 'Medieval Empiricism: The Case of Grosseteste's Optics'. *Speculum* 43 (1968): 306–21.

———. 'On the Continuity of Western Science from the Middle Ages: A. C. Crombie's Augustine to Galileo'. *Isis* 83 (1992): 84–99.

———. 'Robert Grosseteste's Theory of the Rainbow'. *Archives internationales d'histoire des sciences* 19 (1966): 313–32.

Edgerton, Samuel Y. *The Heritage of Giotto's Geometry: Art and Science on the Eve of the Scientific Revolution*. Ithaca: Cornell University Press, 1991.

———. *The Renaissance Rediscovery of Linear Perspective*. New York: Basic Books, 1975.

Eisenstein, Elizabeth L. *The Printing Press as an Agent of Change*. 2 vols. Cambridge: Cambridge University Press, 1979.

———. *The Printing Revolution in Early Modern Europe*. Cambridge: Cambridge University Press, 1983. 《근대 유럽의 인쇄 미디어 혁명》(커뮤니케이션북스)

———. 'An Unacknowledged Revolution Revisited'. *The American Historical Review* 107 (2002): 87–105.

Elia, Pasquale M d'. *Galileo in China: Relations through the Roman College between Galileo and the Jesuit Scientist-Missionaries (1610–1640)*. Cambridge, Mass.: Harvard University Press, 1960.

Elias, A C. *Swift at Moor Park: Problems in Biography and Criticism*. Philadelphia: University of Pennsylvania Press, 1982.

Elton, Geoffrey Rudolph. 'Herbert Butterfield and the Study of History'. *Historical Journal* 27 (1984): 729–43.

———. 'A High Road to Civil War?' In *Studies in Tudor and Stuart Politics and Government*. 4 vols. Vol. 2: *Parliament and Political Thought*. Cambridge: Cambridge University Press, 1974: 164–82.

Empson, William. *Essays on Renaissance Literature*. Ed. J Haffenden. 2 vols. Vol. 1: *Donne and the New Philosophy*. Cambridge: Cambridge University Press, 1993.

Erasmus, Desiderius. *Ye Dyaloge Called Funus*. London: R Copland, 1534.

Ernouf, Alfred-Auguste. *Denis Papin: Sa vie et son oeuvre (1647–1714)*. Paris: Hachette, 1883.

Estienne, Henri. *The Frankfurt Book Fair*. Ed. JW Thompson. Chicago: Caxton Club, 1911.

Evelyn, John. *The Diary*. Ed. ES de Beer. 6 vols. Vol. 1. Oxford: Clarendon Press, 1955.

Farr, James. 'The Way of Hypotheses: Locke on Method'. *Journal of the History of Ideas* (1987) 51–72.

Fattori, Marta. '*La diffusione di Francis Bacon nel libertinismo francese*'. *Rivista di storia della filosofia* 2 (2002): 225–42.

Favaro, Antonio. '*Libreria di Galileo Galilei*'. *Bullettino di bibliografia e di storia delle scienze matematiche e fisiche* 19 (1886): 219–93.

Febvre, Lucien. '*De l'àpeu près àla précision en passant par ouï-dire*'. *Annales. Économies, Sociétés, Civilisations* 5 (1950): 25–31.

———. *The Problem of Unbelief in the Sixteenth Century: The Religion of Rabelais*. Cambridge, Mass.: Harvard University Press, 1982.

———. *Le Problème de l'incroyance au XVIe siècle: La Religion de Rabelais*. Paris: A Michel, 1942.

Feingold, Mordechai. 'Giordano Bruno in England, Revisited'. *Huntington Library Quarterly* 67 (2004): 329–46.

———. *Jesuit Science and the Republic of Letters*. Cambridge Mass.: MIT Press, 2002.

———. *The Newtonian Moment: Isaac Newton and the Making of Modern Culture*. New York: Oxford University Press, 2004.

———. 'When Facts Matter'. *Isis* 87 (1996): 131–9.

Fernel, Jean. *On the Hidden Causes of Things: Forms, Souls and Occult Diseases in Renaissance Medicine*. Ed. J Henry and JM Forrester. Leiden: Brill, 2005.

———. *Therapeutice, seu medendi ratio*. Venice: P Bosellus, 1555.

Ferrand, Jacques. *Erotomania, or A Treatise Discoursing of the Essence, Causes, Symptomes, Prognosticks and Cure of Love or Erotic Melancholy*. Oxford: Printed for Edward Forrest, 1645.

Feyerabend, Paul K. 'Against Method'. In *Analyses of Theories and Methods of Physics and Psychology*. Ed. M Radner and S Winokur. Minneapolis: University of Minnesota Press, 1970: 17–130.

———. *Against Method*. New York: Schocken, 1975. 《방법에 반대한다》(그린비)

———. 'Classical Empiricism'. In *The Methodological Heritage of Newton*. Ed. RE

Butts and JW Davis. Oxford: Blackwell, 1970: 150–70.

———. *Farewell to Reason*. London: Verso, 1987.

———. *Science in a Free Society*. London: NLB, 1978.

Field, Judith Veronica. *The Invention of Infinity: Mathematics and Art in the Renaissance*. Oxford: Oxford University Press, 1997.

Figuier, Louis. *Exposition et histoire des principales découvertes scientifiques modernes*. 3 vols. Vol. 3. Paris: Langlois & Leclerq, 1851–2.

Filarete, Antonio Averlino detto il. *Trattato di architettura*. Milan: Il Polifilo, 1972.

Findlen, Paula. 'A Forgotten Newtonian: Women and Science in the Italian Provinces'. In *The Sciences in Enlightened Europe*. Ed. W Clark, J Golinski and S Schaffer. Chicago: University of Chicago Press, 1999: 313–49.

———. 'Natural History.' In *The Cambridge History of Science*. Vol. 3. Ed. K Park and L Daston. Cambridge: Cambridge University Press, 2008: 435–68.

Finlay, R. 'China, the West and World History in Joseph Needham's *Science and Civilisation in China* '. *Journal of World History* 11 (2000): 265–303.

Finley, Moses I. 'Aristotle and Economic Analysis'. *Past and Present* 47 (1970): 3–25.

Finn, Bernard S. 'Laplace and the Speed of Sound'. *Isis* 55 (1964): 7–19.

Finocchiaro, Maurice A. *The Galileo Affair: A Documentary History*. Berkeley: University of California, 1989.

———. *Retrying Galileo, 1633–1992*. Berkeley: University of California Press, 2007.

Fish, Stanley. 'Professor Sokal's Bad Joke'. Op-ed. *The New York Times*, 1996.

Fleck, Ludwik. *Genesis and Development of a Scientific Fact*. Ed. TJ Trenn and RK Merton. Chicago: University of Chicago Press, 1979.

Fleming, Donald. 'Latent Heat and the Invention of the Watt Engine'. *Isis* 43 (1952): 3–5.

Fleming, Fergus. *Barrow's Boys*. London: Granta Books, 1998.

Fleming, James Dougal (ed.). *The Invention of Discovery, 1500–1700*. Burlington, VT: Ashgate, 2011.

Fletcher, John Edward and Elizabeth Fletcher. *A Study of the Life and Works of Athanasius Kircher*. Leiden: Brill, 2011.

Fontenelle, Bernard le Bovier de. *Entretiens sur la pluralitédes mondes. Digression sur les anciens et les modernes*. Ed. R Shackleton. Oxford: Clarendon Press, 1955.

Foucault, Michel. *L'archéologie du savoir*. Paris: Gallimard, 1969. 《지식의 고고학》(민음사)

———. *Dits et écrits*. Ed. D Defert, F Ewald and J Lagrange. 2 vols. Paris: Gallimard, 2001.

Fowles, Grant R. *Introduction to Modern Optics*. New York: Dover Publications, 1989.

Fox, Robert (ed.). *Thomas Harriot: An Elizabethan Man of Science*. Aldershot: Ashgate, 2000.

Fraassen, Bas C van. *The Scientific Image*. Oxford: Clarendon Press, 1980.

Franklin, James. *The Science of Conjecture: Evidence and Probability before Pascal*. Baltimore: Johns Hopkins University Press, 2001.

Freedberg, David. 'Art, Science and the Case of the Urban Bee'. In *Picturing Science, Producing Art*. Ed. CA Jones, P Galison and AE Slaton. New York: Routledge, 1998: 272–96.

Frisch, Andrea. *The Invention of the Eyewitness: Witnessing and Testimony in Early Modern France*. Chapel Hill: University of North Carolina Press, 2004.

Froidmont, Libert. *Meteorologicorum libri sex*. Antwerp: Moretus, 1627.

Funkenstein, Amos. *Theology and the Scientific Imagination from the Middle Ages to the Seventeenth Century*. Princeton: Princeton University Press, 1986.

Galilei, Galileo. *Dialogue Concerning the Two Chief World Systems, Ptolemaic and Copernican*. Trans. S Drake. Berkeley: University of California Press, 1967. 《대화》 (사이언스북스)

———. *Discorsi e dimostrazioni matematiche intorno a due nuoue scienze attenenti alla mecanica e i mouimenti locali*. Leiden: Elsevier, 1638.

———. *The Essential Galileo*. Ed. MA Finocchiaro. Indianapolis: Hackett, 2008.

———. *Le opere di Galileo Galilei. Edizione Nazionale*. Ed. A Favaro. 20 vols. Florence: Barberà, 1890–1909.

Galilei, Galileo and Christoph Scheiner. *On Sunspots*. Ed. E Reeves and AV van Helden. Chicago: University of Chicago Press, 2008.

Galilei, Vincenzo. *Dialogue on Ancient and Modern Music*. Ed. CV Palisca. New Haven: Yale University Press, 2003.

Galloway, Elijah and Luke Hebert. *History and Progress of the Steam Engine with a Practical Investigation of Its Structure and Application*. London: T Kelly, 1836.

Galloway, Robert L. *The Steam Engine and Its Inventors*. London: Macmillan, 1881.

Galluzzi, Paolo. *The Art of Invention: Leonardo and Renaissance Engineers*. Florence: Giunti, 1999.

Galton, Francis. *English Men of Science, Their Nature and Nurture*. London: Macmillan, 1874.

Garber, Daniel. 'On the Frontlines of the Scientific Revolution: How Mersenne Learned to Love Galileo'. *Perspectives on Science* 12 (2004): 135–63.

Garzoni, Leonardo. *Trattati della calamità*. Ed. M Ugaglia. Milan: FrancoAngeli, 2005.

Gascoigne, John. 'Crossing the Pillars of Hercules: Francis Bacon, the Scientific Revolution and the New World'. In *Science in the Age of Baroque*. Ed. O Gal and R Chen-Morris. Dordrecht: Springer, 2012: 217–37.

———. 'A Reappraisal of the Role of the Universities in the Scientific Revolution'. In *Reappraisals of the Scientific Revolution*. Ed. D Lindberg and R Westman. Cam-

924

bridge: Cambridge University Press, 1990: 207–60.

Gassendi, Pierre. *Animadversiones in decimum librum Diogenis Laertii*. Lyons: Barbier, 1649.

———. *Opera omnia*. 6 vols. Florence: J Cajetan, 1727.

Gatti, Hilary. 'Bruno and the Gilbert Circle'. In *Giordano Bruno and Renaissance Science*. Ithaca: Cornell University Press, 1999: 86–98.

———. *Essays on Giordano Bruno*. Princeton: Princeton University Press, 2011.

Gaukroger, Stephen. *Descartes: An Intellectual Biography*. Oxford: Clarendon Press, 1995.

———. *The Emergence of a Scientific Culture: Science and the Shaping of Modernity 1210–1685*. Oxford: Clarendon Press, 2006.

Gaulke, Karsten. '*Die Papin–Savery-Kontroverse*'. In *Denis Papin: Erfinder und Naturforscher in Hessen-Kassel*. Ed. F Tönsmann and H Schneider. Kassel: Euregioverlag, 2009: 105–22.

Gaurico, Luca, Prosdocimus and others. *Spherae tractatus*. Venice: Ginuta, 1531.

Geertz, Clifford. *Local Knowledge: Further Essays in Interpretive Anthropology*. New York: Basic Books, 1983.

Geis, Gilbert and Ivan Bunn. *A Trial of Witches: A Seventeenth-century Witchcraft Prosecution*. London: Routledge, 1997.

Gellner, Ernest. 'Concepts and Society'. In *Rationality*. Ed. B Wilson. Oxford: Blackwell, 1970: 18–49.

———. *Relativism and the Social Sciences*. Cambridge: Cambridge University Press, 1985.

Gerbino, Anthony and Stephen Johnston. *Compass and Rule: Architecture as Mathematical Practice in England, 1500–1750*. New Haven: Yale University Press, 2009.

Gerland, Ernst. '*Das sogenannte Dampfschiff Papin's*'. *Zeitschrift des Vereins für Hessische Geschichte und Landeskunde* 18 (1880): 221–7.

Gerson, Jean. *Opera*. Basle: N Kesler, 1489.

———. *Opera omnia*. 5 vols. Antwerp: Societas, 1706.

Gerth, Jerome. '*Der Dampfkochtopf = Digestor – Eine Erzählung*'. In *Denis Papin und die Eisenhütte Veckerhagen*. Reinhardshagen: Gemeindevorstand Reinhardshagen, 1987: 2–14.

Gibbon, Nicholas. *A Summe or Body of Divinitie Real. Stating Ye Fundamentall, in Modell, for Ye Evidencing & Fixing the Dogmaticall Truths after Ye Way of Demonstration*. London: [n.p.], 1651.

Gigerenzer, Gerd, Zeno Swijtink and others. *The Empire of Chance: How Probability Changed Science and Everyday Life*. Cambridge: Cambridge University Press, 1989.

Gilbert, Creighton. 'When Did a Man in the Renaissance Grow Old?' *Studies in the Renaissance* 14 (1967): 7–32.

Gilbert, Felix. *Machiavelli and Guicciardini: Politics and History in Sixteenth century Florence*. Princeton: Princeton University Press, 1965.

Gilbert, William. *De magnete*. Trans. P Fleury Mottelay. New York: Dover, 1951. 《자석 이야기》(서해문집)

———. *De magnete, magneticisque corporibus, et de magno magnete tellure: Physiologia nova*. London: P Short, 1600.

———. *De mundo nostro sublunari philosophia nova*. Amsterdam: Elzevir, 1651.

———. *On the Magnet, Magnetick Bodies Also, and on the Great Magnet of the Earth: A New Physiology*. Trans. SP Thompson. London: Chiswick Press, 1900.

Gimpel, Jean. *The Medieval Machine: The Industrial Revolution of the Middle Ages*. New York: Holt, Rinehart and Winston, 1976.

Gingerich, Owen. *An Annotated Census of Copernicus' 'De revolutionibus' (Nuremberg, 1543 and Basel, 1566)*. Leiden: Brill, 2002.

———. *The Book Nobody Read: Chasing the Revolutions of Nicolaus Copernicus*. London: Penguin, 2005. 《아무도 읽지 않은 책》(지식의숲)

———. 'Circles of the Gods: Copernicus, Kepler and the Ellipse'. *Bulletin of the American Academy of Arts and Sciences* 47 (1994): 15–27.

———. 'Did Copernicus Owe a Debt to Aristarchus?' *Journal for the History of Astronomy* 16 (1985): 37–42.

———. 'From Copernicus to Kepler: Heliocentrism as Model and as Reality'. *Proceedings of the American Philosophical Society* 117 (1973): 513–22.

———. 'Johannes Kepler'. In *The General History of Astronomy*. 4 vols. 2A: *Planetary Astronomy from the Renaissance to the Rise of Astrophysics*. Ed. R Taton and C Wilson. Cambridge: Cambridge University Press, 1989: 54–78.

———. 'Sacrobosco as a Textbook'. *Journal for the History of Astronomy* 19 (1988): 269–73.

———. 'Sacrobosco Illustrated'. In *Between Demonstration and Imagination: Essays in the History of Science and Philosophy Presented to John D. North*. Ed. AJ Vanderjagt and L Nauta. Leiden: Brill, 1999: 211–24.

———. 'Tycho Brahe and the Nova of 1572'. In *1604–2004: Supernovae as Cosmological Lighthouses*. Ed. M Turatto, S Benetti, L Zampieri and W Shea. San Francisco: Astronomical Society of the Pacific, 2005: 3–12.

Gingerich, Owen and Albert van Helden. 'From Occhiale to Printed Page: The Making of Galileo's *Sidereus nuncius*'. *Journal for the History of Astronomy* 34 (2003): 251–67.

Gingerich, Owen and JR Voelkel. 'Tycho Brahe's Copernican Campaign'. *Journal for the History of Astronomy* 29 (1998): 1–34.

Gingerich, Owen and Robert S Westman. 'The Wittich Connection: Conflict and Priority in Late-sixteenth-century Cosmology'. *Transactions of the American Philosophical Society* 78 (1988): 1–148.

Ginsburg, Jekuthiel. 'On the Early History of the Decimal Point'. *American Mathematical Monthly* 35 (1928): 347–9.

Ginzburg, Carlo. *Myths, Emblems, Clues*. London: Hutchinson Radius, 1990.

Glanvill, Joseph. *Plus ultra, or The Progress and Advancement of Knowledge since the Days of Aristotle*. London: J Collins, 1668.

———. *Saducismus triumphatus, or Full and Plain Evidence Concerning Witches and Apparitions*. London: J Collins, 1681.

———. *The Vanity of Dogmatizing*. London: H Eversden, 1661.

Gleeson-White, Jane. *Double Entry: How the Merchants of Venice Shaped the Modern World*. Crows Nest, NSW: Allen & Unwin, 2011.

Goddu, André. 'Reflections on the Origin of Copernicus's Cosmology'. *Journal for the History of Astronomy* 37 (2006): 37–53.

Godwin, Francis. *The Man in the Moone*. Ed. W Poole. Peterborough, Ont.: Broadview Press, 2009.

Goldberg, Jonathan. 'Speculations: Macbeth and Source'. In *Shakespeare Reproduced: The Text in History and Ideology*. London, 1987: 242–64.

Goldie, Mark. 'The Context of the Foundations'. In *Rethinking the Foundations of Modern Political Thought*. Ed. A Brett, J Tully and H Hamilton-Bleakley. Cambridge: Cambridge University Press, 2006: 3–19.

Goldstein, Bernard R. 'Theory and Observation in Medieval Astronomy'. *Isis* 63 (1972): 39–47.

Goldstein, Bernard R and Giora Hon. 'Kepler's Move from Orbs to Orbits: Documenting a Revolutionary Scientific Concept'. *Perspectives on Science* 13 (2005): 74–111.

Goldstein, Thomas. 'The Renaissance Concept of the Earth in Its Influence upon Copernicus'. *Terrae incognitae* 4 (1972): 19–51.

Golinski, Jan. 'New Preface'. In *Making Natural Knowledge: Constructivism and the History of Science*. Chicago: University of Chicago Press, 2005: vii–xv.

Gombrich, Ernst Hans. *Art and Illusion*. London: Phaidon, 1960. 《예술과 환영》(열화당)

Goulding, Robert. 'Henry Savile and the Tychonic World-system'. *Journal of the Warburg and Courtauld Institutes* 58 (1995): 152–79.

Grafton, Anthony. *The Footnote: A Curious History*. Cambridge, Mass.: Harvard University Press, 1997. 《각주의 역사》(테오리아)

———. 'Review: The Importance of Being Printed'. *Journal of Interdisciplinary History* 11 (1980): 265–86.

Grafton, Anthony, April Shelford and Nancy G Siraisi. *New Worlds, Ancient Texts:*

The Power of Tradition and the Shock of Discovery. Cambridge, Mass.: Harvard University Press, 1992. 《신대륙과 케케묵은 텍스트들》(일빛)

Granada, Miguel A. 'Aristotle, Copernicus, Bruno: Centrality, the Principle of Movement and the Extension of the Universe'. *Studies in History and Philosophy of Science Part A* 35 (2004): 91–114.

————. '*Bruno, Digges, Palingenio: Omogeneitàed eterogeneitànella concezione dell'universo infinito*'. *Rivista di storia della filosofia* 47 (1992): 47–73.

Granada, Miguel A, Adam Mosley and Nicholas Jardine. *Christoph Rothmann's Discourse on the Comet of 1585: An Edition and Translation with Accompanying Essays.* Leiden: Brill, 2014.

Graney, Christopher M. 'Anatomy of a Fall: Giovanni Battista Riccioli and the Story of G'. *Physics Today* 65 (2012): 36–40.

————. 'Science Rather than God: Riccioli's Review of the Case For and Against the Copernican Hypothesis'. *Journal for the History of Astronomy* 43 (2012): 215–26.

————. *Setting Aside All Authority: Giovanni Battista Riccioli and the Science against Copernicus in the Age of Galileo.* Notre Dame: University of Notre Dame Press, 2015.

————. 'The Work of the Best and Greatest Artist: A Forgotten Story of Religion, Science and Stars in the Copernican Revolution'. *Logos: A Journal of Catholic Thought and Culture* 15 (2012): 97–124.

Grant, Edward. 'In Defense of the Earth's Centrality and Immobility: Scholastic Reaction to Copernicanism in the Seventeenth Century'. *Transactions of the American Philosophical Society* 74 (1984): 1–69.

————. *The Foundations of Modern Science in the Middle Ages.* Cambridge: Cambridge University Press, 1996.

————. 'God and Natural Philosophy: The Late Middle Ages and Sir Isaac Newton'. *Early Science and Medicine* 5 (2000): 279–98.

————. 'God, Science and Natural Philosophy in the Late Middle Ages'. *Studies in Intellectual History* 96 (1999): 243–68.

————. *Planets, Stars and Orbs: The Medieval Cosmos, 1200–1687.* Cambridge: Cambridge University Press, 1994.

———— (ed.). *A Source Book in Medieval Science.* Cambridge, Mass.: Harvard University Press, 1974.

Graunt, John. *Natural and Political Observations . . . Made upon the Bills of Mortality.* London: T Roycroft, 1662.

Gray, John. *Heresies.* London: Granta Books, 2004.

Greeley, Horace. 'The Age We Live In'. *Nineteenth Century* 1 (1848): 50–4.

Greenblatt, Stephen. 'Invisible Bullets'. In *Shakespearean Negotiations.* Oxford: Clarendon Press, 1988: 21–65.

————. *The Swerve: How the Renaissance Began*. London: Bodley Head, 2011.

Greenblatt, Stephen and Joseph L Koerner. 'The Glories of Classicism'. *New York Review of Books*, 21 February 2013.

Grendler, Marcella. 'Book Collecting in Counter-Reformation Italy: The Library of Gian Vincenzo Pinelli (1535–1601)'. *Journal of Library History* 16 (1981): 143–51.

Griffith, Alexander. *Mercurius Cambro-Britannicus, or News from Wales*. London: [s.n.], 1652.

Griffi Ralph. 'Select Dissertations from the *Amoenitates academicae*'. *Monthly Review* 65 (1781): 296–304.

Grünbaum, Adolf. 'The Duhemian Argument'. *Philosophy of Science* 27 (1960): 75–87.

Grynaeus, Simon. *Novus orbis regionum ac insularum veteribus incognitarum*. Basle: J Hervagius, 1532.

Guerlac, Henry. 'Can We Date Newton's Early Optical Experiments?' *Isis* 74 (1983): 74–80.

Guicciardini, Francesco. *Maxims and Reflections (Ricordi)*. Philadelphia: University of Pennsylvania Press, 1972.

Gulliver, Lemuel. *The Anatomist Dissected, or The Man-Midwife Finely Brought to Bed*. Westminster: A Campbell, 1727.

Haack, Susan. *Manifesto of a Passionate Moderate: Unfashionable Essays*. Chicago: University of Chicago Press, 1998.

Hacking, Ian. *The Emergence of Probability: A Philosophical Study of Early Ideas about Probability, Induction and Statistical Inference*. Cambridge: Cambridge University Press, 2006.

————. 'Five Parables'. In *Philosophy in History*. Ed. R Rorty, JB Schneewind and Q Skinner. Cambridge: Cambridge University Press, 1984: 103–24.

————. *Historical Ontology*. Cambridge, Mass.: Harvard University Press, 2002.

————. 'How Inevitable are the Results of Successful Science?' *Philosophy of Science* 67 Supplement (2000): 58–71.

————. Inaugural Lecture: Chair of Philosophy and History of Scientific Concepts at the Collège de France. *Economy and Society* 31 (2002): 1–14.

————. 'Introductory Essay'. In Thomas S Kuhn, *The Structure of Scientific Revolutions*. Chicago; London: University of Chicago Press, 2012: i–xxxvii.

————. 'Language, Truth and Reason'. In *Rationality and Relativism*. Ed. M Hollis and S Lukes. Cambridge, Mass.: MIT Press, 1982: 48–66.

————. 'The Self-vindication of the Laboratory Sciences'. In *Science as Practice and Culture*. Ed. A Pickering. Chicago: University of Chicago Press, 1992: 29–64.

————. *The Social Construction of What?* Cambridge, Mass.: Harvard University Press, 1999.

————. '"Style" for Historians and Philosophers'. *Studies in History and Philosophy of Science Part A* 23 (1992): 1–20.

———. 'Was There Ever a Radical Mistranslation?' *Analysis* 41 (1981): 171–5.

Hahn, Nan L. 'Medieval Mensuration: *Quadrans vetus* and *Geometrie due sunt partes principales*'. *Transactions of the American Philosophical Society* 72 (1982): lxxxv, 204.

Hale, John Rigby. *The Civilization of Europe in the Renaissance*. London: Harper-Collins, 1993.

———. 'The Early Development of the Bastion: An Italian Chronology *c*.1450–*c*.1534'. In *Europe in the Late Middle Ages*. Ed. JR Hale. London: Faber, 1965: 466–94.

———. 'Warfare and Cartography, *c*.1450 to *c*.1640'. In *The History of Cartography*. 6 vols. Vol. 3: *Cartography in the European Renaissance*. Ed. D Woodward. Chicago: University of Chicago Press, 2007: 719–37.

Hale, Matthew. *Difficiles nugae, or Observations Touching the Torricellian Experiment*. London: W Shrowsbury, 1674.

Hall, A Rupert. *All was Light: An Introduction to Newton's Opticks*. Oxford: Clarendon Press, 1993.

———. *Ballistics in the Seventeenth Century: A Study in the Relations of Science and War*. Cambridge: Cambridge University Press, 1952.

———. 'Engineering and the Scientific Revolution'. *Technology and Culture* 2 (1961): 333–41.

———. *Philosophers at War: The Quarrel between Newton and Leibniz*. Cambridge: Cambridge University Press, 1980.

———. 'What Did the Industrial Revolution in Britain Owe to Science?' In *Historical Perspectives: Studies in English Thought and Society, in Honour of J. H. Plumb*. Ed. N McKendrick. London: Europa, 1974: 129–51.

———. 'William Wotton and the History of Science'. *Archives internationales d'histoire des sciences* 9 (1949): 1047–62.

Hamblyn, Richard. *The Invention of Clouds: How an Amateur Meteorologist Forged the Language of the Skies*. London: Picador, 2001. 《구름을 사랑한 과학자》(사이언스북스)

Hamel, Jürgen. *Studien zur 'Sphaera' des Johannes de Sacrobosco*. Leipzig: Akademische Verlagsanstalt, 2014.

Hannam, James. *God's Philosophers: How the Medieval World Laid the Foundations of Modern Science*. London: Icon Books, 2009.

Hanson, Norwood Russell. 'An Anatomy of Discovery'. *Journal of Philosophy* 64 (1967): 321–52.

———. '*Hypotheses fingo*'. In *The Methodological Heritage of Newton*. Ed. RE Butts and JW Davis. Oxford: Blackwell, 1970: 14–33.

———. *Patterns of Discovery: An Inquiry into the Conceptual Foundations of Science*.

Cambridge: Cambridge University Press, 1958. 《과학적 발견의 패턴》(사이언스북스)

Harle, Jonathan. *An Historical Essay on the State of Physick in the Old and New Testament*. London: R Ford, 1729.

Harley, John Brian. 'Maps, Knowledge and Power'. In *The New Nature of Maps: Essays in the History of Cartography*. Ed. P Laxton. Baltimore: Johns Hopkins University Press, 2001: 51–82.

Harris, John. *Lexicon technicum, or An Universal English Dictionary of Arts and Sciences Vol. I*. London: D Brown, 1704.

Harrison, Peter. *The Bible, Protestantism and the Rise of Natural Science*. Cambridge: Cambridge University Press, 1998.

———. 'Curiosity, Forbidden Knowledge and the Reformation of Natural Philosophy in Early Modern England'. *Isis* 92 (2001): 265–90.

———. 'The Development of the Concept of Laws of Nature'. In *Creation: Law and Probability*. Ed. FN Watts. Minneapolis: Fortress Press, 2008: 13–35.

———. *The Fall of Man and the Foundations of Science*. Cambridge: Cambridge University Press, 2007.

———. 'Newtonian Science, Miracles and the Laws of Nature'. *Journal of the History of Ideas* 56 (1995): 531–53.

———. 'Reassessing the Butterfield Thesis'. *Historically Speaking* 8 (2006): 7–10.

———. 'Voluntarism and Early Modern Science'. *History of Science* 40 (2002): 63–89.

———. 'Voluntarism and the Origins of Modern Science: A Reply to John Henry'. *History of Science* 47 (2009): 223–31.

Harvey, Gabriel. *Gabriel Harvey's Marginalia*. Ed. GCM Moore Smith. Stratford-upon-Avon: Shakespeare Head Press, 1913.

Harvey, Gideon. *The Vanities of Philosophy and Physick*. London: A Roper, 1699.

Harvey, William. *Anatomical Exercitations, Concerning the Generation of Living Creatures*. London: O Pulleyn, 1653.

Haugen, Kristine Louise. *Richard Bentley: Poetry and Enlightenment*. Cambridge, Mass.: Harvard University Press, 2011.

Hay, Denys. *Polydore Vergil: Renaissance Historian and Man of Letters*. Oxford: Clarendon Press, 1952.

Hayton, Darin. 'Instruments and Demonstrations in the Astrological Curriculum: Evidence from the University of Vienna, 1500–1530'. *Studies in History and Philosophy of Science Part C* 41 (2010): 125–34.

Headley, John M. 'The Sixteenth-century Venetian Celebration of the Earth's Total Habitability: The Issue of the Fully Habitable World for Renaissance Europe'. *Journal of World History* 8 (1997): 1–27.

Hedrick, Elizabeth. 'Romancing the Salve: Sir Kenelm Digby and the Powder of Sympathy'. *British Journal for the History of Science* 41 (2008): 161–85.

Heeffer, Albrecht. 'On the Curious Historical Coincidence of Algebra and Double-entry Bookkeeping'. In *Foundations of the Formal Sciences VII*. Ed. K François, B Löwe and T Müller. London: College Publishers, 2011: 109–30.

Heilbron, John L. *Galileo*. Oxford: Oxford University Press, 2010.

———. *Physics at the Royal Society During Newton's Presidency*. Los Angeles: William Andrews Clark Memorial Library, 1983.

Heisenberg, W. '*Über quantentheoretische Umdeutung kinematischer und mechanischer Beziehungen*'. *Zeitschrift für Physik* 33 (1925): 879–93.

Helas, Philine. '*Die Erfindung des Globus durch die Malerei – zum Wandel des Weltbildes im 15. Jahrhundert*'. In *Die Welt im Bild: Weltentwürfe in Kunst, Literatur und Wissenschaft seit der Frühen Neuzeit*. Ed. U Gehring. Munich: W Fink, 2010: 43–86.

———. '*Mundus in rotundo et pulcherrime depictus: Nunquam sistens sed continuo volvens: Ephemere Globen in den Festinszenierungen des italienischen Quattrocento*'. *Der Globusfreund* 45–6 (1998): 155–75.

Helden, Albert van. 'The Invention of the Telescope'. *Transactions of the American Philosophical Society* 67 (1977): 1–67.

———. *Measuring the Universe*. Chicago: University of Chicago Press, 1985.

———. 'Roemer's Speed of Light'. *Journal for the History of Astronomy* 14 (1983): 137–41.

Helden, Anne C van. 'The Age of the Air-pump'. *Tractrix* 3 (1991): 149–72.

Hellman, C Doris. 'Additional Tracts on the Comet of 1577'. *Isis* 39 (1948): 172–4.

———. 'A Bibliography of Tracts and Treatises on the Comet of 1577'. *Isis* 22 (1934): 41–68.

———. *The Comet of 1577: Its Place in the History of Astronomy*. New York: AMS Press, 1971.

Hellman, Hal. *Great Feuds in Mathematics: Ten of the Liveliest Disputes Ever*. Hoboken, NJ: John Wiley, 2006.

Hellyer, Marcus (ed.). *The Scientific Revolution: The Essential Readings*. Malden, Mass.: Blackwell, 2003.

Helmont, Jean Baptiste van. *Deliramenta catarrhi, or The Incongruities, Impossibilities and Absurdities Couched under the Vulgar Opinion of Defluxions*. Ed. W Charleton. London: William Lee, 1650.

———. *Ortus medicinae, id est, initia physicae inaudita*. Amsterdam: Elsevier, 1652.

Helmont, Jean Baptiste van and Walter Charleton. *A Ternary of Paradoxes. The Magnetick Cure of Wounds. Nativity of Tartar in Wine. Image of God in Man*. London: W Lee, 1649.

Henninger-Voss, Mary. 'Measures of Success: Military Engineering and the Architectonic Understanding of Design'. In *Picturing Machines*. Ed. W Lefèvre. Cam-

932

bridge, Mass.: MIT Press, 2004: 143–69.

Henry, John. 'Metaphysics and the Origins of Modern Science: Descartes and the Importance of Laws of Nature'. *Early Science and Medicine* 9 (2004): 73–114.

―――. *The Scientific Revolution and the Origins of Modern Science*. Houndmills, Basingstoke: Palgrave, 2008.

―――. 'Voluntarist Theology at the Origins of Modern Science: A Response to Peter Harrison'. *History of Science* 47 (2009): 79–113.

Hesse, Mary. 'Comment on Kuhn's "Commensurability, Comparability, Communicability"'. *PSA: Proceedings of the Biennial Meeting of the Philosophy of Science Association* (1982): 704–11.

Hessen, Boris and Henryk Grossman. *The Social and Economic Roots of the Scientific Revolution*. Ed. P McLaughlin and G Freudenthal. Dordrecht: Kluwer Academic Publishers, 2009.

Hessler, John W. *The Naming of America: Martin Waldseemüller's 1507 World Map and the 'Cosmographiae introductio'*. London: Giles, 2008.

Hevelius, Johannes and Jeremiah Horrocks. *Mercurius in Sole visus Gedani: Anno christiano 1661 . . . cui annexa est, Venus in Sole visa, Anno 1639*. Gdansk: Reiniger, 1662.

Hexter, Jack H. 'The Historian and His Day'. *Political Science Quarterly* 69 (1954): 219–33.

―――. *Reappraisals in History*. Evanston, Ill.: Northwestern University Press, 1961

Hiatt, Alfred. *Terra incognita: Mapping the Antipodes before 1600*. Chicago: University of Chicago Press, 2008.

Hill, Christopher. *Intellectual Origins of the English Revolution*. Oxford: Clarendon Press, 1965.

―――. 'The Word "Revolution" in Seventeenth-century England'. In *For Veronica Wedgwood These Studies in Seventeenth-century History*. Ed. R Ollard and P Tudor-Craig. London: William Collins, 1986: 134–51.

Hill, Nicholas. *Philosophia epicuraea democritiana theophrastica*. Ed. S Plastina. Pisa: Fabrizio Serra, 2007.

Hills, Richard Leslie. *Power from Steam: A History of the Stationary Steam Engine*. Cambridge: Cambridge University Press, 1989.

Himmelstein, Franz Xaver. *Synodicon herbipolense: Geschichte und Statuten der im Bisthum Würzburg gehaltenen Concilien und Dioecesansynoden*. Würzburg: Stahel, 1855.

Hine, W L. 'Inertia and Scientific Law in Sixteenth-century Commentaries on Lucretius'. *Renaissance Quarterly* 48 (1995): 728–41.

Hintikka, Jaakko. 'Aristotelian Infinity'. *Philosophical Review* 75 (1966): 197–218.

Hoare, Michael Rand. *The Quest for the True Figure of the Earth: Ideas and Expedi-*

tions in Four Centuries of Geodesy. Burlington, VT: Ashgate, 2004.

Hobbes, Thomas. *Critique du 'De mundo' de Thomas White*. Ed. J Jacquot and HW Jones. Paris: J Vrin, 1973.

──────. *Elements of Philosophy, the First Section, Concerning Body*. London: A Crooke, 1656.

──────. *Humane Nature, or The Fundamental Elements of Policie*. London: F Bowman, 1650.

──────. *Leviathan, or The Matter, Forme and Power of a Common Wealth, Ecclesiasticall and Civil*. London: A Crooke, 1651. 《리바이어던》(나남출판)

──────. *Of Libertie and Necessitie: A Treatise*. London: F Eaglesfield, 1654.

──────. *Philosophicall Rudiments Concerning Government and Society*. London: Royston, 1651. 《시민론: 정부와 사회에 관한 철학적 기초》(서광사)

Hobson, Anthony. 'A Sale by Candle in 1608'. *The Library* 5 (1971): 215–33.

Hollis, Martin and Steven Lukes (eds.). *Rationality and Relativism*. Cambridge, Mass.: MIT Press, 1982.

Holmes, Geoffrey S. 'Gregory King and the Social Structure of Pre-Industrial England'. *Transactions of the Royal Historical Society* 27 (1977): 41–68.

Hooke, Robert. *Lectiones Cutlerianæ, or A Collection of Lectures, Physical, Mechanical, Geographical & Astronomical*. London: J Martyn, 1679.

──────. *Lectures de potentia restitutiva, or Of Spring, Explaining the Power of Springing Bodies*. London: J Martyn, 1678.

──────. *Micrographia, or Some Physiological Descriptions of Minute Bodies*. London: J Martyn, 1665.

──────. *The Posthumous Works*. London: S Smith, 1705.

Hooker, Richard. *Of the Lawes of Ecclesiasticall Politie, Eight Bookes*. London: J Windet, 1604.

Hooykaas, Reijer. *G. J. Rheticus's Treatise on Holy Scripture and the Motion of the Earth*. Amsterdam: North-Holland, 1984.

──────. *Religion and the Rise of Modern Science*. Grand Rapids, MI.: Eerdmans, 1972.

Horrocks, Jeremiah. *Venus Seen on the Sun: The First Observation of a Transit of Venus*. Ed. W Applebaum. Leiden: Brill, 2012.

Horton, Robin. *Patterns of Thought in Africa and the West: Essays on Magic, Religion and Science*. Cambridge: Cambridge University Press, 1997.

Hoskin, Michael. 'The Discovery of Uranus, the Titius–Bode Law, and the Asteroids'. In *The General History of Astronomy*. 4 vols. Vol. 2B: *Planetary Astronomy from the Renaissance to the Rise of Astrophysics*. Ed. R Taton and C Wilson. 1995: 169–80.

Hoyningen-Huene, Paul. 'Three Biographies: Kuhn, Feyerabend and Incommensurability'. In *Rhetoric and Incommensurability*. Ed. RA Harris. West Lafayette, IN:

Parlor Press, 2005: 150–75.

———. 'Two Letters of Paul Feyerabend to Thomas S. Kuhn on a Draft of *The Structure of Scientific Revolutions* '. *Studies in History and Philosophy of Science Part A* 26 (1995): 353–87.

Hues, Robert. *A Learned Treatise of Globes, Both Coelestiall and Terrestriall*. London: A Kemb, 1659.

———. *Tractatus de globis, coelesti et terrestri eorumque usu*. Amsterdam: J Hondius, 1617.

Huff, Toby E. *Intellectual Curiosity and the Scientific Revolution: A Global Perspective*. Cambridge: Cambridge University Press, 2011.

Hull, David L. 'In Defense of Presentism'. *History and Theory* 18 (1979): 1–15.

Hull, Gordon. 'Hobbes and the Premodern Geometry of Modern Political Thought'. In *Arts of Calculation: Quantifying Thought in Early Modern Europe*. Ed. D Glimp and MR Warren. New York: Palgrave Macmillan, 2004: 115–35.

Humboldt, Alexander von. *Examen critique de l'histoire de la géographie du nouveau continent: Et des progrès de l'astronomie nautique aux 15me et 16me siècles*. 3 vols. Paris: Gide, 1836–9.

Hume, David. *Philosophical Essays Concerning Human Understanding*. London: A Millar, 1748. 《인간의 이해력에 관한 탐구》(지만지)

———. *Political Discourses*. Edinburgh: A Kincaid, 1752.

Hunter, Michael. 'Alchemy, Magic and Moralism in the Thought of Robert Boyle'. *British Journal for the History of Science* 23 (1990): 387–410.

———. *Boyle: Between God and Science*. New Haven: Yale University Press, 2009.

———. 'The Decline of Magic: Challenge and Response in Early Enlightenment England'. *The Historical Journal* 55 (2012): 399–425.

———. *Establishing the New Science: The Experience of the Early Royal Society*. Woodbridge, Suffolk: Boydell Press, 1989.

———. 'New Light on the "Drummer of Tedworth": Conflicting Narratives of Witchcraft in Restoration England'. *Historical Research* 78 (2005): 311–53.

———. *The Occult Laboratory: Magic, Science and Second Sight in Late-seventeenth-century Scotland*. Woodbridge: Boydell Press, 2001.

——— (ed.). *Robert Boyle by Himself and His Friends: With a Fragment of William Wotton's Lost Life of Boyle*. London: W Pickering, 1994.

———. *The Royal Society and Its Fellows, 1660–1700: The Morphology of an Early Scientific Institution*. Chalfont St Giles, Bucks: British Society for the History of Science, 1982.

———. 'The Royal Society and the Decline of Magic'. *Notes and Records of the Royal Society* 65: 103–19 (2011).

———. 'Science and Astrology in Seventeenth-century England: An Unpublished

Polemic by John Flamsteed'. [1987] In *Science and the Shape of Orthodoxy: Intellectual Change in Late-seventeenth-century Britain.* Boydell & Brewer, 1995: 245–85.

————. 'Science and Heterodoxy: An Early Modern Problem Reconsidered'. In *Reappraisals of the Scientific Revolution.* Ed. D Lindberg and R Westman. Cambridge: Cambridge University Press, 1990: 437–60.

Hunter, Michael and Lawrence M Principe. 'The Lost Papers of Robert Boyle'. *Annals of Science* 60 (2003): 269–311.

Hunter, Michael and Paul B Wood. 'Towards Solomon's House: Rival Strategies for Reforming the Early Royal Society'. *History of Science* 24 (1986): 49–108.

Huppert, George. 'The Life and Works of Louis Le Roy, by Werner L. Gundersheimer'. *History and Theory* 7 (1968): 151–8.

Ibn Al-Haytham. *Alhacen's Theory of Visual Perception: The First Three Books of Alhacen's 'De aspectibus'.* Ed. AM Smith. Philadelphia: American Philosophical Society, 2001.

————. *The Optics: Books I–III, on Direct Vision.* Ed. AI Sabra. 2 vols. London: Warburg Institute, University of London, 1989.

Ilardi, Vincent. *Renaissance Vision from Spectacles to Telescopes.* Philadelphia: American Philosophical Society, 2007.

Iliffe, R. '"In the Warehouse": Privacy, Property and Priority in the Early Royal Society'. *History of Science* 30 (1992): 29–68.

Isaac, Joel. *Working Knowledge: Making the Human Sciences from Parsons to Kuhn.* Cambridge, Mass.: Harvard University Press, 2012.

Ivins, William Mills. *On the Rationalization of Sight: With . . . Three Renaissance Texts.* New York: Da Capo Press, 1975.

————. *Prints and Visual Communication.* London: Routledge, 1953.

Jackson, Thomas. *Justifying Faith, or The Faith by which the Just Do Live.* London: J Beale, 1615.

Jacob, Margaret C. 'Science Studies after Social Construction: The Turn toward the Comparative and the Global'. In *Beyond the Cultural Turn: New Directions in the Study of Society and Culture.* Ed. VE Bonnell and L Hunt. University of California Press, 1999: 95–120.

————. *Scientific Culture and the Making of the Industrial West.* New York: Oxford University Press, 1997.

Jacob, Margaret C and Larry Stewart. *Practical Matter: Newton's Science in the Service of Industry and Empire, 1687–1851.* Cambridge, Mass.: Harvard University Press, 2004.

Jacquot, Jean. 'Thomas Harriot's Reputation for Impiety'. *Notes and Records of the Royal Society of London* 9 (1952): 164–87.

Jalobeanu, Dana. 'A Natural History of the Heavens: Francis Bacon's Anti-Copernicanism'. In *The Making of Copernicus: Early Modern Transformations of the Scientist and His Science*. Ed. W Neuber, T Rahn and C Zittel. Leiden: Brill, 2015: 64–87.

James, GO. 'The Problem of Mechanical Flight'. *Science* 36 (1912): 336–40.

James, William. 'Humanism and Truth (1904)'. In *Pragmatism: A New Name for Some Old Ways of Thinking: [and] the Meaning of Truth, a Sequel to Pragmatism*. Cambridge, Mass.: Harvard University Press, 1978.

Jansen, Paule. *De Blaise Pascal àHenry Hammond: Les Provinciales en Angleterre*. Paris: J Vrin, 1954.

Jardine, Nicholas. *The Birth of History and Philosophy of Science: Kepler's 'A Defence of Tycho against Ursus'*. Cambridge: Cambridge University Press, 1984.

———. *The Scenes of Inquiry: On the Reality of Questions in the Sciences*. Oxford: Clarendon Press, 2000.

———. 'Uses and Abuses of Anachronism in the History of the Sciences'. *History of Science* 38 (2000): 251–70.

———. 'Whigs and Stories: Herbert Butterfield and the Historiography of Science'. *History of Science* 41 (2003): 125–40.

Jarrige, Pierre. *A Further Discovery of the Mystery of Jesuitisme*. London: R Royston, 1658.

Jervis, Jane L. *Cometary Theory in Fifteenth-century Europe*. Dordrecht: D Reidel, 1985.

Jesseph, Douglas M. 'Galileo, Hobbes and the Book of Nature'. *Perspectives on Science* 12 (2004): 191–211.

Jobe, Thomas Harmon. 'The Devil in Restoration Science: The Glanvill–Webster Witchcraft Debate'. *Isis* 72 (1981): 343–56.

Johns, Adrian. 'How to Acknowledge a Revolution'. *American Historical Review* 107 (2002): 106–25.

———. 'Identity, Practice and Trust in Early Modern Natural Philosophy'. *Historical Journal* 42 (1999): 1125–45.

———. *The Nature of the Book: Print and Knowledge in the Making*. Chicago: University of Chicago Press, 1998.

———. 'Science and the Book in Modern Cultural Historiography'. *Studies in History and Philosophy of Science Part A* 29 (1998): 167–94.

Johnson, Christine R. *The German Discovery of the World: Renaissance Encounters with the Strange and Marvelous*. Charlottesville: University of Virginia Press, 2008.

———. 'Renaissance German Cosmographers and the Naming of America'. *Past and Present* 191 (2006): 3–43.

Johnson, Francis R and Sanford V Larkey. 'Thomas Digges, the Copernican System and the Idea of the Infinity of the Universe in 1576'. *Huntington Library Bulletin* 5 (1934): 69–117.

Johnson, Samuel. 'The Vanity of Authors'. In *The Rambler [No.1 March 20, 1750 – No.208 March 14, 1752].* 6 vols. Vol. 4 (no. 106). London: J. Payne and J. Bouquet, 1752: 46–54.

Johnston, Stephen. 'Theory, Theoric, Practice: Mathematics and Magnetism in Elizabethan England'. *Journal de la Renaissance* 2 (2004): 53–62.

Jones, Richard Foster. *Ancients and Moderns: A Study of the Background of the Battle of the Books.* St Louis: Washington University Press, 1936.

Jonkers, ART. *Earth's Magnetism in the Age of Sail.* Baltimore: Johns Hopkins University Press, 2003.

Joy, Lynn S. 'Scientific Explanation: From Formal Causes to Laws of Nature'. In *The Cambridge History of Science.* 7 vols. Vol. 3: *Early Modern Science.* Ed. K Park and LJ Daston. Cambridge: Cambridge University Press, 2006: 70–105.

Jurin, James. *A Letter to the Right Reverend the Bishop of Cloyne Occasion'd by His Lordship's Treatise on the Virtues of Tar-water.* London: J Robinson, 1744.

Kant, Immanuel. *Critique of Pure Reason.* Ed. N Kemp Smith. New York: Macmillan, 1949. 《순수이성비판》(아카넷)

Kassell, Lauren. *Medicine and Magic in Elizabethan England: Simon Forman–Astrologer, Alchemist and Physician.* Oxford: Clarendon, 2005.

Kastan, David Scott. *Shakespeare and the Book.* Cambridge: Cambridge University Press, 2001.

Kaye, Joel. *Economy and Nature in the Fourteenth Century: Money, Market Exchange and the Emergence of Scientific Thought.* Cambridge: Cambridge University Press, 1998.

Kemp, Martin. 'Science, Non-science and Nonsense: The Interpretation of Brunelleschi's Perspective'. *Art History* 1 (1978): 134–61.

———. *The Science of Art: Optical Themes in Western Art from Brunelleschi to Seurat.* New Haven: Yale University Press, 1990.

Kepler, Johannes. *Dioptrice, seu demonstratio eorum quae visui et visibilibus propter conspicilla non ita pridem inventa accidunt: Praemissae epistolae Galilaei de ijs quae post editionem nuncij siderij ope perspicilli, nova et admiranda in coelo deprehensa sunt.* Augsburg: Franck, 1611.

———. *Dissertatio cum nuncio sidereo.* Ed. I Pantin. Paris: Les Belles Lettres, 1993.

———. *Epitome astronomiae Copernicanae.* Frankfurt: Schönwetter, 1635.

———. *Epitome of Copernican Astronomy, Books IV and V.* Amherst, NY: Prometheus Books, 1995.

———. *L' Étoile nouvelle dans le serpentaire.* Paris: A Blanchard, 1998.

———. *L'Étrenne, ou La Neige sexangulaire.* Ed. R Halleux. Paris: Vrin, 1975.

————. *Kepler's Conversation with Galileo's Sidereal Messenger*. Ed. E Rosen. New York: Johnson Reprint Corporation, 1965.

————. *Kepler's Dream*. Ed. J Lear. Berkeley: University of California Press, 1965.

————. *Kepler's Somnium: The Dream or Posthumous Work on Lunar Astronomy*. Ed. E Rosen. Madison: University of Wisconsin Press, 1967.

————. *New Astronomy*. Trans. WH Donahue. Cambridge: Cambridge University Press, 1992.

————. *The Six-cornered Snowflake*. Ed. C Hardie. Oxford: Clarendon Press, 1966.

————. *The Six-cornered Snowflake: A New Year's Gift*. Ed. JF Nims. Philadelphia: Paul Dry Books, 2010.

Kerker, Milton. 'Science and the Steam Engine'. *Technology and Culture* 2 (1961): 381–90.

Ketterer, David. '"The Wonderful Effects of Steam": More Percy Shelley Words in Frankenstein?' *Science Fiction Studies* 25 (1998): 566–70.

Keynes, Geoffrey. *John Evelyn, a Study in Bibliophily with a Bibliography of His Writings*. Cambridge: Cambridge University Press, 1937.

King, Henry C and John R Millburn. *Geared to the Stars: The Evolution of Planetariums, Orreries and Astronomical Clocks*. Toronto: University of Toronto Press, 1978.

King, Peter. 'Mediaeval Thought-experiments: The Metamethodology of Mediaeval Science'. In *Thought Experiments in Science and Philosophy*. Ed. T Horowitz. Lanham, MD: Rowman and Littlefield, 1991: 43–64.

Kirk, GS, JE Raven and Malcolm Schofield. *The Presocratic Philosophers: A Critical History with a Selection of Texts*. Cambridge: Cambridge University Press, 1983. 《소크라테스 이전 철학자들의 단편 선집》(아카넷)

Klein, Judy L. *Statistical Visions in Time: A History of Time Series Analysis, 1662–1938*. Cambridge: Cambridge University Press, 1997.

Klein, Ursula. 'Origin of the Concept of Chemical Compound'. *Science in Context* 7 (1994): 163–204.

Koyré, Alexandre. *The Astronomical Revolution: Copernicus, Kepler, Borelli*. Paris: Hermann, 1973.

————. 'Concept and Experience in Newton's Scientific Thought'. [1956] In *Newtonian Studies*. London: Chapman & Hall, 1965: 25–52.

————. '*Du monde de "l'à-peu-près" àl'univers de la précision*'. In *Études d'histoire de la pensée philosophique*. Paris: Colin, 1971: 311–29.

————. *Études d'histoire de la pensée scientifique*. Paris: Gallimard, 1973.

————. *Études Galiléennes*. Paris: Hermann, 1966.

————. *From the Closed World to the Infinite Universe*. Baltimore: Johns Hopkins University Press, 1957.

————. 'Galilée et l'expérience de Pise: Àpropos d'une légende'. In Études d'histoire de la pensée scientifique. Paris: Gallimard, 1973: 213–23.

————. 'Galileo and the Scientific Revolution of the Seventeenth Century'. The Philosophical Review 52 (1943): 333–48.

————. Newtonian Studies. London: Chapman & Hall, 1965.

Kren, Claudia. 'The Rolling Device of Nasir al-Dīn al-Tūsī in the De Spera of Nicole Oresme?' Isis 62 (1971): 490–8.

Kristensen, Leif Kahl and Kurt Møller Pedersen. 'Roemer, Jupiter's Satellites and the Velocity of Light'. Centaurus 54 (2012): 4–38.

Kubovy, Michael. The Psychology of Perspective and Renaissance Art. Cambridge: Cambridge University Press, 1986.

Kuhn, Thomas S. The Copernican Revolution: Planetary Astronomy in the Development of Western Thought. Cambridge, Mass.: Harvard University Press, 1957. 《코페르니쿠스 혁명》(지만지)

————. 'Dubbing and Redubbing: The Vulnerability of Rigid Designation'. Minnesota Studies in the Philosophy of Science 14 (1990): 298–318.

————. The Essential Tension: Selected Studies in Scientific Tradition and Change. Chicago: University of Chicago Press, 1977.

————. 'Historical Structure of Scientific Discovery'. Science 136 (1962): 760–64.

————. 'Mathematical versus Experimental Traditions in the Development of Physical Science'. The Journal of Interdisciplinary History 7 (1976): 1–31.

————. 'The Principle of Acceleration: A Non-dialectical Theory of Progress: Comment'. Comparative Studies in Society and History 11 (1969): 426–30.

————. The Road since Structure: Philosophical Essays, 1970–1993, with An Autobiographical Interview. Ed. J Conant and J Haugeland. Chicago: University of Chicago Press, 2000.

————. The Structure of Scientific Revolutions. Chicago: University of Chicago Press, 1962. 《과학혁명의 구조》(까치)

————. The Structure of Scientific Revolutions. Chicago: University of Chicago Press, 1970.

————. The Structure of Scientific Revolutions. Chicago: University of Chicago Press, 1996.

————. The Trouble with the Historical Philosophy of Science: Robert and Maurine Rothschild Distinguished Lecture, 19 November 1991. Cambridge, Mass.: Department of the History of Science, Harvard University, 1992.

————. 'What are Scientific Revolutions?' [1987] In The Road since Structure: Philosophical Essays, 1970–1993, with An Autobiographical Interview. Ed. J Conant and J Haugeland. Chicago: University of Chicago Press, 2000: 13–32.

Kusch, Martin. 'Annalisa Coliva on Wittgenstein and Epistemic Relativism'. Philoso-

phia 41 (2013): 37–49.

———. 'Hacking's Historical Epistemology: A Critique of Styles of Reasoning'. *Studies in History and Philosophy of Science Part A* 41 (2010): 158–73.

Kusukawa, Sachiko. *Picturing the Book of Nature: Image, Text and Argument in Sixteenth-century Human Anatomy and Medical Botany*. Chicago: University of Chicago Press, 2011.

———. 'The Sources of Gessner's Pictures for the *Historia animalium*'. *Annals of Science* 67 (2010): 303–28.

Kwa, Chunglin. *Styles of Knowing*. Pittsburgh: University of Pittsburgh Press, 2011.

Labinger, Jay A. and Harry Collins (eds.). *The One Culture? A Conversation about Science*. Chicago: University of Chicago Press, 2001.

La Boëtie, Étienne de. *De la servitude volontaire, ou Contr'un*. Ed. MC Smith. Geneva: Droz, 1987.

Laird, W R. 'Archimedes among the Humanists'. *Isis* 82 (1991): 629–38.

Lakatos, Imre. *The Methodology of Scientific Research Programmes*. Cambridge: Cambridge University Press, 1978. 《과학적 연구 프로그램의 방법론》(아카넷)

Lamb, David and Susan M Easton. *Multiple Discovery*. Amersham: Avebury, 1984.

La Mettrie, Julien Offray de. *La Mettrie's 'L'Homme machine': A Study in the Origins of an Idea*. Ed. A Vartanian. Princeton: Princeton University Press, 1960.

Landes, David S. 'Why Europe and the West? Why Not China?' *Journal of Economic Perspectives* 20 (2006): 3–22.

Langbein, John H. *Torture and the Law of Proof: Europe and England in the Ancien Régime*. Chicago: University of Chicago Press, 1977.

Laqueur, Thomas Walter. *Making Sex: Body and Gender from the Greeks to Freud*. Cambridge, Mass.: Harvard University Press, 1990. 《섹스의 역사》(황금가지)

Laski, Harold Joseph. *The Rise of European Liberalism: An Essay in Interpretation*. London: Allen & Unwin, 1936.

Laslett, Peter. 'Commentary'. In *Scientific Change*. Ed. AC Crombie. New York: Basic Books, 1963: 861–5.

Latham, RE (ed.). *Dictionary of Medieval Latin from British Sources*. London: British Academy, 1975– .

Latour, Bruno. 'For David Bloor . . . and beyond: A Reply to David Bloor's "Anti-Latour"'. *Studies in History and Philosophy of Science* 30 (1999): 113–30.

———. 'The Force and the Reason of Experiment'. In *Experimental Inquiries*. Ed. HE Legrand. Dordrecht: Kluwer, 1990: 49–80.

———. 'One More Turn after the Social Turn: Easing Science Studies into the Non-modern World'. In *The Social Dimensions of Science*. Ed. E McMullin. Notre Dame: Notre Dame University Press, 1992: 272–92.

———. 'On the Partial Existence of Existing and Non-existing Objects'. In *Biogra-*

phies of Scientific Objects. Ed. LJ Daston. Chicago: University of Chicago Press, 2000: 247–69.

———. *Pandora's Hope: Essays on the Reality of Science Studies.* Cambridge, Mass.: Harvard University Press, 1999. 《판도라의 희망》(휴머니스트)

———. 'Visualisation and Cognition: Drawing Things Together'. In *Representation in Scientific Activity.* Ed. M Lynch and S Woolgar. Cambridge, Mass.: MIT Press, 1990: 19–68.

———. *We Have Never been Modern.* Cambridge, Mass.: Harvard University Press, 1993. 《우리는 결코 근대인이었던 적이 없다》(갈무리)

Lattis, James M. *Between Copernicus and Galileo: Christoph Clavius and the Collapse of Ptolemaic Cosmology.* Chicago: University of Chicago Press, 1994.

Laudan, Larry. 'The Clock Metaphor and Probabilism: The Impact of Descartes on English Methodological Thought, 1650–65'. *Annals of Science* 22 (1966): 73–104.

———. 'A Confutation of Convergent Realism'. *Philosophy of Science* 48 (1981): 19–49.

———. 'Demystifying Underdetermination'. *Minnesota Studies in the Philosophy of Science* 14 (1990): 267–97.

———. 'The Nature and Sources of Locke's Views on Hypotheses'. *Journal of the History of Ideas* 28 (1967): 211–23.

———. 'The Pseudo-science of Science?' *Philosophy of the Social Sciences* 11 (1981): 173–98.

Law, John. 'Technology and Heterogeneous Engineering: The Case of Portuguese Expansion'. In *The Social Construction of Technological Systems.* Ed. WE Bijker, T Hughes and TJ Pinch. Cambridge, Mass.: MIT Press, 1987: 111–34.

Layton Jr, Edwin T. 'Technology as Knowledge'. *Technology and Culture* 15 (1974): 31–41.

Leavis, FR. *Two Cultures? The Significance of C. P. Snow.* Ed. S Collini. Cambridge: Cambridge University Press, 2013.

Leblanc, Vincent. *The World Surveyed, or The Famous Voyages and Travailes of V. Le Blanc, or White.* London: J Starkey, 1660.

Le Clerc, Daniel. *The History of Physick, or an Account of the Rise and Progress of the Art and the Several Discoveries Therein from Age to Age.* London: D Brown, 1699.

Leeuwen, Henry G van. *The Problem of Certainty in English Thought, 1630–1690.* The Hague: Martinus Nijhoff, 1963.

Lefèvre, Wolfgang. 'The Limits of Pictures: Cognitive Functions of Images in Practical Mechanics, 1400–1600'. In *The Power of Images in Early Modern Science.* Ed. W Lefèvre, J Renn and U Schoepflin. Basle: Birkhäuser, 2003: 69–88.

Lehoux, Daryn. 'Tropes, Facts and Empiricism'. *Perspectives on Science* 11 (2003):

326–45.

———. *What Did the Romans Know? An Inquiry into Science and World-making*. Chicago: University of Chicago Press, 2012.

Leibniz, Gottfried Wilhelm, Christiaan Huygens and Denis Papin. *Leibnizens und Huygens' Briefwechsel mit Papin, nebst der Biographie Papins und einigen zugehörigen Briefen und Actenstücken*. Ed. E Gerland. Berlin: Akademie der Wissenschaften, 1881.

Lennox, James G. 'The Disappearance of Aristotle's Biology: A Hellenistic Mystery'. In *Aristotle's Philosophy of Biology: Studies in the Origins of Life Science*. Cambridge: Cambridge University Press, 2001: 110–25.

———. 'William Harvey: Enigmatic Aristotelian of the Seventeenth Century'. In *Teleology in the Ancient World: The Dispensation of Nature*. Ed. J Rocca. Cambridge: Cambridge University Press, forthcoming.

Leonardo da Vinci. *Trattato della pittura*. Ed. G de Rossi. Rome: Stamperia de Romanis, 1817.

———. *Trattato della pittura (1651) = Traitéde la peinture*. Ed. A Sconza. Paris: Les Belles Lettres, 2012.

———. *Treatise on Painting: Codex urbinas latinus 1270*. Ed. AP McMahon. Princeton: Princeton University Press, 1956.

Leplin, Jarrett (ed.). *Scientific Realism*. Berkeley: University of California Press, 1984.

Lerner, Michel-Pierre. *Le Monde des sphères*. 2 vols. Paris: Les Belles Lettres, 1997.

Leroi, Armand Marie. *The Lagoon: How Aristotle Invented Science*. New York: Viking, 2014.

Leroy, Louis. *De la vicissitude ou variétédes choses de l'univers*. Paris: P L'Huilier, 1575.

———. *Of the Interchangeable Course or Variety of Things*. London: C Yetsweirt, 1594.

Lessing, Karl G. *Gotthold Ephraim Lessings Leben, nebst seinem noch übrigen litterarischen Nachlasse*. 3 vols. Berlin: In der Vossischen Buchhandlung, 1793–5.

Lessius, Leonard. *Rawleigh, His Ghost, or A Feigned Apparition of Syr W. Rawleigh, to a Friend of His, for the Translating into English, the Booke of L. Lessius*. St Omer: [s.n.], 1631.

Lester, Toby. *The Fourth Part of the World*. London: Profile, 2009.

Lestringant, Frank. *L'Atelier du cosmographe, ou L'Image du monde àla Renaissance*. Paris: A Michel, 1991.

Leurechon, Jean. *Selectae propositiones in tota sparsim mathematica pulcherrimae ad usum et exercitationem celebrium academiarum*. Pont-à-Mousson: G Bernardus, 1629.

Levenson, Jay A. 'Jacopo de' Barbari'. *Print Quarterly* 25 (2008): 207–9.

Levine, Joseph M. *The Battle of the Books: History and Literature in the Augustan Age*. Ithaca, NY: Cornell University Press, 1991.

———. *Between the Ancients and the Moderns: Baroque Culture in Restoration England*. New Haven: Yale University Press, 1999.

Lévy-Bruhl, Lucien. *How Natives Think*. New York: AA Knopf, 1925.

Lewis, Eric. 'Walter Charleton and Early Modern Eclecticism'. *Journal of the History of Ideas* 62 (2001): 651–64.

Lindberg, David C. 'Alhazen's Theory of Vision and Its Reception in the West'. *Isis* 58 (1967): 321–41.

———. *The Beginnings of Western Science: The European Scientific Tradition in Philosophical, Religious and Institutional Context, 600 bc to ad 1450*. Chicago: University of Chicago Press, 1992. 《서양과학의 기원들》(나남출판)

Lindberg, David C and Ronald L Numbers (eds.). *God and Nature: Historical Essays on the Encounter between Christianity and Science*. Berkeley: University of California Press, 1986. 《신과 자연》(이화여자대학교출판문화원)

Lindberg, David C and Robert S Westman (eds.). *Reappraisals of the Scientific Revolution*. Cambridge: Cambridge University Press, 1990.

Line, Francis. *Tractatus de corporum inseparabilitate; in quo experimenta de vacuo, tam Torricelliana, quam Magdeburgica, & Boyliana, examinantur*. London: T Roycroft, 1661.

Livingstone, David N and Charles WJ Withers (eds.). *Geography and Revolution*. Chicago: University of Chicago Press, 2005.

Locke, John. *An Essay Concerning Humane Understanding*. London: T Basset, 1690. 《인간지성론》(한길사)

Lohne, JA. 'Isaac Newton: The Rise of a Scientist 1661–1671'. *Notes and Records of the Royal Society of London* (1965): 125–39.

LoLordo, Antonia. *Pierre Gassendi and the Birth of Early Modern Philosophy*. New York: Cambridge University Press, 2007.

Long, Pamela O. 'Invention, Authorship, "Intellectual Property" and the Origin of Patents – Notes toward a Conceptual History'. *Technology and Culture* 32 (1991): 846–84.

———. *Openness, Secrecy, Authorship: Technical Arts and the Culture of Knowledge from Antiquity to the Renaissance*. Baltimore: Johns Hopkins University Press, 2001.

———. 'Picturing the Machine: Francesco di Giorgio and Leonardo da Vinci in the 1490s'. In *Picturing Machines*. Ed. W Lefèvre. Cambridge, Mass.: MIT Press, 2004: 117–41.

———.'Power, Patronage and the Authorship of Ars: From Mechanical Know-how to Mechanical Knowledge in the Last Scribal Age'. *Isis* 88 (1997): 1–41.

Lower, Richard. *Richard Lower's Vindicatio: A Defence of the Experimental Method*. Ed. K Dewhurst. Oxford: Sandford, 1983.

Luria, AR. *Cognitive Development, Its Cultural and Social Foundations*. Cambridge, Mass.: Harvard University Press, 1976.

Lüthy, Christoph H. 'Where Logical Necessity Turns into Visual Persuasion: Descartes' Clear and Distinct Illustrations'. In *Transmitting Knowledge: Words, Images and Instruments in Early Modern Europe*. Ed. S Kusukawa and I Maclean. Oxford: Oxford University Press, 2006: 97–133.

Lynall, Gregory. *Swift and Science*. London: Palgrave Macmillan, 2012.

Lynes, John A. 'Brunelleschi's Perspectives Reconsidered'. *Perception* 9 (1980): 87–99.

Lyotard, Jean-François. *La Condition postmoderne: rapport sur le savoir*. Paris: Éditions de Minuit, 1979.

Maas, Harro and Mary S Morgan. 'Timing History: The Introduction of Graphical Analysis in 19th-century British Economics'. *Revue d'histoire des sciences humaines* 7 (2002): 97–127.

McCord, Sheri L. 'Healing by Proxy: The Early-modern Weapon-salve'. *English Language Notes* 47 (2009): 13–24.

McCormick, Ted. *William Petty and the Ambitions of Political Arithmetic*. Oxford: Oxford University Press, 2009.

McDonald, Joseph F. 'Russell, Wittgenstein, and the Problem of the Rhinoceros'. *Southern Journal of Philosophy* 31 (1993): 409–24.

Macfarlane, Alan. 'Civility and the Decline of Magic'. In *Civil Histories: Essays in Honour of Sir Keith Thomas*. Ed. P Slack, P Burke and B Harrison. Oxford: Oxford University Press, 2000: 145–60.

MacGregor, Neil. *Shakespeare's Restless World*. London: Allen Lane, 2012.

McGrew, Timothy J, Marc Alspector-Kelly and Fritz Allhoff (eds.). *The Philosophy of Science: An Historical Anthology*. Chichester: Wiley-Blackwell, 2009.

McGuire, JE and Piyo M Rattansi. 'Newton and the "Pipes of Pan"'. *Notes and Records of the Royal Society of London* 21 (1966): 108–43.

Machiavelli, Niccolò. *Selected Political Writings*. Trans. D Wootton. Indianapolis: Hackett, 1994.

McIntosh, Gregory C. *The Johannes Ruysch and Martin Waldseemüller World Maps: The Interplay and Merging of Early-sixteenth-century New World Cartographies*. Cerritos, Calif.: Plus Ultra Publishing, 2012.

MacIntyre, Alasdair C. *After Virtue: A Study in Moral Theory*. London: Duckworth, 1981. 《덕의 상실》(문예출판사)

———. 'Epistemological Crises, Dramatic Narrative and the Philosophy of Science in Historicism and Epistemology'. *Monist* 60 (1977): 453–72.

MacKay, R Jock and R Wayne Oldford. 'Scientific Method, Statistical Method and the

Speed of Light'. *Statistical Science* (2000): 254–78.

Mackinnon, Nick. 'The Portrait of Fra Luca Pacioli'. *The Mathematical Gazette* 77 (1993): 130–219.

McLaughlin, Martin L. 'Humanist Concepts of Renaissance and Middle Ages in the Tre- and Quattrocento'. *Renaissance Studies* 2 (1988): 131–42.

Maclean, Ian. 'Foucault's Renaissance Episteme'. *Journal of the History of Ideas* 59 (1998): 149–66.

———. *Logic, Signs and Nature in the Renaissance: The Case of Learned Medicine*. Cambridge: Cambridge University Press, 2002.

McMullin, Ernan. 'Bruno and Copernicus'. *Isis* 78 (1987): 55–74.

———. 'Giordano Bruno at Oxford'. *Isis* 77 (1986): 85–94.

———. 'The Impact of Newton's *Principia* on the Philosophy of Science'. *Philosophy of Science* 68 (2001): 279–310.

McNally, Peter (ed.). *The Advent of Printing*. Montreal: McGill University, 1987.

McNulty, Robert. 'Bruno at Oxford'. *Renaissance News* 13 (1960): 300–5.

Maffioli, Cesare S. *Out of Galileo: The Science of Waters 1628–1718*. Rotterdam: Erasmus, 1994.

———. *La via delle acque, 1500–1700: Appropriazione delle arti e trasformazione delle matematiche*. Florence: LS Olschki, 2010.

Malcolm, Noel. *Aspects of Hobbes*. Oxford: Clarendon Press, 2002.

———. 'Hobbes and Roberval'. In *Aspects of Hobbes*. Oxford: Clarendon Press, 2002: 156–99.

———. 'Hobbes's Science of Politics and His Theory of Science'. In *Aspects of Hobbes*. Oxford: Clarendon Press, 2002: 146–55.

———. 'Robert Boyle, Georges Pierre des Clozets and the Asterism: A New Source'. *Early Science and Medicine* 9 (2004): 293–306.

Manetti, Antonio. *Vita di Filippo Brunelleschi*. Ed. C C Perrone. Rome: Salerno, 1992.

Margolis, Howard. *Patterns, Thinking and Cognition: A Theory of Judgment*. Chicago: University of Chicago Press, 1987.

———. *It Started with Copernicus: How Turning the World inside out Led to the Scientific Revolution*. New York: McGraw-Hill, 2002.

Martens, Rhonda. *Kepler's Philosophy and the New Astronomy*. Princeton: Princeton University Press, 2000.

Martinet, Monique. '*Science et hypothèses chez Descartes*'. *Archives internationales d'histoire des sciences* 24 (1974): 319–39.

Massa, Daniel. 'Giordano Bruno's Ideas in Seventeenth-century England'. *Journal of the History of Ideas* 38 (1977): 227–42.

Massey, Lyle. *Picturing Space, Displacing Bodies*. University Park, PA: Pennsylvania State University Press, 2007.

Mattern, Susan P. *Galen and the Rhetoric of Healing*. Baltimore: Johns Hopkins University Press, 2008.

May, Christopher. 'The Venetian Moment: New Technologies, Legal Innovation and the Institutional Origins of Intellectual Property'. *Prometheus* 20 (2002): 159–79.

Mayer, Anna-K. 'Setting Up a Discipline: Conflicting Agendas of the Cambridge History of Science Committee, 1936–1950'. *Studies in History and Philosophy of Science Part A* 31 (2000): 665–89.

Mayer, Thomas F. *The Roman Inquisition: A Papal Bureaucracy and Its Laws in the Age of Galileo*. Philadelphia: University of Pennsylvania Press, 2013.

———. *The Roman Inquisition: Trying Galileo*. Philadelphia: University of Pennsylvania Press, 2015.

Mayr, Ernst. 'When is Historiography Whiggish?' *Journal of the History of Ideas* 51 (1990): 301–9.

Mayr, Otto. *Authority, Liberty & Automatic Machinery in Early Modern Europe*. Baltimore: Johns Hopkins University Press, 1986.

Mazur, Joseph. *Enlightening Symbols: A Short History of Mathematical Notation and Its Hidden Powers*. Princeton: Princeton University Press, 2014. 《수학기호의 역사》 (반니)

Mela, Pomponius. *De orbis situ libri tres. Adiecta sunt praeterea loca aliquot ex Vadiani commentarijs*. Ed. J Vadianus. Paris: C Wechel, 1530.

Melchior-Bonnet, Sabine. *The Mirror: A History*. New York: Routledge, 2002.

Merchant, Carolyn. '"The Violence of Impediments": Francis Bacon and the Origins of Experimentation'. *Isis* 99 (2008): 731–60.

Merton, Robert K. 'The Normative Structure of Science'. In *The Sociology of Science*. Chicago: University of Chicago Press, 1973: 267–78.

———. *On the Shoulders of Giants: A Shandean Postcript*. New York: Free Press, 1965.

———. 'Priorities in Scientific Discovery: A Chapter in the Sociology of Science'. *American Sociological Review* 22 (1957): 635–59.

———. 'Resistance to the Systematic Study of Multiple Discoveries in Science'. *European Journal of Sociology* 4 (1963): 237–82.

———. 'Science and Technology in a Democratic Order'. *Journal of Legal and Political Sociology* 1 (1942): 115–26.

———. 'Science, Technology and Society in Seventeenth-century England'. *Osiris* 4 (1938): 360–63.

———. *Science, Technology and Society in Seventeenth-century England*. New York: Harper & Row, 1970.

———. 'Singletons and Multiples in Scientific Discovery: A Chapter in the Sociology of Science'. *Proceedings of the American Philosophical Society* 105 (1961):

470–86.

————. *The Sociology of Science: Theoretical and Empirical Investigations*. Chicago: University of Chicago Press, 1973. 《과학사회학》(민음사)

————. 'The Unanticipated Consequences of Purposive Social Action'. *American Sociological Review* 1 (1936): 894–904.

Merton, Robert K and Elinor G. Barber. *The Travels and Adventures of Serendipity*. Princeton: Princeton University Press, 2006.

Meurer, Peter H. 'Cartography in the German Lands, 1450–1650'. In *The History of Cartography*. 6 vols. Vol. 3: *Cartography in the European Renaissance*. Ed. D Woodward. Chicago: University of Chicago Press, 2007: 1172–245.

Michele, Agostino. *Trattato della grandezza dell'acqva et della terra*. Venice: N Moretti, 1583.

Middleton, WE Knowles. *The History of the Barometer*. Baltimore: Johns Hopkins University Press, 1964.

Midgley, Robert. *A New Treatise of Natural Philosophy*. London: J Hindmarsh, 1687.

Mignolo, Walter D. *The Darker Side of the Renaissance: Literacy, Territoriality and Colonization*. Ann Arbor: University of Michigan Press, 2010.

Mill, John Stuart. *Principles of Political Economy*. London: Longmans, Green & Co., 1909. 《정치경제학 원리》(나남출판)

Miller, DP. *James Watt, Chemist: Understanding the Origins of the Steam Age*. London: Pickering & Chatto Ltd, 2009.

Milliet de Chales, Claude-François. *Cursus seu mundus mathematicus*. 3 vols. Lyons, 1674.

————. *Cursus seu mundus mathematicus*. 4 vols. Lyons, 1690.

Milton, John R. 'Laws of Nature'. In *The Cambridge History of Seventeenth-century Philosophy*. 2 vols. Vol. 1. Ed. D Garber and M Ayers. Cambridge: Cambridge University Press, 1998: 680–701.

————. 'The Origin and Development of the Concept of the "Laws of Nature"'. *European Journal of Sociology* 22 (1981): 173–95.

Minnis, AJ. *Medieval Theory of Authorship: Scholastic Literary Attitudes in the Later Middle Ages*. Aldershot: Wildwood House, 1988.

Mirowski, Philip. 'A Visible Hand in the Marketplace of Ideas: Precision Measurement as Arbitrage'. *Science in Context* 7 (1994): 563–90.

Mizauld, Antoine. *Cosmologia: Historiam coeli et mundi*. Paris: F Morellus, 1570.

Moffitt, John F. *Painterly Perspective and Piety: Religious Uses of the Vanishing Point, From the 15th to the 18th Century*. Jefferson, NC: McFarland, 2008.

Mokyr, Joel. *The Enlightened Economy: An Economic History of Britain, 1700–1850*. New Haven: Yale University Press, 2009.

————. *The Gifts of Athena: Historical Origins of the Knowledge Economy*. Princeton: Princeton University Press, 2004.

———. 'The Intellectual Origins of Modern Economic Growth'. *Journal of Economic History* 65 (2005): 285–351.

———. *The Lever of Riches: Technological Creativity and Economic Progress*. New York: Oxford University Press, 1990.

Montaigne, Michel de. *The Complete Essays*. Trans. MA Screech. London: Allen Lane, 1991. 《몽테뉴 수상록》(동서문화사)

———. *Essayes: Written in French*. Trans. J Florio. London: E Blovnt, 1613.

———. *Oeuvres complètes*. Ed. M Rat. Paris: Gallimard, 1962.

Moore, George Edward. *A Defence of Common Sense*. London: Allen & Unwin, 1925.

Morando, Bruno. 'The Golden Age of Celestial Mechanics'. In *The General History of Astronomy*. 4 vols. Vol. 2B: *Planetary Astronomy from the Renaissance to the Rise of Astrophysics*. Ed. R Taton and C Wilson. 1995: 211–39.

More, Henry. *Divine Dialogues, Containing Sundry Disquisitions and Instructions Concerning the Attributes and Providence of God*. London: J. Flesher, 1668.

———. *The Immortality of the Soul, So Farre Forth as It is Demonstrable from the Knowledge of Nature and the Light of Reason*. London: W Morden, 1659.

Morison, Samuel Eliot. *Portuguese Voyages to America in the Fifteenth Century*. Cambridge, Mass.: Harvard University Press, 1940.

Mornet, Daniel. *Les Origines intellectuelles de la Révolution française: 1715–1787*. Paris: Armand Colin, 1933.

Mosley, Adam. *Bearing the Heavens: Tycho Brahe and the Astronomical Community of the Late Sixteenth Century*. Cambridge: Cambridge University Press, 2007.

Muir, Edward. *The Culture Wars of the Late Renaissance*. Boston: Harvard University Press, 2007.

Muraro, Luisa. *Giambattista della Porta, mago e scienziato*. Milan: Feltrinelli, 1978.

Murdoch, John E. 'Philosophy and the Enterprise of Science in the Later Middle Ages'. In *The Interaction between Science and Philosophy*. Ed. Y Elkana. Atlantic Highlands, NJ: Humanities Press, 1974: 51–74.

———. 'Pierre Duhem and the History of Late-Medieval Science and Philosophy in the Latin West'. In *Gli studi di filosofia medievale fra otto e novecento*. Ed. A Maier and R Imbach. Rome: Edizioni di Storia e Letteratura, 1991: 253–302.

Musson, AE and Eric Robinson. *Science and Technology in the Industrial Revolution*. Manchester: Manchester University Press, 1969.

Münster, Sebastian. *A Treatyse of the Newe India with Other New Founde Landes and Islandes*. London: E Sutton, 1553.

Nagel, Thomas. 'What is It Like to be a Bat?' *The Philosophical Review* 83 (1974): 435–50.

Naudé, Gabriel. *Instructions Concerning Erecting of a Library Presented to My Lord, the President de Mesme*. Trans. J Evelyn. London: G. Bedle, 1661.

Needham, Joseph. 'Human Laws and Laws of Nature in China and the West (I)'. *Journal of the History of Ideas* 12 (1951): 3–30.

―――. 'Human Laws and Laws of Nature in China and the West (II)'. *Journal of the History of Ideas* 12 (1951): 194–230.

―――. *The Sceptical Biologist (Ten Essays)*. London: Chatto & Windus, 1929.

―――. *The Shorter Science and Civilisation in China: An Abridgement*. Ed. Colin A Rowan. 5 vols. Cambridge: Cambridge University Press, 1978–95. 《중국의 과학과 문명》(까치)

Newcastle, Margaret Cavendish. *Philosophical Letters, or Modest Reflections upon Some Opinions in Natural Philosophy*. London: [s.n.], 1664.

Newman, William Royall. *Atoms and Alchemy: Chymistry and the Experimental Origins of the Scientifi Revolution*. Chicago: University of Chicago Press, 2006.

―――. 'Brian Vickers on Alchemy and the Occult: A Response'. *Perspectives on Science* 17 (2009): 482–506.

―――. *Gehennical Fire*. Chicago: University of Chicago Press, 2003.

―――. 'How Not to Integrate the History and Philosophy of Science: A Reply to Chalmers'. *Studies in History and Philosophy of Science Part A* 41 (2010): 203–13.

―――. *Promethean Ambitions: Alchemy and the Quest to Perfect Nature*. Chicago: University of Chicago Press, 2004.

―――. 'What Have We Learned from the Recent Historiography of Alchemy?' *Isis* 102 (2011): 313–21.

Newman, William Royall and Lawrence M Principe. *Alchemy Tried in the Fire*. Chicago: University of Chicago Press, 2005.

―――. 'Alchemy versus Chemistry: The Etymological Origins of a Historiographic Mistake'. *Early Science and Medicine* 3 (1998): 32–65.

Newton, Isaac. *The Correspondence of Isaac Newton*. Ed. HW Turnbull. 7 vols. Cambridge: Cambridge University Press, 1959–77.

―――. *Isaac Newton's Papers & Letters on Natural Philosophy and Related Documents*. Ed. IB Cohen. Cambridge, Mass.: Harvard University Press, 1958.

―――. 'A Letter of Mr Isaac Newton, Professor of the Mathematicks in the University of Cambridge; Containing His New Theory about Light and Colors: Sent by the Author to the Publisher From Cambridge, Febr. 6. 1671/72; in Order to be Communicated to the R. Society'. *Philosophical Transactions* 6 (1672): 3075–87.

―――. *The Mathematical Principles of Natural Philosophy*. Trans.A Motte. 2 vols. London: B Motte, 1729. 《프린키피아》(교우사)

―――. *Opticks, or A Treatise of the Reflexions, Refractions, Inflexions and Colours of Light*. London: Samuel Smith, 1704. 《아이작 뉴턴의 광학》(한국문화사)

―――. *Unpublished Scientific Papers of Isaac Newton: A Selection from the Ports-*

mouth Collection in the University Library, Cambridge. Ed. AR Hall and MB Hall. Cambridge: Cambridge University Press, 1962.

Newton, Isaac and Roger Cotes. *Correspondence of Sir Isaac Newton and Professor Cotes*. Ed. J Edleston. London: JW Parker, 1850.

Newton, Robert R. 'The Authenticity of Ptolemy's Parallax Data – Part 1'. *Quarterly Journal of the Royal Astronomical Society* 14 (1973): 367–88.

Niceron, Jean François. *La Perspective curieuse*. Paris: Veuve F Langlois, 1652.

Nicholl, Charles. *Leonardo da Vinci: The Flights of the Mind*. London: Allen Lane, 2004.

Nield, Ted. *Incoming! Or, Why We Should Stop Worrying and Learn to Love the Meteorite*. London: Granta, 2011.

Norman, Robert. *The New Attractive: Containing a Short Discourse of the Magnes or Lodestone*. London: R Ballard, 1581.

North, John David. *God's Clockmaker: Richard of Wallingford and the Invention of Time*. London: Hambledon and London, 2005.

Nummedal, Tara. *Alchemy and Authority in the Holy Roman Empire*. Chicago: University of Chicago Press, 2007.

———. 'On the Utility of Alchemical Fraud'. In *Chymists and Chymistry: Studies in the History of Alchemy and Early Modern Chemistry*. Ed. L Principe. Sagamore Beach, Mass.: Science History Publications, 2007: 173–80.

Nye, Mary Jo. *Michael Polanyi and His Generation: Origins of the Social Construction of Science*. Chicago: University of Chicago Press, 2011.

Oakley, Francis. 'Christian Theology and the Newtonian Science: The Rise of the Concept of the Laws of Nature'. *Church History* 30 (1961): 433–57.

———. *Natural Law, Laws of Nature, Natural Rights: Continuity and Discontinuity in the History of Ideas*. New York: Continuum, 2005.

Oberman, Heiko A. 'Reformation and Revolution: Copernicus's Discovery in an Era of Change'. In *The Cultural Context of Medieval Learning*. Ed. JE Murdoch and ED Sylla. Springer, 1975: 397–435.

Ogborn, Miles and Charles WJ Withers. 'Introduction: Book Geography, Book History'. In *Geographies of the Book*. Ed. M Ogborn and CWJ Withers. Farnham: Ashgate, 2010: 1–25.

Ogilvie, Brian W. *The Science of Describing: Natural History in Renaissance Europe*. Chicago: University of Chicago Press, 2008.

O'Gorman, Edmundo. *The Invention of America: An Inquiry into the Historical Nature of the New World and the Meaning of Its History*. Bloomington: Indiana University Press, 1961.

O'Grady, Paul. 'Wittgenstein and Relativism'. *International Journal of Philosophical Studies* 12 (2004): 315–37.

Ong, Walter Jackson. *Orality and Literacy: The Technologizing of the World*. London: Routledge, 1982.

———. *Ramus, Method and the Decay of Dialogue: From the Art of Discourse to the Art of Reason*. Cambridge, Mass.: Harvard University Press, 1958.

Ophir, Adi and Steven Shapin. 'The Place of Knowledge: A Methodological Survey'. *Science in Context* 4 (1991): 3–21.

Oresme, Nicholas. *Le Livre du ciel et du monde*. Ed. AD Menut. Madison: University of Wisconsin Press, 1968.

———. *'The Questiones de spera' of Nicole Oresme: Latin Text with English Translation, Commentary and Variants*. Ed. G Droppers. Milwaukee, MI: University of Wisconsin, 1966.

———. *Traitéde l'espère*. Ed. L McCarthy. Toronto: University of Toronto, 1943.

Orgel, Stephen. *Impersonations: The Performance of Gender in Shakespeare's England*. Cambridge: Cambridge University Press, 1996.

Osler, Margaret J. 'John Locke and the Changing Ideal of Scientific Knowledge'. *Journal of the History of Ideas* 31 (1970): 3–16.

——— (ed.). *Rethinking the Scientific Revolution*. Cambridge: Cambridge University Press, 2000.

Owen, GEL. 'Tithenai ta phainomena'. [1967] In *Articles on Aristotle*. 4 vols. Vol. 1: *Science*. Ed. J Barnes, M Schofield and R Sorabji. London: Duckworth, 1975: 113–26.

Padoa, Alessandro. *La Logique déductive dans sa dernière phase de développement*. Paris: Gauthier-Villars, 1912.

Palingenius, Marcellus. *The Zodiake of Life*. London: R Newberye, 1565.

———. *The Zodiake of Life*. Ed. R Tuve and B Googe. New York: Scholars' Facsimiles & Reprints, 1947.

Palisca, Claude V. 'Vincenzo Galileo, scienziato sperimentale, mentore del figlio Galileo'. *Nuncius* 15 (2000): 497–514.

Palmerino, Carla Rita. 'Experiments, Mathematics, Physical Causes: How Mersenne Came to Doubt the Validity of Galileo's Law of Free Fall'. *Perspectives on Science* 18 (2010): 50–76.

Palmieri, Paolo. 'The Cognitive Development of Galileo's Theory of Buoyancy'. *Archive for History of Exact Sciences* 59 (2005): 189–222.

———. 'Galileo and the Discovery of the Phases of Venus'. *Journal for the History of Astronomy* 32 (2001): 109–29.

———. 'Re-examining Galileo's Theory of Tides'. *Archive for History of Exact Sciences* 53 (1998): 223–375.

Panofsky, Erwin. *Perspective as Symbolic Form*. New York: Zone Books, 1991.

———. *Renaissance and Renascences in Western Art*. London: Paladin, 1970.

Pantin, Isabel. 'New Philosophy and Old Prejudices: Aspects of the Reception of Copernicanism in a Divided Europe'. *Studies in History and Philosophy of Science Part A* 30 (1999): 237–62.

Papin, Denis. 'An Account of an Experiment Shewn before the Royal Society, of Shooting by the Rarefaction of the Air'. *Philosophical Transactions (1683–1775)* 16 (1686): 21–2.

———. *A Continuation of the New Digester of Bones, Its Improvements, and New Uses It Hath Been Applyed to, Both for Sea and Land: Together with Some Improvements and New Uses of the Air–pump, Tryed Both in England and in Italy*. London: J Streater, 1687.

———. 'A Demonstration of the Velocity wherewith the Air Rushes into an Exhausted Receiver, Lately Produced before the Royal Society'. *Philosophical Transactions (1683–1775)* 16 (1686): 193–5.

———. *La Manière d'amolir les os*. Amsterdam: Desbordes, 1688.

———. *Nouvelle Manière pour élever l'eau par la force du feu mise en lumière*. Cassell: J Estienne, 1707.

———. *Recueil de diverses pièces touchant quelques nouvelles machines*. Kassel: JE Marchand, 1695.

———. *La Vie et les ouvrages de Denis Papin*. Ed. A Péan, LD Belenet and L de La Saussaye. 8 vols. Blois: C. Migault, 1894.

Park, Katharine. 'The Rediscovery of the Clitoris'. In *The Body in Parts: Fantasies of Corporeality in Early Modern Europe*. Ed. D Hillman and C Mazzio. New York: Routledge, 1997: 171–93.

———. 'Response to Brian Vickers, "Francis Bacon, Feminist Historiography and the Dominion of Nature"'. *Journal of the History of Ideas* 69 (2008): 143–6.

Parker, Geoffrey. *The Army of Flanders and the Spanish Road, 1567–1659*. Cambridge: Cambridge University Press, 1972.

Parker, Samuel. *Disputationes de Deo et providentia divina*. London: J Martyn, 1678.

———. *A Free and Impartial Censure of the Platonick Philosophie*. Oxford: R Davis, 1666.

Parronchi, Alessandro. '*Un tabernacolo brunelleschiano*'. In *Filippo Brunelleschi: La sua opera e il suo tempo*. Ed. G Soadolini. Florence: Centro Di, 1980: 239–55.

Parsons, Robert. *The Seconde Parte of the Booke of Christian Exercise*. London: S Waterson, 1590.

Pascal, Blaise. *Les Provinciales*. Cologne: Pierre de la Vallée, 1657. 《시골 친구에게 보내는 편지》(나남출판)

———. *Les Provinciales, or The Mysterie of Jesuitisme*. London: R Royston, 1657.

———. *Les Provinciales, or The Mystery of Jesuitisme*. London: R Royston, 1658.

———. *Oeuvres*. Ed. P Boutroux and L Brunschvicg. 14 vols. Vol. 2. Paris: Hachette,

1923–5.

———. *Oeuvres complètes.* Ed. J Mesnard. 4 vols. Vol. 2. Paris: Desclée de Brouwer, 1964–1992.

———. *Pensées.* Trans. WF Trotter. New York: EP Dutton, 1958. 《팡세》(을유문화사)

———. *The Physical Treatises of Pascal: The Equilibrium of Liquids and the Weight of the Mass of the Air.* Ed. IHB Spiers, AGH Spiers and F Barry. New York: Columbia University Press, 1937.

Passannante, Gerard Paul. *The Lucretian Renaissance: Philology and the Afterlife of Tradition.* Chicago: University of Chicago Press, 2011.

Patrick, Symon. *A Brief Account of the New Sect of Latitude-men.* London: [n.p.], 1662.

Pecquet, Jean. *New Anatomical Experiments.* London: O Pulleyn, 1653.

Peregrinus, Petrus. *Opera.* Ed. RB Thomson and L Sturlese. Pisa: Scuola Normale Superiore, 1995.

Pesic, Peter. 'Proteus Rebound – Reconsidering the "Torture of Nature"'. *Isis* 99 (2008): 304–17.

Peterson, Mark A. *Galileo's Muse.* Cambridge, Mass.: Harvard University Press, 2011.

Petty, William. *A Treatise of Taxes and Contributions.* London: N Brooke, 1662.

Péan, Alonso and Louis de La Saussaye. *La Vie et les ouvrages de Denis Papin vol I.* Paris: Franck, 1869.

Pérez-Ramos, Antonio. *Francis Bacon's Idea of Science and the Maker's Knowledge Tradition.* Oxford: Clarendon Press, 1988.

Phillips, Derek L. *Wittgenstein and Scientific Knowledge: A Sociological Perspective.* London: Macmillan, 1977.

Phillips, Jeremy. 'The English Patent as a Reward for Invention: The Importation of an Idea'. *Journal of Legal History* 3 (1982): 71–9.

Picciotto, Joanna. *Labors of Innocence in Early Modern England.* Cambridge, Mass.: Harvard University Press, 2010.

Piccolomini, Alessandro. *Della grandezza della terra et dell'acqua.* Venice, 1558.

———. *De la sfera del mondo.* Venice: Al Segno del Pozzo, 1540.

———. *La prima parte delle theoriche: overo speculationi de i pianeti.* Venice: Varisco, 1558.

Pickering, Andrew. *The Mangle of Practice: Time, Agency and Science.* Chicago: University of Chicago Press, 1995.

Pinch, Trevor J. *Confronting Nature: The Sociology of Solar-neutrino Detection.* Dordrecht: D Reidel, 1986.

———. 'Kuhn – The Conservative and Radical Interpretations: Are Some Mertonians "Kuhnians" and Some Kuhnians "Mertonians"?' *Social Studies of Science* 27 (1997): 465–82.

———. 'Opening Black Boxes: Science, Technology and Society'. *Social Studies of Science* 22 (1992): 487–510.

Pinch, Trevor J and Wiebe E Bijker. 'The Social Construction of Facts and Artefacts'. In *The Social Construction of Technological Systems*. Ed. WE Bijker, TP Hughes and TJ Pinch. MIT Press, 1987: 17–50.

Pinto-Correia, Clara. *The Ovary of Eve: Egg and Sperm and Preformation*. Chicago: University of Chicago Press, 1997.

Pliny the Elder. *L'Histoire du monde*. Trans. A du Pinet. Lyons: C Senneton, 1562.

———. *Natural History*. Trans. H Rackham. 10 vols. Cambridge, Mass.: Harvard University Press, 1938–63.

Plutarch. 'The Face of the Moon'. In *Moralia*. Vol. 11. Trans. H Cherniss and WC Helmbold. Cambridge, Mass.: Harvard University Press, 1957: 1–223.

Polanyi, Michael. *Personal Knowledge: Towands a Post-critical Philosophy*. Chicago: University of Chicago Press, 1958.

Pomata, Gianna. 'Observation Rising: Birth of an Epistemic Genre, 1500–1650'. In *Histories of Scientific Observation*. Ed. E Lunbeck and LJ Daston. Chicago: University of Chicago Press, 2011: 44–80.

Poovey, Mary. *A History of the Modern Fact: Problems of Knowledge in the Sciences of Wealth and Society*. Chicago: University of Chicago Press, 1998.

Popkin, Richard H. *The History of Scepticism from Erasmus to Spinoza*. Berkeley: University of California Press, 1979.

Popper, Karl Raimund. *The Logic of Scientific Discovery*. London: Hutchinson, 1959. 《과학적 발견의 논리》(고려원)

———. *Objective Knowledge: An Evolutionary Approach*. Oxford: Clarendon Press, 1972. 《객관적 지식》(철학과현실사)

———. *The Open Society and Its Enemies*. London: Routledge, 1945. 《열린 사회와 그 적들》(민음사)

Popplow, Marcus. 'Setting the World Machine in Motion: The Meaning of *Machina mundi* in the Middle Ages and the Early Modern Period'. In *Mechanics and Cosmology in the Medieval and Early Modern Period*. Ed. M Bucciantini, M Camerota and S Roux. Florence: LS Olschki, 2007: 45–70.

Porter, Roy. 'The Scientific Revolution: A Spoke in the Wheel?' In *Revolution in History*. Cambridge: Cambridge University Press, 1986: 290–316.

———. 'The Scientific Revolution and Universities'. In *A History of the University in Europe*. 4 vols. Vol. 2. Ed. W Rüegg. Cambridge: Cambridge University Press, 1996: 531–62.

Post, Heinz R. 'Correspondence, Invariance and Heuristics: In Praise of Conservative Induction'. *Studies in History and Philosophy of Science Part A* 2 (1971): 213–55.

Powell, Thomas. *The Passionate Poet. With a Description of the Thracian Ismarus. By T. P.* London: Valentine Simmes, 1601.

Power, Henry. *Experimental Philosophy, in Three Books Containing New Experiments Microscopical, Mercurial, Magnetical.* London: J Martin, 1664.

Powers, John C. '*Ars sine arte*: Nicholas Lemery and the End of Alchemy in Eighteenth-century France'. *Ambix* 45 (1998): 163–89.

Principe, Lawrence M. 'Alchemy Restored'. *Isis* 102 (2011): 305–12.

———. *The Aspiring Adept: Robert Boyle and His Alchemical Quest.* Princeton: Princeton University Press, 1998.

———. 'Georges Pierre des Clozets, Robert Boyle, the Alchemical Patriarch of Antioch, and the Reunion of Christendom: Further New Sources'. *Early Science and Medicine* 9 (2004): 307–20.

———. *The Scientific Revolution: A Very Short Introduction.* Oxford: Oxford University Press, 2011. 《과학혁명》(교유서가)

Principe, Lawrence M and Lloyd DeWitt. *Transmutations: Alchemy in Art.* Philadelphia: Chemical Heritage Foundation, 2002.

Pritchard, Duncan. 'Epistemic Relativism, Epistemic Incommensurability and Wittgensteinian Epistemology'. In *Blackwell Companion to Relativism.* Ed. S Hales. Oxford: Blackwell, 2010: 266–85.

Proclus and Euclid. *In primum Euclidis elementorum librum commentariorum* Ed. F Barozzi. Padua: G Perchacinus, 1560.

Psillos, Stathis. *Scientific Realism: How Science Tracks Truth.* London: Routledge, 1999.

Pugliese PJ. 'The Scientific Achievement of Robert Hooke: Method and Mechanics'. Cambridge, Mass.: Harvard University Press, 1982.

Pumfrey, Stephen. 'Harriot's Maps of the Moon: New Interpretations'. *Notes and Records of the Royal Society* 63 (2009): 163–8.

———. *Latitude: The Magnetic Earth.* Cambridge: Icon, 2001.

———. '"*O tempora, O magnes!*" A Sociological Analysis of the Discovery of Secular Magnetic Variation in 1634'. *British Journal for the History of Science* 22 (1989): 181–214.

———. 'The Selenographia of William Gilbert: His Pre-telescopic Map of the Moon and His Discovery of Lunar Libration'. *Journal for the History of Astronomy* 42 (2011): 193–203.

———. '"Your Astronomers and Ours Differ Exceedingly": The Controversy over the "New Star" of 1572 in the Light of a Newly Discovered Text by Thomas Digges'. *British Journal for the History of Science* 44 (2011): 29–60.

Pumfrey, Stephen, Paul Rayson and John Mariani. 'Experiments in 17th-century English: Manual versus Automatic Conceptual History'. *Literary and Linguistic*

Computing 27 (2012): 395–408.

Purs, Ivo. '*Anselmus Boëtius de Boodt, Pansophie und Alchemie*'. *Acta Comeniana* 18 (2004): 43–90.

Putnam, Hilary. *Meaning and the Moral Sciences*. London: Routledge & Kegan Paul, 1978.

———. *Mind, Language and Reality*. Cambridge: Cambridge University Press, 1975.

Quine, Willard Van Orman. 'A Comment on Grünbaum's Claim'. In *Can Theories be Refuted?* Ed. SG Harding. Dordrecht: D Reidel, 1976: 132.

———. 'Main Trends in Recent Philosophy: Two Dogmas of Empiricism'. *Philosophical Review* 60 (1951): 20–43.

Quintilian, Marcus Fabius. *The Orator's Education*. Ed. DA Russell. 5 vols. Vol. 2. Cambridge, Mass.: Harvard University Press, 2001.

Rabb, Theodore K. 'Religion and the Rise of Modern Science'. *Past & Present* 31 (1965): 111–26.

Radelet de Grave, Patricia and D Speiser. '*Le "De magnete" de Pierre de Maricourt. Traduction et commentaire*'. *Revue d'histoire des sciences* 28 (1975): 193–234.

Ragep, F Jamil. 'Copernicus and His Islamic Predecessors: Some Historical Remarks'. *History of Science* 45 (2007): 65–81.

Ramazzini, Bernardino and Robert St Clair. *The Abyssinian Philosophy Confuted, or Telluris theoria Neither Sacred, nor Agreeable to Reason*. London: W Newton, 1697.

Randall, John H. 'The School of Padua and the Emergence of Modern Science'. *Journal of the History of Ideas* 1 (1940): 177–206.

Randles, William Graham Lister. 'The Atlantic in European Cartography and Culture from the Middle Ages to the Renaissance [1992]'. In *Geography, Cartography and Nautical Science in the Renaissance*. Aldershot: Ashgate, 2000: No. 2, 1–28.

———. 'Classical Models of World Geography and Their Transformation Following the Discovery of America'. In *The Classical Tradition and the Americas, Vol. 1: European Images of the Americas and the Classical Tradition*. Ed. W Haase and M Reinhold. Berlin: Walter de Gruyter, 1994: 5–76.

———. 'The Evaluation of Columbus' "India" Project by Portuguese and Spanish Cosmographers in the Light of the Geographical Science of the Period'. *Imago mundi* 42 (1990): 50–64.

———. *Geography, Cartography and Nautical Science in the Renaissance*. Aldershot: Ashgate, 2000.

———. '*Le Nouveau Monde, l'autre monde et la pluralitédes mondes*' [1961]. In *Geography, Cartography and Nautical Science in the Renaissance*. Aldershot: Ashgate, 2000: No. 15, 1–39.

———. *De la Terre plate au globe terrestre: Une mutation épistémologique rapide*

(1480–1520). Paris: A Colin, 1980.

———. *The Unmaking of the Medieval Christian Cosmos, 1500–1760: From Solid Heavens to Boundless Æther*. Aldershot: Ashgate, 1999.

Ranea, Alberto Guillermo. 'Theories, Rules and Calculations: Denis Papin Before and After the Controversy with G. W. Leibniz'. In *Der Philosoph im U-Boot*. Ed. M. Kempe. Hanover: Gottfried Willhelm Leibniz Bibliothek, 2015: 59–83.

Rapin, René. *Reflexions upon Ancient and Modern Philosophy*. London: W Cademan, 1678.

Ravetz, Jerry and Richard S Westfall. 'Marxism and the History of Science'. *Isis* 72 (1981): 393–405.

Rawson, Michael. 'Discovering the Final Frontier: The Seventeenth-century Encounter with the Lunar Environment'. *Environmental History* 20 (2015): 194–216.

Ray, Meredith K. *Daughters of Alchemy: Women and Scientific Culture in Early Modern Italy*. Cambridge, Mass., Harvard University Press, 2015.

Raynaud, Dominique. *L'Hypothèse d'Oxford: Essai sur les origines de la perspective*. Paris: Presses Universitaires de France, 1998.

Redondi, Pietro. '*La nave di Bruno e la pallottola di Galileo: Uno studio di iconografia della fisica*'. In *Il piacere del testo: saggi e studi per Albano Biondi,* Vol. 2. Ed. A Prosperi. Rome: Bulzoni, 2001: 285–363.

Reiss, Timothy J and Roger H Hinderliter. 'Money and Value in the Sixteenth Century: The *Monete cudende ratio* of Nicholas Copernicus'. *Journal of the History of Ideas* 40 (1979): 293–313.

Rey, Abel, Lucien Febvre and others (eds.). *L'Outillage mental: Pensée, langage, mathématiques*. Paris: Sociétéde gestion de l'Encyclopédie française, 1937.

Rey, Anne-Lise. 'The Controversy between Leibniz and Papin'. In *The Practice of Reason: Leibniz and His Controversies*. Ed. M Dascal. Amsterdam: John Benjamins, 2010: 75–100.

Reynolds, John. *Death's Vision Represented in a Philosophical, Sacred Poem*. London: J Osborn, 1713.

Reynolds, Terry S. *Stronger than a Hundred Men: A History of the Vertical Water Wheel*. Baltimore: Johns Hopkins University Press, 1983.

Rheticus, Georg Joachimus. *De libris revolutionum . . . Nicolai Copernici . . . Narratio Prima*. Gdansk: F Rhodus, 1540.

Righter, Anne. *Shakespeare and the Idea of the Play*. London: Chatto & Windus, 1962.

Riskin, Jessica. 'The Defecating Duck, or The Ambiguous Origins of Artificial Life'. *Critical Inquiry* 29 (2003): 599–633.

Roche, John J. 'Harriot, Galileo and Jupiter's Satellites'. *Archives internationales d'histoire des sciences* 32 (1982): 9–51.

Rohault, Jacques. *Traitéde physique*. Paris: C Savreux, 1671.

Rolt, L Tom C and JS Allen. *The Steam Engine of Thomas Newcomen*. Hartington: Moorland, 1977.

Rorty, Richard (ed.). *The Linguistic Turn: Recent Essays in Philosophical Method*. Chicago: University of Chicago Press, 1967.

———. 'Science as Solidarity'. In *Objectivity, Relativism and Truth*. Cambridge: Cambridge University Press, 1991: 35–45.

———. 'Thomas Kuhn, Rocks and the Laws of Physics'. In *Philosophy and Social Hope*. New York: Penguin Books, 1999: 175–89.

Rose, Paul Lawrence. 'Copernicus and Urbino: Remarks on Bernardino Baldi's *Vita di NiccolòCopernico* (1588)'. *Isis* 65 (1974): 387–89.

Rosen, Edward. 'Copernicus and the Discovery of America'. *The Hispanic American Historical Review* 23 (1943): 367–71.

———. *Copernicus and His Successors*. London: Hambledon Press, 1995.

——— (ed.). *Three Copernican Treatises*. New York: Dover Publications, 1959.

———. 'Was Copernicus a Neoplatonist?' *Journal of the History of Ideas* 44 (1983): 667–9.

Rosen, William. *The Most Powerful Idea in the World: A Story of Steam, Industry and Invention*. New York: Random House, 2010. 《역사를 만든 위대한 아이디어》(21세기북스)

Rosenfeld, Sophia A. *Common Sense: A Political History*. Cambridge, Mass.: Harvard University Press, 2011. 《상식의 역사》(부글북스)

Rosenthal, Earl E. 'The Invention of the Columnar Device of Emperor Charles V at the Court of Burgundy in Flanders in 1516'. *Journal of the Warburg and Courtauld Institutes* 36 (1973): 198–230.

———. '*Plus ultra, non plus ultra*, and the Columnar Device of Emperor Charles V.' *Journal of the Warburg and Courtauld Institutes* 34 (1971): 204–28.

Röslin, Helisaeus. *De opere Dei creationis, seu De mundo hypotheses*. Frankfurt: A Wechel, 1597.

Ross, Alexander. *Arcana microcosmi, or The Hid Secrets of Man's Body Discovered*. London: T Newcomb, 1652.

Ross, Sydney. 'Scientist: The Story of a Word'. *Annals of Science* 18 (1962): 65–85.

Rossi, Paolo. *The Birth of Modern Science*. Oxford: Blackwell, 2001.

———. *Philosophy, Technology and the Arts in the Early Modern Era*. Trans. B Nelson. New York: Harper & Row, 1970.

Rotman, Brian. *Signifying Nothing: The Semiotics of Zero*. Stanford: Stanford University Press, 1993.

Roux, Sophie. '*Le Scepticisme et les hypothèses de la physique*'. *Revue de synthèse* 119 (1998): 211–55.

Rowland, Ingrid D. *Giordano Bruno: Philosopher/Heretic*. New York: Farrar, Straus and Giroux, 2008.

Ruby, Jane E. 'The Origins of Scientific "Law"'. *Journal of the History of Ideas* 47 (1986): 341–59.

Ruestow, Edward G. *The Microscope in the Dutch Republic: The Shaping of Discovery*. Cambridge: Cambridge University Press, 1996.

Russell, Bertrand. 'Obituary: Ludwig Wittgenstein'. *Mind* 60 (1951): 297–8.

Russell, Jeffrey Burton. *Inventing the Flat Earth: Columbus and Modern Historians*. New York: Praeger, 1991. 《날조된 역사》(모티브)

Russell, JL. 'Kepler's Laws of Planetary Motion: 1609–1666'. *British Journal for the History of Science* 2 (1964): 1–24.

Russo, Lucio. *The Forgotten Revolution: How Science was Born in 300 bc and Why It Had to be Reborn*. Berlin: Springer, 2004.

Rybczynski, Witold. *One Good Turn: A Natural History of the Screwdriver and the Screw*. London: Scribner, 2000.

Ryle, Gilbert. *The Concept of Mind*. London: Hutchinson University Library, 1949.

Sabra, AI. 'The Commentary that Saved the Text'. *Early Science and Medicine* 12 (2007): 117–33.

———. *Theories of Light from Descartes to Newton*. London: Oldbourne, 1967.

Sacrobosco, Johannes de. *Sphaera . . . in usum scholarum*. Leiden: Elzevir, 1647.

———. *Sphaera J. de Sacro Bosco typis auctior quam antehac*. Paris: G Cavellat, 1552.

Sacrobosco, Johannes de, Georg von Peuerbach, and others. *Textus sphaerae Joannis de Sacro Busto*. Venice: J Rubeus, 1508.

Saliba, George. *Islamic Science and the Making of the European Renaissance*. Cambridge, Mass.: MIT Press, 2007.

Salusbury, Thomas (ed.). *Mathematical Collections and Translations*. London: W Leybourn, 1661.

Sankey, Howard. 'Kuhn's Changing Concept of Incommensurability'. *British Journal for the Philosophy of Science* 44 (1993): 759–74.

———. 'Taxonomic Incommensurability'. *International Studies in the Philosophy of Science* 12 (1998): 7–16.

Sarasohn, Lisa T. 'Nicolas-Claude Fabri de Peiresc and the Patronage of the New Science in the Seventeenth Century'. *Isis* 84 (1993): 70–90.

Sargent, Rose-Mary. *The Diffident Naturalist: Robert Boyle and the Philosophy of Experiment*. Chicago: University of Chicago Press, 1995.

Sarnowsky, Jürgen. 'Concepts of Impetus and the History of Mechanics'. In *Mechanics and Natural Philosophy before the Scientific Revolution*. Ed. WR Laird and S Roux. Dordrecht: Springer, 2008: 121–45.

———. 'The Defence of the Ptolemaic System in Late-Medieval Commentaries on

Johannes de Sacrobosco's *De sphaera*'. In *Mechanics and Cosmology in the Medieval and Early Modern Period*. Ed. M Bucciantini, M Camerota and S Roux. Florence: LS Olschki, 2007: 29–44.

Sarpi, Paolo. *Pensieri naturali, metafisici e matematici*. Ed. L Cozzi and L Sosio. Milan: R Ricciardi, 1996.

Sarton, George. *The Study of the History of Science*. Cambridge, Mass.: Harvard University Press, 1936.

Savery, Thomas. *Navigation Improv'd, or The Art of Rowing Ships of All Rates, in Calms, with a More Easy, Swift, and Steady Motion, Than Oars Can*. London: J Moxon, 1698.

Sawday, Jonathan. *Engines of the Imagination: Renaissance Culture and the Rise of the Machine*. London: Routledge, 2007.

Scaliger, Joseph Justus. *Opuscula varia ante hac non edita*. Paris: H Beys, 1610.

Scarpa, Antonio. *Réflexions et observations anatomico-chirurgicales sur l'anéurisme*. Paris: Méquignon-Marvis, 1809.

Schaffer, Simon. 'Enlightened Automata'. In *The Sciences in Enlightened Europe*. Ed. W Clark, J Golinski and S Schaffer. Chicago: University of Chicago Press, 1999: 126–65.

———. 'Glass Works: Newton's Prisms and the Uses of Experiment'. In *The Uses of Experiment: Studies in the Natural Sciences*. Ed. D Gooding, TJ Pinch and S Schaffer. Cambridge: Cambridge University Press, 1989: 67–104.

———. 'Godly Men and Mechanical Philosophers: Souls and Spirits in Restoration Natural Philosophy'. *Science in Context* 1 (1987): 53–85.

———. 'Halley's Atheism and the End of the World'. *Notes and Records of the Royal Society of London* 32 (1977): 17–40.

———. 'Machine Philosophy: Demonstration Devices in Georgian Mechanics'. *Osiris* 9 (1994): 157–82.

———. 'Making Up Discovery'. In *Dimensions of Creativity*. Ed. MA Boden. Cambridge, Mass.: MIT Press, 1994: 13–51.

———. 'Scientific Discoveries and the End of Natural Philosophy'. *Social Studies of Science* 16 (1986): 387–420.

———. 'The Show that Never Ends: Perpetual Motion in the Early Eighteenth Century'. *British Journal for the History of Science* 28 (1995): 157–89.

Schechner, Sara J. 'Between Knowing and Doing: Mirrors and Their Imperfections in the Renaissance'. *Early Science and Medicine* 10 (2005): 137–62.

Schemmel, Matthias. *The English Galileo: Thomas Harriot's Work on Motion*. 2 vols. Dordrecht: Springer, 2008.

Schiebinger, Londa L. *The Mind Has No Sex? Women in the Origins of Modern Science*. Cambridge, Mass.: Harvard University Press, 1989. 《두뇌는 평등하다》(서해문집)

Schimkat, Peter. '*Denis Papin und die Luftpumpe*'. In *Denis Papin: Erfinder und Naturforscher in Hessen-Kassel*. Ed. F Tönsmann and H Schneider. Kassel: Euregioverlag, 2009: 50–67.

Schmitt, Charles B. 'Experience and Experiment: A Comparison of Zabarella's View with Galileo's in *De Motu*'. *Studies in the Renaissance* 16 (1969): 80–138.

Schneider, Christoph. *Disputatio physica de terrae motu*. Wittenberg: J Gorman, 1608.

Schott, Gaspar. *Anatomia physico-hydrostatica fontium ac fluminum libris VI*. Würzburg: JG Schönwetteri, 1663.

———. *Mechanica hydraulico-pneumatica . . . acc. experimentum novum Magdeburgicum, quo vacuum alij stabilire, alij evertere conantur . . .* Frankfurt: JG Schönwetteri, 1657.

Schüssler, Rudolf. 'Jean Gerson, Moral Certainty and the Renaissance of Ancient Scepticism'. *Renaissance Studies* 23 (2009): 445–62.

Schuster, John A. 'Cartesian Physics'. In *Oxford Handbook of the History of Physics*. Ed. JZ Buchwald and R Fox. Oxford: Oxford University Press, 2013: 56–95.

———. *Descartes-agonistes: Physico-mathematics, Method and Corpuscularmechanism, 1618–33*. Dordrecht: Springer, 2013.

———. '"Waterworld": Descartes' Vortical Celestial Mechanics'. In *The Science of Nature in the Seventeenth Century*. Ed. PR Anstey and JA Schuster. Dordrecht: Springer, 2005: 35–79.

Schuster, John A and Judit Brody. 'Descartes and Sunspots: Matters of Fact and Systematizing Strategies in the *Principia philosophiae*'. *Annals of Science* 70 (2013): 1–45.

Schuster, John A and Alan BH Taylor. 'Blind Trust: The Gentlemanly Origins of Experimental Science'. *Social Studies of Science* 27 (1997): 503–36.

Screech, Michael Andrew (ed.). *Montaigne's Annotated Copy of Lucretius: A Transcription and Study of the Manuscript, Notes and Pen-marks*. Geneva: Droz, 1998.

Searle, John R. *The Construction of Social Reality*. New York: Free Press, 1995.

Secord, James A. 'Knowledge in Transit'. *Isis* 95 (2004): 654–72.

———. *Visions of Science: Books and Readers at the Dawn of the Victorian Age*. Oxford: Oxford University Press, 2014.

Segre, Michael. 'Torricelli's Correspondence on Ballistics'. *Annals of Science* 40 (1983): 489–99.

Sen, SN. 'Al-Biruni on the Determination of Latitudes and Longitudes in India'. *Indian Journal of History of Science* 10 (1975): 185–97.

Seneca. *Seneca's Morals Abstracted*. Ed. R L'Estrange. London: T Newcomb, 1679.

Serene, Eileen F. 'Robert Grosseteste on Induction and Demonstrative Science'. *Synthèse* 40 (1979): 97–115.

Serjeantson, Richard. 'Francis Bacon and the "Interpretation of Nature" in the Late Renaissance'. *Isis* 105 (2014): 681–705.

———. 'Testimony and Proof in Early-modern England'. *Studies in History and Philosophy of Science* 30 (1999): 195–236.

Serlio, Sebastiano. *Libro primo [-quinto] d'architettura*. Venice: Sessa Fratelli, 1559.

Serrano, Juan D. 'Trying Ursus: A Reappraisal of the Tycho–Ursus Priority Dispute'. *Journal for the History of Astronomy* 44 (2013): 17–46.

Severinus, Petrus. *Idea medicinae philosophicae, fundamenta continens totius doctrinae Paracelsicae, Hippocraticae, & Galenicae*. Basle: S Henricpetrus, 1571.

Sewell, Keith C. 'The "Herbert Butterfield Problem" and its Resolution'. *Journal of the History of Ideas* 64 (2003): 599–618.

Shank, John Bennett. *The Newton Wars and the Beginning of the French Enlightenment*. Chicago: University of Chicago Press, 2008.

———. 'What Exactly was Torricelli's Barometer?' In *Science in the Age of Baroque*. Ed. O Gal and R Chen-Morriz. Dordrecht: Springer, 2012: 161–95.

Shank, Michael H. 'Mechanical Thinking in European Astronomy (13th–15th Centuries)'. In *Mechanics and Cosmology in the Medieval and Early Modern Period*. Ed. M Bucciantini, M Camerota and S Roux. Florence: LS Olschki, 2007: 3–27.

———. 'Setting Up Copernicus? Astronomy and Natural Philosophy in Giambattista Capuano da Manfredonia's *Expositio* on the Sphere'. *Early Science and Medicine* 14 (2009): 290–315.

Shapere, Dudley. 'The Structure of Scientific Revolutions'. *Philosophical Review* 73 (1964): 383–94.

Shapin, Steven. 'Cordelia's Love: Credibility and the Social Studies of Science'. *Perspectives on Science* 3 (1995): 255–75.

———. 'History of Science and Its Sociological Reconstructions'. *History of Science* 20 (1982): 157–211.

———. 'How to be Antiscientific'. In *Never Pure: Historical Studies of Science*. Baltimore: Johns Hopkins University Press, 2010: 32–46.

———. 'The Invisible Technician'. *American Scientist* 77 (1989): 554–63.

———. 'Possessed by the Idols'. *London Review of Books*, 30 November 2006.

———. 'Pump and Circumstance: Robert Boyle's Literary Technology'. *Social Studies of Science* 14 (1984): 481–520.

———. 'Robert Boyle and Mathematics: Reality, Representation and Experimental Practice'. *Science in Context* 2 (1988): 23–58.

———. *The Scientific Revolution*. Chicago: University of Chicago Press, 1996.

———. *A Social History of Truth: Civility and Science in Seventeenth-century England*. Chicago: University of Chicago Press, 1994.

———. 'Understanding the Merton Thesis'. *Isis* 79 (1988): 594–605.

———. 'A View of Scientific Thought'. *Science* 207 (1980): 1065–6.

Shapin, Steven and Simon Schaffer. *Leviathan and the Air–pump: Hobbes, Boyle, and the Experimental Life*. Princeton: Princeton University Press, 1985.

Shapiro, Alan E. 'The Gradual Acceptance of Newton's Theory of Light and Color, 1672–1727'. *Perspectives on Science* 4 (1996): 59–140.

———. 'Introduction'. In *The Optical Papers of Isaac Newton: The Optical Lectures 1670–1672*. Cambridge: Cambridge University Press, 1984: 1–25.

Shapiro, Barbara J. 'The Concept "Fact": Legal Origins and Cultural Diffusion'. *Albion* 26 (1994): 1–25.

———. *A Culture of Fact: England, 1550–1720*. Ithaca: Cornell University Press, 2000.

———. *John Wilkins, 1614–1672: An Intellectual Biography*. Berkeley: University of California Press, 1969.

Sharratt, Michael. *Galileo: Decisive Innovator*. Oxford: Blackwell, 1994.

Shaw, Peter. *A Treatise of Incurable Diseases*. London: J Roberts, 1723.

Shea, James H. 'Ole Rømer, the Speed of Light, the Apparent Period of Io, the Doppler Effect and the Dynamics of Earth and Jupiter'. *American Journal of Physics* 66 (1998): 561–9.

Shea, William R. *Designing Experiments and Games of Chance: The Unconventional Science of Blaise Pascal*. Canton, MA: Science History Publications, 2003.

———. *Galileo's Intellectual Revolution: Middle Period, 1610–1632*. New York: Science History Publications, 1972.

Sheppard, Samuel. *The Honest Lawyer*. London: Woodruffe, 1616.

Shirley, John William. *Thomas Harriot, a Biography*. Oxford: Clarendon Press, 1983.

Sills, David L and Robert K Merton. *International Encyclopedia of the Social Sciences: Social Science Quotations*. New York: Macmillan, 1991.

Simek, Rudolf. *Heaven and Earth in the Middle Ages: The Physical World before Columbus*. Woodbridge: Boydell Press, 1996.

Singer, Charles Joseph, A Rupert Hall and others. *A History of Technology*. 8 vols. Oxford: Clarendon Press, 1954–84.

Singer, Dorothea Waley and Giordano Bruno. *Giordano Bruno, His Life and Thought. With Annotated Translation of His Work on the Infinite Universe and Worlds*. New York: Schuman, 1950.

Siraisi, Nancy G. *Communities of Learned Experience: Epistolary Medicine in the Renaissance*. Baltimore: Johns Hopkins University Press, 2013.

———. *Taddeo Alderotti and His Pupils: Two Generations of Italian Medical Learning*. Princeton: Princeton University Press, 1981.

Skinner, Quentin. 'Classical Liberty and the Coming of the English Civil War'. In *Republicanism: A Shared European Heritage*. 2 vols. Vol. 2. Ed. M van Gelderen and Q Skinner. Cambridge: Cambridge University Press, 2002: 9–28.

———. 'Meaning and Understanding in the History of Ideas'. *History and Theory* 8 (1969): 3–53.

———. *Reason and Rhetoric in the Philosophy of Hobbes*. Cambridge: Cambridge University Press, 1996.

———. *Visions of Politics*. 3 vols. Vol. 1: *Regarding Method*. Cambridge: Cambridge University Press, 2002.

Slack, Paul. 'Government and Information in Seventeenth-century England'. *Past and Present* 184 (2004): 33–68.

———. 'Measuring the National Wealth in Seventeenth-century England'. *Economic History Review* 57 (2004): 607–35.

Slezak, Peter. 'A Second Look at David Bloor's *Knowledge and Social Imagery*'. *Philosophy of the Social Sciences* 24 (1994): 336–61.

Smeaton, John. *An Experimental Enquiry Concerning the Natural Powers of Water and Wind to Turn Mills*. London: [n.p.], 1760.

Smith, Alan. 'A New Way of Raising Water by Fire: Denis Papin's Treatise of 1707 and Its Reception by Contemporaries'. *History of Technology* 20 (1998): 139–81.

Smith, AM. 'Knowing Things Inside Out: The Scientific Revolution from a Medieval Perspective'. *American Historical Review* 95 (1990): 726–44.

Smith, Margaret M. 'Printed Foliation: Forerunner to Printed Page-numbers?' *Gutenberg Jahrbuch* 63 (1988): 54–70.

Smith, Pamela H. 'Art, Science and Visual Culture in Early Modern Europe'. *Isis* 97: 83–100 (2006).

———. *The Body of the Artisan: Art and Experience in the Scientific Revolution*. Chicago: University of Chicago Press, 2006.

———. *The Business of Alchemy: Science and Culture in the Holy Roman Empire*. Princeton: Princeton University Press, 1994.

———. 'Science on the Move: Recent Trends in the History of Early Modern Science'. *Renaissance Quarterly* 62 (2009): 345–75.

Smith, Robert W. 'The Cambridge Network in Action: The Discovery of Neptune'. *Isis* 80 (1989): 395–422.

Snell, Bruno. 'The Forging of a Language for Science in Ancient Greece'. *Classical Journal* 56 (1960): 50–60.

———. 'The Origin of Scientific Thought'. In *The Discovery of the Mind: The Greek Origins of European Thought*. Trans. T Rosenmeyer. Cambridge, Mass.: Harvard University Press, 1953: 227–45.

Snobelen, Stephen D. '"God of Gods, and Lord of Lords": The Theology of Isaac Newton's General *Scholium* to the *Principia*'. *Osiris* 16 (2001): 169–208.

———. 'Isaac Newton, Heretic: The Strategies of a Nicodemite'. *British Journal for the History of Science* 32 (1999): 381–419.

———. 'The Myth of the Clockwork Universe'. In *The Persistence of the Sacred in Modern Thought*. Ed. CL Firestone and N Jacobs. Notre Dame: University of Notre Dame Press, 2012: 49–184.

———. 'William Whiston, Isaac Newton and the Crisis of Publicity'. *Studies in History and Philosophy of Science Part A* 35 (2004): 573–603.

Snow, Charles Percy. *The Two Cultures and the Scientific Revolution*. Cambridge: Cambridge University Press, 1959.

Snow, Vernon F. 'The Concept of Revolution in Seventeenth-century England'. *Historical Journal* 5 (1962): 167–74.

Sobel, Dava. *Longitude: The True Story of a Lone Genius Who Solved the Greatest Scientific Problem of His Time*. New York: Walker, 1995. 《경도 이야기》(웅진지식하우스)

Sokal, Alan D. *Beyond the Hoax: Science, Philosophy and Culture*. Oxford: Oxford University Press, 2008.

Soll, Jacob. *The Reckoning: Financial Accountability and the Making and Breaking of Nations*. London: Allen Lane, 2014. 《회계는 어떻게 역사를 지배해왔는가》(메멘토)

Spencer, John. *A Discourse Concerning Prodigies*. Cambridge: W Graves, 1663.

Sprat, Thomas. *The History of the Royal-Society of London*. London: J Martyn, 1667.

Stabile, Giorgio. '*Il concetto di esperienza in Galilei e nella scuola galileiana*'. In *Experientia*. Ed. M Veneziani. Florence: LS Olschki, 2002: 217–41.

Standage, Tom. *The Turk: The Life and Times of the Famous Eighteenth-century Chess-playing Machine*. New York: Walker, 2002.

Stanford, P Kyle. *Exceeding Our Grasp: Science, History and the Problem of Unconceived Alternatives*. Oxford: Oxford University Press, 2010.

Starkey, George. *Alchemical Laboratory Notebooks and Correspondence*. Ed. WR Newman and L Principe. Chicago: University of Chicago Press, 2004.

———. *Nature's Explication and Helmont's Vindication*. London: T Alsop, 1657.

Steele, Brett D. 'Muskets and Pendulums: Benjamin Robins, Leonhard Euler and the Ballistics Revolution'. *Technology and Culture* 35 (1994): 348–82.

Stein, Gertrude. *Everybody's Autobiography*. New York: Random House, 1937.

Steinle, F. 'Negotiating Experiment, Reason and Theology: The Concept of Laws of Nature in the Early Royal Society'. In *Ideals and Cultures of Knowledge in Early Modern Europe*. Ed. W Detel and K Zittel. Berlin: Akademie Verlag, 2002: 197–212.

Steinle, F and Friedel Weinert. 'The Amalgamation of a Concept: Laws of Nature in the New Sciences'. In *Laws of Nature: Essays on the Philosophical, Scientific and Historical Dimensions*. Berlin: Walter de Gruyter, 1995: 316–68.

Stewart, Larry. 'A Meaning for Machines: Modernity, Utility and the Eighteenth-century British Public'. *Journal of Modern History* 70 (1998): 259–94.

———. *The Rise of Public Science: Rhetoric, Technology and Natural Philosophy in*

Newtonian Britain, 1660–1750. Cambridge: Cambridge University Press, 1992.

Stigler, Stephen M. 'John Craig and the Probability of History: From the Death of Christ to the Birth of Laplace'. *Journal of the American Statistical Association* 81 (1986): 879–87.

———. 'Stigler's Law of Eponymy'. *Transactions of the New York Academy of Sciences* 39 (1980): 147–57.

Stone, Lawrence. *The Causes of the English Revolution, 1529–1642.* New York: Harper & Row, 1972.

Stubbe, Henry. *An Epistolary Discourse Concerning Phlebotomy.* London: [s.n.], 1671.

Stubbes, John. *The Discoverie of a Gaping Gulf.* London: W Page, 1579.

Sutton, Clive. '"*Nullius in verba*" and "*nihil in verbis*": Public Understanding of the Role of Language in Science'. *British Journal for the History of Science* 27 (1994): 55–64.

Sutton, Robert B. 'The Phrase *Libertas philosophandi*'. *Journal of the History of Ideas* 14 (1953): 310–16.

Swerdlow, Noel M. 'Copernicus and Astrology, with an Appendix of Translations of Primary Sources'. *Perspectives on Science* 20 (2012): 353–78.

———. 'The Derivation and First Draft of Copernicus's Planetary Theory: A Translation of the *Commentariolus* with Commentary'. *Proceedings of the American Philosophical Society* 117 (1973): 423–512.

———. 'An Essay on Thomas Kuhn's First Scientific Revolution: *The Copernican Revolution*'. *American Philosophical Society Proceedings* 141 (2004): 64–120.

———. 'Montucla's Legacy: The History of the Exact Sciences'. *Journal of the History of Ideas* 54 (1993): 299–328.

———. '*Urania propitia, tabulae rudophinae faciles redditae a Maria Cunitia* [Beneficent Urania, the Adaptation of the Rudolphine Tables by Maria Cunitz]'. In *A Master of Science History.* Ed. JZ Buchwald. Dordrecht: Springer, 2012: 81–121.

Swift, Jonathan. *Gulliver's Travels.* Ed. D Womersley. Cambridge: Cambridge University Press, 2012. 《걸리버 여행기》(현대지성)

———. *On Poetry: A Rhapsody.* London: J Huggonson, 1733.

———. *A Tale of a Tub and Other Works.* Ed. M Walsh. Cambridge: Cambridge University Press, 2010. 《통 이야기》(삼우반)

Tachau, Katherine H. *Vision and Certitude in the Age of Ockham.* Leiden: EJ Brill, 1988.

Taisnier, Jean. *Opusculum perpetua memoria dignissimum: De natura magnetis, et eius effectibus.* Cologne: J Birckmannus, 1562.

Tanturli, Giuliano. '*Rapporti del Brunelleschi con gli ambienti letterari fiorentini*'. In *Filippo Brunelleschi: La sua opera e il suo tempo.* Ed. G Soadolini. Florence: Centro Di, 1980: 125–44.

Tarrant, Neil. 'Giambattista della Porta and the Roman Inquisition'. *British Journal for the History of Science* 46 (2013): 601–25.

Tassoni, Alessandro. *Dieci libri di pensieri diversi*. Venice: MA Brogiollo, 1627.

Taylor, Eva Germaine Rimington. *The Haven-finding Art: A History of Navigation from Odysseus to Captain Cook*. New York: American Elsevier, 1971.

———. *The Mathematical Practitioners of Tudor and Stuart England*. Cambridge: Cambridge University Press, 1954.

Tedeschi, John. 'The Roman Inquisition and Witchcraft: An Early-seventeenth-century "Instruction" on Correct Trial Procedure'. *Revue de l'histoire des religions* 200 (1983): 163–88.

Temple, William. *Miscellanea. The Third Part: Containing: I. An Essay on Popular Discontents. II. A Defense of the Essay upon Antient and Modern Learning: With Some Other Pieces*. Ed. J Swift. London: B Tooke, 1701.

Thomas, Keith. *The Ends of Life: Roads to Fulfilment in Early Modern England*. Oxford: Oxford University Press, 2009.

———. *Religion and the Decline of Magic: Studies in Popular Beliefs in Sixteenth- and Seventeenth-century England*. London: Weidenfeld & Nicolson, 1997. 《종교와 마술, 그리고 마술의 쇠퇴》(나남출판)

Thoren, Victor E. *Lord of Uraniborg: A Biography of Tycho Brahe*. Cambridge: Cambridge University Press, 2007.

Thorndike, Lynn. *A History of Magic and Experimental Science*. 8 vols. New York: Columbia University Press, 1923–58.

———. 'Newness and Craving for Novelty in Seventeenth-century Science and Medicine'. *Journal of the History of Ideas* 12 (1951): 584–58.

———. *Science and Thought in the Fifteenth Century*. New York: Columbia University Press, 1929.

———. *The Sphere of Sacrobosco and Its Commentators*. Chicago: University of Chicago Press, 1949.

Tilling, Laura. 'Early Experimental Graphs'. *British Journal for the History of Science* 8 (1975): 193–213.

de Tocqueville, Alexis. *The Old Regime and the Revolution*. Trans. J Bonner. New York: Harper & Brothers, 1856. 《앙시앵 레짐과 프랑스혁명》(지만지)

Tolomei, Claudio, Lodovico Guicciardini and Giovanni Botero. *Tre discorsi appartenenti alla grandezza delle citta*. Rome: G Maratinelli, 1588.

Tönsmann, Frank. 'Wasserbauten und Schifffahrt in Hessen um 1700 und die Forschungen von Papin'. In *Denis Papin: Erfinder und Naturforscher in Hessen-Kassel*. Ed. F Tönsmann and H Schneider. Kassel: Euregioverlag, 2009: 89–103.

Tönsmann, Frank and Helmuth Schneider (eds.). *Denis Papin: Erfinder und Naturforscher in Hessen-Kassel*. Kassel: Euregioverlag, 2009.

968

Topdemir, Hüseyin Gazi. 'Kamal al-Din al-Farisi's Explanation of the Rainbow'. *Humanity and Social Sciences Journal* 2 (2007): 75–85.

Toscano, Fabio. *La formula segreta: Tartaglia, Cardano e il duello matematico che infiammòl'Italia del Rinascimento*. Milan: Sironi, 2009.

Tosh, Nick. 'Anachronism and Retrospective Explanation: In Defence of a Present-centred History of Science'. *Studies in History and Philosophy of Science Part A* 34 (2003): 647–59.

Trenchard, John and Thomas Gordon. *Cato's Letters, or Essays on Liberty, Civil and Religious, and Other Important Subjects*. Ed. R Hamowy. 4 in 2 vols. Vol. 3. Indianapolis: Liberty Fund, 1995.

Trevor-Roper, Hugh R. 'Nicholas Hill, the English Atomist'. In *Catholics, Anglicans and Puritans: Seventeenth-century Essays*. London: Secker & Warburg, 1987: 1–39.

———. 'The Religious Origins of the Enlightenment'. In *Religion, the Reformation and Social Change*. London: Macmillan, 1967: 193–236.

Trompf, Garry Winston. *The Idea of Historical Recurrence in Western Thought from Antiquity to the Reformation*. Berkeley: University of California Press, 1979.

Trutfetter, Jodocus. *Summa in tota[m] physicen: Hoc est philosophiam naturalem conformiter siquidem ver[a]e sophi[a]e: que est theologia*. Erfurt: M Maler, 1514.

———. *Summa philosophiae naturalis contracta*. Erfurt: M Maler, 1517.

Tuck, Richard. *Natural Rights Theories: Their Origin and Development*. Cambridge: Cambridge University Press, 1979.

———. 'Optics and Sceptics: The Philosophical Foundations of Hobbes's Political Thought'. In *Conscience and Casuistry in Early Modern Europe*. Ed. E Leites. Cambridge: Cambridge University Press, 1988: 235–63.

Tunstall, Kate E and Denis Diderot. *Blindness and Enlightenment: An Essay*. New York: Continuum, 2011.

Turgot, Anne-Robert-Jacques. *Turgot on Progress, Sociology and Economics: A Philosophical Review of the Successive Advances of the Human Mind on Universal History [and] Reflections on the Formation and the Distribution of Wealth*. Ed. RL Meek. Cambridge: Cambridge University Press, 1973.

Ugaglia, M. 'The Science of Magnetism before Gilbert: Leonardo Garzoni's Treatise on the Loadstone'. *Annals of Science* 63 (2006): 59–84.

Valente, Michaela. 'Della Porta e l'Inquisizione: Nuove documenti dell'archivo del Sant' Uffizio'. *Bruniana e Campanelliana* 5 (1999): 415–34.

Valenza, Robin. *Literature, Language and the Rise of the Intellectual Disciplines in Britain, 1680–1820*. Cambridge: Cambridge University Press, 2009.

Vallisneri, Antonio. 'Lezione accademica intorno all'origine delle fontane'. In *Opere diverse*. Venice: Ertz, 1715.

Vanini, Giulio Cesare. *De admirandis naturae reginae deaeque mortalium arcanis*.

Paris: A Perier, 1616.

Vasari, Giorgio. *The Lives of the Artists. A Selection*. Trans. G Bull. Harmondsworth: Penguin Books, 1965. 《르네상스 미술가 평전》(한길사)

Vaughan, MF. 'An Unnoted Translation of Erasmus in Ascham's *Schoolmaster*'. *Modern Philology* 75 (1977): 184–6.

Vergil, Polydore. *An Abridgeme[n]t of the Notable Worke of Polidore Virgile: Conteignyng the Devisers and Fyrst Fynders Out*. Trans. T Langley. London: R Grafton, 1546.

———. *On Discovery*. Ed. BP Copenhaver. Cambridge, Mass.: Harvard University Press, 2002.

———. *A Pleasant and Compendious History of the First Inventers and Instituters of the Most Famous Arts, Misteries, Laws, Customs and Manners in the Whole World*. Trans. T Langley. London: J Harris, 1686.

———. *The Works of the Famous Antiquary, Polidore Vergil*. London: S Miller, 1663.

Verlinden, Charles. '*Lanzarotto Malocello et la découverte portugaise des Canaries*'. *Revue belge de philologie et d'histoire* 36 (1958): 1173–209.

Vickers, Brian. 'Francis Bacon, Feminist Historiography and the Dominion of Nature'. *Journal of the History of Ideas* 69 (2008): 117–41.

———. 'The "New Historiography" and the Limits of Alchemy'. *Annals of Science* 65 (2008): 127–56.

Vitruvius Pollio, Marcus. *De architectura: libri dece*. Como: G da Ponte, 1521.

———. *Zeben Bücher von der Architectur und Künstlichem Bawen*. Trans. GGH Rivius. Nuremberg: Petreius, 1548.

Vlastos, Gregory. '*Wege und Formen frühgriechischen Denkens* by Hermann Fränkel'. *Gnomon* 31 (1959): 193–204.

Vogel, Klaus A. '*America: Begriff, geographische Konzeption und frühe Entdeckungsgeschichte in der Perspektive der deutschen Humanisten*'. In *Von der Weltkarte zum Kuriositatenkabinett: Amerika im deutschen Humanismus und Barock*. Ed. K Kohut. Frankfurt: Vervuert, 1995: 11–43.

———. 'Cosmography'. In *The Cambridge History of Science*. 7 vols. Vol. 3: *Early Modern Science*. Ed. K Park and LJ Daston. Cambridge: Cambridge University Press, 2006: 469–96.

———. '*Das Problem der relativen Lage von Erd- und Wassersphäre im Mittelalter und die kosmographische Revolution*'. *Mitteilungen der österreichischen Gesellschaft für Wissenschaftsgeschichte* 13 (1993): 103–43.

———. *Sphaera terrae – das mittelalterliche Bild der Erde und die kosmographische Revolution*. Göttingen: University of Göttingen,1995.

Voltaire. *Letters Concerning the English Nation*. London: C Davis, 1733.

———. '*Micromégas': A Study in the Fusion of Science, Myth, and Art*. Ed. I Wade.

970

Princeton: Princeton University Press, 1950. 《미크로메가스 캉디드 혹은 낙관주의》(문학동네)

W., G. *The Modern States-man*. London: H Hill, 1653.

Waard, Cornelis de. *L'Expérience barométrique, ses antécédents et ses explications, étude historique* . Thouars: Impr. nouvelle, 1936.

Wagner, David Leslie. *The Seven Liberal Arts in the Middle Ages*. Bloomington: Indiana University Press, 1983.

Waldseemüller, Martin. *The Cosmographiæ introductio of Martin Waldseemüller in Facsimile Followed by the Four Voyages of Amerigo Vespucci, with Their Translation into English*. Ed. CG Herbermann. New York: United States Catholic Historical Society, 1907.

Wallace, Anthony FC. *The Social Context of Innovation: Bureaucrats, Families and Heroes in the Early Industrial Revolution*. Princeton: Princeton University Press, 1982.

Wallis, Helen. 'What Columbus Knew'. *History Today* 42 (1992): 17–23.

Wallis, John. 'An Essay of Dr John Wallis, Exhibiting His Hypothesis about the Flux and Reflux of the Sea'. *Philosophical Transactions* 1 (1666): 263–81.

Walsham, Alexandra. 'The Reformation and "The Disenchantment of the World" Reassessed'. *Historical Journal* 51 (2008): 497–528.

Walton, Steven A. *Wind and Water in the Middle Ages: Fluid Technologies from Antiquity to the Renaissance*. Tempe, AZ: ACMRS, 2006.

Washburn, Wilcomb E. 'The Meaning of "Discovery" in the Fifteenth and Sixteenth Centuries'. *American Historical Review* 68 (1962): 1–21.

Waters, David W. 'Nautical Astronomy and the Problem of Longitude'. In *The Uses of Science in the Age of Newton*. Ed. JG Burke. Berkeley: University of California Press, 1983: 143–69.

Watson, James D. *The Double Helix: A Personal Account of the Discovery of the Structure of DNA*. London: Weidenfeld & Nicolson, 1968. 《이중나선》(궁리)

Weber, Eugen. *Peasants into Frenchmen: The Modernization of Rural France 1870–1914*. Stanford: Stanford University Press, 1976.

Weber, Max. *The Vocation Lectures*. Ed. TB Strong and DS Owen. Trans. R Livingstone. Indianapolis: Hackett, 2004. 《막스 베버 소명으로서의 정치》(후마니타스)

Webster, Charles. 'The Discovery of Boyle's Law, and the Concept of the Elasticity of Air in the Seventeenth Century'. *Archive for History of Exact Sciences* 2 (1965): 441–502.

———. *The Great Instauration: Science, Medicine and Reform, 1626–1660*. London: Duckworth, 1975.

———. 'Henry More and Descartes, Some New Sources'. *British Journal for the History of Science* 4 (1969): 359–77.

———. 'Henry Power's Experimental Philosophy'. *Ambix* 14 (1967): 150–78.

——— (ed.). *The Intellectual Revolution of the Seventeenth Century*. London: Routledge & Kegan Paul, 1974.

———. 'New Light on the Invisible College: The Social Relations of English Science in the Mid-seventeenth Century'. *Transactions of the Royal Historical Society (Fifth Series)* 24 (1974): 19–42.

———. 'William Harvey's Conception of the Heart as a Pump'. *Bulletin of the History of Medicine* 39 (1965): 508–17.

Webster, John. *The Displaying of Supposed Witchcraft*. London: JM, 1677.

Weeks, Sophie. 'Francis Bacon and the Art–Nature Distinction'. *Ambix* 54 (2007): 117–45.

———. 'The Role of Mechanics in Francis Bacon's *Great Instauration*'. In *Philosophies of Technology: Francis Bacon and His Contemporaries*. Ed. C Zittel, G Engel, R Nanni and N Karafyllis. Leiden: Brill, 2008: 133–97.

Weinberg, Steven. *To Explain the World: The Discovery of Modern Science*. 2015. 《스티븐 와인버그의 세상을 설명하는 과학》(시공사)

———. 'Sokal's Hoax'. *New York Review of Books*, 8 August 1996.

Weiner, Stephen A. 'The Civil Jury Trial and the Law–Fact Distinction'. *California Law Review* 54 (1966): 1867–938.

Weld, Charles Richard. *A History of the Royal Society, with Memories of the Presidents*. 2 vols. London: JW Parker, 1848.

Wengenroth, Ulrich. 'Science, Technology and Industry'. In *From Natural Philosophy to the Sciences: Writing the History of Nineteenth-century Science*. Ed. D Cahan. Chicago: University of Chicago Press, 2003: 221–53.

Wesley, Walter G. 'The Accuracy of Tycho Brahe's Instruments'. *Journal for the History of Astronomy* 9 (1978): 42–53.

Westfall, Richard S. 'The Development of Newton's Theory of Color'. *Isis* (1962): 339–58.

———. *Never at Rest: A Biography of Isaac Newton*. Cambridge: Cambridge University Press, 1980.

———. 'Newton and the Fudge Factor'. *Science* 179 (1973): 751–8.

———. 'Science and Technology during the Scientific Revolution: An Empirical Approach'. In *Renaissance and Revolution. Humanists, Scholars, Craftsmen and Natural Philosophers in Early Modern Europe*. Ed. JV Field and FA James. Cambridge: Cambridge University Press, 1997: 63–72.

———. 'The Scientific Revolution Reasserted'. In *Rethinking the Scientific Revolution*. Ed. M Osler. Cambridge: Cambridge University Press, 2000: 41–55.

———. 'Unpublished Boyle Papers Relating to Scientific Method: I'. *Annals of Science* 12 (1956): 63–73.

Westman, Robert S. *The Copernican Question: Prognostication, Skepticism and Celestial Order*. Berkeley: University of California Press, 2011.

———. 'The Copernican Question Revisited: A Reply to Noel Swerdlow and John Heilbron'. *Perspectives on Science* 21 (2013): 100–36.

Westman, Robert S and JE McGuire. *Hermeticism and the Scientific Revolution*. Los Angeles: William Andrews Clark Memorial Library, 1977.

Westrum, Ron. 'Science and Social Intelligence about Anomalies: The Case of Meteorites'. *Social Studies of Science* 8 (1978): 461–93.

Whewell, William. 'On the Connexion of the Physical Sciences'. *Quarterly Review* 51 (1834): 54–68.

———. *The Philosophy of the Inductive Sciences, Founded upon Their History*. 2 vols. London: John W Parker, 1840.

White, Gilbert. *The Natural History and Antiquities of Selborne, in the County of Southampton*. London: B White, 1789.

White, John. *The Birth and Rebirth of Pictorial Space*. Cambridge, Mass.: Belknap Press, 1987.

White, Lynn Townsend. 'The Medieval Roots of Modern Technology and Science' [1963]. In *Medieval Religion and Technology: Collected Essays*. Berkeley: University of California Press, 1978: 75–91.

Whitley, Richard. 'Black Boxism and the Sociology of Science: A Discussion of the Major Developments in the Field'. *Sociological Review* 18 (1970): 61–92.

Wierzbicka, Anna. *Experience, Evidence and Sense: The Hidden Cultural Legacy of English*. Oxford: Oxford University Press, 2010.

Wigelsworth, Jeffrey R. *Selling Science in the Age of Newton: Advertising and the Commoditization of Knowledge*. Farnham: Ashgate, 2011.

Wilding, Nick. *Galileo's Idol: Gianfrancesco Sagredo and the Politics of Knowledge*. Chicago: University of Chicago Press, 2014.

———. 'The Return of Thomas Salusbury's Life of Galileo (1664)'. *British Journal for the History of Science* 41 (2008): 241–65.

Wilkins, John. *A Discourse Concerning a New World and Another Planet*. London: J Maynard, 1640.

———. *An Essay towards a Real Character, and a Philosophical Language*. London: S Gellibrand, 1668.

———. *Mathematicall Magick*. London: S Gellibrand, 1648.

———. *Of the Principles and Duties of Natural Religion*. London: T Basset, 1675.

Williams, Bernard. *Essays and Reviews, 1959–2002*. Princeton: Princeton University Press, 2014.

———. 'Wittgenstein and Idealism'. *Royal Institute of Philosophy Lectures* 7 (1973): 76–95.

Williams, Glyndwr. *Voyages of Delusion: The Quest for the Northwest Passage*. New Haven: Yale University Press, 2002.

Willmoth, Frances. 'Römer, Flamsteed, Cassini and the Speed of Light'. *Centaurus* 54 (2012): 39–57.

Wilson, Adrian and Timothy G Ashplant. 'Whig History and Present-centred History'. *Historical Journal* 31 (1988): 1–16.

Wilson, Bryan R (ed.). *Rationality*. Oxford: Blackwell, 1970.

Wilson, Catherine. *The Invisible World: Early Modern Philosophy and the Invention of the Microscope*. Princeton: Princeton University Press, 1995.

———. 'From Limits to Laws: The Construction of the Nomological Image of Nature in Early Modern Philosophy'. In *Natural Law and Laws of Nature in Early Modern Europe*. Ed. LJ Daston and M Stolleis. Farnham: Ashgate, 2008: 13–28.

Wilson, Curtis A. 'From Kepler's Laws, So-called, to Universal Gravitation: Empirical Factors'. *Archive for History of Exact Sciences* 6 (1970): 89–170.

Wilson, G. 'On the Early History of the Air-pump in England'. *Edinburgh New Philosophy Journal* 46 (1849): 330–54.

Winch, Peter. *The Idea of a Social Science and Its Relation to Philosophy*. London: Routledge & Kegan Paul, 1958.

Wintzer, E. *Denis Papins Erlebnisse in Marburg, 1688–1695*. Marburg: N Elwert, 1898.

Withington, Phil. *Society in Early Modern England*. Cambridge: Polity, 2010.

Wittgenstein, Ludwig. *On Certainty*. Ed. GEM Anscombe and GHV Wright. Oxford: Blackwell, 1969. 《확실성에 관하여》(책세상)

———. *Philosophical Investigations*. Oxford: Blackwell, 1953. 《철학적 탐구》(아카넷)

———. 'Remarks on Frazer's Golden Bough'. In *Philosophical Occasions, 1912–1951*. Ed. JC Klagge and A Nordmann. Indianapolis: Hackett, 1993: 115–55.

———. *Tractatus Logico-Philosophicus*. London: Kegan Paul, Trench, Trubner, 1933. 《논리-철학 논고》(책세상)

Wolper, Roy S. 'The Rhetoric of Gunpowder and the Idea of Progress'. *Journal of the History of Ideas* 31 (1970): 589–98.

Womersley, David. 'Dean Swift Hears a Sermon: Robert Howard's Ash Wednesday Sermon of 1725 and *Gulliver's Travels*'. *Review of English Studies* 60 (2009): 744–62.

Wood, Paul B. 'Methodology and Apologetics: Thomas Sprat's History of the Royal Society'. *British Journal for the History of Science* 13 (1980): 1–26.

Woodward, David (ed.). *The History of Cartography*. 6 vols. Vol. 3: *Cartography in the European Renaissance*. Chicago: University of Chicago Press, 2007.

———. 'The Image of the Spherical Earth'. *Perspecta* 25 (1989): 2–15.

Woodward, John. *Dr Friend's Epistle to Dr Mead*. London: J Roberts, 1719.

Wootton, David. 'Accuracy and Galileo: A Case Study in Quantification and the Scientific Revolution'. *Journal of The Historical Society* 10 (2010): 43–55.

———. *Bad Medicine: Doctors Doing Harm Since Hippocrates.* Oxford: Oxford University Press, 2006. 《의학의 진실》(마티)

———. 'Galileo: Reflections on Failure'. In *Causation and Modern Philosophy.* Ed. K Allen and T Stoneham. Routledge, 2011: 13–30.

———. *Galileo: Watcher of the Skies.* New Haven: Yale University Press, 2010.

———. 'The Hard Look Back'. *Times Literary Supplement* 14 (2003): 8–10.

———. 'Hume's "Of Miracles": Probability and Irreligion'. In *Studies in the Philosophy of the Scottish Enlightenment.* Ed. MA Stewart. Oxford: Oxford University Press, 1990: 191–229.

———. 'Hutchinson, Francis'. In *Encyclopedia of Witchcraft: The Western Tradition.* 4 vols. Vol. 2. Ed. RM Golden. Santa Barbara: ABC-CLIO, 2006: 531–2.

———. 'Liberty, Metaphor and Mechanism: "Checks and Balances" and the Origins of Modern Constitutionalism'. In *Liberty and American Experience in the Eighteenth Century.* Ed. D Womersley. Indianapolis: Liberty Fund, 2006: 209–74.

———. 'Lucien Febvre and the Problem of Unbelief'. *Journal of Modern History* 60 (1988): 695–730.

Wotton, William. *A Defense of the Reflections upon Ancient and Modern Learning.* London: Goodwin, 1705.

———. *Reflections upon Ancient and Modern Learning.* London: P Buck, 1694.

Wotton, William and Richard Bentley. *Reflections upon Ancient and Modern Learning. The Second Part, with a Dissertation upon the Epistles of Phalaris.* London: PB, 1698.

Wright, John Kirtland. *The Geographical Lore of the Time of the Crusades.* New York: American Geographical Society, 1925.

Wussing, Hans. *Die grosse Erneuerung: Zur Geschichte der wissenschaftlichen Revolution.* Basle: Birkhäuser, 2002.

Yates, Frances Amelia. *Giordano Bruno and the Hermetic Tradition.* Chicago: University of Chicago Press, 1991.

Yeomans, Donald K, Juergen Rahe and Ruth S Freitag. 'The History of Comet Halley'. *Journal of the Royal Astronomical Society of Canada* 80 (1986): 62–86.

Yiu, Yvonne. 'The Mirror and Painting in Early Renaissance Texts'. *Early Science and Medicine* 10 (2005): 187–210.

Yolton, John W. *Thinking Matter: Materialism in Eighteenth-century Britain.* Minneapolis: University of Minnesota Press, 1983.

Zambelli, Paola. '*Introduzione*'. In Alexandre Koyré, *Dal mondo del pressappoco all'universo della precisione.* Turin: Einaudi, 1967: 7–46.

Zammito, John H. *A Nice Derangement of Epistemes: Post-positivism in the Study of Science from Quine to Latour.* Chicago: University of Chicago Press, 2004.

Zanden, Jan Luiten van. *The Long Road to the Industrial Revolution*. Leiden: Brill, 2009.

Zarlino, Gioseffo. *Dimostrationi harmoniche*. Venice: Francesco de i Franceschi, 1571.

Zhmud, Leonid. *The Origin of the History of Science in Classical Antiquity*. Trans. A Chernoglazov. Berlin: Walter de Gruyter, 2006.

Zilsel, Edgar. 'The Genesis of the Concept of Scientific Progress'. *Journal of the History of Ideas* 6 (1945): 325–49.

———. 'The Origin of William Gilbert's Scientific Method'. *Journal of the History of Ideas* 2 (1941): 1–32.

———. 'The Sociological Roots of Science'. *American Journal of Sociology* 47 (1942): 544–62.

978

676쪽 (위)Science Museum/Science & Society Picture Library, London,
(아래)Science & Society Picture Library/Getty Images, London
678쪽 ©British Library Boards (MS 32504)
681쪽 ©The Royal Society, London
682쪽 ©British Library Board, London
687쪽 Special Collections, Leeds University Library, Leeds
693쪽 ©The Royal Society, London

◎ 컬러 도판 출처 ◎

1. Louvre, Paris, France/Bridgeman Images
2. ©British Library Board, London (Cotton Claudius E. IV, f.201)
3. Bibliothèque Nationale de France
4. Museo Galileo Instituto e Museo di Storia della Scienza, Florence
5. Museum of the History of Science, Oxford
6. Library of Congress, USA
7. ©British Library Board, London
8. Museo Galileo Instituto e Museo di Storia della Scienza, Florence
9. Museo Galileo Instituto e Museo di Storia della Scienza, Florence
10. The Art Archive/Scrovegni Chapel Padua/Mondadori Portfolio/Electa
11. The Art Archive/Mondadori Portfolio/Electa
12. The Art Archive/DeA Picture Library/G. Nimatallah
13. The Art Archive/DeA Picture Library/G. Nimatallah
14. The Art Archive/Mondadori Portfolio/Electa
15. Veneranda Biblioteca Ambrosiana/De Agostini/Metis e Meida Information/
Veneranda
16. Veneranda Biblioteca Ambrosiana/De Agostini/Metis e Meida Information/
Veneranda
17. The Art Archive/DeA Picture Library/L. Romano
18. The Art Archive/DeA Picture Library
19. National Maritime Museum, Greenwich

982